FISIOLOGIA
ILUSTRADA

P937f   Preston, Robin R.
         Fisiologia ilustrada / Robin R. Preston, Thad E. Wilson ;
     tradução: Adriana Bos-Mikich, Paula Rigon da Luz Soster ;
     revisão técnica: Juliana de Castilhos. – Porto Alegre :
     Artmed, 2014.
         x, 518 p. : il. color. ; 28 cm.

         ISBN 978-85-8271-092-0

         1. Fisiologia humana. I. Wilson, Thad E. I. Título.

                                                          CDU 612

Catalogação na publicação: Ana Paula M. Magnus – CRB 10/2052

robin r. preston, Ph.D.
Formerly Associate Professor
Department of Pharmacology
and Physiology
Drexel University College of Medicine
Philadelphia, Pennsylvania

thad e. wilson, Ph.D.
Associate Professor of Physiology
and Medicine
Departments of Biomedical Sciences
and Specialty Medicine
Ohio University Heritage College
of Osteopathic Medicine
Athens, Ohio

FISIOLOGIA ILUSTRADA

Tradução:
Adriana Bos-Mikich
Paula Rigon da Luz Soster

Revisão técnica desta edição:
Juliana de Castilhos
Nutricionista. Mestre em Ciências
Biológicas: Fisiologia pela Universidade
Federal do Rio Grande do Sul (UFRGS).
Doutora em Ciências Biológicas:
Fisiologia pela UFRGS.
Professora e Pesquisadora do Instituto
Tecnológico em Alimentos para a Saúde
(ITT NUTRIFOR) da Universidade do Vale
do Rio dos Sinos (UNISINOS).
Professora permanente do Programa
de Pós-Graduação em Nutrição e
Alimentos da UNISINOS.

2014

Obra originalmente publicada sob o título
Lippincott's illustrated reviews: physiology, 1st edition
ISBN 978-1-4511-7567-7

Copyright © 2013, Lippincott Williams & Wilkins, a Wolters Kluwer business.
Published by arrangement with Lippincott Williams & Wilkins/Wolters Kluwer Health Inc. USA.
Lippincott Williams & Wilkins/Wolters Kluwer Health did not participate in the translation of this title.

Gerente editorial: *Letícia Bispo de Lima*

Colaboraram nesta edição:

Editora: *Daniela de Freitas Louzada*

Preparação de originais: *Maria Regina Lucena Borges-Osório*

Capa: *Márcio Monticelli*

Imagem da capa: *©thinkstockphotos.com / Eraxion, Human blood cells*

Leitura final: *Caroline Castilhos Melo*

Editoração: *Techbooks*

Nota

Assim como a medicina, a fisiologia apresenta-se em constante evolução. À medida que novas pesquisas e a experiência clínica ampliam o nosso conhecimento, são necessárias modificações no tratamento e na farmacoterapia. Os organizadores desta obra consultaram as fontes consideradas confiáveis, em um esforço para oferecer informações completas e, geralmente, de acordo com os padrões aceitos à época da publicação. Entretanto, tendo em vista a possibilidade de falha humana ou de alterações nas ciências médicas, os leitores devem confirmar estas informações com outras fontes. Por exemplo, e em particular, os leitores são aconselhados a conferir a bula de qualquer medicamento que pretendam administrar, para se certificar de que a informação contida neste livro está correta e de que não houve alteração na dose recomendada nem nas contraindicações para o seu uso. Esta recomendação é particularmente importante em relação a medicamentos novos ou raramente usados.

Reservados todos os direitos de publicação, em língua portuguesa, à
ARTMED EDITORA LTDA., uma empresa do GRUPO A EDUCAÇÃO S.A.
Av. Jerônimo de Ornelas, 670 – Santana
90040-340 – Porto Alegre – RS
Fone: (51) 3027-7000   Fax: (51) 3027-7070

É proibida a duplicação ou reprodução deste volume, no todo ou em parte, sob quaisquer
formas ou por quaisquer meios (eletrônico, mecânico, gravação, fotocópia, distribuição na Web
e outros), sem permissão expressa da Editora.

Unidade São Paulo
Av. Embaixador Macedo Soares, 10.735 – Pavilhão 5 – Cond. Espace Center
Vila Anastácio – 05095-035 – São Paulo – SP
Fone: (11) 3665-1100   Fax: (11) 3667-1333

SAC 0800 703-3444 – www.grupoa.com.br

IMPRESSO NO BRASIL
PRINTED IN BRAZIL

Dedicatória

À Barbara e Kristen, cujo constante apoio e estímulo tornaram este livro possível.

Agradecimentos

Muitos se entretêm com a ideia de escrever um livro sem entender exatamente o que esta tarefa compreende, os autores inclusos. Assim, somos gratos aos colegas que generosamente contribuíram para tornar este livro possível.

Primeiro e antes de qualquer outro, agradecemos à Kelly Horvath (Editora de Desenvolvimento) e Matt Chansky (Artista). Kelly foi uma voz de entusiasmo constante desde o começo do projeto e pacientemente nos guiou por meio dos diferentes estágios. A docilidade de Kelly nos permitiu manter o senso de humor mesmo quando os prazos de entrega estavam se aproximando. Este livro e seu potencial sucesso se devem muito às suas ideias, sugestões e habilidades literárias. O projeto gráfico do *Fisiologia ilustrada* deve-se às colaborações criativas de Matt Chansky. Matt discorreu sobre nossas ideias para arte e fez delas uma realidade, trabalhando proximamente a nós de forma a encontrar modos de animar íons, fazer transportadores espiralar e acrescentar um brilho de excitação às membranas. Somos gratos também à diligência e às habilidades de composição de Harold Medina e seu time no Absolute Service Inc. Harold implementou de forma animada múltiplas alterações na 11ª hora e assim permitiu-nos fazer aprimoramentos ao conteúdo.

As primeiras ideias do *Fisilogia ilustrada* foram organizadas por Pamela Champe, PhD (*in memorium*), e Richard Harvey, PhD. Agradecemos ao Richard por sua visão e contínuo apoio a este livro e seus autores. Também agradecemos à Cristal Taylor (Editora de Aquisições) por seu contínuo suporte e à Jenn Verbiar (Gerente de Produção) por sua ajuda durante as fases iniciais de desenvolvimento e produção.

Nossos sinceros agradecimentos vão às pessoas que têm lido e feito sugestões para melhorias nos capítulos. Entre elas estão, principalmente, Kristen Metzler-Wilson, P.T., PhD (Lebanon Valley College), que leu e comentou todos os capítulos durante vários estágios do desenvolvimento; e Barbara Morz, M.D. (The Southeast Permanente Medical Group), por suas contribuições e por editar a maior parte do material clínico.

LWW solicitou revisores de muitas Faculdades e estudantes. Agradecimentos especiais devem ir à Sandra K. Leeper-Woodford, PhD (Mercer University of Medicine), que leu e revisou a maioria dos capítulos e cujas ideias melhoraram em muito o texto. R. Tyler Morris, PhD, (Vanderbilt University) também nos ofereceu muitas sugestões de grande valia.

Estendemos nossos agradecimentos aos colegas de Faculdade Biran Clark, PhD (Ohio University Heritage College of Osteopathic Medicine, OUHCOM); Leslie Consent, PhD (OUHCOM); Scott Davis, PhD (Southern Methodist University); John Howell, PhD (OUHCOM); Richard Klabunde, PhD (OUHCOM); Anne Loucks, PhD (Ohio University) e aos estudantes e assistentes de medicina Micah Boehr (OMS III), Jacqueline Fisher (OMS III), Dereck Gross (OMS III), Andrew Jurovick (OMS I), Sarah Mann (PAS I), Christa Tomc (OMS IV) e Jeffrey Turner (OMS III).

Prefácio

Dê uma olhada no espelho. Esta imagem que lhe encara é familiar, seus traços distintos identificam você como "você" é para os outros. Entretanto, um rosto é apenas uma fachada para os mais de 10 trilhões de células que compõem o corpo humano.

Aproxime-se um pouco mais.

Os contornos de sua face são esculpidos por ossos, acolchoados por gordura e recobertos por uma camada contínua de células chamadas de pele. As sobrancelhas e os pelos faciais são o produto de glândulas secretórias especializadas (folículos pilosos). Os movimentos de seus olhos são coordenados por delicados músculos que se contraem em resposta a comandos vindos de seu encéfalo. O pulsar nas suas têmporas reflete uma onda de pressão gerada por um coração batendo dentro de seu tórax. Mais abaixo, o seu estômago degrada a sua refeição mais recente enquanto que dois rins filtram o seu sangue. Toda esta atividade passa despercebida até o momento em que algo acontece de errado.

Fisiologia ilustrada é a história de quem somos, como vivemos e por fim, como morremos. Ela segue a organização do corpo humano, cada unidade tratando de um sistema diferente de órgãos e considerando seu papel na vida do indivíduo. Os textos de fisiologia geralmente fazem uma abordagem do macro ao micro, suas descrições dos órgãos seguindo a história da descoberta fisiológica humana (anatomia geral, microanatomia, biologia celular e finalmente biologia molecular). Começamos a maioria das unidades identificando a função do órgão e, então, mostrando como os órgãos e os tecidos são estruturados para desempenhar aquela função. Embora a estrutura fisiológica seja moldada pela seleção natural, esta abordagem teleológica pode nos auxiliar a entender porque as células e os órgãos são estruturados da forma como o são. Entender o "porquê" ajuda na fixação e fornece aos prestadores de cuidados da saúde um poderoso instrumento para antecipar como e entender o motivo pelo qual os processos doentios se apresentam clinicamente da forma como o fazem.

O que Fisiologia ilustrada engloba? A fisiologia é uma disciplina em constante evolução, a qual nenhum texto único pode cobrir exaustivamente. Por isso, nos deteremos em elaborar uma obra que aborde os conteúdos indispensáveis, aqueles que não podem faltar a quem está aprendendo sobre o tema.

Quem deve usar este livro? *Fisiologia ilustrada* é direcionado a estudantes de medicina. O conteúdo é apresentado com uma clareza e nível de detalhamento que também o torna referência em um curso inicial para qualquer uma das disciplinas associadas à saúde, assim como um livro de referência para médicos.

Formato: *Fisiologia ilustrada* segue um formato leitura-anotação, com introduções mínimas; histórico ou discussões de pesquisas que estejam em andamento – os capítulos discorrem rapidamente em uma forma de narrativa personalizada para a assimilação rápida. Os Quadros permitem a fácil absorção do conteúdo, sendo apropriados para uma revisão enxuta, sendo, entretanto, ainda suficientemente detalhados para instruir um estudante que pode ser novato ou desconhecer o assunto. O estilo de escrita é atraente ainda que sucinto, propiciando que tópicos complexos fiquem acessíveis e sejam de fácil memorização.

Arte: O texto é altamente ilustrado com guias passo a passo para auxiliar o aprendiz visual e para facilitar a revisão por estudantes. A arte e o texto se combinam para contar a história da fisiologia de maneira completamente nova. Mais de 600 desenhos originais e de cores vibrantes são suplementados por imagens clínicas que juntas ilustram a fisiologia com um dinamismo que embasa sua bidimensionalidade. As legendas são objetivas para permitir que a arte fale por si própria. Caixas de diálogo orientam o observador por meio dos processos fisiológicos.

Características: *Fisiologia ilustrada* engloba múltiplos aspectos para facilitar a compreensão do assunto:

- **Exemplos reais:** Conceitos fisiológicos são notoriamente difíceis de serem captados, assim utilizamos exemplos do mundo real sempre que possível para auxiliar na compreensão.
- **Aplicações clínicas:** Todos os capítulos incluem aplicações clínicas – muitos acompanhados por imagens clínicas – que mostram como a fisiologia pode se apresentar clinicamente.
- **Caixas de equações:** Números reais são executados por meio de equações complicadas para potencial de equilíbrio, diferença artério-alveolar de oxigênio e filtração renal, e apresentados em caixas amarelas para mostrar aos estudantes exemplos que eles podem encontrar na prática.
- **Consistência:** A fisiologia celular pode ser exaustiva em detalhamentos especialmente considerando-se a fisiologia de transporte. Mantivemos os detalhes nas ilustrações e utilizamos consistentemente as mesmas cores para denotar diferentes espécies iônicas ao longo de todo o texto:
    - Sódio = vermelho
    - Cálcio = azul índigo
    - Potássio = roxo
    - Ânions (cloreto e bicarbonato) = verde
    - Ácido = laranja

Os leitores irão se familiarizar rapidamente com as dicas visuais, necessitando menos tempo para ler as legendas. Esquemas fáceis de serem seguidos e relembrados; e mapas conceituais também são amplamente utilizados.

- ***Infolinks:*** Estas referências cruzadas entre os livros de ciências básicas* fornecem recursos para os estudantes se aprofundarem em tópicos relacionados com muitas outras disciplinas, incluindo bioquímica, farmacologia, microbiologia, neurociências, imunologia; e biologia celular e molecular.
- ***Referências cruzadas:*** Tópicos que se ligam ao longo dos capítulos, referências cruzadas entre os diferentes livros de ciências básicas, em um formato fácil de ser lido especificam o número da seção no cabeçalho mais próximo, por exemplo, (ver 25.III.B). O número do capítulo e o nível da seção são fornecidos na parte superior de cada página para facilitar a localização.
- ***Questões para estudo:*** Cada unidade está acompanhada de várias páginas de questões que os estudantes podem utilizar para autoavaliar o seu conhecimento fisiológico. Essas questões geralmente integrativas testam o entendimento dos conceitos e a habilidade de construir conexões entre sistemas de múltiplos órgãos mais do que simplesmente memorizar pequenos detalhes. Questões adicionais com um formato mais tradicional de livro texto podem ser encontradas *on-line* no *the Point*. Esses estilos variados dão aos leitores níveis graduados com os quais eles podem gradativamente aumentar o desafio.

Material suplementar: um *site* da *Web the Point* (em inglês) fornece informações adicionais, incluindo um banco de questões interativas com explicações completas das respostas.

Comentários? Nosso conhecimento atual dos mecanismos fisiológicos está evoluindo constantemente em vista de novas descobertas científicas. Edições subsequentes do *Fisiologia ilustrada* serão atualizadas levando em consideração as novas descobertas e o retorno dado pelos leitores. Se você tem alguma sugestão para melhorar ou outros comentários sobre o conteúdo ou a forma do ilustrada, convidamos vocês a submeterem ao editor no http://www.lww.com ou entre em contato com os autores por *e-mail* em LIRphysiology@gmail.com.

---

*Todos eles publicados em língua portuguesa pela Artmed Editora.

Sumário

UNIDADE I: *Princípios da Função Fisiológica*

Capítulo 1	Fisiologia da Célula e da Membrana	1
Capítulo 2	Excitabilidade da Membrana	16
Capítulo 3	Osmose e Líquidos Corporais	28
Capítulo 4	Tecidos Epitelial e Conectivo	37

UNIDADE II: *Sistemas Sensorial e Motor*

Capítulo 5	Organização do Sistema Nervoso	53
Capítulo 6	Sistema Nervoso Central	66
Capítulo 7	Sistema Nervoso Autônomo	77
Capítulo 8	Visão	91
Capítulo 9	Audição e Equilíbrio	102
Capítulo 10	Gustação e Olfação	114
Capítulo 11	Sistemas de Controle Motor	120

Unidade III: *Fisiologia Musculoesquelética e Tegumentar* — 135

Capítulo 12	Músculo Esquelético	135
Capítulo 13	Músculo Cardíaco	147
Capítulo 14	Músculo Liso	153
Capítulo 15	Osso	163
Capítulo 16	Pele	174

Unidade IV: *Sistema Circulatório* — 189

Capítulo 17	Excitação Cardíaca	189
Capítulo 18	Mecânica Cardíaca	203
Capítulo 19	Sangue e Vasos Sanguíneos	214
Capítulo 20	Regulação Cardiovascular	232
Capítulo 21	Circulações Especiais	251

UNIDADE V: *Sistema Respiratório* — 263

Capítulo 22	Mecanismos Pulmonares	263
Capítulo 23	Trocas Gasosas	280
Capítulo 24	Regulação Respiratória	298

UNIDADE VI: *Sistema Urinário* — 313

Capítulo 25	Filtração e Micção	313
Capítulo 26	Reabsorção e Secreção	328
Capítulo 27	Formação da Urina	342
Capítulo 28	Equilíbrio de Água e Eletrólitos	358

UNIDADE VII: *Sistema Digestório* — 377

Capítulo 29	Princípios e Sinalização	377
Capítulo 30	Boca, Esôfago e Estômago	384
Capítulo 31	Intestinos Delgado e Grosso	392
Capítulo 32	Pâncreas Exócrino e Fígado	402

UNIDADE VIII: *Sistema Endócrino*	411
Capítulo 33 Pâncreas Endócrino e Fígado	411
Capítulo 34 Glândulas Suprarrenais	421
Capítulo 35 Hormônios da Tireoide e das Paratireoides	429
Capítulo 36 Gônadas Femininas e Masculinas	438

UNIDADE IX: *Vida e Morte*	451
Capítulo 37 Gestação e Nascimento	451
Capítulo 38 Estresse Térmico e Febre	464
Capítulo 39 Exercício	471
Capítulo 40 Falência dos Sistemas	481
Créditos das Figuras	503
Índice	505

UNIDADE I
Princípios da Função Fisiológica

Fisiologia da Célula e da Membrana

I. VISÃO GERAL

O corpo humano compreende vários órgãos distintos, cada um apresentando um papel específico para promover a vida e o bem-estar de um indivíduo. Os órgãos são, por sua vez, compostos por tecidos. Os tecidos são conjuntos de células especializadas para desempenhar funções específicas que são necessárias ao organismo. Embora as células de dois órgãos quaisquer possam parecer extremamente diferentes em nível microscópico (compare o formato de uma hemácia com a estrutura ramificada da árvore dendrítica de um neurônio, p. ex., como na Fig. 1.1), a morfologia pode ser enganosa, porque encobre um conjunto de princípios comuns em modelo e função que se aplica à totalidade das células. Todas as células estão envolvidas por uma membrana que separa seu interior do exterior. Essa barreira permite que as células criem um ambiente interno otimizado para proporcionar as reações bioquímicas para um funcionamento normal. A composição desse ambiente interno varia pouco de célula para célula. A maioria das células também contém um conjunto de organelas associadas à membrana: **núcleo**, **retículo endoplasmático** (**RE**), **lisossomos**, **aparelho de Golgi**, **mitocôndrias**. A especialização da célula e a função dos órgãos normalmente são adquiridas pela adição de novas organelas ou estruturas, ou pela modificação da mistura de proteínas da membrana que fornecem as rotas para íons e outros solutos cruzarem a barreira. Este capítulo revisa alguns princípios comuns da função celular e molecular que servirão como uma fundamentação para as discussões posteriores de como os vários órgãos contribuem para a manutenção da função corporal normal.

II. AMBIENTE CELULAR

As células estão banhadas por um **líquido extracelular** (**LEC**) que contém íons sódio (Na^+), potássio (K^+), magnésio (Mg^{2+}), cloreto (Cl^-), fosfato (PO_4^{3-}) e bicarbonato (HCO_3^-), glicose e pequenas quantidades de proteínas (Tab. 1.1). Esse líquido também contém cerca de 2 mmol de cálcio livre (Ca^{2+}). O Ca^{2+} é essencial para a vida, mas muitas das reações bioquímicas requeridas pelas células podem ocorrer somente se as concentrações de Ca^{2+} livre forem dez mil vezes rebaixadas para cerca de 10^{-7} mol. Assim, as células estabelecem uma barreira que é impermeável aos íons (a **membrana**

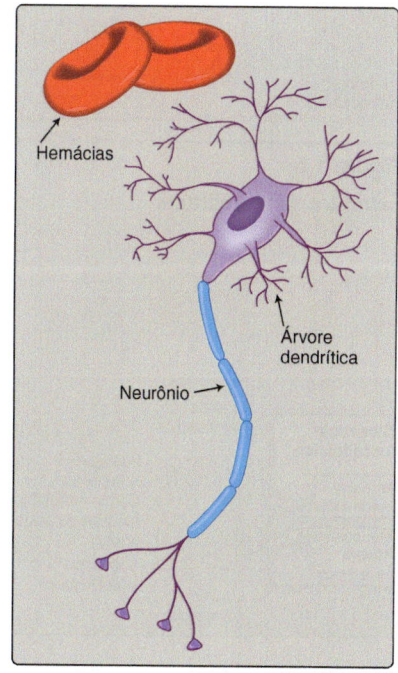

Figura 1.1
Diferenças na morfologia celular.

Tabela 1.1 Composição dos líquidos extracelular e intracelular

Soluto	LEC	LIC
Na^+	145	12
K^+	4	120
Ca^{2+}	2,5	0,0001
Mg^{2+}	1	0,5
Cl^-	110	15
HCO_3^-	24	12
Fosfatos	0,8	0,7
Glicose	5	<1
Proteínas (g/dL)	1	30
pH	7,4	7,2

Os valores são aproximados e representam concentrações livres sob condições metabólicas normais. Todos os valores (com exceção da concentração de proteínas e do pH) são dados em mmol/L. LEC = líquido extracelular; LIC = líquido intracelular.

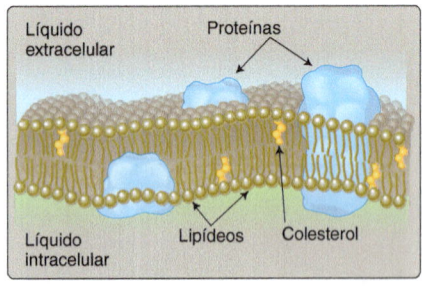

Figura 1.2
Estrutura da membrana.

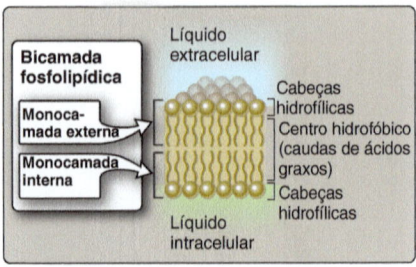

Figura 1.3
Bicamada lipídica da membrana.

plasmática) para separar o **líquido intracelular** ([**LIC**] ou **citosol**) do LEC e então modificar seletivamente a composição do LIC para facilitar as reações bioquímicas que mantêm a vida. O LIC é caracterizado por baixas concentrações de Ca^{2+}, Na^+ e Cl^- em comparação com o LEC, enquanto a concentração de K^+ está aumentada. As células também contêm mais proteína livre que o LEC, e o pH do LIC é levemente mais ácido.

III. COMPOSIÇÃO DA MEMBRANA

A membrana é composta por proteína e lipídeo (Fig. 1.2). Os lipídeos formam o eixo central de todas as membranas. Os lipídeos são idealmente apropriados para uma função de barreira porque eles são **hidrofóbicos**, ou seja, repelem a água e qualquer coisa dissolvida nela (moléculas **hidrofílicas**). As proteínas permitem às células interagir e comunicar-se umas com as outras e proporcionam caminhos que possibilitam que a água e as moléculas hidrofílicas cruzem o eixo lipídico.

A. Lipídeos

As membranas contêm três tipos predominantes de lipídeos: **fosfolipídeos**, **colesterol** e **glicolipídeos**. Todos são **anfipáticos** por natureza, significando que têm uma região polar (hidrofílica) e uma região não polar (hidrofóbica). A região polar é considerada a **cabeça hidrofílica**. A região hidrofóbica é geralmente composta por "**caudas**" de ácidos graxos de comprimento variável. Quando a membrana é organizada, os lipídeos naturalmente se agrupam em uma bicamada contínua (Fig. 1.3). As cabeças hidrofílicas polares se agrupam nas superfícies interna e externa, onde as duas camadas entram em contato com o LIC e o LEC, respectivamente. Os grupos de caudas hidrofóbicas pendem para baixo das cabeças hidrofílicas para formar o centro graxo da membrana. Embora as duas metades da bicamada estejam intimamente apostas, não existe uma troca lipídica significativa entre as duas monocamada da membrana.

1. **Fosfolipídeos:** os fosfolipídeos são o tipo de lipídeos mais comuns da membrana. Possuem uma cauda de ácido graxo acoplada, por meio do glicerol, a uma cabeça hidrofílica que contém fosfato e um álcool ligado. Os fosfolipídeos predominantes incluem: **fosfatidilserina**, **fosfatidiletanolamina**, **fosfatidilcolina**, **fosfatidilinositol** e **fosfatidilglicerol**. A **esfingomielina** é um fosfolipídeo relacionado, no qual o glicerol foi substituído por esfingosina. O grupo álcool na esfingomielina é a colina.

2. **Colesterol:** o colesterol é o segundo lipídeo mais comum na membrana. É hidrofóbico, mas contém um grupo hidroxila polar que o puxa para a superfície externa da bicamada, onde esse lipídeo se aloja entre os fosfolipídeos adjacentes (Fig. 1.4). Entre o grupo hidroxila e a cauda de hidrocarboneto está um núcleo de esteroide. Os quatro anéis de carbono do esteroide o tornam relativamente inflexível, de forma que a adição de colesterol à membrana reduz a sua fluidez e a torna mais forte e mais rígida.

3. **Glicolipídeos:** o folheto externo da bicamada contém glicolipídeos, um tipo de lipídeo pequeno, mas fisiologicamente importante, composto por uma cauda de ácido graxo associada, por meio da esfingosina, a uma cabeça hidrofílica de carboidrato. Os glicolipídeos criam uma capa de carboidrato celular que está envolvida nas interações célula-célula e apresenta antigenicidade.

B. Proteínas

O eixo lipídico da membrana veda a célula em um envelope pelo qual apenas materiais solúveis em lipídeos, tais como o O_2, o CO_2 e o álcool, podem cruzar. No entanto, as células existem em um mundo aquoso, e a maioria das moléculas de que elas necessitam para prosperar é hidrofílica e não pode penetrar no eixo lipídico. Assim, a membrana (**plasma**) de superfície também contém proteínas cuja função é auxiliar os íons e outras moléculas carregadas a passarem através da barreira lipídica. As proteínas de membrana também possibilitam a comunicação intercelular e fornecem às células informações sensoriais sobre o ambiente externo. As proteínas estão agrupadas considerando-se o fato de se localizarem na superfície da membrana (**periféricas**) ou integrarem a bicamada lipídica (**integrais**) (Fig. 1.5).

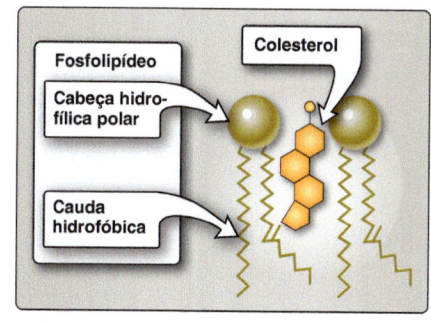

Figura 1.4
Localização do colesterol na membrana.

1. **Periféricas:** as proteínas periféricas são encontradas na superfície da membrana. Sua ligação com a membrana é relativamente fraca, por isso podem facilmente ser liberadas, utilizando-se soluções salinas simples. As proteínas periféricas associam-se tanto com as superfícies intra como extracelulares das membranas plasmáticas.

   a. **Intracelulares:** as proteínas que se localizam em direção à superfície intracelular incluem muitas enzimas; subunidades reguladoras de canais iônicos; receptores e transportadores; e proteínas envolvidas no transporte de vesículas e fusão de membranas, assim como proteínas que ancoram a membrana a uma densa rede de fibrilas que se localiza logo abaixo de sua superfície interna. Essa rede é composta por espectrina, actina, anquirina e muitas outras moléculas que se unem para formar um **citoesqueleto subcortical** (ver Fig. 1.5).

   b. **Extracelulares:** as proteínas localizadas na superfície extracelular incluem enzimas, antígenos e moléculas de adesão. Muitas proteínas periféricas estão ligadas à membrana por meio do **glicofosfatidilinositol** ([**GPI**], um fosfolipídeo glicosilado) e são coletivamente conhecidas como **proteínas ancoradas ao GPI**.

2. **Integrais:** as proteínas integrais da membrana penetram no eixo lipídico. Essas proteínas estão ancoradas por ligações covalentes a estruturas circundantes, e somente podem ser removidas por um tratamento experimental da membrana com um detergente. Algu-

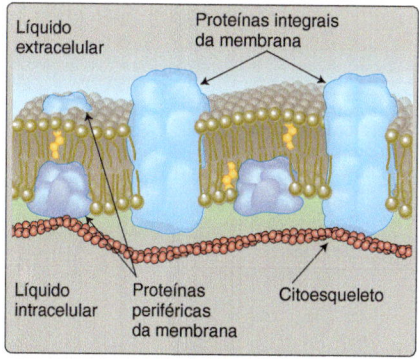

Figura 1.5
Proteínas da membrana.

Aplicação clínica 1.1 Hemoglobinúria paroxística noturna

Hemoglobinúria paroxística noturna (HPN) é uma doença rara e hereditária causada por um defeito no gene que codifica o fosfatidilinositol glicano A. Essa proteína é necessária para a síntese do ancouradouro de glicofosfatidilinositol utilizado para ancorar as proteínas periféricas do lado externo da membrana celular. O defeito genético impede as células de expressarem proteínas que normalmente as protegem do sistema imune. O aparecimento de hemoglobina durante a noite na urina (hemoglobinúria) reflete a lise de hemácias pelo complemento imune. Os pacientes geralmente manifestam sintomas associados com anemia. A HPN está associada com um risco significativo de morbidade, em parte, porque os pacientes estão propensos a eventos trombóticos. A razão para a incidência aumentada da trombose não está bem esclarecida.

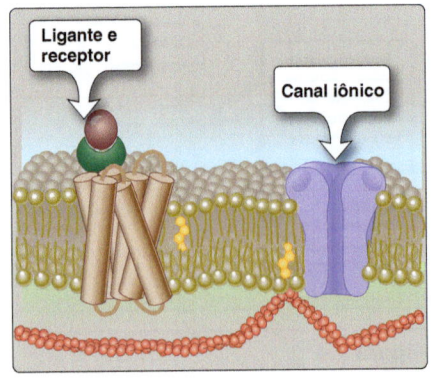

Figura 1.6
Proteínas transmembrana.

mas proteínas integrais podem permanecer localizadas de um lado ou do outro dos dois folhetos da membrana, sem na realidade cruzar toda sua espessura. Outras podem cruzar a membrana muitas vezes (**proteínas transmembrana**), como é apresentado na Figura 1.6. Os exemplos incluem várias classes de **canais iônicos**, **transportadores** e **receptores**.

IV. DIFUSÃO

O movimento através da membrana requer uma força motriz. A maioria das substâncias cruza a membrana plasmática por **difusão**, e o seu movimento é impulsionado por um gradiente de concentração transmembrana. Quando a diferença de concentração através da membrana é desfavorável, entretanto, a célula deve gastar energia para forçar o movimento "morro acima" contra o gradiente de concentração (**transporte ativo**).

A. Difusão simples

Considere um recipiente cheio de água e dividido em dois compartimentos por uma membrana puramente lipídica (Fig. 1.7). Um corante azul é então gotejado dentro do recipiente da esquerda. Inicialmente, o corante permanece concentrado e restrito à sua pequena área de entrada, mas moléculas de gás, água, ou qualquer coisa dissolvida na água estão em constante movimento térmico. Esse movimento faz as moléculas de corante se distribuírem aleatoriamente em todo o compartimento, e a água finalmente adquire uma cor uniforme, embora mais clara que a gota original. O exemplo mostrado na Figura 1.7 leva em consideração que o corante é incapaz de cruzar a membrana, de forma que o compartimento do lado direito permanece incolor, mesmo que a diferença das concentrações de corante através da barreira seja muito elevada. Entretanto, se o corante for solúvel em lipídeo, ou é fornecido um caminho (uma proteína) que o permita cruzar a barreira, a difusão irá levar as moléculas para o segundo compartimento, e todo o tanque se tornará azul (Fig. 1.8).

B. Lei de Fick

A velocidade em que as moléculas, como as do corante azul, cruzam as membranas pode ser determinada, utilizando-se uma versão simplificada da **lei de Fick**:

$$J = P \times A (C_1 - C_2)$$

em que J é a velocidade de difusão (em mmol/s), P é um **coeficiente de permeabilidade**, A é uma **área de superfície da membrana** (cm^2), e C_1 e C_2 são as concentrações de corante (mmol/L) nos compartimentos 1 e 2, respectivamente. O coeficiente de permeabilidade leva em consideração os **coeficientes de difusão** e **de partição** de uma molécula, e a **espessura** da barreira que ela deve cruzar.

1. **Coeficiente de difusão:** as taxas de difusão aumentam quando a velocidade da molécula aumenta, o que, por sua vez, é determinado por seu **coeficiente de difusão**. Esse coeficiente é proporcional à temperatura e inversamente proporcional ao raio molecular e à viscosidade do meio pelo qual ela se difunde. Na prática, moléculas pequenas se difundem rapidamente em água quente, enquanto moléculas grandes se difundem muito vagarosamente em soluções viscosas e frias.

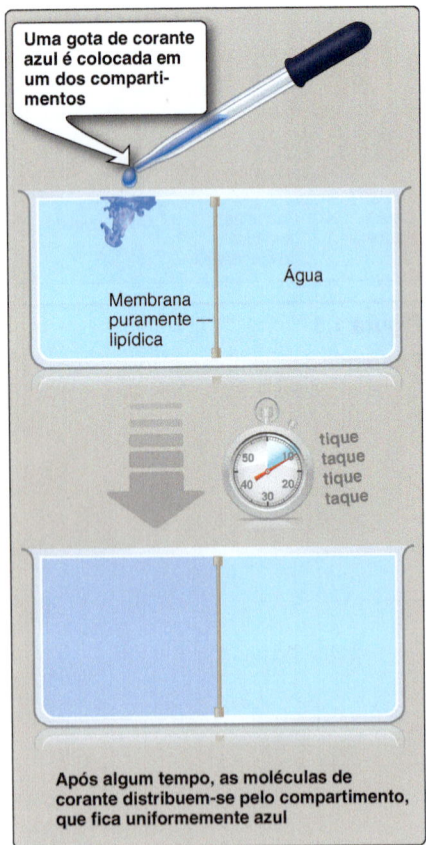

Figura 1.7
Difusão simples na água.

2. **Coeficiente de partição:** moléculas solúveis em lipídeos, tais como gorduras, alcoóis, e alguns anestésicos, podem cruzar uma membrana por se dissolverem em seu eixo lipídico, e essas moléculas têm um elevado coeficiente de partição. Contrariamente, íons como o Na^+ e o Ca^{2+} são repelidos pelos lipídeos e têm um coeficiente de partição muito baixo. O coeficiente de partição de uma molécula é determinado pela medida de sua solubilidade em óleo comparada com sua solubilidade em água.

3. **Distância:** a taxa de difusão líquida diminui quando as moléculas têm de cruzar membranas espessas, comparadas com as finas. As consequências práticas desta relação podem ser observadas nos pulmões (ver 22.II.C) e na placenta fetal (ver 37.III.B), órgãos designados a maximizar as taxas de difusão, minimizando a distância de difusão entre dois compartimentos.

4. **Área de superfície:** o aumento da área de superfície disponível para difusão também aumenta a taxa de difusão. Esta relação é utilizada de forma vantajosa e prática em vários órgãos. Os pulmões contêm 300 milhões de pequenos sacos (**alvéolos**) que têm uma área de superfície conjunta de aproximadamente 80 m^2 que permite uma eficiente troca de O_2 e CO_2 entre o sangue e a atmosfera (ver 22.II.C). O revestimento do intestino delgado é pregueado com **vilosidades** em formato de dedos (Fig. 1.9), e as vilosidades possuem **microvilosidades** que, juntas, criam uma área de superfície conjunta de cerca de 200 m^2 (ver 31.II). A amplificação da área de superfície leva a uma eficiente absorção de água e nutrientes da luz do intestino. A troca eficiente de nutrientes e produtos de degradação metabólica entre o sangue e os tecidos é assegurada por uma vasta rede de pequenos vasos (**capilares**) cuja área de superfície conjunta excede 500 m^2 (ver 19.II.C).

5. **Gradiente de concentração:** a taxa em que as moléculas se difundem através de uma membrana é diretamente proporcional à diferença de concentração entre os dois lados da membrana. No exemplo apresentado na Figura 1.8, o gradiente de concentração (e, assim, a taxa de difusão do corante) entre os dois compartimentos é inicialmente elevado, mas a velocidade diminui e finalmente cessa conforme o gradiente se dissipa e os dois lados entram em equilíbrio. Observe que a mobilidade térmica faz as moléculas de corante continuarem a se movimentar de um lado para o outro entre os dois compartimentos em equilíbrio, mas o movimento líquido entre os dois é zero. Se houvesse uma maneira de remover continuamente o corante do compartimento da direita, o gradiente de concentração e a taxa de difusão permaneceriam elevados (também teríamos que ficar acrescentando corante ao compartimento da esquerda para compensar o movimento através da barreira).

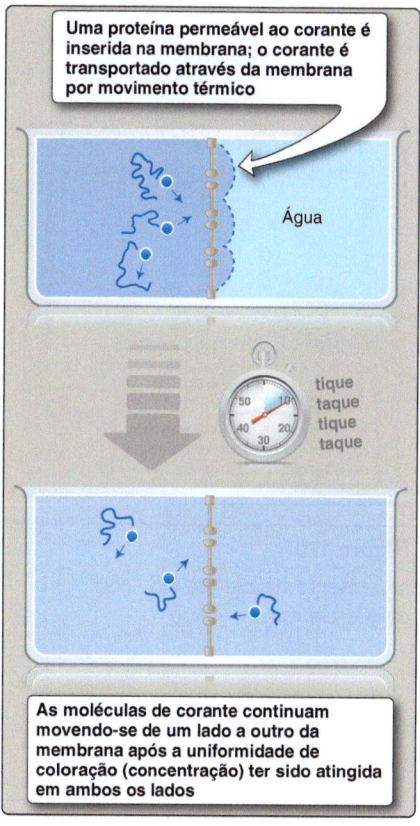

Figura 1.8
Difusão através de uma bicamada lipídica.

O movimento de O_2 entre a atmosfera e a circulação pulmonar ocorre por difusão simples, direcionado por um gradiente de concentração de O_2 entre o ar e o sangue. O sangue transporta o O_2 tão rapidamente quanto este é absorvido, e os movimentos respiratórios constantemente renovam o conteúdo de O_2 dos pulmões, mantendo assim um gradiente de concentração favorável por meio da interface ar-sangue (ver 23.V).

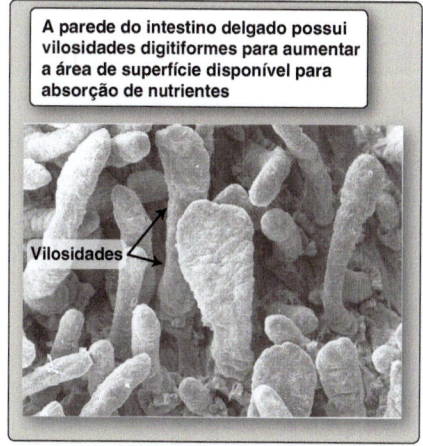

Figura 1.9
Vilosidades intestinais.

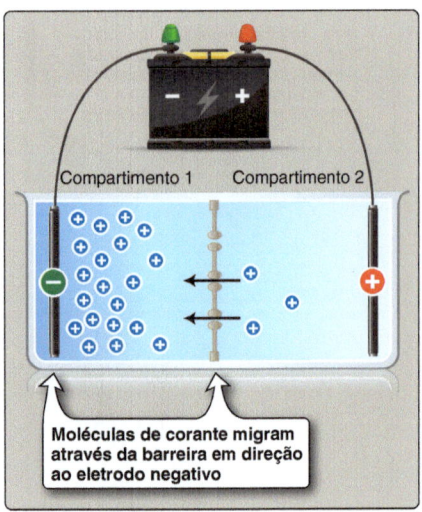

Figura 1.10
Movimento de cargas induzido por gradiente elétrico.

C. Moléculas carregadas

A discussão anterior leva em consideração que o corante não é carregado. Os mesmos princípios básicos se aplicam para a difusão de uma molécula carregada (um **eletrólito**), mas os eletrólitos são também influenciados por gradientes elétricos. Íons carregados positivamente, tais como Na^+, K^+, Ca^{2+} e Mg^{2+} (**cátions**), e íons carregados negativamente, tais como Cl^- e HCO_3^- (**ânions**), são atraídos e se moverão na direção oposta às suas cargas. Assim, se o corante, na Figura 1.8, possuir uma carga positiva, e um gradiente elétrico for aplicado ao longo do recipiente, as moléculas de corante se moverão através da membrana de volta ao eletrodo negativo (Fig. 1.10). O gradiente elétrico, na Figura 1.10, foi criado utilizando-se uma bateria, mas o mesmo efeito pode ser alcançado pela adição de ânions aos quais a membrana é impermeável no compartimento 1. Se o compartimento 1 estiver cheio de cátions, as moléculas de corante serão repelidas pela carga (semelhante) positiva e irão se acumular no compartimento 2 (Fig. 1.11). Observe que o gradiente *elétrico* faz o gradiente de *concentração* do corante entre os dois compartimentos ser restabelecido. As moléculas de corante continuarão migrando do compartimento 2 em direção ao compartimento 1 até que o gradiente de concentração se torne tão grande que ele se equipare e se oponha ao gradiente elétrico, ponto no qual um **equilíbrio eletroquímico** tenha sido estabelecido. Conforme discutido no Capítulo 2, a maioria das células excreta ativamente íons Na^+ para criar um gradiente elétrico através de suas membranas. Essas células então utilizam a força combinada dos gradientes elétrico e químico (o **gradiente eletroquímico**), para mover íons e outras pequenas moléculas (p. ex., glicose) através de suas membranas e para sinalização elétrica.

V. POROS, CANAIS E CARREADORES

Pequenas moléculas não polares (p. ex., O_2 e CO_2) se difundem rapidamente através das membranas e não necessitam de qualquer via especializada. No entanto, a maioria das moléculas comuns ao LIC e ao LEC é carregada, significando que necessita do auxílio de um **poro**, um **canal** ou uma proteína **carreadora** para passar através do eixo lipídico da membrana.

A. Poros

Os poros são proteínas integrais das membranas que formam passagens aquosas não reguladas, permitindo que íons e outras pequenas moléculas cruzem a membrana. Os poros são relativamente raros nos organismos superiores, porque estão sempre abertos e podem suportar velocidades de trânsito muito elevadas (Tab. 1.2). Fendas não reguladas, na barreira lipídica, podem potencialmente matar as células, por permitirem que constituintes citoplasmáticos importantes escapem da célula e que o Ca^{2+} flua para o interior da célula a partir do LEC. A **aquaporina** (**AQP**) é um poro onipresente seletivo à água. Existem 13 membros da

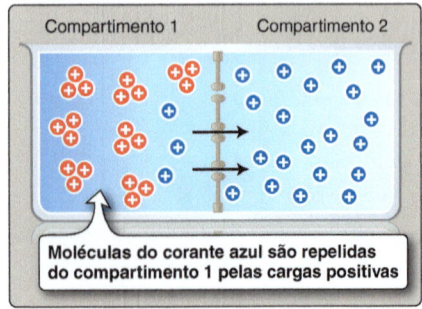

Figura 1.11
Efeitos repelentes de cargas semelhantes.

Tabela 1.2 Taxas aproximadas de transporte por poros, canais e carreadores

Via	Exemplo	Molécula(s) movida(s)	Taxa de transporte (número/s)
Poros	Aquaporina-1	H_2O	3×10^9
Canais	Na^+ ClC1	Na^+ Cl^-	10^8 10^6
Carreadores	Na^+-K^+ ATPase	Na^+, K^+	3×10^2

Aplicação clínica 1.2 *Staphylococcus aureus*

O *Staphylococcus aureus* é uma bactéria estabelecida na pele que é a causa principal de infecções estafilocócicas de origem sanguínea (bacteremia) adquiridas na comunidade ou em hospitais. A incidência destas infecções tem aumentado constantemente nas últimas décadas e representa uma preocupação crescente, devido às altas taxas de mortalidade a ela associadas e à prevalência aumentada de linhagens resistentes aos antibióticos, tais como a linhagem MRSA (*Staphylococcus aureus* resistente à meticilina). A letalidade da bactéria é devida à sua produção de uma toxina (α-hemolisina) que mata as células do sangue. A toxina tem como alvo a membrana plasmática, onde monômeros dessa toxina se agrupam em uma proteína multimérica com um poro não regulado em seu centro. Como resultado, a célula perde o controle de seu ambiente interno. Os gradientes iônicos se dissipam, e a célula incha, formando bolhas que se rompem e liberam nutrientes que, supostamente, nutrem as bactérias conforme elas proliferam.

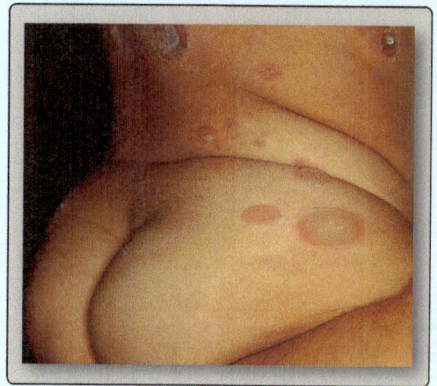

Lesões cutâneas causadas pelo *Staphylococcus aureus*.

família conhecidos (AQP0 a AQP12), três dos quais são expressos amplamente no corpo (AQP1, AQP3 e AQP4). A AQP é encontrada sempre onde houver a necessidade de mover água através das membranas. As AQPs desempenham um papel fundamental em regular a reabsorção de água nos túbulos renais (ver 27.V.C), por exemplo, mas elas são também necessárias para a transparência da lente do olho (AQP0), a manutenção da umidade da pele (AQP3) e a mediação do edema encefálico após uma agressão (AQP4). Uma vez que a AQP está sempre aberta, as células devem regular a sua permeabilidade à água pela adição ou remoção de AQPs de sua membrana.

B. Canais

Os **canais iônicos** são proteínas transmembrana que se agrupam de maneira a criar uma ou mais passagens aquosas através da membrana. Os canais diferem dos poros pelo fato de que as rotas de permeabilidade são reveladas de forma transitória (**abertura do canal**) em resposta a uma alteração do potencial de membrana, à ligação de um neurotransmissor, ou outro estímulo, permitindo assim que pequenos íons (p. ex., Na^+, K^+, Ca^{2+} e Cl^-) entrem e cruzem o eixo lipídico (Fig. 1.12). O movimento iônico é direcionado por difusão simples e potencializado pelo gradiente eletroquímico transmembrana. Os íons são forçados a interagir brevemente com o poro do canal, de forma que sua natureza química e a adequação para passagem possam ser estabelecidas (um **filtro seletivo**), mas a velocidade na qual os íons cruzam a membrana pelos canais pode ser tão elevada quanto 10^8 por segundo (ver Tab. 1.2). Todas as células expressam canais iônicos, e existem numerosos tipos, incluindo o canal Na^+ dependente de voltagem, que medeia os potenciais de ação nervosos, e os canais Ca^{2+} dependentes de voltagem, que medeiam a contração muscular. Os canais iônicos são discutidos em detalhes no Capítulo 2.

C. Carreadores

Grandes solutos, tais como açúcares e aminoácidos, são geralmente auxiliados por carreadores na travessia da membrana. Os carreadores

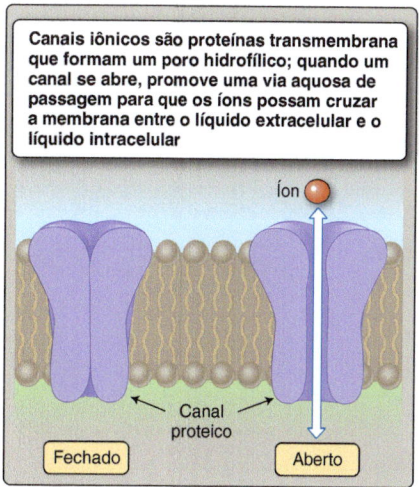

Canais iônicos são proteínas transmembrana que formam um poro hidrofílico; quando um canal se abre, promove uma via aquosa de passagem para que os íons possam cruzar a membrana entre o líquido extracelular e o líquido intracelular

Figura 1.12
Abertura de canal iônico.

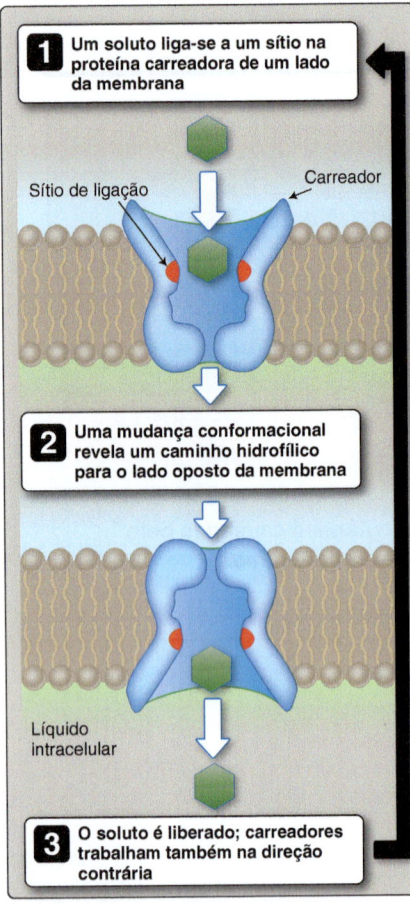

Figura 1.13
Modelo de transporte por uma proteína carreadora.

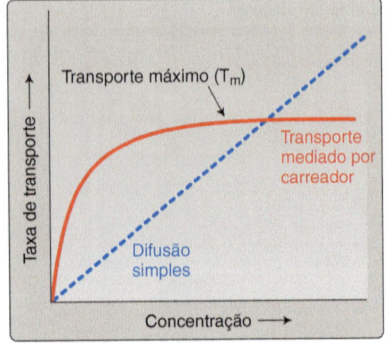

Figura 1.14
Cinética de saturação de carreador.

podem ser considerados enzimas que catalisam o movimento, em vez de uma reação bioquímica. A translocação envolve uma etapa de ligação, a qual diminui consideravelmente a velocidade de transporte, comparando-se com os poros e os canais (ver Tab. 1.2). Existem três modos principais de carreamento: **difusão facilitada**, **transporte ativo primário** e **transporte ativo secundário**.

1. **Cinética do transporte:** carreadores, como as enzimas, apresentam especificidade pelo substrato, cinética de saturação (cinética de Michaelis-Menten) e suscetibilidade à competição. Um esquema generalizado para o transporte mediado por carreador envolve uma etapa de ligação do soluto, uma alteração na conformação do carreador que revela uma passagem pela qual o soluto poderá passar e, então, sua liberação do outro lado da membrana (Fig. 1.13). Quando as concentrações de soluto são baixas, o transporte mediado por carreador é mais eficiente do que a difusão simples, mas um número finito de locais de ligação do soluto significa que um carreador pode saturar quando as concentrações de substrato são elevadas (Fig. 1.14). A taxa de transporte em que a saturação ocorre é conhecida como o **transporte máximo (T_m)** e é o equivalente funcional de $V_{máx}$ que define a velocidade máxima de catalisação por uma enzima.[1]

2. **Difusão facilitada:** os carreadores mais simples utilizam gradientes eletroquímicos como uma força motriz (difusão facilitada), conforme é ilustrado na Figura 1.15A. Esses carreadores simplesmente fornecem um caminho seletivo pelo qual solutos orgânicos, tais como glicose, ácidos orgânicos e ureia, podem mover-se através da membrana, a favor de seus gradientes eletroquímicos. A etapa de ligação assegura a passagem seletiva. Os exemplos comuns de tais carreadores incluem a família GLUT de transportadores da glicose e o transportador de ureia do túbulo renal (ver 27.V.D). O transportador GLUT1 é onipresente e fornece a rota principal pela qual todas as células captam glicose. O GLUT4 é um transportador de glicose regulado por insulina, expresso especialmente no tecido adiposo e nos músculos.

3. **Transporte ativo primário:** o movimento de um soluto "morro acima" contra o seu gradiente eletroquímico requer energia. **Transportadores ativos primários** são **ATPases** que movem ou "**bombeiam**" os solutos através das membranas pela hidrólise do trifosfato de adenosina (ATP), como apresentado na Figura 1.15B. Existem três tipos principais de bombas, todos relacionados aos membros da família ATPase do tipo P: uma **Na^+-K^+ ATPase**, um grupo de **Ca^{2+} ATPases** e uma **H^+-K^+ ATPase**.

   a. **Na^+-K^+ ATPase:** a Na^+-K^+ ATPase (**trocador de Na^+-K^+** ou **bomba Na^+-K^+**) é comum a todas as células e utiliza a energia de uma única molécula de ATP para transportar três Na^+ para fora da célula, enquanto simultaneamente traz dois K^+ para o interior a partir do LEC. O movimento de ambos os íons ocorre contra os seus respectivos gradientes eletroquímicos. A importância fisiológica da Na^+-K^+ ATPase não deve ser exagerada. Os gradientes de Na^+ e K^+ que ela estabelece permitem a sinalização elétrica nos neurônios e miócitos, por exemplo, e é utilizada para direcionar a passagem de outros solutos para dentro

---

[1]Para mais detalhes sobre velocidade enzimática máxima, ver *Bioquímica ilustrada*, 5ª edição, Artmed Editora.

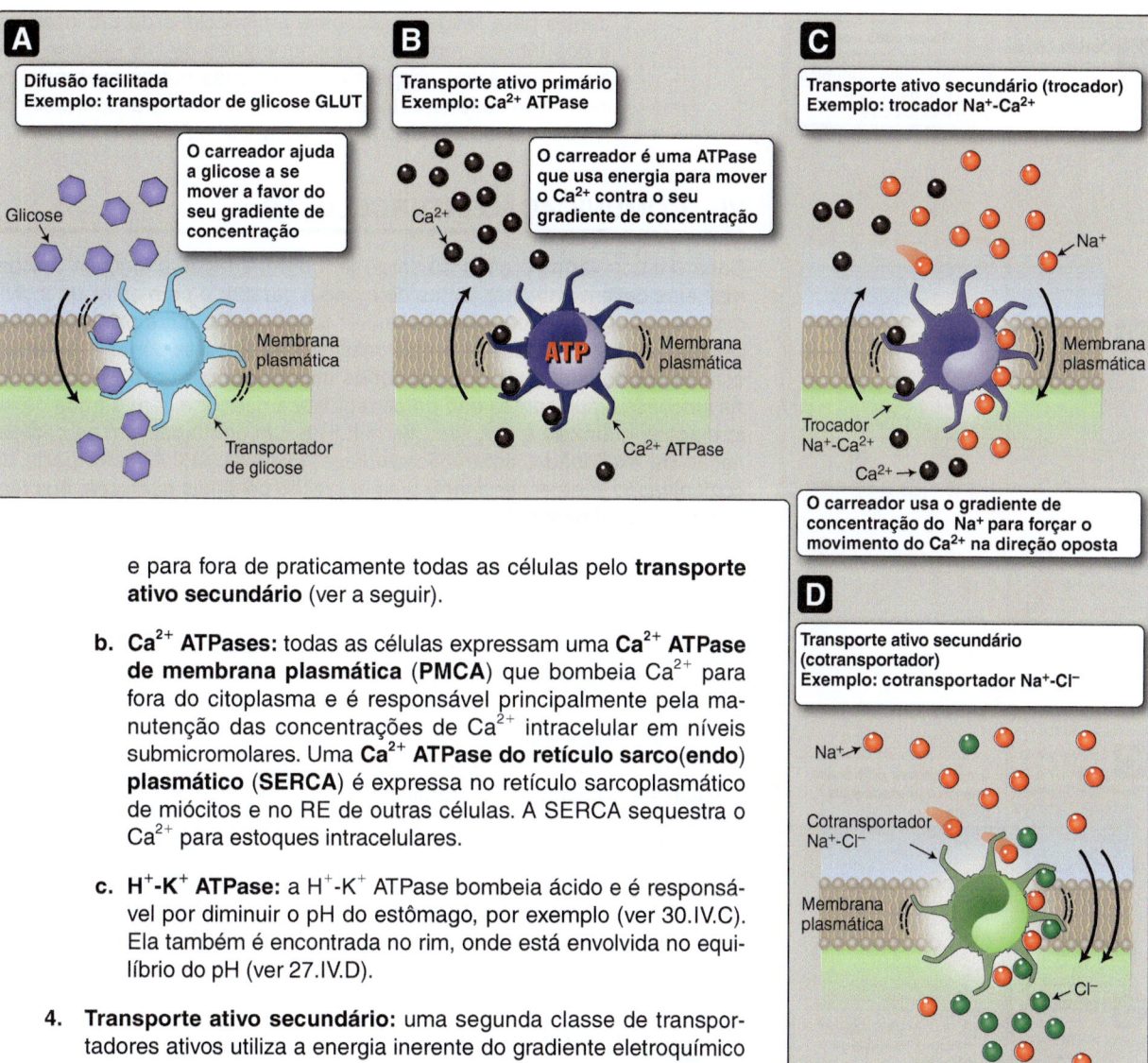

e para fora de praticamente todas as células pelo **transporte ativo secundário** (ver a seguir).

b. **Ca^{2+} ATPases:** todas as células expressam uma **Ca^{2+} ATPase de membrana plasmática** (**PMCA**) que bombeia Ca^{2+} para fora do citoplasma e é responsável principalmente pela manutenção das concentrações de Ca^{2+} intracelular em níveis submicromolares. Uma **Ca^{2+} ATPase do retículo sarco(endo)plasmático** (**SERCA**) é expressa no retículo sarcoplasmático de miócitos e no RE de outras células. A SERCA sequestra o Ca^{2+} para estoques intracelulares.

c. **H^+-K^+ ATPase:** a H^+-K^+ ATPase bombeia ácido e é responsável por diminuir o pH do estômago, por exemplo (ver 30.IV.C). Ela também é encontrada no rim, onde está envolvida no equilíbrio do pH (ver 27.IV.D).

4. **Transporte ativo secundário:** uma segunda classe de transportadores ativos utiliza a energia inerente do gradiente eletroquímico de um soluto para direcionar o movimento contra o gradiente de concentração de um segundo soluto (**transporte ativo secundário**). Tais carreadores não hidrolisam o ATP diretamente, embora o ATP possa ter sido utilizado para criar o gradiente aproveitado pelo transportador secundário. Dois modos de transporte são possíveis: **contratransporte** e **cotransporte**.

    a. **Contratransporte:** os **trocadores** (**antiportes**) utilizam o gradiente eletroquímico de um soluto (p. ex., Na^+) para direcionar o fluxo de um segundo soluto (p. ex., Ca^{2+}) na direção oposta ao primeiro (ver Fig. 1.15C). O trocador Na^+-Ca^{2+} auxilia a manter baixas concentrações de Ca^{2+} intracelular, utilizando o gradiente de Na^+ direcionado para dentro para bombear Ca^{2+} para fora da célula. Outros importantes trocadores incluem o trocador Na^+-H^+ e o trocador Cl^--HCO_3^-.

    b. **Cotransporte:** os cotransportadores (**simportes**) utilizam o gradiente eletroquímico de um soluto para direcionar o fluxo de um segundo ou mesmo de um terceiro soluto na mesma direção do primeiro (ver Fig. 1.15D). Por exemplo, os cotransportadores utilizam um gradiente de Na^+ direcionado para

Figura 1.15

Principais modelos de transporte de membrana. ATP = trifosfato de adenosina.

dentro para resgatar glicose e aminoácidos da luz intestinal e dos túbulos renais (cotransportadores de Na^+-glicose e de Na^+-aminoácido, respectivamente), mas outros exemplos incluem um cotransportador de Na^+-Cl^-, um cotransportador de K^+-Cl^- e um cotransportador de Na^+- K^+-$2Cl^-$.

VI. COMUNICAÇÃO INTERCELULAR

Cada um dos vários órgãos do corpo tem propriedades e funções únicas, mas eles devem trabalhar juntos de modo a garantir o bem-estar do indivíduo como um todo. A cooperação requer comunicação entre os órgãos e as células dentro dos órgãos. Algumas células contatam e se comunicam umas com as outras diretamente por **junções comunicantes** (*gap*) (Fig. 1.16A). As junções comunicantes são poros regulados que permitem a troca de informações químicas e elétricas (ver 4.II.F) e têm um papel vital na coordenação da excitação e contração cardíaca, por exemplo. A maior parte da comunicação intercelular ocorre pela utilização de sinais químicos, que têm sido tradicionalmente classificados de acordo com a distância e a rota que percorrem para exercer um efeito fisiológico. Os **hormônios** são substâncias químicas produzidas por glândulas endócrinas e alguns tecidos não endócrinos, que são levadas a alvos distantes pelos vasos sanguíneos (ver Fig. 1.16B). A insulina, por exemplo, é liberada na circulação pelas células das ilhotas pancreáticas para ser levada aos músculos, tecido adiposo e fígado. As moléculas **parácrinas** são liberadas das células muito próximas ao seu alvo (ver Fig. 1.16C). Por exemplo, as células endoteliais que revestem os vasos sanguíneos liberam óxido nítrico como forma de comunicação com as células do músculo liso que compõem as paredes do vaso (ver 20.II.E.1). As substâncias parácrinas têm, geralmente, uma amplitude de sinalização muito limitada, porque são degradadas ou são captadas rapidamente pelas células vizinhas. Os mensageiros **autócrinos** se ligam a receptores na mesma célula que os liberou, gerando uma rota de retroalimentação negativa que modula a liberação autócrina (ver Fig. 1.16D). Os mensageiros autócrinos, assim como as moléculas parácrinas, têm uma amplitude de sinalização muito limitada.

VII. SINALIZAÇÃO INTRACELULAR

Uma vez que uma mensagem química chega ao seu destino, deve ser reconhecida como tal pela célula-alvo e então transduzida de forma que possa modificar a função celular. A maioria dos mensageiros químicos possui carga e não pode ultrapassar a membrana, assim o reconhecimento deve ocorrer na superfície da célula. Esse reconhecimento é feito por receptores, que servem como acionadores celulares. A ligação de um hormônio ou um neurotransmissor aciona o comando e faz surgir um conjunto de instruções pré-programadas que culmina em uma resposta celular. Os receptores são geralmente proteínas integrais da membrana, tais como **canais dependentes de ligante**, **receptores acoplados à proteína G (GPCRs)** ou **receptores com atividade enzimática**. Os mensageiros lipolíficos podem cruzar a membrana plasmática, e são reconhecidos por **receptores intracelulares**.

A. Canais

Os canais iônicos dependentes de ligantes facilitam a comunicação entre neurônios e as suas células-alvo, incluindo outros neurônios (ver 2.VI.B). Por exemplo, o receptor nicotínico da acetilcolina (ACh) é um

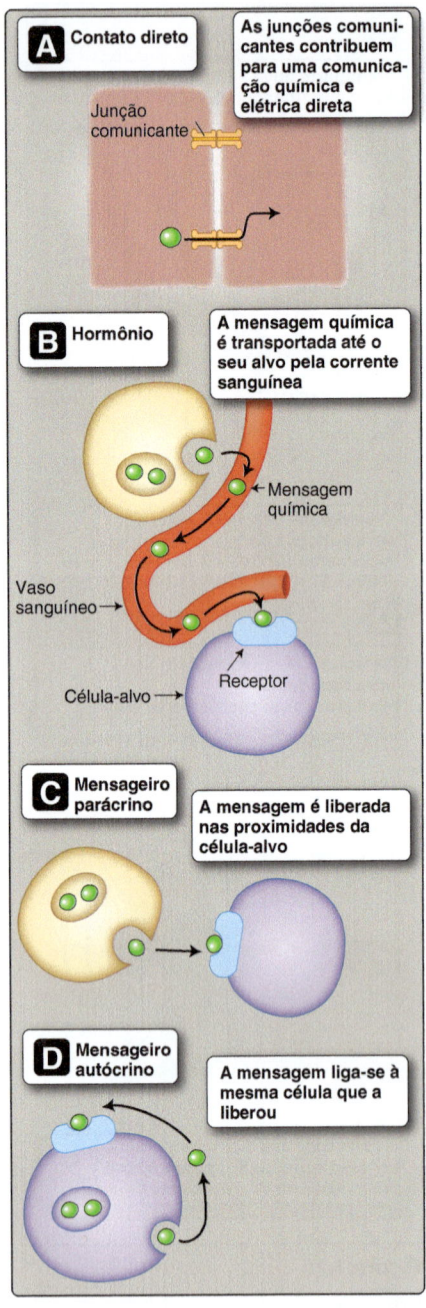

Figura 1.16
Vias de sinalização química.

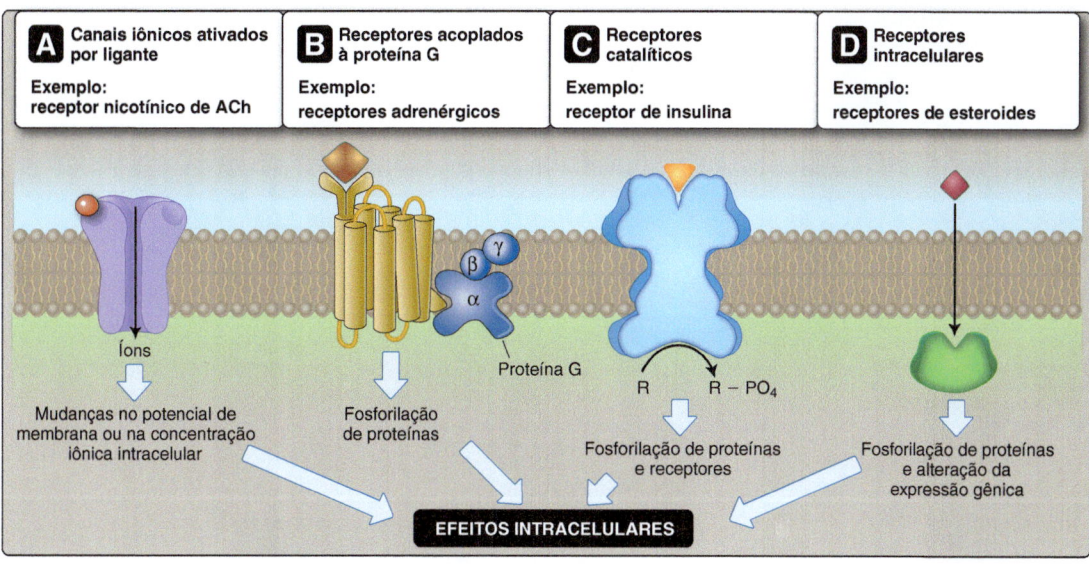

Figura 1.17
Receptores para neurotransmissores e hormônios. ACh = acetilcolina.

canal iônico dependente de ligante que permite às células do músculo esquelético responder a comandos excitatórios de um neurônio motor α. A ligação de um neurotransmissor ao seu receptor promove uma alteração conformacional que abre o canal e permite que íons tais como Na^+, K^+, Ca^{2+} e Cl^- fluam pela membrana por meio do poro (Fig. 1.17A). O movimento de cargas através da membrana constitui um sinal elétrico que influencia a atividade da célula-alvo diretamente, mas o influxo de Ca^{2+} mediado por um canal pode ter efeitos adicionais e potentes na função celular por ativar várias rotas de transdução dependentes do sinal de Ca^{2+} (ver a seguir).

B. Receptores acoplados à proteína G

Os GPCRs são sensíveis à maioria dos sinais químicos e os transduzem, sendo representados por uma família GPCR grande e diversa (o genoma humano contém > 900 genes para GPCR). Esses receptores são encontrados tanto nos tecidos neurais como nos não neurais. Os exemplos comuns incluem o receptor muscarínico de ACh, receptores α e β-adrenérgicos e os receptores odoríferos. Todos os GPCRs têm uma estrutura em comum que inclui sete **segmentos que cruzam a membrana** e se movimentam em ondas para frente e para trás ao longo da membrana (Fig. 1.18). A ligação ao receptor é transduzida por uma **proteína G** (proteína ligadora de trifosfato de guanosina [GTP]), a qual, por sua vez, ativa uma ou mais rotas de **segundos mensageiros** (ver Fig. 1.17B). Os segundos mensageiros incluem o **3´5´-monofosfato de adenosina cíclico** (**AMPc**), o **3´5´-monofosfato de guanosina cíclico** (**GMPc**) e o **inositol trifosfato** (**IP₃**). As vias de retransmissão do sinal em etapas múltiplas permitem uma profunda amplificação dos eventos ligados ao receptor. Assim, um receptor ocupado pode ativar várias proteínas G, cada uma das quais pode produzir múltiplas moléculas de segundos mensageiros, as quais, por sua vez, podem ativar múltiplas rotas efetoras (Fig. 1.19).

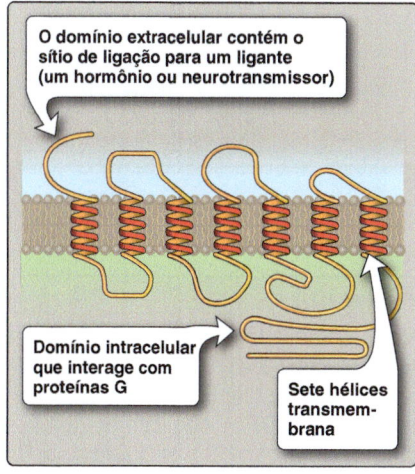

Figura 1.18
Estrutura do receptor acoplado à proteína G.

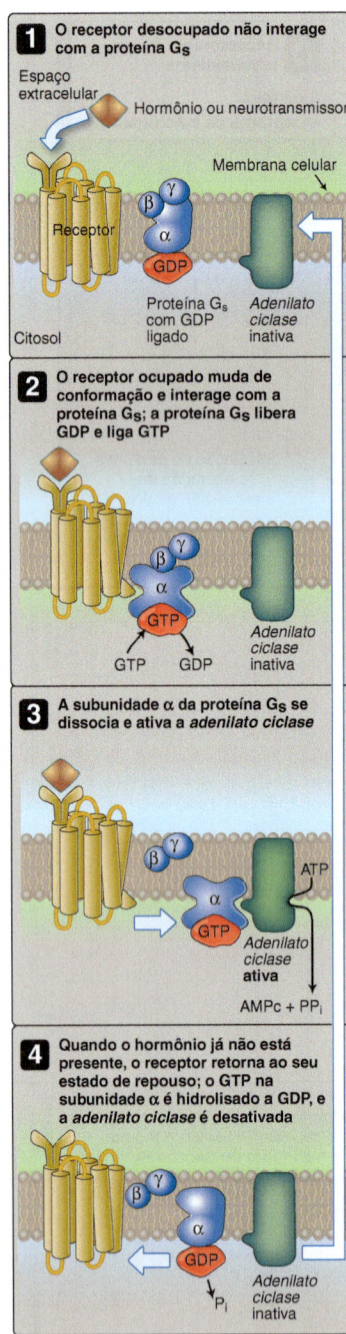

Figura 1.20
Via de sinalização do monofosfato de adenosina cíclico (AMPc). ATP = trifosfato de adenosina; G_s = proteína G estimuladora; GDP = difosfato de guanosina; GTP = trifosfato de guanosina; P_i = fosfato inorgânico; PP_i = pirofosfato.

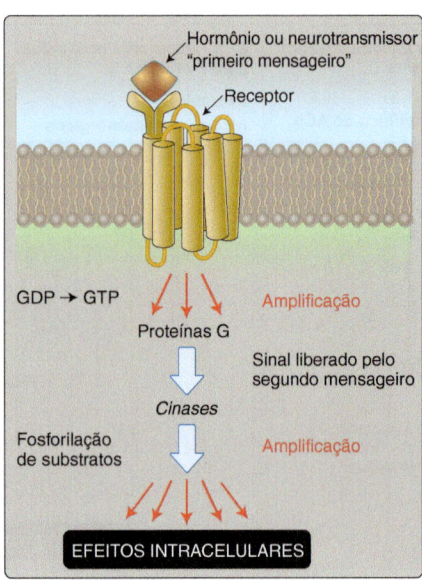

Figura 1.19
Amplificação de sinal por segundo mensageiro. GDP = difosfato de guanosina; GTP = trifosfato de guanosina.

1. **Proteínas G:** as proteínas G são pequenas proteínas associadas à membrana com atividade de *GTPase*. Dois tipos de proteínas G foram descritos. A classe que se associa com receptores de hormônios e neurotransmissores é um conjunto de três subunidades: α, β e γ. A atividade de *GTPase* reside na subunidade α ($G_α$), a qual é geralmente ligada ao GDP. A ligação ao receptor leva a uma alteração conformacional que lhe permite interagir com a sua proteína G associada. A subunidade α libera então o GDP, liga o GTP e se dissocia do complexo proteico (Fig. 1.20). Um receptor ocupado pode ativar muitas proteínas G antes que o hormônio ou transmissor se dissocie. As subunidades $G_α$ ativas podem interagir com uma variedade de cascatas de segundos mensageiros, os principais sendo as rotas de sinalização do AMPc e do IP_3. A duração dos efeitos da $G_α$ são limitados pela atividade de *GTPase* intrínseca da proteína. A taxa de hidrólise é baixa, mas uma vez que o GTP tenha sido convertido em GDP (e fosfato inorgânico), a subunidade perde a sua capacidade sinalizadora. Ela então acopla novamente com o conjunto $G_{βγ}$ na superfície da membrana e aguarda uma oportunidade futura para se ligar a um receptor ocupado.

> Existem pelo menos 16 diferentes subunidades $G_α$ descritas. Elas podem ser classificadas de acordo com seu efeito em uma via-alvo. As subunidades $G_{αs}$ são estimuladoras. As subunidades $G_{αi}$ são inibidoras, uma vez que elas suprimem a formação de segundos mensageiros quando ativadas.

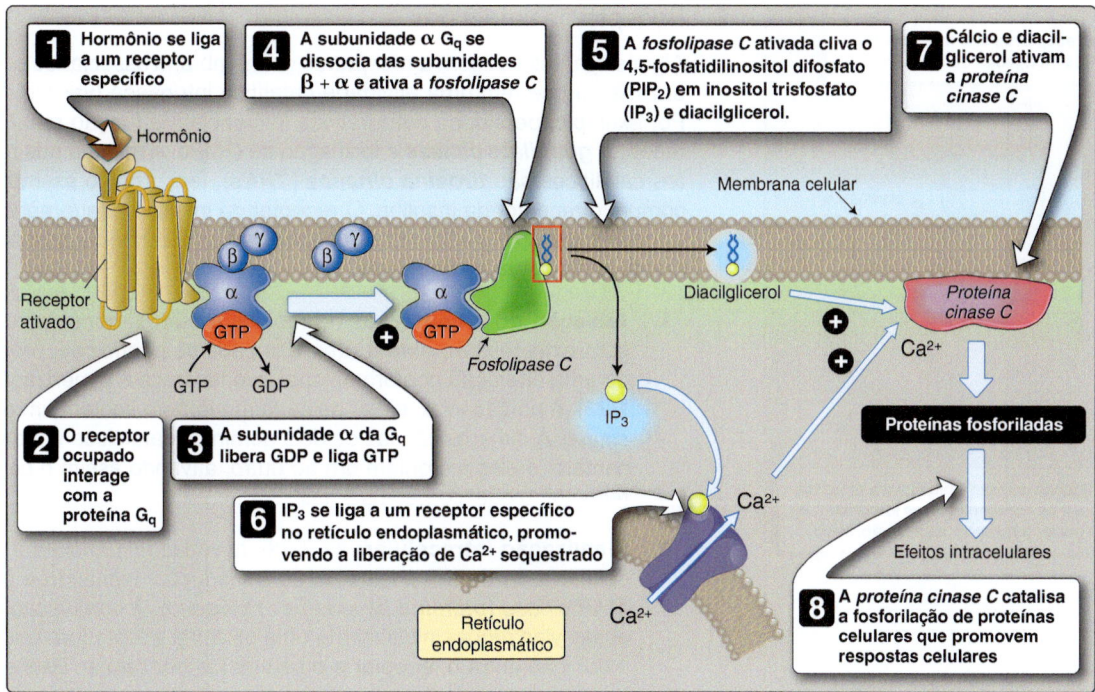

Figura 1.21
Via de sinalização do inositol trifosfato (IP_3). G_q = proteína G estimuladora; GDP = difosfato de guanosina; GTP = trifosfato de guanosina.

2. **Via de sinalização do AMPc:** o AMPc é um segundo mensageiro sintetizado a partir do ATP pela **adenilato ciclase**. A adenilato ciclase é regulada pelas proteínas G. $G_{\alpha s}$ estimula a formação de AMPc, enquanto $G_{\alpha i}$ a inibe. O AMPc ativa a **proteína cinase A** (**PKA**), a qual fosforila e modifica a função de uma variedade de proteínas intracelulares, incluindo enzimas, canais iônicos e bombas. A rota de sinalização do AMPc é capaz de uma enorme amplificação de sinal, de maneira que duas repressões atuam no local para limitar os seus efeitos. As *fosfatases proteicas* se opõem aos efeitos da *cinase*, desfosforilando as proteínas-alvo. Os efeitos da *adenilato ciclase* são contrapostos por uma **fosfodiesterase** que converte AMPc em 5´-AMP.

3. **Via de sinalização do IP_3:** a $G_{\alpha q}$ é uma subunidade da proteína G que libera três segundos mensageiros diferentes pela ativação da **fosfolipase C** (**PLC**), como apresentado na Figura 1.21. Os mensageiros são IP_3, **diacilglicerol** (**DAG**) e Ca^{2+}. A *PLC* catalisa a formação de IP_3 e DAG a partir do **4,5-fosfatidilinositoldifosfato** (**PIP_2**), um lipídeo da membrana plasmática. O DAG permanece localizado na membrana, mas o IP_3 é liberado no citoplasma e se liga a um canal de liberação de Ca^{2+} localizado no RE. O Ca^{2+} então flui dos compartimentos de estoques intracelulares para o citosol, onde ele se liga à **calmodulina** (**CaM**), como mostrado na Figura 1.22. A CaM medeia a ativação pelo Ca^{2+} de muitas enzimas e outros efetores intracelulares. O Ca^{2+} também coordena, juntamente com o DAG, a ativação da **proteína cinase C** (ver Fig. 1.21), a qual fosforila as proteínas envolvidas na contração muscular e na secreção salivar, por exemplo.

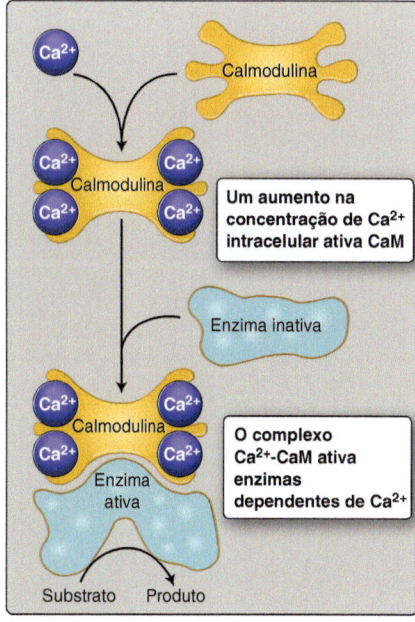

Figura 1.22
Ativação enzimática dependente de Ca^{2+}-calmodulina (CaM).

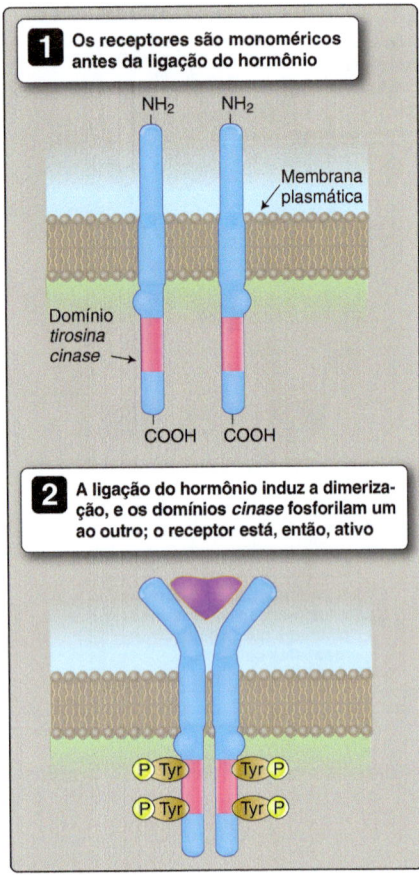

Figura 1.23
Ativação do *receptor tirosina cinase.*

C. Receptores catalíticos

Alguns ligantes se ligam a receptores de membrana associados com uma enzima ou que têm uma atividade catalítica intrínseca (ver Fig. 1.17C). Por exemplo, peptídeos natriuréticos influenciam a função renal via um receptor **guanilato ciclase** e formação de GMPc. A maioria dos receptores catalíticos são **tirosina cinases** (**TRKs**), tendo como exemplo mais comum o receptor de insulina. O receptor de insulina é tetramérico, mas a maioria das *TRKs* são cadeias peptídicas únicas que se associam somente após a ligação do ligante.

1. **Ativação do receptor:** os hormônios e outros mensageiros se ligam extracelularmente a uma das cadeias peptídicas, promovendo uma alteração conformacional que favorece a dimerização (Fig. 1.23). A porção intracelular de cada monômero contém um domínio *cinase*. A dimerização faz os dois domínios catalíticos entrarem em contato, e eles fosforilam um ao outro, ativando assim o complexo receptor, o qual começa a sinalização.

2. **Sinalização intracelular:** as *TRKs* ativadas influenciam a função celular a partir de várias vias de transdução, incluindo a cascata *MAP cinase* (*proteína ativada por mitógeno*). A comunicação com essas vias requer inicialmente uma proteína adaptadora que faça a mediação entre o receptor e o seu efetor intracelular. Existem muitas proteínas adaptadoras diferentes, mas todas contêm domínios homólogos *Src*, chamados SH2 e SH3. O domínio SH2 reconhece os domínios de tirosina fosforilados na *TRK* ativada e permite que a proteína adaptadora se ligue ao complexo sinalizador.

D. Receptores intracelulares

Uma quarta classe de receptores está localizada intracelularmente, e inclui receptores para o hormônio da tireoide e a maioria dos hormônios esteroides (ver Fig. 1.17D). Todos são fatores de transcrição que influenciam a função celular por se ligar ao DNA e alterar os níveis de expressão gênica. Alguns dos receptores são citoplasmáticos, enquanto outros são nucleares e podem estar associados com o DNA. Os receptores citoplasmáticos estão geralmente associados a uma proteína *heat shock* (estresse ao calor) a qual é então deslocada pela alteração conformacional promovida pela ligação do esteroide. O receptor ocupado então se desloca para o núcleo e se liga a um **elemento de resposta ao hormônio** dentro da região promotora do gene-alvo. Os receptores nucleares atuam de forma semelhante. Uma vez ligado, o receptor induz a transcrição gênica, e o produto altera a função celular.

Resumo do capítulo

- Todas as células apresentam uma barreira lipídica (a **membrana plasmática**) para separar o interior da célula do exterior, e então de forma seletiva modificar a composição iônica do ambiente intracelular para facilitar as reações bioquímicas que mantêm a vida. O **líquido intracelular** possui concentrações muito baixas de Ca^{2+} em comparação com o **líquido extracelular**. As concentrações de Na^+ são também baixas no interior, mas os níveis de K^+ são mais elevados.

- A membrana plasmática contém três tipos principais de lipídeos: **fosfolipídeos, colesterol e glicolipídeos**. Os fosfolipídeos predominam na estrutura, o colesterol adiciona a força e os glicolipídeos medeiam as interações com outras células.

- O movimento através das membranas ocorre principalmente por **difusão**. A taxa de difusão é dependente da **diferença de concentração** transmembrana, tamanho da molécula, espessura e área de superfície da membrana, temperatura, viscosidade da solução pela qual a molécula deve difundir e a solubilidade da molécula no lipídeo (**coeficiente de partição**).

- Proteínas integrais da membrana, tais como **poros, canais** e **carreadores**, fornecem caminhos pelos quais moléculas hidrofílicas podem cruzar a camada lipídica.

- Os poros estão sempre abertos e são raros, apresentando como exemplo principal a **aquaporina**, um canal de água onipresente. Os canais são poros regulados que se abrem transitoriamente para permitir a passagem de pequenos íons, tais como Na^+, Ca^{2+}, K^+ e Cl^-. O movimento através dos poros e dos canais ocorre por difusão simples a favor dos gradientes de concentração elétrica e química (**gradiente eletroquímico**).

- Os carreadores ligam seletivamente os íons e pequenos solutos orgânicos, carregam-nos através da membrana e então os liberam no lado oposto. Os carreadores operam por duas formas de transporte: **difusão facilitada** e **transporte ativo**. A difusão facilitada movimenta solutos "morro abaixo" a favor dos gradientes eletroquímicos (p. ex., a glicose transportada pela família de transportadores GLUT). O transporte ativo utiliza energia para mover os solutos "acima", de uma área contendo uma baixa concentração de soluto para uma área de alta concentração.

- **Transportadores ativos primários**, ou **bombas**, utilizam o trifosfato de adenosina para direcionar os solutos "morro acima" contra o seu gradiente eletroquímico. As bombas incluem a Na^+-K^+ ATPase que está presente em todas as células, as Ca^{2+} ATPases e a H^+-K^+ ATPase.

- **Transportadores ativos secundários** movimentam os solutos "morro acima" aproveitando a energia inerente nos gradientes eletroquímicos para outros íons. **Trocadores** movimentam dois solutos através da membrana em direções opostas (p. ex., o trocador Na^+-Ca^{2+}). **Cotransportadores** (p. ex., o cotransportador Na^+-K^+-$2Cl^-$ e o cotransportador Na^+-glicose) movem dois ou mais solutos na mesma direção.

- A membrana plasmática também contém proteínas receptoras que permitem às células se comunicarem umas com as outras, utilizando mensagens químicas. A sinalização pode ocorrer por longas distâncias por meio da liberação de **hormônios** (p. ex., a insulina) dentro do sistema circulatório. As células que estão próximas umas às outras se comunicam utilizando mensageiros **parácrinos** (p. ex., óxido nítrico). Moléculas **autócrinas** são sinais químicos que têm como alvo a própria célula que as liberaram.

- A **ligação de um receptor** é transduzida de maneiras diferentes. **Canais iônicos dependentes de ligante** efetivam a ligação, utilizando alterações no potencial de membrana. Outras classes de receptores liberam a **proteína G** para ativar ou inibir rotas de **segundos mensageiros**. Muitos receptores possuem atividade *cinase* intrínseca e sinalizam a ocupação por meio de fosforilação proteica. Uma quarta classe de receptor está localizada dentro da célula. Receptores intracelulares afetam os níveis de expressão gênica quando a mensagem se liga a eles.

- As proteínas G modulam duas cascatas de segundos mensageiros principais. A primeira envolve a formação do **monofosfato de adenosina cíclico (AMPc)** pela *adenilato ciclase*. O AMPc atua principalmente através da regulação da *proteína cinase A* e fosforilação proteica.

- Outras proteínas G ativam a *fosfolipase C* e levam à liberação do **inositol trifosfato (IP_3)** e do **diacilglicerol (DAG)**. O IP_3, por sua vez, inicia a liberação de Ca^{2+} de reservatórios intracelulares. O Ca^{2+} então se liga à calmodulina e ativa as vias de transdução dependentes de Ca^{2+}. O Ca^{2+} e o DAG juntos ativam a *proteína cinase C* e promovem a fosforilação de proteínas-alvo.

- Receptores com atividade *tirosina cinase* intrínseca se fosforilam quando a mensagem se liga a eles. Isto lhes permite acoplar-se com proteínas adaptadoras que iniciam as cascatas sinalizadoras, afetando o crescimento e a diferenciação celular.

- **Receptores intracelulares** translocam para o núcleo e se ligam aos **elementos de resposta hormonal** dentro da região promotora dos genes-alvo. A função celular é alterada por meio de níveis aumentados da expressão do gene.

2 Excitabilidade da Membrana

I. VISÃO GERAL

Todas as células modificam seletivamente a composição iônica de seu ambiente interno para se adaptar à bioquímica da vida (ver 1.II), como apresentado na Figura 2.1. A movimentação de íons para dentro e para fora de uma célula gera um desequilíbrio de cargas entre o líquido intracelular (LIC) e o líquido extracelular (LEC) e, assim, permite que se forme uma diferença de voltagem ao longo da superfície da membrana (um **potencial de membrana**, ou V_m). Esse processo cria uma força direcionadora eletroquímica para difusão, que pode ser utilizada para mover solutos carregados através da membrana, ou pode ser modificada transitoriamente para criar um sinal elétrico para comunicação intercelular. Por exemplo, as células nervosas utilizam alterações no V_m (**potenciais de ação**) para sinalizar a um músculo que ele deve contrair-se. A célula muscular, por sua vez, utiliza uma alteração no V_m para ativar a liberação de Ca^{2+} de seus reservatórios internos. A liberação de Ca^{2+} facilita então interações entre actina e miosina, e inicia a contração muscular. Os potenciais de ação neuronal e muscular envolvem sequências cuidadosamente coordenadas de eventos de **canal iônico** que permitem a passagem seletiva de íons através da membrana (p. ex., Na^+, Ca^{2+} e K^+) entre o LIC e o LEC.

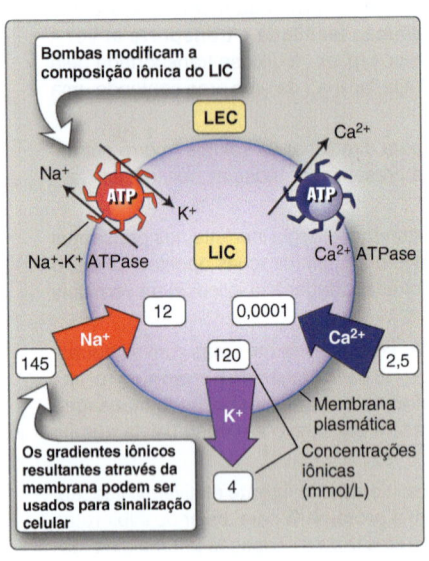

Figura 2.1
Modificação do líquido intracelular (LIC) por transportadores de íons. ATP = trifosfato de adenosina; LEC = líquido extracelular.

II. POTENCIAIS DE MEMBRANA

O termo "potencial de membrana" se refere à diferença de voltagem que existe ao longo da membrana plasmática. Por convenção, o LEC é considerado estar a zero volt, ou "**terra**" elétrico. A inserção de um pequeno eletrodo pela superfície da membrana mostra que o interior da célula é negativo em relação ao LEC em várias dezenas de milivolts. Uma célula nervosa típica tem um **potencial de repouso** de −70 mV, por exemplo (Fig. 2.2). O V_m é estabelecido por íons que permeiam a membrana, cruzando-a a favor de seus respectivos gradientes de concentração e gerando **potenciais de difusão**.

A. Potenciais de difusão

Imagine uma célula-modelo, em que a membrana plasmática é composta puramente por lipídeos, o LIC é rico em cloreto de potássio (KCl, o qual se dissocia por K^+ e Cl^-), e o LEC é água pura (Fig. 2.3). Embora exista um forte gradiente de concentração de KCl para difusão através da membrana, a barreira lipídica impede tanto o K^+ como o Cl^- de deixarem a célula e,

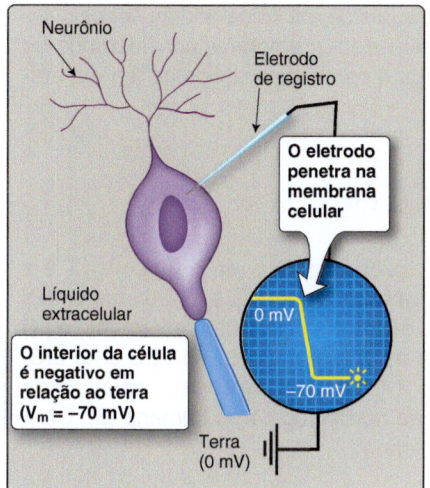

Figura 2.2
Potencial de membrana (V_m).

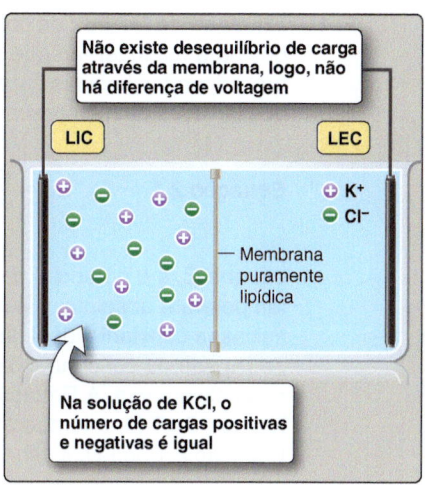

Figura 2.3
Distribuição de cargas em um modelo celular com uma membrana impermeável. LEC = líquido extracelular; LIC = líquido intracelular.

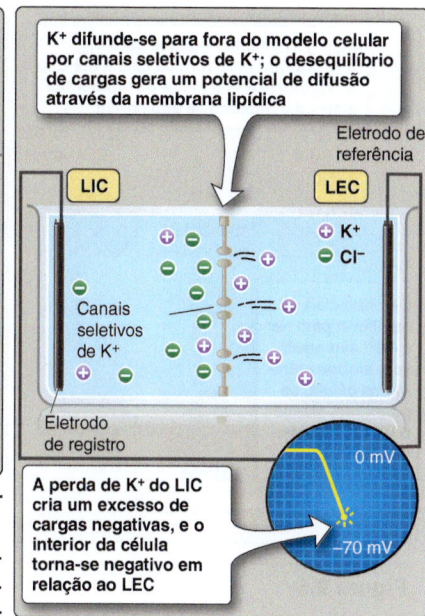

Figura 2.4
Origem de um potencial de difusão. LEC = líquido extracelular; LIC = líquido intracelular.

portanto, retém ambos os íons no LIC. As cargas carregadas pelo K^+ e Cl^- anulam umas às outras e, assim, não existe diferença de voltagem entre o LEC e o LIC. Se uma proteína que permite apenas a passagem de K^+ for inserida na barreira lipídica, o K^+ estará agora livre para se difundir conforme o seu gradiente de concentração, do LIC para o LEC, e a membrana é então denominada **semipermeável** (Fig. 2.4). Uma vez que os íons potássio carregam carga, o seu movimento causa a formação de um **potencial de difusão** ao longo da membrana, em proporção direta à magnitude do gradiente de concentração. O potencial pode ser significativo (dezenas de milivolts), mas envolve relativamente poucos íons.

> O **princípio da eletroneutralidade em massa** diz que o número de cargas positivas em uma dada solução é sempre equilibrado por um número igual de cargas negativas. O LIC e o LEC também estão sujeitos a essa regra, embora todas as células criem um V_m negativo por modificar a distribuição de carga entre os dois compartimentos. Na prática, o V_m é estabelecido por apenas algumas cargas que se movimentam na vizinhança imediata da membrana celular, e o seu *efeito líquido* na distribuição da carga total dentro da massa do LIC e do LEC é insignificante.

B. Potenciais de equilíbrio

Quando o K^+ cruza a membrana a favor de seu gradiente de concentração, deixa para trás uma carga negativa na forma de Cl^-. A magnitude da carga líquida aumenta em proporção direta à quantidade de íons que deixa o LIC (ver Fig. 2.4), mas, visto que cargas opostas se atraem, o movimento de K^+ diminui e finalmente cessa quando a atração das cargas negativas dentro da célula se contrapõe precisamente à força direcionadora para o exterior, criada pelo gradiente de concentração (**equilíbrio eletroquímico**). O potencial em que o equilíbrio é estabelecido é conhecido como **potencial de equilíbrio** para o K^+.

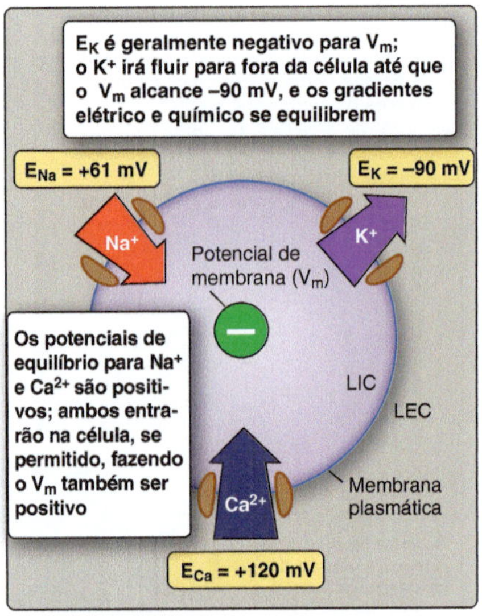

Figura 2.5
Potenciais de equilíbrio para Na^+ (E_{Na}), Ca^{2+} (E_{Ca}) e K^+ (E_K). LEC = líquido extracelular; LIC = líquido intracelular.

Legendas da figura:
- E_K é geralmente negativo para V_m; o K^+ irá fluir para fora da célula até que o V_m alcance –90 mV, e os gradientes elétrico e químico se equilibrem
- $E_{Na} = +61$ mV
- $E_K = -90$ mV
- Potencial de membrana (V_m)
- Os potenciais de equilíbrio para Na^+ e Ca^{2+} são positivos; ambos entrarão na célula, se permitido, fazendo o V_m também ser positivo
- LIC
- LEC
- Membrana plasmática
- $E_{Ca} = +120$ mV

Exemplo 2.1

Uma célula tem uma concentração intracelular de Mg^{2+} livre de 0,5 mmol/L e é banhada em uma solução salina com uma composição de Mg^{2+} próxima à plasmática (1 mmol/L). A solução salina é mantida a 37°C. Se a célula tiver um potencial de membrana (V_m) de −70 mV, e a membrana contiver um canal regulado que é permeável ao Mg^{2+}, o Mg^{2+} irá fluir para dentro ou para fora da célula quando o canal se abrir?

Podemos utilizar a Equação 2.2 para calcular o potencial de equilíbrio do Mg^{2+} para (E_{Mg}):

$$E_{Mg} = \frac{60}{z} \log_{10} \frac{[Mg^{2+}]_o}{[Mg^{2+}]_i}$$

$$= \frac{60}{+2} \text{ mV} \log_{10} \frac{1,0 \text{ mmol/L}}{0,5 \text{ mmol/L}}$$

$$= 30 \text{ mV} \log_{10} 2,0$$

$$= 30 \text{ mV} (0,3)$$

$$= 9 \text{ mV}$$

E_{Mg} nos mostra que Mg^{2+} irá fluir para dentro da célula, suas cargas positivas levando o V_m em direção a 9 mV.

---

1. **Equação de Nernst:** os potenciais de equilíbrio podem ser calculados para qualquer íon que permeie a membrana, considerando-se que sejam conhecidas a carga e as concentrações do íon em ambos os lados da membrana:

   Equação 2.1 $\quad E_X = \frac{RT}{zF} \ln \frac{[X]_o}{[X]_i}$

   em que E_X é o potencial de equilíbrio para o íon X (em mV), T é a temperatura absoluta, z é a valência do íon, R e F são constantes físicas (a constante ideal dos gases e a constante de Faraday) e $[X]_o$ e $[X]_i$ são as concentrações de X (em mmol/L) no LEC e no LIC, respectivamente. A Equação 2.1 é conhecida como a equação de **Nernst**. Se T for a temperatura normal do corpo humano (37°C), a Equação 2.1 pode ser simplificada:

   Equação 2.2 $\quad E_X = \frac{60}{z} \log_{10} \frac{[X]_o}{[X]_i}$

   > A maioria dos íons inorgânicos (Na^+, K^+, Cl^-, HCO_3^-) tem valência elétrica de 1 (**monovalentes**). Ca^{2+} e Mg^{2+} têm valência de 2 (**bivalentes**).

2. **Potenciais de equilíbrio:** o LIC e o LEC são rigorosamente regulados, e a sua composição iônica é bem conhecida (ver Fig. 2.1 e Tab. 1.1). Utilizando valores conhecidos para as concentrações dos íons comuns, podemos utilizar a equação de Nernst para prever que, para a maioria das células no corpo, $E_K = -90$ mV, $E_{Na} = +61$ mV, e $E_{Ca} = +120$ mV. As concentrações intracelulares de Cl^- podem variar consideravelmente, mas em geral E_{Cl} fica bem próximo ao V_m. Se quaisquer desses íons dispuserem de um caminho que lhes permita difundir-se através da membrana plasmática, irão arrastar o V_m em direção ao potencial de equilíbrio para esses íons (Fig. 2.5).

C. Potencial de repouso

As membranas plasmáticas das células vivas são ricas em canais iônicos, que são permeáveis a um ou mais dos íons já mencionados, e alguns desses canais permanecem abertos quando em repouso. O V_m em repouso (**potencial de repouso**) reflete assim a soma dos potenciais de difusão gerados individualmente por esses íons que fluem por meio dos canais abertos. O V_m pode ser calculado matematicamente da seguinte maneira:

$$V_m = \frac{g_{Na}}{g_T} E_{Na} + \frac{g_K}{g_T} E_K + \frac{g_{Ca}}{g_T} E_{Ca} + \frac{g_{Cl}}{g_T} E_{Cl}$$

em que g_T é a condutância total da membrana (condutância da membrana é o recíproco da resistência da membrana, em Ohm^{-1}); g_{Na}, g_K, g_{Ca} e g_{Cl} são condutâncias individuais para cada um dos íons comuns (Na^+, K^+, Ca^{2+} e Cl^-, respectivamente); e E_{Na}, E_K, E_{Ca} e E_{Cl} são potenciais de equilíbrio para estes íons (em mV). O V_m pode também ser calculado por meio da equação de Goldman-Hodgkin-Katz (GHK), a qual é semelhante à equação de Nernst descrita anteriormente (Equação 2.1). A equação de GHK calcula o V_m, utilizando a permeabilidade relativa da membrana para cada um dos íons que contribuem para o potencial de membrana.

D. Efeitos iônicos extracelulares

A composição iônica do LEC é regulada dentro de uma amplitude relativamente restrita, mas podem ocorrer perturbações significativas pela ingestão inadequada ou excessiva de sais ou água. Uma vez que a permeabilidade da membrana em repouso a Na^+ e Ca^{2+} é baixa, o V_m é relativamente insensível a alterações na concentração de ambos os íons no LEC. No entanto, o V_m é sensível a alterações na concentração extracelular de K^+, porque o potencial de repouso está intimamente ligado ao potencial de equilíbrio do K^+ (ver Fig. 2.6). O aumento da concentração de K^+ extracelular (**hipercalemia**) reduz o gradiente eletroquímico que direciona o efluxo de K^+, causando a despolarização da membrana (Fig. 2.7). Ao contrário, a diminuição da concentração extracelular de K^+ (**hipocalemia**) diminui o gradiente, e V_m se torna mais negativo.

> Na prática, a maioria das células em repouso tem uma permeabilidade insignificante tanto para Na^+ como para Ca^{2+}. Entretanto, as células têm uma significativa condutância para o K^+ em repouso. Assim, o V_m geralmente permanece próximo ao potencial de equilíbrio para o K^+ (Fig. 2.6). Por exemplo, o valor aproximado para o potencial de repouso nos neurônios é de -70 mV, -90 mV nos miócitos cardíacos, -55 mV nas células musculares lisas e -40 mV nos hepatócitos.

E. Contribuição do transportador

A Na^+-K^+ ATPase que reside na membrana plasmática de todas as células direciona três Na^+ para fora da célula, e simultaneamente transfere dois K^+ do LEC para o LIC. Essa troca três por dois resulta em uma remoção excessiva de cargas positivas da célula. Pelo fato de criar um desequilíbrio de carga através da membrana, o transportador é chamado **eletrogênico**. No entanto, a contribuição direta dessa troca para o V_m é insignificante. O principal papel da Na^+-K^+ ATPase é manter o gradiente

---

Aplicação clínica 2.1   Hipocalemia e hipercalemia

A função de excitabilidade celular depende criticamente da manutenção do potencial de membrana dentro de um âmbito bastante restrito, assim os níveis plasmáticos normalmente variam entre 3,5 e 5 mmol/L. Todavia, tanto a hipocalemia como a hipercalemia são comumente encontradas na clínica. A hipocalemia é geralmente menos preocupante que a hipercalemia, embora alguns indivíduos afetados por uma condição hereditária rara (paralisia hipocalêmica periódica) possam sofrer fraqueza muscular quando a concentração plasmática de K^+ cai muito, como após uma refeição. A hipercalemia é, potencialmente, uma condição mais grave. A despolarização lenta causada pelos níveis plasmáticos crescentes de K^+ inativa os canais Na^+, que são necessários para a excitação muscular, resultando em fraqueza ou paralisia do músculo esquelético e arritmias cardíacas e anomalias de condução. A hipercalemia em geral resulta de falha renal e diminuição da capacidade de excretar K^+. O tratamento geralmente requer diurese ou diálise para remover o excesso de K^+ do organismo.

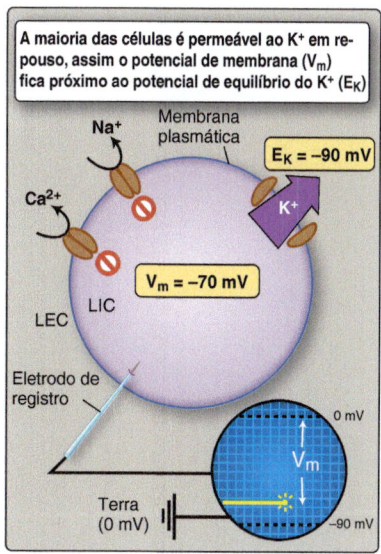

Figura 2.6
Origens do potencial de repouso. LEC = líquido extracelular; LIC = líquido intracelular.

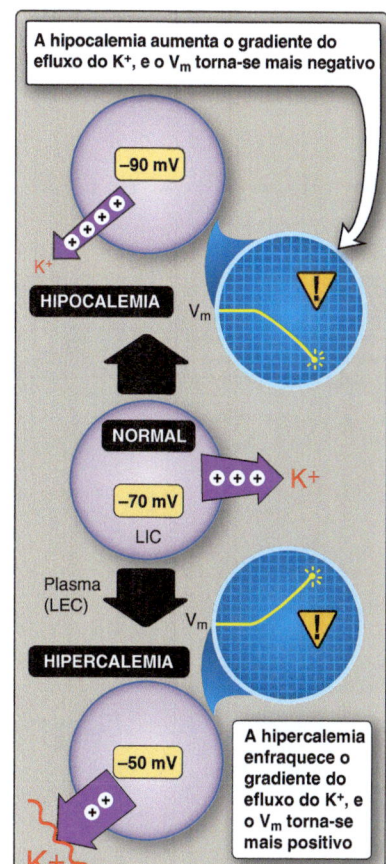

Figura 2.7
Potencial de membrana (V_m) dependente da concentração de K^+ no líquido extracelular (LEC). LIC = líquido intracelular.

de concentração de K^+ através da membrana, porque é o gradiente de K^+ que afinal determinará o V_m por meio do potencial de difusão de K^+.

III. EXCITAÇÃO

Muitos tipos celulares utilizam alterações no V_m e fluxos iônicos transmembrana como uma forma de sinalizar ou de iniciar eventos intracelulares. As células sensoriais (p. ex., mecanorreceptores, receptores olfatórios e fotorreceptores) transduzem os estímulos sensoriais, gerando uma modificação no V_m chamada de **potencial receptor**. Os neurônios sinalizam uns para os outros e para os tecidos efetores, utilizando potenciais de ação. Os miócitos e as células secretoras também utilizam alterações no V_m para aumentar a concentração de Ca^{2+} intracelular, facilitando assim a contração e a secreção, respectivamente. Todas essas células são consideradas possuidoras de **membranas excitáveis**.

A. Terminologia

As alterações elétricas causadas pelo aumento da permeabilidade da membrana aos íons não levam em consideração o tipo de íon que a está permeando (p. ex., Na^+ *versus* K^+ ou Cl^-), somente a carga que ele carrega.

1. **Alterações do potencial de membrana:** o lado interno de uma célula em repouso está sempre negativo em relação ao LEC. Quando um íon carregado positivamente (**cátion**) flui para o interior de uma célula, as cargas negativas (**ânions**) são neutralizadas, e a membrana perde sua polarização. Diz-se que o influxo **despolarizou** a célula, ou causou uma **despolarização da membrana**. Por convenção, a despolarização é apresentada como uma deflexão ascendente da caneta do medidor de voltagem (Fig. 2.8). De modo contrário, quando um cátion sai da célula, o V_m se torna mais negativo: o efluxo **hiperpolariza** a célula (**hiperpolarização da membrana**) e produz uma deflexão descendente da caneta em um aparelho de medição.

2. **Correntes:** quando cargas positivas fluem para dentro da célula, geram uma **corrente interna** (para dentro). Por convenção, os aparelhos de registro, tais como osciloscópios e registradores gráficos, são configurados de forma que as correntes para o interior causem uma deflexão descendente (ver Fig. 2.8). As cargas positivas que deixam a célula causam uma **corrente externa** (para fora) e uma deflexão ascendente em um aparelho de registro.

> Ânions e cátions são igualmente eficazes na mudança do V_m, mas, pelo fato de que os ânions carregam cargas negativas, seus efeitos são opostos aos dos cátions. Quando um ânion entra na célula a partir do LEC, ele hiperpolariza a membrana e gera uma corrente para fora. Em contrapartida, os ânions que saem de uma célula criam uma corrente para dentro, e a célula despolariza.

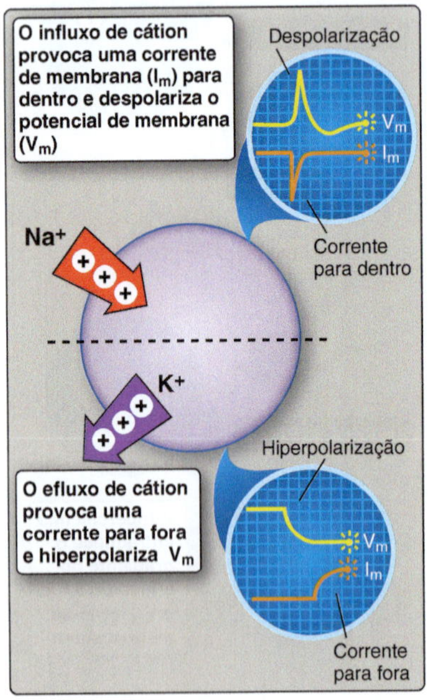

B. Potenciais de ação

O tamanho, o formato e a duração do potencial de ação podem variar consideravelmente entre os diferentes tipos celulares, mas existem muitas características comuns, incluindo a existência de um **limiar** para a geração do potencial de ação, um comportamento de **tudo ou nada**, **ultrapassagens** e **pós-potenciais** (Fig. 2.9). A análise a seguir tem como foco o potencial

Figura 2.8
Mudanças no potencial de membrana e correntes iônicas.

de ação de um neurônio, cujo **disparo ascendente** é mediado por canais Na⁺ dependentes de voltagem, mas os canais Ca²⁺ dependentes voltagem também podem manter os potenciais de ação (p. ex., ver 17.IV.B.3).

1. **Potencial limiar:** uma vez que os potenciais de ação são eventos explosivos de membrana com consequências (p. ex., iniciar a contração muscular), devem ser disparados com cuidado. O V_m normalmente flutua em uma amplitude de poucos milivolts com alterações da concentração do K⁺ extracelular e outras variáveis, mesmo em repouso, mas tais alterações não acionam picos. Os neurônios somente disparam potenciais de ação quando o V_m despolariza suficientemente para cruzar o limiar de voltagem para a formação do potencial de ação (V_{li}), limiar esse que, em um neurônio, reside em torno de −60 mV. O V_{li} corresponde à voltagem necessária para abrir um número essencial de canais Na⁺ dependentes de voltagem para iniciar um potencial de ação.

2. **Tudo ou nada:** os canais Na⁺ dependentes de voltagem que medeiam potenciais de ação estão geralmente presentes em grandes quantidades na membrana. Quando o V_m cruza o limiar, esses canais se abrem para permitir uma vasta corrente para dentro, e a membrana despolariza de uma forma autoperpetuadora (**regenerativa**) em direção ao E_{Na} (+61 mV). Esse comportamento de "tudo ou nada" pode ser comparado à quebra de uma parede de uma represa. Uma vez iniciada, a despolarização somente pode parar quando o fluxo iônico estiver completo.

3. **Ultrapassagem:** o pico do potencial de ação geralmente não alcança o E_{Na}, mas frequentemente "ultrapassa" a linha de potencial zero, e o interior da célula se torna carregado positivamente em relação ao LEC.

4. **Pós-potenciais:** os potenciais de ação são eventos transitórios. O **declínio** é causado, em parte, por canais K⁺ dependentes de voltagem que se abrem para permitir o efluxo de K⁺, fazendo com que o V_m repolarize. Em algumas células, o potencial de ação pode ser seguido por um pós-potencial de tamanho e polaridade variáveis. Um pós-potencial hiperpolarizante leva a membrana a um V_m negativo por algum período antes de finalmente se acomodar no potencial de repouso normal.

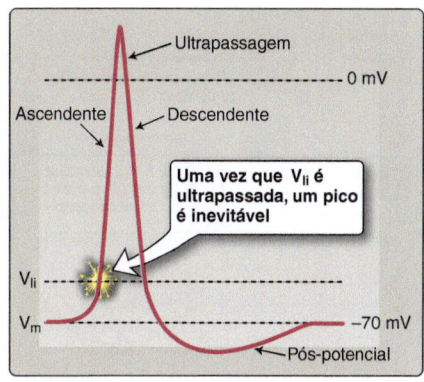

Figura 2.9
Potencial de ação. V_m = potencial de membrana; V_{li} = potencial limiar.

C. **Propagação do potencial de ação**

Quando os neurônios iniciam um potencial de ação, o evento elétrico não envolve instantaneamente a célula inteira, mas, com mais precisão, o disparo começa em uma extremidade da célula e depois se **propaga** a velocidades de até 120 m/s até o extremo do outro lado (Fig. 2.10). As células musculares se comportam de forma semelhante, embora as **velocidades de condução** sejam geralmente mais baixas no músculo do que no nervo (em torno de 1 m/s). A vantagem da propagação é permitir que uma mensagem seja carregada a distâncias ilimitadas. Para uma analogia, a distância de percurso de uma mensagem escrita dentro de um bastão oco jogado a um receptor é limitada pela força com que foi jogado o bastão. Entretanto, passe a mensagem a um time de corredores de revezamento, e a distância de percurso é limitada somente pelo número de corredores disponíveis. Na prática, a propagação de sinal permite que neurônios da medula espinal se comuniquem com os pés, os quais estão geralmente a um metro de distância.

A sinalização neuronal envolve várias etapas sequenciais, incluindo a excitação da membrana, a iniciação do potencial de ação, a propagação do sinal e a recuperação.

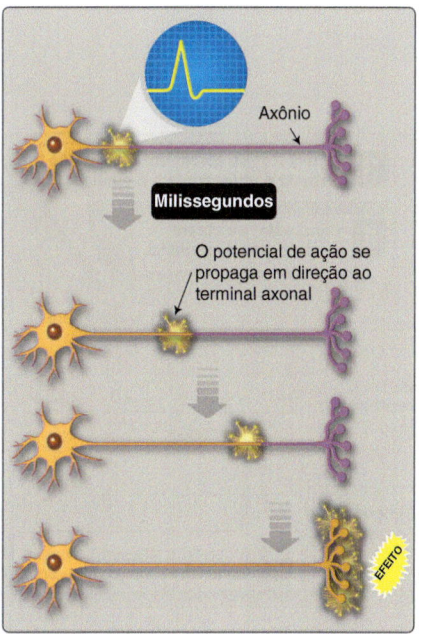

Figura 2.10
Propagação do potencial de ação.

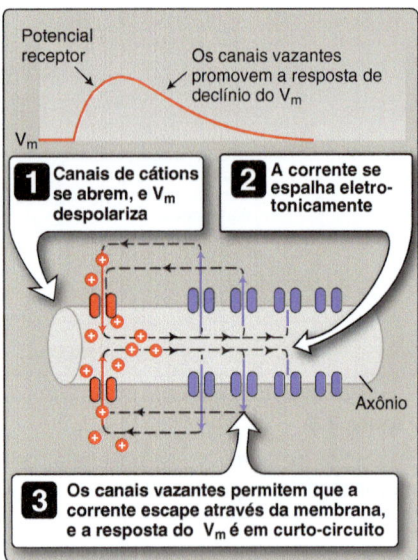

Figura 2.11
Propagação e degradação da corrente passiva em um neurônio. V_m = potencial de membrana.

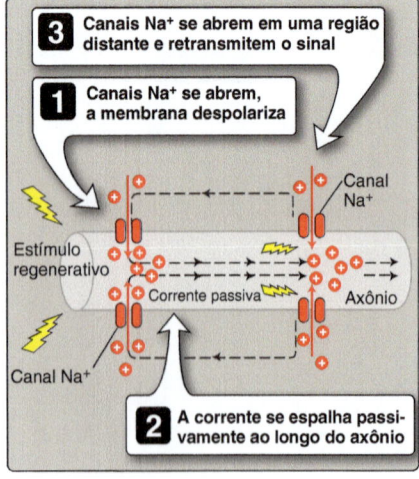

Figura 2.12
Propagação regenerativa do sinal em um neurônio.

1. **Excitação:** os potenciais de ação são geralmente iniciados por potenciais receptores sensoriais ou potenciais dendríticos pós-sinápticos, por exemplo. Esses são eventos de membrana menores, cuja amplitude é graduada com a intensidade das informações de entrada. O seu alcance é limitado, tanto quanto jogar um bastão é limitado pela força muscular do braço. O potencial se espalha passiva e instantaneamente (**eletrotonicamente**), utilizando os mesmos princípios físicos com que a eletricidade percorre um fio. Seu alcance é limitado, porque as correntes locais criadas pelo potencial receptor formam um curto circuito por **canais vazantes**, os quais são encontrados em todas as membranas excitáveis (Fig. 2.11). Os canais vazantes (geralmente canais K^+) ficam abertos no repouso, permitindo que as alterações de voltagem fracassem antes que possam distanciar-se, pela corrente de "extravasamento", ao longo da membrana.

> Os impulsos elétricos viajam por meio de materiais condutores como ondas de choque. Um berço de Newton (i.e., um brinquedo clássico de escritório, composto por cinco bolas de prata suspensas lado a lado dentro de uma moldura) proporciona uma boa analogia visual. Quando uma bola, em uma extremidade, é elevada e liberada, ela impacta na bola vizinha e transmite sua energia cinética por uma onda de choque para uma bola que está na extremidade oposta, sem perturbar as três bolas no meio. A bola sobe na sua linha de náilon com uma pequena perda aparente de energia. A eletricidade, de forma semelhante, cria ondas de choque, entre átomos metálicos adjacentes dentro de um fio de cobre, que são transmitidas a uma velocidade próxima à da luz. As correntes elétricas também fazem os elétrons se moverem, mas esses viajam a velocidades mais próximas de um melaço frio.

2. **Iniciação:** se o potencial receptor for suficientemente grande para induzir o V_m a cruzar o limiar em uma região da membrana que contém canais Na^+ dependentes de voltagem, poderá promover um pico.

3. **Propagação:** a abertura dos canais Na^+ permite que o Na^+ flua para o interior da célula, direcionado pelo gradiente eletroquímico para o Na^+ e gerando uma **corrente ativa** (Fig. 2.12). Essa corrente se espalha então eletrotonicamente e causa uma despolarização do V_m que se propaga ao longo do axônio. Se a região distante contiver canais Na^+ e a alteração no V_m for suficientemente grande para cruzar o limiar, os canais dessa região se abrem e **regeneram** o sinal, de forma muito semelhante a um corredor de revezamento pegando um bastão. O ciclo de influxo de Na^+, dispersão eletrônica e abertura regenerativa dos canais Na^+ é repetido (propaga-se) ao longo de toda a extensão da célula.

4. **Recuperação:** os canais Na^+ são inativados pela despolarização em poucos milissegundos, o que temporariamente inibe uma excitação posterior e impede que os potenciais de ação fiquem disparando para frente e para trás infinitamente ao longo do axônio. A excitação é seguida por um período de recuperação, durante o qual os gradientes iônicos são normalizados por bombas iônicas e os canais se recuperam da excitação.

> Todas as células têm um potencial de membrana, mas nem todas são excitáveis. Por definição, as células não excitáveis não geram potenciais de ação, mas muitas demonstram alterações funcionais no V_m. Por exemplo, a glicose faz o potencial de membrana das células β pancreáticas oscilar de uma maneira constante, rítmica. Os eventos elétricos estão correlacionados com a liberação da insulina.

D. Correntes

Os potenciais de ação são eventos importantes de membrana, que refletem movimentos de carga líquida por meio de muitos milhares de canais iônicos individuais. Cada evento de abertura de canal gera uma **corrente unitária**, cujo tamanho é diretamente proporcional ao número de cargas que se move através de seu poro (Fig. 2.13). O somatório dos eventos de abertura dos canais Na^+ individuais produz uma corrente de Na^+ por toda a célula. De forma semelhante, a soma dos eventos dos canais K^+ individuais gera uma corrente de K^+ por toda a célula. Uma vez que existem muitas classes diferentes de canais iônicos com permeabilidades seletivas para todos os íons inorgânicos comuns, uma corrente de K^+ por toda a célula, por exemplo, pode representar o efluxo de K^+ através de dois ou mais tipos de canais K^+. Tais correntes podem ser dissecadas em seus componentes individuais, com base em suas propriedades físicas, utilizando-se técnicas de grampeamento de voltagem (registros de célula inteira) e fixação de placa ou *patch--clamp* (registros feitos em uma pequena área da membrana).

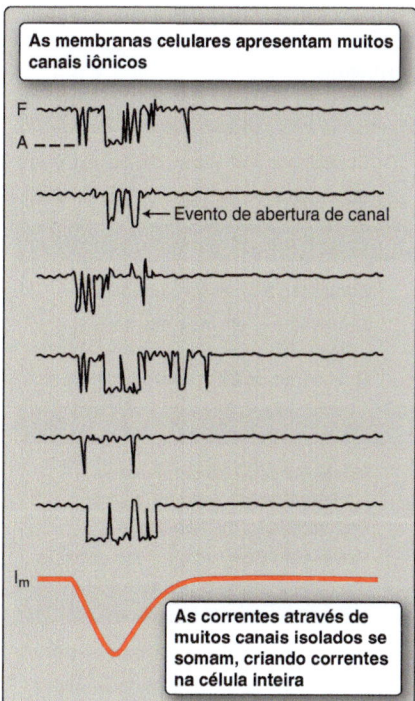

Figura 2.13
Correntes iônicas de canais isolados e na célula como um todo. F = fechado; A = aberto; I_m = corrente de membrana.

IV. CANAIS IÔNICOS

Os canais iônicos são proteínas integrais da membrana que contêm um ou mais poros hidrofílicos que se abrem transitoriamente para permitir que os íons cruzem a membrana. Esses canais têm vários aspectos característicos que os identificam como tais, incluindo um mecanismo de **ativação**, um **filtro de seletividade** e uma **condutância** finita. Muitos canais também se inativam com o passar do tempo durante uma estimulação prolongada.

A. Ativação

Os canais iônicos criam aberturas na barreira lipídica que separa o LIC do LEC. Se esses canais não fossem regulados, os íons continuariam a fluir através da membrana, e seus respectivos gradientes de concentração entrariam em colapso, juntamente com o V_m. Assim, a maioria dos canais tem portões de ativação que regulam a passagem através do poro (Fig. 2.14). Quando um canal está no **estado fechado**, o portão fecha o poro e os íons não podem passar. A ativação do canal (p. ex., em resposta a uma alteração no V_m; ver a seguir) inicia uma alteração na conformação proteica, que abre o portão e permite que os íons passem (i.e., o **estado aberto**). Alguns canais transitam entre os estados aberto e fechado milhares de vezes por segundo, com o período líquido de abertura (ou **probabilidade de abertura**) aumentando em proporção direta à força do estímulo de ativação.

B. Seletividade

Antes que possa cruzar a membrana, um íon deve passar por um filtro de seletividade que determina a sua adequação para a passagem (ver Fig.

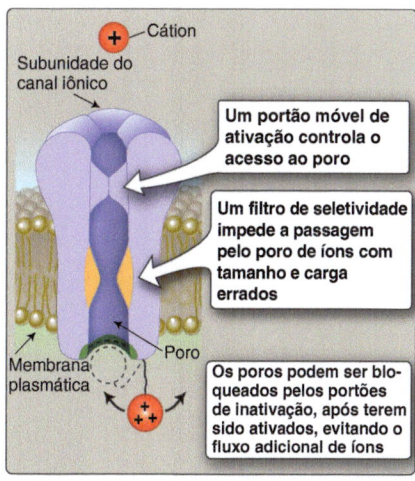

Figura 2.14
Estrutura do canal iônico.

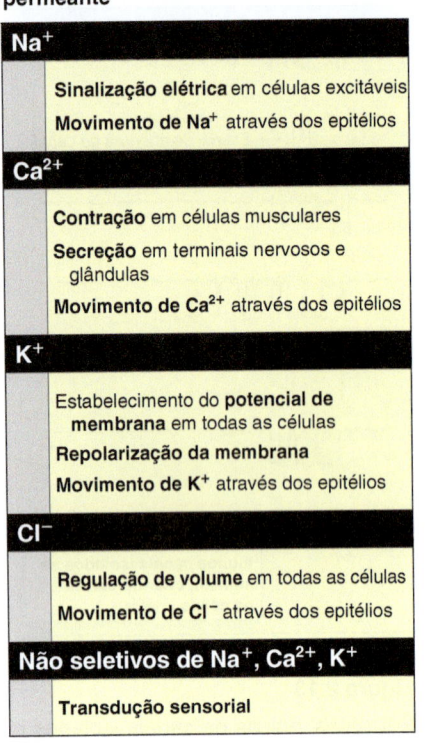

Tabela 2.1 Funções típicas dos canais iônicos com base na espécie de íon permeante

2.14). Os filtros de seletividade residem dentro dos poros e abrangem regiões onde o íon permeante é forçado a interagir com um ou mais grupos carregados que limitam a passagem com base no tamanho molecular e na densidade da carga. Assim, os **canais Na^+** somente deixam passar Na^+, **canais K^+** são seletivos para K^+, **canais Ca^{2+}** são seletivos para Ca^{2+} e **canais Cl^-** deixam passar somente Cl^- (Tab. 2.1). Outros canais, **não seletivos**, permitem a passagem de dois ou mais íons diferentes. Observe que existem muitas classes distintas de cada tipo de canal, diferenciadas pela sua maneira de ativação, cinética, condutância, mecanismos reguladores, especificidade dos tecidos e farmacologia.

> O genoma humano expressa genes para mais de 400 canais iônicos. Quase a metade destes são canais K^+. Embora todos os canais iônicos tenham seletividade para o K^+ sobre os outros íons, todos os membros individuais dessa grande família têm propriedades únicas (p. ex., modo de ativação, cinética de ativação, condutância, mecanismo regulador) e papéis para desempenhar na fisiologia da membrana (p. ex., repolarização da membrana, absorção e secreção).

C. Condutância

Quando um canal se abre, a resistência da membrana cai, porque o canal permite que uma corrente flua através da barreira lipídica. A extensão da queda da resistência é dependente do número de íons que estão passando pelo seu poro por unidade de tempo, ou a sua **condutância**. A condutância máxima de um canal é uma de suas características diferenciadoras e é geralmente expressa em picoSiemens (pS).

D. Inativação

Alguns canais possuem um "portão de inativação" que é acionado no momento da ativação, levando-o a vedar o poro do canal e impedir a passagem adicional de íons (ver Fig. 2.14). O tempo para que a inativação ocorra pode variar de milissegundos a muitos décimos de segundos, dependendo da classe de canal. De qualquer maneira, uma vez inativado, um canal permanece não responsivo a novos estímulos, não importando a magnitude do estímulo ativador. A reativação só pode ocorrer depois que o portão de inativação tenha sido restaurado, um processo que também apresenta um tempo de ocorrência variável, dependendo do tipo de canal.

V. ESTRUTURA DO CANAL

Existem muitas maneiras de configuração de uma proteína para que ela possa criar um canal transmembrana. Nos mamíferos, entretanto, a maioria dos canais segue um princípio de configuração semelhante, no qual até quatro a seis subunidades se agrupam em torno de um poro central preenchido por água. Os canais tetraméricos são a forma mais comum (ver a seguir), como apresentado na Figura 2.15, mas muitos canais dependentes de ligantes são pentaméricos, e os canais de conexinas são hexaméricos (ver 4.II.F). As subunidades de um canal tetramérico geralmente compreendem seis domínios que cruzam a membrana (S1 a S6). Os domínios S5 e S6 incluem resíduos carregados que organizam um poro e o filtro de seletividade quando as subunidades estão agrupadas. Os canais Na^+ e Ca^{2+} dependentes de voltagem são produtos de um único gene, incorporando quatro domínios semelhantes a subunidades, mas a maior parte dos canais é organizada a partir de proteínas independentes. A vantagem de uma abordagem modular à configuração de um canal é que esse tipo de abordagem permite uma diversidade infinita de canais. Alterações em uma única subunidade podem levar um canal dependente de voltagem a se tornar um canal dependente de segundo mensageiro, por exemplo, ou alterar sua seletividade ou seu mecanismo regulador.

VI. TIPOS DE CANAIS

Os canais são geralmente identificados com base em sua seletividade iônica e seu mecanismo de **regulação** (ativação). Assim, um "canal Na^+ dependente de voltagem" é ativado pela despolarização de membrana e é seletivo ao Na^+. São conhecidos muitos mecanismos diferentes de ativação.

A. Dependentes de voltagem

Os canais Na^+, Ca^{2+} e K^+ dependentes de voltagem pertencem à mesma superfamília de canais que apresentam uma estrutura tetramérica comum. O canal Na^+ dependente de voltagem, responsável pelo disparo ascendente do potencial de ação em células nervosas e musculares, contém uma única subunidade α formadora do poro, que se associa com muitas subunidades β reguladoras menores. A subunidade α contém quatro domínios relacionados, semelhantes a subunidades, que se agrupam em torno de um poro central, como discutido anteriormente na Seção V. Cada domínio inclui uma sequência peptídica altamente carregada (a região S4), que funciona como um sensor de voltagem. A despolarização da membrana altera a distribuição de carga entre as superfícies interna e externa da membrana, e o sensor de voltagem se desloca dentro da membrana, iniciando uma alteração conformacional que abre o portão e revela o poro do canal.

B. Dependentes de ligante

Os canais dependentes de ligantes transduzem os sinais químicos e são o principal meio de comunicação entre os neurônios e seus alvos. A diversidade da família dos canais dependentes de ligante é discutida minuciosamente no Capítulo 6, mas existem seis principais classes que podem ser alocadas em três grupos: **receptores de alça em *cys***, **receptores ionotrópicos de glutamato** e **receptores sensíveis ao trifosfato de adenosina (ATP)**.

1. **Superfamília de alça em *cys*:** a superfamília de alça em *cys* inclui o **receptor nicotínico de acetilcolina (nAChR)**, o **receptor da 5-hidroxitriptamina (5-HT)**, o receptor do **ácido γ-aminobutírico (GABA)** e o receptor da **glicina**. Todos os membros da família têm em comum uma sequência curta de aminoácidos, altamente conservada, que dá à família o seu nome, e todos contêm cinco subunidades organizadas em torno de um poro central (Fig. 2.16). Os receptores nAChR e os receptores de serotonina são canais catiônicos relativamente não específicos que promovem o influxo de uma mistura de Na^+, K^+ e Ca^{2+} sob ligação do ligante. A despolarização resultante da membrana é excitatória. Os receptores de GABA e de glicina são canais aniônicos que mediam os fluxos de Cl^-. Esses fluxos tendem a estabilizar o V_m em torno do potencial de repouso e, portanto, inibem a excitação da membrana. O nAChR e outros membros da família têm dois locais de acoplamento do ligante que devem ser ocupados simultaneamente, antes que o canal se abra.

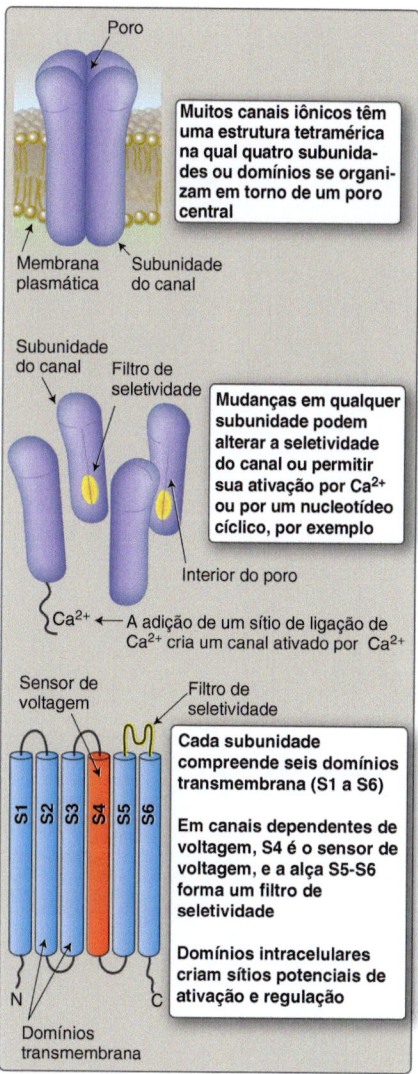

Figura 2.15
Estrutura do canal iônico dependente de voltagem.

Tabela 2.2 Canais dependentes de segundos mensageiros

Segundo mensageiro	Íon permeante	Funções	Localização típica	Observações
Ca^{2+}	K^+	Repolarização da membrana	Todas as células	Três classes com base na condutância, oito membros do grupo conhecidos
	Cl^-	Repolarização da membrana	Todas as células (?)	Não estão bem compreendidos
	Ca^{2+}	Contração	Retículo sarcoplasmático	
Proteína G	K^+	Controle da frequência cardíaca	Coração	Quatro subunidades organizadas em complexos heteroméricos
		Repolarização da membrana	Sistema nervoso	
	Ca^{2+}	Sinalização; regulação	Sistema nervoso	
AMPc, GMPc	Na^+, K^+, Ca^{2+}	Transdução de sinal	Sistemas visual e olfatório	Intimamente relacionados a canais dependentes de voltagem
		Marca-passo	Coração	
		Absorção de Na^+	Rim	
IP_3	Ca^{2+}	Contração; secreção; transcrição; outras	Retículo endoplasmático de todas as células	Três genes relacionados; organizado por quatro subunidades

AMPc 5 monofosfato de adenosina cíclico; GMPc 5 monofosfato de guanosina cíclico; IP_3 = inositol trifosfato.

2. **Receptores ionotrópicos de glutamato:** os receptores ionotrópicos de glutamato são comuns no sistema nervoso central, onde exercem um papel crítico no aprendizado e na memória. Todos são estruturas tetraméricas que suportam fluxos relativamente não seletivos de Na^+ e K^+, quando ativas. Existem três grupos principais que são diferenciados farmacologicamente (ver Tab. 5.2): receptores de **AMPA** (receptor do ácido α-amino-3-hidroxi-5-metil-4-isoxazolpropiônico), receptores de **cainato** e receptores de **NMDA** (*N*-metil-D--aspartato).

3. **Receptores sensíveis ao trifosfato de adenosina:** os canais sensíveis ao ATP são purinorreceptores da família P2X que são ativados por ATP e promovem um fluxo não específico de Na^+, K^+ e Ca^{2+}, quando abertos. Acredita-se que esses receptores formem canais triméricos *in vivo*. Os receptores sensíveis ao ATP estão envolvidos na transdução do paladar (ver 10.II).

C. **Dependentes de segundo mensageiro**

Uma terceira classe de canais se abre ou fecha em resposta a alterações na concentração intracelular de mensageiros (Tab. 2.2). Os canais dependentes de Ca^{2+} são onipresentes, abrindo-se toda vez que os níveis intracelulares de Ca^{2+} aumentam, independentemente de a fonte do Ca^{2+} ser um reservatório intracelular ou proveniente do LEC via canal Ca^{2+} dependente de voltagem. Outros canais são ativados por proteínas G, nucleotídeos cíclicos, IP_3 e uma variedade adicional de mensageiros.

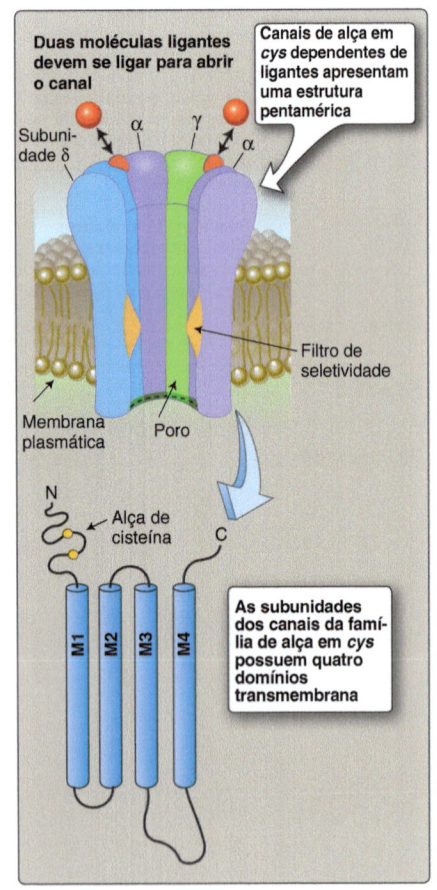

Figura 2.16
Estrutura do canal de alça em *cys* dependente de ligante.

D. Canais sensoriais

Os **canais receptores de potencial transitório** (**TRPs**) formam um grande e diverso grupo de canais que funcionam como sensores celulares, transduzindo temperatura, paladar, dor e estresse mecânico (inchaço celular e estresse de cisalhamento), por exemplo. Os TRPs são também necessários para a reabsorção de Ca^{2+} e Mg^{2+} no túbulo renal (ver 27.III). Atualmente, os TRPs são objeto de intenso estudo, e muitos aspectos de seu comportamento *in vivo* ainda precisam ser compreendidos; contudo, se sabe que são agrupamentos tetraméricos semelhantes aos canais dependentes de voltagem já descritos neste capítulo. A maioria dos membros da família é levemente seletiva a cátions, passando Na^+, K^+ e Ca^{2+}, com o resultado líquido de despolarização da membrana. A família TRP compreende seis grupos estruturalmente diferentes, cujas funções estão resumidas na Tabela 2.3.

Tabela 2.3 Canais sensoriais

TRPC (Canônico [TRPC1-7])
Onipresente
TRPV (Vaniloide [TRPV1-6])
Seletivo ao Ca^{2+}; transduz estímulos de calor nocivo e agentes químicos "quentes" (p. ex., a capsaicina [TRPV1]); osmossensorial (TRPV4); reabsorção de Ca^{2+} pelo túbulo renal (TRPV5)
TRPM (Melastatina [TRPM1-8])
Transduz o paladar (TRPM5), o frio e os agentes químicos "frios" (p. ex., mentol [TRPM8]); reabsorve Mg^{2+} do túbulo renal (TRPM6)
TRPP (Policistina [TRPP2, 3, 5])
Mutações causam a doença dos rins policísticos
TRPML (Mucolipina [TRPML 1-3])
Lisossômico (?)
TRPA (Anicrina [TRPA1])
Mecanossensitivo

Resumo do capítulo

- Todas as células modificam o seu ambiente iônico interno, utilizando bombas iônicas (ATPases) que levam à formação de gradientes de concentração química através da sua membrana de superfície. Os íons que se difundem a favor desses gradientes de concentração criam **potenciais de difusão**. O **potencial de membrana** representa a soma dos potenciais de difusão para todos os íons que permeiam a membrana (Na^+, Ca^{2+}, K^+, Mg^{2+} e Cl^-).

- Os íons são também influenciados por gradientes elétricos, de forma que sua tendência em cruzar uma membrana é comandada pelo **gradiente eletroquímico** líquido. O potencial em que os gradientes químico e elétrico precisamente se equilibram (o **potencial de equilíbrio**) pode ser calculado, utilizando-se a **equação de Nernst**.

- A maioria das células é impermeável ao Na^+ e ao Ca^{2+} em repouso, mas a presença de uma significativa condutância de K^+ no repouso faz o **potencial de repouso** se estabilizar próximo ao potencial de equilíbrio do K^+. A condutância de K^+ no repouso torna o potencial de repouso altamente suscetível a alterações na concentração de K^+ extracelular (**hipocalemia** e **hipercalemia**).

- As células excitáveis utilizam alterações no potencial de membrana (**potenciais de ação**, ou **picos**) para se comunicarem umas com as outras e para acionar eventos celulares, tais como a contração muscular e a secreção. Os potenciais de ação ocorrem por meio de abertura e fechamento sequencial de **canais iônicos**. A abertura de **canais Na^+ dependentes de voltagem** facilita uma **corrente de Na^+ para dentro** para causar a **despolarização da membrana**. A **repolarização da membrana** ocorre (em parte) por uma **corrente de K^+ para fora**, através de canais K^+ dependentes de voltagem.

- Os potenciais de ação são iniciados localmente no sítio da estimulação e depois se **propagam** de uma forma autossustentável e **regenerativa** por toda a extensão da célula.

- A maioria das células expressa muitas classes diferentes de canais iônicos na sua membrana de superfície, as quais podem ser diferenciadas com base no seu modo de ativação (**regulação**), **seletividade** iônica, **ativação** e **cinética de inativação**, **condutância** e farmacologia.

- Os canais Na^+, K^+, Ca^{2+} e Cl^-, todos dependentes de voltagem, são ativados por alterações no potencial de membrana. Os **canais dependentes de ligante** são ativados por neurotransmissores, incluindo a acetilcolina, o ácido γ-aminobutírico e o glutamato. Os **canais dependentes de segundo mensageiro** são sensíveis ao Ca^{2+} intracelular, às proteínas G, aos nucleotídeos cíclicos e ao inositol trifosfato. Os **canais receptores de potencial transitório** são sensores celulares que mediam respostas a agentes químicos, temperaturas quentes e frias e estresses mecânicos.

3 Osmose e Líquidos Corporais

I. VISÃO GERAL

Uma das citações mais memoráveis da popular série televisiva *Jornada nas Estrelas: A Nova Geração* veio de uma forma de vida alienígena feita de silicone que se referia ao intrépido Capitão Picard como uma "bolsa horrorosa feita principalmente de água". O corpo humano, em média, é formado por 50 a 60% de água por peso, dependendo da composição do corpo, do sexo e da idade do indivíduo. A proporção de água nas células é ainda maior (cerca de 80%), como mostrado na Figura 3.1, o restante constituindo-se grandemente de proteínas. A água é o solvente universal, facilitando as interações moleculares e reações bioquímicas, e fornecendo um meio que promove o movimento molecular entre os diferentes compartimentos celulares e subcelulares. A bioquímica da vida é altamente sensível à concentração do soluto, a qual, por sua vez, é determinada pela quantidade de água presente dentro da célula. Assim, o **Sistema Nervoso Autônomo (SNA)** monitora cuidadosamente a **água corporal total (ACT)** e ajusta as rotas de entrada e de saída (beber líquidos e formar urina, respectivamente) para manter o equilíbrio hídrico (ver 28.II). Embora a ACT seja rigorosamente controlada, a água se movimenta livremente através das membranas celulares e entre os diferentes compartimentos de líquidos do corpo. A perda de água aumenta as concentrações intracelulares de soluto e, portanto, interfere na função celular normal. O corpo não possui um transportador capaz de redistribuir a água entre os compartimentos, assim a sua maneira de gerenciar a água nos níveis celular e tecidual é manipulando as concentrações de solutos no líquido intracelular (LIC), no líquido extracelular (LEC) e no plasma. Essa estratégia é eficaz, porque a água fica subjugada à concentração de solutos pela **osmose**.

II. OSMOSE

A osmose descreve um processo pelo qual a água se move passivamente através de uma membrana semipermeável, direcionada por uma diferença na concentração hídrica entre os dois lados da membrana. A água pura tem uma molaridade de > 55 mol/L. Embora as células não contenham água pura, esta é, apesar disso, uma substância química superabundante. A diferença de concentração necessária para gerar um fluxo de água fisiologicamente significativo através das membranas é muito pequena, então, na prática, é muito mais conveniente discutir-se osmose em termos da quantidade de *pressão* que a água é capaz de gerar conforme ela se movimenta a favor de seu gradiente de concentração. Assim, um gradiente de concentração química se torna um **gradiente de pressão osmótica**.

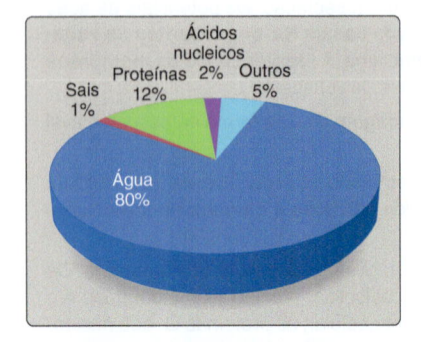

Figura 3.1
Composição celular.

A. Pressão osmótica

Os gradientes de pressão osmótica são criados quando as moléculas de soluto deslocam a água, portanto, diminuindo a concentração de água. Uma peculiaridade aparente desse processo é que a pressão é determinada inteiramente pelo número de partículas do soluto e é muito independente do tamanho, massa, natureza química do soluto ou mesmo da sua valência elétrica. Portanto, dois pequenos íons, tais como o Na^+, geram uma pressão osmótica maior do que um único polímero complexo de glicose, tal como o amido (PM > 40.000), conforme apresentado na Figura 3.2. A pressão osmótica de uma solução (π; medida em mmHg) pode ser calculada a partir de:

Equação 3.1 $\pi = nCRT$

em que n é o número de partículas nas quais um dado soluto se dissocia quando em solução, C é a concentração do soluto (em mmol/L), e R e T são a constante universal dos gases e a temperatura absoluta, respectivamente. A pressão osmótica pode ser medida fisicamente como uma quantidade de pressão necessária para opor, com precisão, o movimento hídrico entre duas soluções com concentrações de soluto diferentes (Fig. 3.3).

B. Osmolaridade e osmolalidade

A **osmolaridade** é uma medida da capacidade de um soluto para gerar uma pressão osmótica que leva em consideração a quantidade de partículas em que o soluto se dissocia quando dissolvido em água. A glicose não se dissocia em solução, assim uma solução de 1 mmol/L de glicose tem uma osmolaridade de 1 miliOsmol (mOsm). O NaCl se dissocia em duas partículas osmoticamente ativas em solução (Na^+ e Cl^-) e, desse modo, uma solução de 1 mmol/L de NaCl tem uma osmolaridade de aproximadamente 2 mOsm. O $MgCl_2$ se dissocia em três partículas (Mg^{2+} + $2Cl^-$), portanto uma solução de 1 mmol/L de $MgCl_2$ tem uma osmolaridade de 3 mOsm.

A **osmolalidade** é uma medida quase idêntica à osmolaridade, mas utiliza a massa da água em vez do volume (i.e., Osm/kg de H_2O). Um litro de água tem a massa de 1 kg a 4°C, mas o volume de água aumenta com a temperatura, o que leva a osmolaridade a decair levemente. Visto que a massa é invariável, Osm/kg de H_2O é a unidade preferida para ser utilizada em discussões sobre fisiologia humana.

C. Tonicidade

A **tonicidade** mede o efeito de um soluto no *volume celular*; esse termo leva em consideração que solutos permeantes à membrana levam as células a murcharem ou incharem pelos efeitos na osmolalidade do LIC.

1. **Solutos não permeantes:** a sacarose não pode cruzar a membrana plasmática da maioria das células. Entretanto, se a célula for colocada em uma solução de sacarose cuja osmolalidade se equivale à do LIC (300 mOsm/kg de H_2O), o volume celular permanecerá inalterado, porque a solução é **isotônica** (Fig. 3.4A). Alterações de volume somente ocorrem quando existe um gradiente osmótico através da membrana plasmática que força a água a entrar ou sair da célula.

> Observe que o LIC geralmente tem uma osmolalidade de 290 mOsm/kg de H_2O *in vivo*. O valor de 300 mOsm/kg de H_2O, utilizado neste e nos próximos exemplos, é somente para facilitar a ilustração.

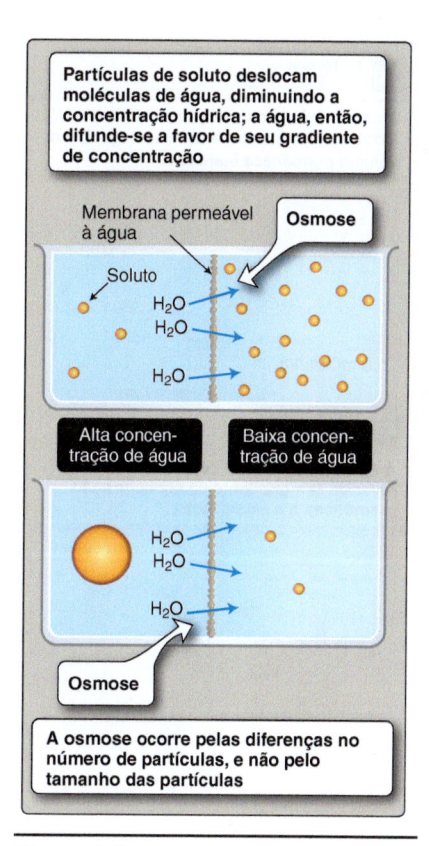

Figura 3.2
Osmose.

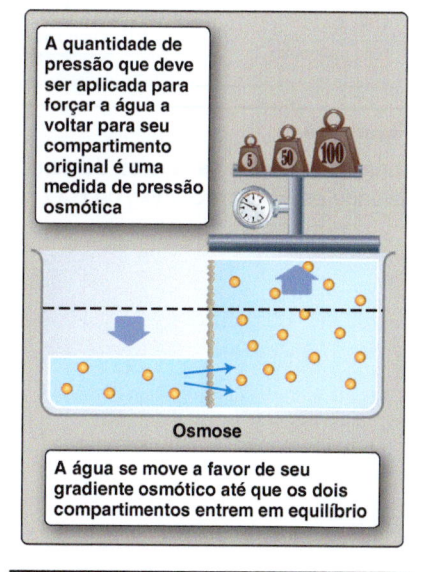

Figura 3.3
Pressão osmótica.

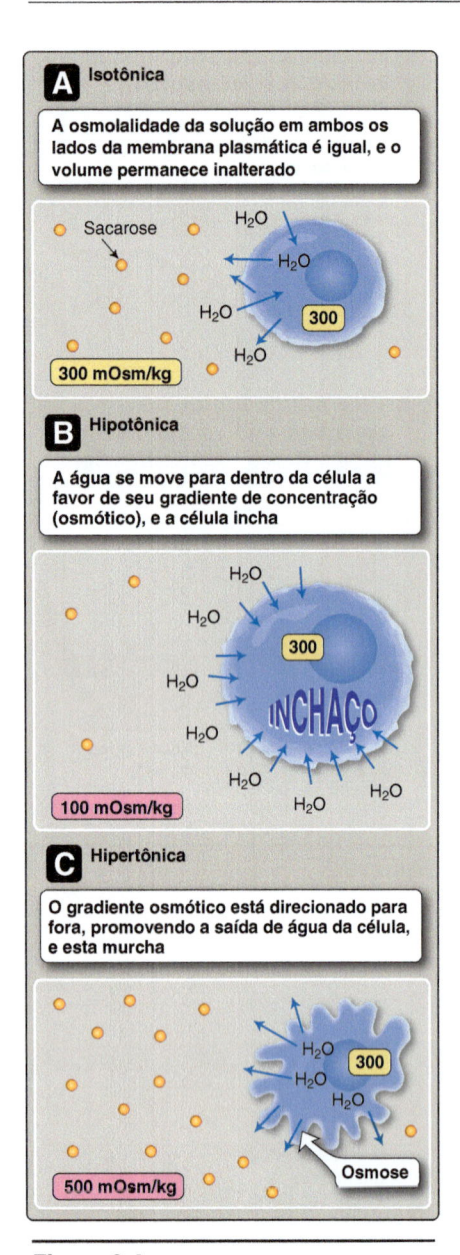

Figura 3.4
Tonicidade. Todos os valores de osmolalidade estão em mOsm/kg de H$_2$O.

A Isotônica
A osmolalidade da solução em ambos os lados da membrana plasmática é igual, e o volume permanece inalterado

B Hipotônica
A água se move para dentro da célula a favor de seu gradiente de concentração (osmótico), e a célula incha

C Hipertônica
O gradiente osmótico está direcionado para fora, promovendo a saída de água da célula, e esta murcha

Uma solução de 100 mOsm/kg de sacarose em H$_2$O é **hipotônica** em relação ao LIC. As moléculas de água migrarão do LEC para o LIC através da membrana, seguindo um gradiente osmótico, e a célula irá inchar (ver Fig. 3.4B). Ao contrário, uma solução de 500 mOsm/kg de sacarose em H$_2$O é **hipertônica**; a água será retirada da célula por osmose, levando a célula a murchar (ver Fig. 3.4C).

2. **Solutos permeantes:** a ureia é uma pequena molécula orgânica (PM 60) que, diferentemente da sacarose, penetra rapidamente nas membranas da maioria das células por meio de um transportador de ureia (TU). Assim, embora 300 mOsm/kg de ureia em H$_2$O e 300 mOsm/kg de sacarose em água tenham osmolalidades idênticas (i.e., são **isosmóticas**), elas *não* são isotônicas. Quando uma célula é colocada em uma solução de 300 mOsm/kg de ureia em H$_2$O, a ureia cruza a membrana via TU e aumenta a osmolalidade do LIC. A água segue então a ureia por osmose, e a célula incha. Uma solução de 300 mOsm/kg de ureia em H$_2$O é, assim, considerada **hipotônica**.

3. **Soluções mistas:** uma solução contendo 300 mOsm/kg de ureia em H$_2$O *mais* 300 mOsm/kg de sacarose em H$_2$O tem uma osmolaridade de 600 mOsm/kg de H$_2$O e é, assim, **hiperosmótica** em relação ao LIC. Entretanto, essa solução é também funcionalmente isotônica, porque a ureia cruza rapidamente a membrana até que as concentrações intracelular e extracelular se equilibrem em 150 mOsm/kg de H$_2$O. Com a osmolalidade da solução em ambos os lados da membrana agora estabilizada em 450 mOsm/kg de H$_2$O, a força direcionadora para osmose é zero e o volume celular permanece inalterado.

4. **Coeficiente de reflexão:** quando se calcula o potencial osmótico de uma solução que banha uma célula, é necessário acrescentar um coeficiente de reflexão (σ) à Equação 3.1 apresentada anteriormente.

$$\pi = \sigma nCRT$$

O coeficiente de reflexão é uma medida da facilidade com que um soluto pode cruzar a membrana plasmática. Para solutos altamente permeantes, tais como a ureia, o σ aproxima-se de 0 (zero). O coeficiente de reflexão para solutos não permeantes (tais como sacarose e proteínas plasmáticas) se aproxima de 1.

D. **Movimento hídrico entre os líquidos intracelular e extracelular**

A estrutura central do eixo lipídico da membrana plasmática é hidrofóbica, mas a água entra na célula e dela sai com relativa facilidade. Algumas moléculas de água deslizam entre moléculas de fosfolipídeos adjacentes da membrana, enquanto outras são empurradas junto com solutos por canais iônicos e transportadores. A maioria das células também expressa **aquaporinas** (**AQPs**) nas suas membranas de superfície, grandes proteínas tetraméricas que formam canais específicos para água através da bicamada lipídica. As AQPs, diferentemente da maioria dos canais iônicos, estão sempre abertas e permeáveis à água (ver 1.V.A).

E. **Regulação do volume celular**

A composição de solutos no LEC é mantida dentro de limites relativamente estreitos por rotas envolvidas na homeostasia da ACT (ver 28.II), mas a osmolalidade do LIC se modifica constantemente com as alterações dos níveis de atividade. Quando o metabolismo da célula aumenta, por exemplo, os nutrientes são absorvidos, os dejetos metabólicos se acumulam, e a água se move para o interior da célula por osmose, causando seu inchaço. As células que existem no limite entre o ambiente interno e o externo (p. ex., células epiteliais intestinais e renais) estão também sujeitas às alterações agudas na osmolalidade extracelular, o que leva a frequentes alterações no volume celular. Os mecanismos pelos quais as células sentem e transduzem as alterações de volume não são ainda bem definidos, mas respondem ao encolhimento e inchaço osmótico, estabelecendo um **aumento de volume regulador (AVR)** ou um **decréscimo de volume regulador (DVR)**, respectivamente.

1. **Aumento de volume regulador:** quando a osmolalidade do LEC aumenta, a água é puxada para fora da célula por osmose, e a célula murcha. A célula responde com um AVR, o qual, a curto prazo, envolve o acúmulo de Na^+ e Cl^- por meio de uma atividade aumentada do trocador Na^+-H^+ e do cotransportador Na^+-K^+-$2Cl^-$ (Fig. 3.5). A captação de Na^+ e Cl^- aumenta a osmolalidade do LIC e restabelece o volume celular por osmose. Mais a longo prazo, as células podem acumular moléculas orgânicas pequenas, tais como a betaína (um aminoácido), o sorbitol e o inositol (poliálcoois), para manter a osmolalidade aumentada do LIC e manter o volume celular.

2. **Decréscimo de volume regulador:** o inchaço celular dá início a um DVR, o qual envolve principalmente o efluxo de K^+ e Cl^- através de canais K^+ e canais Cl^- ativados pelo inchaço. A resultante queda da osmolalidade no LIC leva à perda de água por osmose, e o volume celular se normaliza. As células podem também liberar aminoácidos (principalmente glutamato, glutamina e taurina) como uma forma de reduzir sua osmolalidade e volume.

III. COMPARTIMENTOS DE LÍQUIDOS CORPORAIS

Um homem de 70 kg contém 42 L de água, ou cerca de 60% de seu peso corporal total. As mulheres em geral têm menos músculo e mais tecido adiposo, como uma porcentagem da massa corporal total, do que os homens. Uma vez que a gordura contém menos água que o músculo, o seu conteúdo total de água é correspondentemente menor (55%). A ACT em geral diminui com a idade em ambos os sexos, devido à perda de massa muscular (**sarcopenia**) associada com o envelhecimento.

A. Distribuição

Dois terços da ACT estão contidos nas células (LIC = aproximadamente 28 L dos 42 L já mencionados). O restante (14 L) está dividido entre o interstício e o plasma sanguíneo (Fig. 3.6).

1. **Plasma:** o sistema circulatório compreende o coração e uma extensiva rede de vasos sanguíneos que, juntos, comportam em torno de 5 L de sangue, um líquido composto por células e plasma rico em proteínas. Aproximadamente 1,5 L do volume total de sangue está contido no interior das células sanguíneas e está incluído no valor dado anteriormente para o LIC. O plasma constitui 3,5 L do volume do LEC.

2. **Interstício:** os 10,5 L restantes de água residem fora da corrente sanguínea e ocupam os espaços entre as células (o **interstício**). O líquido intersticial e o plasma têm composições muito semelhantes de solutos, porque a água e pequenas moléculas se movem livremente entre os dois compartimentos. A principal diferença entre o plasma e o líquido intersticial é que o plasma contém grandes quantidades de proteínas, enquanto o líquido intersticial é relativamente livre de proteínas.

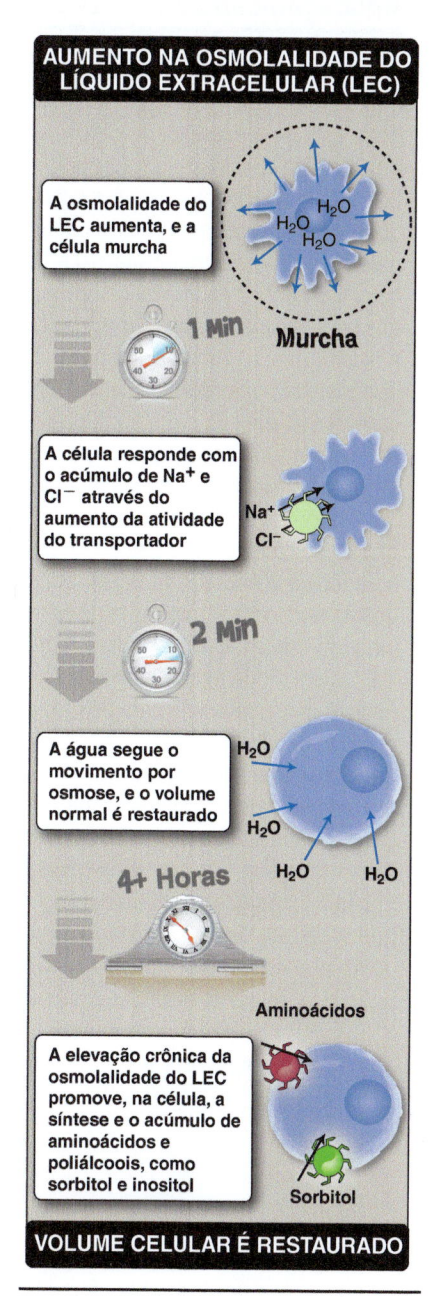

Figura 3.5
Aumento de volume regulador.

Aplicação clínica 3.1 Hiponatremia e síndrome da desmielinização osmótica

A hiponatremia é definida como uma concentração sérica de Na$^+$ de 135 mmol/L ou menos. Os pacientes que desenvolvem a hiponatremia em geral têm uma capacidade diminuída de excretar água, normalmente devido à incapacidade de suprimir a secreção do hormônio antidiurético (ADH). A hiponatremia com supressão adequada de ADH também é observada com falha renal avançada e baixo consumo de sódio. Normalmente, os rins podem excretar 10 a 15 L de urina diluída por dia e manter os níveis séricos de eletrólitos normais, mas taxas de fluxos mais elevadas podem exceder suas capacidades de reabsorver os solutos, e ocorre a hiponatremia. Uma vez que o Na$^+$ é o determinante primário da osmolalidade do líquido extracelular (LEC), a hiponatremia cria uma mudança osmótica através da membrana plasmática de todas as células, levando-as a incharem. Os pacientes hiponatrêmicos podem desenvolver graves sintomas neurológicos (como letargia, convulsões e coma), os quais em geral ocorrem somente com a hiponatremia aguda e grave (concentração de sódio no soro < 120 mmol/L), e uma correção rápida com salina hipertônica é necessária nesse cenário clínico. A hiponatremia que se desenvolve lenta e cronicamente (os casos mais comuns) permite tempo para um decréscimo de volume regulador, e os sintomas graves podem ser postergados até que os níveis séricos de Na$^+$ caiam ainda mais. Quando a hiponatremia se desenvolve vagarosamente, e o paciente não tem qualquer sintoma neurológico, a reversão para os níveis séricos de sódio normais deve também ser feita de maneira lenta para evitar uma complicação do tratamento, conhecida como a **síndrome da desmielinização osmótica** ([**SDO**], antigamente chamada de **mielinólise pontina central**). A SDO ocorre quando um aumento muito rápido da concentração de Na$^+$ no LEC cria um gradiente osmótico que drena água dos neurônios antes que tenham uma chance de se adaptar, causando a retração e a desmielinização da célula (a mielina é uma membrana rica em lipídeos que isola eletricamente os axônios para aumentar a sua velocidade de condução; ver 5.V.A). A SDO pode manifestar-se como confusão, alterações comportamentais, quadriplegia, dificuldades na fala ou na deglutição (disartria e disfagia, respectivamente) ou coma. Uma vez que essas alterações devastadoras podem não ser reversíveis, a velocidade máxima de reversão, em pacientes estáveis com hiponatremia crônica, não deve exceder em torno de 10 mmol/L nas primeiras 24 horas.

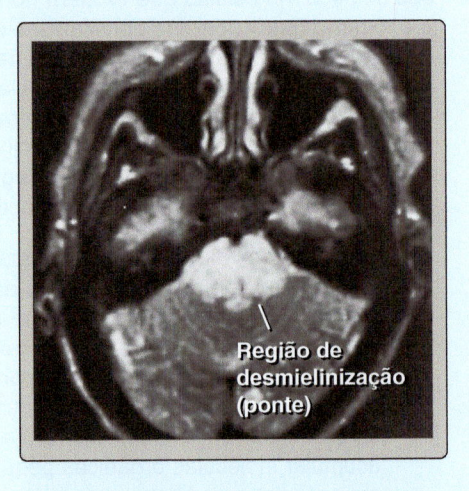

Desmielinização osmótica na região da ponte do encéfalo.

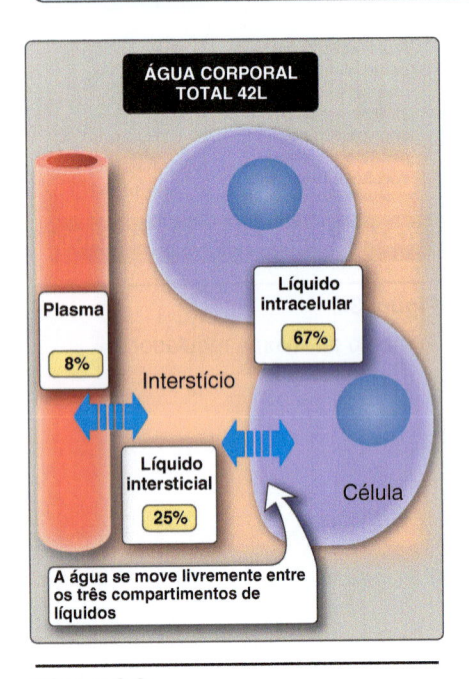

Figura 3.6
Distribuição da água corporal total.

ÁGUA CORPORAL TOTAL 42L
Plasma 8%
Interstício
Líquido intracelular 67%
Líquido intersticial 25%
Célula
A água se move livremente entre os três compartimentos de líquidos

---

Uma quantidade variável de líquido é mantida por trás das barreiras celulares que o separam do plasma e do líquido intersticial (**líquido transcelular**). Este último inclui o líquido cerebrospinal, o líquido no interior dos olhos (humor aquoso), nas articulações (líquido sinovial), na bexiga (urina) e no intestino. O volume do líquido transcelular é, em média, de 1 a 2 L, e não é levado em consideração nos cálculos da ACT.

B. Restringindo o movimento hídrico

A água se move livre e rapidamente através das membranas e paredes dos capilares, o que gera a possibilidade de um compartimento de líquido (p. ex., o LIC) se tornar hipo-hidratado ou hiper-hidratado em relação aos outros compartimentos, em detrimento da função corporal (Fig. 3.7). Por isso, o corpo põe em funcionamento mecanismos que controlam independentemente o conteúdo de água e limitam o movimento líquido de água entre o LIC, o LEC e o plasma.

1. **Líquido intracelular:** a osmolalidade do LIC fica geralmente na média de 275 a 295 mOsm/kg de H$_2$O, devido principalmente ao K$^+$ e

seus ânions associados (Cl⁻, fosfatos e proteínas). A composição do LIC rico em K^+ é devida à Na^+-K^+ ATPase da membrana plasmática, a qual concentra K^+ dentro do LIC e expulsa Na^+. A perda líquida de água ou o seu acúmulo a partir do interstício são evitados por meio de aumentos e decréscimos do volume regulador, respectivamente, como já foi discutido.

2. **Líquido extracelular:** o plasma e o líquido intersticial também têm uma osmolalidade de aproximadamente 275 a 295 mOsm/kg de H_2O, mas os principais solutos aqui são o Na^+ e os seus ânions associados (Cl^- e HCO_3^-). O conteúdo de água no LEC é rigorosamente controlado por osmorreceptores localizados centralmente que atuam através do hormônio antidiurético (ADH). Quando a ACT cai muito devido à sudorese excessiva, por exemplo (ver Fig. 3.7, painel 1), a osmolalidade do LEC aumenta, porque os seus solutos se concentraram. O aumento em osmolalidade puxa água do LIC por osmose (ver Fig. 3.7, painel 2) e aciona um AVR em todas as células, mas não antes que os osmorreceptores centrais tenham iniciado a liberação de ADH da neuro-hipófise, conforme apresentado na Figura 3.7, painel 3 (ver também 28.II.B). O ADH estimula a sede e aumenta a expressão de AQPs pelo epitélio dos túbulos renais, permitindo um aumento da reabsorção de água da urina. Em consequência, as osmolalidades da ACT e do LEC são restabelecidas ao normal (ver Fig. 3.7, painel 4). Quando a ACT está muito elevada, a expressão de AQPs é suprimida, e o excesso de água é expelido do corpo.

3. **Plasma:** o plasma é o menor, mas também o mais vital, dos três compartimentos internos de líquidos. O coração depende totalmente do volume de sangue para gerar pressão e fluxo através da corrente sanguínea (ver 18.III). O volume plasmático deve ser preservado mesmo se o volume do LEC estiver decaindo devido à sudorese prolongada ou à ingestão de água diminuída, por exemplo. O corpo não pode regular o volume plasmático diretamente, porque a maioria dos pequenos vasos sanguíneos (capilares e vênulas) é inerentemente mal vedada e, assim, o plasma e o líquido intersticial (os dois componentes do LEC) estão sempre em equilíbrio recíproco. A solução para manter um volume plasmático ideal reside nas proteínas plasmáticas, tais como a albumina, que são sintetizadas pelo fígado e ficam presas dentro dos vasos devido ao seu grande tamanho. Aqui, essas proteínas exercem um potencial osmótico (**pressão osmótica coloidal do plasma**) que remove líquido do interstício, independentemente de alterações na osmolalidade total do LEC ou do decréscimo de volume do LEC, como apresentado na Figura 3.7, painel 2 (ver também 19.VII.A).

IV. pH DOS LÍQUIDOS CORPORAIS

O H^+ é um cátion inorgânico comum que é semelhante, em muitos aspectos, ao Na^+ e ao K^+. Ele é atraído para se ligar aos ânions, e despolariza as células quando cruza a membrana plasmática. O H^+ merece atenção especial e manejo celular, porque seu pequeno tamanho atômico permite que ele forme forte ligações com proteínas. Essas interações alteram a distribuição da carga interna de uma proteína, enfraquecendo as interações entre cadeias polipeptídicas adjacentes e causando alterações conformacionais que podem inibir uma função, tal como a ligação de um hormônio (Fig. 3.8). Altas concentrações de H^+ desnaturam as proteínas e levam à degradação celular. Assim, o pH do líquido em que as células estão embebidas deve ser rigidamente controlado em todos os momentos.

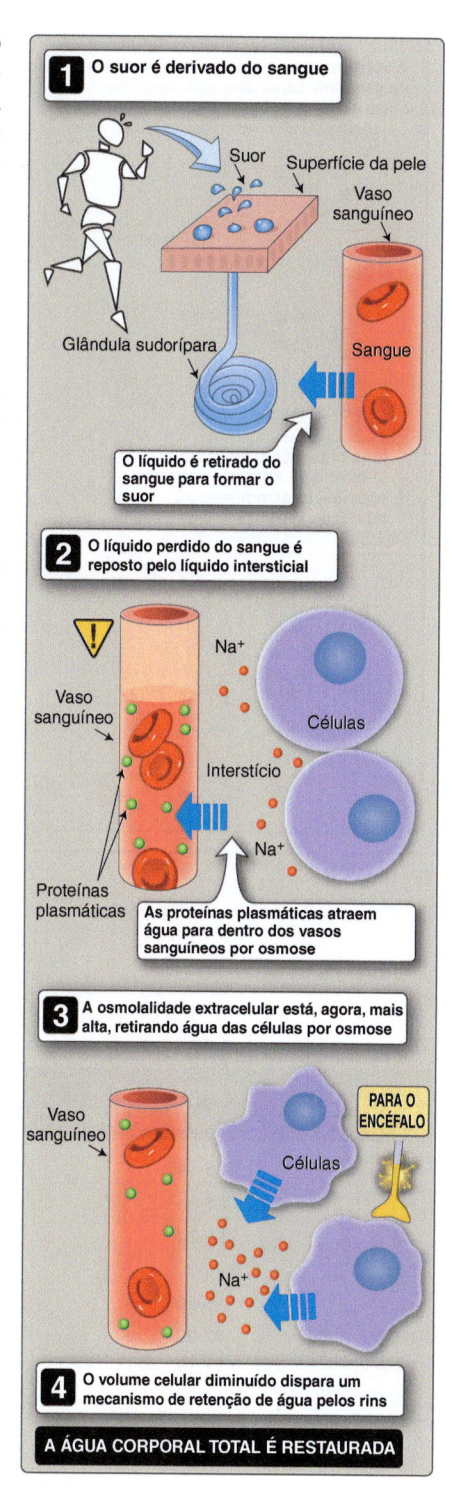

Figura 3.7

Movimento de líquidos entre os compartimentos durante a desidratação.

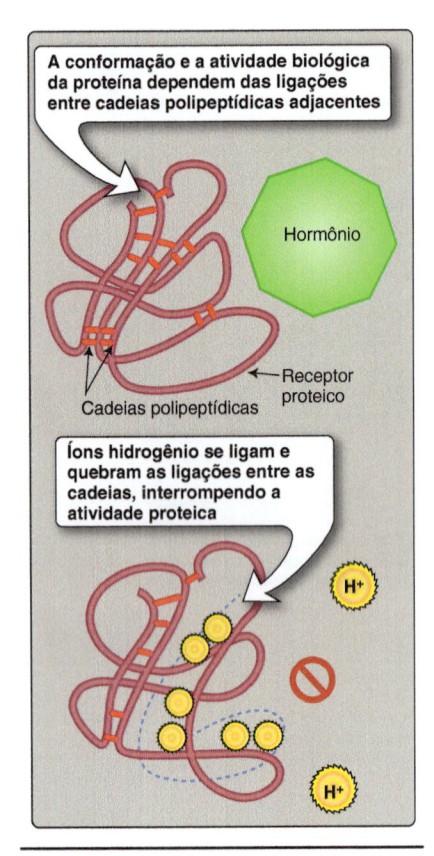

Figura 3.8
Desnaturação proteica por ácido.

Tabela 3.1 Eletrólitos do soro

Eletrólito	Variação de referência (mmol/L)
Na^+	136-145
K^+	3,5-5
Ca^{2+}	2,1-2,8
Mg^{2+}	0,75-1
Cl^-	95-105
HCO_3^-	22-28
Fósforo (inorgânico)	1-1,5

Aplicação clínica 3.2   Eletrólitos

O líquido extracelular (LEC) é rico em Na^+, mas também contém uma quantidade de outros solutos carregados, ou **eletrólitos**, a grande maioria englobando íons inorgânicos comuns (K^+, Ca^{2+}, Mg^{2+}, Cl^-, fosfatos e HCO_3^-). Todas as células estão embebidas no LEC. Uma vez que as alterações nas concentrações desses eletrólitos podem ter efeitos significativos na função celular, os níveis séricos são mantidos dentro de uma amplitude relativamente restrita, principalmente pela modulação da função renal (ver Cap. 28). Os exames de sangue geralmente incluem um painel eletrolítico padronizado que mede a quantidade sérica de Na^+, K^+ e Cl^- (Tab. 3.1). Os níveis séricos de Na^+ e Cl^- são medidos, em parte, para avaliar a função renal, mas também porque determinam a osmolalidade do LEC e a água corporal total. O K^+ é medido porque a função cardíaca normal depende de níveis séricos estáveis de K^+.

A. **Ácidos**

O sangue tem um pH de 7,4 e raramente varia mais do que 0,05 unidade de pH. Isso corresponde a uma variabilidade de concentração de H^+ de 35 a 45 nmol/L, a qual é muito relevante, visto que o metabolismo de carboidratos, gorduras e proteínas despeja em torno de 22 mol de ácido na corrente sanguínea a cada dia. O ácido gerado pelo metabolismo aparece de duas formas: **volátil** e **não volátil** (Fig. 3.9).

1. **Volátil:** a grande maioria da produção diária de ácidos vem na forma de ácido carbônico (H_2CO_3), que é formado quando o CO_2 se dissolve em água. O CO_2 é gerado a partir de carboidratos (tal como a glicose) durante a respiração aeróbia ($C_6H_{12}O_6 + 6O_2 \rightarrow 6CO_2 + 6H_2O$). O ácido carbônico é conhecido como um ácido volátil, porque é convertido novamente em CO_2 e água nos pulmões, e depois é liberado na atmosfera (ver Fig. 3.9).

2. **Não volátil:** o metabolismo também gera quantidades menores (70 a 100 mmol por dia) de ácidos **não voláteis** ou **ácidos fixos** que não podem ser expelidos pelos pulmões. Os ácidos não voláteis incluem os ácidos sulfúrico, nítrico e fosfórico, os quais são formados durante o catabolismo de aminoácidos (p. ex., cisteína e metionina) e compostos fosfatados. Os ácidos não voláteis são excretados na urina (ver Fig. 3.9).

3. **Amplitude:** a vida pode existir apenas dentro de uma amplitude de pH relativamente estreita (pH 6,8 a 7,8, correspondente a uma concentração de H^+ de 16 a 160 nmol/L), assim, a excreção de H^+ de forma cronometrada é crítica para a sobrevivência. Um decréscimo no pH plasmático abaixo de 7,35 é chamado de **acidemia**. **Alcalemia** é um aumento no pH plasmático acima de 7,45. **Acidose** e **alcalose** são termos mais genéricos, referindo-se a processos que resultam em acidemia e alcalemia, respectivamente.

B. **Sistemas de tamponamento**

As células produzem ácidos continuamente. Suas estruturas intracelulares estão protegidas dos efeitos deletérios desses ácidos por sistemas de tamponamento que imobilizam o H^+ temporariamente e limitam seus efeitos destrutivos até que ele possa ser eliminado. O corpo contém três sistemas de tamponamento primários: o **sistema tampão bicarbonato**, o **sistema tampão fosfato** e as proteínas.

1. **Bicarbonato:** o HCO_3^- é a defesa primária do organismo contra um ácido. O HCO_3^- é uma base que se combina com o H^+ para formar o ácido carbônico, H_2CO_3:

$$HCO_3^- + H^+ \leftrightarrows H_2CO_3 \leftrightarrows CO_2 + H_2O$$
Anidrase carbônica

O H_2CO_3 pode então ser quebrado para formar CO_2 e H_2O, ambos sendo rapidamente expelidos do corpo pelos pulmões e rins, respectivamente. A conversão espontânea para CO_2 e H_2O ocorre muito vagarosamente para que o sistema de tamponamento pelo HCO_3^- seja de qualquer utilidade, mas a reação se torna essencialmente instantânea quando catalisada pela *anidrase carbônica* (*AC*). A AC é uma enzima onipresente expressa por todos os tecidos, refletindo a importância fundamental do sistema de tamponamento pelo HCO_3^-.

> Existem pelo menos 12 diferentes isoformas funcionais de AC, muitas sendo expressas em praticamente todos os tecidos. A *AC-II* é uma isoforma citosólica onipresente. A *AC-I* é expressa em níveis elevados nas hemácias, enquanto a *AC-III* é encontrada principalmente no músculo. A *AC-IV* é uma isoforma ligada à membrana, que é expressa na superfície dos epitélios pulmonar e renal, onde facilita a excreção de ácidos.

2. **Fosfato:** o sistema de tamponamento pelo fosfato utiliza o mono-hidrogenofosfato para tamponar o ácido, sendo o produto final o di-hidrogenofosfato:

$$H^+ + HPO_4^{2-} \leftrightarrows H_2PO_4^-$$

O HPO_4^{2-} é utilizado para tamponar o ácido no túbulo renal durante a excreção urinária de ácidos não voláteis.

3. **Proteínas:** as proteínas contêm muitos sítios de ligação do H^+ e, portanto, perfazem uma contribuição fundamental à capacidade de tamponamento líquido intracelular e extracelular. Uma das proteínas mais importantes é a hemoglobina (Hb), uma proteína encontrada nas hemácias (CVSs) que tampona ácidos durante o trânsito aos pulmões ou aos rins.

C. Manejo de ácidos

A maioria dos ácidos é gerada intracelularmente em sítios de metabolismo ativo e depois é transportada pela circulação sanguínea aos pulmões e rins para eliminação. O pH é cuidadosamente controlado por tampões e bombas em todos os estágios do manejo.

1. **Células:** as estruturas intracelulares estão protegidas dos ácidos produzidos localmente por tampões, sendo os mais importantes as proteínas intracelulares e o HCO_3^-. As células também controlam ativamente seus pHs internos, utilizando transportadores, embora as rotas envolvidas no controle do pH celular ainda não tenham sido bem delineadas.

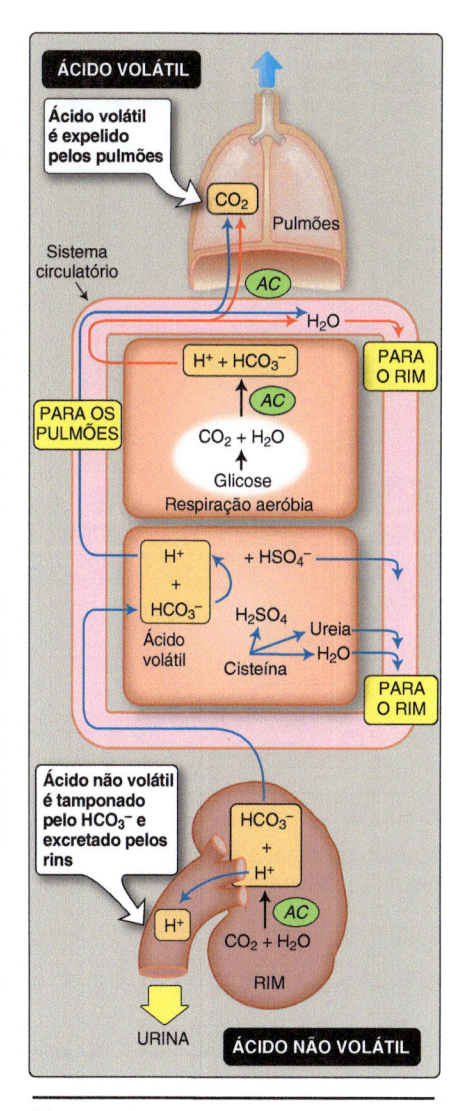

Figura 3.9
Excreção de ácidos voláteis e não voláteis. AC = anidrase carbônica.

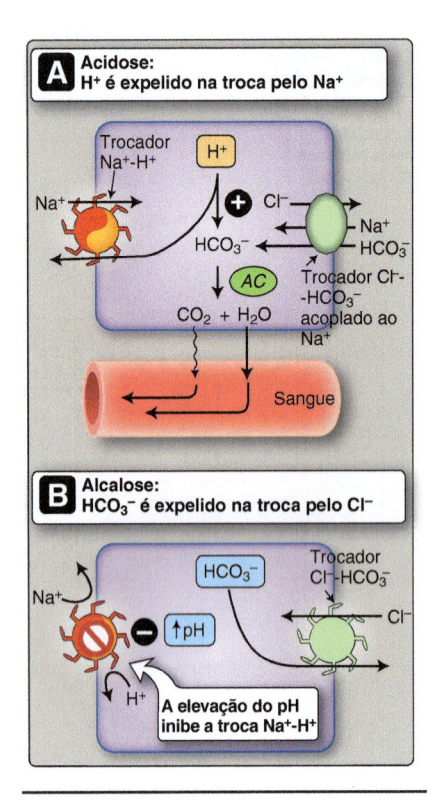

Figura 3.10
Manejo de ácidos e bases pelas células. AC = anidrase carbônica.

a. **Ácido:** a maioria das células expressa um trocador de Na^+-H^+ para expelir os ácidos e pode também captar HCO_3^- do LEC, se houver necessidade, por meio da troca de Cl^--HCO_3^- acoplado ao Na^+ (Fig. 3.10A).

b. **Base:** a maioria das células também expressa um trocador Cl^--HCO_3^- para expelir o excesso de bases. A alcalose, simultaneamente, suprime a troca de Na^+-H^+ para ajudar a diminuir o pH intracelular (ver Fig. 3.10B).

2. **Pulmões:** o CO_2 produzido pelas células durante a respiração aeróbia se difunde rapidamente, através da membrana celular, pelo interstício para a circulação sanguínea. As hemácias expressam elevados níveis da enzima *AC-II*, a qual facilita a conversão de CO_2 e H_2O em HCO_3^- e H^+ (ver 23.VII). O H^+ se liga então à Hb para viajar até os pulmões. Os epitélios pulmonares também contêm elevados níveis de *AC*, o que facilita a conversão de volta a CO_2 para ser transferido à atmosfera (ver Fig. 3.9).

3. **Rins:** o H^+ que é formado pelo metabolismo proteico (ácido não volátil) é bombeado para a luz do túbulo renal e excretado na urina, conforme demonstrado na Figura 3.9 (ver também 28.V). Os epitélios urinários são protegidos, durante a excreção, por tampões, principalmente de fosfato e amônia, que são secretados pelo túbulo renal especificamente para esse propósito. Entretanto, o ácido não volátil é gerado em locais mais distantes, e as células responsáveis devem ser protegidas desse ácido até que ocorra o transporte para o rim. Assim, o epitélio renal também expressa elevados níveis de *AC-IV*, que gera HCO_3^- e o libera na corrente sanguínea para ser transportado aos locais de geração de ácidos (ver Fig. 3.9). O H^+ que é formado durante a síntese de HCO_3^- é bombeado para a luz do túbulo e excretado.

Resumo do capítulo

- O corpo humano é fundamentalmente composto por água, que se distribui entre três principais compartimentos: **líquido intracelular**, **líquido intersticial** e **plasma**. Os dois últimos compartimentos compõem, em conjunto, o **líquido extracelular**. O movimento hídrico entre esses compartimentos ocorre principalmente por **osmose**.

- A osmose é regida por **gradientes de pressão osmótica** que são criados por diferenças locais no número de partículas de soluto. A água se move de regiões contendo um pequeno número de partículas em direção a regiões com elevado número de partículas, gerando a pressão osmótica.

- A **osmolaridade** e a **osmolalidade** medem a capacidade de um soluto para gerar pressão osmótica, enquanto a **tonicidade** é dirigida por um efeito da solução no volume celular.

- A maioria das células contém canais (**aquaporinas**) que permitem que a água se mova facilmente entre o líquido intracelular (LIC) e o líquido extracelular (LEC), em resposta a gradientes transmembrana de osmolalidade. Aumentos da osmolalidade do LEC fazem a água sair da célula, e o seu volume diminui. As células respondem acumulando solutos (Na^+, Cl^- e aminoácidos) para resgatar água do LEC por osmose (um **aumento de volume regulador**). Os aumentos de volume celular disparam um **decréscimo de volume regulador** envolvendo a abertura de canais K^+ e Cl^- dependentes de volume e a secreção de pequenos solutos orgânicos (aminoácidos e poliálcoois).

- As alterações do volume regulador permitem que as células controlem o volume de água intracelular. A função renal é modulada de forma a controlar todo o conteúdo corporal de Na^+, o qual, por sua vez, determina quanta água é retida pelo líquido extracelular (LEC). As proteínas plasmáticas determinam quanto desse LEC é retido pela corrente sanguínea.

- Todas as células se baseiam em **sistemas de tamponamento** para manter o pH dos líquidos intracelulares e extracelulares dentro de uma estreita margem de variabilidade. Os ácidos são produzidos continuamente, como consequência do metabolismo de carboidratos e catabolismo de aminoácidos. O metabolismo de carboidratos gera CO_2, o qual se dissolve em água para formar ácido carbônico (um ácido **volátil**). A quebra de aminoácidos produz ácidos sulfúrico e fosfórico (ácidos **não voláteis**).

- O **sistema tampão bicarbonato** representa a primeira defesa do organismo contra o ácido. Esse sistema de tamponamento se baseia na enzima onipresente **anidrase carbônica** para facilitar a formação de bicarbonato a partir do CO_2 e de H_2O. O ácido volátil é expelido como CO_2 pelos pulmões, enquanto o ácido não volátil é excretado na urina pelos rins.

Tecidos Epitelial e Conectivo

I. VISÃO GERAL

O corpo humano compreende uma reunião diversificada de células que podem ser organizadas em quatro grupos, com base em semelhanças funcionais e estruturais. Esses grupos são conhecidos como **tecidos**: **tecido epitelial**, **tecido nervoso**, **tecido muscular** e **tecido conectivo**. Os quatro tipos de tecidos se associam e trabalham em íntima cooperação uns com os outros. O tecido epitelial abrange camadas de células que proporcionam barreiras entre o ambiente interno e o externo. A pele (**epiderme**) é o exemplo mais visível (ver Cap. 16), mas existem muitas interfaces internas não visíveis, que são também limitadas por epitélios (p. ex., pulmões, trato gastrintestinal [GI], rins e órgãos reprodutores). O tecido nervoso compreende os **neurônios** e suas células de apoio (**glia**) que fornecem vias para comunicação e coordenam as funções dos tecidos, como será discutido de maneira mais detalhada na Unidade II. O tecido muscular é especializado para a contração. Existem três tipos de músculos: **músculo esquelético** (ver Cap. 12), **músculo cardíaco** (ver Cap. 13) e **músculo liso** (ver Cap. 14). O tecido conectivo é uma mistura de células, fibras estruturais e **substância fundamental**, que conecta e preenche os espaços entre as células adjacentes e fornece aos tecidos a sua força e forma. O osso é um tecido conectivo especializado, que é mineralizado para fornecer força e resistir à compressão (ver Cap. 15). Este capítulo se dedica à estrutura e às funções variadas do tecido epitelial (Tab. 4.1) e do tecido conectivo.

Tabela 4.1 Funções epiteliais

Função	Exemplos
Proteção	Epiderme; boca; esôfago; laringe; vagina; canal anal
Excreção	Rins
Secreção	Intestinos; rins; a maioria das glândulas
Absorção	Intestinos; rins
Lubrificação	Intestinos; vias respiratórias; tratos reprodutivos
Limpeza	Traqueia; meato acústico externo
Sensorial	Epitélios vestibular, gustativo e olfatório
Reprodução	Epitélios ovariano, uterino e germinativo

II. EPITÉLIOS

Os epitélios são camadas contínuas de células, que cobrem todas as superfícies do corpo e criam barreiras que separam os ambientes externo e interno. Eles auxiliam a nos proteger da invasão de microrganismos e limitam a perda de líquidos do ambiente interno: eles "mantêm o nosso interior dentro do corpo". No entanto, os epitélios são muito mais do que apenas barreiras. A maioria dos epitélios tem funções adicionais especializadas secretoras ou absortivas, que incluem a formação de suor, a digestão e a absorção dos alimentos, e a excreção de resíduos.

A. Estrutura

Os epitélios mais simples consistem em uma única camada de células unidas umas às outras por uma variedade de **complexos juncionais**, que fornecem força mecânica e criam rotas para a comunicação entre

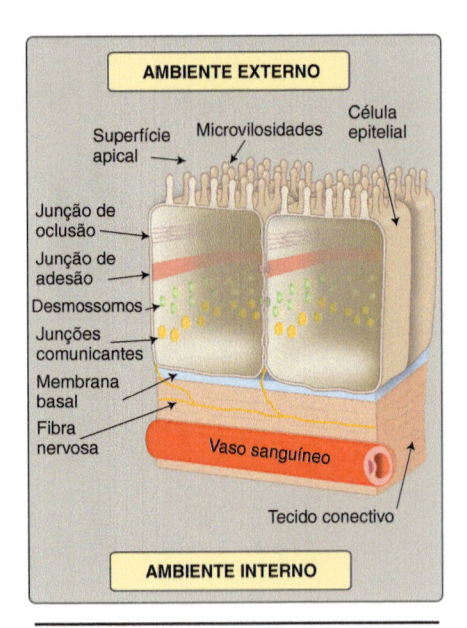

Figura 4.1
Estrutura da célula epitelial.

células adjacentes (Fig. 4.1). A **superfície apical** faz uma interface com o ambiente externo (ou com uma cavidade interna do corpo), enquanto a **superfície basal** se assenta em uma **membrana basal** que fornece o suporte estrutural. A membrana basal compreende duas camadas fundidas. A **lâmina basal** é sintetizada pelas células epiteliais nesta apoiadas, e é composta por colágeno e proteínas associadas. A camada interna (*lamina reticularis* ou **lâmina reticular**) é formada pelo tecido conectivo subjacente. Os epitélios são avasculares, dependendo de vasos sanguíneos próximos à membrana basal para liberar O_2 e nutrientes, mas são inervados.

B. Tipos

Os epitélios são classificados com base em sua morfologia, que é em geral um reflexo de sua função. Existem três tipos: **epitélios simples**, **epitélios estratificados** e **epitélios glandulares**.

1. **Simples**: muitos epitélios são especializados em facilitar as trocas de materiais entre a sua superfície apical e a corrente sanguínea. Por exemplo, o epitélio pulmonar facilita a troca gasosa entre a atmosfera e a circulação pulmonar (ver 22.II.C). O epitélio do túbulo renal transfere líquidos entre a luz do túbulo e o sangue (ver 26. II.C), enquanto o epitélio que recobre o intestino delgado transfere material entre a luz do intestino e a circulação (ver 31.II). Funções de troca e de transporte exigem que a barreira que separa os dois compartimentos seja mínima, assim, todas essas estruturas mencionadas são recobertas por epitélios "simples". Os epitélios simples compreendem uma única camada de células e podem ainda ser subdivididos em três grupos, de acordo com o formato da célula epitelial. Os alvéolos pulmonares e os capilares sanguíneos são revestidos com um **epitélio simples pavimentoso** (**escamoso**). As células epiteliais pavimentosas são extrema-

---

Aplicação clínica 4.1   Carcinoma espinocelular

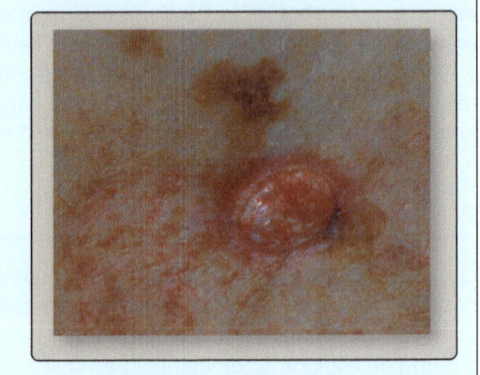

O carcinoma de espinocelular é uma das formas mais comuns de câncer, que se forma a partir da maioria dos epitélios, incluindo os da pele, lábios, revestimento bucal, esôfago, pulmões, próstata, vagina, colo do útero e bexiga urinária. O carcinoma espinocelular cutâneo é um câncer de pele predominante, que geralmente ocorre em regiões da pele expostas ao sol. Acredita-se que as malignidades das células escamosas surjam da divisão descontrolada de células-tronco epiteliais, muito mais do que das células epiteliais escamosas, propriamente. Os cânceres espinocelulares geralmente permanecem no local e podem ser tratados pela cirurgia de Mohs (uma cirurgia dermatológica especializada para malignidades da pele), crioterapia ou excisão cirúrgica.

Carcinoma espinocelular.

mente finas para maximizar a troca por difusão de gases. Muitos segmentos dos túbulos renais e ductos glandulares são revestidos com células epiteliais do tipo cuboide (**simples cúbico**). Seu formato reflete o fato de que essas células transportam materiais ativamente e, assim, devem acomodar mitocôndrias para produzir o trifosfato de adenosina (ATP) necessário para realizar a função de transportador ativo primário. O **epitélio simples colunar** compreende camadas de células que são longas e estreitas para acomodar grandes quantidades de mitocôndrias, e são encontradas nas regiões mais distais dos túbulos renais (ver 27.IV.A) e nos intestinos, por exemplo.

2. **Estratificado:** os epitélios que estão sujeitos à abrasão mecânica são compostos por múltiplas camadas de células (Fig. 4.2). Essas camadas têm a finalidade de serem "sacrificadas" de forma a evitar a exposição da membrana basal e das estruturas mais profundas. As camadas de células epiteliais mais internas são renovadas continuamente, e as camadas mais externas danificadas são descamadas. Os exemplos incluem a pele e o revestimento da boca, esôfago e vagina. A pele sofre constante exposição ao estresse mecânico associado ao contato com e à manipulação de objetos externos, de forma que as camadas mais externas são reforçadas com queratina, uma proteína estrutural elástica (ver 16.III.A). O **epitélio de transição** (também conhecido como **urotélio**) é um epitélio estratificado especializado, que reveste a bexiga urinária, os ureteres e a uretra (ver 25.VI). Um epitélio de transição contém células que se esticam rapidamente e mudam de formato (de cuboides a pavimentosas), sem se romperem, para se adaptarem às alterações de volume dentro das estruturas que elas revestem.

3. **Glandular:** os epitélios glandulares produzem secreções proteicas especializadas (Fig. 4.3). As glândulas são formadas por colunas ou tubos de células epiteliais da superfície, que invadem as estruturas subjacentes, formando invaginações. As secreções glandulares são então liberadas tanto por um ducto ou um sistema de ductos na superfície epitelial (**glândulas exócrinas**), ou através da membrana basal na corrente sanguínea (**glândulas endócrinas**). As glândulas endócrinas incluem as glândulas suprarrenais (as quais secretam adrenalina), o pâncreas endócrino (o qual secreta insulina e glucagon) e as glândulas reprodutoras, que serão discutidas na Unidade VIII. As glândulas sudoríparas, glândulas salivares e glândulas mamárias são exemplos de glândulas exócrinas. As glândulas exócrinas são geralmente compostas por dois tipos de células epiteliais: **serosas** e **mucosas.**

    a. **Serosas:** as células serosas produzem uma secreção aquosa que contém proteínas, geralmente enzimas. As células salivares serosas produzem a *amilase* salivar, as células gástricas principais produzem o pepsinogênio (um precursor da *pepsina*) e as células serosas do pâncreas exócrino produzem tripsinogênio, quimiotripsinogênio, *lipase* pancreática e *amilase* pancreática.

    b. **Mucosas:** as células mucosas secretam **muco**, uma secreção viscosa rica em glicoproteína (**mucina**) que lubrifica a superfície das membranas mucosas. Muitas glândulas contêm uma mistura de células serosas e mucosas que, em conjunto, criam uma camada sobre a barreira epitelial, enriquecida com agentes antibacterianos, tais como a lactoferrina, para auxiliar a evitar uma infecção (p. ex., glândulas pancreáticas), ou enriquecida com HCO_3^- para neutralizar o ácido (p. ex., o epitélio gástrico).

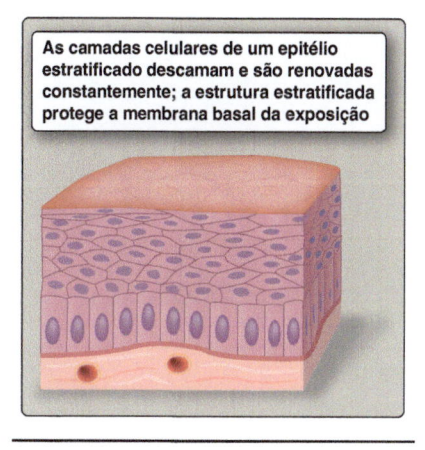

Figura 4.2
Estrutura do epitélio estratificado.

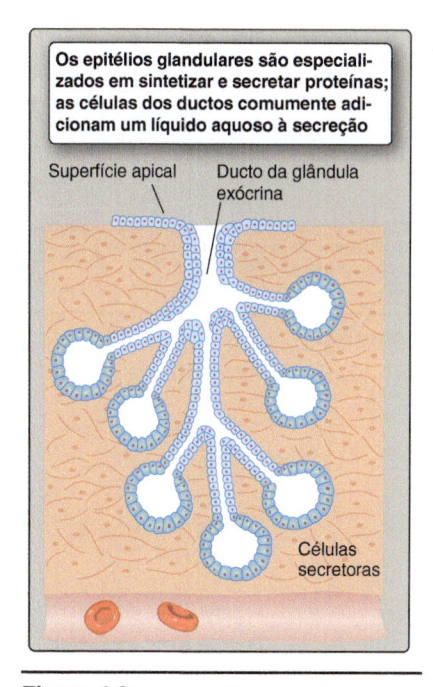

Figura 4.3
Estrutura do epitélio glandular.

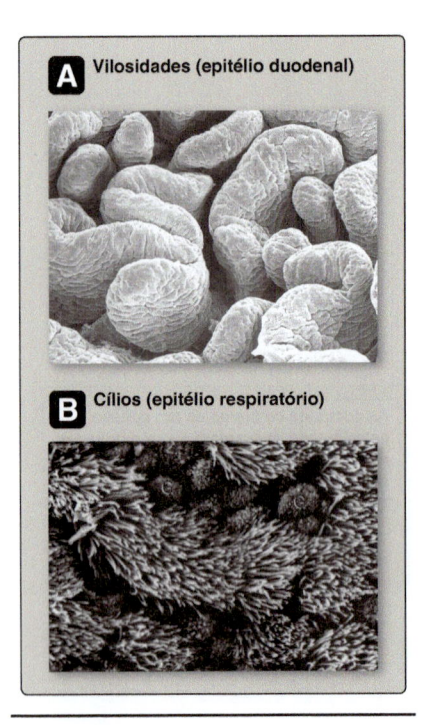

Figura 4.4
Especializações da superfície apical.

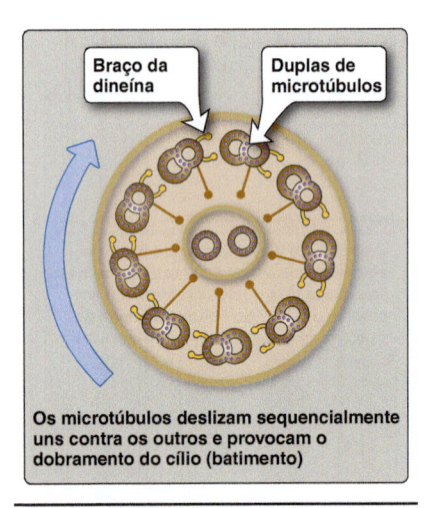

Figura 4.5
Microtúbulos dentro de um cílio móvel.

C. Especializações apicais

Vários epitélios possuem modificações apicais que ampliam a área de superfície ou servem para funções motoras ou sensoriais, incluindo as **vilosidades**, os **cílios** (**móveis** e **sensoriais**) e os **estereocílios** (Fig. 4.4).

1. **Vilosidades:** os epitélios que são especializados na absorção ou secreção de elevados volumes de líquido (p. ex., epitélios que revestem o túbulo proximal renal e o intestino delgado) são extremamente dobrados para criar projeções digitiformes (**vilosidades**) que servem para amplificar a área de superfície disponível para difusão e transporte (ver Fig. 4.4A). As células epiteliais que recobrem as vilosidades podem também possuir **microvilosidades**, projeções da membrana plasmática que aumentam ainda mais a área de superfície. As vilosidades e as microvilosidades não são móveis.

2. **Cílios móveis:** os epitélios que revestem as vias respiratórias superiores, os ventrículos cerebrais e as tubas uterinas são revestidos com cílios móveis. Os cílios são organelas semelhantes a pelos, contendo uma organização de 9 + 2 microtúbulos que percorrem o comprimento da organela (Fig. 4.5). Dois microtúbulos estão localizados centralmente e nove duplas de microtúbulos correm em torno da circunferência ciliar. As duplas de microtúbulos adjacentes estão associadas com a **dineína** (os braços da dineína são mostrados na Fig. 4.5), a qual é um motor molecular (uma ATPase). Quando ativada, a dineína faz as duplas de microtúbulos adjacentes deslizarem sequencialmente umas contra as outras em torno da circunferência do cílio, levando o cílio a se dobrar ou "**bater**". O batimento sincronizado de muitos milhares de cílios (p. ex., nas vias respiratórias superiores; ver 22.II.A) ou no líquido cerebrospinal ([LCS] ver 6.VII.D), no qual estão imersos, faz o muco se movimentar sobre a superfície epitelial (ver Fig. 4.4B). Os cílios respiratórios projetam muco e poeira, bactérias e outras partículas inaladas presas a ele em direção ao exterior, para longe da interface gás-sangue. No encéfalo, o batimento ciliar auxilia na circulação do LCS.

3. **Cílios sensoriais:** cada célula epitelial que reveste os túbulos renais possui um único cílio central que é imóvel e, acredita-se, monitora as taxas de fluxo ao longo dos túbulos. O epitélio olfatório também possui cílios imóveis, cujas membranas são densamente providas de receptores para odorantes (ver 10.III.B).

4. **Estereocílios:** o epitélio sensorial que forma o revestimento da orelha interna apresenta **estereocílios** mecanossensoriais que transduzem ondas sonoras (no órgão espiral ou órgão de Corti; ver 9.IV.A) e detectam movimentos da cabeça (no labirinto vestibular; ver 9.V.A). Os estereocílios são projeções epiteliais imóveis, mais intimamente relacionadas às vilosidades do que aos cílios verdadeiros.

D. Membrana basolateral

As membranas de duas células epiteliais adjacentes tornam-se intimamente justapostas logo abaixo da superfície apical para formar **junções de oclusão** (***zona occludens***), como apresentado na Figura 4.1. As junções de oclusão consistem em faixas estruturais contínuas que ligam as células adjacentes, de forma muito semelhante ao modo como as latinhas de refrigerante são mantidas juntas por anéis plásticos (Fig. 4.6). As junções de oclusão efetivamente vedam a superfície apical de um epitélio e criam uma barreira, a qual, em alguns epitélios (p. ex., os segmentos distais dos túbulos renais), é impermeável a água e solutos. As junções de oclusão também dividem a membrana plasmática epitelial em duas regiões distintas (apical e basal), impedindo o movimento lateral e a mistura das proteínas da membrana. A membrana localizada no lado basal da junção de oclusão inclui as membranas lateral e basal, que são contíguas e, em conjunto, formam uma unidade funcional conhecida como a **membrana basolateral**. A membrana basolateral em geral contém um complemento diferente de canais iônicos e transportadores em relação ao lado apical (p. ex., a Na^+-K^+ ATPase é geralmente restrita à membrana basolateral) e pode apresentar dobras para aumentar a área de superfície disponível para proteínas transportadoras (p. ex., algumas porções do néfron). A membrana basolateral está separada da corrente sanguínea por um espaço intersticial.

E. Junções de oclusão

As junções de oclusão contêm inúmeras proteínas diferentes, sendo as principais a **ocludina** e a **claudina**. As junções de oclusão executam diversas funções importantes: formam "barreiras" moleculares, determinam a própria "permeabilidade" e regulam o fluxo de água e solutos através do epitélio.

1. **Barreiras:** as junções de oclusão impedem que proteínas das membranas basolateral e apical se misturem (uma função de barreira) e, portanto, permitem que as células epiteliais desenvolvam uma **polaridade funcional** (Fig. 4.7). A membrana apical torna-se especializada em movimentar material entre o ambiente externo e o interior da célula, enquanto a membrana basolateral movimenta material entre o interior da célula e a corrente sanguínea (ver a seguir).

2. **Permeabilidade:** as células adjacentes de um epitélio são separadas por um espaço restrito que cria uma rota física para o fluxo transepitelial de líquidos (a **rota paracelular**). As junções de oclusão atuam como portões que limitam o movimento paracelular de líquidos e, assim fazendo, definem a permeabilidade epitelial.

    a. **Epitélios permeáveis:** as junções de oclusão, em um **epitélio "permeável"** (p. ex., no túbulo proximal renal; ver 26.II), são altamente permeáveis e permitem a passagem de água e solutos com relativa facilidade (ver Fig. 4.7). A permeabilidade impede um epitélio de criar um forte gradiente de concentração de solutos entre as superfícies externa e interna, mas os epitélios permeáveis são capazes de captar grandes volumes de líquidos pelo fluxo paracelular.

    b. **Epitélios impermeáveis:** as junções de oclusão, em um **epitélio "impermeável"**, impedem efetivamente o fluxo paracelular de água e solutos e fazem com que um epitélio se torne altamente seletivo quanto ao que absorve ou secreta (p. ex., nos segmentos distais do néfron; ver 27.IV), conforme apresentado na Figura 4.8. A permeabilidade de um epitélio é definida pela sua resistência elétrica. Uma vez que as junções de oclusão, em epitélios impermeáveis, restringem a passagem de íons, esses epitélios têm uma elevada resistência ao fluxo de corrente (> 50.000 Ohm), enquanto epitélios permeáveis têm baixa resistência (< 10 Ohm).

Figura 4.6
Modelo para um epitélio.

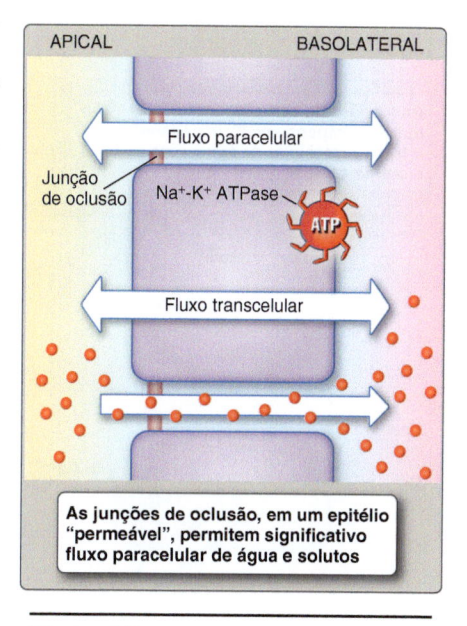

Figura 4.7
Fluxo através de um epitélio permeável.
ATP = trifosfato de adenosina.

Aplicação clínica 4.2 Hipomagnesemia familiar com hipercalciúria e nefrocalcinose

A hipomagnesemia familiar com hipercalciúria e nefrocalcinose (HFHNC) é uma condição autossômica recessiva rara, caracterizada por uma incapacidade para reabsorver o Mg^{2+} do túbulo renal. Em consequência, os níveis plasmáticos de Mg^{2+} diminuem (hipomagnesemia). A mutação também reduz a reabsorção de Ca^{2+}, o que aumenta as taxas de excreção urinária (hipercalciúria) e a probabilidade de formação de cálculos nos rins (nefrocalcinose). Os cálculos renais se formam quando as concentrações urinárias de Ca^{2+} e Mg^{2+} estão tão elevadas que seus sais precipitam como cristais, os quais, então, se agregam e ficam retidos nos túbulos renais (cálculos intrarrenais), ureteres (cálculos ureterais) ou bexiga. A HFHNC é causada por mutações no gene codificador da claudina-16 (o genoma humano contém 24 genes para claudina). A claudina-16 forma uma via específica para cátions bivalentes (**paracelina-1**) para a reabsorção de Ca^{2+} e Mg^{2+} na porção espessa ascendente da alça de Henle. Mutações da claudina-19 podem, de forma semelhante, causar perda renal de Mg^{2+}. Os indivíduos afetados necessitam geralmente de suplementação de magnésio e litotripsia frequente para fragmentar mecanicamente os cálculos renais e permitir que eles saiam do organismo.

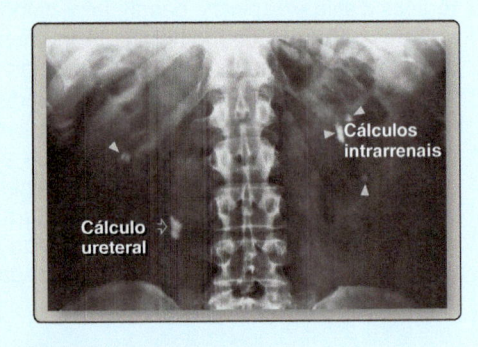

Cálculos intrarrenais.

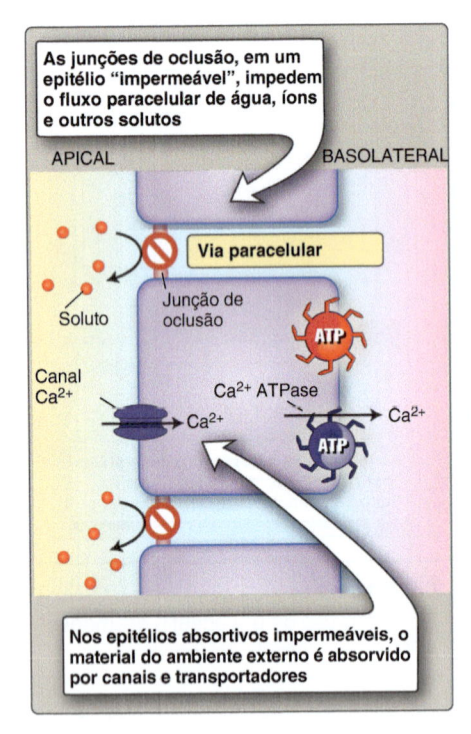

Figura 4.8
Epitélio impermeável. ATP = trifosfato de adenosina.

3. **Regulação:** embora as junções de oclusão, em epitélios permeáveis, sejam altamente permeáveis a água e solutos, elas são seletivas para o que deixam passar. A permeabilidade das junções de oclusão também pode ser regulada para aumentar ou diminuir a captação de água e solutos pela rota paracelular. Por exemplo, o transporte transcelular de Na^+-glicose pelos epitélios intestinais aumenta o transporte paracelular de Na^+-glicose por meio de alterações na permeabilidade das junções de oclusão. Os mecanismos envolvidos não estão bem definidos, mas as claudinas claramente têm um papel central na determinação do tamanho e da carga dos solutos permeantes, e a *cinase da cadeia leve da miosina* está envolvida na regulação da permeabilidade juncional.

F. **Junções comunicantes**

As junções comunicantes são o local dos canais juncionais que proporcionam caminhos para a comunicação entre células adjacentes. Essas junções são encontradas em muitas áreas (incluindo músculo e tecido nervoso), mas são tão abundantes em alguns epitélios (p. ex., nos epitélios intestinais) que ficam empacotadas em densos arranjos cristalinos, cada um contendo milhares de canais individuais. Os canais das junções comunicantes são formados pela associação de dois **hemicanais de conexina** (**conéxons**), conforme apresentado na Figura 4.9.

1. **Conexinas:** os canais das junções comunicantes são formados por seis subunidades de conexinas que se agrupam em torno de um poro central, e cada subunidade contém quatro domínios que cruzam a membrana (ver Fig. 4.9). O genoma humano contém 21 isoformas de conexinas que, quando expressas, proporcionam aos canais distintas propriedades de controle do portão, seletividade e mecanismos reguladores. As 21 isoformas estão associadas a doenças hereditárias, o que salienta o significado da via de comunicação pela junção comunicante.

> Mutações no gene da conexina produzem doenças que variam de fibrilação atrial idiopática, catarata congênita, perda da audição e displasia oculodentodigital, até uma forma ligada ao X da doença de Charcot-Marie-Tooth (CMT). A CMT inclui um grupo diversificado de distúrbios desmielinizantes, que afetam principalmente os nervos periféricos, resultando em perda sensorial, debilidade muscular e paralisia.

2. **Conéxons:** um canal da junção comunicante é formado quando **hemicanais** de duas células adjacentes entram em contato um com o outro por suas extremidades, se alinham e formam uma associação íntima (ver Fig. 4.9). As junções comunicantes também têm uma significativa função de adesão intercelular.

3. **Mecanismo do portão:** os canais das junções comunicantes são regulados por numerosos fatores, incluindo a diferença de potencial através da junção, alterações do potencial de membrana, alterações de Ca^{2+} e pH, e por fosforilação. Em repouso, quando o potencial transjuncional é de 0 mV, os canais das junções comunicantes estão geralmente abertos.

4. **Permeabilidade:** o poro do canal da junção comunicante é suficientemente grande para permitir a passagem de íons, água, metabólitos, segundos mensageiros e mesmo pequenas proteínas com PM de até 1.000. As junções comunicantes permitem que todas as células dentro de um epitélio se comuniquem umas com as outras, tanto elétrica como quimicamente.

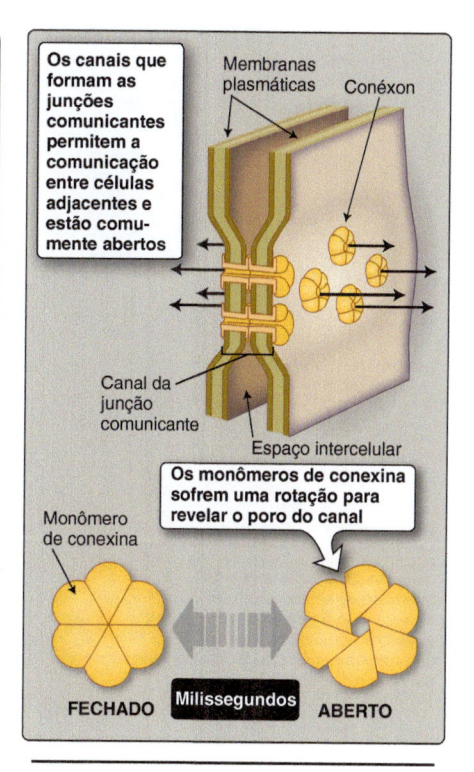

Figura 4.9
Junções comunicantes.

Aplicação clínica 4.3   Pênfigo foliáceo

O pênfigo foliáceo é uma doença autoimune rara que apresenta bolhas escamosas e ásperas na pele, localizadas principalmente na face e no couro cabeludo, embora o peito e o dorso também possam ser afetados nos estágios mais avançados. Os indivíduos afetados expressam anticorpos contra a desmogleína 1, uma proteína integral de membrana, que forma uma parte do complexo desmossômico. Os sintomas são geralmente disparados por fármacos (p. ex., a penicilina), e são causados porque a desmogleína 1 se torna o alvo e é destruída pelo sistema imune. As células epiteliais adjacentes da pele se soltam umas das outras, e se formam bolhas na pele. As bolhas finalmente se desfazem e deixam feridas. O tratamento inclui terapia imunossupressora.

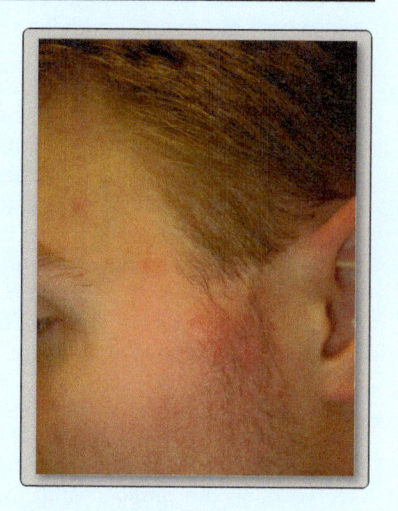

Pênfigo foliáceo.

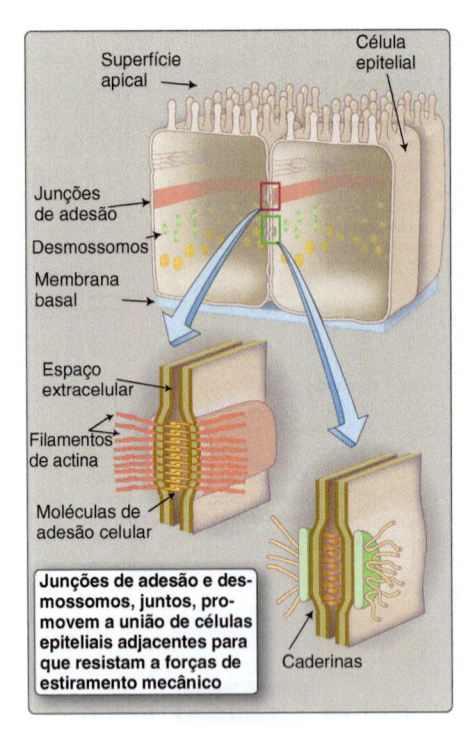

Figura 4.10
Estrutura das junções de adesão e desmossomos.

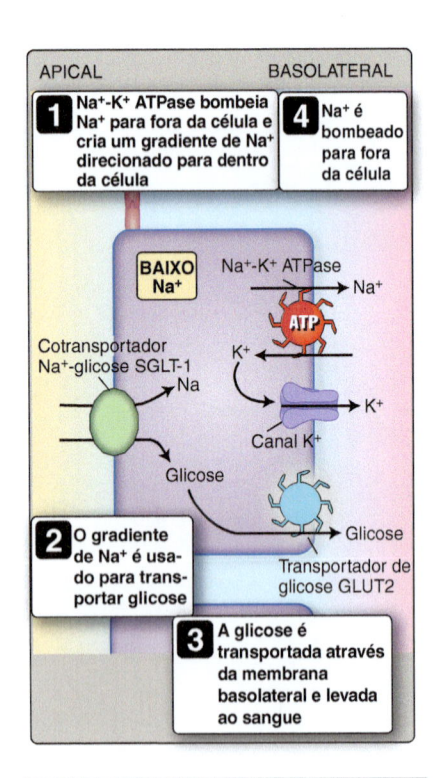

Figura 4.11
Princípios do transporte epitelial.
ATP = trifosfato de adenosina.

G. Outras estruturas juncionais

Duas estruturas adicionais fornecem suporte ao epitélio: **junções de adesão** e **desmossomos** (Fig. 4.10).

1. **Junções de adesão:** todas as células de uma lâmina epitelial estão unidas por faixas de complexos proteicos que ficam logo abaixo das junções de oclusão e são conhecidas como junções de adesão (*zonula adherens*; ver Fig. 4.10). Os complexos estendem-se sobre duas células adjacentes e então se ligam ao citoesqueleto celular.

2. **Desmossomos:** as células adjacentes de um epitélio ficam também rigidamente aderidas por **desmossomos** (*macula adherens*), como apresentado na Figura 4.10. Os desmossomos são especializações de membrana pequenas e arredondadas, que funcionam de forma muito semelhante aos pontos de solda utilizados para unir painéis metálicos ao chassi de um automóvel. Complexos proteicos ligam a membrana ao citoesqueleto no lado intracelular, enquanto proteínas de adesão (**caderinas**) fazem uma ponte entre as células e fundem as duas superfícies adjacentes. Os desmossomos são particularmente importantes para manter a integridade dos epitélios submetidos a estresse mecânico (p. ex., o epitélio de transição da bexiga urinária).

III. MOVIMENTO ATRAVÉS DOS EPITÉLIOS

O fluxo transepitelial de água e solutos ocorre por meio de vias reguladas (canais e transportadores) e é direcionado pelas mesmas forças físicas discutidas previamente em relação ao fluxo através das membranas (i.e., difusão e transporte mediado por carreador; ver 1.IV). A principal diferença está na disponibilidade de uma rota paracelular para o transporte transepitelial.

A. Transporte transcelular

Os epitélios de transporte (p. ex., os epitélios intestinais) são especializados para movimentar grandes volumes de água e solutos entre o lado externo do corpo (p. ex., trato GI ou túbulo renal) e a corrente sanguínea através do interstício. Os **epitélios secretores** transferem água e solutos para fora do corpo, enquanto os **epitélios de absorção** (ou **epitélios absortivos**) captam água e solutos do exterior e os transferem para o sangue. O exemplo a seguir considera os passos envolvidos na captação da glicose pelo intestino delgado (ou pelo túbulo renal proximal), mas os epitélios secretores e absortivos utilizam os mesmos princípios básicos de transporte, independentemente da localização no corpo. O primeiro passo envolve o estabelecimento de um gradiente de concentração de Na^+ através da membrana de superfície (Fig. 4.11). A descrição seguinte corresponde aos passos na figura.

1. **Passo 1 – Criação de um gradiente de sódio:** o transporte transepitelial envolve trabalho, cuja energia é proveniente do ATP. O ATP é utilizado para potencializar o transporte ativo primário, o qual, em praticamente todas as situações, envolve a onipresente Na^+-K^+ATPase localizada na membrana basolateral. A Na^+-K^+ATPase capta K^+ e expele Na^+, criando assim um gradiente de concentração de Na^+ direcionado para dentro e um gradiente de concentração de K^+ direcionado para fora.

2. **Passo 2 – Captação da glicose:** a concentração de glicose na luz intestinal é em geral mais baixa do que aquela no líquido intersticial, significando que o açúcar deve ser transportado "morro acima" contra um gradiente de concentração. A captação é potencializada por um gradiente de concentração de Na^+ direcionado para o interior, usando um cotransportador de Na^+-glicose, o SGLT-1 (transporte ativo secundário).

3. **Passo 3 – Absorção da glicose:** o cotransporte de Na^+-glicose aumenta a concentração de glicose intracelular e cria um gradiente de concentração direcionado para fora, que favorece o movimento da glicose da célula para o interstício. A glicose se difunde pela célula e sai via transportador GLUT2 na membrana basolateral. Subsequentemente, a glicose se difunde através do interstício, entra em um vaso capilar, e é levada embora pela corrente sanguínea.

4. **Passo 4 – Remoção do sódio:** o Na^+ que cruzou a membrana apical durante o transporte da glicose é removido da célula pela Na^+-K^+ ATPase basolateral.

5. **Passo 5 – Remoção do potássio:** a troca de Na^+-K^+ durante o passo 4 aumenta as concentrações intracelulares de K^+, mas o gradiente que favorece o efluxo de K^+ já é muito forte, e o excesso de K^+ sai da célula passivamente pelos canais K^+. Os canais K^+ estão presentes geralmente na membrana basolateral, mas também podem estar localizados na região apical.

B. Movimento hídrico

A água não pode ser transportada ativamente através dos epitélios, mas uma máxima da tentativa e acerto da fisiologia do transporte diz que "**a água segue os solutos**" (por osmose). Os passos descritos na Seção A provocaram a translocação de Na^+ e glicose da luz intestinal para o interstício, uma ação que criou um gradiente osmótico transepitelial que é então utilizado para absorver a água. Existem duas vias potenciais para a absorção de água: transcelular e paracelular (Fig. 4.12).

1. **Fluxo transcelular:** o movimento transcelular da água apenas ocorre se a água for suprida com uma passagem obvia por meio da célula epitelial. Na prática, isso requer que os canais de água (aquaporinas [AQPs]) estejam presentes nas membranas apical e basolateral. Os epitélios de transporte geralmente expressam grandes quantidades de AQP, os quais proporcionam a captação transcelular de grandes volumes de água (ou secreção). O epitélio que reveste os ductos coletores renais regula ativamente a sua permeabilidade à água, modulando os níveis de expressão de AQPs apicais (ver 27.V.C). Quando existe a necessidade de reabsorver água da luz do túbulo, as AQPs são adicionadas à membrana apical, a partir de reservas localizadas em vesículas intracelulares. Quando o corpo contém água em excesso, além das necessidades homeostáticas, as AQPs são removidas da membrana apical, e o epitélio se torna impermeável à água.

2. **Fluxo paracelular:** o fluxo de água paracelular é também direcionado por gradientes de pressão osmótica criados pelo transporte de solutos. A disponibilidade da via paracelular é determinada pela permeabilidade epitelial, a qual, por sua vez, é determinada pelas junções de oclusão.

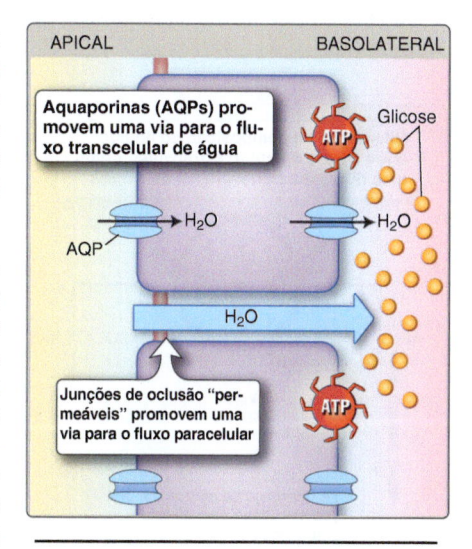

Figura 4.12
Movimento hídrico transepitelial.
ATP = trifosfato de adenosina.

Aplicação clínica 4.4 Terapia de reidratação oral

Os epitélios intestinais são capazes de transportar grandes volumes de líquidos aquosos. Em uma pessoa sadia, praticamente todos os 10 L de líquidos secretados por esses epitélios, durante a fase de digestão, são subsequentemente reabsorvidos, de modo que < 200 mL/d são perdidos pelo organismo nas fezes. A bactéria *Vibrio cholerae* secreta uma toxina que aumenta a permeabilidade do Cl^- no epitélio intestinal e aumenta a osmolalidade da luz intestinal. Em consequência, abundantes quantidades de líquido são drenadas osmoticamente através do epitélio. Quase todo o líquido secretado é perdido para o meio externo, na forma de vômito ou em fezes aquosas frequentes. A morte acaba ocorrendo como resultado da hiponatremia, hipovolemia e perda de pressão sanguínea. A cólera pode ser tratada e a morte pode ser evitada de forma bastante simples, utilizando a terapia de reidratação oral (TRO). A TRO tira vantagem do fato de que o Na^+ e a glicose são rapidamente absorvidos pelos epitélios intestinais (via SGLT-1), criando um gradiente osmótico direcionado para dentro, que promove a reabsorção de água. Remédios caseiros típicos preconizam administrar aos pacientes uma solução contendo 6 colheres de chá de açúcar e 1/2 colher de chá de sal (NaCl) por litro de água. A vantagem da TRO é que esta é altamente eficaz, fácil de administrar e barata, o que é particularmente proveitoso nos países em desenvolvimento onde a cólera é endêmica e os recursos são geralmente limitados.

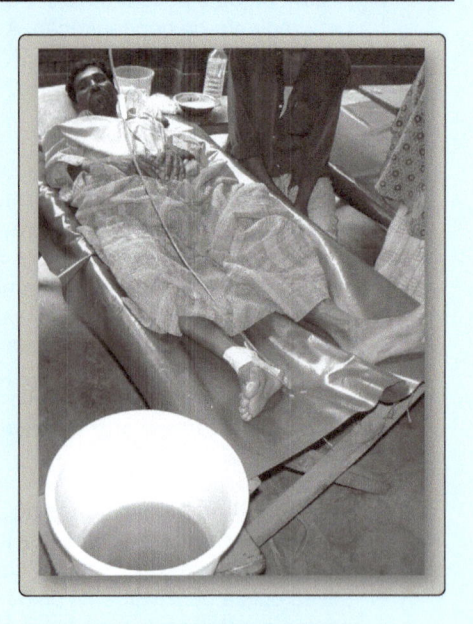

Pacientes com cólera excretam grandes volumes de fezes aquosas.

C. Arrasto por solvente

Os epitélios intestinais secretam e absorvem aproximadamente 10 L de água por dia, enquanto o túbulo renal reabsorve quase a mesma quantidade por hora. Essas funções secretoras e absortivas geram grandes taxas de fluxo de água, tanto transcelularmente como paracelularmente. As correntes de água resultantes carregam íons e outros pequenos solutos, de forma muito parecida à de um rio que corre rapidamente e vai varrendo a areia e outras partículas diminutas com ele. Esse fenômeno é conhecido como **arrasto por solvente**, e pode contribuir de forma significativa para o movimento transepitelial de solutos. O resultado final de todo esse fluxo de soluto e água é que o líquido secretado ou absorvido geralmente tem uma composição que é isosmótica em relação à sua fonte (**fluxo isosmótico**).

D. Efeitos da voltagem transepitelial

As células epiteliais estão localizadas na interface entre dois compartimentos que podem ter composições químicas muito diferentes. A membrana basolateral está voltada para o interior do corpo e é banhada pelo líquido extracelular (LEC), cuja composição química é bem controlada. A membrana apical está banhada em líquido externo, cuja composição pode ser indeterminada e variável. Diferenças de cargas entre os dois líquidos criam uma diferença de voltagem transepitelial que influencia o transporte (Fig. 4.13).

1. **Transporte:** o segmento distal do túbulo proximal renal, por exemplo, é carregado positivamente (em torno de 3 mV) em relação ao

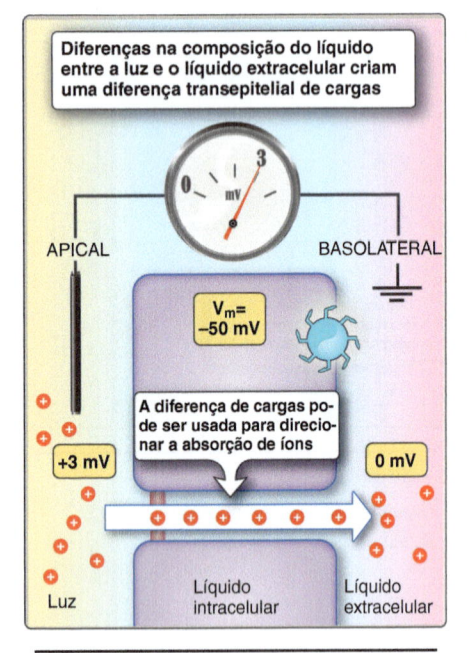

Figura 4.13
Diferença transepitelial de voltagem. V_m = potencial de membrana.

LEC. Embora a diferença de voltagem seja pequena, ele fornece uma força motriz que puxa quantidades significativas de Na^+ para fora do túbulo e em direção ao interstício (ver 26.X.B).

2. **Efeitos locais do potencial de membrana:** as células epiteliais, como todas as células do corpo, estabelecem um potencial de membrana (V_m) ao longo de sua membrana de superfície, negativo internamente. O V_m é medido em relação ao LEC e é uniforme em toda a célula. Entretanto, o fato de que a superfície apical está banhada em um meio de composição iônica diferente, pode criar diferenças locais no V_m. Assim, se V_m é de -50 mV e na luz do túbulo é de $+3$ mV em relação ao LEC, o potencial ao longo da membrana apical será de -53 mV em relação à luz.

IV. TECIDO CONECTIVO

O tecido conectivo é a classe de tecido mais abundante, que pode ser encontrada em todas as áreas do corpo. Existem vários tipos diferentes de tecido conectivo, mas todos seguem um princípio de organização comum (Fig. 4.14). Os tecidos conectivos são compostos por células especializadas, proteínas estruturais e uma substância fundamental permeável a líquidos.

A. Tipos

Existem três tipos principais de tecido conectivo: **embrionário** (não mais considerado aqui), **tecido conectivo especializado** e **tecido conectivo propriamente dito**.

1. **Especializado:** o tecido conectivo especializado inclui a cartilagem, o osso (ver Cap. 15), o tecido hematopoiético e o sangue, o tecido linfático e o tecido adiposo. A cartilagem é um tecido conectivo flexível que amortece os ossos nos locais das articulações e que dá forma ao nariz e às orelhas, por exemplo. O tecido linfático compreende um sistema de vasos que drenam o líquido do espaço extracelular (ver 19.VII.C). O tecido adiposo é composto principalmente por adipócitos, cuja função primária é armazenar energia na forma de triglicerídeos. A gordura é um mau condutor de calor, pois está localizada abaixo da pele (gordura subcutânea) para auxiliar no isolamento térmico do organismo. Os depósitos de tecido adiposo também podem estar associados a órgãos internos (gordura visceral) e à medula óssea amarela.

2. **Propriamente dito:** o tecido conectivo propriamente dito forma a **matriz extracelular** (**MEC**) que ocupa o espaço intersticial. O tecido conectivo propriamente dito pode ainda ser subdividido em **tecido conectivo frouxo**, uma forma altamente maleável, que ocupa o espaço entre a maioria das células, **tecido conectivo denso** (tendões, ligamentos, a fáscia fibrosa e as cápsulas que recobrem músculos e órgãos) e o **tecido conectivo reticular** que forma os arcabouços sobre os quais os vasos sanguíneos, os músculos e o fígado são organizados, por exemplo.

B. Matriz extracelular

A MEC é uma mistura de células (fibroblastos), proteínas estruturais (fibras colágenas e elásticas), substância fundamental e LEC. A MEC dá forma e força aos tecidos e fornece vias para a difusão de agentes químicos e a migração de células do sistema imune (p. ex., macrófagos).

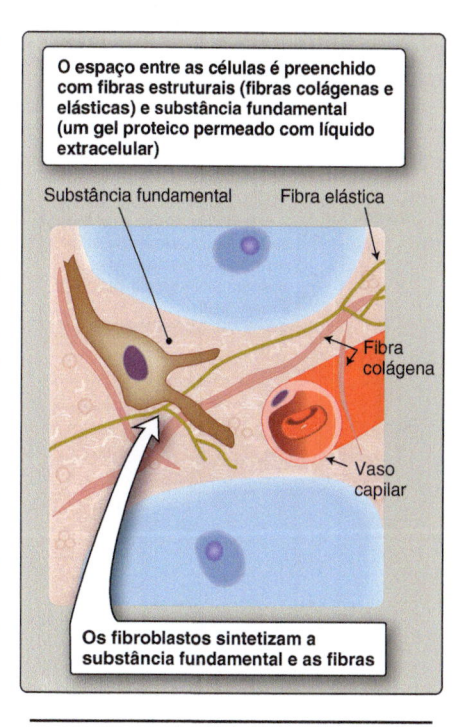

Figura 4.14
Tecido conectivo.

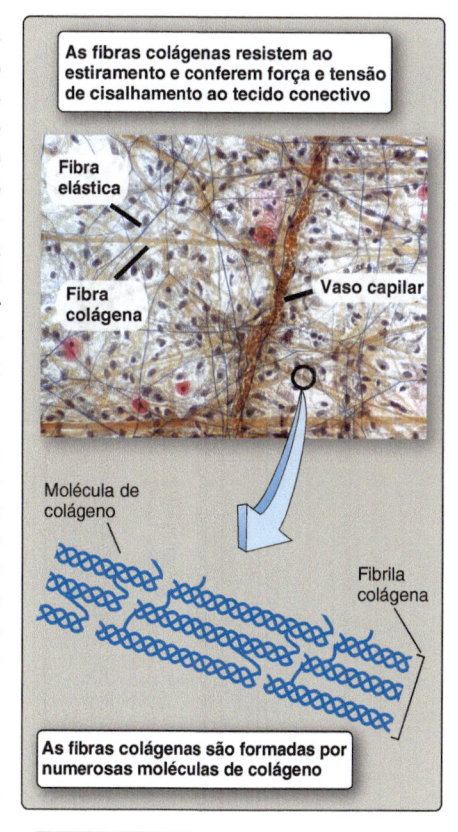

Figura 4.15
Estrutura do colágeno.

1. **Fibroblastos:** os fibroblastos são células móveis que continuamente sintetizam e secretam os precursores de proteínas estruturais e a substância fundamental. São essenciais para a manutenção da MEC e para a cicatrização de ferimentos.

2. **Proteínas estruturais:** a MEC é preenchida por uma matriz estrutural interconectada que contém fibras colágenas e elásticas.

   a. **Fibras colágenas:** o colágeno é uma proteína rígida e fibrosa, que possui uma grande força de tensão e resistência para suportar o estresse. O organismo possui 28 tipos diferentes de colágeno, mas quatro formas (tipos I, II, III e IV) predominam. O colágeno tipo I é abundante na pele e nas paredes dos vasos sanguíneos, e se encontra em feixes para formar os ligamentos, tendões e ossos. O tipo IV se organiza em cadeias de redes que formam a lâmina basal dos epitélios, por exemplo. As moléculas de colágeno são compostas por três cadeias polipeptídicas enroladas em uma tripla hélice, que se torce extensivamente para aumentar a resistência ao estresse (Fig. 4.15).[1]

   b. **Fibras elásticas:** as fibras elásticas são compostas por elastina e microfibrilas de glicoproteínas (p. ex., **fibrilina** e **fibulina**). As fibras elásticas se esticam como fitas elásticas quando estressadas, e depois se retraem e retornam à sua forma original quando permitidas a relaxar novamente. As fibras elásticas são encontradas nas paredes das artérias e veias, o que possibilita sua distensão quando a pressão intraluminal aumenta. As fibras elásticas também permitem que os pulmões se expandam durante a inspiração, assim como auxiliam a reduzir o estresse nos dentes durante a mastigação (fibras periodontais). As fibras elásticas são sintetizadas por fibroblastos, os quais primeiro estabelecem uma base estrutural feita de fibrilina e, a seguir, depositam monômeros de tropoelastina sobre essa base. Quatro monômeros de elastina adjacentes são então interligados para formar uma rede irregular que corresponde à molécula madura de elastina (Fig. 4.16).

3. **Substância fundamental:** a substância fundamental é uma mistura de várias proteínas (principalmente proteoglicanos) e LEC, criando um gel amorfo que preenche os espaços entre as células e as fibras estruturais. O elevado conteúdo de água do gel facilita a difusão química entre as células e a corrente sanguínea, ainda que as fibras estruturais impeçam, simultaneamente, o movimento de patógenos invasores. Os proteoglicanos são formados por numerosas moléculas de glicosaminoglicanos (GAGs) aderidas a uma proteína central, com a estrutura final se assemelhando a uma escova de lavar garrafas ou tubos (Fig. 4.17). Os GAGs possuem uma densidade muito elevada de cargas negativas, o que os faz atrair e reter moléculas de água dentro do gel. O interstício contém > 10 L de LEC em uma pessoa de porte médio, representando um volume substancial de tampão que auxilia a minimizar o impacto de alterações na quantidade total de água do corpo sobre as células e sobre a função cardiovascular (ver 3.III e 19.VIII.C).

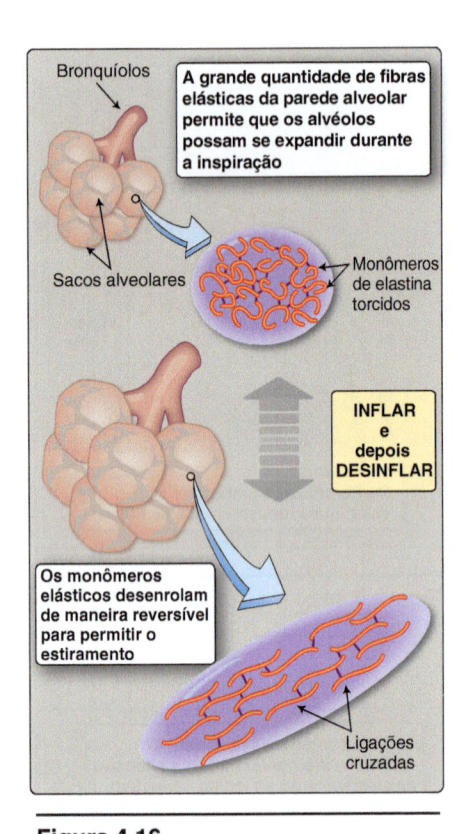

Figura 4.16
Propriedades da elastina.

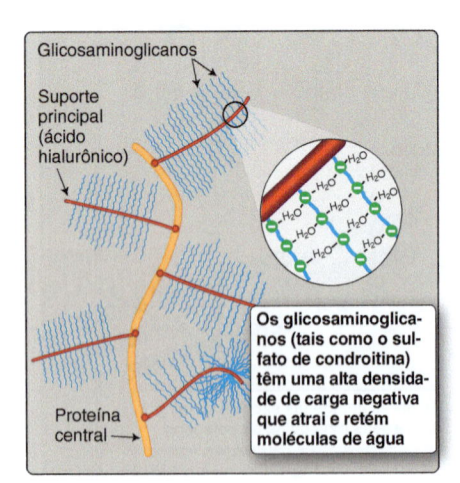

Figura 4.17
Estrutura do proteoglicano.

[1] Para mais detalhes sobre a síntese do colágeno e sua organização, ver *Bioquímica Ilustrada*, 5ª edição, Artmed Editora, p. 43.

Resumo do capítulo

- O corpo humano é composto por quatro tipos de tecidos: **tecido epitelial**, **tecido nervoso**, **tecido muscular** e **tecido conectivo**. O tecido epitelial compreende faixas de células altamente empacotadas que revestem todas as superfícies externas e internas do corpo (p. ex., a pele e os revestimentos pulmonares e gastrintestinais). Os epitélios formam **barreiras** que protegem o corpo da invasão por micróbios, mas muitos também têm funções especializadas de transporte.

- Os epitélios são classificados de acordo com a sua morfologia. Os **epitélios simples** são compostos por uma única camada de células (p. ex., o epitélio pulmonar). Os **epitélios estratificados** (p. ex., a pele) compreendem múltiplas camadas que são descamadas e renovadas. Os **epitélios glandulares** (glândulas endócrinas e exócrinas) são especializados para a secreção.

- Os epitélios são **polarizados**, com **superfícies apical** e **basolateral** funcionalmente distintas. A superfície apical está voltada para o ambiente externo, para a luz de um órgão oco, ou uma cavidade do corpo. As superfícies apicais podem ser especializadas, apresentando **microvilosidades**, **cílios** e **estereocílios**, que ampliam a área de superfície, impulsionam as camadas mucosas ou exercem um papel sensorial, respectivamente.

- A membrana basolateral se comunica com o interior do organismo por meio do **interstício** e da corrente sanguínea. Ela se apoia em uma **membrana basal** que ancora o epitélio aos tecidos conectivos subjacentes.

- A polarização dos epitélios é possível a partir das **junções de oclusão**, as quais formam faixas estruturais que envolvem todas as células de um epitélio, próximo a sua superfície apical. As junções formam estruturas vedantes rígidas com uma importante função de barreira. As junções também separam as proteínas das membranas basolateral e apical, permitindo, portanto, especializações da função da membrana.

- A permeabilidade das junções de oclusão é regulada por **claudinas**, as quais determinam a quantidade de água e solutos que cruzam um epitélio por meio do espaço entre as células adjacentes (**fluxo paracelular**). As junções efetivamente bloqueiam a passagem de toda a água e solutos através de um "**epitélio impermeável**". Em contraste, os "**epitélios permeáveis**" secretam e absorvem quantidades significativas de líquido.

- As **junções comunicantes** são canais hexaméricos que compreendem monômeros de **conexina** que conectam as células adjacentes e permitem que todas as células de um epitélio se comuniquem química e eletricamente. As **junções de adesão** e os **desmossomos** são estruturas juncionais que fornecem resistência a um epitélio e ajudam a evitar seu rompimento, quando estressado mecanicamente.

- Muitos epitélios têm **funções secretoras** e **absortivas**. O transporte transepitelial em geral ocorre **transcelularmente** e **paracelularmente**, embora ambas as rotas sejam reguladas. As forças direcionadoras osmótica e eletroquímica para o movimento dos solutos e dos íons são estabelecidas por transportadores ativos primários e secundários (p. ex., Na^+-K^+ ATPase e transporte acoplado ao Na^+).

- O **tecido conectivo** compreende células, **fibras estruturais** e uma **substância fundamental** amorfa, permeada de líquidos. Os **tecidos conectivos especializados** incluem a cartilagem, o osso e o tecido adiposo. O **tecido conectivo propriamente dito** forma a **matriz extracelular**.

- A matriz extracelular preenche o espaço entre as células, proporcionando resistência mecânica e suporte, bem como um meio frouxo, semelhante a gel, que facilita a difusão química e a migração celular.

- A matriz extracelular (MEC) é sintetizada e mantida por **fibroblastos**. As proteínas estruturais da MEC incluem **fibras colágenas** para a resistência e **fibras elásticas** para o estiramento. As fibras elásticas são compostas principalmente por **elastina**. A substância fundamental é uma matriz proteica que contém grandes quantidades de **proteoglicanos**. Os proteoglicanos têm uma alta densidade de carga negativa, que lhes permite atrair e imobilizar em torno de 10 L de **líquido extracelular** em uma pessoa de porte médio.

Questões para estudo

Escolha a resposta CORRETA.

I.1 Um líquido que é composto por 120 mmol/L de K^+, 12 mmol/L de Na^+ e 15 mmol/L de Cl^-, mas é praticamente livre de Ca^{2+} (< 1 µmol/L), se aproximaria mais de qual compartimento de líquido corporal?

A. Transcelular.
B. Plasma.
C. Intersticial.
D. Intracelular.
E. Extracelular.

Resposta correta = D. O líquido intracelular (LIC) deve ser reconhecido pela sua concentração relativamente elevada de K^+, a qual se deve à Na^+-K^+ ATPase encontrada na membrana de basicamente todas as células (1.II). O líquido extracelular (LEC) tem uma concentração mais baixa de K^+ e mais elevada de Na^+, Cl^- e Ca^{2+} em comparação ao LIC e pode ainda ser subdividido em plasma (líquido dentro do espaço vascular) e líquido intersticial (líquido fora do espaço vascular; 3.III.A). Uma vez que a barreira entre esses dois compartimentos do LEC não impede o movimento de íons, a sua composição iônica é semelhante. A composição do líquido transcelular (incluindo o líquido cerebrospinal, o líquido sinovial e a urina) é variável, dependendo da localização e, portanto, não é a melhor escolha.

I.2 Corantes indicadores são instrumentos importantes utilizados para calcular volumes ou concentrações desconhecidos dentro do corpo. Se a membrana for permeável a um corante, qual das seguintes alterações provavelmente aumentará a taxa de difusão do corante?

A. Diminuir a concentração do corante.
B. Aumentar a área de superfície da membrana.
C. Aumentar a espessura da membrana.
D. Diminuir a temperatura do líquido.
E. Diminuir o coeficiente de partição do corante.

Resposta correta = B. Aumentando-se a área de superfície da membrana, aumenta-se a chance de o corante cruzar a membrana, o que eleva a sua taxa de difusão (1.IV.B). Leva mais tempo para as moléculas se difundirem através de membranas espessas do que através de membranas finas, e a diminuição da temperatura de um líquido aumenta a sua viscosidade, o que também diminui a taxa de difusão. Os gradientes de concentração fornecem as forças direcionadoras para a difusão, de forma que a diminuição da concentração do corante enfraquece o gradiente e reduz a taxa de difusão. Um coeficiente de partição é uma medida da solubilidade de um corante em um lipídeo. As moléculas com elevada solubilidade em lipídeos se difundem mais rapidamente através das membranas, do que as moléculas pouco solúveis; assim, diminuindo-se o coeficiente de partição, a taxa de difusão se reduziria.

I.3 Um homem de 66 anos é tratado com o diurético de alça furosemida (inibidor do cotransporte de Na^+-K^+-$2Cl^-$) para reduzir os sintomas associados à insuficiência cardíaca congestiva. Qual das seguintes opções melhor descreve o modo de ação desse cotransportador?

A. Ele é um transportador ativo primário.
B. Ele é eletrogênico.
C. Um aumento no K^+ intracelular diminuiria a taxa de transporte.
D. Ele transporta Na^+ e K^+ para dentro da célula e $2Cl^-$ para fora da célula.
E. Ele transporta Na^+ contra o seu gradiente eletroquímico.

Resposta correta = C. Os cotransportadores, por definição, movem dois ou mais íons na mesma direção (1.V.C). O cotransportador de Na^+-K^+-$2Cl^-$ carrega simultaneamente dois ânions e dois cátions através da membrana plasmática, portanto não é eletrogênico. Os transportadores ativos primários utilizam trifosfato de adenosina para bombear os íons contra os seus gradientes eletroquímicos. Os transportadores que movimentam Na^+ em uma direção, enquanto simultaneamente trazem outros íons na direção oposta, são trocadores, não cotransportadores. O gradiente de Na^+ estabelecido pela bomba Na^+ basolateral (Na^+-K^+ ATPase) fornece a força direcionadora eletroquímica para a captação de K^+ e Cl^-, mas a taxa de transporte é sensível aos gradientes transmembrana de K^+ e Cl^-. O aumento das concentrações intracelulares de qualquer íon reduzirá a captação total.

I.4 Os níveis de eletrólitos séricos são requisitados a um menino de 12 anos com uma infecção gastrintestinal, a qual provoca episódios de vômito prolongados e graves. Observou-se que as concentrações plasmáticas de K^+ estavam anormalmente baixas (2 mmol/L). Qual das seguintes opções poderia ser esperada como resultado da hipocalemia moderada?

A. Os potenciais de repouso se tornariam positivos.
B. O potencial de equilíbrio do K^+ se tornaria negativo.
C. Os potenciais de ação neuronal seriam inibidos.
D. Os canais de Na^+ seriam inativados.
E. A ativação do canal de K^+ resultaria em influxo de K^+.

Resposta correta = B. A hipocalemia, ou concentrações extracelulares de K^+ reduzidas, aumenta o gradiente eletroquímico, favorecendo o efluxo de K^+ das células, e faz o potencial de equilíbrio de K^+ se tornar negativo (ver 2.II.B). Uma vez que o potencial de membrana é determinado em grande parte por um gradiente transmembrana de K^+, o potencial de repouso da membrana (V_m) se tornaria também negativo. Uma guinada negativa no V_m significa que uma despolarização mais forte seria necessária para trazer o V_m ao limiar para a ativação do canal Na^+ dependente de voltagem (2.III.B), mas, uma vez alcançado, um potencial de ação seria iniciado. A ativação de canais K^+ sempre causa efluxo de K^+, exceto em raras situações (p. ex., na orelha interna; 9.IV.C).

I.5 Um homem de 35 anos é portador de um gene da epilepsia. A mutação gênica afeta o canal Na$^+$ dependente de voltagem no neurônio, fazendo com que ele se inative mais vagarosamente (aproximadamente 50%). Como pode a expressão deste gene da epilepsia afetar a função nervosa?

A. O potencial de repouso se estabeleceria próximo a 0 mV.
B. Os potenciais de ação não ultrapassariam mais de 0 mV.
C. Os potenciais de ação seriam mais prolongados.
D. Os potenciais de ação se elevariam muito vagarosamente.
E. Não haveria potenciais de ação.

Resposta correta = C. O canal Na$^+$ dependente de voltagem é aberto por despolarização da membrana, para produzir uma subida no potencial de ação do neurônio (2.VI.A). Um portão de inativação se fecha logo após a ativação, bloqueando a passagem de Na$^+$ e permitindo que o potencial de membrana retorne aos níveis de repouso. Se a inativação fosse mais lenta, a recuperação da membrana seria postergada, e o potencial de ação seria prolongado. O potencial de repouso não deveria ser afetado por um defeito de inativação, a menos que ele impeça o canal de se fechar, causando um influxo de Na$^+$ constante. A ativação e a inativação são processos separados e, portanto, a taxa em que o potencial de ação se eleva deveria ser normal.

I.6 Um agricultor está empacotando pimentas ardidas para transporte. Ele remove a sua máscara protetora e fica incapacitado, com uma sensação de queimação nasal causada pela capsaicina das pimentas. Que tipo de receptor a capsaicina está estimulando?

A. Canais receptores de potencial transitório.
B. Receptores purinérgicos.
C. Receptores ionotrópicos de glutamato.
D. Receptores da família de alça em cys.
E. Canais Na$^+$ dependentes de voltagem.

Resposta correta = A. A família dos canais receptores de potencial transitório (TRPs) transduz uma variedade de estímulos sensoriais, incluindo o calor, o frio e a osmolalidade (2.VI.D). Os canais TRPV1 são estimulados pela capsaicina. Os receptores purinérgicos, de glutamato e de alça em cys são ativados por ligantes específicos (i.e., trifosfato de adenosina, L-glutamato e acetilcolina, respectivamente). A capsaicina não é um agonista para essas classes de receptores. Os canais Na$^+$ regulados por voltagem são ativados principalmente por despolarização da membrana.

I.7 Durante uma análise sorológica, as hemácias foram transferidas para uma solução contendo 100 mmol/L de CaCl$_2$ e 100 mmol/L de ureia, e então monitoradas por microscopia óptica. Como você imagina que essa transferência afetaria o volume das hemácias?

A. A solução é isosmótica, assim não haverá efeito a longo prazo.
B. A solução é isotônica, assim não haverá efeito a longo prazo.
C. Um inchaço transitório poderá ocorrer.
D. As células inchariam, podendo ocorrer lise.
E. As células murchariam em cerca de 50%.

Resposta correta = B. O CaCl$_2$ se dissocia em três partículas (1Ca^{2+} e 2Cl$^-$) em água. Uma solução de 100 mmol/L de CaCl$_2$ tem uma osmolalidade de 300 mOsm/kg de H$_2$O, a qual se assemelha à do líquido intracelular (LIC) da hemácia. Os 100 mmol/L de ureia trazem a osmolalidade total a 400 mOsm/kg de H$_2$O (a solução é hiperosmótica), mas a ureia entraria rapidamente na célula até os líquidos intra e extracelulares se equilibrarem em cerca de 350 mOsm/Kg de H$_2$O (3.II.C). A solução é, portanto, isotônica. O murchamento celular ocorreria se a ureia fosse impermeante, mas a maioria das células é altamente permeável à ureia. O inchaço celular, neste exemplo, somente ocorreria se a osmolalidade do LIC aumentasse devido ao acúmulo ativo de um ou mais dos três solutos.

I.8 Danos hepáticos podem resultar na síntese diminuída de proteínas plasmáticas, tais como a albumina. Qual é o efeito mais significativo de baixa albumina plasmática sobre a osmose ou o transporte de líquido?

A. O volume de líquido intersticial aumenta.
B. O volume de líquido na corrente sanguínea aumenta.
C. A pressão osmótica coloidal do plasma aumenta.
D. A osmolalidade plasmática aumenta.
E. A osmolalidade plasmática diminui.

Resposta correta = A. O sangue contém grandes quantidades de albumina (3,5 a 5 g/dL), que está presa no compartimento vascular devido ao seu grande tamanho (3.III.B). Sua função é ajudar a criar um potencial osmótico (conhecido como pressão osmótica coloidal do plasma) que capta líquido extracelular (LEC) para dentro dos vasos. Um decréscimo na concentração da albumina plasmática permitiria, portanto, que o líquido saísse dos vasos sanguíneos e entrasse no interstício. A osmolalidade do plasma não se altera significativamente com mudanças na concentração de proteínas. Os principais determinantes da osmolalidade do LEC são os íons (p. ex., Na$^+$ e Cl$^-$) e outros solutos (p. ex., glicose e ureia, medida como nitrogênio ureico sanguíneo ou "BUN" [do inglês blood urea nitrogen]).

I.9 Um homem de 95 anos com câncer amplamente metastático está recebendo morfina para ajudar a aliviar a dor. A função respiratória central no tronco encefálico ficou suprimida, causando hipoventilação. Qual das seguintes alternativas pode ser esperada como resultante da ventilação reduzida?

A. Alcalemia.
B. Níveis plasmáticos reduzidos de HCO_3^-.
C. Reabsorção renal reduzida de HCO_3^-.
D. pH intersticial aumentado.
E. Excreção urinária aumentada de H^+.

Resposta correta = E. O metabolismo gera grandes quantidades de ácido volátil (H_2CO_3) que é excretado pelos pulmões (3.IV.A). A ventilação diminuída permite que esse ácido se acumule, produzindo uma acidose (respiratória). Os rins ajudam a compensar, aumentando a excreção de H^+. A diminuição da reabsorção renal de HCO_3^- aumentaria a acidose pela perda de tampão para a urina. O acúmulo de ácido volátil aumenta os níveis plasmáticos de HCO_3^-, porque o H_2CO_3 se dissocia, em solução, em HCO_3^- e H^+. O H^+, juntamente com outras pequenas moléculas, se move livremente entre o sangue e o interstício. Assim, se o sangue está acidificado, o interstício também terá um pH baixo.

I.10 Investigando as propriedades do epitélio intestinal de um paciente com doença intestinal inflamatória, um pesquisador notou que as áreas afetadas têm uma resistência elétrica baixa, enquanto as áreas saudáveis têm uma alta resistência. O que pode ser inferido a respeito das propriedades do epitélio saudável?

A. Ele forma fracos gradientes iônicos transepiteliais.
B. Ele é especializado para o transporte isosmótico.
C. Ele tem uma membrana basal espessa.
D. As junções de oclusão são altamente impermeáveis.
E. Ele não tem uma Na^+-K^+ ATPase basolateral.

Resposta correta = D. A resistência elétrica elevada é característica de um epitélio "impermeável", uma propriedade conferida parcialmente pela impenetrabilidade das junções de oclusão entre as células aos íons e à água (4.II.E). Os epitélios impermeáveis são notáveis por sua capacidade de estabelecer fortes gradientes de concentração iônica e osmótica. As áreas de inflamação têm uma resistência elétrica baixa, o que as torna "permeáveis" aos íons. Os epitélios permeáveis são em geral especializados para o transporte isosmótico em grandes volumes. As membranas basais não contribuem diretamente para a resistência elétrica epitelial. Todos os epitélios intestinais expressam uma Na^+-K^+ ATPase basolateral.

I.11 Uma mulher de 52 anos apresenta palpitações cardíacas e tonturas. Um eletrocardiograma mostra que ela está com fibrilação atrial, a qual foi associada a uma expressão aumentada da conexina 43. Qual das alternativas melhor descreve as conexinas normais?

A. Elas se abrem durante a despolarização de membrana
B. Elas são altamente seletivas a íons.
C. Elas medeiam o influxo de Ca^{2+} a partir do exterior da célula.
D. Elas permitem a propagação elétrica através dos tecidos.
E. Elas são encontradas somente no coração.

Resposta correta = D. As conexinas formam conjuntos hexaméricos (conéxons) com um poro em seu centro (4.II.F). Os conéxons de duas células adjacentes se fundem para criar um canal da junção comunicante que fornece uma rota de comunicação elétrica e química entre as células. As conexinas são amplamente distribuídas. No coração, permitem que ondas de contração se espalhem ao longo do miocárdio (17.III). Os canais das junções comunicantes são caracterizados por seus poros amplos, não seletivos, que podem permitir a passagem de pequenos peptídeos. Em geral, estão abertos em repouso e podem fechar-se quando ocorre uma despolarização. Os canais Ca^{2+} medeiam o influxo de Ca^{2+} através das membranas de superfície, e não os canais das junções comunicantes.

I.12 A hipocalemia é relativamente rara em indivíduos saudáveis, mas qual das seguintes alternativas favoreceria uma captação aumentada de K^+ por um epitélio de transporte para transferi-lo à circulação?

A. Diferença de potencial negativa na luz.
B. Captação paracelular de água aumentada.
C. Atividade aumentada da Na^+-K^+ ATPase.
D. Concentrações intersticiais de K^+ elevadas.
E. Cotransporte apical de glicose.

Resposta correta = B. A rota paracelular é um caminho significativo para o movimento de soluto e água através de muitos epitélios (4.III.B). As elevadas taxas de fluxo paracelular de água criam um arrasto de solvente, de forma que íons inorgânicos e outros solutos são arrastados juntamente com a água. Uma vez que o K^+ é um cátion, a luz renal ou gastrintestinal, por exemplo, carregada negativamente em relação ao sangue, diminui a captação final. A Na^+-K^+ATPase aumenta as concentrações intracelulares de K^+, o que diminui a força direcionadora para captação apical de K^+. Altas concentrações intersticiais de K^+ também diminuem o gradiente eletroquímico, favorecendo uma captação líquida de K^+. Os cotransportadores de glicose, em geral, acoplam o movimento da glicose com o Na^+, não com o K^+.

UNIDADE II
Sistemas Sensorial e Motor

Organização do Sistema Nervoso

5

I. VISÃO GERAL

Para um observador eventual, um organismo microscópico de um lago, tal como o *Paramecium*, se comporta com uma intenção e coordenação aparentes que sugerem o envolvimento de um sistema nervoso sofisticado. Se ele se choca com um objeto, para, nada de volta e então se movimenta em uma nova direção (Fig. 5.1). Esse simples comportamento requer minimamente um sistema sensorial para detectar o toque, um integrador para processar a informação do sensor, e uma rota motora para efetuar uma resposta. Entretanto, o *Paramecium* não possui um sistema nervoso. Ele é uma célula única. O encéfalo humano contém mais de um trilhão de neurônios, e desenvolveu estruturas e redes sofisticadas que permitem autoconsciência, criatividade e memória. Ainda assim, os princípios básicos de organização do sistema nervoso humano têm muitas semelhanças com outros parentes unicelulares. Seres unicelulares e neurônios utilizam alterações no potencial de membrana (V_m), para integrar e responder a aferências divergentes e, às vezes, conflituosas. No nível de organismo, tanto os humanos como os unicelulares têm sistemas sensoriais para lhes informar sobre seu ambiente circunvizinho, integradores para processar os dados sensoriais e sistemas motores para efetuar uma resposta apropriada.

II. SISTEMA NERVOSO

Quando se discute como o sistema nervoso trabalha, é proveitoso definir três subdivisões que parcialmente se sobrepõem.

- O **sistema nervoso central** (**SNC**) inclui os neurônios do encéfalo e da medula espinal. O SNC é o braço integrador e tomador de decisões.
- O **sistema nervoso periférico** (**SNP**) capta a informação sensorial e a encaminha ao SNC para processamento; depois, dirige os comandos motores do SNC aos alvos apropriados. O SNP inclui neurônios que se originam no encéfalo e na medula espinal, e se estende além do SNC.
- O **Sistema Nervoso Autônomo** (**SNA**) é tema central de muitas discussões sobre fisiologia humana, porque regula e coordena a função orgânica **visceral**, incluindo o sistema digestório, pulmões, coração e os vasos sanguíneos. A distinção entre o SNA e as outras duas divi-

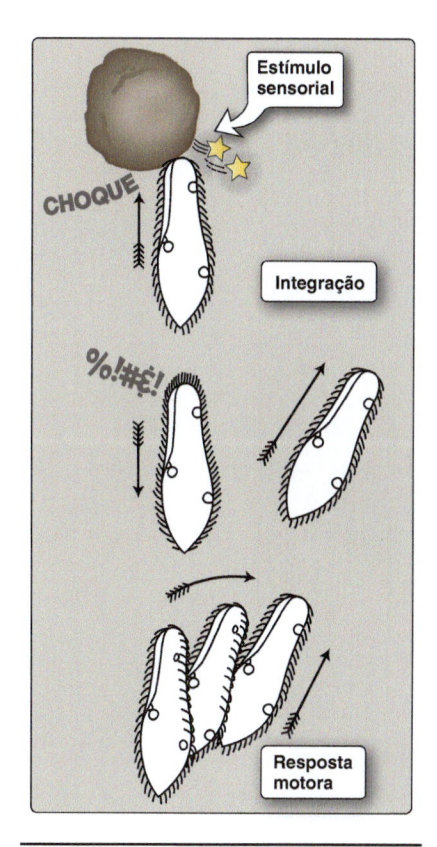

Figura 5.1
Resposta sensorial no *Paramecium*.

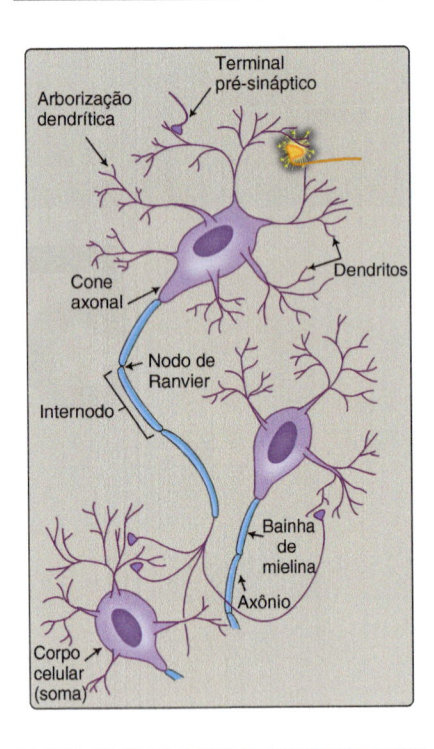

Figura 5.2
Anatomia neuronal.

sões é mais funcional do que anatômica. O SNA pode ainda ser subdividido em **sistema nervoso simpático** e **sistema nervoso parassimpático**. Ambas as divisões funcionam principalmente de maneira independente do controle voluntário.

III. NEURÔNIOS

O sistema nervoso compreende uma rede de **neurônios**. Embora sua forma possa variar conforme a função e a localização dentro do corpo, os princípios básicos da estrutura e operação neuronal são universais. O seu papel é transmitir informação o mais rápido possível de uma área do corpo a outra. No encéfalo, a distância percorrida pode ser de alguns micrômetros, mas, na periferia, pode exceder a um metro. A velocidade é alcançada mediante utilização de sinais elétricos, assim, um neurônio pode ser considerado como um fio elétrico biológico. Diferentemente de um fio elétrico, entretanto, um neurônio tem a capacidade de integrar sinais que estão chegando antes de transmitir a informação a um receptor.

A. Anatomia

Um neurônio pode ser dividido em quatro regiões anatomicamente distintas: o **corpo celular**, os **dendritos**, um **axônio** e um ou mais **terminais axonais** (Fig. 5.2).

1. **Corpo celular:** o corpo celular (**soma**) comporta o núcleo e os componentes necessários para a síntese proteica e outras funções de manutenção celular normais.

2. **Dendritos:** os dendritos são projeções arborizadas do corpo celular que se irradiam em direções múltiplas ("dendrito" é derivado de *dendros*, a palavra grega para árvore). Alguns neurônios têm densas e elaboradas árvores dendríticas, enquanto outros podem ser bem simples. Os dendritos são antenas celulares à espera de receber informação da rede neural. Muitas dezenas de milhares de terminais axonais podem fazer sinapse com um único neurônio por meio de seus dendritos.

3. **Axônio:** o axônio está organizado de forma a retransmitir informação em alta velocidade de uma extremidade do neurônio à outra. O axônio surge de uma projeção do soma chamada **cone axonal**, e é longo e fino como um fio elétrico. Em geral, está envolvido por um material isolante (**mielina**) que aumenta a velocidade de transmissão do sinal (ver a seguir). A mielinização se inicia a uma certa distância distal do cone axonal, deixando um pequeno **segmento inicial** que não é mielinizado. O **axoplasma** (citoplasma axonal) é preenchido por feixes paralelos de microtúbulos e microfilamentos. Esses feixes são, em parte, estruturais, mas também atuam como trilhos de trem em uma mineradora. "Carros de minério" (vesículas), preenchidos com neurotransmissores e outros materiais, se ligam aos trilhos e se movimentam em seu percurso a velocidades relativamente elevadas (aproximadamente 2 μm/s) de uma extremidade da célula à outra. O movimento para fora do corpo celular em direção ao terminal nervoso (**transporte anterógrado**) é potencializado pela **cinesina**. A viagem de retorno (**transporte retrógrado**) depende de uma molécula motora diferente (**dineína**).

4. **Terminal nervoso:** o terminal nervoso é especializado em converter um sinal elétrico (um potencial de ação) em um sinal químico para entregar a um ou mais receptores. A junção entre o terminal e o seu

Aplicação Clínica 5.1 Pólio

Acredita-se que o transporte retrógrado seja o mecanismo pelo qual o vírus da pólio e muitos outros entram no sistema nervoso central a partir da periferia. O poliovírus é um enterovírus propagado pelo contato fecal-oral que causa a **poliomielite paralítica**. Após infectar um hospedeiro, o vírus entra e se espalha pelo sistema nervoso através dos terminais axonais. Após se fundir com a membrana de superfície e entrar no axoplasma, o capsídeo (uma cápsula proteica) viral se liga à maquinaria de transporte retrógrado e se dirige ao corpo celular, onde prolifera, e, por fim, destrói o neurônio. O resultado é uma paralisia flácida da musculatura, que afeta classicamente os membros inferiores, mas que pode também causar uma paralisia fatal da musculatura respiratória. A pólio foi amplamente erradicada na América do Norte e na Europa, mas é endêmica em outras regiões do mundo. Acredita-se, também, que os defeitos do transporte axonal possam precipitar a morte neuronal que acompanha a doença de Alzheimer, a doença de Huntington, a doença de Parkinson e muitas outras doenças degenerativas com início na vida adulta.

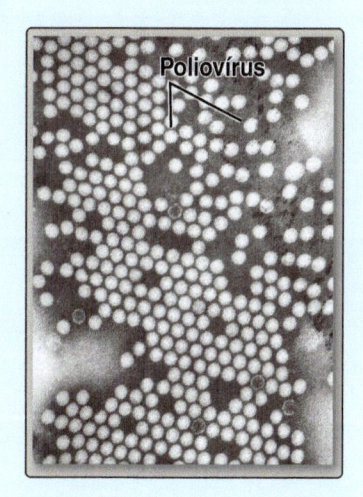

Poliovírus.

alvo é chamada **sinapse**. As membranas celulares **pré-sinápticas** e **pós-sinápticas** são separadas por uma **fenda sináptica** de aproximadamente 30 a 50 nm. Próximo a esse terminal, separada dele pela fenda, pode haver uma quantidade variável de células efetoras pós-sinápticas, inclusive miócitos, células secretoras, ou mesmo um **dendrito** que se estende do corpo celular de outro neurônio.

B. Excitabilidade

A velocidade com que as redes neurais processam e enviam a informação é limitada pela taxa na qual os sinais são transmitidos de um componente ao outro. A utilização da velocidade máxima de um neurônio pode ser alcançada por meio de um rápido potencial de ação, pela otimização da geometria axonal e pelo isolamento dos axônios.

1. **Potenciais de ação:** os axônios que enviam sinais por longas distâncias geralmente apresentam potenciais de ação que têm forma e função muito simples, como dígitos binários na rede de informação neural. Os potenciais de ação neuronais são mediados principalmente por canais Na^+ dependentes de voltagem, os quais são ativados muito rapidamente (Fig. 5.3). Quando os canais Na^+ se abrem, o Na^+ flui para dentro do neurônio a favor de seu gradiente eletroquímico, e o V_m despolariza rapidamente em direção ao potencial de equilíbrio do Na^+ (ver 2.II.B). É a rapidez da abertura dos canais Na^+ ("cinética do portão") que permite que os sinais elétricos se propaguem a elevadas velocidades ao longo do comprimento do axônio. A repolarização da membrana ocorre principalmente como resultado da inativação do canal Na^+. Canais K^+ dependentes de voltagem também se ativam durante um disparo, mas eles existem em pequeno número e, assim, sua contribuição para a repolarização da membrana é limitada.

2. **Diâmetro do axônio:** a velocidade com que os sinais elétricos viajam ao longo de um axônio aumenta com o diâmetro axonal (Fig; 5.4). Isso ocorre porque a resistência interna, a qual é inversamente proporcional ao diâmetro, determina quão longe a corrente passiva

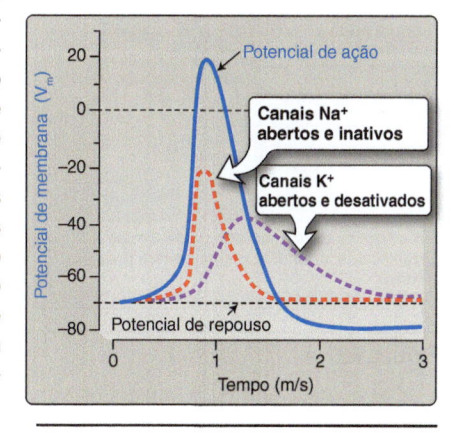

Figura 5.3

Curso de tempo dos eventos do canal iônico durante um potencial de ação neuronal.

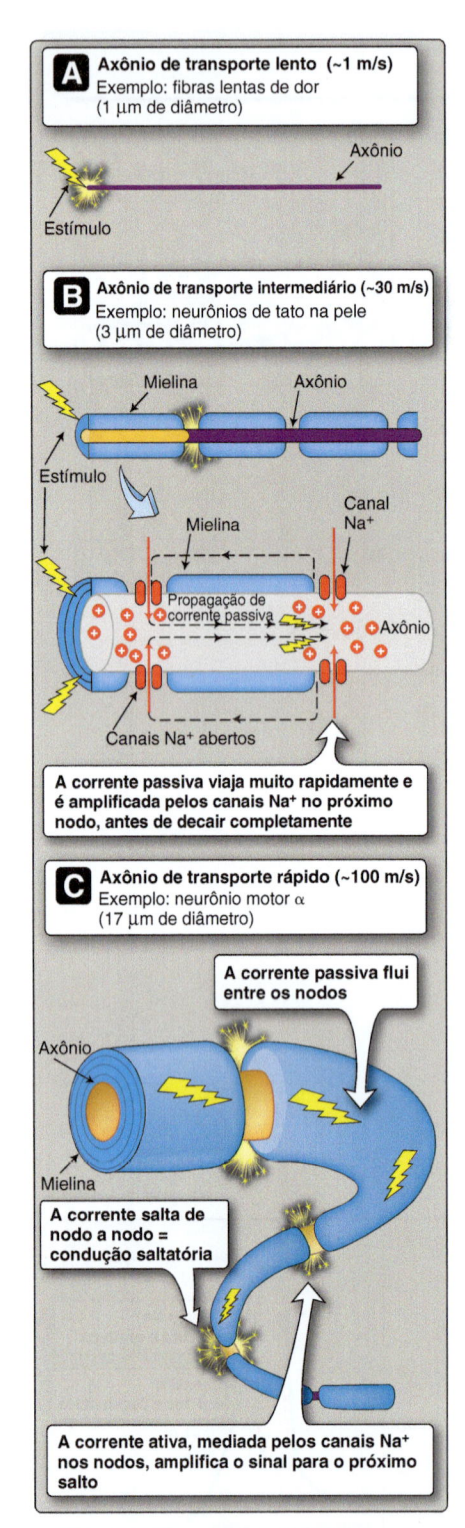

pode alcançar todo o comprimento axonal antes que o sinal decaia e necessite amplificação por uma corrente ativa (i.e., uma corrente mediada por um canal Na^+). O passo de amplificação é vagaroso, comparado com a transmissão da corrente passiva, assim axônios grossos transmitem informação por longas distâncias muito mais rapidamente do que os finos.

3. **Isolamento:** as correntes passivas que fluem durante a excitação se dissipam com a distância, porque a membrana contém canais "vazantes" K^+ que perdem corrente para o meio extracelular (ver Fig. 2.11). Os canais vazantes estão sempre abertos. A velocidade de condução melhora significativamente pelo isolamento do axônio com mielina para evitar tal vazamento (ver Fig. 5.4B). A mielina é formada pelas células **gliais** e compreende camadas concêntricas de **membrana rica em esfingomielina** (ver Seção V, adiante). O isolamento aumenta a velocidade de condução em até 250 vezes.

4. **Condução saltatória:** a **bainha de mielina** de um axônio não é contínua. A cada 1 a 2 mm, existe um segmento de 2 a 3 μm de membrana axonal exposta, conhecido como **nodo de Ranvier**. Os nodos estão repletos de canais Na^+, enquanto as **regiões internodais** (áreas que ficam escondidas debaixo da bainha de mielina) não possuem praticamente canal algum. Na prática, isso significa que um potencial de ação salta como um sapo de um nodo ao outro ao longo do comprimento do axônio, comportamento conhecido como **condução saltatória** ou **nodal** (ver Fig. 5.4C).

C. Classificação

Os neurônios do SNC são um grupo diferenciado de células e existem muitas formas de classificá-los. Morfologicamente, podem ser classificados com base no número de **neuritos** (processos tais como os axônios e os dendritos) que se estendem a partir do corpo celular.

1. **Pseudounipolar:** os **neurônios pseudounipolares** são geralmente sensoriais. O corpo celular origina um único processo (o axônio) que, então, se divide em dois ramos. Um ramo retorna a informação sensorial da periferia (o **ramo periférico**) enquanto o outro ramo projeta e leva essa informação ao SNC (o **ramo central**).

2. **Bipolar:** os **neurônios bipolares** são geralmente neurônios sensoriais especializados, que podem ser encontrados na retina (ver 8.VII.A) e no epitélio olfatório (ver 10.III.B), por exemplo. Seu corpo celular origina dois processos: um leva a informação sensorial da periferia, e o outro (o axônio) vai até o SNC.

3. **Multipolar:** os **neurônios multipolares** têm um corpo celular que dá origem a um único axônio e numerosas projeções dendríticas. A maioria dos neurônios do SNC é multipolar. Esses neurônios ainda podem ser subcaracterizados conforme seu tamanho e a complexidade de sua árvore dendrítica.

D. Neurônios como integradores

O ser unicelular mencionado na introdução é capaz de integrar múltiplos sinais sensoriais (p. ex., mecânicos, químicos, térmicos) mediante alterações no V_m. Por exemplo, um sinal nocivo que despolariza o V_m e aumenta a tendência ao retorno pode ser ignorado, se um sinal atrativo nas proximidades, indicando alimento, hiperpolariza a membrana e anula ou se sobrepõe à entrada do sinal nocivo. Um paramécio não é capaz de pen-

Figura 5.4
Efeitos do diâmetro e da mielina na velocidade de condução axonal.

samento consciente, mesmo assim toma uma decisão que afeta o seu comportamento, com base no efeito combinado de estímulos múltiplos no V_m. As arborizações dendríticas dos neurônios corticais superiores recebem dezenas de milhares de aferências competitivas. A probabilidade de que a eferência neuronal (disparo) seja modificada com base nesses sinais é determinada, de forma semelhante, pelo seu efeito líquido no V_m.

1. **Sinais de entrada:** os neurônios transmitem informações uns para os outros por meio dos dendritos. Quando um neurônio pré-sináptico dispara, libera transmissores na fenda sináptica. Se o neurônio é excitatório, a ligação do transmissor à membrana dendrítica pós-sináptica causa uma despolarização transitória, conhecida como um **potencial excitatório pós-sináptico** (**PEPS**), conforme demonstrado na Figura 5.5A. Os neurônios inibidores liberam transmissores que causam hiperpolarizações, conhecidas como **potenciais inibidores pós-sinápticos** (**PIPSs**). As amplitudes de PEPS e PIPS são reguladas conforme a força do sinal que está chegando.

2. **Filtração:** grande parte da informação recebida pelos neurônios por meio de seus dendritos representa um "alarde" sensorial. O isolamento dos sinais mais fortes e relevantes é alcançado, utilizando um filtro de alarde que se aproveita das propriedades naturais elétricas de um dendrito. Os potenciais pós-sinápticos (PPSs) são respostas passivas que degeneram rapidamente, quando viajam em direção ao corpo celular (ver Fig. 2.1). A degeneração é aumentada pela permeabilidade elétrica inerente de um dendrito e sua falta de mielina. Na prática, isso significa que um pequeno PPS talvez nunca possa atingir o corpo celular. Os PPSs gerados por grandes atividades pré-sinápticas ativam correntes de canais iônicos dependentes de voltagem ao longo do comprimento do dendrito (ver Fig. 2.12). Essas correntes aumentam os sinais e, portanto, aumentam a sua probabilidade de alcançar o corpo celular.

3. **Integração:** a integração de sinais também começa em nível dendrítico. Os PPSs podem-se encontrar e combinar com PPSs que estejam chegando de outras sinapses conforme viajam em direção ao soma. Esse fenômeno é conhecido como **somação**, e é um remanescente de como as ondas (p. ex., ondas sonoras e ondulações que se espalham ao longo da superfície de um lago) interferem construtiva e destrutivamente. Existem dois tipos de somação: **espacial** e **temporal**.

    a. **Somação espacial:** se os PEPSs de dois dendritos diferentes colidirem, esses potenciais se combinam para criar um PEPS maior (ver Fig. 5.5B). Isso é conhecido como **somação espacial**, e se aplica aos PIPSs também. PEPSs e PIPSs também podem somar-se para produzir uma resposta atenuada de membrana (ver Fig. 5.5C).

    b. **Somação temporal:** dois PEPSs (ou PIPSs) que viajam ao longo de um dendrito em rápida sucessão podem, também, se combinar para produzir um único evento maior. Isso é conhecido como **somação temporal** (ver Fig. 5.5D).

4. **Eferência:** o efeito líquido de múltiplos PPSs no V_m determina a probabilidade e a intensidade da eferência neuronal. Se uma despolarização for suficientemente forte, pode acionar uma série de disparos. Os disparos surgem do segmento inicial (também conhecido como **zona de disparo**) e viajam ao longo do comprimento do axônio em direção ao terminal pré-sináptico.

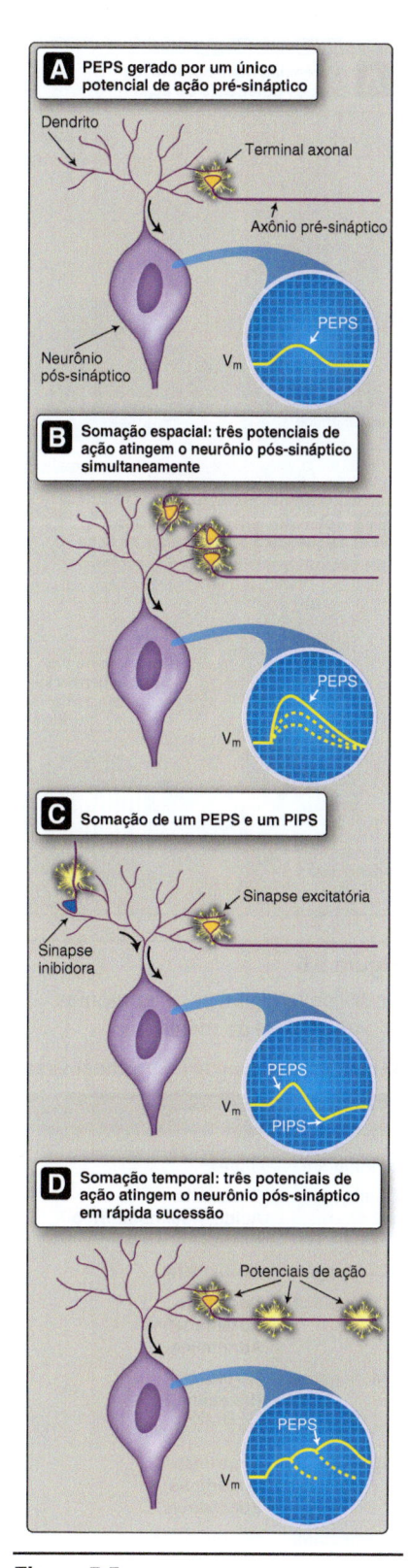

Figura 5.5

Somação. PEPS = potencial excitatório pós-sináptico; PIPS = potencial inibidor pós-sináptico; V_m = potencial de membrana.

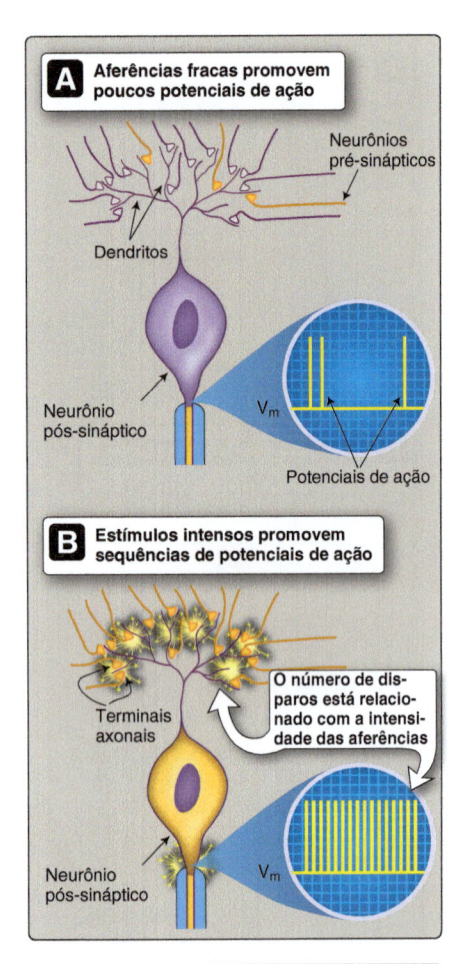

Figura 5.6
Codificação digital pelos neurônios.
V_m = potencial de membrana.

Tabela 5.1 Classes de neurotransmissores

Classe	Nome
Pequenas moléculas	
Aminoácido	Glutamato Ácido γ-aminobutírico Glicina
Colinérgico	Acetilcolina
Catecolamina	Dopamina Noradrenalina Adrenalina
Monoamina	Serotonina Histamina
Peptídicos	
Opioide	Dinorfinas Endorfinas Encefalinas
Taquicinina	Neurocininas Substância P
Entérico	Peptídeo liberador de gastrina
Outros	
Gás	Óxido nítrico Monóxido de carbono
Purina	Trifosfato de adenosina

5. **Codificação:** os potenciais de ação são eventos do tipo tudo ou nada, de maneira que os neurônios devem passar a informação sobre a força do sinal, utilizando codificação digital. Estímulos fracos podem gerar um ou dois disparos. Estímulos fortes criam sequências (salvas) de disparos que viajam em rápida sucessão ao longo do comprimento do axônio. Existe uma enorme variabilidade em tamanho, forma e frequência dos disparos gerados por diferentes neurônios. Como regra geral, o número de disparos em uma sequência reflete a força do estímulo de chegada (Fig. 5.6).

IV. NEUROTRANSMISSÃO

Os neurônios se comunicam uns com os outros nas sinapses, regiões especializadas onde duas células se tornam justapostas. A comunicação típica ocorre quimicamente, via liberação de neurotransmissores, e é unidirecional. Embora seja uma forma inerentemente lenta de comunicação, a colocação de um receptor de neurotransmissor em uma via de sinalização permite que ocorra uma grande variedade de respostas e oportunidades ilimitadas para regulação.

A. Neurotransmissores

Existem duas principais classes de neurotransmissores: os transmissores que são pequenas moléculas e os peptídicos. Uma terceira, um grupo menor, inclui gases e outros transmissores não convencionais, tais como o trifosfato de adenosina (Tab. 5.1). Também têm sido descritas muitas dezenas de peptídeos neuroativos, dos quais muitos são coliberados juntamente com um transmissor que é de pequena molécula. A maioria das interações neuronais envolve apenas uma pequena quantidade de moléculas, cujas vias de síntese estão resumidas na Figura 5.7.

B. Vesículas sinápticas

Os neurotransmissores são liberados na fenda sináptica a partir de vesículas sinápticas. Essas vesículas são sintetizadas no corpo celular pré-sináptico e então levadas por transporte axonal muito rápido ao terminal nervoso. No terminal, são preenchidas com neurotransmissores produzidos localmente para armazenamento e eventual liberação. As vesículas maduras se ancoram em locais especializados para liberação na membrana pré-sináptica e ali permanecem, esperando pela chegada de um potencial de ação.

> Os transmissores peptídicos são sintetizados e pré-empacotados em vesículas dentro do corpo celular, e não no terminal axonal.

C. Liberação

A liberação do neurotransmissor ocorre quando um potencial de ação chega ao terminal nervoso e abre canais Ca^{2+} dependentes de voltagem na membrana do terminal nervoso (Fig. 5.8). O influxo de Ca^{2+} aumenta as concentrações locais de Ca^{2+} e inicia o evento secretor dependente de Ca^{2+}. Os detalhes são complexos e não totalmente entendidos. O sinal de Ca^{2+} é percebido por uma proteína ligante de Ca^{2+} associado à vesícula, chamada **sinaptotagmina**, a qual ativa o complexo de proteínas **SNARE**, que inclui a **sinaptobrevina**, a **sintaxina** e a **SNAP-25**. A vesícula então se funde com a membrana pré-sináptica em uma **zona ativa**, e os con-

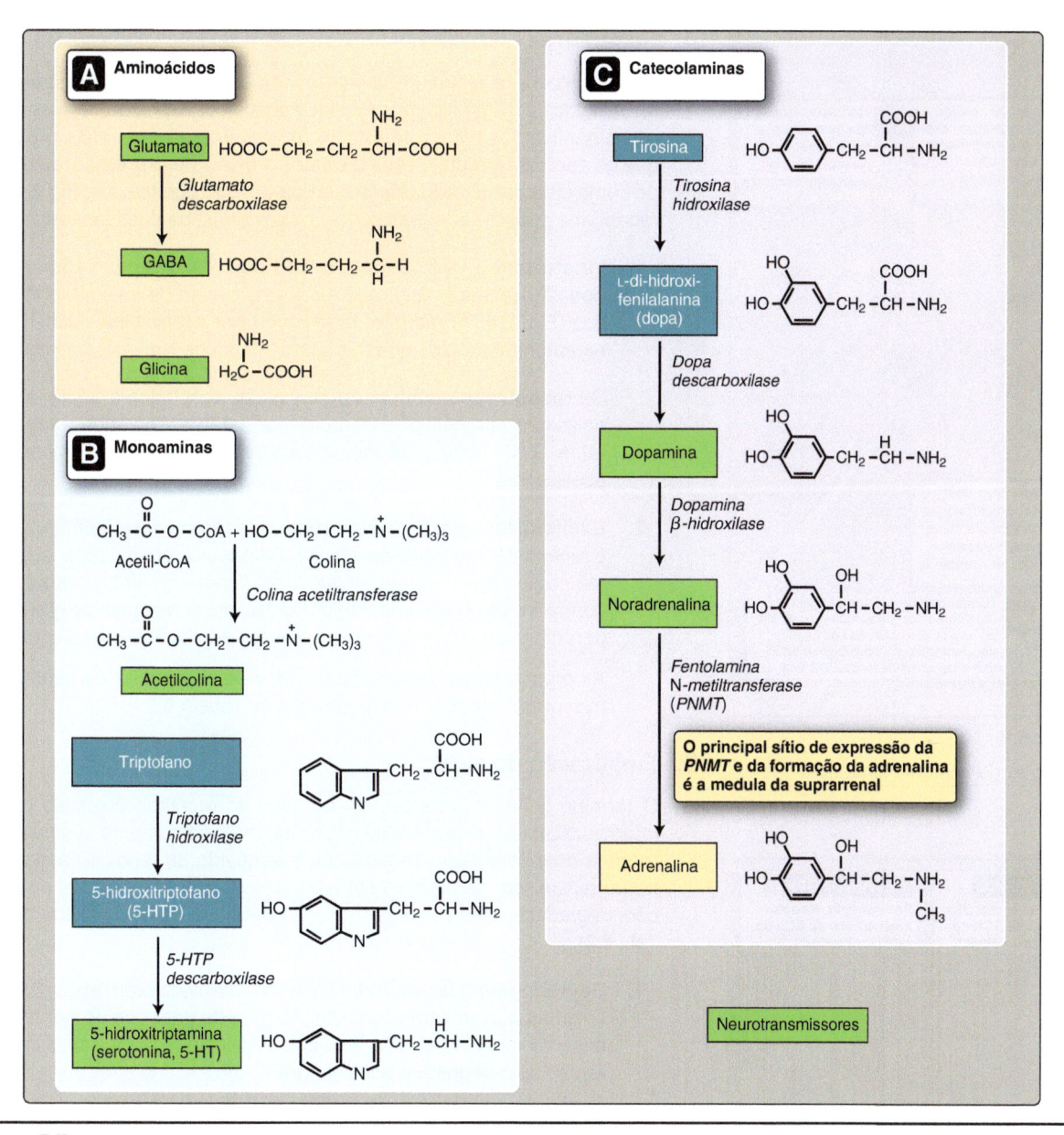

Figura 5.7
Neurotransmissores de pequenas moléculas mais comuns e suas vias de síntese. GABA = ácido γ-aminobutírico.

teúdos são liberados na fenda sináptica. Cada vesícula libera um único **quantum** de neurotransmissor ("**sinalização quântica**").

> A toxina botulínica e a toxina do tétano, duas das neurotoxinas mais letais conhecidas, paralisam suas vítimas por atingir o terminal sináptico e perturbar a liberação de neurotransmissores. Ambas as toxinas degradam as SNAPS e as SNARES em virtude de sua atividade intrínseca de *protease*.

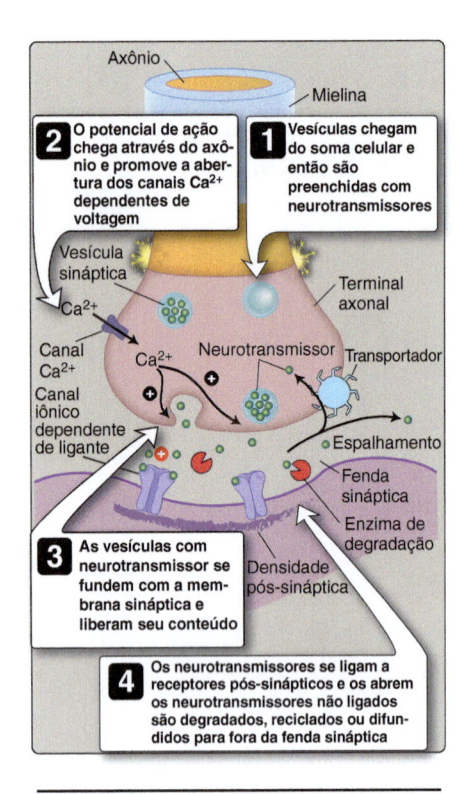

Figura 5.8
Liberação da vesícula sináptica.

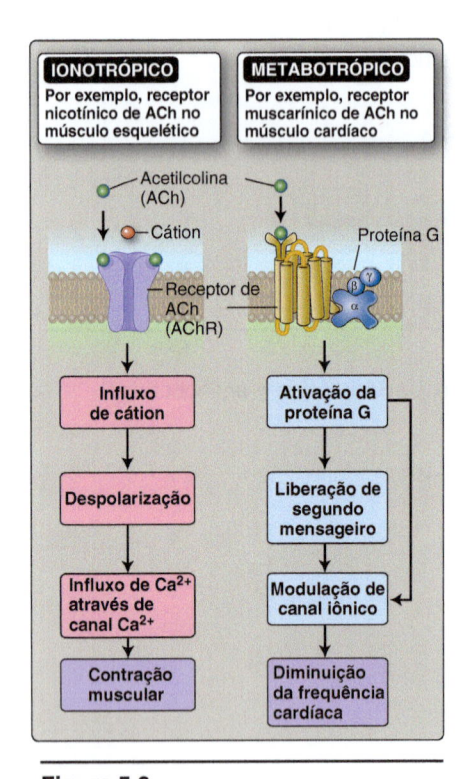

Figura 5.9
Receptores ionotrópicos *versus* metabotrópicos.

D. Receptores

Uma vez liberado, um neurotransmissor se difunde através da estreita fenda sináptica e se liga a um receptor específico, expresso na membrana pós-sináptica. Os receptores estão associados a numerosas proteínas que os ancoram e regulam sua atividade e níveis de expressão, aparecendo como uma **densidade pós-sináptica** em micrografias (ver Fig. 5.8). Os receptores podem ser classificados, pelo menos, de duas maneiras.

1. **Ionotrópicos *versus* metabotrópicos:** os **receptores ionotrópicos** são canais iônicos que medeiam o fluxo de íons quando ativados (Fig. 5.9). O receptor nicotínico para acetilcolina (AChR) é um receptor ionotrópico que medeia o influxo de Na^+, por exemplo.

   Os **receptores metabotrópicos** estão acoplados a uma via de sinalização intracelular e comumente estão associados a uma proteína G. Os exemplos incluem os receptores muscarínicos para acetilcolina.

2. **Excitatórios *versus* inibidores:** os receptores excitatórios (p. ex., o receptor *N*-metil-D-asparato [NMDA]) provocam despolarização da membrana e aumentam as taxas de disparo, quando ocupados. Ao contrário, os receptores inibidores (p. ex., o receptor de glicina) hiperpolarizam a membrana e diminuem a frequência de disparos.

   As propriedades dos principais tipos de receptores de neurotransmissores encontram-se resumidas na Tabela 5.2.

E. Finalização do sinal

O término do sinal pode ocorrer no nível do receptor, por meio de sua internalização ou dessensibilização, mas, mais comumente, a sinalização termina quando o neurotransmissor é removido da fenda sináptica. Um neurotransmissor geralmente sofre um destes três mecanismos de remoção: degradação, reciclagem ou difusão para fora da fenda ("vazamento"; Tab. 5.3).

1. **Degradação:** a fenda sináptica normalmente contém altos níveis de enzimas que limitam a sinalização pela degradação do neurotransmissor. Por exemplo, sinapses colinérgicas possuem a *acetilcolinesterase*, que degrada a acetilcolina.

2. **Reciclagem:** muitos neurônios e suas células de suporte (ver adiante) recaptam neurotransmissores da fenda sináptica ativamente, e os reciclam, reempacotando-os em vesículas sinápticas.

3. **Difusão:** os transmissores podem também difundir-se para fora da fenda sináptica para influenciar neurônios vizinhos. Durante atividade neuronal intensa, quantidades significativas de transmissores podem aparecer na circulação, sendo finalmente degradadas por enzimas sistêmicas ou excretadas pelos rins.

V. NEURÓGLIA

A **glia** (ou **neuróglia**) compreende células não excitáveis que contribuem para muitos aspectos da função neuronal. Além disso, formam e mantêm a bainha de mielina, controlam as concentrações iônicas locais, auxiliam na reciclagem de neurotransmissores e fornecem nutrientes aos neurônios. Essas células são encontradas por todo o SNP e SNC (Tab. 5.4), onde os neurônios e a glia estão presentes em quantidades iguais.

Tabela 5.2 Receptores para neurotransmissores

Receptor	Tipo		Transdução	Agonistas	Antagonistas	Localização
GluN	I		↑I_{Na}, I_{Ca}	Glutamato, NMDA	Fenciclidina	SNC
GluA	I		↑I_{Na}	Glutamato, AMPA		SNC
GluK	I		↑I_{Na}	Glutamato, cainato		SNC
mGluR	M	Grupo I	G_q, ↑IP_3	Glutamato		SNC
mGluR	M	Grupo II, III	G_i, ↓AMPc	Glutamato		SNC
$GABA_A$	I		↑I_{Cl}	GABA, ibotenato	Bicuculina	CNS
$GABA_B$	M		G_i, ↑I_K	GABA, baclofeno		SNA
nAChR (nicotínico)	I	Músculo	↑I_{Na}	ACh, nicotina	Pancurônio	Músculo esquelético
	I	Gânglio	↑I_{Na}	ACh, nicotina	Dextrometorfano	SNA
mAChR (muscarínico)	M	M_1	G_q, ↓I_K	ACh, muscarina	Atropina, difenidramina, ipratrôpio	Gânglios do SNA
	M	M_2	G_i, ↑I_K ↓I_{Ca}	ACh, muscarina		Coração
	M	M_3	G_q	ACh, pilocarpina		Glândulas do trato GI, olho
	M	M_4	G_i, ↑I_K ↓I_{Ca}	ACh		SNC
Dopamina	M	D_1	G_s, ↑AMPc	Dopamina		SNC
	M	D_2	G_i, ↓AMPc	Dopamina	Clozapina	SNC
Adrenérgico Adrenalina (Adr), noradrenalina (NA)	M	α_1	G_q, ↑IP_3	NA, fenilefrina	Prazosina	Vasos sanguíneos
	M	α_2	G_i, ↓AMPc	Adr, clonidina	Fentolamina	Coração, vasos sanguíneos
	M	β_1	G_s, ↑AMPc	Adr, dobutamida	Propanolol, sotalol	Coração
	M	β_2	G_s, ↑AMPc	Adr, isoproterenol	Propanolol	Vasos sanguíneos
Serotonina (5-hidroxitriptamina ou 5-HT)	I	$5-HT_3$	↑I_{Na}, I_{Ca}	5-HT	Granisetrona	SNC, trato GI
	M	$5-HT_1$	G_i, ↓AMPc	5-HT, triptanos		SNC, vasos sanguíneos
	M	$5-HT_2$	G_q, ↑IP_3	5-HT, ácido lisérgico	Clozapina	SNC, trato GI, músculo liso, vasos sanguíneos
	M	$5-HT_4$	G_s, ↑AMPc	5-HT		SNC, trato GI
	M	$5-HT_5$	G_i, ↓AMPc	5-HT		SNC
	M	$5-HT_6$	G_s, ↑AMPc	5-HT		SNC
	M	$5-HT_7$	G_s, ↑AMPc	5-HT		SNC, SNA
Histamina	M	H_1	G_q, ↑IP_3	Histamina	Difenidramina	SNC, vias respiratórias, vasos sanguíneos
	M	H_2	G_s, ↑AMPc	Histamina	Ranitidina	Coração, estômago
	M	H_3	G_i, ↓AMPc	Histamina	Ciproxifano	SNC
	M	H_4	G_i, ↓AMPc	Histamina		Mastócitos
Substância P		NK1		Substância P		SNC, fibras de dor
Neuropeptídeo Y		Y_{1-2}, Y_{4-5}	G_i, ↓AMPc	Neuropeptídeo Y		SNC
Óxido nítrico		GC	↑GMPc	Óxido nítrico		SNC, SNA
Purinérgico	I	P2X	↑I_{Na}, I_{Ca}	ATP	Suramina	Difusa

ACh = acetilcolina; AMPA = ácido α-amino-3-hidroxi-5-metil-4-isoxazolepropiônico; SNA = sistema nervoso autônomo; ATP = trifosfato de adenosina; AMPc = monofosfato de adenosina cíclico; GMPc = monofosfato de guanosina cíclico; SNC = sistema nervoso central; GABA = ácido γ-aminobutírico; GC = guanilato ciclase; GI = gastrintestinal; I = ionotrópico; I_{Ca} = corrente de Ca^{2+}; I_{Cl} = corrente de Cl^-; I_K = corrente de K^+; I_{Na} = corrente de Na^+; IP_3 = inositol trifosfato; M = metabotrópico; NMDA = ácido *N*-metil-D-aspartato.

Tabela 5.3 Mecanismos de finalização do sinal

Neurotransmissor	Destino
Glutamato	Recaptado por transportadores de glutamato nos neurônios e na glia
Ácido g-aminobutírico (GABA)	Recaptado neuronal por transportadores de captação GABA e pela glia
Acetilcolina	Degradada na fenda sináptica pela *acetilcolinesterase*
Dopamina, noradrenalina, serotonina	Degradados na fenda pela *catecol-O-metiltransferase*, recaptados por transportadores dependentes de Na^1 -Cl^2 e reciclados, ou degradados pelas monoaminoxidases
Histamina	Degradada pela histamina *metil-transferase* e por *histaminases*
Substância P	Internalização do complexo receptor-transmissor
Óxido nítrico	Oxidado
Trifosfato de adenosina	Degradado

Tabela 5.4 Células gliais e suas funções

Tipo de célula glial	Localização	Função
Sistema nervoso periférico		
Células de Schwann	Axônios	Mielinização, fagocitose
Células-satélites	Gânglios	Regulam ambiente químico
Sistema nervoso entérico		
Células gliais entéricas	Gânglios	Variadas
Sistema nervoso central (SNC)		
Astrócitos protoplasmáticos	Substância cinzenta	Aporte nutricional, formação da barreira hematencefálica
Astrócitos fibrosos	Substância branca	Reparo
Células de Müller	Retina	Reparo
Glia de Bergmann	Cerebelo	Plasticidade sináptica
Oligodendrócitos	Substância branca (alguns na substância cinzenta)	Mielinização
Micróglia	Em todo o SNC	Respostas a traumas
Células ependimárias	Ventrículos	Regulam a troca entre o líquido cerebrospinal e o líquido extracelular encefálico

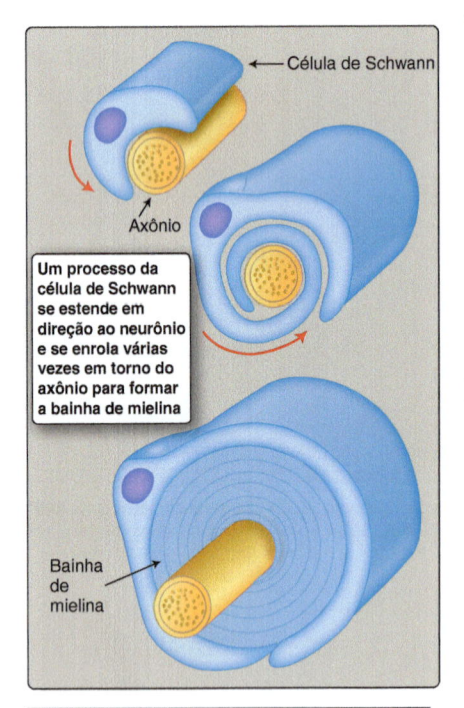

Figura 5.10
Formação da bainha de mielina.

A. Mielinização

A mielina é formada pelas **células de Schwann** (no SNP) e pelos **oligodendrócitos** (no SNC). Os oligodendrócitos podem mielinizar simultaneamente os axônios de múltiplos neurônios, mas as células de Schwann permanecem dedicadas a um único axônio. A glia forma a mielina, emitindo processos que se enrolam em torno de um axônio cerca de 100 vezes (Fig. 5.10). O citoplasma é comprimido para fora das camadas de membrana à medida que a mielina se acumula, de forma que as camadas lipídicas se tornam altamente compactadas. As células gliais permanecem viáveis após o envelopamento completo, com o núcleo e o citoplasma residual ocupando a camada mais externa.

B. Homeostasia do potássio

A normalização do V_m após a excitação neuronal envolve a liberação de K^+ (ver Fig. 5.3). Durante atividade neuronal intensa, a concentração extracelular de K^+ pode aumentar significativamente como consequência dessa liberação. Uma vez que o V_m é dependente do gradiente transmembrana de K^+ (ver 2.II.C), o acúmulo de K^+ pode ser deletério para a função neuronal. Os **astrócitos** (o tipo predominante de célula glial no SNC) não são excitáveis, mas possuem canais K^+ e transportadores de K^+ que lhes permitem sugar o K^+ para longe dos neurônios ativos e redistribuí-lo em regiões não ativas do SNC (Fig. 5.11). O "**tamponamento espacial**" se aproveita do fato de que os astrócitos adjacentes são intimamente unidos por junções comunicantes (ver 4.II.F), que fornecem vias para o K^+ fluir a favor de seu gradiente de concentração da zona ativa a um ponto mais remoto.

Aplicação clínica 5.2 Esclerose múltipla

A mielina é essencial para a comunicação neuronal normal, assim, doenças que afetam a mielina ou as células que as produzem têm efeitos fisiológicos devastadores. A **esclerose múltipla** (**EM**) é uma doença desmielinizante dos neurônios do sistema nervoso central, e sua causa é desconhecida. Os sintomas surgem quando as células autoimunes produzem anticorpos contra um ou mais componentes da bainha. A mielina incha e se degrada, e a condução axonal é interrompida, produzindo alterações patológicas que podem ser visualizadas por meio de tomografia computadorizada (comumente conhecida como TC). Os pacientes podem apresentar uma variedade de sintomas neurológicos, incluindo tremores, distúrbios visuais, disfunção autônoma, fraqueza e fadiga. A EM pode ter uma natureza recorrente, caracterizada por um início agudo dos sintomas clínicos, seguido por um período de remissão com total ou parcial retomada da função. Não existe qualquer tratamento conhecido para a EM, entretanto, e a doença geralmente progride durante um período de 10 a 20 anos.

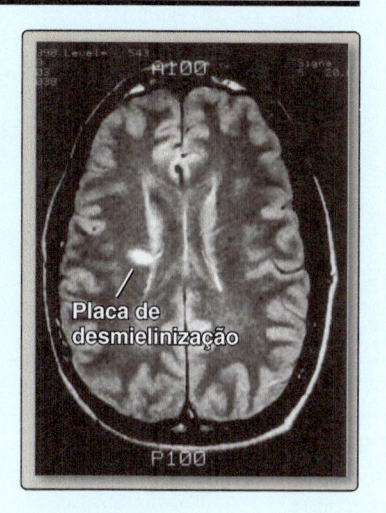

Desmielinização periventricular do lobo frontal.

C. Recaptação e reciclagem de neurotransmissores

Glutamato, ácido γ-aminobutírico (GABA) e glicina são três dos neurotransmissores mais utilizados no SNC. Muitos neurônios que utilizam esses neurotransmissores disparam em frequências tão elevadas que sua habilidade de controlar níveis sinápticos do transmissor e impedir seu extravasamento para regiões adjacentes é posta em jogo. A atividade intensa também exige muito das vias de síntese dos transmissores. As células da glia auxiliam em ambos os fenômenos. Elas estendem

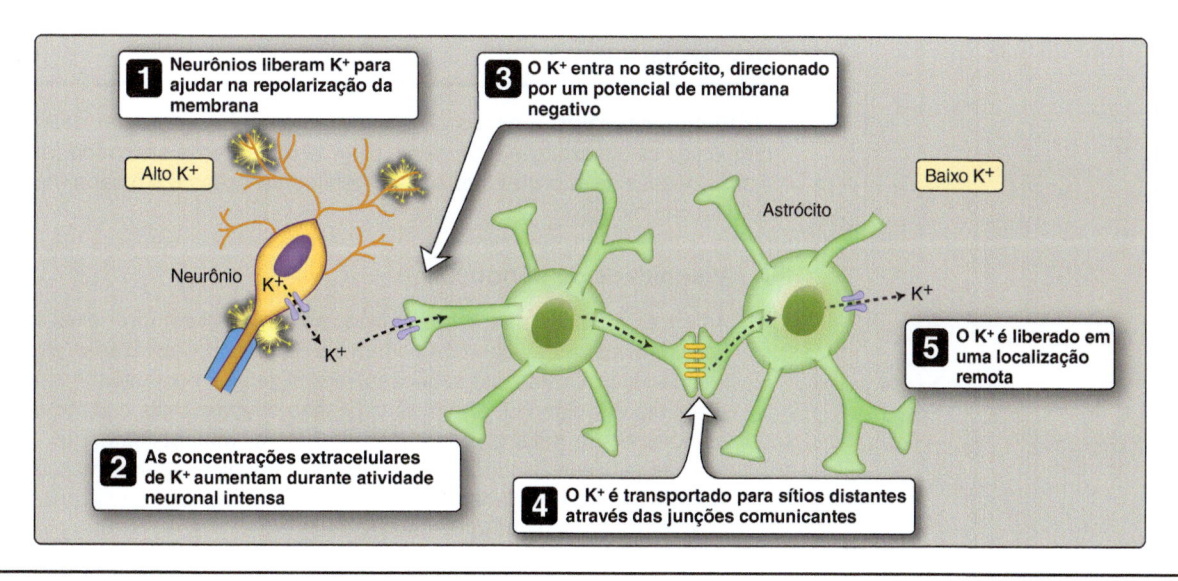

Figura 5.11
Tamponamento espacial.

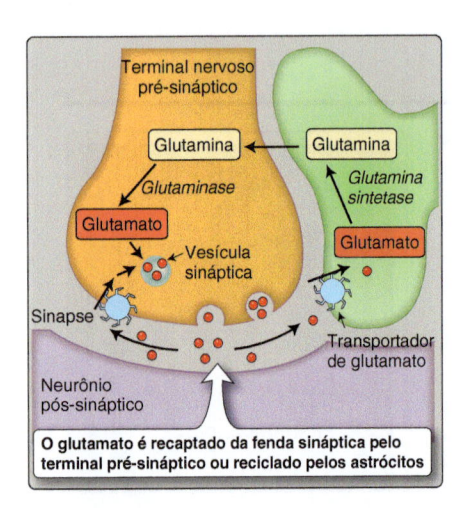

Figura 5.12
Reciclagem de neurotransmissores por astrócitos.

processos pediformes (pés terminais) que circundam a sinapse e rapidamente captam o transmissor da fenda, utilizando sistemas de transporte de alta afinidade (Fig. 5.12). O glutamato é subsequentemente convertido em glutamina pela *glutamina sintetase* e devolvido ao terminal pré-sináptico para nova conversão em glutamato pela *glutaminase*. A glutamina é também distribuída a neurônios inibidores para a síntese de GABA. Os neurônios GABAérgicos têm reservas de glutamina muito limitadas e dependem da glia para fornecer os substratos necessárias para a sinalização contínua.

D. Aporte de nutrientes

Os neurônios são altamente dependentes de O_2 e glicose para sua atividade contínua, sendo que o sistema nervoso utiliza 20% do consumo total do corpo. A glia tem um papel único em assegurar que estas necessidades sejam satisfeitas (ver também 21.II para uma discussão sobre o papel das células da glia na manutenção da barreira hematencefálica).

1. **Desvio de lactato:** os astrócitos transferem glicose da circulação para os neurônios. Eles estendem pés terminais que circundam os vasos capilares encefálicos e absorvem glicose do sangue, utilizando transportadores. A glicose se difunde, então, através da rede glial pelas junções comunicantes. Alguma glicose é convertida em glicogênio, e o restante é metabolizado em ácido lático. Depois, o lactato é excretado no líquido extracelular para ser então captado pelos neurônios vizinhos, um processo conhecido como **desvio de lactato**.

2. **Armazenamento:** os neurônios têm poucas reservas energéticas. Dependem dos astrócitos para manter um suprimento de lactato frente a alterações na atividade neuronal ou níveis decrescentes de glicose sanguínea. Os astrócitos contêm grandes estoques de glicogênio e as vias necessárias para convertê-lo em lactato, quando necessário.

VI. NERVOS

Os termos **neurônio** e **nervo** são geralmente confundidos. Um *neurônio* é uma única célula excitável. Um *nervo* é um feixe de **fibras nervosas** (axônios e suas células de suporte) que correm pela periferia como um cabo moderno de telecomunicação.

A. Velocidade de condução

As características das fibras individuais que formam um nervo variam consideravelmente. Algumas podem ser finas, não mielinizadas e de baixa condução. Outras são espessas, mielinizadas e conduzem impulsos a elevadas velocidades. As fibras espessas ocupam mais espaço do que as finas e são mais dispendiosas de manter metabolicamente, sendo apenas utilizadas onde a velocidade de comunicação é imprescindível. Na prática, isso significa que as fibras mais rápidas são utilizadas para reflexos motores (ver Fig. 5.4 e Tab. 11.1).

B. Organização

As fibras nervosas individuais estão frouxamente envoltas em tecido conectivo (o **endoneuro**) e, então, muitas se agrupam para formar um **fascículo** (Fig. 5.13). O fascículo está envolvido ainda em mais tecido conectivo (o **perineuro**) e, finalmente, vários fascículos são agrupados a

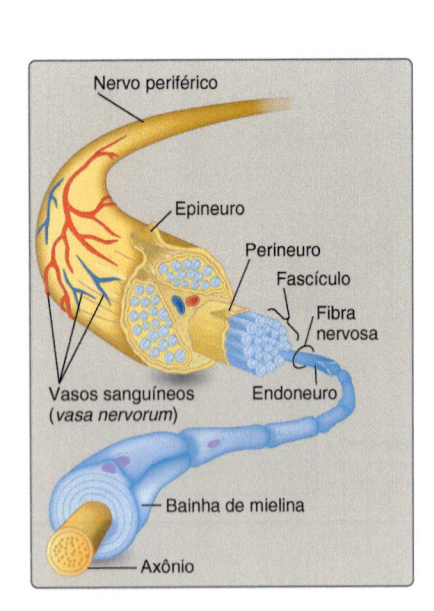

Figura 5.13
Anatomia do nervo periférico.

vasos sanguíneos para formar um **nervo**. O nervo está fortemente protegido por uma densa camada de tecido conectivo (o **epineuro**). Os nervos periféricos estão sujeitos a considerável estresse mecânico associado à locomoção, assim as camadas múltiplas de reforço são essenciais para sua proteção.

C. Gânglios

Os corpos celulares dos neurônios que formam um nervo se acumulam em intumescências chamadas **gânglios**. Os gânglios são os locais de troca de informação entre os neurônios, e podem também conter circuitos intrínsecos que permitem arcos reflexos e processamento de sinais.

D. Tipos

Os nervos podem ser classificados de acordo com o tipo de informação que carregam. Os **nervos aferentes** contêm fibras, transmitindo informações sensoriais de várias regiões do corpo ao SNC. Os **nervos eferentes** se originam do SNC e contêm neurônios motores **somáticos**, que inervam os músculos esqueléticos, e neurônios motores **viscerais**, do SNA. Alguns nervos periféricos contêm uma mistura de fibras sensoriais e motoras (**nervos mistos**). Isso pode resultar em arcos reflexos que trafegam dentro do mesmo nervo. O nervo vago, por exemplo, informa o SNC quando a comida está entrando no estômago. O SNC responde com um comando motor que faz o estômago relaxar, e esse comando trafega por uma fibra eferente dentro do nervo vago (ver 30.IV.A). Esse arco é chamado **reflexo vagovagal**.

Resumo do capítulo

- O **sistema nervoso** compreende o **sistema nervoso central (SNC)** e o **sistema nervoso periférico (SNP)**. O **sistema nervoso autônomo (SNA)** é uma subdivisão funcional do SNC e do SNP. O SNC inclui neurônios do **encéfalo** e da **medula espinal**. O SNP inclui nervos que transportam **informações motoras** e **sensoriais** à periferia. O SNA monitora e controla as funções de órgãos internos.

- Neurônios são **células excitáveis** que se comunicam umas com as outras e com seus órgãos-alvo, utilizando **potenciais de ação**. Os sinais elétricos são transmitidos de uma célula à outra em uma **sinapse**, utilizando **neurotransmissores químicos**.

- Neurotransmissores formam um grupo diversificado que inclui gases e polipeptídeos. O SNC utiliza pequenas moléculas, como os **aminoácidos** (glutamato, aspartato, glicina e ácido γ-aminobutírico), como transmissores. A **acetilcolina** é o neurotransmissor utilizado na **junção neuromuscular** e por alguns neurônios do SNA. O SNA e o SNC também utilizam **monoaminas** (dopamina e noradrenalina) como transmissores.

- Um neurotransmissor pode excitar ou inibir a célula pós-sináptica, dependendo da natureza do receptor presente na membrana pós-sináptica. **Transmissores excitatórios** causam **despolarização** da célula pós-sináptica (um **potencial excitatório pós-sináptico**), enquanto os **transmissores inibidores** causam **hiperpolarização** e reduzem a excitabilidade (**potencial inibidor pós-sináptico**).

- Os neurônios do sistema nervoso central podem receber milhares de aferências sinápticas através de suas árvores dendríticas. As propriedades elétricas dos dendritos neuronais asseguram que pequenas aferências não se propaguem. Aferências mais fortes podem se **somar** para elevar o potencial de membrana além do **limiar para excitação**, fazendo o neurônio disparar um potencial de ação.

- A função neuronal é auxiliada pelas **células gliais**. A glia pode regular as concentrações iônicas extracelulares, auxiliar na recaptação e **reciclagem** de neurotransmissores, fornecer nutrientes e formar a bainha de **mielina** no axônio.

- A mielina é um material isolante depositado pelas **células de Schwann** (no sistema nervoso periférico) e pelos **oligodendrócitos** (no sistema nervoso central). A mielina aumenta a velocidade na qual o impulso elétrico se propaga ao longo de um axônio. A mielina é formada por camadas compactadas da membrana superficial da glia. Neurônios mielinizados são utilizados em **arcos reflexos**, onde a precisão de resposta é crítica. **Neurônios motores** também têm axônios que são mais calibrosos do que o normal para aumentar ainda mais a velocidade de propagação do sinal.

- **Nervos** são feixes de axônios e suas células de suporte. Os nervos periféricos podem transmitir sinais aferentes de células sensoriais ao SNC, e sinais eferentes do SNC para células efetoras, ou uma mistura de sinais.

6 Sistema Nervoso Central

I. VISÃO GERAL

O sistema nervoso central (SNC) compreende a medula espinal e o encéfalo (Fig. 6.1). A medula espinal é um espesso percurso de comunicação que transmite sinais motores e sensoriais entre o sistema nervoso periférico (SNP) e o encéfalo. A medula também contém circuitos internos que proveem certos reflexos musculares. O encéfalo é um processador de dados altamente sofisticado, contendo circuitos neurais que analisam os dados sensoriais e, então, executam as respostas apropriadas através da medula espinal e das eferências do SNP. Grandes porções do encéfalo são específicas para funções associativas que integram informações de vários sentidos e nos permitem dar significado aos sons, associar odores com memórias específicas e reconhecer objetos e faces, por exemplo. Regiões associativas também nos habilitam para o pensamento abstrato, habilidades linguísticas, interações sociais, aprendizado e memória. O corpo humano tem simetria bilateral, e as estruturas da medula espinal e do encéfalo são, na maioria, espelhadas sobre uma linha média. As informações sensoriais e motoras, em geral, cruzam a linha média em algum ponto na sua trajetória entre o encéfalo e a periferia. Na prática, isso significa que o lado esquerdo do encéfalo controla o lado direito do corpo e vice-versa. Para fins de discussão, o encéfalo pode ser dividido em quatro áreas principais: o **tronco encefálico**, o **cerebelo**, o **diencéfalo** e os **hemisférios cerebrais** (**telencéfalo**). Uma discussão completa sobre a função do SNC está longe do objetivo deste livro, cujo foco consiste em aspectos sensoriais e motores da função do SNC. Para mais informações sobre as funções superiores do encéfalo, ver *Neurociências ilustrada*, Artmed Editora.

II. MEDULA ESPINAL

A medula espinal está alojada dentro do canal vertebral, estendendo-se do forame magno na base do crânio em direção caudal até a segunda vértebra lombar.

A. Segmentos

A coluna vertebral consiste em uma série de vértebras empilhadas, divididas anatomicamente em cinco regiões: **cervical**, **torácica**, **lombar**, **sacral** e **coccígea**. As vértebras cervicais, torácicas e lombares são sepa-

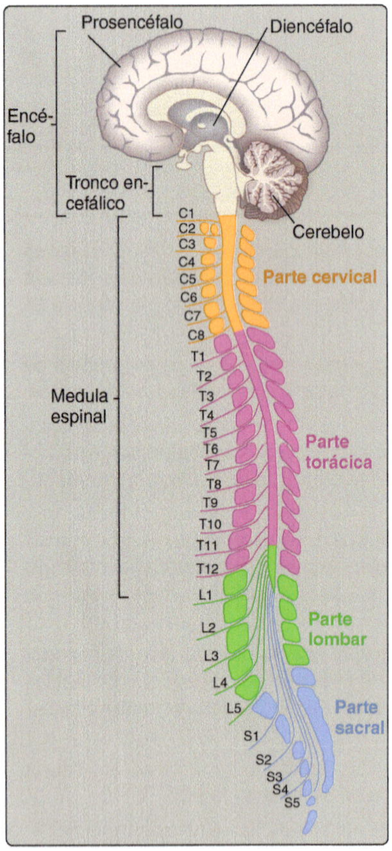

Figura 6.1
Sistema nervoso central. C1 a C8, T1 a T12, L1 a L5 e S1 a S5 são nervos espinais.

radas por discos intervertebrais que permitem aos ossos se articularem, mas as vértebras sacrais e coccígeas são fundidas para formar o **sacro** e o **cóccix**, respectivamente. A medula espinal pode ser dividida em 31 segmentos distintos. Trinta e um pares de nervos espinais (um nervo em cada lado do corpo) emergem do segmento correspondente (ver Fig. 6.1). Embora a medula espinal termine antes de alcançar o sacro, os nervos espinais continuam em direção caudal dentro do canal vertebral até que alcancem um nível apropriado de saída.

> **Rostral** e **caudal** são termos anatômicos que significam "bico" (ou boca) e "cauda", respectivamente. São comumente utilizados para indicar a direção do fluxo de informação no SNC.

B. Nervos

Os nervos espinais são um componente do SNP. Os nervos contêm fibras **aferentes sensoriais** e **eferentes motoras** (por esse motivo, os nervos espinais são algumas vezes chamados de **nervos espinais mistos**), que em geral inervam os tecidos na mesma altura de seu ponto de emergência. Assim, os nervos que emergem da região cervical (C2) controlam os movimentos da cabeça e do pescoço, enquanto os nervos sacrais (S2 e S3) se projetam para a bexiga urinária e o intestino grosso.

1. **Sensitivo:** as fibras sensoriais autônomas e somáticas percorrem a medula espinal por meio dos nervos periféricos (Fig. 6.2). Essas fibras transmitem a sensação de dor, temperatura e toque da pele; os sinais proprioceptivos de receptores das articulações e dos músculos; e os sinais sensoriais de numerosos receptores viscerais. Os múltiplos nervos periféricos se juntam para formar a **raiz posterior (dorsal)** de um nervo espinal, que entra no canal vertebral por um **forame intervertebral**. Os corpos celulares desses nervos se agrupam dentro de um proeminente **gânglio espinal** localizado dentro do forame. A raiz posterior, então, se divide em inúmeras **radículas**, e se une à medula espinal. Os nervos sensitivos trafegam em direção rostral para fazer sinapse dentro de núcleos localizados no trajeto do encéfalo. Ramos dos aferentes sensoriais podem também fazer sinapse diretamente com neurônios motores ou com interneurônios que fazem sinapse com neurônios motores, tornando possível a ocorrência de reflexos medulares locais (ver 11.III).

2. **Motores:** os eferentes motores do encéfalo viajam em direção caudal e fazem sinapse com nervos motores periféricos dentro da medula espinal. Esses nervos incluem tanto eferentes motores somáticos como autônomos. Saem da medula espinal pelas **radículas anteriores (ventrais)**, as quais se juntam para formar uma **raiz anterior (ventral)** e então sair para a periferia ao lado de fibras sensoriais nos nervos espinais.

C. Tratos

O interior da medula espinal está grosseiramente organizado em uma área central de substância cinzenta no formato de uma borboleta, circundada por substância branca (Fig. 6.3). A substância branca contém feixes de fibras nervosas com origens comuns e destinos que transmitem a informação entre o SNP e o encéfalo. As fibras nervosas sensoriais da pe-

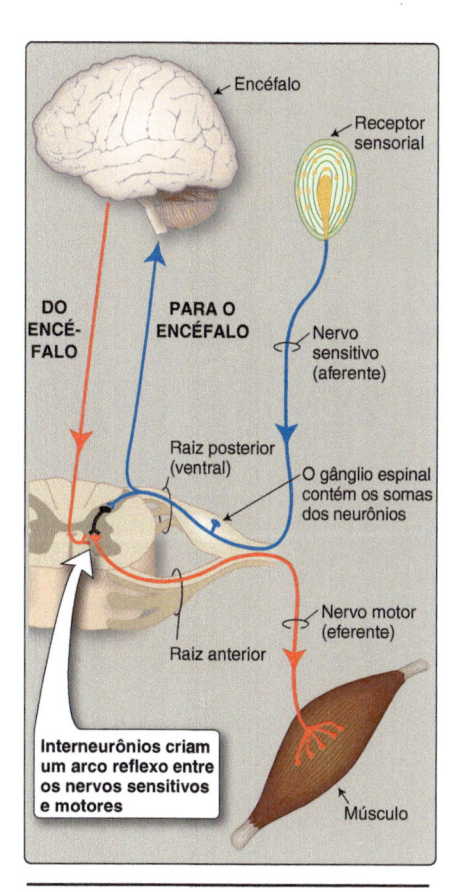

Figura 6.2
Vias sensitiva e motora.

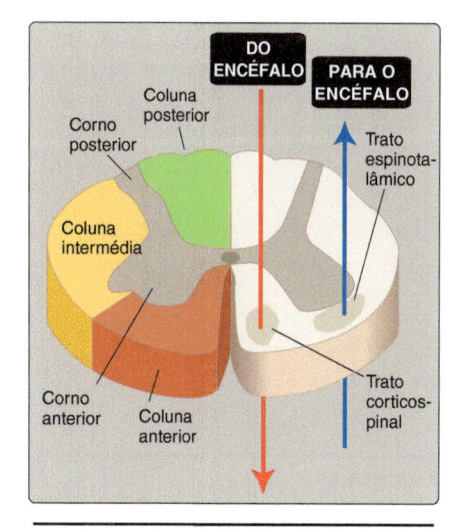

Figura 6.3
Organização da medula espinal.

riferia correm em direção rostral para o encéfalo em **tratos ascendentes** separados. Os **tratos descendentes** são formados por feixes de eferentes motores do SNC em direção à periferia. Os tratos são denominados conforme sua origem e destino. Por exemplo, o **trato espinotalâmico** carrega fibras ascendentes de dor da medula em direção ao tálamo. O **trato corticospinal** leva fibras motoras do córtex em direção caudal para a medula. Os tratos (também conhecidos como **fascículos**) são agrupados em **colunas posterior** (dorsal), **intermédia** (lateral) e **anterior** (ventral), também conhecidas como **funículos**. As "asas" da parte cinzenta em formato de borboleta são divididas em **cornos posteriores** (dorsais) e **anteriores** (ventrais), e atuam como estações de passagem sináptica para o fluxo de informação entre os neurônios. Esses cornos contêm os corpos celulares de neurônios, os quais podem estar acumulados em grupos funcionalmente relacionados, ou **núcleos**. A substância cinzenta de cada lado da medula está conectada por **comissuras** que contêm feixes de fibras que permitem o fluxo de informação através da linha média.

> O tecido do SNC geralmente aparece cinza ou branco em relação à sua cor. A substância branca é principalmente composta por axônios mielinizados (ela tem a sua cor branca devido à mielina). A substância cinzenta é composta por corpos celulares, dendritos e axônios não mielinizados.

III. TRONCO ENCEFÁLICO

Todas as informações motoras e sensitivas que fluem do encéfalo e para o encéfalo passam através do tronco encefálico (Fig. 6.4). O tronco encefálico contém vários núcleos importantes que atuam como estações de passagem para o fluxo de informação entre o encéfalo e a periferia. Muitos dos **12 pares de nervos cranianos** (**NCs**) também se originam dentro de núcleos do tronco encefálico (Fig. 6.5). Os NCs fornecem inervação sensorial e motora à cabeça e ao pescoço, e incluem nervos que mediam a visão, a audição, a olfação e o paladar, entre muitas outras funções. Circuitos intrínsecos dentro do tronco encefálico criam centros de controle que permitem respostas de reflexo a dados sensoriais. A localização e função desses centros são discutidas em mais detalhes no Capítulo 7. O tronco encefálico pode ser subdividido anatomicamente em três áreas:

- **Bulbo:** o bulbo contém núcleos autônomos envolvidos no controle da respiração e da pressão sanguínea, e na coordenação dos reflexos da deglutição, do vômito, da tosse e do espirro.
- **Ponte:** a ponte auxilia no controle da respiração.
- **Mesencéfalo:** o mesencéfalo contém áreas envolvidas no controle do movimento dos olhos.

> O NC I e o NC II não se originam no tronco encefálico. O NC I, nervo olfatório, é um nervo sensitivo que transmite informação do epitélio olfatório localizado no teto das cavidades nasais diretamente ao bulbo olfatório. O NC II, nervo óptico, entra no encéfalo no nível do diencéfalo.

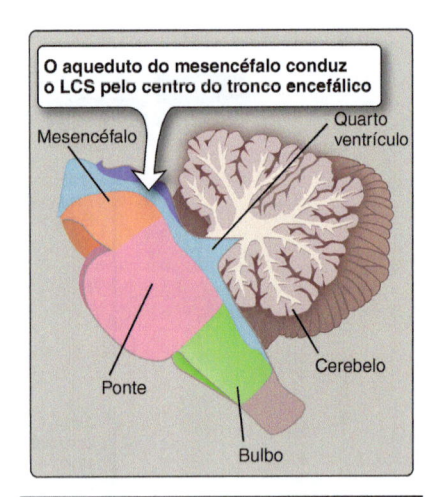

Figura 6.4
Organização do tronco encefálico.
LCS = líquido cerebrospinal.

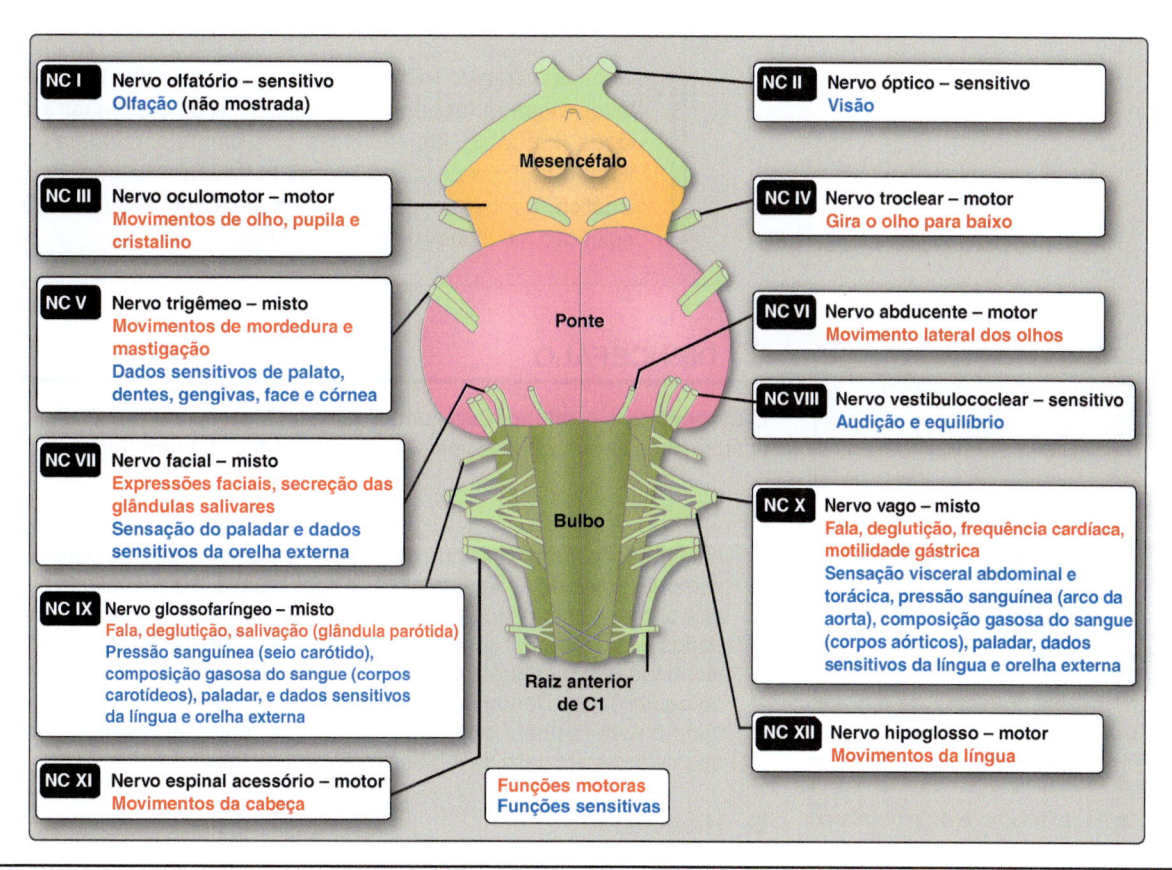

Figura 6.5
Funções dos nervos cranianos (NCs). C1 = primeira vértebra cervical.

IV. CEREBELO

O cerebelo afina o controle motor e facilita a execução de delicadas sequências motoras aprendidas (ver 11.IV.C). A função cerebelar requer capacitações massivas integrativas e computacionais, e essa é a razão pela qual esta pequena área contém mais neurônios que o restante do encéfalo combinado, embora compreenda apenas aproximadamente 10% da massa encefálica total. O cerebelo está ligado ao tronco encefálico por três **pedúnculos** que contêm espessos feixes de fibras nervosas aferentes e eferentes. O cerebelo recebe dados sensitivos dos músculos, tendões, articulações, pele e dos sistemas visual e vestibular, além de aferências de todas as regiões do SNC envolvidas no controle motor. Ele também retorna sinais para a maioria dessas áreas e modifica as suas eferências (Fig. 6.6). A integração de dados sensitivos com comandos motores é atingida mediante utilização de circuitos de *feedback* (retroalimentação) e *feedforward* (antealimentação) que incluem a **célula de Purkinje**, um tipo neuronal reconhecido por sua imensa árvore dendrítica. Os dendritos são locais de fluxo de informação de centenas de milhares de neurônios pré-sinápticos. Os circuitos cerebelares permitem que os movimentos sejam afinados de acordo com os dados sensitivos que estão chegando, mesmo que estejam sendo executados.

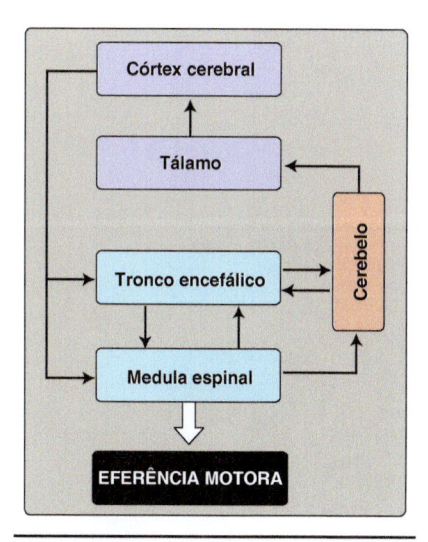

Figura 6.6
Relações funcionais entre os componentes do sistema nervoso central.

> Danos ao cerebelo não causam paralisia, mas têm profundos efeitos motores (**ataxia**, ou incapacidade de coordenar a atividade muscular). Os pacientes com danos cerebelares caminham de forma oscilatória, que mimetiza uma intoxicação alcoólica. Também podem ter a fala afetada e dificuldades na deglutição e nos movimentos dos olhos.

V. DIENCÉFALO

O **diencéfalo** e o **telencéfalo**, juntos, formam o prosencéfalo. O diencéfalo contém duas estruturas principais: o **tálamo** e o **hipotálamo** (Fig. 6.7).

A. Tálamo

A informação sensorial vinda da periferia passa pelo **tálamo** para processamento antes de atingir um nível de consciência. A aferência do sistema olfatório é a única exceção, visto que ela contorna o tálamo e fornece dados olfatórios sem qualquer processamento diretamente ao córtex. O tálamo também controla o sono e a vigília, e é necessário para o estado de consciência. Danos ao tálamo podem resultar em coma profundo. O tálamo está também envolvido no controle motor, apresentando áreas que se projetam para as regiões motoras corticais.

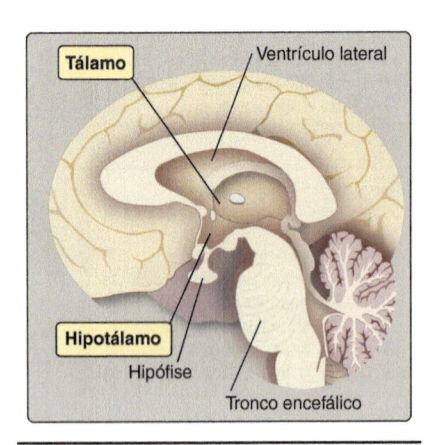

Figura 6.7
Localização do tálamo e do hipotálamo.

B. Hipotálamo

O hipotálamo é um importante centro de controle do sistema nervoso autônomo, que é discutido em detalhes no Capítulo 7. Suas funções incluem controlar a temperatura corporal, a ingestão de comida, a sede e o equilíbrio hídrico, a pressão sanguínea, bem como a agressividade e a raiva. O hipotálamo exerce o seu controle através de conexões neurais diretas com os centros autônomos no tronco encefálico, além de controlar também o sistema endócrino. O controle endócrino ocorre diretamente, mediante síntese e liberação de hormônios (ocitocina e hormônio antidiurético), e indiretamente, pela secreção de hormônios que afetam a liberação dos hormônios hipofisários.

VI. TELENCÉFALO

O **telencéfalo**, ou **cérebro**, é a sede do intelecto humano. Está organizado em dois hemisférios cerebrais, compreendendo os **núcleos da base** e o **córtex cerebral**.

A. Núcleos da base

Os núcleos da base são um grupo de núcleos funcionalmente relacionados (Fig. 6.8) que trabalham intimamente com o córtex cerebral e com o tálamo para efetuar o controle motor. Sua função é discutida minuciosamente no Capítulo 11. As estruturas principais inclusas nos núcleos da base são o **núcleo caudado** e o **putame** (que, juntos, formam o **estriado**) e o **globo pálido**.

B. Córtex cerebral

O córtex cerebral está envolvido no pensamento consciente, no estado de alerta, na linguagem, no aprendizado e na memória.

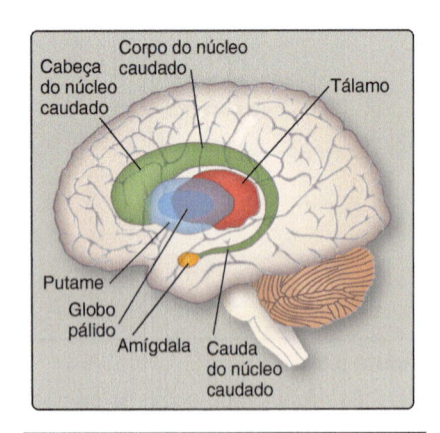

Figura 6.8
Núcleos da base.

1. **Anatomia:** o córtex consiste em uma lâmina de tecido neural organizado em seis camadas, a qual está dobrada para acomodar os 15 a 20 bilhões (1,5 a 2 × 10^{10}) de neurônios contidos em seu interior. As dobras (**giros**) são separadas por **sulcos** (depressões). Profundas **fissuras** dividem o córtex em quatro lobos: frontal, parietal, occipital e temporal (Fig. 6.9). Os lobos contêm áreas separadas que podem ser diferenciadas de acordo com sua citoarquitetura, e que se correlacionam com regiões de função especializada.

2. **Função:** o córtex pode ser funcionalmente dividido em três áreas gerais que se estendem em ambos os hemisférios: **sensorial**, **motora** e **associativa**.

    a. **Sensorial:** as regiões sensoriais processam informações dos órgãos dos sentidos (ver Caps. 8 a 10). As **áreas sensoriais primárias** recebem e processam informações diretamente do tálamo. A informação espacial é preservada à medida que os dados fluem dos órgãos dos sentidos às áreas sensoriais e, então, são precisamente mapeadas sobre o córtex (**mapeamento topográfico**). Assim, o padrão da queda de luz na retina é exatamente replicado pelo padrão de excitação dentro do córtex visual primário.

    b. **Motora:** as áreas motoras estão envolvidas com o planejamento e a execução de comandos motores. As **áreas motoras primárias** executam movimentos. Os axônios dessas áreas se projetam para a medula espinal, onde fazem sinapse com neurônios motores, excitando-os. As **áreas motoras suplementares** estão envolvidas com o planejamento e o controle preciso de tais movimentos (ver Cap. 11).

    c. **Associativa:** a maioria dos neurônios corticais está envolvida em funções associativas. Cada área sensorial cortical fornece informações a uma área associativa correspondente. Aqui, os padrões de cor, luz e sombra são reconhecidos como uma face humana, por exemplo, ou uma série de notas pode ser reconhecida como vindas do canto de uma ave. Outras áreas associativas integram informações sensoriais de outras partes do encéfalo, de forma a permitir funções mentais superiores. Essas incluem o pensamento abstrato, as habilidades matemáticas e musicais e a habilidade de se engajar em interações sociais.

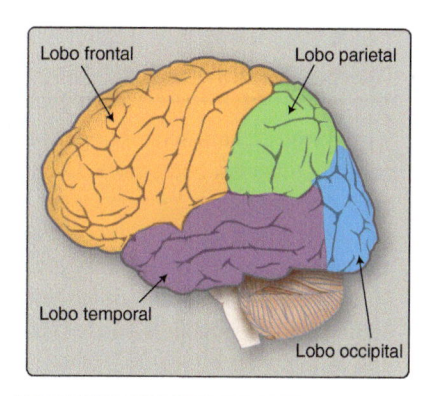

Figura 6.9
Lobos corticais.

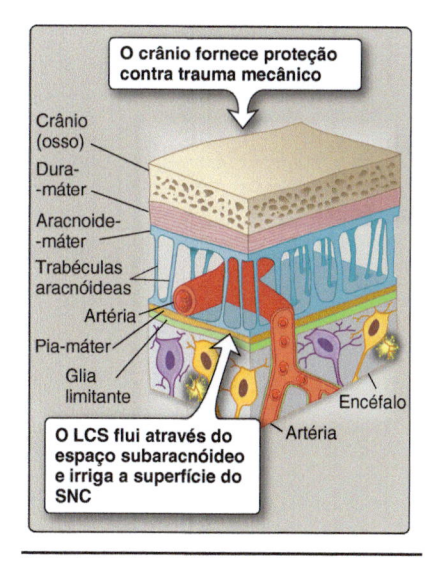

VII. LÍQUIDO CEREBROSPINAL

Uma vez que o SNC tem um papel central em todos os aspectos da vida, seus neurônios são providos com múltiplas camadas de proteção e suporte.

A. Camadas protetoras

O papel da barreira hematencefálica em proteger os neurônios do SNC contra agentes químicos trazidos pela circulação sanguínea é discutido no Capítulo 21 (ver 21.II.B). O SNC também está encapsulado dentro de cinco camadas protetoras, incluindo três membranas (as **meninges**), uma camada de líquido cerebrospinal (LCS), e uma camada externa de osso (Fig. 6.10). As meninges compreendem a **pia-máter**, a **aracnoide-máter** e a **dura-máter**.

Figura 6.10
Camadas que protegem o encéfalo e fornecem uma via para o fluxo do líquido cerebrospinal (LCS). SNC = sistema nervoso central.

Aplicação clínica 6.1 Meningite bacteriana

A **meningite bacteriana** é uma doença que ameaça a vida causada por uma infecção bacteriana do líquido cerebrospinal (LCS) e inflamação meningeana.[1] É uma causa prevalecente de morte por infecção em todo o mundo. Os casos mais comuns de meningite adquirida na comunidade são pelo *Streptococcus pneumoniae* (em torno de 70%) e pela *Neisseria meningitidis* (12%), uma vez que os casos adquiridos em hospitais são em geral causados pelo *Staphylococcus*. A infecção é causada pela passagem da bactéria através da barreira hematencefálica e pelo estabelecimento de colônias no LCS, afetando tanto o encéfalo como a medula espinal. Os sintomas têm, em geral, um início rápido e incluem uma tríade que compreende dor de cabeça grave, rigidez da nuca e uma alteração no estado mental. A maioria dos pacientes também apresenta febre alta. A rigidez da nuca é causada pela dor e espasmos musculares quando se tenta flexionar ou virar a cabeça, um reflexo de inflamação das meninges na região cervical. O tratamento imediato para reduzir o inchaço e tratar a infecção, em geral, leva à plena recuperação.

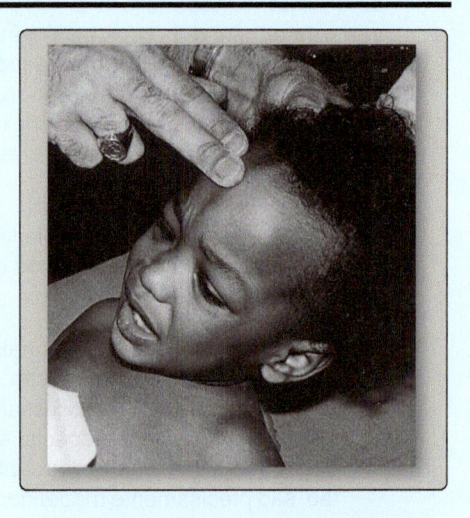

A paciente levanta os ombros, em vez de flexionar o pescoço, quando a sua cabeça é elevada (rigidez nucal).

1. **Pia-máter:** a superfície inteira do encéfalo e da medula espinal está intimamente aderida a uma membrana fina e fibrosa chamada **pia-máter** (termo latino para "mãe zelosa"). A porção cerebral da pia é mantida em sua posição por uma camada contínua de pés terminais astrocitários.

2. **Aracnoide-máter:** a aracnoide-máter compreende uma camada epitelial de membrana que está frouxamente conectada com a pia por meio de **trabéculas aracnóideas**, pequenos suportes estruturais que dão à aracnoide-máter um aspecto de teia de aranha. As trabéculas criam o **espaço subaracnóideo**, pelo qual flui o LCS sem impedimentos sobre a superfície encefálica. A camada de LCS tem múltiplas funções (ver a seguir), incluindo o amortecimento do encéfalo contra traumas.

3. **Dura-máter:** a "mãe rígida" é uma membrana espessa, como uma couraça, formada por duas camadas. A mais interna, a camada **meníngea**, está firmemente aderida à aracnoide-máter e recobre toda a superfície do encéfalo e da medula espinal. O crânio está revestido por uma camada **periosteal**. As duas camadas se separam em alguns pontos para formar um **seio venoso intracraniano** que drena sangue e LCS do encéfalo e os direciona para a circulação.

4. **Osso:** o encéfalo está protegido pelo crânio. A medula espinal se localiza dentro do canal vertebral, protegida pela coluna vertebral.

B. Funções

O LCS é um líquido incolor, estéril, altamente purificado e desprovido de proteínas, que circunda e banha os tecidos do SNC. O LCS tem quatro

[1]Para mais informações sobre a meningite bacteriana, ver *Microbiologia ilustrada*, 2ª edição, Artmed Editora.

funções principais: permitir a flutuação, absorver os choques, permitir limitadas alterações do volume intracraniano e manter a homeostasia.

1. **Flutuação:** o elevado conteúdo lipídico do encéfalo lhe confere uma gravidade específica relativamente elevada, comparada com a do LCS (1,036 versus 1,004). Na prática, isso significa que o encéfalo flutua no LCS. A vantagem é que a flutuação distribui a massa encefálica de modo uniforme e auxilia a evitar que os tecidos encefálicos sejam comprimidos pela gravidade contra o crânio. A compressão deve ser evitada, porque ela impede o fluxo sanguíneo através dos vasos sanguíneos encefálicos e provoca isquemia.

2. **Absorção de choques:** o LCS circunda o encéfalo por todos os lados e o envolve em um travesseiro líquido. Esse acolchoamento reduz a chance de trauma mecânico ao encéfalo quando o crânio sofre um impacto ou bate em um objeto com velocidade.

3. **Alterações de volume:** durante períodos de intensa atividade, os neurônios e a glia tendem a inchar, devido ao acúmulo de metabólitos e outros materiais osmoticamente ativos. O LCS permite que a água nele contida passe para as células sem causar qualquer grande alteração no volume do SNC. Uma vez que o SNC está envolvido por osso em todos os lados, as alterações de volume podem, potencialmente, comprimir os vasos encefálicos e causar uma isquemia (ver 21.II.D).

4. **Homeostasia:** o potencial da membrana (V_m) celular e a excitabilidade neuronal são altamente sensíveis a alterações na concentração extracelular de K^+. As concentrações de K^+ plasmáticas podem subir a > 40%, mesmo sob condições normais (concentração plasmática normal de $K^+ = 3,5$ a 5 mmol/L), variações que são inaceitáveis para um órgão dependente do V_m, tal como o SNC. As concentrações de K^+ no LCS são rigidamente mantidas em um nível relativamente baixo (2,8 a 3,2 mmol/L), isolando, assim, os neurônios de grandes mudanças na concentração plasmática. O LCS também está livre de compostos potencialmente neuroativos (tais como o glutamato e a glicina) que constantemente circulam no sangue. O LCS, assim, fornece ao SNC um ambiente extracelular estável, purificado, e que é renovado constantemente para evitar o acúmulo de produtos de descarte neuronal, transmissores e íons.

C. Plexo corióideo

O LCS é formado no **plexo corióideo**, um epitélio especializado que reveste os quatro **ventrículos** preenchidos de líquido, localizados no centro do encéfalo (Fig. 6.11).

1. **Ventrículos:** o encéfalo contém quatro ventrículos: dois ventrículos laterais, um terceiro e um quarto ventrículo. Estão todos conectados por **forames** que permitem que o LCS flua em direção caudal para a medula espinal e através de seu canal central.

    a. **Laterais:** os dois ventrículos laterais são os maiores dos quatro. São em formato de C, simétricos, e se localizam no centro dos dois hemisférios cerebrais. Conectam-se com o terceiro ventrículo através de dois canais interventriculares, chamados de **forames interventriculares** (forames de Monro).

    b. **Terceiro:** o terceiro ventrículo se localiza na linha média, no nível do tálamo e do hipotálamo. Conecta-se com o quarto ventrículo através do **aqueduto do mesencéfalo** (de Sylvius).

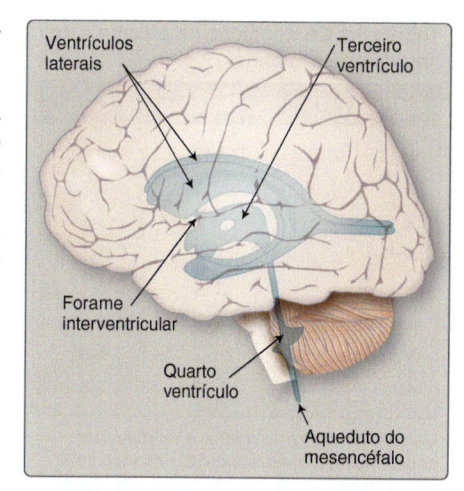

Figura 6.11
Localização dos ventrículos preenchidos por líquido cerebrospinal e do aqueduto do mesencéfalo.

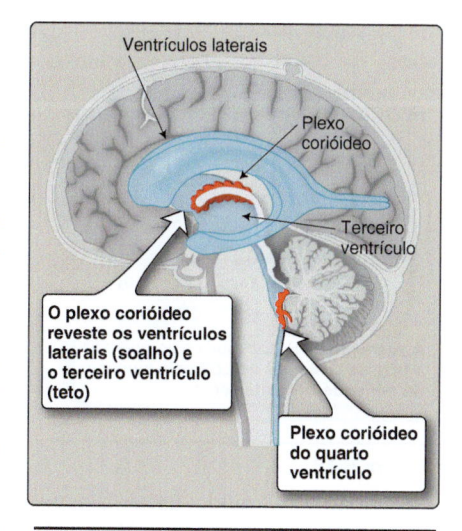

Figura 6.12
Plexos corióideos.

Tabela 6.1 Composição do plasma e do líquido cerebrospinal

Soluto	Plasma	LCS
Na^+	140	149
K^+	4	3
Ca^{2+}	2,5	1,2
Mg^{2+}	1	1,1
Cl^-	110	125
Glicose	5	3
Proteínas (g/dL)	7	0,03
pH	7,4	7,3

Os valores são aproximados e representam concentrações livres sob condições metabólicas normais. Todos os valores (com exceção da concentração das proteínas e do pH) são expressos em mmol/L. LCS = líquido cerebrospinal.

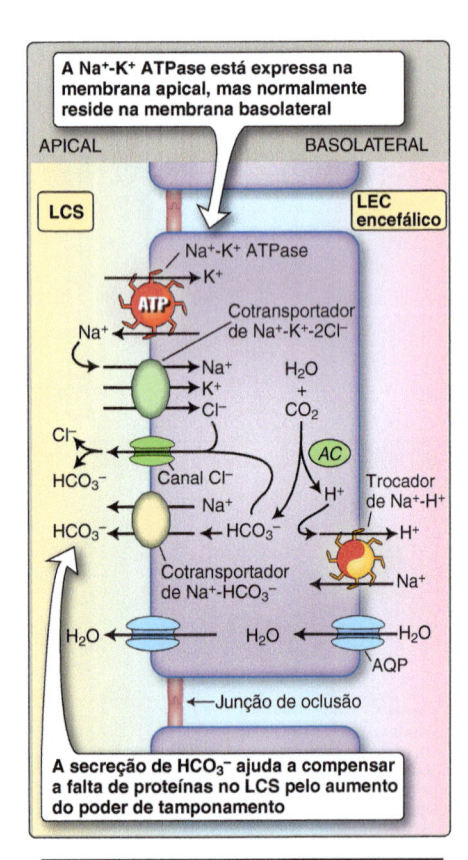

Figura 6.13
Formação do líquido cerebrospinal (LCS). AQP = aquaporina; AC = anidrase carbônica; LEC = líquido extracelular.

c. **Quarto:** o quarto ventrículo está localizado dentro do tronco encefálico. A porção caudal se comunica com o canal central da medula espinal. O ventrículo também fornece um caminho para o LCS fluir para o interior do espaço subaracnóideo através de três aberturas. A **abertura mediana do quarto ventrículo** (forame de Magendie) está localizada na linha média. As duas **aberturas laterais do quarto ventrículo** (forames de Luschka) estão localizadas lateralmente.

2. **Localização:** os plexos corióideos estão localizados em regiões específicas dos ventrículos (Fig. 6.12). Revestem o soalho dos ventrículos laterais e se continuam através dos canais interventriculares para revestir o teto do terceiro ventrículo. No quarto ventrículo, o plexo corióideo ocupa uma pequena porção do teto.

3. **Estrutura:** os ventrículos e o canal central da medula espinal são revestidos pelo **epitélio ependimário**. Na região do plexo corióideo, o epêndima dá espaço a um **epitélio corióideo** ciliado, o qual é responsável pela secreção de LCS. As células do epitélio corióideo contêm grandes quantidades de mitocôndrias, e as suas superfícies apicais estão amplificadas por microvilosidades, estruturas que são características de um epitélio especializado para uma alta capacidade de transporte de água e de íons. O epitélio se assenta em uma lâmina basal, a qual o separa dos vasos sanguíneos situados abaixo, e as células adjacentes são todas unidas por junções de oclusão. A atividade do epitélio corióideo é mantida por um **plexo vascular**, compreendendo uma densa rede de artérias, capilares e veias. Os capilares são grandes e permeáveis, e as suas paredes contêm fenestrações para facilitar a filtração de líquido a partir do sangue.

D. **Formação**

Aproximadamente 30% da produção total de LCS podem ser atribuídos à secreção feita pelo parênquima encefálico. Os 70% restantes são produzidos pelo plexo corióideo.

1. **Composição:** o lado basal do epitélio corióideo está banhado em um filtrado plasmático, mas as junções de oclusão entre as células epiteliais adjacentes criam uma barreira efetiva para a troca de íons e outros solutos entre o sangue e o LCS. As diferenças entre o LCS e o plasma são notáveis em vários aspectos (Tab. 6.1):
   - O LCS contém quantidade mínima de proteínas ou outras moléculas grandes. A ausência de proteína faz o LCS ser dependente do HCO_3^- para o tamponamento do pH.
   - Os níveis de HCO_3^- são maiores para auxiliar no tamponamento de ácidos produzidos pelo SNC.
   - Os níveis de Na^+ e de Cl^- são mais elevados, o que compensa osmoticamente a falta de proteínas.
   - As concentrações de K^+ são mais baixas.

   Os gradientes necessários para a formação do LCS são estabelecidos na superfície apical (luminal) do epitélio corióideo (Fig. 6.13).

2. **Secreção de sódio:** o epitélio corióideo é altamente diferenciado, no sentido de que a Na^+-K^+ ATPase está localizada na membrana apical, em vez de estar na membrana basolateral. A bomba direciona Na^+ para o LCS.

3. **Absorção de potássio:** a Na^+-K^+ ATPase remove simultaneamente o K^+ do LCS. Mais K^+ pode ser absorvido por um cotransportador

apical de Na^+-K^+-$2Cl^-$, utilizando energia do gradiente de Na^+ que favorece a entrada de Na^+ na célula epitelial.

4. **Secreção de bicarbonato:** o HCO_3^- é gerado pela atividade da *anidrase carbônica*. Para cada molécula de HCO_3^- gerada, um H^+ é também liberado. Este último é liberado na circulação sanguínea por meio de um trocador de Na^+-H^+ na membrana basolateral. O HCO_3^- provavelmente é secretado no ventrículo, via canais de ânions (Cl^-) e cotransportadores de Na^+-HCO_3^-.

5. **Secreção de cloreto:** o Cl^- é concentrado dentro das células por trocas de ânions na membrana basolateral, e depois flui para a membrana apical por meio de canais Cl^-.

6. **Secreção de água:** a água segue um gradiente osmótico criado pela secreção de Na^+, HCO_3^- e Cl^-. As aquaporinas fornecem o caminho para esse movimento.

E. Fluxo

O LCS é produzido em taxas respeitáveis (em torno de 500 mL/dia), enxaguando os ventrículos e as superfícies do SNC uma vez a cada 7 a 8 horas. As altas taxas de fluxo asseguram que os subprodutos da atividade neuronal (íons inorgânicos, ácidos e transmissores que se derramam sobre as sinapses) sejam removidos, de forma sincronizada antes que se acumulem em níveis que podem afetar a função do SNC.

> Os plexos corióideos têm uma massa de apenas 2 g. Sua capacidade de gerar uma grande quantidade de LCS é possível tanto por um fluxo sanguíneo maior do que aquele que quase todos os outros tecidos apresentam (e 10 vezes maior que o fornecimento neuronal) como pela área de superfície aumentada para a secreção criada pelas vilosidades e microvilosidades.

Figura 6.14
Vias para o fluxo do líquido cerebrospinal (LCS) nas superfícies do sistema nervoso central (SNC).

1. **Vias:** a secreção de LCS pelo plexo corióideo aumenta a pressão dentro dos ventrículos em poucos milímetros de H_2O, o suficiente para direcionar o fluxo de LCS através dos ventrículos, pelo forame no quarto ventrículo e para dentro do espaço subaracnóideo (Fig. 6.14). O LCS infiltra-se, então, por esse espaço e flui sobre as superfícies do SNC, juntando-se, finalmente, ao sangue desoxigenado contido dentro do seio intracraniano. O LCS entra nos seios por meio das **vilosidades da aracnoide-máter**, as quais podem estar organizadas em grandes acúmulos chamados de **granulações aracnóideas**. O LCS é transportado através das vilosidades por vesículas gigantes, criando uma válvula de via única que evita o refluxo do seio para o espaço subaracnóideo se a pressão do LCS diminui.

2. **Troca entre os líquidos extracelulares:** o LCS e o LEC do encéfalo estão separados, nos ventrículos, pelas células ependimárias, e, em outras regiões, pela pia-máter e uma camada de apoio de pés terminais dos astrócitos. Embora a pia-máter e a camada de astrócitos sejam contínuas, as junções entre as células adjacentes são permeáveis e permitem a livre troca de materiais entre o LCS e o LEC. Isso permite que os dejetos neuronais e da glia saiam do LEC e sejam levados embora pelo LCS.

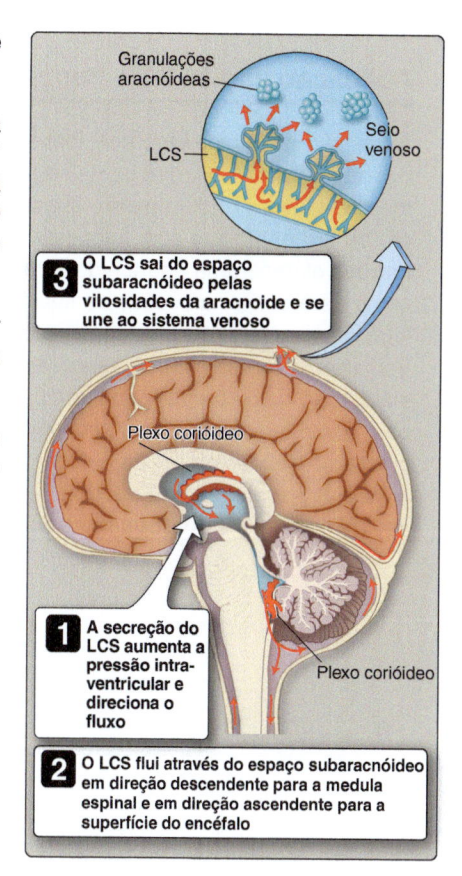

Aplicação clínica 6.2 Punção lombar

A pressão do líquido cerebrospinal (LCS) está normalmente dentro de uma faixa de 60 a 200 mm de H_2O (aproximadamente 4,5 a 14,7 mmHg), mas pode subir drasticamente quando as vilosidades subaracnóideas se tornam entupidas com bactérias ou células do sangue. A **punção lombar** oferece uma oportunidade tanto para medir a pressão do LCS como para coletar amostras de líquido para testar para a presença de leucócitos ou hemácias, os quais podem indicar meningite bacteriana ou hemorragia subaracnóidea, respectivamente. A punção lombar envolve a inserção de uma agulha longa e fina (espinal) através da dura-máter para o interior do espaço subaracnóideo. O líquido é removido do espaço subaracnóideo na região lombar, a qual fica abaixo de onde termina a medula espinal. Até 40 mL de LCS podem ser coletados de maneira segura para análises citológicas e cultura.

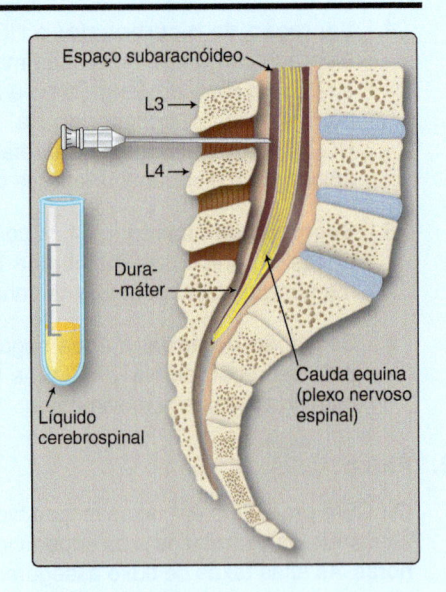

Punção lombar.

Resumo do capítulo

- O **sistema nervoso central** compreende a **medula espinal** e o **encéfalo**. A medula espinal contém feixes de fibras nervosas organizadas em **tratos** que repassam as informações entre o **sistema nervoso periférico** (**SNP**) e o encéfalo. **Tratos ascendentes** transmitem informação **sensorial** do SNP ao encéfalo, enquanto **tratos descendentes** levam comandos **motores** ao SNP. A medula espinal também contém circuitos internos que facilitam os arcos reflexos locais que não necessitam de aferências do encéfalo.

- Neurônios do sistema nervoso periférico entram e saem da medula espinal por meio de 31 pares de **nervos espinais**. As **raízes posteriores** (dorsais) desses nervos contêm fibras **aferentes sensoriais**, enquanto as **raízes anteriores** (ventrais) contêm **eferentes motores**.

- Todas as informações que fluem entre os sistemas nervosos central e periférico devem passar através do tronco encefálico, o qual é formado pelo **bulbo**, **ponte** e **mesencéfalo**. Essas áreas contêm **núcleos autônomos** envolvidos no controle da respiração, pressão sanguínea e reflexos do trato gastrintestinal superior. O tronco encefálico está associado com 10 **nervos cranianos** que inervam a cabeça e o pescoço.

- O **cerebelo** facilita o controle motor fino. Ele integra a informação sensorial dos músculos, articulações e sistemas visual e vestibular, e faz a regulação fina dos comandos motores em antecipação aos movimentos e até mesmo durante os movimentos.

- O **diencéfalo** compreende o **tálamo** e o **hipotálamo**. O tálamo processa a informação sensorial enquanto o hipotálamo é um centro de controle do sistema nervoso autônomo.

- O **telencéfalo** compreende os **núcleos da base**, os quais estão envolvidos no controle motor, e o **córtex cerebral**. O córtex cerebral contém áreas motoras, sensitivas e associativas, e é o sítio de funcionamento superior.

- O sistema nervoso central está protegido por cinco camadas, compreendendo a **pia-máter**, uma camada de **líquido cerebrospinal**, a **aracnoide-máter**, a **dura-máter** e o **osso**.

- O **líquido cerebrospinal** (LCS) é um líquido livre de proteínas e incolor produzido pelo **plexo corióideo**, um epitélio secretor localizado dentro dos **ventrículos** encefálicos. O LCS flui através dos ventrículos sob pressão e, então, sobre a superfície do encéfalo e da medula espinal. Ele é drenado para o interior dos seios venosos localizados no interior da dura-máter.

- O LCS também atua como um amortecedor que protege o encéfalo do trauma mecânico e auxilia a distribuir o seu peso de modo uniforme dentro do crânio. O LCS é produzido em grandes quantidades que banham os ventrículos e superfícies do sistema nervoso central, levando embora os produtos de excreção ali acumulados.

Sistema Nervoso Autônomo

7

I. VISÃO GERAL

As células erguem uma barreira em torno delas próprias (a membrana plasmática) para criação e manutenção de um ambiente interno que é otimizado para suprir suas necessidades metabólicas. O corpo, de forma semelhante, é recoberto pela pele para estabelecer um ambiente interno cuja temperatura, pH e níveis de eletrólitos são otimizados para o funcionamento dos tecidos. A manutenção de um ambiente interno estável (i.e., **homeostasia**) é responsabilidade do **sistema nervoso autônomo** (**SNA**). O SNA está organizado de forma semelhante ao sistema nervoso somático, e utiliza muitas das mesmas vias neuronais. Receptores sensoriais internos captam informações sobre a **pressão sanguínea** (**barorreceptores**), a **composição química do sangue** (**quimiorreceptores**) e a **temperatura corporal** (**termorreceptores**), e as repassam aos centros de controle autônomo no encéfalo. Os centros de controle possuem circuitos neuronais que comparam dados sensoriais que estão chegando com os valores internos preestabelecidos. Se os comparadores detectarem um desvio dos valores presentes, ajustam a função de um ou mais órgãos para manter a homeostasia. Os principais órgãos da homeostasia incluem a pele, o fígado, os pulmões, o coração e os rins (Fig. 7.1). O SNA modula a função dos órgãos por meio de duas vias efetoras diferentes: o **sistema nervoso simpático** (**SNS**) e o **sistema nervoso parassimpático** (**SNPS**). As ações do SNS e do SNPS em geral parecem ser antagônicas, mas, na prática, trabalham em íntima colaboração mútua.

II. HOMEOSTASIA

O termo "homeostasia" se refere a um estado de equilíbrio fisiológico ou aos processos que mantêm esse equilíbrio. Um indivíduo deve manter o controle homeostático sobre numerosos parâmetros vitais para sobreviver e se desenvolver, incluindo a PO_2 arterial, a pressão sanguínea e a osmolalidade do líquido extracelular (ver Fig. 7.1). A perda de controle sobre um ou mais desses parâmetros se manifesta como uma doença e em geral faz um paciente procurar atenção médica. É papel de um médico identificar a causa subjacente do desequilíbrio e intervir de forma a restabelecer a homeostasia.

A. Mecanismos

As vias de controle homeostático são observadas tanto no nível celular como no organismo como um todo, e essas vias incluem pelo menos três componentes básicos, que geralmente formam um sistema de controle por

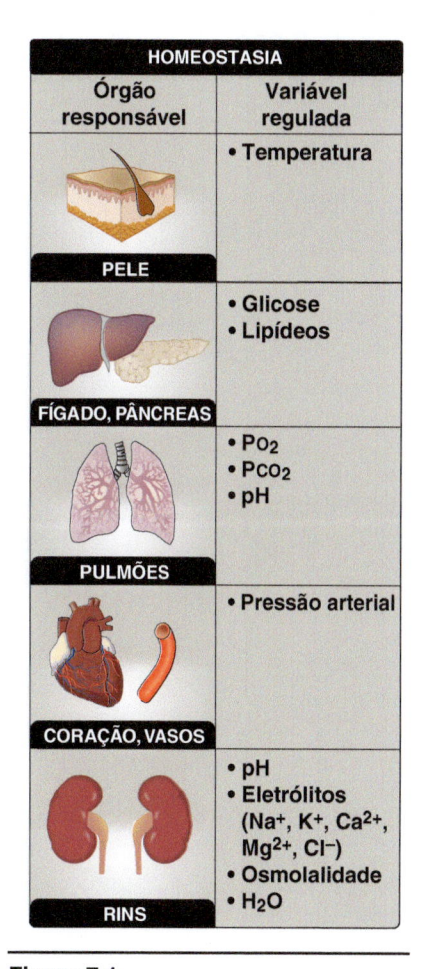

HOMEOSTASIA	
Órgão responsável	Variável regulada
PELE	• Temperatura
FÍGADO, PÂNCREAS	• Glicose • Lipídeos
PULMÕES	• PO_2 • PCO_2 • pH
CORAÇÃO, VASOS	• Pressão arterial
RINS	• pH • Eletrólitos (Na^+, K^+, Ca^{2+}, Mg^{2+}, Cl^-) • Osmolalidade • H_2O

Figura 7.1
Principais órgãos homeostáticos.

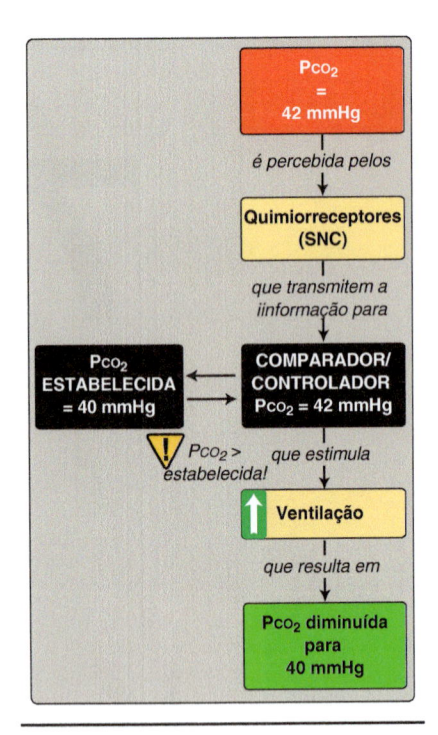

Figura 7.2
Controle da P_{CO_2} por retroalimentação negativa. SNC = sistema nervoso central.

retroalimentação negativa (Fig. 7.2). Existe um componente sensorial (p. ex., uma proteína receptora) que detecta e repassa a informação sobre o parâmetro a ser submetido ao controle homeostático, um integrador (p. ex., um circuito neural) que compara os dados sensoriais de entrada com um sistema de valores já presente, e um componente efetor capaz de modificar a variável alterada (p. ex., uma bomba de íons ou um órgão excretor). Por exemplo, um aumento da PCO_2 arterial é detectado pelos quimiorreceptores que alimentam um centro de controle respiratório, no tronco encefálico. O centro de controle responde, aumentando a taxa de ventilação para expelir o excesso de CO_2. Por outro lado, um decréscimo na P_{CO_2} reduz a taxa de ventilação. A homeostasia pode também envolver um componente comportamental. O comportamento leva à ingestão de sal (NaCl), água e outros nutrientes e, por exemplo, nos faz ligar o ar-condicionado ou tirar uma peça de roupa quando a temperatura corporal está muito elevada.

B. Componente extra

A homeostasia no nível do organismo envolve, em geral, múltiplas vias de controle que são estratificadas e frequentemente hierárquicas, com o número de etapas refletindo a importância relativa do parâmetro sob controle. A pressão sanguínea, por exemplo, é controlada por numerosas vias reguladoras centrais e locais. A estratificação cria a existência de componentes extras no sistema, mas também assegura que, se uma via falhar, uma ou mais vias extras possam tomar o controle para garantir a continuidade da homeostasia. A estratificação também permite um grau muito preciso de controle homeostático.

C. Reserva funcional

Os sistemas orgânicos responsáveis pela homeostasia geralmente têm uma **reserva funcional** considerável. Por exemplo, a respiração normal, calma e tranquila, utiliza apenas em torno de 10% da capacidade pulmonar total, e o débito cardíaco em repouso é em torno de 20% dos valores máximos capazes de serem atingidos. As reservas permitem que os pulmões mantenham a PO_2 arterial e que o coração mantenha a pressão sanguínea em níveis ótimos, mesmo quando os níveis de atividade corporal e a demanda de O_2 e o fluxo sanguíneo aumentam (p. ex., durante o exercício). A reserva funcional também permite um decréscimo progressivo na capacidade funcional, tal como ocorre com o envelhecimento e com a doença (ver 40.II.A).

III. ORGANIZAÇÃO

O SNA, também conhecido como **sistema nervoso visceral**, é responsável pela manutenção de numerosos parâmetros vitais. A homeostasia deve continuar quando estamos dormindo ou quando nossos pensamentos conscientes estão focados em uma tarefa, assim, o SNA opera subconsciente e independentemente de nosso controle voluntário. As exceções incluem a interrupção voluntária da respiração para poder falar, por exemplo. O SNA está organizado conforme princípios semelhantes aos do sistema motor somático. A informação sensorial é transmitida pelos nervos aferentes ao sistema nervoso central (SNC) para processamento. Os ajustes na função de um órgão são sinalizados por nervos eferentes. As principais diferenças entre os dois sistemas se referem à organização da via eferente. O SNA emprega uma via de duas etapas, na qual os sinais eferentes são retransmitidos através de gânglios (Fig. 7.3).

A. Vias aferentes

Os aferentes sensoriais do SNA repassam informações de receptores que monitoram muitos aspectos da função corporal, incluindo a pressão sanguínea (barorreceptores); a composição química do sangue, isto é, níveis de glicose, pH, PO_2 e PCO_2 (quimiorreceptores); a temperatura da pele (termorreceptores); e a distensão mecânica dos pulmões, da bexiga e do sistema digestório (mecanorreceptores). As fibras aferentes sensoriais normalmente trafegam nos mesmos nervos que os eferentes somáticos e autônomos. Os nervos autônomos também contêm fibras nociceptivas, que possibilitam a sensação de dor visceral.

B. Vias eferentes

No sistema motor somático, os corpos celulares dos neurônios motores se originam dentro do SNC (ver Fig. 7.3). No SNA, os corpos celulares dos eferentes motores estão contidos no interior de gânglios que residem fora do SNC, em geral, próximos aos seus órgãos-alvo (Fig. 7.4; ver também Fig. 7.3).

1. **Gânglios autônomos:** os gânglios compreendem grupamentos neuronais de corpos celulares e suas árvores dendríticas. Os comandos originados no SNC são levados aos gânglios por **neurônios pré-ganglionares** mielinizados. **Neurônios pós-ganglionares** não mielinizados repassam esses comandos aos tecidos-alvo.

    a. **Simpáticos:** os gânglios simpáticos estão localizados próximos à medula espinal, portanto os neurônios pré-ganglionares simpáticos são relativamente curtos. Os neurônios pós-ganglionares são relativamente longos, refletindo a distância entre os gânglios e as células-alvo. Existem dois tipos de gânglios simpáticos. Os **gânglios paravertebrais** estão organizados em duas **cadeias simpáticas** paralelas, localizadas de ambos os lados da coluna vertebral. Esses gânglios, no interior das cadeias, estão ligados por neurônios que correm longitudinalmente, o que permite que os sinais sejam repassados verticalmente dentro das cadeias, assim como para a periferia. Os **gânglios pré-vertebrais** estão localizados na cavidade abdominal.

    b. **Parassimpáticos:** os **gânglios parassimpáticos** estão localizados na periferia, próximos ou dentro do órgão-alvo. Assim, os neurônios pré-ganglionares parassimpáticos são muito mais longos do que os neurônios pós-ganglionares.

2. **Eferentes simpáticos:** os corpos celulares dos neurônios pré-ganglionares simpáticos estão localizados em núcleos contidos dentro das regiões superiores da medula espinal (T1 a L3). Os neurônios localizados rostralmente regulam as regiões superiores do corpo, incluindo os olhos, enquanto os neurônios caudais controlam a função dos órgãos inferiores, tal como a bexiga urinária e os órgãos genitais. Os neurônios pré-ganglionares partem da medula espinal por uma raiz ventral, entram em um gânglio paravertebral próximo, e, então, terminam em uma das muitas localizações possíveis:
    - dentro do gânglio paravertebral;
    - dentro de um gânglio mais distante da cadeia simpática; ou
    - dentro de um gânglio pré-vertebral, de um gânglio mais distal ou da medula da glândula suprarrenal.

3. **Eferentes parassimpáticos:** os neurônios pré-ganglionares do SNPS se originam de núcleos do tronco encefálico ou da região sacral da medula espinal (S2 a S4). Os seus axônios deixam o SNC por meio de nervos esplâncnicos cranianos ou pélvicos, respectivamente, e terminam dentro de gânglios remotos, localizados próximo ou dentro das paredes de seus órgãos-alvo.

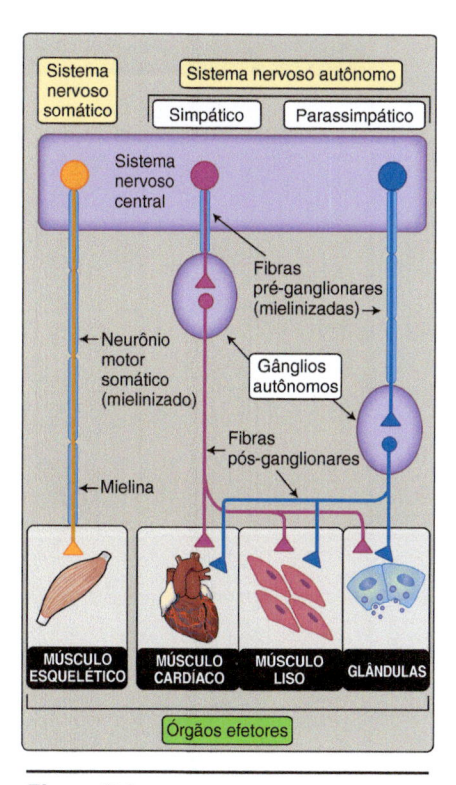

Figura 7.3

Vias eferentes dos sistemas nervoso autônomo e somático.

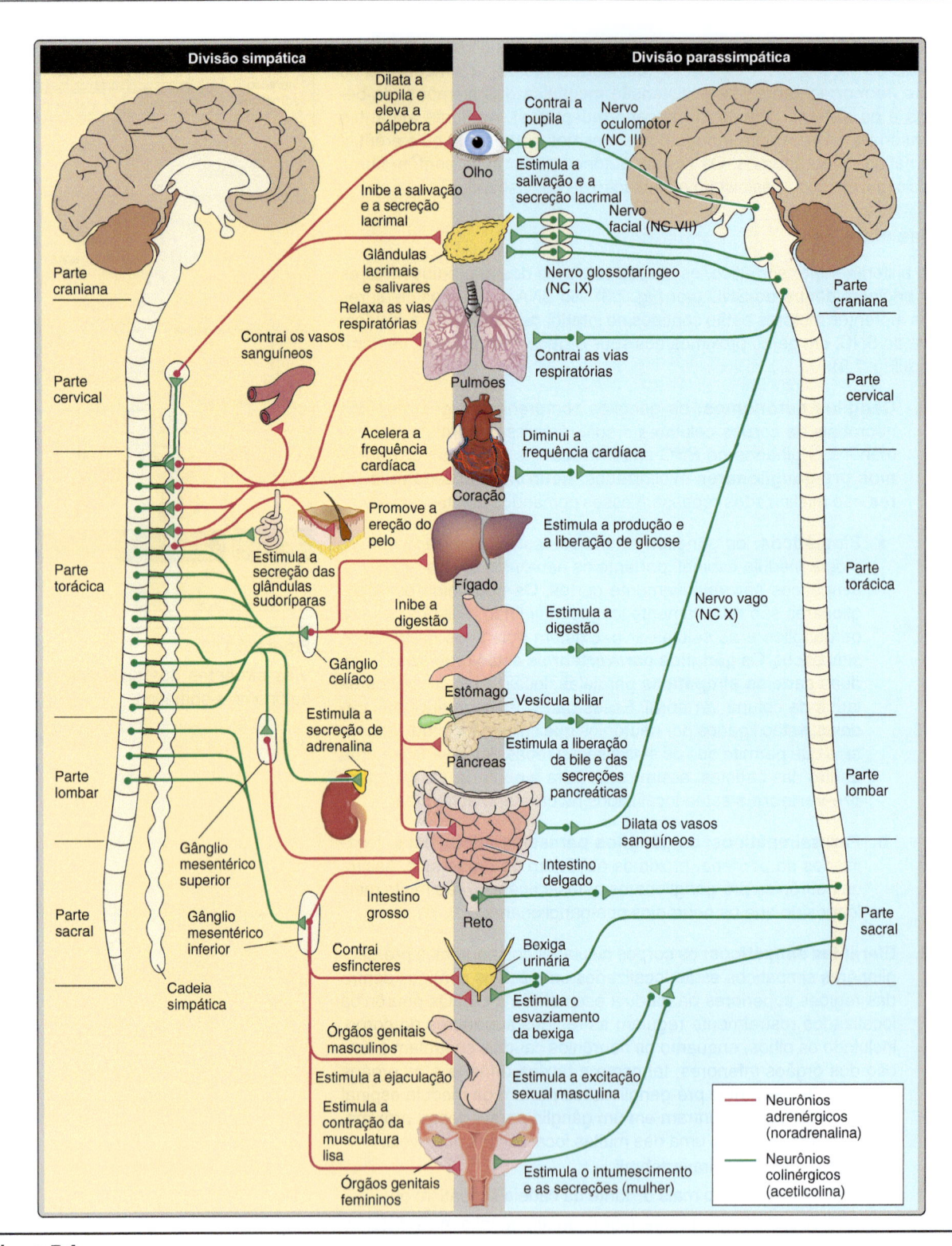

Figura 7.4
Organização do sistema nervoso autônomo. NC = nervo craniano.

IV. NEUROTRANSMISSÃO

As diferenças entre o sistema motor somático e o SNA se tornam mais evidentes quando os transmissores e a estrutura sináptica são revistos (Fig. 7.5).

A. Transmissores pré-ganglionares

Todos os neurônios pré-ganglionares do SNA (SNS e SNPS) liberam acetilcolina (ACh) nas suas sinapses. A membrana pós-sináptica possui receptores nicotínicos de ACh (nAChRs), os quais medeiam o influxo de Na^+ e a despolarização da membrana quando ativados, como no músculo esquelético. Entretanto, enquanto o músculo esquelético expressa um AChR do tipo N_1, os corpos celulares pré-ganglionares do SNA e as células cromafínicas da medula da suprarrenal expressam AChR do tipo N_2.

> AChRs dos tipos N_1 e N_2 têm sensibilidades diferenciadas aos antagonistas dos receptores colinérgicos nicotínicos, os quais possibilitam a inibição de todas as eferências do SNA, ao mesmo tempo que deixam a musculatura esquelética intacta, ou vice-versa.[1] O pancurônio é um antagonista do receptor do tipo N_1 utilizado em anestesia geral para relaxar a musculatura esquelética e facilitar a entubação antes da cirurgia. Essa substância química tem efeitos relativamente mínimos na função do SNA. Por outro lado, o trimetafano é um antagonista do receptor do tipo N_2 que bloqueia ambas as divisões do SNA, enquanto exerce pequeno efeito na musculatura esquelética.

B. Transmissores pós-ganglionares

Os neurônios motores somáticos agem por meio de um nAChR ionotrópico e são *sempre* excitatórios. Em contraste, os neurônios efetores do SNA comunicam-se com suas células-alvo mediante receptores acoplados à proteína G e, assim, podem ter consequências variadas.

1. **Parassimpático:** todos os neurônios pós-ganglionares do SNPS liberam ACh em suas terminações. As células-alvo expressam AChRs muscarínicos dos tipos M_1 (glândulas salivares, estômago), M_2 (células nodais cardíacas) ou M_3 (músculo liso, muitas glândulas; ver Tab. 5.2).

2. **Simpático:** a maioria dos neurônios pós-ganglionares do SNS libera noradrenalina em seus terminais. As células-alvo podem expressar receptores adrenérgicos α_1 (músculo liso); β_1 (músculo cardíaco); β_2 (músculo liso); ou, menos comumente, α_2 (terminais sinápticos) (ver Tab. 5.2). As exceções são os eferentes do SNS que regulam as glândulas sudoríparas écrinas, as quais liberam ACh em seus terminais e atuam por meio de um AChR do tipo M_3 (ver 16.VI.C.2).

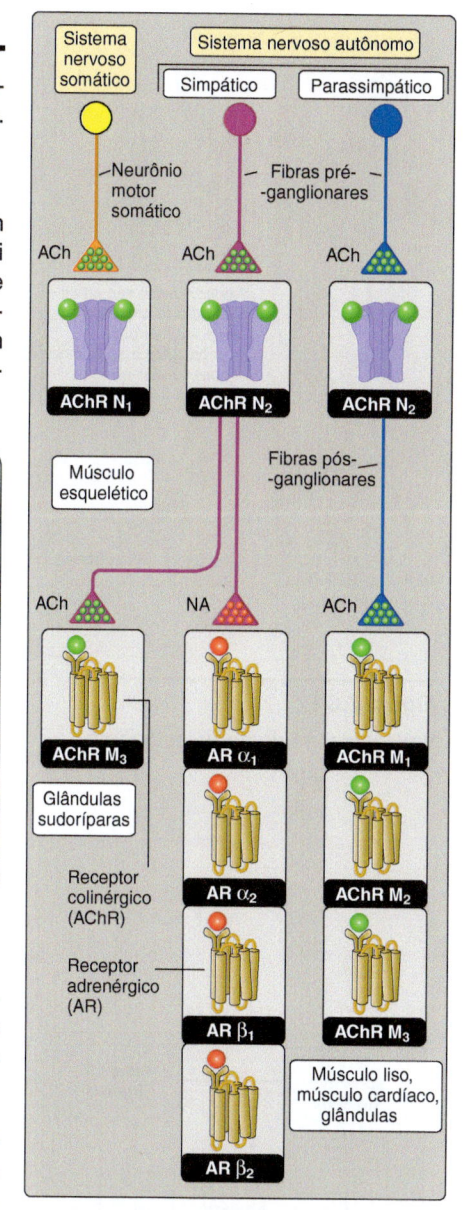

Figura 7.5

Neurotransmissores do sistema nervoso autônomo. ACh = acetilcolina; AChR M_1, AChR M_2 e AChR M_3 = receptores colinérgicos muscarínicos; AChR N_1 e N_2 = receptores colinérgicos nicotínicos; AR α_1, α_2, β_1 e β_2 = receptores adrenérgicos.

---

[1] Para mais informações sobre os antagonistas colinérgicos e suas ações, ver *Farmacologia ilustrada*, 5ª edição, Artmed Editora.

Figura 7.6
Varicosidades do nervo autônomo.

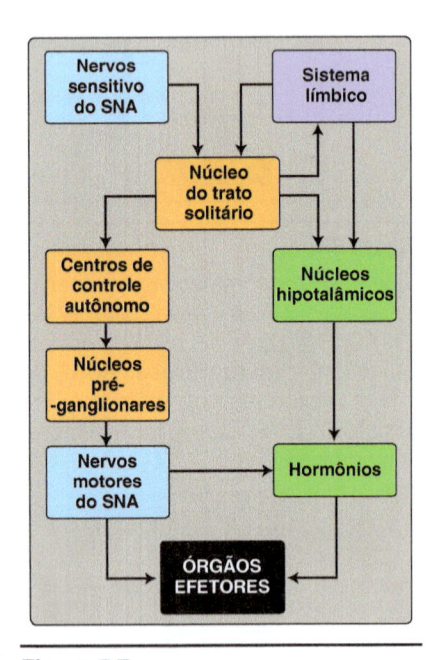

Figura 7.7
Centros de controle autônomo. SNA = sistema nervoso autônomo.

C. Sinapses pós-ganglionares

Os nervos motores somáticos terminam em junções neuromusculares altamente organizadas. O local do contato sináptico entre um neurônio do SNA e a sua célula-alvo é muito diferente. Muitos axônios de nervos pós-ganglionares exibem uma fileira de varicosidades (protuberâncias) semelhantes a um colar de contas na região das suas células-alvo (Fig. 7.6). Cada uma das varicosidades representa um local de síntese, armazenamento e liberação de transmissor, funcionando como uma terminação nervosa.

V. ÓRGÃOS EFETORES

O sistema motor somático inerva a musculatura esquelética. O SNA inerva todos os outros órgãos. A maioria dos órgãos viscerais é inervada por ambas as divisões do SNA. Embora as duas divisões tenham efeitos geralmente opostos na função de um órgão, em geral trabalham de forma complementar, em vez de antagonista. Assim, quando a atividade simpática aumenta, a eferência da divisão parassimpática é retirada, e vice-versa. Os principais alvos e efeitos do controle pelo SNA estão resumidos nas Figuras 7.1 e 7.4.

VI. TRONCO ENCEFÁLICO

As eferências do SNA podem ser influenciadas por muitas regiões superiores do encéfalo, mas as principais áreas envolvidas no controle autônomo incluem o tronco encefálico, o hipotálamo e o sistema límbico. A relação entre essas áreas está representada na Figura 7.7. O tronco encefálico é o centro de controle primário do SNA e pode manter a maioria das funções autônomas por muitos anos, mesmo após ter ocorrido a morte clínica encefálica (ver 40.II.C). O tronco encefálico compreende tratos e núcleos. Os tratos nervosos conduzem informação entre o SNC e a periferia. Os núcleos são grupamentos de corpos celulares de neurônios, muitos dos quais estão envolvidos no controle autônomo.

A. Núcleos pré-ganglionares

Os núcleos pré-ganglionares são equivalentes aos gânglios, porém, no SNC, compreendendo grupamentos de corpos celulares de neurônios na porção apical de um ou mais nervos cranianos (NCs). Os núcleos, em geral, também contêm interneurônios que criam circuitos simples de retroalimentação negativa entre a atividade nervosa aferente e eferente. Tais circuitos mediam muitos reflexos autônomos, tais como o reflexo de diminuir a frequência cardíaca, quando a pressão sanguínea está muito elevada, e o relaxamento receptivo do estômago quando este se enche de comida (ver Aplicação clínica 7.1). O tronco encefálico contém muitos núcleos pré-ganglionares importantes do SNPS, incluindo o **núcleo visceral**, os **núcleos salivatórios superior** e **inferior**, o **núcleo motor dorsal do vago** e o **núcleo ambíguo** (Fig. 7.8). O núcleo ambíguo contém eferentes tanto do glossofaríngeo (NC IX) como do vago (NC X), que inervam a faringe, a laringe e parte do esôfago. O núcleo auxilia a coordenar os reflexos da deglutição e também contém fibras pré-ganglionares cardioinibidoras do vago.

B. Núcleo do trato solitário

O núcleo do trato solitário (NTS) é um trato nervoso que percorre a extensão do bulbo através do centro do núcleo solitário (ver Fig. 7.8), que coordena muitas funções e reflexos autônomos. Esse núcleo recebe dados

Aplicação clínica 7.1 Disfunção autônoma

A desorganização das vias autônomas pode resultar em defeitos funcionais específicos ou perda mais generalizada da função homeostática, dependendo da natureza da patologia. A **síndrome de Horner** é causada por uma perturbação da via simpática que eleva a pálpebra, controla o diâmetro da pupila e regula a atividade das glândulas sudoríparas faciais. O resultado é uma **ptose** unilateral (queda da pálpebra), **miose** (incapacidade de aumentar o diâmetro da pupila) e **anidrose** local (incapacidade de suar). Disfunções autônomas mais generalizadas são comuns entre pacientes em diálise de manutenção e aqueles com diabetes cujos níveis de glicose não são bem controlados (neuropatia autônoma diabética ou NAD). A NAD pode manifestar-se como uma incapacidade de controlar a pressão sanguínea após uma refeição (hipotensão pós-prandial), ou quando fica de pé (hipotensão postural), disfunções da motilidade gastrintestinal (dificuldade de deglutição e constipação) ou disfunção da bexiga urinária, entre outros sintomas.

Testes específicos para avaliar a função autônoma incluem monitorar as respostas cardíacas durante alterações na postura, imersão da mão em água gelada (o teste do frio vasoconstritor, realizado para induzir uma dor forte) e a manobra de Valsalva.

A manobra de Valsalva envolve uma expiração forçada contra uma resistência, realizada para causar pressões intratorácicas acima de 40 mmHg por 10 a 20 s. O aumento de pressão evita que o sangue desoxigenado entre no tórax, impedindo o enchimento cardíaco e diminuindo a pressão arterial. Em um indivíduo sadio, a queda da pressão arterial é sentida por barorreceptores arteriais, iniciando um aumento reflexo da frequência cardíaca que é mediado por eferentes simpáticos que trafegam no nervo vago. Pacientes com NAD podem ter comprometimento nos barorreceptores ou na função do nervo vago, e, assim, não conseguem responder a uma manobra de Valsalva com a taquicardia esperada.

Figura 7.8
Principais núcleos autônomos no tronco encefálico. NC = nervo craniano; GI = gastrintestinal.

sensoriais da maioria das regiões viscerais por meio dos nervos glossofaríngeo e vago (NCs IX e X) e, então, retransmite essas informações ao hipotálamo. Também contém circuitos intrínsecos que facilitam os reflexos locais (no tronco encefálico) que controlam a taxa de ventilação e a pressão sanguínea, por exemplo.

C. Formação reticular

A formação reticular compreende uma coleção de núcleos do tronco encefálico com funções variadas, incluindo o controle da pressão sanguínea e da respiração (assim como o sono, a dor, o controle motor, etc.). A formação reticular recebe dados sensoriais dos nervos vago e glossofaríngeo, e auxilia na sua integração com comandos efetores de centros de controle autônomo superiores, localizados no sistema límbico e no hipotálamo.

D. Centros de controle

As áreas do tronco encefálico que têm funções relacionadas são consideradas centros de controle, mesmo se separadas espacialmente. Os

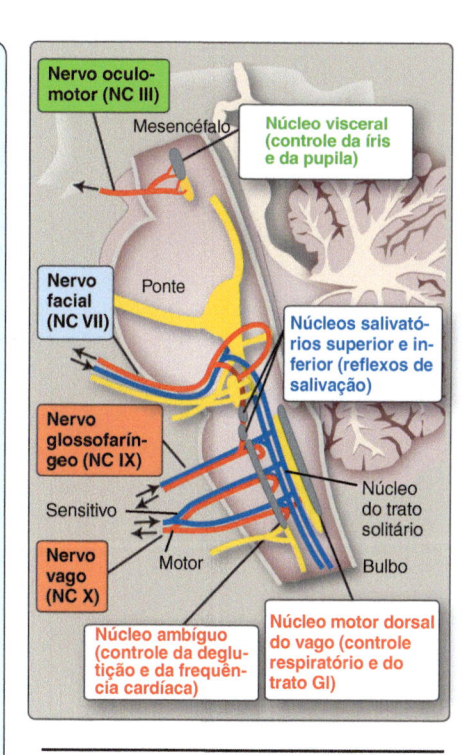

Tabela 7.1 Centros de controle do tronco encefálico

Centro respiratório
Recebe informações sensoriais dos quimiorreceptores que monitoram PO_2 e PCO_2 arterial e pH
Controla a taxa de ventilação por meio de eferências para o diafragma e músculos respiratórios (ver 24>II)

Centro cardiovascular
Recebe informação sensorial de barorreceptores e quimiorreceptores periféricos
Controla a pressão sanguínea mediante modulação das eferências cardíacas e do tônus vascular (ver 20>III>B)

Centro da micção
Monitora a distensão da bexiga urinária Facilita o esvaziamento da bexiga pelo relaxamento do esfíncter da uretra e contração da bexiga (ver 25>VI>D)

centros de controle do tronco encefálico incluem o **centro respiratório**, o **centro de controle cardiovascular** e o **centro de micção** (Tab. 7.1).

VII. HIPOTÁLAMO

O hipotálamo estabelece um ponto de referência para muitos parâmetros internos, incluindo a temperatura corporal (37°C), a pressão arterial média (em torno de 95 mmHg) e a osmolalidade do líquido extracelular (aproximadamente 290 mOsm/kg). Sua influência se estende praticamente a todos os sistemas internos do corpo, contradizendo o seu tamanho minúsculo (cerca de 4 cm³, ou 0,3% do volume encefálico). A capacidade de estabelecer um referencial ou uma faixa restrita de operação requer que o hipotálamo esteja provido, pelo menos, de uma forma de monitorar os parâmetros que ele controla e se comunicar com os órgãos que os mantêm.

A. Organização

O hipotálamo está localizado abaixo do tálamo, na base do encéfalo. Ele contém muitos núcleos distintos, resumidos na Figura 7.9. Observe-se que, embora alguns desses núcleos tenham funções claramente definidas, outros estão organizados em grupos ou áreas funcionais que trabalham de forma cooperativa. Além de controlar funções autônomas, o hipotálamo pode influenciar muitas respostas comportamentais, incluindo as relacionadas ao desejo sexual, fome e sede.

B. Vias neuronais

O hipotálamo recebe inervação recíproca de muitas áreas, como deve ser esperado de um órgão-chave de integração, como esse. As principais vias para fluxo da informação ocorrem entre o hipotálamo e o tronco encefálico, assim como entre o hipotálamo e o sistema límbico (ver Fig. 7.7).

ANTERIOR

Núcleo paraventricular
• Secreta ocitocina, ADH (equilíbrio hídrico)

Áreas pré-óptica e anterior
• Respostas ao calor, sudorese
• Respostas ao frio, tremor

Núcleo supraóptico
• Secreta ocitocina, ADH

Núcleo supraquiasmático
• Ritmos circadianos

POSTERIOR

Núcleo posterior
• Retransmissão de sinais para e de outros núcleos

Corpo mamilar
• Memória

TUBERAL

Núcleo dorsomedial
• Respostas comportamentais às emoções
• Ritmos circadianos

Núcleo ventromedial
• Saciedade

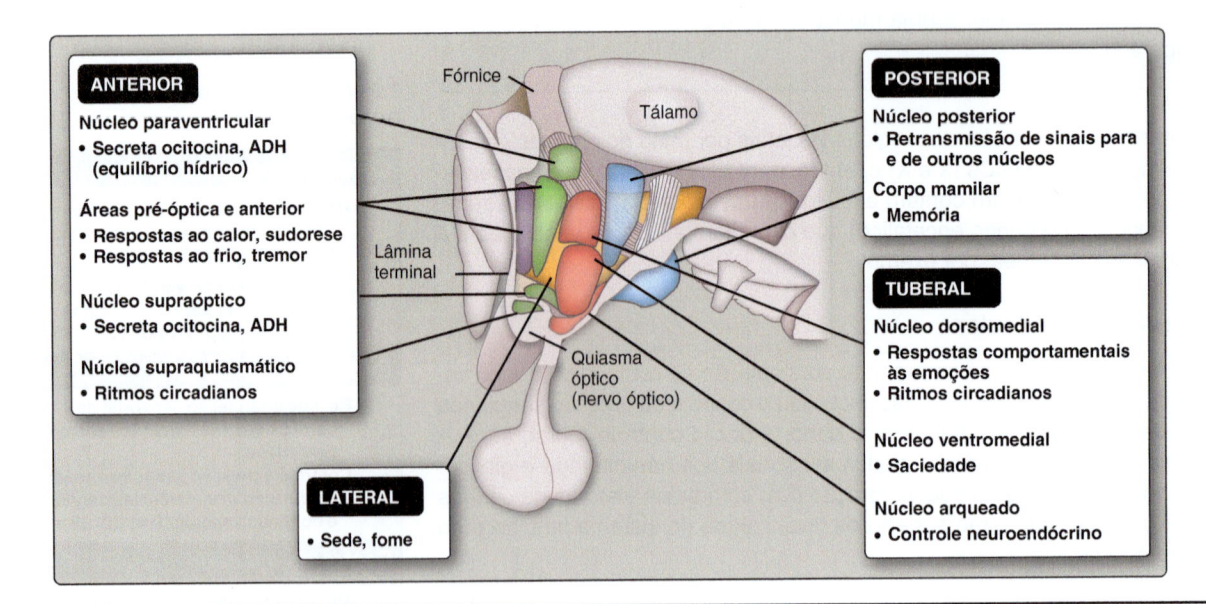

Núcleo arqueado
• Controle neuroendócrino

LATERAL
• Sede, fome

Figura 7.9
Núcleos hipotalâmicos. ADH = hormônio antidiurético.

C. Órgãos circunventriculares

Qualquer órgão que receba a função de manter a homeostasia deve ser capaz de monitorar os parâmetros que ele controla. No caso do hipotálamo, isso inclui íons, metabólitos e hormônios. No entanto, o hipotálamo é uma parte do encéfalo, significando que está isolado da maioria desses fatores pela barreira hematencefálica (BHE). Embora receba retroalimentação de receptores periféricos, a informação que esses fornecem é limitada. Assim, o hipotálamo está provido de janelas, ou falhas, na BHE, através das quais pode fazer observações diretas sobre a composição do sangue. Essas falhas são chamadas de **órgãos circunventriculares (OCVs)**.

1. **Localização:** o encéfalo contém seis OCVs (Fig. 7.10). Os OCVs compreendem regiões especializadas do encéfalo onde a BHE está interrompida para permitir que neurônios encefálicos interajam diretamente com a circulação. Alguns OCVs são sensoriais, enquanto outros são secretores.

    a. **Sensoriais:** os OCVs sensoriais incluem o **órgão subfornicial** e o **órgão vascular da lâmina terminal**, ambos associados com o hipotálamo. A **área postrema** é um OCV do tronco encefálico.

    b. **Secretores:** os OCVs secretores incluem a **eminência mediana** (parte do hipotálamo), a **neuro-hipófise** e a **glândula pineal**.

2. **Estrutura:** os OCVs são definidos como interfaces entre o encéfalo e a periferia. São altamente vascularizados, e o sangue flui através dessas regiões muito vagarosamente, para maximizar o tempo disponível para a troca de materiais entre o sangue e o encéfalo. Os vasos capilares dos OCVs são fenestrados e permeáveis, o que facilita o movimento de íons e pequenas proteínas entre o sangue e o interstício.

3. **Funções sensoriais:** os OCVs sensoriais contêm corpos celulares neuronais que são sensíveis a numerosos fatores trazidos pelo sangue (Na^+, Ca^{2+}, angiotensina II, hormônio antidiurético, peptídeos natriuréticos, hormônios sexuais e sinais de fome ou de saciedade). Os seus axônios se projetam para áreas hipotalâmicas que controlam as variáveis correspondentes.

D. Funções endócrinas

A maioria dos órgãos do corpo é duplamente regulada pelo sistema nervoso e pelo sistema endócrino. O papel-chave do hipotálamo na homeostasia requer que ele seja capaz de influenciar ambos os sistemas. O hipotálamo modula o componente neuronal por meio de tratos nervosos e nervos periféricos, e exerce o controle endócrino, utilizando hormônios (resumidos nas Tabs. 7.2 e 7.3) que são liberados pela hipófise.

1. **Eixos endócrinos:** o hipotálamo, a hipófise e uma glândula endócrina dependente, juntos, formam um sistema de controle unificado, conhecido como um **eixo endócrino**. A maioria dos sistemas endócrinos está organizada em tais eixos. A vantagem desse sistema é permitir que haja um controle fino e um grosseiro da liberação de hormônios. Por exemplo, o **eixo hipotálamo-hipófise-suprarrenal** regula a secreção de **cortisol** pelo **córtex da suprarrenal**. O hipotálamo produz o **hormônio liberador de corticotrofina** (**CRH**, do inglês *corticotropin-releasing hormone*), o qual estimula a liberação do **hormônio adrenocorticotrófico** (**ACTH**, do inglês *adrenocortico-*

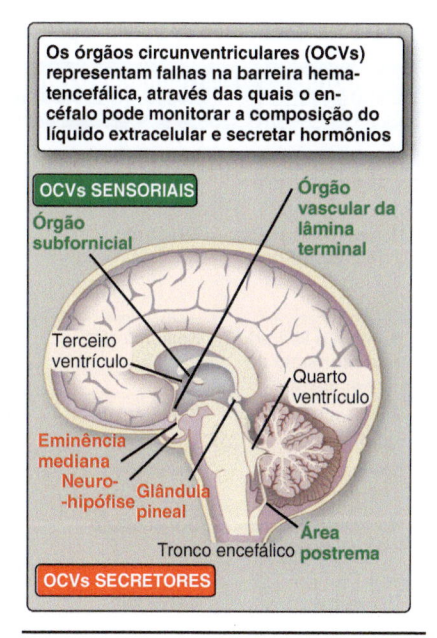

Figura 7.10
Órgãos circunventriculares.

Tabela 7.2 Hormônios da adeno-hipófise

Hormônio hipotalâmico	Célula-alvo da adeno-hipófise	Hormônio hipofisário	Órgão-alvo (efeitos)
Hormônio liberador de corticotrofina	Corticotrofo	Hormônio adrenocorticotrófico	Córtex da suprarrenal (respostas ao estresse)
Hormônio liberador de tireotrofina	Tireotrofo	Hormônio estimulante da tireoide (TSH)	Glândula tireoide (liberação de tiroxina, metabolismo)
Hormônio liberador do hormônio do crescimento	Somatotrofo	Hormônio do crescimento	Órgãos variados (atividade anabólica)
Somatostatina (libera inibidor)	Somatotrofo	Hormônio do crescimento	Órgãos variados
Somatostatina (libera inibidor)	Tireotrofo	TSH	Glândula tireoide
Hormônio liberador de gonadotrofina	Gonadotrofo	Hormônio luteinizante	Gônadas (produção de andrógenos)
Dopamina (libera inibidor)	Lactotrofo	Prolactina	Glândulas mamárias (produção e descida do leite)
Hormônio liberador de gonadotrofina	Gonadotrofo	Hormônio folículo-estimulante	Gônadas (maturação do folículo, espermatogênese)

Tabela 7.3 Hormônios da neuro-hipófise

Hormônio liberado pela hipófise	Alvo do hormônio hipofisário (efeitos)
Ocitocina	Útero (contração), glândulas mamárias (lactação)
Hormônio antidiurético	Túbulo renal (reabsorção de água)

tropic hormone) pela adeno-hipófise. O ACTH estimula a produção de cortisol pelo córtex da suprarrenal. O cortisol exerce um controle por retroalimentação negativa na produção de ACTH pela adeno-hipófise e ambos, ACTH e cortisol, inibem a síntese de CRH pelo hipotálamo.

2. **Hipófise:** a hipófise (também conhecida como **pituitária**) se projeta do hipotálamo, na base do encéfalo, e se acomoda em uma cavidade óssea chamada **sela túrcica** (do latim *sella turcica*). O hipotálamo e a hipófise estão conectados pelo infundíbulo da hipófise (ou **haste hipofisária**), o qual contém feixes de axônios neurossecretores. A hipófise contém dois lobos (Fig. 7.11). Embora estejam próximos um do outro, dentro de uma glândula comum, eles têm origens embriológicas e composições celulares bem diferentes.

   a. **Lobo anterior:** o **lobo anterior** (**adeno-hipófise**) tem origens epiteliais. Compreende uma coleção de tecidos glandulares que sintetizam e armazenam hormônios (ver Tab. 7.2). A liberação de hormônios é regulada pelo hipotálamo, por meio de hormônios liberadores ou inibidores, os quais trafegam do hipotálamo à adeno-hipófise pelo **sistema porta-hipofisário** (ver a seguir).

   b. **Sistema porta-hipofisário:** o sistema porta-hipofisário direciona o sangue do hipotálamo à adeno-hipófise (lobo anterior da hipófise) (ver Fig. 7.11). Essa organização vascular seriada incomum é utilizada para carregar hormônios peptídicos, sintetizados pelas **células neurossecretoras parvocelulares** (células pequenas) do hipotálamo, à adeno-hipófise, onde estimulam ou inibem a liberação de hormônios hipofisários. Os hormônios hipotalâmicos são sintetizados em corpos celulares neurossecretores e depois transportados ao longo de seus axônios aos terminais localizados na eminência mediana. A eminência mediana é um OCV que se aloja no ápice do infundíbulo

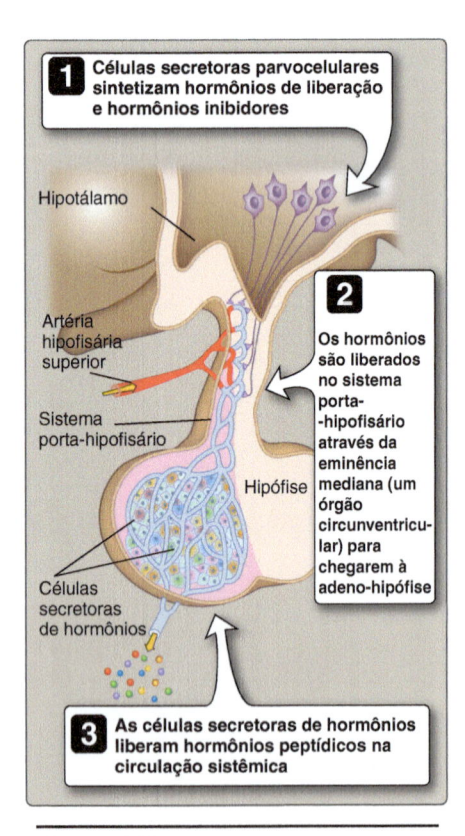

Figura 7.11
Adeno-hipófise.

da hipófise e do seu sistema porta. Quando ocorre um estímulo apropriado, os hormônios são liberados dos terminais nervosos dentro do sistema porta e levados para os vasos capilares que irrigam as células secretoras de hormônios do lobo anterior.

c. **Lobo posterior:** o **lobo posterior** (**neuro-hipófise**) é um tecido nervoso. Axônios das **células neurossecretoras magnocelulares** (células grandes), nos núcleos paraventricular e supraóptico, se estendem inferiormente ao longo do infundíbulo da hipófise e terminam em um OCV localizado no lobo posterior (neuro-hipófise) (Fig. 7.12). Os somas das células magnocelulares sintetizam ocitocina (OT) e hormônio antidiurético (ADH, do inglês *antidiuretic hormone*), dois hormônios peptídicos relacionados (ver Tab. 7.3). Os hormônios são transportados aos terminais nervosos por meio do infundíbulo da hipófise e armazenados em grânulos secretores (**corpos de Herring**), esperando liberação. A neuro-hipófise é altamente vascularizada, e os vasos capilares são fenestrados. Quando os peptídeos são liberados, entram diretamente na circulação sistêmica.

3. **Hormônios da adeno-hipófise:** a adeno-hipófise compreende cinco tipos de células endócrinas (Tab. 7.4). Os hormônios que essas células produzem podem ser inseridos em um dos três grupos estruturalmente relacionados.

    a. **Hormônio adrenocorticotrófico:** o **ACTH** (ou **corticotrofina**) é sintetizado por **corticotrofos** como um pré-pró-hormônio, isto é, a pré-pró-opiomelanocortina (pré-POMC). A remoção da sequência sinal resulta na POMC, um peptídeo de 241 aminoácidos que contém o ACTH (39 aminoácidos), o hormônio estimulante dos melanócitos (MSH, do inglês *melanocyte-stimulating hormone*) e a β-endorfina (um opioide endógeno). No entanto, os corticotrofos não possuem as enzimas necessárias para formar o MSH ou a β-endorfina, por isso eles liberam somente o ACTH.

    b. **Hormônios glicoproteicos:** o **hormônio estimulante da tireoide** (**TSH**, do inglês *thyroid-stimulating hormone*), o **hormônio folículo-estimulante** (**FSH**, do inglês *follicle-stimulating hormone*) e o **hormônio luteinizante** (**LH**, do inglês *luteinizing hormone*) são glicoproteínas relacionadas. Esses três hormônios são heterodímeros que compartilham uma subunidade α comum, chamada **subunidade glicoproteica α** (**α-GSU**, do inglês α-*glycoprotein subunit*), e uma subunidade β específica do hormônio. O TSH é sintetizado em **tireotrofos**, e compreende um dímero α-GSU–β-TSH. O FSH e o LH são liberados por **gonadotrofos**, e compreendem os dímeros α-GSU–β-FSH e α-GSU–β-LH, respectivamente. A **gonadotrofina coriônica humana** (**hCG**, do inglês *human chorionic gonadotropin*) é um hormônio relacionado à placenta, formado por um heterodímero α-GSU–β-hCG.

    c. **Hormônio do crescimento e prolactina:** o **hormônio do crescimento** (**GH**, do inglês *growth hormone*) e a **prolactina** são peptídeos relacionados, sintetizados pelos **somatotrofos** e **lactotrofos**, respectivamente. Um hormônio relacionado, o **lactogênio placentário humano**, é sintetizado pela placenta fetal. O GH é um polipeptídeo de 191 aminoácidos, de cadeia simples, sintetizado e liberado em várias isoformas diferentes. A prolactina, um polipeptídeo de 199 aminoácidos, é o único hormônio da adeno-hipófise que é liberado sob inibição tônica pelo hipotálamo (via **dopamina**).

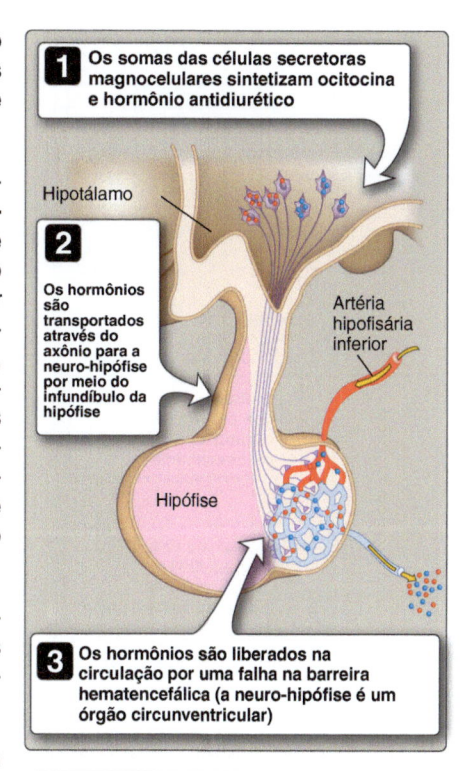

Figura 7.12
Neuro-hipófise.

Tabela 7.4 Composição de células tróficas da adeno-hipófise

Tipo celular	% do total
Corticotrofos	15-20
Gonadotrofos	10
Lactotrofos	15-20
Somatotrofos	50
Tireotrofos	5

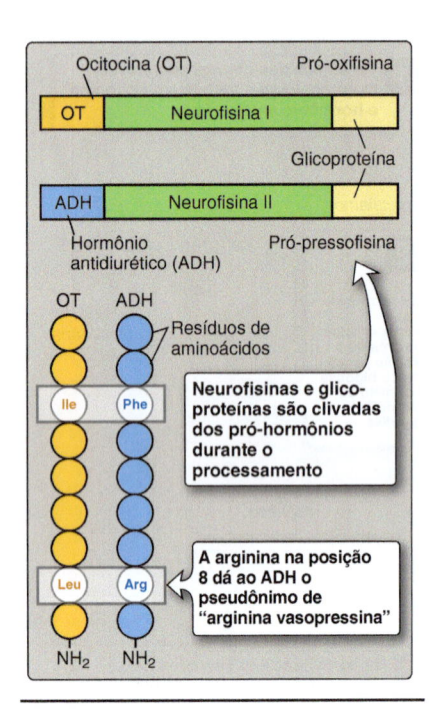

Figura 7.13
Semelhanças estruturais entre os hormônios liberados pela neuro-hipófise.

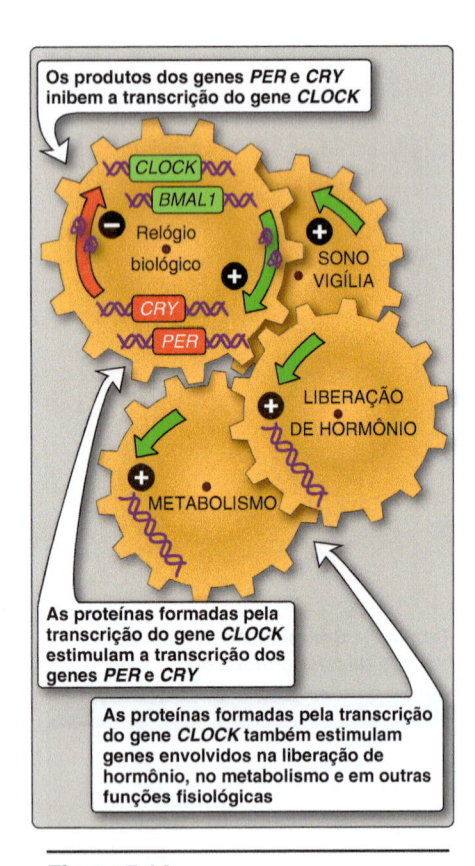

Figura 7.14
Relógio biológico.

4. **Hormônios da neuro-hipófise:** a OT e o ADH são hormônios com 9 peptídeos, quase idênticos (diferem apenas na posição de dois aminoácidos), com um ancestral evolutivo comum (Fig. 7.13). Ambos são sintetizados como pré-pró-hormônios que contêm um peptídeo sinal, o hormônio, uma **neurofisina** e uma glicoproteína. O peptídeo sinal e as glicoproteínas são removidos para formar pró-hormônios durante o processamento e o empacotamento no aparelho de Golgi. A **pró-oxifisina** compreende a OT e a neurofisina I, enquanto a **pró-pressofisina** compreende o ADH e a neurofisina II. Os hormônios são separados por proteólise das suas neurofisinas respectivas após o empacotamento em vesículas neurossecretoras e transporte axonal rápido para a neuro-hipófise. As neurofisinas (e glicoproteínas) são coliberadas com o hormônio, mas não tem qualquer função fisiológica conhecida.

> As semelhanças estruturais entre a OT e o ADH causam alguma sobreposição funcional quando os níveis de hormônio circulante são suficientemente elevados. Assim, a OT pode ter efeitos antidiuréticos moderados, enquanto o ADH pode causar a ejeção de leite em mulheres lactantes.

E. Funções circadianas

A maioria das funções corporais, incluindo a temperatura do corpo, a pressão sanguínea e a digestão, tem um ritmo diário ("**circadiano**", derivado do latim *circa dies*). Todas as células parecem ser capazes de gerar tais ritmos autossustentáveis. O hipotálamo sincroniza esses ritmos e os arrasta para um ciclo circadiano estabelecido por um relógio biológico. Isso permite que as várias funções fisiológicas do corpo sejam modificadas para antecipar o entardecer ou o amanhecer, e otimizadas para coincidir com um ciclo de sono-vigília. O relógio biológico esta localizado no **núcleo supraquiasmático** (**NSQ**). Ele sincroniza as funções corporais, em parte, por meio do sistema endócrino, com a **glândula pineal** atuando como um intermediário neuroendócrino.

1. **Relógios moleculares:** embora muitas regiões corticais contenham circuitos que estabelecem ritmos sazonais e outros, o relógio biológico responsável pelos ritmos circadianos reside no NSQ (ver Fig. 7.9). As engrenagens moleculares que fazem o relógio rodar compreendem dois grupos de genes ligados a um sistema de controle de retroalimentação negativa (Fig. 7.14). As proteínas codificadas pelo gene *CLOCK* promovem a transcrição dos genes *CRY* e *PER*, cujos produtos de tradução inibem a transcrição do gene *CLOCK*. O ciclo de transcrição-tradução oscila em um período de aproximadamente 24 horas.

2. **Ajustando a hora:** embora o relógio biológico oscile dentro de uma periodicidade inerente de aproximadamente 24 horas, ele é reajustado diariamente para acompanhar o ciclo claro-escuro. O relógio é ajustado pelo entardecer do dia em um pequeno subgrupo de células ganglionares da retina (1 a 3% do total). Essas células expressam a **melanopsina**, um fotopigmento que lhes permite detectar e responder à luz. Sinais vindos dessas células alcançam o hipotálamo por aferentes do **trato retino-hipotalâmico** do nervo óptico (Fig. 7.15).

3. **Glândula pineal:** o NSQ sincroniza as funções do corpo, em parte pela manipulação de eixos endócrinos que utilizam a glândula pineal como um intermediário. A glândula pineal é uma glândula pequena (aproximadamente 8 mm) em forma de pinha (por isso o seu nome), localizada na linha média, próxima à parede posterior do terceiro ventrículo (ver Fig. 7.10). Ela contém **pinealócitos** e células de apoio da glia que são semelhantes aos **pituícitos** (células da glia presentes na hipófise). O NSQ se comunica com a glândula pineal via conexões neuronais para o tronco encefálico e a medula espinal, e dali, por meio de conexões simpáticas, com o gânglio cervical superior e a glândula pineal. Essa glândula é um OCV secretor, que permite a liberação de melatonina diretamente na circulação.

4. **Melatonina:** a melatonina é uma indolamina (*N*-acetil-5-metoxitriptamina) sintetizada a partir do triptofano. A via sintética inclui a *arilalquilamina* N-*acetiltransferase* (*AA-NAT*), a qual é regulada pelo NSQ por meio de aferências adrenérgicas do SNS. Quando a luz incide sobre a retina, as vias simpáticas do NSQ para a glândula pineal são ativadas, e a atividade da *AA-NAT* é inibida (ver Fig. 7.15). A síntese e a secreção de melatonina diminuem, como consequência, e não se restabelecem até escurecer (Fig. 7.16).

> Indivíduos com a **síndrome de Smith-Magenis** (um transtorno do desenvolvimento) têm uma resposta invertida da secreção de melatonina em relação à luz. Os níveis de melatonina atingem um pico durante o dia e caem à noite. Esses pacientes têm problemas neurocomportamentais e perturbações do sono, enfatizando a importância da melatonina em cronometrar a função do SNC.

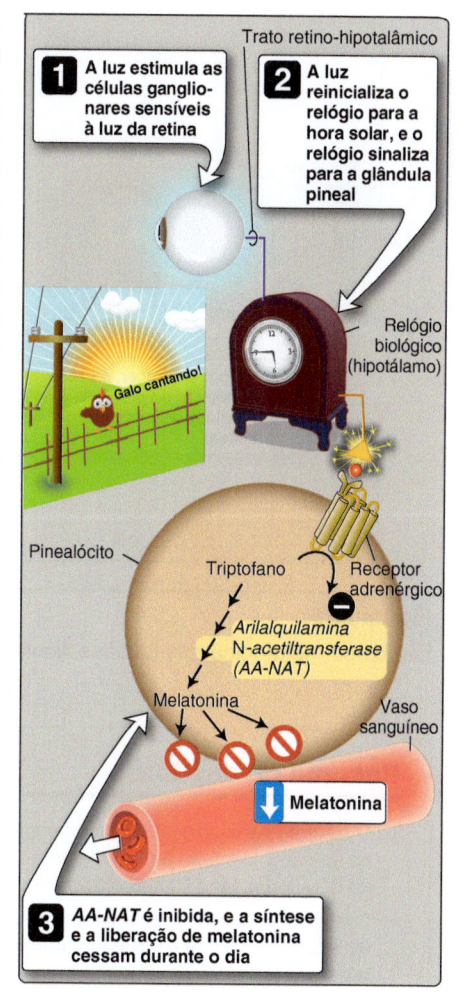

Figura 7.15
Efeitos da luz sobre a liberação de melatonina.

VIII. SISTEMA LÍMBICO

O sistema límbico compreende uma coleção de núcleos funcionalmente relacionados que circundam o tronco encefálico (**hipocampo, cíngulo [córtex cingulado]** e os **núcleos anteriores do tálamo**) e influenciam fortemente a atividade autônoma pelas conexões com o hipotálamo. Muitos desses núcleos controlam as emoções e a motivação. Essas conexões explicam como as emoções, tais como a raiva, a agressão, o medo e o estresse, podem exercer efeitos fisiológicos tão profundos. Todos somos familiares às sensações associadas ao medo: um coração acelerado, palpitante (frequência cardíaca e contratilidade miocárdica aumentadas); respiração acelerada (centro respiratório); frio, suor nas palmas das mãos (ativação simpática das glândulas sudoríparas); e ereção dos pelos da nuca (piloereção).

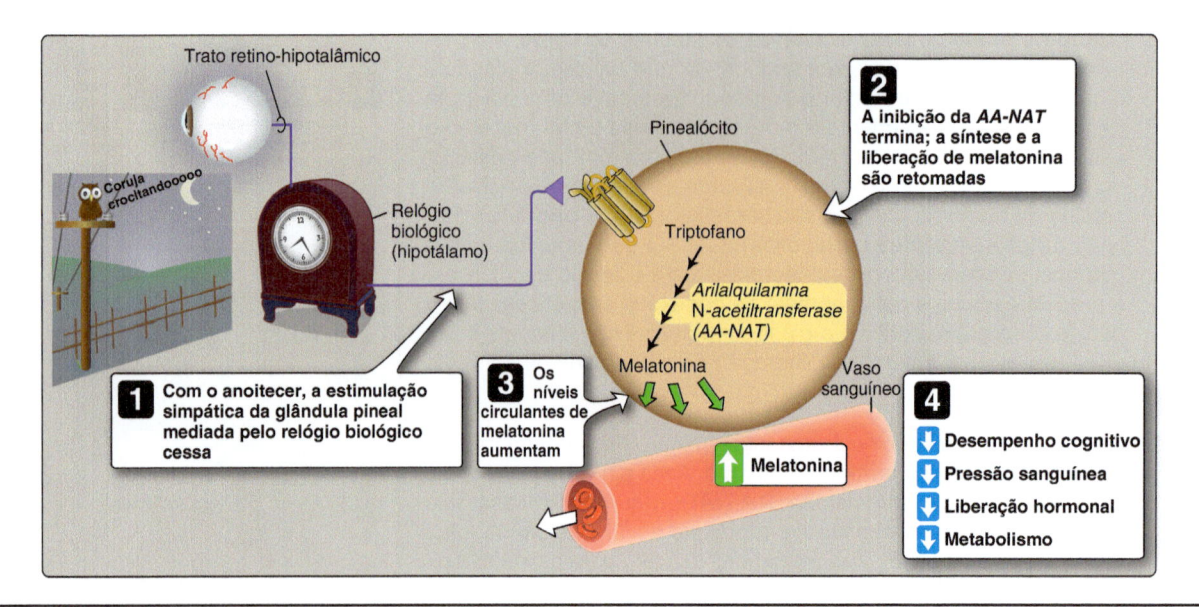

Figura 7.16
Efeitos da melatonina nas funções fisiológicas.

Resumo do capítulo

- O sistema nervoso central compreende o sistema nervoso somático e o **sistema neeurovegetativo (SNA).** O sistema nervoso somático controla a musculatura esquelética, enquanto o SNA controla a função dos órgãos viscerais. A função primária do SNA é manter a **homeostasia** interna.

- O SNA atua subconsciente e independentemente do controle voluntário. O SNA incorpora duas vias efetoras funcionalmente distintas (**simpática** e **parassimpática**), que atuam de forma cooperativa e de maneira recíproca para assegurar a homeostasia.

- O SNA recebe informação sensorial de receptores, localizados em todo o corpo, que monitoram a pressão sanguínea, a composição química e a temperatura do corpo. Essa informação é utilizada para modificar a função efetora por meio de reflexos locais ou por centros de controle autônomo superiores (centrais).

- Os comandos efetores são repassados de centros de controle autônomo por meio de **gânglios** que se situam fora do sistema nervoso central. Os gânglios simpáticos se localizam próximos à medula espinal enquanto os gânglios parassimpáticos estão localizados próximos ou dentro das paredes dos seus órgãos-alvo. Todos os neurônios pré-ganglionares e efetores parassimpáticos liberam **acetilcolina** nos seus terminais. A maioria dos neurônios motores pós-ganglionares simpáticos é adrenérgica e liberam **noradrenalina** nos órgãos-alvo.

- Os centros de controle autônomo principais incluem o **tronco encefálico** e o **hipotálamo.**

- O tronco encefálico contém múltiplos núcleos de controle autônomo e centros de controle. O **núcleo do trato solitário** e a **formação reticular** auxiliam a integrar a informação sensorial autônoma com os comandos efetores do hipotálamo e do **sistema límbico.**

- O hipotálamo estabelece uma **referência** para muitos parâmetros internos vitais. Ele exerce o controle homeostático por modificar as vias de controle do tronco encefálico e hormonalmente por meio da **hipófise.**

- A hipófise tem dois lobos: um composto por tecido epitelial glandular (**lobo anterior**, ou **adeno-hipófise**), o outro de tecido nervoso (**lobo posterior**, ou **neuro-hipófise**). Dois locais de falha da barreira hematencefálica (**órgãos circunventriculares**) fazem com que os hormônios hipofisários sejam liberados na circulação sistêmica.

- O hipotálamo estimula a liberação de seis hormônios peptídicos (tróficos) do lobo anterior na circulação, utilizando **hormônios liberadores** ou **inibidores**. Esses hormônios hipotalâmicos chegam até a hipófise pelo **sistema porta-hipofisário**. Outros dois hormônios são liberados pelas terminações dos neurônios hipotalâmicos na neuro-hipófise.

- Os órgãos circunventriculares sensoriais localizados dentro do encéfalo permitem ao hipotálamo monitorar a composição química do líquido extracelular e fazer ajustes na função do órgão, conforme necessário para manter a homeostasia.

- O hipotálamo é também o local do relógio biológico que engrena a maioria dos órgãos em um **ritmo circadiano**. O relógio biológico se localiza no **núcleo supraquiasmático**, o qual exerce controle tanto por meio de conexões neuronais diretas com os órgãos, como mediante controle endócrino. A coordenação dos órgãos endócrinos é mediada pela **glândula pineal** e pela liberação de **melatonina**.

Visão

8

I. VISÃO GERAL

A capacidade de detectar a luz é comum à maioria dos organismos, inclusive as bactérias, refletindo a importância do sentido da visão. Modelos para órgãos visuais surgiram em múltiplas ocasiões, e muitos ainda existem. Nos seres humanos, a fotorrecepção é função dos olhos. Cada olho é composto por uma camada de células fotorreceptoras (a **retina**), alojada dentro de um sistema óptico (Fig. 8.1). A óptica projeta uma representação espacial precisa do campo visual sobre os fotorreceptores, assim como a lente de uma câmera projeta uma imagem sobre um filme fotográfico ou um grupo de fotossensores. As câmeras mais simples utilizam um buraco do tamanho do produzido por um alfinete como abertura, a qual projeta uma imagem invertida do objeto sobre o filme. Um olho funciona de forma semelhante, mas o tamanho da abertura (a **pupila**) é variável, para controlar a quantidade de luz que incide sobre os fotorreceptores. A inclusão de uma lente de foco variável assegura que a imagem projetada permaneça exata quando a abertura se altera. A retina, que está localizada na porção posterior do olho, contém dois tipos de células fotorreceptoras. Um está aperfeiçoado ao máximo para funcionar na luz do dia e fornecer dados que podem ser utilizados para construir uma imagem colorida (**cones**). O outro, para colher dados em condições mínimas de luz, dados estes que são suficientes apenas para construir uma imagem monocromática (**bastonetes**).

II. ESTRUTURA DO OLHO

O olho é um órgão aproximadamente esférico, encapsulado dentro de uma espessa camada de tecido conectivo (a **esclera**) que é geralmente branca (ver Fig. 8.1). A esclera protege e cria locais de adesão para três pares de músculos esqueléticos (**extraoculares**) que são utilizados para ajustar a direção do olhar, estabilizar o olhar durante o movimento da cabeça e acompanhar objetos em movimento. Uma vez que os fotorreceptores estão localizados na porção posterior do olho, os fótons que entram devem trafegar por múltiplas camadas e compartimentos antes que possam ser detectados.

A. Córnea

A luz entra no olho através da **córnea**, a qual é contínua com a esclera. A córnea compreende várias camadas transparentes, finas, delimitadas por epitélios especializados. As camadas intermédias são compostas por fibras colágenas juntamente com **queratinócitos** de sustentação e um

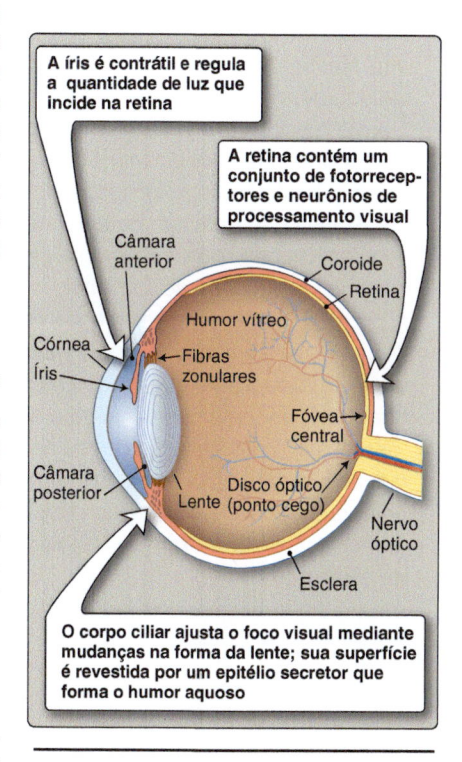

Figura 8.1
Estrutura do olho.

extensivo suprimento do nervo sensitivo. Os vasos sanguíneos interfeririam com a transmissão da luz, por isso a córnea é avascular.

B. Câmara anterior

A câmara anterior é preenchida pelo **humor aquoso**, um derivado aquoso do plasma. Esse líquido é secretado dentro da **câmara posterior** por um **epitélio ciliar** especializado que reveste o **corpo ciliar**; então, flui através da pupila para dentro da câmara anterior e é drenado pelo **seio venoso da esclera** (**canais de Schlemm**) para o sistema venoso. O humor aquoso é produzido continuamente para liberar nutrientes para a córnea e criar uma pressão positiva de cerca de 8 a 22 mmHg, que estabiliza a curvatura da córnea e as suas propriedades ópticas (Fig. 8.2).

C. Íris

A íris é uma camada pigmentada, fibrosa, com uma abertura central (a pupila) que regula a quantidade de luz que entra no olho. O diâmetro da pupila é determinado por dois grupos de músculos lisos que estão sob controle autônomo. Anéis de músculos esfincterianos, que são controlados por fibras pós-ganglionares parassimpáticas provenientes do gânglio ciliar, diminuem o diâmetro da pupila quando eles se contraem (**miose**), como mostra a Figura 8.3. Um segundo grupo de músculos radiais, controlados por fibras pós-ganglionares simpáticas originárias do gânglio cervical superior, dilatam a pupila (**midríase**). As alterações no diâmetro da pupila são respostas reflexas à quantidade de luz que incide

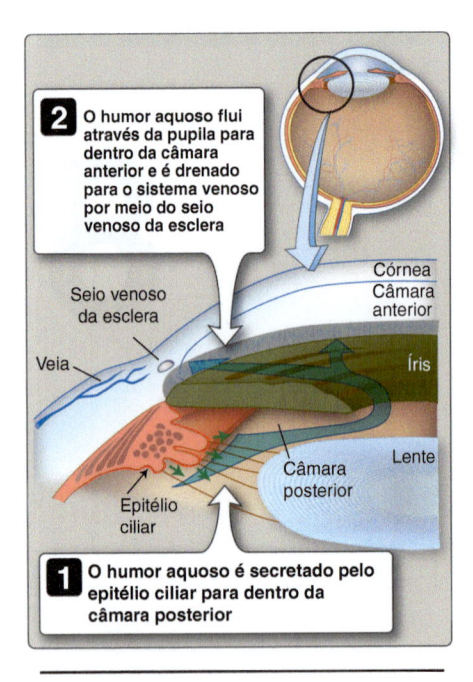

Figura 8.2
Secreção e fluxo do humor aquoso.

Aplicação clínica 8.1   Glaucoma

O **glaucoma** é uma neuropatia óptica que está como a segunda causa mundial mais comum de cegueira e a principal causa de cegueira entre afro-americanos. O glaucoma comumente ocorre quando está obstruída a via que permite a passagem do humor aquoso através da pupila, e consequentemente sua drenagem pelo seio venoso da esclera. A produção do humor continua sem diminuição e, então, a pressão intraocular (PIO) aumenta. Uma vez que a PIO tenha ultrapassado 30 mmHg, há o risco de que os axônios que trafegam no nervo óptico sejam danificados de forma irreversível. Os pacientes geralmente permanecem assintomáticos, sendo sua condição descoberta acidentalmente durante um exame oftálmico de rotina. A perda da visão ocorre perifericamente durante os estágios iniciais. Uma vez que a visão central é preservada, os pacientes tendem a não informar a sua deficiência até que o dano na retina seja bastante extenso. O exame oftálmico frequentemente mostra o disco óptico como um sítio oco, ou uma "depressão" ou escavação devida ao deslocamento dos vasos sanguíneos, diagnosticando o glaucoma. O tratamento inclui a redução da PIO pelo uso de antagonistas β-adrenérgicos (p. ex., timolol) para diminuir a produção de humor aquoso, por exemplo,[1] e intervenção cirúrgica para corrigir a causa da obstrução.

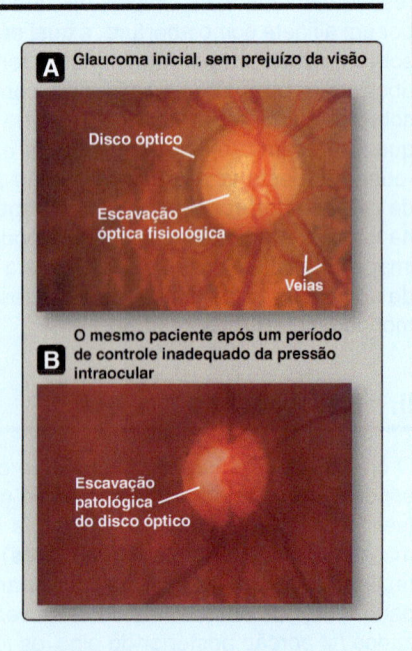

Glaucoma.

---

[1]Para mais informações sobre fármacos utilizados no tratamento do glaucoma, ver *Farmacologia ilustrada*, 5ª edição, Artmed Editora.

sobre as células ganglionares fotossensíveis especializadas, localizadas na retina (o **reflexo pupilar à luz**). Sinais provenientes dessas células trafegam, via nervo óptico, para núcleos do mesencéfalo e, então, ao núcleo visceral (ver Fig. 7.8). Aqui esses sinais disparam um aumento reflexo na atividade parassimpática através do nervo oculomotor (nervo craniano [NC] III), e a pupila se contrai. A constrição da pupila reduz a quantidade de luz que entra no olho e auxilia a prevenir uma saturação dos fotorreceptores. A saturação é indesejável, pois cega funcionalmente um indivíduo. Quando os níveis de luz estão baixos, uma dilatação pupilar reflexa aumenta a quantidade de luz que chega à retina. Os reflexos pupilares promovem respostas musculares idênticas em ambos os olhos, embora os níveis de luz possam estar modificando-se em apenas um olho.

> O diâmetro da pupila sempre reflete um equilíbrio tônico entre a atividade nervosa simpática e parassimpática. Assim, quando a atropina (um antagonista do receptor da acetilcolina) é aplicada topicamente na córnea, durante um exame oftalmológico, a pupila se dilata porque o equilíbrio entre a influência do parassimpático e do simpático foi desviada a favor do sistema nervoso simpático.

Figura 8.3
Regulação do diâmetro da pupila.

D. Lente (cristalino)

A **lente** é um disco elipsoide transparente, suspenso no caminho da luz por faixas radiais de tecido conectivo (**fibras zonulares**) aderidas ao **corpo ciliar**. O corpo ciliar é contrátil e atua para modificar a forma da lente e ajustar o foco (ver a seguir). A lente é composta por células longas e finas que estão organizadas em camadas concêntricas altamente agrupadas, muito parecidas com as camadas de uma cebola. As células são densas em **cristalinas**, proteínas que dão à lente a sua transparência e determinam as suas propriedades ópticas. A lente está inserida dentro de uma cápsula composta por tecido conectivo e uma camada epitelial.

E. Humor vítreo

O **humor vítreo** é uma substância gelatinosa composta principalmente por água e proteínas. Ele é mantido sob uma pressão levemente positiva para manter a retina contra a esclera.

F. Retina

Quando a luz atinge a retina, ainda tem que penetrar múltiplas camadas de neurônios e suas estruturas de sustentação, antes que possa ser detectada pelos fotorreceptores. As camadas neuronais são transparentes, portanto a perda de luz durante a passagem é mínima. A retina contém duas regiões especializadas. O **disco óptico** é uma pequena área onde a camada de fotorreceptores é interrompida para permitir que os vasos sanguíneos e os axônios dos neurônios da retina deixem o olho, criando um **ponto cego** (Fig. 8.4). Nas proximidades, no centro do campo de visão, existe uma área circular chamada **mácula lútea**, em cuja parte central existe uma pequena depressão (menor que 1 mm de diâmetro), chamada **fóvea central**. As camadas neuronais se separam, aqui, para permitir que a luz incida diretamente nos fotorreceptores, criando uma área de máxima acuidade visual (ver a seguir).

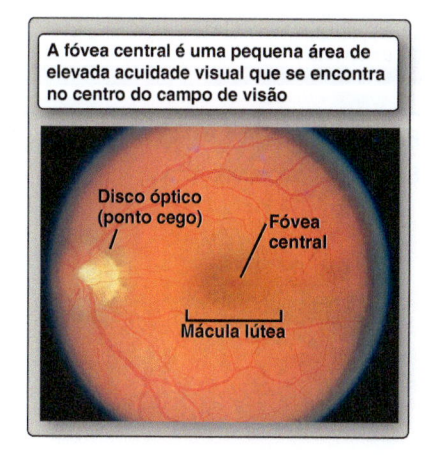

Figura 8.4
Pontos de referência da retina.

III. FOTORRECEPTORES

Os fotorreceptores estão organizados em fileiras extremamente regulares, de maneira que a informação espacial pode ser fornecida a partir do padrão de excitação dos fotorreceptores. A retina contém dois tipos de fotorreceptores, os quais têm em comum uma estrutura celular semelhante.

A. Tipos

Os **bastonetes** são especializados em detectar fótons únicos de luz. Não podem diferenciar cores, mas podem gerar uma imagem em baixas condições de luminosidade e, portanto, facilitam a **visão escotópica** (derivada da palavra grega para escuridão, *skotos*). Os **cones** funcionam de maneira ótima na luz do dia, e medeiam a visão **fotópica**, ou colorida.

B. Organização

Os fotorreceptores são células longas, finas e excitáveis (Fig. 8.5). No centro, está o corpo celular, que contém o núcleo. O corpo celular se estende um uma direção para formar um axônio curto que se ramifica em muitas estruturas pré-sinápticas. A extremidade oposta da célula é longa e cilíndrica, sendo dividida em dois segmentos. O **segmento interno** contém todas as outras organelas necessárias para a função celular normal, inclusive numerosas mitocôndrias. O segmento interno dá origem a um cílio (**cílio de conexão**) que é grosseiramente modificado para armazenar a maquinaria de fototransdução. Esse compartimento, que é conhecido como **segmento externo**, está conectado ao segmento interno por uma curta **haste ciliar**.

C. Discos membranosos

O cílio sensorial dilatado, que compreende o segmento externo do bastonete, está envolvendo mais de 1.000 discos membranosos individuais e achatados, que estão empilhados como pratos de jantar ao longo do axonema ciliar. Os cones contêm pilhas semelhantes, mas menos numerosas, que são dobras da membrana superficial. As pilhas dos bastonetes são projetadas para captar um único fóton à medida que este cruza a camada fotossensível do olho. Para tornar isso possível, as membranas dos discos são tão densamente povoadas por moléculas de pigmentos fotossensíveis, que existe pouco lugar para os lipídeos.

D. Distribuição

A retina reveste a superfície interna do olho, cobrindo aproximadamente 75% (em torno de 11 cm^2) de sua área de superfície total. Os fotorreceptores estão densamente empacotados dentro dessa camada, com os bastonetes sendo cerca de 20 vezes mais numerosos que os cones (aproximadamente 130 milhões de bastonetes *versus* 7 milhões de cones). Embora tanto os bastonetes como os cones sejam encontrados em toda a retina, a sua distribuição não é homogênea.

1. **Bastonetes:** os bastonetes dominam a retina periférica, o que especializa essa área para a visão noturna.

2. **Cones:** os cones estão concentrados na retina central, o que capacita essa área com um alto grau de acuidade visual. No seu centro está a fóvea, a qual contém apenas cones (ver Figs. 8.1 e 8.4). A ausência de bastonetes na fóvea significa que esta não pode participar da visão noturna.

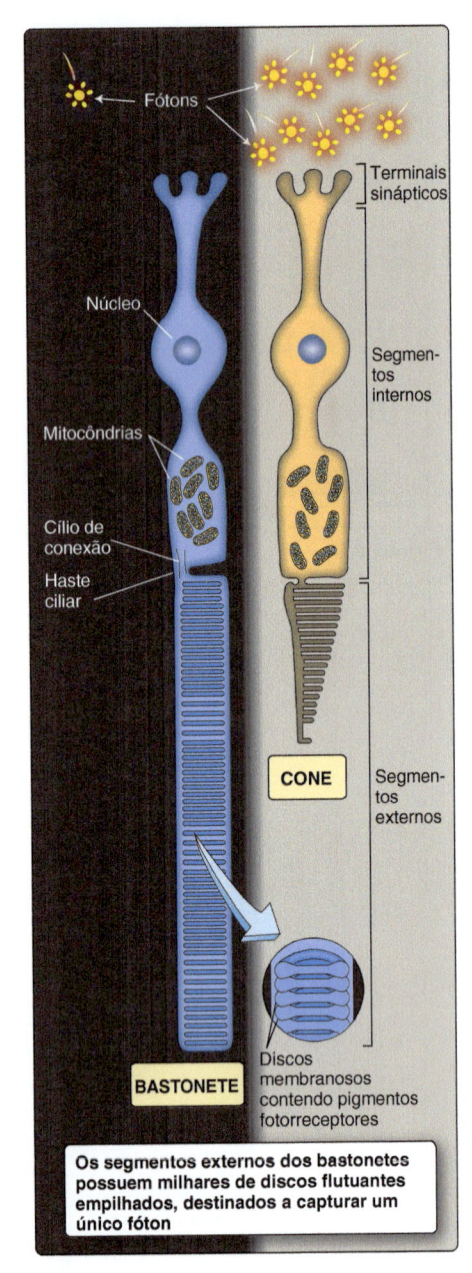

Figura 8.5
Estrutura do fotorreceptor.

IV. FOTOSSENSOR

A capacidade de captar energia de um único fóton requer um **cromóforo**, uma molécula que absorve certos comprimentos de onda luminosa, enquanto reflete ou transmite outros. Essa propriedade dá cor à molécula. O cromóforo utilizado no olho é o **retinal**, o qual pode existir sob várias conformações diferentes. A conformação 11-*cis*-retinal é muito instável, mas quando bate em um fóton imediatamente se modifica em uma configuração mais estável, o todo-*trans*-retinal. A transição é rápida (em fentossegundos), o que faz do 11-*cis*-retinal um pigmento fotorreceptor ideal. A tarefa de detectar e registrar a alteração conformacional é conferida à **opsina**, que é um receptor acoplado à proteína G. A opsina se liga covalentemente ao 11-*cis*-retinal da mesma forma que um receptor de hormônio liga o seu ligante. O receptor e o cromóforo se combinam para criar um pigmento visual chamado **rodopsina**, a qual tem uma cor vermelho-arroxeada. Quando o retinal absorve um fóton e sofre conversão, aciona uma alteração na conformação da opsina para gerar a **metarrodopsina II**. Esse evento inicia uma cascata de sinalização que, finalmente, converte a energia fotônica em um sinal elétrico.

V. TRANSDUÇÃO FOTOSSENSORIAL

A fototransdução é bastante incomum, no sentido de que a detecção do estímulo causa a *hiperpolarização* do receptor, em vez de *despolarização*, como no caso dos outros sistemas sensoriais.

A. Corrente de escuro

A membrana do segmento externo do bastonete contém um canal de cátion não específico que é regulado por monofosfato de guanosina cíclico (GMPc), como mostrado na Figura 8.6. Uma *guanilato ciclase (GC)* constitutivamente ativa mantém os níveis intracelulares de GMPc elevados no escuro, e o canal está sempre aberto. O Na^+ e pequenas quantidades de Ca^{2+} fluem para dentro do fotorreceptor, criando uma **corrente de escuro** para dentro. Canais vazantes K^+ no segmento interno permitem que o K^+ escape da célula e auxilie a contrabalançar a corrente, mas o potencial de membrana (V_m) permanece em repouso e relativamente baixo, – 40 mV.

B. Transdução

Quando um fóton atinge o retinal, a rodopsina se torce e ativa a **transducina**, a qual é uma proteína G ($[G_T]$ Fig. 8.7). Quando ativada, a subunidade $G_T\alpha$ se dissocia e ativa uma *fosfodiesterase (PDE)* associada à membrana. A *PDE* hidrolisa GMPc a GMP, e os níveis intracelulares de GMPc caem. Em consequência, o canal de cátion se desativa e fecha, e a corrente de escuro termina. O canal K^+, no segmento interno, permanece aberto, entretanto, o que leva o V_m a se tornar negativo. Essa alteração do V_m constitui um sinal de que a luz foi detectada. Embora a cascata de transdução seja relativamente lenta (de dezenas a centenas de milissegundos), ela fornece uma enorme amplificação de sinal que permite ao olho registrar fótons únicos.

C. Finalização do sinal

A cascata de amplificação é tão poderosa que um bastonete se baseia em múltiplos mecanismos de retroalimentação negativa para limitar e terminar a sinalização de maneira oportuna (Fig. 8.8).

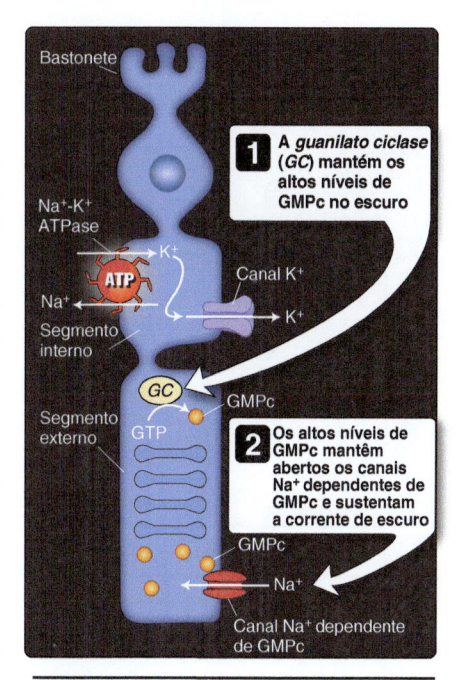

Figura 8.6
Origens da corrente de escuro. ATP = trifosfato de adenosina; GMPc = monofosfato de guanosina cíclico; GTP = trifosfato de guanosina.

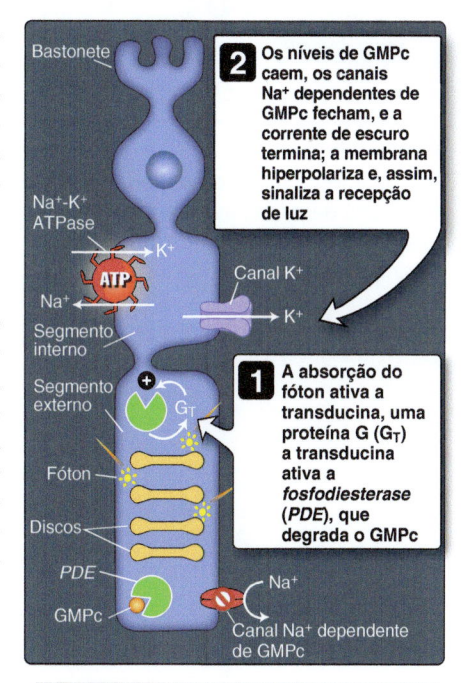

Figura 8.7
Fototransdução em baixas condições luminosas. ATP = trifosfato de adenosina; GMPc = monofosfato de guanosina cíclico.

1. **Inativação da opsina:** a forma ativa da opsina é um substrato para a atividade da *rodopsina cinase*. A opsina tem múltiplos sítios de fosforilação, e cada transferência sucessiva de fosfato reduz ainda mais a sua capacidade de interagir com G_T. A fosforilação também torna o receptor um alvo favorável para a ligação da **arrestina**. A **arrestina** é uma pequena proteína cuja única função é bloquear a interação entre a opsina e a transducina e, portanto, evitar ainda mais sinalização.

2. **Desativação da transducina:** os bastonetes também possuem uma proteína "**reguladora da sinalização por proteína G**" que aumenta a atividade de GTPase da subunidade $G_T\alpha$ e, portanto, acelera a desativação.

3. **Ativação da *guanilato ciclase*:** a corrente de escuro é mediada, em parte, por influxo de Ca^{2+}. A luz faz cessar esse influxo, e as concentrações intracelulares de Ca^{2+} caem. Isso é detectado por uma ou mais proteínas ativadoras da *GC* dependentes de Ca^{2+}, as quais respondem estimulando a atividade da *GC*, que, por sua vez, neutraliza os efeitos da *PDE*. Essa via é importante para auxiliar os fotorreceptores a se adaptarem aos níveis de luz que saturam a rota sinalizadora, e também auxilia a restabelecer a corrente de escuro, uma vez que a sinalização termine.

D. Dessensibilização

A exposição prolongada à luz brilhante dessensibiliza os bastonetes. A dessensibilização é, em parte, uma extensão do processo de inativação da opsina já descrito. A *rodopsina cinase* fosforila a opsina em múltiplos sítios, o que aumenta a afinidade de ligação da arrestina e bloqueia ainda mais as interações opsina-transducina. Com o tempo, a transducina é translocada do segmento externo para o segmento interno, quebrando efetivamente a primeira ligação crucial na cadeia de fototransdução e evitando sinalização adicional.

E. Reciclagem do retinal

O retinal é liberado da opsina logo após a ativação, e o pigmento fica amarelo (**descoramento**). A seguir, é convertido em **retinol**, também conhecido como **vitamina A**. A vitamina A é convertida em 11-*cis*-retinal, o qual se liga à opsina e restabelece o pigmento visual.

Figura 8.8
Via de fototransdução sensorial e mecanismos para limitar e finalizar a sinalização. GMPc = monofosfato de guanosina cíclico.

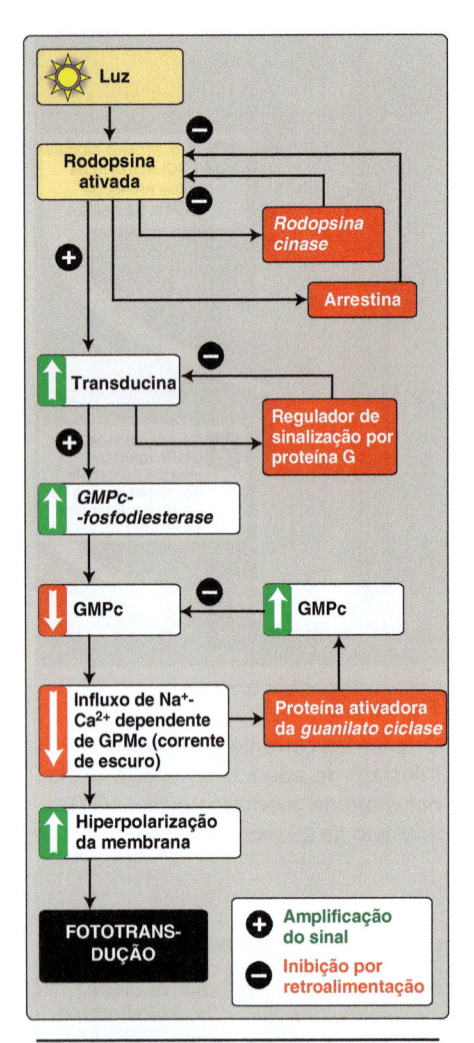

> A vitamina A é essencial para a síntese dos pigmentos visuais. Seu consumo inadequado na dieta resulta em cegueira noturna, caracterizada pela incapacidade de enxergar em baixa luminosidade devido à função diminuída dos bastonetes. A condição pode ser revertida dentro de horas pela administração de vitamina A.

VI. VISÃO DAS CORES

A visão noturna é monocromática porque os bastonetes contêm apenas um pigmento visual, sendo projetados para registrar pequenas quantidades de luz, não para fornecer informação sobre a sua qualidade. A distinção das cores requer dois ou mais pigmentos que sinalizem ao máximo em diferentes comprimentos de ondas. A visão das cores emprega três tipos de cones, cada um contendo um pigmento visual diferente (Fig. 8.9). Todos usam 11-*cis*-retinal como cromóforo, e o mecanismo de fototransdução é o mesmo descrito anteriormente para os bastonetes. Entretanto, as opsinas diferem nas suas sequências primárias, o que muda a sensibilidade do pigmento para diferentes comprimentos de onda dentro do espectro visível. Os **cones S** respondem de forma máxima a pequenos comprimentos de onda (azul-violeta: em torno de 420 nm), os **cones M** a comprimentos de onda médios (verde-amarelo: ao redor de 530 nm) e os **cones L** a comprimentos de onda longos (amarelo-vermelho: em torno de 560 nm). A sobreposição no espectro de absorção do pigmento significa que os três tipos de cones respondem à maioria das frequências de luz visível, mas a intensidade de suas respostas difere de acordo com quão próximo o estímulo se encontra da faixa ótima de percepção do cone. O encéfalo, então, extrapola as cores do fluxo de dados provenientes da retina.

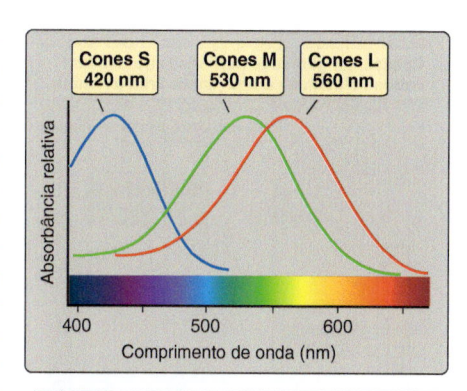

Figura 8.9
Espectro sensitivo dos cones.

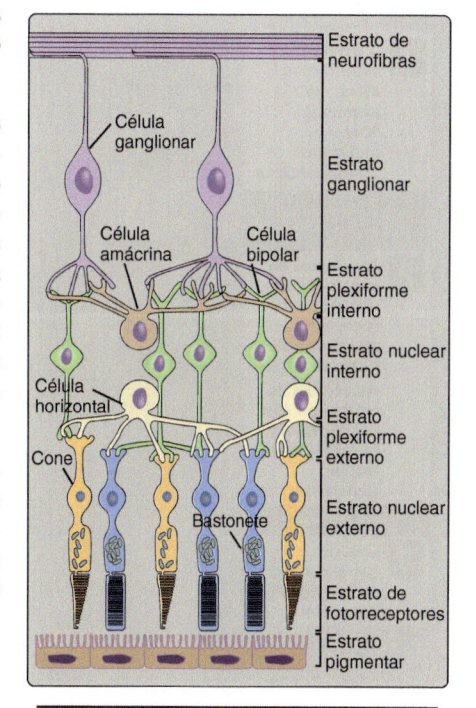

VII. PROCESSAMENTO VISUAL

O conjunto de fotorreceptores é capaz de gerar imensas quantidades de informações visuais.[1] Essas informações são repassadas aos centros visuais do SNC por meio do nervo óptico, cuja saída através da retina cria um "ponto cego" (ver Figs. 8.1 e 8.4). Se o nervo óptico levasse dados brutos, seu diâmetro deveria ser aumentado cerca de cem vezes para acomodar o número de axônios necessários, e o tamanho do ponto cego iria aumentar proporcionalmente. Assim, os dados sensoriais visuais brutos são extensivamente processados, antes de deixarem a retina, para comprimi-los e minimizar o impacto do diâmetro do nervo óptico na continuidade do conjunto sensorial.

A. Estrutura da retina

A retina é uma estrutura altamente organizada, compreendendo camadas de células que geram dados fotossensoriais (os fotorreceptores), processam sinais visuais (**células bipolares**, **células horizontais**, **células ganglionares** e **células amácrinas**) ou auxiliam na atividade neuronal (o **estrato pigmentar** e a neuróglia) como mostrado na Figura 8.10.

1. **Estrato pigmentar:** a camada mais externa da retina é um epitélio escuro, pigmentado, que absorve fótons perdidos que, de outra forma, podem interferir na formação da imagem e reduzir a acuidade visual. Sua coloração é devida a numerosos grânulos do pigmento **melanina**. O estrato pigmentar também supre os fotorreceptores com nutrientes, está envolvido na reciclagem do retinal e auxilia na renovação dos fotorreceptores. As membranas dos fotorreceptores estão sujeitas a constantes danos provocados pelos fótons e, portanto, devem ser continuamente renovadas. A pilha inteira de discos membranosos do bastonete é renovada a cada 10 dias, aproximadamente.

2. **Neuróglia:** já que a retina é uma extensão do encéfalo, os fotorreceptores e todas as células excitáveis associadas recebem suporte da glia. As **células de Müller**, as quais são um subtipo glial específico da retina, ocupam os espaços entre os neurônios e formam uma barreira (a **membrana limitante interna**, denominada **estrato limitante interno**) que separa a retina do humor vítreo.

[1] Para mais informações sobre processamento e interpretação dos sinais visuais, ver *Neurociências ilustrada*, Artmed Editora.

Figura 8.10
Principais camadas celulares da retina e suas interconexões.

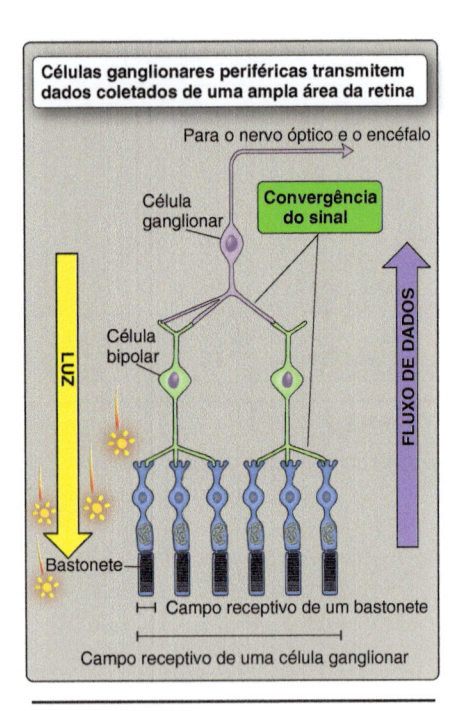

Figura 8.11

Fluxo de dados fotossensoriais na retina.

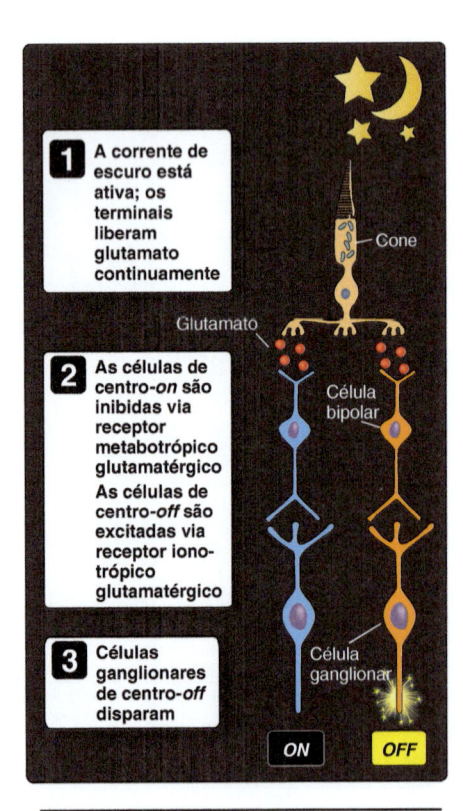

Figura 8.12

Atividade das células bipolares de centros *on* e *off* no escuro.

B. **Saída de informação do fotorreceptor**

A corrente de escuro mantém os fotorreceptores em um estado excitado e despolarizado, e seus terminais pré-sinápticos são especializados na liberação contínua de neurotransmissor (glutamato). A luz reduz essa corrente e causa uma hiperpolarização, que é graduada conforme a intensidade do estímulo. A excitação fotossensorial é sinalizada, primeiro, para as células bipolares, que é onde a convergência do sinal tem início (Fig. 8.11).

1. **Bastonetes:** os bastonetes funcionam em condições de luz mínima, na qual o objetivo é simplesmente capturar uma imagem, e a acuidade visual é um problema de segunda ordem. Assim, as células bipolares coletam e agrupam sinais vindos de vários bastonetes espacialmente distantes para aumentar a probabilidade de que eventos unitários sejam transmitidos ao córtex. A porção do campo visual cuja informação é captada por um único bastonete representa um **campo receptivo**. O campo receptivo da célula bipolar é, assim, maior porque incorpora os campos receptivos de múltiplos bastonetes (ver Fig. 8.11).

2. **Cones:** os cones operam na luz do dia. Uma vez que todos os fotorreceptores são ativos sob essas condições, o agrupamento de entradas projetadas em um grande campo receptivo degradaria a qualidade dos dados sensoriais. Assim, os cones geralmente fazem sinapses com uma única célula bipolar que preserva a informação espacial e, portanto, aumenta a acuidade visual.

C. **Saída de informação da célula bipolar**

As células bipolares executam o primeiro passo do processamento de dados. Células individuais geralmente recebem informações tanto de um grupo de bastonetes como de um único cone, mas não de ambos. Estas relações exclusivas preservam a integridade do fluxo de dados dos bastonetes e dos cones. As células bipolares são incomuns pelo fato de que não geram potenciais de ação, mas, certamente, as suas saídas de informações são graduadas. Existem pelo menos 10 tipos diferentes de células bipolares, mas podem ser divididos em dois grupos principais: células "*ON*" (ou **de centro-*on***) e "*OFF*" (ou **de centro-*off***). Os bastonetes somente fazem sinapse com células de centro-*on*. A maioria dos cones faz sinapse com, pelo menos, uma célula de cada tipo.

1. **Células *ON*:** as células de centro-*on* utilizam um receptor metabotrópico de glutamato (mGluR6) para transduzir sinais dos fotorreceptores. O receptor do glutamato está acoplado por uma proteína G inibidor a um canal não seletivo de cátion, mas, já que a relação é inibidor, o canal está impedido de abrir no escuro (Fig. 8.12). Quando os fotorreceptores são iluminados, o canal é liberado da sua influência inibidor, e a célula bipolar despolariza de uma maneira gradativa (Fig. 8.13). Essas células bipolares são conhecidas como **inversores de sinal**, porque a *hiperpolarização* do receptor causa uma *despolarização* na célula bipolar. Os inversores de sinal são excitados quando a luz é acesa (*ON*).

2. **Células *OFF*:** as células de centro-*off* expressam um receptor ionotrópico de glutamato. A ligação do glutamato causa uma corrente para dentro contínua e uma despolarização de membrana que se assemelha àquela dos fotorreceptores (ver Fig. 8.12). Quando o fotorreceptor é estimulado, sua membrana hiperpolariza, e a liberação de glutamato na sinapse é inibida. A célula bipolar com a qual o fotorreceptor faz sinapse também hiperpolariza (ver Fig. 8.13). Quando a luz é desligada (*OFF*), o fotorreceptor despolariza, e a liberação de glutamato na sinapse é restabelecida, causando excitação da célula bipolar e sinalização.

D. Saída de informação da célula ganglionar

Os fluxos de informações verticais que percorrem a via dos fotorreceptores para o estrato mais externo da retina são preservados pelas células ganglionares. Diferentemente da maioria de outras células na retina, as células ganglionares geram potenciais de ação que são utilizados para codificar digitalmente a informação visual para ser transmitida ao encéfalo. As células ganglionares de centro-*on* respondem à luz com uma sequência de potenciais de ação (ver Fig. 8.13), enquanto as células ganglionares de centro-*off* desativam quando a luz é desligada (ver Fig. 8.12).

E. Células horizontais e amácrinas

As células horizontais e amácrinas manipulam os fluxos de dados sensoriais conforme esses progridem através dos estratos da retina. As células horizontais estendem os seus processos lateralmente dentro do estrato plexiforme externo, o qual lhes permite fazer sinapse com os fotorreceptores e arranjar as informações deles provenientes no interior de um grande campo receptivo. Existem vários tipos diferentes de células horizontais. Os sinais que partem dessas células são, em geral, inibidores, utilizando tanto o ácido γ-aminobutírico quanto a glicina como neurotransmissor, e influenciando na sinalização do fotorreceptor e da célula bipolar. Seu efeito líquido é o aumento do contraste entre sinais recebidos de áreas com luz e escuras da retina. O papel das células amácrinas é menos bem entendido.

VIII. VIAS VISUAIS

Os axônios das células ganglionares formam os nervos ópticos (NC II), um por olho, os quais conduzem sinais visuais da retina ao encéfalo. Os nervos ópticos se encontram e se associam imediatamente na frente da hipófise, em uma estrutura chamada **quiasma óptico** (Fig. 8.14). Aqui, fibras do aspecto nasal da retina cruzam a linha média e juntam-se a fibras do aspecto temporal do olho contralateral para formar os **tratos ópticos**, que convergem no **corpo geniculado lateral** do tálamo. Na prática, esse cruzamento (decussação) assegura que os dados sensoriais dos campos visuais da direita de ambos os olhos sejam transmitidos para o lado esquerdo do encéfalo e vice-versa. O fluxo de dados é então transmitido do metatálamo via **radiações ópticas** para o córtex visual primário, no lobo occipital, para análise e interpretação.

IX. PROPRIEDADES ÓPTICAS DO OLHO

A luz que entra em um cômodo por uma janela não forma uma imagem perfeitamente focada do que é visto do lado de fora na parede oposta. De maneira semelhante, a luz que entra no olho não forma uma imagem nítida na retina, a menos que os feixes de luz sejam manipulados durante sua passagem através do olho.

A. Princípios ópticos

Os feixes de luz geralmente viajam em linhas paralelas. A velocidade em que viajam depende do meio pelo qual estão passando. Sua velocidade é diminuída no ar, em comparação com o vácuo, e diminui ainda mais durante a passagem pela água ou por um sólido transparente como o vidro. A relação entre a velocidade da luz no vácuo e a velocidade em diferentes meios é conhecida como **índice de refração**. O ar tem um índice de refração de cerca de 1,0003, a água tem um índice de 1,33, e a lente e a córnea dos olhos estão próximas a 1,4. Quando a luz passa em ângulo para um meio com índice de refração diferente, ela se curva. O quanto ela

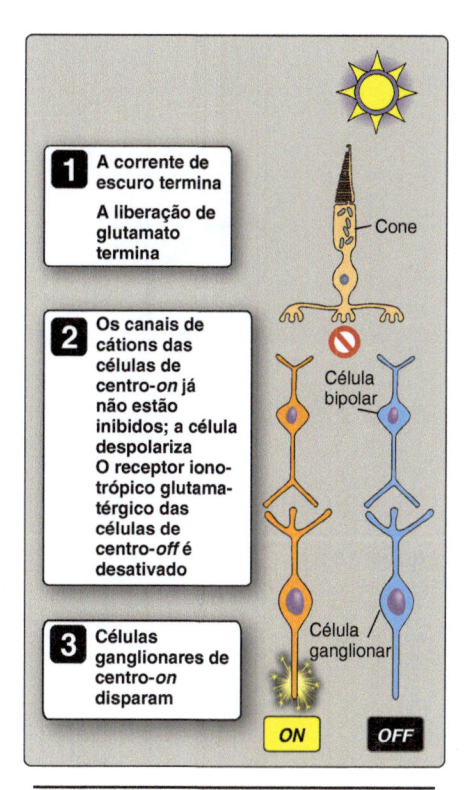

Figura 8.13
Resposta das células bipolares de centros *on* e *off* à luz.

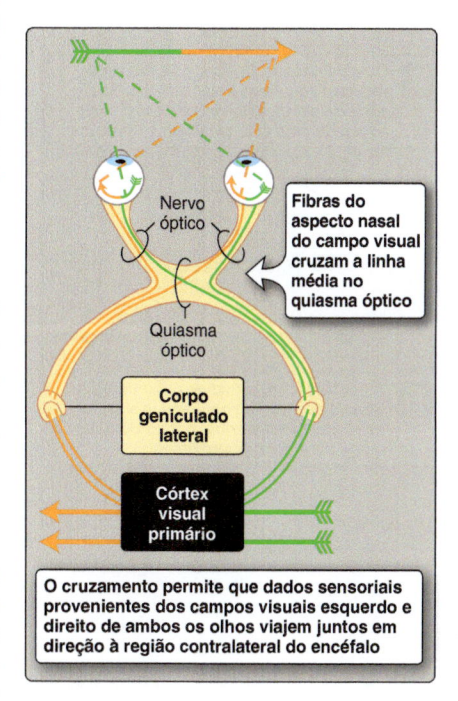

Figura 8.14
Vias para o fluxo de informações visuais para o encéfalo.

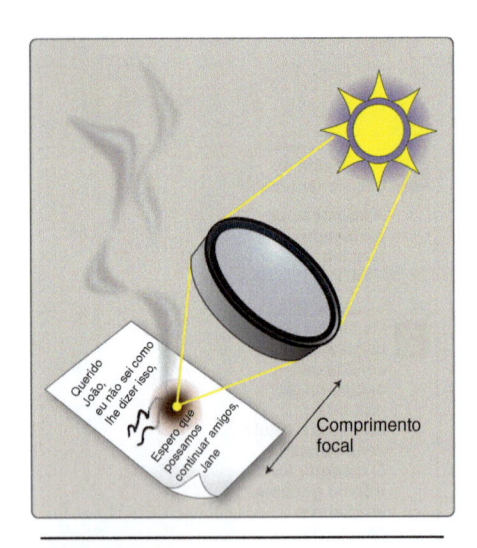

Figura 8.15
Distância focal da lente.

se curva depende da diferença no índice de refração dos dois materiais e também do ângulo de acesso.

B. Lentes simples

Lentes convexas simples (p. ex., uma lente de aumento) têm duas superfícies curvas. A sua curvatura força os raios de luz paralelos a se inclinarem em direção a um ponto focal central. Assim, uma lente de aumento mantida acima de um papel em um dia de sol cria um ponto de intensa luz branca no papel (Fig. 8.15). Quando o vidro é mantido a uma distância que se equivale ao **comprimento focal** da lente, o ponto se torna intensamente focado em uma região do tamanho de uma cabeça de alfinete, e a energia do sol faz o papel esquentar e queimar. O **poder focal** é o inverso do comprimento focal. Lentes poderosas de vidro são capazes de focalizar objetos restritos dentro de uma distância relativamente curta, comparada com uma lente fraca, e isso é alcançado, aumentando-se a curvatura das superfícies. O poder focal é medido em dioptrias (D) e calculado como o quociente recíproco do comprimento focal, em metros. Uma lente de 1 D focaliza um objeto a 1 m da lente; uma lente de 10 D focaliza a 0,1 m. O olho humano tem um poder máximo de aproximadamente 59 D.

C. Poder focal

A luz é forçada a mudar de direção diversas vezes durante sua passagem do ar até a retina. Ela é refratada nas interfaces entre o ar e a córnea, a córnea e o humor aquoso, o humor aquoso e a lente e a lente e o humor vítreo.

O maior grau de refração ocorre quando a luz transita do ar para a córnea, o que, na prática, significa que a córnea é o determinante primário da capacidade do olho em focalizar um objeto distante.

D. Acomodação

Uma lente simples tem um comprimento focal fixo. Suas superfícies podem ser moldadas para enxergar objetos distantes ou objetos próximos à mão, mas não ambos simultaneamente. Dispositivos mais complexos de visualização, tais como telescópios, ajustam o foco através de duas ou mais lentes simples, cujas posições relativas, uma em relação à outra, são variadas. O olho também é capaz de ajustar o foco, mas faz isso alterando a forma da lente, o que é conhecido como o poder de **acomodação**. A lente de um indivíduo jovem e saudável pode ajustar o poder focal por até 14 D em um terço de segundo.

1. **Olho em repouso:** a lente humana, livre de todas as outras influências, tem um formato quase esférico, devido à elasticidade natural da cápsula. A lente está suspensa no caminho da luz por numerosas fibras zonulares, as quais estão fixadas ao corpo ciliar. Em um olho em repouso, as fibras zonulares estão tensionadas por estruturas circundantes, e a lente está esticada e plana, adquirindo uma forma elíptica (Fig. 8.16A). Assim, o olho em repouso foca objetos distante.

2. **Mecanismo de acomodação:** a forma da lente e o foco são determinados pelas fibras do músculo ciliar, que está sob controle parassimpático (nervo oculomotor, NC III). Quando o olho deve focar objetos próximos, o anel de músculo ciliar é excitado e se contrai em torno da lente. Esse movimento semelhante a um esfincter libera a tensão nas fibras zonulares e permite que a lente assuma uma forma mais arredondada, e o foco se desloque correspondentemente (ver Fig. 8.16B). A cápsula da lente se torna rígida com a idade, diminuindo o poder de acomodação e aumentando a necessidade de lentes corretivas para leitura em indivíduos acima dos 40 anos de idade (**presbiopia**, derivada do grego para "olho velho").

Figura 8.16
Acomodação da lente.

Aplicação clínica 8.2 Distúrbios de refração

Considera-se que um indivíduo tenha visão normal (**emetropia**) se a luz proveniente de um objeto distante (> 6 m de distância) cruza a óptica do olho e forma uma imagem focada na retina quando o músculo ciliar está relaxado. Desvios do normal são muito comuns. A **miopia**, ou **visão curta**, se refere à condição na qual a lente projeta uma imagem na frente da retina. Isso comumente ocorre em um olho que é mais longo que o normal, mas também pode ser causado por uma lente ou córnea opticamente mais poderosas do que o normal. Colocando uma lente com superfícies côncavas na frente do olho, pode-se ajustar o plano de foco e restabelecer a acuidade visual. A **hiperopia**, ou **visão distante**, é causada por um olho que é muito curto ou por uma lente ou córnea que projetam uma imagem atrás da retina. A causa é em geral de origem genética. O **astigmatismo** é um defeito visual comum no qual irregularidades no poder focal da córnea ou da lente fazem com que porções da imagem projetada estejam embaçadas. Lentes corretivas podem restabelecer a acuidade visual. Nos últimos anos, a cirurgia **ceratomileuse assistida por *excimer laser in situ*** (**LASIK**, do inglês *laser-assisted in situ keratomileusis*) vem ganhando uma popularidade crescente como uma forma de corrigir a visão míope, por fornecer uma alternativa ao uso de lentes corretivas. A cirurgia LASIK envolve levantar a aba da córnea e então remodelá-la utilizando um *excimer laser* para restabelecer a curvatura necessária para o foco de objetos distantes.

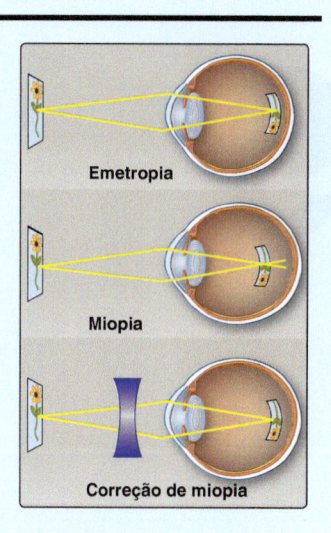

Emetropia e miopia.

Resumo do capítulo

- O olho é um órgão sensorial visual que compreende um sistema óptico (uma abertura variável e lentes) que projeta uma imagem de objetos externos em um conjunto de fotossensores. Esse conjunto torna possível captar uma representação digitalizada da imagem para transmissão ao córtex visual primário.

- O tamanho da abertura (**pupila**) é modulado como uma maneira de controlar quanta luz entra no olho (o **reflexo pupilar à luz**). O tamanho da pupila é determinado pela íris, a qual contém dois grupos de músculos lisos que estão sob controle autônomo (**nervo oculomotor**). Um conjunto de **músculos esfincterianos** diminui o tamanho da pupila quando eles se contraem (**miose**), enquanto músculos radiais dilatam a pupila (**midríase**). O sistema nervoso autônomo também regula a forma da lente, utilizando os **músculos ciliares** para permitir que o olho foque objetos próximos (**acomodação**).

- A retina é uma membrana fina, em camadas e pigmentada que contém um **conjunto de fotorreceptores**, **neurônios processadores de sinal** e glia (**células de Müller**) revestindo a parte posterior do olho. Os axônios dos neurônios de processamento visual (**células ganglionares**) deixam o olho pelo **nervo óptico**, criando o **ponto cego** da retina.

- A retina contém dois tipos de células fotorreceptoras. Os **bastonetes** são especializados em criar imagens monocromáticas em luz fraca. Os **cones** produzem imagens coloridas na luz do dia. Ambos os tipos de fotorreceptores transduzem a detecção do fóton, utilizando **cílios sensoriais** modificados, que contêm pilhas de membranas repletas de pigmentos fotossensitivos.

- Os bastonetes são encontrados em maiores densidades nas regiões periféricas da retina. Os cones estão concentrados no centro do campo visual. A **fóvea central** é uma pequena área no centro do campo visual que contém somente cones e onde as camadas neuronais se separam para permitir que a luz incida nos fotorreceptores diretamente. Essas modificações criam uma área de alta acuidade visual.

- A transdução fotossensorial ocorre quando os fótons são absorvidos pelo **cromóforo** (**retinal**) e neste acionam uma modificação conformacional. O retinal está associado a um receptor acoplado à proteína G (**opsina**), constituindo, juntos, o **pigmento visual** (**rodopsina**).

- Diferentes isoformas de opsina ajustam o pigmento visual aos comprimentos de ondas particulares, otimizando-os para visão noturna ou colorida. A visão das cores se baseia em cones que contêm um desses três pigmentos.

- Quando a luz incide sobre a rodopsina, ela ativa uma proteína G (**transducina**) e a subunidade α faz os níveis de repouso do monofosfato de guanosina cíclico (GMPc) caírem pela ativação de uma *fosfodiesterase*. Isso suprime uma **corrente de escuro** dependente de GMPc para o interior, e a membrana hiperpolariza. Essa alteração do potencial de membrana representa um **potencial receptor**.

- Sinais fotossensoriais são repassados ao córtex por uma série de neurônios (**células bipolares** e **células ganglionares**) que começam a processar os dados visuais, enquanto mantêm a integridade da informação espacial que eles contêm.

9

Audição e Equilíbrio

I. VISÃO GERAL

Os vertebrados aquáticos atuais possuem um sistema sensorial denominado linha lateral, que detecta vibrações e movimentos na água que os circunda. As linhas laterais compreendem fileiras de pequenas fossetas que correm ao longo de ambos os lados do corpo. Os movimentos são transduzidos por grupos de células ciliadas sensoriais embebidas em uma cúpula gelatinosa que se projeta de cada fosseta da linha lateral. Quando a cúpula é deslocada por correntes locais de água ou vibrações, os cílios nela embebidos também são deslocados, gerando um potencial receptor no corpo da célula ciliada. Embora os humanos não tenham mantido órgãos como a linha lateral durante a evolução, o sistema de transdução da célula ciliada trabalha tão bem que foi adaptado para ser utilizado na orelha interna. A orelha interna contém dois sistemas sensoriais contíguos baseados na célula ciliada. O sistema auditivo utiliza células ciliadas para transduzir vibrações geradas por ondas sonoras. O sistema vestibular utiliza células ciliadas para transduzir os movimentos da cabeça.

II. SOM

Os sons são ondas de pressão atmosférica, criadas pela movimentação de objetos. Por exemplo, bater um gongo de metal faz a sua superfície metálica vibrar para trás e para frente (Fig. 9.1). O gongo, por sua vez, comprime e descomprime o ar circundante para criar uma onda de pressão que se propaga para frente a uma velocidade de 343 m/s. Percebemos essas ondas de pressão como sons, a frequência das ondas refletindo seu tom. A capacidade de transduzir as ondas sonoras (**audição**) nos permite detectar objetos a uma determinada distância e, portanto, tem claras vantagens para a sobrevivência. Se um objeto que se aproxima representar uma ameaça (p. ex., um predador ou um caminhão em alta velocidade), o aviso adiantado de sua aproximação nos dá tempo para manobras de evasão. A capacidade de ouvir vocalizações permitiu o desenvolvimento da fala e comunicação oral. A capacidade de perceber os sons requer que a energia das ondas sonoras seja convertida em um sinal elétrico, um processo que ocorre dentro da **orelha interna** e se baseia em **células sensoriais ciliadas**.

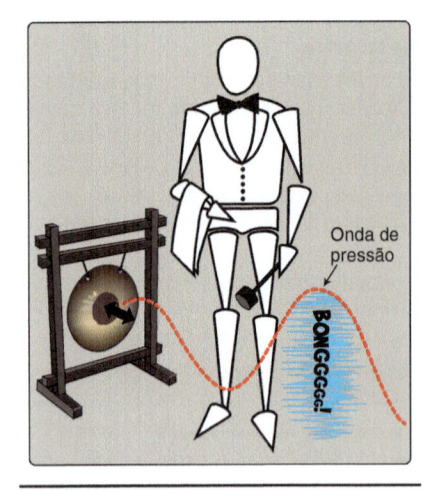

Figura 9.1
Os sons são ondas de pressão que viajam através do ar.

III. SISTEMA AUDITIVO

A elaboração de um sistema que transduza o som é relativamente fácil porque as ondas sonoras promovem a vibração de membranas. Por exemplo, os latidos de um cão criam vibrações na parede de uma latinha de refrigerante vazia ou em um frasco de leite que podem ser facilmente sentidas por mecanorreceptores nas pontas dos dedos. Os sons são, em geral, muito complexos, entretanto, compreendendo uma série de frequências que se alteram. A orelha decodifica esses sons, utilizando uma fileira de células sensoriais ciliadas, mergulhadas em uma membrana que está elaborada de forma a ressoar em diferentes frequências ao longo de sua extensão. Isso é combinado com um amplificador para criar um analisador acústico extremamente sensível.

A. Estrutura

O sistema auditivo, ou orelha, pode ser dividido em três componentes anatômicos importantes: **orelha externa**, **orelha média** e **orelha interna** (Fig. 9.2).

1. **Orelha externa:** a **orelha** (pavilhão auricular) coleta e direciona os sons. Os sons são canalizados para o canal auditivo (**meato acústico externo**), o qual permite sua passagem através do osso temporal do crânio. O canal termina em fundo cego na **membrana timpânica** (**tímpano**), a qual vibra em resposta ao som.

2. **Orelha média:** a **orelha média** é uma câmara preenchida de ar situada entre a membrana timpânica e a orelha interna. Ela se conecta com a nasofaringe pela **tuba auditiva** (**trompa de Eustáquio**), a qual drena líquidos e permite que a pressão nas duas superfícies da membrana timpânica seja equalizada. As vibrações da membrana timpânica são transmitidas à orelha interna por um sistema de alavancas articuladas, que compreende três pequenos e frágeis ossos chamados **ossículos da audição** (Fig. 9.3). Esses ossos são conhecidos como **martelo**, **bigorna** e **estribo**, nomes que refletem sua forma aproximada. O martelo está aderido à superfície interna da membrana timpânica e transmite as vibrações à bigorna, que as transmite ao estribo. A base do estribo está voltada para o interior e se encontra firmemente aderida à **janela do vestíbulo** (**janela oval**) da orelha interna.

3. **Orelha interna:** a **orelha interna** contém uma série convoluta de câmaras e tubos preenchidos por líquido (**labirinto membranáceo**). As estruturas estão encapsuladas dentro do osso (o **labirinto ósseo**), com uma fina camada de **perilinfa** distribuída entre o osso e as membranas. Esse labirinto tem duas funções sensoriais. A **porção auditiva** é chamada **cóclea**. A **porção vestibular** contribui para o nosso sentido de equilíbrio (ver Seção V, a seguir), e compreende o **utrículo** e o **sáculo** (órgãos **otolíticos**) e três **canais e ductos semicirculares**.

B. Relação de impedância

A orelha interna está preenchida com um líquido que tem uma elevada inércia, o que o torna difícil de se mover em comparação com o ar. A função da orelha média é, portanto, aproveitar a energia inerente às ondas sonoras e transmiti-la para a orelha interna com força suficiente para superar a inércia do conteúdo líquido. Esse processo é chamado de **relação de impedância**.

1. **Mecanismo:** os ossículos formam um sistema de articulação que amplifica os movimentos da membrana timpânica em torno de 30% (ver Fig. 9.3). Eles também focam os movimentos na base do estribo, cuja área de superfície é aproximadamente 17 vezes menor do que a da membrana timpânica. A amplificação e o foco combinados aumentam a força por unidade de área em aproximadamente 22 vezes, o que permite que os sons sejam transferidos à orelha interna com força suficiente para se sobrepor à inércia do líquido coclear.

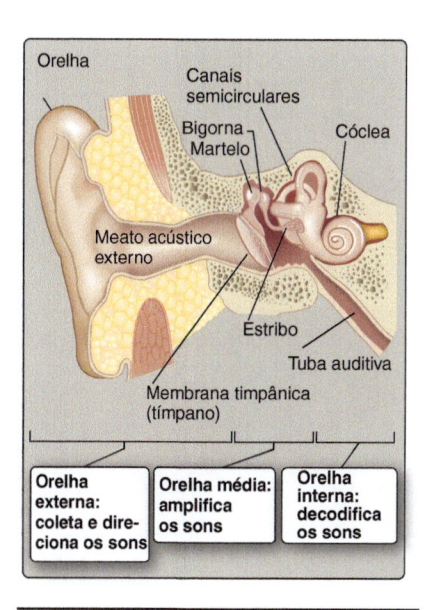

Figura 9.2
Anatomia da orelha.

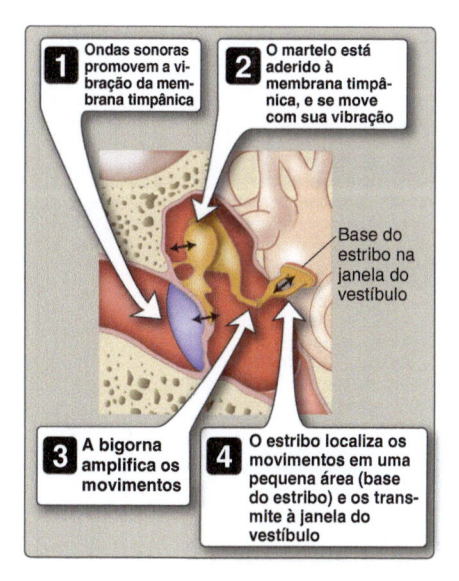

Figura 9.3
Ossículos e seu papel em igualar a impedância.

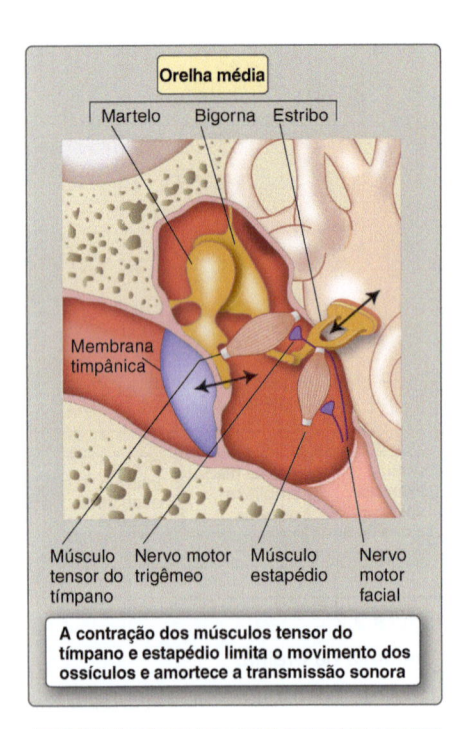

Figura 9.4
Reflexo de atenuação.

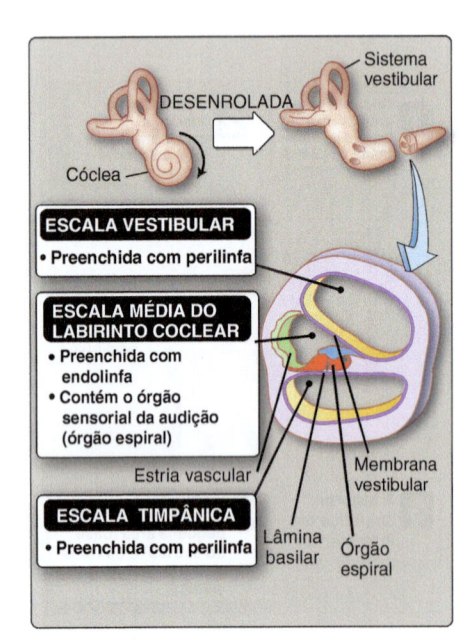

Figura 9.5
Câmaras cocleares.

2. **Amortecimento:** a flexibilidade do sistema de alavancas é modulada para reduzir a amplitude do som sob certas condições. O martelo e o estribo estão ligados a dois minúsculos músculos sob controle autônomo (Fig. 9.4). O músculo **tensor do tímpano** ancora o martelo à parede da orelha média e é inervado pelo nervo trigêmeo (nervo craniano V [NC V]). O estribo está ancorado ao músculo **estapédio**, o qual é inervado pelo nervo facial (NC VII). Quando os dois músculos se contraem, a cadeia ossicular se torna mais rígida, e a transmissão do som é atenuada. O **reflexo de atenuação** pode ser acionado por sons muito altos, mas provavelmente está destinado a abafar o som de nossa própria voz quando falamos.

C. Cóclea

A cóclea é um tubo cônico e longo (cerca de 3 cm) que contém três câmaras cheias de líquido que percorrem a extensão de todo o tubo. O tubo é enrolado como uma concha de caracol *in vivo*; mas a arquitetura funcional é mais fácil de compreender quando considerada de maneira desenrolada (Fig. 9.5). As três câmaras são chamadas de **escala de vestibular**, **escala média do labirinto coclear** e **escala timpânica**.

1. **Escala vestibular e escala timpânica:** as câmaras superior e inferior são ambas preenchidas pela **perilinfa** (um líquido semelhante ao plasma) e estão fisicamente conectadas por uma pequena abertura (o **helicotrema**) na cúpula (ou ápice) da cóclea.

2. **Escala média do labirinto coclear:** a câmara central está separada da escala vestibular pela **membrana vestibular** (ou **membrana de Reissner**) e da escala timpânica pela **lâmina basilar** (**membrana basilar**). A escala média do labirinto coclear termina um pouco antes da cúpula da cóclea e está isolada das outras duas câmaras. Ela é preenchida com **endolinfa**, um líquido rico em K^+ produzido pela estria vascular, um epitélio especializado que reveste uma das paredes da câmara (ver Fig. 9.5). A escala média do labirinto coclear contém o **órgão espiral** (**órgão de Corti**), o qual é o órgão sensorial da audição.

IV. TRANSDUÇÃO AUDITIVA

As ondas sonoras entram na cóclea através da janela do vestíbulo, a qual forma a terminação basal da escala vestibular (Fig. 9.6). O movimento do estribo inicia uma onda de pressão na perilinfa que percorre o comprimento da câmara até a cúpula da cóclea, passa pelo helicotrema e então pulsa de volta em direção à escala timpânica para a base da cóclea, onde encontra a **janela da cóclea** (**janela redonda**), uma fina membrana localizada entre a orelha interna e a orelha média. Essa membrana vibra para frente e para trás, em fase reversa com a onda gerada pelo movimento do estribo. O estribo não seria capaz de deslocar a janela do vestíbulo e colocar a perilinfa em movimento se a janela da cóclea não existisse, porque as paredes da câmara coclear estão rigidamente envolvidas pelo osso. A escala média do labirinto coclear, a qual se assemelha a um saco cheio de líquido suspenso entre as duas câmaras, é movimentada pela onda de pressão conforme pulsa para frente e para trás. Assim, embora a onda sonora nunca entre diretamente na escala média do labirinto coclear, a estrutura toda oscila, de modo semelhante à resposta de um colchão de água quando empurrado para baixo contra uma superfície rígida. É esse empurrão que é sentido pelo órgão espiral.

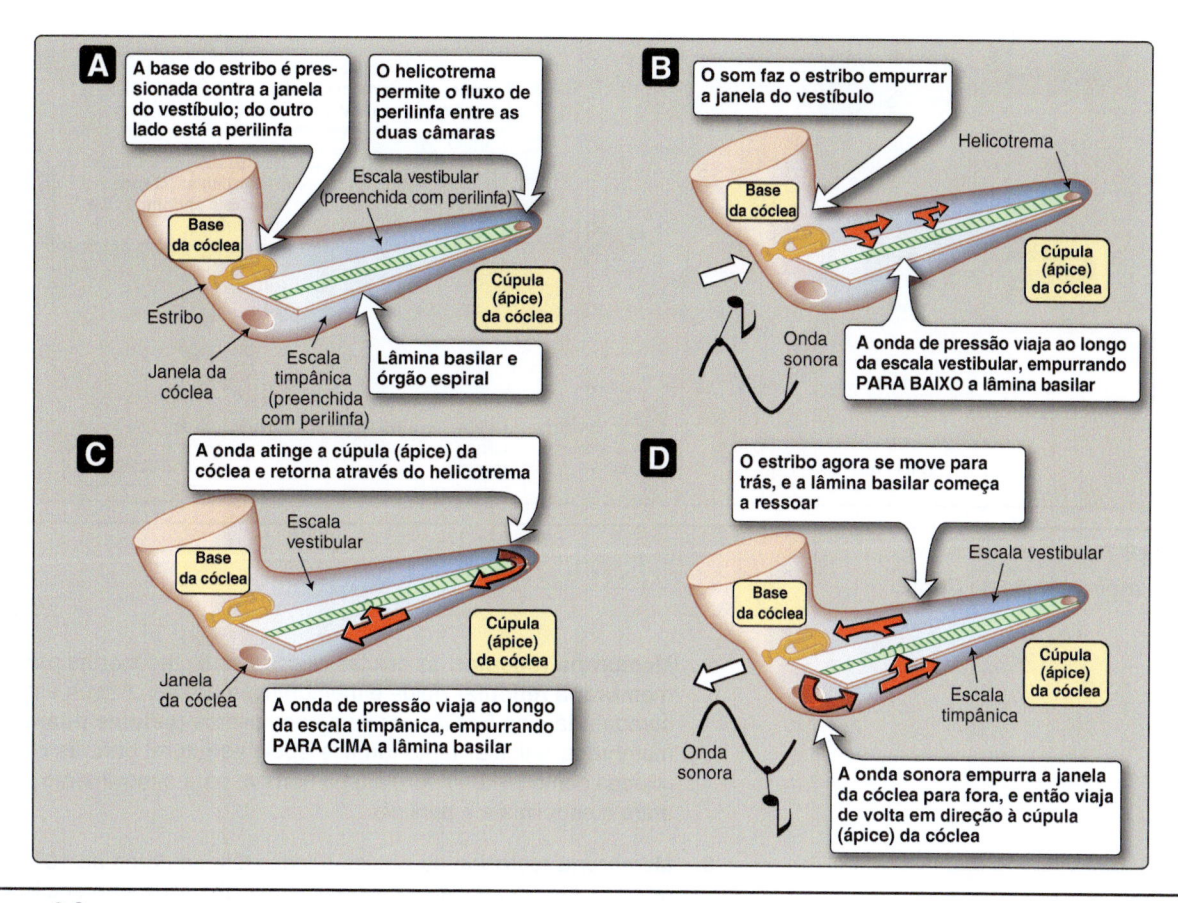

Figura 9.6
Passagem da onda sonora através das câmaras cocleares.

A. Órgão espiral (órgão de Corti)

O órgão espiral consiste em uma camada de células receptoras auditivas (células ciliadas) e suas estruturas associadas, todas apoiadas na lâmina basilar (Fig. 9.7).

1. **Tipos de células ciliadas:** as células ciliadas estão organizadas em fileiras ao longo da cóclea. Dois tipos de células ciliadas (**externas** e **internas**) podem ser diferenciados, com base em sua localização, inervação e função.

    a. **Internas:** as células ciliadas internas ([IHCs, do inglês *inner hair cells*] perfazendo um total de aproximadamente 3.500) formam uma única fileira em direção ao centro da cóclea. São densamente inervadas por neurônios sensoriais (até 20 por célula), cujos axônios formam o feixe do nervo coclear (parte do nervo vestibulococlear, ou NC VIII). As IHCs são os transdutores sonoros primários da orelha.

    b. **Externas:** existem três fileiras adicionais de células ciliadas externas (OHCs, do inglês *outer hair cells*). Embora sua quantidade total seja em torno de 20.000, a sua contribuição para a eferência do nervo auditivo é de somente cerca de 5%. As OHCs amplificam e aprimoram os sinais auditivos.

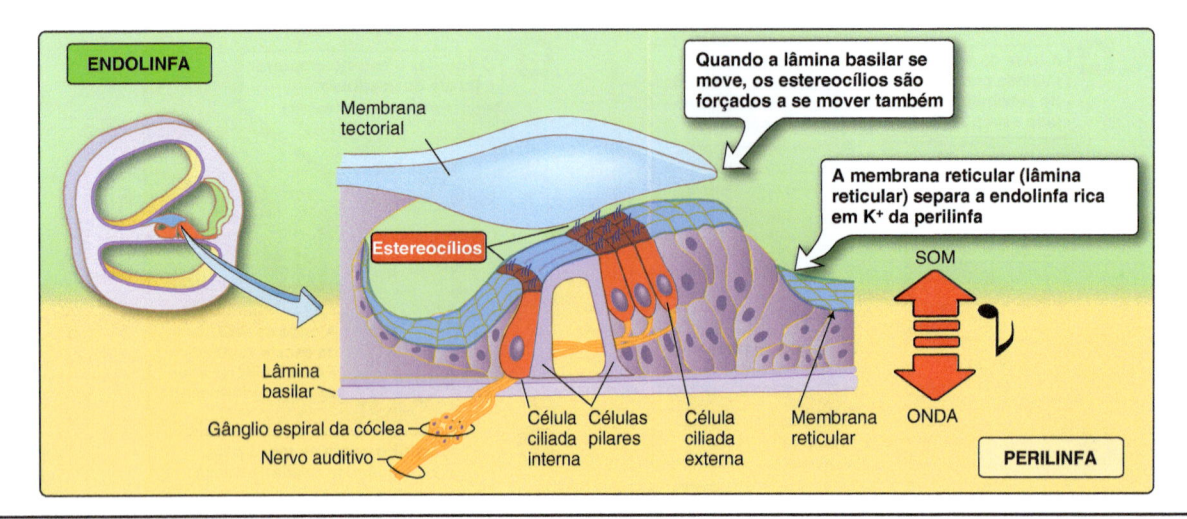

Figura 9.7
Órgão espiral (órgão de Corti).

2. **Membrana reticular:** as células ciliadas estão recobertas por uma **membrana reticular** rígida e membranosa (ver 4.II.A) que está ancorada à lâmina basilar por pequenos pilares (**células pilares**). A membrana reticular tanto fornece apoio estrutural para as células ciliadas como também forma uma barreira para o movimento iônico entre a endolinfa e a perilinfa.

3. **Membrana tectorial:** as células ciliadas têm em torno de 100 estereocílios sensoriais na sua superfície apical. Esses estereocílios se projetam através da membrana reticular para o interior da endolinfa, um líquido rico em K^+, cuja composição iônica incomum é crítica para gerar um potencial receptor auditivo (ver a seguir). As extremidades apicais dos estereocílios das OHCs estão mergulhadas em uma **membrana tectorial** gelatinosa, a qual se localiza sobre as células como um cobertor. Quando a lâmina basilar é oscilada pela ação do som, as células ciliadas são arrastadas para frente e para trás, abaixo do cobertor, e os estereocílios são forçados a se curvar (ver Fig. 9.7).

B. Função da célula ciliada

Para que as ondas sonoras sejam percebidas como tais pelo sistema nervoso central (SNC), a sua energia deve ser convertida em um sinal elétrico. O movimento é sentido no nível molecular pelos canais iônicos mecanorreceptivos localizados nas células ciliadas sensoriais.

1. **Estrutura da célula ciliada:** as células ciliadas são células sensitivas não neuronais polarizadas. Seu lado apical contém várias fileiras de estereocílios, os quais estão dispostos conforme a sua altura para apresentar certo grau de alinhamento (Fig. 9.8). O lado basal faz sinapse com um ou mais neurônios sensitivos aferentes, com os quais a célula ciliada se comunica, utilizando um neurotransmissor excitatório (glutamato) quando estimulada apropriadamente.

2. **Estereocílios:** quando se formam, as células ciliadas contêm um cílio verdadeiro (**cinocílio**), que pode auxiliar no estabelecimento da orientação estereociliar. O cinocílio não está envolvido na transdução auditiva, degenerando logo após o nascimento. Os **estereocílios** são preenchidos por filamentos de actina, e são rígidos. Eles se afinam na sua base, onde encontram o corpo da célula ciliada,

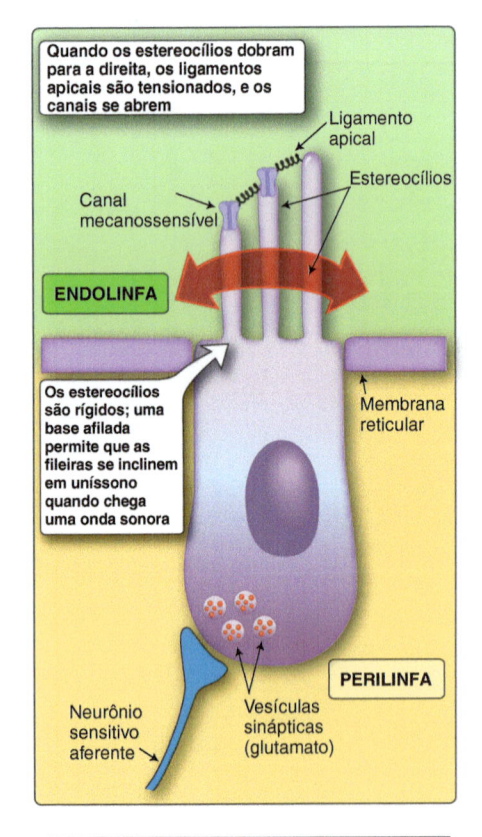

Figura 9.8
Papel dos estereocílios na transdução mecanossensorial.

criando uma dobradiça que permite a sua deflexão (ver Fig. 9.8). Os estereocílios estão ligados em seu ápice, ao longo das fileiras, por finas fitas de proteínas elásticas chamadas **ligamentos apicais**, cujas porções inferiores estão conectadas a um canal mecanossensível ou canal de **transdução mecanoelétrica** (**TME**). Quando os estereocílios se curvam em direção à fileira mais alta, os ligamentos apicais tensionam e fazem com que o canal de TME se abra. Essa é a etapa de transdução mecanossensorial.

C. Mecanotransdução

As células ciliadas encontram-se entre dois compartimentos com composições iônicas criticamente diferentes, o que favorece uma corrente incomum *despolarizante* de K^+ quando o canal de TME se abre (Fig. 9.9).

1. **Endolinfa:** os estereocílios estão banhados em endolinfa, um líquido específico que é secretado pela **estria vascular**, um epitélio altamente vascularizado (ver Fig. 9.9B). A endolinfa é caracterizada por uma concentração de K^+ de aproximadamente 150 mmol/L, muito mais elevada do que a da perilinfa ou do líquido extracelular (que é cerca de 5 mmol/L). O interior da célula ciliada em relação à endolinfa é de -120 mV, o que cria um gradiente eletroquímico muito forte para o influxo de K^+ através da membrana estereociliar.

2. **Perilinfa:** o lado basolateral da célula ciliada está banhado em perilinfa, líquido rico em Na^+ e pobre em K^+, semelhante ao líquido extracelular. Considera-se que a perilinfa apresente uma voltagem de 0 mV, assim o potencial de membrana (V_m) da célula ciliada em relação à perilinfa é de -40 mV. A diferença de voltagem entre a perilinfa e a endolinfa, que se aproxima de 80 mV, é conhecida como **potencial endococlear**.

3. **Correntes de receptor:** o canal mecanossensível de TME é relativamente não seletivo para cátions, e pode ser um membro da família de canais receptores de potencial transitório (ver 2.VI.D). Quando o canal se abre, o K^+ (e o Ca^{2+}) fluem para o interior da célula e promovem uma despolarização do receptor (ver Fig. 9.9A). Essa situação contrasta fortemente com os efeitos usuais da abertura dos canais K^+ no V_m. A maioria das células está banhada em líquido

---

Aplicação clínica 9.1 Perda auditiva congênita

A perda auditiva congênita (PAC) resulta de mutações em algum dos muitos genes necessários para transdução, sinalização e processamento da audição. A forma mais comum de PAC resulta de uma mutação recessiva no gene *GJB2* (conhecido anteriormente como *DFNB1*), o qual codifica a conexina-26. As conexinas são proteínas que formam os canais das junções comunicantes entre as células adjacentes de muitos tecidos, incluindo os da estria vascular (ver 4.II.F). O gene *KCNJ10* codifica um canal K^+ dependente de trifosfato de adenosina, que é expresso nas células intermédias da estria vascular (ver Fig. 9.9B). Essas células são responsáveis pela manutenção da elevada concentração de K^+ na endolinfa. A mutação de *KCNJ10* interrompe a reciclagem de K^+, derruba o potencial endococlear que é necessário para a transdução auditiva e causa surdez profunda.

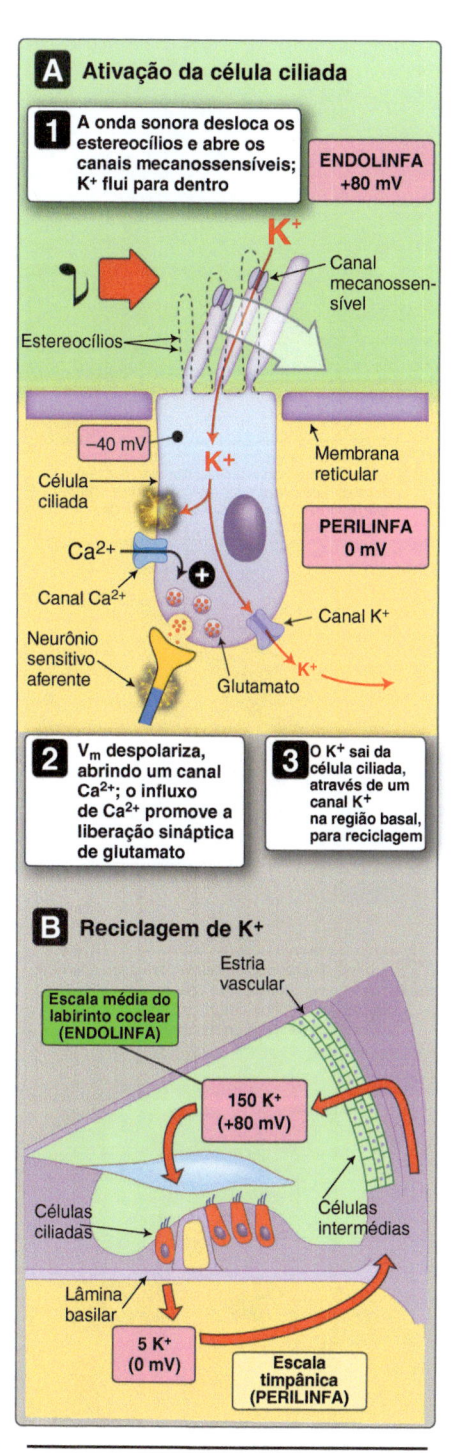

Figura 9.9

Transdução mecanossensorial e reciclagem de K^+. As concentrações de K^+ são dadas em mmol/L. V_m = potencial de membrana.

extracelular com baixa concentração de K⁺, assim, a abertura de canais K⁺, em geral, causa efluxo de K⁺ e hiperpolarização.

4. **Reciclagem de potássio:** o K⁺ sai das células ciliadas pelos canais K⁺ na membrana basolateral (ver Fig. 9.9A) e retorna à endolinfa por meio da estria vascular (ver Fig. 9.9B).

D. **Codificação auditiva**

A maioria dos sons é uma mistura complexa de tons de intensidades variáveis. A altura de um som se correlaciona com a amplitude da onda de pressão. As intensidades sonoras são medidas em uma escala logarítmica em decibéis (dB). A frequência das ondas (medida em **Hertz** [Hz]) determina se ela é percebida como uma nota alta ou baixa (i.e., o seu tom).

1. **Amplitude da audição:** a conversação normal é mantida em torno de 60 dB; o farfalhar de folhas, em cerca de 10 dB. Sons de aproximadamente 120 dB causam desconforto, e qualquer ruído mais alto é percebido como doloroso, podendo causar danos auditivos agudos. A capacidade de discriminar as frequências sonoras acima de 2.000 Hz diminui com a idade (**presbiacusia**), mas a maioria das pessoas jovens pode ouvir sons em uma faixa de 20 a 20.000 Hz.

2. **Sonoridade:** a relação entre a amplitude sonora e a saída de informações da célula ciliada é relativamente simples.

   a. **Saída de informações da célula ciliada:** sons muito altos fazem a escala média do labirinto coclear oscilar em uma extensão maior do que sons mais baixos, o que leva a um maior deslocamento dos estereocílios e prolonga os períodos de abertura dos canais de TME. As amplitudes do potencial receptor e os picos de frequências nos neurônios sensitivos aferentes aumentam proporcionalmente.

   b. **Saída de informações do nervo sensitivo:** as fileiras de estereocílios das IHCs e OHCs estão todas voltadas para a mesma direção. Esse direcionamento é importante porque os canais de TME apenas se abrem quando os cílios são deslocados em direção às fileiras mais altas, e uma orientação semelhante permite uma resposta unificada para o movimento da lâmina basilar. Na ausência de som, os ligamentos apicais apresentam uma tensão de repouso, que mantém abertos alguns canais de TME e gera uma corrente basal para dentro e uma frequência de disparos no nervo auditivo, mesmo quando todos os estereocílios estão parados e eretos (Fig. 9.10A). Quando uma onda sonora entra no órgão espiral, empurra a lâmina basilar, e os estereocílios se deslocam para trás e para frente sob a membrana tectorial. Quando a pressão é alta na escala vestibular do vestíbulo, a lâmina basilar se curva para baixo, e os estereocílios se deslocam na direção oposta à da fileira mais alta. Esse movimento libera a tensão de repouso dos ligamentos apicais e permite que qualquer canal de TME que esteja aberto se feche. A corrente de repouso da célula ciliada e a atividade do nervo auditivo cessam (ver Fig. 9.10B). Quando a pressão é baixa na escala vestibular, os estereocílios são deslocados em direção à fileira mais alta. Os ligamentos apicais tensionam, os canais de TME se abrem e a taxa de disparos do nervo auditivo aumenta proporcionalmente à intensidade da onda de pressão (ver Fig. 9.10C). Assim, a passagem da onda sonora faz o V_m da célula ciliada passar de negativo a positivo, e a aferência sensitiva res-

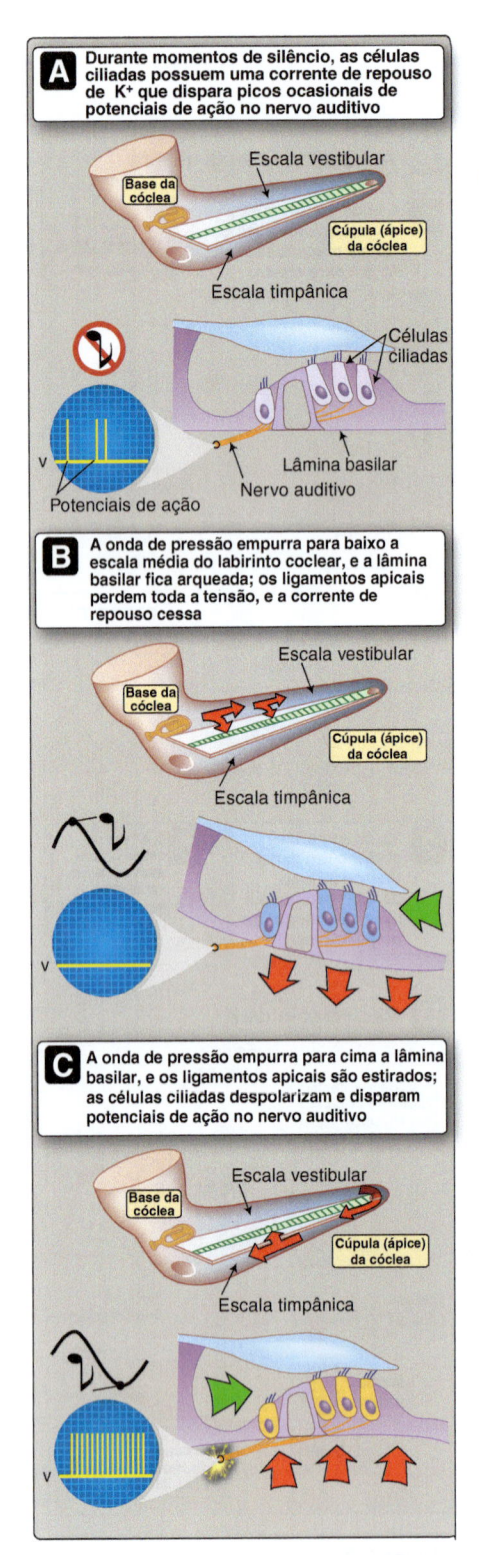

Figura 9.10

Efeitos da onda sonora nas células ciliadas dentro do órgão espiral. V = voltagem.

ponde com sequências de disparos intercalados com períodos quiescentes.

3. **Frequências:** a cóclea está organizada de forma muito semelhante a um instrumento de cordas, tal como um piano ou uma harpa. Em uma extremidade, as cordas são curtas e tensas, ressoando em altas frequências. Na outra extremidade, as cordas são longas e produzem notas de baixa frequência. Na cóclea, a lâmina basilar exerce uma função semelhante à das cordas. Essa lâmina se estende por toda a extensão da cóclea e se afila (Fig. 9.11). Na base, lâmina é relativamente fina (cerca de 0,1 mm) e rígida. Os estereocílios, aqui, tendem a ser curtos e rígidos também. Na prática, isso significa que a base ressoa, e as células ciliadas são deslocadas ao máximo por sons de alta frequência (ver Fig. 9.11A e B). A lâmina basilar se amplia para cerca de 0,5 mm e se torna aproximadamente 100 vezes mais flexível em direção à cúpula (ápice) da cóclea, e os estereocílios se tornam mais longos e mais flexíveis. A cúpula está sintonizada para sons de baixas frequências (ver Fig. 9.11B e C). Isso fornece um meio de quebrar um som complexo em suas frequências individuais e repassar a informação sobre seu ritmo relativo e intensidade ao SNC. Essa análise acústica é conhecida como **codificação auditiva local**.

4. **Sintonia fina:** as OHCs respondem aos sons com potenciais receptores, mas contribuem de forma mínima para o fluxo de dados auditivos que chegam ao SNC. Em vez disso, os potenciais receptores das OHCs são utilizados para modificar a forma das células ciliadas. A despolarização faz o soma da célula se contrair, e os estereocílios são tracionados para baixo da membrana tectorial, enquanto a hiperpolarização causa a distensão da célula. Os detalhes não são bem conhecidos, mas essas alterações de forma são utilizadas para amplificar os movimentos da lâmina basilar induzidos pelos sons, criando um **amplificador coclear**. Desse modo, a função da OHC pode ser sintonizar a discriminação de frequência pelas IHCs.

> O amplificador coclear é capaz de gerar sons (**emissões otoacústicas**) suficientemente altos para serem ouvidos por um espectador. As emissões podem ocorrer espontaneamente ou em resposta a um estímulo auditivo que tenha sido aplicado. O fenômeno fornece uma base não invasiva para testar defeitos auditivos em recém-nascidos e crianças pequenas. Danos à orelha interna eliminam as emissões.

E. Vias auditivas

Os aferentes sensitivos que inervam as células ciliadas na cúpula da cóclea são ativados com sons de baixa frequência, enquanto os aferentes da base da cóclea se ativam com sons de alta frequência (ver Fig. 9.11), o que permite um mapeamento espacial das frequências sonoras (**tonotopia**). A integridade do mapa é preservada durante a retransmissão ao córtex auditivo para processamento e interpretação. Os sinais auditivos são repassados da cóclea ao SNC por meio do gânglio espiral, o qual está localizado dentro do **modíolo** ósseo que forma o centro da espiral coclear. O nervo coclear se junta ao nervo vestibular para se tornar o nervo vestibulococlear (NC VIII), o qual se projeta aos núcleos cocleares no bulbo do tronco en-

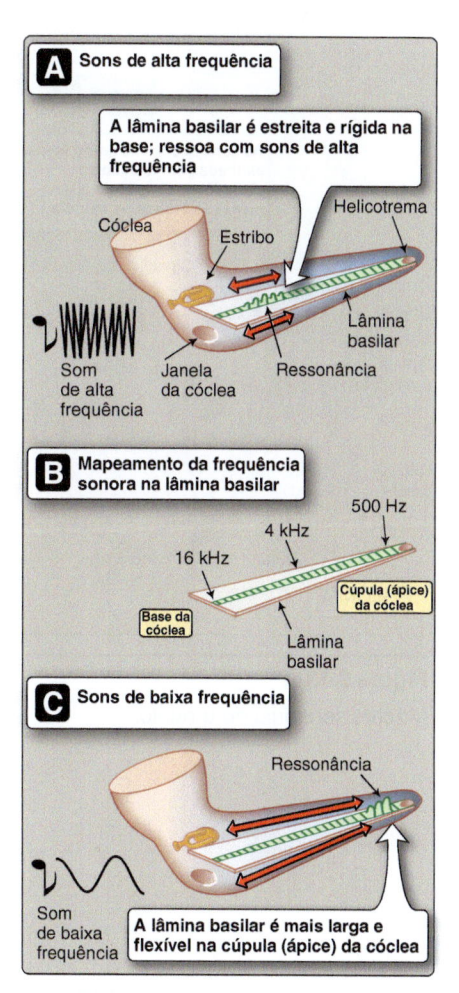

Figura 9.11
Codificação auditiva.

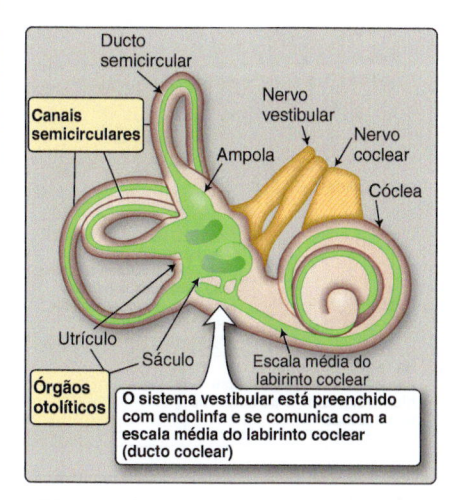

Figura 9.12
Sistema vestibular e cóclea.

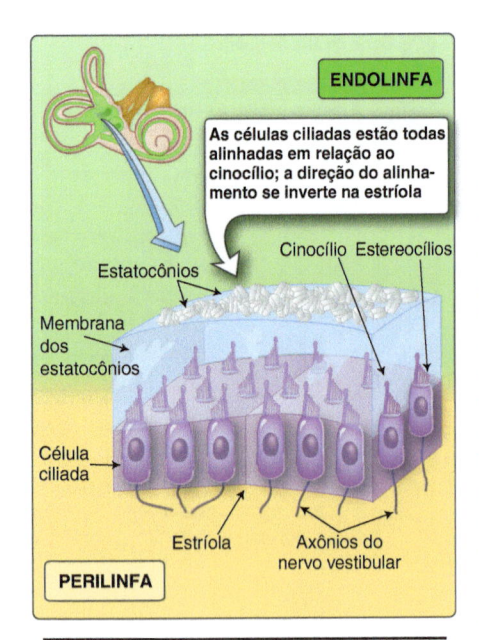

Figura 9.13
Mácula sensorial do utrículo.

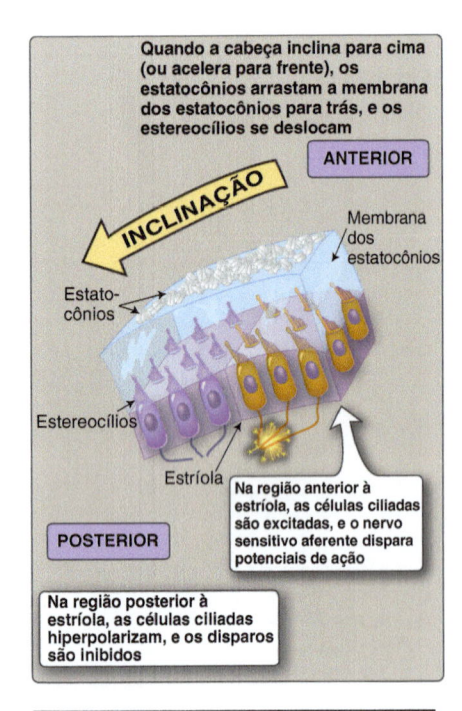

Figura 9.14
Resposta da mácula do utrículo à inclinação da cabeça.

cefálico. Muitas fibras, então, cruzam a linha média e se dirigem ao **colículo inferior** do mesencéfalo, uma área envolvida na integração auditiva. A informação é, então, repassada ao córtex auditivo primário e às áreas associadas envolvidas na fala (**área de Wernicke**) para interpretação.

V. EQUILÍBRIO

A capacidade de ficarmos eretos em pé é um fenômeno no qual raramente pensamos, até que o sistema seja prejudicado por uma doença ou pelo envelhecimento, ou quando nos colocamos em situações que nos forcem a prestar atenção (p. ex., caminhando em uma trilha de um precipício ou subindo em um barco oscilante). A manutenção do equilíbrio requer aferência sensitiva de numerosas áreas que constantemente informam os sistemas de controle motor sobre a posição do corpo. O mais importante desses é o sistema vestibular, um órgão sensorial especializado que fornece informação sensorial rápida sobre alterações na posição da cabeça. O sistema vestibular nos permite corrigir a posição do corpo antes que caiamos e auxilia a manter uma imagem estável na retina durante os movimentos da cabeça.

A. Sistema vestibular

O sistema vestibular é uma parte da orelha interna. Seus principais componentes são os órgãos otolíticos e os canais e ductos semicirculares (Fig. 9.12). Como a cóclea, esse sistema compreende estruturas membranáceas labirínticas, envolvidas por osso e banhadas por perilinfa. O interior, que é contínuo com a escala média do labirinto coclear, contém endolinfa. A transdução sensorial se baseia em células ciliadas mecanossensíveis, as quais, diferentemente daquelas da cóclea, retêm o seu cinocílio.

1. **Órgãos otolíticos:** os órgãos otolíticos (**utrículo** e **sáculo**) compreendem duas câmaras próximas ao centro da orelha interna. O utrículo detecta a aceleração e a desaceleração lineares. O sáculo está orientado para detectar movimentos causados pela aceleração vertical (p. ex., quando andamos de elevador). Ambos também respondem a alterações no ângulo da cabeça.

2. **Canais semicirculares:** os canais semicirculares detectam a rotação angular da cabeça. Como o nome sugere, os canais compreendem ductos semicirculares, com uma dilatação (**ampola**) na sua base. O sistema vestibular compreende três desses canais (**anterior**, **posterior** e **horizontal**), que estão orientados perpendicularmente um ao outro, de forma a permitir a detecção de movimentos em qualquer uma das três dimensões.

B. Função dos órgãos otolíticos

Cada órgão otolítico contém um epitélio sensorial (a **mácula**) composto por muitas carreiras de inumeráveis células ciliadas e suas estruturas de sustentação (Fig. 9.13). O cinocílio e os estereocílios que se projetam da superfície apical da célula ciliada se inserem em uma **membrana dos estatocônios** (membrana otolítica), gelatinosa, salpicada de cristais de carbonato de cálcio ("pedras das orelhas", **estatocônios** ou otólitos), que dão à membrana o seu nome. Sua função é acrescentar uma massa inerte à membrana.

1. **Mecanotransdução:** quando a cabeça se inclina para frente ou para trás, a membrana dos estatocônios se move sob a influência da gravidade, e os cílios sensoriais nela inseridos se curvam (Fig.

9.14). Movimentos semelhantes ocorrem quando a cabeça acelera ou desacelera repentinamente. A etapa de mecanotransdução é idêntica à descrita anteriormente na Seção IV.C. Quando os estereocílios se movem em direção ao cinocílio, os ligamentos apicais tensionam e abrem um canal mecanossensível na extremidade ciliar, a membrana despolariza e os aferentes dos nervos sensitivos disparam potenciais de ação. Quando o conjunto de estereocílios se movimenta em direção oposta à do cinocílio, a membrana hiperpolariza, e a atividade do nervo vestibular diminui.

2. **Orientação das células ciliadas:** no interior de ambos os órgãos otolíticos, as células ciliadas estão orientadas em relação à **estríola**, uma saliência da membrana dos estatocônios. Essa saliência se curva ao longo da largura da mácula, significando que a orientação das células ciliadas muda também com a curvatura. Isso permite que as células ciliadas sintam o movimento em qualquer direção (Fig. 9.15). A orientação das células ciliadas também se inverte na estríola (ver Figs. 9.13 e 9.15), o que garante que os movimentos lineares da cabeça sempre ativem, pelo menos, algumas células ciliadas dentro de ambos os órgãos otolíticos, o que aumenta ainda mais a discriminação sensorial.

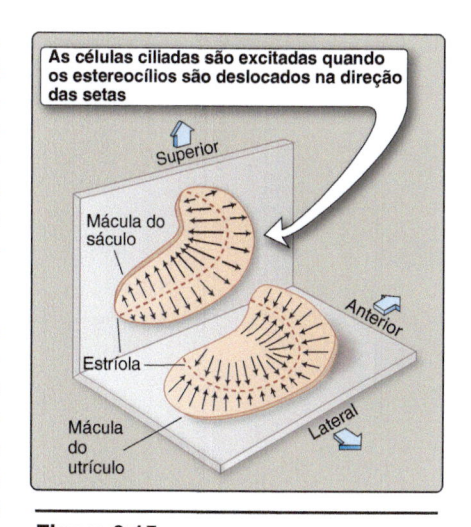

Figura 9.15
Orientação das células ciliadas nas máculas do utrículo e do sáculo.

C. Função do canal semicircular

Dentro dos canais semicirculares, o epitélio sensorial é coberto com células sensoriais ciliadas e forma uma saliência como uma crista (a **crista ampular**), conforme mostrado na Figura 9.16. Os seus cílios estão embebidos em uma capa chamada **cúpula ampular**, que cruza o interior da ampola, obstruindo-a. Os canais são preenchidos com endolinfa. Quando a cabeça se move, as paredes do canal deslizam pela endolinfa, a qual é mantida no lugar por inércia. Coloque um cubo de gelo para flutuar em uma jarra grande preenchida com água e observe a sua posição em relação ao bico ou à alça. Se você agora girar no lugar, segurando a jarra, notará que a inércia impede que o conteúdo da jarra se mova mesmo que suas paredes girem em torno dele. Um fenômeno semelhante acontece nos canais semicirculares. Dentro da ampola, o movimento da cabeça arrasta a cúpula através da endolinfa, fazendo com que ela se dobre. Tal ação arrasta as células ciliadas e gera um potencial receptor, cuja polaridade se correlaciona com a direção do movimento. Se a cabeça estiver em rotação contínua, a endolinfa finalmente atingirá a mesma velocidade rotacional, e o potencial receptor diminuirá. A desaceleração repentina inicia uma nova resposta. Note que o sistema vestibular compreende três desses canais, orientados em ângulos retos, uns em relação aos outros, de forma a detectar movimentos de rotação em qualquer direção. As estruturas da orelha interna estão também espelhadas em cada lado da cabeça. As respostas dos seis canais e quatro órgãos otolíticos são integradas pelos núcleos vestibulares do tronco encefálico.

D. Núcleos vestibulares

O tronco encefálico contém um grupo de núcleos vestibulares que forma um centro de controle integrativo, responsável pelo equilíbrio. Os sinais nervosos sensoriais vestibulares chegam aos núcleos por meio do nervo vestibular, do gânglio vestibular e do nervo vestibulococlear (NC VIII). Os aferentes sensoriais vestibulares também se projetam ao cerebelo. Os núcleos vestibulares ainda recebem informação sensorial dos olhos e proprioceptores somáticos localizados nos músculos e nas articulações (ver 11.II). Essa informação é integrada e, então, utilizada para executar movimentos reflexos dos olhos, da cabeça e dos músculos envolvidos no controle da postura.

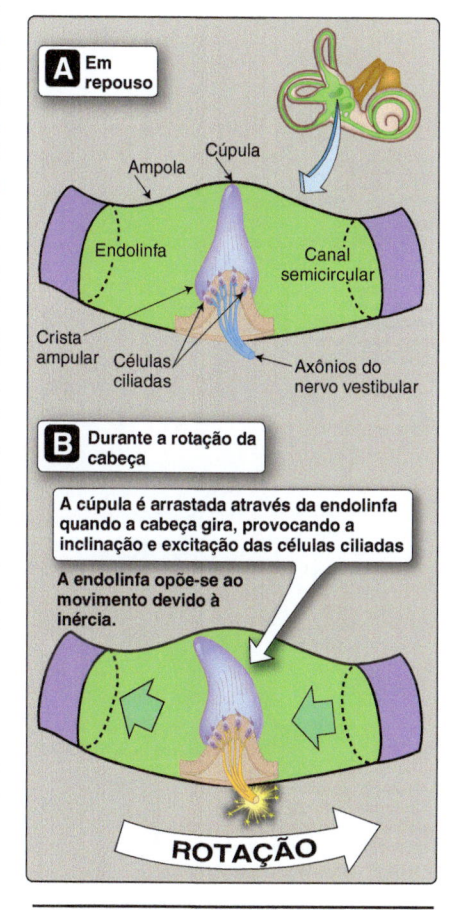

Figura 9.16
Transdução dos movimentos de rotação da cabeça pelos canais semicirculares.

Aplicação clínica 9.2 Disfunção vestibular

O sentido normal do equilíbrio é tão importante, que casos graves de disfunção vestibular podem causar incapacidade. Mesmo os casos mais moderados podem trazer sensações altamente perturbadoras de **vertigem** e náuseas. A vertigem é uma sensação de rodar no espaço ou de que uma sala está rodando em torno da pessoa, mesmo que esta esteja parada. A **vertigem posicional paroxística benigna** (**VPPB**) é a forma mais comum de disfunção vestibular. Seus sintomas incluem tontura, atordoamento e vertigem. Em geral, ocorre quando nos viramos na cama ou quando saímos dela. Inclinar a cabeça para olhar para cima também pode provocar um surto. A VPPB é causada por estatocônios ("pedras das orelhas") que se desprenderam da membrana dos estatocônios e se deslocaram até um dos canais semicirculares. Estes, então, estimulam inapropriadamente as células ciliadas quando a cabeça se move em uma direção particular. A VPPB em geral é espontaneamente curada, embora os episódios possam ser recorrentes. A manipulação sequencial da cabeça por um terapeuta treinado para fazer os estatocônios saírem dos canais pode resultar em uma solução permanente. Episódios de vertigem e tontura também podem ser causados por infecção ou inflamação da orelha interna (**labirintite**), que em geral é acompanhada pela perda da audição. O tratamento adequado pode levar à completa recuperação, tanto da audição como do equilíbrio. A **doença de Ménière** é uma disfunção idiopática da orelha interna que se acredita resultar da drenagem inadequada da endolinfa da orelha interna.

E. Reflexo vestíbulo-ocular

Alterações na posição da cabeça afetam a posição dos olhos também, o que é problemático, porque imagens que se movem não têm acuidade. O movimento de uma câmera, de forma semelhante, deixa a foto embaralhada. Uma função vestibular importante é, portanto, informar os centros de controle motor ocular sobre a direção do movimento da cabeça, de forma que a posição do olho possa se ajustar para manter uma imagem retiniana estável, mesmo quando a cabeça está em movimento (um **reflexo vestíbulo-ocular** [**RVO**]). A Figura 9.17 considera o que acontece quando a cabeça é girada para a esquerda, por exemplo, mas princípios semelhantes governam as respostas aos movimentos da cabeça em qualquer direção. O giro da cabeça para a esquerda estimula as células ciliadas no canal semicircular horizontal no lado esquerdo e inibe a saída do canal horizontal no lado direito. Os sinais sensoriais são repassados pelos núcleos vestibulares ao **núcleo abducente** contralateral, um núcleo de nervo craniano (NC VI) localizado no tronco encefálico. Eferências excitatórias desse núcleo trafegam diretamente pelo nervo abducente ao músculo reto medial esquerdo do olho, um dos seis músculos que controlam os movimentos oculares. Essas eferências também trafegam através do fascículo longitudinal medial para o núcleo oculomotor (NC III), de onde excitam o músculo reto lateral direito. Rotas inibidoras suprimem simultaneamente a contração dos músculos reto lateral esquerdo e medial direito, e os olhos seguem a luz, um movimento que é exatamente igual e oposto às alterações na posição da cabeça. Como resultado, a imagem na retina permanece centralizada. As rotas entre o sistema vestibular e os olhos são muito curtas e, assim, o reflexo é extremamente rápido.

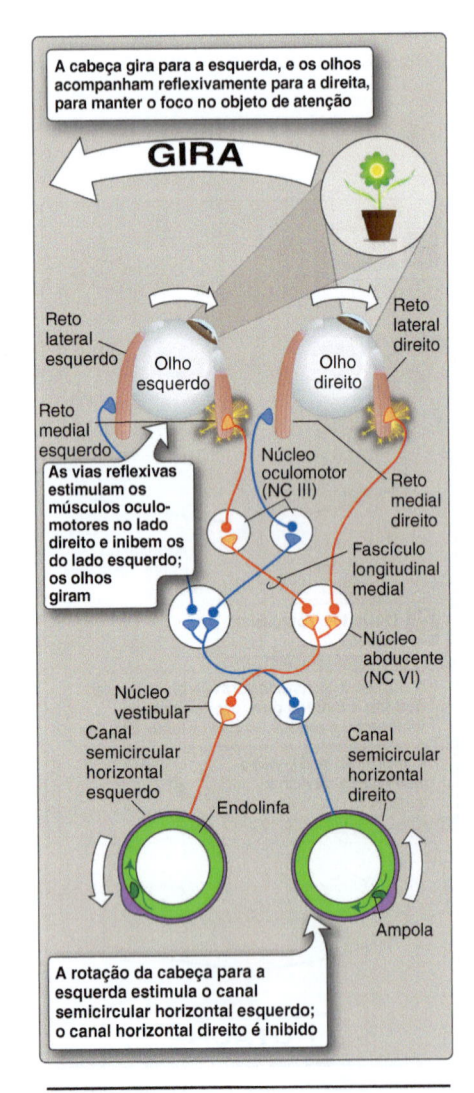

Figura 9.17
Reflexo vestíbulo-ocular. NC = nervo craniano.

Aplicação clínica 9.3 Teste calórico do reflexo vestíbulo-ocular

O reflexo vestíbulo-ocular (RVO) fornece uma forma de se avaliar a funcionalidade do sistema vestibular, do tronco encefálico e das vias oculomotoras. Durante o teste do reflexo calórico, a cabeça de um paciente em decúbito dorsal é inclinada 30° para cima, e o meato acústico externo é então irrigado com uma seringa contendo aproximadamente 50 mL de água gelada. A água fria estabelece um gradiente de temperatura através do canal horizontal. A endolinfa na porção do canal mais próxima à orelha externa se torna mais densa conforme ela se resfria, e afunda sob a influência da gravidade. Esse movimento de afundamento desloca a endolinfa em porções mais afastadas da orelha resfriada, levando a um movimento de líquido dentro do canal que mimetiza os efeitos de rotação da cabeça na direção oposta da orelha estimulada. O RVO faz ambos os olhos se voltarem vagarosamente em direção à orelha resfriada e, então, rapidamente reajustam o seu foco em direção ao lado oposto (o rápido movimento de reajuste é chamado **nistagmo**). A irrigação da orelha com água quente estimula a torção da cabeça em direção à orelha estimulada. O teste do reflexo calórico é uma maneira útil de acessar a função do tronco encefálico em pacientes em coma. O RVO é geralmente anormal ou ausente em pacientes que sofreram hemorragia ou infarto no tronco encefálico.

Resumo do capítulo

- Tanto o **sistema auditivo** como o **sistema vestibular** utilizam **células ciliadas mecanossensíveis** para transduzir as ondas sonoras e os movimentos da cabeça, respectivamente.

- Os sons são coletados pela **orelha externa** e canalizados pela **membrana timpânica** para o interior da orelha média, onde são amplificados por um sistema de alavancas articuladas, que compreende três **ossículos** (**martelo**, **bigorna** e **estribo**). O estribo transfere o som, pela **janela do vestíbulo**, à **cóclea**, da **orelha interna**, para transdução auditiva.

- A cóclea é um tubo longo, cônico, enrolado em espiral. Contém três câmaras tubulares preenchidas por líquido. As duas câmaras externas contíguas (a **escala vestibular** e a **escala timpânica**) estão preenchidas com **perilinfa** e fornecem um caminho para os sons viajarem pelo sistema. Um tubo central (a **escala média do labirinto coclear**) é preenchido com **endolinfa**, rica em K^+, e contém o órgão sensorial da audição.

- O som é transduzido pelo **órgão espiral**, que contém quatro fileiras de células ciliadas sensoriais. Os **estereocílios** se projetam da superfície apical das células ciliadas para a câmara central e se acomodam dentro da **membrana tectorial**, que as sobrepõe. A superfície basolateral das células se assenta na **lâmina basilar**.

- Quando as ondas sonoras deslocam a lâmina basilar, os estereocílios se curvam. Os estereocílios adjacentes estão conectados por **ligamentos apicais**, os quais tensionam e abrem canais mecanorreceptores na membrana estereociliar durante a passagem dos sons. Os canais permitem o influxo de K^+ da endolinfa, produzindo um potencial receptor despolarizante.

- A lâmina basilar é cônica. A base é delgada e rígida e ressoa em altas frequências, enquanto o ápice é amplo e flexível, e ressoa em frequências baixas. Isso permite que sons complexos sejam quebrados para criar um **mapa** (**tonotópico**) **espacial**. A informação espacial é preservada durante a transmissão dos dados ao córtex auditivo.

- O sistema vestibular detecta os movimentos da cabeça. O sistema compreende três **canais semicirculares** organizados ortogonalmente e dois **órgãos otolíticos** (**utrículo** e **sáculo**), todos preenchidos por endolinfa.

- Os canais semicirculares detectam a **rotação da cabeça** em qualquer plano. Uma dilatação na base de cada canal (**ampola**) contém uma saliência (a **crista ampular**) coberta com células ciliadas sensoriais, cada uma portando um cinocílio e vários estereocílios. As pontas dos cílios estão inseridas em uma **cúpula** gelatinosa que se projeta para dentro da endolinfa. A rotação da cabeça força a endolinfa contra a cúpula, fazendo com que esta (e os estereocílios sensoriais nela inseridos) se curve. Os estereocílios sensoriais contêm canais mecanossensíveis permeáveis ao K^+, que se abrem durante a curvatura para gerar um potencial receptor despolarizante.

- Os órgãos otolíticos contêm fileiras de células ciliadas sensoriais, cujos cílios estão imersos em uma membrana gelatinosa, incrustada com **estatocônios** (cristais de carbonato de cálcio). Mudanças na posição da cabeça ou uma súbita aceleração fazem a pesada membrana dos estatocônios mover-se e curvar os cílios sensoriais.

10

Gustação e Olfação

I. VISÃO GERAL

Os órgãos gustatório e olfatório são provavelmente os mais antigos órgãos dos sentidos em termos evolutivos. Ambos nos permitem detectar substâncias químicas no ambiente externo e, assim, geralmente estão correlacionados. Na prática, entretanto, representam duas modalidades sensoriais muito diferentes que se complementam, mas uma não substitui a outra. As células do paladar são células epiteliais modificadas, enquanto os receptores olfatórios são neurônios. O sentido do paladar nos permite diferenciar entre os sabores muito básicos, tal com doce *versus* salgado, ou umami *versus* azedo. A gustação está intimamente ligada ao apetite e à vontade de comer, tal como uma necessidade de ingerir sal (NaCl) ou algo doce, e é também protetora. Sabores amargos em geral nos ajudam a evitar a ingestão de toxinas, enquanto o sabor ácido, em geral indica que o alimento está estragado. O sentido do olfato nos permite detectar e identificar milhares de substâncias químicas, incluindo os feromônios.

Tabela 10.1 Tipos de receptores do paladar

Paladar	Percepção	Tipo de receptor do paladar
Salgado	Agradável	I
Doce	Agradável	II
Umami	Agradável	II
Amargo	Aversivo	II
Azedo (ácido)	Aversivo	III

II. GUSTAÇÃO

Existem cinco sabores básicos: **salgado**, **doce**, **umami**, **amargo** e **azedo** ou **ácido** (Tab. 10.1). O *umami* ("gosto bom" em japonês) é exemplificado pelo sabor do glutamato monossódico (GMS), o qual fornece um apetitoso sabor de carne ao alimento. O gosto da gordura constitui um sexto sabor básico, mas seus mecanismos de transdução não estão completamente definidos. As sensações químicas que mimetizam o calor (p. ex., a sensação de queimação quando se come pimenta) e o frio (p. ex., mentol) não são sabores, mas são mediadas por rotas somatossensoriais localizadas na cavidade oral ou na passagem nasal (ver 16.VII.B).

A. Calículos gustatórios

As células receptoras do paladar estão geralmente agrupadas em calículos gustatórios (anteriormente denominados botões gustativos), os quais estão distribuídos em toda a cavidade oral. Os calículos gustatórios da língua estão organizados de maneira que se assemelham a bulbos de alho (Fig. 10.1), cada um contendo aproximadamente 100 "dentes" de células neuroepiteliais alongadas. As células adjacentes estão conectadas no ápice por junções de oclusão. Algumas células estendem microvilosidades para o interior de um pequeno poro central do calículo gustatório, chamado poro gustatório, que fornece um caminho para que os líquidos orais (saliva) e seus conteúdos entrem nesse calículo gustatório e sejam sentidos. Os calículos gustatórios contém vários tipos celulares diferentes: as células dos tipos I, II e III são todas receptoras gustatórias.

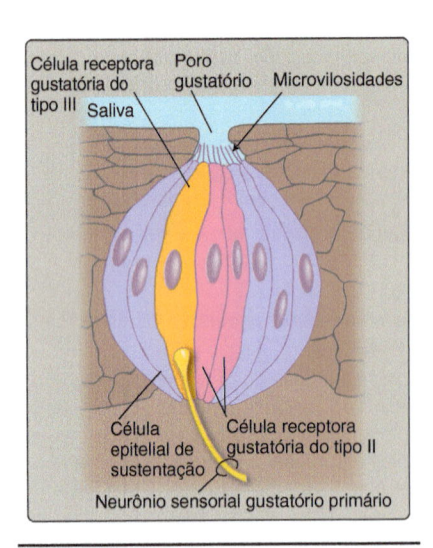

Figura 10.1
Organização do calículo gustatório.

B. Células do tipo I

As receptoras do **tipo I** são células não excitáveis que transduzem o gosto salgado, representado pelo sabor do NaCl (sal de cozinha) e, mais especificamente, pelo Na^+. As células do tipo I têm propriedades **semelhantes às da glia** (ver 5.V) e transduzem a sensação do Na^+, utilizando um **canal Na^+ epitelial sensível à amilorida** (**ENaC**).

1. **Função semelhante à da glia:** as células do tipo I estendem processos de membrana que circundam outras células dentro do calículo gustatório e podem auxiliar a regular as concentrações extracelulares de K^+ durante a excitação. As células do tipo I também auxiliam a finalizar a sinalização, hidrolisando o neurotransmissor logo após a sua liberação (ver Seção E, a seguir).

2. **Transdução:** as células do tipo I sentem o sal, utilizando ENaC. O ENaC está sempre aberto, de forma que, quando alimentos salgados são ingeridos, os íons Na^+ fluem para o interior das células, e o receptor despolariza (Fig. 10.2). A amplitude do potencial receptor é graduada com a concentração de Na^+, mas as consequências subsequentes desse potencial receptor ainda estão sob investigação.

C. Células do tipo II

As células do **tipo II** são **receptoras sensoriais** excitáveis. As suas membranas contêm receptores específicos acoplados à proteína G (GPCRs), que medeiam os sabores doce, umami e amargo, mas não respondem a sabores salgados ou azedos. As células do tipo II são individualmente específicas para sabores.

1. **Sabores:** as três classes de sabores detectados pelas células do tipo II (doce, umami e amargo) são percebidas tanto como agradáveis e sinalizando a presença de comida, como algo nocivo e indicativo de uma toxina.

    a. **Doce:** os sabores doces estão associados com mono e dissacarídeos, tais como a glicose e a sacarose. Os açúcares são uma fonte primária de energia e, portanto, a capacidade de reconhecer a sua presença no alimento tem evidentes vantagens evolutivas. Os açúcares são percebidos por um único GPCR com uma composição heterodimérica T1R2–T1R3.

    > O domínio extracelular do receptor do sabor doce é amplo e modelado como uma armadilha da planta insetívora Vênus papa-moscas. Esse domínio contém sítios de ligação para açúcares, mas também reconhece certas proteínas como açúcares (p. ex., a monelina). Essa característica facilitou o desenvolvimento de uma grande variedade de adoçantes peptídicos sintéticos, incluindo o aspartame.

    b. **Umami:** o gosto agradável é promovido pelo glutamato, o qual é liberado da carne durante a hidrólise da proteína. Alguns nucleotídeos (monofosfato de inosina e monofosfato de guanosina) também produzem o gosto umami. O glutamato provoca pelo menos alguns de seus efeitos pela sua ligação a um GPCR heterodimérico T1R1–T1R3.

    c. **Amargo:** muitas plantas, fungos e alguns animais produzem toxinas como um mecanismo de defesa natural. A evolução nos auxiliou a guiar nossa escolha de alimentos, associando muitos desses venenos com um sabor amargo. A maioria dos sabores

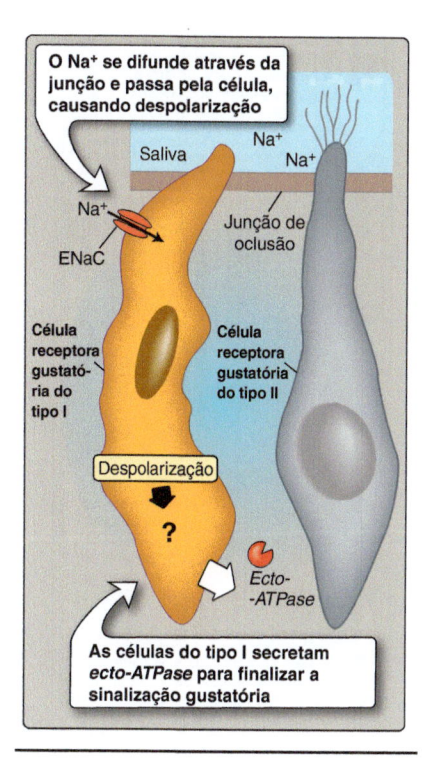

Figura 10.2
Transdução do paladar pela célula receptora gustatória do tipo I. ENaC = canal Na^+ epitelial sensível à amilorida.

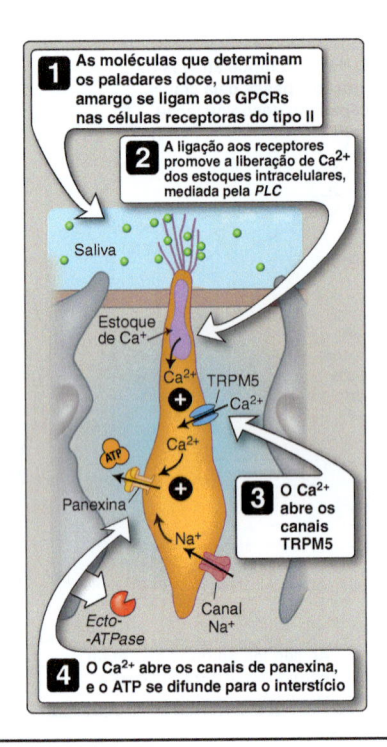

Figura 10.3
Transdução do paladar pela célula receptora gustatória do tipo II. ATP = trifosfato de adenosina; GPCRs = receptores acoplados à proteína G; PLC = fosfolipase C; TRPM5 = canal receptor de potencial transitório M5.

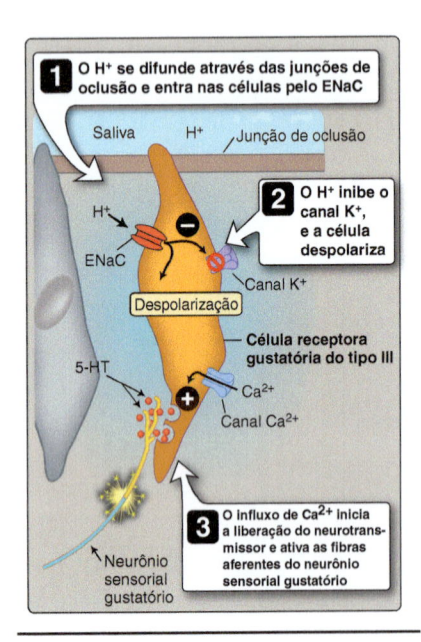

Figura 10.4
Transdução do paladar pela célula receptora gustatória do tipo III. ENaC = canal Na^+ epitelial sensível à amilorida; 5-HT = 5-hidroxitriptamina.

amargos é detectada por GPCRs. As toxinas são um grupo tão diverso, que reconhecê-las como tais requer proteínas receptoras específicas. As células gustatórias que sentem os estímulos amargos expressam subgrupos de > 20 variantes T2R de GPCRs. Algumas são altamente específicas para o sabor, enquanto outras têm uma ampla especificidade.

> O quinino é uma toxina com sabor amargo e propriedades antimaláricas, extraída da casca da árvore da cinchona. O quinino bloqueia a maioria das classes de canais K^+ e causa despolarização não específica da membrana.

2. **Transdução:** a ligação da molécula de sabor ao seu GPCR ativa a **gustducina**, uma proteína G que sinaliza a ocupação de um receptor por meio da liberação de trifosfato de adenosina (ATP) dentro do interstício do calículo gustatório (Fig. 10.3).

    a. **Ativação:** a unidade $G_{\beta\gamma}$ da gustducina ativa a *fosfolipase C* (*PLC*) e inicia a liberação de Ca^{2+} induzida pelo inositol trifosfato de estoques intracelulares. O Ca^{2+} ativa então o influxo de Ca^{2+} e outros cátions via TRPM5 (um canal de receptor de potencial transitório; ver 2.VI.D), e a célula receptora despolariza. A subunidade G_α da gustducina modifica os níveis intracelulares de monofosfato de adenosina cíclico (AMPc), mediante modulação da *adenilato ciclase*, mas as consequências ainda estão sendo investigadas.

    b. **Liberação do trifosfato de adenosina:** o influxo de Ca^{2+} mediado pelo TRPM5 abre hemicanais de **panexina** na membrana da célula receptora. As panexinas têm relação com as conexinas que formam as junções comunicantes entre as células (ver 4.II.F). Quando as panexinas se abrem, permitem que o ATP se difunda para fora da célula e entre no interstício. Se um potencial receptor gerado pela ligação de uma molécula de sabor ultrapassar o limiar para a formação do potencial de ação, a célula gera uma sequência de picos mediados por canais Na^+ dependentes de voltagem. As panexinas também são dependentes de voltagem, assim os disparos potencializam a liberação de ATP.

D. **Células do tipo III**

As células do tipo III, também conhecidas como **células pré-sinápticas**, são a única classe de células receptoras gustatórias que fazem sinapse com um nervo sensitivo. As células do tipo III percebem os sabores azedos principalmente por meio da despolarização de membrana induzida pelo H^+.

1. **Transdução:** o gosto do ácido (H^+) é azedo. Os exemplos comuns, na nossa dieta, incluem o acetato (vinagre), o citrato (limões) e o lactato (leite azedo). O H^+ entra nas células pelo ENaC e causa despolarização direta, mas, uma vez dentro da célula, o H^+ também reduz o efluxo de K^+ por inibir os canais K^+ (Fig. 10.4). A inibição aumenta ainda mais a despolarização causada pela entrada de H^+.

2. **Transmissão:** se for suficientemente grande, o potencial receptor induzido pelo H^+ ativa canais Na^+ dependentes de voltagem na membrana da célula e aciona um potencial de ação. Os canais Ca^{2+} dependentes de voltagem se abrem, então, para permitir o influxo de Ca^{2+} e a liberação do transmissor (5-hidroxitriptamina [5-HT], também conhecida como serotonina) na sinapse com um neurônio sensorial aferente.

Fisiologia Ilustrada **117**

> ### Aplicação clínica 10.1   Disgeusia
>
> A gustação é um sentido relativamente pouco desenvolvido que serve, principalmente, como um guardião do sistema digestório, fazendo com que aceitemos as substâncias ingeridas como alimento ou rejeitemos as substâncias potencialmente nocivas antes de serem deglutidas. A perda completa do paladar (**ageusia**) é rara, exceto em pacientes com a síndrome de Sjögren. Os pacientes com essa síndrome sofrem de uma doença autoimune que prejudica a função glandular exócrina, incluindo as glândulas salivares. A saliva é necessária para levar os sabores dissolvidos através dos calículos gustatórios. A **disgeusia metálica** (um gosto metálico persistente) é um efeito colateral comum e incômodo de muitos antibióticos (p. ex., tetraciclina e metronidazol) e antifúngicos.[1]

E. Integração do sinal

Um alimento contém uma mistura de diferentes sabores e, portanto, a saída de informação do calículo gustatório, em geral, representa uma resposta integrada à estimulação simultânea das três classes de células gustatórias. As células do tipo III são as únicas receptoras que fazem contato sináptico com um neurônio aferente, mas as células do tipo II podem também estimular a atividade neuronal gustatória diretamente pela liberação de ATP (o neurônio expressa purinorreceptores) e indiretamente por estimular a liberação de 5-HT das células do tipo III. As células do tipo I influenciam a eferência das outras duas classes de células receptoras, secretando uma *ecto-ATPase* que finaliza a sinalização.

F. Distribuição dos calículos gustatórios

Os calículos gustatórios estão distribuídos por toda a cavidade oral, embora as maiores concentrações estejam localizadas na superfície dorsal da língua. Os calículos gustatórios da língua residem em projeções da superfície lingual, chamadas **papilas**. Três tipos de papilas podem ser distinguidos com base na forma e densidade dos calículos gustatórios: **fungiformes**, **folhadas** e **circunvaladas** (Fig. 10.5).

1. **Papilas fungiformes:** as porções anteriores da língua comportam as papilas fungiformes. Cada projeção com forma de polegar possui alguns calículos gustatórios no seu ápice.

2. **Papilas folhadas:** a margem posterolateral da língua contém cristas chamadas papilas folhadas. Os lados das papilas são repletos de centenas de calículos gustatórios.

3. **Papilas circunvaladas:** a maior concentração de calículos gustatórios é encontrada nas papilas circunvaladas, em formato de botão, que estão localizadas em uma linha que cruza a parte posterior da língua.

G. Vias neurais

Os calículos gustatórios são inervados por três nervos cranianos (NCs). As porções anteriores da língua e o palato são inervados pelo nervo facial (NC VII). Os calículos gustatórios, na região posterior da língua, sinalizam por meio do nervo glossofaríngeo (NC IX), enquanto a faringe e a laringe são inervadas pelo nervo vago (NC X). Os três nervos repassam

[1]Mais informações sobre estes fármacos podem ser encontradas em *Farmacologia ilustrada*, 5ª edição, Artmed Editora.

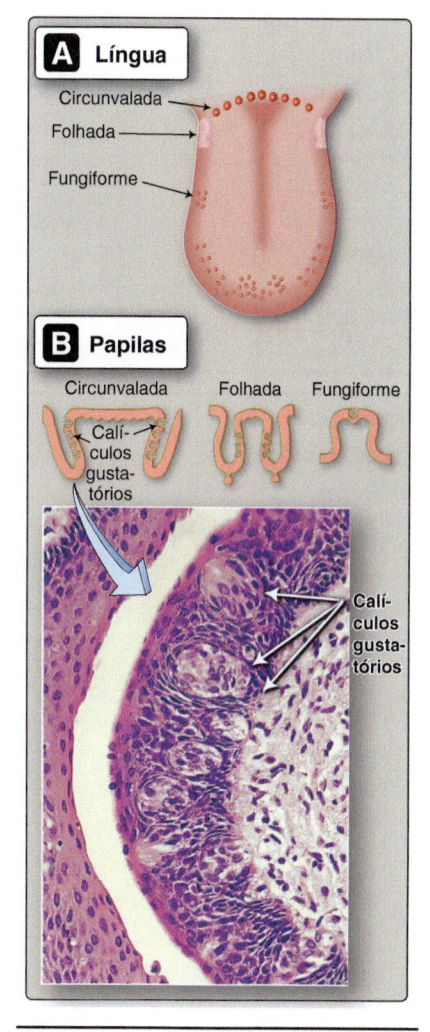

Figura 10.5
Distribuição dos calículos gustatórios na superfície da língua.

a informação através do trato solitário para uma área gustatória dentro do núcleo solitário do trato solitário (tronco encefálico). Fibras secundárias levam a informação gustatória ao tálamo e ao córtex gustatório primário.

III. OLFAÇÃO

O sentido da olfação em humanos não é tão bem desenvolvido como em muitos animais, mas, mesmo assim, é capaz de diferenciar centenas de milhares de diferentes odores. A sensibilidade olfatória se baseia em várias centenas de receptores únicos, cada um codificado por um gene diferente.

A. Receptores

Os odorantes são substâncias químicas trazidas pelo ar que são inaladas e levadas através das passagens nasais durante a respiração normal ou por uma inspiração intencional. Os odores são detectados e transduzidos por quimiorreceptores que pertencem à superfamília GPCR. O genoma humano contém cerca de 900 genes que codificam receptores olfatórios diferentes, dos quais em torno de 390 são expressos funcionalmente.

B. Células receptoras olfatórias

Os receptores de odores estão expressos nos cílios que se projetam de neurônios sensoriais contidos dentro do epitélio olfatório especializado que reveste o teto da cavidade nasal (Fig. 10.6). Os neurônios sensoriais são bipolares. A porção apical do corpo celular dá origem a um único dendrito que se estende em direção à superfície epitelial e depois termina em uma dilatação (**botão olfatório**). Cada botão tem de 10 a 30 longos cílios sensoriais não móveis (cílios olfatórios), os quais se projetam para o interior de uma fina camada de um muco aquoso. Esse muco prende as moléculas odorantes que estejam passando e permite que sejam detectadas pelos receptores de odores.

C. Transdução

A ligação da molécula odorante ao seu receptor ativa uma proteína G olfatória específica (G_{olf}) e inicia um aumento da concentração intracelular de AMPc mediado pela *adenilato ciclase* (Fig. 10.7). Consequentemente, abre-se um canal iônico dependente de AMPc, permitindo o influxo de Ca^{2+} e Na^+. O fluxo de Ca^{2+}, por sua vez, abre o canal Cl^- dependente de Ca^{2+}, e o efeito despolarizante combinado do influxo de cátion e do efluxo de ânion no potencial de membrana pode ser suficiente para promover um potencial de ação em um neurônio olfatório.

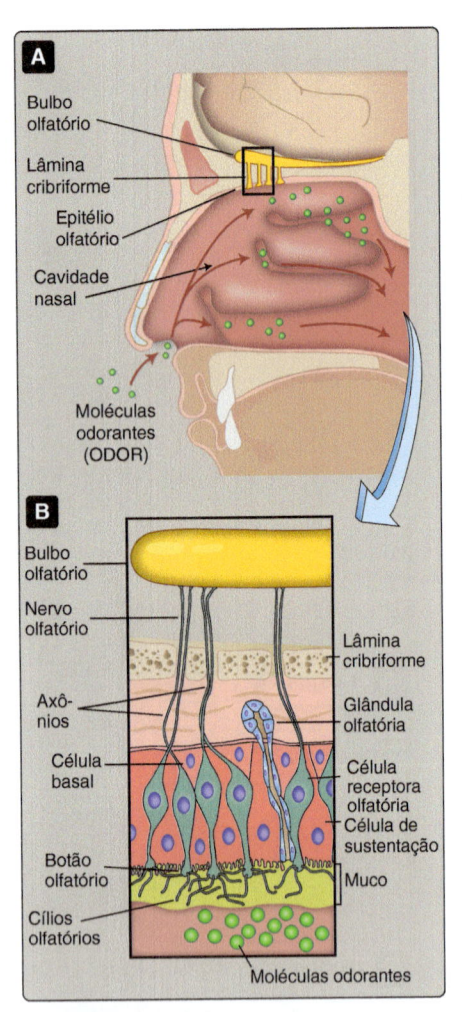

Figura 10.6
Epitélio olfatório.

Aplicação clínica 10.2 Anosmia

Embora uma incapacidade de detectar odores causados por alimentos estragados possa aumentar a probabilidade de intoxicação alimentar, a perda do sentido do olfato (**anosmia**) não representa uma ameaça à vida. Entretanto, a anosmia apresenta um impacto significativo na qualidade de vida. A anosmia interfere no prazer de comer e frequentemente provoca perda de apetite e de peso, depressão e isolamento de eventos sociais que envolvam alimentação. A hiposmia geralmente aparece com o envelhecimento e como consequência de infecções do trato respiratório superior. Doenças neurodegenerativas (doenças de Parkinson e de Alzheimer) podem também prejudicar o sentido do olfato. Muitas vezes, a anosmia pode aparecer após um trauma craniano, como resultado de dano ao córtex olfatório ou cisalhamento dos nervos olfatórios que passam pela lâmina cribriforme.

D. Epitélio olfatório

Os neurônios receptores olfatórios têm uma vida média de aproximadamente 48 dias, e depois são substituídos. Os neurônios receptores são formados a partir de **células basais** do epitélio olfatório, as quais são células-tronco neuroblásticas. O epitélio também contém **células de sustentação**, as quais têm uma função semelhante à da glia. O muco que flui sobre o epitélio é secretado pelas **glândulas olfatórias** (glândulas de Bowman). O muco olfatório contém proteínas ligantes de moléculas odorantes que auxiliam o transporte de odores hidrofóbicos para os receptores olfatórios. O muco também contém lactoferrina, lisozima e várias imunoglobulinas que ajudam a assegurar que os patógenos não tenham acesso ao sistema nervoso central (SNC) por meio dos nervos olfatórios. O epitélio olfatório é uma das poucas regiões do corpo onde os nervos do SNC estão em interface direta com o ambiente externo.

E. Vias neurais

As células receptoras olfatórias são neurônios sensoriais primários que se projetam diretamente para o bulbo olfatório, o qual é uma extensão do prosencéfalo. Os axônios dos neurônios sensoriais formam feixes e então cruzam os forames da lâmina cribriforme do osso etmoide. Os axônios trafegam pelo nervo olfatório (NC I) para o glomérulo do bulbo olfatório, onde fazem sinapses. Os neurônios do bulbo olfatório se projetam para muitas regiões do encéfalo, incluindo o córtex olfatório, o tálamo e o hipotálamo. Cada neurônio olfatório expressa um gene receptor único. Uma vez que o número de odorantes que uma pessoa pode distinguir excede o número de genes que codificam receptores em muitos graus de magnitude, os receptores devem reconhecer grupos químicos específicos de múltiplas moléculas odorantes, em vez de responder a apenas um odorante. O encéfalo então extrapola a característica de um odor único, com base na intensidade da eferência relativa de cada um dos diferentes tipos de receptores no conjunto de receptores olfatórios.

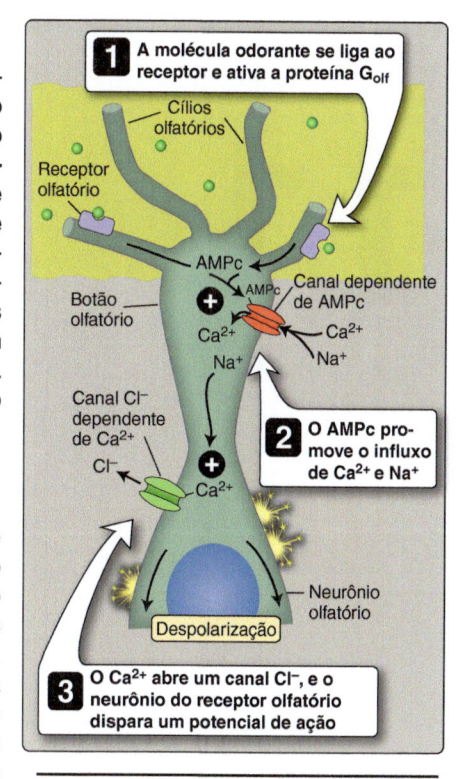

Figura 10.7
Transdução olfatória. AMPc = monofosfato de adenosina cíclico; G_{olf} = proteína G olfatória específica.

Resumo do capítulo

- **Gustação** e **olfação** (paladar e olfato) permitem-nos detectar substâncias químicas no alimento e no ar inalado. O paladar é amplamente utilizado para decidirmos se engolimos ou não a comida ingerida. O olfato permite-nos também apreciar o alimento, bem como detectar **feromônios**.

- Existem cinco sabores básicos: **salgado**, **doce**, **umami** (saboroso), **amargo** e **azedo** (ácido).

- As **células receptoras gustatórias** residem em **calículos gustatórios** encontrados por toda a cavidade oral. Receptoras do tipo I são células **semelhantes à glia** que transduzem o sabor salgado (Na^+). O Na^+ excita as células receptoras gustatórias do tipo I, cruzando os canais epiteliais Na^+. Essas células também auxiliam a finalizar a sinalização gustatória.

- As células receptoras gustatórias do tipo II expressam receptores acoplados à proteína G (GPCRs) específicos para os sabores que detectam, o doce, o umami e o amargo. Os GPCRs atuam por meio da **gustducina**, uma **proteína G** específica da célula gustatória. A subunidade $G_{\beta\gamma}$ ativada promove a liberação intracelular de Ca^{2+} e a despolarização. Na membrana superficial, então se abrem **hemicanais de panexina**, que permitem que o trifosfato de adenosina (ATP) se difunda para fora da célula. O ATP estimula os neurônios sensoriais aferentes, tanto direta como indiretamente, mediante modulação das eferências da célula do tipo III.

- As células receptoras gustatórias do tipo III transduzem o sabor azedo do ácido. O H^+ cruza um canal epitelial de Na^+ e provoca a despolarização do receptor. As células do tipo III são inervadas por neurônios sensoriais gustatórios e sinalizam a excitação aos aferentes por meio da liberação de 5-hidroxitriptamina (serotonina).

- Os **odores** são detectados por um **epitélio olfatório** localizado no teto da cavidade nasal. Os **receptores olfatórios** são receptores acoplados à proteína G, expressos na superfície dos cílios, os quais se projetam para o interior de uma camada mucosa que reveste o epitélio olfatório.

- As células receptoras olfatórias são neurônios centrais bipolares que repassam a informação ao **bulbo olfatório**. A ligação no receptor olfatório aciona uma cascata de sinalização mediada pelo monofosfato de adenosina cíclico (AMPc) que leva ao influxo de Ca^{2+} dependente de AMPc e efluxo de Cl^- dependente de Ca^{2+}, causando a excitação nervosa.

11

Sistemas de Controle Motor

I. VISÃO GERAL

As vias neurais que controlam a atividade muscular humana foram desenvolvidas durante a história evolutiva inicial para facilitar a locomoção direcionada. A coordenação dos grupos musculares que movem os membros foi alcançada, primeiramente, utilizando circuitos de retroalimentação neuronal simples, mas, conforme a complexidade do corpo e a dificuldade das tarefas que a este eram exigidas foram aumentando, evoluíram assim, também, os sistemas de controle muscular. O corpo humano dedica uma grande porcentagem de seu sistema nervoso ao controle motor. Os simples circuitos neuronais de retroalimentação foram mantidos durante a evolução, e agora funcionam como reflexos musculares, mas essas vias foram sendo complementadas com níveis sucessivamente superiores de controle (Fig. 11.1). As regiões motoras do córtex cerebral decidem quando os movimentos são necessários. Os núcleos da base juntam sequências motoras baseadas em experiências aprendidas e, então, repassam essas sequências, por meio do tálamo, para execução pelo córtex motor primário. As sequências de controle asseguram que pares de grupos musculares cujas ações geralmente se opõem umas às outras (p. ex., **extensores** e **flexores**, **abdutores** e **adutores** e **rotadores interno** e **externo**) se contraiam e relaxem de uma forma coordenada, para efetuar os movimentos dos membros de modo suave. Os comandos motores são refinados, exatamente quando estão sendo executados pelo cerebelo, o qual recebe fluxos de dados sensoriais dos músculos, das articulações, da pele, dos olhos e do sistema vestibular. O cerebelo permite ao córtex compensar as alterações inesperadas no terreno, na postura e na posição dos membros.

II. SISTEMAS SENSORIAIS DOS MÚSCULOS

Comportamentos motores complexos (como caminhar) requerem sequências intimamente coordenadas de contrações musculares, cujos tempo de execução e força são modificados constantemente durante as alterações na posição do corpo e na distribuição do peso. Tal coordenação não seria possível, a menos que o sistema nervoso central (SNC) fosse informado sobre o movimento dos membros em relação ao tronco, o que é possibilitado pelo sentido de **cinestesia**. A cinestesia é uma forma de **propriocepção** e um dos **sentidos somáticos**. A cinestesia se baseia principalmente em dois sistemas sensoriais que sentem o comprimento (**fusos musculares**) e a tensão (**órgãos tendinosos de Golgi [OTGs]**) do músculo.

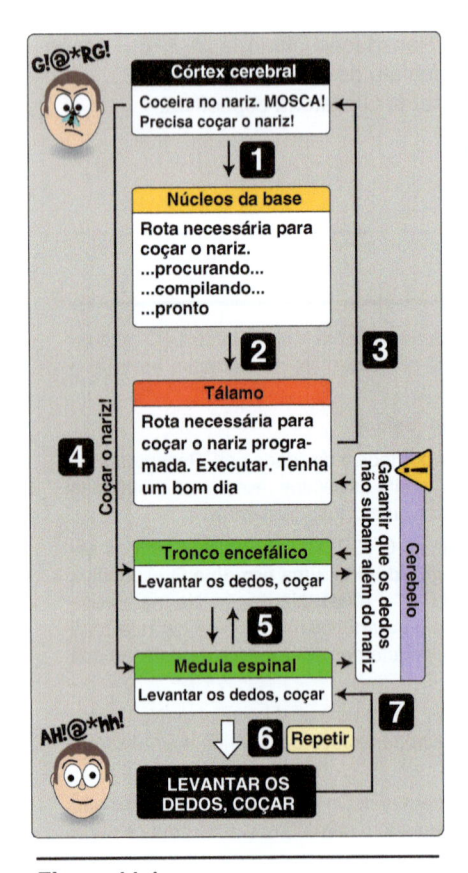

Figura 11.1
Estratificação das vias de controle motor.

A. Fusos musculares

O músculo esquelético compreende dois tipos de fibras. As **fibras extrafusais** (derivado do latim *fusus* para "fuso") geram a força necessária para movimentar os ossos; e as **fibras intrafusais** são sensoriais, monitorando o comprimento dos músculos e as alterações no seu comprimento. As fibras intrafusais estão contidas dentro de estruturas sensoriais separadas (fusos) que estão distribuídas aleatoriamente ao longo do corpo muscular (Fig. 11.2).

1. **Estrutura:** os fusos musculares contêm até 12 fibras intrafusais inseridas dentro de uma cápsula de tecido conectivo. Cada fibra intrafusal compreende uma porção não contrátil no centro de duas regiões levemente contráteis. Os fusos se localizam entre as fibras contráteis, e estão ancorados nas suas extremidades, de forma que as fibras contráteis e sensoriais se movem como uma unidade única. Os fusos contêm dois tipos de fibras intrafusais: **fibras em saco nuclear** e **fibras em cadeia nuclear** (ver Fig. 11.2). As fibras em saco nuclear se dilatam centralmente para formar um "saco" que contém numerosos núcleos agrupados. As fibras em cadeia nuclear são mais finas e mais numerosas do que as fibras em saco nuclear; os seus núcleos formam uma cadeia ao longo do comprimento da fibra.

2. **Transdução sensorial:** os fusos musculares sinalizam por meio de dois tipos de aferentes dos nervos sensitivos (**grupo Ia** e **grupo II**). Ambas as classes têm axônios largos e mielinizados para maximizar a velocidade de condução do sinal (Tab. 11.1; ver também 5.III.B). Quando um músculo é estirado (p. ex., pela extensão do membro), as fibras intrafusais também são estiradas, causando uma distorção das terminações nervosas que as envolvem. O estiramento ativa canais catiônicos mecanossensíveis, resultando na despolarização e no aumento da frequência de disparos nervosos aferentes.

    a. **Grupo Ia:** as fibras do grupo Ia se enrolam em torno das regiões centrais (equatoriais) tanto das fibras em saco nuclear como das em cadeia nuclear, para formar **receptores primários do fuso muscular**. Esses receptores proporcionam uma **resposta dinâmica** ao estiramento (Fig. 11.3). Os aferentes tipo Ia apresentam taxas máximas de disparos quando as fibras musculares (e as terminações nervosas) estão sendo ativamente estiradas. A taxa de disparo diminui quando o músculo alcança e mantém um novo comprimento.

    b. **Grupo II:** as terminações das fibras do grupo II estão localizadas nas extremidades das fibras em cadeia nuclear e de algumas fibras em saco nuclear (ver Fig. 11.2). Elas formam os **receptores secundários do fuso muscular**, que geram uma **resposta estática** ao estiramento. Suas eferências são proporcionais ao comprimento do músculo, e as fibras nervosas continuam disparando em taxas elevadas, se o músculo for mantido no novo comprimento (ver Fig. 11.3).

3. **Regulação:** as fibras intrafusais são contráteis, mas não contribuem significativamente para o desenvolvimento da força muscular. Em vez disso, as porções contráteis servem apenas para encurtar a fibra durante a excitação muscular e manter a porção sensorial central esticada, mesmo quando o músculo se contrai. A manutenção da tensão permite que as fibras intrafusais continuem a funcionar como sensores de estiramento durante toda a contração. As

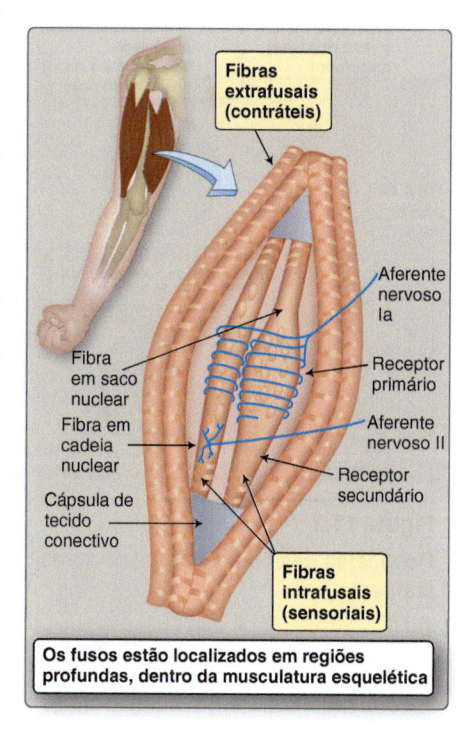

Figura 11.2
Fusos musculares.

Tabela 11.1 Propriedades das fibras que inervam o músculo

Classe	Inervação	Velocidade de condução (m/s)
Sensorial Ia	Fuso muscular (terminações primárias)	80-120
Sensorial Ib	Órgãos tendinosos de Golgi	80-120
Sensorial II	Fuso muscular (terminações secundárias)	35-75
Motor α	Fibras musculares extrafusais	80-120
Motor γ	Fibras musculares intrafusais	15-30

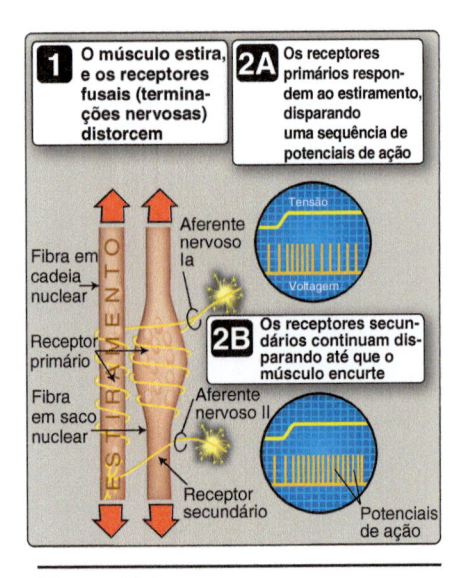

Figura 11.3
Respostas das fibras intrafusais ao estiramento.

fibras intrafusais são inervadas por **neurônios motores** γ, os quais conduzem a informação mais vagarosamente do que os neurônios motores α, que estimulam a contração das fibras musculares extrafusais (ver Tab. 11.1). Os neurônios motores α e γ disparam simultaneamente, de forma que o fuso se encurta em paralelo com o corpo do músculo quando este se contrai. A combinação dos fusos musculares e seus neurônios motores γ associados constitui um **sistema fusimotor**.

B. Órgãos tendinosos de Golgi

Cada extremidade de um músculo esquelético está aderida a um tendão que geralmente o liga a um osso. A junção musculotendinosa contém os OTGs, os quais são órgãos sensoriais que monitoram a quantidade de tensão que se desenvolve em um músculo quando estirado passivamente ou quando se contrai (Fig. 11.4).

1. **Estrutura:** os OTGs estão situados nas junções entre o músculo esquelético e o tendão. Os OTGs compreendem uma cápsula de tecido conectivo preenchida por fibras colágenas que estão entrelaçadas com **terminações nervosas sensoriais do grupo Ib**. Aferentes nervosos do grupo Ib são mielinizados para aumentar a velocidade de condução do sinal (ver Tab. 11.1).

2. **Transdução sensorial:** quando um músculo é estirado ou se contrai, o OTG associado também é esticado. As fibras colágenas dentro do OTG se apertam e comprimem as terminações nervosas que se ondulam entre elas. A compressão abre canais mecanossensíveis nas terminações nervosas, causando despolarização e aumentando as frequências de disparo do nervo.

C. Articulações e sensores da pele

Embora as articulações entre os ossos devessem parecer intuitivamente os sítios ideais para a localização de receptores que reconhecem a posição do membro, na prática, o papel dos receptores das articulações na cinestesia é mínimo. No entanto, os órgãos terminais de Ruffini na pele, de adaptação lenta, têm um papel importante (ver 16.VII.A). A pele que recobre as articulações é esticada sempre que um membro ou dedo é flexionado, fazendo os órgãos terminais de Ruffini dispararem. A importância dos dados sensoriais dos órgãos terminais de Ruffini é maior nos dedos, onde a sobreposição de vários músculos e tendões necessários para a execução dos movimentos finos pode impedir a aquisição da informação sensorial dos fusos e OTGs.

III. REFLEXOS MEDULARES

Caminhar de modo ereto é quase que, literalmente, um ato delicado de equilíbrio. Um pé mal colocado ou uma pequena irregularidade no solo pode facilmente desestabilizar o equilíbrio e provocar uma queda. Evitar esse tipo de desastre requer que uma queda seja antecipada e uma correção apropriada para o andar seja executada com um mínimo de retardo. Os neurônios motores sensoriais e de controle são especializados em conduzir sinais em até 120 m/s, representando uma das células mais rápidas dentro do organismo (ver Tab. 11.1). Isso assegura que a informação sensorial seja repassada ao SNC e que comandos compensatórios sejam executados no período de tempo mais curto possível. Os tempos de reação melhoram ainda mais quando são usados reflexos locais, mediados pela medula espinal, para realizar muitos dos ajustes de rotina para andar. Os neurônios envolvidos são relativa-

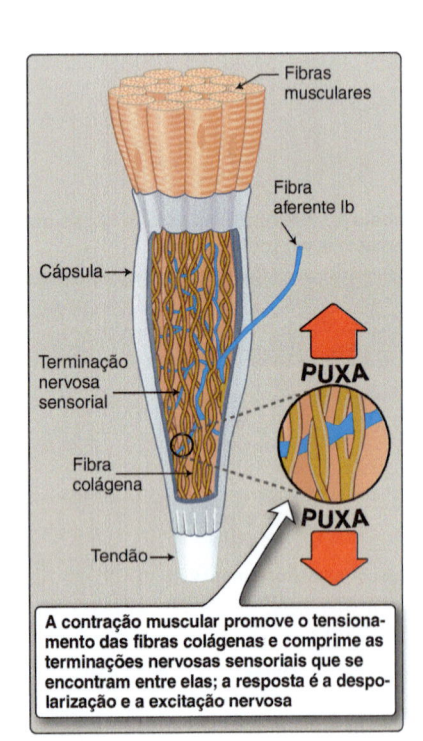

Figura 11.4
Órgão tendinoso de Golgi.

mente curtos, de maneira a minimizar ainda mais os tempos de transmissão e processamento do sinal.

A. Arcos reflexos

Arcos reflexos são circuitos neuronais simples nos quais o estímulo sensorial inicia diretamente uma resposta motora. Seus exemplos clássicos incluem reflexos de retirada acionados pelo toque em um fogão quente ou por pisar em um objeto afiado. Tais arcos reflexos são, em geral, mediados pela medula espinal, onde um neurônio sensorial faz sinapse com um neurônio motor e o ativa. Arcos reflexos mais complexos envolvem sinapses com múltiplos neurônios, dos quais pelo menos um deve ser inibidor. A medula espinal medeia vários arcos reflexos importantes, incluindo o **reflexo miotático**, o **reflexo miotático inverso** e o **reflexo flexor** (ou **de retirada**).

B. Reflexo miotático

O reflexo miotático (também conhecido como um **reflexo de estiramento** ou **reflexo tendinoso profundo**) é iniciado pelo estiramento de um músculo, e causa a contração desse mesmo ("homônimo") músculo. A contração reflexa dos músculos da coxa (quadríceps femoral) causada por percussão no **ligamento da patela** é um exemplo familiar (Fig. 11.5).

1. **Resposta:** a percussão do ligamento da patela estira o quadríceps femoral e ativa os fusos musculares inseridos nesse músculo. Os sinais sensoriais são levados por aferentes nervosos Ia à medula espinal, onde esses aferentes fazem sinapse com neurônios motores α que inervam o mesmo músculo, e os excitam. O músculo se contrai de forma reflexa, a perna se estende, e o pé chuta para frente. O reflexo miotático ocorre para resistir a alterações inapropriadas no comprimento muscular, e é importante para a manutenção da postura.

2. **Inervação recíproca:** o movimento do pé para frente distende os músculos antagonistas na parte posterior da coxa, e também estimula os seus fusos. Disso pode-se esperar o início de um segundo reflexo que se opõe às ações do primeiro, mas o arco é interrompido por um interneurônio espinal inibidor Ia. O interneurônio Ia é ativado pelo mesmo sinal aferente Ia que provocou a contração do quadríceps femoral. O interneurônio faz sinapse com os neurônios motores α que inervam os músculos antagonistas (p. ex., músculo semitendíneo), inibindo-os, e, portanto, permite que a perna se estenda sem resistência. Esse tipo de circuito é chamado de **inervação recíproca** e é utilizado comumente em situações nas quais dois ou mais conjuntos de músculos se opõem uns aos outros em uma articulação (p. ex., flexores e extensores).

C. Reflexo miotático inverso

O reflexo miotático inverso, também conhecido como **reflexo tendinoso de Golgi**, é ativado quando um músculo se contrai e os OTGs são estirados (Fig. 11.6). Aferentes do grupo Ib dos OTGs fazem sinapses com interneurônios inibidores Ib ao entrarem na medula espinal. Quando ativados, inibem a eferência motora α para o músculo homônimo. Os interneurônios excitatórios ativam simultaneamente a eferência motora α para o músculo heterônimo. Acredita-se que o reflexo tendinoso de Golgi seja importante para o controle motor fino e para a manutenção da postura, atuando de maneira sinérgica com o reflexo miotático descrito anteriormente.

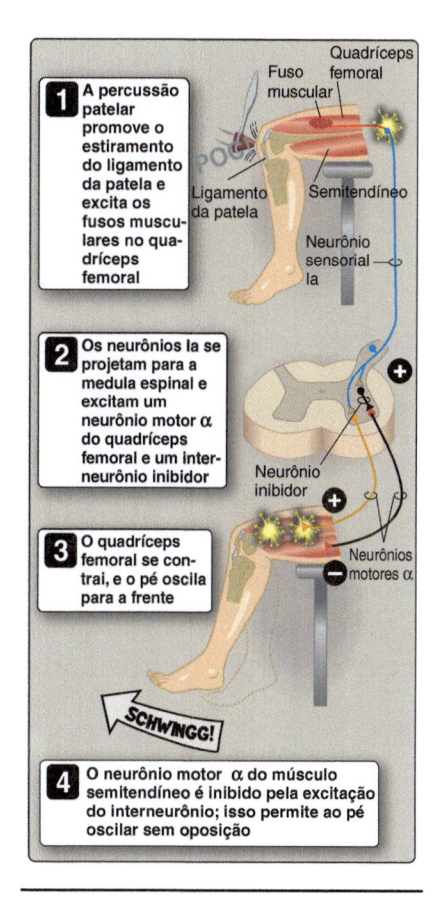

Figura 11.5
Reflexo miotático.

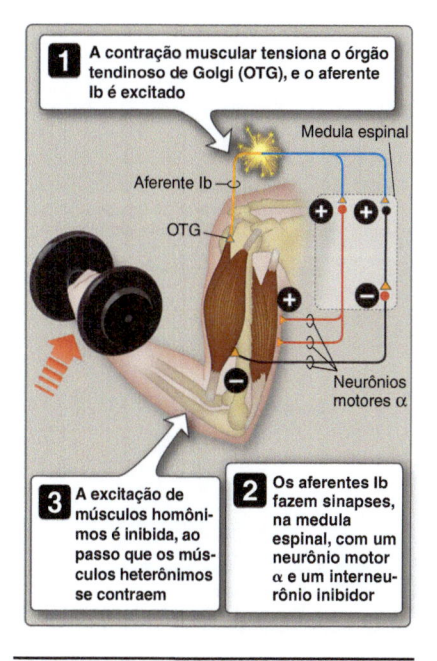

Figura 11.6
Reflexo miotático inverso (reflexo tendinoso de Golgi).

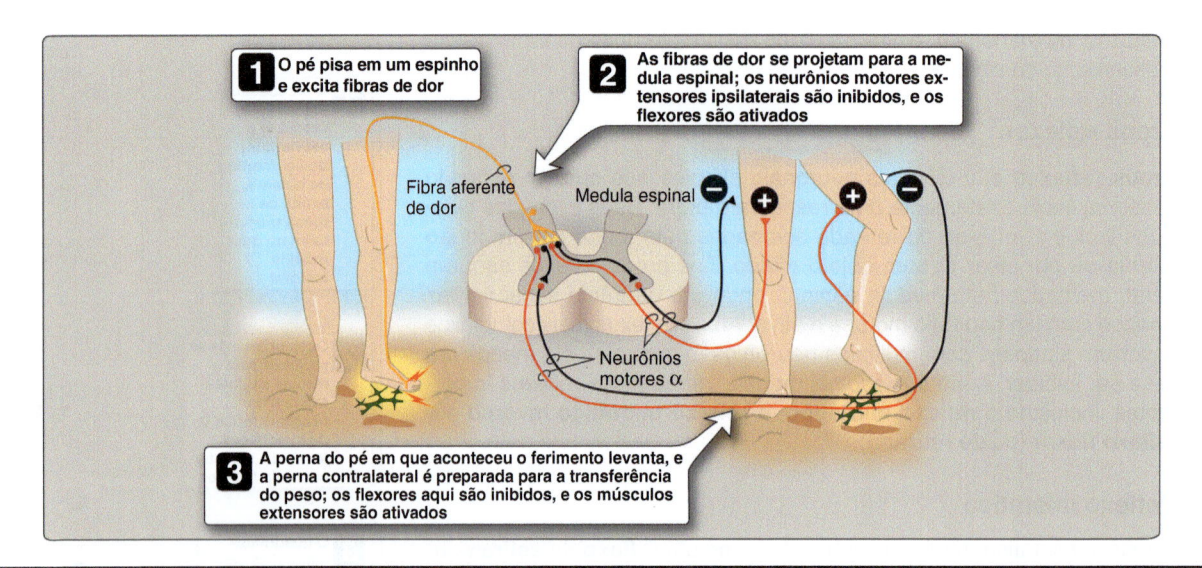

Figura 11.7
Reflexos de flexão e extensão cruzada.

D. Reflexo de flexão e extensão cruzada

Pisar em um espinho, ou em outro objeto que machuque, inicia duas ações urgentes. A primeira retira o pé da fonte de dor (flexão da perna). A segunda apoia o membro oposto de forma que o peso possa ser transferido enquanto ainda se mantém o equilíbrio. Esse movimento complexo é mediado pelos **reflexos de flexão** e **extensão cruzada** (Fig. 11.7). Reflexos semelhantes podem ser induzidos nos membros superiores. A sequência de ação pode ser desmembrada em três estágios: sensação do estímulo, flexão do membro lesado (ipsilateral) e extensão do membro oposto (contralateral).

1. **Sensação:** os reflexos de flexão e extensão cruzada geralmente iniciam como uma resposta a um estímulo doloroso, nocivo. As fibras de dor se projetam para a medula espinal e fazem sinapses com interneurônios.

2. **Flexão:** os aferentes sensoriais fazem sinapses no lado ipsilateral com neurônios motores excitatórios que inervam os músculos flexores. Os músculos extensores são inibidos simultaneamente, e o membro é retirado da fonte de dor.

3. **Extensão cruzada:** as fibras sensoriais também cruzam a fissura anterior da medula espinal e fazem sinapses com neurônios motores que controlam o movimento do membro contralateral. Os músculos extensores são excitados e se contraem, enquanto os flexores são inibidos e relaxam. Isso é conhecido como **reflexo de extensão cruzada** e apoia o membro contralateral para a transferência súbita de peso causada pela elevação do membro ferido.

E. Células de Renshaw

Estímulos extremamente dolorosos acionam uma sequência de disparos nos aferentes da dor que potencialmente poderiam fazer os músculos flexores dependentes se tornarem tetânicos, se o circuito de reflexo fosse desregulado. A regulação ocorre por meio das **células de Renshaw**, as quais são uma classe especial de interneurônios espinais inibidores que são excitados por colaterais dos neurônios motores α (Fig. 11.8). As células

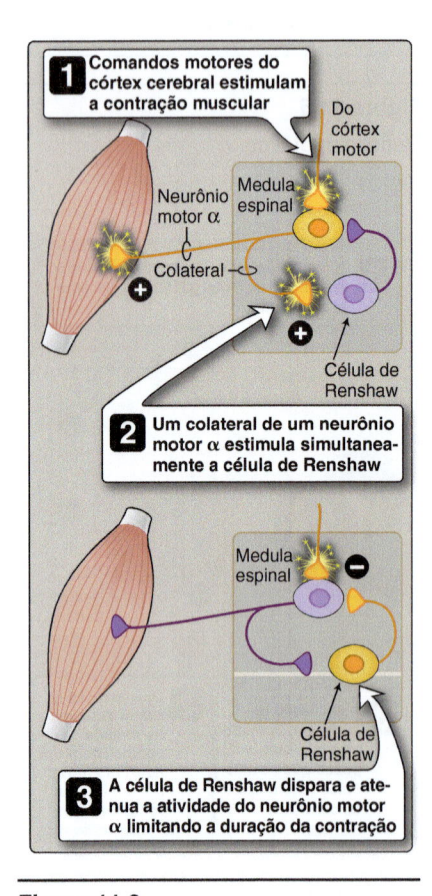

Figura 11.8
Células de Renshaw.

de Renshaw disparam sempre que um músculo recebe um comando para se contrair, mas elas se projetam de volta para a medula espinal e inibem o mesmo neurônio motor α que as excitou. As células de Renshaw podem causar uma inibição que dura por dezenas de segundos. O seu nível de atividade está ligado ao do neurônio motor, de forma que quanto mais intenso o comando para contrair, maior é o grau de inibição do neurônio motor α. As células de Renshaw também recebem entradas modulatórias de centros superiores de controle motor, que permitem a ocorrência de contrações voluntárias sustentáveis. Tais células também se projetam para os neurônios motores que inervam grupos musculares associados e opostos. Essas associações aumentam a fluidez dos movimentos dos membros.

F. Geradores de padrão central

Os sistemas motores executam muitos movimentos repetitivos, tais como os associados com a locomoção (caminhar, correr, nadar), pentear o cabelo, controlar a bexiga, ejacular, comer (mastigar, engolir) e respirar (movimento da parede torácica e do diafragma). Esses comportamentos não requerem pensamento consciente, embora possam ser modificados por centros de controle superior. Os comportamentos rítmicos são estabelecidos por circuitos neuronais conhecidos como **geradores de padrão central** (**GPCs**). Os GPCs são encontrados em muitas áreas do SNC, incluindo a medula espinal. O único requisito é uma célula excitável ou um grupo de células com atividade intrínseca de marca-passo (p. ex., dois neurônios que excitam sequencialmente um ao outro) e circuitos dependentes de neurônios interconectados que controlem os neurônios motores. Caminhar, por exemplo, envolve um conjunto repetitivo de comandos motores que movimentam uma perna para frente, transferem o peso, e

---

Aplicação clínica 11.1 Lesão da medula espinal

Dezenas de milhares de indivíduos nos Estados Unidos sofrem de alguma lesão da medula espinal (LME) a cada ano, na maioria das vezes devido a um acidente com qualquer veículo motorizado, a uma queda ou à violência. As lesões à medula espinal são em geral causadas por um dano à coluna vertebral ou aos ligamentos de sustentação, incluindo fraturas, deslocamentos, rompimento ou herniação de um disco intervertebral. A LME aguda é em geral seguida por um período de **choque espinal** que dura de 2 a 6 semanas, caracterizado por uma perda completa da função fisiológica caudal até o nível da lesão. Isso inclui paralisia flácida de todos os músculos, ausência de reflexos tendíneos e perda do controle da bexiga e dos intestinos. Os homens podem, em geral, desenvolver priapismo. Os mecanismos que levam ao choque ainda estão sob investigação.

A extensão da lesão da medula espinal (LME) é descrita como **completa** ou **incompleta**. A transecção da medula causa uma LME completa, caracterizada pela perda total da função motora e sensorial caudal ao local do trauma. A LME incompleta descreve lesões nas quais algum grau de função motora ou sensitiva é preservado.

Mesmo em casos de LME completa, algumas vias reflexas podem se recuperar com o tempo. Visto que essas rotas estão agora desconectadas dos centros superiores de controle motor, podem causar movimentos inapropriados. Por exemplo, a flexão súbita do tornozelo ou do pulso pode acionar contrações rítmicas prolongadas, causadas pela desregulação de arcos reflexos mediados pelo órgão tendinoso de Golgi (**clônus**).

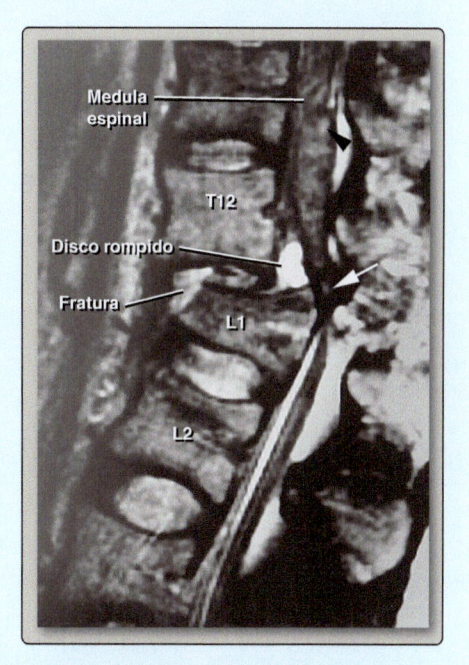

Compressão da medula espinal (*seta branca*) e hemorragia (*ponta de seta preta*) causada por fratura e deslocamento do corpo vertebral L1.

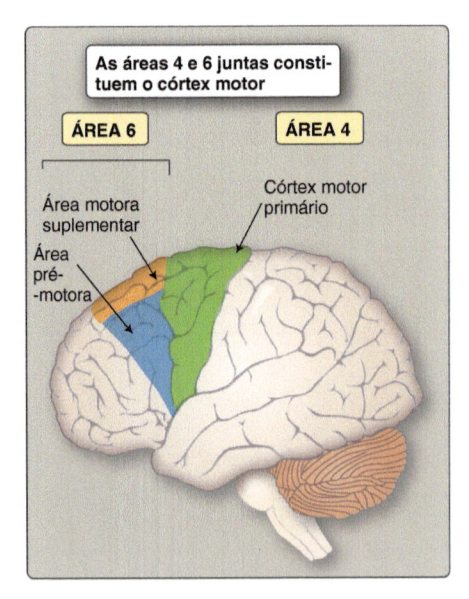

Figura 11.9
Organização do córtex motor.

então estendem a perna oposta. Os comandos motores e os movimentos são sequenciais e previsíveis. Aumentar a velocidade ou diminuir o passo requer simples ajustes na cronometragem do GPC.

IV. CENTROS DE CONTROLE SUPERIOR

Os reflexos da medula espinal e os GPCs estabelecem comportamentos estereotipados, mas o planejamento e a lembrança de movimentos aprendidos requerem níveis superiores de controle. Esses níveis são adicionados em camadas, cada camada sucessiva fornecendo graus mais sofisticados e refinados do controle motor (ver Fig. 11.1).[1] Como é o caso da maioria dos sistemas orgânicos, uma melhor compreensão sobre o funcionamento vem da observação sobre o que ocorre quando essas vias são danificadas.

A. Córtex cerebral

O córtex cerebral é responsável pelo planejamento dos comandos motores voluntários. Várias regiões corticais diferentes estão envolvidas na coordenação das atividades motoras, mas as mais importantes estão na área 4, o **córtex motor primário**, e na área 6, a qual contém o **córtex pré-motor** e a **área motora suplementar** (Fig. 11.9).

1. **Córtex motor primário:** o córtex motor primário envia fibras motoras por meio do **trato corticospinal** aos interneurônios espinais, que finalmente causam a contração muscular. Os comandos são executados apenas após extensivo processamento pelo cerebelo e pelos núcleos da base. A sua execução também leva em consideração as informações que estão sendo recebidas simultaneamente de vários proprioceptores da pele e dos músculos.

2. **Córtex pré-motor:** o córtex pré-motor pode ser responsável pelo planejamento de movimentos baseados em informações visuais e em outras vias sensoriais.

3. **Área motora suplementar:** a área motora suplementar resgata e coordena sequências motoras memorizadas, tais como as necessárias para tocar piano.

B. Núcleos da base

O córtex toma decisão sobre quando mover e quais atividades devem ser executadas, mas essa execução requer um planejamento cuidadoso sobre o momento dos eventos de contração muscular, a distância que os membros e os dedos necessitam para se mover e a força necessária que deve ser aplicada. Assim, a sequência de movimentos necessária para executar finos traços com um pincel em um quadro de aquarela é muito diferente da necessária em uma pintura com traços largos, como a executada para pintar a parede da casa. As tarefas de planejar e executar os comandos motores são competências dos núcleos da base. Essas áreas não são absolutamente necessárias para a função motora, mas os movimentos se tornam mais grosseiramente distorcidos e erráticos se elas estão lesionadas.

1. **Estrutura:** os núcleos da base compreendem um grupo de grandes núcleos que estão localizados na base do córtex, em íntima proximidade com o tálamo (Fig. 11.10). Eles trabalham juntos como

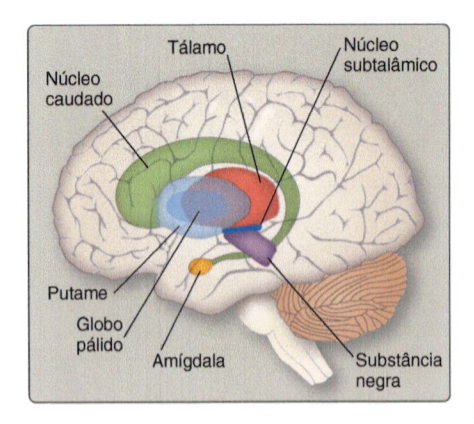

Figura 11.10
Núcleos da base.

[1]Uma descrição ampla das vias anatômicas, estruturas e mecanismos envolvidos está além do objetivo deste texto, mas são consideradas em mais detalhes em *Neurociências ilustrada*, Artmed Editora.

uma unidade funcional. Os núcleos recebem comandos motores do córtex, os transmitem por meio de uma série de alças de retroalimentação e então os repassam ao tálamo, para que retornem ao córtex motor primário e sejam executados.

   a. **Estriado:** o **estriado** (ou **neoestriado**) compreende dois núcleos – o **putame** e o **núcleo caudado**. O estriado é o portão pelo qual os comandos do córtex entram no complexo nuclear. No estriado, predominam neurônios GABAérgicos, e a sua eferência é altamente inibidora.

   b. **Globo pálido:** o **globo pálido** (**GP**, também conhecido como **paládio**) pode ser dividido em dois segmentos (**interno [GPI]** e **externo [GPE]**) com base na sua função. O globo pálido é composto por neurônios inibidores GABAérgicos.

   c. **Substância negra:** a **substância negra** apresenta melanina, um pigmento escuro que serve de substrato para a formação de **dopamina**. Funcionalmente, a substância negra pode ser dividida em duas áreas: a **parte reticulada** e a **parte compacta**. Ambas as regiões contém neurônios inibidores. A parte reticulada é principalmente GABAérgica, enquanto a parte compacta contém neurônios dopaminérgicos. Uma vez que a parte reticulada e o GPI normalmente funcionam juntos e possuem uma estrutura anatômica semelhante, em geral são considerados como uma unidade funcional única.

   d. **Núcleo subtalâmico:** o **núcleo subtalâmico** é uma parte do subtálamo. É um elo-chave no circuito de retroalimentação dos núcleos da base, e é o único centro principalmente excitatório (glutamatérgico) dentro desses núcleos.

2. **Circuitos de retroalimentação:** o córtex motor comunica suas intenções ao estriado. Existem duas rotas para o fluxo de informação do estriado através dos núcleos da base: uma **via direta** e uma **via indireta**. Ambas terminam no tálamo, o qual é tonicamente ativo e estimula áreas corticais que, afinal, controlam a musculatura (Fig. 11.11).

   a. **Via direta:** quando o estriado é ativado, inibe a saída de informação do complexo da parte reticulada do GPI. Em geral, esses dois núcleos estão tonicamente ativos, e as suas eferências inibem a saída tônica do tálamo para o córtex motor. Assim, a ativação do estriado permite que o tálamo estimule o córtex motor. Na prática, a via direta aumenta a atividade motora.

   b. **Via indireta:** uma segunda via envolve o GPE e o núcleo subtalâmico. A excitação do estriado impede a sinalização por parte do GPE. O GPE normalmente inibe o núcleo subtalâmico, o qual seria, de outra forma, tonicamente ativo e, portanto, aumenta a atividade de GPI. O GPI inibe o tálamo e o impede de excitar o córtex motor. Na prática, a via indireta diminui a atividade motora.

   c. **Polarização da eferência:** quando o estriado recebe um comando motor, as vias direta e indireta são ativadas simultaneamente, e seus efeitos no GPI são opostos e equilibrados. Qualquer influência que altere esse equilíbrio pode ser utilizada para regular a saída motora. A parte compacta da substância negra pode potencialmente ter uma influência maior sobre a saída motora porque envia axônios dopaminérgicos de volta para duas áreas do estriado. Quando ativos, esses neurônios aumentam a atividade da via direta através de um receptor dopaminérgico

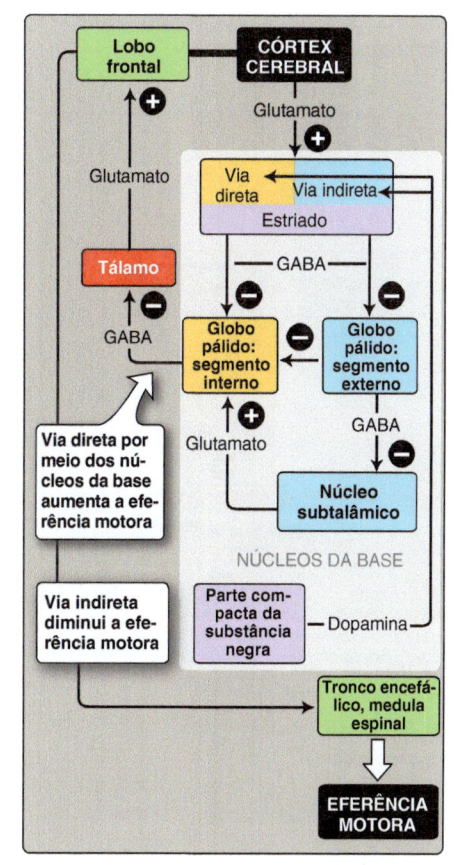

Figura 11.11

Relações entre as funções motoras dos núcleos da base. GABA = ácido γ-aminobutírico.

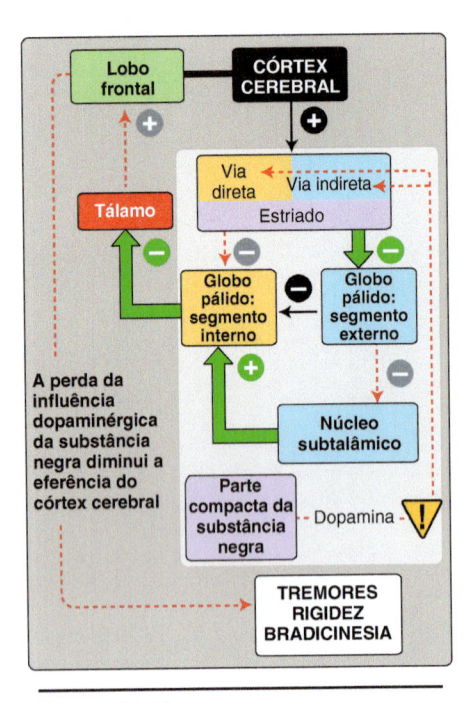

Figura 11.12
Doença de Parkinson. As *linhas vermelhas pontilhadas* indicam vias com influência diminuída.

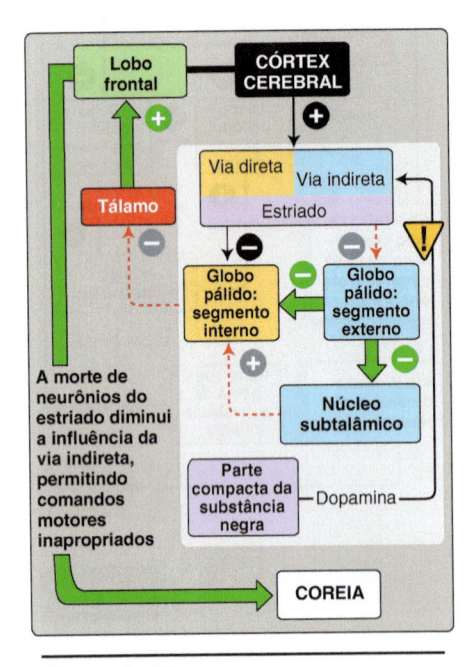

Figura 11.13
Doença de Huntington. As *linhas vermelhas pontilhadas* indicam vias com influência diminuída.

excitatório (D_1), enquanto simultaneamente suprimem a via indireta por meio de um receptor dopaminérgico D_2 (ver Tab. 5.2). Ambos os efeitos favorecem o aumento da atividade motora.

3. **Doenças que afetam os núcleos da base:** o equilíbrio que existe entre as vias direta e indireta é delicado. A perturbação até de um único componente do circuito pode ter consequências motoras devastadoras, que podem incluir uma lentidão do movimento (**bradicinesia**) ou uma perda completa do controle motor (**acinesia**), rigidez devida à tonicidade muscular aumentada (**hipertonia**) e movimentos sinuosos involuntários em repouso (**discinesia**). As doenças motoras mais bem estudadas são a **doença de Parkinson** (**DP**) e a **doença de Huntington** (**DH**).

   a. **Doença de Parkinson:** os distúrbios motores associados com a DP resultam da morte de grande número de neurônios dopaminérgicos dentro da parte compacta da substância negra (Fig. 11.12). A perda desses neurônios leva a tremores das mãos e braços, em repouso; tônus muscular aumentado e rigidez dos membros; bradicinesia e, nos estágios finais, instabilidade postural. Os pacientes também apresentam um caminhar lento e inseguro. Esses sintomas são reflexos das consequências da perda da alça de retroalimentação dopaminérgica entre a parte compacta e o estriado. Os movimentos direcionados se tornam difíceis, e os conflitos inerentes entre as vias direta e indireta se tornam evidentes. As opções de tratamento atualmente incluem fármacos que aumentam os níveis de dopamina, seja por fornecer um substrato para a formação da dopamina (L-dopa), ou por inibir a sua degradação (inibidores da *monoaminoxidase*; ver Fig. 5.7 e Tab. 5.3).[1]

   > Os tremores são a forma mais comum de um distúrbio dos movimentos. Um tremor é um movimento corporal rítmico que reflete um desequilíbrio entre as ações de dois grupos de músculos antagonistas. Todos os indivíduos apresentam tremores fisiológicos que podem ser exacerbados por estresse físico, fome, cafeína e diversas categorias de substâncias químicas que afetam a neurotransmissão dopaminérgica, adrenérgica e colinérgica.

   b. **Doença de Huntington:** a DH é uma condição hereditária que afeta a **huntingtina**, uma proteína onipresente cuja função normal ainda não é totalmente conhecida. Os neurônios do estriado que normalmente inibem a saída motora pela via indireta são destruídos devido ao acúmulo anormal da proteína, impedindo as inibições normais sobre a via direta (Fig. 11.13). Os sintomas iniciais da doença incluem coreia (da palavra grega para "dança"), caracterizada por contrações involuntárias dos músculos dos membros que produzem movimentos rápidos, variados e de contorção. Por fim, a DH envolve a maioria das regiões do encéfalo, causando distúrbios psiquiátricos graves e demência. Não existe qualquer opção de tratamento, e a morte, em geral, ocorre em torno de 20 anos após o diagnóstico.

[1] Para mais informações sobre os fármacos utilizados para tratar a doença de Parkinson e outras doenças neurodegenerativas, ver *Farmacologia ilustrada*, 5ª edição, Artmed Editora.

C. Cerebelo

O cerebelo não é essencial para a locomoção, mas está intimamente envolvido no controle motor. Ele assegura que as instruções enviadas pelo córtex sejam executadas conforme solicitadas e executa correções, quando necessário.

1. **Função:** a extensão total do envolvimento do cerebelo no controle motor não é conhecida, mas suas funções principais incluem a sintonia fina e a execução delicada dos movimentos.

    a. **Sintonia fina:** o cerebelo recebe uma enorme quantidade de informações sensoriais sobre a posição do corpo e da cabeça, a contratilidade e o comprimento muscular, e informação tátil da pele. O cerebelo, então, compara essas informações com os comandos motores que foram emitidos pelos centros superiores, e realiza os ajustes motores finos que se fazem necessários. Isso evita, por exemplo, que um dedo passe rapidamente pelo alvo quando quer acionar um interruptor de luz.

    b. **Sequenciamento:** atividades como tocar piano, envolvem movimentos dos dedos que são executados tão rapidamente que não existe tempo suficiente para a informação sensorial ser repassada de volta ao SNC para processamento e retroalimentação. Tais atividades são possíveis pelo fato de que o cerebelo antecipa quando um movimento particular deve terminar, e então executa um comando que o bloqueia em um momento preciso no tempo. Simultaneamente, antecipa e executa um comando que assegura uma transição suave à próxima ação.

    c. **Aprendizado motor:** o cerebelo é capaz de antecipar e executar comandos motores porque armazena e constantemente atualiza informações sobre o momento exato dos comandos recrutados para sequências motoras complexas.

2. **Disfunção cerebelar:** o cerebelo refina os comandos motores, mas não é absolutamente necessário para a locomoção. Lesões do cerebelo levam a graus variados de perda da coordenação, dependendo do local da lesão e de sua gravidade.

    a. **Ataxia:** a **ataxia** se refere à perda generalizada da coordenação muscular. O andar pode se tornar lento, amplo e instável. O encéfalo consciente é agora forçado a pensar sobre a posição do corpo, mas o espaço de tempo entre a recepção da informação proprioceptiva e a execução dos comandos motores significa que os membros em geral exageram no movimento e não atingem os seus alvos. O encéfalo então executa um movimento corretivo não muito preciso, resultando em um padrão de comportamento conhecido como **dismetria**.

    b. **Tremor de intenção:** visto que o encéfalo consciente tem de guiar e atualizar continuamente os movimentos, tarefas simples, tais como alcançar um objeto, se tornam lentas, e o caminho tomado até o alvo oscila de um lado para o outro (um **tremor de intenção**). Os tremores de intenção são facilmente discernidos, utilizando-se um simples teste de levar o dedo ao nariz (Fig. 11.14).

D. Tronco encefálico

Circuitos neuronais simples na medula espinal produzem comportamentos estereotipados que facilitam a locomoção e outros movimentos rítmicos. O tronco encefálico coloca essas vias em ação e as coordena com referência

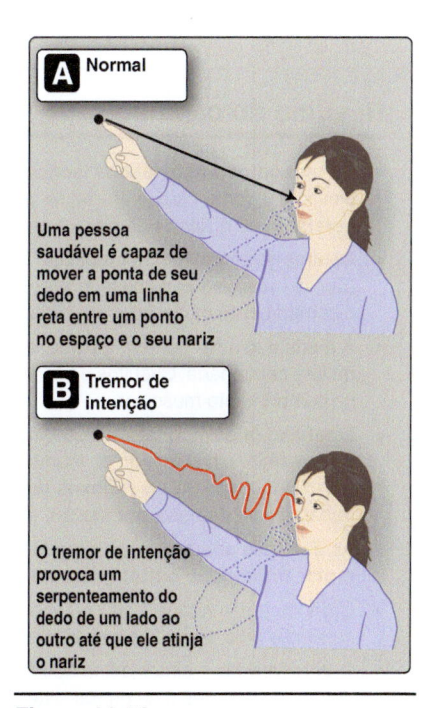

Figura 11.14
Tremor de intenção.

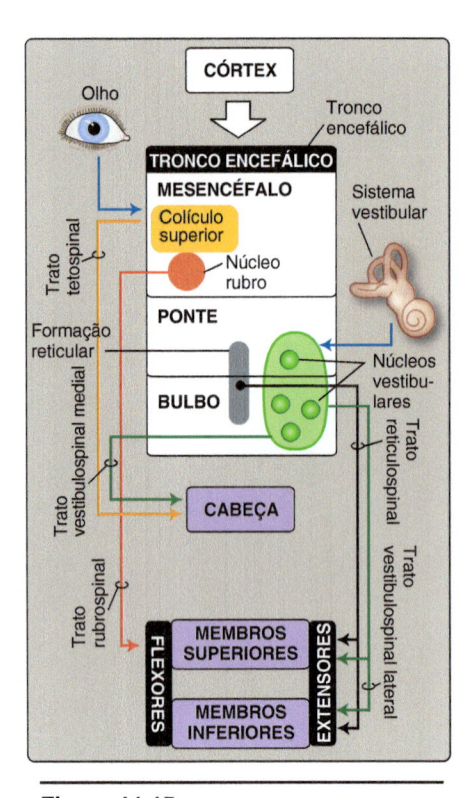

Figura 11.15
Centros de controle motor no tronco encefálico.

à informação sensorial recebida dos olhos e do sistema vestibular. Ele também controla o movimento dos olhos para estabilizar as imagens visuais durante o movimento da cabeça e do corpo. O tronco encefálico contém quatro importantes áreas de controle motor: o **colículo superior** (**teto**), o **núcleo rubro**, os **núcleos vestibulares** e a **formação reticular** (Fig. 11.15).

1. **Colículo superior:** o **colículo superior** controla os movimentos da cabeça e do pescoço com referência à informação visual. As fibras dessa área se projetam para a medula espinal cervical pelo **trato tetospinal**.

2. **Núcleo rubro:** o **núcleo rubro** está localizado no mesencéfalo. O núcleo rubro controla os músculos flexores dos membros superiores por meio do **trato rubrospinal**.

3. **Núcleos vestibulares:** existem quatro **núcleos vestibulares**: um na ponte (**núcleo vestibular superior**) e três no bulbo (os **núcleos vestibulares inferior**, **lateral** e **medial**). Eles recebem e integram informações da orelha interna sobre o movimento da cabeça e do corpo. As eferências dessas regiões controlam o movimento dos olhos por meio do **nervo oculomotor** (NC III), e também auxiliam a coordenar os movimentos do corpo, da cabeça e do pescoço através dos **tratos vestibulospinais**. O trato vestibulospinal medial se origina do núcleo vestibular medial, o qual ajuda a estabilizar a cabeça durante os movimentos do corpo. O trato vestibulospinal lateral se projeta para todos os níveis da medula espinal, onde estimula a contração muscular extensora e inibe os flexores para auxiliar a controlar a postura durante os movimentos do corpo.

4. **Formação reticular:** a **formação reticular** também está envolvida em muitos comportamentos motores complexos. As fibras que saem dessa área se projetam através do **trato reticulospinal** para todos os níveis da medula espinal. Essas fibras influenciam a atividade dos neurônios motores α e γ para facilitar os movimentos corporais voluntários originados no córtex e iniciados pelo trato corticospinal.

Resumo do capítulo

- Os **músculos esqueléticos** facilitam a locomoção e a manipulação do ambiente externo. A execução de movimentos complexos, tal como caminhar, requer múltiplos níveis de coordenação, envolvendo a **medula espinal**, o **tronco encefálico**, o **cerebelo**, os **núcleos da base** e as áreas motoras do **córtex cerebral**.

- Centros de controle motor recebem dados sensoriais de miofibrilas especializadas contidas dentro dos músculos esqueléticos (**fibras intrafusais**) e dos tendões (**órgãos tendinosos de Golgi [OTGs]**). As fibras intrafusais transmitem informações sobre o comprimento muscular e alterações nesse comprimento. Os OTGs são sensores de tensão.

- A medula espinal contém **geradores de padrão central**, que mantêm o movimento rítmico dos membros, por exemplo, durante a caminhada. Circuitos espinais simples permitem respostas rápidas reflexas a estímulos nocivos e antecipar mudanças no comprimento muscular.

- O **reflexo miotático** faz os músculos se contraírem quando estirados, enquanto simultaneamente inibe os músculos opostos para permitir o movimento do membro livre. O **reflexo miotático inverso** limita a contração muscular e simultaneamente ativa um músculo oposto. Os **reflexos de flexão** e **extensão cruzada** preparam os membros opostos para ficarem prontos para a transferência de peso quando, por exemplo, pisamos em um objeto afiado ou de alguma forma lesivo.

- As decisões sobre como e quando se mover se iniciam no córtex. As principais áreas motoras do córtex incluem o **córtex motor primário**, o **córtex pré-motor** e a **área motora suplementar**.

- Cronometrar e sequenciar comandos motores são responsabilidades dos **núcleos da base**. Os comandos motores estão sujeitos a uma série de alças de retroalimentação que aperfeiçoam as sequências e asseguram movimentos leves e precisos.

- O **cerebelo** faz a sintonia fina dos movimentos durante a execução, usando como referência informações que são recebidas de proprioceptores e de outros sistemas sensoriais.

- O **tronco encefálico** executa comandos motores e auxilia a coordenar os movimentos com referência às informações sensoriais provenientes dos olhos e do sistema vestibular.

Questões para estudo

Escolha a resposta CORRETA:

II.1 Doenças autoimunes, tais como a esclerose múltipla, causam deficiências neurológicas por afetarem a velocidade de condução axonal. Qual das seguintes opções diminuiria a propagação da sinalização axonal em maior grau?

A. O aumento do diâmetro do axônio.
B. O aumento do comprimento do axônio.
C. O aumento da espessura da mielina.
D. A diminuição da densidade dos canais vazantes.
E. A diminuição da taxa de despolarização.

> Resposta correta = E. A velocidade de condução axonal é dependente da taxa de despolarização da membrana durante um potencial de ação, o qual, por sua vez, é uma função da cinética de abertura de canais (5.III.B). A velocidade de condução também seria reduzida pela diminuição (não aumento) do diâmetro do axônio ou por desmielinização, o que aumentaria a perda de corrente pelos canais vazantes. É esperado também que o aumento da densidade dos canais vazantes possa diminuir a velocidade de condução axonal. A velocidade de condução é independente do comprimento do axônio.

II.2 A epilepsia é uma condição neurológica comum, caracterizada por disparos neuronais espontâneos episódicos e convulsões. Pesquisas indicam que uma disfunção no tamponamento espacial glial pode estar envolvida. O papel do tamponamento espacial inclui qual das seguintes opções?

A. Limitar o acúmulo de K^+ e a hiperexcitabilidade nervosa.
B. Evitar a acidificação do líquido extracelular encefálico.
C. Aumentar a velocidade da condução axonal.
D. Reciclar os neurotransmissores sinápticos.
E. Transferir nutrientes do sangue para os neurônios.

> Resposta correta = A. A glia captura K^+ do interstício neuronal e o transfere, pelas junções comunicantes, às células adjacentes, para estar disponível ao uso em um local distante (ou na circulação; 5.V.B). A função neuronal é altamente sensível às concentrações locais de K^+, e o seu acúmulo pode causar hiperexcitabilidade e atividade de disparo inapropriada. O tamponamento espacial normalmente não tem um papel importante no equilíbrio do pH. A velocidade de condução axonal é aumentada pela mielinização, a qual é também uma função da glia (5.V.A). A glia também participa na reciclagem de neurotransmissores por captação nas sinapses e retorno aos neurônios (5.V.C), mas isso não é uma função de tamponamento espacial. A transferência de nutrientes pelas células da glia é referida como "desvio a lactato", o qual não está relacionado ao tamponamento espacial (5.V.D).

II.3 A perda de líquido cerebrospinal (LCS) reduz a capacidade de flutuação, fazendo com que o encéfalo ceda e iniciando uma "dor de cabeça pela baixa pressão de LCS" ocasionada pela perda da capacidade de flutuação. Além da flutuação, que outros aspectos protetores o LCS fornece?

A. O LCS contém mucina para lubrificar o encéfalo.
B. O volume do líquido cerebrospinal é de aproximadamente 15 mL, o que forma um filme aderente entre o encéfalo e o crânio.
C. O LCS é rico em HCO_3^- para tamponar as alterações de pH.
D. O LCS é livre de K^+ para aumentar o efluxo neuronal de K^+.
E. O LCS é drenado ao longo do nervo olfatório para hidratar o epitélio olfatório.

> Resposta correta = C. Diferentemente da maioria dos líquidos corporais, o líquido cerebrospinal (LCS) é livre de proteínas (i.e., não contém mucinas). As proteínas geralmente fornecem uma defesa significativa contra alterações do pH, e, assim, para compensar, o LCS é rico em HCO_3^- (6.VII.D). Cerca de 120 mL de LCS banham o sistema nervoso central, fazendo com que o encéfalo flutue para evitar a compressão dos vasos sanguíneos encefálicos e formar um acolchoamento protetor entre o encéfalo e o osso (6.VII.B). O LCS contém em torno de 3 mmol/L de K^+, pouca coisa a menos do que o plasma. O LCS é drenado para dentro do sistema venoso através de um seio intracraniano.

II.4 Uma mulher de 45 anos reclama de dor na ponta dos dedos das mãos e dos pés, quando da exposição ao frio ou a um estresse emocional. Esse "fenômeno de Raynaud" é causado por vasoconstrição simpática exacerbada nas extremidades, produzindo uma dor isquêmica. Qual das seguintes afirmativas melhor se aplica à sua condição?

A. Os gânglios simpáticos que servem aos dedos estão localizados nas mãos.
B. O nervo pós-ganglionar simpático é mielinizado.
C. A paciente pode ter alívio a partir de um inibidor α-adrenérgico.
D. A dor pode ser aliviada por um inibidor da *acetilcolinesterase*.
E. A junção neuromuscular nos vasos contém receptores nicotínicos de acetilcolina.

> Resposta correta = C. A vasoconstrição é mediada pela liberação de noradrenalina dos terminais nervosos simpáticos. A noradrenalina se liga a receptores α-adrenérgicos nas células musculares lisas dos vasos, de forma que os espasmos vasculares da paciente podem ser aliviados por um inibidor α-adrenérgico (7.IV). A sinalização neuromuscular vascular não envolve receptores nicotínicos de acetilcolina. Os gânglios simpáticos estão localizados próximos à coluna vertebral, não na periferia, e neurônios pós-ganglionares são amielínicos. A transmissão sináptica dentro dos gânglios simpáticos é colinérgica e, assim, um inibidor da *acetilcolinesterase* aumentaria a atividade eferente simpática, portanto pioraria os sintomas.

II.5 Uma mulher de 38 anos apresentou náusea após receber citoxano, um fármaco anticancerígeno administrado para tratar o câncer de mama. A náusea induzida por medicamentos é mediada pela área postrema, um órgão circunventricular (OCV) sensorial. Qual das seguintes opções melhor descreve a função do OCV?

A. A aldosterona e a tiroxina são liberadas pelos órgãos circunventriculares.
B. O hipotálamo monitora a composição plasmática por meios dos órgãos circunventriculares.
C. Os órgãos circunventriculares permitem que o sangue e o líquido cerebrospinal se misturem.
D. Os processos de neurônios sensoriais dos órgãos circunventriculares se estendem através da barreira hematencefálica.
E. O quimiorreceptor central que monitora a Pco_2 é um órgão circunventricular.

Resposta correta = B. O hipotálamo utiliza órgãos circunventriculares (OCVs) para monitorar a composição do plasma, o que facilita o controle homeostático de Na^+, água e outros parâmetros corporais (7.VII.C). A barreira hematencefálica está interrompida nos OCVs, e os capilares são fenestrados, permitindo que o líquido filtrado do sangue seja monitorado pelos neurônios dos OCVs. Os neurônios sensoriais dos OCVs não penetram as paredes dos vasos capilares e se estendem através da barreira hematencefálica. A aldosterona e a tiroxina são liberadas pelas glândulas suprarrenal e tireoide, respectivamente, e essas não contêm OCVs. Quimiorreceptores centrais estão localizados atrás da barreira hematencefálica. Embora os vasos capilares dos OCVs sejam fenestrados, o sangue permanece retido dentro dos vasos, o que evita a mistura do sangue com o líquido encefálico extracelular e o líquido cerebrospinal.

II.6 Um homem de 32 anos se apresenta no departamento de emergência com traumatismo craniano após cair de uma escada. Um médico assistente coloca um feixe de luz em cada olho e observa reflexos pupilares normais. Qual das seguintes opções melhor descreve tais reflexos?

A. Eles são um exemplo de reflexo vagovagal.
B. A luz causa a despolarização dos receptores nos cones.
C. A miose reflexiva envolve o músculo ciliar.
D. A miose resulta de uma estimulação simpática aumentada do músculo liso.
E. Os reflexos pupilares são mediados por células ganglionares retinianas.

Resposta correta = E. O reflexo pupilar à luz é acionado pela luz que incide nas células ganglionares fotossensíveis da retina (8.II.C). A pupila se contrai reflexivamente por meio da estimulação parassimpática dos músculos do esfíncter da íris. A luz que incide nos cones hiperpolariza as células receptoras mediante um decréscimo do influxo de Na^+ por canais dependentes de nucleotídeo cíclico. O reflexo pupilar à luz é mediado pelo nervo óptico e pelo nervo oculomotor, não pelo nervo vago.

II.7 Um motorista, trafegando em uma estrada rural escura, à noite, é temporariamente cegado pelos faróis altos de um veículo vindo da direção oposta. Qual das seguintes observações melhor descreve a função retiniana do motorista cegado?

A. A recuperação da visão envolve a desfosforilação da rodopsina.
B. O canal que medeia a visão noturna também transduz a olfação.
C. Os faróis altos causam cegueira por meio da despolarização dos bastonetes.
D. A luz inibe as proteínas ativadoras da *guanilato ciclase* nos bastonetes.
E. A cegueira temporária é causada pela internalização do canal Na^+.

Resposta correta = A. A ativação da rodopsina pela luz inicia uma cascata de eventos que leva à sinalização dos bastonetes, mas também inicia vias que limitam a sinalização (8.V.C). Essas vias incluem a fosforilação da rodopsina pela *rodopsina cinase*, assim, a recuperação necessariamente envolve a desfosforilação da rodopsina. A estimulação e a dessensibilização dos bastonetes envolvem a hiperpolarização de membrana mediada por um canal Na^+ dependente do monofosfato de guanosina cíclico, o que é diferente do canal olfatório acionado por nucleotídeo cíclico (10.III.C). A internalização do canal Na^+ não é parte do processo de dessensibilização. As proteínas ativadoras da *guanilato ciclase* são estimuladas pela luz.

II.8 Uma mulher de 62 anos, com uma história de arterite temporal, sofre uma perda súbita da visão monocular, causada pela oclusão da artéria retiniana e subsequente isquemia das células ganglionares. Qual das seguintes afirmativas melhor descreve como funcionam essas células ganglionares da retina?

A. Estão dedicadas a bastonetes individuais.
B. A luz sempre causa despolarização celular.
C. Sinalizam através do nervo oculomotor.
D. Geram potenciais de ação.
E. Auxiliam na reciclagem de fotorreceptores.

Resposta correta = D. As células ganglionares transmitem informação visual ao encéfalo, utilizando potenciais de ação, com os seus axônios formando o nervo ocular (o nervo oculomotor controla o movimento do olho). A maioria das outras células na retina responde à luz com potenciais graduados em vez de potenciais de ação (8.VII). As células ganglionares confrontam dados de grupos de fotorreceptores (não de bastonetes individuais), o que forma um amplo campo receptivo. As células ganglionares são ativadas quando a luz é ligada ou desligada, dependendo de onde a luz incide na retina em relação aos seus campos receptivos. As células pigmentares, não as células ganglionares, auxiliam na reciclagem de fotorreceptores.

II.9 Uma criança com perda congênita da audição é diagnosticada com atresia da janela da cóclea (ausência de uma janela da cóclea) após estudos de imagem por tomografia computadorizada. A atresia prejudica a audição por qual dos seguintes mecanismos?

A. A pressão nos dois lados da membrana timpânica (tímpano) não pode ser equalizada.
B. Não permite o movimento da cadeia de ossículos.
C. Prejudica a relação de impedância.
D. Impede o movimento da perilinfa.
E. Enrijece a base da lâmina basilar.

Resposta correta = D. A janela da cóclea permite que a perilinfa se mova dentro das câmaras cocleares, quando a janela do vestíbulo é deslocada pelo estribo (9.IV). A cóclea está encerrada no osso, o que impede a expansão da câmara quando a janela do vestíbulo é deslocada. Portanto, na ausência de uma janela da cóclea, o movimento da perilinfa e a oscilação da lâmina basilar não podem ocorrer. A relação de impedância é uma função da cadeia de ossículos, e a equalização da pressão do ar ocorre na tuba auditiva, portanto, nenhuma dessas funções deve ser afetada pela atresia. O enrijecimento da lâmina basilar afetaria a discriminação de frequências, mas não deve causar perda auditiva.

II.10 Uma disfunção hereditária rara, que impede a síntese das proteínas dos ligamentos apicais, foi observada em modelos animais. Pode-se esperar que a expressão gênica tenha tido qual dos seguintes efeitos na transdução auditiva?

A. O colapso do potencial endococlear.
B. As células ciliadas perderiam a função sensorial.
C. A reciclagem de K^+ seria inibida.
D. Os estereocílios não seriam deslocados pelo som.
E. Somente a função vestibular seria prejudicada.

Resposta correta = B. Os sons são transduzidos pelas células ciliadas, as quais são excitadas quando os ligamentos apicais entre os estereocílios adjacentes tensionam, e se abre um canal de transdução mecanoelétrica (TME) permeável ao K^+ (9.IV.C). Os ligamentos apicais tensionam quando os estereocílios são deslocados por ondas sonoras que passam pela cóclea. Se os ligamentos apicais estivarem ausentes, os estereocílios ainda seriam deslocados pelo som, mas as células ciliadas seriam incapazes de gerar um potencial receptor. Células ciliadas auditivas e vestibulares seriam afetadas de forma semelhante. O potencial endococlear e a reciclagem de K^+ se baseiam na estria vascular para concentrar K^+ dentro da endolinfa, o que não deveria ser afetado por uma disfunção dos ligamentos apicais.

II.11 Qual das seguintes opções melhor descreve as propriedades do órgão espiral?

A. O ápice está ajustado para sons de alta frequência.
B. A lâmina basilar é mais ampla no ápice.
C. A escala média do labirinto coclear é preenchida com perilinfa.
D. As células ciliadas internas são amplificadoras de sons.
E. Os estereocílios não se dobram em direção ao cinocílio.

Resposta correta = B. A lâmina basilar ressoa em diferentes frequências ao longo de seu comprimento (9.IV.D). A lâmina é mais ampla no ápice e ressoa em frequências menores. A base da lâmina basilar e as células ciliadas que ela suporta estão adaptadas para altas frequências. No nervo auditivo, predominam as eferências das células ciliadas internas, as quais sinalizam quando os estereocílios se curvam em direção ao cinocílio. Acredita-se que as células ciliadas externas auxiliem a amplificar esses sinais. A escala média do labirinto coclear é preenchida com endolinfa, não perilinfa.

II.12 A orelha direita de uma paciente em coma é irrigada com água fria para verificar a função do reflexo vestíbulo-ocular (RVO). Qual das seguintes afirmativas melhor descreve o RVO ou seus componentes?

A. O canal semicircular horizontal detecta movimentos verticais.
B. O reflexo vestíbulo-ocular é iniciado pelo deslocamento de estatocônios.
C. O resfriamento da orelha causa influxo de K^+ mediado por receptor.
D. O reflexo vestíbulo-ocular é mediado por nervos termossensíveis.
E. Os núcleos vestibulares do reflexo vestíbulo-ocular estão localizados no tálamo.

Resposta correta = C. O gradiente de temperatura criado pela irrigação do canal auditivo com água fria faz a endolinfa mover-se dentro do canal semicircular horizontal (9.V.E). O movimento é transduzido por canais mecanossensíveis nas células ciliadas sensoriais, os quais se abrem para permitir o influxo de K^+ e despolarização. O reflexo vestíbulo-ocular não envolve termorreceptores. O canal horizontal detecta normalmente movimentos de rotação da cabeça em um plano horizontal, repassando a informação sensorial aos núcleos vestibulares no tronco encefálico, não ao tálamo. Estatocônios são normalmente encontrados nos órgãos otolíticos, não nos canais semicirculares.

II.13 Uma mulher de 23 anos com a síndrome do glutamato monossódico (GMS) tem náuseas, palpitações e diaforese após ingerir comida contendo GMS. O GMS é um aditivo alimentar que realça o sabor umami. Qual das seguintes opções melhor descreve o mecanismo de transdução sensorial do GMS?

A. Ele é percebido por células do paladar denominadas células receptoras do tipo I.
B. O receptor do glutamato monossódico é um canal Na⁺.
C. As células que detectam o sabor umami liberam trifosfato de adenosina.
D. O glutamato monossódico se liga a um domínio nos receptores para "doce".
E. O glutamato monossódico ativa células receptoras do tipo III.

Resposta correta = C. O glutamato monossódico (GMS) se liga a um receptor acoplado à proteína G (não a um canal Na⁺) em células receptoras do tipo II específicas para o sabor umami (10.II.C). A ligação ao receptor promove a liberação de Ca^{2+} de reservatórios intracelulares, o que leva à despolarização de membrana e à abertura de hemicanais de panexina. As panexinas permitem que o trifosfato de adenosina se difunda para fora da célula e estimule um nervo gustatório. O GMS pode ter efeitos menores, indiretos, nas células do tipo I (para o salgado) e células do tipo III (para o ácido), mas é principalmente detectado pelas células do tipo II.

II.14 Um homem de 32 anos se apresenta com anosmia (perda do sentido do olfato) após a inalação acidental de um produto químico volátil no trabalho. Qual das seguintes afirmativas melhor descreve a função dos neurônios olfatórios?

A. Esses neurônios não regeneram, assim a anosmia é permanente.
B. Não geram potenciais de ação.
C. A olfação é mediada pela *guanilato ciclase*.
D. Os seus axônios formam o nervo craniano II.
E. O sentido do paladar do paciente provavelmente está intacto.

Resposta correta = E. O paladar e o olfato são mediados por dois tipos diferentes de células sensoriais. Os receptores do paladar são células epiteliais, enquanto os receptores olfatórios são basicamente neurônios sensoriais (10.III.B). Os neurônios olfatórios são substituídos a cada 48 dias, aproximadamente, de forma que é provável que a deficiência sensitiva seja temporária. A ligação a um receptor olfatório causa uma alteração na atividade da *adenilato ciclase*, e não da *guanilato ciclase*. Se suficientemente forte, um estímulo fará com que um neurônio dispare um potencial de ação, o qual é transmitido ao encéfalo através do nervo olfatório, que é o nervo craniano I (NC I); o NC II é o nervo óptico.

II.15 Um homem de 83 anos com miastenia grave é incapaz de comer determinados alimentos, como um bife, devido à fadiga do músculo bulbar. Com base em estudos dos músculos bulbares desse homem durante a contração, qual das seguintes opções melhor descreve o estado atual da inervação desses músculos, comparando com o estado normal?

A. Atividade diminuída do neurônio motor α.
B. Atividade diminuída do neurônio motor γ.
C. Atividade diminuída do aferente sensorial Ia.
D. Atividade diminuída do aferente sensorial Ib.
E. Atividade diminuída do aferente sensorial II.

Resposta correta = D. Os anticorpos que são produzidos pelos pacientes com miastenia grave destroem o receptor nicotínico de acetilcolina, interferindo na excitação normal e no desenvolvimento da força (Aplicação clínica 12.2). O desenvolvimento da tensão muscular durante a contração é detectada pelos órgãos tendinosos de Golgi, os quais sinalizam via aferentes sensoriais do grupo Ib (11.II.A). A contração é iniciada por neurônios motores α, os quais devem sinalizar normalmente, assim como os neurônios motores γ que iniciam a contração das fibras intrafusais. Aferentes dos grupos Ia e II transmitem informação sensorial dos fusos musculares quando um músculo é estirado.

II.16 Um cozinheiro distraído pega e imediatamente deixa cair uma espátula de metal que havia ficado dolorosamente quente para ser tocada. Qual das seguintes afirmativas melhor descreve tais reflexos?

A. São mediados por circuitos espinais locais.
B. Os estímulos da dor são transduzidos por terminações ou corpúsculos de Ruffini.
C. Os estímulos da dor são transmitidos pelos neurônios motores α.
D. Não seriam afetados por desmielinização.
E. São mediados por geradores de padrão central.

Resposta correta = A. Movimentos reflexos acionados por estímulos dolorosos são mediados por circuitos de reflexos medulares (ou "arcos"; 11.III.A). Estímulos dolorosos são mediados por receptores da dor e transmitidos por fibras aferentes sensoriais mielinizadas à medula espinal. A via curta de sinalização e fibras adaptadas para alta velocidade de condução diminuem o tempo de reação. Os neurônios motores são também mielinizados, o que torna as vias de sinalização e resposta envolvidas, ambas suscetíveis à doença desmielinizante. Os corpúsculos ou terminações de Ruffini detectam estímulos mecânicos da pele (16.VII.A; 11.II.C), enquanto os geradores de padrão central estão envolvidos no estabelecimento de movimentos rítmicos (11.III.F).

UNIDADE III
Fisiologia Musculoesquelética e Tegumentar

Músculo Esquelético 12

I. VISÃO GERAL

Os vários órgãos do corpo estão localizados dentro de compartimentos (o tórax e o abdome) que são moldados e sustentados por um esqueleto ósseo (a estrutura óssea e sua função são discutidas no Cap. 15). Os ossos também definem os membros, os quais são usados para manipular objetos e para locomoção. O movimento dos ossos é facilitado pelos músculos esqueléticos, que estão normalmente arranjados em pares antagônicos para criar alavancas articulares. Os braços, por exemplo, contêm três ossos longos que formam uma alavanca que dobra o cotovelo. Um par de músculos antagonistas permite a **extensão** (tríceps) e a **flexão** (bíceps) do antebraço, como demonstrado na Figura 12.1, mas uma gama completa de movimentos do braço utiliza aproximadamente 40 músculos. Os músculos esqueléticos permitem que o corpo se sustente pela caça e coleta de alimento, mas também são utilizados para atividades que não são de locomoção, como a manutenção de uma postura ereta e a expansão pulmonar. Os músculos esqueléticos contribuem com cerca de 40% da massa corporal total em uma pessoa de porte médio, mas outros 10% da massa corporal compreendem dois tipos diferentes de músculo: o músculo cardíaco e o músculo liso. Os três tipos utilizam princípios moleculares comuns para gerar força. A contração é iniciada por um aumento das concentrações intracelulares de Ca^{2+} livre, o que facilita a interação entre os filamentos de actina e miosina por meio da sua ligação e ativação ao complexo regulador dependente de Ca^{2+}. Os dois filamentos, então, deslizam um contra o outro, processo dependente do trifosfato de adenosina (ATP), para gerar força. O deslizamento dos miofilamentos faz as células musculares (**miócitos**) se contraírem e encurtarem. Embora o mecanismo gerador de força seja semelhante nos três tipos de músculos, existem diferenças significativas na sua organização e na maneira pela qual a contração se inicia e como a força de contração é controlada. Essas diferenças refletem seus papéis únicos no corpo humano, e serão exploradas em mais detalhes nos Capítulos 13 e 14. O músculo esquelético consome quantidades significativas de energia (ATP), quando em atividade máxima, e libera uma quantidade igualmente significativa de calor como um subproduto. É responsabilidade do tegumento (da pele) dissipar este calor, transferindo-o para o ambiente externo (ver Cap. 38).

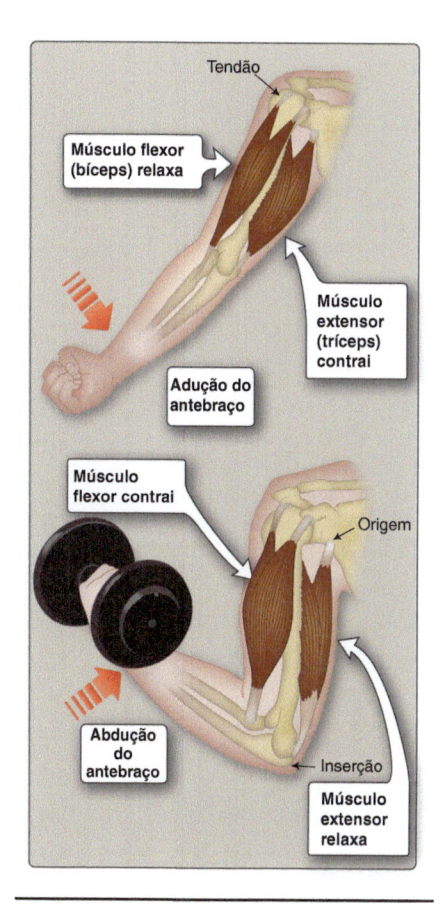

Figura 12.1
Antagonismo entre os músculos extensores e flexores do antebraço.

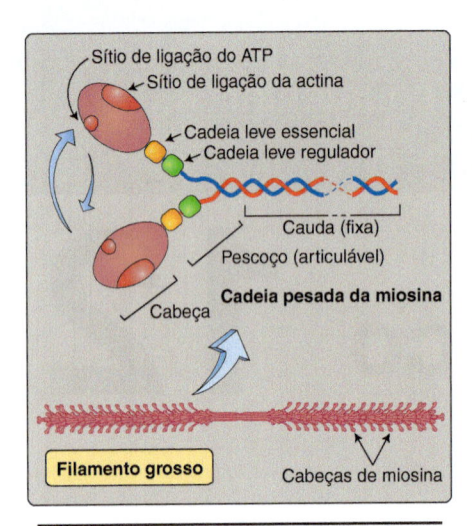

Figura 12.2
Estrutura da miosina e do filamento grosso. ATP = trifosfato de adenosina.

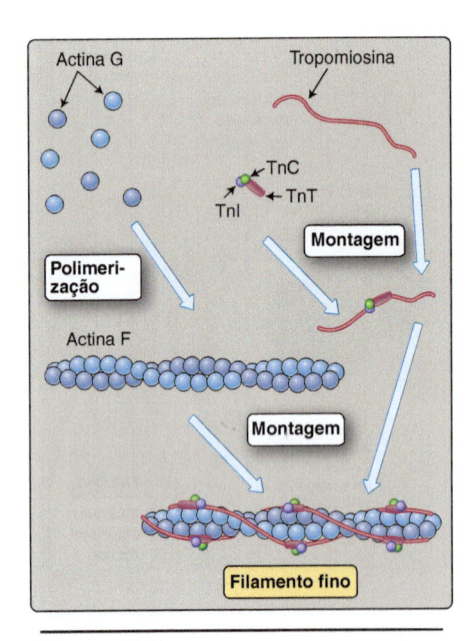

Figura 12.3
Organização do filamento fino.
TnC = troponina C; TnI = troponina I;
TnT = troponina T.

II. ESTRUTURA

Todos os tipos de músculo, esquelético, cardíaco e liso, utilizam o mesmo princípio molecular para gerar força durante a contração. A energia para a contração provém da hidrólise do ATP. O estímulo para a contração provém dos íons Ca^{2+} livres. O mecanismo de contração envolve a ligação da proteína **miosina** a um filamento fino de **actina**, puxando-o e fazendo-o deslizar pelo seu filamento grosso.

A. Miosina

A miosina é uma proteína hexamérica grande (PM = 52 kDa). Seu eixo principal é composto por duas **cadeias pesadas**, cada uma apresentando um polipeptídeo em forma de um taco de golfe com uma cabeça; um pescoço; e uma longa cauda helicoidal (Fig. 12.2). A cabeça possui atividade ATPásica e contém o sítio de interação com a actina. O pescoço age como uma alavanca que permite à cabeça dobrar e puxar durante a contração. A cauda ancora a proteína dentro de um conjunto filamentoso maior. Cada região da cabeça associa-se com duas cadeias leves: uma **cadeia leve reguladora** e uma **cadeia leve essencial**. As caudas de duas cadeias pesadas se entrelaçam para formar uma espiral enrolada, então, aproximadamente 100 dessas unidades de agrupam de maneira semelhante a tacos de golfe amontoados em um saco, com as cabeças voltadas para cima em várias direções diferentes. Dois desses agrupamentos são unidos cauda a cauda para formar um **filamento grosso**.

B. Actina

A actina forma uma "corda" molecular que é puxada pela miosina durante a contração. A actina é sintetizada como uma proteína globular (**actina G**) e então polimerizada para formar a **actina F** (Fig. 12.3), a qual contém dois polímeros semelhantes a colares de contas, trançados em uma conformação helicoidal. A actina expressa sítios de ligação para a miosina, mas esses sítios devem permanecer encobertos até que um sinal para contração seja recebido, senão o músculo pode travar em um estado rígido (**rigor**). O acesso ao sítio de ligação é controlado pela **tropomiosina** e pela **troponina** (**Tn**), duas proteínas reguladoras que se encontram nos sulcos da hélice de actina, próximas ao sítio de ligação. Juntas, actina, tropomiosina e troponina formam um **filamento fino**.

1. **Tropomiosina:** a tropomiosina compreende duas subunidades filamentosas idênticas que estão entrelaçadas, formando uma hélice. As moléculas de tropomiosina se colocam de ponta a ponta ao longo do filamento de actina, ocultando abaixo de si os sítios de ligação com a miosina.

2. **Troponina:** a troponina é uma proteína sensível ao Ca^{2+} que revela o sítio de ligação com a miosina, quando as concentrações intracelulares de Ca^{2+} aumentam. A troponina é um complexo de três proteínas diferentes: a **troponina C** (**TnC**), a **troponina I** (**TnI**) e a **troponina T** (**TnT**).

    a. **Troponina C:** a TnC é uma proteína de ligação de Ca^{2+} que detecta quando ocorre um aumento na concentração intracelular de Ca^{2+}. Dois dos seus quatro sítios de ligação de Ca^{2+} estão normalmente ocupados, o que permite à Tn se ligar ao filamento fino. Quando aumenta o Ca^{2+} intracelular, os dois sítios de ligação que estavam livres são ocupados, e a Tn muda de conformação e puxa a tropomiosina da profundidade do sulco do filamento de actina. Esse movimento revela o sítio de ligação da miosina, e a miosina se liga instantaneamente.

b. **Troponina I:** a TnI ajuda a inibir a interação entre actina e miosina até o momento apropriado, e também mascara os sítios de ligação com a miosina.

c. **Troponina T:** a TnT une o complexo de troponinas à tropomiosina.

C. Sarcômero

Durante a contração, as cabeças hidrofílicas da miosina se aproximam do filamento de actina, alterando sua interação de um sítio de ligação para o próximo e puxando o filamento. Isso faz o filamento fino deslizar sobre o filamento grosso, e o músculo encurta. Uma contração muscular aproveita a energia de milhões desses pequenos movimentos, mas, para que isso ocorra, os filamentos de actina devem estar presos de ponta a ponta e, finalmente, às extremidades da fibra muscular. Os dois filamentos devem também ser intimamente mantidos um contra o outro, dentro de uma estrutura organizada de proteínas estruturais que asseguram o contato entre a actina e a miosina. O resultado é uma unidade contrátil, chamada **sarcômero** (Fig. 12.4).

> Muitos termos descritivos que se referem ao músculo usam o prefixo "sarco-". Sarco- é derivado da palavra grega para carne, *sarx*. A carne se refere aos tecidos moles que cobrem os ossos e que são compostos principalmente por músculo e gordura.

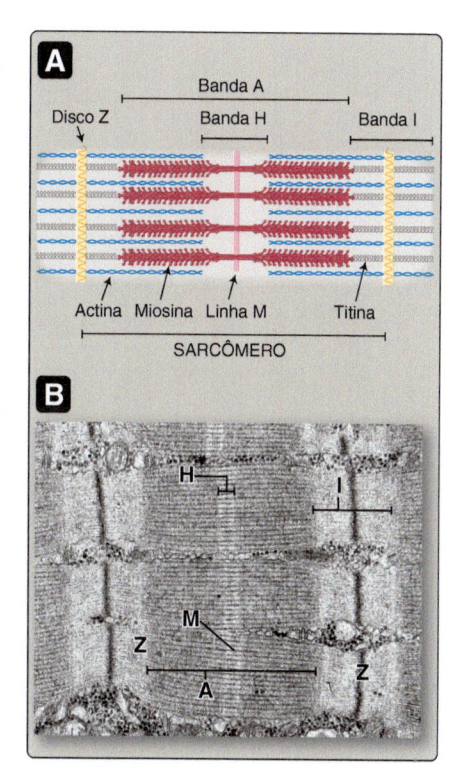

Figura 12.4
Estrutura dos filamentos e padrão de bandas de um sarcômero muscular.

1. **Estrutura do sarcômero:** o sarcômero está delimitado por dois **discos Z**, placas proteicas que ancoram conjuntos de filamentos finos (ver Fig. 12.4A). Os filamentos se projetam dos discos de maneira semelhante às cerdas de uma escova de cabelo. Os filamentos grossos se inserem entre os filamentos finos, de modo que cada filamento grosso está circundado por finos, e pode puxar simultaneamente seis filamentos de actina (Fig. 12.5). Os filamentos grossos são 60% mais longos que os filamentos finos. Isso lhes permite intercalar-se em uma série idêntica de filamentos finos que se estendem a partir do disco Z, o qual delimita as extremidades do sarcômero. Essa região de sobreposição é onde as interações, ou **pontes cruzadas**, entre os dois tipos de filamentos irão ocorrer. A sobreposição entre os filamentos grossos e finos produz padrões de bandas distintos, quando vistos sob luz polarizada (ver Fig. 12.4B), que são repetidos por toda a extensão do músculo, dando-lhe um aspecto **estriado**.

2. **Proteínas estruturais:** várias proteínas especializadas do citoesqueleto confinam, de maneira bastante rígida, os filamentos grossos e finos dentro da estrutura do sarcômero e ajudam na sua montagem e manutenção.

    a. **Actinina:** a α-**actinina** une as terminações dos filamentos finos aos discos Z (os discos Z aparecem como linhas Z nas micrografias).

    b. **Titina:** a **titina** é uma proteína pesada (PM > 3 milhões). Uma extremidade está ancorada ao disco Z, a outra ao filamento grosso. Ela forma uma mola que limita o quanto o sarcômero pode ser estirado, e também centraliza os filamentos grossos na estrutura do sarcômero.

    c. **Distrofina:** a **distrofina** é uma grande proteína associada aos discos Z. Ela ajuda a ancorar o grupamento contrátil ao citoes-

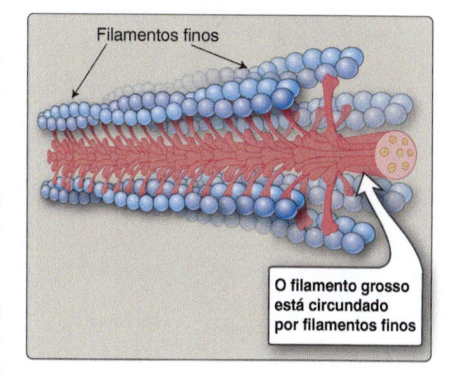

Figura 12.5
Relação espacial entre filamentos grossos e filamentos finos no músculo.

> **Aplicação clínica 12.1   Distrofia muscular**
>
> A **distrofia muscular** (**DM**) se refere a um grupo heterogêneo de distúrbios hereditários que causam fraqueza muscular. O distúrbio mais comum é a **distrofia muscular de Duchenne**, que resulta de uma mutação recessiva ligada ao cromossomo X do gene da distrofina. A perda de função da distrofina impede que o citoesqueleto e a maquinaria contrátil ligada a ele se ancorem ao sarcolema, tornando a fibra muscular necrótica e causando progressiva fraqueza muscular. A DM afeta todos os músculos voluntários. Os pacientes normalmente não sobrevivem além dos 30 anos, finalmente sucumbindo à falência da musculatura respiratória. 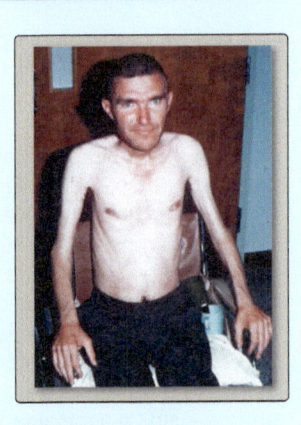
>
> **Fraqueza muscular em um paciente com distrofia muscular.**

queleto e à membrana superficial, e também alinha os discos Z com discos de miofibrilas e fibras musculares adjacentes.

d. **Nebulina:** a **nebulina** está associada aos filamentos finos, e se estende por todo o comprimento dos filamentos de actina. Acredita-se que atue como uma régua molecular que determina o comprimento do filamento fino durante a sua montagem.

D. Músculo esquelético

A estrutura do sarcômero está repetida muitas vezes ao longo do comprimento de um músculo, formando uma **miofibrila** (Fig. 12.6). Muitas centenas ou até mesmo milhares de miofibrilas estão agrupadas e envolvidas pelo **sarcolema**, o qual compreende a membrana plasmática coberta por uma fina capa extracelular, contendo numerosas fibras colágenas que lhe conferem força. O resultado é uma **fibra muscular**. Várias fibras musculares estão agrupadas e envolvidas por tecido conectivo, formando um **fascículo**, e os fascículos, por sua vez, se agrupam para formar um músculo esquelético. Cada fibra muscular individual dentro de um fascículo tem uma **fibra tendínea** (**tendão**) fusionada em cada extremidade para promover uma ligação mecânica entre o músculo e o osso. Os tendões são formados por colágeno e são bem capazes de suportar a tensão gerada pela contração muscular. As fibras reúnem-se de maneira entrelaçada, com feixes paralelos, para formar os tendões, os quais se aderem ao osso. As duas extremidades de um músculo são conhecidas, em anatomia, como **inserção** e **origem** (ver Fig. 12.1). A inserção se adere ao osso que ela movimenta quando contrai e normalmente é mais distal que sua origem fixa.

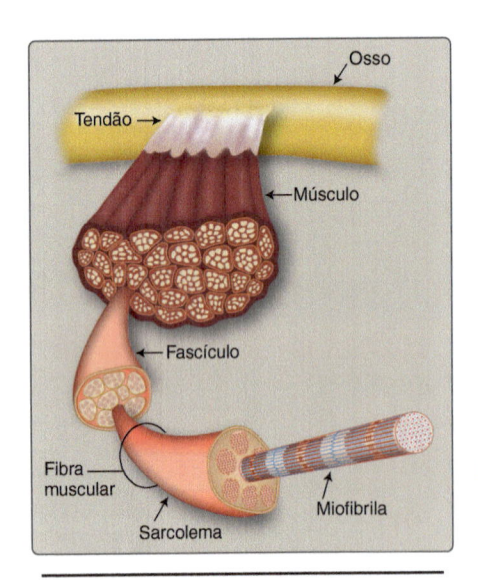

E. Sarcoplasma

O sarcoplasma é o citoplasma da célula muscular, rico em Mg^{2+}, fosfatos e grânulos de glicogênio. Ele também contém altos níveis de **mioglobina**, uma proteína ligante de oxigênio relacionada à hemoglobina. O sarcoplasma apresenta também muitas mitocôndrias, as quais estão alinhadas ao longo das miofibrilas para suprir as grandes quantidades de ATP usado para abastecer a contração.

Figura 12.6
Estrutura do músculo esquelético.

F. Sistemas de membranas

Para que o músculo esquelético trabalhe de maneira eficiente, seus sarcômeros devem contrair em uníssono. O estímulo para a contração é um aumento nos níveis sarcoplasmáticos de Ca^{2+}. Assegurar que cada sarcômero receba simultaneamente um sinal requer duas especializações de membrana: uma externa (**túbulos transversos [T]**), e outra interna (**retículo sarcoplasmático [RS]**) (Fig. 12.7).

1. **Túbulos transversos:** os **túbulos T** são invaginações tubulares do sarcolema que se projetam profundamente para o centro da fibra muscular, ramificando-se repetidamente de modo a entrar em contato com cada miofibrila. Os túbulos estão alinhados com as extremidades dos filamentos grossos, dois túbulos T por sarcômero, e as miofibrilas estão alinhadas pelos seus discos Z, de modo que os túbulos correm em linha reta através da fibra. Os túbulos T levam sinais para a contração (potenciais de ação) da superfície celular às estruturas responsáveis pela liberação de Ca^{2+} no sarcoplasma.

2. **Retículo sarcoplasmático:** o RS compreende um extenso sistema de sacos membranosos que envolvem as miofibrilas. O seu papel é inundar as miofibrilas com Ca^{2+} e, assim, iniciar a contração. O RS sequestra Ca^{2+} do sarcoplasma, usando bombas (SERCA, do inglês *sarco/endoplasmic reticulum Ca^{2+} ATPase* [Ca^{2+} ATPase do retículo sarcoplasmático]), quando o músculo está relaxado, e então o estoca temporariamente em associação com a **calsequestrina**, uma proteína ligante de Ca^{2+} que atua como uma esponja de Ca^{2+}. A comunicação com os túbulos T é necessária para a liberação de Ca^{2+} do RS pelas **cisternas terminais**. Duas dessas cisternas, ao tocarem os sarcômeros, formam uma estrutura juncional com um túbulo T, chamada **tríade**. As tríades representam o local de sensores especializados e canais iônicos que exercem um papel-chave no **acoplamento excitação-contração** (ver Seção III, a seguir).

Figura 12.7
Sistemas de membranas do músculo esquelético. Túbulos T = túbulos transversos.

G. Junção neuromuscular

Todos os músculos esqueléticos estão sob controle voluntário. As decisões para o início das contrações se originam no córtex cerebral, e são

---

Aplicação clínica 12.2 Miastenia grave

A condição autoimune denominada **miastenia grave (MG)** é o distúrbio mais comum que afeta a transmissão neuromuscular. Os pacientes desenvolvem anticorpos circulantes contra os receptores nicotínicos de acetilcolina, o que interfere na sinalização normal na junção neuromuscular. Pacientes com uma forma mais limitada desse distúrbio, MG ocular, apresentam fraqueza muscular das pálpebras e dos músculos extraoculares. A MG generalizada afeta os músculos oculares acrescidos dos bulbares, os músculos dos membros e os músculos respiratórios. Embora a fraqueza muscular respiratória grave possa causar uma falha respiratória que ofereça risco à vida, denominada "crise miastênica", a maioria dos pacientes sofre episódios mais moderados de fraqueza, que melhoram com o repouso. Os tratamentos incluem inibidores da acetilcolinesterase (p. ex., piridostigmina), fármacos imunossupressores, terapias imunomoduladoras (como plasmaférese), e cirurgia (timectomia). Esta última pode ajudar, porque muitos pacientes com MG apresentam tanto hiperplasia tímica (aproximadamente 60%) como timomas (15%), e mostram melhora sintomática com a retirada do timo.

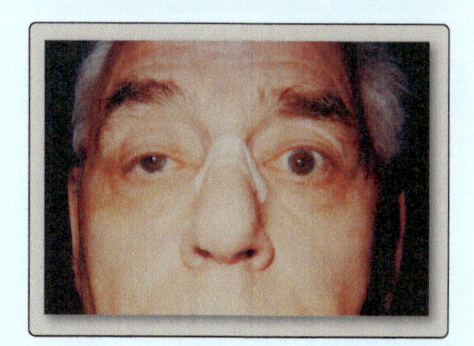

Queda da pálpebra direita causada pela miastenia grave.

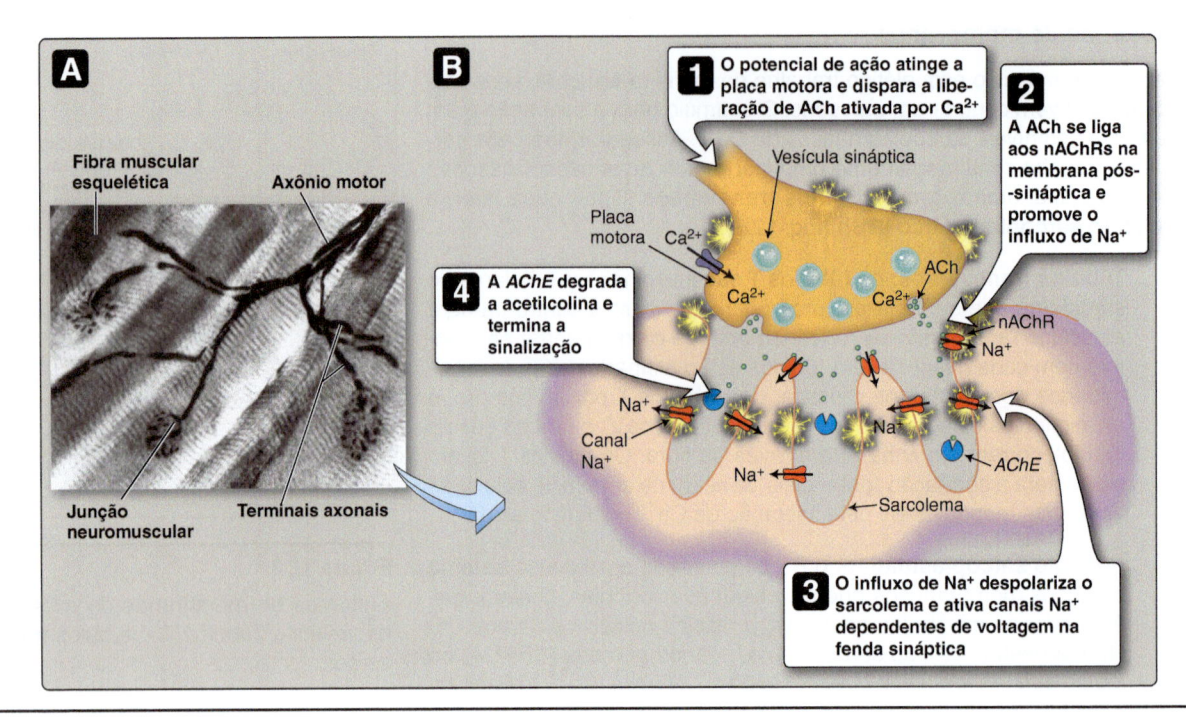

Figura 12.8
Excitação neuromuscular. ACh = acetilcolina; AChE = acetilcolinesterase; nAChR = receptor nicotínico de acetilcolina.

então levadas ao grupo muscular apropriado por um neurônio motor α que faz contato com o músculo por meio da **junção neuromuscular (JNM)**, como mostrado na Figura 12.8A. Os neurônios motores apresentam uma dilatação nessa região para formar a **placa motora** (ver Fig. 12.8B). Os terminais do nervo motor estão repletos de vesículas que liberam **acetilcolina (ACh)** na sinapse, de maneira dependente de Ca^{2+} durante a excitação. O sarcolema é profundamente pregueado na região da JNM, e as cristas dessas dobras são repletas de **receptores nicotínicos de ACh (nAChRs)**. A ACh se liga aos nAChRs para iniciar a contração.

1. **Receptores colinérgicos nicotínicos:** os nAChRs são canais iônicos que se abrem em resposta à ligação de duas moléculas de ACh para mediar um fluxo combinado de Na^+ e K^+ através do sarcolema. O influxo de Na^+ domina a troca, e a membrana despolariza, uma resposta conhecida como **potencial de placa motora**.

2. **Canais Na^+:** as laterais das depressões das dobras juncionais, criadas pelas dobras do RS, possuem muitos canais Na^+ dependentes de voltagem. A despolarização dos canais, induzida pelo nAChR, promove sua abertura e inicia um potencial de ação que se espalha das dobras juncionais por toda a superfície da fibra muscular.

3. **Finalização do sinal:** a fenda sináptica contém *acetilcolinesterase (AChE)*, uma enzima que rapidamente cliva a ACh e finaliza o sinal de contração.

III. ACOPLAMENTO EXCITAÇÃO-CONTRAÇÃO

O potencial de ação provocado pela liberação de ACh na JNM se propaga pelo sarcolema de maneira semelhante à descrita para os neurônios (2.III.C). Os potenciais de ação são eventos elétricos, enquanto a contração é mecânica. A

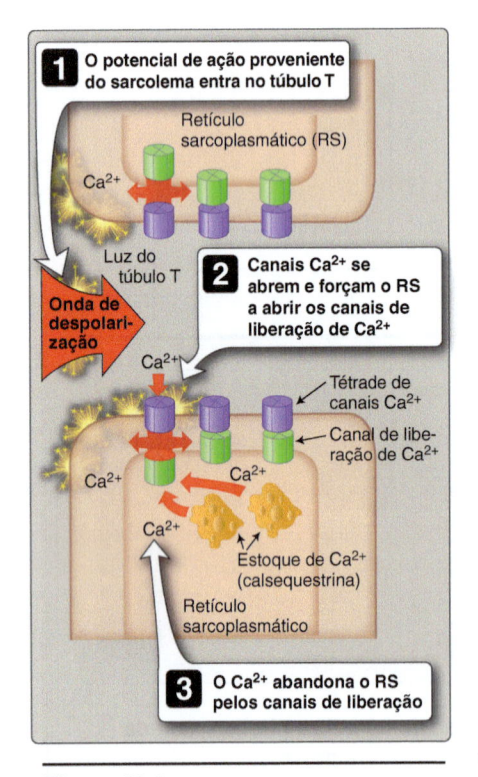

Figura 12.9
Estrutura e excitação da tríade. Túbulo T = túbulo transverso.

transdução de um estímulo elétrico para um mecânico ocorre por meio de um processo conhecido como acoplamento excitação-contração, o qual tem início quando o potencial de ação entra nos túbulos T e encontra uma tríade.

A. Função da tríade

Na região da tríade, a membrana do túbulo T apresenta muitos **canais Ca^{2+} do tipo L (receptores de di-hidropiridina)**, organizados em grupos de quatro canais (**tétrades**), como mostrado na Figura 12.9. Eles são dependentes de voltagem, então, quando chega um potencial de ação, se abrem e o Ca^{2+} flui do meio extracelular (i.e., da luz do túbulo T) para dentro do sarcoplasma. A quantidade de Ca^{2+} que entra no miócito por esses canais é mínima, quando comparada com a quantidade necessária para a contração, mas a mudança conformacional que acompanha a abertura desses canais também força a abertura dos **canais de liberação de Ca^{2+}** no RS (também conhecidos como **receptores de rianodina**, ou **RyRs**, do inglês *ryanodine receptors*). O Ca^{2+} então flui para fora dos estoques intracelulares e satura a maquinaria contrátil.

B. Ciclo das pontes cruzadas

A saída de Ca^{2+} dos estoques do RS promove um aumento na concentração sarcoplasmática de Ca^{2+} de 0,1 μmol/L para aproximadamente 10 μmol/L em uma fração de segundos. A troponina desloca a tropomiosina do sulco do filamento de actina e expõe os sítios de ligação para miosina, permitindo que a contração inicie (Fig. 12.10).

1. **Ligação da miosina:** a cabeça da miosina imediatamente ancora no filamento de actina, e os dois filamentos ficam imóveis, em um **estado de rigor**. Essa etapa é breve em um músculo em atividade, mas se torna permanente quando o ATP não está disponível.

2. **Ligação do trifosfato de adenosina:** o ATP se liga à cabeça da miosina e diminui a sua afinidade pela actina, promovendo sua liberação.

3. **Hidrólise do trifosfato de adenosina:** a hidrólise do ATP libera energia que faz a molécula de miosina dobrar sua região do pescoço, fazendo com que a cabeça atinja uma região mais distante em torno de 10 nm. A hidrólise do ATP reverte a mudança de afinidade que ocorreu na etapa anterior, e a miosina imediatamente se liga à actina em sua nova posição. A cabeça hidrofílica da miosina está agora tensionado para agir como um gatilho, com a energia potencial proveniente da hidrólise do ATP estocada principalmente na região do pescoço.

Aplicação Clínica 12.3 *Rigor mortis*

Quando o corpo morre, as reservas de trifosfato de adenosina são rapidamente depletadas, e as bombas que mantêm os gradientes iônicos através da membrana param de trabalhar. Como resultado, as concentrações intracelulares de Ca^{2+} aumentam, fazendo com que a actina e a miosina se liguem e permaneçam travadas em um estado de *rigor mortis*. Embora o tempo de início possa ser bastante variável, dependendo da temperatura do ambiente, o *rigor mortis* geralmente acontece entre 2 e 6 horas após a morte. O estado de rigor persiste por 1 a 2 dias, até que as células musculares deteriorem, e enzimas digestivas liberadas pela lise lisossômica finalmente quebrem as pontes cruzadas, permitindo o relaxamento muscular.

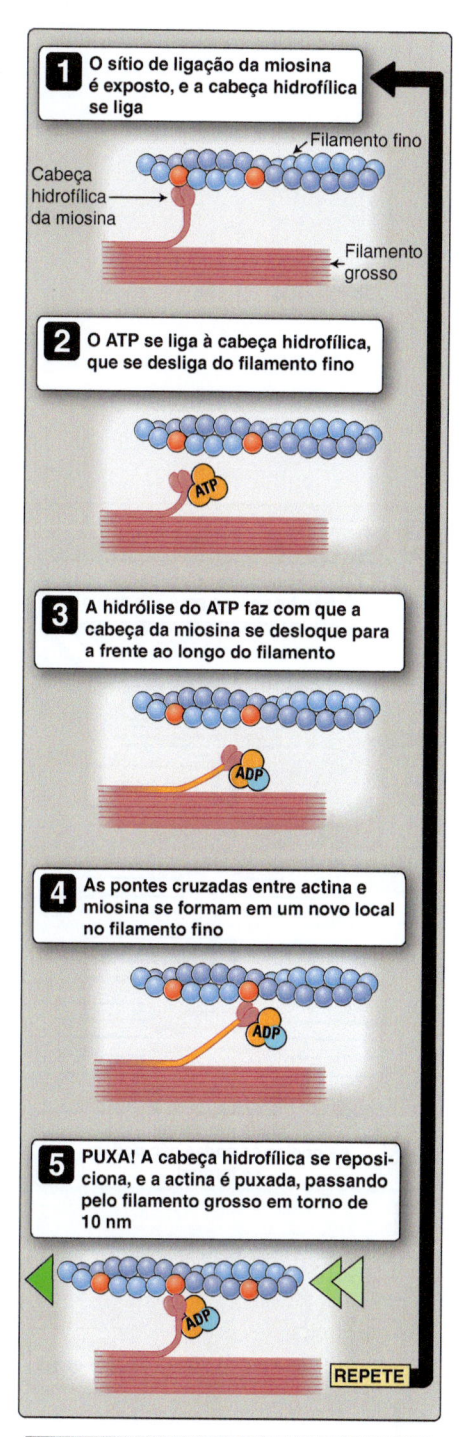

Figura 12.10
Ciclo das pontes cruzadas entre actina e miosina. ADP = difosfato de adenosina; ATP = trifosfato de adenosina.

4. **Movimento de potência:** o fosfato inorgânico se dissocia, e o gatilho é liberado, iniciando uma mudança conformacional que puxa a cabeça da miosina de volta para sua posição anterior. A cabeça permanece presa à actina durante esse tempo, assim o filamento de actina inteiro desliza sobre o filamento grosso de miosina em uma distância de aproximadamente 10 nm.

5. **Liberação do difosfato de adenosina:** o difosfato de adenosina se dissocia da miosina, e o ciclo das pontes cruzadas retorna ao estado de rigor. O ciclo então se repete, fazendo com que as cabeças da miosina puxem o filamento de actina em torno de 10 nm por vez.

C. Relaxamento

Uma vez que o neurônio motor α para de disparar, o músculo pode relaxar, mas o relaxamento requer que o ciclo das pontes cruzadas seja quebrado. Os canais Ca^{2+} e os canais de liberação fecham imediatamente, uma vez que os disparos do neurônio motor cessam, e as ATPases, no RS e no sarcolema, rapidamente retiram o Ca^{2+} do sarcoplasma, fazendo com que ele retorne aos estoques ou seja expelido para fora do miócito. As concentrações sarcoplasmáticas de Ca^{2+} livre caem, levando a TnC a liberar seus dois íons Ca^{2+} lábeis, permitindo, assim, o deslizamento da tropomiosina de volta ao seu local, cobrindo os sítios de ligação com a miosina. A actina e a miosina não podem interagir novamente, então o ciclo das pontes cruzadas cessa, e o músculo relaxa.

IV. MECANISMOS

Um músculo esquelético é um conjunto complexo de elementos contráteis e elásticos. Cada ciclo de pontes cruzadas gera uma unidade de força que é transferida a um tendão e utilizada para mover um osso, levantar uma carga, ou tensionar o diafragma, por exemplo. Parte da força gerada pela contração é desperdiçada, porque é utilizada para tensionar os elementos contráteis, tanto quanto um elástico precisa ser tensionado antes que ele possa ser usado para elevar um peso preso a ele (**tensão passiva**). A compreensão de como um músculo esquelético atua *in vivo* (uma área denominada **mecânica muscular**) inicia no nível do sarcômero.

A. Pré-carga

Os filamentos de actina estão firmemente ancorados em ambas as extremidades do sarcômero pelos discos Z. A miosina puxa os filamentos finos e atrai os discos Z, aproximando-os e encurtando, assim, o sarcômero, e o músculo contrai. O encurtamento continua até que os filamentos grossos encostem nos discos Z e então parem. Se a liberação de Ca^{2+} ocorrer quando os filamentos grossos já estão firmemente dispostos contra os discos Z, o encurtamento e a contração não podem ocorrer (Fig. 12.11A). O estiramento de um sarcômero também pode evitar a contração, se ele, fisicamente, separar os filamentos grossos e finos e impedir sua interação. A atividade muscular atinge seu pico quando o potencial para a formação das pontes cruzadas é máximo (ver Fig. 12.11B). O estiramento de um músculo com a finalidade de otimizar a interação entre actina e miosina é conhecido como **pré-carga**. O comprimento do sarcômero é ideal no músculo esquelético em repouso, mas, no músculo cardíaco, o aumento da pré-carga irá aumentar ainda mais a produção de força (ver 13.IV).

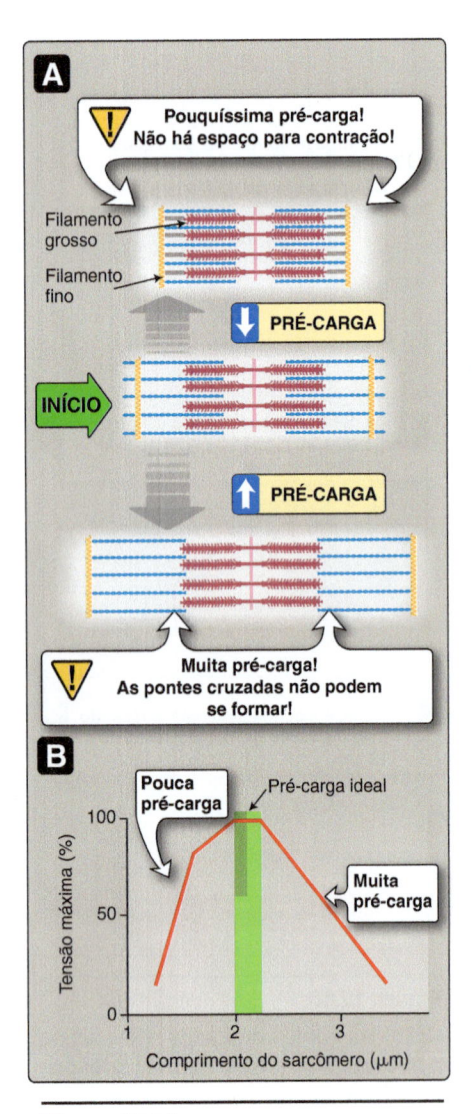

Figura 12.11
Efeitos da pré-carga no desenvolvimento de força pelo músculo esquelético.

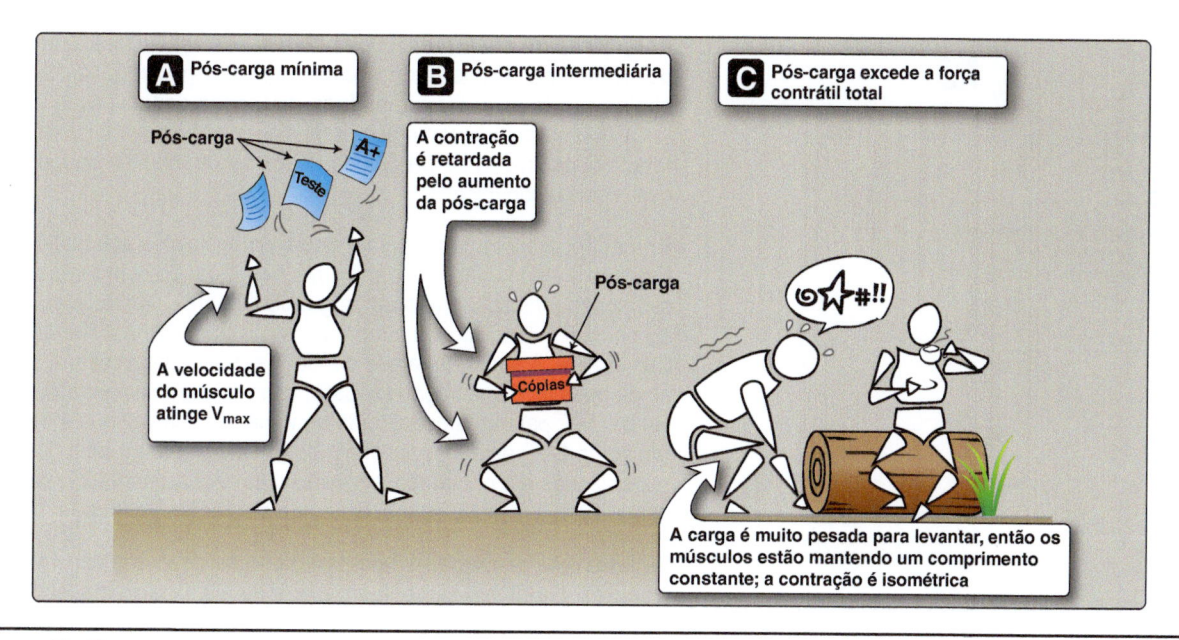

Figura 12.12
Efeitos da pós-carga na velocidade de encurtamento do músculo esquelético. $V_{máx}$ = velocidade máxima.

B. Pós-carga

Embora a contração muscular envolva inúmeros ciclos de pontes cruzadas, a quantidade de força que esses ciclos geram é finita. Como todos sabem, por experiência própria, algumas cargas são pesadas demais para serem levantadas. A carga que um músculo precisa levantar determina quanta **tensão** ele deve desenvolver para mover ou elevar tal peso, e isso é conhecido como **pós-carga**. A pós-carga também determina a rapidez de contração do músculo durante o levantamento. Cargas pequenas permitem ao músculo contrair na velocidade máxima, enquanto cargas muito pesadas promovem uma elevação mais lenta (Fig. 12.12).

> Funcionalmente, existem dois tipos de contração. A contração **isométrica** ocorre quando a pós-carga é muito pesada para ser levantada, e o músculo não pode encurtar, embora o ciclo das pontes cruzadas continue acontecendo. Um músculo sob contração **isotônica** encurta, mas mantém uma tensão constante. Na prática, a maioria das contrações é uma mistura dos dois tipos.

C. Frequência de estimulação

Os neurônios motores comumente enviam comandos para a contração, utilizando uma sequência de potenciais de ação, em vez de um só. O número e a frequência de potenciais de ação dentro de uma sequência determinam a quantidade de força que o músculo desenvolve durante a contração (Fig. 12.13).

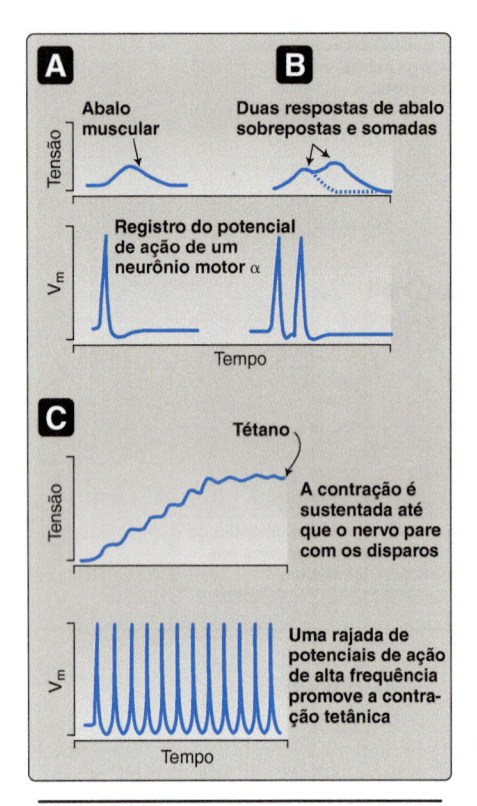

Figura 12.13
Somação e tetania no músculo esquelético.

1. **Respostas de abalo:** um único potencial de ação dispara uma resposta mínima chamada de **abalo muscular** (ver Fig. 12.13A). Os abalos são breves, e a quantidade de tensão desenvolvida é mínima. Em nível celular, um único potencial de ação provoca uma breve rajada de liberação de Ca^{2+} do RS para o sarcoplasma pouco antes que a contração inicie.

2. **Somação:** a contração máxima requer potenciais de ação adicionais. Eventos elétricos são muito mais rápidos, quando comparados com eventos mecânicos, então um segundo disparo pode ocorrer dentro de poucos milissegundos após o primeiro, bem como a liberação de Ca^{2+} do RS. A segunda rajada de Ca^{2+}, somada à primeira, aumenta ainda mais a concentração de Ca^{2+}, e um terceiro disparo eleva o nível de Ca^{2+} para uma quantidade bem maior. Uma vez que a concentração de Ca^{2+} está proporcionalmente relacionada ao ciclo das pontes cruzadas e à contração, a tensão muscular aumenta em paralelo com o Ca^{2+}, um efeito conhecido como **somação** (ver Fig. 12.13B).

3. **Tétano:** uma contração máxima requer uma descarga constante de disparos. Os níveis sarcoplasmáticos de Ca^{2+} permanecem altos, e o músculo nunca tem uma oportunidade de relaxar. A tensão desenvolvida também atinge e permanece em níveis máximos, uma condição conhecida como **tétano** (ver Fig. 12.13C).

D. Recrutamento

A somação é um método impreciso de controle da tensão muscular. Algumas tarefas necessitam de um grau de controle mais refinado que pode ser alcançado usando apenas a somação, e isso é conseguido pela divisão dos músculos em **unidades motoras**. Uma unidade motora inclui um grupo de fibras que podem estar espacialmente separadas, mas que são inervadas pelo mesmo neurônio motor α (Fig. 12.14). Os músculos esqueléticos possuem várias destas unidades motoras. A existência dessas multiunidades permite que algumas delas desenvolvam contrações tetânicas, enquanto outras relaxem. Isso faz a força de contração ser mantida em um nível constante e depois aumentar mais suavemente do que seria possível apenas com a somação. Isso também permite ao sistema nervoso central escolher quais unidades musculares devem ser ativadas, dependendo da sua velocidade (ver a seguir) e da tarefa a ser realizada.

V. TIPOS

O corpo exige muito dos músculos esqueléticos. Alguns músculos devem sustentar uma contração por períodos prolongados, não importando a resposta de latência. Os músculos que controlam a postura (músculos das pernas e das costas) são exemplos clássicos. De modo contrário, outros músculos devem responder rapidamente, mas são apenas utilizados para atividades curtas (p. ex., músculos que controlam o movimento dos olhos). Para atender a essas necessidades variadas, o corpo utiliza muitos diferentes tipos de classes de miócitos, que diferem na quantidade de força que podem desenvolver, na sua velocidade de contração, na sua velocidade de fadiga e no seu metabolismo. Tradicionalmente, as fibras musculares têm sido enquadradas em dois grupos (Tab. 12.1). Na prática, a maioria dos músculos é uma mistura de fibras lentas e rápidas.

A. Fibras de contração lenta (tipo I)

As fibras de contração lenta contraem lentamente, mas são resistentes à fadiga. São usadas na manutenção da postura, por exemplo. Sua energia

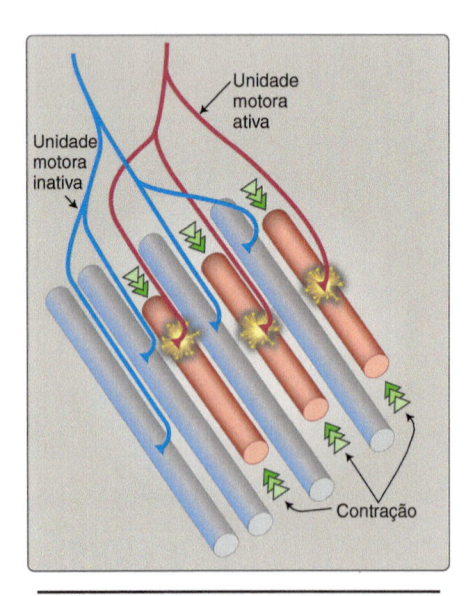

Figura 12.14
Unidades motoras no músculo esquelético.

é derivada principalmente do metabolismo oxidativo, facilitado por um rico sistema vascular, altos níveis de enzimas oxidativas e uma abundância de mioglobina e de mitocôndrias. A mioglobina dá às fibras de contração lenta uma coloração vermelha.

B. Fibras de contração rápida (tipo II)

As fibras de contração rápida possuem uma isoforma da miosina que é especializada em movimentos rápidos, porém se fatigam mais rapidamente. Além disso, utilizam mais a glicólise como fonte de ATP do que as fibras de contração lenta. As fibras de contração rápida representam um grupo diverso, que pode ainda ser dividido em fibras do **tipo IIa** e do **tipo IIx**.

1. **Tipo IIa:** as fibras do tipo IIa são semelhantes às fibras de contração lenta pelo fato de que também utilizam principalmente o metabolismo oxidativo, suportado pela grande quantidade de mitocôndrias e pela presença de mioglobina (que dá a essas fibras a cor vermelha), ainda que também apresentem vias glicolíticas bem desenvolvidas. Essas propriedades lhes conferem uma ampla gama de tipos de atividades.

2. **Tipo IIx:** as fibras do tipo IIx são especializadas para contrações de alta velocidade, do tipo usado por velocistas. São fibras principalmente glicolíticas e se fatigam facilmente.

VI. PARALISIA

A contração muscular envolve muitas etapas cruciais, mas a JNM é um dos elementos mais críticos nessa via, pois funciona como um liga/desliga da contração. Se um comando para a contração for interrompido, o músculo é paralisado. A natureza oferece muitas toxinas potentes que têm como alvo a JNM para ajudar os predadores a imobilizarem suas presas. A indústria farmacêutica, de modo semelhante, tem produzido muitos fármacos que atuam na JNM.[1] Dois alvos primários para as toxinas e os fármacos são os nAChR e a AChE.

A. Agentes que afetam os receptores nicotínicos de acetilcolina

A sinalização pelo nAChR pode ser bloqueada por agonistas e antagonistas, contudo o mecanismo de ação é diferente.

1. **Agonistas:** a **succinilcolina** compreende duas moléculas de ACh unidas, que prontamente se ligam ao nAChR e iniciam a contração. Entretanto, ao passo que a ACh é rapidamente metabolizada pela AChE, a succinilcolina é resistente à degradação, o que lhe permite manter-se na fenda sináptica e continuar estimulando o receptor. O resultado é a dessensibilização do nAChR e a inativação do canal Na^+. Na prática, isso significa que a sinalização é bloqueada após uma contração inicial. A succinilcolina tem ação rápida, e, portanto, é usada clinicamente com frequência, para paralisar o músculo traqueal a fim de permitir a inserção de tubo endotraqueal. Seus efeitos são de vida razoavelmente curta, pois prontamente sucumbe à forma plasmática da *colinesterase*.

[1] Para mais informações sobre fármacos de bloqueio neuromuscular, ver *Farmacologia Ilustrada*, 5ª edição, Artmed Editora.

Aplicação clínica
12.4 Trismo

O micróbio do solo *Clostridium tetani* produz a toxina tetânica. A bactéria geralmente entra no corpo por uma ferida profunda, provocada por um corte ou por uma perfuração, e é então levada por transporte axonal retrógrado, via neurônios periféricos, até a medula espinal. Na medula espinal, estão as **células de Renshaw**, neurônios inibidores que formam um componente vital de uma alça de retroalimentação que normalmente limita as contrações musculares (ver 11.III.E). A toxina interfere na liberação de neurotransmissores pelas células de Renshaw e, portanto, provocam a contração muscular, de modo não regulado, ao ponto da tetania. O trismo (ou "*lockjaw*", contração espasmódica dolorosa dos músculos da mandíbula) é um clássico e precoce sintoma da toxicidade do tétano e dá à doença o seu nome familiar. As contrações resultantes podem ser poderosas a ponto de fraturar ossos. Todos os músculos esqueléticos são afetados, incluindo os músculos respiratórios, o que contribui para a alta incidência de mortalidade associada a essa doença. O paciente aqui mostrado exibe opistótono, causado pela contração tetânica dos músculos das costas.

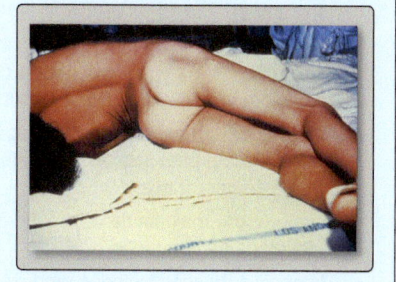

Opistótono induzido pelo tétano.

Tabela 12.1 Tipos de fibras musculares e suas propriedades

	Lenta	Rápida
Denominações sinônimas das fibras	Vermelha	Branca
Atividade de ATPase da miosina	Lenta	Rápida
Capacidade de resistência à fadiga	Alta	Baixa
Capacidade oxidativa	Alta	Baixa
Capacidade glicolítica	Baixa	Alta
Conteúdo de mioglobina	Alto	Baixo
Volume mitocondrial	Alto	Baixo
Densidade de vasos capilares	Alta	Baixa

2. **Antagonistas:** duas toxinas naturais se ligam de forma bastante intensa ao nAChR e impedem a interação da ACh com o receptor. A α-**bungarotoxina** é um potente antagonista do nAChR, encontrado na peçonha da serpente *Bungarus*. O **curare** é sintetizado por algumas plantas na Região Amazônica da América do Sul, cujo ingrediente ativo é a d-tubocurarina. Caçadores de tribos nativas aplicam o curare na ponta das suas flechas para ajudar a paralisar e derrubar a presa. Anestesiologistas usam fármacos similares (relaxantes musculares) para limitar os movimentos durante alguns procedimentos cirúrgicos.

B. **Agentes que afetam a atividade da acetilcolinesterase**

A fisostigmina é um alcaloide natural que inibe, de maneira reversível, a atividade da *AChE*, permitindo o aumento das concentrações de ACh na fenda sináptica e a paralisia do músculo por meio da estimulação prolongada. Derivados sintéticos da fisostigmina são usados para diagnosticar e tratar os sintomas da doença autoimune chamada **miastenia grave** (ver Aplicação clínica 12.2).

Resumo do capítulo

- A maioria dos **músculos esqueléticos** está ligada a um osso, com o qual trabalha conjuntamente. Juntos, criam um sistema de alavancas articulares que permitem ao corpo mover-se e manipular objetos.

- A força elástica que permite a contração de um músculo é gerada com gasto de trifosfato de adenosina pelas **cabeças hidrofílicas da miosina**. Esses grupos fazem com que o músculo encurte, puxando os **filamentos de actina**.

- As interações entre actina e miosina iniciam pela ligação do Ca^{2+} à **troponina**. A troponina é uma proteína sensível ao Ca^{2+} que cobre os sítios de ligação da miosina no filamento de actina pelo reposicionamento da **tropomiosina**.

- Os monômeros de actina e miosina formam os **filamentos finos** e **grossos**, respectivamente. A sobreposição entre esses filamentos no sarcômero confere o padrão de bandas que é característico do **músculo estriado**.

- O músculo esquelético está sob controle voluntário. Um comando para contrair é enviado ao músculo pelo **neurônio motor** α. O neurônio libera **acetilcolina (ACh)** na junção neuromuscular, a qual se liga ao **receptor nicotínico de ACh** na membrana pós-sináptica. A ligação inicia um **potencial de ação** que se espalha pela superfície da fibra muscular.

- O potencial de ação é distribuído para sarcômeros individuais pelos **túbulos transversos**. O **acoplamento excitação-contração** começa nas **tríades**, junções especializadas nos túbulos T onde o **sarcolema** e o **retículo sarcoplasmático** estão em contato.

- O retículo sarcoplasmático (RS) contém altas concentrações de Ca^{2+} ligado à **calsequestrina**. A abertura dos **canais de liberação de Ca^{2+}**, na membrana do RS, permite o esvaziamento dos estoques para dentro do sarcoplasma. O aumento resultante da concentração sarcoplasmática de Ca^{2+} inicia o **ciclo das pontes cruzadas** e a **contração**.

- A força que um músculo gera é dependente do comprimento do sarcômero (**pré-carga**). A geração máxima de força ocorre quando existe uma sobreposição ideal entre os filamentos grossos e finos. Pré-carga excessiva ou insuficiente reduz a capacidade de gerar força.

- A velocidade máxima de contração é observada quando um músculo está livre de carga. O aumento da **pós-carga** diminui a velocidade de contração.

- Potenciais de ação isolados produzem **abalos musculares** e geração mínima de força. O aumento da frequência dos potenciais de ação aumenta a força por **somação**. A estimulação constante resulta em **tétano**.

- A maior parte dos músculos esqueléticos é formada por uma mistura de fibras de **contração lenta** e fibras de **contração rápida**. As fibras de contração lenta contraem lentamente, mas podem produzir uma contração sustentada. As fibras de contração rápida são capazes de respostas rápidas e alta força de contração, mas se **fatigam** rapidamente.

- A interferência em uma ou mais etapas do acoplamento excitação-contração pode resultar em **paralisia**. Fármacos e toxinas naturais comumente paralisam o músculo pela interrupção dos sinais na junção neuromuscular.

Músculo Cardíaco

13

I. VISÃO GERAL

O músculo cardíaco compartilha muitas características em comum com o músculo esquelético. Os sarcômeros do músculo esquelético e do músculo cardíaco estão organizados de forma semelhante, assim os dois tipos de músculos apresentam um padrão similar de bandas quando vistos sob luz polarizada (Fig. 13.1). Os princípios essenciais e os componentes moleculares da contração também são os mesmos. Entretanto, existem algumas diferenças fundamentais, pois as tarefas executadas pelos dois tipos de músculos são únicas. As fibras do músculo esquelético se contraem independentemente uma da outra, cada uma respondendo a comandos individualizados provenientes do córtex motor. Ao contrário, o músculo cardíaco funciona independentemente do controle motor somático, e as fibras estão interconectadas de modo a formar uma unidade funcional única. O impulso para a contração do músculo cardíaco origina-se dentro da própria musculatura e, então, se espalha de miócito a miócito, os quais necessitam de vias bem desenvolvidas para a comunicação entre todas as fibras musculares cardíacas. A organização do músculo cardíaco também apresenta um mecanismo diferente para a regulação da força contrátil, quando comparado com o músculo esquelético, pois a excitação miocárdica *sempre* envolve *todas* as fibras, e não existe opção de recrutamento de unidades motoras para aumentar a força contrátil total, como ocorre no músculo esquelético. A contratilidade do músculo cardíaco é, portanto, regulada por mudanças na permeabilidade da membrana ao Ca^{2+}, a qual é controlada principalmente pelo sistema nervoso autônomo (SNA).

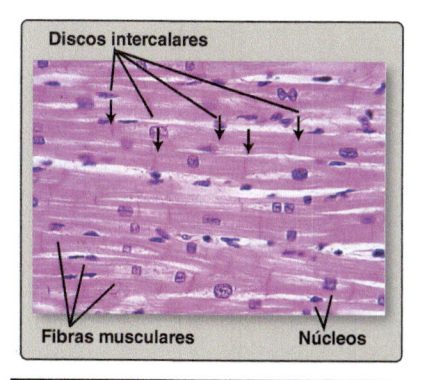

Figura 13.1
Estrutura do músculo cardíaco.

II. ESTRUTURA

Os miócitos cardíacos possuem agrupamentos contráteis que são estruturalmente semelhantes aos do músculo esquelético (ver 12.II). As diferenças significativas entre os músculos esquelético e cardíaco começam com a proteína reguladora troponina.

A. Troponina

A troponina é um heterotrímero sensível ao Ca^{2+}, associado ao filamento fino de actina. Aumentos na concentração sarcoplasmática de Ca^{2+} promovem uma mudança conformacional na troponina que desloca a tropomiosina, liberando os sítios de ligação com a miosina no filamento fino e facilitando, assim, a interação da actina com a miosina. No músculo esquelético, a

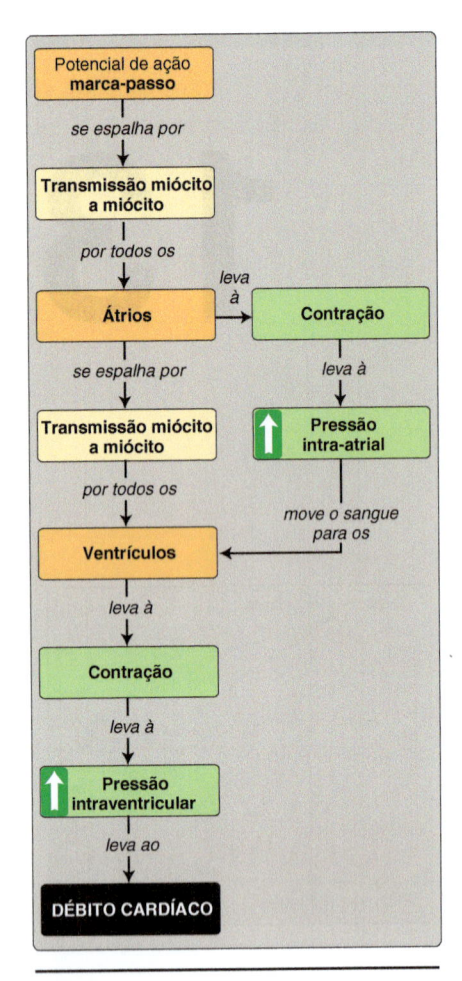

Figura 13.2
Mapa conceitual para a função cardíaca.

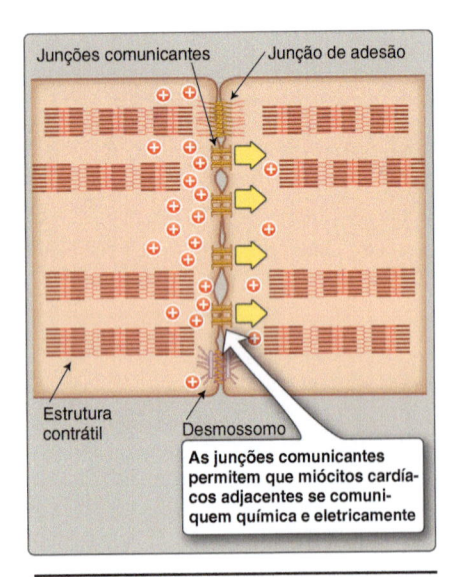

Figura 13.3
Estrutura do disco intercalar.

Aplicação clínica 13.1   Marcadores cardíacos

As troponinas cardíacas I (TnIc) e T (TnTc) são isoformas de troponina exclusivas do músculo cardíaco. A TnIc e a TnTc aparecem na circulação dentro de 3 horas após um infarto agudo do miocárdio (IAM), atingindo um pico após 10 a 24 horas. Sua presença no sangue indica necrose induzida por isquemia e perda da integridade do miócito cardíaco, portanto, pode ser usada clinicamente para detectar um IAM agudo. Testes sanguíneos também medem os níveis de *creatina cinase* (*CK*, do inglês *creatine kinase*), mas a *CK* não é específica do músculo cardíaco. Na ausência de uma lesão cardíaca, os níveis elevados de *CK* no plasma podem ser causados pelo uso de cocaína ou por trauma da musculatura esquelética induzido por exercício.

troponina deve ligar dois íons Ca^{2+} antes que a contração inicie. No músculo cardíaco, apenas um íon Ca^{2+} é necessário para a contração iniciar.

B. Vias de comunicação

As fibras musculares esqueléticas estão sob controle voluntário e se contraem apenas quando comandadas por um neurônio motor α. O músculo cardíaco é *regulado* pelo sistema nervoso, mas o comando para contração normalmente origina-se em uma região dentro do miocárdio (o **nodo sinoatrial**), que é especializado em funcionar como um **marca-passo**. As células marca-passo periodicamente geram disparos que se espalham de miócito a miócito, por todas as fibras do órgão (Fig. 13.2), o que é possível devido à presença de junções comunicantes e extensa ramificação celular.

1. **Marca-passo:** o marca-passo cardíaco está localizado na região superior da parede do átrio direito. Nessa região, os miócitos não são contráteis, e suas membranas possuem canais iônicos que conduzem uma corrente marca-passo (I_f, do inglês *funny*; ver 17.IV.A) que as faz despolarizarem espontaneamente e gerarem potenciais de ação de até 100 vezes por minuto. Uma vez iniciado, um potencial de ação se espalha regenerativamente através dos átrios e finalmente envolve os ventrículos, seguido de contração. A taxa em que as células nodais despolarizam e iniciam os disparos é modulada pelo SNA, como uma forma de controle da frequência cardíaca (ver 17.IV.C).

2. **Junções comunicantes:** as junções comunicantes ligam miócitos adjacentes e formam vias para comunicação direta tanto elétrica quanto química (ver 4.II.F). Essas junções estão localizadas em regiões de contato especializadas do sarcolema, conhecidas como **discos intercalares** (Fig. 13.3), as quais também contêm elementos estruturais (**desmossomos** e **junção de adesão**) que unem as células mecanicamente e permitem que resistam à tensão que é gerada durante a contração muscular. Isso contrasta com a falta total de vias de comunicação entre células musculares esqueléticas adjacentes.

3. **Ramificações celulares:** quando um comando para a contração é emitido pelo marca-passo, ele pode se espalhar rapidamente pelo coração. No músculo esquelético, as fibras são longas, finas e não se ramificam, enquanto os miócitos cardíacos são amplamente ramificados. A combinação das ramificações celulares com as junções comunicantes cria uma vasta rede de células interconectadas que funcionam como uma unidade (um **sincício**).

Aplicação clínica 13.2 Miocardiopatia hipertrófica

Já que o coração é um tecido muscular, distúrbios hereditários da função sarcomérica que causam fraqueza muscular esquelética podem levar à morte súbita cardíaca (MSC), quando o músculo cardíaco é afetado. A **miocardiopatia hipertrófica** (**MCH**) é uma hipertrofia inapropriada do miocárdio que é a principal causa de MSC entre jovens atletas. Mais da metade dessas mortes resultam de mutações em genes que codificam proteínas do sarcômero e, mais frequentemente, no gene que codifica a isoforma cardíaca da cadeia pesada da miosina. Genes alelos para a MCH impedem a organização normal dos miócitos no miocárdio, fazendo com que os miócitos sejam desordenados, as fibras hipertrofiadas e a estrutura celular distorcida (compare a micrografia à direita com a Fig. 13.1). A deposição acentuada de tecido conectivo no interstício contribui para engrossar a espessura da parede ventricular, fato associado à MCH. Pacientes com MCH estão propensos a arritmias atriais e ventriculares, o que contribui para o alto risco de MSC nos indivíduos afetados.

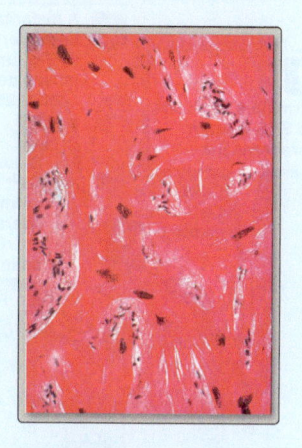

Desorganização dos miócitos.

C. Túbulos transversos e retículo sarcoplasmático

O potencial de ação gerado pelo marca-passo cardíaco é um sinal que é transportado para cada fibra muscular cardíaca pelos **túbulos transversos** (**T**) e então transmitido ao retículo sarcoplasmático (RS) por **transdução eletromecânica**. Embora o RS forneça a quantidade de Ca^{2+} necessária para a contração, o sistema de membranas é menos desenvolvido no músculo cardíaco, quando comparado ao músculo esquelético. Existem duas outras diferenças importantes na organização dos túbulos T e do RS em comparação com o músculo esquelético.

1. **Localização:** no músculo esquelético, os túbulos T se alinham nas extremidades dos filamentos grossos, dois por sarcômero. No músculo cardíaco, os túbulos estão em menor quantidade, e aparecem ao longo da linha Z. Os túbulos T tendem a ser mais largos no músculo cardíaco e com menos ramificações.

2. **Díades:** os túbulos T levam o potencial de ação até o RS. No músculo esquelético, os túbulos fazem contato com duas cisternas do RS em complexos juncionais denominados tríades. No músculo cardíaco, os túbulos se associam com uma única extensão do RS, em uma estrutura análoga denominada **díade** (ver a seguir).

III. REGULAÇÃO DA CONTRATILIDADE

Os mecanismos moleculares envolvidos na contração são essencialmente os mesmos nos músculos esquelético e cardíaco (ver 12.III). A diferença-chave entre os músculos esquelético e cardíaco refere-se ao grau em que o Ca^{2+} sarcoplasmático aumenta durante a excitação, pois o Ca^{2+} disponível é utilizado para regular a contratilidade nos miócitos cardíacos.

A. Liberação de cálcio induzida pelo cálcio

Quando um potencial de ação chega a uma díade, ele encontra e ativa canais Ca^{2+} do tipo L (também conhecidos como **receptores de di-hidropiridina**) na membrana do túbulo T (Fig. 13.4). No músculo esquelético, esse evento de abertura força os canais de liberação de Ca^{2+} (também conhecidos como **receptores de rianodina**) no RS a abrirem também. O sarcoplasma fica, então, inundado de Ca^{2+}, e a contração acontece. No

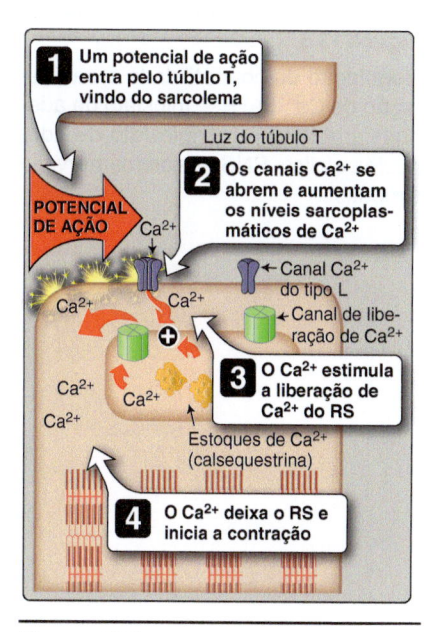

Figura 13.4

Liberação de Ca^{2+} induzida pelo Ca^{2+}. RS = retículo sarcoplasmático; túbulo T = túbulo transverso.

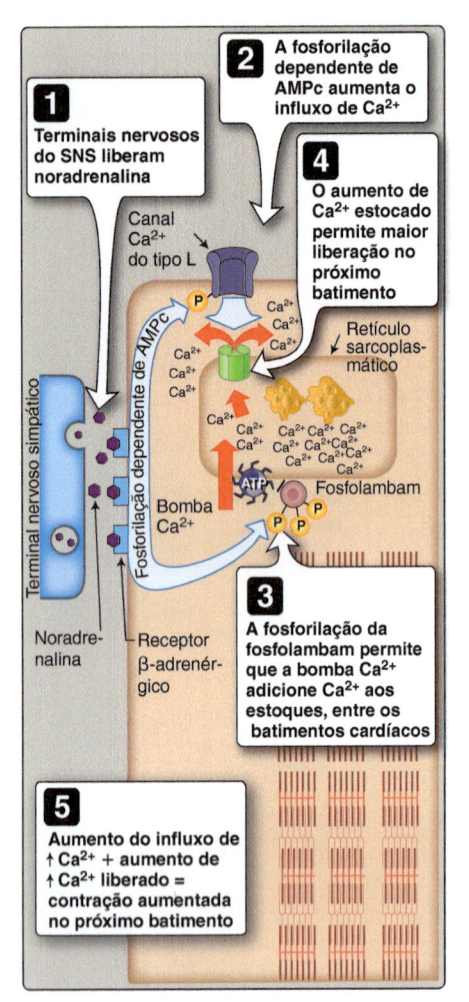

músculo cardíaco, a abertura dos canais Ca^{2+} do tipo L cria um **fluxo de gatilho** de Ca^{2+} que é, por si só, responsável pela ativação da **liberação de Ca^{2+} induzida pelo Ca^{2+} (LCIC)** do RS. Existem muito menos canais de LCIC no músculo cardíaco, em comparação com o músculo esquelético, refletindo as diferenças na principal forma pela qual a força é regulada nos dois tipos de músculos. No músculo esquelético, a excitação sempre promove uma liberação máxima de Ca^{2+} do RS, e, portanto, a quantidade de força desenvolvida é sempre máxima também. No músculo cardíaco, o tamanho do fluxo de gatilho e a quantidade de força gerada são regulados pelo SNA. Uma proporção aproximada de 1:1 entre o número de canais Ca^{2+} do tipo L e canais de liberação dependente permite o controle preciso da concentração sarcoplasmática de Ca^{2+} e da contratilidade.

B. Regulação da contratilidade

O SNA controla tanto a frequência quanto a força com as quais o músculo cardíaco se contrai. O controle da frequência envolve as ações coordenadas de ambas as divisões simpática e parassimpática do SNA (ver 17.IV.C), mas a contratilidade é regulada principalmente pelo sistema nervoso simpático (SNS). Os dois alvos principais dessa regulação são os canais Ca^{2+} do tipo L e a Ca^{2+} ATPase que sequestra Ca^{2+} para dentro do RS (SERCA; Fig. 13.5).

1. **Ativação simpática:** o SNS geralmente torna-se ativo quando as mudanças na atividade dos tecidos necessitam de um aumento no suprimento sanguíneo arterial. Na prática, tais necessidades são atendidas pelo aumento no débito cardíaco (DC), estimulado pelo SNS. O DC aumenta por meio da elevação da frequência cardíaca (FC) e por fazer o coração trabalhar de forma mais eficaz como uma bomba (p. ex., contratilidade aumentada). Os terminais do SNS liberam noradrenalina na junção neuromuscular cardíaca e estimulam a liberação de adrenalina da medula da suprarrenal. A adrenalina viaja pela circulação até o coração. Tanto neurotransmissores quanto hormônios se ligam aos receptores $β_1$-adrenérgicos no sarcolema das células cardíacas e aumentam a fosforilação de proteínas pela *proteína cinase A*, por meio da ativação da *adenilato ciclase* e formação do monofosfato de adenosina cíclico.

2. **Canais Ca^{2+}:** a fosforilação dos canais Ca^{2+} do tipo L aumenta a probabilidade de abertura dos canais e, portanto, amplia o tamanho do fluxo de gatilho de Ca^{2+}. O aumento desse fluxo eleva a magnitude da LCIC do RS e aumenta o número de íons Ca^{2+} disponíveis para se ligar à troponina e iniciar o ciclo das pontes cruzadas.

3. **Bomba Ca^{2+}:** o relaxamento do músculo cardíaco depende de dois transportadores para retirar o Ca^{2+} do sarcoplasma. A bomba SERCA faz o Ca^{2+} retornar para o RS, enquanto o trocador de Na^+-Ca^{2+}, no sarcolema, retira Ca^{2+} da célula. A bomba SERCA está associada a uma pequena proteína integral da membrana do RS, chamada **fosfolambam**, que funciona como um limitador da bomba. Quando a fosfolambam é fosforilada, sua capacidade de inibir a bomba é reduzida, o que faz a bomba poder atuar com mais rapidez. Existem duas consequências importantes: tempos mais breves de relaxamento e aumento nas quantidades de Ca^{2+} estocado para o próximo batimento cardíaco.

   a. **Relaxamento:** quando a bomba trabalha mais rapidamente, a concentração intracelular de Ca^{2+} cai para os níveis de repouso (0,1 μmol/L) com mais rapidez. Uma rápida diminuição na concentração sarcoplasmática de Ca^{2+} permite à maquinaria

Figura 13.5
Regulação da contratilidade e da liberação de Ca^{2+}. ATP = trifosfato de adenosina; AMPc = monofosfato de adenosina cíclico; SNS = sistema nervoso simpático.

contrátil relaxar velozmente, o que prolonga o tempo disponível para o enchimento ventricular durante o aumento da FC (ver 39.V.B).

b. **Liberação de cálcio:** quando a bomba do RS trabalha mais rapidamente, mais Ca^{2+} é estocado no RS, e menos retorna para o espaço extracelular. O abastecimento dos estoques com Ca^{2+} adicional torna esse íon mais disponível para liberação na próxima contração, o que aumenta a força contrátil.

IV. DEPENDÊNCIA DA PRÉ-CARGA

Os músculos esquelético e cardíaco apresentam, de maneira semelhante, uma relação em forma de "U" invertido entre o comprimento do sarcômero e a geração de força. O músculo esquelético está organizado de forma a que os filamentos grossos e finos apresentem uma sobreposição otimizada quando o músculo está em repouso, e o estiramento adicional diminua a contratilidade. O músculo cardíaco está organizado para tirar vantagem da relação entre comprimento e força para combinar sua atuação com o volume de sangue que entra nas câmaras.

A. Débito cardíaco

O músculo cardíaco forma as paredes das quatro câmaras do coração (Fig. 13.6). Quando o coração se enche de sangue, as câmaras e os miócitos cardíacos contidos em suas paredes são estirados (**pré-carga**), como mostra a Figura 13.7. O músculo cardíaco está organizado de tal modo que, na ausência da pré-carga (p. ex., um coração vazio), o comprimento dos sarcômero é mínimo, e a possibilidade para maior encurtamento e desenvolvimento de força é pequena. A pré-carga empurra progressivamente o sarcômero para um ponto mais alto na linha da esquerda do "U" invertido. Na prática, isso significa que se a quantidade de sangue que retorna da vasculatura entre os batimentos é alta, as paredes da câmara e os sarcômeros serão estirados com mais intensidade. O estiramento aumenta a quantidade de força que o músculo é capaz de gerar no próximo batimento, mas essa força é na realidade *necessária* para expelir o volume adicional de sangue (pré-carga) na próxima contração. A relação comprimento-tensão proporciona ao coração uma forma quase perfeita de combinar a força de contração com o volume de sangue contido dentro das câmaras. Esse fenômeno é conhecido como **lei de Frank-Starling do coração**.

B. Ativação dependente do comprimento

A relação entre pré-carga e força tem sido explicada, tradicionalmente, pela otimização da sobreposição entre os filamentos grossos e finos. Entretanto, a pré-carga também causa uma **ativação dependente do comprimento** do aparelho contrátil. A ativação sensibiliza o ciclo das pontes cruzadas em relação ao Ca^{2+}, permitindo uma geração maior de força até mesmo se o fluxo de gatilho e a quantidade de Ca^{2+} liberada pelo RS permanecerem constantes. A velocidade da contração também aumenta durante a ativação. Os mecanismos moleculares da ativação dependente do comprimento permanecem imprecisos até o momento.

[1]Para mais informações sobre betabloqueadores e bloqueadores dos canais Ca^{2+}, ver *Farmacologia Ilustrada*, 5ª edição, Artmed Editora.

Aplicação clínica 13.3
Betabloqueadores e bloqueadores de canais Ca^{2+}

Os **betabloqueadores** e os **bloqueadores de canais Ca^{2+}** são duas classes importantes de fármacos usados no controle da função cardíaca e da pressão sanguínea.[1] Os betabloqueadores (p. ex., o propranolol) são antagonistas dos receptores β-adrenérgicos que impedem o aumento da concentração de Ca^{2+} mediada pela noradrenalina e pela adrenalina no citoplasma das células do miocárdio, reduzindo, assim, a frequência cardíaca e a contratilidade, e diminuindo a pressão sanguínea. Os bloqueadores dos canais Ca^{2+} impedem o influxo desse íon através dos canais Ca^{2+} do tipo L. O verapamil e o diltiazem são relativamente específicos para o miocárdio. A nifedipina é um bloqueador do canal Ca^{2+} receptor de di-hidropiridina, que reduz a pressão sanguínea pelo relaxamento do músculo liso vascular.

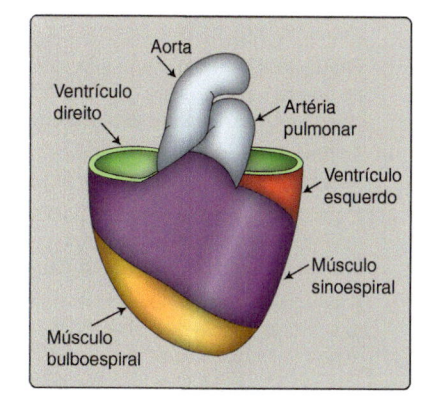

Figura 13.6
Divisões do músculo cardíaco.

C. Limites da pré-carga

A pré-carga excessiva teoricamente pode estirar o sarcômero até o ponto em que a geração de força é prejudicada, e o DC é comprometido. Assim, o músculo cardíaco está organizado com componentes estruturais que restringem fortemente o estiramento além de uma faixa ideal (i. e., o pico do "U" invertido na Fig. 13.7). A intensificação estrutural inclui elementos intracelulares elásticos, quantidades maiores de tecido conectivo na matriz extracelular, e um saco fibroso em torno do coração (**pericárdio**) que limita seu volume de enchimento.

V. FONTE DE ENERGIA

O músculo cardíaco se contrai uma vez por segundo durante 80 anos ou mais, mas as contrações sempre são breves (< 1 s). Esse fato contrasta com o músculo esquelético, onde as contrações isométricas podem durar minutos e podem ser sustentadas até a fadiga. Um coração capaz de uma contração prolongada (tetânica) seria capaz de rapidamente matar seu dono! Assim, o músculo cardíaco perdeu a capacidade de sustentar a produção de trifosfato de adenosina (ATP) e a contração por mais do que poucos segundos. Esse músculo mantém modestos estoques de ATP que suportam contrações curtas e, então, regeneram estes estoques, usando vias aeróbias, quando relaxado. A capacidade anaeróbia limitada cria uma alta dependência de O_2. Se o aporte de O_2 for limitado devido ao suprimento sanguíneo arterial reduzido, um reservatório de creatina fosfato pode manter os níveis de ATP por várias dezenas de segundos, e então o ácido láctico começa a ser produzido. Privação prolongada de O_2 (por minutos) causa danos musculares irreversíveis por hipoxia e **infarto do miocárdio**.

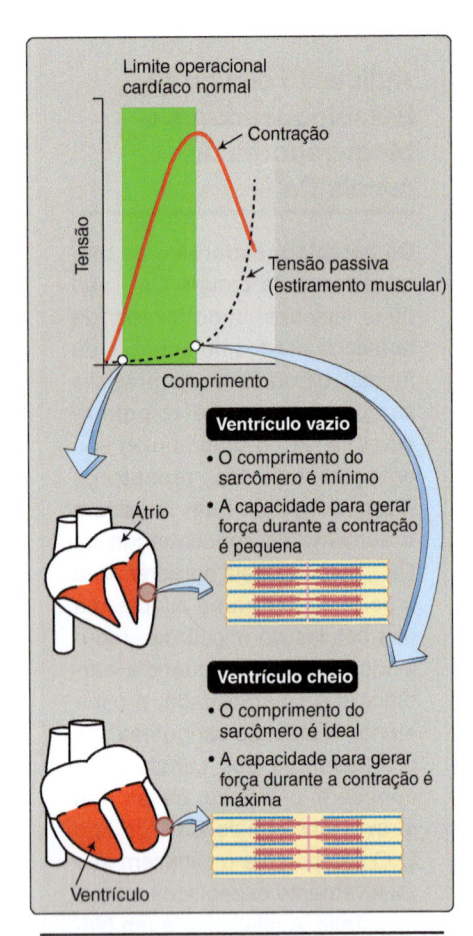

Figura 13.7
Efeitos da pré-carga sobre o miocárdio ventricular.

Resumo do capítulo

- O **músculo cardíaco** apresenta muitas características em comum com o músculo esquelético. Ambos possuem sarcômeros altamente organizados e alinhados que conferem uma **aparência estriada** quando vistos sob luz polarizada.

- Enquanto o músculo esquelético está sob controle voluntário, o músculo cardíaco funciona **de maneira autônoma**. Um **marca-passo** especializado gera periodicamente potenciais de ação que se difundem de miócito a miócito para envolver todo o coração. O **sistema nervoso autônomo** regula o tempo e a força de contração, mas não a inicia.

- As **junções comunicantes** que conectam miócitos adjacentes facilitam a propagação do potencial de ação. Os miócitos também se ramificam extensivamente para maximizar as interações com as células adjacentes.

- A geração de força é regulada pelo sistema nervoso autônomo via **receptores β-adrenérgicos** e fosforilação dependente de monofosfato de adenosina cíclico pela *proteína cinase A*. O alvo da *cinase* inclui o **canal Ca^{2+} do tipo L** no sarcolema e a **bomba Ca^{2+} no retículo sarcoplasmático**. Como consequência, a força contrátil aumenta.

- A geração de força pelo músculo cardíaco é altamente **dependente da pré-carga**. Um aumento no comprimento do sarcômero aumenta a força de contração, fornecendo, assim, ao coração uma maneira de aumentar a contratilidade quando necessita expelir volumes maiores de ejeção.

- O músculo cardíaco conta com vias aeróbias para fornecer o trifosfato de adenosina necessário para a contração. A capacidade anaeróbia limitada torna o músculo cárdico vulnerável à diminuição de O_2 disponível durante interrupções no suprimento sanguíneo.

Músculo Liso

14

I. VISÃO GERAL

Os músculos esquelético e cardíaco são, ambos, estruturados para contrair rapidamente. A rápida cinética facilita a locomoção (músculo esquelético) e sustenta o débito cardíaco (músculo cardíaco) que suporta o fluxo de sangue para órgãos dependentes, mesmo em repouso. No entanto, o corpo humano realiza muitas outras funções que exigem um envolvimento muscular em uma escala de tempo menos urgente. As tarefas são variadas, mas habilmente cumpridas pelo músculo liso, com alto grau de adaptação. O músculo liso é encontrado em todas as regiões do corpo. Está organizado em camadas na parede dos vasos sanguíneos e vias respiratórias (Fig. 14.1), funcionando no ajuste do diâmetro da luz para regular o fluxo de sangue e ar, respectivamente. O músculo liso mistura e propele o alimento e as secreções por meio do trato gastrintestinal (GI). O músculo liso também regula o diâmetro da pupila, como forma de regulação da quantidade de luz que entra no olho, e regula a forma da lente para ajustar o foco visual. Algumas das diversas funções do músculo liso estão resumidas na Tabela 14.1. As demandas variadas fazem com que o músculo liso necessite de muitas adaptações à estrutura e função específicas dos órgãos. Por exemplo, enquanto o músculo estriado é ativado por poucos neurotransmissores e hormônios, o músculo liso é modulado por centenas de sinais químicos. Os filamentos contráteis, no músculo estriado em repouso, geralmente apresentam um comprimento padrão que não varia ao longo do tempo. Os filamentos contráteis, no músculo liso, não parecem ter um comprimento padrão e podem ser desmontados e remontados, mesmo quando uma contração está ocorrendo. A plasticidade dos filamentos contráteis ("sarcômeros") do músculo liso e a trama organizacional do citoesqueleto são necessárias para manter a contratilidade durante mudanças no volume luminal de órgãos ocos (p. ex., bexiga urinária, trato GI, vesícula biliar e útero). Muitos detalhes da estrutura e função do músculo liso ainda não estão identificados, mas, de maneira semelhante ao músculo estriado, sua função principal é gerar força, o que é realizado pelo uso dos mesmos princípios básicos que regem os músculos esquelético e cardíaco. A contração inicia quando a concentração intracelular de Ca^{2+} aumenta, e a força é gerada quando as cabeças hidrofílicas da **miosina**, presentes no filamento grosso, se ligam e puxam os filamentos finos de **actina**.

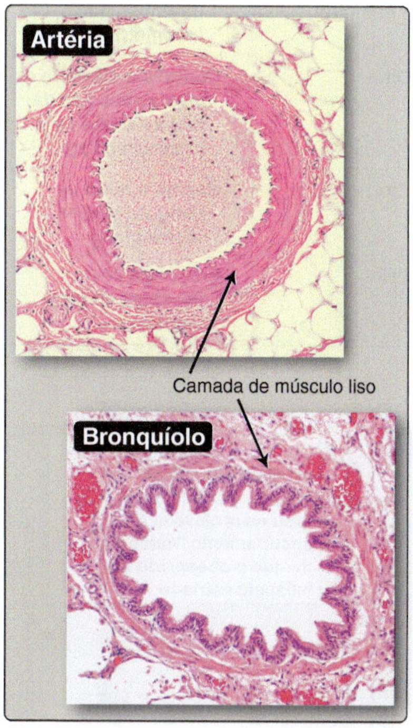

Figura 14.1
Músculo liso de artéria e de via respiratória.

II. ESTRUTURA

O músculo liso desenvolve força por meio das interações entre a actina e a miosina, mas os filamentos contráteis estão organizados de maneira menos formal do que a observada no músculo estriado.

Tabela 14.1 Funções do músculo liso

Localização	Função
Vasos sanguíneos	Controla o diâmetro, regula o fluxo sanguíneo
Vias respiratórias	Controla o diâmetro, regula o fluxo de ar
Trato gastrintestinal	Controla o tônus, a motilidade, forma esfincteres
Sistema urinário	Impulsiona a urina pelos ureteres, determina o tônus da bexiga urinária, forma o esfincter interno
Trato reprodutor masculino	Impulsiona as secreções, sêmen
Trato reprodutor feminino	Propulsão (tubas uterinas), parto (miométrio uterino)
Olho	Controla o diâmetro da pupila (músculo da íris) e a forma da lente (músculo ciliar)
Rim	Regula o fluxo de sangue (células mesangiais)
Pele	Ereção do pelo (músculo eretor do pelo)

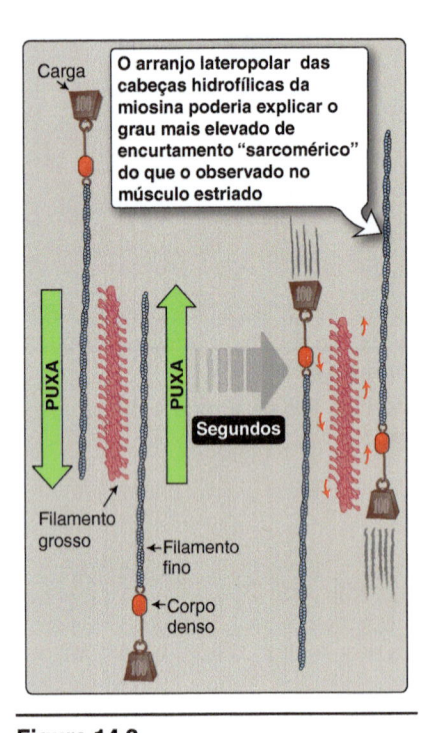

Figura 14.2
Um possível modelo para a contração do músculo liso.

A. Unidades contráteis

As células do músculo liso são densamente preenchidas por filamentos de actina e miosina, os quais estão organizados em unidades contráteis que têm sido definidas como "minissarcômeros". Entretanto, uma vez que essas unidades não estão alinhadas pelos discos Z, como nos músculos esquelético e cardíaco, não existem estriações visíveis, quando o músculo é observado sob luz polarizada. A falta de estriações dá ao "músculo liso" o seu nome.

1. **Filamentos grossos:** a miosina do músculo liso tem uma estrutura terciária semelhante à do músculo estriado, mas sua sequência de aminoácidos é totalmente diferente. A miosina do músculo liso é hexamérica, como a dos outros tipos de músculo, contendo duas **cadeias pesadas**, que abrangem as regiões da cabeça e pescoço, e dois pares de **cadeias leves** (um de **cadeia leve essencial** de 17 kDa e um de **cadeia leve reguladora** de 20 kDa, também conhecida como **MLC$_{20}$**, do inglês *myosin light chain*). As cabeças da miosina possuem atividade de ATPase e um sítio de ligação para a actina. Embora a base ultraestrutural para a contração do músculo liso não tenha sido ainda elucidada, uma sugestão é que as cabeças hidrofílicas da miosina, no filamento grosso, tenham um arranjo lateralizado ou "**lateropolar**", que permite que dois filamentos de actina sejam puxados simultaneamente em diferentes direções (Fig. 14.2). Tal arranjo pode contribuir para as observações de que os miócitos do músculo liso podem encurtar em grau muito maior que as fibras musculares estriadas.

2. **Filamentos finos:** no músculo estriado, os filamentos finos estão associados à troponina, o que determina a dependência de Ca^{2+} para a contração. O músculo liso não contém troponina, mas está associado com duas proteínas reguladoras específicas, chamadas **caldesmona** e **calponina**. Suas propriedades foram amplamente estudadas *in vitro*, mas seus papéis *in vivo* ainda são debatidos.

    a. **Caldesmona:** a caldesmona é um inibidor da atividade de ATPase da miosina associada à actina. A inibição é minimizada por altas concentrações de **Ca^{2+}-calmodulina** (**CaM**) ou por fosforilação pela *proteína cinase dependente de Ca^{2+}-CaM* (ou muitas outras *cinases* endógenas).

    b. **Calponina:** a calponina é um abundante inibidor da atividade de ATPase da miosina associada à actina, regulado por fosforilação dependente da *proteína cinase dependente de Ca^{2+}-CaM*.

3. **Montagem:** para uma célula muscular exercer uma força útil, suas unidades contráteis devem estar alinhadas de acordo com o eixo longitudinal da célula. No músculo liso, isso parece envolver arranjos paralelos de 3 a 5 filamentos grossos, cada um circundado por numerosos (10 a 12) filamentos finos. Os filamentos grossos e finos parecem ter comprimentos variáveis, o que contrasta com o músculo estriado, cujos filamentos têm comprimentos padronizados e estritamente controlados. Os filamentos estão ancorados por **corpos densos** (**desmossomos**) ricos em α-actinina, encontrados espalhados pelo sarcoplasma (Fig. 14.3), e acredita-se que sejam funcionalmente equivalentes aos discos Z do músculo estriado (ver 12.II.C.1). Os corpos densos não estão alinhados como o fazem no músculo estriado, mas o arranjo geral de filamentos finos, filamentos grossos e corpos densos lembra um sarcômero.

B. Organização

As células do músculo liso não contêm miofibrilas propriamente ditas, mas longos arranjos de filamentos contráteis e corpos densos associados aparecem estendidos ao longo do comprimento da célula. Os arranjos contráteis estão suspensos na trama estrutural do citoesqueleto por uma rede de filamentos intermediários formados por **vimentina** e **desmina**, com quantidades relativas dependendo do tipo de músculo liso em questão. As estruturas contráteis estão ancoradas ao sarcolema pelas **placas densas**, que são semelhantes aos corpos densos. As placas estão distribuídas por toda a superfície da célula e unem mecanicamente as células adjacentes (**junções de adesão**; ver 4.II.G e Fig. 14.3), de forma que o músculo liso pode exercer força direcionada à contração.

C. Sistemas de membranas

O ciclo das pontes cruzadas inicia quando as concentrações intracelulares de Ca^{2+} aumentam acima do valor de repouso (0,1 μmol/L). No músculo estriado, isso envolve os **canais Ca^{2+} do tipo L (receptores de di-hidropiridina)** nas membranas dos túbulos transversos (T) e a **liberação de Ca^{2+}** do **retículo sarcoplasmático (RS)** pelos **receptores de rianodina** (ver 12.III). Embora as relações estruturais entre os arranjos contráteis e o RS sejam menos bem organizadas no músculo liso, comparado com o músculo estriado, o músculo liso utiliza mecanismos semelhantes para iniciar a contração.

1. **Cavéolas:** as células do músculo liso não possuem túbulos T, que transmitem potenciais de ação para as regiões mais profundas do corpo da fibra muscular, mas apresentam arranjos lineares de **cavéolas** que podem ter uma função relacionada. As cavéolas são invaginações do sarcolema, de 50 a 100 nm, que formam junções estreitas (15 a 30 nm) com o RS subjacente. As cavéolas são ricas em canais Ca^{2+} do tipo L, sugerindo que tenham um papel semelhante ao das díades e tríades no músculo estriado.

2. **Retículo sarcoplasmático:** as células do músculo liso contêm extensas redes tubulares de RS que estocam Ca^{2+} até que a contração inicie. Diferentemente do músculo estriado, o RS do músculo liso contém dois tipos de canais de liberação de Ca^{2+}, um ativado pelo Ca^{2+}, o outro pelo **inositol trifosfato (IP_3)** (Fig. 14.4).

    a. **Canais de liberação de Ca^{2+} induzida pelo Ca^{2+}:** os canais de liberação de Ca^{2+} induzida pelo Ca^{2+} (LCIC) são abertos pelo Ca^{2+} que entra no miócito pelos canais Ca^{2+} dependentes de voltagem na superfície da membrana. Embora a LCIC seja a principal maneira pela qual a contração tem início no músculo estriado, seu papel no músculo liso é menos claro.

    b. **Canais Ca^{2+} dependentes de inositol trifosfato:** o RS do músculo liso também contém um canal Ca^{2+} dependente de IP_3. O IP_3 é um segundo mensageiro que comunica a ligação, à superfície da célula, de um ou mais sinais químicos, incluindo muitos hormônios e neurotransmissores (p. ex., noradrenalina e acetilcolina).

D. Junção neuromuscular

A maioria dos tipos de músculo liso é controlada pelo **sistema nervoso autônomo (SNA)**. Dependendo da função e localização no corpo, o músculo liso pode receber informações do **sistema nervoso simpático**, do **sistema nervoso parassimpático** e do **sistema nervoso entérico**. A junção neuromuscular do SNA é menos desenvolvida do que a do músculo esquelético, mas as estruturas pré e pós-sinápticas estão organizadas de maneira semelhante. Eferentes do SNA podem fazer contato com múltiplas células musculares lisas por uma série de **varicosidades**

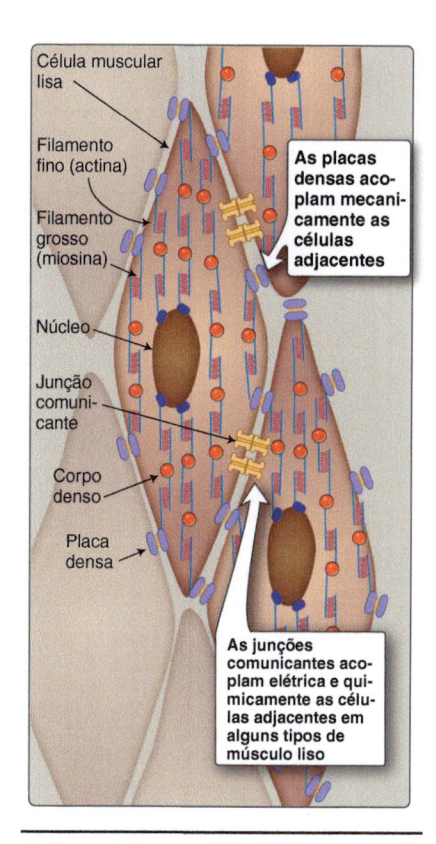

Figura 14.3
Proposta de alinhamento dos filamentos contráteis dentro de um miócito.

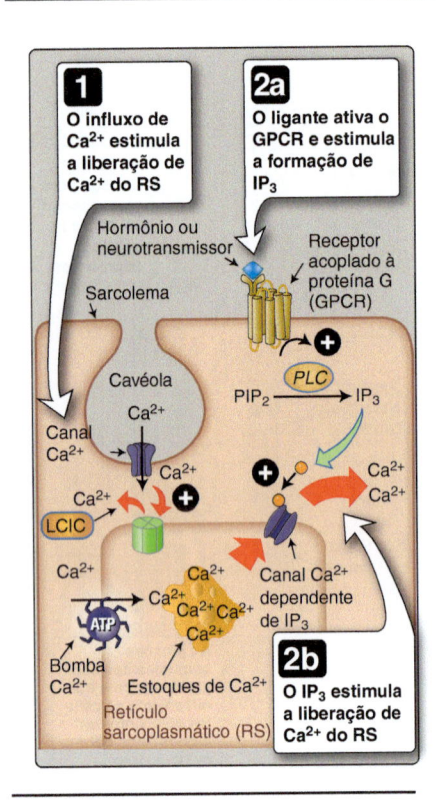

Aplicação clínica 14.1 Síndrome do intestino irritável

A **síndrome do intestino irritável** é um distúrbio gastrintestinal (GI) associado a cólicas intestinais, flatulência aumentada e hábitos intestinais alterados. Não se tem conhecimento da causa, nem de cura. As opções de tratamento são limitadas, mas incluem antiespasmódicos orais, como a L-hiosciamina, um análogo da atropina.[1] A atropina é um alcaloide antagonista do receptor colinérgico que bloqueia os aumentos na contratilidade da musculatura lisa do trato GI e da bexiga urinária induzidos pelo sistema nervoso parassimpático. Como resultado, o músculo relaxa, diminuindo a dor associada à cólica. Remédios naturais incluem óleo de pimenta, o qual tem um efeito semelhante de relaxamento no músculo liso. Acredita-se que essa substância atue mediante bloqueio dos canais Ca^{2+} no plasmalema do músculo liso, reduzindo, assim, a contratilidade e relaxando o músculo. Pelo fato de que o óleo de pimenta relaxa também os esfincteres, é contraindicado em pacientes com a doença do refluxo gastresofágico (DRGE). A DRGE está associada com disfunção do esfincter esofágico inferior (EEI). Como o EEI é composto totalmente por músculo liso, o óleo de pimenta prejudica ainda mais a contratilidade do esfincter e piora os sintomas da DRGE.

Figura 14.4
Acoplamento excitação-contração no músculo liso. ATP = trifosfato de adenosina; LCIC = liberação de Ca^{2+} induzida pelo Ca^{2+}; IP_3 = inositol trifosfato; PIP_2 = 4,5-fosfatidilinositol difosfato; PLC = fosfolipase C.

(dilatações) espaçadas ao longo do comprimento do axônio, cada uma no sítio de uma junção neuromuscular (ver Fig. 7.6).

III. ACOPLAMENTO EXCITAÇÃO-CONTRAÇÃO

O número de sinais concorrentes que disputam o controle da função do músculo liso é imenso (centenas). Alguns desses sinais podem promover a contração, e outros, o relaxamento, mas, finalmente, a maioria tende para o mesmo ponto, o Ca^{2+}, como nos outros tipos de músculo. A principal diferença entre o músculo liso e o músculo estriado é que as etapas sensíveis ao Ca^{2+} foram transferidas dos filamentos finos (via troponina e tropomiosina) para o filamento grosso (via fosforilação da miosina).

A. Fonte de cálcio

A contração começa quando as concentrações sarcoplasmáticas de Ca^{2+} aumentam. Existem três mecanismos potenciais pelos quais isso pode acontecer no músculo liso: influxo de Ca^{2+} através do sarcolema, LCIC do RS e liberação de Ca^{2+} do RS mediada por IP_3. As contribuições relativas dessas vias para o aumento líquido de Ca^{2+} sarcoplasmático variam de acordo com o tipo de músculo liso.

1. **Influxo de cálcio:** as células musculares lisas expressam pelo menos dois tipos de canais Ca^{2+}. Os canais Ca^{2+} do tipo L que estão concentrados nas cavéolas são dependentes de voltagem. Os canais se abrem em resposta à despolarização da membrana para mediar o influxo de Ca^{2+} e a fase ascendente de um potencial de ação, comumente observada no músculo detrusor e nos músculos

[1]Para mais informações sobre antiespasmódicos, ver *Farmacologia Ilustrada*, 5a edição, Artmed Editora.

viscerais, por exemplo. A maioria das células musculares lisas também expressa um ou mais **canais Ca^{2+} operados por receptor** (**ROCCs**, do inglês *receptor-operated Ca^{2+} channels*). Por exemplo, o músculo liso visceral expressa ROCCs muscarínicos, enquanto o músculo liso vascular expressa ROCCs adrenérgicos. Embora o fluxo de Ca^{2+} mediado por ROCCs seja relativamente menor e geralmente insuficiente para suportar a contração por si só, ele despolariza as células para potencializar (ou iniciar) o influxo de Ca^{2+} e a contração via canais Ca^{2+} do tipo L.

2. **Liberação de cálcio induzida pelo cálcio:** a LCIC pode ser visualizada como "**faíscas de Ca^{2+}**" em estudos de imagens fluorescentes do músculo liso, mas sua função ainda está sendo investigada. Em alguns tipos de músculo liso (p. ex., o músculo detrusor), a LCIC pode potencializar a contração, enquanto em outros (p. ex., o músculo liso vascular), a liberação de Ca^{2+} relaxa o músculo pela abertura de canais K^+ dependentes de Ca^{2+}, o que hiperpolariza a membrana e diminui a probabilidade de abertura dos canais Ca^{2+} do tipo L.

3. **Inositol trifosfato:** a maior parte dos tipos de músculo liso expressa uma rica variedade de **receptores acoplados à proteína G** (**GPCRs**) que modulam a contração por meio da *fosfolipase C* e formação de IP_3. Quando a concentração intracelular de IP_3 aumenta, o canal Ca^{2+} dependente de IP_3 no RS se abre, e o Ca^{2+} é liberado dos estoques (ver Fig. 14.4). A liberação de Ca^{2+} mediada pelo IP_3 e a contração do músculo liso podem (e frequentemente o fazem) ocorrer independentemente de um potencial de ação ou outra mudança no potencial de membrana, e isso é conhecido como **acoplamento farmacomecânico**. A via do IP_3 é o modo primário de início da contração no músculo liso.

B. Contração

No músculo estriado, o aumento das concentrações intracelulares de Ca^{2+} induz a troponina a mover a tropomiosina para longe dos sítios de ligação da miosina nos filamentos de actina (ver 12.III.B). A miosina do músculo estriado tem uma alta atividade intrínseca de ATPase, e, com os sítios de ligação expostos, a contração acontece rapidamente. No músculo liso, a ATPase permanece inativa até que a cadeia leve reguladora MLC_{20} seja fosforilada. Um aumento no Ca^{2+} sarcoplasmático é detectado pela CaM, que ativa a *cinase da cadeia leve da miosina* (*MLCK*, do inglês *myosin light-chain kinase*), como mostra a Figura 14.5. A *MLCK* fosforila a MLC_{20} e agora, na presença de ATP, a cabeça hidrofílica da miosina é capaz de alcançar e ancorar em um sítio de ligação no filamento fino de actina. O ciclo das pontes cruzadas, então, ocorre essencialmente pelo mesmo mecanismo descrito para o músculo estriado (ver 12.III.B). Pelo fato de que a fosforilação da miosina é necessária para a contração do músculo liso, diz-se que esta é **regulada pelo filamento grosso**, em oposição ao músculo estriado, onde é **regulada pelo filamento fino**. A cinética das isoformas da miosina e a natureza multietapas do processo de ativação fazem com que o músculo liso contraia 10 a 20 vezes mais lentamente do que o músculo esquelético.

C. Relaxamento

O relaxamento do músculo ocorre quando as concentrações sarcoplasmáticas de Ca^{2+} renormalizam. Como a contração do músculo liso envolve uma *cinase* e uma etapa de fosforilação, o relaxamento requer uma *fosfatase*.

1. **Renormalização do cálcio:** quando a sinalização excitatória termina, o Ca^{2+} é expelido da célula por Ca^{2+} ATPases e trocadores de

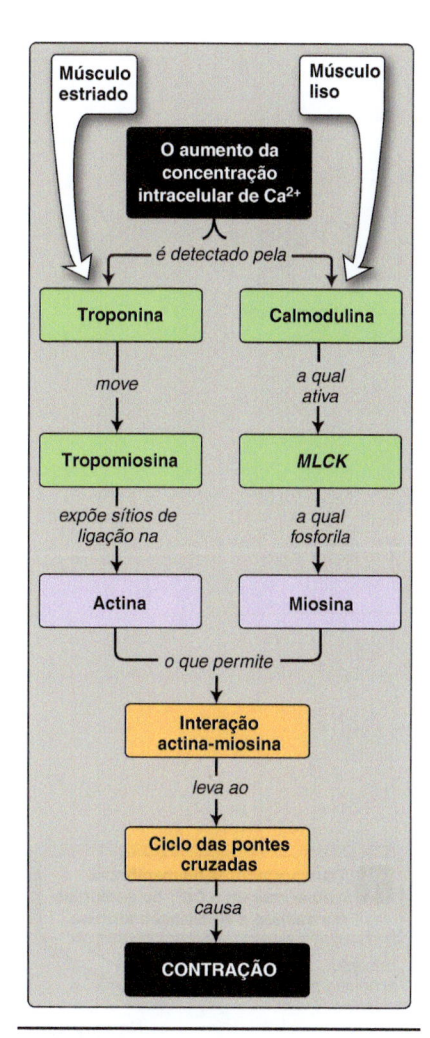

Figura 14.5
Diferenças entre os eventos que facilitam o ciclo das pontes cruzadas no músculo estriado e no músculo liso. MLCK = cinase da cadeia leve da miosina.

Aplicação clínica 14.2 Disfunção erétil

A ereção peniana durante a excitação sexual masculina resulta de um aumento do fluxo de sangue e intumescimento de três tecidos com cavidades sinusoidais dentro do pênis (os **corpos cavernosos** e o **corpo esponjoso**). O fluxo de sangue para essas cavidades é regulado, em parte, pelos nervos parassimpáticos que sinalizam via liberação de óxido nítrico (NO). O NO relaxa as trabéculas dos corpos cavernosos, formadas por células musculares lisas revestidas por endotélio. O relaxamento permite que o tecido erétil se encha de sangue em preparação para o ato sexual. O ON é uma molécula sinalizadora de vida curta, que exerce seu efeito por meio da ativação da *guanilato ciclase*, da formação do monofosfato de guanosina cíclico (GMPc) e da fosforilação de proteínas envolvidas na regulação da concentração intracelular de Ca^{2+} pela *proteína cinase dependente de GMPc*. Homens com dificuldade em alcançar ou sustentar uma ereção têm-se beneficiado com a disponibilidade de fármacos como o sildenafil e o tadalafil, que são inibidores da *fosfodiesterase* (*PDE*).[1] As *PDEs* degradam o NO e terminam a sinalização. A inibição da *PDE* aumenta os níveis locais de NO, permitindo que a ereção seja sustentada.

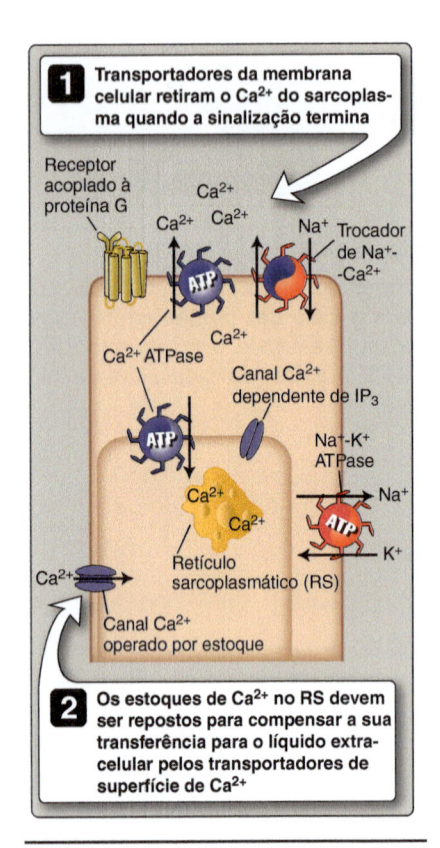

Na^+-Ca^{2+}, e retorna para o RS pela Ca^{2+} ATPase do retículo sarcoplasmático ([SERCA] Fig. 14.6). A *MLCK*, então, é desativada.

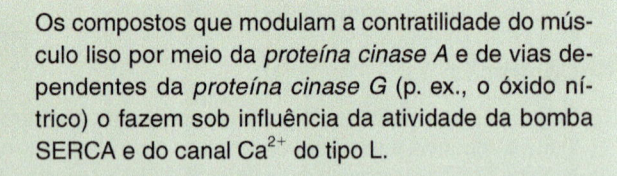

> Os compostos que modulam a contratilidade do músculo liso por meio da *proteína cinase A* e de vias dependentes da *proteína cinase G* (p. ex., o óxido nítrico) o fazem sob influência da atividade da bomba SERCA e do canal Ca^{2+} do tipo L.

2. **Reposição do estoque:** os transportadores de Ca^{2+} da membrana celular competem com a bomba SERCA pelo Ca^{2+} disponível durante o relaxamento, por isso os estoques precisam ser repostos com Ca^{2+} proveniente do meio externo da célula por meio de **canais Ca^{2+} operados por estoque** (**SOCs**, do inglês *store-operated Ca^{2+} channels*). Essa é uma etapa crítica que deve ser completada para que a contratilidade do músculo liso continue. Os SOCs são comuns a muitos tipos de células, incluindo linfócitos, onde a necessidade de reposição é percebida por **Stim1**, um sensor de Ca^{2+}, e requer **Orai**, um canal Ca^{2+} ou uma subunidade do canal Ca^{2+}.

3. **Desfosforilação:** uma vez que a MLC_{20} tenha sido fosforilada, o ciclo das pontes cruzadas continua enquanto o ATP estiver disponível para promover a contração. O relaxamento do músculo liso é, portanto, dependente da *miosina fosfatase*, que é constitutivamente ativa e sempre anula o trabalho da *MLCK*. A *miosina fosfatase* é uma proteína trimérica, que compreende um domínio *proteína fosfatase* catalítico (PP1c), uma subunidade de ligação à miosina (MYPT1) e uma pequena subunidade de função desconhecida. Quando as

Figura 14.6
Manipulação de Ca^{2+} durante o relaxamento do músculo liso. ATP = trifosfato de adenosina; IP_3 = inositol trifosfato.

[1]Para mais informações sobre inibidores da *fosfodiesterase*, ver *Farmacologia Ilustrada*, 5ª edição, Artmed Editora.

concentrações sarcoplasmáticas de Ca^{2+} diminuem e a *MLCK* é desativada, a *miosina fosfatase* rapidamente retira grupos fosfato da MLC_{20}, e o músculo relaxa.

D. Formação do estado de tranca

Se a miosina for desfosforilada enquanto ainda estiver ancorada à actina, ela bloqueia ou "tranca" no lugar. O estado de tranca apresenta uma velocidade do ciclo intrinsecamente lenta, que permite aos vasos sanguíneos, esfincteres e órgãos ocos como a bexiga sustentar contrações por períodos prolongados com gasto mínimo de ATP (cerca de 1% da quantidade necessária para que o músculo esquelético alcance o mesmo efeito). Como os estados de tranca são eventos contráteis, podem ocorrer apenas se os níveis intracelulares de Ca^{2+} permanecerem minimamente elevados acima da concentração basal. Embora muitos detalhes sobre a formação, finalização e regulação do estado de tranca ainda precisem ser esclarecidos, a capacidade de formar esse estado é uma propriedade fundamental e única do músculo liso.

E. Regulação

No músculo estriado, a regulação da força normalmente ocorre por meio do controle da concentração intracelular de Ca^{2+}. No músculo liso, a força é regulada por mudanças no estado de fosforilação da MLC_{20}. O desenvolvimento de força é dependente da formação das pontes cruzadas, que somente podem ocorrer quando a MLC_{20} é fosforilada. Como o estado de fosforilação da MLC_{20} é dependente da *MLCK* e da *miosina fosfatase*, existem múltiplos pontos potenciais de controle. Duas vias reguladoras principais envolvem a *Rho cinase* (*ROCK*, do inglês *Rho-kinase*) e a *proteína cinase C* (*PKC*, do inglês *protein kinase C*), como mostra a Figura 14.7.

1. **Rho cinase:** a *ROCK* é uma *proteína serina-treonina cinase* regulada pela RhoA, uma proteína ligante de GTP. A RhoA é indiretamente ativada após a ligação a um GPCR de uma série de ligantes, como por exemplo, a noradrenalina, a angiotensina II, a endotelina, entre outros. A *ROCK* tem muitos alvos, incluindo a subunidade de ligação à miosina, MYPT1, da *miosina fosfatase*. A fosforilação inibe a atividade da *miosina fosfatase* e, portanto, promove a contração. A *ROCK* também possui atividade semelhante à da *MLCK* e promove a contração por meio de efeitos diretos na MLC_{20}. Note-se que essa via age independentemente de qualquer mudança na concentração intracelular de Ca^{2+}.

2. **Proteína cinase C:** agonistas que ativam a *fosfolipase C* e promovem a contração por meio do IP_3 simultaneamente ativam a *PKC* via liberação de diacilglicerol. A *PKC* também fosforila muitas proteínas que regulam a contração, incluindo a CPI17. A CPI17 é uma proteína endógena de 17 kDa, que se torna um potente inibidor da *miosina fosfatase* quando fosforilada, promovendo, assim, a contração. A *ROCK* também fosforila a CPI17 *in vitro*, mas o possível significado para sua função na contração do músculo liso *in vivo* não está resolvido.

> O aumento da contratilidade mediado pela *ROCK* e pela *PKC* contribuem para um fenômeno conhecido como "**sensibilização ao Ca^{2+}**". A sensibilização ao Ca^{2+} se refere a uma alteração observada na dependência de Ca^{2+} da contratilidade, para valores menores de Ca^{2+} intracelular livre após a ligação de um hormônio ou um transmissor.

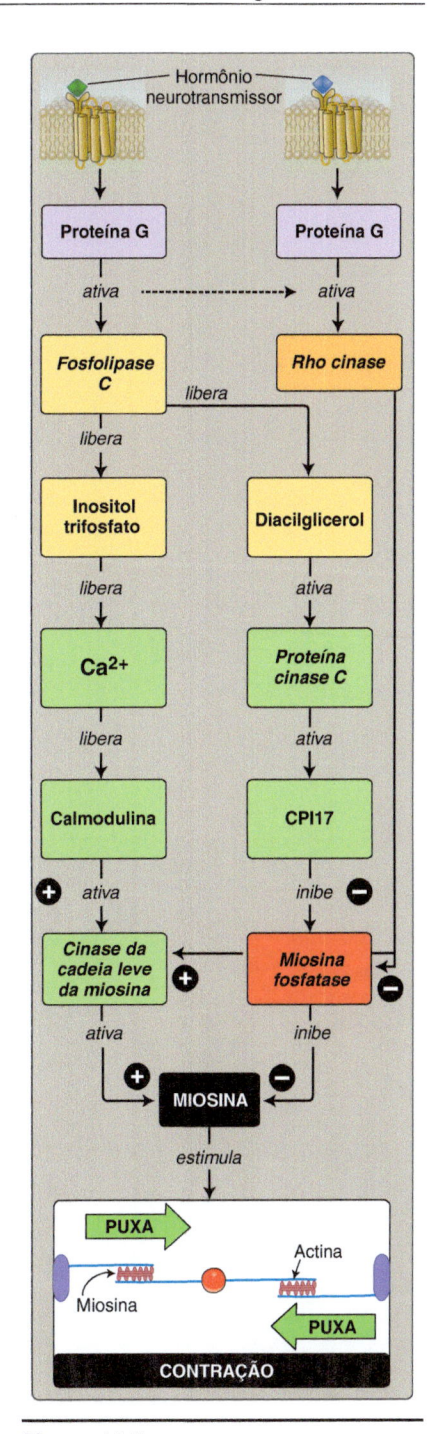

Figura 14.7
Vias de regulação da contração do músculo liso.

Aplicação clínica 14.3 *Rho cinase* e hipertensão

A hipertensão essencial é uma doença da musculatura lisa vascular. As causas fundamentais e as vias celulares envolvidas ainda permanecem desconhecidas, apesar da prevalência e dos custos da hipertensão como doença, o que afeta tanto a saúde do indivíduo quanto suas finanças. A pressão sanguínea alta reflete uma vasoconstrição sistêmica inapropriada, forçando o ventrículo esquerdo a gerar maiores pressões arteriais para forçar o fluxo de sangue ao longo dos vasos estreitados. Como a *Rho cinase* (*ROCK*) é um regulador primário da contratilidade do músculo liso, a via de sinalização que a envolve está sob estudo minucioso como uma possível causa de hipertensão e meios de tratamento. O fasudil é um inibidor de *cinase*, específico da *ROCK*, frequentemente usado no Japão para tratar o vasospasmo cerebral que normalmente ocorre após uma hemorragia subaracnóidea. O inibidor relaxa a maior parte dos tipos de músculo liso, e está sendo investigado como uma possível opção de tratamento para hipertensão essencial e pulmonar.

IV. MECANISMOS

O músculo estriado e o músculo liso usam os mesmos princípios para a geração de forças, portanto seus mecanismos são similares. A otimização do grau de sobreposição dos filamentos grossos e finos (pré-carga) maximiza o desenvolvimento de força, e a velocidade de contração diminui à medida que a pós-carga aumenta. Entretanto, existem diferenças notáveis, como será discutido a seguir.

A. Velocidade de contração

O músculo liso é capaz de se contrair rapidamente quando necessário; quando o tamanho da pupila do olho deve diminuir para reduzir a quantidade de luz que incide na retina, por exemplo. Entretanto, a isoforma da miosina encontrada no músculo liso tem atividade de ATPase inerentemente lenta, o que limita a velocidade máxima de contração para apenas uma fração da observada no músculo esquelético.

B. Adaptação do comprimento

O músculo liso regula o tônus da parede em muitos órgãos ocos cujo tamanho da luz é variável. Por exemplo, as vias respiratórias e os vasos sanguíneos ritmicamente se dilatam e contraem de acordo com os ciclos respiratório e cardíaco, respectivamente, já o músculo liso contido dentro de suas paredes mantém um tônus constante ao longo do ciclo. De modo semelhante, o volume luminal da bexiga urinária aumenta de aproximadamente 6 para cerca de 500 mL quando cheia, já o músculo detrusor na sua parede pode contrair-se e expelir a urina a qualquer momento durante o ciclo de enchimento. Durante o enchimento da bexiga, os "minissarcômeros" musculares são estirados aos seus limites fisiológicos. O estiramento reduz o grau de sobreposição entre a actina e a miosina, e limita a contratilidade, como em outros tipos de músculos, mas o músculo liso é o único que consegue se adaptar a esse estresse ao longo de um período de minutos e recuperar totalmente a contratilidade, mesmo com um aumento do comprimento. Esse fenômeno é conhecido como **adaptação do comprimento**, e é uma propriedade fundamental do músculo liso. As vias envolvidas não estão bem determinadas, mas o fenômeno

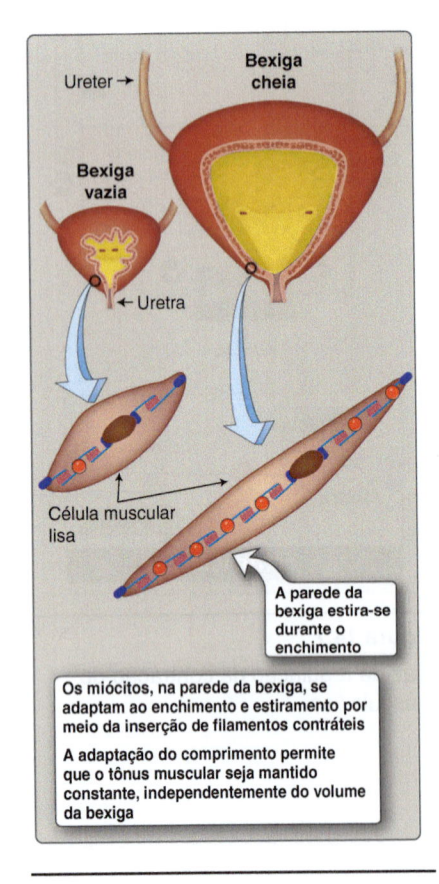

Figura 14.8
Adaptação do comprimento durante o enchimento da bexiga urinária.

representa uma das diferenças essenciais entre o músculo estriado e o músculo liso. Enquanto o comprimento e o número de filamentos contráteis no músculo estriado são extremamente fixos, e os arranjos contráteis são ordenados de modo a otimizar a produção de força ao longo de um vetor constante, o músculo liso apresenta um tipo celular com plasticidade fundamental. Quando estirado, acredita-se que o miócito possa replicar unidades contráteis e inseri-las em séries dentro de arranjos já existentes (Fig. 14.8). Os filamentos preexistentes provavelmente se alongam também. Quando o músculo retorna ao comprimento normal, adapta-se de novo, provavelmente pela remoção de unidades contráteis adicionais ou pelo encurtamento dos grupos contráteis. Note-se que a trama estrutural do citoesqueleto como um todo deve, necessariamente, ser remodelada para acompanhar tais mudanças. As vias e proteínas envolvidas podem ser as mesmas envolvidas no início e na regulação da contração.

V. TIPOS

O músculo liso é um tipo de tecido diverso, que pode ser classificado de muitas maneiras, mas uma das mais úteis se baseia em sua função. O **músculo liso fásico** contrai-se transitoriamente, quando estimulado. Os exemplos incluem os músculos que formam as paredes do trato GI (estômago, intestino delgado, intestino grosso), e do trato urogenital (ureteres, bexiga urinária, canal deferente, tuba uterina, útero). O **músculo liso tônico** é capaz de contrações sustentadas, uma característica que frequentemente é utilizada para manter um tônus muscular constante. Os exemplos incluem os músculos vasculares e das vias respiratórias, os esfincteres (p. ex., esfincter esofágico inferior, esfincter pilórico) e os músculos ciliares e da íris nos olhos.

> A maioria dos tipos de músculos lisos é uma combinação de músculos fásicos e tônicos, o que lhes permite responder a uma ampla gama de estímulos.

A. Fásico

O músculo liso fásico frequentemente funciona de modo semelhante ao músculo cardíaco. Células marca-passo especializadas geram potenciais de ação que se propagam por junções comunicantes de miócito a miócito até envolverem o músculo como um todo.

1. **Marca-passos:** algumas células musculares lisas são capazes de gerar mudanças espontâneas no potencial de membrana (V_m). No trato GI, isso pode se manifestar como "ondas lentas", com uma periodicidade de 3 a 5 por minuto. Se as ondas atingem uma amplitude suficiente para ultrapassar o limiar, os potenciais de ação podem ser iniciados, e se propagam pelas junções comunicantes em todo o músculo. Como consequência, segue-se uma onda de contração (Fig. 14.9A). Como todos os miócitos, no músculo fásico, são excitados como uma unidade, esse tipo de músculo liso também é denominado músculo liso "**unitário**".

2. **Potenciais de ação:** os potenciais de ação, no músculo liso, são caracteristicamente lentos, e sua forma e curso de tempo são altamente variáveis. A fase ascendente é mediada por canais Ca^{2+} do tipo L, como ocorre na fase ascendente do potencial de ação "lento" das células nodais cardíacas (ver 17.IV.B). O influxo de Ca^{2+} simultaneamente inicia a contração e abre canais K^+ ativados por

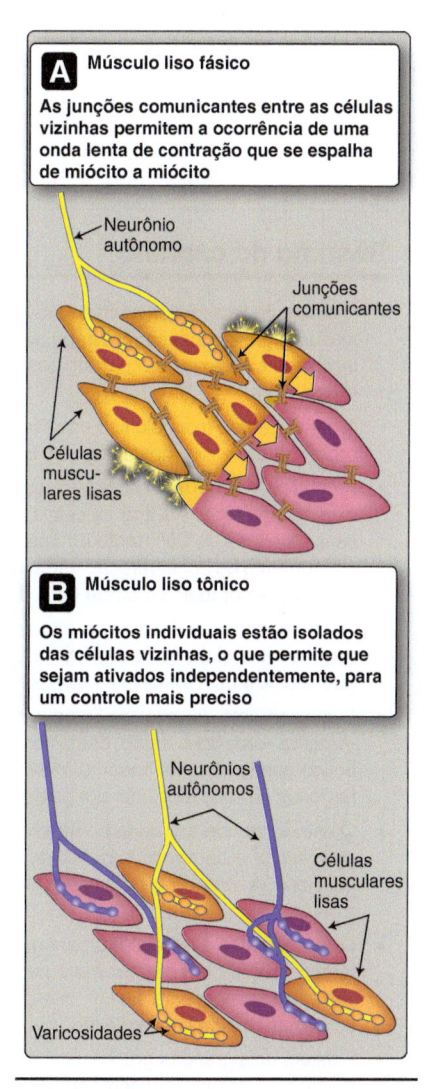

Figura 14.9
Controle da contratilidade no músculo liso fásico e no músculo liso tônico.

Ca²⁺ (canais "BK"). A inativação dos canais Ca²⁺ e o efluxo de K⁺ mediado pelos canais "BK", juntos, ajudam a repolarizar a membrana e promover a fase descendente do potencial de ação.

B. Tônico

O músculo liso tônico (também conhecido como músculo liso **multiunitário**) lembra o músculo esquelético, pelo fato de que os miócitos individuais ou grupos de miócitos funcionam independentemente dos miócitos vizinhos (ver Fig. 14.9B). Essa característica permite o controle fino dos movimentos, o que é vantajoso para o controle preciso do diâmetro pupilar e da forma da lente do olho, por exemplo. O controle multiunitário também permite um aumento de força por meio de recrutamento, assim como no músculo esquelético a força é controlada mediante combinações de unidades motoras separadas (ver 12.IV.D). O músculo liso tônico geralmente não gera potenciais de ação, entretanto, a contração pode ocorrer na ausência de qualquer alteração no V_m por meio das vias descritas anteriormente na Seção III.

Resumo do capítulo

- O **músculo liso** realiza muitas funções diversas em essencialmente todas as áreas do corpo, sendo encontrado na parede de muitos órgãos ocos, como **vasos sanguíneos, vias respiratórias, intestinos** e **trato urogenital**. O músculo liso contrai-se lentamente, quando comparado com o músculo estriado, mas é capaz de manter um estado de tônus com gasto mínimo de energia.

- A contração do músculo liso envolve interação entre actina e miosina, mas os filamentos grossos e finos estão pobremente organizados, em comparação com o músculo estriado.

- A contração é normalmente iniciada quando as concentrações intracelulares de Ca²⁺ aumentam. O Ca²⁺ pode originar-se extracelularmente e entrar na célula por canais Ca²⁺, ou de estoques de Ca²⁺ no **retículo sarcoplasmático** (**RS**). O RS libera seus estoques de Ca²⁺ tanto em resposta ao influxo de Ca²⁺ do meio externo (liberação de Ca²⁺ induzida pelo Ca²⁺), como a um aumento da concentração intracelular de inositol trifosfato (IP₃). Esse aumento resulta da ligação a um receptor de superfície e atua por meio de **canal Ca²⁺ dependente de IP₃** no RS.

- O controle do ciclo das pontes cruzadas, no músculo liso, se dá por meio da fosforilação da miosina. O aumento das concentrações intracelulares de Ca²⁺ promove a ativação dependente de Ca²⁺-calmodulina da *cinase da cadeia leve da miosina* (**MLCK**). A *MLCK* fosforila a cabeça hidrofílica da miosina, e o ciclo das pontes cruzadas se inicia.

- O relaxamento do músculo liso ocorre quando os níveis de Ca²⁺ caem, e a *cinase da cadeia leve da miosina* é inativada. A *miosina fosfatase*, então, desfosforila a miosina e permite a ocorrência do relaxamento. Quando os níveis de Ca²⁺ estão um pouco acima do nível basal, o músculo liso pode entrar em um **estado de tranca**, no qual o tônus muscular é mantido por períodos prolongados com um gasto mínimo de energia.

- O estado de contratilidade do músculo liso normalmente representa um equilíbrio entre a atividade da *cinase da cadeia leve da miosina* e da *miosina fosfatase*, e ligantes externos são capazes de modular a contratilidade pela manipulação desse equilíbrio. A *miosina fosfatase* é regulada por vias que incluem a **proteína cinase C** e a **Rho cinase**, ambas potencializando a contração.

- O músculo liso é necessário para manter o tônus em órgãos ocos cujo volume interno varia consideravelmente ao longo do tempo. Isso é possível por meio da **adaptação do comprimento**, um processo que permite que a relação comprimento-tensão altere em paralelo com a expansão ou contração do órgão. A adaptação do comprimento pode envolver remodelagem sarcomérica e de citoesqueleto.

- Existem dois grandes grupos de músculo liso. O músculo liso **fásico** (**unitário**) funciona como uma unidade, de modo semelhante ao músculo cardíaco. Os miócitos adjacentes estão conectados por junções comunicantes, o que permite que ondas de excitação e contração se propaguem de uma célula a outra. O músculo liso **tônico** (**multiunitário**) está composto por miócitos que funcionam e são controlados independentemente uns dos outros, e sua organização lembra a do músculo esquelético.

Osso

15

I. VISÃO GERAL

O encéfalo e muitos outros tecidos delicados do corpo estão encerrados dentro de uma estrutura protetora formada de osso. Os ossos também formam os membros que, junto com os músculos esqueléticos, facilitam a locomoção e permitem a manipulação de objetos. Os 206 ossos que formam o **esqueleto** humano trabalham em conjunto com cartilagens, ligamentos, tendões e músculos esqueléticos. Esses tecidos ajudam a manter a estrutura do esqueleto e controlar o movimento dos ossos. O osso é um tecido conectivo (ver 4.IV.A) mineralizado, o que lhe confere sua alta resistência ao estresse e trauma. O componente mineral do osso persiste por muito tempo após a morte e a decomposição dos tecidos moles, mas os ossos não são estruturas sem vida. O osso é perfurado com túneis e cavidades que estão repletos de células e que formam canais pelos quais os vasos sanguíneos e as fibras nervosas permeiam a matriz. Muitos ossos também apresentam uma câmara central preenchida por medula óssea que produz células sanguíneas e armazena gordura (Fig. 15.1). Finalmente, o osso é um tecido altamente dinâmico que está sempre sendo renovado e remodelado. A remodelação é, até certo ponto, uma resposta adaptativa ao estresse mecânico, mas também reflete o imenso repositório ósseo de cálcio e fosfato (> 99 e 80% do total do corpo, respectivamente) que pode ser mobilizado quando as concentrações plasmáticas caem abaixo da ideal.

II. FORMAÇÃO

A estrutura do osso reflete duas necessidades concorrentes. Os ossos devem ser fortes para proteger os tecidos moles de trauma mecânico e para suportar o peso corporal durante a locomoção. A resistência óssea é determinada, em parte, pelos minerais, os quais tornam o osso pesado. Por outro lado, os ossos devem ser suficientemente leves para permitir respostas rápidas a ameaças externas (p. ex., aos predadores). Os ossos leves, porém, são propensos a fraturas. A fratura óssea é um evento potencialmente letal (por meio de predação, hemorragia ou choque circulatório) e, portanto, deve ser evitada a qualquer custo. Assim, a organização do osso representa um ajuste entre força e peso. Na prática, os ossos contêm apenas minerais suficientes para resistir aos limites normais de estresse mecânico, acrescidos de um adicional de margem de segurança. A maior parte do conteúdo mineral do osso e da sua força está concentrada em uma fina e altamente compactada camada externa. Essa construção é semelhante a tubos ocos de aço usados para confeccionar pés de cadeiras e mesas. O interior dos ossos não está preenchido por ar, mas é composto por uma matriz leve e consideravelmente

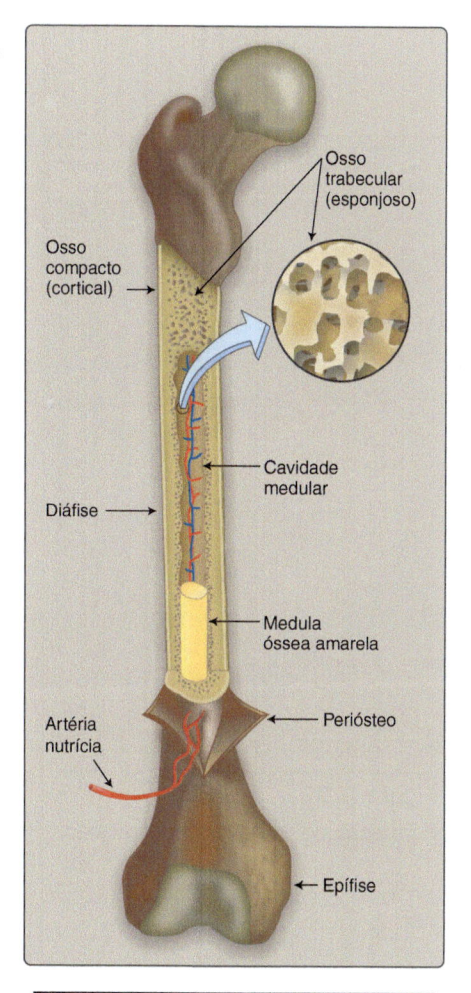

Figura 15.1
Estrutura do osso.

Tabela 15.1 Composição óssea

Componente (% da massa total)	Composição
Orgânico (30%)	Células (~2%) Colágeno tipo I (~93%) Substância fundamental (~5%)
Inorgânico (70%)	Cristais de Ca^{2+} e PO_4^{3-}

> Os ossos dos membros normalmente fraturam quando submetidos a um estresse de três a quatro vezes mais intenso do que aquele que causa a sua deformação durante uma atividade fisiológica normal. Se os níveis de estresse aumentam cronicamente (p. ex., durante uma musculação), os ossos se remodelam para compensar o estresse adicional (a lei de Wolff) e para restabelecer as margens normais de segurança.

porosa. A resistência à compressão e à fratura mecânica é realizada por meio da utilização de uma mistura resistente de minerais e proteínas (Tab. 15.1).

A. Componente mineral

A resistência à compressão é adquirida com o uso de cristais finos e tabulares de **hidroxiapatita**, medindo em torno de 50 nm de comprimento. A hidroxiapatita é um mineral que contém cálcio e fosfato ($Ca_{10}[PO_4]_6[OH]_2$), encontrado naturalmente em estalagmites e na crosta mineral.

B. Arcabouço proteico

Os cristais de hidroxiapatita não são facilmente comprimidos, mas podem ser quebrados. O aproveitamento de suas propriedades naturais requer que sejam cimentados e unidos com fibras colágenas (Fig. 15.2). O cimento é feito de mucopolissacarídeos e é rico em Mg^{2+} e Na^+ (aproximadamente 25% do total de Na^+ do corpo estão contidos no osso). O colágeno é o principal componente dos tendões, estruturas notáveis pela sua flexibilidade e alta resistência à tensão (estiramento) e estresse de cisalhamento. Quando as fibras colágenas e os cristais de hidroxiapatita nelas embebidos são cimentados juntos pela **substância fundamental** (ver 4.IV.B.3), criam um material que é capaz de suportar cargas pesadas e resistir ao impacto mecânico, ainda que seja suficientemente flexível ao torque e se dobre sem fraturar. Técnicas similares de construção são usadas para fazer adobe (uma mistura de palha e barro) e concreto reforçado (uma mistura de barras metálicas ou "vergalhões" e cimento).

C. Montagem

O osso é formado pelos **osteoblastos**, que têm relação com os fibroblastos (ver 4.IV.B). A formação do osso pode ser dividida em quatro passos: deposição de colágeno; secreção da substância fundamental; mineralização; e, finalmente, maturação.

1. **Deposição do colágeno:** a formação do osso inicia com a criação de um arcabouço proteico de **colágeno**. As moléculas de colágeno compreendem cadeias de subunidades de tropocolágeno, cada uma composta por três cadeias polipeptídicas entrelaçadas em uma hélice. Os monômeros se unem pelas suas extremidades e então, espontaneamente, são montados em **fibrilas colágenas**, que são os equivalentes celulares aos vergalhões de aço no concreto. Os monômeros dentro das fibrilas estabelecem inúmeras ligações cruzadas e são escalonados como tijolos em uma parede para conferir força e estabilidade adicionais.

2. **Substância fundamental:** a substância fundamental é uma matriz gelatinosa amorfa, composta por glicosaminoglicanos, proteoglicanos, glicoproteínas, sais e água, que preenche o espaço entre as células em todos os tecidos. A substância fundamental no osso difere da encontrada em outros tecidos, pois está saturada de Ca^{2+} e

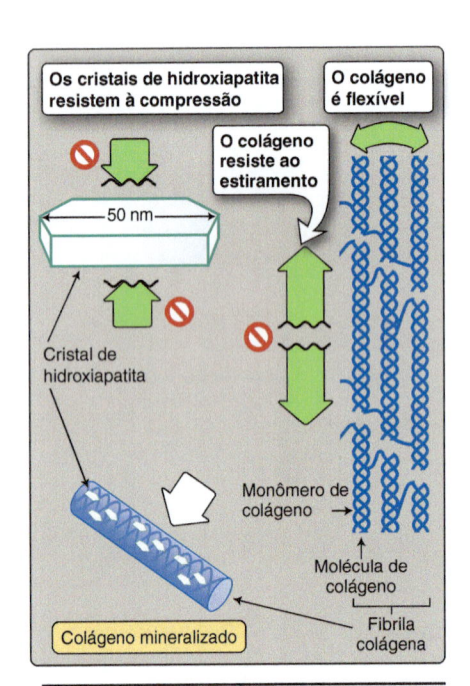

Figura 15.2
Formação do colágeno mineralizado.

Aplicação clínica 15.1 Osteogênese imperfeita

A **osteogênese imperfeita**, ou "doença dos ossos frágeis", resulta de um grupo de defeitos hereditários em dois genes do colágeno tipo I. O defeito mais comum é uma mutação pontual que causa a substituição da glicina por um aminoácido mais volumoso no local onde os três filamentos da hélice desse colágeno normalmente se aproximam. O resultado é uma "bolha" molecular que interfere na formação normal da fibrila e no empacotamento dos cristais de hidroxiapatita. Os ossos formados com esse colágeno são fracos e propensos a fraturas.[1]

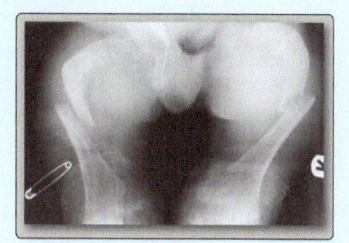

Fraturas em uma criança com osteogênese imperfeita.

PO_4^{3-}. A combinação de fibrilas colágenas e substância fundamental é chamada **osteoide** (Fig. 15.3).

3. **Mineralização:** os osteoblastos continuam secretando Ca^{2+} e PO_4^{3-} para dentro da substância fundamental até que esta se torne supersaturada, ponto no qual os minerais começam a se precipitar como cristais de fostato de cálcio. Os osteoblastos também secretam grãos de cristais que são cimentados às fibrilas colágenas para prover sítios de nucleação para o crescimento continuado. As fibrilas lentamente se tornam incrustadas com depósitos amorfos de minerais.

4. **Maturação:** nos meses subsequentes, os cristais de fosfato de cálcio são remodelados pelos osteoblastos para formar a hidroxiapatita madura. Os cristais tabulares de hidroxiapatita são fixados às fibrilas colágenas pelos proteoglicanos, e as fibrilas por si só se tornam extensivamente interligadas, para dar ao osso a força de tensão que se aproxima àquela do vergalhão estrutural.

D. Osso imaturo

A deposição óssea é, por natureza, um processo muito lento, que apresenta um problema quando o osso é danificado e precisa ser reparado. Apesar de a fratura óssea ser um evento incomum em pessoas saudáveis, a maioria dos indivíduos quebra um osso em algum momento da sua vida. Quebrar uma falange proximal em um dedo é doloroso e inconveniente, mas quebrar um osso maior de um membro (p. ex., o fêmur) é mais grave, porque prejudica o movimento. Na vida selvagem, a fratura de uma perna pode deixar um animal extremamente vulnerável à predação, então a deposição de um osso novo normalmente ocorre priorizando a velocidade, em vez da força. O resultado é um **osso imaturo**, que, embora seja mais fraco que a forma madura, permite curar a fratura em semanas, em vez de meses (Fig. 15.4A). A tempo, o osso imaturo é substituído, por remodelação, pela forma **lamelar** madura (ver Fig. 15.4B). O osso imaturo tem a aparência de um tecido de fibras sintéticas quando visto em secção, refletindo o fato de que os osteoblastos depositam fibras colágenas de uma maneira aleatória dentro do osteoide. A orientação randômica confere resistência ao estresse em todas as direções e, por-

As fibrilas colágenas estão embebidas em substância fundamental como vergalhões de aço em concreto armado

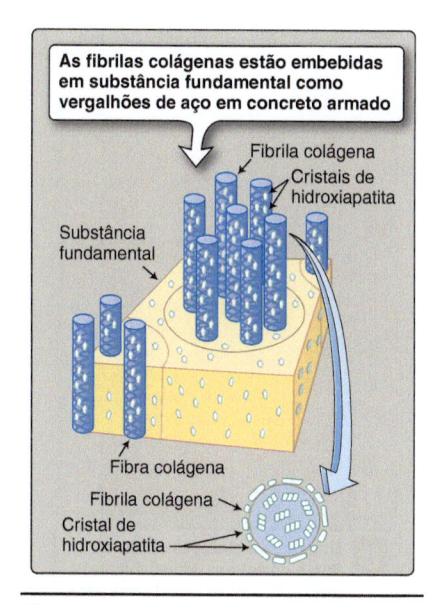

Figura 15.3
Osteoide.

[1] Para mais informações sobre osteogênese imperfeita, ver *Bioquímica Ilustrada*, 5ª edição, Artmed Editora.

> **Aplicação clínica 15.2   Doença de Paget**
>
> A **doença de Paget** é a segunda doença óssea mais comum, depois da osteoporose. As causas envolvidas são desconhecidas. A doença de Paget se manifesta como uma atividade inapropriadamente alta dos osteoclastos, frequentemente afetando ossos isolados. Os osteoclastos normalmente digerem o osso durante a remodelação. Os osteoblastos compensam a perda óssea resultante pelo acréscimo de novas camadas de osso imaturo, mas a taxa de renovação no osso afetado é tão alta que ele nunca tem tempo de se tornar um osso maduro e forte. A maioria dos pacientes com a doença de Paget permanece assintomática. Outros apresentam clinicamente deformidades ósseas, artrites, dores ósseas, sintomas causados pela compressão de nervos periféricos, e aumento da incidência de fraturas. 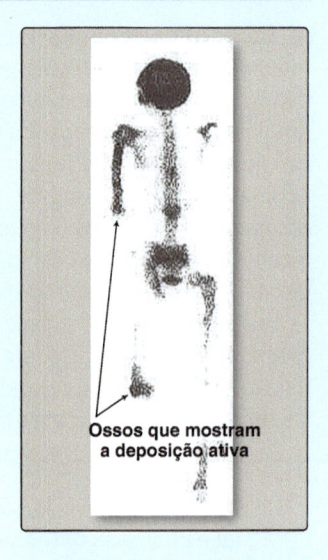
>
> Ossos que mostram a deposição ativa
>
> **Escaneamento ósseo de um paciente com doença de Paget.**

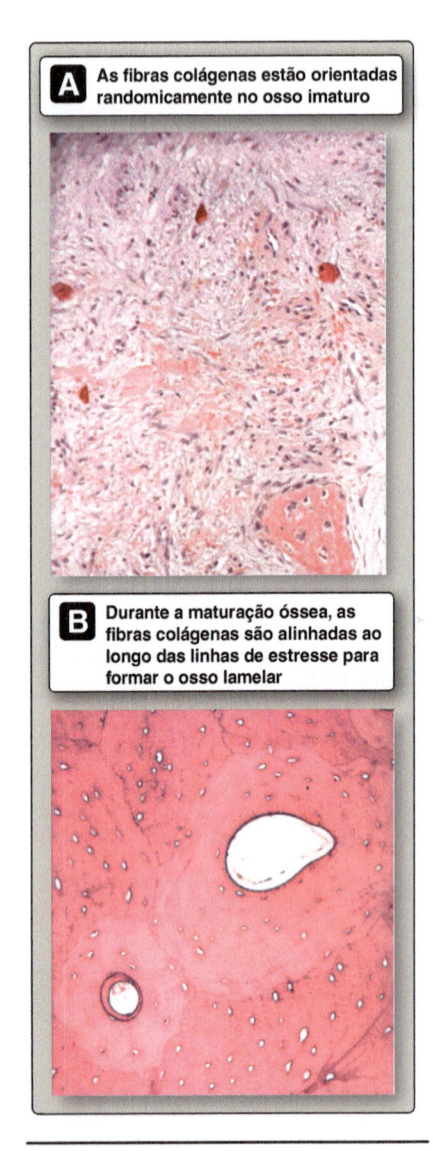

tanto, é um excelente remendo para um osso quebrado. O osso imaturo é também encontrado nas placas de crescimento ósseo.

E. Osso maduro

O osso leva até 3 anos para se tornar totalmente maduro. Durante esse tempo, as fibras colágenas são alinhadas predominantemente nas linhas de estresse para fornecer força máxima. O osso lamelar é estabelecido em 10 a 30 anéis concêntricos, que formam cilindros de aproximadamente 200 μm de largura e poucos milímetros de comprimento (cerca de 1 a 3 mm), conhecidos como **osteons**, ou **sistemas de Havers** (Fig. 15.5). No centro de cada cilindro, está um **canal de Havers**, que fornece uma via para os vasos sanguíneos e as fibras nervosas. Dois tipos de osso lamelar podem ser distinguidos com base na densidade e porosidade, o **osso compacto** e o **osso trabecular**.

1. **Compacto:** o osso compacto é extremamente denso e está configurado para força. Também conhecido como osso **cortical**, é encontrado na periferia de todos os ossos.

2. **Trabecular:** o osso trabecular (ou **osso esponjoso**) reveste a cavidade medular no centro de um osso. Apresenta uma estrutura rendada, porosa, que lhe confere uma grande área de superfície. Quando os níveis plasmáticos de Ca^{2+} caem, o osso trabecular é o primeiro a ser sacrificado para liberar seu conteúdo mineral para a circulação. Quando os níveis de Ca^{2+} e PO_4^{3-} renormalizam, o osso é reconstruído. O osso trabecular também fornece o suporte mecânico essencial, principalmente nas vértebras.

F. Vascularização

O osso é um tecido vivo que deve ser suprido com sangue. Os vasos sanguíneos atingem o osso através do **periósteo**, uma membrana fibro-

A As fibras colágenas estão orientadas randomicamente no osso imaturo

B Durante a maturação óssea, as fibras colágenas são alinhadas ao longo das linhas de estresse para formar o osso lamelar

Figura 15.4
Osso imaturo e osso lamelar.

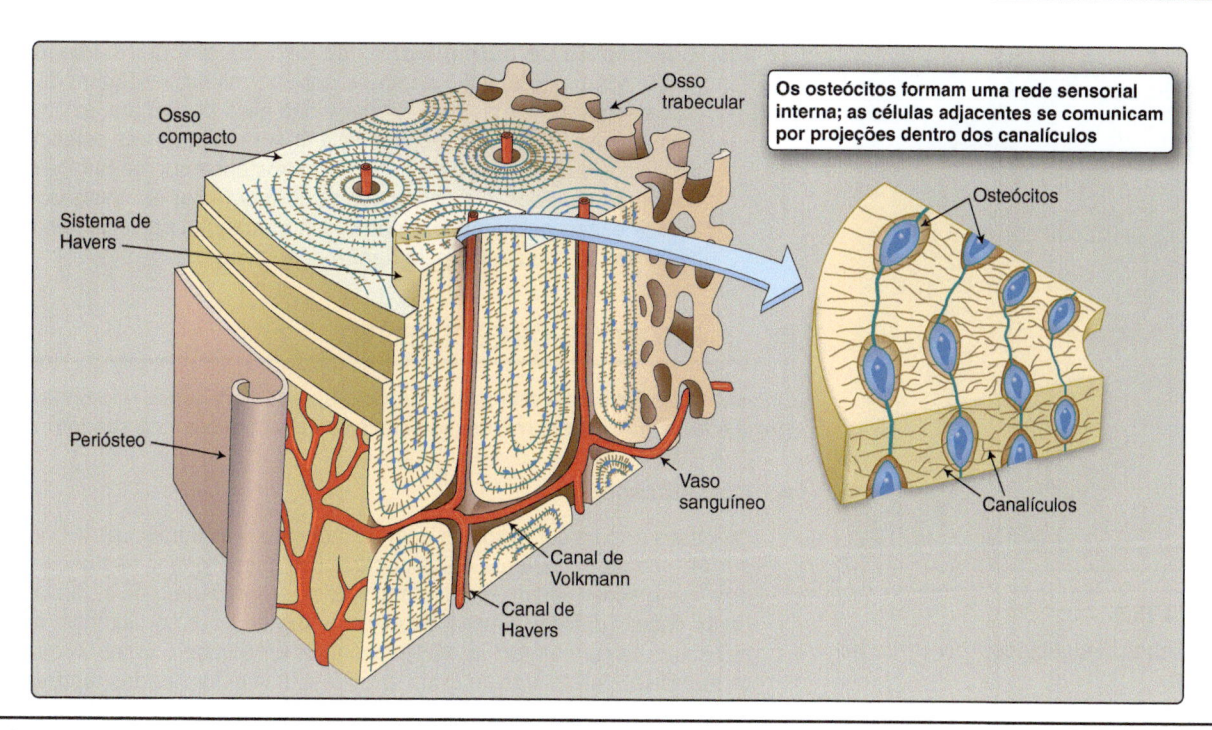

Figura 15.5
Sistema de Havers no osso compacto.

sa que cobre as superfícies ósseas não articulares e serve como ponto de fixação para os vasos sanguíneos e nervos. As artérias nutrícias maiores penetram no córtex do osso e terminam na medula. Os vasos arteriais menores trafegam pela cavidade medular e depois retornam ao osso para suprir as células em seu interior. Os vasos percorrem longitudinalmente os **canais de Havers** e para fora, em direção ao córtex, pelos **canais de Volkmann** (ver Fig. 15.5).

G. Sistema de monitoramento de estresse

Quando a formação óssea está completa, os osteoblastos entram em apoptose, ou persistem como **osteócitos** ou como **células de revestimento ósseo**. Juntos, esses dois tipos de células formam uma extensa rede sensorial que monitora o estresse e a integridade óssea.

1. **Osteócitos:** alguns osteoblastos tornam-se envoltos pelo osteoide que produzem durante a formação óssea, e persistem, por anos, como osteócitos. Os osteócitos residem em pequenas cavidades (cerca de 10 a 20 μm) denominadas **lacunas**, onde permanecem para monitorar os níveis de estresse ósseo e sinalizar a necessidade de remodelação, se aparecerem microfissuras (ver Fig. 15.5). As células apresentam finas **projeções** alongadas, em todas as direções, que se projetam para o interior de canais microscópicos (**canalículos**), espalhados por toda a matriz óssea, e, então, se interconectam (Fig. 15.6). Os canalículos permitem que os osteócitos e as células de revestimento ósseo se comuniquem entre eles por junções comunicantes nos locais de contato.

2. **Células de revestimento ósseo:** as células de revestimento ósseo formam uma monocamada que cobre cada superfície óssea. Essas células se comunicam com os osteócitos e promovem a comunicação destes com o exterior do osso.

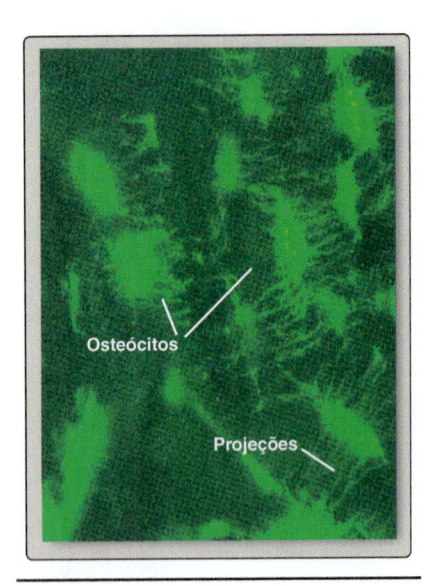

Figura 15.6
Osteócitos visualizados com fluorescência.

3. **Suprimento de nutrientes:** os canalículos têm um diâmetro de < 0,5 μm, o que é muito pequeno para permitir a passagem de vasos sanguíneos, mas eles formam vias para passagem do líquido extracelular (LEC), que, ao fluir, leva O_2 e nutrientes aos osteócitos. O fluxo é direcionado pela pressão hidrostática que se origina nos vasos sanguíneos. Os osteócitos podem detectar os níveis de estresse ósseo pelo monitoramento das mudanças na velocidade do fluxo do LEC causadas pela deformação óssea.

III. ANATOMIA E CRESCIMENTO

Os ossos que formam o esqueleto humano apresentam várias diferenças de forma e tamanho. Normalmente, são classificados com base na sua forma.

A. Classificação

Os ossos podem ser divididos anatomicamente em cinco grupos: longos, curtos, chatos, irregulares e sesamoides. Os ossos longos são encontrados nos braços (úmero, rádio, ulna) e nas pernas (fêmur, tíbia, fíbula). A haste óssea (**diáfise**) é um tubo longo e fino de osso cortical com osso trabecular no centro (ver Fig. 15.1). A zona de crescimento ósseo da diáfise (a **metáfise**) geralmente se dilata em direção às extremidades (**epífises**), para formar um local de articulação com outro osso. As extremidades são alargadas para distribuir a carga, e são preenchidas por osso trabecular, que atua na absorção de choque durante a locomoção. Nas crianças, a região entre a metáfise e a epífise contém uma placa de crescimento, que é um sítio ativo de neoformação óssea, também chamada placa epifisária.

B. Crescimento

O crescimento ósseo (em espessura e comprimento), durante o desenvolvimento fetal e ao longo da infância, é efetuado pelos **condrócitos**. Os condrócitos são derivados da mesma linhagem de células-tronco mesenquimais que origina os osteoblastos, e estão organizados em 10 a 20 colunas dentro da placa de crescimento. Os condrócitos mais próximos das extremidades do osso se dividem mais rapidamente (Fig. 15.7). Na região mais abaixo da coluna, os condrócitos hipertrofiam e empurram as extremidades, distanciando-as. Os condrócitos também secretam cartilagem, que se torna mineralizada pelos osteoblastos e forma um molde para a ossificação que se segue. Os condrócitos mais velhos sofrem apoptose, deixando espaços vazios dentro da matriz, os quais são invadidos por nervos, vasos sanguíneos e mais osteoblastos, que completam a tarefa de maturação óssea. Quando o crescimento do esqueleto está completo, a placa de crescimento desaparece e as duas epífises tornam-se unidas com a haste óssea (**fechamento epifisário**).

C. Medula óssea

A medula óssea é um tecido mole localizado no centro de alguns ossos. Existem dois tipos de medula óssea: a vermelha e a amarela.

1. **Vermelha:** a medula óssea vermelha é, praticamente, a fonte de todas as células do sangue, incluindo as hemácias, a maioria dos leucócitos e as plaquetas. As células do sangue são formadas a partir de células-tronco mesenquimais hematopoiéticas multipotentes. A medula é também o local de células-tronco mesenquimais, que dão origem aos osteoblastos e condrócitos, entre outras células.

2. **Amarela:** a medula óssea amarela armazena gordura, aparecendo como acúmulo de gordura apenas nos ossos longos durante

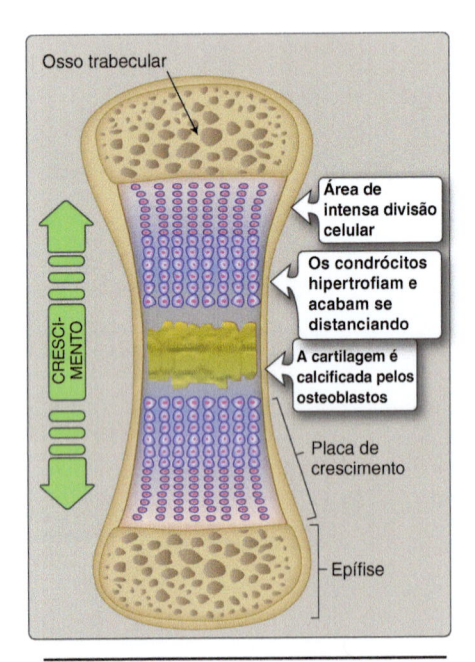

Figura 15.7
Crescimento ósseo.

a vida adulta. Ela deriva da medula óssea vermelha, e pode ser novamente convertida a essa forma, se for necessário aumentar a produção celular sanguínea.

IV. REMODELAÇÃO

O osso é um tecido dinâmico, de renovação constante a uma velocidade de aproximadamente 20% ao ano em adultos jovens, e mais lentamente, cerca de 1 a 4% por ano em adultos mais velhos. A remodelação é, em parte, uma resposta ao estresse mecânico, mas também reflete o papel vital do osso como um repositório de Ca^{2+} e PO_4^{3-}. A remodelação envolve quatro tipos de células ósseas que, juntas, compõem uma **unidade multicelular básica** (**UMB**). Os osteócitos sinalizam a necessidade da remodelação, as células de revestimento ósseo facilitam e coordenam a remodelação, os **osteoclastos** digerem o osso velho, e os osteoblastos formam novas camadas de osso (Fig. 15.8). As UMBs são equipes itinerantes de demolição e construção, repondo osso constantemente ao longo da vida de um indivíduo.

A. Causas

Existem três forças principais que regem a remodelação óssea: o estresse mecânico, as microlesões e a necessidade homeostática de Ca^{2+} e PO_4^{3-}.

1. **Estresse mecânico:** muitos ossos estão sujeitos ao estresse mecânico repetido associado com o carregamento e o levantamento de peso. Por exemplo, os ossos dos braços formam um poderoso sistema de alavancas pelos músculos esqueléticos. Quando os músculos se contraem para levantar um peso, as alavancas sofrem um estresse. Os ossos são estruturados para resistirem a este estresse dentro de uma variação fisiológica normal, mas um músculo que é exercitado repetitivamente cresce mais forte e aumenta a tensão sobre as alavancas. Assim, os ossos são também projetados para detectar o estresse mecânico e adicionar camadas de massa óssea para compensar, se necessário. Ao contrário, quando o estresse sobre o osso é reduzido, ele perde massa óssea.

> O golpe (jogada) de braço de um tenista profissional é exposto, durante anos, ao estresse mecânico repetido. Os ossos do antebraço respondem mediante aumento de densidade, diâmetro e comprimento ósseo. Os indivíduos que não sofrem a influência da gravidade e do estresse mecânico a ela associado perdem massa óssea. Os astronautas que permanecem no espaço por períodos prolongados exercitam-se diariamente como medida de evitar os efeitos da inexistência de carga óssea, mas ainda perdem massa óssea pélvica em uma taxa de 1 a 2% ao mês.

2. **Microlesões:** os ossos constantemente desenvolvem lesões microscópicas resultantes de um estresse mecânico, tanto de forma aguda ou como resultado de ações normais que são realizadas repetidamente ao longo do tempo. O componente orgânico do osso também se deteriora com o tempo, o que aumenta a probabilidade de microfissuras e formação de rachaduras microscópicas. Como as fissuras e rachaduras podem, finalmente, resultar em fratura, as áreas danificadas são restauradas com osso novo por meio da remodelação.

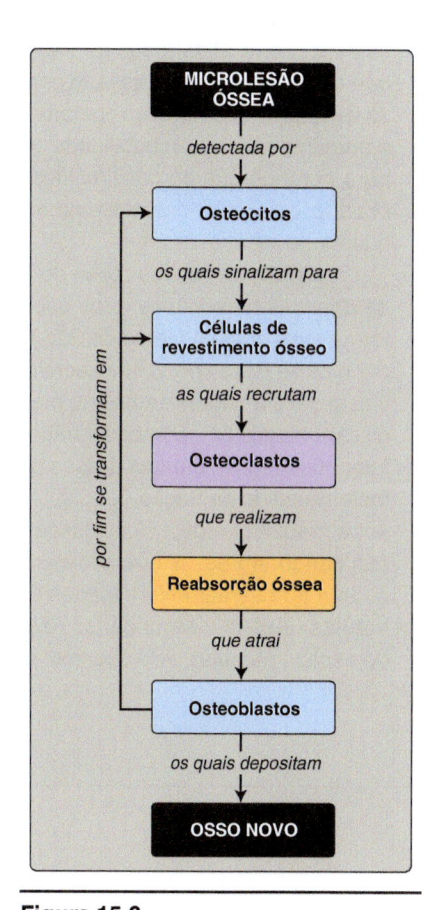

Figura 15.8

Mapa conceitual para a unidade multicelular básica.

Aplicação clínica 15.3 Distúrbios na remodelação

Durante todo o tempo, aproximadamente 1 a 2 milhões de unidades multicelulares básicas estão trabalhando na remodelação óssea do esqueleto adulto. Na ausência de influências externas, como um estresse mecânico ou uma doença, a massa óssea total permanece constante. Esse ponto exato de inversão de deposição óssea para reabsorção óssea requer um íntimo **acoplamento** funcional entre osteoblastos e osteoclastos. Um distúrbio no equilíbrio entre as atividades desses dois tipos celulares causa a perda de massa óssea ou a deposição óssea anormal.

A **osteoporose** é um termo comum para um grupo de doenças nas quais o equilíbrio entre a reabsorção e a formação óssea pende a favor dos osteoclastos. Os osteoblastos não conseguem manter sua atividade da mesma maneira que os osteoclastos, e em consequência o osso torna-se extremamente poroso e frágil. As fraturas são comuns em pacientes com osteoporose. A perda óssea associada com a idade (osteoporose tipo II) é comum tanto em homens quanto em mulheres, mas as mulheres, após a menopausa, apresentam um risco particular. O estrogênio limita a atividade dos osteoclastos, assim, quando os níveis circulantes desse hormônio caem após a menopausa, os osteoclastos tornam-se intensamente ativos, e o osso é reabsorvido muito mais rapidamente do que é reposto. A osteoporose afeta todos os ossos, mas seus efeitos são mais dramáticos nos ossos trabeculares, que são os sítios primários de remodelação em indivíduos saudáveis. A reabsorção excessiva afina todas as trabéculas e deixa muitas delas truncadas, o que destrói o molde necessário para a reposição do osso renovado. O excesso de reabsorção também compromete gravemente suas funções mecânicas e aumenta muito a probabilidade de fraturas. As opções de tratamento, tanto para homens quanto para mulheres, incluem a utilização de bisfosfonatos orais (p. ex., o alendronato, cujo nome comercial é *Fosamax*), que inibem a quebra do mineral ósseo.[1]

A **osteopetrose**, ou "osso de pedra", resulta de um grupo heterogêneo de doenças hereditárias raras que prejudicam a função dos osteoclastos. A forma mais comum (cerca de 60%) resulta de uma mutação em uma subunidade da ATPase tipo V, que secreta ácido da borda pregueada de um osteoclasto para a superfície óssea, mas outras mutações afetam genes que codificam canais Cl^-, bombas intracelulares H^+, e RANK (receptor ativador do fator nuclear κB); o papel dessas proteínas na função normal dos osteoclastos é discutido na Seção C, adiante. As mutações fazem com que o equilíbrio entre reabsorção-deposição óssea seja direcionado a favor dos osteoblastos, resultando em ossos que são densos, mas frágeis. Os indivíduos afetados podem apresentar deformidades ósseas, uma probabilidade aumentada de fraturas, e efeitos secundários relacionados à invasão do osso para dentro do espaço medular, e do suprimento vascular e nervoso para a matriz óssea.

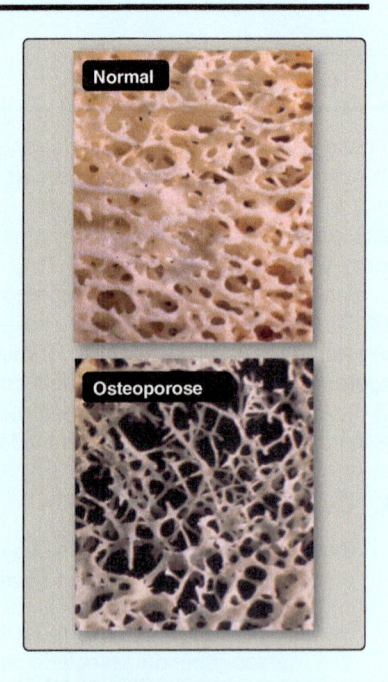

Comparação entre um osso trabecular normal e um com osteoporose.

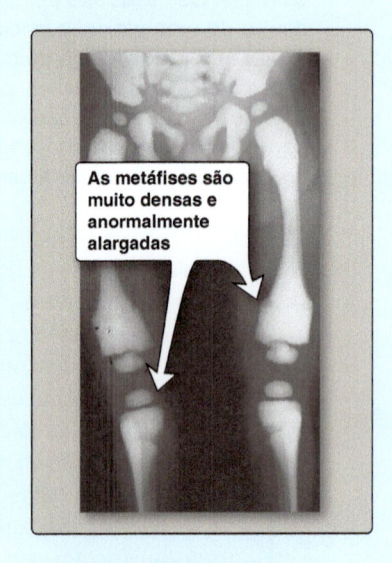

Densidade óssea anormal em uma criança com osteopetrose.

[1] Para uma discussão sobre agentes usados no tratamento da osteoporose, ver *Farmacologia Ilustrada*, 5ª edição, Artmed Editora.

3. **Hormônios:** os ossos contêm imensos reservatórios de Ca^{2+} e PO_4^{3-} que podem ser mobilizados e lançados na circulação se os níveis plasmáticos diminuírem. O equilíbrio entre a reabsorção e a deposição ósseas é controlado por dois hormônios (o paratormônio [PTH] da glândula paratireoide e a calcitonina da tireoide) e pela vitamina D. As vias envolvidas são brevemente resumidas na Seção V e são consideradas em mais detalhes no Capítulo 35.

B. Sinalização

A remodelação óssea envolve uma extensa sinalização entre os vários participantes celulares. Poucas vias ou sinais envolvidos têm sido totalmente caracterizados, embora existam muitos candidatos. Quando ocorrem microlesões, os osteócitos nos sítios de fissura sofrem apoptose, e as células de revestimento ósseo, então, iniciam a sequência de remodelação (Fig. 15.9, etapa 1).

C. Sequência de remodelação

A sequência de remodelação óssea leva em torno de 200 dias no total. A sequência pode ser dividida em quatro fases: ativação, reabsorção, reversão e formação.

1. **Ativação:** durante a fase de ativação, as células de revestimento ósseo recrutam os precursores dos osteoclastos para o sítio de remodelação, expõem o mineral subjacente, e, em seguida, formam uma cobertura no local de trabalho da UMB.

    a. **Precursores de osteoclastos:** o osso é absorvido por osteoclastos, uma linhagem celular sanguínea relacionada aos macrófagos ("-clasto" deriva da palavra grega *klastos*, que significa "quebrado"). Os osteoclastos são células grandes, multinucleadas e fagocíticas, formadas pela fusão de muitos precursores hematopoiéticos. Os precursores são chamados para a ação, a partir dos vasos sanguíneos, pelas quimiocinas quimioatrativas, incluindo o fator estimulador de colônias de macrófagos (ver Fig. 15.9, etapa 2).

    b. **Exposição do mineral:** os osteoclastos digerem o osteoide muito lentamente, então as células de revestimento ósseo auxiliam nessa tarefa, mediante liberação de *colagenase* e outras enzimas sobre a superfície óssea, para expor o mineral.

    c. **Cobertura:** as células de revestimento ósseo, então, descolam da superfície óssea e formam uma cobertura sobre o local da remodelação. Essa cobertura cria um **compartimento de remodelação óssea** (**CRO**), cujo ambiente pode ser otimizado para a remodelação. A cobertura torna-se altamente vascularizada, o que permite o recrutamento de precursores de osteoclastos e osteoblastos dos vasos sanguíneos e da medula (ver Fig. 15.9, etapa 3).

2. **Reabsorção:** a fase de reabsorção leva aproximadamente 2 semanas para se completar. Os precursores de osteoclastos se fundem para formar osteoclastos maduros e, então, iniciar a digestão e a reabsorção.

    a. **Fusão:** os precursores de osteoclastos expressam um receptor, na sua superfície, que está relacionado ao receptor do fator de necrose tumoral (**RANK** [receptor ativador do fator nuclear κB, do inglês *receptor activator of nuclear factor κB*]). Quando os precursores surgem no CRO, encontram os precursores de osteoblastos (células do estroma da medula óssea), que expressam **RANKL**

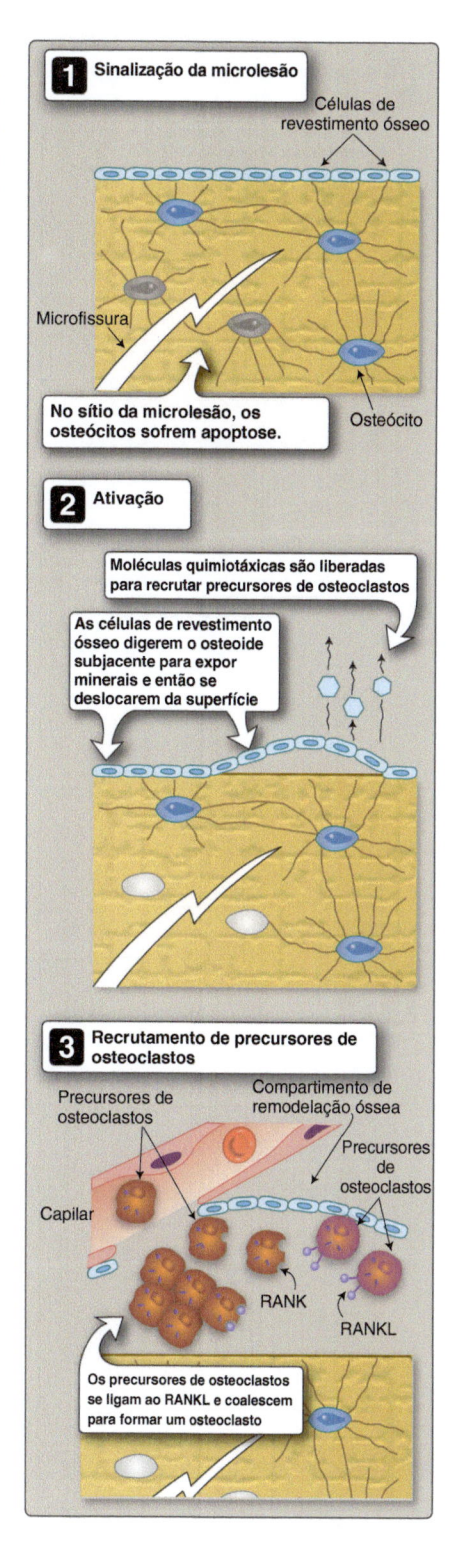

Figura 15.9

Ciclo de remodelação óssea.
RANK = receptor ativador do fator nuclear κB; RANKL = ligante do RANK.

(ligante do RANK) na sua superfície. O contato entre os dois tipos de precursores permite a ligação RANK-RANKL, e uma cascata intracelular tem início dentro dos precursores de osteoclastos, culminando na síntese de uma série de proteínas de fusão. Quatro ou cinco precursores de osteoclastos se fundem para formar osteoclastos maiores e multinucleados (ver Fig. 15.9, etapa 4).

b. **Digestão:** os osteoclastos se estabelecem na periferia da matriz óssea exposta e polarizam. A área de superfície da membrana apical aumenta para formar uma **borda pregueada**, que bombeia ácido para a superfície óssea, usando uma H^+ ATPase do tipo vacuolar. Os lisossomos se fundem com a membrana apical e também esvaziam seu conteúdo na superfície óssea. Os constituintes desse conteúdo incluem ácidos e *catepsina K*, uma *protease* que digere especificamente o colágeno e outros componentes do tecido conectivo no osteoide. O ácido degrada a hidroxiapatita e libera Ca^{2+} e HPO_4^{3-} para serem transferidos à circulação. Os osteoclastos normalmente criam uma depressão única na superfície do osso trabecular, mas no osso cortical eles trabalham mais profundamente, abaixo da superfície, criando túneis que percorrem muitos milímetros pela matriz. Esses túneis são finalmente substituídos pela reposição de um novo sistema de Havers.

3. **Reversão:** assim que a fase de reabsorção se completa, a digestão óssea para, e então o sítio de remodelação deve ser preenchido. A fase de reversão envolve muitas etapas concomitantes, incluindo a apoptose de osteoclastos, a limpeza da superfície e o recrutamento dos precursores de osteoblastos.

    a. **Apoptose:** os osteoblastos determinam quando foi removido osso suficiente, e então liberam a **osteoprotegerina (OPG)**. A OPG é um receptor atrativo que se liga ao RANKL e o mascara na superfície dos osteoblastos, evitando assim a ativação adicional de precursores de osteoclastos. Os osteoclastos se destacam da superfície e sofrem apoptose.

    b. **Limpeza:** células mononucleares chegam ao sítio de trabalho e o limpam com *proteases*, preparando o local para a deposição de um osso novo.

    c. **Recrutamento de precursores de osteoblastos:** a reabsorção óssea libera vários fatores de crescimento da matriz, incluindo o fator de crescimento semelhante à insulina (IGF, do inglês *insulin-like growth factor*). Os fatores de crescimento recrutam precursores de osteoblastos do sangue e da medula óssea. Os fatores de crescimento são incorporados à matriz óssea pelos osteoblastos durante a formação do osso. Os precursores que chegam ao local migram para dentro do CRO e se diferenciam em osteoblastos (ver Fig. 15.9, etapa 5).

4. **Formação:** a formação de um osso novo é lenta, comparada com a reabsorção, e leva muitos meses para preencher totalmente a cavidade. As etapas envolvidas na deposição do osteoide e na mineralização estão detalhadas na Seção II.C, anteriormente. Uma vez que a cavidade tenha sido preenchida com osteoide, os osteoblastos param de trabalhar e morrem ou se diferenciam em células de revestimento ósseo, ou, ainda, permanecem no local como osteócitos (ver Fig. 15.9, etapa 6). Os osteócitos inibem ainda mais a deposição de osso pela liberação de **esclerostina** no sistema canalicular. A esclerostina se difunde para a superfície óssea e impede a formação de osteoblastos mediante bloqueio de receptores que medeiam a diferenciação dos osteoblastos.

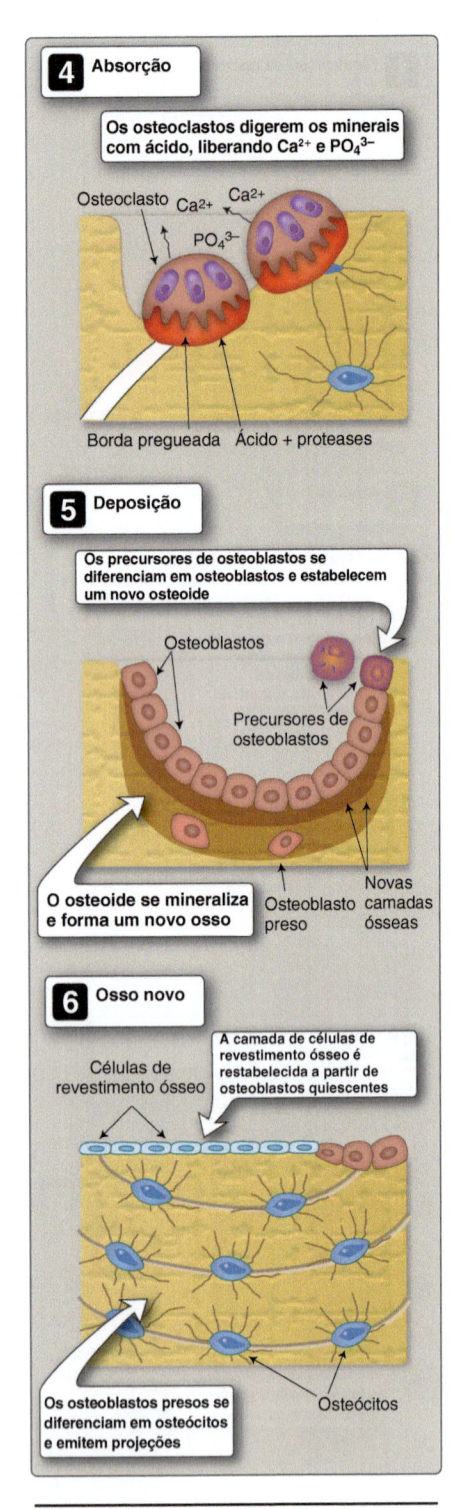

Figura 15.9
(*Continuação*)

V. REGULAÇÃO

O equilíbrio entre a reabsorção e a formação óssea é regulado localmente e por hormônios. As vias envolvidas são complexas e permanecem indefinidas. Os fatores reguladores locais incluem óxido nítrico, prostaglandinas e IGF. O ciclo de reabsorção-formação é também influenciado por hormônios envolvidos na homeostasia do Ca^{2+} e do PO_4^{3-} e por estrogênios e andrógenos.

A. Homeostasia do cálcio e do fosfato

Os níveis plasmáticos de Ca^{2+} e PO_4^{3-} são regulados por meio de ações combinadas da vitamina D, da calcitonina e do PTH (ver Cap. 35). A vitamina D e a calcitonina produzem efeitos diretos mínimos sobre a remodelação óssea. A elevação crônica nos níveis plasmáticos de PTH promove a reabsorção óssea, aumentando, assim, a disponibilidade de Ca^{2+} e PO_4^{3-}. O PTH se liga aos osteoblastos e estimula a liberação de fatores que recrutam e ativam os precursores de osteoclastos.

B. Hormônios sexuais

Tanto estrogênios quanto andrógenos são necessários para a manutenção da massa óssea estável. Os níveis circulantes desses hormônios diminuem com a idade tanto em homens quanto em mulheres, e, assim, ambos os sexos podem desenvolver osteoporose em fases mais avançadas da vida (ver Aplicação clínica 15.3). Entretanto, pelo fato de que os homens acabam adquirindo uma massa óssea maior do que as mulheres durante o desenvolvimento, os efeitos relacionados com a idade têm um impacto menor na integridade da massa óssea em homens. Esses hormônios estimulam a síntese de OPG e reduzem a expressão de RANKL pelos osteoblastos, o que limita a ativação dos precursores de osteoclastos e a reabsorção óssea. O estrogênio também aumenta diretamente a apoptose dos osteoclastos, o que favorece ainda mais a retenção de massa óssea.

Resumo do capítulo

- O osso é um tecido conectivo que compreende **fibras colágenas mineralizadas** cimentadas dentro de uma **substância fundamental amorfa**. Cristais de fosfato de cálcio (predominantemente hidroxiapatita) conferem força ao osso, enquanto fibras colágenas conferem flexibilidade e resistência ao estresse mecânico que permite ao osso o torque e a curvatura sem fraturar.

- O osso é formado pelos **osteoblastos**. O osso é criado por fibras colágenas embebidas em uma matriz que está supersaturada com Ca^{2+} e PO_4^{3-}. Os osteoblastos semeiam as fibrilas com **cristais de hidroxiapatita**, os quais se tornam pontos de nucleação para ainda mais crescimento do cristal.

- O osso recém-formado (osso "**imaturo**") é desorganizado e leva muitos anos para se tornar maduro. O osso imaturo é gradualmente substituído por um osso **lamelar**, onde as fibras colágenas são realinhadas na direção predominante das linhas de estresse para maximizar a força.

- Uma vez que a formação óssea esteja completa, os osteoblastos tanto podem sofrer apoptose como persistir como **osteócitos** e **células de revestimento ósseo**. Os osteócitos residem em pequenas cavidades (**lacunas**) localizadas de forma espalhada pela matriz óssea, enquanto as células de revestimento ósseo cobrem a superfície. Os osteócitos e as células de revestimento ósseo se comunicam por meio de **projeções**, formando, juntos, uma **rede sensorial** que monitora os níveis de estresse e a integridade óssea.

- A remodelação é iniciada pelas células de revestimento ósseo, que recrutam **precursores de osteoclastos** para o local de trabalho e então formam uma cobertura sobre esse sítio para criar um compartimento cujo microambiente pode ser otimizado para a remodelação.

- Os precursores de osteoclastos se fundem para se tornar **osteoclastos** multinucleados. A formação de osteoclastos é iniciada pelos precursores de osteoblastos por meio da via de sinalização **RANK-RANKL**.

- Os osteoclastos digerem o osso, usando ácidos e *proteases*. A cavidade erodida é, então, limpa por células mononucleares, e um novo osso é adicionado pelos osteoblastos.

- O ciclo de remodelação é regulado principalmente pelo **paratormônio** (**PTH**), um hormônio-chave para a homeostasia do Ca^{2+} e do PO_4^{3-}. O PTH estimula a reabsorção óssea quando os níveis circulantes de Ca^{2+} estão baixos.

16 Pele

I. VISÃO GERAL

As células, individualmente, apresentam uma membrana em torno de sua periferia para criar uma barreira entre os ambientes extracelular e intracelular, o que lhes permite regular a sua composição citoplasmática. O corpo, de forma semelhante, envolve seus tecidos com a pele, uma cobertura de múltiplas camadas, compreendendo a **epiderme**, a **derme** e a **hipoderme**, todas funcionalmente relacionadas (Fig. 16.1). A pele forma uma barreira física que exclui microrganismos e outras substâncias estranhas, enquanto simultaneamente auxilia o corpo a manter os líquidos essenciais. A pele tem muitas funções importantes. As camadas mais externas protegem os tecidos subjacentes da abrasão e de outros danos mecânicos, de patógenos químicos e da luz ultravioleta (UV). A pele contém mecanismos ativos de defesa microbiana, que reforçam a sua função de barreira, quando esta é quebrada. A pele também tem um papel vital de termorregulação. Ela secreta soluções aquosas que aumentam a perda de calor por evaporação. Além disso, a quantidade de sangue que trafega pela pele é modulada de forma a conservar ou dissipar o calor do corpo para o ambiente. Por fim, a pele é um órgão sensorial que contém uma variedade de nervos e receptores especializados, que coletam informações sensoriais a respeito do ambiente externo e realizam interações com corpos estranhos. A pele e seus anexos associados formam o **tegumento comum**, ou a cobertura do corpo.

II. ANATOMIA

A pele compreende duas camadas anatômicas: uma epiderme superficial e a derme. A espessura conjunta da epiderme e da derme varia de 0,5 a 5 mm, dependendo da sua localização. Essa medida não inclui o **tecido subcutâneo** (a hipoderme), o qual é geralmente considerado como uma parte da pele (ver Seção V, adiante). A pele é o maior órgão do corpo, representando 15 a 20% da massa corporal total. Funcionalmente, é interessante distinguir-se entre a pele com pelos (**não glabra**) e as áreas sem folículos pilosos (pele **glabra** [termo derivado de *glaber*, do latim, que significam "careca" ou "sem pelos"]).

A. Pele não glabra

A maioria das áreas do corpo está coberta com pele com pelos (não glabra). Embora essas áreas contenham receptores sensoriais relacionados ao toque, pressão, temperatura e dor, sua densidade é menor do que a existente na pele glabra. A pele não glabra é importante para a termorregulação.

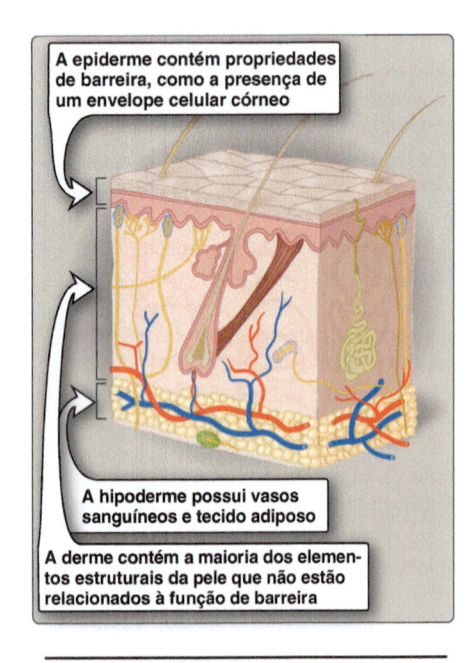

Figura 16.1
Estrutura da pele e anexos.

- A epiderme contém propriedades de barreira, como a presença de um envelope celular córneo
- A hipoderme possui vasos sanguíneos e tecido adiposo
- A derme contém a maioria dos elementos estruturais da pele que não estão relacionados à função de barreira

B. Pele glabra

A pele glabra é suave e desprovida de pelos. Os exemplos incluem os lábios, as solas dos pés, as palmas das mãos e as pontas dos dedos. As palmas das mãos e solas dos pés são pontos de contato para preensão e locomoção. Pelos nessas regiões interfeririam nas funções motoras e diminuiriam a capacidade de discernir a textura e a temperatura das superfícies. A pele glabra contém uma grande densidade de fibras sensoriais que auxiliam no tato e adaptações estruturais espessadas para ajudar na proteção contra abrasões. A pele glabra não desempenha um papel relevante na termorregulação, mas o fluxo sanguíneo da pele tanto aumenta como diminui, assim como a torna eritêmica devido aos níveis elevados de estrogênios na gravidez e à doença hepática alcoólica crônica (Fig. 16.2).

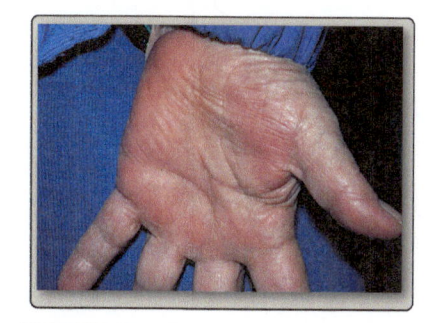

Figura 16.2
Eritema palmar.

III. EPIDERME

O ambiente externo é inerentemente hostil. Contém uma variedade de elementos capazes de causar danos aos tecidos, de forma que o corpo deve erguer uma barreira para se proteger. Essa barreira é chamada **epiderme**, uma camada de pele reforçada, localizada na interface com o mundo externo. Sua função é principalmente protetora, mas a epiderme também auxilia a minimizar a perda de água pelos tecidos subjacentes.

A. Estrutura

A epiderme é um epitélio estratificado pavimentoso, que é descamado e renovado constantemente. Ela não tem vasos sanguíneos, obtendo os nutrientes por difusão originada das camadas mais profundas. É composta principalmente por **queratinócitos**, mas também contém **melanócitos**, **células de Langerhans** e **células de Merkel** (Fig. 16.3).

1. **Queratinócitos:** os queratinócitos são as células mais abundantes na epiderme, sendo formados pelas divisões de células basais no **estrato basal**. Eles se diferenciam à medida que progridem em direção à superfície e, por fim, se tornam inertes (o **estrato córneo**). Os produtos primários dos queratinócitos são queratinas e lipídeos.

   a. **Queratina:** a queratina é uma proteína fibrosa, resistente, que finalmente preenche (**queratiniza**) as células, durante um processo em que o núcleo e as organelas são removidos. Desenvolve-se uma camada celular cornificada (o **estrato córneo**, composto por **corneócitos**), que possui uma taxa de renovação de aproximadamente 14 dias.

   b. **Lipídeos:** os queratinócitos sintetizam e secretam uma mistura lipídica que contém colesterol, ácidos graxos e ceramidas. Os precursores lipídicos são depositados e armazenados em corpos lamelares, antes de serem secretados.

2. **Melanócitos:** os melanócitos produzem **melanina**, um pigmento fotoprotetor que é sintetizado em organelas que se ligam à membrana, chamadas **melanossomos**. A melanina é então repassada aos queratinócitos e a outras células adjacentes, mediante **doação de pigmento**. A biossíntese da melanina é regulada por receptores de melanocortina, por meio do hormônio estimulante dos melanócitos α (α-MSH) e do hormônio adrenocorticotrófico (ACTH). A quantidade e o tipo de melanina determinam o tom da pele.

3. **Células de Langerhans:** as células de Langerhans são células apresentadoras de antígenos, que integram as respostas imunes

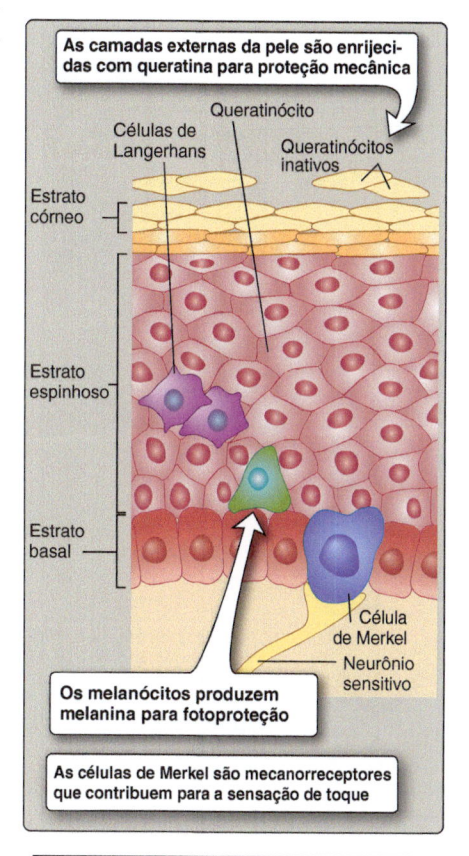

Figura 16.3
Estrutura da epiderme.

adaptativas. Essas células fagocitam o material estranho, o digerem, e então apresentam os fragmentos desse material na superfície celular. A apresentação permite que outras células do sistema imune reconheçam os fragmentos. As células de Langerhans são também importantes nas reações tardias de hipersensibilidade (tipo IV).

4. **Células de Merkel:** as células de Merkel são mecanorreceptores de adaptação lenta, localizados em áreas da pele que possuem uma sensibilidade tátil elevada. As células de Merkel estão também localizadas na base dos folículos pilosos para auxiliar ainda mais na sensação ao toque. As células de Merkel se associam com um terminal nervoso para formar um receptor de Merkel em forma de disco (ver Seção VII, adiante).

B. **Funções de barreira**

A epiderme forma uma barreira que tanto protege os tecidos de danos como minimiza a perda de água por evaporação. A epiderme protege o corpo em quatro áreas principais: é resistente a ataques mecânicos e outros eventos físicos, confere fotoproteção, tem ação antimicrobiana e também é repelente à água (Fig. 16.4).

1. **Proteção física:** as camadas superficiais dos epitélios são queratinizadas, o que cria uma barreira física resistente de múltiplas camadas em torno do corpo. A barreira resiste à abrasão mecânica e a insultos leves de penetração que inevitavelmente ocorrem durante o contato físico com objetos sólidos. Essa barreira também resiste ao ataque químico e previne a exposição dos tecidos subjacentes a toxinas e alérgenos.

2. **Fotoproteção:** a radiação UV se origina naturalmente do sol. A luz UV pode ser altamente deletéria aos tecidos biológicos, porque quebra as ligações químicas e desorganiza a estrutura do DNA e das proteínas. Os melanócitos sintetizam e doam melanina às células adjacentes, para criar uma barreira fotoprotetora que absorve a radiação UV e a faz se dissipar de forma segura, como calor. A exposição repetida ao sol ou a outras fontes de radiação UV pode estimular a proliferação de melanócitos e a produção de melanina, fazendo a pele escurecer, o que aumenta o nível de fotoproteção.

3. **Proteção antimicrobiana:** as camadas queratinizadas superficiais fornecem uma barreira física aos micróbios. Se a barreira física for quebrada, as células de Langerhans e outros componentes do sistema imune promovem uma resposta rápida à invasão microbiana, evitando uma infecção até que a barreira se recomponha.

4. **Proteção resistente à água:** o envelope cornificado de queratinócitos cria um escudo repelente à água, que tem dupla função.

    a. **Estrutura:** a barreira é composta por lipídeos que são sintetizados pelos queratinócitos e então secretados sobre a superfície. A mistura de lipídeos forma uma cobertura de aproximadamente 5 nm de espessura que está conectada à membrana celular por meio de ligações de éster. O componente celular é mais espesso (> 15 nm) e é composto por ligações cruzadas entre proteínas insolúveis, incluindo a loricrina e a queratina.

    b. **Função:** a barreira funciona de maneira muito semelhante à cera de carro. Faz a água formar gotículas na superfície epitelial e, assim, impede que os solutos sejam removidos das camadas subjacentes. A proteção cerosa também minimiza a perda de água por evaporação dos tecidos subjacentes.

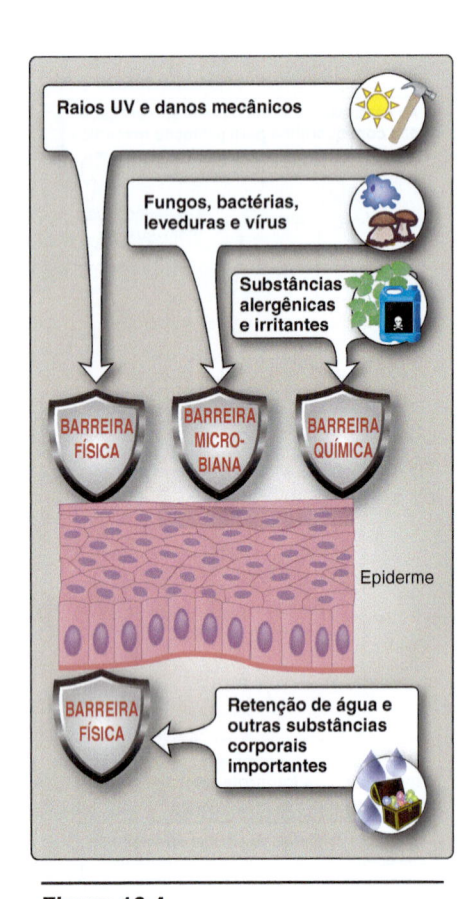

Figura 16.4
Funções de barreira da pele. UV = ultravioleta.

> **Aplicação clínica 16.1 Abrasões e queimaduras**
>
> Abrasões e queimaduras causadas por radiação ultravioleta, calor e fogo podem danificar uma ou mais funções de barreira da pele. Por exemplo, pacientes com queimaduras têm aumento na perda transepitelial de água da pele, o que pode desafiar a capacidade de homeostasia de líquidos, se estiver envolvida uma área suficientemente grande da superfície do corpo. Os pacientes com queimaduras apresentam também um risco maior de desenvolver infecções, razão pela qual as áreas de queimaduras são, em geral, envolvidas com ataduras, aumentando a barreira física, e também são tratadas com a aplicação de antibióticos tópicos, como uma proteção antimicrobiana. 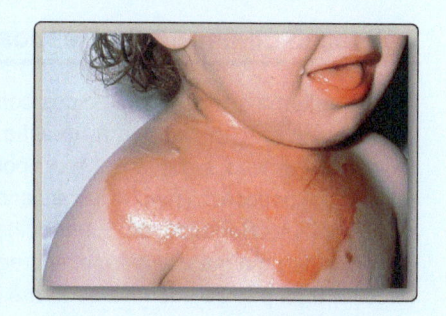
>
> Queimadura por escaldação.

IV. DERME

A barreira da epiderme está apoiada e é mantida pela derme. A derme não contribui diretamente às funções de barreira, mas confere força e elasticidade à pele. Ela também contém células do sistema imune que reagem a patógenos que possam ter rompido a barreira.

A. Estrutura

A derme compreende uma malha de tecido conectivo. Primariamente, fibras de colágeno tipo I fornecem o suporte estrutural à pele, enquanto fibras de elastina fornecem a elasticidade (ver 4.VI.B.2). Dentro dessa matriz, estão presentes raízes nervosas e receptores sensoriais, os vasos sanguíneos cutâneos e a maioria das especializações da pele.

B. Componentes celulares

Os principais componentes celulares da derme incluem os mastócitos, os macrófagos, as células dendríticas dérmicas e os fibroblastos.

1. **Mastócitos:** os mastócitos estão envolvidos em respostas tanto imunológicas como inflamatórias. Os mastócitos ativados liberam histamina, prostaglandinas, leucotrienos, citocinas e quimiocinas (Fig. 16.5). Esses agentes aumentam o fluxo sanguíneo cutâneo e a permeabilidade capilar.

2. **Macrófagos e células dendríticas dérmicas:** os macrófagos são fagócitos e auxiliam em várias respostas relacionadas à imunidade. As células dendríticas dérmicas são células apresentadoras de antígeno, semelhantes às células de Langerhans da epiderme, e são parte integrante das respostas cutâneas de imunidade adaptativa.

3. **Fibroblastos:** os fibroblastos são responsáveis tanto pela síntese quanto pela degradação das proteínas fibrosas e não fibrosas do tecido conectivo. Essas células também são importantes no fechamento e na cicatrização de feridas.

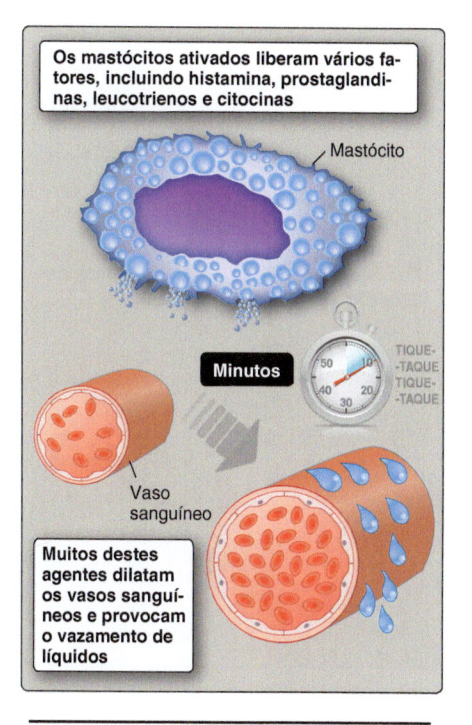

V. HIPODERME

A hipoderme se localiza abaixo da derme (ver Fig. 16.1). Essa camada consiste principalmente em gordura subcutânea, vasos linfáticos e sanguíneos, e nervos. Cerca de 50% da gordura total do corpo está localizada na hipoderme

Figura 16.5

Efeitos da ativação dos mastócitos.

Aplicação clínica 16.2 Resposta tripla

Pápula, eritema e rubor (conhecidos como uma "**resposta tripla**") descrevem uma reação clássica à abrasão ou a estímulos liberadores de histamina. Primeiro, se desenvolve um ponto eritêmico (vermelho), que se espalha por poucos milímetros, alcançando seu tamanho máximo em cerca de 1 minuto. Segundo, um rubor brilhante se espalha vagarosamente em forma de uma mancha vermelha irregular em torno do ponto original. Terceiro, uma pápula edêmica se forma sobre o ponto original. A liberação de histamina pelos mastócitos pode ser a responsável pela reação tripla, mediando a vasodilatação e a extrusão de líquido para dentro do espaço intersticial, e estimulando as terminações nervosas a produzirem uma sensação de coceira. A resposta tripla à histamina é frequentemente utilizada como um controle positivo em um teste alérgico cutâneo. A histamina é injetada na pele, seguida por uma sequência de outros alérgenos potenciais, tais como pelos de animais, ácaros e pólens.

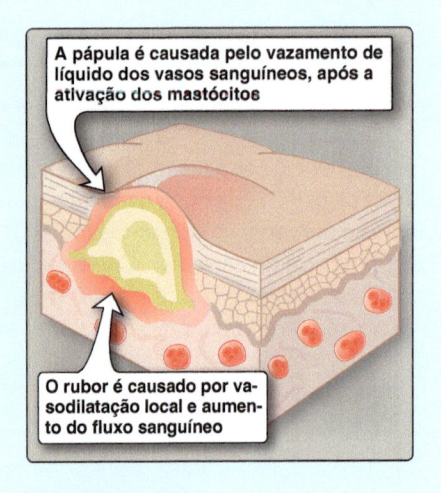

A pápula é causada pelo vazamento de líquido dos vasos sanguíneos, após a ativação dos mastócitos

O rubor é causado por vasodilatação local e aumento do fluxo sanguíneo

Resposta tripla.

---

em uma pessoa normal. Assim, é possível medir com um adipômetro a espessura das dobras da pele para estimar as reservas de gordura periférica. A hipoderme acolchoa a pele, permite que essa deslize sobre as estruturas subjacentes e ancora a pele aos tecidos abaixo dela.

VI. ESTRUTURAS ESPECIALIZADAS DA PELE

A pele contém várias glândulas especializadas e anexos, que são protetores ou participam da termorregulação. Um "anexo" é tradicionalmente definido como uma estrutura que se salienta da superfície do corpo. Os dermatologistas utilizam esse termo para indicar qualquer estrutura especializada da pele, incluindo as glândulas que se originam na derme ou na hipoderme e se estendem, através da epiderme, até a superfície da pele. Os anexos incluem pelos, glândulas sebáceas, glândulas sudoríparas e unhas.

A. Pelos

A base de cada pelo está ligada a um músculo eretor do pelo, que é controlado pelo sistema nervoso simpático ([SNS] Fig. 16.6). Quando estimulados para se contrair, os músculos eretores do pelo promovem a ereção desse anexo e produzem o "arrepio" (pele arrepiada).

1. **Estrutura:** os pelos são constituídos por três camadas fundidas de células queratinizadas (ver Fig. 16.6). A camada protetora mais externa (**cutícula do pelo**) é incolor. A camada média (**córtex**) confere força e contém dois tipos de melanina, cujas proporções relativas dão ao cabelo a sua cor natural. Pelos mais espessos também contêm uma **medula** interna. A porção que se sobressai além da epiderme é conhecida como a **haste do pelo**. Essa haste emerge do **folículo piloso**, uma estrutura especializada da pele, contendo o bulbo piloso, queratinócitos e glândulas associadas (apócrinas e sebáceas).

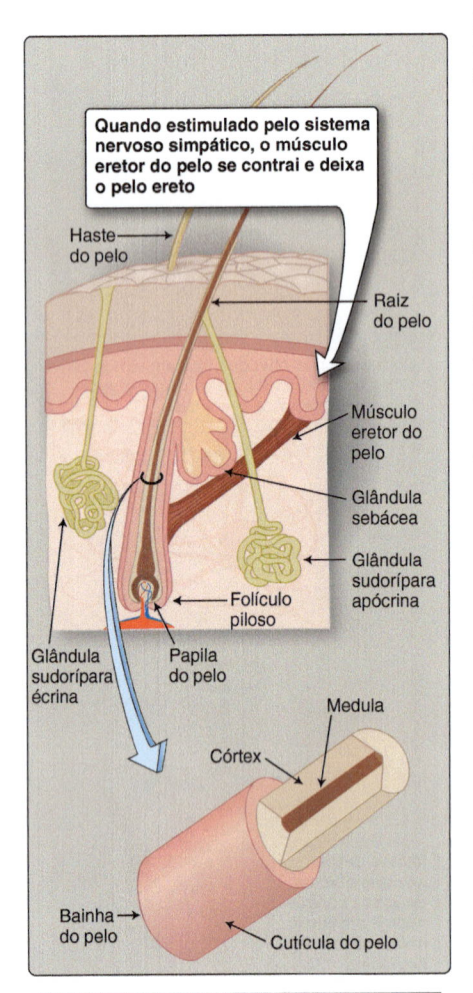

Figura 16.6
Folículo piloso e estruturas associadas.

Algumas formas de câncer podem ser tratadas com quimioterapia, que tem como alvo as células em rápida divisão. O tratamento é não discriminatório, afetando, portanto, os queratinócitos em rápida proliferação, o que leva ao enfraquecimento dos pelos e sua queda.

2. **Ciclo do pelo:** o ciclo do folículo piloso consiste em crescimento, repouso, regressão e queda. A duração da fase de crescimento determina o comprimento do pelo e pode variar de uma área do corpo para outra, o que explica por que os pelos da cabeça são normalmente mais compridos do que em outras regiões.

3. **Estruturas associadas:** os folículos pilosos também podem conter glândulas sebáceas e sudoríparas (descritas a seguir). Os folículos também contêm uma rede de fibras nervosas sensoriais (**plexo da raiz**), que fornece informação sobre toque, pressão e dor (descrito na Seção VII, adiante).

B. Glândulas sebáceas

As glândulas sebáceas produzem o sebo, uma secreção à base de lipídeos. A glândula compreende queratinócitos e sebócitos, estes últimos sendo os responsáveis pela síntese do sebo. O ducto da glândula libera o sebo diretamente dentro do folículo piloso, cobrindo a haste, e então seguindo em direção à superfície da epiderme. As funções do sebo estão provavelmente associadas às suas propriedades antioxidantes, antimicrobianas e de hidratação. A secreção do sebo é contínua, mas a quantidade produzida pela glândula é modulada por hormônios sexuais. Os andrógenos e o hormônio do crescimento aumentam as taxas de secreção, enquanto os estrogênios a inibem.

C. Glândulas sudoríparas

As glândulas sudoríparas secretam um líquido de composição variada na superfície da epiderme.

1. **Tipos:** existem três classes de glândulas sudoríparas – apócrina, écrina e apoécrina (Fig. 16.7).

    a. *Apócrina:* as glândulas sudoríparas apócrinas estão restritas às axilas e ao períneo. Ativam-se em resposta a estímulos emocionais e secretam um líquido leitoso e viscoso para o interior do folículo. A ação bacteriana nessas secreções produz odores que podem estar envolvidos na sinalização de feromônios, e é a razão pela qual foram desenvolvidos os desodorantes e antiperspirantes. O suor com odor fétido nessas áreas é conhecido como **bromidrose**.

    b. *Écrina:* as glândulas sudoríparas écrinas estão espalhadas, com maiores concentrações nas palmas das mãos e nas solas dos pés. Essas glândulas secretam um líquido hipotônico diretamente sobre a superfície da pele. A evaporação do líquido resfria a pele e é importante para a termorregulação. A pele é capaz de produzir quantidades abundantes de suor (1 a 1,5 L/h na sua capacidade mais baixa, até mais do que 3 L em indivíduos aclimatados ao calor). Esses elevados níveis de líquido perdido da superfície do corpo podem comprometer o equilíbrio hídrico e a função cardiovascular.

    c. *Eccrine:* as glândulas sudoríparas *eccrines* estão localizadas primariamente nas axilas, onde constituem cerca de 50% do total de glândulas sudoríparas, e no períneo. Essas glândulas têm estrutura e função mistas: seus poros normalmente se abrem dentro do folículo piloso, mas a sua composição sudorípara é comparável à de uma glândula écrina. As glândulas *eccrines* tendem a produzir grandes quantidades de suor quando estimuladas de forma contínua, em vez de uma forma pulsátil.

**Aplicação clínica 16.3
Acne**

A acne é uma condição comum nos adolescentes, que pode também ocorrer em adultos. As acnes (espinhas) ocorrem quando as células da pele bloqueiam a abertura externa de um folículo piloso. O sebo fica preso, mas continua a ser produzido. Bactérias podem colonizar o sebo que continua se acumulando, causando uma inflamação local. Fármacos que diminuem a secreção sebácea (p. ex., retinoides) auxiliam no controle da ocorrência e dispersão da acne.

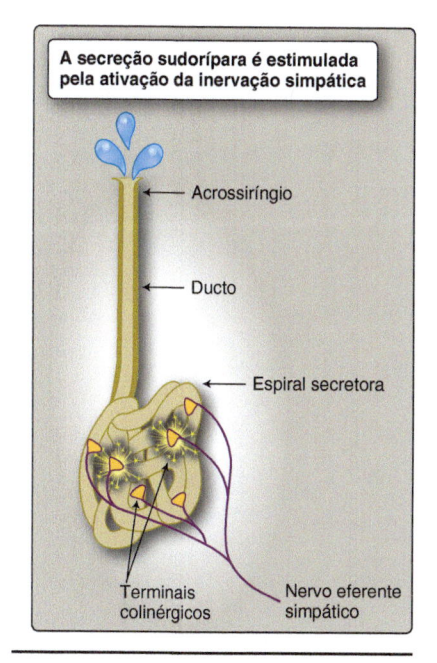

Figura 16.7
Ativação da glândula sudorípara écrina.

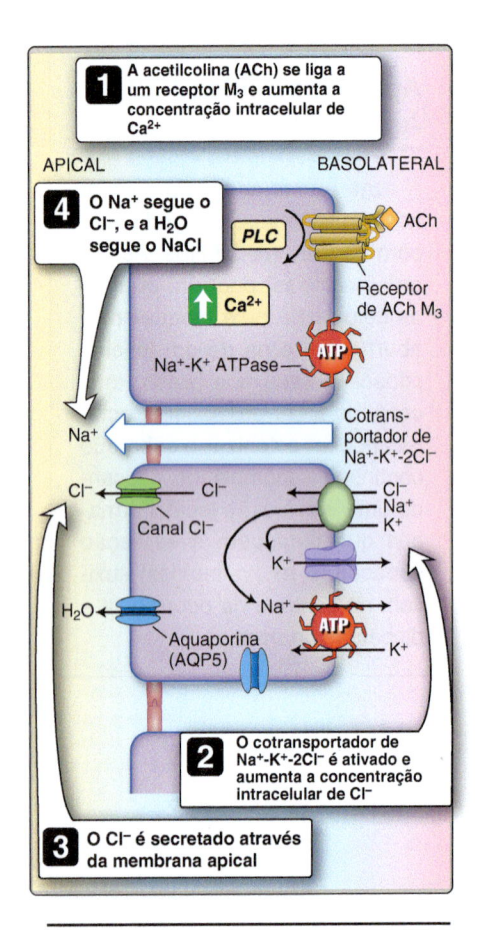

Figura 16.8
Formação do suor pelas células claras. ATP = trifosfato de adenosina; M_3 = receptor muscarínico tipo 3; PLC = fosfolipase C.

2. **Estrutura:** as glândulas sudoríparas podem ser funcionalmente divididas em um poro de abertura (**acrossiríngio**), uma **espiral secretora**, um **ducto** e uma camada de **células mioepiteliais**, que fazem com que o suor seja liberado na superfície da pele.

   a. **Espiral secretora:** quando ativas, as glândulas sudoríparas secretam um líquido precursor dentro da luz da espiral secretora, que compreende um filtrado do plasma, livre de proteínas. As forças osmóticas direcionam o líquido, por meio do ducto, para a superfície da pele. A transpiração é estimulada por nervos pós-ganglionares colinérgicos do SNS (ver Fig. 16.7). A acetilcolina (ACh) se liga a receptores muscarínicos tipo 3 (da superfamília de receptores acoplados à proteína G) nas células secretoras (**células claras**), o que aumenta o nível de Ca^{2+} citosólico, proveniente tanto de fontes reticulares endoplasmáticas como extracelulares, para estimular a atividade do cotransportador de Na^+-K^+-$2Cl^-$. O influxo de cátions resultante é balanceado pelo extravasamento de K^+ e a expulsão de Na^+ por uma Na^+-K^+ ATPase basolateral. A permeabilidade da membrana apical ao Cl^- também aumenta por um mecanismo ainda pouco compreendido, aumentando, assim, as concentrações de Cl^- na luz e promovendo um transporte paracelular de Na^+ (Fig. 16.8). O aumento combinado de Na^+ e Cl^- na luz da espiral capta osmoticamente a água para o seu interior por meio de canais de aquaporina 5.

   > As células claras também expressam receptores adrenérgicos, o que as faz serem ativadas por catecolaminas durante a ativação do SNS.

   b. **Ducto:** os íons, principalmente Na^+ e Cl^-, são reabsorvidos por meio de canais como o canal Na^+ epitelial sensível à amilorida (ENaC, do inglês *epithelial Na^+ channel*) e o regulador da condutância transmembrana na fibrose cística (CFTR, do inglês *cystic fibrosis transmembrane conductance regulator*) à medida que o líquido precursor passa pelo ducto. O líquido resultante é o suor, o qual é hipotônico. Doenças, tais como a fibrose cística, reduzem a reabsorção de Cl^- por meio do CFTR, levando a um aumento na perda de íons pelo suor.

   c. **Células mioepiteliais:** a espiral secretora está circundada por células mioepiteliais, as quais se contraem por estimulação colinérgica. A contração não força o suor para fora da espiral, mas fornece o suporte estrutural que permite que elevadas forças osmóticas (até 500 mmHg) se desenvolvam dentro da espiral. Essas forças finalmente empurram o líquido para a superfície da pele em pulsos de pressão.

D. **Unhas**

As unhas são extensões da epiderme, escamosas e rígidas, que protegem a porção dorsal da ponta dos dedos. A unha (conhecida como a **placa ungueal**) é uma estrutura queratinizada endurecida que protege mecanicamente a pele subjacente (o **leito da unha**). A queratina da unha contém numerosas pontes dissulfeto, as quais lhe dão força e rigidez. A queratina da pele é mais macia, reflexo do menor número de pontes dissulfeto.

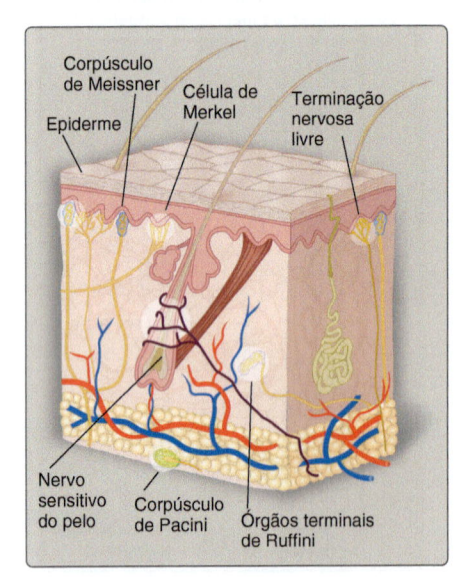

Figura 16.9
Receptores táteis cutâneos.

VII. NERVOS CUTÂNEOS

As sensações cutâneas são uma parte do **sistema somatossensorial**. Cada milímetro quadrado de pele representa uma oportunidade de interagir com o ambiente externo e analisá-lo, e assim ela é rica em fibras nervosas sensoriais. Essas fibras não apenas nos fornecem a sensação de toque (**tato**), mas também detectam a dor (**nocicepção**), a coceira (**pruridocepção**) e a temperatura (**termorrecepção**; ver 38.II.A.2).

A. Toque

O contato físico pode ter muitas formas. Às vezes, pode ser um toque leve, tal como passar uma pena sobre a pele. Outras vezes, pode ser a pressão intensa de se segurar uma sacola plástica de supermercado cheia de latas. A capacidade de sentir estímulos tão distintos requer mecanorreceptores que estejam ajustados a aspectos variados da intensidade, frequência e duração do estímulo. A sua profundidade abaixo da superfície da pele parcialmente determina o tamanho de seu **campo receptivo**. O campo receptivo define a área que um receptor sensorial monitora. Os receptores que coletam estímulos de um grande campo receptivo têm uma maior oportunidade de registrar eventos, mas são incapazes de localizar precisamente a fonte do estímulo. Os receptores com pequenos campos receptivos são capazes de precisar a fonte do estímulo com grande acuidade e, em geral, encontram-se agrupados em grandes quantidades para assegurar a cobertura adequada de uma ampla área de superfície.

1. **Receptores táteis:** a pele contém vários tipos diferentes de mecanorreceptores que transduzem os estímulos táteis (Fig. 16.9). A transdução ocorre quando uma terminação nervosa sensorial é deformada. As terminações podem ser descobertas ou encapsuladas em estruturas acessórias que modificam a sua sensibilidade e a capacidade de resposta a diferentes tipos de estímulos. A pele glabra contém **corpúsculos de Meissner** e **de Pacini**, de adaptação rápida. A pele que contém pelos apresenta **células ou discos de Merkel** e **órgãos terminais de Ruffini**, de adaptação lenta, assim como plexos nervosos do pelo e fibras sensoriais em torno dos pelos, de adaptação rápida.

    a. **Corpúsculos de Pacini:** os corpúsculos de Pacini são mecanorreceptores de adaptação rápida, de aproximadamente 1 mm de comprimento, que detectam vibrações de alta frequência na pele glabra (Fig. 16.10A). Eles residem na profundidade da pele, e seu campo receptivo é amplo. Os corpúsculos consistem em uma terminação nervosa sensorial envolvida em numerosas camadas de tecido fibroso com um líquido gelatinoso entre elas, de forma que se assemelham a uma cebola em corte transversal. A estrutura inteira é, então, envolvida em uma cápsula de tecido conectivo. As camadas gelatinosas acolchoam o nervo de modo que apenas estímulos transitórios são capazes de deformar e excitar a membrana nervosa. Os nervos aferentes são mielinizados na maior parte de seu comprimento, o que permite uma rápida transmissão dos sinais sensoriais.

    b. **Corpúsculos de Meissner:** os corpúsculos de Meissner também se adaptam rapidamente (ver Fig. 16.10B) e são extremamente sensíveis ao toque e a vibrações de baixa frequência, o que produz uma sensação de tremor. São menores do que os corpúsculos de Pacini, mas a sua organização e a sua distribuição na pele são semelhantes, já que uma terminação nervosa sensorial serpenteia entre camadas empilhadas de células achatadas de suporte, todas contidas dentro de uma cápsula.

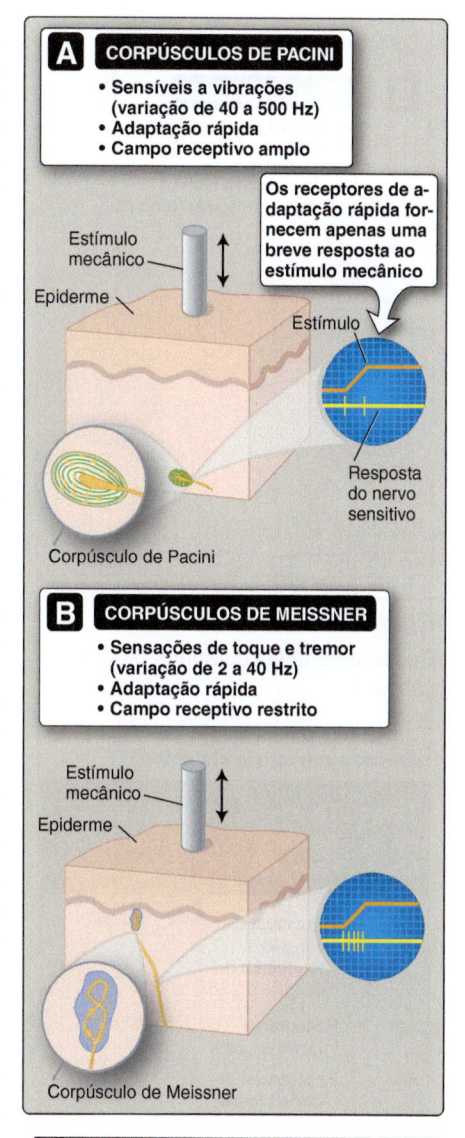

Figura 16.10

Receptores táteis cutâneos de adaptação rápida.

A ÓRGÃOS TERMINAIS DE RUFFINI
- Sensíveis ao estiramento (variação de 100 a 500 Hz)
- Adaptação lenta
- Campo receptivo amplo

Os receptores de adaptação lenta fornecem respostas prolongadas ao estímulo mecânico

Estímulo mecânico
Epiderme
Estímulo
Resposta do nervo sensitivo
Ógãos terminais de Ruffini

B CÉLULAS DE MERKEL
- Sensíveis à pressão leve (variação de < 0,2 a 2 Hz)
- Adaptação lenta
- Campo receptivo restrito

Estímulo mecânico
Epiderme
Células de Merkel

Figura 16.11
Receptores táteis cutâneos de adaptação lenta.

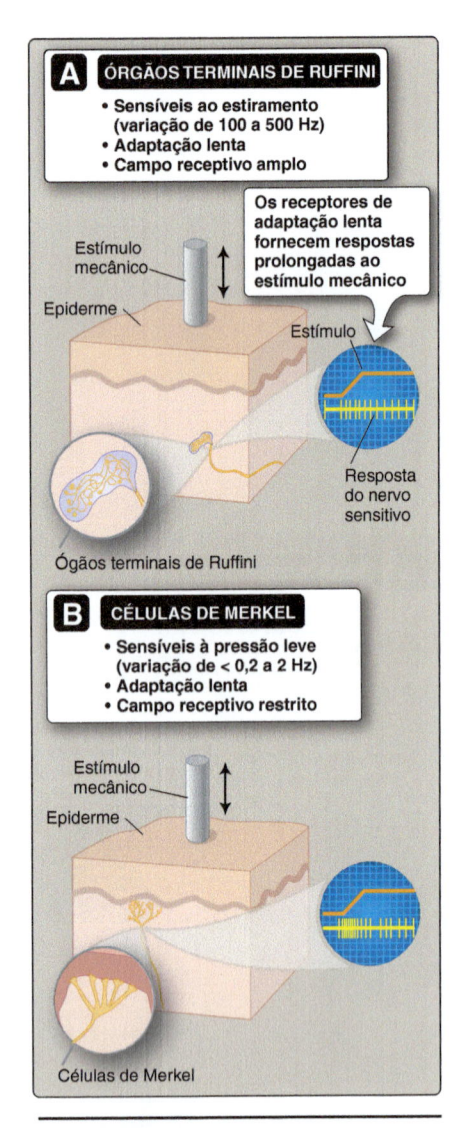

Tabela 16.1 Classificação das fibras nervosas sensoriais aferentes

Tipo de fibra	Tipo de receptor	Velocidade de condução (m/s)
Aα	Fuso muscular e órgão tendinoso de Golgi	80-120*
Aβ	Receptores táteis na pele	33-75*
Aδ	Receptores de dor e temperatura na pele	5-30*
C	Receptores de dor, temperatura e coceira na pele	0,5-2

*Fibra mielinizada.

c. **Órgãos terminais de Ruffini:** estes aferentes são receptores de adaptação lenta (Fig. 16.11A) localizados nas camadas mais profundas da pele. As terminações nervosas se ramificam e se entremeiam a grupos de fibras colágenas para formar uma estrutura longa e fina, em forma de fuso. As fibras estão contidas dentro de uma cápsula de tecido conectivo que está firmemente aderida aos tecidos circunvizinhos. Quando a pele é estirada, a cápsula e as estruturas em seu interior também são deformadas.

d. **Células ou discos de Merkel:** as células de Merkel também são receptores de adaptação lenta (ver Fig. 16.11B) que mais bem respondem à estimulação de baixa frequência e ao toque leve. Localizam-se logo abaixo da superfície da pele, o que lhes confere um campo receptivo muito restrito. As pontas dos dedos são providas com um grande número de células de Merkel, as quais permitem a discriminação fina de formas e texturas.

e. **Células pilosas:** cada pelo da superfície do corpo funciona como um sensor mecânico, o que é possível pela presença de um nervo sensitivo que se enrola em torno de seu folículo (ver Fig. 16.9). Quando o pelo se curva, a terminação nervosa se deforma e sinaliza.

f. **Terminações nervosas livres:** as terminações nervosas livres podem ser encontradas ao longo de toda a pele. Também podem contribuir para o tato, além de outras sensações, incluindo dor, coceira e temperatura.

2. **Transdução mecanossensorial:** a deformação de uma terminação nervosa tátil abre um canal Na^+, promovendo um potencial de despolarização do receptor (também conhecido como um **potencial gerador**). O canal Na^+ pode ser um membro da família de ENaC.

3. **Fibras nervosas sensoriais:** os aferentes nervosos sensoriais são classificados de acordo com a rapidez de transmissão de sinais ao sistema nervoso central ([SNC] Tab. 16.1). Todos os aferentes sensoriais táteis são mielinizados (tipo Aβ) e conduzem a uma velocidade relativamente alta. Esses sinais trafegam, então, por meio da medula espinal ao SNC para processamento (ver 6.II). A área percebida por um determinado mecanorreceptor é dependente do tipo de receptor e da região corporal. As mãos são mais discriminativas do que a porção superior dos braços, por exemplo (Fig. 16.12).

B. **Dor**

Estímulos mecânicos e térmicos que são inócuos ou mesmo prazerosos em baixa intensidade podem causar danos celulares significativos em níveis mais elevados. A função da dor é alertar o SNC de um dano local e iniciar um reflexo motor que leva o corpo tanto a evitar quanto a se afastar da fonte do estímulo (ver 11.III.D).

1. **Nocicepção:** uma variedade de tipos de nociceptores transduzem estímulos de dor por meio de uma alteração no potencial de membrana.

   a. **Mecânicos:** os nociceptores mecânicos respondem à pressão intensa ou à deformação mecânica da pele. Também respondem a objetos afiados que ferem ou cortam a pele. Esses receptores são provavelmente mecanorreceptores de limiar muito elevado, que somente respondem a estímulos mecânicos quando esses atingem níveis nocivos.

b. **Térmicos:** os extremos de temperatura (frio de congelar ou calor de queimar) causam dano aos tecidos. Os estímulos de frio começam a ser nocivos a 20°C, e conforme a temperatura cai, até zero grau, a intensidade da dor aumenta progressivamente. As respostas ao frio são também sensíveis à taxa de resfriamento, sendo que o resfriamento rápido produz respostas mais intensas. O limiar para a sensação nociva de calor é de aproximadamente 43°C.

c. **Químicos:** como as fibras nociceptivas são terminações nervosas livres, estão suscetíveis a agentes químicos que cruzam a barreira epidérmica ou que são liberados pelos tecidos lesados (Tab. 16.2). A capsaicina, o ingrediente ativo das pimentas, provoca uma sensação de queimação quando aplicada topicamente, por meio da ativação dos nociceptores.

d. **Polimodais:** uma subpopulação de nociceptores é sensível a dois ou mais estímulos, e é conhecida como **polimodal**.

2. **Transdução do estímulo nociceptivo:** os mecanismos precisos pelos quais os estímulos nociceptivos são detectados e sinalizados não são totalmente compreendidos, mas a transdução de muitos estímulos nocivos envolve membros da família de canais receptores de potencial transitório (TRPs, do inglês *transient receptor potential*) (ver 2.VI.D).

   a. **Receptores:** o calor ativa o TRPV1, um membro da classe vaniloide de receptores TRP. Esse é também ativado pela capsaicina. O resfriamento da pele ativa o TRPM8. A ativação de qualquer uma das classes de canais TRP resulta no influxo de Ca^{2+} e Na^+ e excitação. Íons hidrogênio excitam neurônios nociceptivos por meio de um canal da família de ENaC, sensível ao ácido. Outros canais também podem estar envolvidos na sensação de dor.

   b. **Fibras nociceptivas:** a ativação nociceptiva é repassada ao SNC por fibras Aδ (mielinizadas) rápidas e fibras C mais lentas. As fibras Aδ medeiam sensações de dor aguda intensa e perfurante (**dor primária**), seguida por uma dor latejante, ardente, chata e prolongada, associada com a ativação da fibra C (**dor secundária**).

> As fibras C são particularmente sensíveis à lidocaína, um anestésico local que é aplicado topicamente para aliviar a coceira na pele e a dor.[1] A lidocaína bloqueia o canal Na^+ que medeia o potencial de ação neuronal. Esse anestésico é também comumente injetado como anestesia dentária antes de uma cirurgia, ou é combinada com prilocaína (um bloqueador relacionado ao canal Na^+) em pomada. A lidocaína é, às vezes, combinada com um vasoconstritor para reduzir o fluxo sanguíneo local e, assim, reduzir os efeitos da dispersão do fármaco. Como consequência, a anestesia local torna-se mais prolongada.

[1]Para mais informações sobre amidas anestésicas locais, tal como a lidocaína, ver *Farmacologia Ilustrada*, 5ª edição, Artmed Editora.

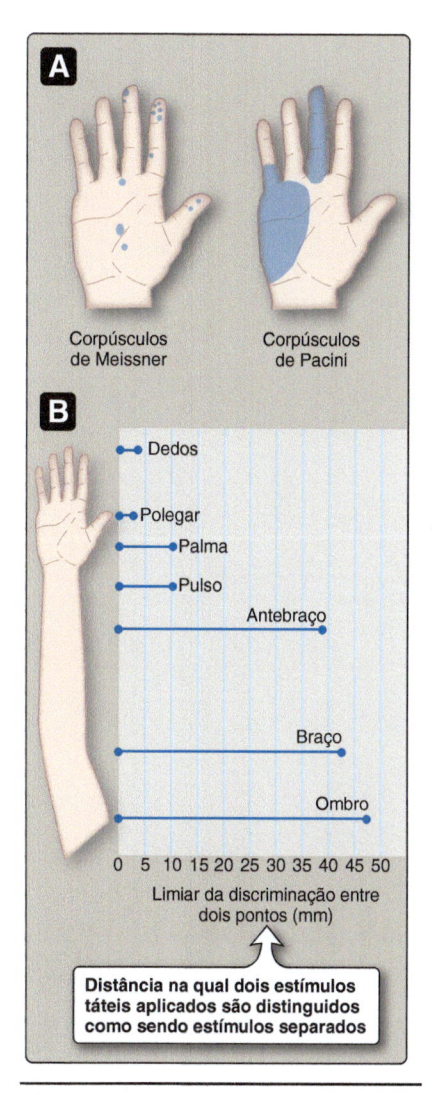

Figura 16.12
A. Campos receptivos de dois tipos de receptores na mão. **B.** Discriminação sensorial ao longo do braço.

Tabela 16.2 Substâncias químicas que ativam nociceptores

Origem	Substância química
Mastócitos	Histamina
Mastócitos, células da pele danificadas	Prostaglandinas
Células da pele estressadas	K^+
	Bradicinina
	H^+
Aferentes sensoriais	Substância P
Eferentes colinérgicos	Acetilcolina

3. **Sensibilização:** o dano tecidual inicia uma cadeia de eventos que sensibiliza as terminações nervosas aferentes circundantes para estímulos inócuos, fazendo com esses estímulos sejam percebidos como dolorosos (**hiperalgesia**). A sensibilização permanece, inicialmente, localizada no sítio da lesão (**hiperalgesia primária**), mas se espalha dentro de minutos e envolve as áreas vizinhas (**hiperalgesia secundária**). A sensibilização progride com o inchaço e a inflamação, envolvendo muitos dos mediadores inflamatórios comuns. Seus efeitos podem persistir por meses após a recuperação do dano inicial.

C. Coceira

O **prurido** (derivado de *prurire*, a palavra do latim para "coceira") é o membro mais recentemente reconhecido das sensações cutâneas. As coceiras surgem com a intenção de acionar o reflexo de coçar ou esfregar para remover um inseto ou outro irritante. A sensação é mediada por duas populações de fibras nervosas do tipo C. Um tipo de fibra responde de maneira ideal à histamina, enquanto o outro tipo (não histamínico) é ativado por uma grande variedade de prurigênicos, tais como prostaglandinas, interleucinas, *proteases* e ACh. As sensações de coceira podem ser suprimidas por estímulos dolorosos (como coçar) e por anti-histamínicos, e potencializadas por analgésicos. Os mecanismos pelos quais as sensações dolorosas e pruríticas interagem não são totalmente compreendidos.

D. Dermátomos

A informação sensorial de receptores na pele é repassada ao SNC por meio de nervos aferentes. Os nervos têm uma área limitada de cobertura, que pode ser mapeada na superfície do corpo como uma série de bandas denominadas **dermátomos** (Fig. 16.13). Cada banda corresponde a um único segmento da medula espinal. Existe sobreposição de cobertura entre as bandas, de forma que o corte de um único par de raízes nervo-

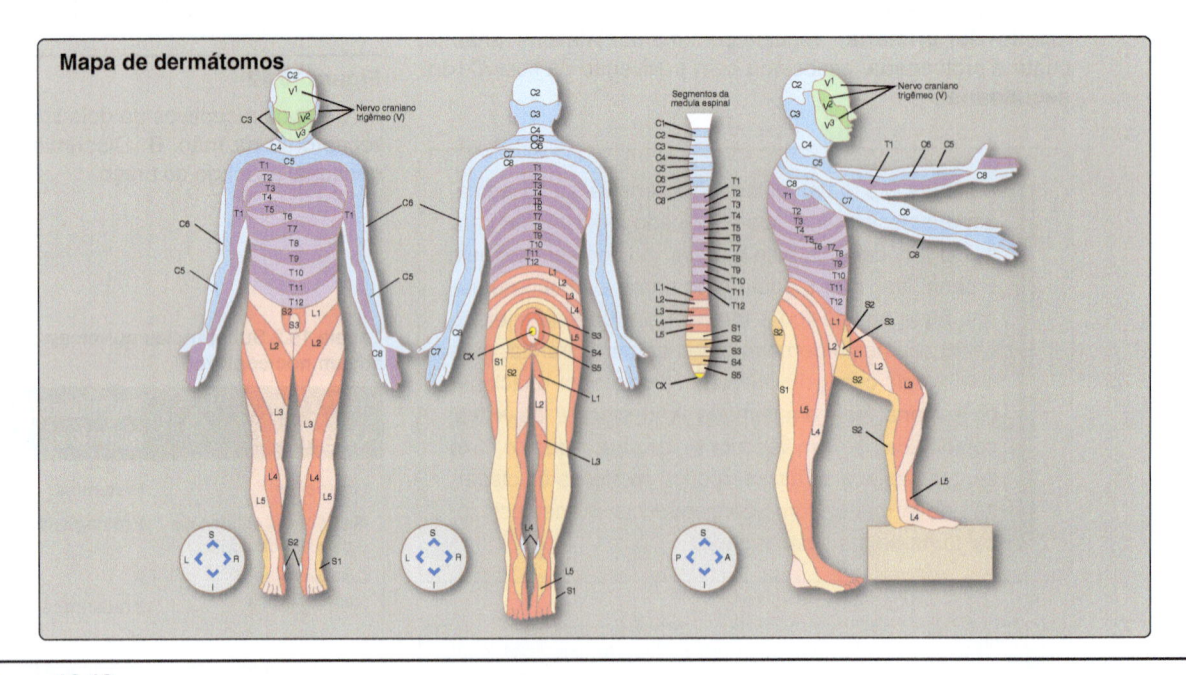

Figura 16.13
Dermátomos.

sas posteriores não resulta na completa perda sensorial no dermátomo correspondente. A dor que se localiza em um dermátomo em particular pode ajudar na identificação do local da lesão na medula espinal, por exemplo.

Resumo do capítulo

- A **epiderme** fornece a maioria das funções de barreira da pele. A barreira à água é fornecida por uma combinação de uma fina camada lipídica e uma camada proteica mais espessa. A barreira à luz ultravioleta (UV) é fornecida pela **melanina**, que absorve uma porção da radiação UV.
- A **derme** é o local da maioria dos elementos funcionais da pele, e é onde se encontra a maior parte dos **anexos da pele**. A camada dérmica contém **mastócitos**, os quais estão envolvidos nas respostas inflamatórias locais.
- Os **folículos pilosos** fornecem um poro para as secreções das glândulas sebáceas e das sudoríparas apócrinas. O crescimento do pelo é um processo complexo que envolve um crescimento ativo, regressão e, então, a sua queda.
- As **glândulas sudoríparas écrinas** participam da termorregulação e estão envolvidas na formação do precursor isotônico do suor, que ocorre na espiral secretora, e na reabsorção iônica, que ocorre no ducto. Isso produz uma solução hipotônica que pode evaporar, dependendo das condições ambientais.
- As **sensações cutâneas** fazem parte do **sistema somatossensorial**, o qual monitora eventos que ocorrem dentro ou na superfície do corpo.
- Os receptores **táteis** fornecem informações resultantes do contato físico com objetos. Esses receptores são ativados em resposta ao tato, com as sensações sendo transduzidas pela deformação mecânica de um neurônio sensorial. Alguns receptores (de **Pacini** e de **Ruffini**) oferecem melhor resposta às vibrações de alta frequência ou ao estiramento. Outros receptores (de **Meissner** e de **Merkel**) são mais sensíveis à pressão e a eventos de baixa frequência.
- Os aferentes sensoriais dos receptores táteis são mielinizados e conduzem impulsos em altas velocidades.
- Os receptores de dor são ativados em resposta a estímulos intensos e nocivos, que podem ser químicos, térmicos ou mecânicos.

Questões para estudo

Escolha a resposta CORRETA.

III.1 Qual das seguintes proteínas do citoesqueleto funciona como uma mola, limitando a extensão à qual o sarcômero pode ser distendido?

A. α-Actinina.
B. Distrofina.
C. Nebulina.
D. Titina.
E. Disco Z.

> Resposta correta = D. A titina é uma proteína estrutural pesada associada ao filamento grosso, que limita o comprimento do sarcômero quando um músculo é estirado (12.II.C). Proteínas associadas ao filamento fino não atuam como molas, mas fornecem integridade estrutural. Por exemplo, a α-actinina liga as terminações dos filamentos finos aos discos Z (placas estruturais que servem como pontos de ligação para os filamentos finos); a distrofina ancora o componente contrátil dentro da estrutura do citoesqueleto; e a nebulina, a qual se estende ao longo do comprimento do filamento de actina, está envolvida no estabelecimento do comprimento do filamento fino.

III.2 Quando duas moléculas de acetilcolina se ligam a um receptor nicotínico no músculo esquelético, o canal se abre e permite a passagem de íons através da membrana. O fluxo iônico resultante, em condições fisiológicas normais, é dominado por qual das seguintes alternativas?

A. Ca^{2+}.
B. Mg^{2+}.
C. H^+.
D. Cl^-.
E. Na^+.

> Resposta correta = E. O receptor nicotínico de acetilcolina (nAChR) é um canal catiônico não específico que permite a passagem de Na^+, K^+ e Ca^{2+} (2.VI.B). O fluxo de Ca^{2+} é pequeno e fisiologicamente não significativo. Os gradientes eletroquímicos para Na^+ e K^+ são geralmente configurados de tal forma que o nAChR suporta simultaneamente o influxo de Na^+ e o efluxo de K^+. Entretanto, o influxo de Na^+ domina essa troca, e a célula muscular despolariza (12.II.G). A despolarização da membrana abre, então, canais Na^+ dependentes de voltagem, o que permite que um potencial de ação se propague, através do sarcolema, em direção ao sistema de túbulos T para iniciar a contração muscular. O nAChR não suporta fluxos significativos de H^+, Cl^- ou Mg^{2+} sob condições fisiológicas normais.

III.3 Uma mulher de 22 anos recebe injeções de toxina botulínica do tipo A (um inibidor pré-sináptico da liberação colinérgica) para tratar de hiperidrose palmar (excesso de suor). A sua capacidade de preensão fica enfraquecida pelo tratamento, por meio da diminuição dos níveis sinápticos de qual substância?

A. Acetilcolinesterase.
B. Acetilcolina.
C. Calsequestrina.
D. Mioglobina.
E. Receptores nicotínicos.

> Resposta correta = B. A toxina botulínica é uma protease que impede a exocitose e a liberação de neurotransmissores dos terminais nervosos (5.IV.C). A toxina botulínica do tipo A é em geral utilizada clinicamente para inibir a liberação de acetilcolina (ACh) na junção neuromuscular, o que reduz os níveis sinápticos de ACh. Ela reduz a atividade da glândula sudorípara écrina por um mecanismo semelhante. A *acetilcolinesterase*, a qual normalmente degrada a ACh e finaliza a sinalização neuromuscular (12.II.G), não seria afetada pela toxina. A mioglobina é uma molécula de transporte e armazenamento sarcoplasmático de O_2, enquanto a calsequestrina é uma proteína ligante de Ca^{2+} encontrada no retículo sarcoplasmático. Nenhuma delas está diretamente envolvida na transmissão neuromuscular.

III.4 Fosfolambam é uma proteína reguladora associada com a Ca^{2+} ATPase do retículo sarcoplasmático cardíaco. A fosforilação da proteína fosfolambam, muito provavelmente, aumentaria a velocidade de qual dos seguintes eventos?

A. Relaxamento.
B. Influxo de $Ca2^+$.
C. Ciclo das pontes cruzadas.
D. Condução elétrica.
E. Despolarização celular nodal.

> Resposta correta = A. A fosfolambam age normalmente como um limitador de velocidade na função da Ca^{2+} ATPase do retículo sarcoplasmático (SERCA) (13.III.B). A fosforilação da proteína fosfolambam reduz seus efeitos inibidores, permitindo que a bomba se acelere. A bomba SERCA geralmente auxilia a remover Ca^{2+} do sarcoplasma após a excitação. Aumentando a velocidade da bomba, os níveis sarcoplasmáticos de Ca^{2+} livre caem mais rapidamente do que o normal, gerando períodos de relaxamento diminuídos. O influxo de Ca^{2+} ocorre durante excitação, e provavelmente não seria afetado por alterações na bomba SERCA. A velocidade do ciclo das pontes cruzadas é dependente de interações actina-miosina. A condução elétrica entre as células musculares é dependente de junções comunicantes. Embora períodos mais rápidos de relaxamento realmente facilitem aumentos da frequência cardíaca, a velocidade da despolarização celular nodal é controlada por meio da modulação de canal iônico.

III.5 A contração do músculo cardíaco é dependente de um aumento da concentração de Ca^{2+} sarcoplasmático. A quantidade de Ca^{2+} para a geração de força total flui por meio de qual dos seguintes tipos de canais Ca^{2+}?

A. Receptores de di-hidropiridina.
B. Receptores de rianodina.
C. Canais regulados por inositol trifosfato.
D. Canais receptores de potencial transitório.
E. Canais ativados por estiramento.

Resposta correta = B. O desenvolvimento de força total por uma célula muscular cardíaca se baseia na liberação de Ca^{2+} de estoques do retículo sarcoplasmático ([RS] 13.III.A). A liberação é mediada por canais de liberação de Ca^{2+} induzida pelo Ca^{2+} (LCIC), também conhecidos como receptores de rianodina. Os receptores de di-hidropiridina são canais Ca^{2+} do tipo L que medeiam fluxos de Ca^{2+} regulados por voltagem através da membrana do túbulo T. O influxo de Ca^{2+} por meio dessa rota atua como um gatilho para a LCIC. O inositol trifosfato medeia a liberação de Ca^{2+} do RS no músculo liso. Os canais receptores de potencial transitório são encontrados em muitos tecidos, frequentemente mediando a transdução de estímulos sensoriais celulares (2.VI.D). Os canais ativados por estiramento são também bastante difusos, mas os receptores de rianodina são a principal rota para o fluxo de Ca^{2+} durante a contração.

III.6 Qual tipo de canal de Ca^{2+} do músculo liso se localiza nas cavéolas da membrana plasmática e é regulado, primariamente, por alterações do potencial de membrana?

A. Canais de liberação de Ca^{2+} induzida pelo Ca^{2+}.
B. Canais Ca^{2+} operados por receptor.
C. Canais Ca^{2+} operados por estoque.
D. Canais Ca^{2+} dependentes de inositol trifosfato.
E. Canais Ca^{2+} do tipo L.

Resposta correta = E. Os canais Ca^{2+} do tipo L são regulados por voltagem, se abrindo em resposta à despolarização da membrana. São encontrados em muitos tipos celulares, inclusive no músculo liso, onde estão concentrados dentro de bolsas da membrana plasmática chamadas de cavéolas (14.II.C). Os canais Ca^{2+} operados por receptor se abrem quando um ligante se liga ao receptor associado, e não por uma alteração de voltagem. Os canais de liberação de Ca^{2+} induzida pelo Ca^{2+} e os canais Ca^{2+} dependentes de inositol trifosfato estão localizados na membrana do retículo sarcoplasmático e medeiam a liberação de Ca^{2+} das reservas. Os canais Ca^{2+} operados por estoque são utilizados para preencher as reservas intracelulares de Ca^{2+} com Ca^{2+} extracelular durante o relaxamento muscular (14.III.C). A abertura do canal é controlada por um sensor da reserva de Ca^{2+} (Stim1).

III.7 Uma companhia farmacêutica tem a intenção de desenvolver um fármaco que diminua os espasmos vasculares induzidos pelo músculo liso. Qual das seguintes enzimas normalmente antagoniza a contração do músculo liso e pode, assim, ser um alvo apropriado para a modulação (estimulação ou inibição) por meio de um produto farmacêutico?

A. Rho cinase.
B. Miosina fosfatase.
C. Cinase da cadeia leve da miosina.
D. Proteína cinase C.
E. Fosfolipase C.

Resposta correta = B. A *miosina fosfatase* normalmente desfosforila uma cadeia leve reguladora da miosina (MLC_{20}) para inibir a atividade de ATPase da miosina, bloqueando, assim, a contração do músculo liso (14.III.C). O aumento da ação dessa enzima iria diminuir a contratilidade e, potencialmente, reduzir os espasmos vasculares. A atividade da *miosina fosfatase* é regulada por pelo menos duas rotas diferentes. A *Rho cinase* e a *proteína cinase C* são componentes de rotas separadas que normalmente inibem a atividade da *miosina fosfatase* e promovem contração. A *cinase da cadeia leve da miosina* (*MLCK*) fosforila e ativa a miosina do músculo liso, facilitando, portanto, a contração. A *fosfolipase C* também promove a contração por uma via que simultaneamente estimula *MLCK* e inibe a *miosina fosfatase*.

III.8 Quais são os cristais minerais que resistem à compressão e dão aos ossos sua força e resistência características?

A. Urato.
B. Hidroxiapatita.
C. Glicosaminoglicano.
D. Creatinina.
E. Oxalato de cálcio.

Resposta correta = B. A hidroxiapatita é um mineral cristalino que contém cálcio e fosfato (15.II.A). Os cristais de hidroxiapatita estão cimentados com as fibras de colágeno e, então, grupos de fibras mineralizadas, embebidas em uma substância amorfa, criam um material que tem uma alta resistência à compressão e ao estresse de tensão. Urato, creatinina e oxalato de cálcio são encontrados em altas concentrações na urina. Quando suficientemente concentrados, formam cristais que podem ser observados nos sedimentos da urina. Os glicosaminoglicanos são mucopolissacarídeos encontrados na substância fundamental amorfa, a qual preenche os espaços entre as células, inclusive nos ossos.

III.9 Qual tipo de célula precursora encontrada nos ossos expressa o RANKL (ligante do receptor ativador do fator nuclear κB) na sua superfície, para facilitar a reabsorção óssea?

A. Osteoblasto.
B. Osteoclasto.
C. Osteócito.
D. Célula de revestimento ósseo.
E. Hematopoiética.

Resposta correta = A. A reabsorção e a remodelação óssea envolvem diversos tipos celulares que trabalham juntos dentro de um compartimento de remodelação óssea (15.IV.C). Os precursores dos osteoblastos expressam o ligante (RANKL) do receptor ativador do fator nuclear κB (RANK) na sua superfície. O RANKL liga-se ao RANK, um receptor expresso na superfície dos precursores dos osteoclastos (estes são precursores hematopoiéticos), fazendo com que várias dessas células se fundam e formem grandes osteoclastos multinucleados. Os osteoclastos digerem o osso e liberam o seu conteúdo mineral de volta ao sangue. Os osteócitos são células incluídas na matriz óssea que monitoram o estresse e a integridade. As células de revestimento ósseo são encontradas na superfície do osso e sinalizam a necessidade para remodelação, quando for preciso.

III.10 Uma mulher de 36 anos tem um tumor que secreta o paratormônio (PTH). Qual das seguintes opções pode-se esperar que apresente uma atividade aumentada como resultado dos níveis cronicamente elevados de PTH?

A. Reabsorção óssea.
B. Deposição óssea.
C. Excreção de Ca^{2+} pelos intestinos.
D. Absorção de PO_4^{3-} pelos intestinos.
E. Reabsorção de PO_4^{3-} pelos rins.

Resposta correta = A. O paratormônio (PTH) liberado pela glândula paratireoide é geralmente regulado pelos níveis plasmáticos de Ca^{2+} (15.V.A; 35.V.B). Quando os níveis de Ca^{2+} (ou Mg^{2+}) diminuem, o PTH é secretado para estimular a reabsorção de Ca^{2+} dos ossos. Os efeitos do PTH são mediados por receptores de PTH nos osteoblastos, os quais, por sua vez, recrutam osteoclastos para um local de remodelação óssea. O PTH não estimula a deposição óssea. O PTH promove a reabsorção óssea (não excreção) pelo túbulo renal distal (27.III.C). O PTH também inibe a reabsorção de PO_4^{3-} pelo túbulo renal proximal, aumentando, portanto, as taxas de excreção (26.VI.A).

III.11 Um menino de 4 anos de idade com história familiar de fibrose cística tem apresentado sintomas respiratórios e gastrintestinais moderados. Caso se suspeite de fibrose cística, a composição de seu suor pode ser mais bem descrita por qual das seguintes opções, comparando-se com a de um menino saudável de mesma idade?

A. Hipotônica.
B. Isotônica.
C. Hipertônica.
D. Copiosa.
E. Escassa.

Resposta correta = C. O regulador da condutância transmembrana na fibrose cística (CFTR, do inglês *cystic fibrosis transmembrane conductance regulator*) é um transportador com domínio de ligação de ATP que funciona como um canal Cl^- em muitos epitélios. Defeitos no CFTR impedem a secreção de Cl^- pelos epitélios respiratório e gastrintestinal. A secreção cria um gradiente osmótico que é utilizado para captar água para a superfície apical, de forma que pacientes com fibrose cística (FC) geralmente formam um muco que é espesso, o que o torna difícil de ser expelido dos pulmões, por exemplo. Nas glândulas sudoríparas, o CFTR é utilizado para reabsorver Cl^- da luz dos ductos durante a passagem do suor em direção à superfície da pele, fazendo com que o suor se torne hipotônico (16.VI.C.2.b). Em pacientes com FC, um defeito do CFTR impede a reabsorção do Cl^- (e do Na^+), de maneira que o seu suor é hipertônico. Defeitos do CFTR não causam maiores alterações no volume de suor.

III.12 Um operador de britadeira de 42 anos de idade se apresenta com sensibilidade diminuída para vibração de alta frequência na pele glabra das mãos. Qual receptor é o mais provável de estar sendo afetado?

A. Órgãos terminais de Ruffini.
B. Células de Merkel.
C. Terminações nervosas livres.
D. Corpúsculos de Pacini.
E. Fibras sensoriais pilosas.

Resposta correta = D. Os corpúsculos de Pacini são receptores táteis de adaptação rápida, responsáveis por sentir vibrações na amplitude de 40 a 500 Hz (16.VII.A). A pele glabra não tem pelos e, portanto, não tem fibras sensoriais pilosas. Os órgãos terminais de Ruffini são receptores táteis de adaptação lenta que sentem o estiramento da pele, e não vibrações. As células de Merkel sentem leves pressões na pele. A pele glabra também contém as terminações nervosas livres, mas estas são menos sensíveis à vibração do que os corpúsculos de Pacini.

UNIDADE IV
Sistema Circulatório

Excitação Cardíaca 17

I. VISÃO GERAL

O sistema circulatório é responsável por fazer o oxigênio e os nutrientes estarem disponíveis para todas as células do corpo, além de também eliminar muitos produtos metabólicos, incluindo o calor. Os principais componentes do sistema circulatório são o sangue, os vasos sanguíneos e o coração (Fig. 17.1). O sangue transporta materiais para os tecidos e dos tecidos, os vasos sanguíneos são condutos que trazem o sangue para as células, e o coração é utilizado para criar a pressão necessária para impulsionar o sangue pelo sistema. O coração é um órgão de câmaras múltiplas, composto por músculo cardíaco. Quando o músculo se contrai, o diâmetro das câmaras diminui e o sangue é forçado, sob pressão, a ir de uma câmara para a outra e, depois, para os vasos. A estrutura especial do coração permite que a contração de suas várias partes ocorra de forma sequencial para a ejeção eficiente de sangue. O sequenciamento é efetuado por meio de uma onda de excitação, cuja velocidade de progressão é modulada de forma a dar tempo para que o sangue se mova de uma câmara a outra. O movimento dessa onda no tempo e no espaço cria um gradiente elétrico nos tecidos circundantes que pode ser detectado e registrado na superfície do corpo como um eletrocardiograma (ECG). Uma vez que o tempo de duração e o padrão de excitação variam pouco de um indivíduo para o outro, um ECG pode ser utilizado para detectar anomalias na via de excitação ou na estrutura geral do coração.

II. CIRCUITO CARDIOVASCULAR

O sistema circulatório é uma alça fechada, por meio da qual o sangue circula continuamente durante toda a vida do indivíduo. A alça incorpora duas circulações funcional e estruturalmente distintas. A **circulação sistêmica** supre todos os órgãos do corpo com nutrientes e remove os produtos metabólicos. A **circulação pulmonar** encaminha o conteúdo dos vasos aos pulmões para troca de CO_2 e O_2.

A. Estrutura do coração

O sangue é impulsionado pela corrente sanguínea mediante duas bombas musculares, uma em cada lado do coração (Fig. 17.2A). Cada bomba contém duas câmaras: um **átrio** e um **ventrículo**. O lado esquerdo do coração impulsiona o sangue através da **aorta** para os órgãos da circulação

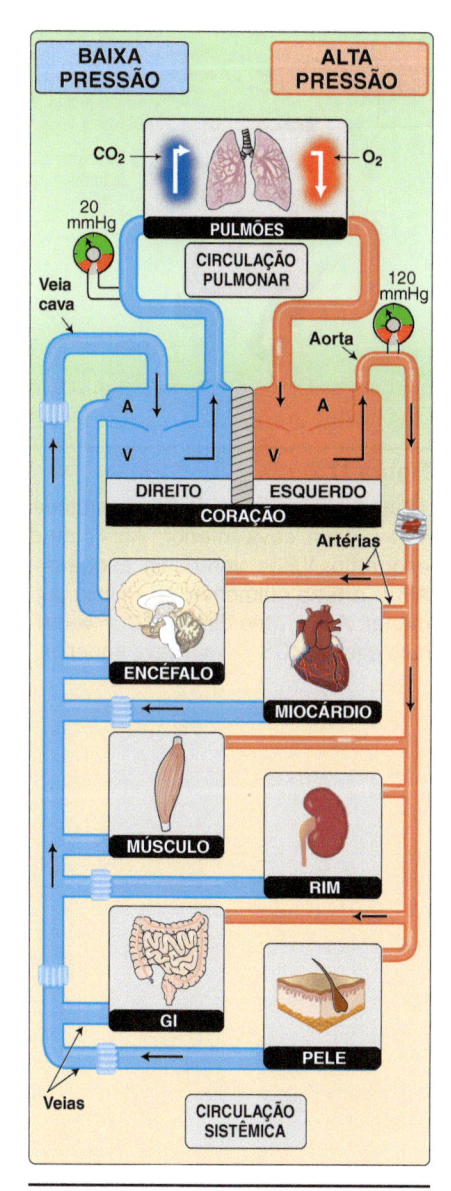

Figura 17.1
Circuito cardiovascular. A = átrio;
GI = trato gastrintestinal; V = ventrículo.

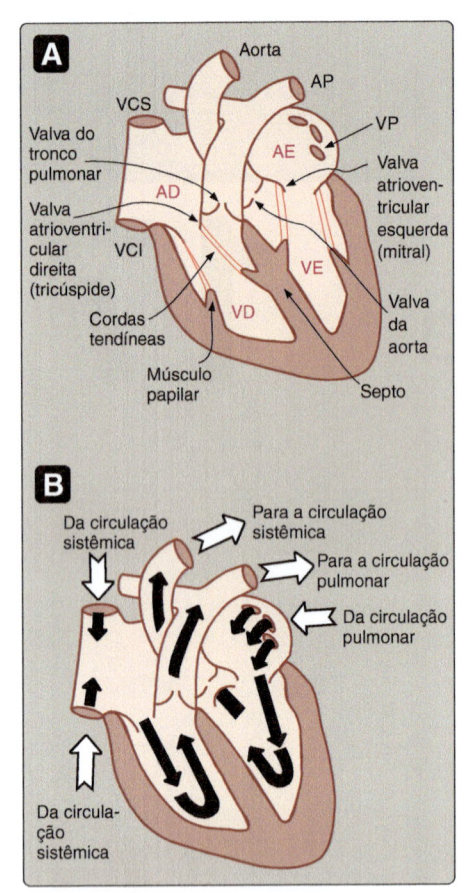

Figura 17.2
Anatomia e padrões de fluxo cardíaco. VCI = veia cava inferior; AE = átrio esquerdo; VE = ventrículo esquerdo; AP = artéria pulmonar; VP = veia pulmonar; AD = átrio direito; VD = ventrículo direito; VCS = veia cava superior.

sistêmica. O sangue retorna ao coração pelas **veias cavas**. O lado direito do coração supre a circulação pulmonar. O sangue sai do ventrículo direito pela **artéria pulmonar**, passa pelos pulmões e então entra no lado esquerdo do coração por meio das **veias pulmonares**.

B. Câmaras cardíacas

Os átrios e os ventrículos executam funções diferentes, assim, a quantidade de musculatura cardíaca que forma suas paredes também é diferente.

1. **Átrios:** os átrios funcionam como tanques de armazenamento para o sangue coletado da circulação sistêmica e pulmonar durante a contração ventricular. O sangue acumulado é transferido para os ventrículos pela contração atrial no início de cada ciclo cardíaco. Quantidades mínimas de pressão são necessárias para impulsionar o sangue para dentro dos ventrículos e, portanto, as paredes atriais contêm relativamente pequenas quantidades de músculo e são finas.

2. **Ventrículos:** os ventrículos direcionam o sangue em alta pressão para grandes redes de vasos, o que é possível por possuírem paredes espessas de músculo cardíaco. O ventrículo esquerdo (VE) normalmente gera picos de pressão de 120 mmHg. O ventrículo direito (VD) bombeia sangue através de um sistema de vasos de resistência relativamente baixa e, portanto, suas paredes são menos musculares do que as do VE. O VD gera picos de pressão de aproximadamente 20 mmHg.

C. Valvas

As valvas de via única situadas entre os átrios e os ventrículos (**valvas atrioventriculares [AV]**) e entre os ventrículos e suas saídas (**valvas semilunares**) ajudam a assegurar que o fluxo seja unidirecional no sistema circulatório (ver Fig. 17.2B).

1. **Atrioventriculares:** as valvas **atrioventricular direita** (tricúspide; lado direito) e **atrioventricular esquerda** (bicúspide ou mitral; lado esquerdo) permitem que o sangue passe dos átrios aos ventrículos, e se fecham quando a contração ventricular se inicia. As **cordas tendíneas** são filamentos aderidos às extremidades das cúspides das valvas. As cordas tendíneas trabalham em conjunto com os **músculos papilares** para apoiar as valvas e evitar sua eversão pelas altas pressões geradas dentro dos ventrículos durante a contração (ver Fig. 17.2A).

2. **Semilunares:** as valvas semilunares **pulmonar** (lado direito) e **aórtica** (lado esquerdo), previnem o refluxo do sangue para dentro dos ventrículos. As valvas semilunares estão sujeitas a elevado estresse de cisalhamento associado à alta velocidade do fluxo de ejeção ventricular, de forma que elas são mais espessas e mais resistentes que as cúspides das valvas AV.

III. SEQUÊNCIA DE CONTRAÇÕES

A arquitetura única do coração requer que suas várias regiões se contraiam em uma sequência ordenada para a eficiência máxima de bombeamento. O sequenciamento é alcançado por meio de uma onda de despolarização que se espalha de um miócito a outro até envolver o coração como um todo. Tal fato é possível pelas **junções comunicantes** (ver 4.II.F), que criam conexões elétricas entre cada célula no coração e o transformam em um **sincício**. Uma

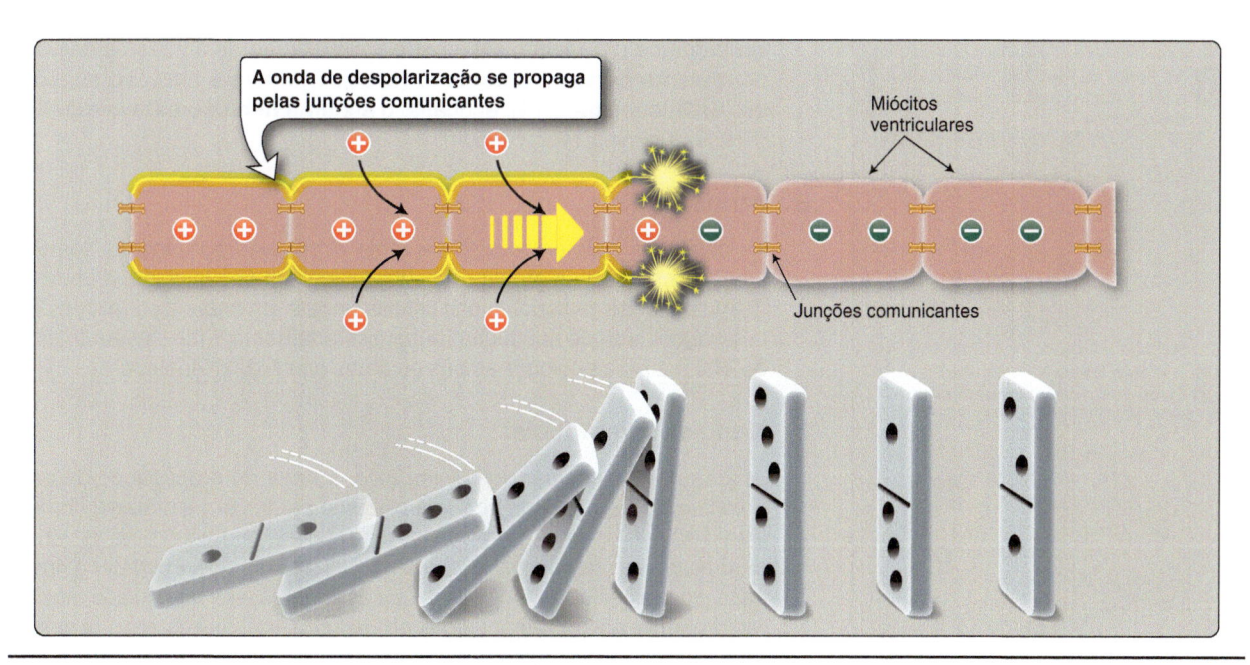

Figura 17.3
Propagação do sinal no miocárdio.

vez iniciada, a onda de despolarização envolve e engloba os miócitos adjacentes com a inevitabilidade de uma fileira de dominós em queda (Fig. 17.3).

> O recorde atual para o número de dominós derrubados em sequência é apenas de 4,5 milhões, um recorde alcançado na Holanda no Dia do Dominó, em 2009. Foram necessários dois meses para que uma equipe de 89 construtores os organizassem. Uma vez que o deslocamento de um pé ou um dedo poderia facilmente acionar toda a fileira sem querer, ela teve de ser construída com intervalos que foram concluídos pouco antes de a competição iniciar. Uma vez que o miocárdio não tem essas características de segurança, cada célula no coração tem o potencial de se tornar o marca-passo primário, assim que sua membrana se torne instável. Marca-passos "ectópicos" são uma ameaça constante e potencialmente letal à função cardíaca.

A onda de despolarização que aciona a contração do miocárdio e o ciclo cardíaco se origina no **nodo sinoatrial** (**SA**) (Fig. 17.4). As células nodais têm um potencial de membrana (V_m) instável, que se torna lentamente positivo ao longo do tempo. Assim que o V_m ultrapassa o **limiar para a formação do potencial de ação** (**PA**) [(V_{li}); ver 2.III.B.1], a célula dispara, e uma onda de excitação se inicia.

A. Marca-passo

O nodo SA compreende um grupo de miócitos cardíacos especializados, localizado próximo à veia cava superior na parede do átrio direito (ver Fig. 17.4, etapa 1). Esses miócitos perderam a maior parte de seus elementos contráteis e, por isso, a sua função é gerar PAs espontaneamente. A velocidade na qual os PAs são iniciados e, consequentemente, a frequên-

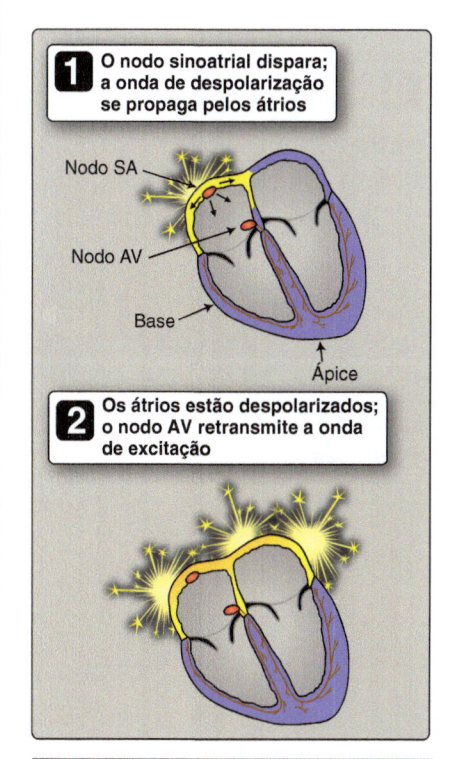

Figura 17.4
Ciclo de excitação cardíaca. AV = atrioventricular; SA = sinoatrial.

cia cardíaca (FC) estão sob controle simultâneo de ambas as divisões do **sistema nervoso autônomo** (**SNA**). O **sistema nervoso simpático** (**SNS**) aumenta a FC, enquanto o **sistema nervoso parassimpático** (**SNPS**) a diminui (ver a seguir).

B. Átrios

As células nodais estão eletricamente acopladas por junções comunicantes aos miócitos atriais circunvizinhos. Uma vez iniciada, a onda de despolarização se espalha das células nodais em todas as direções com uma velocidade de condução de aproximadamente 1 m/s, levando cerca de 100 ms para englobar ambos os átrios (ver Fig. 17.4, etapa 2).

C. Nodo atrioventricular

Antes que possa alcançar o ventrículo, a onda de propagação da despolarização é bloqueada por uma placa de cartilagem e material fibroso, localizada na junção AV. A placa fornece suporte estrutural para as valvas cardíacas, mas também atua como um isolante elétrico. Por deter a onda, essa placa possibilita tempo para que os eventos elétricos que se movem rapidamente sejam transduzidos em eventos mecânicos mais lentos, e para que o sangue se mova dos átrios aos ventrículos. A transdução eletromecânica envolve a liberação de Ca^{2+} induzida pelo Ca^{2+}, discutida em detalhes no Capítulo 13 (ver 13.III.A). Entretanto, a onda de excitação não se extingue completamente, pois existe uma ponte elétrica entre os átrios e os ventrículos. Na entrada para essa ponte está o nodo AV, uma região de cardiomiócitos não contráteis que são especializados em conduzir sinais lentamente (0,01 a 0,05 m/s). Leva cerca de 80 ms para que a "faísca" elétrica cruze o nodo AV, tempo suficiente para que o sangue seja empurrado pelas contrações atriais através das valvas AV.

D. Sistema de His-Purkinje

Uma vez que a onda de excitação migra através do nodo AV, as paredes ventriculares devem ser estimuladas para se contraírem em uma sequência que comprima o sangue para cima em direção às saídas: **septo → ápice → paredes livres → base**. Isso é possível a partir de feixes de tecidos compostos por miócitos especializados em conduzir a onda de despolarização, em altas velocidades, para as diferentes regiões dos ventrículos.

> O sistema de His-Purkinje é frequentemente comparado a um sistema de estradas interestaduais ou autoestradas que permitem que os veículos trafeguem a uma alta velocidade pelo coração de uma cidade a uma localização remota. A rota de condução miócito a miócito, mais lenta, é equivalente a pegar estradas secundárias para chegar ao mesmo local, um caminho que, em geral, demora mais.

A via para os ventrículos começa com o **feixe comum de His**, um conjunto de miócitos especializados que emerge do nodo AV e, então, se dirige para baixo, entrando no septo interventricular (ver Fig. 17.4, etapa 3). Ali, o feixe se divide em ramos direito e esquerdo, os quais então se ramificam novamente para levar o sinal de excitação a todas as regiões dos ventrículos direito e esquerdo, respectivamente. As **fibras de Purkinje** de alta velocidade (velocidade de condução em torno de 2 a 4 m/s) levam a onda de despolarização aos miócitos contráteis (ver Fig. 17.4, etapa 4).

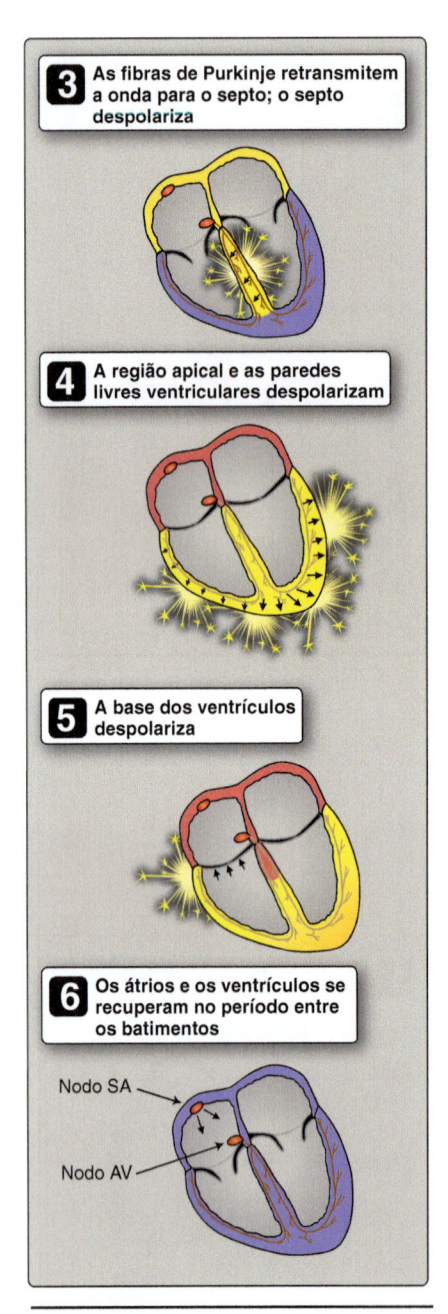

Figura 17.4
(*Continuação*)

E. Ventrículos

Os miócitos ventriculares são semelhantes aos miócitos atriais, conduzindo a onda de despolarização de célula a célula por meio de junções comunicantes, com a velocidade de 1 m/s. A excitação de ambos os ventrículos está essencialmente completa dentro de 100 ms (ver Fig. 17.4, etapa 5), embora os eventos mecânicos mais lentos levem outros 300 ms para serem completados.

IV. ELETROFISIOLOGIA

O mecanismo pelo qual a onda de excitação é acelerada ou retardada, durante a sua trajetória através das várias regiões do coração, é elegante em sua simplicidade. O coração é, em essência, uma grande escultura muscular. A velocidade na qual os diferentes miócitos conduzem um sinal elétrico dentro desse músculo depende da rapidez com que despolarizam, o que, por sua vez, é governado pela mistura relativa de canais iônicos contidos no sarcolema.

A. Canais iônicos

Todos os miócitos cardíacos são células excitáveis, independentemente de sua localização. Todos expressam a Na^+-K^+ ATPase que gera e mantém os gradientes de Na^+ e K^+ através da membrana e estabelece o V_m. Canais iônicos seletivos se abrem e fecham para modificar o V_m. A função cardíaca é dependente de cinco condutâncias principais, um **canal Na^+ dependente de voltagem** comum aos neurônios, um **canal Ca^{2+} dependente de voltagem**, dois tipos de **canais K^+** e um **canal ativado por hiperpolarização, não específico dependente de nucleotídeo cíclico** (**HCN**, do inglês *hyperpolarization-activated, cyclic nucleotide-dependent non-specific channel*), comum a todas as células com atividade intrínseca de marca-passo (Fig. 17.5).

1. **Canal Na^+:** o canal Na^+ se abre em resposta à despolarização da membrana, e é ativado com extrema rapidez (0,1-0,2 ms). Esse canal medeia o influxo de Na^+ (I_{Na}) que leva o V_m a zero e a várias dezenas de milivolts positivos (**pico de ultrapassagem**). Depois, se inativa rapidamente (em torno de 2 ms) e fica inativo até que o V_m retorne a -90 mV. A I_{Na} gera a fase ascendente do PA nos miócitos ventriculares e atriais.

2. **Canal Ca^{2+}:** os canais Ca^{2+} do tipo L também se abrem em resposta à despolarização de membrana, mas se ativam mais lentamente que os canais Na^+ (aproximadamente 1 ms). Uma vez abertos, promovem o influxo de Ca^{2+}, que tanto despolariza a célula (I_{Ca}) como também inicia a contração. Os canais Ca^{2+} também se inativam, mas muito lentamente (em torno de 20 ms).

3. **Canais K^+:** os canais K^+ estão envolvidos no efluxo de K^+ e são utilizados para repolarizar a membrana após a excitação. Existem dois tipos principais de canais K^+ nos miócitos. Uma corrente de K^+ de rápida ativação provoca uma corrente menor transitória de efluxo (I_{te}) nos músculos atrial e ventricular. A repolarização da membrana é de responsabilidade de uma corrente de K^+ dependente de voltagem (I_K) que se ativa lentamente (aproximadamente 100 ms) após a despolarização da membrana.

4. **Canais ativados por hiperpolarização:** o canal HCN medeia uma **corrente "funny"** (I_f), assim chamada porque tem propriedades peculiares. O HCN é um canal de cátion não específico, ativado por

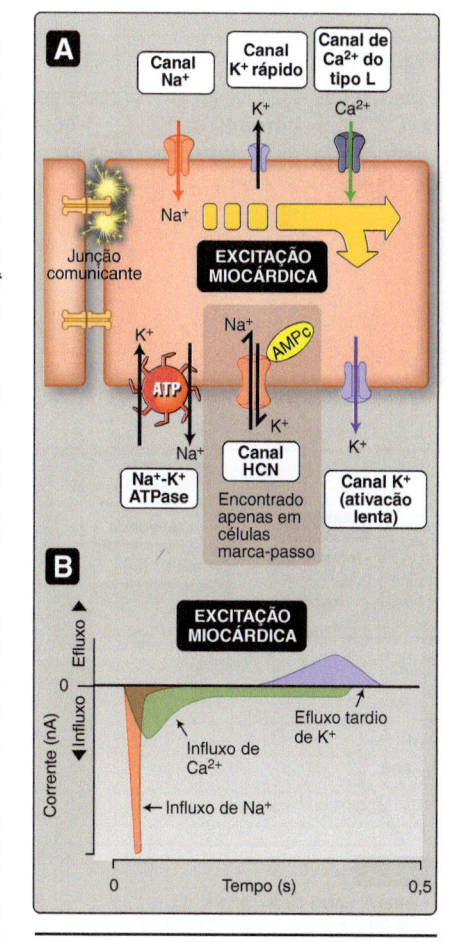

Figura 17.5

Principais canais iônicos e correntes nos miócitos cardíacos. ATP = trifosfato de adenosina; AMPc = monofosfato de adenosina cíclico; HCN = canal ativado por hiperpolarização, não específico dependente de nucleotídeo cíclico.

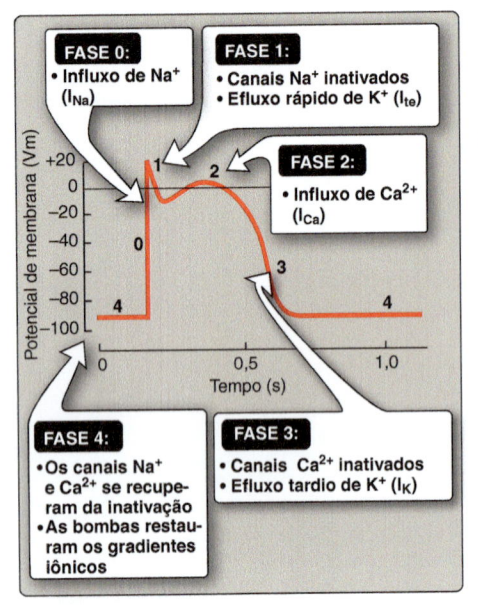

Figura 17.6
Potencial de ação rápido. I_{Ca} = corrente de Ca^{2+}; I_k = corrente de K^+; I_{Na} = corrente de Na^+; I_{te} = corrente transitória de efluxo.

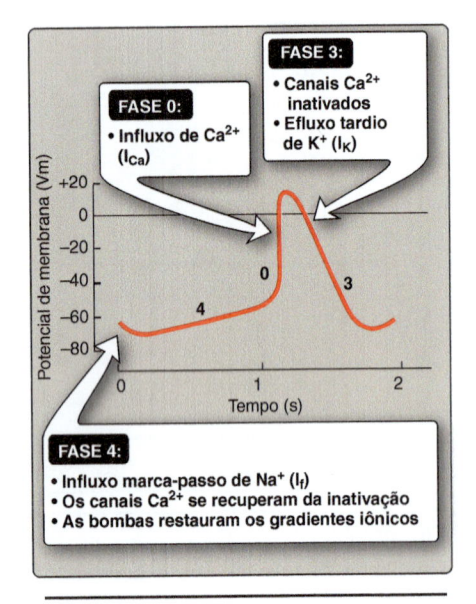

FASE 0:
• Influxo de Na^+ (I_{Na})

FASE 1:
• Canais Na^+ inativados
• Efluxo rápido de K^+ (I_{te})

FASE 2:
• Influxo de Ca^{2+} (I_{Ca})

FASE 3:
• Canais Ca^{2+} inativados
• Efluxo tardio de K^+ (I_K)

FASE 4:
• Os canais Na^+ e Ca^{2+} se recuperam da inativação
• As bombas restauram os gradientes iônicos

Figura 17.7
Potencial de ação lento. I_{Ca} = corrente de Ca^{2+}; I_f = corrente "*funny*" (corrente marca-passo); I_k = corrente de K^+.

FASE 0:
• Influxo de Ca^{2+} (I_{Ca})

FASE 3:
• Canais Ca^{2+} inativados
• Efluxo tardio de K^+ (I_K)

FASE 4:
• Influxo marca-passo de Na^+ (I_f)
• Os canais Ca^{2+} se recuperam da inativação
• As bombas restauram os gradientes iônicos

---

hiperpolarização, que suporta simultaneamente o efluxo de K^+ e o influxo de Na^+. O Na^+ domina a troca e a membrana despolariza. A I_f é uma corrente marca-passo, e será discutida em detalhes adiante.

B. Potenciais de ação

A velocidade na qual os miócitos conduzem os sinais elétricos é dependente de uma mistura dos canais iônicos envolvidos. A excitação dos miócitos contráteis é dominada por canais Na^+ dependentes de voltagem. A excitação das células nodais é dominada por canais Ca^{2+} do tipo L. As consequências são predominantemente aparentes na forma dos PAs registrados nas duas classes de miócitos. Os miócitos atriais e ventriculares expressam um PA rápido que ascende rapidamente durante a ativação da I_{Na}. As células nodais expressam PAs lentos que dependem da I_{Ca} para promover a fase ascendente.

1. **Rápido:** um PA rápido tem cinco fases distintas (Fig. 17.6). As correntes que possibilitam as diferentes fases se sobrepõem no tempo, mas os fármacos utilizados para tratar disritmias e outras doenças cardíacas são agrupados de acordo com a fase do PA que eles afetam principalmente e, assim, essas fases são aqui identificadas.

    a. **Fase 0:** a **fase 0**, fase ascendente do PA, é causada pela abertura do canal Na^+. O sarcolema dos miócitos atriais e ventriculares é rico em canais Na^+, e esses canais se abrem rapidamente, uma vez que a onda de excitação chegue ao local. O resultado é um vasto influxo de Na^+ que direciona o V_m ao potencial de equilíbrio do Na^+ (+60 mV).

    b. **Fase 1:** a **fase 1** reflete a inativação do canal Na^+, o que traz o V_m próximo a 0 mV. A repolarização na fase 1 é auxiliada pela I_{te}.

    c. **Fase 2:** o platô do PA é mantido pelo influxo de Ca^{2+} através de canais Ca^{2+} do tipo L. A I_{Ca} é lentamente inativada durante o PA, mas alguns canais Ca^{2+} permanecem abertos para prolongar o platô e assegurar que a liberação de Ca^{2+} e a contração se completem antes que a excitação termine.

    d. **Fase 3:** a repolarização da membrana é mediada pela ativação tardia da I_K.

    e. **Fase 4:** o intervalo entre os PAs é utilizado para que o Ca^{2+} retorne aos estoques intracelulares e para bombear Na^+ para fora da célula, em troca de K^+. O retorno a um V_m de repouso (−90 mV) também permite que os canais Na^+ e Ca^{2+} se recuperem de seu estado inativo, um processo que leva dezenas de milissegundos.

2. **Muito rápido:** as fibras de Purkinje são destinadas a conduzir a onda de excitação em altas velocidades. Suas membranas contêm mais canais Na^+ e menos Ca^{2+} do que os miócitos ventriculares, ou seja, a fase 0 segue mais próxima da I_{Na}. É a velocidade de despolarização da fase 0 que determina a velocidade de condução. As fibras de Purkinje são também três a quatro vezes maiores do que os miócitos ventriculares, o que permite velocidades mais altas de condução (ver 5.III.B.2).

3. **Lento:** as células nodais apresentam PAs lentos dominados pela I_{Ca} (Fig. 17.7). A razão principal para isso é que as células nodais têm um V_m de repouso que é significativamente mais positivo do que o dos miócitos contráteis (−65 mV vs. −90 mV). Os canais Na^+ são

inativados e não podem ser abertos a −65 mV, forçando as células nodais a dependerem dos canais Ca^{2+}, mais lentos, para gerar a fase ascendente do PA.

> As membranas das células nodais contêm canais Na^+ funcionais, que irão suportar uma corrente de Na^+ se eles se recuperarem da inativação. A recuperação envolve a conservação do V_m a −90 mV sob condições controladas.

a. **Fase 0:** a fase ascendente de um PA lento é promovida por influxo de Ca^{2+} através de canais Ca^{2+} do tipo L, os quais se ativam em uma ordem de magnitude mais lenta que os canais de Na^+. Como consequência, os PAs lentos se propagam muito vagarosamente.

b. **Fase 3:** a fase 3, de repolarização, é mediada pela I_K.

c. **Fase 4:** a fase 4 corresponde a um período de recuperação, mas as células nodais são notáveis, pelo fato de que a fase 4 é instável, e elas se tornam vagarosamente positivas com o passar do tempo. A transição é causada pela I_f e é a chave para as funções de automatismo e marca-passo.

C. Marca-passos

A capacidade de marca-passo é conferida às células pelos canais HCN. Quando abertos, esses canais fazem com que o V_m deslize gradativamente em direção ao limiar para a geração do PA. A dependência desses canais em relação ao monofosfato de adenosina cíclico (AMPc) também confere ao SNA uma via de regulação da velocidade de despolarização na fase 4, a qual, por sua vez, regula a FC. Quando os níveis intracelulares de AMPc aumentam, aumenta a probabilidade de abertura dos canais HCN, e o V_m despolariza em uma velocidade acelerada. Caindo os níveis de AMPc, diminui a abertura dos canais HCN, e a velocidade de despolarização da fase 4 fica mais lenta. Uma vez que a manutenção de batimentos cardíacos regulares é crítica para a sobrevivência, três tipos celulares diferentes possuem a capacidade de funcionar como marca-passos: as células nodais SA, as células nodais AV e as fibras de Purkinje.

1. **Corrente "funny":** o canal HCN é ativado pela hiperpolarização que ocorre no final da fase 3 (Fig. 17.8A). A despolarização resultante, em geral, leva várias centenas de milissegundos para chegar ao V_{li}, ponto no qual um disparo e uma nova onda de excitação se iniciam. Esse disparo inativa o canal HCN até o final da fase 3, ponto em que o ciclo se repete.

2. **Outros marca-passos:** o nodo SA é o marca-passo primário do coração. Ele tem uma taxa intrínseca de aproximadamente 100 batimentos/minuto, mas a FC é geralmente mais baixa, porque o SNPS reduz a FC quando a necessidade predominante do débito cardíaco (DC) é baixa (ver Fig. 17.8B). Se o nodo SA for danificado e se tornar silencioso, então o nodo AV toma conta da atividade de marca-passo. O nodo AV é geralmente subordinado ao nodo SA, porque sua taxa intrínseca é de 40 batimentos/min. Leva aproximadamente 1,5 s para que a fase 4 no nodo AV atinja o V_{li} (ver Fig. 17.8C), mas a nova onda de excitação que se origina no nodo SA normalmente chega bem antes desse tempo (**supressão por hiperestimulação**). As fibras de Purkinje são

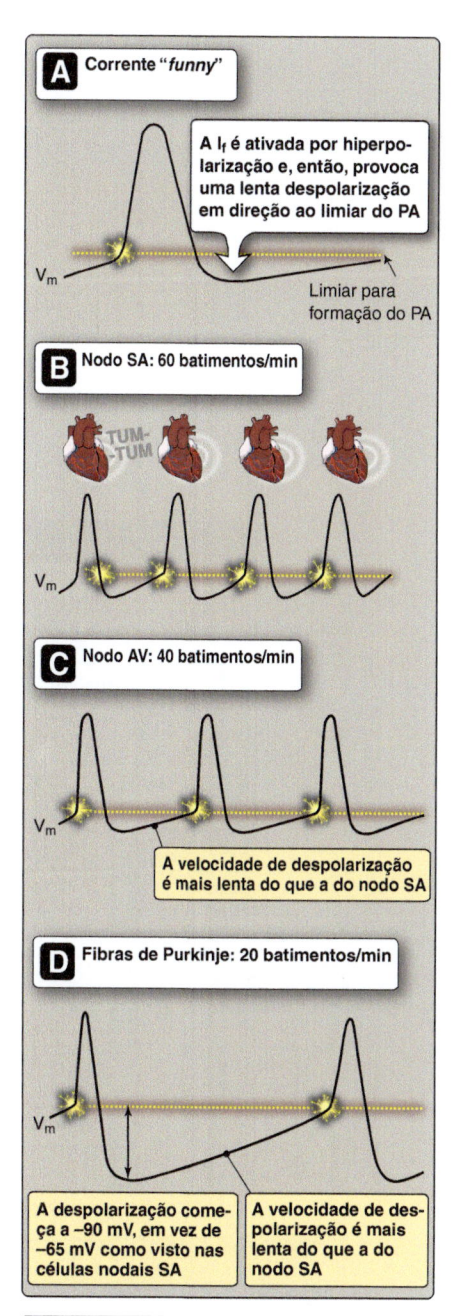

Figura 17.8

Marca-passos. PA = potencial de ação; AV = atrioventricular; I_f = corrente "funny" (corrente marca-passo); SA = sinoatrial; V_m = potencial de membrana.

marca-passos terciários. Sua velocidade intrínseca é muito baixa (em torno de 20 batimentos/min), em parte pelo fato de que o seu V_m é aproximadamente 25 mV mais negativo do que o das células nodais, e, assim, levam muito mais tempo para que o V_m atinja e ultrapasse o limiar a partir desse nível mais negativo (ver Fig. 17.8D).

3. **Regulação:** visto que a FC é o determinante primário do DC, o nodo SA é fortemente regulado pelo SNA. O SNS aumenta a FC liberando noradrenalina sobre receptores β_1-adrenérgicos das células nodais. Esses são receptores acoplados à proteína G (GPCRs) que aumentam a atividade da *adenilato ciclase* (*AC*) e a concentração intracelular de AMPc. O AMPc se liga aos canais HCN, aumenta sua probabilidade de abertura e acelera a velocidade de despolarização da fase 4 (Fig. 17.9). Assim, a FC aumenta (**cronotropismo positivo**). As terminações do SNPS liberam acetilcolina (ACh) sobre as células nodais. A ACh se liga a receptores muscarínicos do tipo 2, que também são GPCRs que diminuem a atividade da AC e diminuem a formação de AMPc. A velocidade de despolarização da fase 4 fica mais lenta, e a FC diminui (**cronotropismo negativo**).

4. **Outras correntes:** a velocidade de despolarização da fase 4 é também influenciada por uma corrente de Ca^{2+} e uma corrente de K^+ dependente de ligante, ambas reguladas pelo SNA (ver Fig. 17.9).

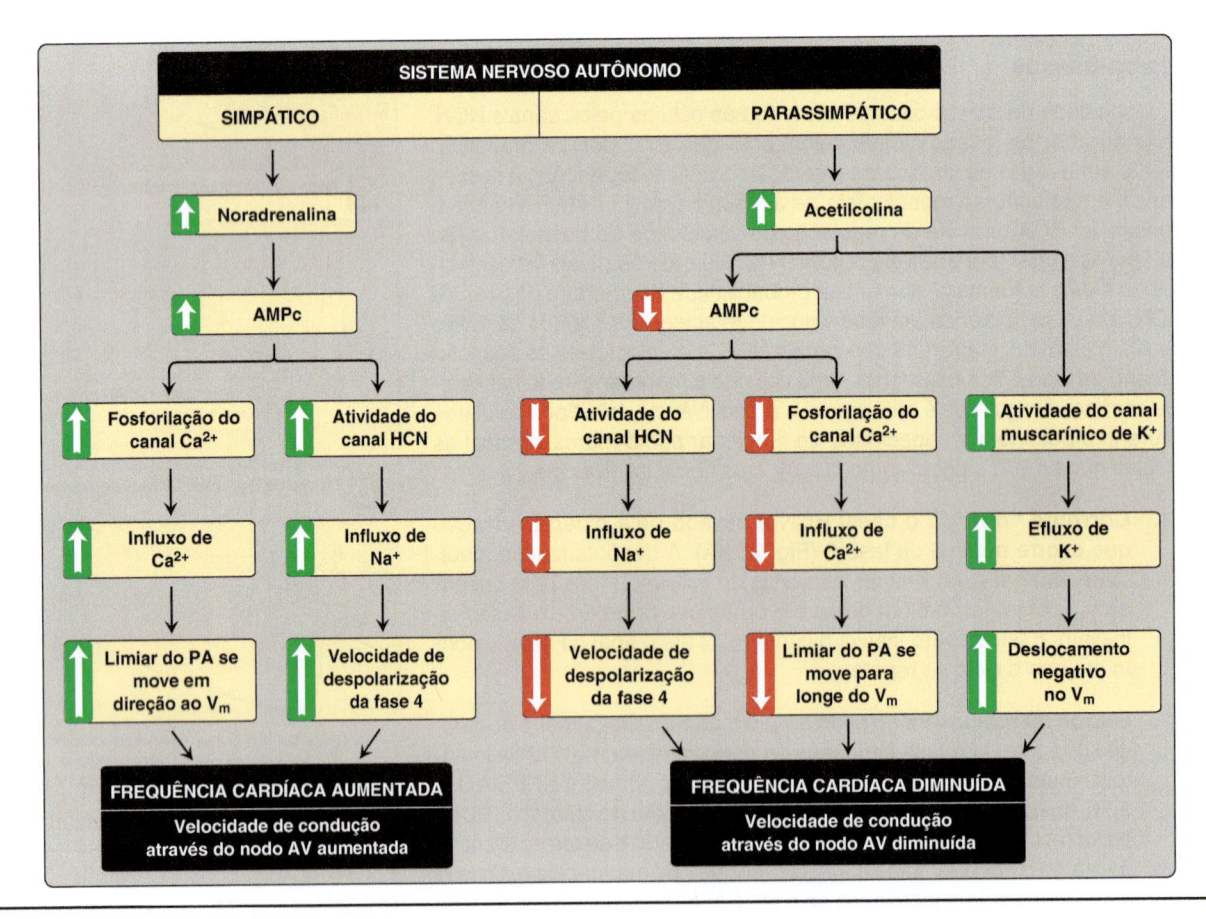

Figura 17.9

Regulação das células nodais pelo sistema nervoso autônomo. PA = potencial de ação; AV = atrioventricular; AMPc = monofosfato de adenosina cíclico; HCN = canal ativado por hiperpolarização, não específico dependente de nucleotídeo cíclico; V_m = potencial de membrana.

a. **Corrente de cálcio:** aumentos na concentração intracelular de AMPc, induzidos pela catecolamina, aumentam a atividade dos canais Ca^{2+} mediante fosforilação dependente da *proteína cinase A* (*PKA*). Isso contribui para o aumento da velocidade de despolarização da fase 4 nas células nodais SA, e também move o V_{li} para mais próximo ao V_m. A ativação do SNPS diminui a atividade da *AC* e da *PKA* e, assim, desloca a I_{Ca} para longe do V_{li}. O SNA tem efeitos semelhantes sobre os canais Ca^{2+} no nodo AV, mas aqui se manifestam como uma alteração na velocidade de condução (**dromotropismo**).

b. **Corrente de potássio:** o SNPS tem um nível adicional de controle por meio da ativação de uma corrente de K$^+$ ativada por ACh, que faz as membranas das células nodais se tornarem mais negativas. Já que a fase 4 começa em um nível mais hiperpolarizado, leva mais tempo para atingir o V_{li}, e a FC fica mais lenta.

D. Períodos refratários e arritmias

Uma vez que cada célula, no miocárdio, está eletricamente acoplada por junções comunicantes, o coração está vulnerável a marca-passos localizados dentro das porções contráteis do miocárdio (**marca-passos ectópicos**). Esses podem ter velocidades intrínsecas que podem ser tão altas de modo a tornar o coração incapaz de funcionar como uma bomba. Felizmente, a I_{Na} se inativa durante a despolarização, diminuindo essa possibilidade pela criação de um **período refratário absoluto** (**PRA**), um momento durante o qual um miócito é insensível a novas ondas de excitação (Fig. 17.10). Uma vez que a corrente começa a se recuperar da inativação, o miócito progride a um **período refratário relativo** (**PRR**), um período durante o qual é possível evocar uma pequena resposta da célula, mas não uma resposta capaz de se propagar. O PRA e o PRR, juntos, constituem o **período refratário efetivo**. Os períodos refratários também asseguram a impossibilidade de uma contração tetânica.

V. ELETROCARDIOGRAFIA

O coração é um órgão tridimensional. É necessário cerca de um terço de segundo para que as várias regiões se ativem completamente, tempo durante o qual existem ondas de atividade elétrica disparando através de suas estruturas internas. O **ECG** capta uma série de disparos unidimensionais desses eventos elétricos para criar uma imagem impressionantemente detalhada sobre o seu ritmo, a direção e a massa de tecidos envolvidos.

A. Teoria

Um ECG registra os potenciais extracelulares, utilizando eletrodos aderidos à superfície do corpo. Os potenciais são gerados por correntes que estão fluindo através dos tecidos circunvizinhos de áreas despolarizadas do coração para regiões polarizadas (**dipolo elétrico**), conforme mostra a Figura 17.11. A intensidade da corrente é diretamente proporcional ao tamanho do dipolo. Três eletrodos do eletrocardiógrafo são postos em triângulo (**triângulo de Einthoven**) em torno do coração e conectados a um registrador de ECG. O registrador compara sistematicamente as diferenças de voltagem entre pares de eletrodos e gera um registro em um papel em movimento. Essas comparações, que são facilitadas por uma rápida alteração dentro do registrador de ECG, são conhecidas como **derivações dos membros do ECG** (Fig. 17.12).

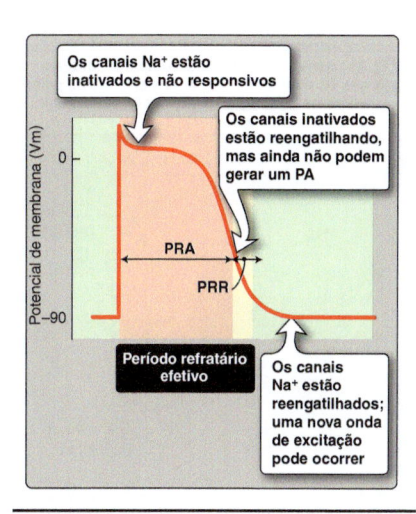

Figura 17.10
Períodos refratários. PA = potencial de ação; PRA = período refratário absoluto; PRR = período refratário relativo.

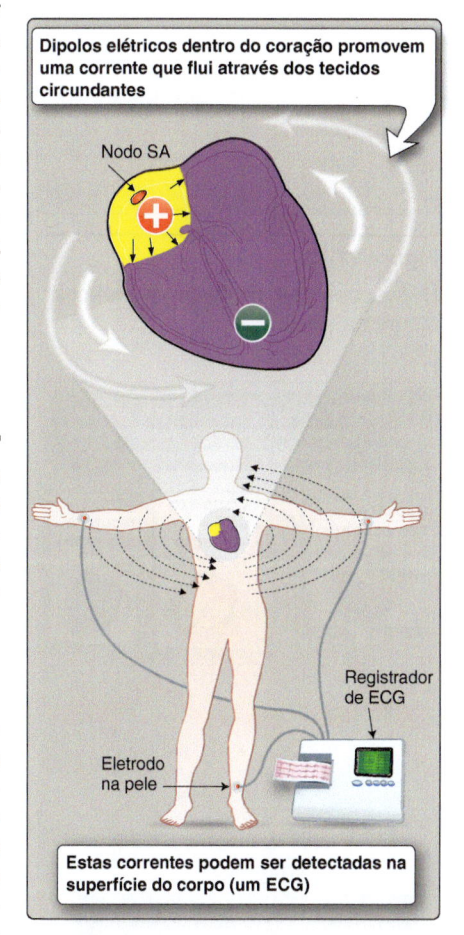

Figura 17.11
Eletrocardiografia. ECG = eletrocardiograma; SA = nodo sinoatrial.

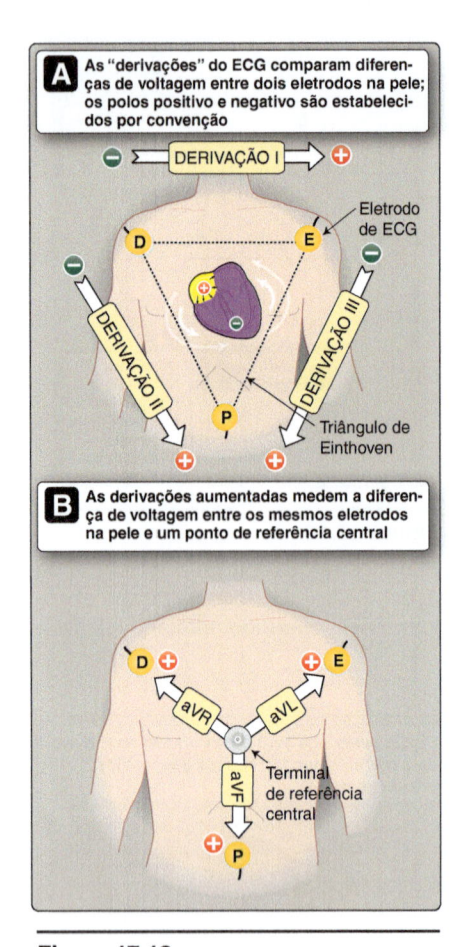

Figura 17.12
Derivações dos membros do eletrocardiograma (ECG).

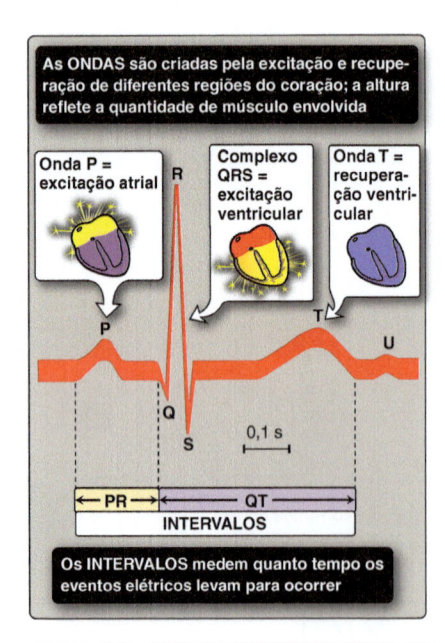

Figura 17.13
Eletrocardiograma.

Existem dois tipos gerais de derivações: derivações dos membros e derivações precordiais.

1. **Derivação bipolar dos membros:** existem três **derivações bipolares dos membros**, as quais são criadas comparando-se as diferenças de voltagem entre cada um dos três eletrodos do eletrocardiógrafo (ver Fig. 17.12A). A derivação I registra as diferenças de voltagem entre o braço direito e o esquerdo, a derivação II compara o braço direito e a perna esquerda, e a derivação III compara o braço esquerdo e a perna esquerda. Por convenção, o braço esquerdo é designado o polo positivo da derivação I, enquanto a perna é designada o polo positivo das derivações II e III.

2. **Derivações aumentadas dos membros:** três **derivações unipolares** comparam diferenças de voltagem entre eletrodos na pele e um ponto comum de referência (**terminal central**) que é mantido próximo ao potencial zero (ver Fig. 17.12B). As derivações **aVL**, **aVR** e **aVF** medem as diferenças de voltagem entre esse ponto e o braço esquerdo, o braço direito e a perna, respectivamente. Os eletrodos na pele são considerados como o polo positivo em cada caso.

3. **Derivações precordiais:** as derivações **precordiais** ou **peitorais** comparam as diferenças de voltagem entre um ponto comum de referência e seis outros eletrodos adicionais na pele, colocados em uma linha, diretamente acima do coração (V_1 a V_6).

B. Eletrocardiógrafo

Todos os registros do ECG são padronizados, de forma que sua interpretação seja um simples reconhecimento de padrão para um olho treinado. Por convenção, quando uma onda de despolarização está se movendo através do coração em direção ao polo positivo de uma derivação, causa uma deflexão para cima (positiva) no registro do ECG. O movimento em direção ao polo negativo causa uma deflexão para baixo (negativa). A despolarização de uma grande massa muscular gera um dipolo maior do que a despolarização de uma massa menor, assim é gerada uma deflexão maior no registro.

C. Eletrocardiograma normal

Um registro de ECG típico compreende cinco ondas, de P a T, que correspondem à excitação sequencial e à recuperação de diferentes regiões do coração (Fig. 17.13).

1. **Onda P:** o miocárdio repousa entre os batimentos, e a caneta do ECG repousa na **linha isoelétrica**. A excitação começa com o nodo SA, mas a corrente gerada é pequena demais para ser registrada na superfície do corpo. A onda de despolarização, então, se espalha através dos átrios, sendo registrada como a **onda P**. Quando ambos os átrios estão completamente despolarizados, a caneta retorna à linha basal. Uma onda P normal tem duração de 80 a 100 ms.

2. **Complexo QRS:** a onda P é seguida por um breve período de quiescência, durante o qual a onda de excitação se move vagarosamente através do nodo AV e cruza dos átrios para os ventrículos ao longo do feixe de His. Essa progressão não é captada nos registros. A despolarização ventricular produz o **complexo QRS**, cujos três componentes refletem a excitação do septo intraventricular (**onda Q**), do ápice e das paredes livres (**onda R**), e finalmente das re-

Tabela 17.1 Tempo de duração e forma das ondas do eletrocardiograma

Nome	Como se mede	Significado	Tempo
Intervalo PR	Do início da onda P ao início do complexo QRS	Tempo para a onda de excitação cruzar os átrios e o nodo AV	120-200 ms
Segmento PR	Do final da onda P ao início do complexo QRS	Tempo para a onda de excitação cruzar o nodo AV	50-120 ms
Intervalo QT	Do início do complexo QRS ao final da onda T	Duração da excitação e recuperação miocárdica	3000-430 ms

AV = atrioventricular.

giões próximas à base (**onda S**). Os registros retornam à linha de base quando o miocárdio ventricular como um todo está despolarizado, coincidindo aproximadamente com a fase 2 do PA ventricular. O complexo inteiro dura entre 60 e 100 ms.

3. **Onda T:** a repolarização ventricular é captada nos registros de ECG como uma **onda T**. Em raras ocasiões, a onda T pode ser seguida por uma pequena **onda U**, considerada uma representação da repolarização do músculo papilar.

Os intervalos de tempo entre as ondas são também nomeados, e podem fornecer informações importantes sobre a função cardíaca (Tab. 17.1).

D. Ritmos

O coração de um indivíduo saudável em repouso bate dentro de um **ritmo sinusal normal** de 60 a 100 batimentos/min. Alguns indivíduos têm taxas normais que ficam abaixo dessa amplitude (**bradicardia sinusal**), enquanto uma atividade física extenuante geralmente faz a taxa normal exceder os 100 batimentos/min (**taquicardia sinusal**). O prefixo "sinus" para ambos os ritmos indica que a taxa é estabelecida pelo nodo SA. Ritmos anormais (**disritmias** e **arritmias**) podem, praticamente, se originar em qualquer parte do miocárdio (Fig. 17.14).

Aplicação clínica 17.1 Síndrome do QT longo

A síndrome do QT longo (SQTL) se refere a um conjunto de distúrbios hereditários relacionados e adquiridos que retardam a repolarização de membrana na fase 3 e se manifestam como um prolongamento do intervalo QT na eletrocardiografia. Os pacientes portadores da SQTL correm o risco de desenvolver **torsades de pointes** ("torções das pontas"), uma taquicardia ventricular característica, na qual o complexo QRS varia em amplitude ao redor da linha isoelétrica. As *torsades* são preocupantes, porque frequentemente precipitam à morte súbita cardíaca (MSC). A fase 3 é retardada pela redução da I_K ou pelo prolongamento da I_{Na} ou da I_{Ca}. A forma mais comum de SQTL é causada por uma mutação do gene *LQT1*, do canal K^+, a qual reduz a I_K. Mutações *LQT3* impedem que o canal Na^+ se inative completamente durante a despolarização, e causam uma forma particularmente letal de SQTL. Eventos de arritmia podem ser ocasionados por qualquer um de uma série de fatores, incluindo o exercício e sons abruptos. Como resultado, os pacientes geralmente sofrem de palpitações, síncope, convulsões ou MSC.

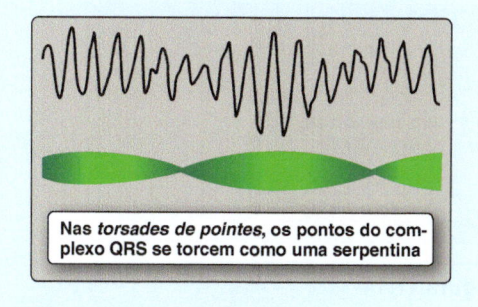

Nas *torsades de pointes*, os pontos do complexo QRS se torcem como uma serpentina

Torsades de pointes.

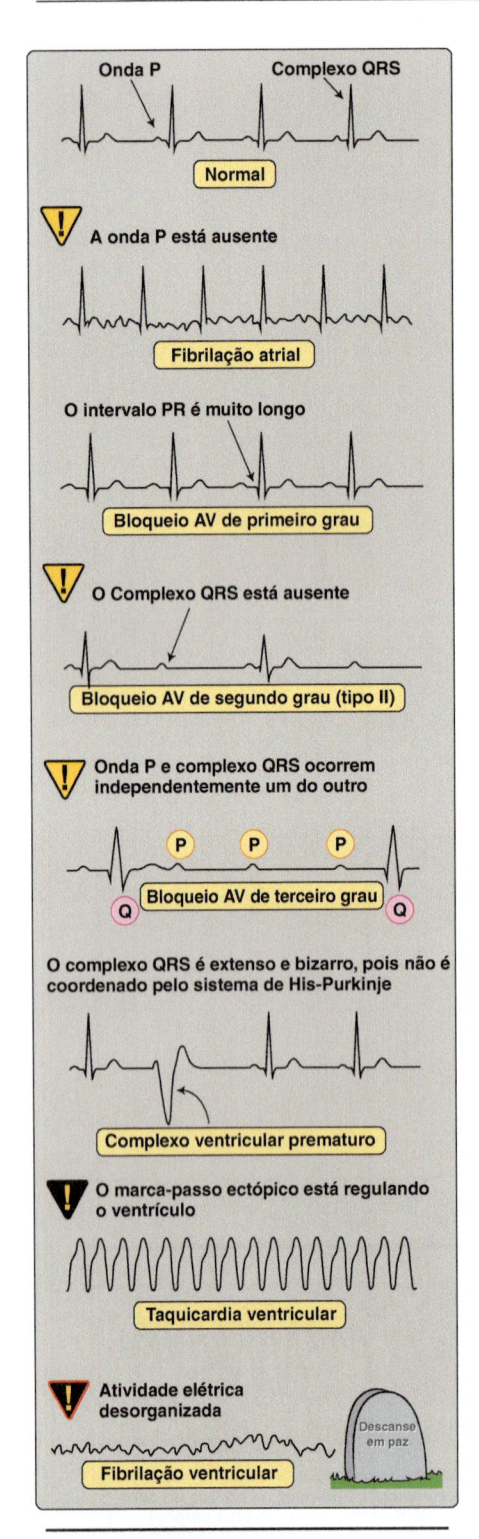

Figura 17.14
Ritmos cardíacos normal e anormal.
AV = atrioventricular.

1. **Arritmias atriais:** a **fibrilação atrial** (**FA**) é uma arritmia causada por um ou mais marca-passos atriais extranodais que geralmente ciclam em centenas de vezes por minuto. A FA é relativamente comum, especialmente entre adultos de idade avançada e em pacientes com problemas cardíacos. A perda da função de bombeamento atrial reduz o DC, e os pacientes consequentemente apresentam fadiga, dispneia e tonturas. O nodo AV atua como um filtro que geralmente protege os ventrículos de arritmias de origem atrial. O nodo é reexcitado pela atividade elétrica caótica que corre através dos átrios sempre que emerge de seu período refratário, de maneira que a FC pode ser irregular e taquicárdica, mas o complexo QRS é normal, porque a onda de excitação ainda é coordenada pelo sistema de His-Purkinje.

2. **Bloqueio atrioventricular:** defeitos funcionais e anatômicos no nodo AV podem retardar ou interromper a transmissão de sinais aos ventrículos, uma condição conhecida como **bloqueio do nodo AV**. O bloqueio ocorre durante o intervalo PR, porque esse é o momento em que a onda de excitação se propaga dos átrios aos ventrículos. O bloqueio do nodo AV é geralmente descrito como de primeiro, segundo ou terceiro grau, de acordo com sua gravidade.

    a. **Primeiro grau:** o **bloqueio de primeiro grau** é caracterizado por um prolongamento do intervalo PR (> 0,2 s). Em geral, é benigno e assintomático.

    b. **Segundo grau:** são reconhecidos dois tipos de **bloqueio de segundo grau**. O **bloqueio tipo I de Möbitz** (também conhecido como **bloqueio de Wenckebach**) descreve um ritmo no qual o intervalo PR se prolonga gradativamente até que ocorra um bloqueio completo, ponto no qual os ventrículos não conseguem ser excitados, e os registros no ECG descrevem a linha do complexo QRS. O **bloqueio tipo II de Möbitz** é caracterizado por registros de ECG nos quais o complexo QRS é bloqueado sem qualquer aviso prévio. O tipo I em geral é benigno. O tipo II pode progredir rapidamente ao bloqueio de terceiro grau.

    c. **Terceiro grau:** o **bloqueio de terceiro grau** é causado por um defeito no nodo AV ou no sistema de condução que impede completamente que os sinais elétricos alcancem os ventrículos. Na ausência de uma orientação fornecida pelo nodo SA, os marca-passos localizados no feixe de His ou na rede de Purkinje, em geral, assumem a responsabilidade de comandar a contração ventricular. O ECG geralmente mostra uma onda P normal, regular, e um complexo QRS que pode também ser regular, mas temporariamente desconectado do ritmo sinusal.

3. **Disritmias ventriculares:** as disritmias podem também ter origens ventriculares. **Ritmos ventriculares ectópicos** que se originam nas porções contráteis do miocárdio se propagam por junções comunicantes até que todo o coração esteja envolvido. Uma vez que a onda de excitação se propaga através do equivalente miocárdico de "ruas lentas", em vez de utilizar o sistema da "autoestrada" de Purkinje, os complexos QRS resultantes são amplos. A sequência de excitação também é anormal, de forma que o complexo QRS é altamente atípico. **Contrações ventriculares prematuras** (**CVPs**) ocasionais (< 6/min), de origem ectópica, são comuns e geralmente benignas (ver Fig. 17.14). Marca-passos ectópicos têm o potencial de regular o funcionamento do miocárdio a altas velocidades (em

Aplicação clínica 17.2 Infarto do miocárdio

Se uma região do miocárdio é privada de fluxo sanguíneo adequado, ela se torna **isquêmica**. A isquemia prolongada ou extrema leva à morte muscular, um evento conhecido como **infarto do miocárdio (IM)**. O IM é geralmente causado por estenose ou oclusão completa de uma artéria coronária por placas ateroscleróticas. Dependendo da gravidade do impedimento do fluxo, o IM pode ser imediatamente fatal ou pode se limitar à necrose local da parede ventricular. Pacientes que sofrem um IM agudo geralmente apresentam uma dor isquêmica intensa. O diagnóstico de um IM pode ser confirmado pela medida dos níveis circulantes de biomarcadores cardíacos, tais como as troponinas, e pode em geral se manifestar em um eletrocardiograma (ECG) como uma **elevação do segmento ST**.

A elevação do segmento ST ocorre porque as células danificadas e mortas liberam K^+ no espaço extracelular. Todas as células mantêm altas concentrações intracelulares de K^+, utilizando a K^+-Na^+ ATPase onipresente. Quando as células morrem, suas membranas se rompem, e o K^+ é liberado. Todas as células também dependem de um excessivo gradiente transmembrana de K^+ para manter o V_m em níveis normais de repouso, de forma que o aparecimento de K^+ extracelular faz os miócitos saudáveis na periferia do evento isquêmico despolarizarem. A área isquêmica cria, portanto, um dipolo elétrico dentro do miocárdio, que gera uma **corrente de lesão**. A corrente flui no período entre os batimentos e causa um deslocamento do valor padrão da linha de base em um registro de ECG. Um observador somente fica ciente do deslocamento durante o segmento ST, um período no qual o miocárdio inteiro é despolarizado e o dipolo e sua corrente dependente desaparecem. Na prática, a corrente de lesão *engana* o olho, fazendo acreditar que o segmento ST está elevado. As áreas danificadas finalmente necrosam e são substituídas por tecido de cicatrização, ponto no qual o dipolo e a corrente de lesão desaparecem.

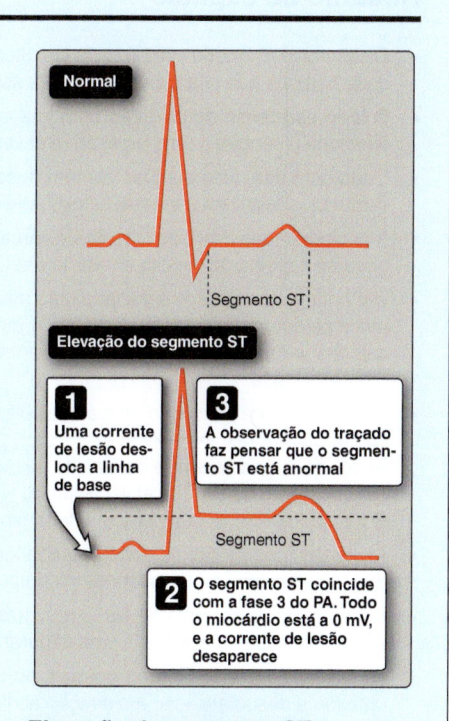

Elevação do segmento ST.
PA = potencial de ação.

---

torno de 300 batimentos/min), um ritmo conhecido como **taquicardia ventricular (V-taq)**. O início da V-taq é um evento grave, porque regula o funcionamento do coração a velocidades tão elevadas, que perturbam a função de bombeamento ao ponto no qual o DC cai a zero. Um miocárdio sem suprimento de O_2 progride rapidamente a uma **fibrilação ventricular (V-fib)** e morte súbita cardíaca.

E. Eixo elétrico médio

O **eixo elétrico médio (EEM)** faz uma média dos muitos vetores elétricos gerados pela onda de excitação à medida que essa se desloca através do coração. O EEM fornece um único valor que indica qual região do coração domina os eventos elétricos (Fig. 17.15). Em um indivíduo saudável, o VE domina, porque contém a maior massa de tecido. Por convenção, um círculo é desenhado em torno do coração no plano das derivações dos membros, e o lado esquerdo é considerado estar a 0°, o lado direito a 180°, os pés a +90° e a cabeça a −90°. Em um indivíduo saudável, normal, o EEM fica entre −30° e +105°. Se o EEM for menor que −30°, o lado esquerdo do coração deve estar contribuindo para o EEM em uma proporção maior do que a normal. Isso é conhecido como **desvio do eixo para a esquerda** e é, em geral, um indicativo de hipertrofia ventricular esquerda. Um EEM maior do que +105° (**desvio do eixo para a direita**) indica hipertrofia ventricular direita.

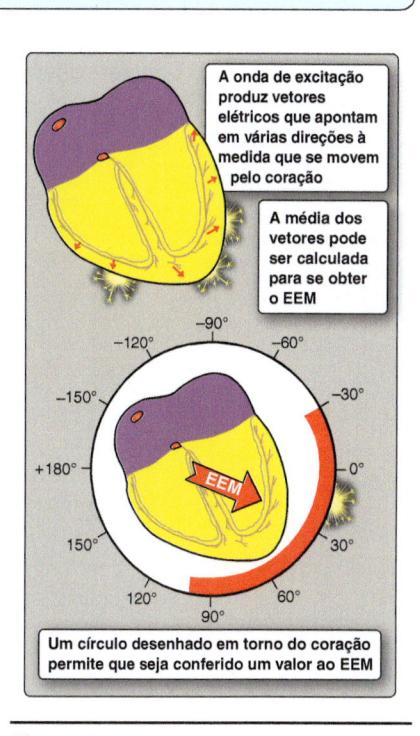

Figura 17.15
Eixo elétrico médio (EEM).

Resumo do capítulo

- O sistema circulatório contém dois circuitos vasculares que são conectados em série, formando uma alça. O coração contém duas bombas que criam a pressão necessária para direcionar o sangue ao longo dos dois circuitos.
- O **lado esquerdo do coração** bombeia sangue em alta pressão para a **circulação sistêmica**. O **lado direito do coração** direciona o sangue a uma pressão relativamente baixa para a **circulação pulmonar**.
- Cada uma das duas bombas contém duas câmaras: um **átrio** e um **ventrículo**. Valvas de uma via, na entrada e saída dos ventrículos, auxiliam a manter o fluxo unidirecional ao longo dos circuitos.
- A contração das diferentes regiões e câmaras do coração é coordenada cuidadosamente por uma onda de despolarização. A onda se espalha de miócito a miócito em todo o miocárdio por **junções comunicantes**.
- Um batimento cardíaco é iniciado pelo marca-passo do coração, o **nodo sinoatrial**, localizado na parede do átrio direito. Os átrios se contraem primeiro, forçando a passagem de seus conteúdos por meio das **valvas atrioventriculares (AV)** em direção aos ventrículos. A excitação dos ventrículos é retardada pelo **nodo AV** e então coordenada pelas **fibras de Purkinje** de alta velocidade.
- A velocidade de condução através das diferentes regiões do coração está relacionada à forma do potencial de ação. Miócitos contráteis e fibras de Purkinje expressam **potenciais de ação rápida** compostos por cinco fases. A **fase 0** (ascendente) ocorre devido a uma **corrente de Na^+** de ativação muito rápida, a qual então se **inativa (fase 1)**. O platô (**fase 2**) ocorre devido a uma **corrente de Ca^{2+}** de ativação lenta, enquanto a repolarização de membrana (**fase 3**) é efetuada por uma **corrente de K^+**. O intervalo entre os batimentos é denominado **fase 4**.
- As células nodais são de condutividade lenta, porque não apresentam a corrente de Na^+ da fase 0, deixando que a corrente de Ca^{2+} direcione a fase ascendente do potencial de ação.
- A inativação da corrente de Na^+ e da corrente de Ca^{2+} durante a despolarização faz os miócitos se tornarem **refratários** aos estímulos adicionais, o que é uma segurança contra a possibilidade de ocorrência de tetania.
- As células nodais são **marca-passos**, porque expressam uma **corrente "*funny*"** que é ativada durante a fase 4 e que provoca uma lenta despolarização em direção ao limiar para a formação do disparo.
- A corrente "*funny*" é regulada pelo **sistema nervoso autônomo**. O ramo **simpático** aumenta a corrente, eleva a velocidade de despolarização da fase 4 e acelera a frequência cardíaca. A estimulação nervosa **parassimpática** tem o efeito oposto.
- As ondas de excitação que se movem através do coração geram correntes que podem ser registradas na superfície do corpo para produzir um **eletrocardiograma (ECG)**. Um registro típico de ECG compreende várias formas distintas de ondas correspondentes à excitação dos átrios (**onda P**), do septo ventricular, ápice e paredes livres (**Q, R e S**) e, então, à repolarização dos ventrículos (**onda T**).
- O tempo de duração, a magnitude e a forma dessas ondas podem ser utilizados para diagnosticar defeitos na função cardíaca. Quando existe uma quebra nas vias normais de condução, o período entre a onda P e o complexo QRS é prolongado ("**bloqueio**"). Um aumento no comprimento da uma onda P ou do complexo QRS é indicativo de uma **hipertrofia**. O alargamento do complexo QRS pode ser indicativo de um marca-passo ectópico. O deslocamento de um segmento pode ser indicativo de **isquemia** e **infarto**.

Mecânica Cardíaca 18

I. VISÃO GERAL

A função do coração é gerar pressão dentro do compartimento arterial. A pressão é necessária para direcionar o fluxo de sangue através dos vasos sanguíneos, levando O_2 e nutrientes a todas as células do corpo. A quantidade de sangue que o coração bombeia a cada ciclo está diretamente relacionada às necessidades metabólicas. Em repouso, as necessidades dos tecidos são modestas e o débito cardíaco (DC) se aproxima de 5 a 6 L/min em uma pessoa de estatura média. Qualquer aumento na atividade do tecido (digestão de uma refeição, caminhada, subir escadas) requer um aumento do DC para dar suporte às necessidades do tecido em atividade. O aumento do DC é alcançado, em parte, por um aumento na frequência do ciclo cardíaco (frequência cardíaca [FC]), mas o coração, diferentemente de uma bomba convencional, tem a capacidade única de aumentar a quantidade de sangue que ele ejeta a cada batimento, e pode fazê-lo com força e eficiência aumentadas. Essas características permitem que o coração de um atleta em plena forma física aumente a ejeção em até cinco a seis vezes durante um exercício extenuante. A adaptação do DC às necessidades dos tecidos é de responsabilidade do sistema nervoso autônomo (SNA), o qual regula a frequência cardíaca, a dimensão do enchimento ventricular anterior à contração e a força de contração.

II. CICLO CARDÍACO

O ciclo cardíaco consiste em ciclos alternados de contração (**sístole**) e relaxamento (**diástole**). Quando se descreve um ciclo, é importante correlacionar quatro medidas de atividade: os eventos elétricos que iniciam e coordenam a contração (registrados como um **eletrocardiograma** [**ECG**]), a pressão dentro das várias partes do sistema, as alterações de volume e os sons associados com o sangue que se move entre os vários compartimentos. Esses quatro índices estão representados na Figura 18.1. Esse diagrama focaliza o ventrículo esquerdo (VE), mas o ventrículo direito (VD) funciona de forma similar, embora com uma ejeção e um enchimento em níveis mais baixos.

A. Fases

O ciclo cardíaco pode ser dividido em sete fases distintas (os números correspondem às fases indicadas no topo da Fig. 18.1).

1. **Sístole atrial:** o ciclo cardíaco começa com a sístole atrial, a qual é iniciada por uma excitação atrial e segue o crescente da onda P no ECG.

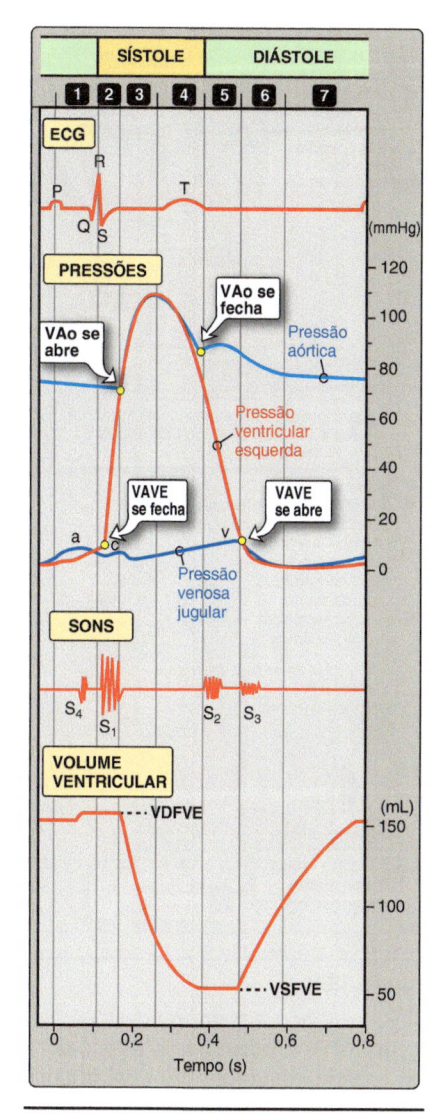

Figura 18.1
Ciclo cardíaco. VAo = valva aórtica; ECG = eletrocardiograma; VDFVE = volume diastólico final ventricular esquerdo; VSFVE = volume sistólico final ventricular esquerdo; VAVE = valva atrioventricular esquerda (mitral).

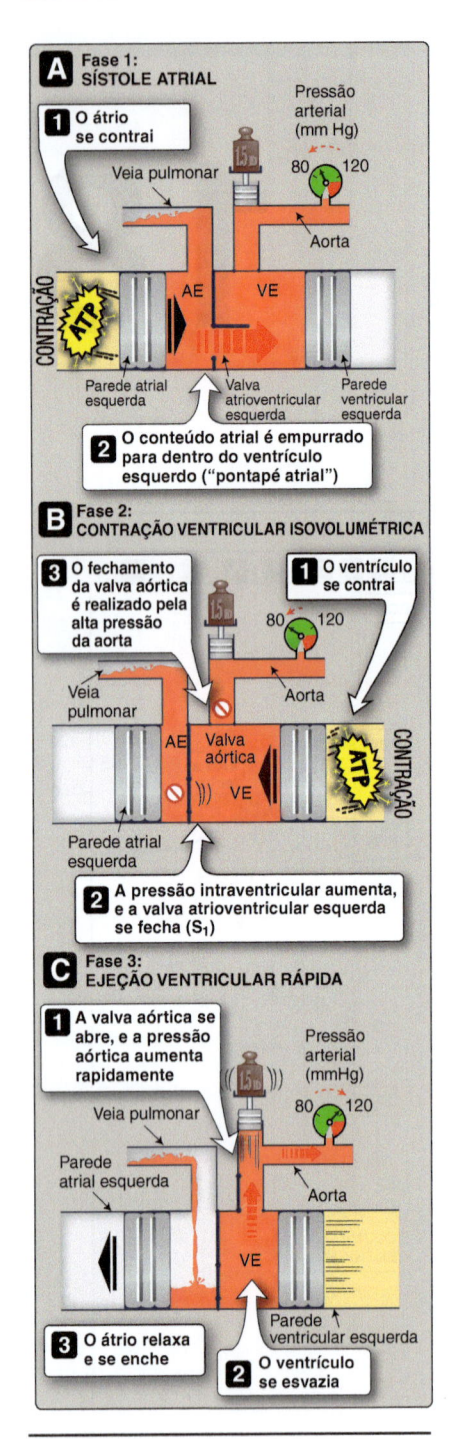

2. **Contração ventricular isovolumétrica:** a sístole ventricular começa com o fechamento da valva atrióventricular esquerda (mitral), que ocorre durante o complexo QRS. Leva cerca de 50 ms para que o ventrículo desenvolva pressão suficiente para forçar a abertura da valva aórtica, período em que os miócitos estão se contraindo em torno de um volume fixo de sangue. Essa fase é, por isso, conhecida como **contração isovolumétrica** (ou **isométrica**).

3. **Ejeção ventricular rápida:** a valva da aorta finalmente se abre, e o sangue sai do ventrículo e entra no sistema arterial em alta velocidade (**ejeção rápida**).

4. **Ejeção ventricular reduzida:** a velocidade de ejeção diminui à medida que a sístole ventricular se aproxima de seu fim (**ejeção reduzida**). O fechamento da valva aórtica marca o final desta fase.

5. **Relaxamento ventricular isovolumétrico:** já que o ventrículo é um compartimento fechado, novamente segue-se um período de **relaxamento isovolumétrico**.

6. **Enchimento ventricular rápido:** quando a valva atrioventricular esquerda se abre, o sangue que estava represado no átrio durante a sístole se projeta para dentro do ventrículo. A fase de **enchimento passivo rápido** sinaliza o início da diástole.

7. **Enchimento ventricular reduzido:** o ciclo cardíaco termina com um enchimento reduzido. Esta fase, também conhecida como **diástase**, geralmente desaparece quando a FC aumenta, porque a duração do ciclo é grandemente reduzida às custas da diástole.

B. **Volume e pressão ventricular**

A Figura 18.2 fornece uma representação esquemática do lado esquerdo do coração para ilustrar as seguintes descrições do fluxo sanguíneo e do desenvolvimento de pressão durante um único ciclo cardíaco. As fases numeradas na Figura 18.2A a F se correlacionam com as fases indicadas na Figura 18.1.

1. **Diástole:** o VE se recarrega com sangue proveniente das veias pulmonares através do átrio esquerdo durante a diástole. No final da diástole, o ventrículo chegou perto da sua capacidade total, mas a contração atrial força uma pequena quantidade de sangue adicional para a luz da câmara ("**pontapé atrial**"; ver Figs. 18.1 e 18.2A), e a pressão ventricular esquerda (PVE) sobe para cerca de 10 a 12 mmHg. O **volume diastólico final** (**VDF**) do VE fica, então, em torno de 120 mL em um indivíduo em repouso, embora a amplitude de valores considerados normais seja bastante grande (70 a 240 mL).

Figura 18.2
Ciclo cardíaco em um modelo de coração. ATP = trifosfato de adenosina; AE = átrio esquerdo; VE = ventrículo esquerdo; PVE = pressão ventricular esquerda.

> Em uma pessoa saudável em repouso, a sístole atrial aumenta o volume do VE em aproximadamente 10%, mas esse valor pode subir a 30 a 40% quando a FC está elevada, e o tempo disponível para o enchimento é reduzido. Pacientes com insuficiência cardíaca podem tornar-se tão dependentes da contribuição atrial para a demanda em repouso, que a perda da sístole atrial devido à fibrilação pode comprometer o DC e a pressão arterial.

2. **Sístole:** a PVE sobe para taxas máximas durante a contração isovolumétrica (ver Fig. 18.2B). Uma vez que a PVE alcança e excede a pressão da aorta, a valva aórtica se abre, e o sangue é ejetado no sistema arterial (ver Fig. 18.2C). As pressões continuam a se elevar, mesmo quando o sangue está sendo ejetado, porque os miócitos do VE ainda estão ativamente se contraindo (ver Fig. 18.1). A fase de ejeção rápida é responsável por aproximadamente 70% da ejeção ventricular total e conduz pressão da aorta em direção a um pico ao redor de 120 mmHg. Os miócitos ventriculares agora começam a se repolarizar, a contração diminuiu, e a PVE cai rapidamente. A energia cinética repassada ao sangue pela contração do VE continua a dirigir o fluxo de ejeção ventricular por um breve período, mas a queda rápida na PVE faz o gradiente de pressão através da valva aórtica reverter, e essa valva se fecha (ver Fig. 18.2D).

3. **Diástole:** uma vez que a pressão intraventricular cai abaixo da pressão atrial, a valva atrioventricular esquerda se abre, e o enchimento começa (ver Fig. 18.2E). As faixas musculares helicoidais do VE fazem com que esse encurte, se torça e expulse o sangue para fora, através das valvas, durante a sístole. Com o relaxamento, o miocárdio volta ao tamanho normal pela sua elasticidade natural (discutido em maior detalhe adiante), e a pressão continua a diminuir rapidamente, mesmo que sangue proveniente do átrio continue entrando (preenchimento passivo, rápido), como mostrado na Figura 18.2F. O ciclo, então, se repete.

4. **Eficiência ventricular:** o VE não se esvazia completamente durante a sístole e o **volume sistólico final** (**VSF**) é em geral em torno de 50 mL. Subtraindo o VSF do VDF, temos o **volume sistólico** (**VS**) (ou volume de ejeção), o qual define a quantidade de sangue transferida do VE ao sistema arterial durante a sístole. O VS deve ser > 60 mL em uma pessoa saudável. A divisão do VS pelo VDF resulta na **fração de ejeção** (**FE**), normalmente de cerca de 55 a 75%. A FE é uma medida importante de eficiência e saúde cardíaca e, portanto, é utilizada clinicamente para avaliar o estado cardíaco em pacientes com insuficiência cardíaca, por exemplo.

> A FE é geralmente estimada de forma não invasiva por intermédio da ecocardiografia bi ou tridimensional. Um ecocardiograma pode medir o VSF e o VDF, a espessura das paredes do coração, a velocidade de encurtamento muscular e os padrões de fluxo sanguíneo durante a contração e o relaxamento.

C. Pressão aórtica

O sistema arterial é composto por vasos de pequeno calibre que não se distendem facilmente (ver 19.II.C). Na prática, isso significa que a pressão arterial sobe bruscamente quando o VE força o sangue para dentro do sistema, mas essa pressão prontamente se dissipa quando o sangue deixa o sistema e entra nas redes capilares.

1. **Sístole:** a pressão aórtica é insensível a eventos intraventriculares enquanto a valva aórtica está fechada. Uma vez que a PVE sobe acima da pressão da aorta e a valva aórtica se abre, a pressão da aorta sobe e desce quase em sincronia com a PVE (ver Figs. 18.1 e 18.2C).

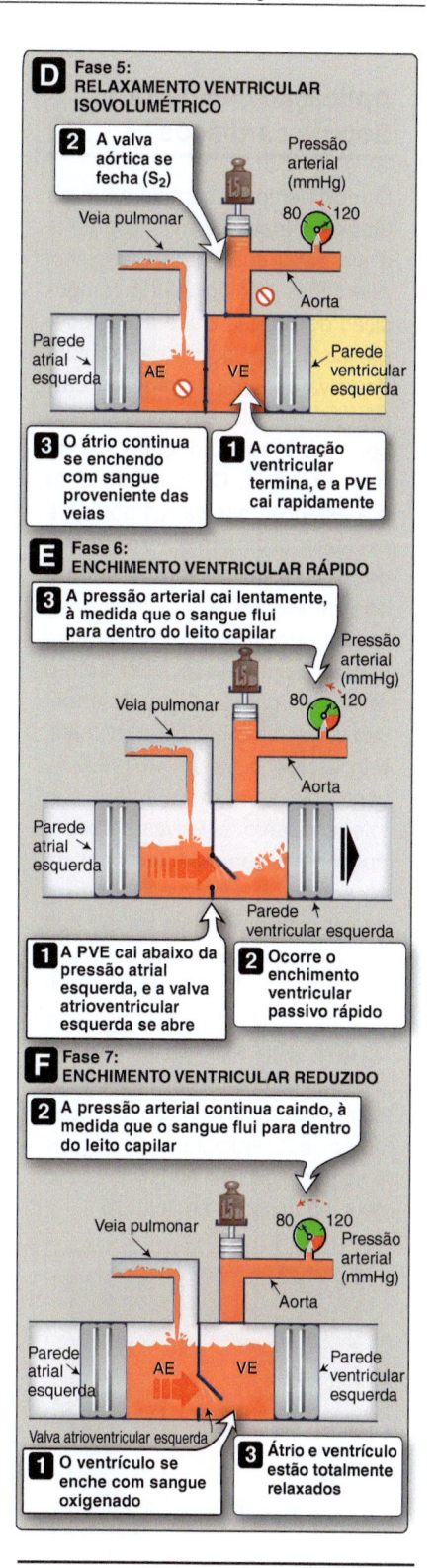

Figura 18.2
(*Continuação*)

Aplicação clínica 18.1
Sopros cardíacos

O movimento do sangue entre os átrios, ventrículos e sistema arterial é em geral delicado e silencioso. Alterações fisiológicas na composição do sangue e alterações congênitas ou patológicas na estrutura da valva podem criar **sopros cardíacos**, que são sons associados com fluxo sanguíneo turbulento (ver 19.V.A.4). O endurecimento e a estenose das valvas aórtica e pulmonar obstruem o fluxo sanguíneo e causam os **sopros sistólicos de ejeção**. As valvas que se fecham incompletamente também causam sopros associados com o refluxo sanguíneo. A **insuficiência** das valvas atrioventriculares (mitral e tricúspide) faz o sangue refluir do ventrículo ao átrio durante a sístole, enquanto as valvas aórtica e pulmonar incompetentes causam os sopros diastólicos. A figura a seguir mostra um jato de sangue (seta) causado por refluxo em alta pressão da aorta (Ao) para o ventrículo esquerdo (VE) e para o interior do átrio esquerdo (AE) por meio de um regurgitamento da valva aórtica durante a diástole. O jato foi captado por ecocardiografia. O traçado a seguir registra o som provocado pela regurgitação aórtica.

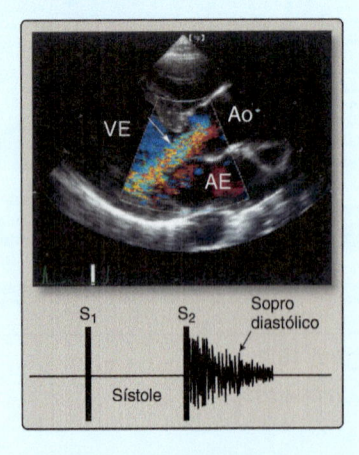

Regurgitação aórtica. S_1 e S_2 = primeiro e segundo sons cardíacos.

2. **Diástole:** a pressão da aorta cai brevemente logo após o fechamento da valva aórtica, criando uma **depressão** ou **incisura dicrótica** característica na curva da pressão aórtica. A incisura é causada pelo abaulamento da valva aórtica para dentro do VE, sob o peso da pressão da aorta quando ela se fecha. A pressão da aorta declina lentamente durante a diástole, refletindo a saída de sangue do sistema arterial para dentro do leito capilar (ver Figs. 18.1, 18.2E e 18.2F).

D. Pressão venosa

A ausência de valvas entre os átrios e o sistema venoso permite que as alterações da pressão intra-atrial sejam transmitidas de volta para as veias de localização próxima ao coração. A pressão venosa da jugular interna (uma veia proeminente do pescoço) apresenta três ondas distintas de pressão durante o ciclo cardíaco (ver Fig. 18.1).

1. **Onda a:** a contração do átrio direito gera uma onda de pressão que força o sangue em direção ao ventrículo direito, e também cria uma **onda a** no registro venoso jugular.

2. **Onda c:** a contração ventricular faz a pressão intraventricular subir bruscamente, e as valvas atrioventriculares (AV), em consequência, se abaulam para o interior dos átrios. A deflexão da valva atrioventricular direita (tricúspide) gera um pulso na pressão venosa jugular, conhecido como **onda c**.

3. **Onda v:** durante a sístole ventricular, o sangue continua a fluir do sistema venoso para o átrio direito e fica retido contra a valva atrioventricular direita fechada. A pressão cresce à medida que o átrio se enche, o que é registrado como a porção ascendente da **onda v** no registro venoso jugular. A porção descendente relaciona-se com o esvaziamento atrial rápido quando a valva atrioventricular direita se abre, e o sangue sai em direção ao ventrículo direito (uma saída semelhante ocorre no lado esquerdo do coração; ver Fig. 18.2E).

E. Sons cardíacos

Existem quatro **sons cardíacos** associados ao ciclo cardíaco. Os dois primeiros são eventos associados ao fechamento das valvas, e os outros dois são sons causados pela entrada do sangue no VE.

1. **Primeiro:** o primeiro som cardíaco (S_1) ocorre no começo da sístole ventricular. A PVE se desenvolve rapidamente durante esse período, fazendo com que o sangue comece a se movimentar para trás, em direção aos átrios. O movimento logo chega às válvulas das valvas AV, fazendo com que elas se fechem abruptamente (ver Fig. 18.2B). O fechamento da valva e a vibração na parede do VE são registrados como um som de baixo estrondo tipo "**lub**", o qual dura em torno de 150 ms.

2. **Segundo:** o fechamento das valvas aórtica e pulmonar está associado com o segundo som do coração (S_2), o qual pode ser escutado como um breve "**dup**". O S_2 em geral se divide em dois componentes distintos, aórtico (A_2) e pulmonar (P_2), que refletem o fechamento levemente assincrônico das duas valvas. Essa divisão é mais nítida durante a inspiração, quando uma queda na pressão intratorácica aumenta o gradiente de pressão que direciona o fluxo sanguíneo das veias sistêmicas para o VD. Consequentemente, o VD recebe mais sangue que o VE. Um grande volume de sangue leva mais tempo para ser ejetado do que um pequeno volume, e, assim, a sístole do VD é prolongada, em comparação à sístole do

VE. O fechamento da valva pulmonar é retardado até o ponto em que ele pode ser ouvido como um som separado (P_2).

3. **Terceiro:** a ausculta de crianças e adultos magros pode revelar um som cardíaco estrondoso de baixa intensidade (**S_3**) durante a diástole inicial. O S_3 é causado pela rápida entrada de sangue no VE (i.e., enchimento passivo rápido), causando turbulência, o que faz as paredes do VE ressoarem e vibrarem.

4. **Quarto:** o quarto som do coração (**S_4**) está associado com a contração atrial. A força da sístole atrial é muito fraca para ser detectada pela orelha em indivíduos saudáveis. Entretanto, um ventrículo que necessite de auxílio para o enchimento pode estimular uma hipertrofia atrial e, então, o S_4 pode tornar-se aparente como um breve som de baixa frequência. Tal som reflete o sangue sendo forçado para dentro do ventrículo em alta pressão, causando vibrações na parede ventricular.

III. DÉBITO CARDÍACO

A necessidade do organismo por O_2 e nutrientes muda constantemente com as alterações nos níveis de atividade. Assegurar que essas necessidades sejam alcançadas requer que o DC seja ajustado de modo paralelo. Para avaliar como e por que o DC é regulado *in vivo*, é importante entender os vários fatores que influenciam a ejeção de sangue do VE.

A. Determinantes

O DC (L/min) é calculado a partir do produto da FC (batimentos/min) e do VS (mL):

$$DC = FC \times VS$$

1. **Frequência cardíaca:** a FC é estabelecida pelo nodo sinoatrial (SA), o marca-passo cardíaco. A FC é dependente do sistema nervoso autônomo, o qual controla a velocidade em que o marca-passo gera uma onda de excitação. A ativação do sistema nervoso simpático (SNS) aumenta a FC, enquanto a estimulação parassimpática a diminui.

2. **Volume sistólico:** o VS é dependente da **pré-carga**, da **pós-carga** e da **contratilidade** do VE.

    a. **Pré-carga:** a pré-carga se refere à carga que é aplicada a um miócito e estabelece o comprimento muscular antes que a contração inicie. No VE, a pré-carga equivale ao volume de sangue que entra na câmara durante a diástole (VDF), o qual é dependente da pressão diastólica final (PDF).

    b. **Pós-carga:** a pós-carga é a carga contra a qual um miócito deve se encurtar. Em um indivíduo saudável, o componente principal da pós-carga do VE é a pressão aórtica.

    c. **Contratilidade:** a contratilidade é uma medida da capacidade do músculo para se encurtar contra uma pós-carga. Na prática, a contratilidade equivale à concentração de Ca^{2+} sarcoplasmático livre.

B. Alça pressão-volume

A **alça pressão-volume** (**PV**) (Figs. 18.3 e 18.4) analisa a relação entre o volume sanguíneo e a pressão dentro do VE durante um único ciclo

① Sístole atrial
② Contração ventricular isovolumétrica
③ Ejeção ventricular rápida
④ Ejeção ventricular reduzida
⑤ Relaxamento ventricular isovolumétrico
⑥ Enchimento ventricular rápido
⑦ Enchimento ventricular reduzido
A Fechamento da valva atrioventricular esquerda
B Abertura da valva aórtica
C Fechamento da valva aórtica
D Abertura da valva atrioventricular esquerda

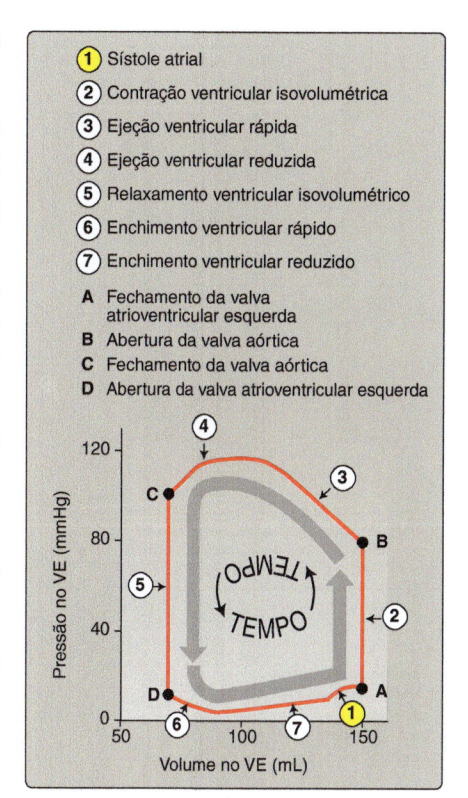

Figura 18.3
Alça pressão-volume. VE = ventrículo esquerdo.

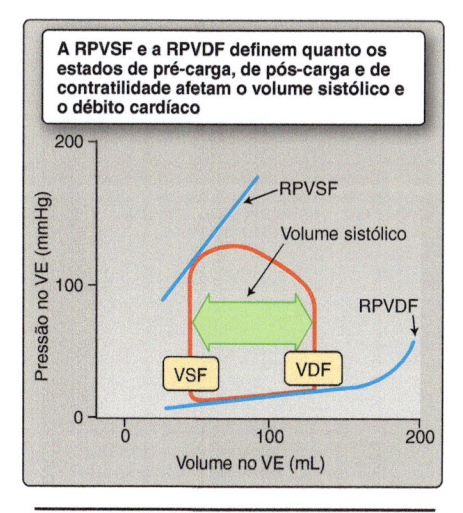

A RPVSF e a RPVDF definem quanto os estados de pré-carga, de pós-carga e de contratilidade afetam o volume sistólico e o débito cardíaco

Figura 18.4
Relação pressão-volume sistólico final (RPVSF) e relação pressão-volume diastólico final (RPVDF). VDF = volume diastólico final; VSF = volume sistólico final; VE = ventrículo esquerdo.

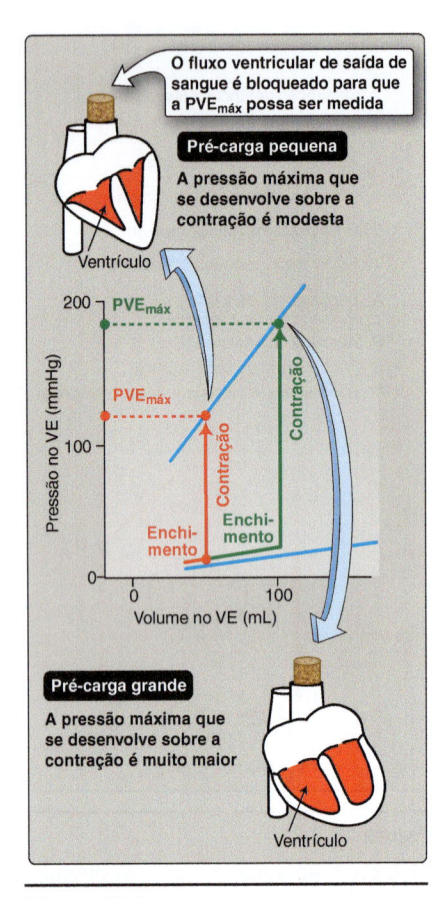

Figura 18.5

Efeitos da pré-carga na pressão máxima desenvolvida no ventrículo esquerdo (PVE$_{máx}$). VE = ventrículo esquerdo.

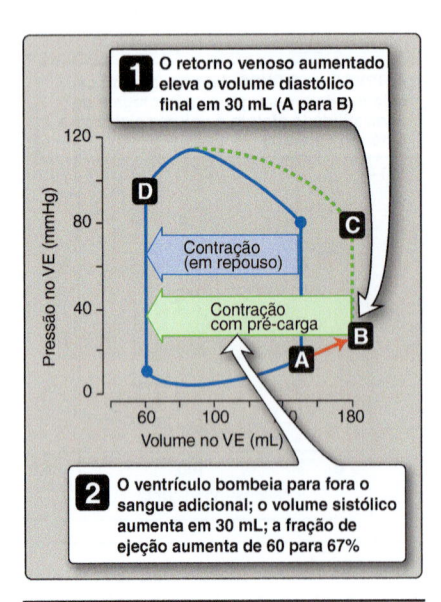

Figura 18.6

Efeitos do aumento da pré-carga na alça pressão-volume. VE = ventrículo esquerdo.

cardíaco. A alça PV é particularmente útil para demonstrar como a pré-carga, a pós-carga e a contratilidade afetam o desempenho cardíaco. A alça segue o traçado da PVE da Figura 18.1 e se volta sobre si mesma ao longo do tempo. As sete fases estão reproduzidas na Figura 18.3, e os quatro pontos marcados de A a D representam eventos das valvas.

C. Relações pressão-volume

A alça PV está limitada por duas curvas, as **relações pressão-volume diastólico final** e **sistólico final** (**RPVDF** e **RPVSF**, respectivamente), que definem como um ventrículo se comporta quando apresenta um determinado estado qualquer de pré-carga, pós-carga ou contratilidade (ver Fig. 18.4).

1. **Relação pressão-volume diastólico final:** a RPVDF descreve o desenvolvimento da pressão passiva durante o enchimento ventricular. Na diástole precoce, o ventrículo aumenta de volume com o sangue de forma relativamente fácil. A forte recuperação na RPVDF entre 150 e 200 mL reflete o ventrículo alcançando sua capacidade máxima. Quaisquer aumentos adicionais de volume requerem que uma pressão significativa seja aplicada para distender o miocárdio.

2. **Relação pressão-volume sistólico final:** a RPVSF define a pressão máxima que o VE desenvolve em qualquer volume de enchimento (PVE$_{máx}$). A PVE$_{máx}$ é um valor experimental, determinado pelo início de uma contração após a aorta ter sido fixada para impedir o fluxo durante o desenvolvimento de pressão (Fig. 18.5). A RPVSF demonstra uma das propriedades-chave do miocárdio, ou seja, aumentando o volume de enchimento cardíaco aumenta a força de contração e o desenvolvimento de pressão.

D. Pré-carga

A pré-carga no VE é determinada pela PDF, mas substitutos comumente utilizados incluem a **pressão atrial direita** e a **pressão venosa central**, pois as pressões venosas sistêmicas direcionam o fluxo através do lado direito do coração e para o VE.

1. **Efeitos no sarcômero:** o estiramento (pré-carga) de uma fibra muscular cardíaca dentro dos limites fisiológicos aumenta o comprimento do sarcômero de 1,8 μm para 2,2 μm, e, fazendo isso, aumenta bruscamente a quantidade de tensão desenvolvida na contração, chamada "ativação dependente do comprimento" (ver 13.IV.B). Elementos elásticos resistentes dentro do miocárdio (elastina e colágeno) resistem ao estiramento além de 2,2 μm e são responsáveis pela súbita ascensão da RPVDF do coração como um todo, como discutido anteriormente (ver também Fig. 13.7).

2. **Efeitos na alça pressão-volume:** um aumento na pré-carga ventricular aumenta o VDF (A desloca-se para B na Fig. 18.6). A pré-carga não tem efeito direto na pressão arterial, de forma que o ponto no qual a valva aórtica se abre permanece inalterado (ver Fig. 18.6, ponto C). Os miócitos se contraem para o mesmo comprimento absoluto independentemente da pré-carga, de maneira que o VSF permanece inalterado (ver Fig. 18.6, ponto D). Entretanto, ambos, VS e FE, aumentaram, pois a pré-carga promove a ativação sarcomérica dependente do comprimento (ver 13.IV.B).

3. **Pré-carga na prática:** a capacidade inata do ventrículo de responder ao aumento da pré-carga com um VS maior é conhecida como **lei de Starling do coração** ou **relação Frank-Starling** (ver Fig.

13.7). Alterações na pré-carga são utilizadas para ajustes tanto em curto quanto em longo prazo no DC. As alterações em curto prazo envolvem o SNS, o qual provoca constrição e força o sangue para fora das veias e para o interior dos ventrículos. As modificações em longo prazo do DC são efetuadas por meio de aumentos sustentados no volume de sangue circulante e na pré-carga, e envolvem a retenção de líquido pelos rins (ver 20.IV).

E. Pós-carga

A pós-carga é a força contra a qual o ventrículo deve trabalhar para ejetar o sangue para o interior do sistema arterial. Em circunstâncias normais, a pós-carga equivale à pressão arterial média (PAM).

1. **Efeitos no sarcômero:** os efeitos do aumento da pós-carga na função do sarcômero são mais fáceis de ser demonstrados, utilizando-se uma fibra muscular única e uma série de pesos, ou cargas (Fig. 18.7). O peso mais leve será levantado com pouca dificuldade em uma velocidade máxima. Conforme a carga aumenta, a velocidade da contração fica mais lenta. No ponto mais pesado da escala, o encurtamento é muito lento, e a altura até a qual o peso é elevado é reduzida.

2. **Efeitos na alça pressão-volume:** o aumento da pressão arterial não tem efeito direto na pré-carga, de maneira que o VDF permanece inalterado (Fig. 18.8). No entanto, o aumento da PAM eleva a quantidade de pressão que o VE deve desenvolver para forçar a abertura da valva aórtica, conforme indicado pelo movimento ascendente do ponto A ao ponto B na Figura 18.8. É necessário um tempo para que uma pressão adicional se desenvolva, assim, a contração isovolumétrica é prolongada (não aparente na alça, porque não existe uma escala de tempo). A ejeção é truncada (ver Fig. 18.8, pontos B a C), pois a extensão à qual os miócitos podem encurtar-se em pressões tão elevadas é limitada, como demonstrado pela RPVSF. Em termos mais simples, os miócitos têm uma quantidade limitada de trifosfato de adenosina (ATP) disponível para o desenvolvimento de força durante cada contração. Se usarem mais ATP no desenvolvimento de pressões necessárias para forçar a abertura da valva aórtica contra uma pós-carga elevada, menos ATP estará subsequentemente disponível para manter a ejeção. O resultado efetivo é que a valva aórtica se fecha prematuramente (ver Fig. 18.8, ponto C). Assim, embora o VDF permaneça inalterado, tanto o VS como a FE diminuem.

3. **Pós-carga na prática:** a pressão arterial está mudando constantemente, mas o sistema circulatório pode compensar por meio de alterações paralelas na contratilidade miocárdica. Em curto prazo, isso envolve o SNS e a modulação da liberação de Ca^{2+} (discutida a seguir). Alterações crônicas na pós-carga ativam vias que estão envolvidas na remodelação do miocárdio.

F. Inotropia

A **inotropia** se refere à capacidade da célula muscular em desenvolver força, e é sinônimo de contratilidade. O miocárdio ventricular, diferentemente do músculo esquelético, é único no sentido de que seu estado de contração pode variar como uma forma de alterar o desempenho cardíaco. Agentes com um efeito inotrópico positivo (p. ex., adrenalina, noradrenalina, digoxina) fazem com que o miocárdio se contraia mais rapidamente, desenvolva picos de pressões sistólicas mais elevados e, depois, relaxe mais rapidamente. Agentes inotrópicos negativos (p. ex., betabloqueadores e bloqueadores de canais Ca^{2+}) têm o efeito oposto.

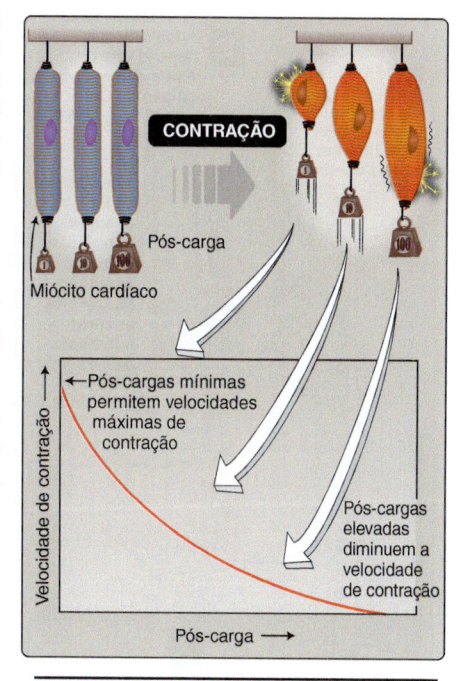

Figura 18.7
Efeitos da pós-carga na velocidade de contração do miócito cardíaco.

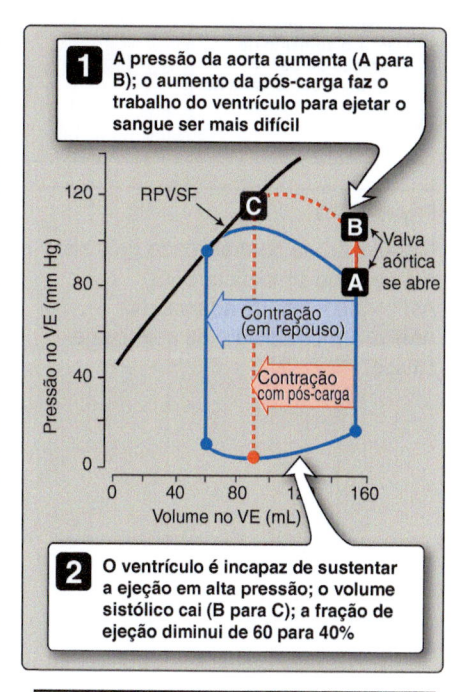

Figura 18.8
Efeitos do aumento da pós-carga na alça pressão-volume. RPVSF = relação pressão-volume sistólico final; VE = ventrículo esquerdo.

1. **Efeitos no sarcômero:** a contratilidade está relacionada à quantidade de cálcio intracelular livre. O Ca^{2+} se liga à troponina e a ativa para expor sítios de ligação da miosina com a actina (ver 13.II.A). A miosina se liga ao filamento de actina e o puxa, com gasto de uma molécula de ATP. Assim, um único íon livre de cálcio equivale a uma única unidade de força contrátil. A contratilidade é regulada pelo SNS. Os terminais nervosos do SNS liberam noradrenalina sobre receptores β_1-adrenérgicos do miocárdio, os quais ativam a *proteína cinase A* (*PKA*) por meio da via de transdução do monofosfato de adenosina cíclico (AMPc). A *PKA* tem três alvos principais: os **canais Ca^{2+} do tipo L**, os **canais de liberação de Ca^{2+}** no retículo sarcoplasmático (RS) e uma **bomba Ca^{2+}** que repõe os estoques (Fig. 18.9).

   a. **Canais Ca^{2+}:** a excitação miocárdica causa um influxo de "disparo de Ca^{2+}" através de canais Ca^{2+} do tipo L no sarcolema. A fosforilação dependente de *PKA* desses canais aumenta a sua permeabilidade ao Ca^{2+} e aumenta o tamanho do fluxo de disparo.

   b. **Liberação de cálcio:** o fluxo de disparo de Ca^{2+} abre canais de liberação de Ca^{2+} no RS, fazendo com que o Ca^{2+} flua para fora dos estoques em direção ao sarcoplasma. Aumentando o tamanho do fluxo de disparo, aumenta a liberação de Ca^{2+} dos estoques. A *PKA* aumenta ainda mais esse efeito por sensibilizar os canais de liberação para um aumento na concentração sarcoplasmática de Ca^{2+}.

   c. **Bomba Ca^{2+}:** durante a diástole, o Ca^{2+} retorna ao RS por meio da atividade da bomba SERCA (Ca^{2+} ATPase do RS). A fosforilação estimula a bomba SERCA e aumenta o sequestro de cálcio durante a diástole, permitindo uma liberação ainda maior de Ca^{2+} no próximo batimento. A bomba fosforilada também remove o Ca^{2+} do sarcoplasma de maneira mais eficiente, possibilitando um relaxamento mais rápido do miocárdio após a excitação, e facilitando um aumento na FC.

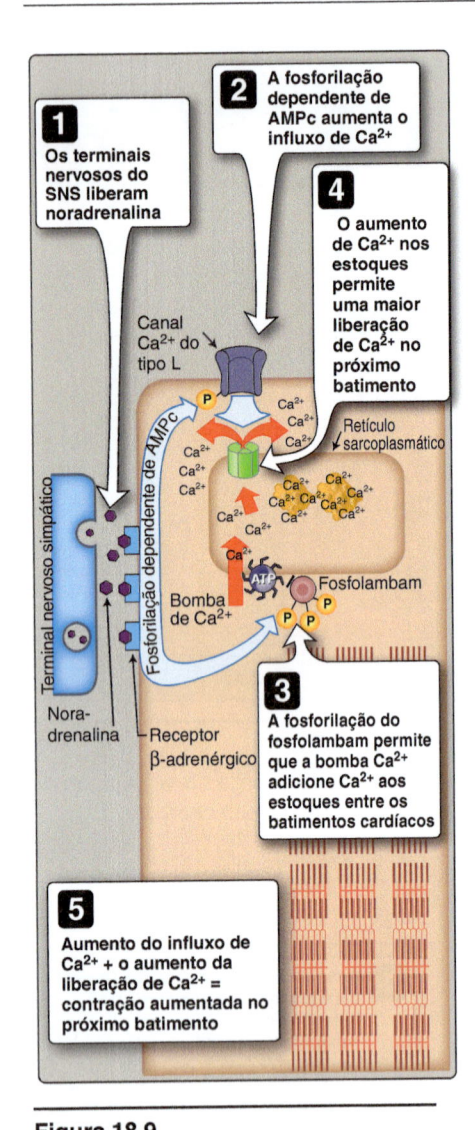

Figura 18.9
Modulação da contratilidade pelo sistema nervoso simpático (SNS).
ATP = trifosfato de adenosina;
AMPc = monofosfato de adenosina cíclico.

> Um coração deficiente pode ser auxiliado, utilizando-se glicosídeos cardíacos digitálicos.[1] Esses fármacos inibem a Na^+-K^+ ATPase e aumentam a concentração intracelular de Na^+. Isso, por sua vez, reduz a força direcionadora para o efluxo de Ca^{2+} pelo trocador de Na^+-Ca^{2+}, fazendo com que haja mais Ca^{2+} disponível para a próxima contração. Como resultado, a contratilidade aumenta.

2. **Efeito da inotropia na alça pressão-volume:** o aumento da disponibilidade de Ca^{2+} permite que o miocárdio se contraia com maior velocidade e força em qualquer pressão de enchimento. A RPVSF se desloca para cima e para a esquerda (Fig. 18.10). As alterações

[1]Para mais informações sobre as ações e efeitos colaterais dos glicosídeos digitálicos, ver *Farmacologia Ilustrada*, 5ª edição, Artmed Editora.

na ionotropia não têm efeito imediato na pré-carga ou na PAM, assim, as fases de enchimento e de contração isovolumétrica da alça PV ficam basicamente inalteradas. Entretanto, uma vez que o miocárdio está agora trabalhando de maneira mais eficiente, um volume maior de sangue é expulso do ventrículo, comparado com a situação anterior, e o VSF cai (ver Fig. 18.10, pontos A a B). O VS e a FE aumentam.

3. **Inotropia na prática:** variações na inotropia representam um mecanismo importante pelo qual o DC e a pressão sanguínea são regulados. As alterações bioquímicas envolvidas ocorrem rapidamente, ou seja, o controle pode ser exercido na base de batimento a batimento. Na prática, as alterações na inotropia não ocorrem isoladamente, pois o SNS aumenta a FC e a pré-carga simultaneamente (Fig. 18.11). As três variáveis atuam em conjunto para assegurar que o DC acompanhe a demanda (ver 20.III.D).

> O estado inotrópico é um indicador vital do bem-estar cardíaco, de forma que é importante a possibilidade de se medir a contratilidade em um cenário clínico. O melhor indicador é a velocidade na qual a PVE aumenta durante a contração isovolumétrica precoce, mas isso deve ser medido invasivamente, por um manômetro com a ponta de um cateter inserido em uma veia periférica que leva ao interior do ventrículo. As alternativas não invasivas incluem as técnicas de ultrassom por Doppler, que estimam a velocidade de encurtamento do miocárdio ou a velocidade de ejeção de sangue por meio da valva aórtica.

Figura 18.10
Efeitos do aumento da contratilidade na alça pressão-volume. RPVSF = relação pressão-volume sistólico final; VSF = volume sistólico final; VE = ventrículo esquerdo; SNS = sistema nervoso simpático.

IV. TRABALHO CARDÍACO

O coração desempenha um trabalho quando ele movimenta o sangue das veias para as artérias e, assim, qualquer alteração no desempenho cardiovascular que afete a ejeção (i.e., alterações na pré-carga, na pós-carga, na inotropia ou na FC) necessariamente afeta, também, a carga de trabalho cardíaco. Os vários determinantes do DC são diferentes na forma como impõem suas demandas na carga de trabalho cardíaco.

> Uma maneira simples de estimar a carga de trabalho cardíaco é utilizar o produto da velocidade-pressão, no qual a FC é multiplicada pela pressão sanguínea sistólica. Embora impreciso e contraindicado quando existe evidência de estenose aórtica, esse recurso é suficiente em uma situação clínica.

A. Componentes

O coração desempenha dois tipos de trabalho: o **trabalho interno** e o **trabalho externo**.

1. **Interno:** o trabalho interno representa > 90% da carga total de trabalho cardíaco. O trabalho interno é exigido na contração isovolu-

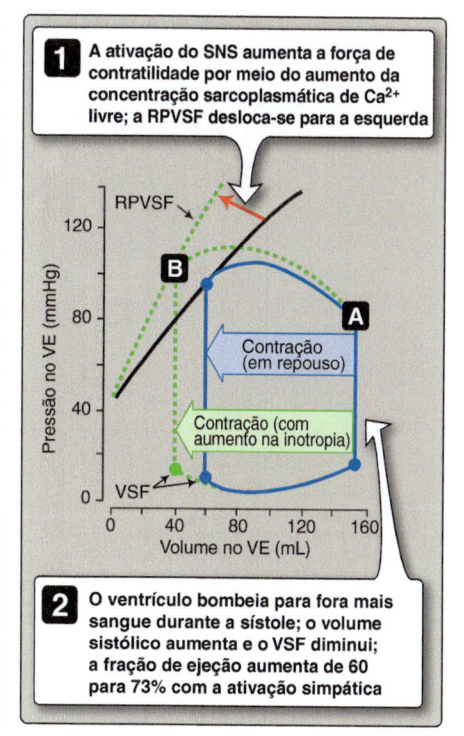

Figura 18.11
Efeitos combinados da ativação do sistema nervoso simpático na alça pressão-volume. VDF = volume diastólico final; RPVSF = relação pressão-volume sistólico final; VE = ventrículo esquerdo; SNS = sistema nervoso simpático.

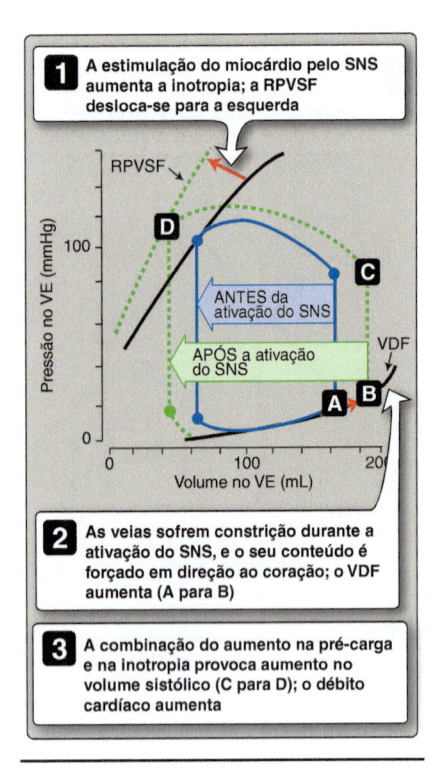

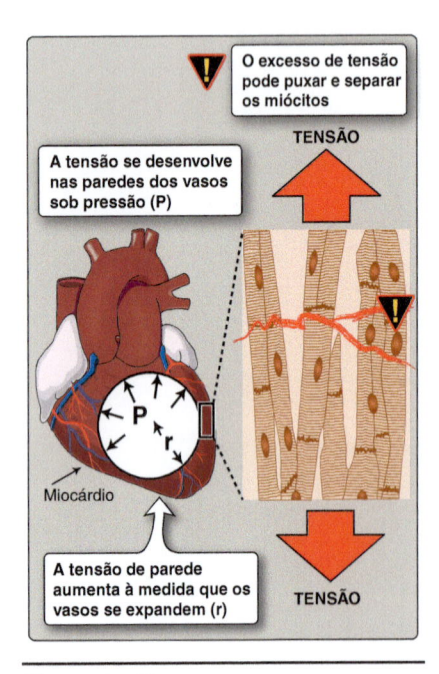

Figura 18.12
Tensão da parede ventricular esquerda causada pelo aumento da pressão intraventricular.

métrica, a qual gera a força necessária para abrir as valvas aórtica e pulmonar. A quantidade de energia consumida no trabalho interno pode ser quantificada, multiplicando-se a quantidade de tempo gasto na contração isovolumétrica pela tensão da parede ventricular (ver a seguir).

2. **Externo:** o trabalho externo, ou **trabalho volume-pressão**, é o trabalho exigido para transferir o sangue ao sistema arterial contra uma resistência. O trabalho externo representa < 10% da carga total de trabalho cardíaco, mesmo nos níveis máximos de ejeção. O trabalho externo (ou **trabalho-minuto**) pode ser determinado a partir de:

$$\text{Trabalho externo} = \text{PAM} \times \text{DC}$$

O trabalho externo é representado graficamente pela área contida dentro de uma alça PV. Em repouso, cerca de 1% desse trabalho é gasto na energia cinética transmitida ao sangue, mas o componente cinético pode aumentar até 50% do total nos níveis mais elevados de ejeção (p. ex., durante um exercício extenuante).

B. **Tensão da parede ventricular**

A tensão de parede é um determinante significativo da carga de trabalho cardíaco. A tensão é uma força que se desenvolve dentro das paredes das câmaras pressurizadas (Fig. 18.12) e é contraprodutiva, porque puxa as extremidades e as laterais dos miócitos e contribui para a pós-carga. A tensão de parede pode ser quantificada, utilizando-se a **lei de Laplace**:

$$\sigma = \text{PVE} \times \frac{r}{2h}$$

em que σ é o estresse da parede, r é o raio ventricular e h é a espessura da parede do miocárdio. A lei de Laplace ajuda a ilustrar como alterações diferentes na pré-carga, na pós-carga e na FC afetam o desempenho do miocárdio.

1. **Pré-carga:** o volume de uma esfera é proporcional ao raio ao cubo ($V = 4/3 \times \pi \times r^3$). Assim, se o VDF (pré-carga) fosse duplicado, o raio intraventricular deveria aumentar em aproximadamente 26% e a tensão de parede deveria subir em uma proporção equivalente. Na prática, a pré-carga de um coração é uma forma relativamente eficiente de aumentar o DC e minimizar os efeitos na carga de trabalho cardíaco.

2. **Pós-carga:** se a pressão da aorta fosse duplicada, a PVE deveria subir em uma proporção semelhante para ejetar o sangue. A tensão de parede deveria subir em 100%. Alterações na pós-carga estressam o miocárdio de forma bem mais intensa que alterações na pré-carga.

3. **Frequência cardíaca:** se a FC fosse duplicada, a quantidade de tempo gasto na sístole e na contração isovolumétrica também duplicaria. Em efeito, a duplicação da FC aumenta a tensão da parede e a carga de trabalho cardíaco em aproximadamente 100%.

Aplicação clínica 18.2 Hipertrofia miocárdica hipertensiva

A hipertensão é um fator de risco preeminente para numerosas disfunções, tais como infarto do miocárdio, insuficiência cardíaca, hemorragia intracerebral e doença renal crônica. Estudos sugerem que > 90% da população desenvolverá hipertensão em idade avançada (idade > 55 anos). A hipertensão é definida como uma pressão sanguínea sistólica ≥ 140 mmHg e uma pressão sanguínea diastólica ≥ 90 mmHg. A hipertensão representa uma pós-carga aumentada ao ventrículo esquerdo (VE), forçando-o a gerar pressões mais elevadas para ejetar o sangue para dentro do sistema arterial. Elevações crônicas na pós-carga dão início a vias compensatórias que remodelam o miocárdio do VE para aumentar a sua força contrátil. Novas miofibrilas são depositadas junto às já existentes, fazendo com que a parede do VE se espesse. O aumento da espessura da parede ventricular diminui a capacidade da luz ventricular e torna o miocárdio menos complacente e mais difícil de encher, o que aumenta a possibilidade de insuficiência diastólica (ver 40.V.A).

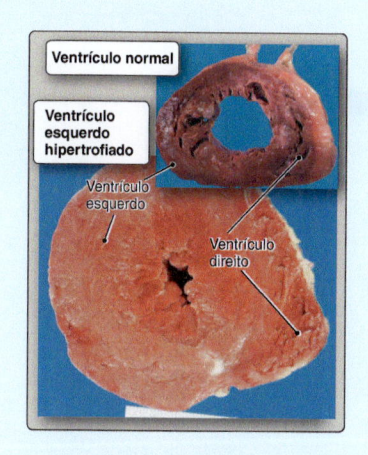

Hipertrofia ventricular hipertensiva.

Resumo do capítulo

- O coração se contrai repetidamente (**sístole**) e então relaxa e se enche (**diástole**).
- O ciclo cardíaco pode ser dividido em várias fases distintas. Ele começa com a **sístole atrial**, que empurra o sangue adiante para o interior do ventrículo e completa a pré-carga.
- A **sístole ventricular** segue a **sístole atrial**. A pressão intraventricular aumenta rapidamente e força o fechamento da valva atrioventricular esquerda (focalizando-se o lado esquerdo do coração, mas o direito funciona de forma semelhante). A contração é inicialmente **isovolumétrica**, mas, uma vez que a pressão luminal exceda a pressão da aorta, a valva aórtica se abre, e começa a **ejeção rápida**. A pressão da aorta, a qual vem caindo durante a diástole, se eleva quando o sangue é forçado para dentro do sistema arterial.
- A ejeção rápida dá lugar à **ejeção reduzida**. O ventrículo começa então a relaxar, e a pressão luminal cai rapidamente. O **relaxamento isovolumétrico** começa quando a valva aórtica é forçada a se fechar pelas elevadas pressões aórticas.
- Quando a pressão ventricular cai abaixo da pressão atrial, a valva atrioventricular esquerda abre novamente, e ocorre um **enchimento ventricular passivo rápido**, auxiliado pelo influxo de sangue que estava represado contra a valva atrioventricular esquerda durante a diástole.
- Registros de pressão venosa exibem uma **onda a** durante a contração atrial, uma **onda c** durante a contração ventricular e uma **onda v** causada pelo sangue desoxigenado represado dentro dos átrios durante a diástole.
- Existem quatro **sons cardíacos**: S_1 se correlaciona com o fechamento das valvas atrioventriculares; S_2 está associado com o fechamento das valvas semilunares; S_3 é um som de enchimento ventricular normalmente escutado em crianças e em adultos com uma falha ventricular; S_4 é um som patológico associado com a contração de um átrio hipertrofiado.
- **Débito cardíaco** é o produto do **volume sistólico** e da **frequência cardíaca**. O volume sistólico é determinado pela **pré-carga**, pela **pós-carga** e pela **contratilidade (inotropia)** ventricular. Todos esses parâmetros são influenciados pelo sistema nervoso autônomo.
- A **pré-carga** é determinada pela pressão e volume diastólicos finais. A pré-carga aumenta o volume sistólico por meio da ativação dependente de comprimento do sarcômero (a **lei, mecanismo ou relação de Frank-Starling**). A **pós-carga** é a força que deve ser imposta para que um ventrículo possa ejetar sangue, e ela em geral equivale à **pressão arterial**. Aumentos da pós-carga diminuem o volume sistólico. A **inotropia** (contratilidade) está diretamente relacionada com a **concentração de Ca^{2+} sarcoplasmático**. Ionotrópicos positivos, tais como adrenalina e noradrenalina, aumentam a contratilidade cardíaca pelo aumento tanto da velocidade de desenvolvimento de pressão como do pico de pressão sistólica.
- O coração deve desempenhar trabalho tanto interno como externo. O movimento do sangue do ventrículo para o sistema arterial é denominado **trabalho externo** ou **trabalho de volume-pressão**.
- A maior parte da energia utilizada pelo coração durante o ciclo cardíaco é consumida durante a contração isovolumétrica (**trabalho interno**). Uma porção significativa desse trabalho é utilizada para superar a tensão de parede.

19
Sangue e Vasos Sanguíneos

I. VISÃO GERAL

As funções e a organização do sistema circulatório são, em muitos aspectos, semelhantes ao uso da água em uma cidade moderna. A utilização da água é feita com a distribuição de água pura para os seus inúmeros consumidores. A rede de distribuição é ampla, e estações de bombeamento são necessárias para assegurar que a água chegue com pressão suficientemente elevada para um fluxo adequado das torneiras e chuveiros (Fig. 19.1). A água desperdiçada é coletada, e retorna às estações de tratamento sob baixa pressão por um sistema elaborado de drenagem. O sistema circulatório, de forma semelhante, distribui sangue em alta pressão para assegurar um fluxo adequado para muitos consumidores (as células). O sangue de descarte (desoxigenado) retorna ao coração sob baixa pressão para "tratamento" pelos pulmões. Os serviços públicos de água distribuem a água, um líquido newtoniano cuja característica é se comportar de forma previsível, sob pressão. No sistema circulatório circula o sangue, um líquido viscoso não newtoniano composto por água, solutos, proteínas e células. Uma pressão considerável deve ser aplicada ao sangue para fazê-lo fluir ao longo dos vasos saguíneos em velocidades suficientes para satisfazer as necessidades dos tecidos. Os vasos capilares utilizados para fornecer sangue às células individualmente são extremamente permeáveis, ao contrário dos canos de cobre utilizados nos sistemas domésticos de distribuição de água. A permeabilidade significa que a pressão utilizada para direcionar o fluxo ao longo do sistema também direciona líquido para fora da corrente sanguínea e para dentro dos espaços intercelulares. Por fim, a rede de canos empregada para distribuir e coletar sangue das células é constituída por tecidos biológicos que se esticam e fazem com que os vasos se distendam quando uma pressão é aplicada. A capacidade de distensão representa um risco ao funcionamento do sistema, porque sempre existe o potencial de o conteúdo vascular total ficar bloqueado nos canos, permitindo, assim, que as torneiras vasculares sequem.

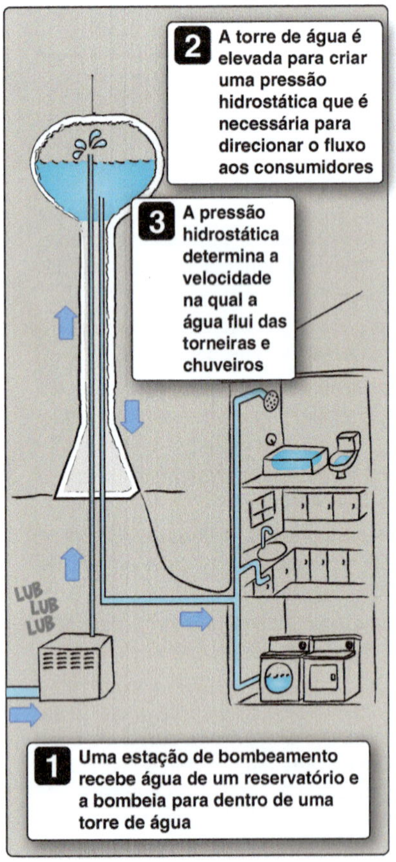

II. OS VASOS SANGUÍNEOS

Os vasos sanguíneos sistêmicos compreendem uma vasta rede de vasos que canaliza o sangue rico em O_2 para o interior de alguns mícrons de cada célula do corpo. Nas células, o O_2 e os seus nutrientes são trocados por CO_2 e outros produtos de dejetos metabólicos e, então, o sangue retorna ao coração para reoxigenação pelos pulmões e redistribuição aos tecidos. A Figura 19.2 fornece uma visão geral dos vasos sanguíneos sistêmicos e seus vários componentes.

Figura 19.1
A pressão hidrostática direciona o fluxo por dentro de um sistema de canalização.

VEIAS
- Transportam o sangue a pressões muito baixas
- As paredes possuem uma fina camada muscular
- O músculo está sob controle do SNA
- A luz é ampla e acomoda grandes volumes de sangue
- Funcionam como reservatórios de sangue, que são usados para ajustar a pré-carga ventricular

PARA O CORAÇÃO

ARTÉRIAS
- Transportam o sangue a alta pressão
- As paredes são espessas, com força muscular
- Camadas elásticas permitem uma expansão limitada
- A luz é relativamente estreita
- Funcionam como condutos de alta pressão

DO CORAÇÃO

PEQUENAS ARTÉRIAS, ARTERÍOLAS
- Transportam o sangue a pressões modestas
- As paredes musculares são espessas
- O músculo contrai e relaxa sob influência de fatores locais e do SNA
- Funcionam como torneiras para controlar o fluxo para os tecidos

VÊNULAS
- Transportam o sangue a baixas pressões
- As paredes lembram vasos capilares com quantidades mínimas de músculo liso e tecido conectivo
- Funcionam como condutos de baixa pressão

VASOS CAPILARES
- Transportam sangue a baixas pressões
- A espessura das paredes corresponde a uma única célula endotelial
- As velocidades de fluxo são muito baixas
- Funcionam para maximizar a troca de material entre o sangue e as células

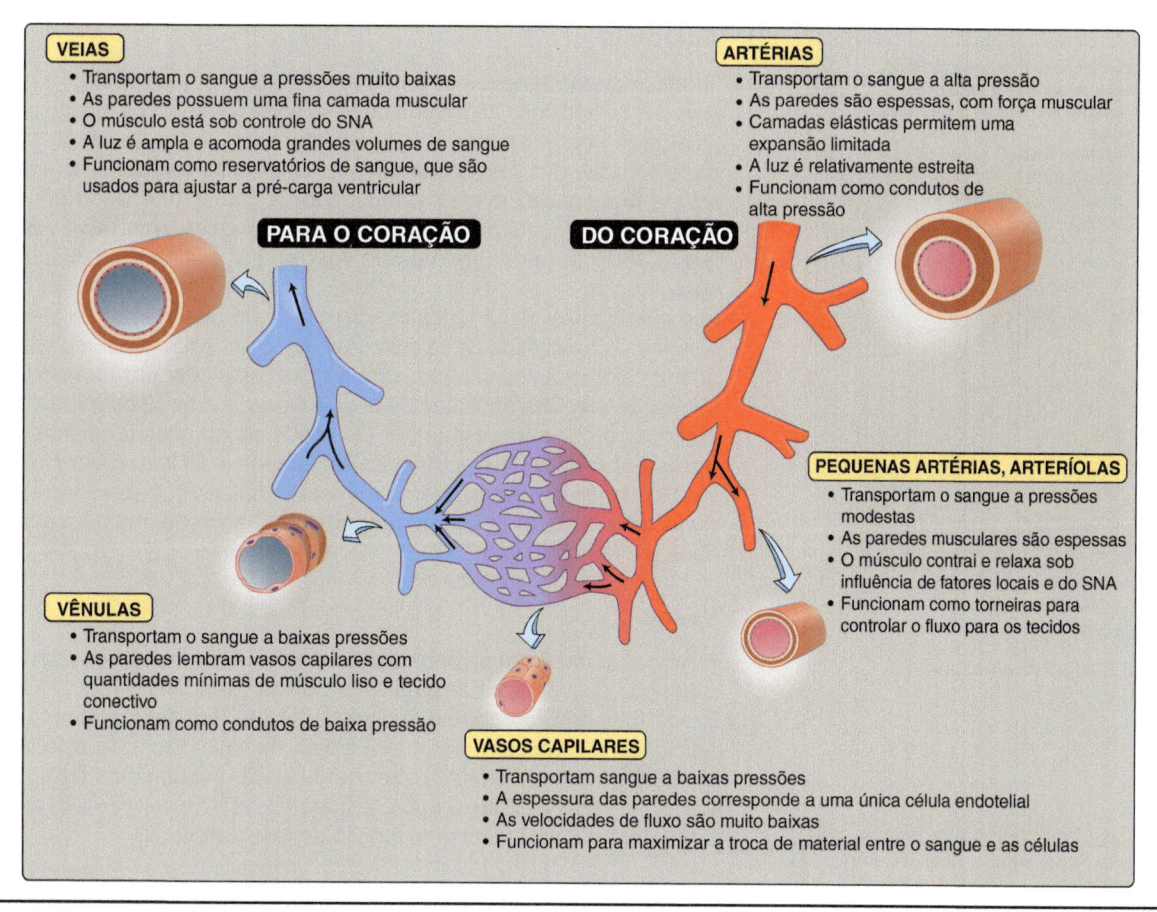

Figura 19.2
Propriedades e funções dos vasos que formam os vasos sanguíneos sistêmicos. SNA = sistema nervoso autônomo.

A. Organização

O corpo humano contém cerca de 100.000.000.000.000 de células, cada uma das quais deve ser suprida com sangue. A criação de uma rede de distribuição vascular que seja capaz de tal tarefa requer uma ramificação extensiva da árvore vascular. Assim, o sangue sai do ventrículo esquerdo (VE) por um único vaso de grande calibre (a aorta), a qual então se ramifica repetidamente para formar aproximadamente 10.000.000.000 de minúsculos vasos capilares. O padrão de ramificação aumenta imensamente a área de secção transversal vascular de em torno de 4 cm^2 (aorta) a um total de aproximadamente 4.000 cm^2 no nível dos vasos capilares (Fig. 19.3). A velocidade do fluxo sanguíneo cai proporcionalmente. O sangue sai do VE a uma velocidade de até 50 cm/s, mas a velocidade cai a < 1 mm/s no momento em que o sangue chega aos vasos capilares. A lenta taxa de fluxo aumenta bastante o tempo disponível para a troca de materiais entre o sangue e os tecidos durante a passagem do sangue através dos leitos capilares. Note que, enquanto as artérias e as veias estão arranjadas em série umas com as outras, os vasos capilares estão organizados em circuitos paralelos (ver Fig. 19.2). Essa organização vascular tem consequências fisiológicas importantes, conforme discutido na Seção IV, adiante. O sangue viaja de volta ao coração pelas vênulas, as quais se juntam e fundem para formar as veias. Pequenas veias se fundem para formar veias maiores, com cada fusão diminuindo a área total de secção transversal do sistema. A velocidade do sangue aumenta proporcionalmente.

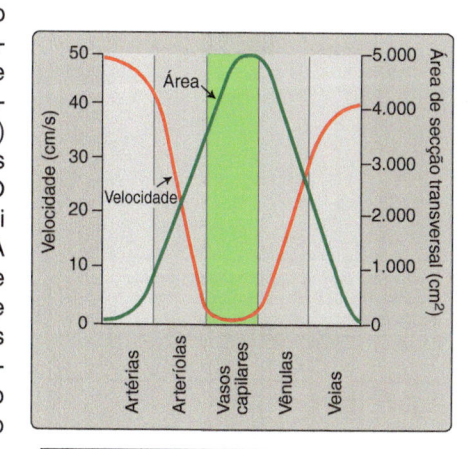

Figura 19.3
Velocidade do sangue e área de secção transversal dos vasos sanguíneos sistêmicos.

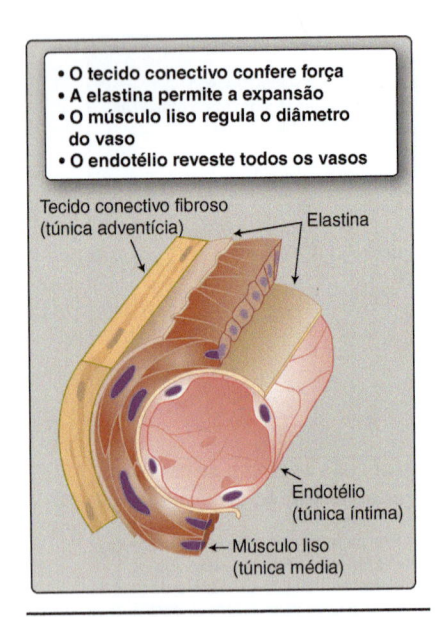

Figura 19.4
Estrutura do vaso sanguíneo.

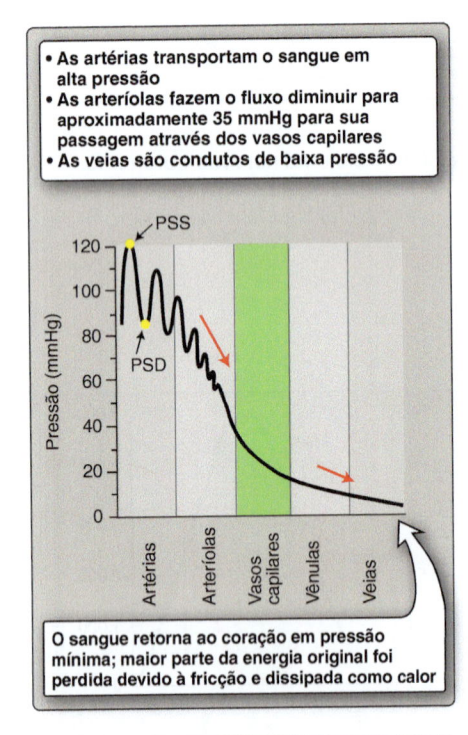

- O tecido conectivo confere força
- A elastina permite a expansão
- O músculo liso regula o diâmetro do vaso
- O endotélio reveste todos os vasos

(Tecido conectivo fibroso — túnica adventícia; Elastina; Endotélio — túnica íntima; Músculo liso — túnica média)

Figura 19.5
Pressão de perfusão nos vasos sanguíneos sistêmicos. PSD = pressão sanguínea diastólica; PSS = pressão sanguínea sistólica.

- As artérias transportam o sangue em alta pressão
- As arteríolas fazem o fluxo diminuir para aproximadamente 35 mmHg para sua passagem através dos vasos capilares
- As veias são condutos de baixa pressão

O sangue retorna ao coração em pressão mínima; maior parte da energia original foi perdida devido à fricção e dissipada como calor

B. Anatomia

Todos os vasos sanguíneos têm uma estrutura comum, embora a espessura e a composição da parede do vaso variem com a sua função e a sua localização na vasculatura. O revestimento de todos os vasos sanguíneos consiste em uma única camada de **células endoteliais** (a **túnica íntima dos vasos**), conforme mostrado na Figura 19.4. As artérias e as veias também contêm camadas de **células musculares lisas vasculares ([CMLV]**, a **túnica média dos vasos**) que modificam o diâmetro do vaso quando se contraem ou relaxam. Extensas redes de **fibras elásticas** interligadas dão a todos os vasos, exceto aos vasos capilares e às vênulas, a capacidade de se distender como uma mangueira de borracha quando a pressão do sangue aumenta. As fibras elásticas têm um núcleo central de **elastina** enovelada e uma cobertura externa de **microfibrilas** compostas por **glicoproteínas**. Os vasos sanguíneos também contêm **fibras colágenas** que resistem ao estiramento e limitam a expansão dos vasos quando a pressão interna aumenta. Uma delgada camada externa de tecido conectivo (a **túnica adventícia dos vasos**) mantém a integridade e a forma do vaso.

C. Vasos

A função primária dos vasos sanguíneos é fornecer um caminho para o sangue fluir para as células e das células. As diferentes classes de vasos (i.e., artérias, vasos capilares e veias) têm importantes funções adicionais que refletem a sua localização na vasculatura. As artérias são condutoras de alta pressão, as arteríolas são reguladoras do fluxo, os vasos capilares facilitam a troca de materiais entre o sangue e os tecidos, e as vênulas e veias têm uma função de reservatório.

1. **Grandes artérias:** o plexo arterial compreende uma rede de vasos de distribuição de estreito calibre (ver Fig. 19.2). As artérias devem transportar o sangue em alta pressão (Fig. 19.5), assim as suas paredes são espessas e suas luzes são estreitas, o que limita a capacidade do plexo arterial. As paredes das grandes artérias (também chamadas de **artérias elásticas**) contêm camadas de músculo liso e são ricas em fibras elásticas. As camadas musculares apresentam um tônus de repouso, o que limita a capacidade de distensão das artérias e auxilia a manter a pressão do sangue em seu interior.

2. **Pequenas artérias e arteríolas:** nas paredes das artérias menores e das arteríolas, destacam-se suas camadas de músculo liso. Coletivamente conhecidas como **vasos de resistência**, elas atuam como torneiras ou tampões para controlar o fluxo sanguíneo aos capilares (Fig. 19.6). Quando a demanda do tecido por O_2 e nutrientes é grande, as CMLVs relaxam, e o fluxo para os tecidos aumenta. Uma diminuição na demanda de sangue ou uma intervenção pelo sistema nervoso central contrai as "torneiras" musculares, e o fluxo para os tecidos diminui (ver 20.II).

3. **Vasos capilares:** os vasos capilares trazem sangue para dentro de 30 μm de praticamente cada célula do corpo. Esses capilares têm a função de manter o sangue dentro dos vasos sanguíneos, enquanto, simultaneamente, maximizam a oportunidade para trocas de materiais entre o sangue, o interstício e os tecidos. As suas paredes são da espessura de uma única célula endotelial mais a **lâmina basal**. Em alguns tecidos, os vasos capilares permitem a comunicação direta entre o sangue e as células através de **poros**

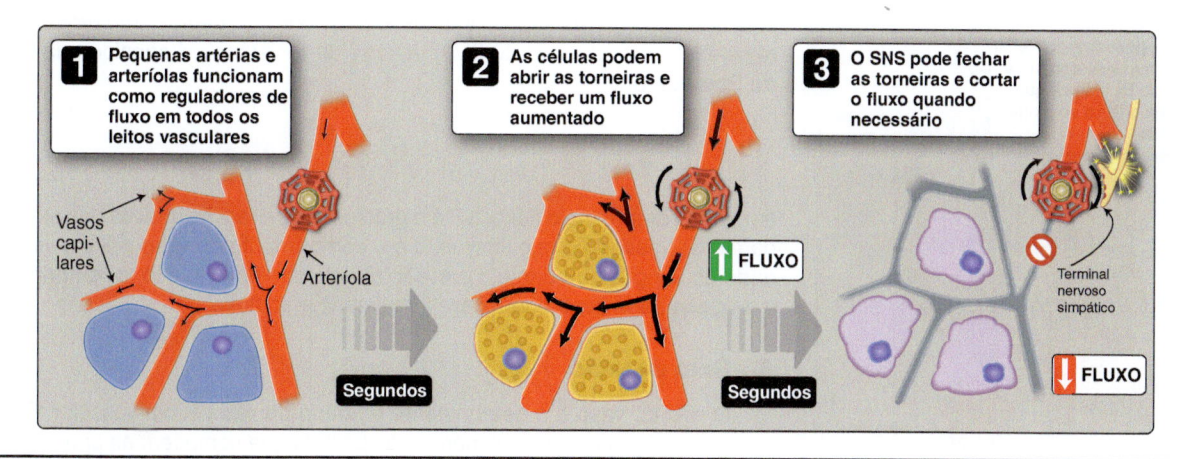

Figura 19.6
Torneiras vasculares regulam o fluxo de sangue. SNS = sistema nervoso simpático.

(**fenestrações**) transmurais e **fendas** juncionais entre células adjacentes (Fig. 19.7).

> Embora os vasos capilares tenham, em média, apenas 1 mm de comprimento e 8 a 10 μm de diâmetro, eles fornecem uma área total de superfície para troca de 500 a 700 m^2 em um adulto de estatura mediana.

4. **Veias e vênulas:** as veias e as vênulas são condutoras de baixa pressão para que o sangue faça o seu caminho de volta ao coração. As vênulas menores são quase indistinguíveis dos vasos capilares, o que lhes permite participar nas trocas de líquidos e metabólitos. As vênulas se expandem e se fundem umas às outras, à medida que progridem em direção ao coração. As vênulas maiores contêm CMLVs dentro de suas paredes, mas em quantidade muito menor que a observada em vasos de tamanho semelhante no plexo arterial. A pobreza em músculo significa que as paredes venosas são finas (ver Fig. 19.2), tornando-as altamente distensíveis e capazes de acomodar grandes volumes de sangue. Em condições de repouso, aproximadamente 65% do volume total de sangue se encontram no compartimento venoso, criando um reservatório que é utilizado para manter a pré-carga ventricular, quando necessário (ver 20.V). As veias maiores contêm válvulas venosas, que auxiliam a manter o fluxo unidirecional através do sistema e contrapõem a tendência do sangue de ser puxado para baixo sob a influência da gravidade.

III. DETERMINANTES DO FLUXO SANGUÍNEO

O sangue só fluirá através dos vasos sanguíneos se for forçado a fazê-lo pela aplicação de uma pressão, a qual é necessária para sobrepor uma **resistência** ao fluxo. Entender as origens dessa resistência é clinicamente importante, pois ela é um indicador primário do estado cardiovascular e de saúde. Por exemplo, enquanto a resistência, em geral, aumenta durante um choque cir-

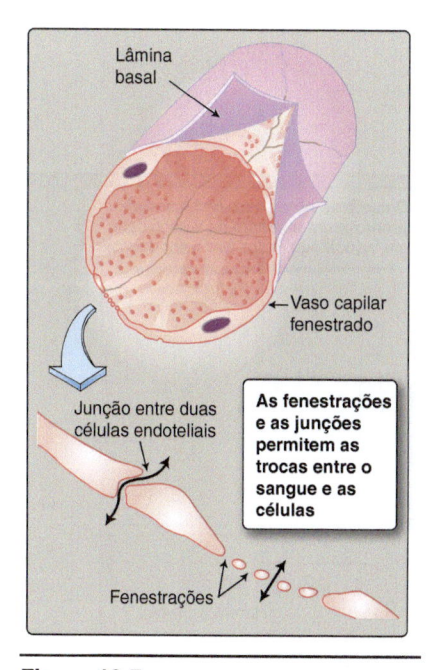

Figura 19.7
Estrutura da parede do vaso capilar.

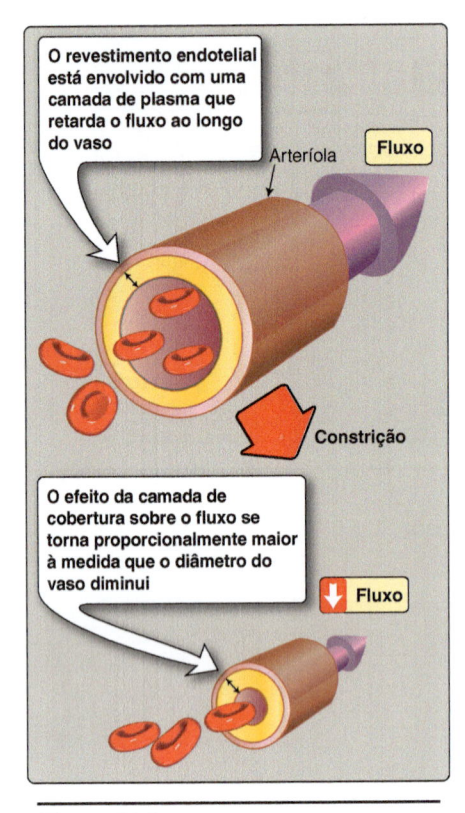

Figura 19.8
Efeitos da constrição no fluxo por meio de um vaso de resistência.

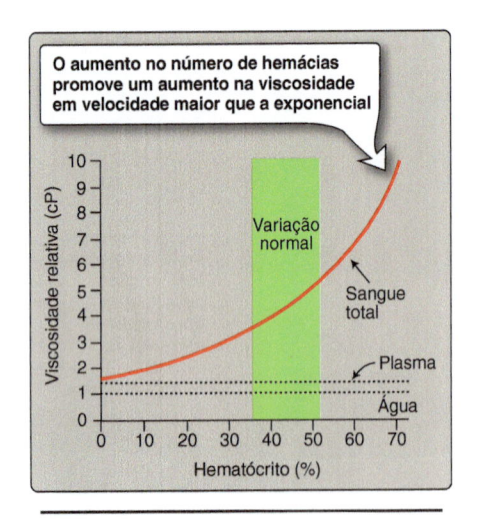

Figura 19.9
Relação entre hematócrito e viscosidade sanguínea. cP = centipoise.

culatório, um choque séptico está associado com um decréscimo profundo na resistência vascular (ver 40.III.C). A fonte da resistência é considerada na **lei de Poiseuille**:

$$Q = \frac{\Delta P \times \pi r^4}{8L\eta}$$

em que Q determina o fluxo, ΔP é o gradiente de pressão através das extremidades do vaso, r é o raio interno, L é o comprimento do vaso e η é a viscosidade do sangue. Enquanto a pressão direciona o fluxo, o raio, o comprimento e a viscosidade contribuem para a resistência ao fluxo.

A. Raio do vaso

O raio do vaso é o determinante primário da resistência vascular. O raio é também uma variável, porque as CMLVs que compõem as paredes das pequenas artérias e arteríolas se contraem e relaxam como uma forma de controlar o fluxo. Uma vez que o fluxo é proporcional ao raio na quarta potência (r^4), uma alteração de duas vezes no raio promove uma alteração de 16 vezes no fluxo. A potência do efeito do raio no fluxo está relacionada a uma camada de plasma que se adere à superfície interna de todos os vasos. Essa camada se forma por meio de interações entre o sangue e o endotélio vascular e, com isso, impede o fluxo. Embora a profundidade da camada de cobertura seja essencialmente a mesma em todos os vasos, independentemente do tamanho do calibre, sua contribuição para a área total de secção transversal é muito maior em um vaso de pequeno calibre do que em um de grande calibre e, portanto, a resistência ao fluxo ao longo de um pequeno vaso é correspondentemente maior (Fig. 19.8).

B. Comprimento do vaso

O fluxo sanguíneo ao longo de um vaso é inversamente proporcional ao comprimento do vaso, novamente refletindo a tendência do sangue em interagir com o endotélio vascular. O comprimento do vaso não se altera fisiologicamente, e não será mais considerado.

C. Viscosidade do sangue

O sangue é um líquido complexo, cuja viscosidade varia com o fluxo. A viscosidade de um líquido é medida em relação à água. Adicionando eletrólitos e moléculas orgânicas (incluindo proteínas) à água, sua viscosidade aumenta de 1 cP para aproximadamente 1,4 cP. As células, principalmente as hemácias, têm o maior impacto, com a viscosidade aumentando a uma velocidade mais do que exponencial com o hematócrito (Fig. 19.9).

1. **Hematócrito:** o hematócrito mede a porcentagem do volume total do sangue que é ocupada pelas hemácias. O hematócrito é determinado clinicamente por meio da centrifugação de um tubo que contém uma pequena amostra de sangue para separar as células do plasma. O hematócrito pode, então, ser estimado pela altura da camada de hemácias contidas dentro do tubo, o que é dependente tanto do número como do volume das hemácias. Os valores normais para o hematócrito variam entre 41 e 53% para homens e 36 e 46% para mulheres.

> O hematócrito que fica abaixo de um valor normal indica **anemia**. Entretanto, a anemia é mais comumente definida em termos de níveis de hemoglobina (Hb). Os valores normais de Hb para os homens variam entre 13,5 e 17,5 g/dL e para as mulheres, entre 12 e 16 g/dL.

2. **Resistência ao fluxo:** as hemácias aumentam a resistência ao fluxo por sofrerem atrito contra as paredes dos vasos. As hemácias viajam ao longo de vasos capilares que medem apenas 2,5 µm de diâmetro, o que é surpreendente, já que essas células sanguíneas são tradicionalmente descritas como discos de 8 µm de diâmetro (Fig. 19.10). Entretanto, as hemácias se deformam facilmente, o que lhes permite deslizar pelos vasos estreitos. Também viajam no centro dos vasos, o que minimiza as interações com o endotélio. Mesmo assim, o coração ainda deve dispensar energia suficiente para sobrepor a resistência associada à fricção entre as hemácias e as paredes dos vasos.

> As células podem ser comparadas a sacolas plásticas cheias de água. Como as sacolas, a maioria das células se rompe quando mecanicamente deformadas. As hemácias se assemelham a sacolas parcialmente preenchidas com água. Deformam-se facilmente, o que lhes permite espremer-se em vasos estreitos e poros. As hemácias incham e se deformam menos à medida que envelhecem, o que permite que o organismo as reconheça para destruí-las. Isso ocorre no baço, onde as hemácias são forçadas a passar por um filtro feito de fibrilas de tecido conectivo (**cordões esplênicos**). As hemácias jovens e flexíveis passam por esse filtro com relativa facilidade, mas as hemácias velhas ficam presas e são fagocitadas.

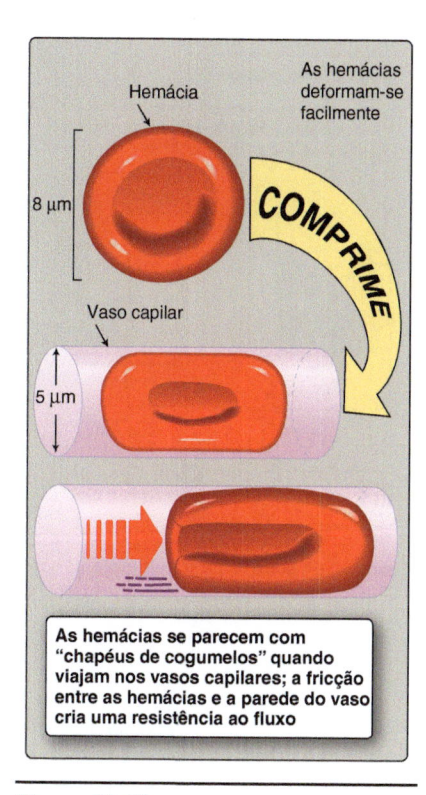

Figura 19.10
Flexibilidade da hemácia.

3. **Anemia:** a anemia está associada com uma diminuição no número de hemácias. A viscosidade do sangue e a resistência ao fluxo também diminuem. As **anemias fisiológicas** ocorrem quando o volume de sangue aumenta mais rapidamente do que a produção das hemácias, de forma semelhante ao que ocorre durante a gestação (ver 37.IV.C) ou o treinamento físico.

4. **Policitemia:** o aumento do número de hemácias aumenta a viscosidade do sangue e a resistência ao fluxo. Pessoas que vivem em altitudes elevadas apresentam uma **policitemia** fisiológica estimulada pelos níveis atmosféricos reduzidos de O_2. Embora a produção aumentada de hemácias auxilie a compensar a disponibilidade reduzida de O_2, o resultado dessa compensação é um aumento na carga de trabalho cardíaco, limitando a altitude na qual os seres humanos podem viver confortavelmente em cerca de 5.000 m.

IV. LEI DA HEMODINÂMICA DE OHM

A resistência vascular representa a pós-carga do VE e determina a intensidade de trabalho que ele deve realizar para gerar a ejeção. Se a resistência aumentar, o coração será forçado a trabalhar mais intensamente para compensar. Um coração sadio está bem equipado para satisfazer as necessidades que lhe são impostas por alterações na resistência vascular sob condições normais, mas um aumento da resistência pode estressar seriamente um coração comprometido. Por essa e outras razões, é importante que se possa quantificar a resistência vascular em uma situação clínica. Identificar e compilar todos os componentes individuais que constituem a resistência vascular em um ser humano típico não é algo factível. Como alternativa, a resistência

Aplicação clínica 19.1 Policitemia vera

A **policitemia vera** é uma condição neoplásica que afeta os precursores mieloides das hemácias. A doença leva a uma produção descontrolada de hemácias, e o hematócrito sobe, consequentemente. A policitemia é definida por um hematócrito > 48% nas mulheres e > 52% nos homens.

Quando o hematócrito chega a cerca de 60%, as hemácias ficam tão intimamente próximas que colidem umas com as outras e começam a formar agregados e grumos. A coesão é dependente de fibrinogênio e outras grandes proteínas plasmáticas que recobrem a superfície das hemácias. A viscosidade e a resistência vascular aumentam em tal grau que o ventrículo esquerdo é incapaz de gerar pressão suficiente para manter até as taxas de fluxo basais. Geralmente, os pacientes apresentam dores de cabeça, fraqueza e tonturas associadas com a perfusão cerebral diminuída. Uma queixa comum é prurido (coceira da pele) ininterrupto após tomar um banho quente.

Se não tratada, o tempo de sobrevivência é, em média, de 6 a 18 meses. Esse índice aumenta para > 10 anos, se tratada com flebotomia periódica, o que de maneira eficiente reduz o hematócrito a < 42% nas mulheres e < 45% nos homens. Os principais fatores de risco são eventos trombóticos (i.e., acidente vascular encefálico, trombose venosa profunda, infarto do miocárdio e oclusão das artérias periféricas).

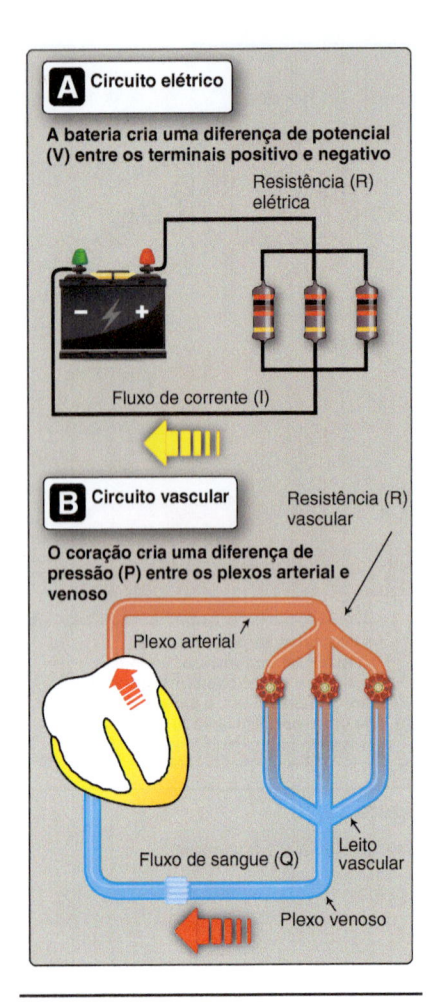

Figura 19.11
Lei de Ohm.

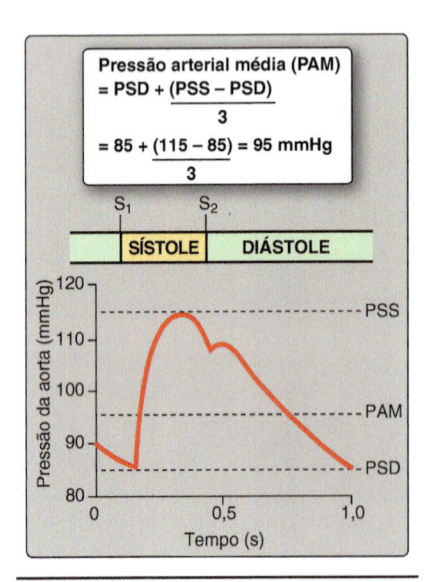

vascular pode ser estimada com relativa facilidade a partir do conhecimento da pressão e do fluxo, utilizando-se uma versão modificada da **lei de Ohm** (Fig. 19.11A). A lei de Ohm descreve os efeitos da resistência elétrica (R) sobre o fluxo de corrente (I) em um circuito elétrico:

$$I = \frac{V}{R}$$

em que V é a queda de voltagem ao longo da resistência. A forma hemodinâmica da lei de Ohm é, então:

$$Q = \frac{P}{R}$$

em que Q é o fluxo sanguíneo, P é o gradiente de pressão ao longo de um circuito vascular e R é a resistência vascular (ver Fig. 19.11B). Conforme discutido anteriormente, a resistência (R) é definida pelo raio do vaso, seu comprimento e pela viscosidade do sangue ($R = 8L\eta \div \pi r^4$). A forma hemodinâmica da lei de Ohm torna possível o cálculo da R para qualquer vaso ou circuito vascular, independentemente de seu tamanho, a partir de medidas de pressão e fluxo.

A. Resistência vascular sistêmica

A maior circulação no corpo e aquela com maior resistência é a circulação sistêmica. O valor da **resistência vascular sistêmica** ([RVS], também conhecida como **resistência periférica total**) é calculado como

$$RVS = \frac{PAM - PVC}{DC}$$

Figura 19.12
Derivação da pressão arterial média.
PSD = pressão sanguínea diastólica;
PSS = pressão sanguínea sistólica.

em que PAM – PVC representa a diferença de pressão entre a aorta (**pressão arterial média [PAM]**) e a veia cava (**pressão venosa central [PVC]**). A PAM é um valor médio que reconhece que a pressão arterial sobe e desce em compasso com o ciclo cardíaco (Fig. 19.12). A PAM é calculada como

$$PAM = PSD + \frac{(PSS - PSD)}{3}$$

em que **PSS** = **pressão sanguínea sistólica** e **PSD** = **pressão sanguínea diastólica** (PSS – PSD é também conhecido como **pressão de pulso**). Utilizando valores normais típicos para PAM (95 mmHg), PVC (5 mmHg) e DC (6 L/min), a RVS é calculada como 15 mmHg·min·L^{-1}.

> A RVS geralmente varia entre 11 e 15 mmHg·min·L^{-1} em uma pessoa de estatura mediana. A RVS pode também ser expressa clinicamente em unidades de dyn·s·cm^{-5}, calculada pela multiplicação dos valores mencionados por 80. Assim, uma amplitude normal de RVS está entre 900 e 1·200 dyn·s·cm^{-5}.

A **resistência vascular pulmonar** (**RVP**) pode ser calculada de forma semelhante (utilizando-se as pressões médias da artéria pulmonar e do átrio esquerdo), chegando-se ao valor de 2 a 3 mmHg·min·L^{-1} (150 a 250 dyn·s·cm^{-5}) em uma pessoa mediana.

B. Circuitos paralelos e em série

Os circuitos hemodinâmicos são tratados da mesma forma que os circuitos elétricos, quando se calcula a resistência combinada de múltiplos componentes individuais (Fig. 19.13). A resistência total (R_T) de um circuito que contém três resistores ($R_1 – R_3$) organizados em série é igual à soma dos componentes individuais. Se cada um dos resistores a seguir tiver uma resistência de 10 unidades, R_T = 30 unidades.

$$R_T = R_1 + R_2 + R_3 = 10 + 10 + 10 = 30$$

O cálculo da resistência total dos mesmos três resistores organizados em paralelo requer que o quociente de cada componente seja também somado (ver Fig. 19.13):

$$\frac{1}{R_T} = \frac{1}{R_1} + \frac{1}{R_2} + \frac{1}{R_3} = \frac{1}{10} + \frac{1}{10} + \frac{1}{10} = 0,3$$

Note que a R_T do circuito em paralelo é de 3,3 unidades, significativamente menor do que a de qualquer componente individual. Assim, mesmo que a circulação sistêmica contenha aproximadamente 10^{10} vasos capilares, que individualmente têm uma resistência ao fluxo muito elevada, o seu arranjo em paralelo significa que sua resistência *combinada* é relativamente baixa.

> A adição de vasos capilares a um circuito vascular faz a RVS diminuir, não aumentar, porque esses vasos fornecem vias adicionais para o fluxo sanguíneo (ver Fig. 19.13).

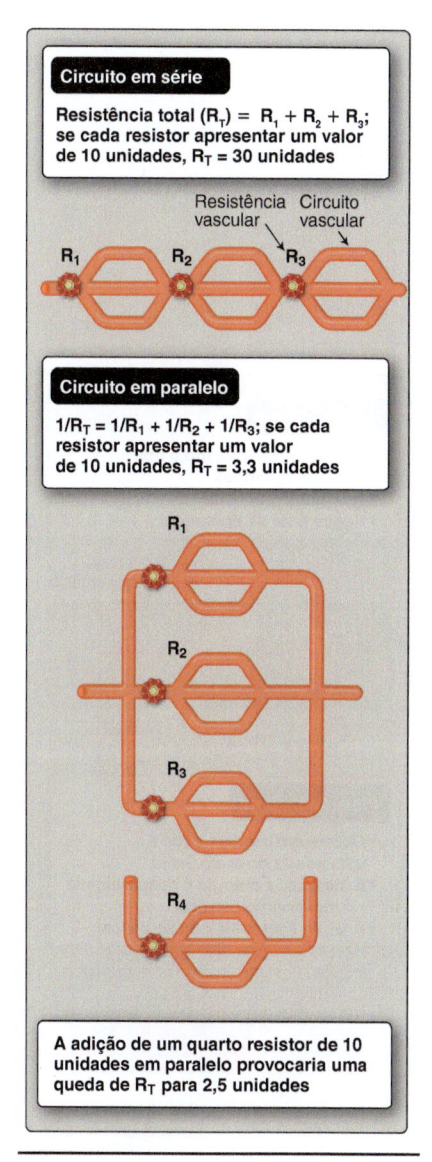

Circuito em série
Resistência total (R_T) = $R_1 + R_2 + R_3$; se cada resistor apresentar um valor de 10 unidades, R_T = 30 unidades

Circuito em paralelo
$1/R_T = 1/R_1 + 1/R_2 + 1/R_3$; se cada resistor apresentar um valor de 10 unidades, R_T = 3,3 unidades

A adição de um quarto resistor de 10 unidades em paralelo provocaria uma queda de R_T para 2,5 unidades

Figura 19.13
Cálculo da resistência dos circuitos vasculares.

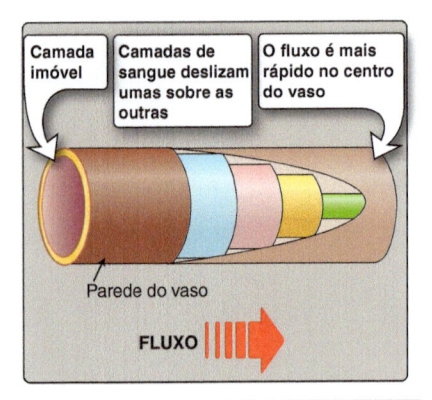

Figura 19.14
Fluxo sanguíneo laminar.

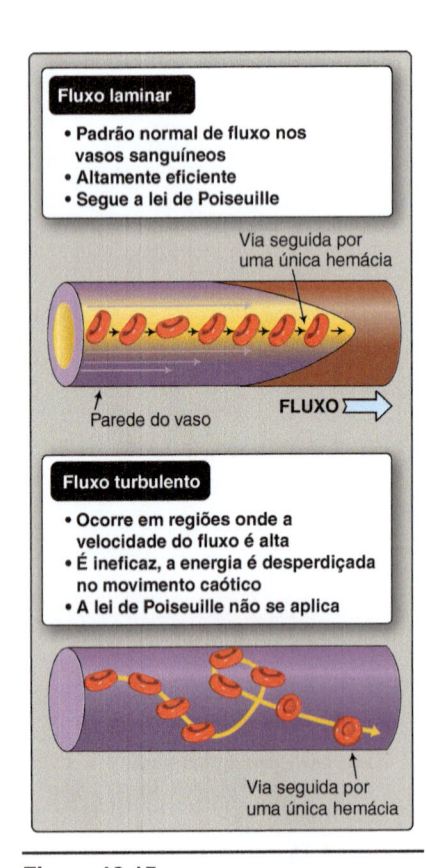

Figura 19.15
Fluxo laminar e fluxo turbulento.

V. LIMITES À LEI DE POISEUILLE

A lei de Poiseuille auxilia na identificação de fontes de resistência ao fluxo no sistema circulatório, mas a complexidade do sistema limita sua aplicação aos vasos arteriais menores e aos vasos capilares. Os aspectos da organização cardiovascular que provocam certa confusão incluem a preferência pelo fluxo turbulento, o fato de que a viscosidade do sangue é dependente da velocidade e a complacência dos vasos sanguíneos.

A. Turbulência

Quando o sangue flui através dos vasos sanguíneos, ele é arrastado, fato esse causado pela interação dos seus vários componentes com as paredes dos vasos. Como já foi discutido, o endotélio vascular é recoberto com uma camada de plasma imobilizado. Essa cobertura exerce a fricção no sangue que está fluindo mais próximo ao centro do vaso, criando outra camada mais lenta que exerce sua própria força de fricção, e assim por diante, em direção ao centro do vaso. Assim, o fluxo nos vasos ocorre em camadas concêntricas que deslizam umas sobre as outras, com o fluxo mais rápido no centro e o mais lento contra as paredes dos vasos. Esse padrão de fluxo é definido como **fluxo laminar** ou **aerodinâmico** (Fig. 19.14). O fluxo laminar é observado na maioria das regiões do sistema circulatório, e a lei de Poiseuille é válida enquanto esse fluxo for mantido. Quando o fluxo laminar é perturbado, a energia cinética é dissipada em um movimento caótico, um padrão conhecido como **turbulência** (Fig. 19.15).

1. **Equação de Reynolds:** a probabilidade de turbulência pode ser prevista, utilizando-se a **equação de Reynolds**:

$$N_R = \frac{v \times d \times \rho}{\eta}$$

em que N_R é o número de Reynolds, v é a velocidade média do sangue, d é o diâmetro do vaso, ρ (*rho*) é a densidade do sangue e η é a viscosidade do sangue. A densidade do sangue não se altera dentro dos parâmetros normais da fisiologia humana. Muitos vasos sanguíneos se contraem e relaxam, portanto, seu diâmetro interno varia constantemente, mas não a ponto de causar turbulência *in vivo*. Entretanto, a velocidade e a viscosidade são variáveis fisiologicamente relevantes.

2. **Efeitos da velocidade do sangue:** a turbulência tem maior probabilidade de ser observada dentro das câmeras cardíacas ou dentro dos vasos que entram no coração e dele saem. Essas são regiões onde grandes volumes de sangue estão se movendo a altas velocidades. A turbulência ocorre uma vez que uma velocidade crítica seja alcançada, fazendo com que o fluxo laminar ordenado se torne caótico e ineficiente.

3. **Equação de continuidade:** os defeitos congênitos e patológicos das valvas cardíacas são causas comuns de turbulência. A valva aórtica está localizada em uma região de alta pressão e alta velocidade do sistema circulatório, onde está sujeita a constante desgaste. Não é raro ocorrer que as válvulas das valvas se calcifiquem e endureçam com a idade, ou talvez se fundam ao longo de suas comissuras, como resultado de inflamações recorrentes. Tais alterações reduzem a área de secção transversal do orifício da valva e obstruem o fluxo. Já que o DC tem de ser mantido em um ní-

vel basal de 5 a 6 L/min, independentemente das circunstâncias, a pressão ventricular esquerda aumenta e direciona o fluxo a uma velocidade maior através da saída estreitada (Fig. 19.16). A extensão do aumento da velocidade devido à estenose é definida pela **equação de continuidade**:

$$Q = v_{nl} \times A_{nl} = v_e \times A_e$$

em que Q é o fluxo, v_{nl} e v_e são as velocidades de fluxo através de valvas normais e estenóticas, respectivamente, e A_{nl} e A_e são as áreas de secção transversal das valvas. Se Q for constante e A_e estiver reduzida, a velocidade deverá aumentar para compensar.

4. **Sons:** o fluxo turbulento cria correntes cruzadas e redemoinhos, e faz a energia cinética ser desperdiçada quando o sangue colide com a parede do vaso. Os impactos causam vibrações que trafegam para a superfície do corpo, onde podem ser ouvidas como sons. Os exemplos simples clinicamente encontrados incluem os **sopros** e os **sons de Korotkoff**.

   a. **Sopros:** o sangue, quando forçado em alta velocidade através de uma valva estenótica, aórtica ou pulmonar, produz um **sopro sistólico**. Valvas que não se fecham completamente também produzem sopros. Esses sopros são causados pelo sangue sendo forçado de volta através de uma valva debilitada e o sangue colidindo enquanto retido dentro dos átrios ou ventrículos (ver Aplicação clínica 18.1).

   b. **Sons de Korotkoff:** a turbulência pode ser induzida artificialmente para propósitos diagnósticos. A oclusão parcial da artéria braquial com o manguito insuflado do aparelho de verificação da pressão arterial causa sons que refletem o sangue sendo ejetado em alta velocidade ao longo da área comprimida e colidindo com a coluna de sangue adiante. Esses sons (sons de Korotkoff) podem ser escutados com um estetoscópio colocado abaixo do manguito. Os sons são primeiramente escutados quando a pressão do manguito cai logo abaixo da PSS, permitindo que pequenas quantidades de sangue sejam ejetadas através da artéria obstruída. Os sons geralmente desaparecem quando a pressão do manguito cai abaixo da PSD e a artéria fica completamente desobstruída. Esses sons, portanto, fornecem uma maneira conveniente de se verificar a PSS e a PSD.

5. **Hematócrito:** já que a velocidade do sangue é inversamente proporcional à viscosidade e ao hematócrito, a anemia também pode aumentar a probabilidade de turbulência. Por exemplo, a anemia fisiológica que acontece na gestação causa **sopros funcionais**, sons associados com a ejeção do sangue a alta velocidade através de uma valva normal (ver 37.IV.C).

6. **Ocorrência da turbulência *in vivo*:** em um sistema ideal, a turbulência pode acontecer quando o N_R excede 2.000. Quando o N_R fica abaixo de 1.200, o fluxo laminar prevalece. O sistema circulatório é menos do que ideal. Muitos fatores, especialmente a extensiva ramificação que é inerente à árvore vascular, baixam o limiar para a turbulência para cerca de 1.600. As ramificações dos vasos perturbam o fluxo laminar e criam locais para a formação de correntes turbulentas.

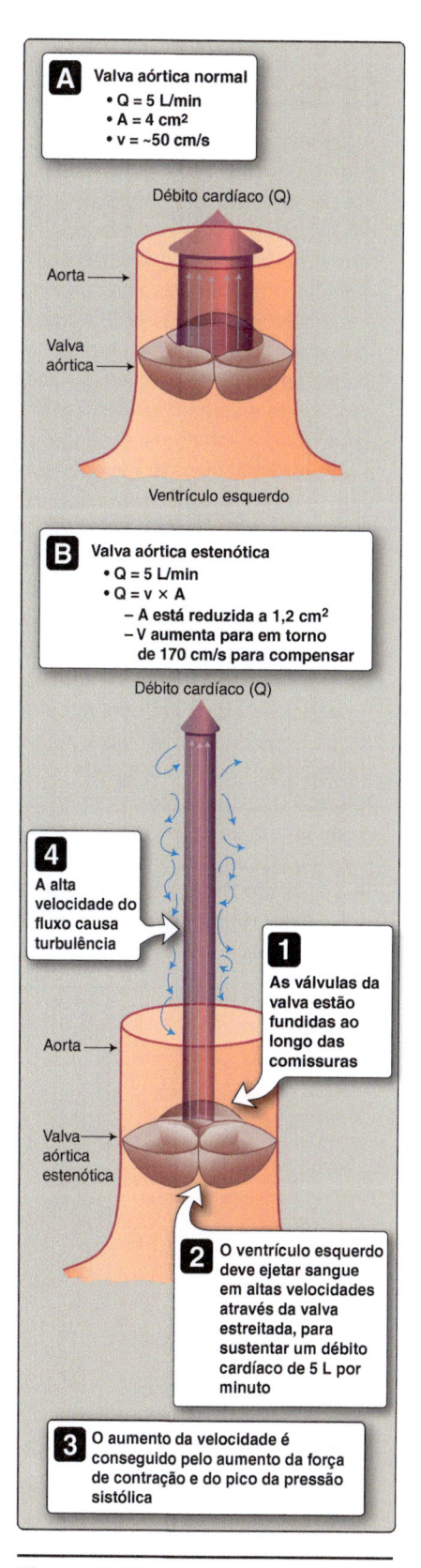

Figura 19.16

Efeito da estenose aórtica na velocidade de ejeção ventricular. A = área; Q = fluxo; v = velocidade de ejeção.

Aplicação clínica 19.2 Trombos e terapia anticoagulante

A tendência das hemácias a se agregarem em regiões onde a velocidade de fluxo é baixa é de séria preocupação clínica, pois tais agregados podem levar à formação de **trombos**. Os trombos são agregados de células aderidos às paredes dos vasos. Os trombos podem soltar-se e formar **êmbolos**, os quais trafegam ao longo dos vasos sanguíneos até que encontrem um vaso que seja muito pequeno para que possam passar, e nele fiquem presos. Em uma pessoa saudável, os trombos podem formar-se durante períodos prolongados de imobilidade, como viagens longas de avião. As cabines apertadas e os assentos duros restringem a mobilidade e comprimem os vasos que fazem o retorno do sangue das extremidades inferiores. O sangue que fica represado dentro das veias mais profundas das pernas pode provocar **tromboses venosas profundas**. O desembarque restabelece o fluxo, e os êmbolos deslocados podem então trafegar pelo plexo venoso para o lado direito do coração e ficar alojados nos vasos sanguíneos pulmonares (**embolia pulmonar**).

A fibrilação atrial (FA) e a substituição de valvas cardíacas também colocam os pacientes em risco de formação de trombos. A FA impede a contração ordenada e o fluxo através dos átrios, criando regiões de sangue estagnado dentro da câmara afetada. Valvas cardíacas protéticas ("mecânicas") também podem permitir a formação de bolsas de estagnação atrás de suas válvulas, aumentando a incidência de formação de trombos. Se a valva é colocada no lado esquerdo do coração, um êmbolo liberado pode potencialmente entrar nos vasos sanguíneos encefálicos e causar um acidente vascular encefálico. A formação de trombos pode ser reduzida em pacientes com FA e naqueles que fizeram a substituição de valvas cardíacas por valvas mecânicas com o uso de anticoagulantes orais, tais como a varfarina (cujo nome comercial é Coumadin).[1] A varfarina é um antagonista da vitamina K que evita a formação de vários fatores de coagulação necessários para a formação de um coágulo.

Valvas natural e protética da aorta.

B. Efeitos da velocidade

Quando o sangue está parado ou se movendo muito lentamente, as hemácias têm tempo para se aderirem umas às outras e formarem agregados que se assemelham a pilhas de moedas (*rouleaux*). Os agregados requerem mais esforço para serem movidos ao longo da circulação do que as células individuais, aumentando, assim, a resistência ao fluxo. O fenômeno de *rouleaux* começa a se desfazer à medida que a velocidade do fluxo aumenta e a viscosidade diminui paralelamente (Fig. 19.17).

C. Complacência dos vasos

A lei de Poiseuille considera que os vasos sanguíneos sejam tubos rígidos. Embora os vasos menores (vasos capilares, arteríolas e pequenas artérias) sejam relativamente não distensíveis, a maioria das veias e grandes artérias se expande quando a pressão interna aumenta (Fig. 19.18). A capacidade de distensão invalida a aplicação da lei de Poiseuille, mas fornece benefícios cardiovasculares.

[1]Para mais informações sobre anticoagulantes, ver *Farmacologia Ilustrada*, 5ª edição, Artmed Editora.

1. **Reservatório venoso:** a capacidade de distensão define a facilidade com que um vaso se distende, quando a pressão de enchimento sobe. Lembre-se de que as veias têm paredes mais finas que as artérias. Portanto, embora um aumento de pressão em 1 mmHg possa causar um aumento de 1 mL no volume arterial, esse aumento de pressão faria com que uma veia de tamanho semelhante aumentasse de volume em cerca de 6 a 10 mL. A capacidade de distensão das veias significa que o plexo venoso, como um todo, tem uma **complacência** ou **capacitância** muito maior do que o plexo arterial, o que lhe permite funcionar como um reservatório de sangue. A complacência é uma medida da capacidade de um vaso em acomodar o volume (V), quando a pressão de enchimento (P) aumenta:

$$\text{Complacência} = \frac{\Delta V}{\Delta P}$$

2. **Bomba arterial:** durante a sístole, o ventrículo ejeta sangue para dentro da árvore arterial mais rapidamente do que pode ser repassado para os vasos capilares. A capacidade de distensão das grandes artérias permite, então, que elas se distendam para acomodar o volume sistólico ventricular total (Fig. 19.19) e depois transmiti-lo aos leitos capilares durante a diástole, quando o ventrículo está relaxando e a valva aórtica está fechada (**escoamento diastólico**). A energia que direciona o fluxo durante a diástole foi armazenada, durante a sístole, nos componentes elásticos da parede arterial próxima ao ventrículo. Esse efeito de estocagem e escoamento (conhecido como **efeito de Windkessel**) é vantajoso no sentido de equilibrar a pressão e o fluxo pelos vasos sanguíneos ao longo do tempo, embora a ejeção ventricular seja evidentemente fásica.

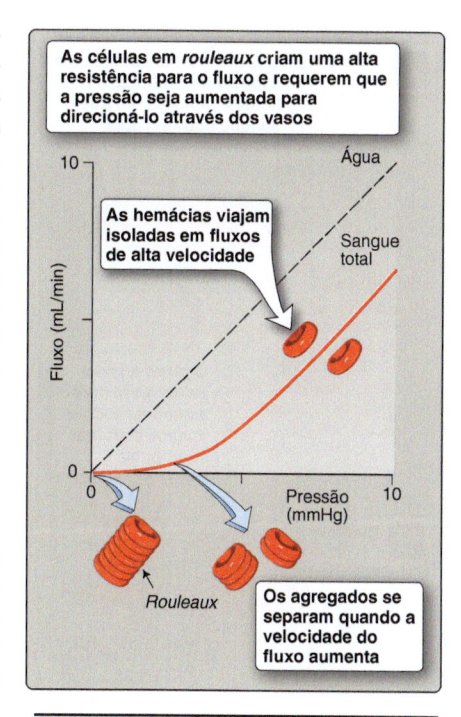

Figura 19.17
Efeito *rouleaux* na pressão necessária para induzir o fluxo de sangue.

> *Windkessel* é o termo alemão para "câmara de ar" e se refere a uma característica do modelo do primeiro carro de bombeiros. Antes da invenção da máquina de combustão interna, os carros de bombeiros eram puxados por cavalos e operados à mão. Em caso de incêndio, a água era bombeada manualmente para o interior de uma câmara de ar, fazendo com que se desenvolvesse pressão dentro dela. A água pressurizada da câmara de ar era, então, direcionada, por meio de uma mangueira, para o fogo. A inclusão da câmara de ar no modelo assegurou um fluxo contínuo e regular de água da mangueira, mesmo quando os integrantes do corpo de bombeiros estavam impossibilitados de bombear.

3. **Efeitos da idade:** o envelhecimento está associado ao enrijecimento das paredes dos vasos devido à calcificação e à deposição de colágeno (**arteriosclerose**). A perda da capacidade de distensão reduz a quantidade de sangue que pode ser armazenada no plexo arterial durante a sístole para o escoamento diastólico subsequente. O VE é forçado a compensar essa deficiência, gerando pressões maiores para direcionar o fluxo aumentado durante a sístole. Essa pressão se manifesta como uma hipertensão essencial, que é comum nas pessoas de idade mais avançada.

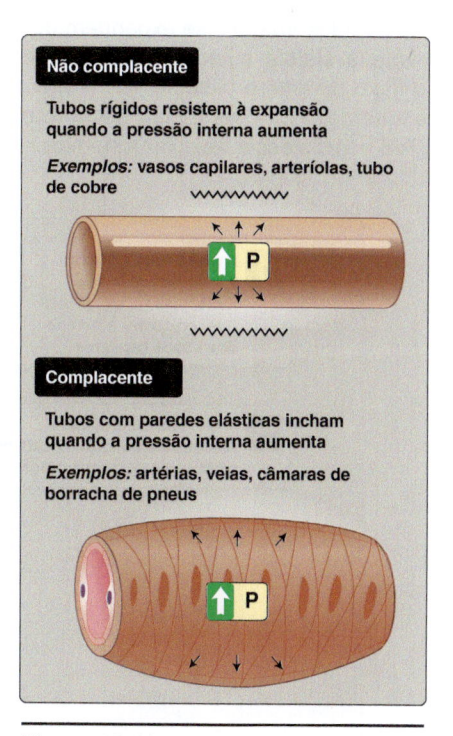

Figura 19.18
Complacência relativa dos vasos sanguíneos.

Figura 19.19
As paredes arteriais se expandem durante a sístole e, então, direcionam o fluxo durante a diástole. AE = átrio esquerdo; VE = ventrículo esquerdo; RVS = resistência vascular sistêmica.

VI. TROCA ENTRE O SANGUE E OS TECIDOS

A função primária do sistema circulatório é levar O_2 e nutrientes para todas as células do corpo. O sangue é distribuído pelos capilares, vasos com paredes excepcionalmente finas (em torno de 0,5 μm, ou a espessura de uma célula endotelial) projetados para facilitar as trocas por difusão entre o sangue e as células. O sangue se move ao longo dos vasos capilares muito lentamente (ao redor de 1 mm/s), o que maximiza a oportunidade para trocas durante a passagem. Para discutir como as trocas ocorrem em nível celular, é interessante reconhecer quatro mecanismos gerais: pinocitose, fluxo em massa, difusão através de poros e difusão através das células endoteliais (Fig. 19.20).

A. Pinocitose

As vesículas **pinocitóticas** se formam quando a membrana plasmática invagina e se desprende para capturar e internalizar uma amostra de líquido extracelular. As vesículas então migram através da parede dos vasos e liberam os seus conteúdos no lado oposto. A pinocitose não é a principal via de troca, mas proporciona o trânsito de moléculas grandes e com carga, como os anticorpos.

B. Fluxo em massa

Os vasos capilares geralmente são muito permeáveis, com **fenestrações** nas suas paredes e **fendas** entre as células adjacentes que fornecem vias rápidas para a troca de íons e solutos. O sangue que entra nos vasos capilares é pressurizado, assim, essas mesmas vias permitem que a água e qualquer substância dissolvida nela sejam direcionadas para fora dos vasos e para o interior do interstício. Esse **fluxo em massa** de líquido não é, entretanto, completamente desregulado. As junções intercelulares normalmente contêm uma barreira proteinácea, que tanto cimenta as células umas com as outras como filtra o líquido que sai do sangue. As proteínas são muito grandes para escapar pelas junções ou pelos poros e permanecem retidas dentro dos vasos sanguíneos.

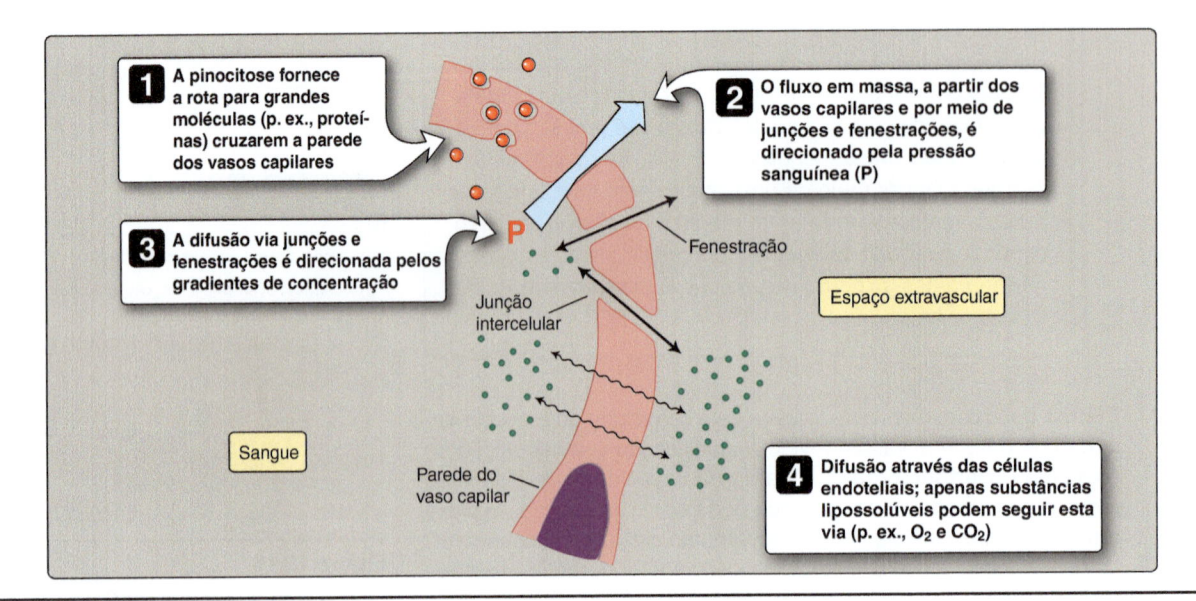

Figura 19.20
Quatro mecanismos gerais responsáveis pelas trocas de substâncias através da parede do vaso capilar.

C. Difusão via fenestrações e poros

As mesmas vias que permitem o fluxo em massa também fornecem caminhos para a **difusão** simples de água e outras pequenas moléculas. O movimento é direcionado pelos gradientes químicos de concentração entre o sangue, o interstício e as células.

D. Difusão através das células endoteliais

Matérias solúveis em lipídeos cruzam entre o sangue e o interstício por difusão simples através das células endoteliais e as suas membranas plasmáticas. Essa é a forma primária pela qual o O_2 e o CO_2 são trocados.

VII. MOVIMENTO DE LÍQUIDOS

A permeabilidade dos vasos capilares é problemática. O sangue tem que entrar nos vasos capilares sob pressão, para assegurar que tenha energia suficiente para passar pelos vasos capilares e veias e retornar ao coração, e é ainda essa pressão que também direciona o líquido para fora dos vasos (Fig. 19.21). A gravidade do problema é tal que, na ausência de qualquer impedimento, perderíamos o volume sanguíneo total para o interstício dentro de uma ou duas horas.

A. Retenção da água nos vasos sanguíneos

A principal força que retém a água na corrente sanguínea é um potencial osmótico que é gerado por proteínas que ficam presas na corrente sanguínea em função de seu tamanho. A **albumina** (PM = 60.000) é a principal proteína plasmática (aproximadamente 80% do total de proteínas), embora as **globulinas** (PM = 140.000) também sejam importantes. As proteínas auxiliam o sangue a reter a água por meio de efeitos osmóticos diretos, mas os seus muitos grupos de carga negativa atraem secundariamente e concentram cátions osmoticamente ativos, tais como o Na^+ e o K^+ (o **efeito Donnan**).

B. Retenção da água intersticial

O espaço entre os vasos sanguíneos e as células (o **interstício**) contém fibras colágenas que fornecem suporte estrutural aos tecidos, mas a maior parte do espaço é ocupada por uma densa rede de finos filamentos de proteoglicanos (ver 4.IV.B.3). O líquido que é filtrado da corrente sanguínea fica retido por esses filamentos, de forma semelhante à que retém a água nos filamentos de gelatina (Fig. 19.22). O gel intersticial normalmente contém em torno de 25% da água corporal total, criando um inestimável reservatório de líquido que pode ser recrutado para reforçar o volume de sangue, quando necessário.

C. Sistema linfático

O sangue perde muitos litros de líquido para o interstício em um dia típico, muito mais do que o gel de proteoglicanos possa absorver. É de responsabilidade do sistema linfático recuperar o excesso de líquido e retorná-lo à circulação, juntamente com outras proteínas que podem ter escapado dos vasos sanguíneos.

1. **Estrutura:** os capilares linfáticos são tubos simples, de fundo cego e compostos por células endoteliais, que surgem no interstício (Fig. 19.23). As células endoteliais adjacentes se sobrepõem de forma a criar válvulas tipo abas que permitem o influxo de líquido, mas

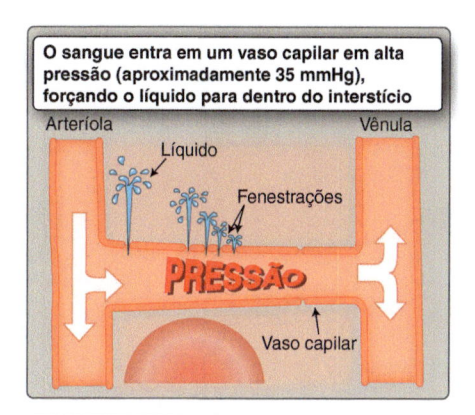

Figura 19.21
Perda de líquido dos vasos sanguíneos induzida por pressão.

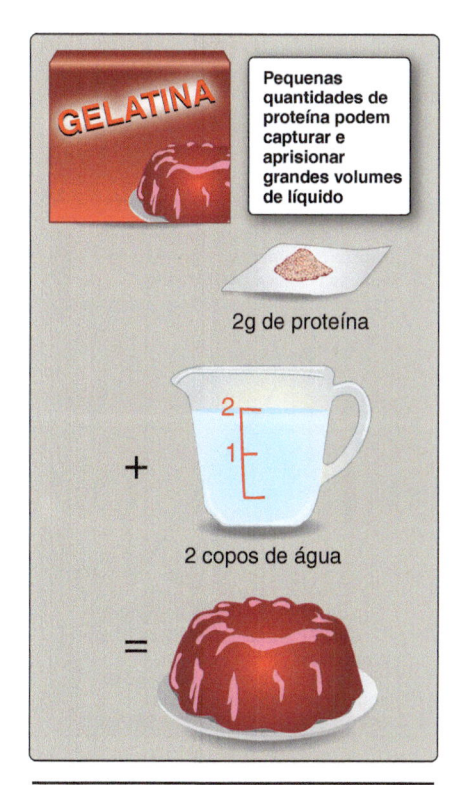

Figura 19.22
Conteúdo de uma sobremesa de gelatina.

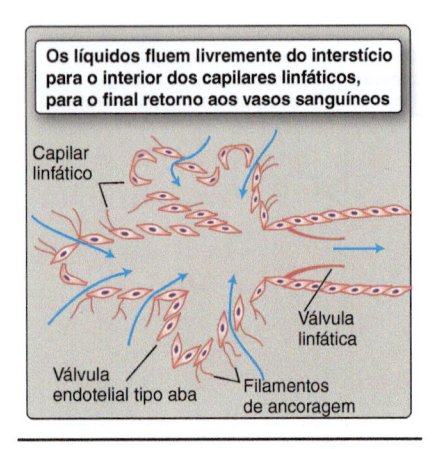

Figura 19.23
Vasos linfáticos.

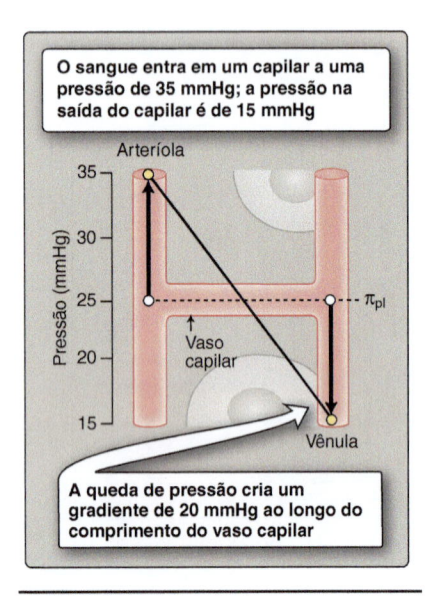

impedem o fluxo retrógrado, e os filamentos de proteínas ancorados às superfícies celulares mantêm os vasos desobstruídos.

2. **Fluxo:** os vasos linfáticos maiores são estruturalmente semelhantes às veias. Eles contêm válvulas linfáticas que os auxiliam a manter um fluxo unidirecional, e as suas paredes contêm camadas de músculo liso que se contraem espontaneamente em resposta à crescente pressão interna de líquido. A contração força a linfa para adiante e simultaneamente cria uma pressão levemente negativa dentro dos capilares linfáticos, o que os faz sugarem o líquido e a proteína do interstício. Por fim, os vasos linfáticos drenam para o interior das veias subclávias direita e esquerda.

D. Forças de Starling

A manutenção de um equilíbrio entre as forças que governam a filtração e a reabsorção de líquido dos vasos sanguíneos é vital para uma saúde contínua. O excesso de filtração causa edema, enquanto a incapacidade de recuperar o líquido filtrado pode comprometer a pré-carga do VE e a PAM. Existem quatro principais **forças de Starling** que governam o movimento dos líquidos, as quais estão relacionadas na **lei de Starling do capilar**:

$$Q = K_f[(P_c - P_i) - (\pi_{pl} - \pi_i)]$$

em que Q é o fluxo efetivo de líquido através da parede capilar, K_f é um coeficiente de filtração que reconhece que a área de superfície total e a permeabilidade dos leitos capilares variam de tecido para tecido, P_c é a pressão hidrostática capilar, P_i é a pressão do líquido intersticial, π_{pl} é a pressão osmótica coloidal do plasma e π_i é a pressão osmótica coloidal intersticial.

1. **Pressão hidrostática capilar:** o sangue entra nos vasos capilares com uma pressão de aproximadamente 35 mmHg. O sangue sai dos vasos capilares e entra nas veias com uma pressão ao redor de 15 mmHg (Fig. 19.24). A pressão hidrostática capilar média (P_c) geralmente é mais próxima da pressão venosa do que da pressão arteriolar, mas é ainda uma pressão positiva que direciona o líquido para fora do vaso capilar e para o interior do interstício.

2. **Pressão osmótica coloidal do plasma:** a principal força que se opõe à P_c é a pressão osmótica criada pelas proteínas plasmáticas. Os valores para π_{pl} normalmente apresentam uma média de 25 mmHg.

3. **Pressão do líquido intersticial:** a P_i geralmente fica entre 0 e −3 mmHg sob condições normais, graças, em grande parte, à sucção linfática. Entretanto, o sistema linfático tem uma capacidade finita de remoção de líquido, e, se o líquido for filtrado dos vasos sanguíneos mais rapidamente do que ele pode ser removido, o tecido incha. Os tecidos que estão encapsulados dentro da pele, dos ossos ou de outro limite físico têm uma capacidade limitada de expansão, assim, a P_i sobe e pode tornar-se uma força significativa no direcionamento do líquido de volta ao interior dos vasos capilares.

4. **Pressão osmótica coloidal intersticial:** o interstício sempre contém uma pequena quantidade de proteínas que cria uma pressão osmótica de < 5 mmHg, favorecendo o movimento dos líquidos para fora dos vasos capilares. O sistema linfático remove proteínas juntamente com o líquido, mas os capilares continuamente deixam passar proteínas através de grandes fenestrações e fendas intercelulares.

Figura 19.24
Gradiente de pressão hidrostática ao longo do comprimento de um vaso capilar. π_{pl} = pressão osmótica coloidal do plasma.

Aplicação clínica 19.3   Filariose linfática

A **filariose linfática** resulta da infecção por um de três nematódeos parasitas, mais comumente *Wuchereria bancrofti* (> 90% do total). Também conhecida popularmente como **elefantíase**, a infecção pode causar uma desfiguração grosseira das pernas, braços e genitália. Sugere-se que a infecção afete em torno de 120 milhões de indivíduos no mundo todo e seja endêmica nas regiões em desenvolvimento da Ásia, África e América do Sul. A infecção se dá por meio da picada de um mosquito, o qual injeta em seu hospedeiro as larvas do nematódeo. Essas larvas migram e se estabelecem nos vasos linfáticos, onde maturam, acasalam e se reproduzem, produzindo microfilárias (larvas). A presença das larvas dentro dos vasos linfáticos interfere na drenagem e causa edemas. Os pacientes geralmente são infectados durante a infância, mas só se tornam sintomáticos na vida adulta, após terem acumulado grandes quantidades de parasitas por infecções repetidas. O tratamento envolve a administração prolongada (> 1 ano) de medicamentos anti-helmínticos, como a ivermectina.

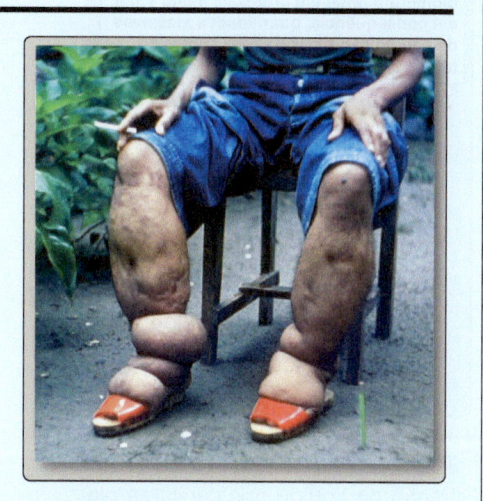

Elefantíase.

E. Equilíbrio de Starling

O equilíbrio de forças que governam o movimento de líquidos através da parede dos vasos capilares é tão perfeito que o fluxo líquido está próximo de zero na maioria dos tecidos. Qualquer excesso de filtrado é enviado de volta à circulação pelos vasos linfáticos, os quais coletam < 4 L diariamente. Essa situação mascara o fato de que outros 16 a 18 L deixam os vasos capilares e são, então, reabsorvidos pelos capilares diariamente. Essa troca de líquidos ocorre devido a desequilíbrios locais entre P_c e π_{pl}. Na extremidade arteriolar do vaso capilar, a P_c excede π_{pl} em torno de 10 mmHg, fazendo com que o líquido seja filtrado do vaso capilar e entre no interstício. No momento em que o sangue cruza o vaso capilar, a P_c cai abaixo de π_{pl}. A reabsorção é agora favorecida, e a maior parte do líquido filtrado é recuperada. O equilíbrio quase que perfeito entre filtração e reabsorção através da parede capilar é denominado de equilíbrio de Starling (Fig. 19.25).

VIII. DISTÚRBIOS NO EQUILÍBRIO DE STARLING

Devido ao fato de que a água cruza as paredes dos vasos capilares tão facilmente, perturbações no equilíbrio de Starling podem rapidamente fazer com que grandes quantidades de líquido deixem a circulação sanguínea e entrem no interstício, ou vice-versa. Essa característica é utilizada de forma vantajosa em vários aspectos da organização cardiovascular.

A. Circulação renal

Os rins eliminam do sangue o excesso de água, eletrólitos e vários produtos de descarte. Como mostrado na Figura 19.26, o sangue chega ao glomérulo, uma rede capilar renal especializada, com pressões que excedem em muito a π_{pl} (P_c = em torno de 60 mmHg; ver 25.III.A). O excesso de pressão faz 180 L/dia de líquido livre de células e de proteínas serem filtrados para o interior do espaço de Bowman. A maior parte da água, dos íons essenciais e de outros solutos é posteriormente recuperada, deixando os produtos de descarte concentrados na urina.

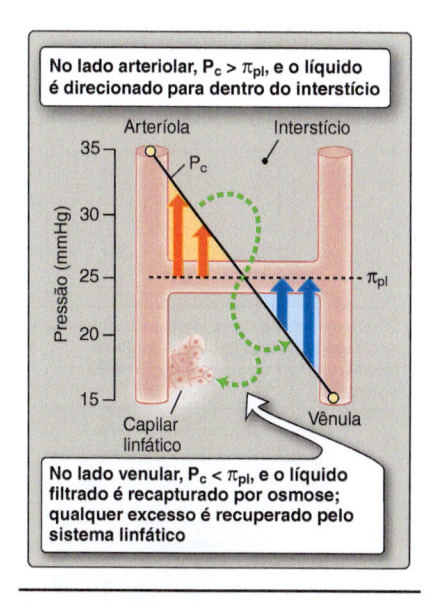

Figura 19.25

Equilíbrio de Starling. P_c = pressão hidrostática capilar; π_{pl} = pressão osmótica coloidal do plasma.

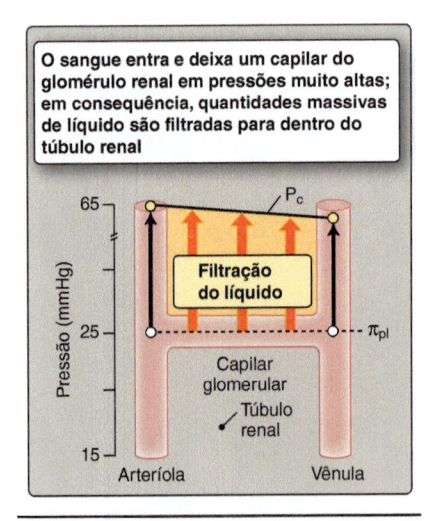

Figura 19.26
Filtração de líquido nos capilares glomerulares dos rins. P_c = pressão hidrostática capilar; π_{pl} = pressão osmótica coloidal do plasma.

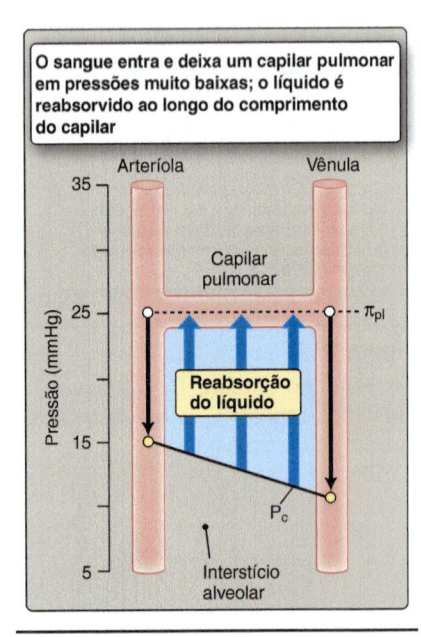

B. Circulação pulmonar

As pressões vasculares pulmonares médias são muito mais baixas do que as da circulação sistêmica. A P_c para os vasos capilares pulmonares apresenta uma média de 7 mmHg (compare com aproximadamente 25 mmHg na circulação sistêmica). A π_i tende a ser mais elevada (em torno de 14 mmHg), mas a força propulsora efetiva para o movimento do líquido ainda é direcionada para dentro (Fig. 19.27). Isso é vantajoso, porque assegura que os pulmões permaneçam relativamente livres de líquido. O acúmulo de líquido no interstício pulmonar e nos sacos alveolares interferiria nas trocas de O_2 e CO_2.

C. Volume sanguíneo diminuído

O interstício contém, em média, 10 L de líquido. Isso representa um reservatório de líquido prontamente disponível, que pode ser recrutado pelos vasos sanguíneos para suportar o DC, quando o volume de sangue circulante diminui. As causas incluem a baixa hidratação (a baixa hidratação ocorre quando a ingestão de líquidos é insuficiente para repor a quantidade perdida por meio do suor, por exemplo) e a hemorragia. O coração mantém a PAM, resgatando o reservatório sanguíneo venoso. Consequentemente, a pressão hidrostática no lado venular dos vasos capilares cai, fazendo com que o gradiente de pressão através dos capilares suba rapidamente. Com a π_{pl} agora dominando ao longo da maior parte do comprimento capilar, as forças de Starling favorecem a retomada de líquido do interstício. Em consequência, o volume de sangue circulante aumenta (Fig. 19.28).

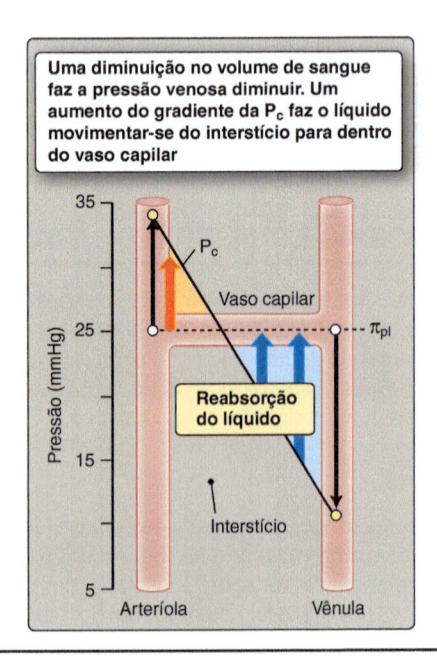

Figura 19.27
Reabsorção de líquido pelos capilares pulmonares. P_c = pressão hidrostática capilar; π_{pl} = pressão osmótica coloidal do plasma.

Figura 19.28
Utilização das forças de Starling para recrutar líquido do interstício.
P_c = pressão hidrostática capilar; π_{pl} = pressão osmótica coloidal do plasma.

Aplicação clínica 19.4 Insuficiência cardíaca congestiva

O edema é encontrado frequentemente em uma situação clínica, e apresenta muitas causas. Uma das mais comuns é a **insuficiência cardíaca congestiva**. A insuficiência ventricular esquerda se apresenta como uma incapacidade de manter a pressão arterial em níveis que assegurem uma perfusão tecidual adequada. O corpo compensa, retendo líquido (ver 20.IV) para aumentar o volume de sangue circulante e a pressão venosa central (PVC). A pré-carga aumentada auxilia a compensar o decréscimo na ejeção, induzido pela insuficiência, por meio do mecanismo de Frank-Starling, mas a elevação da PVC enfraquece o gradiente de pressão hidrostática nos vasos capilares. O sistema linfático ajuda a compensar a grande quantidade de líquido que agora é filtrada dos vasos sanguíneos para o interstício, mas a tendência para a formação de edema (**congestão** dos tecidos) fica muito aumentada. Inicialmente, isso pode manifestar-se como inchaço dos pés e dos tornozelos, mas nos estágios mais adiantados da insuficiência pode ocorrer também edema pulmonar.

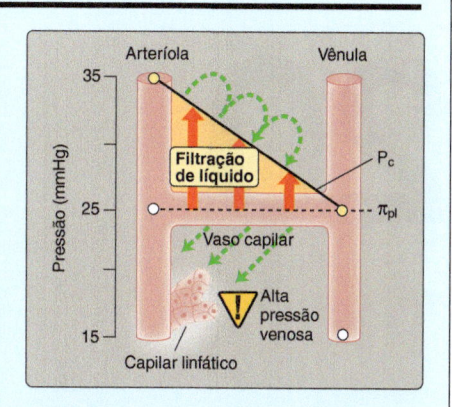

Filtração excessiva de líquido provoca edema durante a insuficiência cardíaca congestiva. P_C = pressão hidrostática do vaso capilar; π_{pl} = pressão osmótica coloidal do plasma.

Resumo do capítulo

- Uma vez que saia do coração, o sangue viaja ao longo de diferentes classes de vasos.
- **Artérias** e **arteríolas** são vasos de paredes espessas e luz estreita, estruturados para levar o sangue sob alta pressão. As artérias menores e as arteríolas se contraem e relaxam para modular o fluxo para os vasos capilares.
- **Vasos capilares** são tubos simples de células endoteliais, estruturados para facilitar a troca de materiais entre o sangue e os tecidos.
- **Veias** são vasos de drenagem de baixa pressão com paredes finas e elevada capacidade, que lhes permite funcionar como um reservatório de sangue.
- O coração bombeia sangue em alta pressão para sobrepor vários fatores que resistem ao fluxo. Esses estão resumidos na **lei de Poiseuille**, a qual estabelece que o fluxo é proporcional ao gradiente de pressão que direciona o fluxo, ao raio do vaso na quarta potência e ao inverso do comprimento do vaso e da viscosidade do sangue.
- O raio do vaso é o principal determinante da resistência vascular, o que explica por que as artérias menores e as arteríolas (**vasos de resistência**) controlam o fluxo tão efetivamente mediante contração e relaxamento. A viscosidade do sangue é, em grande parte, um reflexo do **hematócrito**.
- Estimativas da resistência de fluxo reconhecem que vários fatores podem invalidar a lei de Poiseuille, inclusive o fato de que a **viscosidade do sangue se altera** com a velocidade do fluxo, a ocorrência de **turbulência**, e a **capacitância** do vaso.
- A viscosidade aumenta quando a densidade das hemácias está aumentada ou a velocidade de fluxo está baixa, e as células têm uma oportunidade de se agregarem. Os agregados aumentam a resistência ao fluxo. O **fluxo turbulento** é menos eficiente do que o **fluxo laminar**, porque a energia cinética é dissipada por meio de movimentos caóticos. O fluxo turbulento em geral ocorre somente em regiões do sistema circulatório onde as velocidades de fluxo são elevadas, como quando o sangue é forçado através de uma valva cardíaca. A **capacitância do vaso** se relaciona a uma tendência à distensão quando a pressão de enchimento aumenta. A **capacidade de distensão** permite que as artérias armazenem sangue sob pressão durante a sístole e então o libere aos leitos capilares durante a diástole (**escoamento diastólico**). A elevada capacitância das veias permite que funcionem como um reservatório de sangue para uso quando o débito cardíaco aumenta ou para auxiliar a manter as pressões arteriais quando o volume de sangue circulante diminui.
- Os vasos capilares perdem líquido continuamente através dos poros, fenestrações e junções entre células endoteliais adjacentes, o que é direcionado por pressão hidrostática. Parte desse líquido fica presa em um **gel de proteoglicanos** que preenche o interstício. O gel libera líquido para manter o volume de sangue circulante, quando necessário. A maior parte do líquido filtrado retorna à circulação por forças osmóticas associadas às proteínas plasmáticas (**albumina** e **globulinas**) que ficam represadas nos vasos sanguíneos em função de seu grande tamanho. O excesso de filtrado retorna aos vasos pelo **sistema linfático**.
- Distúrbios nas forças que controlam o movimento dos líquidos através da parede capilar (o **equilíbrio de Starling**) podem ter graves repercussões. Aumentos na pressão venosa podem elevar efetivamente a pressão hidrostática capilar, a ponto de o líquido filtrado sobrecarregar os vasos linfáticos. O resultado é o **edema**.
- Diminuições na pressão hidrostática capilar permitem que o líquido seja drenado do interstício. Isso fornece uma maneira de manter o débito cardíaco durante uma emergência circulatória.

20 Regulação Cardiovascular

Figura 20.1
A pressão é necessária para direcionar o fluxo ao longo dos vasos.

I. VISÃO GERAL

O volume de sangue contido no sistema circulatório representa somente cerca de 20% de sua capacidade total. Carregar um volume limitado de sangue tem evidentes vantagens energéticas, mas essa economia requer que o fluxo aos diferentes órgãos seja medido de forma muito cuidadosa, tendo em vista as necessidades do sistema como um todo, de forma a evitar uma catástrofe cardiovascular. Essa ameaça ocorre devido à dependência absoluta do sistema circulatório em relação à pressão para direcionar o fluxo. Assim como a quebra de um encanamento, na infraestrutura de uma cidade, pode deixar os consumidores sem água potável, um fluxo descontrolado por meio de um sistema de baixa resistência (p. ex., um músculo em exercício), pode causar a queda precipitada da pressão de perfusão e do fluxo ao longo dos vasos sanguíneos (Fig. 20.1). Visto que alguns órgãos (p. ex., o cérebro e o coração) são altamente dependentes do fluxo sanguíneo arterial constante para seu funcionamento normal, a perda da pressão arterial é um evento potencialmente fatal. Assim, embora o sistema circulatório possua reguladores de fluxo (**vasos de resistência**) que podem ser operados pelos próprios tecidos se as suas necessidades nutricionais aumentarem, esse sistema também incorpora mecanismos pelos quais o sistema nervoso central (SNC) pode monitorar e manter a pressão arterial mediante redistribuição do fluxo, beneficiando todo o sistema.

II. CONTROLE VASCULAR

O sistema circulatório funciona de forma muito semelhante a um sistema público de água. As estações de bombeamento asseguram que sempre existam volume e pressão suficientes nos canos para satisfazer às necessidades dos consumidores. Esses últimos, por sua vez, não deixam as torneiras com água correndo, mas as abrem e as fecham conforme suas necessidades para banho ou enchimento das caldeiras tenham sido satisfeitas. Os consumidores reconhecem que a água potável é um bem valioso, e que seus suprimentos são limitados. De forma semelhante, os vasos de resistência permitem que os tecidos (os consumidores) obtenham sangue oxigenado do sistema circulatório com base nos seus requisitos metabólicos. Os vasos de resistência estão localizados em regiões-chave dentro da vasculatura e, portanto, estão sujeitos a múltiplos controles. Quatro mecanismos gerais de controle podem ser reconhecidos: **local**, **central** (neural), **hormonal** e **endotelial**.

A. Local

Todos os tecidos são capazes de regular o seu suprimento sanguíneo por meio do controle local de vasos de resistência. O fluxo está atrelado às necessidades dos tecidos. A atividade aumentada provoca a dilatação dos vasos de resistência e o aumento proporcional do fluxo sanguíneo. Se o suprimento exceder a carência existente, os vasos de resistência se contraem reflexivamente. Existem duas grandes classes de mecanismos de controle local: **metabólico** e **miogênico**.

1. **Metabólico:** as células liberam continuamente vários subprodutos metabólicos incluindo adenosina, lactato, K^+, H^+ e CO_2. Quando a atividade dos tecidos aumenta, os metabólitos são produzidos em maiores quantidades, e suas concentrações intersticiais aumentam (Fig. 20.2). Os vasos de resistência se localizam próximo às células que eles nutrem, e são sensíveis ao aparecimento desses metabólitos no líquido extracelular. Alguns metabólitos atuam diretamente nas **células musculares lisas vasculares** (**CMLVs**), enquanto outros atuam por meio das células endoteliais, mas todos contribuem para que as CMLVs relaxem e o vaso se dilate. Em consequência, o fluxo sanguíneo aumenta, fornecendo os nutrientes de que os tecidos necessitam e, simultaneamente, levando embora os metabólitos (Fig. 20.3). Quando a atividade cessa, as concentrações de metabólitos caem, e uma vasoconstrição reflexiva novamente leva o fluxo a se adaptar às necessidades.

2. **Miogênico:** os vasos de resistência, em muitas circulações, se contraem por reflexo quando a pressão intraluminal aumenta. A contração é mediada por canais Ca^{2+} ativados por estiramento nas membranas das CMLVs e pode proteger os vasos capilares de aumentos súbitos da pressão arterial. Alterações posturais podem causar picos súbitos de pressão de > 200 mmHg, induzidos pela gravidade nos vasos sanguíneos dos pés, por exemplo.

B. Consequências fisiológicas

Os mecanismos de controle local miogênico operam de forma independente da influência externa, o que libera o SNC de ter de microgerenciar o controle circulatório. Essa autonomia se manifesta de várias formas, incluindo a **autorregulação** e a **hiperemia** de fluxo.

1. **Autorregulação:** a autorregulação é a capacidade intrínseca de um órgão em manter o fluxo sanguíneo estável, a despeito das alterações das pressões de perfusão (Fig. 20.4). Se a pressão arterial aumentar subitamente (p. ex., durante um pico de pressão), o fluxo também aumenta. Os metabólitos são levados embora de forma mais rápida do que são produzidos, e os vasos de resistência, reflexivamente, se contraem. A resposta miogênica potencializa esse efeito, de modo que, após alguns segundos, as taxas de fluxo estão restabelecidas nos níveis que se aproximam dos observados antes da alteração de pressão. Por outro lado, uma queda súbita na pressão arterial leva a uma vasodilatação reflexa, e o fluxo é restabelecido dentro de poucos segundos. Quando representado graficamente (ver Fig. 20.4B), os extremos de pressão parecem prevalecer sobre os poderes autorreguladores dos vasos de resistência, mas o fluxo permanece relativamente estável em uma ampla faixa de pressão.

2. **Hiperemia:** a **hiperemia ativa** é uma resposta vasodilatadora normal à atividade tecidual aumentada (Fig. 20.5). Os músculos também apresentam **hiperemia pós-exercício**, um período de fluxo sanguíneo aumentado que persiste mesmo após o término da atividade. Isso

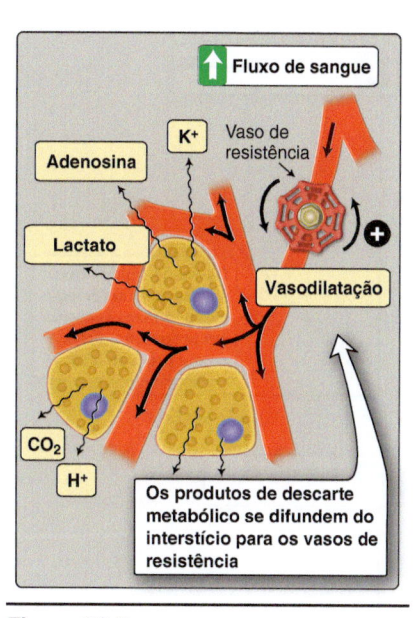

Figura 20.2
Controle metabólico dos vasos de resistência.

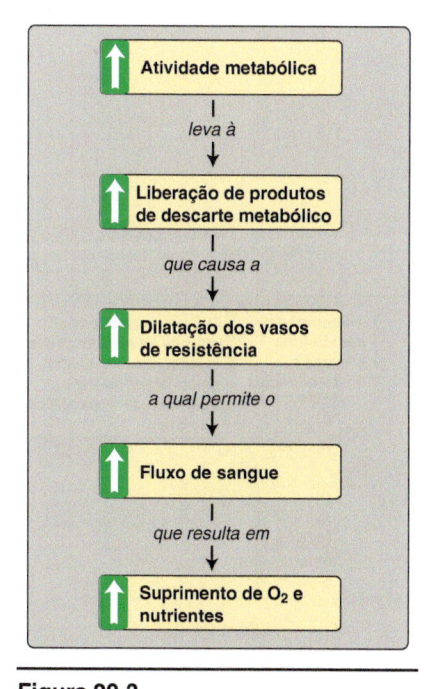

Figura 20.3
Mapa conceitual do controle metabólico.

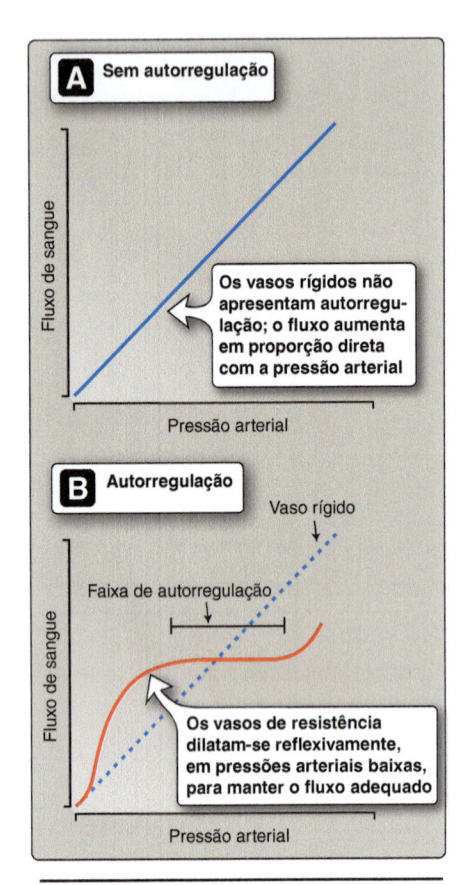

Figura 20.4
Autorregulação do fluxo de sangue.

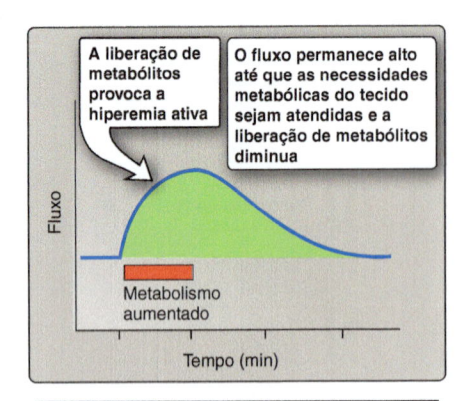

Figura 20.5
Hiperemia ativa.

reflete um período de tempo durante o qual os níveis de metabólitos estão ainda elevados, e os músculos estão restituindo o débito de oxigênio que foi acumulado durante o exercício (ver 39.VI.C).

C. Controle central

Todos os vasos de resistência são inervados pelo sistema nervoso simpático (SNS). Quando a pressão arterial cai, as terminações nervosas do SNS liberam noradrenalina sobre as CMLVs, fazendo-as contrair-se. Essa contração é mediada por receptores α_1-adrenérgicos pela via de transdução do inositol trifosfato (IP_3), causando a liberação de Ca^{2+} do retículo sarcoplasmático (ver 1.VII.B.3).

D. Controle hormonal

Muitos hormônios circulantes modulam os vasos de resistência, incluindo o **hormônio antidiurético** (**ADH**, do inglês *antidiuretic hormone*), a **angiotensina II** (**Ang-II**) e a **adrenalina**.

1. **Hormônio antidiurético:** o ADH, também conhecido como **arginina-vasopressina**, é liberado da neuro-hipófise (lobo posterior da hipófise), quando a osmolaridade tecidual aumenta ou o volume sanguíneo diminui (ver 28.II.C). Seu papel principal é na regulação do volume do líquido extracelular mediante controle da retenção de água pelos rins, mas se os níveis circulantes estiverem suficientemente elevados (p. ex., durante uma hemorragia), esse hormônio pode induzir a vasoconstrição também. O ADH afeta as CMLVs diretamente por meio de receptores ADH V_1.

2. **Angiotensina II:** a Ang-II é um potente vasoconstritor. Aparece na circulação sanguínea quando a pressão arterial renal cai, embora a atividade simpática possa, também, acionar a liberação de Ang-II (ver Seção IV.C, adiante). A Ang-II afeta as CMLVs diretamente por meio de receptores AT_{1A}.

3. **Adrenalina:** a adrenalina é produzida e liberada pela medula da glândula suprarrenal, durante ativação do SNS. Seu efeito primário é aumentar a contratilidade miocárdica e a frequência cardíaca (FC), mas esse hormônio também se liga a receptores α_1-adrenérgicos nas CMLVs para potencializar a vasoconstrição mediada diretamente pelo SNS. Os vasos de resistência, em algumas circulações (p. ex., nos músculos esqueléticos), expressam um receptor β_2-adrenérgico que medeia a vasodilatação promovida pela adrenalina. Nos vasos sanguíneos dos músculos esqueléticos, essa via pode facilitar um fluxo sanguíneo aumentado para os músculos durante respostas de "luta ou fuga".

E. Controle endotelial

O revestimento endotelial dos vasos de resistência atua como um intermediário para vários componentes vasoativos, incluindo o **óxido nítrico** (**NO**), as **prostaglandinas** (**PGs**), o **fator hiperpolarizante derivado do endotélio** (**EDHF**, do inglês *endothelium-derived hyperpolarizing factor*) e as **endotelinas** ([**ETs**]; Fig. 20.6).

1. **Óxido nítrico:** o NO é um potente vasodilatador que atua tanto nas artérias como nas veias. Também conhecido como **fator de relaxamento derivado do endotélio** (**EDRF**, do inglês *endothelium-derived relaxing factor*), é sintetizado por uma *NO sintase* endotelial constitutiva (*eNOS*, ou *NOS tipo III* [NOS, do inglês *nitric oxide synthase*]), após um aumento nas concentrações intracelulares de Ca^{2+}. O NO é

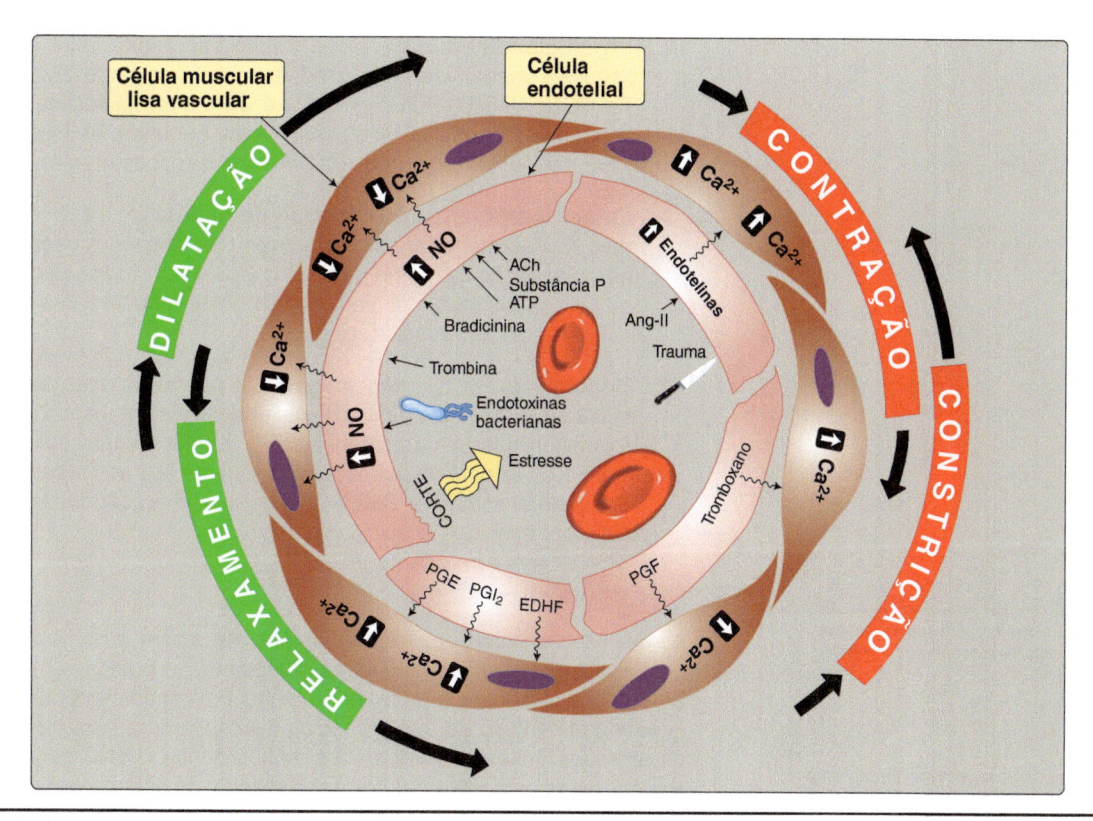

Figura 20.6
Papel do endotélio no controle dos vasos de resistência. ACh = acetilcolina; Ang-II = angiotensina II; ATP = trifosfato de adenosina; EDHF = fator hiperpolarizante derivado do endotélio; NO = óxido nítrico; PGE = prostaglandina E; PGF = prostaglandina F; PGI_2 = prostaglandina I_2.

um gás com meia-vida inferior a 10 segundos *in vivo*, portanto suas ações são altamente localizadas. Difunde-se pela membrana da célula endotelial para as CMLVs adjacentes e, então, se liga a uma *guanilato ciclase* solúvel e a ativa. Níveis elevados de monofosfato de guanosina cíclico (GMPc) levam a *proteína cinase dependente de GMPc* a fosforilar e inibir a **cinase da cadeia leve da miosina**. Além disso, também fosforila e aumenta a atividade da **bomba SERCA** (Ca^{2+} **ATPase do RS**), causando a diminuição da concentração intracelular de Ca^{2+}. O resultado efetivo é a vasodilatação e o aumento do fluxo de sangue. O NO medeia as ações de muitos vasodilatadores, incluindo **moduladores locais**; **neurotransmissores**, tais como acetilcolina, substância P e trifosfato de adenosina; **bradicinina**; **trombina; estresse de cisalhamento** induzido por fluxo; e as **endotoxinas** bacterianas que causam o **choque séptico**.

> A nitroglicerina e os nitratos relacionados são comumente utilizados para aliviar a dor da **angina de peito**. A angina é causada por um suprimento inadequado de O_2 ao miocárdio, geralmente devido ao estreitamento das artérias coronárias por placas (**aterosclerose**). Os nitratos se decompõem para liberar NO *in vivo,* causando vasodilatação arterial e venosa para diminuir a pós-carga e a pré-carga ventricular, respectivamente. Reduzindo o esforço cardíaco, restabelece-se o equilíbrio entre a demanda e o suprimento de oxigênio, e a angina é aliviada.

2. **Prostaglandinas:** o endotélio é uma importante fonte de inúmeras PGs vasoativas, sintetizadas a partir do ácido araquidônico. As PGEs (PGE_1, PGE_2 e PGE_3) e a PGI_2 (prostaciclina) relaxam as CMLVs em muitos leitos vasculares, enquanto as PGFs (PGF_1, $PGF_{2\alpha}$ e $PGF_{3\alpha}$) e o tromboxano A_2 são vasoconstritores.

3. **Fator hiperpolarizante derivado do endotélio:** o EDHF abre canais K^+ nas membranas plasmáticas das CMLVs. A decorrente hiperpolarização da membrana reduz a permeabilidade da membrana ao Ca^{2+}, causando a diminuição dos níveis intracelulares de Ca^{2+} e a ocorrência de vasodilatação.

4. **Endotelinas:** as ETs são um grupo de peptídeos relacionados, sintetizados e liberados pelas células endoteliais em resposta a muitos fatores, incluindo a angiotensina II, o trauma mecânico e a hipoxia. A ET-1 é um potente vasoconstritor que se liga aos receptores ET_A nas membranas das CMLVs e aciona a liberação intracelular de Ca^{2+} por meio da via do IP_3 (ver Fig. 20.6).

F. Hierarquia circulatória

As discussões anteriores retratam vários mecanismos pelos quais é regulado o fluxo aos diferentes leitos vasculares. Na prática, a maior parte do controle momento a momento envolve uma simples ponderação da quantidade de fluxo de que um tecido necessita para suportar os níveis de atividade essenciais *versus* a quantidade que o SNC está pronto a disponibilizar, com base nas necessidades do organismo como um todo. Assim, se houver uma ameaça à pressão arterial, o SNC tem a capacidade de privar certos leitos vasculares do débito cardíaco (DC), como um esforço em preservar o fluxo para os órgãos mais importantes. Observando a capacidade relativa de diferentes órgãos em exigir e receber o fluxo, surge uma hierarquia circulatória. No topo da lista, estão as circulações que suprem o encéfalo, o miocárdio e a musculatura esquelética (durante o exercício). Aqui, dominam os mecanismos de controle local, e os controles centrais têm pouco ou nenhum efeito. Na base da hierarquia, estão órgãos como o intestino, os rins e a pele, que recebem o fluxo sanguíneo em condições ótimas, mas esse fluxo é sacrificado, se existir a necessidade de preservar a pressão arterial.

A razão para tal hierarquia pode ser mais bem compreendida em termos evolutivos. Um dos maiores desafios que o sistema circulatório enfrenta envolve a atividade física intensa, do tipo que pode ser necessário para correr atrás de uma presa ou escapar de um predador (Fig. 20.7). Manter um fluxo ideal para os três órgãos do topo da hierarquia é crítico para sustentar tais atividades. Satisfazer o desafio requer que o SNC redirecione temporariamente o fluxo para longe dos órgãos da base da hierarquia, para suprir as necessidades da musculatura esquelética (ver 39.V). Felizmente, esses órgãos da base também têm um metabolismo relativamente baixo, de forma que o seu sacrifício não compromete a sobrevivência.

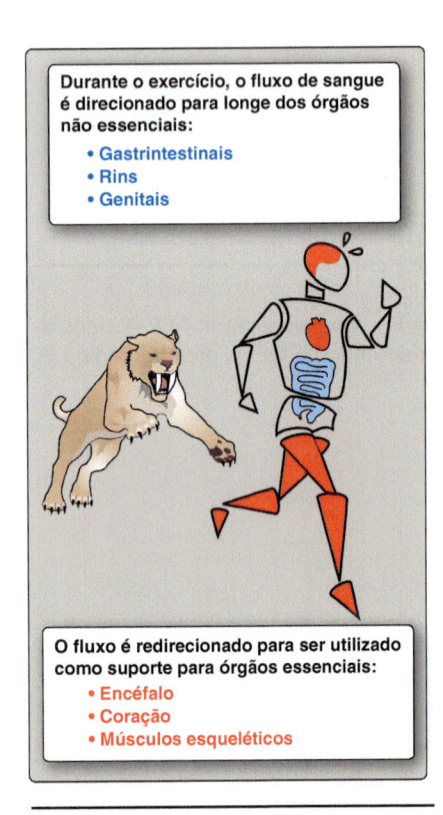

Figura 20.7
Redistribuição do fluxo de sangue durante o exercício.

III. CONTROLE DA PRESSÃO ARTERIAL

A sobrevivência do indivíduo requer que a pressão seja mantida no plexo arterial em todos os momentos. Já que todos os órgãos do corpo têm a capacidade de exigir um aumento de fluxo, podem facilmente provocar o colapso da pressão arterial, se os seus vasos de suprimento arteriolar não forem estritamente controlados. O sistema circulatório apresenta dois caminhos distintos para monitorar e manter a pressão arterial. O primeiro é de rápida ativação e auxilia a compensar as alterações de pressão em curto prazo. Conhecido como um **reflexo barorreceptor** (**barorreflexo**), esse sistema utiliza alças de retroalimentação simples, que incluem **sensores** para monitorar a pressão e o fluxo, um **integrador** para comparar valores da pressão atual com o valor pré-estabelecido, e **mecanismos efetores** que realizam quaisquer ajustes necessários. O segundo é um sistema de lenta ativação, que manipula a **pressão arterial média** ([**PAM**]; ver 19.IV.A) por meio de alterações no volume do sangue circulante por modificar a função renal (discutido na Seção IV, adiante).

A. Sensores

Três grupos principais de sensores fornecem ao integrador (localizado no bulbo do tronco encefálico) informações sobre a pressão e o fluxo no sistema circulatório: os **barorreceptores arteriais de alta pressão** localizados no **arco da aorta** e no **seio carótico** (**carotídeo**), os **receptores cardiopulmonares de baixa pressão** e os **quimiorreceptores**.

1. **Barorreceptores arteriais:** os barorreceptores da aorta e das carótidas são os meios primários de detecção de alterações na PAM. Monitoram a pressão indiretamente, respondendo à distensão da parede arterial.

    a. **Anatomia:** os barorreceptores são agrupamentos de terminações nervosas sensoriais livres inseridas nas camadas elásticas da aorta e no seio carótico (carotídeo) (Fig. 20.8A). A informação que parte do barorreceptor aórtico é repassada ao encéfalo por aferentes sensoriais que trafegam no **nervo aórtico** e no **nervo vago** (**nervo craniano [NC] X**). Os aferentes do seio carótico (carotídeo) trafegam pelo **nervo sinusal**, o qual se junta ao **nervo glossofaríngeo** (**NC IX**) em direção ao tronco encefálico.

    b. **Função:** na ausência de estiramento, os barorreceptores estão inativos. Quando a PAM aumenta, as paredes da aorta e do seio carótico (carotídeo) se expandem, e as terminações nervosas nelas inseridas são distendidas. Os nervos respondem com potenciais receptores graduados. Se o grau de deformação for suficientemente elevado, os potenciais receptores disparam potenciais de ação nos nervos sensitivos (ver Fig. 20.8B). Os barorreceptores são especialmente sensíveis a *alterações* na pressão, respondendo ao aumento súbito da pressão que ocorre durante a ejeção rápida com forte despolarização e uma sequência de picos de alta frequência. Durante a ejeção reduzida e a diástole, a despolarização diminui, e a frequência de disparos cai a um novo nível estacionário que reflete a pressão diastólica.

    c. **Sensibilidade:** a sensibilidade ao estiramento varia de uma terminação nervosa para outra, permitindo, portanto, que sejam responsivas em uma ampla faixa de variação de pressão (ver Fig. 20.8B). Os barorreceptores das carótidas têm um limiar de resposta em torno de 50 mm Hg e saturam por volta de 180 mmHg. Os barorreceptores da aorta operam em uma faixa entre 110 a 200 mmHg.

2. **Receptores cardiopulmonares:** um segundo grupo de barorreceptores é encontrado em regiões de baixa pressão do sistema circulatório. Esses receptores fornecem ao SNC informações sobre o "enchimento" do sistema vascular, e o seu principal papel está na modulação da função renal. Entretanto, já que o enchimento está

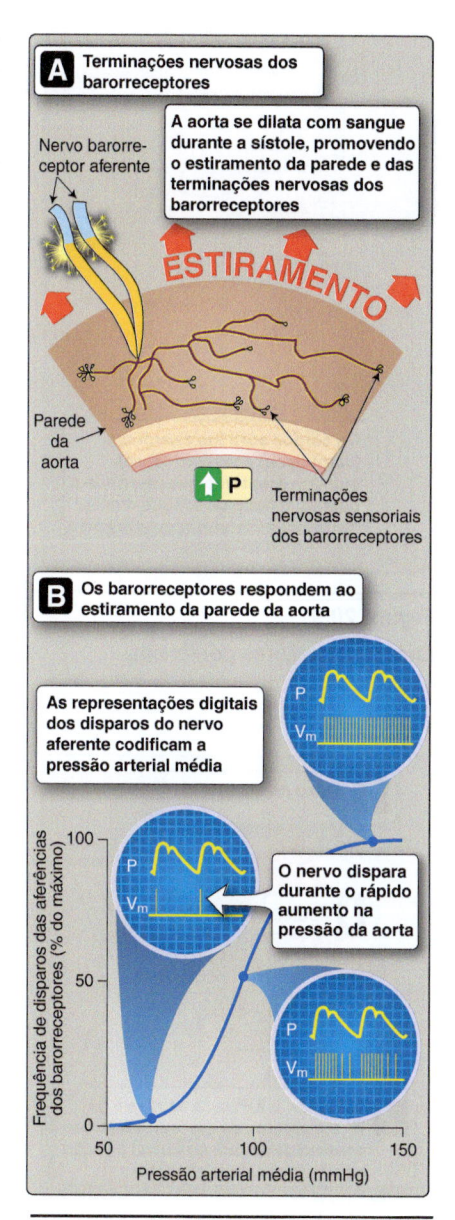

Figura 20.8

Barorreceptores arteriais. P = pressão; V_m = potencial de membrana.

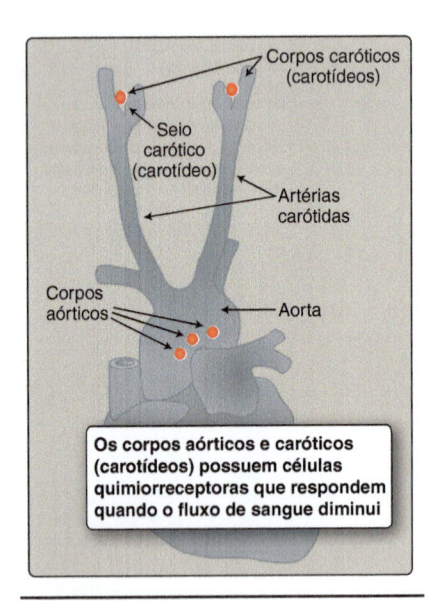

Figura 20.9
Quimiorreceptores periféricos.

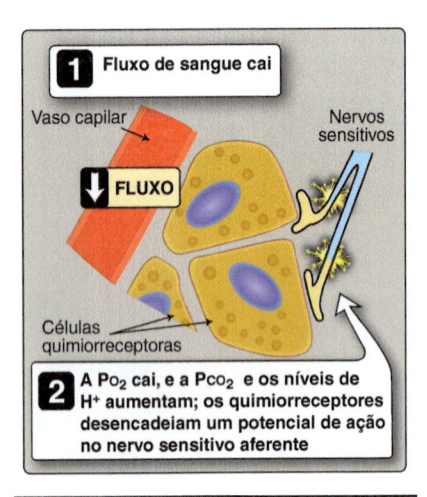

Figura 20.10
Função do quimiorreceptor.

correlacionado com a pré-carga ventricular, também tem um papel na manutenção da PAM.

a. **Anatomia:** os receptores são semelhantes aos encontrados no plexo arterial – terminações nervosas sensoriais livres inseridas nas paredes das veias cavas, das artérias e veias pulmonares, e nos átrios. Esses receptores repassam informações ao SNC por meio do tronco nervoso vagal.

b. **Função:** os átrios contêm duas populações funcionalmente distintas de barorreceptores. Os **receptores A** respondem à tensão que se desenvolve na parede atrial durante a contração. Os **receptores B** são sensíveis ao estiramento da parede atrial durante o enchimento. Os receptores B estão também envolvidos no aumento da FC quando a pressão venosa central (PVC) está elevada, uma resposta conhecida como o **reflexo de Bainbridge**.

3. **Quimiorreceptores:** os quimiorreceptores monitoram os níveis de metabólitos locais, que refletem a adequação da pressão e do fluxo de perfusão.

   a. **Anatomia:** existem dois grupos de quimiorreceptores, um localizado no bulbo do tronco encefálico, o outro periférico. Os quimiorreceptores periféricos são pequenos agrupamentos celulares altamente vascularizados, que se localizam próximo ao arco da aorta e ao seio carótico (carotídeo) (os **corpos aórticos** e **corpos caróticos** [carotídeos], respectivamente), conforme mostrado na Figura 20.9. As fibras sensoriais dos corpos aórticos trafegam pelo nervo vago, enquanto as fibras nervosas dos **corpos caróticos** (carotídeos) trafegam com o nervo sinusal e se unem com o tronco glossofaríngeo em direção ao bulbo.

   b. **Função:** os quimiorreceptores periféricos são ativados quando os níveis de O_2 arteriais caem (< 60 mmHg) ou quando os níveis de Pco_2 ou H^+ aumentam (Pco_2 > 40 mmHg ou pH < 7,4), conforme demonstrado na Figura 20.10. Os quimiorreceptores bulbares são sensíveis ao pH do líquido intersticial encefálico, o qual é dependente da Pco_2 arterial. Os quimiorreceptores parecem ter sido planejados para monitorar a função dos pulmões, e estão envolvidos principalmente no controle respiratório (ver 24.III), mas a hipercapnia e a acidose podem também refletir baixas pressões de perfusão.

B. **Integrador central**

Os aferentes sensoriais convergem para o **bulbo**, onde as pressões arteriais são comparadas a valores pré-estabelecidos, e são então tomadas decisões sobre a natureza e a intensidade de uma resposta compensatória.

1. **Centros de controle:** o bulbo contém um conjunto de núcleos que compõe o **centro cardiovascular**. Algumas células, nessa área, promovem vasocontrição, quando ativadas, e são conhecidas como **centro vasomotor**. Outro grupo compreende o **centro cardioacelerador**, o qual aumenta a FC e a inotropia miocárdica, quando ativado. Um terceiro grupo (o **centro cardioinibidor**) diminui a FC, quando ativado. Os três centros de controle estão amplamente interligados, de forma a gerar uma resposta unificada às alterações na pressão arterial (Fig. 20.11).

2. **Alças de retroalimentação**: a pressão arterial é um produto do DC e da **resistência vascular sistêmica** (**RVS**) (PAM = DC × RVS),

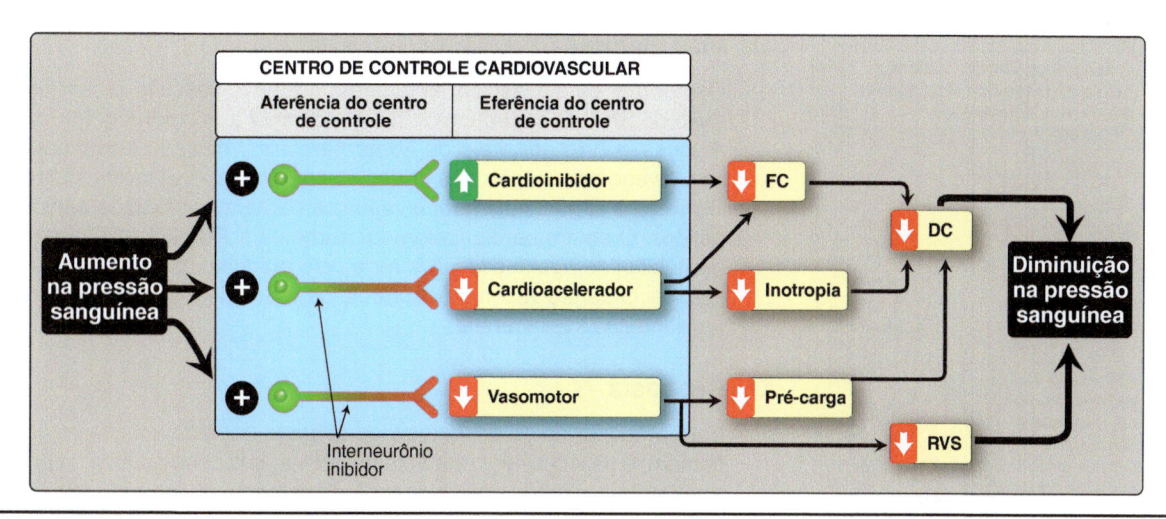

Figura 20.11
Organização e eferências do centro de controle cardiovascular no bulbo. DC = débito cardíaco; FC = frequência cardíaca; RVS = resistência vascular sistêmica.

e os centros de controle ajustam ambos os parâmetros simultaneamente. O controle é exercido por meio de alças simples de retroalimentação (Fig. 20.12). Os aferentes sensoriais se projetam para o **núcleo do trato solitário**, no interior do bulbo, e fazem sinapse com interneurônios que, por sua vez, se projetam aos três centros de controle (ver Fig. 20.11). Os aferentes sensoriais são todos excitatórios, mas os interneurônios podem ser tanto excitatórios (glutamatérgicos) quanto inibidores (GABAérgicos). O centro cardioinibidor recebe aferências de interneurônios excitatórios, de forma que essa área é excitada quando a PAM está alta (uma **alça de retroalimentação positiva**). Os centros cardioacelerador e vasomotor são inervados por interneurônios inibidores. Quando a PAM está alta, suprimem a atividade dos nervos que eles inervam. A inibição é necessária, porque os centros cardioacelerador e vasomotor controlam os nervos simpáticos que ficam ativos tonicamente na ausência de aferência externa. Esse arranjo cria uma **alça de retroalimentação negativa** entre a PAM e a eferência do SNS.

3. **Integração com outras vias centrais e periféricas:** existem várias aferências para o centro cardiovascular de outras regiões do encéfalo e da periferia.

    a. **Tronco encefálico:** o **tronco encefálico** também contém um centro respiratório que controla a respiração. Os centros cardiovascular e respiratório trabalham em íntima colaboração mútua para manter a P_{O_2} e a P_{CO_2} arterial em um nível ótimo.

    b. **Hipotálamo:** os **centros hipotalâmicos de controle** auxiliam a coordenar as respostas vasculares frente às alterações nas temperaturas interna e externa do corpo.

    c. **Córtex:** os **centros corticais de controle** são responsáveis por alterações no desempenho cardiovascular induzidas pelas emoções (p. ex., desmaios ou alterações antecipatórias associadas ao exercício).

    d. **Centros da dor:** os **centros da dor** podem ocasionar profundas alterações na pressão sanguínea, mediante manipulação das eferências do centro cardiovascular.

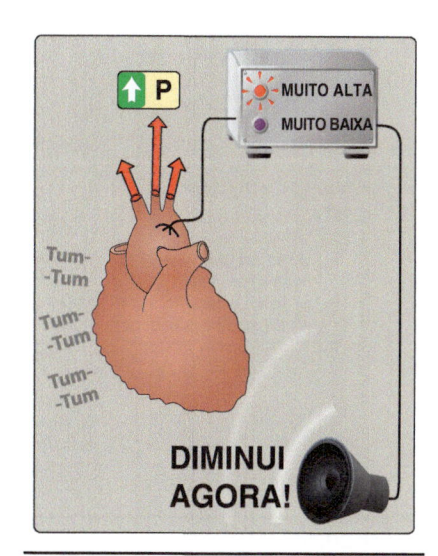

Figura 20.12
Alça de retroalimentação cardiovascular.

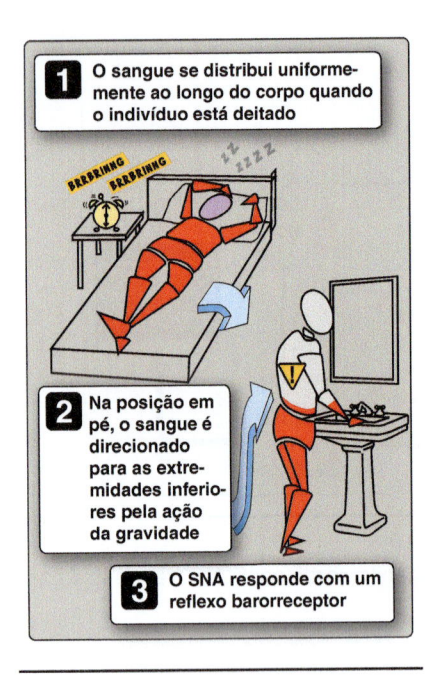

Figura 20.13
Reflexo ortostático. SNA = sistema nervoso autônomo.

C. Vias efetoras

Os centros cardiovasculares ajustam a função vascular e cardíaca por meio do SNA. O centro cardioinibidor diminui a FC (ver Fig. 20.11). Sua atuação ocorre por meio de fibras parassimpáticas que trafegam pelo nervo vago em direção aos nodos sinoatrial (SA) e atrioventricular (AV). Os centros cardioacelerador e vasomotor atuam por meio de nervos simpáticos. O centro cardioacelerador aumenta a FC pela manipulação da excitabilidade dos nodos SA e AV e pelo aumento da contratilidade miocárdica. O centro vasomotor controla os vasos de resistência, as veias e as glândulas suprarrenais.

D. Resposta

Para entender como as várias vias efetoras trabalham para um objetivo comum, é útil analisar a resposta do SNA a uma queda súbita na pressão arterial. Tais eventos são acionados diariamente quando nos levantamos da cama e assumimos uma posição ereta (uma **resposta ortostática**). Quando uma pessoa fica de pé, o sangue é forçado para baixo por influência da gravidade e começa a se acumular nas pernas e nos pés (Fig. 20.13). Em consequência, o retorno venoso (RV), a PVC e a pré-carga ventricular caem. O volume sistólico (VS), o DC e a PAM fazem o mesmo (Fig. 20.14). As terminações nervosas dos barorreceptores são menos estiradas, e a frequência de disparos na divisão aferente da via de reflexo cai. Dentro do centro cardioinibidor, a perda de aferência excitatória promove a retirada da eferência parassimpática para o nodo SA e para o miocárdio. Dentro das duas regiões vasoconstritoras do centro cardiovascular, a eferência diminuída dos barorreceptores enfraquece a influência do interneurônio inibidor nas vias efetoras do SNS. Com os freios remo-

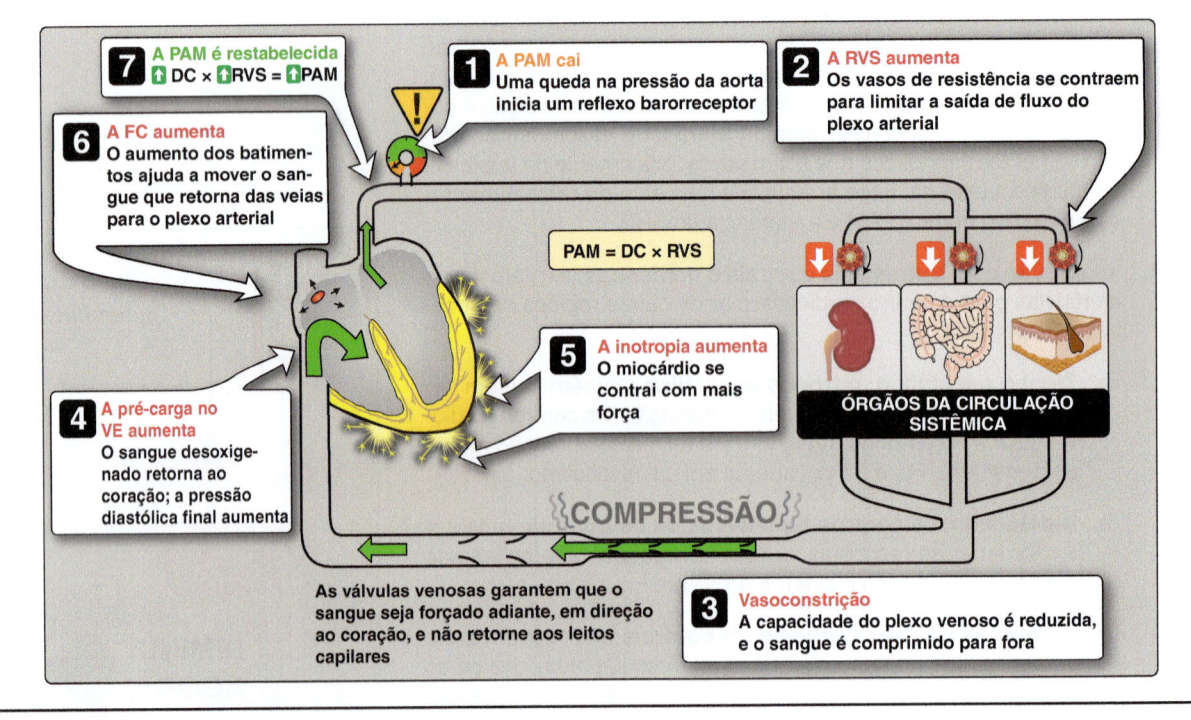

Figura 20.14
Reflexo barorreceptor. DC = débito cardíaco; FC = frequência cardíaca; VE = ventrículo esquerdo; PAM = pressão arterial média; RVS = resistência vascular sistêmica.

vidos, os nervos simpáticos agora aumentam a pressão arterial por meio da constrição dos vasos de resistência e das veias, aumentando a contratilidade miocárdica e a FC.

1. **Vasos de resistência:** todos os vasos de resistência são inervados pelos terminais nervosos do SNS, que causam vasoconstrição quando ativados. A RVS aumenta, e a saída de fluxo da árvore arterial fica reduzida, como consequência.

2. **Veias:** as veias e as vênulas maiores se contraem quando o SNS está ativo, reduzindo a capacidade do reservatório venoso e aumentando as pressões intravenosas. As válvulas venosas asseguram que esse aumento de pressão force o sangue em direção ao coração. Nesse órgão, aumenta a pré-carga ventricular esquerda (pressão diastólica final) e aumenta o VS no próximo batimento.

3. **Miocárdio:** a ativação do SNS aumenta a contratilidade do miocárdio por meio do aumento da liberação intracelular de Ca^{2+}. O miocárdio trabalha, agora, com eficiência aumentada e contribui para o VS aumentado causado pela pré-carga. O SNS também acelera a velocidade de relaxamento do miocárdio, por aumentar a velocidade em que o Ca^{2+} é liberado da maquinaria contrátil e, então, removido do sarcoplasma. Tempos mais rápidos de relaxamento permitem maior tempo disponível para a pré-carga durante a diástole e, portanto, facilitam um aumento concomitante na FC.

4. **Nodos:** os nodos SA e AV são inervados tanto por terminais nervosos simpáticos como parassimpáticos, ambos ativos no repouso. Uma queda na PAM simultaneamente promove a remoção da

Aplicação clínica 20.1   Hipotensão ortostática

A hipotensão ortostática ou postural é uma queixa comum dos adultos mais idosos. A condição descreve uma queda de 10 a 20 mmHg na pressão arterial, que ocorre quando a pessoa fica de pé após estar sentada. O decréscimo resultante na pressão de perfusão encefálica leva a enjoo momentâneo, tontura, fraqueza ou escurecimento da visão. Nos casos extremos, os pacientes não conseguem se levantar da posição de decúbito sem desmaiarem (**síncope**). A hipotensão ortostática pode ser causada por baixo volume de sangue circulante, mas o envelhecimento também está associado com um decréscimo na sensibilidade de barorreceptores, causado pelo enrijecimento das artérias (**arteriosclerose**). Esse enrijecimento resulta da deposição de colágeno e outros materiais fibrosos na parede arterial, o que diminui a sua complacência. A aterosclerose é uma forma de arteriosclerose associada com a deposição de lipídeos e a formação de placas, as quais espessam as paredes arteriais e diminuem a luz arterial. O reflexo barorreceptor se baseia na capacidade de distensão das artérias aorta e da carótida para transduzir as alterações na pressão arterial. A aterosclerose não permite que as terminações nervosas sensoriais detectem a queda na pressão que acompanha o deslocamento do sangue para as extremidades inferiores do corpo quando a pessoa fica de pé, e as respostas compensatórias são, então, retardadas por vários segundos.

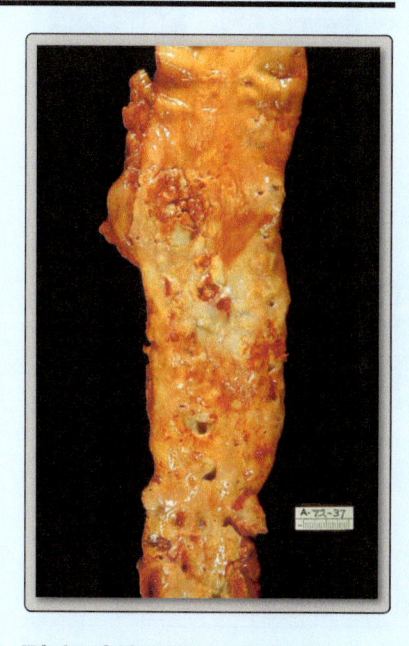

Túnica íntima de uma aorta esclerótica com cicatrizes de lesões.

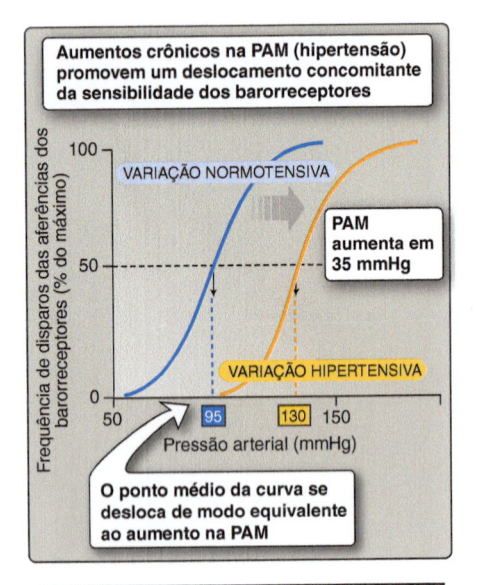

Figura 20.15
Deslocamento na sensibilidade do barorreceptor. PAM = pressão arterial média.

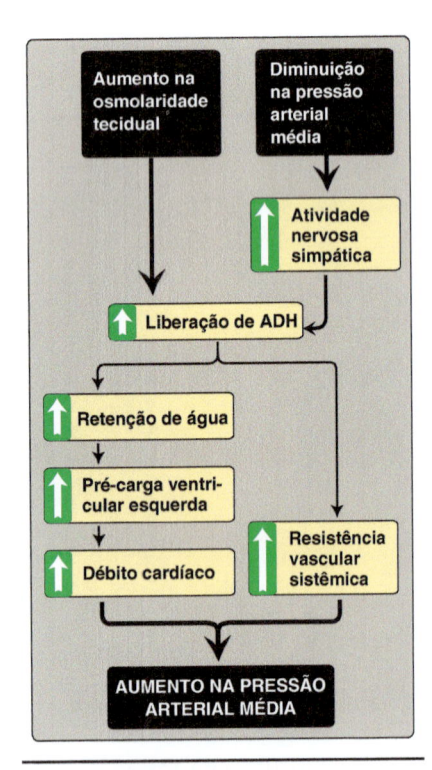

atividade parassimpática e o aumento da atividade simpática, acelerando a velocidade em que o potencial de membrana da célula do nodo SA caminha em direção ao limiar para a geração do potencial de ação (fase 4 da despolarização; ver 17.IV.C). Em consequência disso, a FC e o DC aumentam.

5. **Glândulas suprarrenais:** a ativação do SNS induz as glândulas suprarrenais a secretarem adrenalina na circulação. A adrenalina se liga, nos vasos sanguíneos e no miocárdio, aos mesmos receptores da noradrenalina neuronal.

E. Limitações do reflexo barorreceptor

O reflexo barorreceptor é um mecanismo de controle de curto prazo extremamente eficiente, mas alterações na pressão que sejam mantidas por mais do que alguns minutos causam um desvio paralelo na sensibilidade do sistema (Fig. 20.15). A vantagem desse desvio é que permite ao sistema manter a sua capacidade de resposta para uma faixa mais ampla de pressões, mesmo se a PAM estiver aumentada em um nível que poderia previamente ter saturado o sistema. A desvantagem é que, embora o reflexo seja ideal para os ajustes momento a momento na pressão arterial, não pode ser utilizado para o controle da pressão de longo prazo (> 1 a 2 dias).

IV. VIAS DE CONTROLE DE LONGO PRAZO

Uma queda na pressão arterial ativa o reflexo barorreceptor descrito anteriormente, mas também inicia vias que requerem 24 a 48 h para se tornarem totalmente ativas. Essas vias se encontram nos rins, os quais são responsáveis pelo controle de longo prazo da pressão sanguínea por meio da regulação do enchimento vascular (**volume de sangue circulante**). Visto que o sangue é composto principalmente por água, isso necessariamente envolve a regulação da perda e da absorção de água, mas também requer a regulação dos níveis de Na^+, porque esse é o íon que governa a forma como a água é distribuída entre os compartimentos intracelular e extracelular. Esses conceitos são discutidos em mais detalhes em 3.III.B e 28.II e III.

A. Perda de água

A perda de água é controlada pelo ADH, um peptídeo que é sintetizado pelo hipotálamo e depois transportado à neuro-hipófise para liberação. Esse peptídeo estimula a reabsorção de água pelos túbulos e ductos coletores renais. Em altas concentrações, o ADH também aumenta a RVS por meio da constrição dos vasos de resistência (Fig. 20.16). Vários sensores e vias regulam a liberação de ADH, incluindo **osmorreceptores**, barorreceptores e Ang-II.

1. **Osmorreceptores:** o encéfalo contém muitas regiões que têm o potencial de monitorar a osmolalidade do plasma, incluindo as áreas que circundam o terceiro ventrículo em íntima proximidade ao hipotálamo (ver 7.VII.C). A osmolaridade tecidual é um reflexo do conteúdo total de água corporal e da concentração de sais. Quando a osmolaridade excede 280 mOsm/kg, os receptores provocam a liberação de ADH na circulação.

2. **Barorreceptores:** um decréscimo no volume de sangue circulante faz a PVC cair, o que é percebido pelos receptores cardiopulmonares. A perda de pré-carga também causa a diminuição da pressão

Figura 20.16
Efeitos do hormônio antidiurético (ADH) na pressão sanguínea.

arterial e aciona o reflexo barorreceptor. Os centros de controle cardiovascular do SNC respondem, aumentando a atividade simpática e promovendo a liberação de ADH.

3. **Angiotensina II:** a ativação do **sistema *renina*-angiotensina-aldosterona (SRAA)** causa o aumento dos níveis circulantes de Ang-II. A lista de órgãos-alvo para a Ang-II inclui o hipotálamo, onde ela estimula a liberação de ADH.

B. Absorção de água

A água entra no corpo juntamente com o alimento, mas a maior parte da absorção de líquido ocorre por meio da ingestão hídrica, impulsionada pela sede. A sensação é acionada pela diminuição do volume sanguíneo e da pressão arterial, sugerindo um papel proeminente para o centro de controle cardiovascular.

C. Perda de sódio

Os osmorreceptores controlam a retenção e a excreção de água, mas detectam a "salinidade" dos líquidos corporais, mais do que a própria água. Assim, se a osmolalidade do tecido permanecer elevada, os osmorreceptores necessitarão reter água, independentemente do volume total acumulado. O determinante primário do volume sanguíneo circulante é a concentração de Na^+, a qual é regulada por meio do SRAA, conforme descrito a seguir (Fig. 20.17).

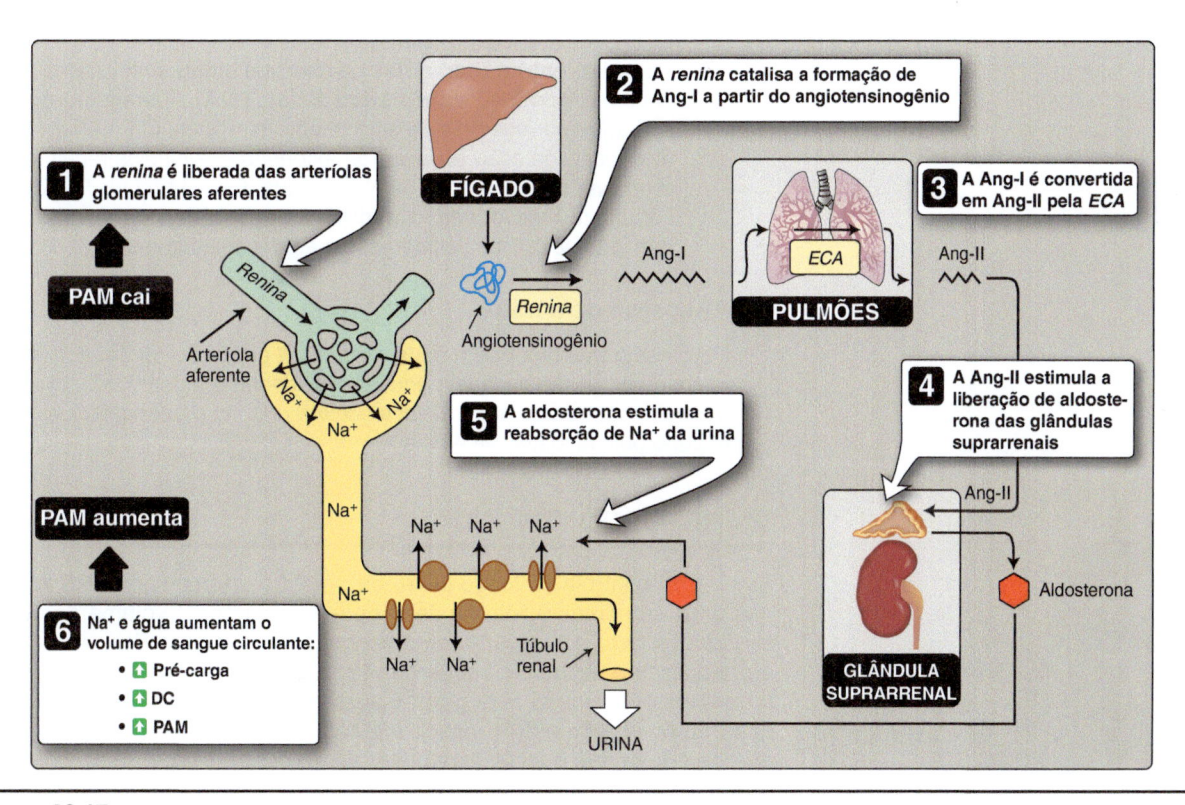

Figura 20.17

Sistema *renina*-angiotensina-aldosterona (SRAA). ECA = enzima conversora de angiotensina; Ang-I = angiotensina I; Ang-II = angiotensina II; DC = débito cardíaco; PAM = pressão arterial média.

1. **Sistema *renina*-angiotensina-aldosterona:** a *renina* é uma enzima proteolítica sintetizada pelas células justaglomerulares na parede das arteríolas glomerulares aferentes (ver 25.IV.C). Essas células formam uma parte do aparelho justaglomerular (AJG), o qual detecta e regula a captação de Na^+ pelo túbulo renal. Quando o AJG é apropriadamente estimulado, libera *renina* na circulação sanguínea. Ali, a *renina* quebra o **angiotensinogênio** (uma proteína plasmática circulante formada no fígado), para liberar a **angiotensina I**. Esta última serve como um substrato para a **enzima conversora de angiotensina** (**ECA**). A *ECA* é expressa em muitos tecidos, inclusive nos rins, mas a conversão ocorre principalmente durante a passagem pelos pulmões. O produto é a Ang-II, a qual contrai os vasos de resistência, estimula a liberação de ADH pela neuro-hipófise, estimula a sede e promove a liberação de aldosterona pelo córtex da suprarrenal.

2. **Aldosterona:** a aldosterona tem como alvo as **células principais** do epitélio do túbulo coletor renal (ver 27.IV.B). Essa proteína tem ações múltiplas, todas envolvendo a recaptação do Na^+ e da água retida por osmose dos túbulos. A aldosterona atua mediante modificação da expressão de genes que codificam os canais e as bombas Na^+, razão pela qual leva cerca de 48 h para essa via de controle da pressão atingir sua efetividade máxima.

3. ***Renina*:** a arteríola glomerular aferente renal é um barorreceptor que aciona a liberação de *renina* das células justaglomerulares, quando a pressão arteriolar cai. A liberação é potencializada pelo SNS, o qual é ativado após uma queda na PAM.

4. **Peptídeo natriurético atrial:** os miócitos atriais sintetizam e armazenam o **peptídeo natriurético atrial** (**PNA**), liberando-o quando estirados por volumes de enchimento elevados. O PNA tem múltiplos locais de ação ao longo da extensão dos túbulos renais, todos promovendo a excreção de Na^+ e água. Os ventrículos liberam um composto relacionado, o **peptídeo natriurético cerebral**, o qual tem características de liberação e ação semelhantes às do PNA.

D. Absorção de sódio

Da mesma maneira que a sede estimula a absorção de água, o desejo intenso por sal desencadeia uma necessidade de ingerir NaCl. O apetite por sal é controlado pelo *nucleus accumbens*, no prosencéfalo, e é estimulado pela aldosterona e pela Ang-II.

V. RETORNO VENOSO

As vias de controle de longo prazo da pressão arterial são todas acionadas para aumentar o volume de sangue circulante. O volume acrescido se desloca para o compartimento venoso, onde eleva a PVC e aumenta a pré-carga do ventrículo esquerdo. A pré-carga gera bons resultados em termos de capacidade para gerar e sustentar a PAM. O sangue é direcionado ao compartimento venoso, que compreende um plexo de vasos de paredes delgadas que se expandem com pouco esforço para acomodar o volume. Em contraste, o plexo arterial compreende uma série de tubos de calibre estreito e alta pressão, que tem uma capacidade muito limitada (aproximadamente 11% do total do volume de sangue), conforme demonstrado na Figura 20.18. Os vasos capilares são numerosos, mas comportam ainda menos sangue do que as artérias (em torno de 4% do total). O sistema cardiopulmonar também tem uma capacidade muito limitada. O

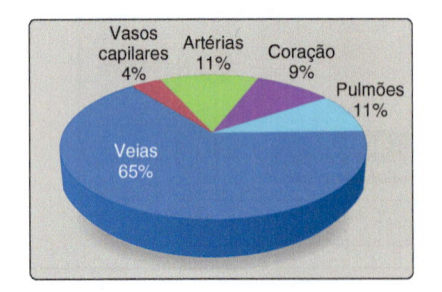

Figura 20.18
Distribuição de sangue no sistema circulatório.

Aplicação clínica 20.2 Implante de desvio arterial coronário

A doença cardíaca coronariana (DCC) é a principal causa de óbito no Ocidente. Os pacientes comumente apresentam angina ou infarto do miocárdio causado por oclusão da artéria coronária, resultante, em geral, de aterosclerose. As opções de tratamento podem incluir revascularização com uma cirurgia de implante de desvio arterial coronário (CABG, do inglês *coronary artery bypass grafting*). Embora as paredes das veias sejam muito mais finas e menos musculares do que as paredes das artérias, as veias têm uma força considerável. Isso possibilita o seu uso como vasos de suprimento coronário substitutos durante a CABG. A cirurgia envolve a remoção de uma veia doadora (em geral, a veia safena magna da perna) e o implante de um segmento dessa veia entre a aorta e um ponto distal à oclusão. A veia é enxertada com sua orientação revertida para permitir que o fluxo ocorra livremente pelas valvas.

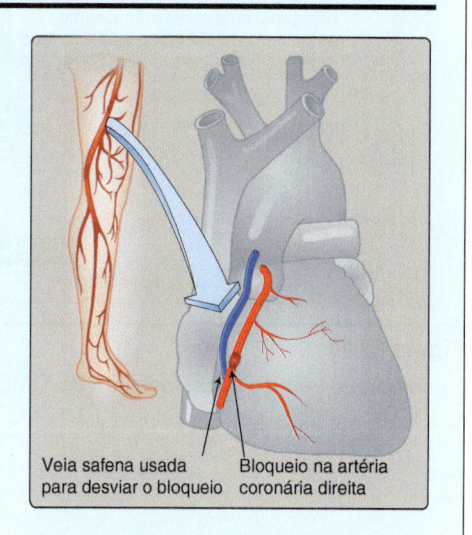

Uso de veias para implante de desvio arterial coronário.

---

sistema venoso em geral contém > 65% do volume total de sangue (**volume sanguíneo não estressado**), criando um reservatório inestimável que pode ser mobilizado por vasoconstrição, para uso em qualquer lugar em que seja necessário. Entretanto, os aspectos que tornam as veias um bom reservatório também as fazem reter o sangue e limitar a RV sob certas circunstâncias. Quando o RV está reduzido, o DC também está reduzido. Assim, qualquer consideração sobre o funcionamento do sistema circulatório como uma unidade deve incluir um entendimento do papel e das limitações do plexo venoso.

A. Reservatório venoso

As veias têm paredes finas, o que permite que esses vasos colapsem facilmente quando as pressões intraluminais caem (Fig. 20.19). O aumento da pressão venosa em poucos mmHg leva as veias a se dilatarem com resistência mínima. Uma vez que o sistema atinja a sua capacidade, os vasos precisam ser distendidos para acomodar um volume adicional. As pressões necessárias para isso não são alcançadas fisiologicamente.

B. Vasoconstrição

As paredes das veias possuem camadas de CMLVs que são inervadas pelo sistema simpático e se contraem sob sua ativação. Entretanto, enquanto as artérias são capazes de se contrair ao ponto da oclusão, a vasoconstrição é limitada por uma microanatomia singular da veia.

1. **Anatomia da veia:** as CMLVs contidas nas paredes das veias estão ligadas em série com filamentos de colágeno. Em uma veia relaxada, os filamentos estão dobrados e enovelados, se desenrolando e tensionando lentamente à medida que o vaso se enche (Fig. 20.20). Os filamentos efetivamente limitam a extensão em que o diâmetro interno pode ser reduzido pela vasoconstrição.

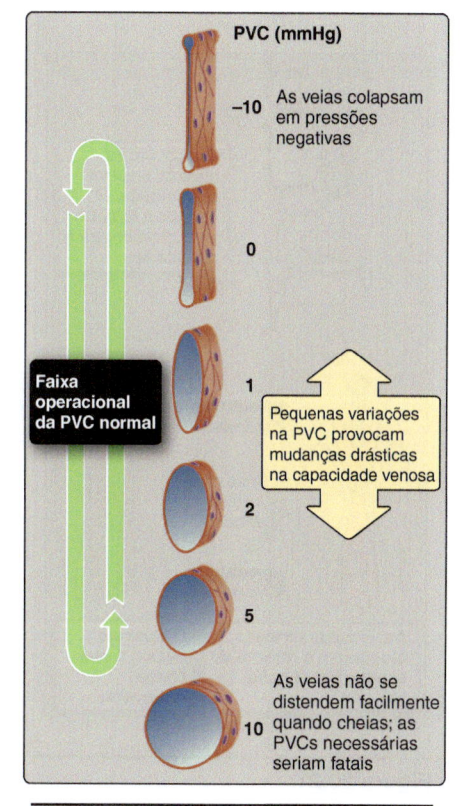

Figura 20.19

Efeitos da pressão de enchimento na capacidade venosa.

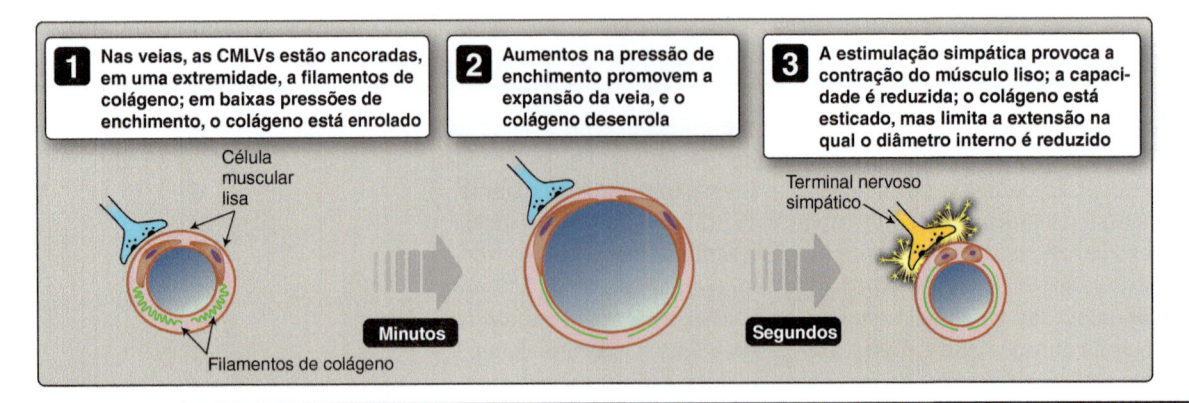

Figura 20.20
Reservatório venoso e sua mobilização. CMLV = célula muscular lisa vascular.

2. **Efeitos da vasoconstrição:** a vasoconstrição das veias tem três principais efeitos – mobiliza o reservatório de sangue, reduz a capacidade total e diminui o tempo de transporte. Ainda tem efeitos mínimos na resistência ao fluxo.

   a. **Mobilização:** a vasoconstrição aumenta a pressão venosa em poucos mmHg e direciona o sangue para fora do reservatório. As válvulas venosas asseguram que o sangue seja forçado adiante, em direção ao coração, onde sua pré-carga no ventrículo esquerdo aumenta o DC por meio do mecanismo de Frank-Starling.

   b. **Capacidade:** a vasoconstrição diminui o diâmetro interno das veias e, portanto, diminui a capacidade do plexo venoso. O sangue que estava previamente alojado nas veias é, por fim, transferido aos leitos capilares que suprem os tecidos ativos.

   c. **Tempo de transporte:** a redução da capacidade do plexo venoso reduz a quantidade de tempo de que o sangue necessita para cruzar esse plexo e, portanto, aumenta a taxa de reoxigenação sanguínea e direcionamento para os tecidos em atividade.

   d. **Resistência:** o plexo venoso permanece como uma via de baixa resistência, mesmo depois da ativação simpática, e não existe efeito significativo na resistência ao fluxo.

C. **Bomba venosa**

A elevada capacidade das veias e a sua tendência de se expandir em resposta a pressões de enchimento, mesmo que mínimas, significam que grandes volumes de sangue podem ficar represados facilmente nas extremidades inferiores sob influência da gravidade. A vasoconstrição das veias pode reduzir a capacidade do plexo venoso, mas, na ausência de qualquer força motriz adicional, a perda resultante do RV pode finalmente ameaçar o DC e a capacidade de manter a pressão arterial. O acúmulo de sangue nas veias é geralmente evitado por uma **bomba venosa**. Sempre que os músculos esqueléticos se contraem, comprimem os vasos sanguíneos que correm entre suas fibras (**compressão extravascular**). As pressões intravenosas são baixas, assim, a compressão logo causa o colapso das veias e a liberação de seus conteúdos. As válvulas

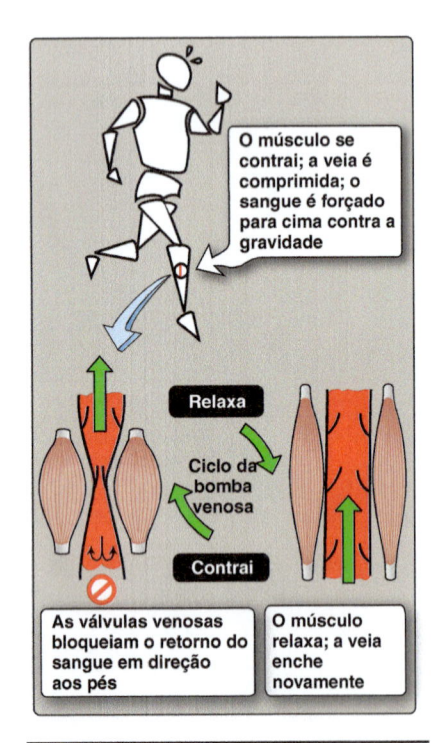

Figura 20.21
Bomba venosa.

venosas asseguram que o fluxo resultante seja em direção ao coração (Fig. 20.21). A contração rítmica e o relaxamento dos músculos das pernas efetivamente bombeiam o sangue para cima, contra a gravidade, simultaneamente "sugando" o sangue dos vasos sanguíneos dos pés e assegurando um RV continuado.

D. Débito cardíaco e retorno venoso

O exemplo anterior demonstra que o DC é limitado pela velocidade na qual o sangue passa pelos vasos sanguíneos. O movimento ao longo dos vasos é, por sua vez, dependente do DC. Assim, para se entender realmente como o sistema circulatório funciona *in vivo*, é necessário observar-se a interdependência entre DC e RV.

1. **O retorno sustenta o débito:** a dependência do DC em relação à pré-carga é definida pela **curva de função cardíaca** (Fig. 20.22). Os aumentos na pressão de enchimento, no ventrículo esquerdo, elevam o DC pela ativação dependente de comprimento, e a pressão de enchimento é dependente da PVC. Alterações na inotropia ventricular modificam essa relação: a inotropia positiva desloca essa curva para cima e para a esquerda, enquanto a inotropia negativa desloca a curva para baixo e para a direita.

2. **O débito cria o retorno:** a quantificação do efeito do DC na PVC requer que o coração e os pulmões sejam colocados dentro de uma bomba artificial, cuja saída possa ser controlada (Fig. 20.23A). Antes de ligar a bomba, o volume normal de sangue circulante (5 L) deve ser restabelecido. Os vasos sanguíneos se distendem para acomodar essa quantidade de sangue, criando uma pressão de aproximadamente 7 mmHg (ver Fig. 20.23B), conhecida como **pressão média de enchimento circulatório** (**PMEC**). A PMEC é definida como a pressão que existe nos vasos sanguíneos quando o coração está parado, e todas as partes do sistema atingiram um equilíbrio. Quando a bomba é acionada, ela desloca sangue das veias para as artérias. Visto que o compartimento arterial tem um

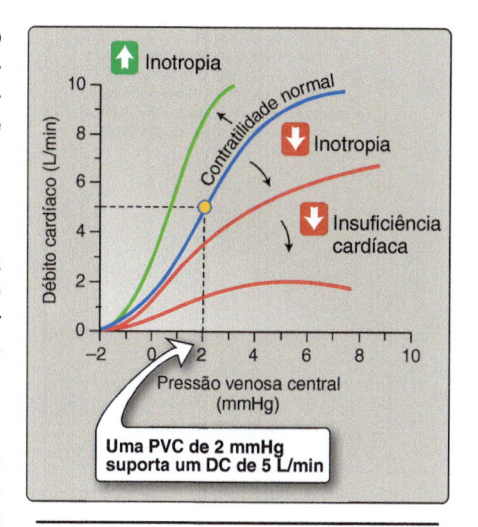

Figura 20.22
Curvas de função cardíaca. DC = débito cardíaco; PVC = pressão venosa central.

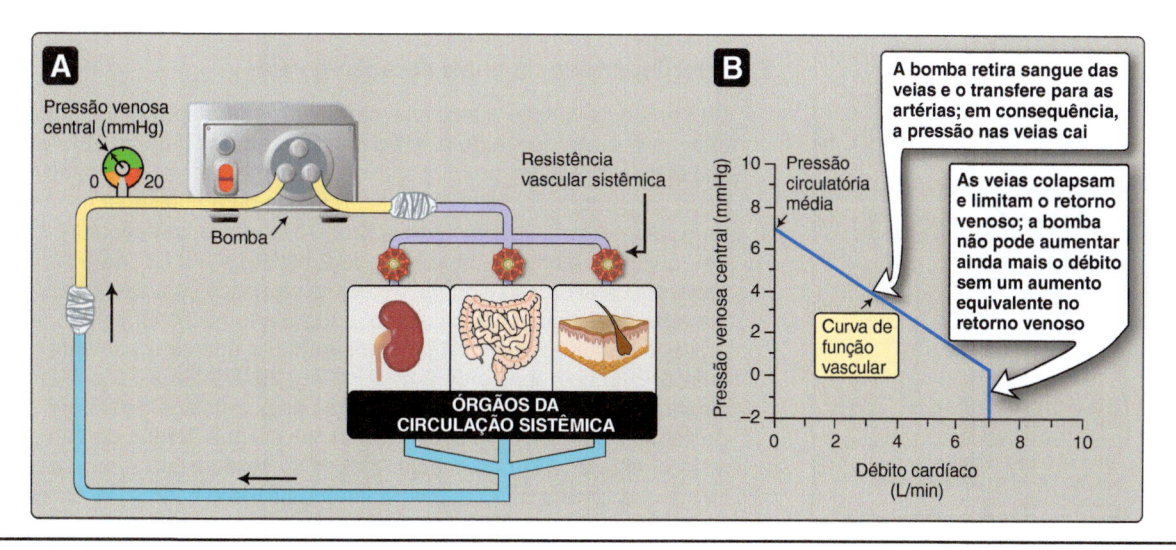

Figura 20.23
Interação entre a pressão venosa central e o débito cardíaco.

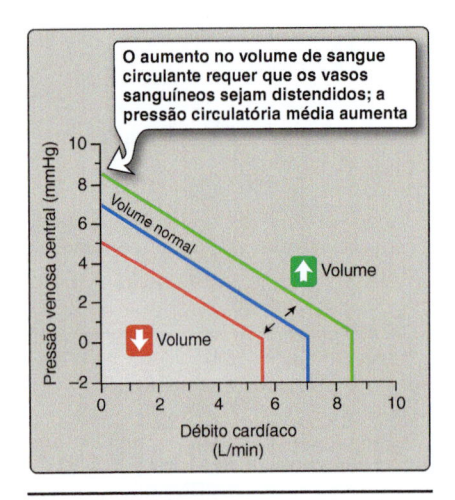

Figura 20.24
Curvas de função vascular.

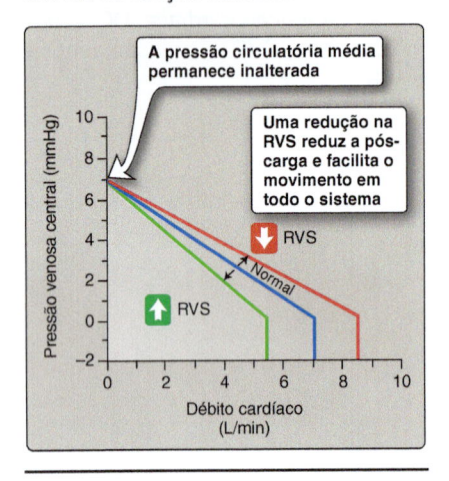

Figura 20.25
Efeitos da resistência vascular sistêmica (RVS) nas curvas de função vascular.

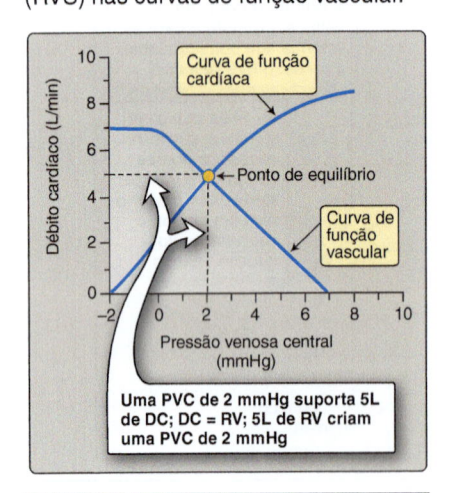

Figura 20.26
Curva de função cardiovascular.
DC = débito cardíaco; PVC = pressão venosa central; RV = retorno venoso.

volume relativamente pequeno e a saída de fluxo é limitada pelos vasos de resistência, o deslocamento gera uma pressão significativa dentro do plexo arterial. Simultaneamente, isso faz a PVC cair, porque o sangue está sendo retirado das veias. O trabalho mais rápido da bomba causa uma queda ainda maior da PVC, até que essa finalmente se torna negativa (ver Fig. 20.23B). Nesse ponto, as grandes veias colapsam e limitam qualquer aumento adicional do DC. A linha mostrada na Figura 20.23B é conhecida como **curva de função vascular**.

3. **Volume de sangue circulante:** a curva de função vascular é dependente do volume de sangue circulante (Fig. 20.24). Se o volume de sangue aumentar, então a PMEC necessariamente também aumentará, porque os vasos sanguíneos se distendem em maior grau para acomodar o volume extra. Quando a bomba é acionada, a PVC cai como antes, mas, já que a pressão total no sistema está mais elevada, o colapso das grandes veias é retardado. Por outro lado, se o volume de sangue circulante diminuir, a PMEC diminuirá, e ocorrerá o colapso das grandes veias em níveis mais baixos de saída.

4. **Capacidade venosa:** a vasoconstrição e a vasodilatação das veias causadas por alterações na atividade do SNS produzem efeitos semelhantes a mudanças no volume de sangue circulante. O início de um barorreflexo diminui a capacidade do plexo venoso e aumenta a PMEC. A vasodilatação reduz a capacidade do sistema, e a PMEC cai.

5. **Resistência vascular sistêmica:** a constrição e o relaxamento dos vasos de resistência têm pouco ou nenhum efeito sobre a PMEC, porque a contribuição das pequenas artérias e arteríolas para a capacidade vascular total é pequena. Entretanto, alterações na RVS provocam impacto na PVC. Quando os vasos de resistência se contraem, reduzem o fluxo nos leitos capilares. Isso se traduz em menor RV e queda da PVC (Fig. 20.25). Ao contrário, uma vasodilatação permite que o sangue flua nos leitos capilares e para dentro do plexo venoso, o que eleva a PVC.

E. **Interdependência entre coração e veia**

As curvas de função vascular e cardíaca podem ser combinadas para criar uma única **curva de função cardiovascular** (Fig. 20.26). As duas linhas se sobrepõem em um ponto de equilíbrio que define quanto do DC pode ser suportado pelos vasos sanguíneos para quaisquer contratilidade e volume sanguíneo determinados. No exemplo apresentado, o ponto de equilíbrio reside em uma PVC de 2 mmHg e um DC de 5 L/min. Na ausência de alteração alguma, o sistema não pode desviar-se permanentemente desse ponto de equilíbrio, porque são necessários 2 mmHg de pressão para suportar os 5 L/min de saída, e qualquer aumento no DC faria a PVC cair abaixo de 2 mmHg (Fig. 20.27). Se a FC subitamente diminuísse para reduzir o DC, a redução da quantidade de sangue sendo deslocada das veias para as artérias causaria acúmulo de sangue no átrio direito, e a PVC aumentaria. A PVC se equivale à pré-carga, de forma que o VS e o DC aumentariam no próximo batimento. O restabelecimento do equilíbrio pode necessitar de vários batimentos para ser alcançado, mas finalmente o DC e a PVC se restabeleceriam em 5 L/min e 2 mmHg.

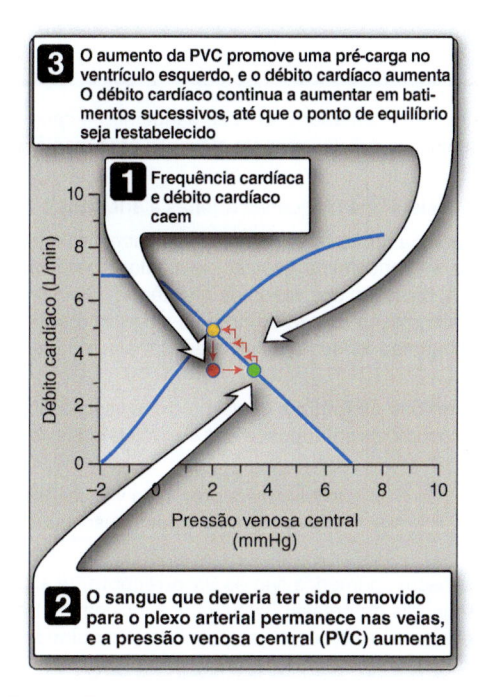

Figura 20.27
As alterações no débito cardíaco não podem ser sustentadas longe do ponto de equilíbrio.

F. Alterações no ponto de equilíbrio

Aumentos e decréscimos no DC requerem que a curva de função cardíaca e/ou a curva de função vascular sejam modificadas para estabelecer um novo ponto de equilíbrio. Os primeiros (os aumentos) são realizados por meio de alterações na inotropia, os últimos (os decréscimos), por meio de mudanças no volume de sangue circulante.

1. **Inotropia:** os aumentos na inotropia do miocárdio permitem que o ventrículo bombeie mais sangue para fora a cada ejeção, embora a PVC caia, como consequência. Um novo ponto de equilíbrio é criado, como é apresentado na Figura 20.28. Os aumentos na inotropia são geralmente observados durante o exercício, por exemplo. Por outro lado, um miocárdio infartado desloca menos sangue do ventrículo direito para o plexo arterial a cada ejeção. O novo ponto de equilíbrio se estabelece em uma PVC mais elevada.

2. **Volume de sangue circulante:** a transfusão de sangue em um indivíduo, por exemplo, aumenta a PVC e a pré-carga, permitindo um DC mais elevado na ausência de qualquer alteração na inotropia. Por outro lado, a hemorragia reduz a pré-carga, e o ponto de equilíbrio se desloca para um valor mais baixo para o DC (ver Fig. 20.28). Efeitos semelhantes podem ser alcançados de forma aguda com vasoconstrição e vasodilatação, respectivamente.

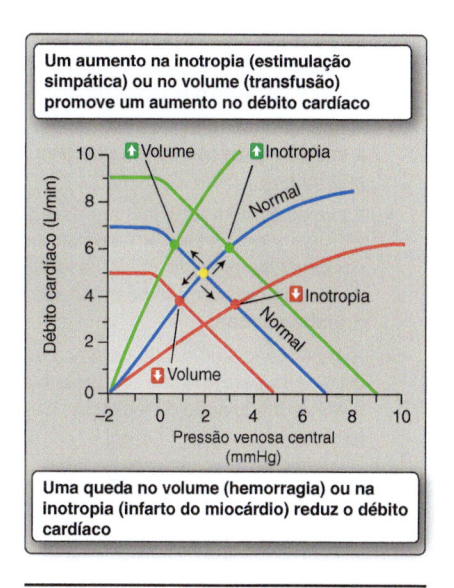

Figura 20.28
Curvas de função cardiovascular.

Resumo do capítulo

- A capacidade do sistema circulatório excede imensamente os seus conteúdos. O fluxo sanguíneo a cada órgão deve ser cuidadosamente monitorado para manter a pressão arterial em níveis suficientemente elevados para manter o fluxo em todo o sistema.
- O fluxo sanguíneo para os tecidos é regulado pelos **vasos de resistência** (pequenas artérias e arteríolas).
- Todos os tecidos podem exigir um fluxo adicional para sustentar uma atividade aumentada. O controle é efetuado localmente, mediante a liberação de **metabólitos** e **fatores parácrinos** (p. ex., endotelina, prostaciclina, fator hiperpolarizante derivado do endotélio e óxido nítrico), os quais causam a contração ou a dilatação dos vasos de resistência. Os vasos de resistência também são **sensíveis ao estiramento**, respondendo à vasoconstrição reflexa durante os picos de pressão arterial. A capacidade dos tecidos em adequar seu próprio suprimento sanguíneo às suas necessidades mais importantes é chamada **autorregulação**.
- Os vasos de resistência são também inervados pelo **sistema nervoso simpático**, o qual promove vasoconstrição quando ativado. A inervação simpática permite que o sistema nervoso autônomo se sobreponha aos controles locais, quando a pressão arterial é ameaçada.
- O sistema nervoso autônomo mantém a pressão arterial, utilizando o **reflexo barorreceptor**, uma via simples de retroalimentação que monitora a pressão arterial e ajusta o débito cardíaco e a resistência vascular para compensar quaisquer alterações que possam ocorrer.
- Existem três grupos principais de sensores de pressão. Os sensores primários são os **barorreceptores arteriais**, localizados na parede da aorta e do seio carótico (carotídeo). Os sensores de pressão secundários incluem os **barorreceptores cardiopulmonares**, os quais estão localizados nas paredes dos átrios e na circulação pulmonar. Os **quimiorreceptores** que residem na periferia, nos corpos aórticos e carótidos (carotídeos), e no sistema nervoso central, que monitoram a pressão indiretamente por meio de alterações induzidas pelo fluxo nos níveis de H^+, CO_2 e O_2.
- Os vários sensores repassam as informações a um grupo de **centros de controle cardiovascular** localizado no tronco encefálico. Os **centros cardioinibidor** e **cardioacelerador** controlam a frequência cardíaca e a inotropia, enquanto o **centro vasomotor** controla os vasos sanguíneos e as glândulas suprarrenais. Quando a pressão sanguínea está baixa, o centro cardioacelerador aumenta a frequência cardíaca e a contratilidade do miocárdio. O centro vasomotor aumenta a resistência vascular e também força o sangue para fora das veias por **vasoconstrição**. Como consequência, a pressão sanguínea aumenta.
- O reflexo barorreceptor é utilizado para ajustes imediatos e de curto prazo na pressão arterial. O controle da pressão de longo prazo envolve a modulação da água e do Na^+ totais do corpo. Os rins têm um papel central em ambos os casos.
- A capacidade dos rins para reter água é controlada pelo **hormônio antidiurético (ADH)**. O ADH é liberado pela **neuro-hipófise**, em resposta a aumentos na osmolaridade tecidual e na ativação simpática.
- A retenção de Na^+ pelos rins é controlada localmente. Barorreceptores localizados nas paredes das arteríolas glomerulares aferentes renais estimulam a liberação de *renina* quando a pressão sanguínea está baixa. A *renina* promove a proteólise do **angiotensinogênio** para formar **angiotensina I**, a qual é depois convertida em **angiotensina II (Ang-II)** pela *enzima conversora de angiotensina*. A Ang-II promove a retomada de Na^+ do túbulo renal, estimula a liberação do hormônio antidiurético e causa constrição dos vasos de resistência.
- A retenção de água e de Na^+ aumenta o **volume de sangue circulante**. O volume adicional é coletado no plexo venoso, e aumenta a **pressão venosa central (PVC)**. A PVC aumenta a pré-carga ventricular esquerda, o débito cardíaco e a pressão arterial.
- As veias contêm válvulas que asseguram que o sangue seja forçado em direção ao coração durante a vasoconstrição. As válvulas venosas também auxiliam no movimento do sangue para cima, contra a força da gravidade. As veias são facilmente comprimidas pelos músculos esqueléticos, à medida que esses se contraem. A compressão rítmica das veias das pernas e dos pés, durante uma caminhada ou corrida, efetivamente impulsiona o sangue para longe das extremidades inferiores (**bomba venosa**).
- A dependência do débito cardíaco em relação ao **retorno venoso** pode ser representada graficamente na forma de **curvas de função cardiovascular**. Essas curvas demonstram que o débito cardíaco pode aumentar ou diminuir fisiologicamente por meio da modulação da inotropia, mas somente se a pressão venosa central for suficiente para suportar o nível induzido de ejeção.

Circulações Especiais

21

I. VISÃO GERAL

Os vasos sanguíneos periféricos servem a uma variedade de órgãos cuja diversidade funcional exigiu uma especialização da estrutura e do controle circulatórios (Fig. 21.1). O coração e o encéfalo têm capacidades anaeróbias mínimas, o que os torna extremamente dependentes de seu suprimento sanguíneo para uma atividade normal. O controle vascular encefálico e coronário é, então, dominado por mecanismos reguladores locais, os quais facilitam a relação precisa entre o suprimento de O_2 com as necessidades teciduais. Em contraste, o controle circulatório esplâncnico é regulado por mecanismos reguladores centrais. Os órgãos que integram o sistema digestório requerem quantidades significativas de sangue para desempenhar suas funções de digestão e absorção, quando ativos (ver Fig. 21.1). A digestão envolve a secreção copiosa de líquidos na luz do trato gastrintestinal (GI). Esses líquidos são derivados do sangue que deve ser fornecido pela vasculatura esplâncnica. Os órgãos digestórios são capazes de comunicar suas necessidades de um maior fluxo sanguíneo por meio de mecanismos locais de controle, mas o sistema nervoso central (SNC) detém a capacidade de cortar completamente o suprimento sanguíneo esplâncnico, se existir uma necessidade urgente de sangue em outra parte do sistema circulatório. A regulação do suprimento sanguíneo aos músculos esqueléticos é incomum, no sentido de que a dominância relativa dos controles local e central se modifica de acordo com as necessidades do músculo.

II. CIRCULAÇÃO ENCEFÁLICA

A circulação encefálica supre o encéfalo, que representa apenas 2% do peso corporal e, ainda assim, comanda 15% do débito cardíaco (DC) em repouso. Essa demanda pelo fluxo sanguíneo reflete a elevada taxa metabólica encefálica. O tecido encefálico tem poucos estoques metabólicos e é muito dependente das vias oxidativas para a produção de energia. Na prática, essa dependência significa que o encéfalo é altamente dependente da circulação encefálica para o seu funcionamento normal.

A. Anatomia

Quatro ramos arteriais principais alimentam o encéfalo: as artérias vertebrais direita e esquerda e as artérias carótidas direita e esquerda (Fig. 21.2). As artérias vertebrais se unem para formar a artéria basilar, a qual trafega pelo tronco encefálico até a base do cérebro, e então se divide novamente e se liga por meio de artérias comunicantes às carótidas internas, criando o **círculo arterial do cérebro** (círculo de Willis). Amplas

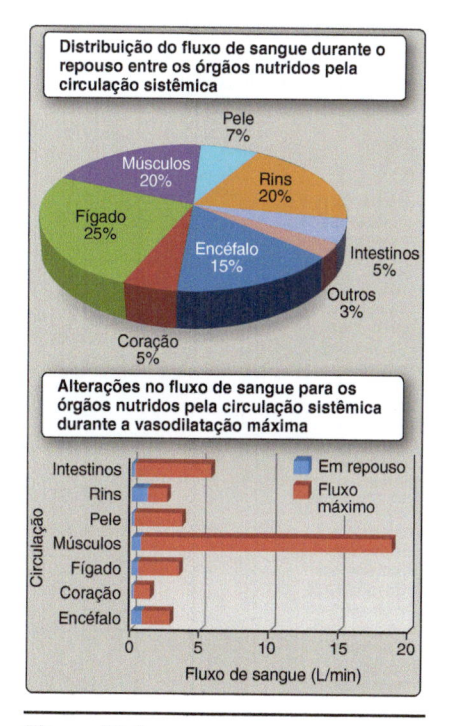

Figura 21.1
Fluxo de sangue para órgãos da circulação sistêmica.

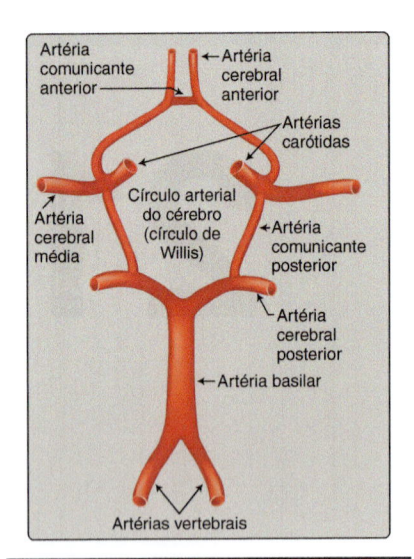

Figura 21.2
Principais artérias de suprimento da circulação encefálica.

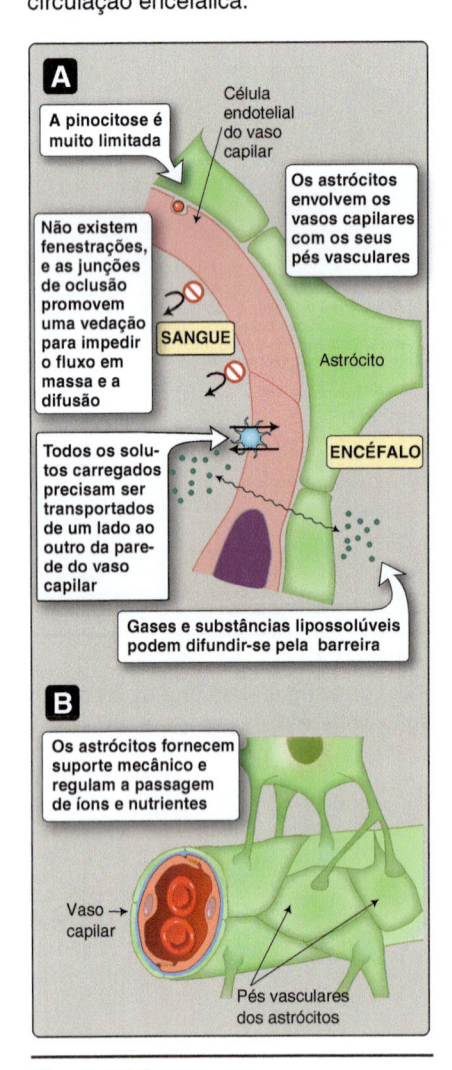

Figura 21.3
Barreira hematencefálica.

interconexões com as artérias adjacentes permitem o fluxo contínuo em torno de potenciais sítios de bloqueio.

B. **Barreira hematencefálica**

O sangue contém um sortimento de substâncias químicas que podem afetar de forma adversa a função do encéfalo. Essas substâncias incluem vários hormônios e neurotransmissores, como adrenalina, glicina, glutamato e trifosfato de adenosina. O encéfalo é protegido desses e de outros agentes químicos pela **barreira hematencefálica** (**BHE**), que fornece três níveis de defesa: física, química e celular.

1. **Barreira física:** na maioria das circulações, os vasos capilares são relativamente permeáveis, permitindo a troca de materiais através de suas paredes por quatro mecanismos gerais (ver 19.VI). Os vasos capilares encefálicos são modificados de forma singular para bloquear a passagem pela maioria dessas vias. As células endoteliais dos vasos capilares encefálicos raramente formam vesículas pinocitóticas, que são a principal via de transporte nos vasos sanguíneos dos músculos esqueléticos, por exemplo. As paredes dos vasos capilares encefálicos não possuem fenestrações, e as células endoteliais adjacentes estão unidas por junções de oclusão impermeáveis (Fig. 21.3A). Isso bloqueia efetivamente o fluxo em massa e a difusão de íons e água. Moléculas lipossolúveis, tais como o O_2 e o CO_2, podem difundir-se rapidamente através da parede do vaso capilar, mas todos os outros materiais devem ser transportados de outra maneira. As membranas endoteliais encefálicas são densamente povoadas com transportadores de glicose, aminoácidos, colina, ácidos monocarboxílicos, nucleotídeos e ácidos graxos para o encéfalo. O movimento de íons e prótons pela BHE é regulado por canais, trocadores e bombas. As aquaporinas permitem que a água migre entre o sangue e o encéfalo, em resposta a alterações na osmolaridade.

2. **Barreira química:** as células endoteliais dos vasos capilares encefálicos contêm *monoamina oxidase*, *peptidase* e *hidrolase ácida*, e uma variedade de outras enzimas que são capazes de degradar hormônios, transmissores e outras moléculas biologicamente ativas. Essas enzimas fornecem uma barreira química aos fatores provenientes do sangue.

> A membrana apical (luminal) das células endoteliais dos vasos capilares encefálicos contém a glicoproteína-P, também conhecida como "transportadora de resistência a multifármacos", descoberta primeiramente nas células cancerosas. Essa glicoproteína protege o encéfalo contra substâncias lipofílicas potencialmente tóxicas.

3. **Estruturas de apoio:** os vasos capilares encefálicos têm uma lâmina basilar espessa e são mecanicamente apoiados por astrócitos (ver Fig. 21.3B). Os astrócitos também mantêm a integridade das junções de oclusão e regulam a troca de material entre o sangue e o encéfalo (ver 5.V).

> A impenetrabilidade da BHE apresenta um problema logístico quando se procura tratar tumores ou infecções intracranianas. Em tais situações, pode ser necessário abalar osmoticamente o endotélio, para criar uma brecha temporária que permita a passagem de antibióticos e agentes quimioterápicos.

C. Regulação

A circulação encefálica mantém taxas constantes de fluxo quando a pressão arterial média varia entre 60 e 130 mmHg. Essa é uma faixa de pressão significativamente mais ampla do que a observada em outros leitos vasculares. A autorregulação é efetuada principalmente por meio de mecanismos de controle locais.

1. **Controles locais:** os vasos de resistência encefálicos se dilatam em resposta aos mesmos fatores metabólicos que permitem o controle local em outras circulações, mas são especialmente sensíveis a alterações na Pco_2 (Fig. 21.4). Pequenos aumentos na Pco_2 causam profunda vasodilatação, enquanto decréscimos na Pco_2 causam vasoconstrição.

> A sensibilidade à Pco_2 explica por que a hiperventilação pode causar a perda de consciência. Quando uma pessoa respira em taxas além de sua necessidade fisiológica, a Pco_2 sanguínea cai. A perda da influência vasodilatadora causa a contração dos vasos de resistência encefálicos, e a pessoa se sente tonta. O fluxo encefálico normal pode ser restabelecido por recaptação do ar expirado para aumentar o conteúdo de CO_2 no ar alveolar. Como consequência, a Pco_2 arterial aumenta, levando os vasos encefálicos a se dilatarem, e o fluxo se normaliza.

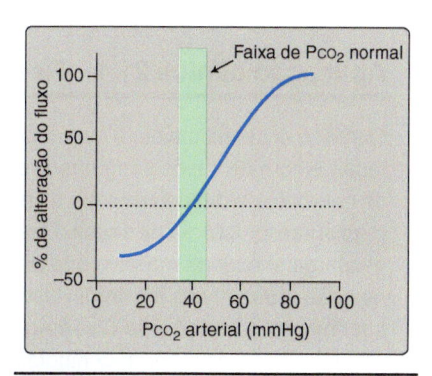

Figura 21.4
Dependência do fluxo sanguíneo encefálico em relação à Pco_2.

2. **Controles centrais:** os vasos de resistência encefálicos são inervados pelas partes simpática e parassimpática do sistema nervoso autônomo (SNA). Os nervos estão ativos, mas seus efeitos na musculatura lisa vascular são geralmente menores, quando comparados às respostas aos metabólitos.

D. Padrões regionais de fluxo

O crânio fornece proteção mecânica ao encéfalo, mas também restringe fisicamente o fluxo e o volume sanguíneo encefálico. Todos os tecidos do corpo se dilatam quando a atividade metabólica aumenta, refletindo um aumento do volume de sangue que flui pelos vasos sanguíneos. No encéfalo, a demanda pelo fluxo sanguíneo aumenta e diminui de forma semelhante, à medida que o foco mental varia, e os neurônios se tornam mais ou menos ativos. Entretanto, o encéfalo reside dentro do crânio, o que não permite qualquer variação no volume intracraniano. Os tecidos encefálicos também resistem a alterações de volume, porque são amplamente compostos por líquido, o qual não se comprime. Portanto, os aumentos regionais no fluxo encefálico, que acompanham uma atividade aumentada, são normalmente acompanhados por alterações opostas em uma área encefálica diferente (Fig. 21.5).

E. Interrupção do fluxo

O encéfalo tem uma tolerância muito baixa à isquemia. Um decréscimo de 20 a 30% no fluxo encefálico provoca tonturas. Um decréscimo de 40 a 50% causa desmaio (**síncope**). A interrupção completa do fluxo por >4 a 5 minutos pode levar à falha do órgão e morte. Os vasos encefálicos que se estreitam com o envelhecimento ou por doença podem causar um **ataque isquêmico transitório** (**AIT**), uma redução localizada no fluxo e perda da função encefálica por alguns minutos ou horas. As interrupções no fluxo encefálico (**acidentes vasculares encefálicos** ou **derrames**) ocorrem quando um vaso encefálico é obstruído. Tais eventos levam a um infarto e defeitos neurológicos mais duradouros.

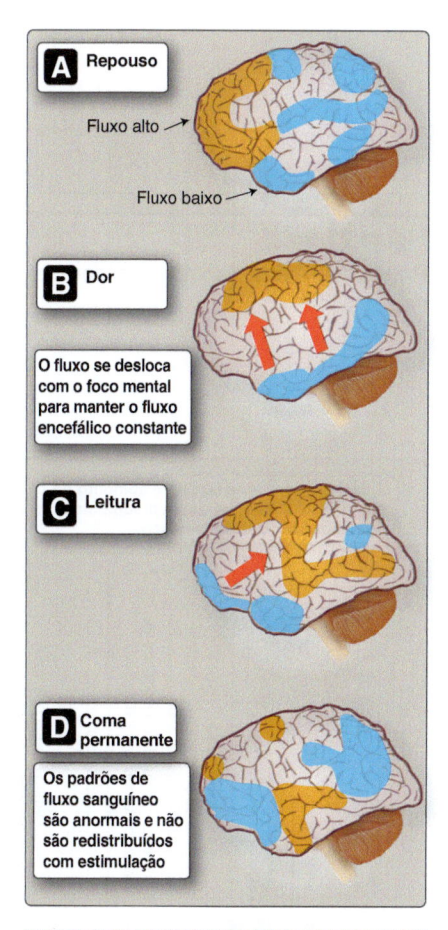

Figura 21.5
Alteração no padrão de fluxo encefálico regional.

Aplicação clínica 21.1 Resposta isquêmica do sistema nervoso central

O tronco encefálico aloja o centro de controle cardiovascular, uma região que tem conexões autônomas com o coração e com os vasos sanguíneos periféricos (ver 7.VI). A perda do fluxo sanguíneo no centro cardiovascular leva os neurônios a despolarizarem e se tornarem espontaneamente ativos, já que suas bombas iônicas falham e seus gradientes iônicos se dissipam. O resultado é uma **resposta isquêmica do sistema nervoso central (SNC)**, uma descarga simpática massiva que desvia o fluxo para os órgãos periféricos e causa a elevação da pressão sanguínea para seus níveis máximos. Isso representa o último esforço possível do encéfalo para preservar o seu próprio suprimento. A **reação de Cushing** é um tipo especial de resposta isquêmica do SNC causada por um aumento na pressão intracraniana. O hipotálamo responde com a ativação do sistema nervoso simpático e o aumento da pressão arterial, mas isso inicia uma diminuição da frequência cardíaca mediada pelo barorreflexo. A bradicardia é geralmente acompanhada por hipertensão sistólica e depressão respiratória (**tríade de Cushing**), sendo um indicador de pressão intracraniana extrema e morte iminente.

III. CIRCULAÇÃO CORONÁRIA

A circulação coronária supre o miocárdio, um tecido que se assemelha ao encéfalo em termos de demanda nutricional e necessidade crítica de um fluxo contínuo para o seu funcionamento normal.

A. Anatomia

O miocárdio é suprido pelas artérias coronárias direita e esquerda, que se originam da raiz da parte ascendente da aorta, imediatamente acima da valva aórtica (Fig. 21.6). A artéria coronária direita geralmente supre o lado direito do coração, enquanto a artéria coronária esquerda supre o lado esquerdo. As artérias trafegam na superfície do coração e então penetram nas túnicas musculares. A vasculatura é notável pela enorme quantidade de vasos colaterais, conectando as artérias adjacentes, e também pela presença de esfíncteres pré-capilares (ver adiante).

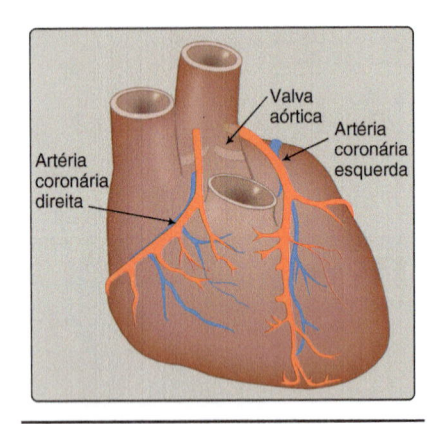

Figura 21.6
Principais vasos sanguíneos coronários.

B. Regulação

Em repouso, a circulação coronária recebe aproximadamente 5% do DC. A musculatura cardíaca extrai > 70% do O_2 disponível no sangue, tendo uma capacidade metabólica anaeróbia muito baixa, bem semelhante à situação do encéfalo. Essa dependência de O_2 significa que qualquer aumento de trabalho deve ser acompanhado de um aumento no fluxo coronário, alcançado inteiramente por meio de mecanismos locais de controle.

1. **Controles locais:** os vasos de resistência coronários são excepcionalmente sensíveis à adenosina. Os mecanismos locais de controle permitem um aumento de quatro a cinco vezes do fluxo coronário quando o DC aumenta, um fenômeno denominado **reserva coronariana** (Fig. 21.7).

2. **Controles centrais:** os vasos de resistência coronários são inervados por ambas as partes do SNA, mas sua influência é sobreposta pelos controles locais.

> Alguns indivíduos têm vasos de resistência que são anormalmente suscetíveis à influência simpática vasoconstritora, causando o espasmo de suas artérias coronárias durante a ação simpática elevada. A isquemia que resulta dessas interrupções temporárias do fluxo é percebida como dor, conhecida como **angina de Prinzmetal** ou **angina variante de Prinzmetal**.

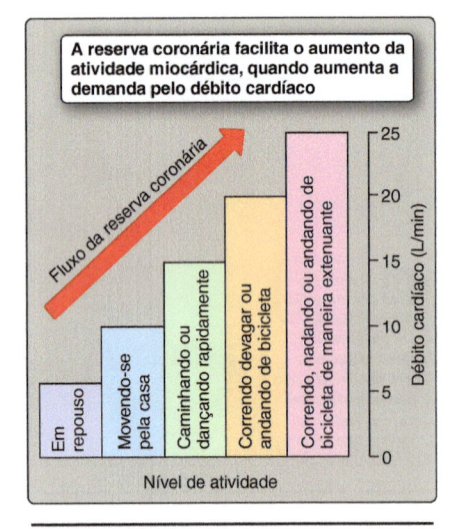

Figura 21.7
Reserva coronária.

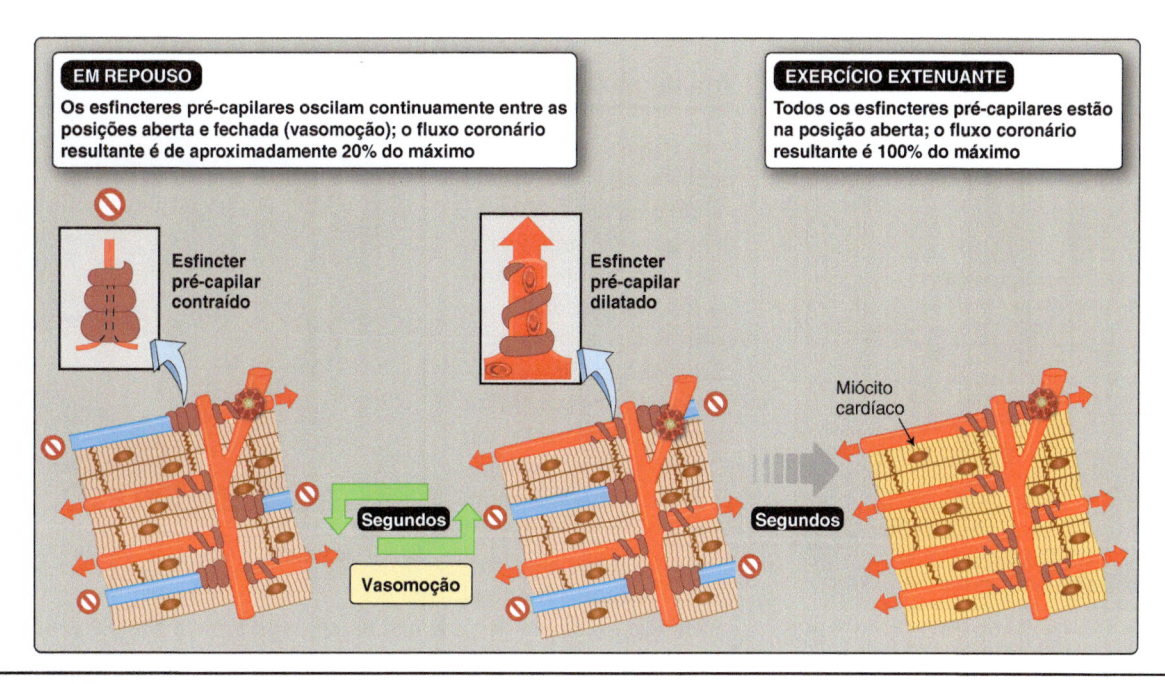

Figura 21.8
Vasomoção e bases da reserva coronária.

C. Esfíncteres pré-capilares

Os esfíncteres pré-capilares compreendem células musculares lisas peculiares, enroladas em torno da entrada dos vasos capilares (Fig. 21.8). Esses esfíncteres se contraem e relaxam com as alterações nas concentrações locais de metabólitos e funcionam como interruptores de *on/off* para o fluxo sanguíneo. Quando o DC é mínimo, a maioria dos esfíncteres está contraída (*"off"*), e o fluxo é inibido. Eles relaxam intermitentemente, à medida que os níveis locais de metabólitos aumentam, mas se contraem novamente quando o fluxo aumentado leva embora os metabólitos. Em repouso, somente uma pequena porção (em torno de 20%) dos esfíncteres está relaxada, e os capilares são ativamente perfundidos, mas o padrão do fluxo capilar muda continuamente (**vasomoção**). Quando a carga de trabalho cardíaco aumenta, os níveis de resíduos metabólicos aumentam, e os esfíncteres levam uma porcentagem muito maior de tempo na posição *"on"*. Em níveis máximos de DC, todos os esfíncteres estão abertos ao mesmo tempo, e o fluxo coronário aumenta até os níveis máximos também (ver Fig. 21.8).

D. Compressão extravascular

O fluxo sanguíneo, na maioria dos leitos vasculares sistêmicos, segue a curva de pressão aórtica, aumentando durante a sístole e diminuindo durante a diástole. O fluxo pela artéria coronária esquerda cai drasticamente durante a sístole, e então aumenta rapidamente com o início da diástole (Fig. 21.9). Esse padrão de fluxo singular ocorre porque os miócitos ventriculares colapsam as artérias de suprimento, à medida que se contraem (**compressão extravascular**), conforme mostra a Figura 21.10. O efeito é percebido de forma mais intensa durante a sístole precoce, porque a pressão aórtica, a principal força que mantém a desobstrução vascular, está em um ponto baixo. Durante a diástole, as forças de compressão são removidas, e o sangue flui ao longo da musculatura em velocidades máximas (ver Fig. 21.9).

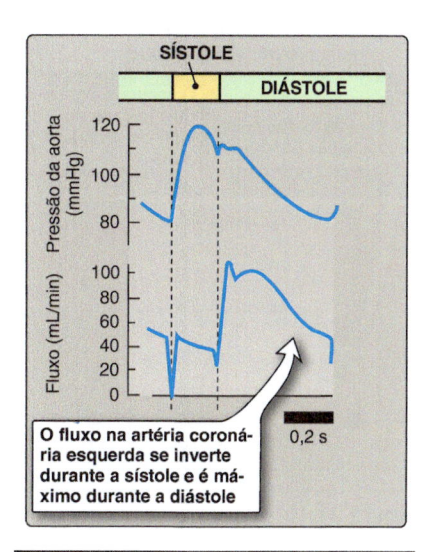

Figura 21.9
Fluxo de sangue na artéria coronária esquerda.

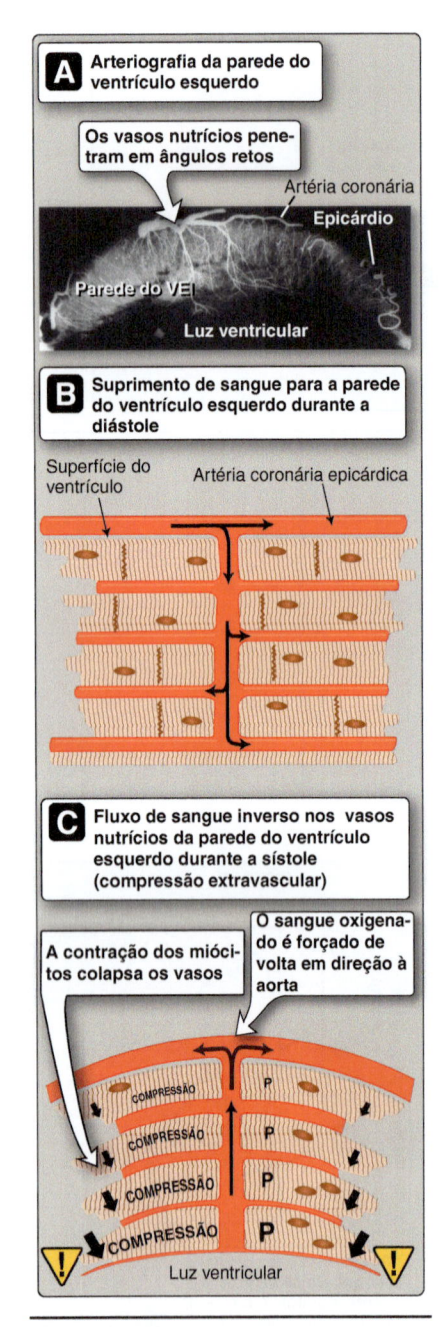

Aplicação clínica 21.2 Angina

A angina é uma forma específica de desconforto no peito ou dor associada com isquemia miocárdica, que comumente aparece durante atividades ou eventos que aumentem a carga de trabalho do miocárdio. A **angina típica** (**estável**) geralmente não é fatal, e seus sintomas podem ser revertidos com fármacos que reduzam a carga de trabalho cardíaco.[1] A **angina instável** indica que existe um risco de que os vasos se tornem completamente bloqueados. As intervenções comuns podem incluir o uso de uma angioplastia de balão ou o implante de uma mola de metal (um **stent**) para abrir o vaso estenótico, ou uma cirurgia para o enxerto de um desvio na artéria coronária (ver Aplicação clínica 20.2).

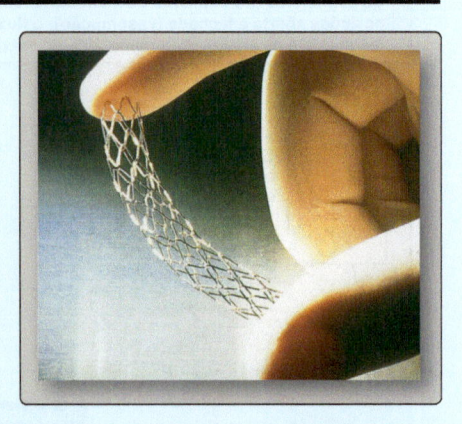

Stent de metal.

E. Interrupção do fluxo

Já que os miócitos ventriculares extraem níveis tão elevados de O_2 do sangue, existe um delicado equilíbrio entre a carga de trabalho do miocárdio e o suprimento coronário. Se esse equilíbrio for perturbado, então, os miócitos se tornam isquêmicos e infartados. Mais comumente, isso ocorre devido à **aterosclerose** e à **doença arterial coronariana**.

1. **Aterosclerose:** as lesões ateroscleróticas surgem em uma idade ainda precoce nas populações da maioria dos países ocidentais. Essas lesões evoluem, tornando-se placas complexas de lipídeos, miócitos hipertrofiados e material fibroso. As placas aumentam em direção à luz vascular e prejudicam o fluxo sanguíneo. Isso leva a um desequilíbrio entre o suprimento coronário e a demanda miocárdica, resultando em isquemia. Os miócitos isquêmicos liberam grandes quantidades de compostos vasoativos, tais como a adenosina, mas os vasodilatadores não têm efeito algum na placa. À medida que a deficiência de O_2 continua, os miócitos liberam ácido láctico, que estimula as fibras de dor dentro do miocárdio e causa a **angina de peito**.

2. **Vasos colaterais:** os vasos colaterais são vasos de aproximadamente 100 μm de diâmetro que conectam arteríolas adjacentes. Estão geralmente contraídos, em um coração saudável, mas, se um vaso nutrício ficar obstruído, os vasos colaterais se dilatam, em resposta aos níveis aumentados de metabólitos. O fluxo nos vasos colaterais pode evitar o **infarto**, se o vaso obstruído for pequeno.

Figura 21.10
Compressão extravascular na parede do ventrículo esquerdo. VE = ventrículo esquerdo; P = pressão.

[1] Para mais informações sobre fármacos antiangina, ver *Farmacologia ilustrada*, 5ª edição, Artmed Editora.

Com o tempo, esses canais aumentam de tamanho para fornecer um fluxo quase normal à área isquêmica.

IV. CIRCULAÇÃO ESPLÂNCNICA

A circulação esplâncnica supre o fígado, a vesícula biliar, o baço, o pâncreas e toda a extensão do intestino. É a maior circulação sistêmica e comanda 20 a 30% do DC, mesmo em repouso (ver Fig. 21.1).

A. Anatomia

O sangue alcança a circulação esplâncnica pelas artérias mesentéricas e pelo tronco celíaco, passando pelo baço, pâncreas, estômago e intestinos grosso e delgado, e sendo drenado pela veia porta para o fígado (Fig. 21.11). Essa é uma das poucas regiões do corpo em que dois órgãos estão organizados em série recíproca, mas o modelo circulatório é funcional, porque permite que o fígado filtre e inicie o processamento de nutrientes absorvidos antes que o sangue retorne à circulação geral.

B. Regulação

Na circulação esplâncnica, o fluxo sanguíneo é controlado localmente e pelo SNA, mas o sistema nervoso entérico também está envolvido.

1. **Controles locais:** os mecanismos pelos quais as vísceras se autorregulam são pouco definidos. O aumento de fluxo durante uma refeição pode ser acionado pelos metabólitos, hormônios gastrintestinais, cininas vasodilatadoras liberadas pelos epitélios intestinais, ácidos biliares e produtos da digestão.

2. **Controles centrais:** a vasculatura esplâncnica é regulada por ambas as partes do SNA. O sistema nervoso parassimpático (SNPS) aumenta o fluxo sanguíneo, tanto em antecipação a um evento digestivo, como durante uma refeição (uma clássica resposta "repouso e digestão"). O sistema nervoso simpático (SNS) constringe todos os leitos vasculares esplâncnicos durante as respostas de "luta ou fuga", enviando, portanto, sangue para fora do trato GI para ser utilizado em outro local na circulação.

C. Reservatório esplâncnico

Em repouso, a circulação esplâncnica envolve aproximadamente 15% do volume circulante total, representando um importante reservatório que pode ser requisitado pelo SNS, caso haja necessidade mais urgente de sangue em algum outro local. As consequências da ativação simpática no fluxo esplâncnico dependem da intensidade da estimulação.

1. **Ativação simpática moderada:** a ativação moderada do SNS reduz o fluxo esplâncnico, mas a circulação se normaliza dentro de minutos pela dilatação reflexiva dos vasos de resistência, causada pelo aumento dos níveis de metabólitos, um fenômeno conhecido como **escape autorregulador** (Fig. 21.12). A ativação moderada do SNS (p. ex., durante um exercício moderado) produz uma redução mais persistente do fluxo esplâncnico.

2. **Ativação esplâncnica máxima:** o exercício vigoroso impõe intensas demandas ao sistema circulatório. A forte estimulação do SNS nos vasos de resistência esplâncnicos reduz o fluxo total a aproximadamente 25% dos valores basais, enquanto a vasoconstrição

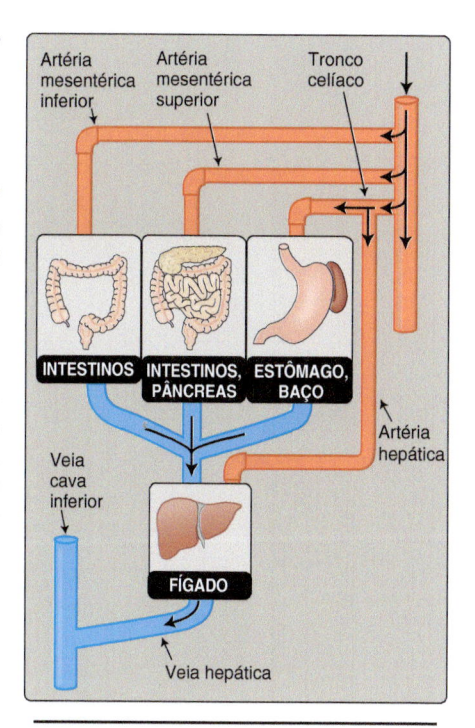

Figura 21.11
Circulação esplâncnica.

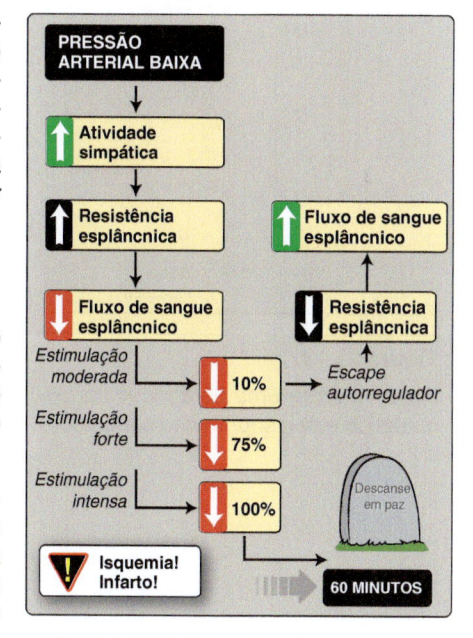

Figura 21.12
Dominância simpática sobre o fluxo de sangue esplâncnico.

força a saída de 200 a 300 mL de sangue dos vasos sanguíneos esplâncnicos. Os tecidos intestinais compensam a redução de fluxo, aumentando a extração de O_2 do suprimento residual.

D. Choque circulatório

A hemorragia grave e outras formas de choque circulatório acionam níveis extremos de atividade simpática, o que reduz o fluxo esplâncnico a níveis mínimos por períodos prolongados (ver Fig. 21.12). Se o fluxo não for restabelecido dentro de uma hora, o revestimento epitelial do intestino delgado infarta e começa a se desintegrar. A degeneração permite que materiais tóxicos do intestino (enterotoxinas e endotoxinas bacterianas) entrem na corrente sanguínea, resultando em toxemia e choque séptico (ver 40.IV.C).

V. CIRCULAÇÃO NO MÚSCULO ESQUELÉTICO

O fluxo em repouso para o músculo esquelético é modesto, considerando-se a massa tecidual por ele suprida (em torno de 20% do DC). Entretanto, tal modéstia esconde a profunda capacidade vasodilatadora intrínseca do músculo durante o exercício.

A. Anatomia

Quando os músculos esqueléticos estão ativos, são extremamente dependentes dos vasos sanguíneos para o fornecimento de O_2 e nutrientes e para a dissipação do calor, remoção de CO_2 e outros produtos metabólicos. Essas funções são facilitadas por uma densa e incomum rede de vasos capilares. Os vasos sanguíneos do músculo esquelético são supridos pelas artérias nutrícias superficiais, que se ramificam múltiplas vezes dentro dos grupos musculares, até se tornarem arteríolas terminais. Cada arteríola dá origem a numerosos vasos capilares, que viajam em paralelo com as fibras musculares individuais de um fascículo. Cada fibra está geralmente associada com três ou quatro vasos capilares, o que reduz para aproximadamente 25 μm a extensão sobre a qual o O_2 precisa difundir-se para atingir as miofibrilas mais internas (Fig. 21.13).

B. Regulação

Os mecanismos de controle locais e centrais afetam os vasos sanguíneos do músculo esquelético com força igual. Esses mecanismos podem produzir extremos drásticos de fluxo, dependendo da circunstância.

1. **Controles locais:** no músculo em repouso, apenas uma pequena porcentagem de vasos capilares está perfundido ativamente, pois as arteríolas terminais (vasos de resistência) que o nutrem estão contraídas. Quando o músculo se torna ativo, a concentração de metabólitos aumenta, as arteríolas dilatam-se e os vasos capilares, anteriormente inativos, agora levam sangue (**recrutamento capilar**).

2. **Controles centrais:** os vasos de resistência do músculo esquelético são ricamente inervados por fibras do SNS, cujo tônus de repouso mantém o fluxo em níveis mínimos, amplamente governado pelas necessidades metabólicas do músculo. Quando a pressão arterial cai, a atividade do SNS aumenta como parte normal do reflexo barorreceptor. As consequências dependem de se o músculo está ou não em exercício no momento.

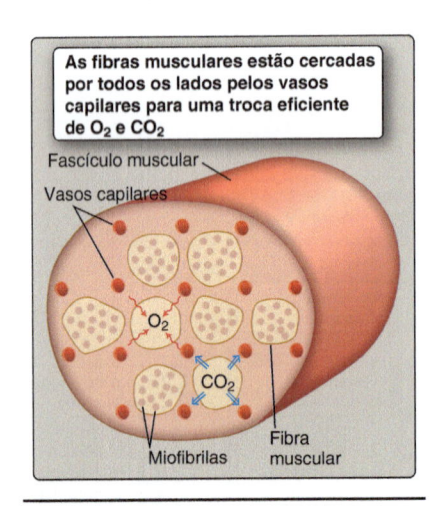

Figura 21.13
Relação entre uma fibra muscular esquelética e seu suprimento sanguíneo.

a. **Em repouso:** a ativação do SNS diminui o fluxo para o músculo em repouso. A resistência aumentada contribui para o aumento na resistência vascular sistêmica que acompanha o reflexo barorreceptor.

b. **Durante o exercício:** durante o exercício, a concentração local de metabólitos domina o controle vascular. A potência desse mecanismo é tal que o fluxo pelos vasos sanguíneos do músculo esquelético pode aumentar para 25 L/min durante o exercício intenso, o que significa 500% do DC em repouso.

C. **Compressão extravascular**

A contração muscular comprime os vasos sanguíneos que correm entre as fibras e causa interrupções temporárias no fluxo. Contrações isométricas (p. ex., induzidas pela elevação de um peso) podem inibir o fluxo por dezenas de segundos, e são seguidas por uma **hiperemia reativa** durante o relaxamento. Exercícios isotônicos, como corrida e natação, envolvem ciclos rítmicos de contração e relaxamento, e produzem um fluxo com padrão fásico (Fig. 21.14). Note-se que o fluxo oscila entre dois extremos em cada contração, mas o fluxo global está aumentado (**hiperemia ativa**).

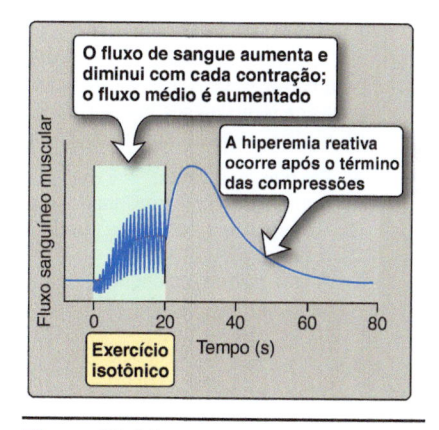

Figura 21.14
Padrão fásico de fluxo sanguíneo nos vasos do músculo esquelético durante o exercício aeróbico.

Resumo do capítulo

- As circulações que suprem os vários órgãos do corpo contêm características únicas adequadas à função do órgão.
- A **circulação cerebral** supre o encéfalo, um órgão notável pela alta demanda de O_2 e a sua dependência de um fluxo sanguíneo contínuo para o funcionamento. A perda de fluxo inicialmente causa desmaio, com a ocorrência de alterações celulares irreversíveis dentro de alguns minutos.
- O encéfalo é protegido de agentes provenientes do sangue pela **barreira hematencefálica**. As **junções de oclusão** entre as células endoteliais adjacentes criam uma barreira física para íons e outros agentes químicos solúveis em água. As enzimas endoteliais que degradam moléculas potencialmente nocivas fornecem uma barreira química, e os **astrócitos** fornecem um suporte mecânico. Todos os substratos necessários para o metabolismo encefálico devem ser transportados de um lado ao outro da barreira.
- O fluxo por meio dos vasos sanguíneos encefálicos é regulado pelas concentrações locais de metabólitos. Os vasos de resistência encefálicos são extremamente sensíveis à PCO_2. O volume de fluxo é limitado pelo crânio, por isso os aumentos de fluxo em uma área do encéfalo são compensados por decréscimos em outra área, para manter o volume total constante.
- A **circulação coronária**, de forma semelhante, supre tecidos que são extremamente dependentes de O_2 para o seu funcionamento contínuo, e qualquer aumento na carga de trabalho do miocárdio deve ser acompanhado por um aumento de fluxo. Os vasos de resistência coronários são regulados por fatores locais, principalmente a **adenosina**. As terminações nervosas simpáticas não têm efeito fisiológico algum.
- O fluxo pela artéria coronária esquerda diminui durante a sístole precoce, refletindo os efeitos da **compressão extravascular** durante a contração ventricular. O ventrículo esquerdo recebe a maior parte de seu suprimento durante a diástole. Se o fluxo pelos vasos sanguíneos coronários se tornar limitado, as concentrações de ácido láctico aumentam e causam dor (**angina**). Interrupções no fluxo coronário levam à isquemia e podem resultar no **infarto do miocárdio**.
- A circulação esplâncnica supre todos os órgãos envolvidos na digestão, incluindo o fígado, o qual está **organizado em série** com os outros órgãos esplâncnicos.
- A **vasculatura esplâncnica** comporta 15% do volume total de sangue circulante, quando em repouso. Os órgãos do trato gastrintestinal têm baixas necessidades de O_2, de maneira que o fluxo pode ser desviado para qualquer outro local durante uma crise hipotensiva, sem risco de isquemia a curto prazo.
- O sistema nervoso simpático domina o controle vascular esplâncnico. A vasoconstrição esplâncnica prolongada (> 1 h) pode levar à morte do epitélio intestinal e quebrar a barreira que separa o sangue dos conteúdos intestinais.
- Os **vasos sanguíneos do músculo esquelético** são controlados tanto por fatores locais como centrais. Quando a atividade muscular aumenta, o aumento dos níveis metabólicos pode elevar o fluxo em 25 vezes. Quando o músculo está inativo, a influência constritora do sistema simpático pode redirecionar o fluxo para ser utilizado em outro local.

Questões para estudo

Escolha a resposta CORRETA.

IV.1 Um homem de 65 anos, com história de hipertensão, recebe uma prescrição de um bloqueador de canal Ca^{2+} para auxiliar a reduzir a sua pressão sanguínea. Qual é o provável efeito desse fármaco no miocárdio ventricular?

A. Ele não teria efeito.
B. Aumentaria a contratilidade.
C. Aumentaria a frequência cardíaca.
D. A fase 2 seria reduzida.
E. A fase 1 seria prolongada.

Resposta correta = D. Os bloqueadores de canais Ca^{2+} reduzem o influxo de Ca^{2+} pelos canais Ca^{2+} do tipo-L durante a fase 2 do potencial de ação ventricular, reduzindo, portanto, a fase 2 e diminuindo a contratilidade (17.IV.A). A fase 1 é mediada por canais Na^+ e K^+ (17.IV.B) e não seria afetada por um bloqueador de canais Ca^{2+}. A frequência cardíaca é determinada pela velocidade de despolarização da fase 4 nas células nodais sinoatriais, a qual é governada, em parte, por canais Ca^{2+} do tipo-L (17.IV.C.4). Espera-se que os bloqueadores de canais Ca^{2+} diminuam a frequência cardíaca.

IV.2 Um valor de eixo elétrico médio de –60° seria mais provavelmente associado com qual das seguintes condições?

A. Hipertensão pulmonar.
B. Contrações ventriculares prematuras.
C. Estenose aórtica.
D. Edema pulmonar.
E. Infarto do ventrículo esquerdo.

Resposta correta = C. A estenose aórtica força o ventrículo esquerdo (VE) a trabalhar de forma mais árdua e gerar picos mais elevados de pressões sistólicas para manter o débito cardíaco (40.V.A). Com o passar do tempo, isso leva à hipertrofia do VE, que se manifesta, em um eletrocardiograma, como um desvio do eixo para a esquerda (amplitude normal = +105° a –30°; 17.V.E). A hipertensão e o edema pulmonares promovem a hipertrofia do ventrículo direito. Um infarto do miocárdio ventricular esquerdo provavelmente desviaria o eixo para a direita, não para a esquerda, porque a massa muscular do VE está reduzida. Contrações ventriculares prematuras não alteram diretamente o eixo elétrico médio.

IV.3 Uma mulher de 50 anos descreve sensações de "palpitações" no peito. Um eletrocardiograma registra complexos QRS ocasionais prematuros e amplos. Qual das seguintes opções explica, mais provavelmente, a origem desses complexos?

A. Fibrilação atrial.
B. Fibrilação ventricular.
C. Um foco excitável ectópico.
D. Um bloqueio cardíaco de primeiro grau.
E. Isquemia do miocárdio.

Resposta correta = C. As contrações ventriculares prematuras (CVPs) são caracterizadas por complexos QRS amplos e anormalmente formados. Elas refletem ondas de excitação que trafegam ao longo do miocárdio pela via lenta miócito a miócito, e não pelo sistema de condução rápida de His-Purkinje (17.V.D.3). As CVPs são geralmente acionadas por focos excitáveis localizados no miocárdio ventricular (i.e., ectópico), em vez de no nodo sinoatrial. A fibrilação atrial se manifesta como a perda de uma onda P, enquanto o bloqueio cardíaco de primeiro grau prolonga o intervalo PR. Um ventrículo em fibrilação não apresenta formatos de ondas organizados em um eletrocardiograma. A isquemia pode afetar o segmento ST, mas os complexos QRS ainda ocorrem na posição normal.

IV.4 Qual dos seguintes eventos do eletrocardiograma coincide com a fase de "ejeção ventricular reduzida" do ciclo cardíaco?

A. Onda P.
B. Intervalo PR.
C. Complexo QRS.
D. Segmento ST.
E. Onda T.

Melhor resposta = E. A onda T corresponde à repolarização ventricular (17.V.C), a qual ocorre durante a ejeção reduzida (18.II). A onda P coincide com a sístole atrial, que continua durante o intervalo PR. O complexo QRS é causado pela excitação ventricular, a qual é seguida por contração isovolumétrica e ejeção rápida. O segmento ST abrange a contração isovolumétrica e persiste durante a ejeção rápida.

IV.5 Um menino de 7 anos, com peso e constituição normais para sua idade, está passando por exames físicos de rotina. O médico da família nota um terceiro som no coração (S_3) durante a auscultação. Qual das seguintes afirmativas mais bem descreve a causa de S_3 nesse menino?

A. Coincide com uma ejeção ventricular rápida.
B. Indica uma hipertrofia atrial.
C. Um eletrocardiograma mostraria um desvio do eixo para a direita.
D. É causado por regurgitação da valva aórtica.
E. É o som do enchimento ventricular.

Resposta correta = E. O terceiro som do coração (S_3) ocorre durante o enchimento ventricular e é causado pela tensão súbita e vibração das paredes ventriculares (18.II.E). Embora geralmente seja um sinal de patologia subjacente em adultos, esse é um achado comum em crianças. O enchimento ventricular e S_3 ocorrem durante a diástole, e não durante a ejeção rápida. A hipertrofia atrial produziria um S_4, enquanto um desvio do eixo para direita não está correlacionado, necessariamente, com um som cardíaco. Valvas que regurgitam produzem sopros, não sons cardíacos (Aplicação clínica 18.1).

IV.6 Uma mulher de 44 anos de idade é diagnosticada com cardiomiopatia dilatada, uma condição causada pela contratilidade ventricular diminuída e retenção compensatória de líquido. Qual é a vantagem da retenção de líquido e da pré-carga?

A. Aumento da tensão da parede ventricular.
B. Aumento do volume de ejeção ventricular.
C. Diminuição da pós-carga ventricular.
D. Redução da carga de trabalho cardíaco.
E. Redução da necessidade do débito cardíaco no repouso.

Resposta correta = B. A pré-carga aumentada distende o miocárdio, aumentando, assim, a quantidade de força desenvolvida na contração mediante ativação dependente de comprimento do sarcômero (18.III.D). A pré-carga aumenta o volume sistólico e a fração de ejeção, o que auxilia a compensar a contratilidade ventricular reduzida. A desvantagem da pré-carga aumentada é que ela aumenta o raio ventricular e a tensão da parede, elevando, portanto, a pós-carga e a carga de trabalho total (lei de Laplace; 18.IV.B). O débito cardíaco em repouso é determinado pelas necessidades metabólicas dos tecidos, não pela pré-carga.

IV.7 O dentista de um garoto de 11 anos lhe administra gás de óxido nitroso (N_2O), utilizando uma máscara facial para anestesiá-lo. Qual das seguintes alternativas é a via principal pela qual o N_2O chegou ao encéfalo?

A. Endocitose por meio da parede do vaso capilar.
B. Transportadores endoteliais especializados.
C. Fluxo em massa mediante fenestrações.
D. Difusão pelas junções intercelulares.
E. Difusão através das células endoteliais.

Resposta correta = E. O gás de óxido nitroso é uma molécula pequena, consideravelmente solúvel que, como o O_2 e o CO_2, se difunde facilmente através das membranas das células endoteliais (19.VI). A endocitose é empregada principalmente como uma maneira de transportar grandes proteínas entre a corrente sanguínea e os tecidos, enquanto os transportadores são geralmente utilizados para transportar moléculas carregadas contra um gradiente de concentração. As fenestrações e as junções intercelulares fornecem vias para a passagem de água e quaisquer íons nela dissolvidos.

IV.8 O Kwashiorkor é uma forma grave de má nutrição infantil observada predominantemente em países em desenvolvimento. Seus sintomas incluem hepatomegalia e edema depressível das extremidades inferiores. Qual a causa mais provável da ocorrência do edema depressível?

A. Deficiência de uma proteína plasmática.
B. Débito cardíaco inadequado.
C. Excessiva retenção de líquidos.
D. Pressão intersticial reduzida.
E. Hematócrito reduzido.

Resposta correta = A. As proteínas plasmáticas criam um potencial osmótico (pressão osmótica coloidal do plasma) que aprisiona o líquido nos vasos sanguíneos (19.VII.D). O Kwashiorkor resulta de uma ingestão proteica inadequada, a qual diminui a capacidade hepática de sintetizar proteínas. O líquido se infiltra no interstício e, como consequência, causa o edema. A redução do débito cardíaco e da pressão diminuiria a filtração de líquidos. A retenção excessiva de líquidos aumentaria o edema causado pela deficiência de proteínas plasmáticas. A pressão intersticial fica aumentada pela infiltração de líquidos, à qual também se opõe, enquanto as alterações no hematócrito não têm efeito algum.

IV.9 O metabolismo do músculo esquelético aumenta drasticamente durante a atividade física, sustentado por aumentos igualmente drásticos na perfusão. Qual dos seguintes mecanismos facilita os aumentos induzidos pela atividade no fluxo sanguíneo muscular?

A. Liberação de óxido nítrico induzida pelo fluxo.
B. Vasodilatação induzida por noradrenalina.
C. Níveis elevados de metabólitos.
D. Liberação do hormônio antidiurético.
E. Liberação de histamina.

Resposta correta = C. O aumento do fluxo sanguíneo para os tecidos ativos ("hiperemia ativa") é mediado pelo acúmulo local de subprodutos metabólicos, incluindo o CO_2, o H^+ e a adenosina, os quais causam dilatação reflexiva dos vasos de resistência (20.II.A). A noradrenalina (das terminações nervosas simpáticas) e o hormônio antidiurético (liberado pela neuro-hipófise) promovem a constrição dos vasos de resistência. A liberação de óxido nítrico induzida pelo fluxo pode contribuir para aumentar o fluxo em níveis elevados de débito cardíaco (20.II.E), mas esse efeito é secundário à influência dos subprodutos metabólicos. A histamina pode causar vasodilatação, mas em geral, somente em uma reação alérgica.

IV.10 Uma menina de 11 anos de idade, brigando com seu irmão mais novo, provoca o desmaio dele quando ela, inadvertidamente, aplica uma pressão no seio carótico esquerdo do menino. A síncope ocorreu, mais provavelmente, como resultado de qual das seguintes alternativas?

A. Oclusão da sua artéria carótida.
B. Oclusão da sua veia jugular.
C. Vasoconstrição da vasculatura encefálica.
D. Estimulação dos barorreceptores da carótida.
E. Estimulação dos quimiorreceptores da carótida.

Resposta correta = D. A aplicação de pressão na região do seio carótico estimula os barorreceptores nas paredes dos vasos, mimetizando, portanto, os efeitos de um aumento na pressão sanguínea (20.III.A). Isso promove um decréscimo reflexo no débito cardíaco e na resistência vascular sistêmica (RVS). Em consequência, a pressão arterial cai, causando hipotensão encefálica e síncope. A oclusão de apenas uma das artérias ou veias encefálicas provavelmente não diminuiria a perfusão encefálica, nem alteraria os níveis encefálicos de CO_2 suficientemente para causar o desmaio. Os quimiorreceptores do corpo carótico não detectam diretamente a pressão sanguínea, mas, quando estimulados, aumentam a RVS e a pressão sanguínea.

IV.11 Uma mulher de 45 anos de idade desmaia quando se levanta, após uma aula de 90 minutos de Fisiologia Médica. Qual das seguintes variáveis aumenta, de forma compensatória, em uma pessoa saudável, após se levantar para uma posição ereta?

A. A resistência vascular sistêmica.
B. A pré-carga ventricular esquerda.
C. A pré-carga ventricular direita.
D. A pressão venosa encefálica.
E. A frequência de disparo dos barorreceptores da aorta.

Resposta correta = A. Quando uma pessoa se levanta, o sangue se acumula nas extremidades inferiores (20.III.D). O retorno venoso diminuído causa o decréscimo das pré-cargas ventriculares direita e esquerda, o que reduz o volume sistólico e o débito cardíaco. Consequentemente, a pressão arterial começa a cair, o que é percebido como um decréscimo na frequência de disparos dos barorreceptores arteriais (na aorta e no seio carótico). Se a queda de pressão for grave, o fluxo de sangue para o encéfalo pode ficar comprometido. Os indivíduos que compensam de forma normal toleram a posição ereta, iniciando o reflexo barorreceptor, que inclui um aumento na resistência vascular sistêmica.

IV.12 Um homem de 55 anos de idade com angina grave está com uma cirurgia de desvio quádruplo marcada. As arteríolas coronárias abaixo das regiões estenóticas durante os episódios de angina estão, provavelmente, totalmente dilatadas. Qual a causa primária dessa vasodilatação?

A. Atividade parassimpática.
B. Noradrenalina.
C. Adenosina.
D. Ácido láctico.
E. Alta velocidade de fluxo.

Resposta correta = C. Os vasos de resistência coronários são controlados pelas necessidades do miocárdio por meio das alterações nas concentrações locais de metabólitos, especialmente da adenosina (21.III.B). O ácido láctico também causa vasodilatação, mas em um grau menor que a adenosina. O estresse de cisalhamento causado pela alta velocidade do fluxo pode causar vasodilatação pela liberação de óxido nítrico, mas isso é improvável em um quadro de perfusão diminuída e angina. O sistema nervoso parassimpático não tem papel significativo na regulação dos vasos coronários, enquanto a noradrenalina causa vasoconstrição.

UNIDADE V
Sistema Respiratório

Mecanismos Pulmonares

22

I. VISÃO GERAL

As células geram trifosfato de adenosina (ATP) para possibilitar muitas atividades. A rota preferida para a formação de ATP é a glicólise aeróbia, a qual requer um suprimento constante de oxigênio molecular (O_2) e carboidratos. O O_2 e o metabolismo de glicose produzem água e CO_2 (**respiração celular**). O CO_2 se dissolve em água para formar ácido carbônico, o qual deve ser continuamente expelido do organismo. O trabalho de suprir as células com O_2 e glicose recai sobre o sistema circulatório, assim como a tarefa de remover os dejetos, como CO_2. O O_2 está disponível na atmosfera e entrará facilmente na circulação, se o sangue for colocado em estreita proximidade com ele. O CO_2 também é um gás que pode ser descarregado na atmosfera, ao mesmo tempo em que o O_2 está sendo captado. A função primária do pulmão é facilitar a troca desses gases entre o sangue e a atmosfera (**respiração externa**). Os pulmões possuem um epitélio respiratório que cria uma ampla **interface sangue-gás**. A área de superfície total da interface é em torno de 80 m^2 ou aproximadamente do tamanho de uma quadra de tênis simples. A interface é extremamente delgada para facilitar a rápida troca de gases entre o sangue e o ar inspirado. Essas características, juntas, asseguram que o CO_2 e o O_2 se equilibrem rapidamente através da interface, conforme o sangue circula pelos vasos sanguíneos pulmonares. O ar é bombeado para dentro e para fora dos pulmões por meio de contrações rítmicas e relaxamento dos músculos respiratórios. A bomba de ar expele o CO_2 para fora dos pulmões o os preenche com O_2, assegurando que os gradientes que acionam a difusão de ambos os gases entre o sangue e a atmosfera permaneçam ideais.

II. ANATOMIA DAS VIAS RESPIRATÓRIAS

A existência de uma interface sangue-gás dentro do tórax, com uma área de superfície suficiente para acomodar as exigências da respiração celular, requer um sistema elaborado de tubos que se ramificam (**vias respiratórias**, também conhecidas como **vias aéreas**) e sacos de ar (**sacos alveolares**), conforme demonstrado na Figura 22.1A. As vias respiratórias canalizam o ar da atmosfera externa para a interface sangue-gás. Essas vias começam com a traqueia (geração 0) e então se ramificam repetidamente para resultar em uma árvore bronquial. A árvore contém aproximadamente 23 **gerações** de ramificações (ver Fig. 22.1B) e compreende duas porções funcionalmente distintas, uma porção condutora e uma porção respiratória.

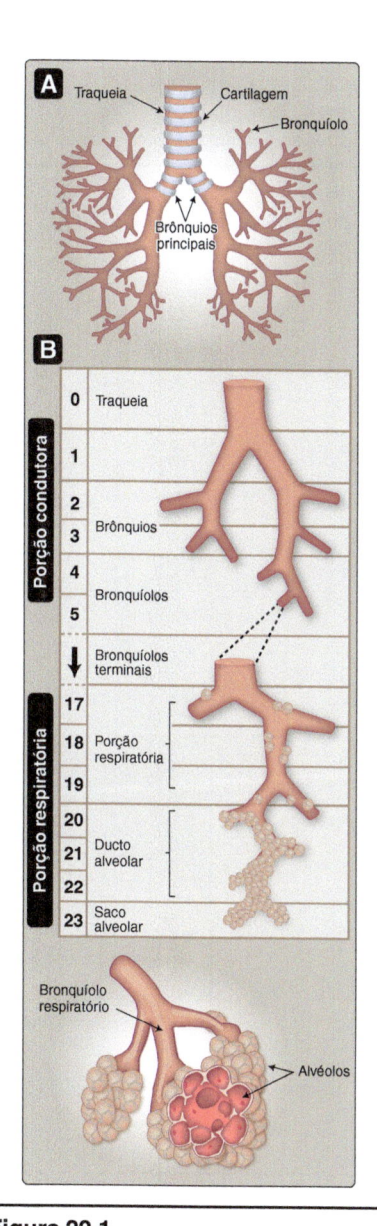

Figura 22.1

Estrutura das ramificações das vias respiratórias.

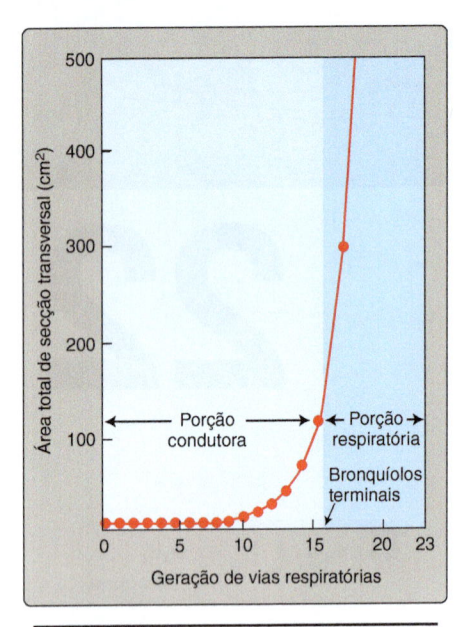

Figura 22.2
Amplificação da área de superfície pulmonar.

A. Porção condutora

Na porção condutora, as vias respiratórias não participam nas trocas gasosas, simplesmente canalizam o fluxo de ar. As vias respiratórias maiores (gerações 0 até ao redor de 10) são sustentadas estruturalmente por cartilagem, para ajudar na manutenção da sua luz. As gerações 10 até 16 são chamadas **bronquíolos**, com os bronquíolos terminais (por volta da geração 16) demarcando o final da porção condutora. A porção condutora é revestida por um epitélio ciliado secretor de muco. Os cílios batem constantemente, empurrando o muco e partículas presas nele, para cima e para fora dos pulmões (a **escada rolante mucociliar**).

> A fumaça do tabaco diminui a função dos cílios respiratórios. A parada dos cílios permite que bactérias e outras partículas inaladas se acumulem nos pulmões, causando uma irritação local e inflamação do epitélio. Em consequência, os fumantes têm maior tendência a episódios de tosse e bronquite. A função ciliar é geralmente restabelecida com a cessação do tabagismo.

B. Porção respiratória

A **porção respiratória** (gerações 17 a 23), compreendendo os bronquíolos respiratórios, ductos alveolares e sacos alveolares, é caracterizada por uma extraordinária amplificação da área transversal, mesmo quando as passagens vão se estreitando (Fig. 22.2). A porção respiratória é o local da interface sangue-gás.

C. Sacos alveolares

Os sacos alveolares consistem em dois ou mais alvéolos que compartilham uma abertura em comum para o ducto alveolar. Os **alvéolos** são sacos poliédricos de paredes muito finas, com diâmetros internos de 75 a 300 μm (Fig. 22.3). Os pulmões contêm cerca de 300 milhões de alvéolos, interconectados por meio dos **poros de Kohn**. O revestimento alveolar separa o ar atmosférico dos vasos sanguíneos, e compreende dois tipos de células epiteliais respiratórias, ou **pneumócitos**.

1. **Pneumócitos do tipo I:** os **pneumócitos do tipo I** são delgados e achatados, perfazendo a maior parte da área de superfície alveolar (em torno de 90%).

2. **Pneumócitos do tipo II:** os **pneumócitos do tipo II**, ou **pneumócitos granulares**, estão presentes em quantidades semelhantes, mas são mais compactos e, portanto, ocupam menor área. Estão preenchidos com numerosos **corpos com inclusões lamelares** que contêm o **surfactante pulmonar**. As células do tipo II são capazes de rápida divisão, que lhes permite reparar danos na parede alveolar. Subsequentemente, se transformam em células do tipo I, que raramente se dividem.

3. **Interface sangue-gás:** os vasos capilares pulmonares trafegam entre sacos alveolares adjacentes. Sua densidade é tão grande, que criam uma camada de sangue quase contínua, cobrindo as superfícies alveolares. A distância que separa as hemácias do ar atmosférico se aproxima da largura de uma célula endotelial do vaso capilar mais um pneumócito (aproximadamente 300 nm no total).

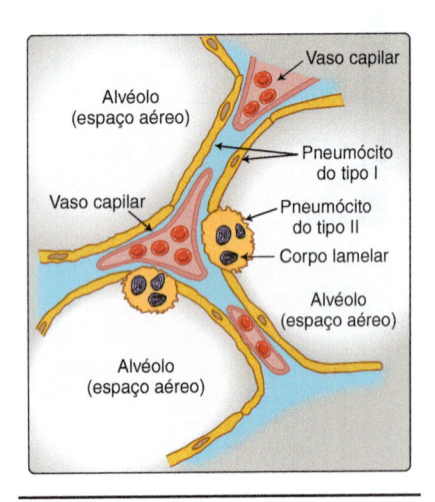

Figura 22.3
Estrutura da parede alveolar.

III. SUPRIMENTO SANGUÍNEO

O pulmão recebe sangue de duas fontes distintas: a circulação **pulmonar** e a circulação **brônquica**.

A. Circulação pulmonar

A **circulação pulmonar** traz sangue desoxigenado pobre em O_2 do ventrículo direito, por meio das artérias pulmonares, até a interface sangue-gás, para que haja a troca gasosa. As veias pulmonares, então, carregam sangue rico em O_2 para o lado esquerdo do coração, para liberação na circulação sistêmica por intermédio da artéria aorta. A circulação pulmonar tem uma baixa resistência vascular e, assim, as pressões arteriais pulmonares médias são baixas (em torno de 16 mmHg). A circulação pulmonar recebe o débito cardíaco total do coração (aproximadamente 5 L/min em repouso e em torno de 25 L/min durante um exercício extenuante).

B. Circulação brônquica

A **circulação brônquica** é um leito vascular sistêmico que alimenta as vias respiratórias condutoras com O_2 e nutrientes. As artérias bronquiais vêm da aorta e alimentam os vasos capilares que drenam, por meio das veias bronquiais ou de anastomoses com vasos capilares pulmonares, para o interior de veias da circulação pulmonar. Essas conexões permitem que pequenas quantidades de sangue desoxigenado desviem da interface sangue-gás e entrem novamente na circulação sistêmica sem que o sangue tenha sido oxigenado. A **mistura venosa** representa um **desvio fisiológico** que diminui a saturação de O_2 na veia pulmonar em 1 a 2%.

IV. TENSÃO SUPERFICIAL E SURFACTANTE

A subdivisão do pulmão em 300 milhões de alvéolos cria uma área de superfície que é suficientemente grande para suprir as necessidades da respiração interna, mas existe uma significativa troca. Cada alvéolo é umedecido com uma fina película do **líquido de revestimento alveolar**. Esse líquido gera **tensão superficial**, a qual tem consequências significativas para o desempenho dos pulmões.

A. Tensão superficial

As moléculas de água são muito mais atraídas umas às outras do que o ar. Essa atração cria a tensão superficial à medida que as moléculas individuais do líquido de revestimento alveolar se comprimem umas contra as outras e para longe da interface ar-água. A tensão superficial sempre minimiza a área de uma superfície exposta, razão pela qual as bolhas de sabão ou os pingos de chuva tornam-se aproximadamente esféricos (Fig. 22.4). A película de umidade dentro do alvéolo se comporta de forma muito semelhante a uma bolha, mesmo que mantenha uma conexão com a luz pulmonar durante a respiração normal. A tensão superficial é uma força tão poderosa que os alvéolos (na verdade, o pulmão inteiro) colapsariam, a menos que lhes fosse fornecido um meio de diminuir os seus efeitos (Fig. 22.5A).

B. Surfactante

Os pneumócitos do tipo II sintetizam e liberam o surfactante pulmonar para contrapor, especificamente, os efeitos da tensão superficial. O surfactante é uma mistura complexa de lipídeos e proteínas.

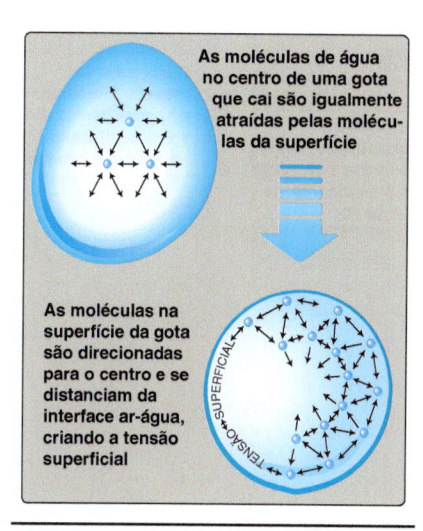

Figura 22.4
Origens da tensão superficial.

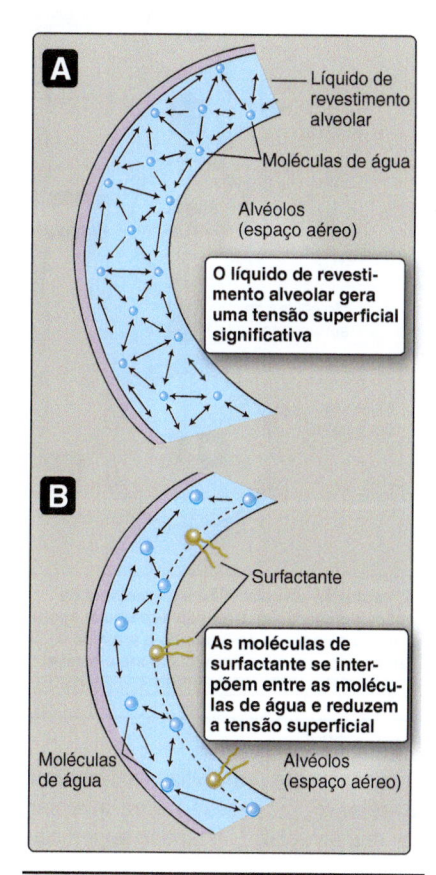

Figura 22.5
Efeitos do surfactante na tensão superficial criada pelo líquido de revestimento alveolar.

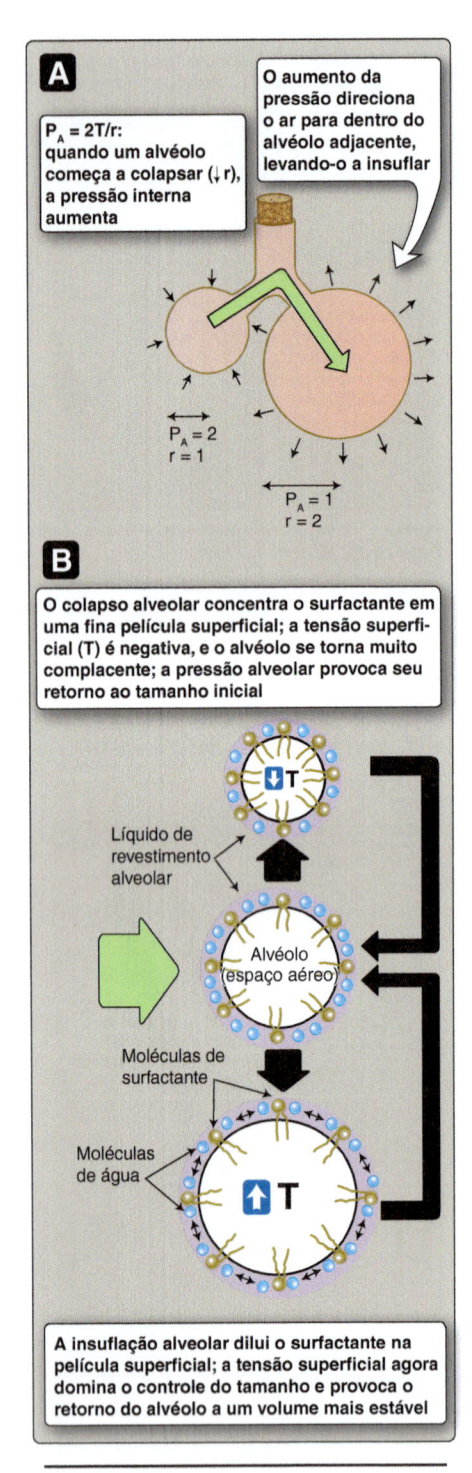

1. **Composição:** o componente principal do surfactante é o fosfolipídeo dipalmitoilfosfatidilcolina (DPPC). Outros componentes alteram a taxa de secreção, auxiliam na sua distribuição dentro da superfície da película ou defendem o pulmão contra patógenos. O surfactante é armazenado nos corpos lamelares e realiza a exocitose na superfície alveolar conforme a necessidade.

2. **Efeitos na tensão superficial:** o DPPC e outros fosfolipídeos surfactantes têm cabeças hidrofílicas e caudas hidrofóbicas. Quando secretados sobre a superfície alveolar, suas moléculas se localizam na interface ar-água, onde se espalham, formando uma monocamada (ver Fig. 22.5B). Os seus grupos das caudas se orientam em direção à luz alveolar cheia de ar, enquanto as cabeças hidrofílicas permanecem imersas na camada aquosa superficial. A natureza polar as cabeças hidrofílicas permite-lhes interagir com as moléculas de água adjacentes, interpondo-se a essas moléculas e enfraquecendo, assim, a tensão superficial. A intensidade dos efeitos do surfactante aumenta em proporção direta à densidade de moléculas na película superficial.

3. **Funções:** a importância do surfactante na função pulmonar não pode ser exagerada. Existem três funções principais: estabilizar o tamanho alveolar, aumentar a complacência e manter os pulmões secos.

   a. **Estabilizar o tamanho alveolar:** quando duas bolhas de tamanho desigual são conectadas, a bolha menor colapsa e a maior aumenta de tamanho (Fig. 22.6A). Esse fenômeno é explicado pela **lei de Laplace**:

   $$P = \frac{2T}{r}$$

   em que P é a pressão, T é a tensão superficial e r é o raio da bolha.

   A lei de Laplace diz que a pressão dentro de uma bolha lacrada sobe quando o seu raio é reduzido. Se a bolha em colapso se comunicar com uma bolha maior, as pressões crescentes dentro da pequena bolha direcionam o ar para o interior da bolha maior. Os alvéolos se assemelham a bolhas (embora o seu formato exato seja mais poliédrico), e todos os alvéolos estão interconectados pela luz pulmonar. A lei de Laplace prediz o colapso sequencial de todos, com exceção de um alvéolo. Embora o colapso alveolar (**atelectasia**) ocorra com regularidade *in vivo*, o surfactante reduz muito a sua intensidade. Um decréscimo no volume alveolar diminui a área de superfície, a qual concentra moléculas de surfactante dentro da película superficial (ver Fig. 22.6B). Essa concentração das moléculas diminui ainda mais as forças que criam a tensão superficial, evitando, assim, o colapso. Por outro lado, a expansão alveolar diminui a densidade das moléculas de surfactante e permite que a tensão superficial domine o controle do volume alveolar. O surfactante mantém o diâmetro alveolar relativamente estável em todo o pulmão.

   b. **Aumento da complacência:** a complacência pulmonar é uma medida da quantidade de pressão necessária para insuflar os pulmões até um dado volume ($\Delta V/\Delta P$; ver também 19.V.C.1). A tensão superficial diminui a complacência do pulmão e, assim, aumenta o esforço necessário para insuflá-lo. O surfactante reduz o efeito adverso da tensão superficial na complacência, tornando assim os pulmões mais fáceis de insuflar.

Figura 22.6
O surfactante estabiliza o tamanho alveolar. P_A = pressão intra-alveolar; r = raio alveolar; T = tensão superficial.

Aplicação clínica 22.1 Síndrome da angústia respiratória do recém-nascido

Recém-nascidos prematuros não têm os pulmões totalmente desenvolvidos, sendo incapazes de produzir os níveis de surfactante necessários para estabilizar o volume alveolar. A atelectasia é comum, assim como regiões hiperexpandidas do pulmão. Os alvéolos colapsados não podem participar da troca gasosa, e, em consequência, o bebê se torna cianótico. Os pulmões do bebê também têm baixa complacência, o que aumenta o trabalho respiratório. A **síndrome da angústia respiratória do recém nascido (SARRN)** é caracterizada por hipoxia, taquipneia, taquicardia e movimentos respiratórios exagerados. A insuficiência na ventilação é uma consequência provável, na ausência de intervenção médica. Os bebês com SARRN são auxiliados por ventilação mecânica e pela administração de surfactante aos pulmões, até que esses estejam suficientemente desenvolvidos para produzir a quantidade adequada de surfactante.

Figura 22.7
A contração e a expansão do fole de um acordeom permitem criar um fluxo de ar e notas musicais.

c. **Manter os pulmões secos:** a bolha de líquido em colapso dentro de um alvéolo exerce uma pressão negativa no revestimento alveolar. Essa pressão cria uma força impulsionadora para o movimento de líquido do interstício para a superfície alveolar. A presença de líquido dentro de um saco alveolar interfere na troca gasosa e tem um efeito negativo no desempenho pulmonar. O surfactante reduz o gradiente de pressão e, assim, auxilia a manter os pulmões livres de líquido.

V. MECANISMOS DA RESPIRAÇÃO

A interface sangue-gás está separada da atmosfera externa por uma distância de aproximadamente 30 cm (i.e., o comprimento da traqueia e outras vias respiratórias intermédias). O O_2 não consegue se difundir ao longo de tal distância com rapidez suficiente para satisfazer as necessidades da respiração celular, assim o ar deve ser injetado para o interior dos pulmões por uma bomba de ar.

A. Estrutura da bomba

A bomba funciona de forma muito semelhante a um acordeom, um instrumento musical que contém um fole que é operado por meio de duas alças de mão (manuais), como mostrado na Figura 22.7. Quando os manuais são puxados para longe um do outro, o fole se expande, e a pressão dentro dele cai. Isso cria um gradiente de pressão que suga o fluxo de ar sobre um conjunto de palhetas que dão ao instrumento o seu som familiar. O tecido pulmonar (o equivalente pulmonar do fole) é muito frágil para ser ligado aos músculos e tendões que poderiam funcionar como os manuais. Em vez disso, os pulmões estão hermeticamente aderidos ao revestimento da cavidade torácica. Isso faz a parede torácica e o diafragma expandirem os foles ao mesmo tempo que mantém a força por unidade de área aplicada aos pulmões em um mínimo (Fig. 22.8). A vedação depende das **pleuras** e do líquido pleural.

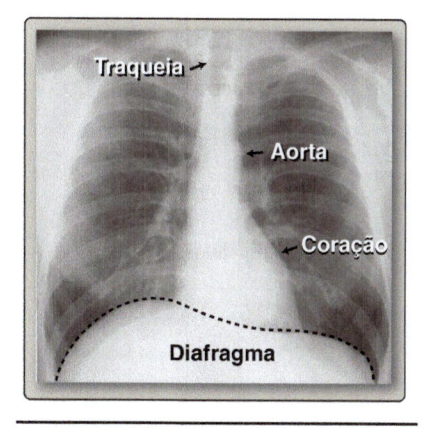

Figura 22.8
Radiografia do tórax posteroanterior normal.

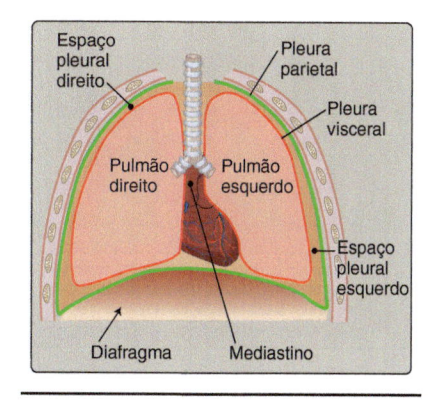

B. Pleuras

As pleuras são membranas serosas delgadas que recobrem os pulmões. Membranas semelhantes recobrem o coração (**pericárdio**) e as vísceras

Figura 22.9
Pleuras.

(**peritônio**). As pleuras pulmonares têm duas funções de bombas respiratórias essenciais: criar um isolamento hermético e secretar o líquido pleural.

1. **Isolante hermético:** os pulmões estão envolvidos pela **pleura visceral** (Fig. 22.9). Cada pulmão está embutido dentro de sua própria cavidade pleural, e não existe conexão alguma entre os dois. A parede torácica, o diafragma e o mediastino (coração, grandes vasos sanguíneos, vias respiratórias e estruturas associadas) estão recobertos pela **pleura parietal**. As pleuras visceral e parietal estão fisicamente aderidas às suas estruturas subjacentes respectivas, mas não uma à outra, e as duas membranas estão separadas pelo **espaço intrapleural**. As pleuras excluem eficazmente o ar do espaço intrapleural para isolar hermeticamente os pulmões do diafragma e da caixa torácica.

2. **Líquido pleural:** a pleura parietal é inervada e vascularizada. Acredita-se que seja a fonte de um **líquido pleural** viscoso que é secretado no interior do espaço intrapleural. O líquido pleural tem duas importantes funções: lubrificação e coesão.

    a. **Lubrificação:** o líquido pleural lubrifica as superfícies pleurais e permite aos pulmões que deslizem livremente sobre a parede torácica e o diafragma durante os movimentos respiratórios normais.

    b. **Auxílio na inspiração:** o líquido pleural é secretado e reabsorvido constantemente. O volume contido dentro do espaço intrapleural, a qualquer momento, é de cerca de 10 mL no total, mas o líquido se espalha de forma a criar uma película que cobre todas as superfícies, tornando as duas pleuras quase inseparáveis sob circunstâncias fisiológicas. A mesma força de coesão dificulta a separação de duas lâminas de vidro para microscópio, quando uma gota de água cai entre elas. A coesão permite que as forças geradas pelo movimento da parede torácica e do diafragma sejam transferidas diretamente à superfície dos pulmões.

C. **Ciclo de bombeamento**

A respiração envolve ciclos repetitivos de inspiração e expiração. A inspiração suga o ar para dentro dos pulmões e aumenta a disponibilidade de O_2 na interface sangue-gás.

1. **Inspiração:** a bomba de ar é operada por músculos esqueléticos (Tab. 22.1). O mais importante desses músculos é o diafragma (ver Fig. 22.9), um músculo em forma de cúpula, que separa as cavidades torácica e abdominal, e é inervado pelo nervo frênico. Quando o músculo se contrai, o volume intratorácico aumenta.

    a. **Dimensões verticais:** a contração do diafragma empurra para baixo os conteúdos abdominais e aumenta as dimensões verticais da cavidade torácica entre 1 e 10 cm, dependendo do nível de atividade (Fig. 22.10A).

    b. **Área transversal:** a contração também aumenta a área transversal, puxando a parede torácica para cima na altura das costelas inferiores (ver Fig. 22.10B). As costelas sobem como se fossem a alça de um balde, um movimento auxiliado pela contração dos músculos intercostais externos.

2. **Expiração:** a expiração é, em geral, passiva, e é acionada tanto pelos efeitos da tensão superficial no volume alveolar, como pela energia armazenada nos elementos elásticos dos pulmões, durante

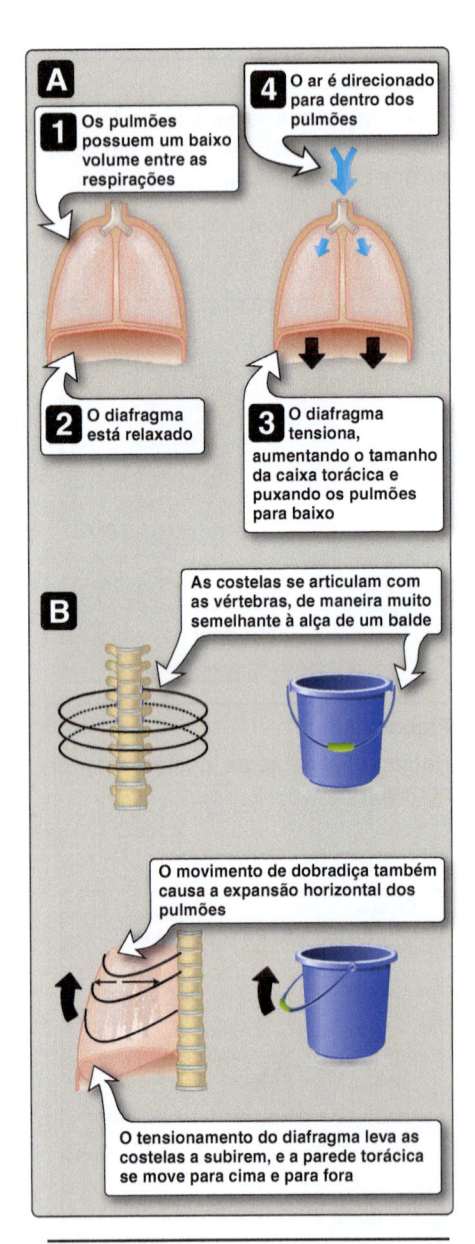

Figura 22.10
Alterações no volume torácico durante a inspiração.

Tabela 22.1 Músculos utilizados na respiração

Inspiração	
Diafragma	As **fibras costais** estão fixadas nas costelas; as fibras **crurais** trafegam em torno do esôfago e estão ancoradas por ligamentos às vértebras. Sua contração empurra para baixo o conteúdo abdominal e aumenta a caixa torácica.
Intercostais externos	Conectam costelas adjacentes e estão angulados para frente, de modo que sua contração aumenta a caixa torácica.
Músculos acessórios	Os músculos acessórios são usados durante a inspiração e o exercício. Os **escalenos** elevam as duas primeiras costelas, o **esternocleidomastóideo** eleva o esterno, e os músculos na parte superior do trato respiratório dilatam as vias respiratórias superiores.
Expiração	
Músculos abdominais	Os músculos da parede abdominal (o **reto abdominal**, o **transverso abdominal** e os **músculos oblíquos interno e externo**) se contraem durante a expiração forçada para comprimir a cavidade abdominal e empurrar o diafragma para cima. Esses músculos são também ativados durante o vômito, a tosse e a defecação.
Intercostais internos	Conectam costelas adjacentes. Puxam as costelas para baixo e para dentro, quando eles se contraem.

a inspiração (**retração elástica**). A elasticidade reflete uma abundância em elastina e fibras colágenas nas vias respiratórias e nos alvéolos. Os músculos expiratórios são geralmente utilizados durante o exercício, ou quando a resistência das vias respiratórias está aumentada devido a alguma doença (ver Tab. 22.1).

VI. MECANISMOS ESTÁTICOS DOS PULMÕES

A influência da tensão superficial sobre o volume pulmonar é condicionada pelo surfactante, mas permanece uma força significativa que impacta sobre o comportamento pulmonar durante a respiração normal.

A. Forças que atuam em um pulmão estático

Um pulmão saudável em repouso está sujeito a duas forças iguais e opostas, uma direcionada para o interior e a outra para o exterior.

1. **Para o interior:** conforme discutido previamente, a elasticidade de um pulmão e os efeitos da tensão superficial geram uma força direcionada para o interior, que favorece volumes pulmonares menores (Fig. 22.11A).

2. **Para o exterior:** os músculos e vários tecidos conectivos associados à caixa torácica também têm elasticidade. Em repouso, os elementos elásticos favorecem o movimento para fora da parede torácica.

3. **Efeito líquido:** as duas forças opostas criam uma pressão negativa dentro do espaço intrapleural (**pressão intrapleural**, ou P_{pl}). A P_{pl} é medida em relação à atmosfera e perfaz em média vários centímetros de água, dependendo da posição vertical dentro do pulmão (discutido adiante). Se qualquer uma das pleuras é rompida, o ar escapa para dentro do espaço pleural, direcionado pela diferença de pressão entre a atmosfera e o espaço pleural (**pneumotórax**), conforme mostra a Figura 22.11B. A P_{pl} cai a zero, os elementos elásticos, na parede torácica, forçam o ar para fora, e o pulmão colapsa.

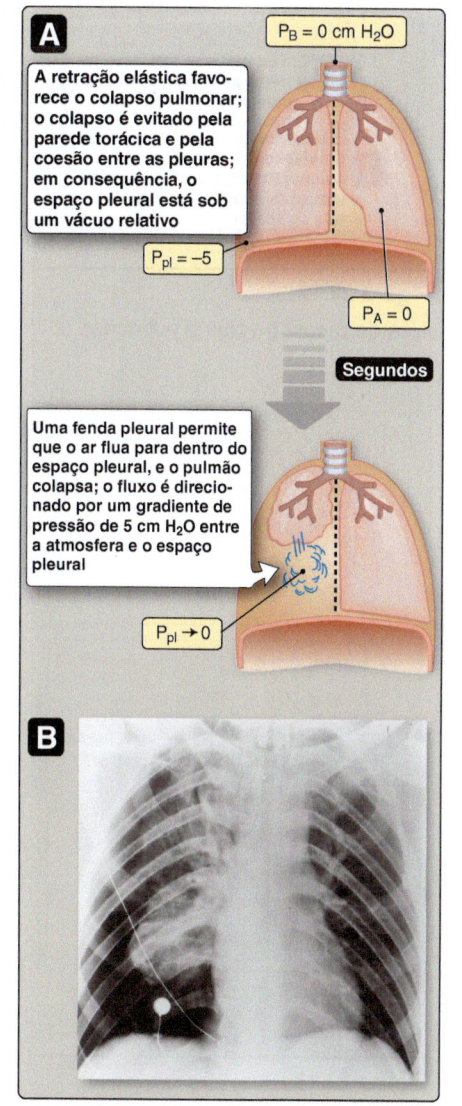

A
A retração elástica favorece o colapso pulmonar; o colapso é evitado pela parede torácica e pela coesão entre as pleuras; em consequência, o espaço pleural está sob um vácuo relativo

$P_B = 0$ cm H_2O
$P_{pl} = -5$
$P_A = 0$

Segundos

Uma fenda pleural permite que o ar flua para dentro do espaço pleural, e o pulmão colapsa; o fluxo é direcionado por um gradiente de pressão de 5 cm H_2O entre a atmosfera e o espaço pleural

$P_{pl} \to 0$

B

Figura 22.11
Pneumotórax. P_A = pressão intra-alveolar; P_B = pressão barométrica; P_{pl} = pressão intrapleural.

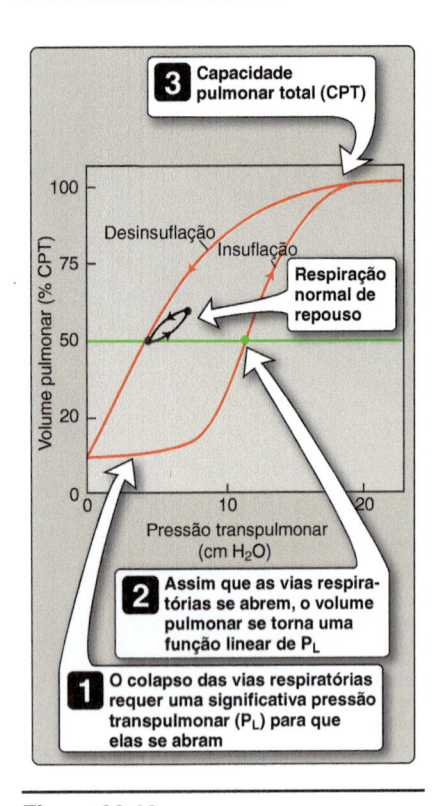

Figura 22.12
Alça de pressão-volume pulmonar.

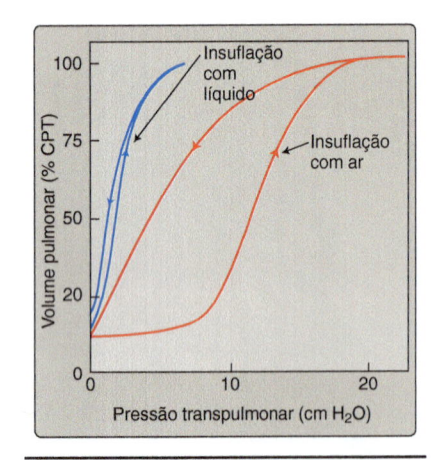

Figura 22.13
Alça de pressão-volume para um pulmão cheio de líquido. CPT = capacidade pulmonar total.

O tórax humano contém duas cavidades pleurais. Na prática, isso significa que a lesão que resulta em pneumotórax em geral afeta apenas um pulmão por vez. Assim, embora o pneumotórax seja uma condição grave, não é imediatamente fatal. Em contrapartida, o bisão possui uma única cavidade pleural, a qual se rompe com facilidade após o animal ser atingido por um tiro ou uma flecha. Esse grande animal costumava vagar pelas planícies da América do Norte em grande quantidade, mas sua vulnerabilidade ao pneumotórax permitiu que caçadores e fazendeiros dizimassem os rebanhos de maneira sistemática no fim dos anos 1800.

B. Curvas de pressão-volume

Um pulmão colapsado pode ajudar-nos a entender quanto esforço é necessário para insuflá-lo durante a inspiração normal.

1. **Insuflação:** um pulmão colapsado pode ser insuflado de uma ou duas formas, ambas modificando a **pressão transpulmonar** (P_L). A P_L é a diferença entre a **pressão intra-alveolar** (P_A) e a P_{pl}:

$$P_L = P_A - P_{pl}$$

Um ventilador mecânico de pressão positiva pode ser utilizado para aumentar a pressão dentro do pulmão ($P_A > P_{pl}$), insuflando-o, assim como se infla um balão. Alternativamente, o ar pode ser captado do espaço pleural para criar uma pressão negativa fora do pulmão ($P_{pl} < P_A$). Ambas as estratégias aumentam a P_L. O colapso dos pulmões faz as vias respiratórias se fecharem e vedarem com líquido. O restabelecimento da luz pulmonar requer que a vedação pela tensão superficial seja quebrada, o que exige um esforço considerável. A P_L deve ser aumentada por vários cm H_2O antes que qualquer aumento significativo de volume possa ocorrer (Fig. 22.12, etapa 1). Uma vez que P_L exceda 7 a 10 cm H_2O, as vias respiratórias se abrem subitamente, e o volume aumenta linearmente com o aumento da pressão de insuflação (etapa 2). Ao redor de 20 cm H_2O, o pulmão atinge seu volume máximo, conhecido como **capacidade pulmonar total** (**CPT**), conforme mostra a Figura 22.12, etapa 3.

2. **Desinsuflação:** um pulmão que desinsufla a partir da CPT produz uma curva de pressão-volume diferente da observada durante a insuflação (um fenômeno conhecido como **histerese**). Isso ocorre porque o surfactante é recrutado dos pneumócitos para a película da superfície alveolar durante a insuflação pulmonar. O surfactante reduz a retração elástica e, desse modo, detém a desinsuflação pulmonar. Observe-se que a **alça de histerese** começa e termina em um volume positivo (normalmente cerca de 500 mL; ver Fig. 22.12), porque as vias respiratórias maiores colapsam na pressão zero e prendem o ar dentro das regiões mais distais.

3. **Respiração normal:** a respiração normal envolve alterações no volume pulmonar, que são apenas uma fração do total, mas a histerese é ainda evidente (ver Fig. 22.12). Note-se também que a inspiração normalmente começa a aproximadamente 50% da CPT. Quando o pulmão está em repouso, entre as respirações, a parede

torácica evita o seu colapso e, a 50% da CPT, todos os alvéolos estão desobstruídos. A parede torácica também posiciona o pulmão em repouso na posição mais elevada da curva de pressão-volume, significando que o aumento na P_L, durante a inspiração, é eficaz ao máximo em aumentar o volume alveolar.

4. **Efeitos da tensão superficial:** a influência da tensão superficial na alça de pressão-volume pode ser estimada ao se preencher os pulmões com líquido para eliminar as interfaces ar-água (Fig. 22.13). Os pulmões cheios de líquido são mais complacentes, e a histerese associada à tensão superficial desaparece.

C. Efeitos da gravidade

Os pulmões e o sangue têm massa e, assim, estão sujeitos à influência da gravidade. A gravidade causa diferenças regionais significativas na P_L e no volume alveolar.

1. **Ápice do pulmão:** quando o tórax está posicionado verticalmente, um pulmão dentro dele pode ser considerado como suspenso pela sua pleura apical. A suspensão cria localmente uma P_{pl} fortemente negativa (e uma P_L fortemente positiva) e causa a insuflação dos alvéolos apicais a aproximadamente 60% de seu volume máximo (Fig. 22.14). A gravidade, de forma semelhante, distende as molas no topo de uma "mola maluca" (um brinquedo de molas bem conhecido) mais separadamente do que as que ficam na base do brinquedo (Fig. 22.15). Na prática, as influências gravitacionais forçam o ápice do pulmão a funcionar próximo ao topo da curva de pressão-volume, onde a oportunidade de expansão adicional é muito limitada durante a inspiração.

2. **Base do pulmão:** a base do pulmão suporta a massa de tecido pulmonar que está acima dela. Nessa região, os alvéolos estão comprimidos, assim como as molas na base da "mola maluca". O peso do tecido acima também empurra para fora contra o peito. A P_{pl} e a P_L se aproximam de zero (ver Fig. 22.14). Na prática, isso significa que os alvéolos da base do pulmão respondem a aumentos na P_L com grandes alterações em volume, porque elas ocorrem na porção mais baixa da curva de pressão-volume.

D. Complacência pulmonar

O quanto o volume pulmonar aumenta em resposta a alterações na P_L é uma medida de sua **complacência**. Os pulmões são órgãos altamente complacentes, aumentando de volume em torno de 200 mL para cada centímetro de H_2O da pressão transpulmonar. A complacência é governada tanto pela tensão superficial como pelas propriedades elásticas dos pulmões e da parede torácica. Os pulmões se tornam menos complacentes com o aumento da idade, devido à deposição de tecido conectivo.

VII. DOENÇAS PULMONARES

As **doenças pulmonares obstrutivas** e **restritivas** consistem em dois grandes grupos de doenças que causam alterações significativas nas propriedades pulmonares estáticas. Esses dois grupos são caracterizados, respectivamente, pela **fibrose pulmonar** e pelo **enfisema**. Essas doenças serão abordadas frequentemente para ilustrar os princípios mecânicos envolvidos na respiração normal.

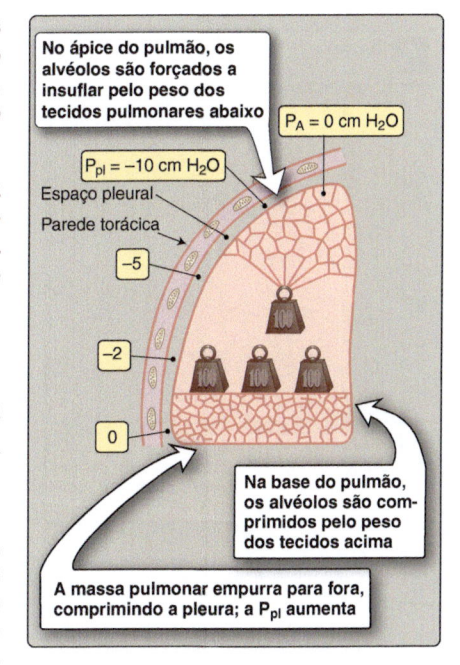

Figura 22.14
Efeitos gravitacionais no volume alveolar. P_A = pressão intra-alveolar; P_{pl} = pressão intrapleural.

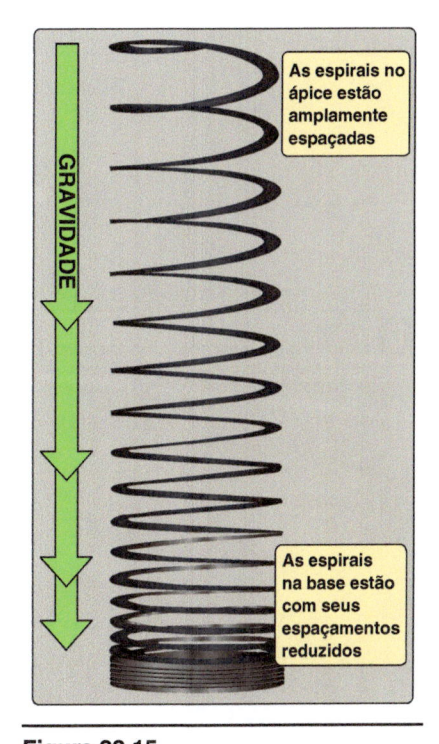

Figura 22.15
Efeitos gravitacionais em uma "mola maluca".

A. Doença pulmonar obstrutiva

O enfisema, a bronquite crônica e a asma representam **doenças pulmonares obstrutivas**, as quais aumentam a resistência das vias respiratórias ao fluxo de ar. Visto que os dois primeiros exemplos frequentemente coexistem e podem ser difíceis de serem distinguidos clinicamente, são geralmente agrupados e discutidos como **doença pulmonar obstrutiva crônica (DPOC)**. A DPOC é extremamente comum e se tornou a quarta causa mais frequente de morte nos Estados Unidos. Existem três mecanismos obstrutivos gerais: oclusão das vias respiratórias, espessamento da parede e perda do suporte mecânico.

1. **Oclusão das vias respiratórias:** as vias respiratórias podem ser obliteradas por corpos estranhos ou, mais comumente, por secreções que são excessivas ou mais difíceis de serem expelidas (Fig. 22.16B). As doenças oclusivas incluem a **bronquite crônica**, a **asma** e a **bronquiectasia**.

2. **Espessamento da parede:** quando a parede da via respiratória se hipertrofia ou se torna edematosa, invade o interior da luz e reduz a sua área transversal (ver Fig. 22.16B).

3. **Perda do suporte mecânico:** todas as estruturas do pulmão estão ligadas mecanicamente. Em conjunto, formam uma rede dependente muito semelhante ao tecido de uma meia de náilon (**interdependência**). A interdependência mantém a desobstrução das vias respiratórias, quando as forças externas podem favorecer o colapso. O enfisema se desenvolve quando as paredes dos alvéolos (o tecido dos pulmões) se desgastam, permitindo que as vias respiratórias adjacentes colapsem e obstruam o fluxo de ar durante a respiração normal (ver Fig. 22.16C). O enfisema é comumente causado por tabagismo excessivo.

> O **enfisema** denota a perda anatômica de tecido, embora o termo seja utilizado algumas vezes para descrever doenças pulmonares relacionadas ao tabagismo. É um achado frequente nas imagens por tomografia computadorizada dos pulmões. Também é um achado patológico encontrado em autópsias ou biópsias de tecido pulmonar. O exame pós-morte de um pulmão com enfisema mostra espaços de ar císticos aumentados, substituindo o pulmão normal. A perda alveolar reduz a retração elástica, aumenta a complacência pulmonar e reduz a área de superfície disponível para a captação de O_2.

B. Doença pulmonar restritiva

A **fibrose pulmonar** é uma **doença pulmonar restritiva**. Outras incluem doenças pleurais e problemas que afetam os músculos da respiração, todos restringindo a expansão pulmonar. A fibrose pulmonar (cicatrização) resulta de várias **doenças pulmonares intersticiais**. A cicatrização geralmente se inicia com um dano no epitélio alveolar. Suas causas incluem quaisquer dos tantos compostos inalados no ambiente de trabalho (p. ex., asbesto [amianto], berílio, poeira de carvão, poeira de madeira serrada), fármacos circulantes (p. ex., antibióticos e agentes quimioterápicos), doenças sistêmicas (p. ex., artrite reumatoide, lúpus, esclerodermia e sarcoidose), ou podem ser idiopáticas. O dano inicial causa o espessamento da parede alveolar e o preenchimento do espaço alveolar com um exsudato

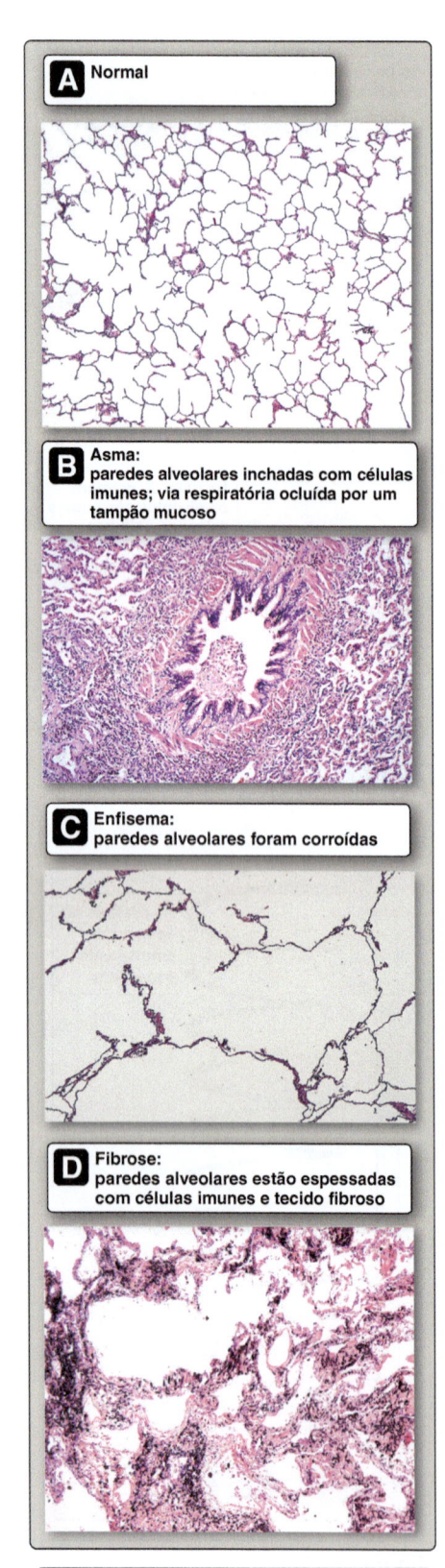

Figura 22.16
Pulmões normais e doentes.

que contém linfócitos, plaquetas e outras células efetoras do sistema imune (ver Fig. 22.16D). O espaço é, então, infiltrado por fibroblastos, os quais depositam feixes de colágeno e outras fibras entre os sacos alveolares. O tecido de cicatrização é relativamente não complacente, de forma que o pulmão se torna enrijecido e se expande com dificuldade durante a inspiração. Os pulmões doentes diminuem a captação de O_2, e uma hipoxemia pode desenvolver-se, conforme a cicatrização vai progredindo.

VIII. MECANISMOS PULMONARES DINÂMICOS

Durante a inspiração, o ar se movimenta do ambiente externo através de um conjunto de tubos que se ramificam e diminuem cada vez mais seu diâmetro. O fluxo é direcionado pela diferença de pressão entre a atmosfera externa e o alvéolo ($\Delta P = P_B - P_A$). O fluxo é inversamente proporcional à resistência da via respiratória (R):

$$\dot{V} = \frac{\Delta P}{R}$$

em que $\dot{V}$ é o fluxo de ar (volume ÷ unidade de tempo).

A. Pressões que direcionam o fluxo de ar

O fluxo de ar ocorre em resposta aos gradientes de pressão estabelecidos entre os alvéolos e a atmosfera externa. O corpo não pode controlar a P_A de forma direta. Em vez disso, o diafragma e outros músculos respiratórios manipulam a pressão intrapleural. Quando a P_{pl} cai, a P_L aumenta, e os alvéolos se expandem. A P_A se torna negativa, porque o produto de pressão e volume de um número fixo de moléculas de ar permanece constante (como pela **lei de Boyle**).

$$P_{A1}V_{A1} = \downarrow P_{A2} \uparrow V_{A2}$$

em que P_{A1} e P_{A2} denotam a pressão alveolar antes e após a expansão alveolar (V_{A1} e V_{A2}). A expansão alveolar cria, assim, um gradiente de pressão, em que $P_B > P_A$, que direciona o fluxo de ar para o interior dos pulmões (Fig. 22.17). Visto que o fluxo ocorre contra uma resistência, leva algum tempo para o ar se mover para dentro ou para fora dos pulmões e para que o gradiente de pressão se dissipe, particularmente em pontos mais distantes do local de maior resistência.

B. Resistência ao fluxo de ar

Em um indivíduo saudável, a respiração é em geral um ato inconsciente e sem nenhum esforço, de forma que é surpreendente que as vias respiratórias possam oferecer resistência ao fluxo. Essa resistência tem várias origens. A resistência é proporcional ao comprimento da via respiratória (L) e a viscosidade (η) do gás que se move em seu interior, sendo inversamente proporcional ao raio (r) da via respiratória na quarta potência, conforme determina a **lei de Poiseuille**:

$$R = \frac{8L\eta}{\pi r^4}$$

O raio das vias respiratórias tem a maior influência sobre a resistência, embora a viscosidade e a turbulência devam também ser consideradas.

1. **Raio da via respiratória:** o raio da via respiratória diminui a cada geração sucessiva dentro da árvore brônquica. Diminuindo o raio, aumenta a resistência, mas o impacto negativo no fluxo de ar resultante, no pulmão, é mais do que contrabalançado pelo ganho em quantidade de vias respiratórias a cada geração sucessiva. Em outras palavras, embora os bronquíolos individuais tenham uma re-

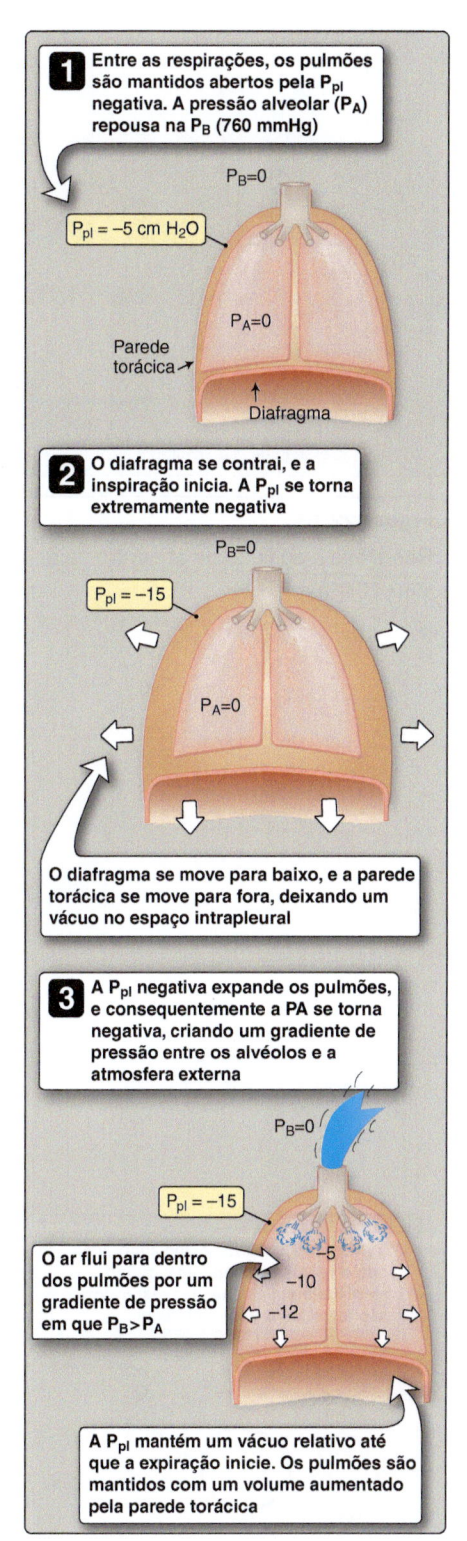

Figura 22.17

Gradientes de pressão direcionam o fluxo de ar durante a inspiração. P_B = pressão barométrica; P_{pl} = pressão intrapleural. Todos os valores são expressos em cm H_2O.

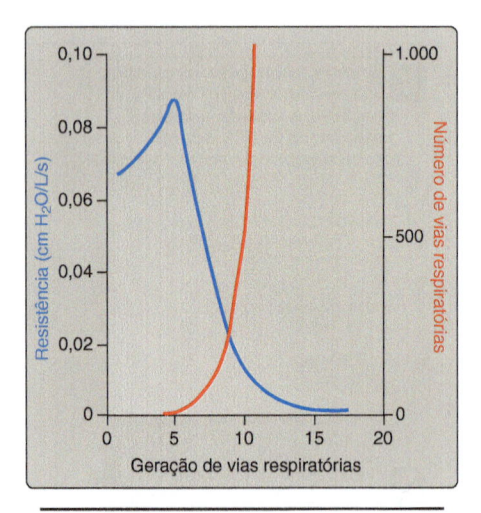

Figura 22.18
Resistência ao fluxo de ar dentro da árvore bronquial.

sistência muito elevada, a sua resistência combinada é quase insignificante (calculada a partir da soma dos quocientes; ver também 19.IV.B). Portanto, o local de maior resistência, no pulmão, é na faringe e nas vias respiratórias maiores (gerações 0 até aproximadamente 7), conforme mostrado na Figura 22.18.

2. **Viscosidade do ar:** a viscosidade do ar é dependente da densidade do ar. A densidade do ar aumenta, quando comprimido, como durante um mergulho nas profundezas do mar, por exemplo. Aumentando a densidade, aumenta a resistência ao fluxo e o **trabalho respiratório**. Respirar uma mistura de O_2/hélio, contrabalança, em parte, esse aumento em densidade. O hélio tem menos densidade que o ar atmosférico e, portanto, reduz o trabalho respiratório.

3. **Turbulência:** a lei de Poiseuille, referida anteriormente, considera que o fluxo de ar nos pulmões é aerodinâmico, mas em geral isso não ocorre. As vias respiratórias consistem em uma série de tubos que se ramificam. Cada ponto da ramificação cria uma corrente em turbilhão, que perturba o fluxo aerodinâmico e aumenta a resistência da via respiratória. Na prática, as correntes em turbilhão fazem o fluxo nas vias respiratórias ser proporcional a $(\Delta P + \sqrt{\Delta P})$, em vez de apenas ΔP.

C. **Fatores que afetam a resistência das vias respiratórias**

As vias respiratórias são a fonte primária de resistência no pulmão e, portanto, alterações no raio da via respiratória podem ter um impacto significativo na função pulmonar. O raio da via respiratória é regulado pela musculatura da via respiratória e pelo volume do pulmão.

1. **Músculo liso:** os bronquíolos são revestidos com células musculares lisas. Quando os músculos contraem, diminuem o raio da via respiratória e aumentam a resistência ao fluxo de ar. Consequentemente, o fluxo pelas vias respiratórias pode diminuir. O relaxamento da musculatura lisa e a dilatação brônquica reduzem a resistência e facilitam o aumento do fluxo de ar. Os músculos das vias respiratórias são regulados pelo sistema nervoso autônomo (SNA) e por fatores locais.

   a. **Controle autônomo:** as vias respiratórias são controladas por ambas as partes, simpática (SNS) e parassimpática (SNPS), do SNA.

      i. **Parassimpático (SNPS):** as fibras nervosas parassimpáticas do nervo vago liberam acetilcolina (ACh) de suas terminações, quando ativas. A ACh se liga a receptores muscarínicos M_3 de ACh, causando broncoconstrição, o que reduz o fluxo de ar.

      ii. **Simpático (SNS):** a ativação simpática causa dilatação dos bronquíolos, especialmente por inibir a liberação de ACh, mais do que a partir de efeitos diretos na musculatura. Terminações do SNS liberam noradrenalina, a qual se liga a um receptor pré-sináptico β_2-adrenérgico. Esse receptor é particularmente sensível à liberação de adrenalina pela medula da suprarrenal durante a ativação do SNS. A broncodilatação mediada pelo SNS é importante, por facilitar o aumento do fluxo de ar para a interface sangue-gás durante um exercício, por exemplo.

   b. **Fatores locais:** irritantes e substâncias alergênicas locais contraem os bronquíolos e obstruem as vias respiratórias. A contração dos músculos das vias respiratórias é uma resposta à histamina e outros mediadores inflamatórios.

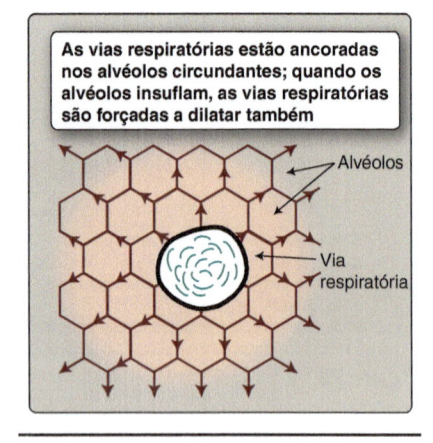

Figura 22.19
Tração radial nas vias respiratórias durante a insuflação pulmonar.

2. **Volume pulmonar:** a resistência da via respiratória é muito dependente do volume pulmonar. A resistência respiratória é baixa em volumes pulmonares elevados e elevada em volumes baixos.

   a. **Volumes elevados:** o decréscimo na P_{pl} que estabelece um gradiente de fluxo de ar durante a inspiração é transmitido às vias respiratórias, bem como aos alvéolos. Isso causa queda da resistência das vias respiratórias durante a expansão pulmonar. As vias respiratórias também são dilatadas pela **tração radial**. Essa tração resulta de uma ancoragem mecânica entre os alvéolos e todas as estruturas ao seu redor. Na prática, quando os alvéolos são expandidos, a tração radial nas vias respiratórias interpostas aumenta o seu raio e diminui a sua resistência (Fig. 22.19).

   b. **Volumes baixos:** em volumes pulmonares baixos, a tração radial fica reduzida e a resistência da via respiratória aumenta.

D. **Colapso da via respiratória durante a expiração**

As vias respiratórias tendem a colapsar e limitar o fluxo durante a expiração, um efeito conhecido como **compressão dinâmica das vias respiratórias**. As razões e as consequências do colapso são mais fáceis de serem compreendidas durante uma expiração forçada após uma inspiração profunda (Fig. 22.20). A expiração forçada se inicia com a contração dos músculos abdominais e intercostais internos, forçando a parede torácica para baixo e para o interior, e leva a P_{pl} a se tornar positiva. A pressão positiva é transferida aos alvéolos, comprimindo-os, diminuindo o seu volume e causando o aumento da P_A acima de P_B. Desse modo, a compressão estabelece o gradiente de pressão que direciona o fluxo expiratório para o exterior. As vias respiratórias maiores têm uma resistência relativamente elevada ao fluxo, que limita as taxas de esvaziamento pulmonar, assim ocorre um período de tempo em que os alvéolos permanecem cheios de ar pressurizado. A pressão intra-alveolar elevada mantém a desobstrução, embora a P_{pl} possa estar positiva e favorecer o colapso alveolar. A pressão das vias respiratórias cai com a distância dos alvéolos e a proximidade aos principais locais de resistência (brônquios e traqueia). Assim, enquanto a pressão intra-alveolar pode ser fortemente positiva (em relação à P_B), a pressão dentro das vias respiratórias maiores pode estar muito mais próxima à zero (i.e., P_B) e, portanto, mais suscetível ao colapso pela P_{pl} (ver Fig. 22.20[3]). As vias respiratórias maiores são equipadas com cartilagens, que auxiliam a manter a luz desobstruída durante a expiração forçada, mas pode ser insuficiente para evitar o colapso. À medida que o ar sai dos pulmões e a P_A cai, a zona de colapso se move distalmente e envolve vias respiratórias cada vez menores. A compressão e o colapso das vias respiratórias condutoras é o fator limitante, de autorregulação, que determina quão rapidamente o ar escapa dos pulmões durante a expiração. Se um indivíduo tentar acelerar a saída de ar com uma contração muscular mais forçada, o gradiente de pressão que direciona a saída de ar é elevado, mas também o são as forças que favorecem o colapso das vias respiratórias com um ganho somatório resultante a zero (Fig. 22.21).

E. **Trabalho respiratório**

A respiração requer que os músculos respiratórios se contraiam para expandir os pulmões contra a resistência. O **trabalho respiratório** normalmente é responsável por aproximadamente 5% da energia total utilizada em repouso, mas essa utilização pode aumentar para > 20% da energia total durante o exercício. Tais cargas de trabalho são geralmente insignificantes em um indivíduo saudável, mas alguns pacientes com doenças pulmonares têm dificuldades para expandir os pulmões, e até os movimentos respiratórios em repouso podem fatigar os seus músculos respiratórios e precipitar a insuficiência respiratória (ver 40.VI).

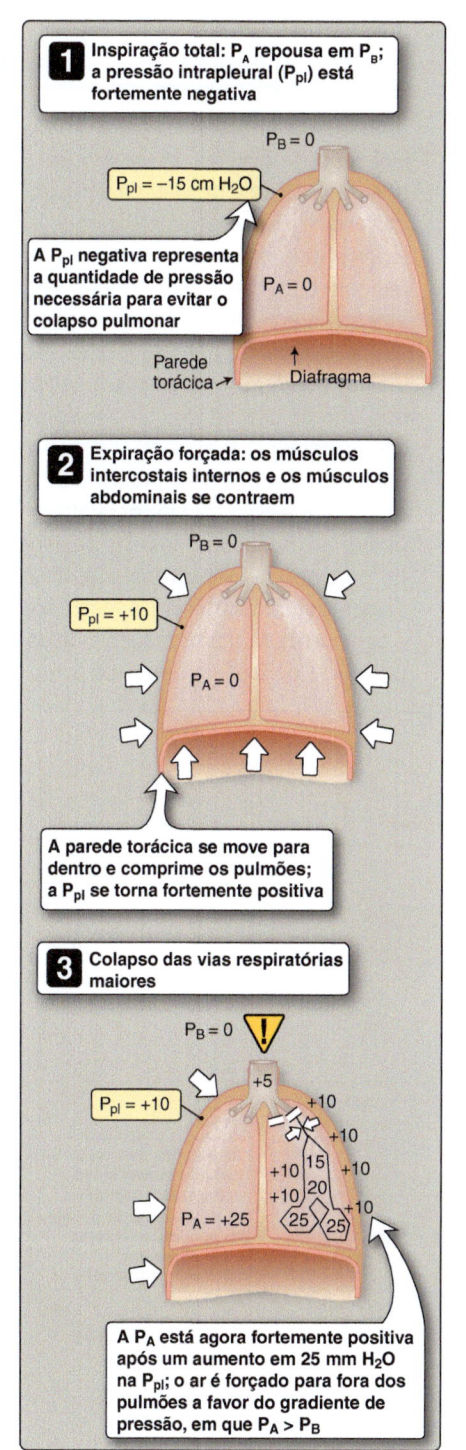

Figura 22.20

A via respiratória colapsa durante a expiração forçada. P_A = pressão intra-alveolar; P_B = pressão barométrica; P_{pl} = pressão intrapleural. Todos os valores são expressos em cm H_2O.

Aplicação clínica 22.2   Respiração frenolabial

A doença pulmonar obstrutiva crônica (DPOC) é caracterizada por uma limitação do fluxo de ar (obstrução). O teste de espirometria revela um contorno da alça de volume de fluxo que parece uma "colherada" (côncava para cima) no ramo expiratório da alça. Também pode haver uma longa cauda no ramo expiratório, a qual se manifesta porque os pacientes com DPOC têm dificuldades em exalar, devido à perda da retração elástica e ao colapso da via respiratória. Os pacientes podem compensar parcialmente a perda do apoio mecânico, fazendo um "bico" com os lábios (como se estivesse assobiando) durante a expiração, um comportamento conhecido como **respiração frenolabial**, ou assopro. Esse comportamento é eficiente, porque move o local da principal resistência da via respiratória para mais próximo à boca e estende o tempo durante o qual a pressão da via respiratória permanece elevada e as vias respiratórias, desobstruídas. Os pacientes com perda anatômica de tecido (enfisema), além da obstrução ao fluxo de ar, tendem a hiperventilar e utilizar músculos acessórios para auxiliar na expiração, o que lhes confere uma característica feição cor-de-rosa ("sopradores rosados"). Isso contrasta com os pacientes com DPOC, cuja doença é caracterizada por bronquite crônica e excessiva produção de muco que interfere na captação de oxigênio (esses pacientes podem ser descritos como "infladores azuis").

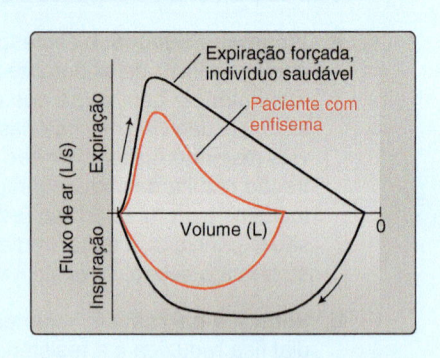

Efeitos do enfisema no fluxo de ar.

1. **Componentes do trabalho:** muitos fatores contribuem para o trabalho da respiração. Os dois principais fatores são o trabalho elástico e o trabalho de resistência. O **trabalho elástico** inclui o trabalho necessário para contrapor a retração elástica pulmonar durante a inspiração, o qual é proporcional à sua complacência. O trabalho também é necessário para deslocar a parede torácica para o exterior e os órgãos abdominais para baixo. O **trabalho de resistência** envolve mover o ar através das vias respiratórias contra a resistência dessas vias.

2. **Medindo o trabalho:** o trabalho é calculado como a quantidade de força necessária para mover um objeto a uma dada distância. Em termos pulmonares, o trabalho respiratório é calculado a partir do produto da força necessária para alterar o gradiente da pressão transpulmonar e do volume de ar movido por unidade de tempo. Esse trabalho pode ser representado graficamente como a área à esquerda da fase inspiratória da alça de pressão-volume (Fig. 22.22).

3. **Doenças pulmonares:** a DPOC e a fibrose pulmonar aumentam o trabalho respiratório (ver Fig. 22.22). Os pacientes com DPOC têm mais trabalho para exalar contra a alta resistência das vias respiratórias (trabalho de resistência aumentado). A fibrose pulmonar enrijece o pulmão e requer que um paciente gere pressões transpulmonares mais elevadas do que a normal para expandir os pulmões durante a inspiração (trabalho elástico aumentado).

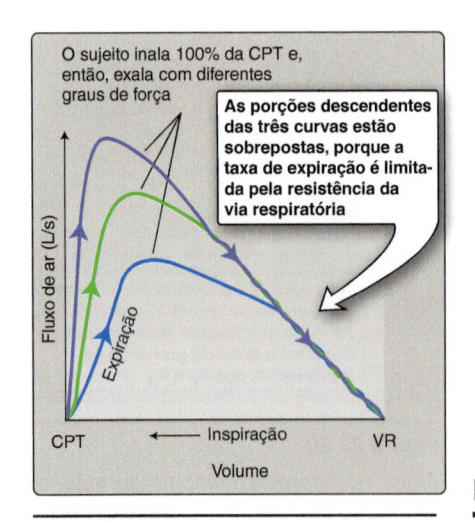

IX. VOLUMES E CAPACIDADES PULMONARES

A respiração normal em repouso utiliza menos de 10% da CPT. O exercício aumenta essa quantidade significativamente, mas existe sempre um pequeno volume residual que se comunica com o espaço ventilado, mas não participa propriamente da ventilação, mesmo em níveis máximos de exercício. Clinicamente, é importante determinar a contribuição desse volume à mistura

Figura 22.21
A resistência da via respiratória limita o fluxo durante a expiração forçada. VR = volume residual; CPT = capacidade pulmonar total.

de gases nos pulmões, bem como avaliar como o(s) volume(s) pulmonar(es) pode(m) ser afetado(s) pela evolução de diversas doenças pulmonares. Além da medição do fluxo de ar com **espirometria**, os **testes de função pulmonar (TFPs)** medem geralmente quatro **volumes pulmonares** primários, os quais são então combinados para aferir algumas **capacidades pulmonares** (Fig. 22.23). Os TFPs também avaliam a eficiência da interface sangue-gás (a "capacidade de difusão" é discutida no Cap. 23.V).

A. Volumes

O volume de ar inspirado ou expirado em cada respiração, geralmente em torno de 500 mL em um adulto mediano, é chamado **volume corrente (VC)**. Os volumes que podem ser inspirados ou expirados, respectivamente, acima e abaixo do VC, são o **volume de reserva inspiratório (VRI)** e o **volume de reserva expiratório (VRE)**. O **volume residual (VR)** é o volume de ar que permanece no pulmão após uma expiração máxima (em torno de 1,2 L em um indivíduo normal). Um espirômetro é incapaz de fornecer informação sobre o VR, portanto os testes de função pulmonar geralmente incluem a pletismografia corporal mais especializada ou técnicas que monitoram as concentrações intrapulmonares de gases ao longo do tempo (i.e., testes de diluição do hélio e de lavagem do nitrogênio).

B. Capacidades

A soma dos quatro volumes pulmonares (CPT) resulta em aproximadamente 6 L em um indivíduo normal (ver Fig. 22.23). A **capacidade residual funcional (CRF)** é o volume que permanece nos pulmões após ser expelida uma respiração corrente. A **capacidade inspiratória (CI)** é a soma do VC e do VRI. A **capacidade vital (CV)** é a soma do VC, do VRI e do VRE, e é o máximo VC capaz de ser alcançado (i.e., a maior respiração que uma pessoa pode fazer). A **capacidade vital forçada (CVF)** é o volume de ar que pode ser expirado *de forma forçada* após uma inspiração máxima.

C. Volume expiratório forçado

VEF_1 é o volume de ar que pode ser expirado de forma forçada *em 1 segundo* após uma inspiração máxima e é uma medida clínica importante da função pulmonar (ver Aplicação clínica 22.3).

X. VENTILAÇÃO E ESPAÇO MORTO

A troca gasosa ocorre na superfície alveolar. No momento em que o ar inspirado entra em contato com a interface de troca gasosa, sua concentração de O_2 e CO_2 foi modificada pela mistura com os gases que permanecem no VR, o que por si próprio é influenciado pela frequência com que os conteúdos do pulmão são renovados (**ventilação**). A concentração gasosa alveolar é também influenciada pela quantidade de ar inalado que não participa na troca gasosa porque ele preenche o **espaço morto**.

A. Espaço morto

O pulmão contém dois tipos de espaço morto: anatômico e fisiológico.

1. **Anatômico:** a faringe, a traqueia, os brônquios e outras vias respiratórias condutoras contêm aproximadamente 150 mL de ar que é movido para fora durante a expiração, sem jamais entrar em contato com a interface de troca gasosa. Isso representa o **espaço morto anatômico**.

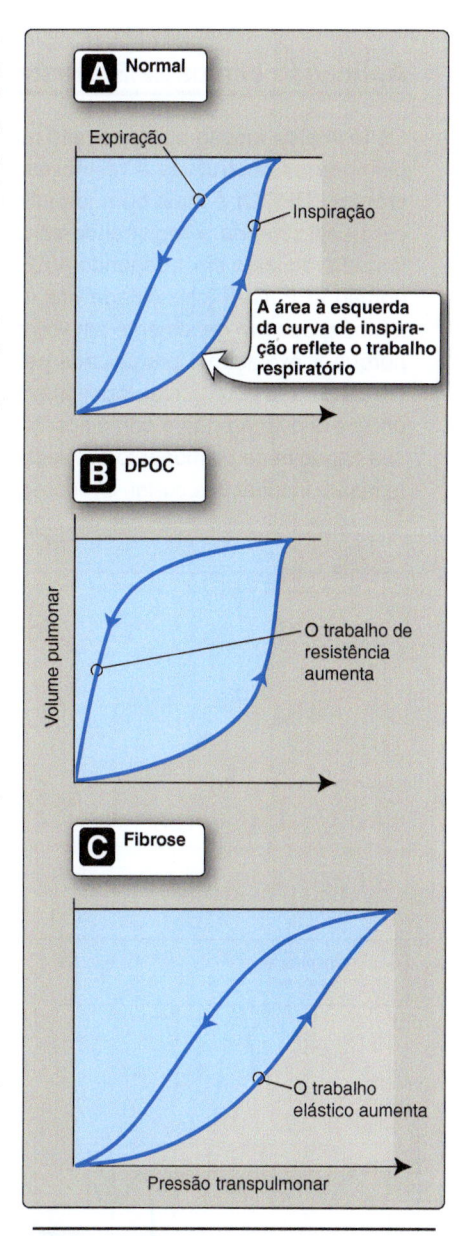

Figura 22.22
Efeitos de doenças pulmonares no trabalho respiratório. DPOC = doença pulmonar obstrutiva crônica.

Aplicação clínica 22.3 Testes de função pulmonar

Os testes de função pulmonar são úteis para detectar fisiopatologias pulmonares obstrutivas e restritivas. A doença pulmonar obstrutiva crônica (DPOC) é mais bem identificada, medindo-se o fluxo de ar com espirometria e registrando-se a obstrução (volume expiratório forçado reduzido em 1 segundo [VEF_1] em uma situação de uma proporção VEF_1/CVF [capacidade vital forçada] < 70%). Esses pacientes também operam geralmente em volumes pulmonares muito elevados, porque a exalação é prejudicada pela obstrução da via respiratória. Os pacientes com fibrose pulmonar trabalham com volumes baixos, porque o pulmão não é complacente e é difícil de expandir, portanto sua capacidade pulmonar total é reduzida. Esses pacientes geralmente fazem inspirações curtas e respiram rapidamente.

	VEF_1	CVF	VEF_1: CVF (%)
Normal	~4,0	~5,0	> 70
Obstrutiva	~1,3	~3,1	< 70
Restritiva	~2,8	~3,1	> 70

VEF_1 = volume de ar expelido em 1 segundo em uma expiração forçada; CVF = capacidade vital forçada. Os valores de VEF_1 e CVF estão em litros. A CVF é, em geral, ligeiramente menor que a capacidade vital, daí a utilização de um termo para distingui-las.

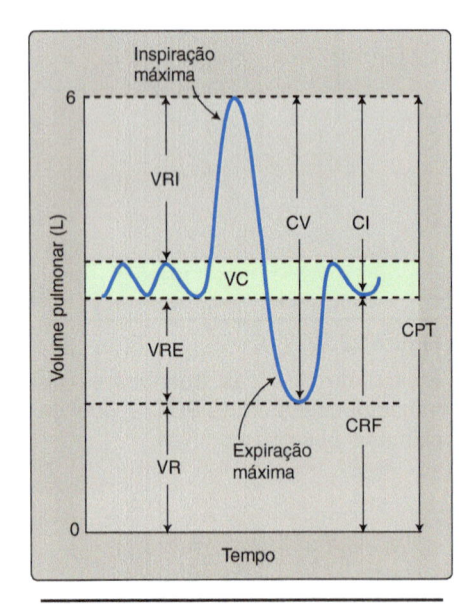

Figura 22.23

Espirometria. VRE = volume de reserva expiratório; CRF = capacidade residual funcional; CI = capacidade inspiratória; VRI = volume de reserva inspiratório; VR = volume residual; CPT = capacidade pulmonar total; VC = volume corrente; CV = capacidade vital.

2. **Fisiológico:** em um pulmão doente, uma proporção dos alvéolos pode ser ventilada, mas é incapaz de participar da troca gasosa, porque a interface sangue-gás está danificada ou o fluxo sanguíneo pulmonar a essas regiões foi interrompido. Tais regiões representam o espaço morto. O termo **espaço morto fisiológico** inclui o espaço morto anatômico e as contribuições desses alvéolos não funcionais. Em uma pessoa saudável, os espaços mortos anatômico e fisiológico são aproximadamente iguais. Em um pulmão doente, o espaço morto fisiológico pode estar aumentado em 1.500 mL ou mais.

3. **Calculando o espaço morto:** o volume do espaço morto (V_M) pode ser calculado, medindo-se a quantidade de CO_2 contida no ar expirado ($P_E co_2$). O espaço morto (por definição) não participa da troca gasosa e, assim, contém uma quantidade insignificante de CO_2. A quantidade de CO_2 no ar que vem de regiões pulmonares envolvidas na troca gasosa se equivale à do sangue oxigenado ($P_a co_2$), porque os gases do sangue se equilibram com os gases alveolares durante o trânsito pela circulação pulmonar (i.e., $P_A co_2 = P_a co_2$). Assim, o volume do espaço morto pode ser determinado a partir da extensão em que a quantidade de CO_2 no ar expirado foi diminuída pelo ar livre de CO_2 originado do espaço morto:

$$V_M = V_T \times \frac{P_a co_2 - P_E co_2}{P_a co_2}$$

em que V_T = volume pulmonar total.

B. **Ventilação:** a ventilação pode ser expressa como **ventilação-minuto** ou **ventilação-alveolar**. A ventilação-minuto (V_E) é o volume total de ar inalado e expelido por minuto:

$$\text{Ventilação-minuto} = VC \times \text{respirações/min}$$

A ventilação alveolar (V_A) é o volume de ar por minuto que entra nas áreas que participam da troca gasosa:

$$V_A = (VC - V_M) \times \text{respirações/min}$$

em que V_A representa a ventilação alveolar e V_M é o espaço morto.

Resumo do capítulo

- Os pulmões facilitam a troca de O_2 e CO_2 entre o sangue e o ar. A **interface sangue-gás** está localizada dentro dos **alvéolos**, sacos de paredes delgadas que servem para amplificar a área de superfície da interface e para trazer a circulação pulmonar em íntimo contato com o ar inalado.

- Os alvéolos são umidificados por uma fina película líquida que gera tensão superficial. A tensão superficial é uma força que favorece o colapso pulmonar e afeta negativamente o desempenho pulmonar. O epitélio alveolar produz o **surfactante** para contrabalançar essa tensão superficial. O surfactante é um complexo **fosfolipídico** que auxilia a estabilizar o tamanho alveolar e aumenta a complacência pulmonar.

- A respiração envolve ciclos repetidos de **inspiração** e **expiração**. O ar é aspirado para o interior dos pulmões pela contração do **diafragma** e de outros **músculos respiratórios**. Essa contração aumenta o volume da cavidade torácica e dos pulmões.

- O diafragma, a parede torácica e os pulmões se movimentam como uma unidade. Estão ligados por uma delgada película de **líquido pleural**, o qual lubrifica as **pleuras visceral** e **parietal**, e fornece a força coesiva necessária para expandir os pulmões.

- Em repouso, um pulmão está sujeito a duas forças opostas. A tensão superficial e elementos elásticos no tecido pulmonar favorecem o colapso (**retração elástica**). Os elementos elásticos na parede torácica favorecem a expansão e, portanto, evitam o colapso. A introdução de ar entre as duas pleuras (**pneumotórax**) quebra a conexão entre os pulmões e a parede torácica, e permite que um pulmão colapse.

- A gravidade causa diferenças regionais significativas no tamanho alveolar em um pulmão em posição ereta. A base do pulmão está comprimida pela sua própria massa, enquanto os alvéolos no ápice do pulmão podem estar expandidos até 60% de seu volume máximo.

- O fluxo de ar entre os alvéolos e a atmosfera externa é dirigido por **gradientes de pressão**. O fluxo ocorre contra uma **resistência**, que depende muito do raio interno das vias respiratórias.

- A resistência das vias respiratórias é modulada pelo **sistema nervoso autônomo**, mas também se altera passivamente com o volume pulmonar. Durante a expansão pulmonar, as vias respiratórias são forçadas a se dilatar pelas estruturas que as circundam, atuando por meio de **ancoragem mecânica**, e essa dilatação provoca a diminuição da resistência da via respiratória. Quando os volumes pulmonares são baixos, as vias respiratórias estão comprimidas pela massa de tecido que as circunda, e a sua resistência é elevada.

- As vias respiratórias são também sensíveis a pressões transmurais desenvolvidas durante a expiração, de forma que a sua resistência se torna um fator limitante dependente de pressão sobre o fluxo para o exterior.

- O movimento de ar entre os pulmões e a atmosfera é medido por meio da **espirometria**, um dos múltiplos **testes de função pulmonar** (**TFPs**) utilizados para averiguar a saúde dos pulmões. Os TFPs aferem quatro volumes pulmonares (i.e., **volume corrente, volume de reserva inspiratório, volume de reserva expiratório** e **volume residual**) e capacidades (i.e., **capacidade pulmonar total, capacidade residual funcional, capacidade inspiratória** e **capacidade vital**).

- O ar que está fechado dentro de regiões do pulmão que não participam na troca gasosa é conhecido como **espaço morto**.

23 Trocas Gasosas

I. VISÃO GERAL

Os pulmões facilitam a troca de O_2 e CO_2 entre o sangue e o ar. O O_2 é necessário para auxiliar na produção de trifosfato de adenosina pelas células, enquanto o CO_2 é formado como um subproduto do metabolismo aeróbio. Os pulmões facilitam a sua troca, trazendo o sangue em íntima proximidade ao ar atmosférico na interface sangue-gás. Quando o diafragma e outros músculos inspiratórios se contraem, os pulmões se insuflam. O ar flui para o interior dos pulmões, repondo O_2 na interface sangue-gás e mantendo os íngremes gradientes de pressão de O_2 e CO_2 necessários para a troca gasosa ideal. Essa troca ocorre rapidamente, aumentada pela delgada divisão entre o sangue e o ar ($< 1 \mu m$) e pela ampla área de superfície da interface. A eficiência da troca é também criticamente dependente da circulação pulmonar, a qual traz CO_2 para os pulmões para eliminação e ali capta o O_2 (Fig. 23.1). Alterações fisiológicas e patológicas, tanto na ventilação como na perfusão da interface sangue-gás podem afetar negativamente o funcionamento pulmonar.

II. PRESSÕES PARCIAIS

Os gases se movem entre o ar e o sangue por difusão passiva. Os princípios básicos que determinam a difusão gasosa são semelhantes aos descritos para a difusão de solutos entre duas câmaras preenchidas de líquido (ver 1.IV). Entretanto, a situação é complicada pela necessidade de levar-se em consideração quão solúvel um gás pode ser no sangue (Fig. 23.2). Se um gás não for solúvel em água, não pode entrar na circulação, exceto sob condições extremas, não fisiológicas. Na prática, isso significa que discutimos as forças que dirigem a difusão de O_2 e CO_2 entre o sangue e o ar em termos de gradientes de **pressão parcial**, em vez de gradientes de concentração.

A. Pressões gasosas

O movimento casual das moléculas gasosas exerce pressão nas paredes do vaso que as contém. A quantidade de pressão é diretamente proporcional ao número de moléculas dentro do vaso, como descrito pela **lei dos gases ideais**:

$$P = \frac{nRT}{V}$$

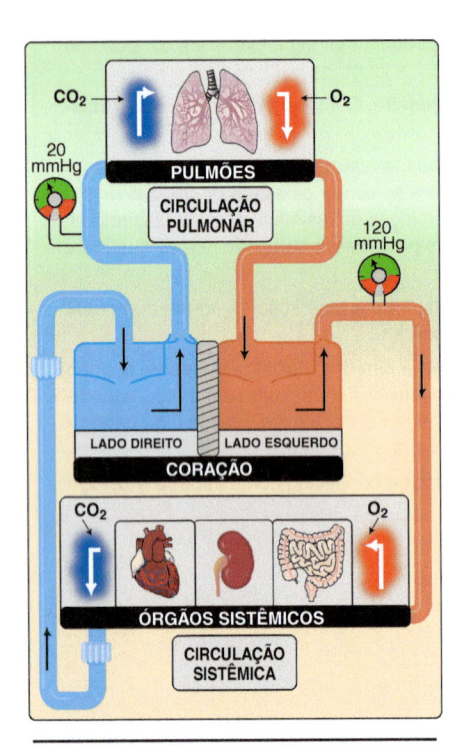

Figura 23.1
Circulações pulmonar e sistêmica.

em que P = pressão, n = número de moléculas, R = constante universal dos gases, T = temperatura e V = volume do recipiente.

B. Pressão parcial

O termo "pressão parcial" admite que o ar atmosférico é uma mistura de vários gases diferentes. A pressão total exercida pelas misturas gasosas é igual à soma das pressões parciais de cada um dos componentes individuais (**lei de Dalton**).

1. **Composição do ar atmosférico:** o ar atmosférico é composto por 78,09% de N_2, 20,95% de O_2, 0,93% de argônio (Ar), 0,03% de CO_2 e quantidades mínimas de vários outros gases inertes e poluentes. A composição fracionária não se altera com a altura acima do nível do mar, nem com a temperatura.

2. **Composição do ar inspirado:** a composição do ar se altera durante a inspiração, porque as membranas mucosas que revestem o nariz e a boca adicionam vapor de água. Quando o ar alcança os alvéolos, está saturado com 6,18% de água. A composição fracionária de outros gases é reduzida de forma correspondente: 73,26% de N_2, 19,65% de O_2, 0,87% de Ar e 0,03% de CO_2.

3. **Pressão parcial do ar inspirado:** a pressão atmosférica no nível do mar é de 760 mmHg, refletindo a massa de moléculas de ar empilhadas acima. A pressão parcial dos gases individuais que compõe o ar inspirado representa a sua composição fracionária. A pressão parcial de O_2 na membrana alveolar (P_AO_2) é, assim, o produto da pressão atmosférica (760 mmHg) e da composição fracionária (19,7%):

$$P_AO_2 = 760 \times 0,197 = 150 \text{ mmHg}$$

A pressão parcial de CO_2 (P_Aco_2) é de 0,21 mmHg. Esta última é insignificante em termos fisiológicos e, portanto, em geral é arredondada para 0 mmHg (Tab. 23.1).

C. Gases do sangue

A ventilação alveolar traz o ar atmosférico para a interface sangue-gás. As quantidades de O_2 e outros constituintes do ar que se dissolvem no sangue são proporcionais às suas pressões parciais e sua solubilidade no sangue (**lei de Henry**). O_2 e CO_2 são gases solúveis que rapidamente se equilibram através da interface sangue-gás durante a inspiração. A Po_2 no gás alveolar necessariamente cai, à medida que as moléculas de O_2 cruzam a interface e se dissolvem no sangue. Quando os dois compartimentos atingiram o equilíbrio, a P_AO_2 caiu de 150 mmHg a 100 mmHg. No equilíbrio, a concentração de O_2 dissolvido no sangue pode ser calculada a partir de

$[O_2] = P_AO_2 \times s = 100$ mmHg $\times$ 0,0013 mmol/L/mmHg = 0,13 mmol/L

em que $[O_2]$ é a concentração de O_2 dissolvido e s é a solubilidade de O_2 no sangue.

A lei de Henry prediz, assim, que se a concentração de O_2 no sangue é de 0,13 mmol e está em equilíbrio com um compartimento gasoso, a Po_2 neste compartimento deve ser de 100 mmHg. Portanto, consideramos que a pressão parcial de O_2 no sangue seja de 100 mmHg, a qual nos permite discutir os gradientes de pressão direcionadores do movimento gasoso entre as fases de gás e líquido.

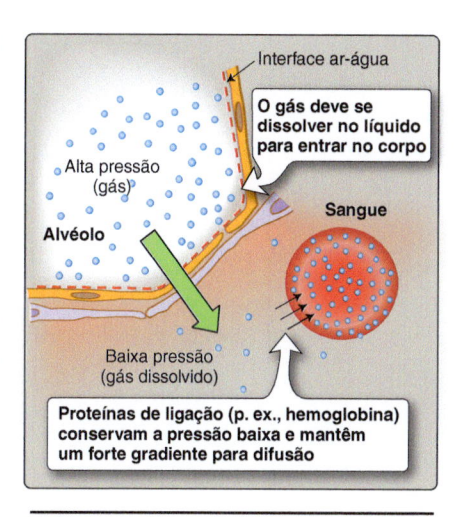

Figura 23.2
Difusão de gás entre o ar e o sangue.

Tabela 23.1 Pressões parciais do oxigênio e do dióxido de carbono

Localização	O_2 (mmHg)	CO_2 (mmHg)
Ar externo	160	0
Vias respiratórias de condução (durante a inalação)	150	0
Alvéolos	100	40
Vasos capilares pulmonares	100	40
Artéria sistêmica	100*	40
Artéria pulmonar	40	45

*Os valores reais são levemente menores devido aos desvios fisiológicos.

> As pressões parciais refletem a quantidade de gás livre dissolvido no líquido, mas não fornecem informação sobre quanto gás adicional pode estar ligado à hemoglobina (Hb), por exemplo.

III. CIRCULAÇÃO PULMONAR

A circulação pulmonar, assim como a circulação sistêmica, recebe 100% do débito cardíaco, mas as similaridades terminam aí. Muitos aspectos conferem singularidade à vasculatura pulmonar, refletindo sua localização dentro da circulação geral e várias adaptações destinadas a facilitar a troca gasosa.

A. Visão geral

A circulação pulmonar tem uma resistência de 2 a 3 mmHg/L/min, ou cerca de cinco vezes menos que a circulação sistêmica. As pressões arteriais pulmonares médias são correspondentemente reduzidas (10 a 17 mmHg), assim como é reduzida a espessura da parede das artérias nutrícias. As arteríolas pulmonares contêm uma fração de músculo liso que caracteriza os vasos de resistência sistêmica e os torna difíceis de serem distinguidos das veias. A escassez muscular nos vasos sanguíneos pulmonares significa que os vasos se distendem facilmente em resposta a alterações mínimas na pressão de enchimento. Os vasos sanguíneos, como um todo, podem acomodar até 20% do volume do sangue circulante, e mudanças na postura em geral causam desvios induzidos pela gravidade de aproximadamente 400 mL entre as circulações sistêmica e pulmonar.

B. Interface sangue-gás

As hemácias estão separadas do ar atmosférico pela espessura da célula endotelial do vaso capilar mais uma célula epitelial alveolar (em torno de 0,15 a 0,30 μm). A densidade de vasos capilares pulmonares é tão grande que a superfície alveolar é banhada em uma camada quase que contínua de sangue, o que favorece uma elevada eficiência na troca gasosa. Os vasos capilares pulmonares têm um comprimento médio de 0,75 mm, fornecendo uma ampla oportunidade para o equilíbrio entre o sangue e o ar, mesmo em elevadas taxas de fluxo. Em repouso, uma única hemácia passa por todo o comprimento do vaso capilar e flui por dois ou três alvéolos em aproximadamente 0,75 s.

C. Volume pulmonar

A elevada complacência dos vasos sanguíneos pulmonares significa que esses vasos colapsam rapidamente, quando comprimidos pelos tecidos que os circundam. Na prática, isso significa que as alterações na pressão das vias respiratórias durante o ciclo respiratório têm um grande efeito nas taxas de perfusão alveolar. A natureza e a frequência das trocas dependem da localização dos vasos dentro da árvore bronquial.

1. **Vasos de nutrição:** o fluxo através dos vasos nutrícios pulmonares (i.e., artérias e arteríolas) é muito sensível às alterações na pressão intrapleural (P_{pl}). A P_{pl} fica altamente negativa durante a inspiração, refletindo a contração e o movimento descendente do diafragma, e o movimento para fora da parede torácica. A pressão negativa é transmitida ao parênquima pulmonar, causando a insuflação alveolar (Fig. 23.3). A pressão negativa também dilata os vasos sanguí-

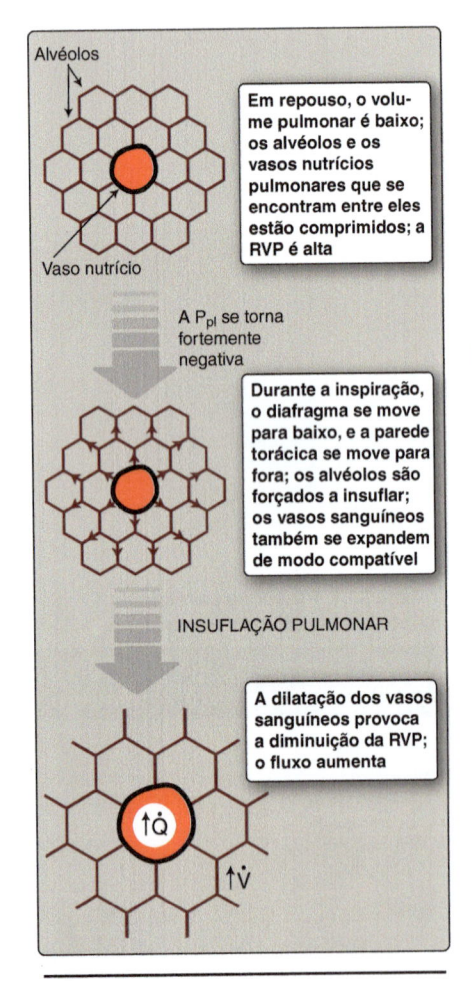

Figura 23.3
Efeitos da inspiração nos vasos nutrícios pulmonares. P_{pl} = pressão intrapleural; RVP = resistência vascular pulmonar; $\dot{Q}$ = fluxo sanguíneo pulmonar; $\dot{V}$ = ventilação alveolar.

neos que estão embebidos no parênquima pulmonar. Visto que a resistência vascular é inversamente proporcional ao raio do vaso ($R \propto 1/r^4$), a dilatação dos vasos nutrícios, durante a inspiração, diminui a resistência vascular pulmonar (RVP).

2. **Vasos capilares:** os vasos capilares pulmonares passam pelos espaços entre os alvéolos adjacentes. Quando os alvéolos se expandem durante a inspiração, suas paredes se distendem. Os vasos capilares que ali estão são estirados longitudinalmente, causando a diminuição do seu diâmetro interno (Fig. 23.4). O mesmo efeito leva a pele a empalidecer, quando estirada. O estiramento dos vasos capilares aumenta sua resistência para o fluxo e aumenta a RVP.

3. **Dependência da resistência vascular pulmonar em relação ao volume:** os efeitos diferenciais da inspiração nos vasos de nutrição e na resistência dos vasos capilares se agregam para produzir uma linha em forma de "U" da RVP contra o volume pulmonar (Fig. 23.5). A RVP é muito elevada em baixos volumes pulmonares (os vasos de nutrição estão comprimidos) e na capacidade pulmonar total (os vasos capilares estão estirados), mas a resistência é mínima durante a respiração normal em repouso.

D. Gravidade

Visto que os vasos sanguíneos pulmonares têm uma baixa resistência geral, as pressões arteriais pulmonares também são muito baixas. Isso torna o fluxo pela vasculatura pulmonar extremamente suscetível a influências gravitacionais.

1. **Pressões sanguíneas pulmonares:** o coração está localizado dentro do mediastino, acomodado entre o pulmão direito e o esquerdo (Fig. 23.6). A valva pulmonar (onde é medida a pressão disponível para direcionar o fluxo através da circulação pulmonar) está localizada aproximadamente 20 cm abaixo do ápice do pulmão. O ventrículo direito gera uma pressão arterial pulmonar média (P_{ap}) de aproximadamente 15 mmHg, que se aproxima ao redor de 20 cm H_2O. Quando um indivíduo está de bruços, as pressões arteriais na base e no ápice dos pulmões devem aproximar-se em torno de 20 cm H_2O. Quando o indivíduo está ereto, a gravidade exerce uma força para baixo que diminui a pressão arterial acima do coração em aproximadamente 1 cm H_2O para cada cm de distância vertical. A gravidade aumenta as pressões abaixo do coração na mesma proporção.

2. **Diferenças regionais:** os efeitos da gravidade sobre a P_{ap} significam que, quando uma pessoa está ereta, o fluxo pulmonar é mínimo no ápice do pulmão e aumenta progressivamente conforme diminui a altura (ver Fig. 26.3). Podemos distinguir três zonas diferentes (1 a 3), com base nas características do fluxo.

   a. **Zona 1 – Fluxo mínimo:** no ápice do pulmão, **pressão alveolar > pressão arterial > pressão venosa**. Visto que P_{ap} cai com a altura acima do coração, a pressão dentro de uma arteríola localizada a aproximadamente 20 cm acima do ventrículo é zero. A pressão venular pulmonar (P_{vp}) é menor do que zero na mesma altura (−9 cm H_2O). Isso cria um gradiente de pressão de 9 cm H_2O disponível para direcionar o fluxo através dos vasos capilares apicais, mas, na prática, esses vasos são colapsados. O colapso ocorre porque a pressão intra-alveolar (P_A) em repouso é também 0 cm H_2O (i.e., pressão barométrica), a qual é maior do que a pressão de perfusão que mantém a permeabi-

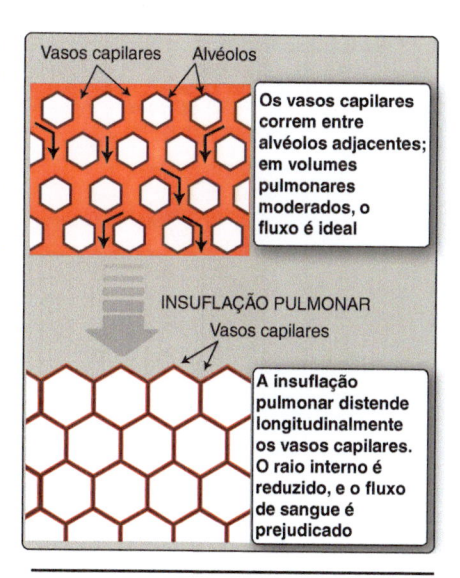

Figura 23.4
Permeabilidade dos vasos capilares pulmonares durante a inspiração.

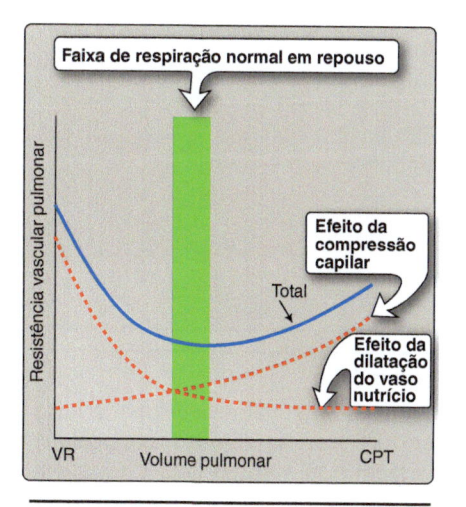

Figura 23.5
Efeitos do volume pulmonar na resistência vascular pulmonar. VR = volume residual; CPT = capacidade pulmonar total.

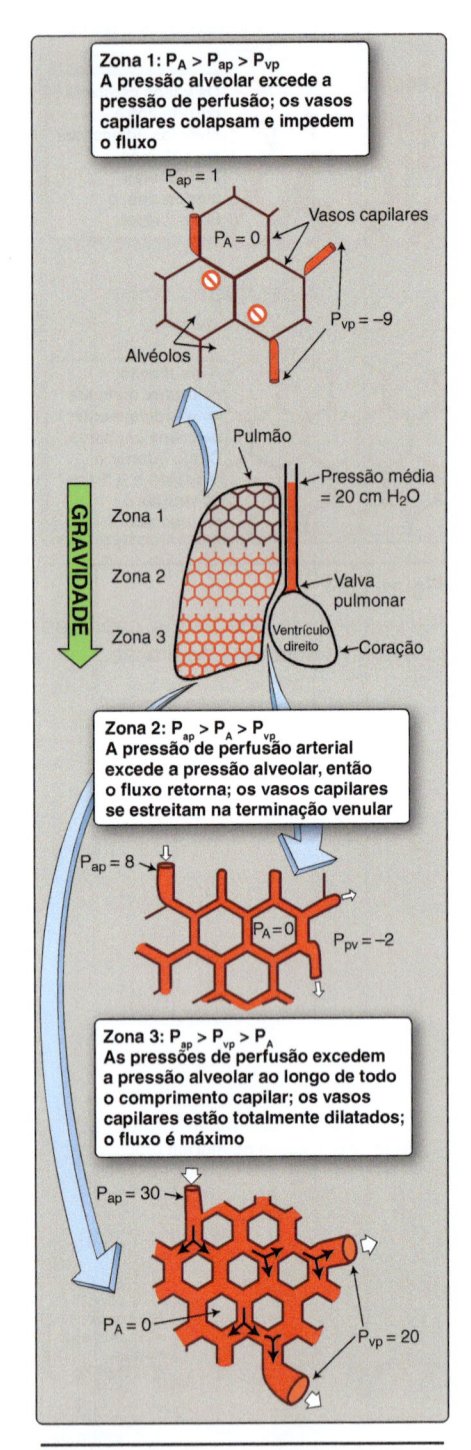

Zona 1: $P_A > P_{ap} > P_{vp}$
A pressão alveolar excede a pressão de perfusão; os vasos capilares colapsam e impedem o fluxo

$P_{ap} = 1$
$P_A = 0$
$P_{vp} = -9$
Vasos capilares
Alvéolos

Pulmão
Pressão média = 20 cm H_2O
GRAVIDADE
Zona 1
Zona 2
Zona 3
Valva pulmonar
Ventrículo direito
Coração

Zona 2: $P_{ap} > P_A > P_{vp}$
A pressão de perfusão arterial excede a pressão alveolar, então o fluxo retorna; os vasos capilares se estreitam na terminação venular

$P_{ap} = 8$
$P_A = 0$
$P_{pv} = -2$

Zona 3: $P_{ap} > P_{vp} > P_A$
As pressões de perfusão excedem a pressão alveolar ao longo de todo o comprimento capilar; os vasos capilares estão totalmente dilatados; o fluxo é máximo

$P_{ap} = 30$
$P_A = 0$
$P_{vp} = 20$

Figura 23.6
Perfusão regional e padrões de fluxo em um pulmão estático, na posição vertical. Os valores são dados em cm H_2O. P_A = pressão intra-alveolar; P_{ap} = pressão arteriolar pulmonar; P_{pv} = pressão venular pulmonar.

lidade capilar (ver Fig. 23.6, painel superior). A zona 1 somente existe no ponto mais elevado do pulmão, quando as pressões dos vasos sanguíneos pulmonares são criticamente baixas (p. ex., durante hemorragia ou outra forma de choque circulatório), ou quando a pressão alveolar é aumentada artificialmente pela **ventilação de pressão positiva**.

b. **Zona 2 – Fluxo moderado:** na zona 2, **pressão arterial > pressão alveolar > pressão venosa**. A zona 2 inclui o ápice e a porção média do pulmão, regiões nas quais a P_{ap} e a pressão capilar média (P_c) são maiores que P_A. Na zona 2, a P_{vp} é ainda mais baixa do que P_A, assim, o vaso capilar tende a ser comprimido na extremidade venular, mas o fluxo continua. A resistência criada pela compressão extravascular diminui gradativamente com a altura do pulmão, refletindo um aumento concomitante tanto de P_{ap} como de P_{vp} (note que a P_A é insensível à posição, porque é determinada pela pressão barométrica).

c. **Zona 3 – Fluxo máximo:** a base do pulmão está localizada abaixo da valva pulmonar. A gravidade aumenta as pressões de perfusão nessa região, de forma que **pressão arterial > pressão venosa > pressão alveolar**. O colapso vascular não é mais um problema aqui. Em vez disso, os vasos capilares da base do pulmão estão geralmente distendidos pelas altas pressões de perfusão aumentadas pela gravidade. Na circulação sistêmica, os vasos de resistência controlam rigorosamente a P_c por meio do reflexo de constrição e dilatação das camadas de músculo liso que perfazem as paredes dos vasos. As arteríolas pulmonares contêm tão pouco músculo liso, que são relativamente ineficazes como reguladoras de pressão. Assim, a P_c aumenta juntamente com a P_{ap} e a P_{vp}, e o vaso capilar se dilata além de sua capacidade normal. O fluxo pelos vasos sanguíneos é proporcional ao raio interno na quarta potência e, portanto, esse fluxo é desproporcionalmente elevado também (ver Fig. 23.6, painel inferior).

E. **Regulação do fluxo**

O fluxo sanguíneo nos vasos de resistência sistêmicos é controlado pelo sistema nervoso simpático, agentes carreados pelo sangue, níveis elevados de metabólitos e outros fatores. Em contraste, os vasos de resistência pulmonares são relativamente insensíveis à atividade simpática ou aos fatores humorais. Os vasos sanguíneos são levemente sensíveis ao aumento do CO_2 intersticial e aos níveis de H^+, mas, enquanto os vasos de resistência sistêmicos se dilatariam por reflexo, os vasos pulmonares se *contraem* quando os níveis de CO_2 e H^+ se elevam. Uma força preponderante que controla os vasos de resistência pulmonares e a RVP é a P_AO_2. Baixos níveis de O_2 promovem **vasoconstrição por hipoxia** dos vasos de resistência pulmonares. Esse reflexo é, mais uma vez, completamente oposto ao modo de resposta dos vasos de resistência sistêmicos à hipoxia, mas tem evidentes vantagens para otimizar a função pulmonar. A vasoconstrição por hipoxia direciona o sangue para longe de áreas pouco ventiladas, redirecionando-o para regiões bem-ventiladas, onde a troca gasosa pode ocorrer.

F. **Mistura venosa**

Teoricamente, o sangue deveria deixar a circulação pulmonar e entrar na circulação sistêmica com saturação de 100%. Na prática, isso nunca ocorre, porque existe sempre algum grau de **mistura venosa**, ou a mistura de sangues desoxigenado (venoso) e oxigenado (arterial), antes que o sangue entre no plexo arterial sistêmico. Existem duas causas principais: **desvios** e baixas **relações ventilação/perfusão** ($\dot{V}_A/\dot{Q}$).

1. **Desvios:** os **desvios** permitem que o sangue desoxigenado contorne o processo normal de troca gasosa. Existem dois tipos de desvios: **desvios anatômicos** e **desvios fisiológicos** (Fig. 23.7).

    a. **Anatômicos:** os desvios anatômicos têm uma base estrutural que compreende fístulas ou vasos sanguíneos. Os exemplos incluem um defeito do septo atrial, que permite que o sangue do átrio direito entre no átrio esquerdo, ou uma anastomose entre uma artéria pulmonar e uma veia pulmonar. Esses são também conhecidos como **desvios direita-esquerda**.

    b. **Fisiológicos:** o desvio fisiológico ocorre quando atelectasia, pneumonia ou algum outro problema que afete a ventilação da interface sangue-gás, e impede a troca gasosa. A vasoconstrição por hipoxia redireciona o fluxo, mas existe sempre uma perfusão residual de uma interface não funcional. O sangue dessas regiões escapa à oxigenação e reduz os níveis de saturação de O_2 quando entra na circulação sistêmica.

2. **Baixas relações ventilação/perfusão:** as relações $\dot{V}_A/\dot{Q}$ são discutidas detalhadamente mais adiante, mas, se a interface sangue-gás for perfundida em taxas que excedam seus limites de difusão, a saturação de O_2 não poderá ocorrer. O resultado é a mistura venosa.

Figura 23.7
Os desvios permitem a mistura venosa.

IV. RELAÇÃO VENTILAÇÃO/PERFUSÃO

Em repouso, a circulação pulmonar é perfundida com aproximadamente 5 L/min de sangue ($\dot{Q}$), representando o débito total do lado direito do coração. A insuflação pulmonar capta no máximo em torno de 4 L de ar para o interior dos sacos alveolares durante esse período (a ventilação alveolar é abreviada como $\dot{V}_A$), de maneira que a relação $\dot{V}_A/\dot{Q}$ pulmonar é igual a 0,8. Em um pulmão ideal, todos os alvéolos deveriam ser ventilados e perfundidos de forma ótima, mas existem muitas causas fisiológicas para as divergências.

A. Modelo de mecanismos pulmonares

A função da ventilação alveolar é trazer o ar de fora para o contato íntimo com o sangue, de forma que o O_2 possa ser carregado e o CO_2 descarregado. O ar externo contém 150 mmHg de O_2 e uma quantidade insignificante de CO_2 (Fig. 23.8). O sangue que chega aos alvéolos pelas arteríolas pulmonares (**sangue desoxigenado misturado**) é rico em CO_2 (Pco_2 = 45 mmHg), mas pobre em O_2 (Po_2 = 40 mmHg). Durante a respiração normal de repouso, o equilíbrio de ambos os gases entre o ar e o sangue ocorre antes que o sangue tenha progredido um terço de seu caminho pelos vasos capilares, aumentando a P_Aco_2 a 40 mmHg e diminuindo P_Ao_2 a 100 mmHg. Os alvéolos não conseguem ir além desses valores, de forma que o sangue que sai de um vaso capilar pulmonar também contém 40 mmHg de CO_2 e 100 mmHg de O_2. Entretanto, alterações tanto na ventilação como na perfusão afetarão esses valores.

1. **Obstrução das vias respiratórias:** se uma via respiratória estiver obstruída por um tampão mucoso, por exemplo, a relação $\dot{V}_A/\dot{Q}$ cai a zero. Na ausência de ventilação, o gás alveolar se equilibra com o sangue desoxigenado misturado, a uma P_Aco_2 de 45 mmHg e uma P_Ao_2 de 40 mmHg. O sangue que sai da área de obstrução não tem qualquer oportunidade de trocar O_2 ou CO_2 e, assim, permanece

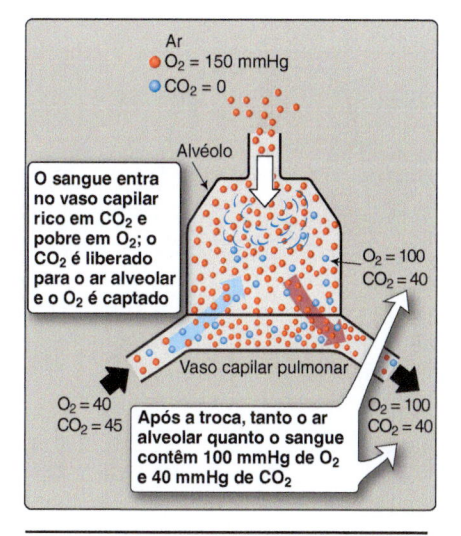

Figura 23.8
Troca de CO_2 e O_2 entre o sangue pulmonar e o ar alveolar. As pressões parciais são dadas em mmHg.

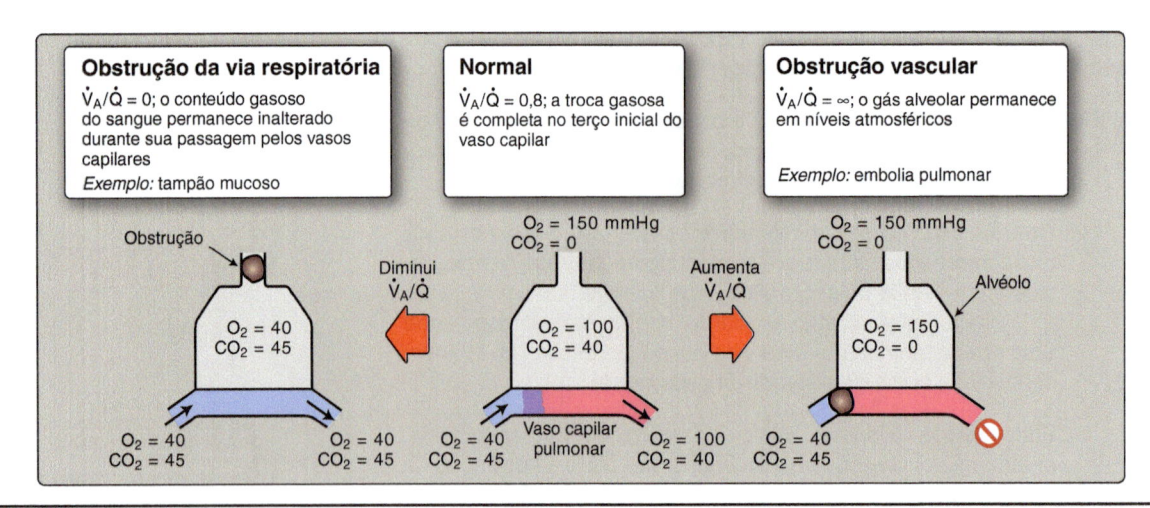

Figura 23.9
Efeito da obstrução da ventilação ou da perfusão na Po_2 e na Pco_2 dos pulmões. Todas as pressões parciais são dadas em mmHg. $\dot{V}_A$ = ventilação alveolar; $\dot{Q}$ = perfusão alveolar.

inalterado durante a passagem pelos sacos alveolares (Fig. 23.9, à esquerda). Isso cria um desvio fisiológico, conforme discutido anteriormente.

2. **Obstrução do fluxo sanguíneo:** se o fluxo sanguíneo for bloqueado por um êmbolo, por exemplo, a relação $\dot{V}_A/\dot{Q}$ se aproxima ao infinito. A composição gasosa alveolar permanece inalterada após a inspiração, porque não existe contato com o sangue (ver Fig. 23.9, à direita).

B. **Relações ventilação/perfusão em um pulmão na posição vertical**

A gravidade afeta de forma significativa a ventilação e a perfusão alveolar (ver Fig. 23.6; ver também Fig. 22.14). Isso cria um amplo espectro de taxas na $\dot{V}_A/\dot{Q}$ em um pulmão posicionado verticalmente (Fig. 23.10).

1. **Zona 1 – Relação mais elevada:** no ápice do pulmão, os alvéolos ventilam pobremente, porque são insuflados até 60% do volume máximo, mesmo em repouso. Nessa região, a perfusão é mínima, porque os vasos sanguíneos estão comprimidos pelas pressões alveolares que excedem as pressões de perfusão. Assim, a Po_2 e a Pco_2 contidas nos pequenos volumes de sangue que existem nessa região se aproximam àquela do ar inspirado ($\dot{V}_A/\dot{Q} \sim \infty$).

2. **Zona 2 – Relação moderada:** a ventilação melhora lentamente com o decréscimo na altura do pulmão. No entanto, a perfusão aumenta mais acentuadamente, levando a taxa $\dot{V}_A/\dot{Q}$ a cair rapidamente em direção à base.

3. **Zona 3 – Relação mínima:** na base do pulmão, os alvéolos estão comprimidos quando em repouso, e ventilam muito bem durante a inspiração. As pressões de perfusão pulmonar também são muito elevadas nessa região, assim as taxas de fluxo são máximas.

4. **Efeito líquido**: a contribuição de cada região pulmonar para a composição do sangue que sai do pulmão é determinada por suas taxas de perfusão. Assim, os extremos na $\dot{V}_A/\dot{Q}$ observados no ápice do pulmão têm efeito mínimo nos níveis totais de saturação. O con-

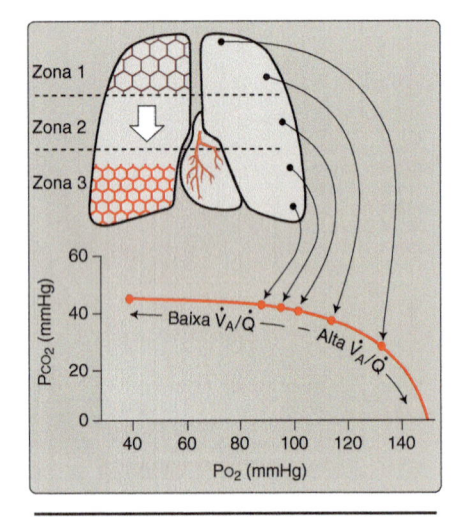

Figura 23.10
Distribuição da proporção entre $\dot{V}_A/\dot{Q}$ em um pulmão na vertical. $\dot{V}_A$ = ventilação alveolar; $\dot{Q}$ = perfusão alveolar.

Aplicação clínica 23.1   Tuberculose

O microrganismo que causa a tuberculose, *Mycobacterium tuberculosis*, se favorece de regiões pulmonares cujos níveis de O_2 são elevados, e geralmente se estabelece nos ápices dos pulmões, onde a composição do gás alveolar está mais próxima à do ar atmosférico. Em casos avançados, os tecidos pulmonares são destruídos, e formam-se grandes cavidades. As cavidades são avasculares, o que pode tornar a infecção difícil de ser tratada. Múltiplos fármacos devem ser administrados juntos, por um longo período, para erradicar os organismos tuberculares do tecido.

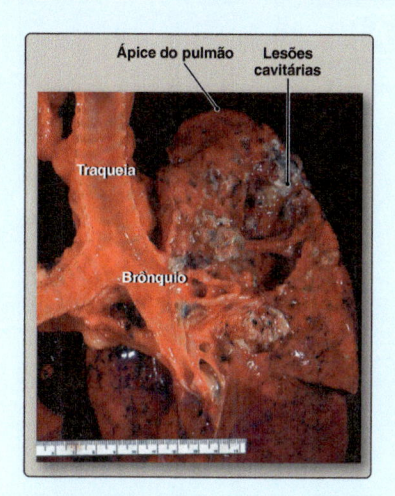

Amostra *postmortem* que apresenta lesões pulmonares apicais causadas por tuberculose.

teúdo de O_2 e CO_2 do sangue oxigenado sistêmico é determinado amplamente pelas regiões de grande perfusão na base do pulmão.

C. Divergências na perfusão/ventilação

O fluxo sanguíneo na base do pulmão é tão elevado, que excede a capacidade ventilatória da interface sangue-gás e causa uma divergência local na $\dot{V}_A/\dot{Q}$. O sangue que sai dessa área tem uma P_{O_2} de cerca de 88 mmHg, ou 12 mm Hg abaixo do ideal, enquanto a P_{CO_2} é mais elevada por aproximadamente 2 mmHg. Algum grau de desvio fisiológico causado pela divergência na $\dot{V}_A/\dot{Q}$ ocorre normalmente, mesmo em um indivíduo saudável, mas pode se tornar grave quando uma via respiratória fica obstruída, por exemplo, pela aspiração de um corpo estranho, crescimento tumoral ou durante uma crise de asma. A relação $\dot{V}_A/\dot{Q}$ é uma importante medida de função pulmonar e saúde. Ambos os parâmetros podem ser visualizados clinicamente, utilizando-se marcadores radioativos, mas as técnicas de imagens em geral são apenas utilizadas se houver suspeita de deficiências amplas tanto na ventilação como na perfusão, tais como as causadas pela embolia pulmonar (Fig. 23.11).

D. Diferença alveolar-arterial de oxigênio

Potenciais problemas tanto na perfusão como na ventilação podem também ser avaliados de forma relativamente simples, a partir da **diferença alveolar-arterial de oxigênio (P(A-a)O₂)**, a qual compara a P_{O_2} nos alvéolos com a do sangue oxigenado sistêmico. Teoricamente, os dois valores deveriam ser iguais. Na prática, existe sempre uma diferença de 5 a 15 mmHg na P_{O_2} entre o gás e o sangue alveolares, dependendo da idade. A P_AO_2 é avaliada por meio de uma forma simplificada da **equação do gás alveolar**:

Equação 23.1 $P_AO_2 = P_iO_2 - \dfrac{P_ACO_2}{R}$

em que P_iO_2 é a pressão parcial de O_2 no ar inspirado, P_ACO_2 é a P_{CO_2} alveolar, e R é a taxa de troca respiratória. A P_ACO_2 é determinada median-

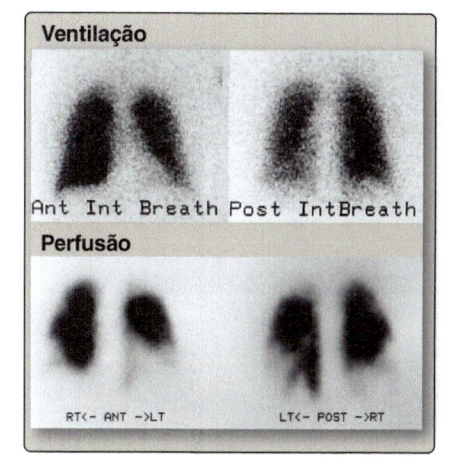

Figura 23.11
Este exame de ventilação (visualizado radiograficamente com a utilização do gás xenônio radioativo) é normal, mas o exame de perfusão (visualizado radiograficamente com a utilização de albumina radiomarcada) mostra muitas áreas deficientes do radioisótopo, um padrão característico de embolia pulmonar.

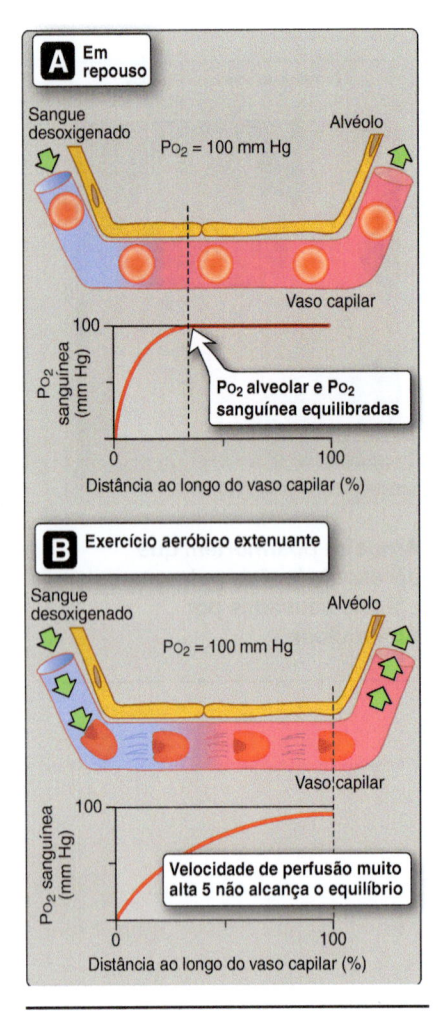

Figura 23.12
Efeito da velocidade de perfusão capilar na saturação da oxigenação.

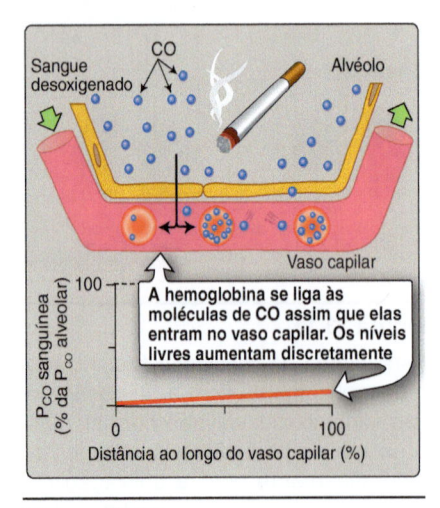

Figura 23.13
Troca gasosa limitada pela difusão. P_{CO} = pressão parcial do monóxido de carbono.

te análise do gás captado bem ao final da expiração. O "R" (geralmente 0,8) representa a taxa de CO_2 produzido:O_2 consumido pela respiração interna. A P_aO_2 pode ser medida pela análise do gás sanguíneo arterial. A diferença entre P_AO_2 e P_aO_2 pode ser prevista a partir de:

$$\text{Gradiente de A-a} = 2{,}5 + 0{,}21 \times \text{idade em anos}$$

Uma diferença de A-a maior do que a esperada indica que a captação de O_2 na interface sangue-gás está prejudicada (ver Exemplo 23.1).

V. TROCAS GASOSAS

A taxa na qual os gases se difundem através da interface sangue-gás (i.e., fluxo gasoso, ou $\dot{V}$) é determinada pela diferença de pressão através da interface (ΔP), a área de superfície disponível para a troca (A) e a espessura da barreira (T):

$$\dot{V} = \frac{\Delta P \times A \times D}{T}$$

em que D é o coeficiente de difusão que considera o peso molecular e a solubilidade de um gás. Na prática, a área de superfície, a espessura e o coeficiente de difusão podem ser combinados para produzir uma constante que descreve a **capacidade de difusão pulmonar** (D_P) para gases. O fluxo gasoso pela barreira pode, então, ser estimado, a partir de:

$$\dot{V} = \Delta P \times D_P$$

A organização do pulmão maximiza o fluxo, por fornecer uma grande área de superfície para difusão e por restringir a espessura da barreira à amplitude de um pneumócito mais a célula endotelial de um vaso capilar. A ventilação e a perfusão mantêm acentuados gradientes de pressão parcial através da interface.

A. Troca limitada pela difusão

O sangue percorre a extensão de um vaso capilar pulmonar em aproximadamente 0,75 s em repouso. O equilíbrio de O_2 entre o gás alveolar e o sangue ocorre em uma fração desse tempo, de forma que a captação em geral não é limitada pela taxa em que o O_2 se difunde através da barreira de trocas (Fig. 23.12A). Durante o exercício máximo, entretanto, o débito cardíaco aumenta, e o tempo de trânsito pelo vaso capilar diminui a < 0,4 s. O sangue pode sair do vaso capilar antes de ser totalmente saturado de O_2 (ver Fig. 23.12B). A captação de O_2 é agora considerada **limitada pela difusão**, porque a troca ficou limitada pela taxa em que o O_2 se difunde através da interface sangue-gás. Os efeitos das limitações por difusão podem ser mais bem apreendidos quando se estudam as características da captação de monóxido de carbono, a qual é sempre limitada pela difusão (Fig. 23.13).

1. **Captação do monóxido de carbono:** a Hb se liga ao CO com uma afinidade que é em torno de 240 vezes maior do que pelo O_2. Na prática, isso significa que as moléculas de CO se ligam à Hb tão logo possam se difundir através da barreira de trocas, e o CO alveolar nunca tem chance de se equilibrar com o CO plasmático. A limitação de difusão como essa pode ser compensada pelo aumento do gradiente de pressão que direciona a difusão ou pelo aumento da D_P para o CO (D_{PCO}).

2. **Alteração da taxa de perfusão:** intuitivamente, poderíamos pensar que a redução do fluxo sanguíneo nos vasos capilares seria benéfica no sentido de aumentar a captação líquida. Uma taxa de fluxo mais lenta permitiria mais tempo para que as fases líquida e gasosa se equilibrassem antes que o sangue saísse dos vasos capilares. Embora a diminuição da taxa de perfusão realmente permita uma saturação maior, a captação líquida diminui, porque o volume de sangue que sai do vaso capilar por unidade de tempo também é menor.

> A alteração da taxa de perfusão não tem um efeito líquido no transporte de gases em um cenário de troca limitada pela difusão.

3. **Limitações da difusão:** o enfisema e a fibrose pulmonar limitam a difusão de O_2 e CO_2 por diminuírem a D_L. A erosão dos sacos alveolares reduz a área total da superfície de barreira em pacientes com enfisema. A fibrose pulmonar aumenta a espessura da barreira e, portanto, aumenta a distância que separa o sangue do ar alveolar.

B. Troca limitada pela perfusão

O sangue se torna completamente saturado de O_2 logo após entrar em um vaso capilar pulmonar (em repouso). Visto que mais O_2 *poderia* ser transferido, se o fluxo fosse aumentado (mesmo que essa transferência possa ser excessiva em relação às necessidades do corpo), a troca é considerada **limitada pela perfusão**. As características das trocas gasosas limitadas pela perfusão podem ser mais bem apreciadas, estudando-se a captação de N_2O. A Hb não se liga ao N_2O, de forma que as pressões parciais alveolares e sanguíneas para o N_2O se equilibram em < 100 ms (Fig. 23.14). Pequenas alterações na arquitetura da barreira têm pequeno efeito na captação líquida. Em vez disso, a captação total de N_2O está ligada ao fluxo.

> Em um sistema limitado pela perfusão, o gás irá saturar independentemente da quantidade de sangue que lhe é apresentada por uma ampla faixa de valores.

VI. TRANSPORTE DE OXIGÊNIO

A captação de O_2 do ar atmosférico e o seu transporte aos tecidos são necessários para atender à respiração celular. O O_2 tem solubilidade muito baixa em água, quando comparado com outros gases, o que limita a quantidade que pode ser transportada em solução a aproximadamente 3 mL de O_2 gasoso por litro de sangue. Um adulto de estatura mediana consome em torno de 250 mL O_2/min em repouso, de forma que o débito cardíaco em repouso deveria ser mantido a 83 L/min e, então, aumentado a > 1.000 L/min durante o exercício, se o transporte dependesse apenas das propriedades de solubilidade do O_2. Em vez disso, a capacidade de transporte de O_2 do sangue é muito aumentada pela presença de Hb, uma proteína designada unicamente a transportar O_2 pelos vasos sanguíneos sistêmicos e, então, liberá-lo nos tecidos. Além disso, a Hb auxilia a transportar CO_2 de volta aos pulmões para expiração.

Exemplo 23.1

Uma mulher de 50 anos de idade, com a história prévia de trombose venosa profunda, apresenta-se no departamento de emergência, queixando-se de falta de ar. Uma amostra de gasometria arterial (ABG, do inglês *arterial blood gas*) é obtida em uma sala sob pressão atmosférica, e a paciente recebe suplementação de O_2.

Com base nos resultados da ABG, o gradiente A-a da paciente está normal ou anormal?

Qual é seu provável diagnóstico?

Resultados da ABG:

$P_aO_2 = 70$ mmHg
$P_aCO_2 = 32$ mmHg
pH = 7,47

P_iO_2 (ar na sala, nível do mar) = 150 mmHg

Com base na idade, o gradiente A-a da paciente deveria ser:

$2,5 + (0,21 \times 50) = 13$ mmHg

Usando os valores fornecidos da ABG e a Equação 23.1:

$$P_AO_2 = P_iO_2 - \frac{P_aCO_2}{R}$$

$$= 150 - 32/0,8$$

$$= 150 - 40$$

$$= 110 \text{ mmHg}$$

A diferença A-a observada na paciente ($P_AO_2 - P_aO_2$) é 110 − 70 = 40 mmHg, ou 27 mmHg maior do que a prevista.

A anormalidade da faixa do gradiente A-a indica que existe uma incompatibilidade $\dot{V}_A/\dot{Q}$, sugerindo um prejuízo na captação de O_2 pelos pulmões.

Esses achados são compatíveis com embolia pulmonar.

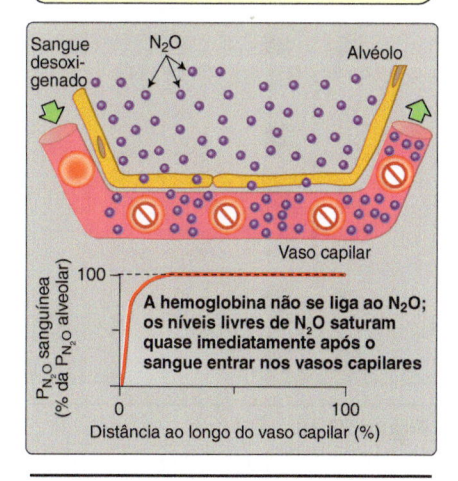

Figura 23.14

Troca gasosa limitada pela perfusão. P_{N_2O} = pressão parcial de N_2O.

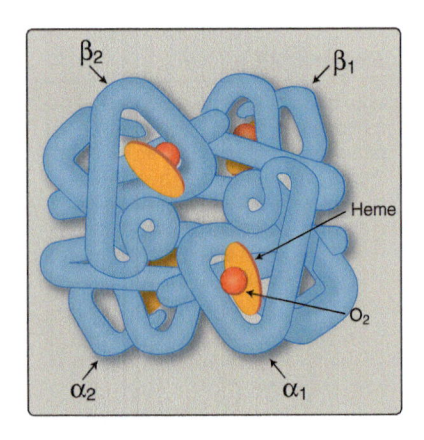

Figura 23.15
Estrutura da hemoglobina, mostrando a localização do grupo heme ligante de oxigênio.

A. Hemoglobina

A Hb é uma metaloproteína composta por quatro cadeias polipeptídicas (globinas), conforme é mostrado na Figura 23.15. A HbA, a forma encontrada mais comumente nos adultos, contém duas cadeias alfa (α) e duas beta (β). Cada globina é ligada a um grupo heme, que compreende um íon ferroso (Fe^{2+}) mantido dentro de um anel de porfirina. O ferro permite que a **desoxi-hemoglobina** se ligue ao O_2, formando a **oxi-hemoglobina**.

1. **Estrutura:** a Hb compreende duas subunidades diméricas, cada qual contendo uma cadeia α e uma cadeia β. As cadeias dentro das subunidades estão ligadas de forma estável por ligações não covalentes. As duas subunidades estão ligadas fracamente, entretanto, e a força de associação se altera com o estado de ligação ao O_2.

2. **Ligação ao oxigênio:** as quatro metades heme dão à Hb a capacidade de ligar quatro moléculas de O_2. A interação é reversível e é mais uma oxigenação, do que uma oxidação. A desoxi-Hb tem afinidade relativamente baixa pelo O_2, mas cada evento sucessivo de ligação de O_2 produz uma alteração conformacional dentro da proteína, que progressivamente aumenta a afinidade dos demais sítios (Fig. 23.16). Essa cooperação de ligação produz uma curva de dissociação de O_2, de forma sigmoide, com a porção mais aguda da curva coincidindo com a extensão de valores de Po_2 comum aos tecidos (Fig. 23.17). A curva se aproxima da saturação em Po_2 de 60 mmHg. A **oxigenação do sangue** aumenta a Po_2 a 100 mmHg, mas aumenta os níveis de saturação por apenas cerca de 10%.

> Quando O_2 se liga, a Hb troca a coloração azul-escura para vermelho-brilhante, o que possibilita monitorar os níveis de saturação de O_2 arterial, utilizando oximetria de pulso não invasiva. Uma sonda que emite luz é aderida a um dedo ou uma orelha, então as quantidades relativas de Hb saturada e não saturada são calculadas a partir da quantidade de luz absorvida a 660 nm e 940 nm, respectivamente.

3. **Concentração de hemoglobina:** a quantidade de O_2 que o sangue pode transportar depende da concentração de hemoglobina.

    a. **Capacidade do oxigênio:** o sangue contém aproximadamente 150 g de Hb/L, ou 15 g/dL (a amplitude normal é de 12 a 16 g/dL para as mulheres e 13 a 18 g/dL para os homens). Cada molécula de Hb é capaz de ligar quatro moléculas de oxigênio, o que equivale a 1,39 mL O_2/g de Hb. Assim, a **capacidade de O_2** teórica do sangue é de 20,8 mL/dL, um valor que aumenta e diminui em proporção direta à concentração de Hb no sangue.

    b. **Saturação de oxigênio:** a **saturação de O_2** é a medida do número de sítios de ligação de O_2 ocupados na molécula de Hb. Em 100% de saturação (sangue oxigenado), os quatro grupos heme estão ocupados. Em 75% de saturação (sangue desoxi-

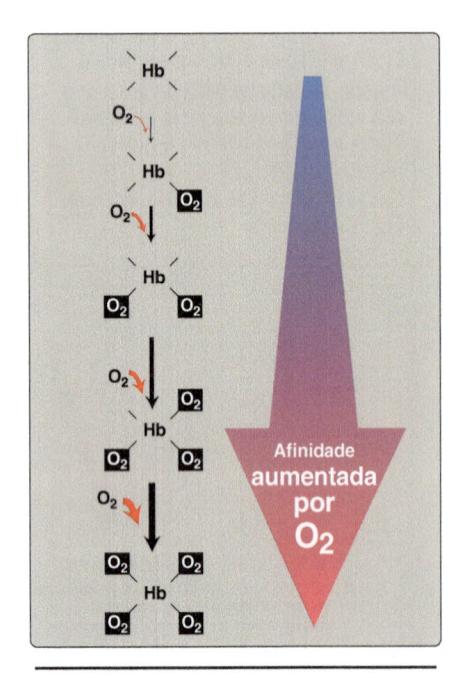

Figura 23.16
A hemoglobina (Hb) se liga ao oxigênio (O_2) com afinidade aumentada.

genado), três estão ocupados. Somente dois sítios estão ocupados em saturação de 50%. O grau de saturação de O_2 não é dependente da concentração de Hb, pelo menos dentro da variabilidade fisiológica.

B. Curva de dissociação oxigênio-hemoglobina

A forma da curva de dissociação explica a capacidade da Hb de se ligar ao O_2 no pulmão e então liberá-lo conforme seja necessário aos tecidos.

1. **Associação:** o sangue desoxigenado misturado chega a um alvéolo com uma P_{O_2} de 40 mmHg, mas uma saturação de O_2 de aproximadamente 75%. A natureza cooperativa de ligação do O_2 à Hb significa que o único grupo heme não ocupado tem uma afinidade muito elevada pelo O_2. Isso permite que o sítio capte o O_2 tão rapidamente quanto ele possa se difundir através da interface sangue-gás, mantendo simultaneamente um acentuado gradiente de pressão para a difusão de O_2 por meio da barreira de troca, exatamente quando ocorre o equilíbrio com o gás alveolar. Note-se que o platô da curva de dissociação do O_2 começa em uma P_{O_2} de cerca de 60 mmHg (ver Fig. 23.17). Na prática, isso assegura que a saturação ainda ocorra, se a P_AO_2 estiver abaixo do ideal (i.e., 60 mmHg), seja porque a ventilação está prejudicada, ou porque o débito cardíaco está aumentado ao ponto em que a perfusão se torna limitante.

2. **Dissociação:** quando o sangue chega a um tecido, a Hb deve liberar o O_2 ligado e deixá-lo disponível às mitocôndrias. A transferência é facilitada pela forma íngreme do gradiente de pressão entre o sangue e as mitocôndrias, o que mantém uma P_{O_2} local ao redor de 3 mmHg. A Hb começa a liberar O_2 a uma P_{O_2} de 60 mmHg e libera em torno de 60% do total conforme a P_{O_2} cai a 20 mmHg. Cada evento de dissociação de O_2 diminui a afinidade dos grupos heme restantes para o O_2 ligado, de maneira que, se a taxa metabólica do tecido for muito elevada e a sua necessidade de O_2 estiver aumentada, o descarregamento ocorre com uma eficiência aumentada.

C. Desvios da curva de dissociação

A Hb é especialmente sensível às necessidades dos tecidos, liberando quantidades crescentes de O_2 quando o metabolismo aumenta. Isso é possível a partir de alterações alostéricas que diminuem a afinidade do O_2 pela proteína e promovem a descarga. Essas alterações se manifestam como um deslocamento para a direita na curva de dissociação Hb-O_2 (Fig. 23.18).

1. **Desvios para a direita:** o metabolismo gera calor e CO_2, e acidifica o ambiente local. As três alterações reduzem a afinidade da Hb pelo O_2, levando-a a liberar o O_2. O O_2 liberado mantém elevados os níveis de O_2 livre (dissolvido) e conserva um gradiente de pressão acentuado entre o sangue e as mitocôndrias, mesmo quando os estoques de O_2 do sangue estão sendo esvaziados.

   a. **Temperatura:** durante um exercício extenuante, a temperatura do músculo pode subir até 3°C. A curva de dissociação Hb-O_2 se desloca cerca de 5 mmHg para a direita, consequentemente, causando a liberação de mais O_2 para o tecido metabolicamente ativo.

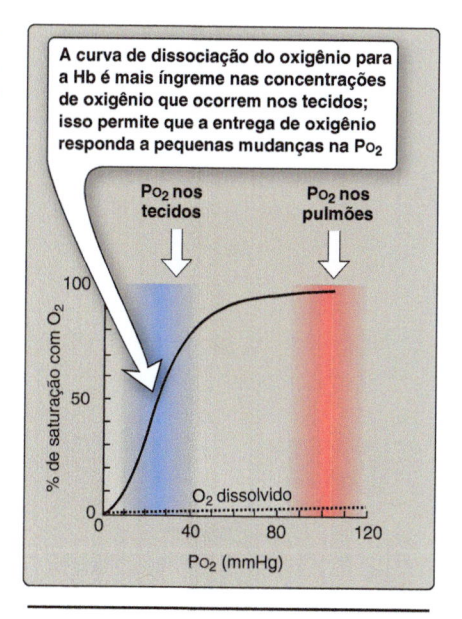

Figura 23.17
Curva de dissociação do O_2 para a hemoglobina (Hb).

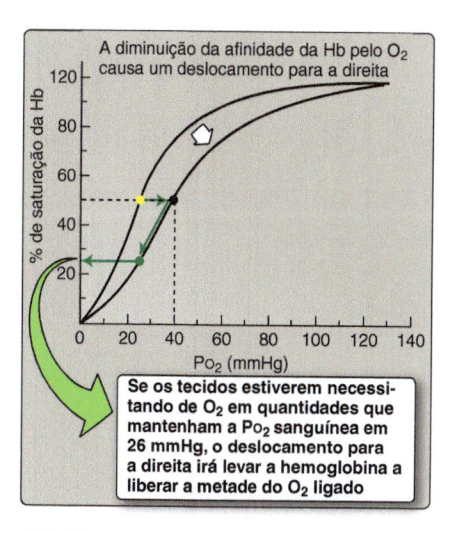

Figura 23.18
A diminuição da afinidade da hemoglobina (Hb) pelo O_2 causa o desligamento do O_2.

b. **Dióxido de carbono:** o metabolismo aeróbio gera CO_2 e causa a elevação da P_{CO_2} nos tecidos. O CO_2 se liga a grupos aminoterminais da globina e diminui a afinidade da Hb pelo O_2. A curva de dissociação Hb-O_2 desloca-se para a direita, e o O_2 é descarregado. O CO_2 também se dissolve na água para produzir ácido livre, o qual promove ainda mais descarregamento de O_2 por meio do efeito Bohr (ver a seguir).

c. **Protonação:** a protonação estabiliza a forma desoxi da Hb e diminui a sua afinidade por O_2. O metabolismo gera vários ácidos diferentes, além de ácido carbônico, e a quantidade produzida é proporcional à atividade metabólica. A curva de dissociação Hb-O_2 se volta para a direita, e o O_2 é liberado (efeito Bohr).

d. **2,3-Difosfoglicerato:** o 2,3-difosfoglicerato (2,3-DPG) é sintetizado a partir de 1,3-DPG, o qual é um intermediário da rota glicolítica. O 2,3-DPG é abundante nas hemácias, sendo a sua concentração próxima à da Hb. O 2,3-DPG se liga preferencialmente à forma desoxigenada da Hb e a estabiliza, reduzindo, portanto, sua afinidade por O_2 (Fig. 23.19). A curva de dissociação Hb-O_2 desloca-se para a direita, e o O_2 é descarregado. O 2,3-DPG e os seus efeitos sobre a afinidade do O_2 são uma constante no sangue, diferentemente dos efeitos de temperatura, CO_2 e H^+, os quais permanecem geralmente localizados em um tecido ativo.

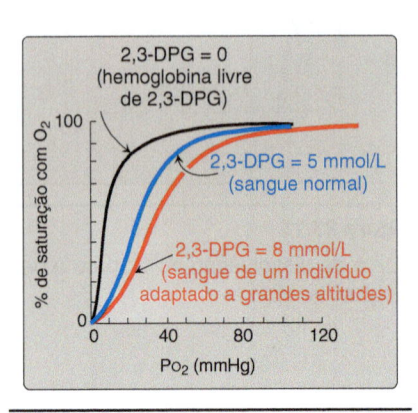

Figura 23.19
O 2,3-difosfoglicerato (2,3-DPG) diminui a afinidade da hemoglobina por O_2.

> A hipoxemia crônica, causada por alterações patológicas na função pulmonar ou por vivência em elevadas altitudes, estimula a produção de 2,3-DPG. Níveis elevados de 2,3-DPG alteram a curva de dissociação Hb-O_2 ainda mais para a direita, o que aumenta a acessibilidade do tecido ao O_2 disponível (ver Fig. 23.19). Embora o 2,3-DPG reduza a eficiência de carregamento de O_2 pela Hb nos pulmões, os efeitos são menores e mais do que contrabalançados pelos efeitos benéficos da ajuda em liberar O_2 aos tecidos.

2. **Desvios para a esquerda:** a afinidade da Hb pelo O_2 aumenta, e a curva de dissociação Hb-O_2 desloca-se para a esquerda, quando a temperatura do corpo diminui ou quando os níveis de CO_2, H^+ ou 2,3-DPG diminuem. Todas essas alterações refletem uma atividade metabólica diminuída e uma necessidade reduzida de liberação de O_2 aos tecidos. Uma curva de dissociação Hb-O_2 voltada para a esquerda é também observada no feto, como resultado da ligação do CO à Hb.

   a. **Hemoglobina fetal:** a Hb fetal (HbF) contém cadeias γ, em vez de duas cadeias β. Isso causa o deslocamento da curva de dissociação Hb-O_2 para a esquerda, em comparação com a Hb de adultos.

      i. **Mecanismo:** a afinidade aumentada da HbF pelo O_2, em comparação com a forma adulta (HbA), reflete o fato de que as γ-globinas ligam o 2,3-DPG de maneira muito fraca. O 2,3-DPG em geral estabiliza a forma desoxigenada da HbA e reduz a sua afinidade. A incapacidade da HbF de se ligar ao 2,3-DPG favorece o carregamento de O_2 em pressões parciais baixas.

> Se a HbA for destituída de 2,3-DPG, sua curva de dissociação de O_2 se assemelha à da HbF. O armazenamento de sangue causa a redução das concentrações de 2,3-DPG ao longo de uma semana, provocando um deslocamento para a esquerda na curva de dissociação (ver Fig. 23.19). Embora as hemácias reponham o 2,3-DPG perdido após horas ou dias de transfusão, dar a um paciente criticamente doente grandes quantidades de sangue sem 2,3-DPG apresenta algumas dificuldades, porque esse sangue não libera prontamente seu O_2.

Figura 23.20
Persistência hereditária da hemoglobina fetal (HbF). As hemácias que contêm HbF aparecem em cor-derosa brilhante.

ii. **Benefícios:** o O_2 é liberado a um feto por meio da placenta, o que representa uma via ineficiente para a transferência de O_2, se comparada aos pulmões. Como resultado, a P_aO_2 fetal raramente excede 40 mmHg. O deslocamento para a esquerda, na curva de dissociação da Hb-O_2, aproxima-a de valores de Po_2 normalmente encontrados no útero e permite ao sangue da placenta fetal chegar a aproximadamente 80% de saturação, mesmo se a P_aO_2 esteja baixa. A HbF é substituída por HbA nos primeiros meses após o nascimento, embora os indivíduos com persistência hereditária de HbF possam continuar expressando a forma fetal até a vida adulta (Fig. 23.20).

b. **Monóxido de carbono:** a Hb liga o CO com alta afinidade para produzir carboxi-hemoglobina, a qual tem uma coloração vermelho-brilhante. A ligação de CO nos sítios de ligação de O_2 reduz severamente a capacidade da Hb de se ligar e carregar O_2. Inalar o gás em uma concentração de apenas 0,1% reduz a capacidade carreadora de O_2 em cerca de 500%. Ao mesmo tempo, o CO estabiliza a forma de Hb de alta afinidade e desloca a curva de dissociação Hb-O_2 para a esquerda (Fig. 23.21). Essas alterações reduzem drasticamente a capacidade da Hb de liberar O_2 aos tecidos, e tornam o CO um gás extremamente mortal (Fig. 23.22). O envenenamento por CO é a causa predominante de mortes por envenenamento nos Estados Unidos.

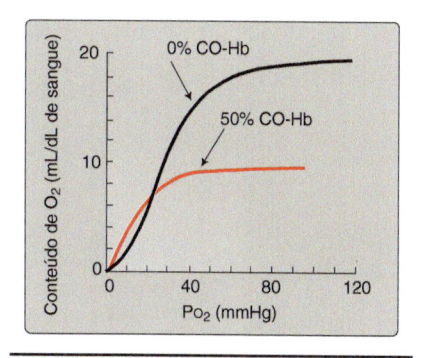

Figura 23.21
Efeitos do monóxido de carbono na afinidade da hemoglobina por O_2. CO-Hb = carboxi-hemoglobina.

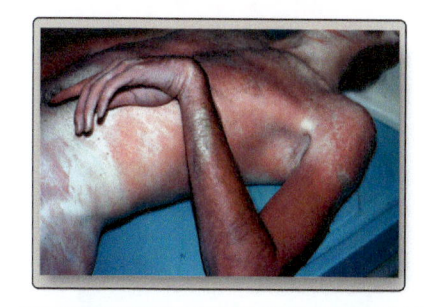

> O CO é formado pela combustão de hidrocarbonetos. As fontes comuns de exposição incluem a exaustão de automóveis, sistemas de aquecimento mal-ventilados e fumaça. A carboxi-hemoglobina compreende até 3% do total de Hb em não fumantes, aumentando para 10 a 15% em fumantes.

Figura 23.22
O envenenamento por monóxido de carbono deixa a pele com uma coloração vermelho-cereja brilhante, cor esta que persiste mesmo após a morte.

VII. TRANSPORTE DO DIÓXIDO DE CARBONO

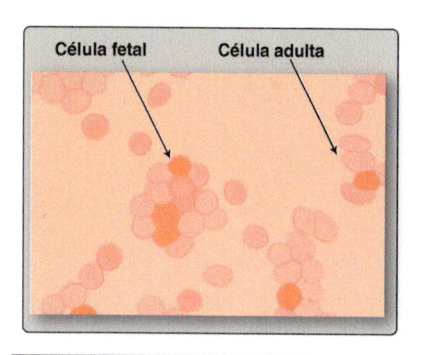

O metabolismo gera em torno de 200 mL de CO_2/min em uma pessoa normal em repouso. O CO_2 é levado embora dos tecidos pelo sangue desoxigenado e depois exalado pelos pulmões. O manejo do CO_2 pelo corpo difere da forma como ele transporta o O_2 em dois aspectos importantes. Primeiro, o CO_2 é altamente solúvel em água e, portanto, não requer uma proteína carreadora para transporte ao longo da circulação. Segundo, o CO_2 gera quantidades substanciais de ácido, quando em solução, necessitando da presença de um sistema de tamponamento.

A. Formas do dióxido de carbono

O CO_2 é transportado pelos vasos sanguíneos em três formas predominantes: na forma dissolvida, como HCO_3^- e em associação com a Hb.

1. **Dissolvido:** o CO_2 é > 20 vezes mais solúvel no sangue que o O_2, e quantidades substanciais são carregadas dessa forma (aproximadamente 5% do CO_2 total transportado).

2. **Bicarbonato:** noventa por cento do CO_2 são carreados como HCO_3^-. O HCO_3^- se forma a partir da dissociação espontânea de H_2CO_3 (ver a reação a seguir), pelas ações da *anidrase carbônica* (*AC*) e pela combinação do carbonato com H^+:

    Equação 23.2 $H_2O + CO_2 \leftrightarrows H_2CO_3 \leftrightarrows HCO_3^- + H^+$
    $\quad\quad\quad\quad\quad\quad\quad\quad\quad AC$

3. **Compostos carbamínicos:** cinco por cento do total de CO_2 do sangue são carreados como compostos carbamínicos, os quais se formam pela reação reversível de CO_2 com os grupos amino das proteínas, principalmente a Hb. O CO_2 também se liga a proteínas plasmáticas, mas não em quantidades significativas.

B. Transporte do dióxido de carbono

O sangue carrega mais do que o dobro da quantidade de CO_2 do que de O_2 (em torno de 23 mmol/L CO_2 *versus* 9,5 mmol/L O_2). Grande parte desse CO_2 está armazenada, e a passagem pelos leitos capilares sistêmicos aumenta o seu conteúdo total em apenas 8%. O CO_2 que foi recentemente resgatado dos tecidos é transportado aos pulmões principalmente como HCO_3^- (em torno de 60%), conforme mostra a Figura 23.23. O restante é carreado na forma dissolvida (ao redor de 10%) ou em associação com uma proteína (aproximadamente 30%). A captação de CO_2 dos tecidos ocorre por difusão simples direcionada pelo gradiente de pressão parcial para CO_2. Seu destino subsequente pode ser dividido em várias etapas (Fig. 23.24).

1. **Captação pelas hemácias:** as hemácias contêm elevados níveis de *AC-I*, que converte o CO_2 em H_2CO_3 tão logo esse gás entra nas células. Isso auxilia a manter um forte gradiente de pressão parcial entre os tecidos e o sangue que direciona a difusão de CO_2. O H_2CO_3 então se desassocia rapidamente para formar HCO_3^- e H^+ (ver Equação 23.2).

2. **Transporte do bicarbonato:** o HCO_3^- é transportado para fora das hemácias por um trocador de Cl^--HCO_3^-. O **desvio de Cl^-** causa um leve aumento da osmolaridade das hemácias e produz um leve inchaço, mas isso é revertido nos pulmões.

3. **Tamponamento pelo íon H^+:** o íon H^+, liberado durante a formação de HCO_3^-, permanece preso nas hemácias pela membrana celular, a qual é relativamente impermeável a cátions. Espera-se que esse fato baixe o pH intracelular, mas o acúmulo de H^+ ocorre no

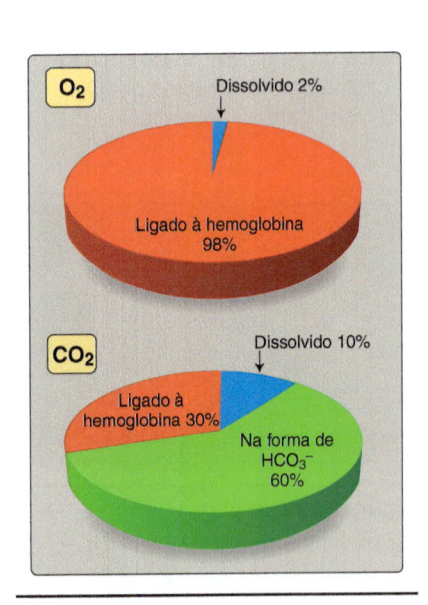

Figura 23.23
Comparação dos modos de transporte de O_2 e CO_2 entre os pulmões e os tecidos.

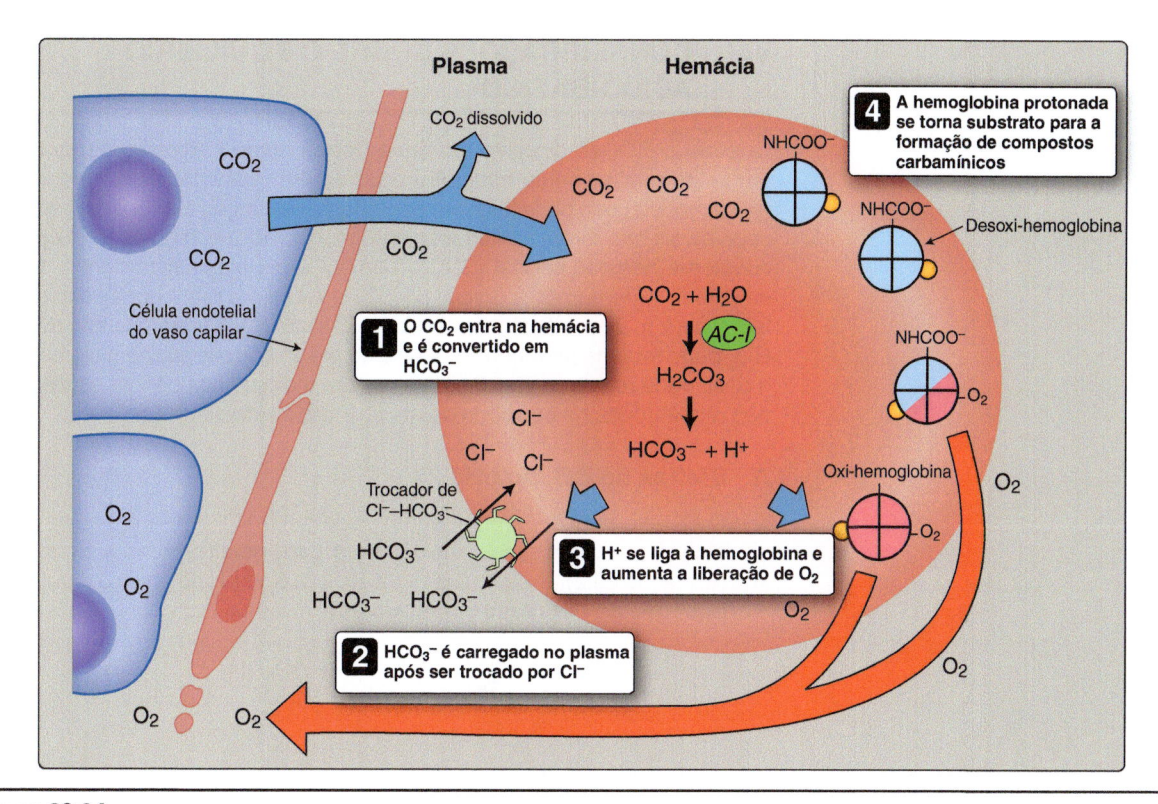

Figura 23.24
Transporte de CO_2 no sangue. AC = anidrase carbônica.

momento exato em que a Hb está liberando o O_2 e sofrendo uma alteração conformacional que favorece a ligação de H^+. Conforme observado anteriormente (i.e., o efeito Bohr), a ligação de H^+, na verdade, *facilita* o descarregamento de O_2 por deslocar a curva de dissociação Hb-O_2 para a direita e reduzir a afinidade da Hb por O_2. Praticamente todo o excesso de ácido causado pela perda de HCO_3^- para o plasma é tamponado pela Hb. Com o H^+ intracelular mantido baixo pela Hb, e o trocador Cl^--HCO_3^- mantendo o HCO_3^- baixo, a reação catalisada pela *AC* permanece viciada em favor de H^+ elevado e formação de HCO_3^-. A capacidade do sangue de carregar CO_2 consequentemente aumenta.

4. **Formação de compostos carbamínicos:** quando a Hb se liga ao H^+, torna-se um substrato mais favorável para a formação de compostos carbamínicos (o **efeito Haldane** [Fig. 23.25]). A Hb carrega quantidades apreciáveis de CO_2 na forma de carbamino-hemoglobina.

C. Descarregamento

Quando o sangue chega aos pulmões, os gradientes de pressão parcial para O_2 e CO_2 se invertem, em comparação aos tecidos. Uma P_{O_2} elevada provoca a dissociação do H^+ da Hb (o efeito Haldane), e a reação da Equação 23.2 agora favorece a associação entre H^+ e HCO_3^- para formar H_2O e CO_2. O HCO_3^- entra novamente nas hemácias em troca de Cl^- e se combina com o H^+ para formar H_2CO_3, o qual se dissocia, liberando CO_2 e H_2O. O CO_2 se difunde então para fora do sangue, direcionado pelo gradiente de pressão parcial para CO_2, entre o sangue e a luz alveolar.

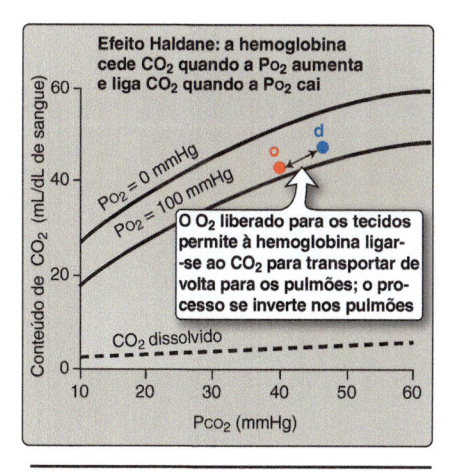

Figura 23.25
Efeito da P_{O_2} na curva de dissociação de CO_2 (o efeito Haldane). o = sangue oxigenado; d = sangue desoxigenado.

VIII. CONSIDERAÇÕES SOBRE O EQUILÍBRIO ACIDO-BÁSICO

Quando o CO_2 se dissolve em água, forma ácido carbônico. Embora seja um ácido relativamente fraco, é produzido em quantidades tão prodigiosas (> 20 mol/dia) que pode interferir seriamente na função tecidual normal, se os seus níveis não forem cuidadosamente monitorados e regulados. Na prática, o sistema nervoso central (SNC), mantém o pH plasmático dentro de uma amplitude extremamente rígida (pH 7,35 a 7,45), em parte por ajustar a ventilação para manter a P_aCO_2 em cerca de 40 mmHg. Entretanto, o fato de que o CO_2 *pode* ter uma profunda influência no pH do plasma também significa que o SNC pode regular a ventilação, como um meio de compensar os distúrbios não respiratórios no equilíbrio do pH do líquido extracelular.

A. Efeitos do CO_2 no pH

O CO_2 se dissolve em água (auxiliado pela *AC*), formando ácido carbônico, o qual se dissocia rapidamente para gerar prótons e bicarbonato (Equação 23.2). O efeito dessa dissociação no pH do plasma é dado pela **equação de Henderson-Hasselbalch**:

$$pH = pK + \log \frac{[HCO_3^-]}{[CO_2]}$$

em que pK é a constante de dissociação para o ácido carbônico (6,1 a 37°C), e $[HCO_3^-]$ e $[CO_2]$ denotam as concentrações de HCO_3^- e CO_2, respectivamente. A concentração de CO_2 no sangue pode ser calculada a partir de sua constante de solubilidade (0,03) e da P_{CO_2}. O sangue oxigenado tem uma P_{CO_2} de 40 mmHg e contém 24 mM de HCO_3^-. Inserindo esses valores na equação de Henderson-Hasselbalch:

$$pH = 6,1 + \log \frac{24}{0,03 \times 40} = 7,4$$

Observa-se que qualquer aumento na P_{CO_2} fará o pH cair (**acidose**), enquanto decréscimos farão o pH aumentar (**alcalose**).

B. Causas das alterações do pH no líquido extracelular

As alterações de pH causadas pelos pulmões são tratadas como **acidoses respiratórias** ou **alcaloses respiratórias**. As alterações que não sejam respiratórias são tratadas como **acidoses metabólicas** ou **alcaloses metabólicas**.

1. **Acidose respiratória:** a P_aCO_2 aumentada resulta de hipoventilação, desequilíbrios na $\dot{V}_A/\dot{Q}$ ou aumento na distância de difusão entre o saco alveolar e o suprimento sanguíneo pulmonar (devido a fibrose pulmonar ou edema, p. ex.).

2. **Alcalose respiratória:** a P_aCO_2 diminui com a hiperventilação, geralmente devido a ansiedade ou outro estado emocional. Pode também resultar de hipoxemia ocasionada por subida a altitudes muito elevadas.

C. Compensação

As células são defendidas contra o acúmulo excessivo de ácido a curto prazo por tampões, especialmente o sistema de tamponamento pelo HCO_3^- e proteínas intracelulares, como a hemoglobina (ver 3.IV.B). Os

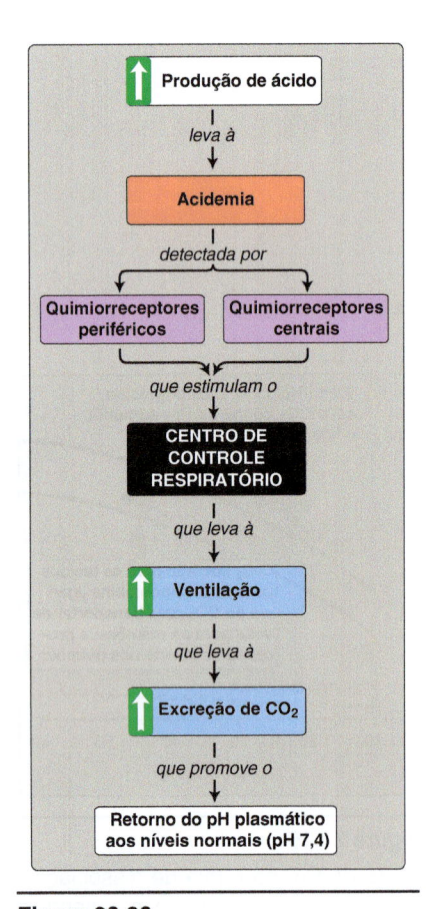

Figura 23.26
Mapa conceitual da resposta ventilatória à acidemia.

tampões operam em uma escala de tempo de segundos ou menos. A correção de um estado acido-básico alterado requer, em último caso, uma alteração na função do pulmão ou do rim. Os centros de controle respiratório do SNC monitoram continuamente o pH plasmático (Fig. 23.26). Se o pH cair, eles aumentam a ventilação pulmonar para transferir CO_2 para a atmosfera, e o pH renormaliza. Por outro lado, um aumento no pH plasmático inicia uma diminuição ventilatória reflexa, e o CO_2 é retido. As respostas ventilatórias requerem vários minutos para terem efeito e, se a causa subjacente for um distúrbio metabólico, talvez nunca cheguem a ser suficientes. As vias de controle respiratório são abordadas no Capítulo 24. O papel dos rins no equilíbrio do pH está detalhado na Unidade VI, Sistema Urinário.

Resumo do capítulo

- A **troca de O_2 e CO_2** ocorre na **interface sangue-gás** dentro dos pulmões. Essa troca é aumentada pela **grande área de superfície** da interface e pelo fato de que a barreira entre o sangue e o ar é **muito fina**. Ventilação e perfusão asseguram que os gradientes de pressão parciais que direcionam a difusão de O_2 e CO_2 através da barreira sejam mantidos elevados.

- A interface é perfundida por sangue da **circulação pulmonar**. As pressões da perfusão pulmonar são muito baixas, e os vasos têm paredes relativamente finas. Esses aspectos significam que os vasos pulmonares se expandem facilmente e colapsam em resposta a **forças extravasculares**.

- **Efeitos gravitacionais** sobre os vasos sanguíneos pulmonares, em pulmões em posição vertical, criam três diferentes zonas de fluxo. As **pressões de perfusão** e o **fluxo** são mais baixos no ápice do pulmão (zona 1). O fluxo é mais elevado na base do pulmão (zona 3). A gravidade também afeta a **ventilação alveolar**. Os alvéolos do ápice do pulmão ventilam pouco, enquanto os alvéolos da base do pulmão ventilam muito bem. Os efeitos combinados da gravidade na perfusão e na ventilação significam que a maior parte de captação de O_2 ocorre na base em um pulmão na posição vertical.

- Em um pulmão ideal a **ventilação** e a **perfusão alveolares** deveriam se equilibrar perfeitamente (relação $\dot{V}_A/\dot{Q} = 1$). Os **desequilíbrios** ocorrem devido a obstrução da via respiratória ou perda de perfusão, e a relação se desvia em direção ao zero ou ao infinito, respectivamente.

- A troca de O_2 e CO_2 ocorre por difusão dirigida por gradientes de pressão parciais para ambos os gases. A **difusão de gases** através da parede alveolar é influenciada pela espessura da barreira e pela área de superfície total, ambas podendo se tornar limitantes em um pulmão adoentado (**troca limitada pela difusão**). A captação líquida pode também ser limitada pela inadequação da perfusão (**troca limitada pela perfusão**).

- O O_2 tem uma solubilidade limitada em água, assim, uma proteína ligante de O_2 (**hemoglobina [Hb]**) é indispensável para auxiliar no seu transporte para os tecidos, nas quantidades necessárias para a respiração aeróbia. O O_2 se liga a quatro sítios na Hb. A natureza cooperativa da ligação do O_2 assegura a saturação de O_2 no sangue durante a passagem pelos pulmões e facilita a liberação de O_2 conforme o sangue passa pelos tecidos por meio da circulação sistêmica.

- O CO_2 é transportado na forma dissolvida, em associação com a hemoglobina e como HCO_3^-. O HCO_3^- se forma por dissociação do ácido carbônico.

- Visto que o CO_2 se dissolve em água para formar **ácido carbônico**, as trocas ventilatórias que causam a excreção de CO_2 em taxas que excedam ou falhem em equilibrá-la com a produção de CO_2 podem resultar em **alcalose** ou **acidose respiratórias**, respectivamente.

24 Regulação Respiratória

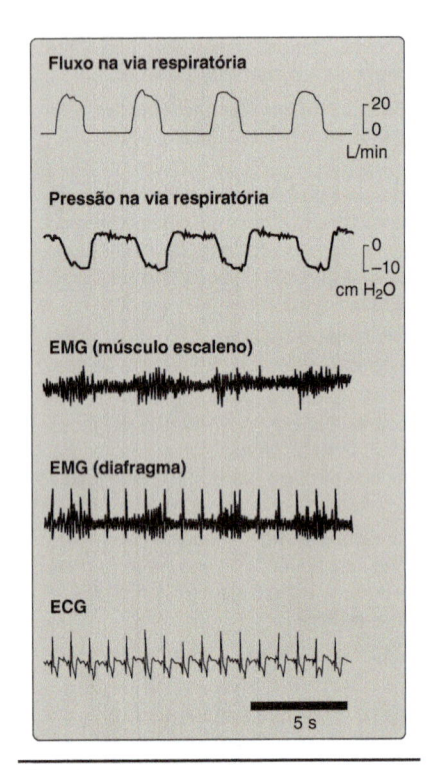

Figura 24.1
Ciclo rítmico de inspiração-expiração. ECG = eletrocardiograma; EMG = eletromiograma.

I. VISÃO GERAL

A respiração normal (**eupneia**) é geralmente um ato inconsciente, coordenado pelo sistema nervoso autônomo. Seu padrão cíclico é estabelecido por um centro de controle respiratório, dentro do encéfalo, que coordena a contração do diafragma e de outros músculos envolvidos na inspiração e na expiração (Fig. 24.1). Tendo em vista que as necessidades de respiração celular se alteram conforme os níveis de atividade, o gerador desse padrão deve também alterar sua eferência, de maneira a suprir as necessidades predominantes. Sensores localizados no sistema nervoso central (SNC) e por toda a periferia monitoram continuamente os níveis sanguíneos e teciduais de P_{CO_2}, P_{O_2} e pH, e retroalimentam essas informações ao centro de controle, para seu processamento (Fig. 24.2). O centro também recebe informações de mecanorreceptores localizados nos pulmões e na parede torácica. O centro de controle ajusta, então, a ventilação conforme a necessidade, utilizando eferências motoras para o diafragma, os músculos intercostais e outros músculos envolvidos na respiração. Embora a localização precisa e as funções dos muitos neurônios envolvidos no controle respiratório permaneçam pouco definidas, está claro que o principal objetivo é manter a $P_{a_{CO_2}}$ em um nível estável, enquanto simultaneamente assegurar a adequação do fluxo de O_2 aos tecidos. A dominância do CO_2 no controle respiratório reflete a necessidade do corpo em manter o pH do líquido extracelular (LEC) dentro de uma estreita amplitude.

II. CENTROS DE CONTROLE NEURAL

Várias regiões do encéfalo influenciam a respiração. O ritmo respiratório básico é estabelecido por um centro de controle respiratório localizado no bulbo do tronco encefálico.

A. Centro bulbar

O bulbo contém vários grupos distintos de neurônios envolvidos no controle respiratório (Fig. 24.3). Embora funcionando como uma única unidade, os neurônios do centro de controle e suas vias de aferência/eferência encontram-se em espelho em cada lado do bulbo. Cada metade é capaz de gerar ritmos independentes de respiração, se o tronco encefálico for seccionado. Dentro do centro de controle, existem duas concentrações

-passo em condições experimentais. A ablação desse complexo elimina a respiração rítmica, sugerindo que ele constitui um GPC respiratório.

B. Centros pontinos

A ponte contém duas áreas que influenciam a eferência bulbar. O **centro apnêustico** se localiza na ponte inferior. A transecção do encéfalo acima desse local resulta em inspiração ofegante prolongada (**apneuse**), sugerindo que esse centro normalmente limita a expansão pulmonar. A estimulação do **centro pneumotáxico** (ponte superior) encurta a inspiração e eleva a taxa de respiração. Um papel para cada um desses centros na respiração normal ainda não foi estabelecido.

C. Córtex cerebral e outras regiões do encéfalo

Emoções como o medo, a excitação e a raiva podem alterar a frequência respiratória, refletindo a capacidade do hipotálamo e do sistema límbico de modular o GPC. O GPC também sucumbe de imediato ao córtex cerebral, de forma a permitir a fala, tocar um instrumento musical de sopro e outras atividades que requerem o controle consciente fino dos movimentos respiratórios. Uma pessoa também pode conscientemente sobrepor-se ao GPC e **hiperventilar**, **hipoventilar** ou parar totalmente de respirar. Os efeitos da parada respiratória nas concentrações de gases no sangue são tolerados por um período relativamente curto de tempo, antes que as vias de retroalimentação do controle químico se sobreponham ao controle voluntário.

III. CONTROLE QUÍMICO DA VENTILAÇÃO

A função primária do sistema respiratório é otimizar o pH do LEC pela manipulação da P_{CO_2}. Esse sistema também deve manter acentuados gradientes de pressões parciais de O_2 e CO_2 para maximizar a transferência desses dois gases entre os tecidos e o ambiente externo. O exercício desses papéis requer que as informações sobre a composição química do LEC sejam sentidas e repassadas de volta aos centros de controle respiratório, de maneira que a ventilação possa ser modificada conforme necessário. O corpo emprega quimiorreceptores centrais e periféricos para esse fim.

A. Quimiorreceptores centrais

O controle ventilatório, em condições de repouso, é dominado pelos quimiorreceptores centrais, os quais respondem principalmente a alterações na P_aCO_2. Os quimiorreceptores são neurônios do SNC localizados atrás da barreira hematencefálica (BHE) ao longo da superfície bulbar. A BHE é impermeável praticamente a todos os constituintes do sangue, exceto para moléculas solúveis em lipídeos, tais como O_2 e CO_2. Uma vez dentro da barreira, o CO_2 se dissolve na forma de ácido carbônico, o qual acidifica o LEC encefálico e o líquido cerebrospinal (LCS), conforme mostra a Figura 24.5. O LCS contém quantidades mínimas de proteínas para tamponar o pH. A consequência é que até alterações modestas da P_aCO_2 causam acidose significativa no LCS e no LEC. Os neurônios quimiorreceptores respondem ao ácido com impulsos excitatórios que estimulam o centro respiratório a aumentar a frequência respiratória. A BHE atua como um filtro importante de informações porque, excluindo os íons contidos no sangue, tais como o H^+, fornece uma rota para os quimiorreceptores distinguirem as alterações na P_aCO_2 de quaisquer outras alterações no pH do LEC.

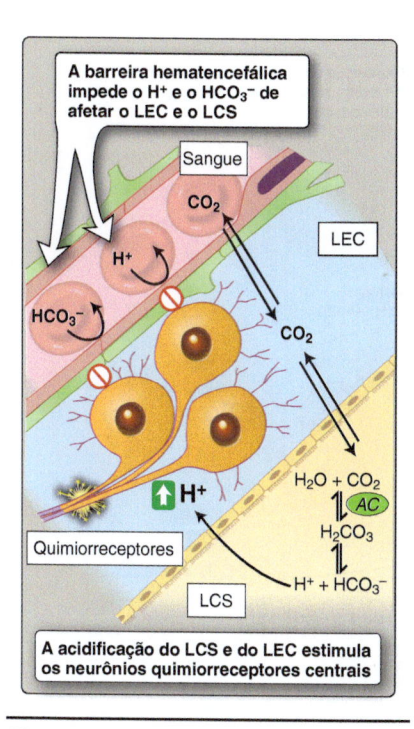

Figura 24.5

Os quimiorreceptores centrais monitoram a P_{CO_2} arterial por meio dos efeitos do CO_2 sobre o pH do líquido cerebrospinal (LCS) e do líquido extracelular (LEC). AC = anidrase carbônica.

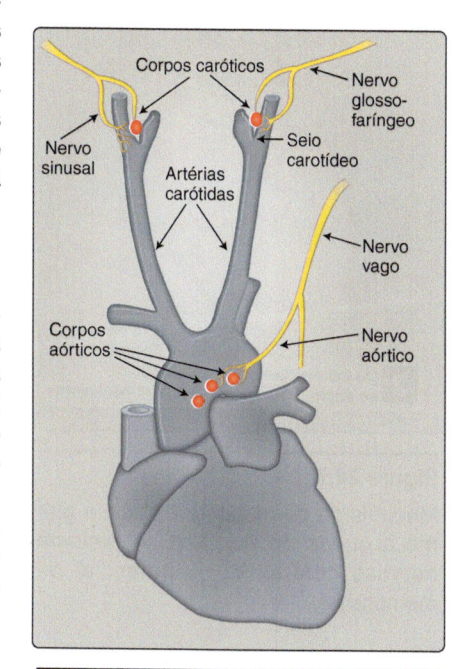

Figura 24.6

Os quimiorreceptores periféricos estão presentes dentro dos corpos caróticos (carotídeos) e aórticos.

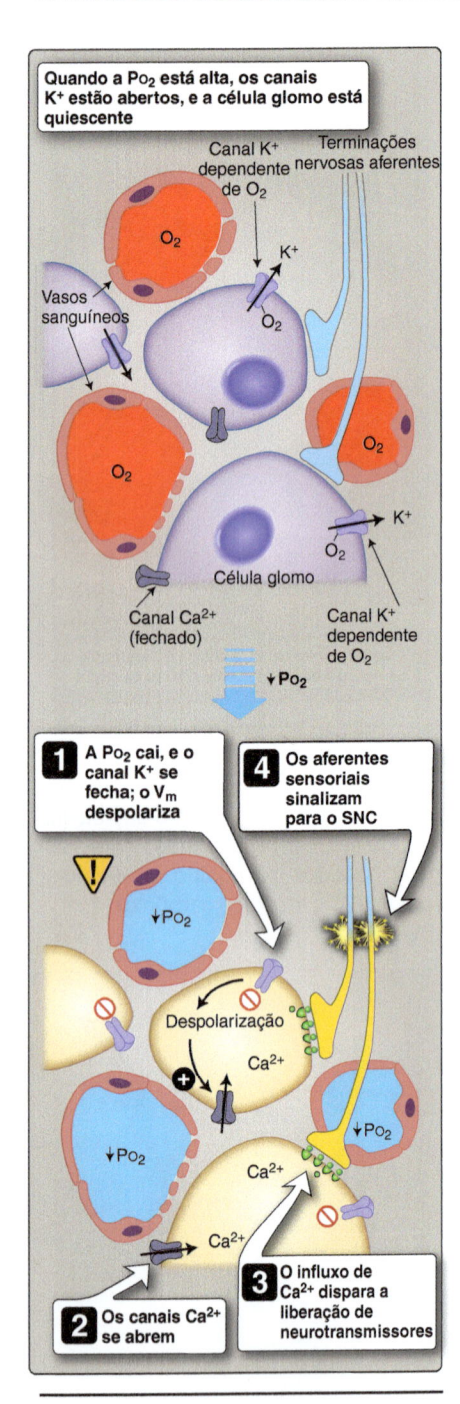

Figura 24.7
Mecanismo de resposta da célula glomo à queda da P_{O_2}. SNC = sistema nervoso central; V_m = potencial de membrana.

Legendas da figura:
- Quando a P_{O_2} está alta, os canais K^+ estão abertos, e a célula glomo está quiescente
- Canal K^+ dependente de O_2
- Terminações nervosas aferentes
- Vasos sanguíneos
- Célula glomo
- Canal Ca^{2+} (fechado)
- Canal K^+ dependente de O_2
- ↓P_{O_2}
- **1** A P_{O_2} cai, e o canal K^+ se fecha; o V_m despolariza
- **4** Os aferentes sensoriais sinalizam para o SNC
- Despolarização
- **2** Os canais Ca^{2+} se abrem
- **3** O influxo de Ca^{2+} dispara a liberação de neurotransmissores

---

As alterações sistêmicas no pH acabam por afetar todos os tecidos, independentemente da causa ou da permeabilidade iônica da BHE. Os quimiorreceptores centrais têm um papel critico na resposta integrada a alterações no pH sanguíneo, embora as reações a acidoses ou alcaloses metabólicas possam ser mais lentas e menos intensas do que as respostas respiratórias acionadas por alterações na P_aCO_2.

B. Quimiorreceptores periféricos

Os quimiorreceptores periféricos foram apresentados primeiramente em relação ao controle da pressão sanguínea (ver 20.III.A.3), porque também repassam informações aos centros de controle cardiovascular bulbares. Os quimiorreceptores com a maior influência na respiração estão localizados dentro dos corpos caróticos (ou carotídeos), localizados na bifurcação das duas artérias carótidas comuns (Fig. 24.6). Os quimiorreceptores são também encontrados dentro dos corpos aórticos, distribuídos ao longo do lado inferior do arco da aorta. Os quimiorreceptores periféricos monitoram a P_aO_2, a P_aCO_2 e o pH arterial.

1. **Estrutura:** os corpos aórticos e caróticos são notáveis pelo seu tamanho diminuto (3 a 5 mm) e elevada taxa de fluxo sanguíneo em relação às suas massas. A elevada taxa de fluxo minimiza o efeito do metabolismo do quimiorreceptor no conteúdo gasoso sanguíneo e, portanto, permite uma leitura fidedigna dos níveis arteriais de O_2 e de CO_2. Os corpos caróticos contêm dois tipos de células organizadas em agrupamentos e em íntima aposição aos vasos capilares fenestrados. As **células do tipo I**, ou **glomos**, são os quimiossensores (Fig. 24.7). As **células do tipo II**, ou **de sustentação**, têm um papel de suporte semelhante ao das células da glia. As células glomos enviam sinais ao centro respiratório por meio dos nervos do seio carótico e glossofaríngeo (nervo craniano [NC] IX; corpos caróticos) e do nervo vago (NC X; corpos aórticos).

2. **Mecanismo sensorial:** as membranas das células glomos contêm um canal K^+ sensível ao O_2, cuja probabilidade de abertura é dependente da P_{O_2}. Quando a P_aO_2 está elevada, o canal está aberto e permite um efluxo de K^+ que mantém o potencial de membrana (V_m) da célula glomo em níveis extremamente negativos. Quando a P_aO_2 cai abaixo de 100 mmHg, o canal se fecha, e o V_m se despolariza. A alteração no V_m ativa canais Ca^{2+} do tipo L e permite um influxo de Ca^{2+} que estimula a liberação de neurotransmissores na superfície dos aferentes sensoriais (ver Fig. 24.7). As células glomos são também excitadas pelo aumento na concentração de P_aCO_2 e de H^+, independentemente de alterações na P_aO_2. Essas células auxiliam a fazer a sintonia fina das informações que o centro respiratório recebe dos quimiorreceptores centrais. As alterações na P_aCO_2 e no pH podem também atuar, influenciando a probabilidade de abertura dos canais K^+ dependentes de O_2, mas o mecanismo ainda não está definido.

C. Respostas ventilatórias

O centro de controle respiratório processa as informações sobre P_aO_2, P_aCO_2 e pH arterial. As alterações nessas variáveis raramente ocorrem isoladamente, o que força o centro respiratório a fazer escolhas sobre uma resposta ventilatória apropriada (Fig. 24.8). Na maioria das circunstâncias, a eferência do centro respiratório é destinada a otimizar a P_aCO_2, mas as alterações concomitantes na P_aO_2 e no pH influenciam a sensibilidade do sistema às alterações na P_aCO_2.

1. **Alterando os níveis de dióxido de carbono:** a natureza da resposta do centro de controle a um aumento na P_aCO_2 depende se a alteração é aguda ou crônica.

    a. **Aguda:** quando o metabolismo tecidual aumenta, a P_aCO_2 aumenta, e o centro respiratório compensa, aumentando a ventilação alveolar (ver Fig. 24.8). O CO_2 é um estímulo ventilatório extremamente potente (Fig. 24.9). Os receptores periféricos atuam rapidamente e acionam uma resposta imediata. Os receptores centrais levam vários minutos para se ativarem completamente, mas os seus efeitos finalmente dominam a resposta ventilatória. Na prática, a ventilação aumenta linearmente com qualquer aumento na P_aCO_2 acima dos valores de repouso, enquanto a ventilação diminui quando a P_aCO_2 cai abaixo de 40 mmHg.

    b. **Crônica:** os pacientes com doenças pulmonares crônicas talvez não sejam capazes de ventilar nos níveis necessários para manter a P_aCO_2 em 40 mmHg. A ventilação aumenta inicialmente quando a P_aCO_2 começa a subir, porque o pH do LCS cai, mas o plexo corioide responde secretando HCO_3^- para o interior do LCS, o que por um período de 8 a 24 horas contrabalança facilmente o efeito da P_aCO_2 mais elevada no pH plasmático. Assim, embora a P_aCO_2 possa permanecer elevada, os quimiorreceptores bulbares não registram mais a alteração, e o sistema de controle respiratório se adapta a uma nova e mais elevada P_aCO_2.

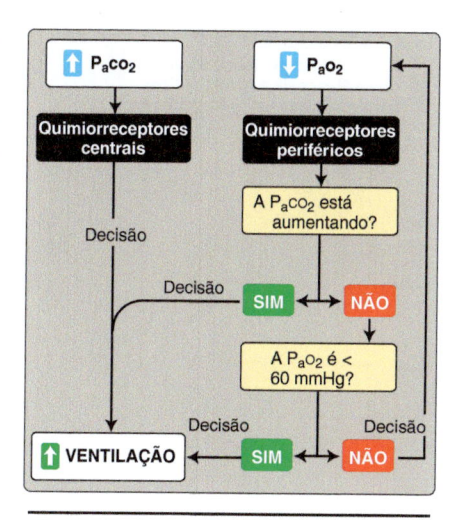

Figura 24.8

Respostas ventilatórias a alterações na PCO_2 (P_aCO_2) e na PO_2 (P_aO_2) arterial.

> Os pacientes que se adaptaram à hipercapnia podem contar com os efeitos da hipoxia nos quimiorreceptores periféricos para manter o seu estímulo ventilatório. Quando existe uma hipercapnia significativa, a administração de O_2 pode auxiliar a normalizar a P_aO_2, mas pode também reduzir o estímulo à respiração, aumentando potencialmente a P_aCO_2 ainda mais e induzindo acidemia respiratória aguda devido à hipoventilação.

2. **Alterando os níveis de oxigênio:** os quimiorreceptores periféricos promovem um aumento compensatório rápido na ventilação se a P_aO_2 cair a níveis perigosamente baixos (ver Fig. 24.10). Diminuições mais modestas na P_aO_2 (entre 60 e 100 mmHg) têm um pequeno efeito na ventilação, embora a frequência dos picos, nos aferentes nervosos dos quimiorreceptores periféricos, aumente em proporção direta à queda na P_aO_2. A razão disso é que os quimiorreceptores centrais e periféricos trabalham um contra o outro para o controle do centro respiratório, sendo que os quimiorreceptores centrais mantêm uma certa vantagem até que a P_aO_2 caia a 60 mmHg (ver Fig. 24.8). A eferência do centro de controle, em resposta a alterações na P_aO_2, é influenciada tanto pelo pH sanguíneo como pela PCO_2.

    a. **pH:** quando P_aO_2 cai, a concentração de desoxi-hemoglobina aumenta. A desoxigenação torna a hemoglobina (Hb) um substrato mais favorável à ligação de H^+ (o efeito Bohr) e, em consequência, a concentração plasmática de H^+ cai. O aumento no pH diminui a sensibilidade dos quimiorreceptores a uma queda na P_aO_2.

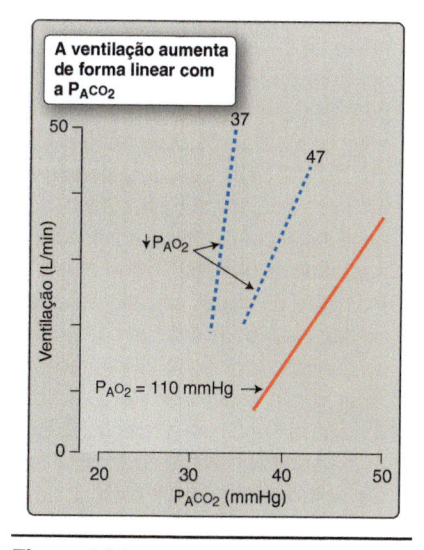

Figura 24.9

Respostas ventilatórias a alterações na PCO_2 alveolar (P_ACO_2).

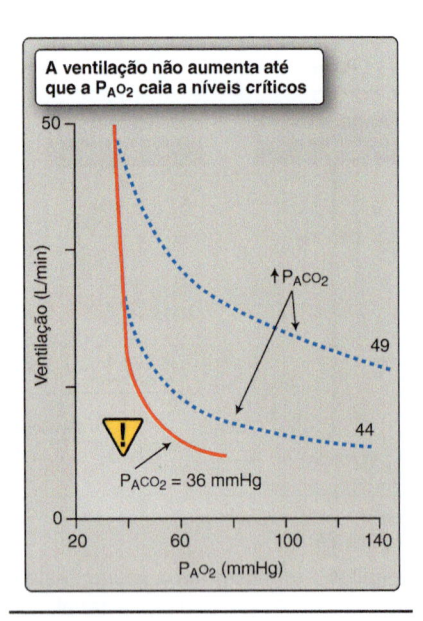

Figura 24.10
Respostas ventilatórias a alterações na P_{O_2} alveolar (P_AO_2).

b. **Dióxido de carbono:** quando a ventilação aumenta, a P_aO_2 aumenta, e a P_aCO_2 diminui. Visto que os centros de controle respiratório são destinados a otimizar a P_aCO_2, a resposta a uma hipoxia moderada é sobreposta em favor de uma concentração estável de CO_2.

> Os quimiorreceptores começam a exercer sua influência em uma P_aO_2 de 60 mmHg, a qual coincidentemente marca o ponto em que a Hb começa a dessaturar (i.e., a porção aguda da curva de dissociação; ver Fig. 23.18). Assim, as propriedades de ligação de O_2 na Hb permitem que o centro respiratório ajuste a ventilação em uma ampla margem, para manter uma P_aCO_2 com poucos efeitos adversos na entrega de O_2.

3. **Sinergismo:** as condições que diminuem a P_aO_2 geralmente causam um aumento concomitante na P_aCO_2. Uma vez que a P_aCO_2 se equivale à concentração de H^+, o pH também cai. Assim, não é de surpreender que as alterações em P_aO_2, P_aCO_2 e pH arterial possam atuar sinergisticamente para disparar uma resposta ventilatória que é maior do que a soma das suas ações individuais.

> A hipoxia aumenta a sensibilidade do quimiorreceptor à hipercapnia, e os aumentos das concentrações da P_aCO_2 e do H^+ sensibilizam os receptores à hipoxia.

Aplicação clínica 24.2   Respiração de Cheyne-Stokes

Algumas condições de doença interferem na função do centro de controle respiratório, levando a ritmos anormais da respiração em repouso. A respiração de Cheyne-Stokes é um padrão de respiração cíclico, caracterizado por períodos de apneia seguidos por uma série de respirações de esforço progressivamente aumentado e fluxo de ar direcionado a um valor máximo, e então novamente declinando em direção à apneia. Embora a respiração de Cheyne-Stokes seja ocasionalmente observada em indivíduos normais em altas altitudes durante o sono, ela é comum em pacientes com derrame e insuficiência cardíaca. A insuficiência cardíaca está associada com baixas taxas de perfusão, o que diminui a capacidade do tronco encefálico em monitorar os efeitos das alterações de ventilação na composição de gases no sangue e pode explicar o ritmo anormal. Existe a teoria de que, quando os centros de controle respiratório aumentam a ventilação para corrigir a hipercapnia, existe um retardo antes que os centros sejam capazes de ver os resultados dessa alteração, durante o qual esses centros impulsionam ainda mais aumentos no esforço respiratório e causam uma hipocapnia. Os centros compensam diminuindo a ventilação, com o mesmo retardo de hipoperfusão causando o declínio do esforço respiratório de forma inapropriada e levando à apneia. O padrão de respiração cíclico é repetido com uma periodicidade variável de aproximadamente 30 a 100 segundos.

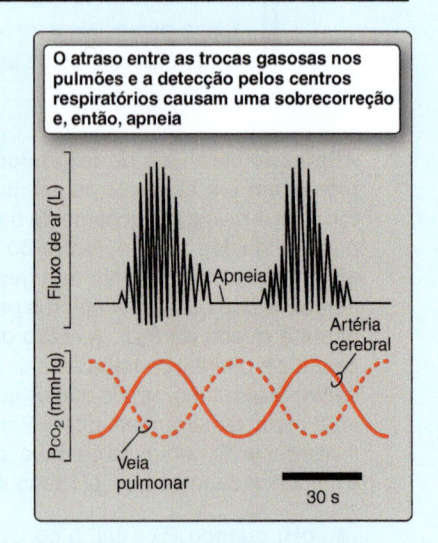

Respiração de Cheyne-Stokes.

IV. PAPEL DO RECEPTOR PULMONAR

Os pulmões e as vias respiratórias contêm uma variedade de receptores que auxiliam a proteger o sistema de corpos estranhos e fornecem ao centro respiratório a retroalimentação sobre o volume pulmonar (Fig. 24.11). O fluxo de informações desses receptores trafega principalmente no nervo vago.

A. Receptores de agentes irritantes

O epitélio das vias respiratórias condutoras maiores contém terminações nervosas sensoriais que respondem a agentes irritantes e estímulos nocivos (dolorosos), tais como amônia, fumaça, pólen, poeira e ar frio. Os receptores acionam a broncoconstrição, a secreção de muco e a tosse, provavelmente para impedir que o material estranho alcance a zona respiratória. Receptores de irritabilidade também têm sido relacionados na broncoconstrição que resulta da liberação de histamina durante um ataque de asma alérgica. Esses receptores também são conhecidos como **receptores de adaptação rápida**, uma referência ao seu comportamento durante a expansão pulmonar. Quando o pulmão insufla, os receptores de irritabilidade são estirados pela pressão transmural, causando uma explosão de potenciais de ação nas fibras nervosas aferentes. A intensidade da explosão é proporcional à taxa e ao grau do estiramento, fornecendo informação sobre a taxa e a extensão da expansão pulmonar. O comportamento explosivo diminui se o volume se mantiver constante no novo nível, uma indicação de que os receptores se adaptam rapidamente a um estímulo constante.

B. Receptores justacapilares pulmonares

As paredes alveolares contêm fibras nervosas não mielinizadas (**fibras C**) que têm funções semelhantes e respostas características aos receptores de irritantes. Também conhecidas como **receptores justacapilares pulmonares**, ou **receptores J**, são sensíveis à insuflação pulmonar, danos, congestão vascular pulmonar e a certos agentes químicos. Quando estimulados, esses receptores causam broncoconstrição, secreção de muco e respiração superficial.

C. Receptores de estiramento

Incorporadas nas camadas de músculo liso das vias respiratórias condutoras, estão as fibras sensoriais mielinizadas, que respondem ao estiramento com a intensidade de eferência refletindo a extensão da inflação. Em contraste às outras duas classes de receptores descritas anteriormente, os receptores de estiramento se adaptam muito vagarosamente quando o estímulo é mantido. Se o volume corrente for suficientemente elevado, os receptores de estiramento podem terminar a inspiração e prolongar a exalação que se segue (o **reflexo de Hering-Breuer**). Sua função é desconhecida.

Figura 24.11
Parede torácica e receptores sensoriais pulmonares. Receptores J = receptores justacapilares pulmonares.

> Os receptores de estiramento que medeiam o reflexo de Hering-Breuer repassam sinais sensoriais aos centros de controle respiratório por meio do nervo vago. Os pacientes de transplante pulmonar respiram normalmente, apesar de terem perdido essa via, mostrando que a retroalimentação dos receptores não é necessária para manter o ciclo da respiração. No entanto, o reflexo de Hering-Breuer é proeminente em recém-nascidos, sugerindo seu possível papel fisiológico em evitar a superinsuflação pulmonar durante a infância.

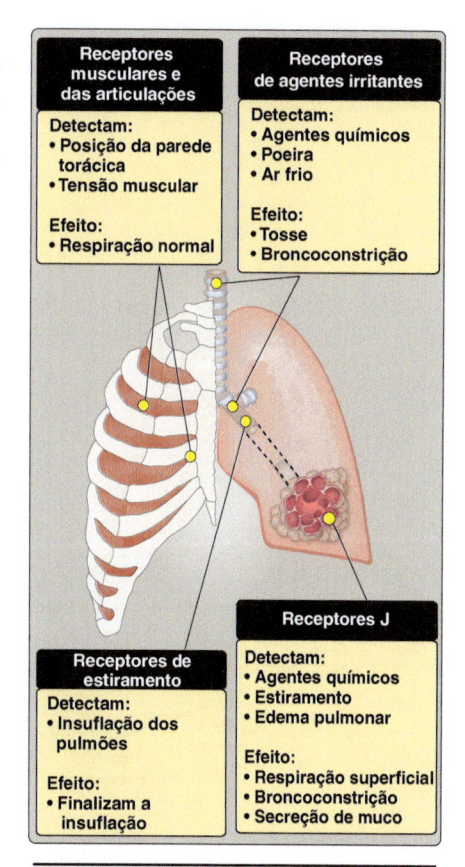

D. Receptores musculares e das articulações

Os receptores de estiramento e de tensão localizados na parede torácica sentem o movimento da parede e a quantidade de esforço envolvida na respiração. A eferência desses receptores permite uma força de inspiração e expiração aumentada, quando o movimento da parede é impedido. As articulações dos membros contêm receptores semelhantes, que contribuem para a ventilação aumentada durante o exercício.

V. ADAPTAÇÃO RESPIRATÓRIA AO AMBIENTE

A difusão de O_2 da atmosfera até as mitocôndrias é direcionada por um gradiente de pressão parcial. Visto que a pressão atmosférica diminui com a altura acima do nível do mar, o movimento em grandes altitudes força o sistema respiratório a se adaptar a um gradiente de pressão parcial reduzido. Um mergulho aumenta drasticamente o gradiente de pressão que favorece a captação de O_2 e outros gases atmosféricos, o que pode ter graves consequências fisiológicas.

A. Altitude

A composição fracionada do ar não se altera com a altitude, mas todas as pressões parciais dos vários constituintes caem com a diminuição da pressão barométrica, devido à ascensão. A Po_2 do ar no pico do Monte Everest (8.848 m), por exemplo, é de 43 mmHg (Fig. 24.12). A Po_2 alveolar é mais baixa do que no ar seco, porque as vias respiratórias adicionam água durante a inspiração, o que reduz a composição fracionada dos outros componentes. A Po_2 é reduzida pela altitude, em uma maior extensão do que poderia ser esperado com base apenas na pressão barométrica, porque a taxa na qual os pulmões e as vias respiratórias adicionam água e CO_2 aos pulmões não se altera com a altitude. A queda da P_Ao_2 reduz o gradiente de pressão parcial que favorece a tomada de O_2 e causa hipoxia. Como resultado, as funções sensoriais e cognitivas se deterioram rapidamente com a altitude, refletindo a dependência acentuada dos neurônios do SNC na disponibilidade de O_2 (Fig. 24.13). A resposta fisiológica à hipoxia pode ser dividida em três fases: respostas agudas, respostas adaptativas e aclimatação a longo prazo (Fig. 24.14).

1. **Aguda (minutos):** a hipoxia é sentida pelos quimiorreceptores periféricos. O centro respiratório responde, aumentando o mecanismo ventilatório para assegurar que a P_Ao_2 permaneça elevada, mas, consequentemente, a P_aco_2 cai, o que ativa os quimiorreceptores centrais. Em decorrência, o mecanismo ventilatório é atenuado. O centro respiratório também suprime o centro cardioinibidor e permite que a frequência cardíaca se eleve (ver Fig. 24.14A). O débito cardíaco de repouso aumenta, facilitando o aumento na captação de O_2 pelo aumento da perfusão pulmonar. Coincidentemente, a hipoxia causa vasoconstrição pulmonar, o que aumenta a resistência vascular pulmonar e força o lado direito do coração a gerar pressões mais elevadas para manter o débito.

2. **Adaptativa (dias a semanas):** os quimiorreceptores centrais se adaptam mais lentamente, ao longo de um período de 8 a 24 horas, permitindo que as taxas de ventilação subam a fim de chegar à hipoxia induzida pela altitude (ver Fig. 24.14B). A queda resultante na P_aco_2 causa alcalose respiratória, mas os rins a compensam, diminuindo a excreção de ácido, e o pH sanguíneo renormaliza (ver Fig. 24.14C). A alcalose também estimula a produção de 2,3-difosfoglicerato (2,3-DPG). O 2,3-DPG diminui a afinidade do O_2 pela Hb,

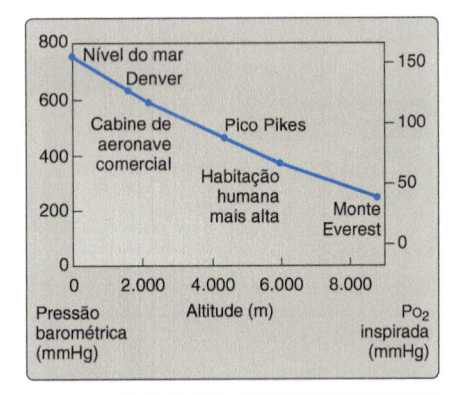

Figura 24.12
Efeitos da altitude na pressão barométrica e na Po_2.

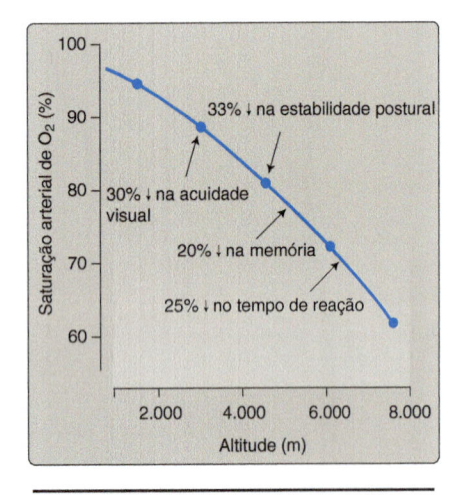

Figura 24.13
Diminuição nas funções sensoriais e cognitivas causada pela diminuição da saturação arterial de O_2 que ocorre com o aumento da altitude.

ocasionando o desvio da curva de dissociação Hb-O_2 para a direita. Essa alteração aumenta a descarga de O_2 para os tecidos.

3. **Aclimatação (meses a anos):** a aclimatação a longo prazo para se viver em altitudes elevadas envolve alterações nas propriedades do sangue, nos vasos sanguíneos e no sistema cardiorrespiratório.

   a. **Sangue:** a hipoxia estimula a liberação de eritropoietina pelos rins e promove a produção de hemácias. A concentração de Hb aumenta proporcionalmente de aproximadamente 15 g/dL para em torno de 20 g/dL (ver Fig. 24.14D). Aumentos paralelos no volume de sangue circulante resultam em um aumento global da capacidade carreadora de O_2 do sangue de > 50%.

   b. **Vasos sanguíneos:** a hipoxia estimula a angiogênese. A densidade dos vasos capilares aumenta em todo o corpo, permitindo uma melhor perfusão tecidual.

   c. **Sistema cardiorrespiratório:** o aumento nas pressões arteriais pulmonares, necessário para perfundir os pulmões diante de uma vasoconstrição hipóxica, promove um remodelamento vascular e ventricular. A proliferação de músculo liso aumenta a espessura da parede vascular, e o ventrículo direito hipertrofia-se para suportar a pós-carga aumentada. Embora o aumento de pressão estresse a circulação pulmonar, ele é também benéfico pelo fato de aumentar a perfusão do ápice do pulmão e permitir que os alvéolos apicais participem da tomada de O_2.

4. **Efeitos adversos:** muitos indivíduos desenvolvem o **mal agudo da montanha** quando ascendem a altitudes elevadas, uma condição temporária caracterizada por dores de cabeça, irritabilidade, insônia, dispneia, tontura, náusea e vômitos. Os sintomas em geral desaparecem após um período de alguns dias. O **mal crônico da montanha** se desenvolve depois um período prolongado de residência em altitudes elevadas, e reflete as consequências cardiovasculares adversas dos ajustes descritos anteriormente. A policitemia aumenta a viscosidade do sangue e a resistência ao fluxo sanguíneo, forçando ambos os ventrículos a operar em pressões mais elevadas (ver 19.IV.C). A P_AO_2 diminuída causa broncoconstrição, a qual estressa o lado direito do coração. Se a hipoxia for suficientemente grave ou prolongada, as veias pulmonares também se contraem e as artérias se tornam estreitas pela remodelação vascular. Por fim, isso pode levar a edema pulmonar, insuficiência cardíaca direita e morte.

B. Mergulho

O mergulho representa uma série de desafios ao sistema respiratório, a maioria dos quais associada à pressão hidrostática externa na profundidade aumentada. A água é mais densa do que o ar, de maneira que a pressão sobe rapidamente com a profundidade abaixo da superfície. Uma coluna de água leva somente em torno de 10 m para exercer a pressão equivalente à da atmosfera (760 mmHg), assim, um mergulhador a aproximadamente 30 m está sujeito a pressões próximas a quatro vezes a pressão atmosférica.

1. **Efeitos da profundidade:** a água espreme e comprime um mergulhador por todos os lados. Ela também comprime os gases dentro dos alvéolos, o que aumenta as pressões parciais que dirigem a tomada de todos os gases e diminui o volume alveolar, levando a dois desafios significativos.

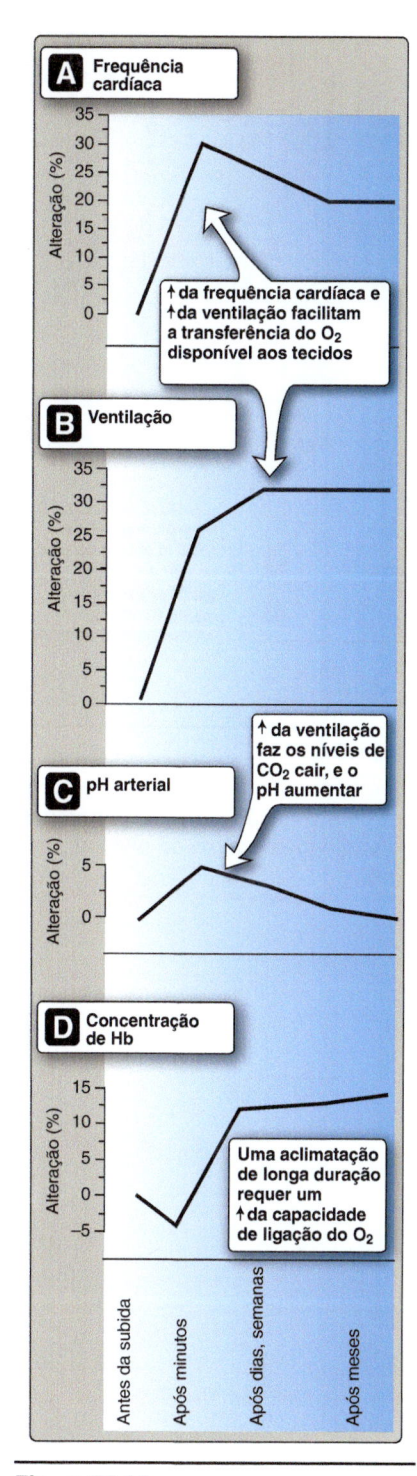

Figura 24.14

Alterações na frequência cardíaca, na ventilação, no pH arterial e na concentração de hemoglobina (Hb) após subida e adaptação à altitude (3.000 m acima do nível do mar), mostradas como porcentagens comparativas aos registros anteriores à subida.

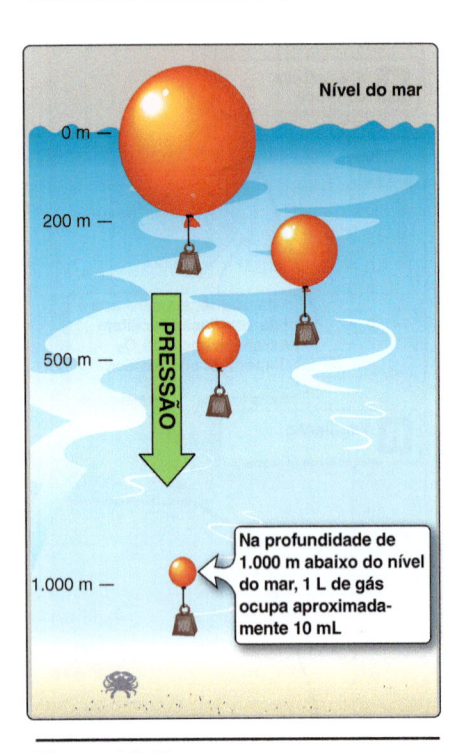

Figura 24.15
Alterações no volume de gás, causadas pela pressão da água em várias profundidades abaixo do nível do mar (0 m).

Na profundidade de 1.000 m abaixo do nível do mar, 1 L de gás ocupa aproximadamente 10 mL.

a. **Pressões parciais:** no nível do mar, o O_2 e o CO_2 são os únicos componentes do ar atmosférico que se dissolvem no sangue em quaisquer quantidades. Mergulhar pode aumentar a pressão parcial em todos os constituintes a tal grau que todos são forçados a se dissolver em excesso potencialmente letal.

b. **Volume:** a pressurização de um gás diminui o seu volume (Fig. 24.15). A 30 m, 1 L de gás (volume no nível do mar) ocupa em torno de 250 mL. Por outro lado, 1 L de gás se expande para preencher 4 L quando o mergulhador vem à superfície de 30 m de profundidade, o que teoricamente pode causar dano grave a qualquer tecido que o contenha.

2. **Toxicidade gasosa:** o ar consiste essencialmente em N_2 (78%) e O_2 (21%), ambos se tornando tóxicos quando inalados sob pressão. A composição de CO_2 do ar inspirado é insignificante e não causa preocupação, a menos que o aparelho de respiração do mergulhador segure o ar exalado, permitindo que o CO_2 se eleve.

   a. **Narcose por nitrogênio:** o N_2 não tem qualquer efeito significativo nas funções corporais no nível do mar, porque não se dissolve nos tecidos. Entretanto, em profundidades de aproximadamente 40 m ou maiores, a PN_2 aumenta a ponto de esse gás se dissolver pelas membranas celulares em quantidades suficientes para perturbar a função dos canais iônicos. Seus efeitos são narcóticos e semelhantes aos do etanol (**narcose pelo nitrogênio**). A gravidade de seus efeitos está relacionada com a profundidade e a pressão, inicialmente causando uma sensação de bem-estar, mas finalmente levando à perda funcional a aproximadamente 80 m ou mais.

   b. **Envenenamento por oxigênio:** o O_2 é uma molécula inerentemente tóxica, porque a sua tendência é a de formar radicais livres. No nível do mar, a quantidade de O_2 que é liberada aos tecidos é cuidadosamente regulada pela Hb, a qual atua tanto como um veículo para transportar o O_2 por meio da circulação, mas também como um tampão de O_2. O sistema de entrega está essencialmente saturado sob condições normais. Respirar o O_2 em alta pressão causa sua dissolução no sangue, em quantidades que excedem a capacidade de tamponamento pela Hb. Os tecidos subsequentemente são expostos a uma Po_2 que ultrapassa a amplitude segura normal (20 a 60 mmHg), causando uma gama de efeitos neurológicos, inclusive distúrbios visuais, convulsões e coma.

   c. **Mergulho em alto mar:** mergulhadores que trabalham nas profundezas respiram uma mistura de gás hélio/oxigênio (**heliox**), com a porcentagem de O_2 cuidadosamente ajustada para gerar uma pressão parcial que seja de apoio, em vez de danosa. O hélio substitui o N_2 porque se dissolve nos tecidos do corpo menos rapidamente, é menos narcótico e tem uma densidade que é consideravelmente reduzida em comparação à do N_2 (14%). A inalação da mistura de hélio reduz a resistência das vias respiratórias e diminui o trabalho da respiração.

> O heliox pode também ser utilizado clinicamente para auxiliar pacientes com obstrução anatômica ou fisiológica das vias respiratórias. A densidade diminuída dessa mistura gasosa permite que ela deslize mais facilmente pelo local da obstrução do que o ar atmosférico e, portanto, ajuda a melhorar a oxigenação do paciente.

3. **Doença descompressiva:** um mergulhador, respirando ar com pressão por períodos prolongados, pode acumular quantidades significativas de N_2 dentro de seus tecidos. A quantidade média de N_2 contida dentro do corpo no nível do mar é ao redor de 1 L. Um mergulho prolongado a 30 m aumenta essa quantidade até aproximadamente 4 L. O N_2 é captado por difusão por meio da interface sangue-gás e então distribuído pela circulação para todos os tecidos, mas preferencialmente se acumula na gordura do corpo. Quando um mergulhador ascende de volta à superfície, o N_2 não está mais sujeito à pressão que o forçou a se dissolver nas profundezas, de forma que sai da solução e forma bolhas de N_2 puro. A presença de bolhas na corrente sanguínea causa a doença descompressiva, ou **"mal dos caixões"**.* As bolhas bloqueiam os vasos sanguíneos e, conforme as pequenas bolhas coalescem para formar bolhas maiores, os vasos maiores são progressivamente afetados. Os tecidos dependentes se tornam isquêmicos, geralmente se manifestando como dor nas articulações e na musculatura dos membros. Os sintomas mais graves podem incluir deficiências neurológicas, dispneia e morte. Desacelerando-se a velocidade de ascensão há mais tempo para que os 3 L de excesso de gás dissolvido na fase aquosa se difundam para fora dos tecidos e para a circulação, a fim de serem transportados aos pulmões para exalação (Fig. 24.16). Entretanto, a gordura é relativamente avascular. Isso aumenta a distância sobre a qual o N_2 deve se difundir antes que possa ser levado embora pela circulação, diminuindo, portanto, a taxa em que pode ser removido. A renormalização completa dos níveis de N_2 dos tecidos pode levar algumas horas após a ascensão.

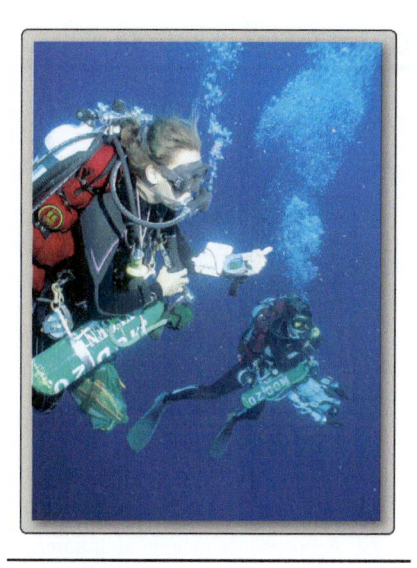

Figura 24.16
Mergulhadores de águas profundas ascendem cuidadosamente para evitar o "mal dos caixões".

Resumo do capítulo

- Um padrão cíclico de inspiração e expiração é estabelecido e controlado por um **gerador de padrão central** (**GPC**). O GPC se localiza no **centro de controle respiratório do tronco encefálico** (bulbo).
- O bulbo contém dois grupos de células envolvidos no controle respiratório. O **grupo respiratório dorsal** controla a inspiração durante a respiração de repouso. O **grupo respiratório ventral** coordena os músculos acessórios e se acredita que ele aloje o gerador de padrão central.
- Centros de controle superiores são capazes de sobrepor a respiração inconsciente de forma a permitir a fala, a tosse e outros atos voluntários que utilizam a mesma musculatura.
- Quimiorreceptores centrais e periféricos repassam as informações sobre a composição química do sangue aos centros de controle. Os **quimiorreceptores centrais** monitoram a P_aco_2. Os **quimiorreceptores periféricos** são sensíveis à P_aO_2, à P_aco_2 e ao pH arterial.
- Quando a P_aco_2 sobe, os quimiorreceptores centrais e periféricos são excitados e levam o centro de controle a responder com um aumento imediato na ventilação. As diminuições na P_aO_2 são estímulos menos eficazes para a ventilação, a menos que o CO_2 aumente simultaneamente.
- Outros sensores que repassam informações ao bulbo incluem **receptores de agentes irritantes**, **receptores justacapilares pulmonares** que são sensíveis a danos aos pulmões, **receptores de estiramento** e **receptores dos músculos e articulações**.
- A pressão atmosférica diminui com a altitude acima do nível do mar. A Po_2 também diminui, causando hipoxia. Os centros de controle respiratório e cardiovascular auxiliam a compensar isso em curto prazo, aumentando a ventilação e a perfusão. A aclimatação completa à altitude requer meses e envolve um aumento na perfusão pulmonar, no hematócrito e na densidade de vasos capilares em todos os tecidos.
- A descida em profundidade, na água, aumenta as pressões parciais dos gases inspirados. O N_2 e o O_2, que são pouco solúveis, ao nível do mar, se tornam tóxicos quando forçados a se dissolverem nos tecidos, nas profundezas. O N_2 preferencialmente se aloja na gordura e leva muitas horas para ser eliminado, quando do retorno à superfície. A ascensão prematura resulta na formação de bolhas de gás N_2 puro dentro dos vasos sanguíneos e causa uma dor intensa conhecida como **"mal dos caixões"**.

---

*N. de R. T. Os primeiros relatos dessa doença surgiram na metade do século passado em trabalhadores de minas, que utilizavam caixas pressurizadas que permitiam o trabalho a seco na beira dos rios. Daí o nome "mal dos caixões".

Questões para estudo

Escolha a resposta CORRETA.

V.1 Um homem com 55 anos de idade e história de fibrose pulmonar intersticial é submetido a um teste de função pulmonar. Qual parâmetro mais provavelmente estará diminuído neste paciente com doença pulmonar restritiva?

- A. CVF (capacidade vital forçada).
- B. Taxa de fluxo do pico expiratório.
- C. VEF$_1$ (volume expiratório forçado durante 1 segundo).
- D. VEF$_1$/CVF.
- E. Fração expirada de O$_2$.

Resposta correta = A. A doença pulmonar restritiva está associada com o enrijecimento pulmonar, que limita a expansão do pulmão (22.VII.B). Isso se manifesta como uma diminuição na capacidade vital forçada (CVF) nos testes de função pulmonar. Na prática, tais pacientes podem voluntariamente inalar e exalar menor volume de ar do que uma pessoa saudável comparável de acordo com a idade, sexo e altura. A taxa de fluxo do pico respiratório e o volume expiratório forçado durante 1 segundo (VEF$_1$) podem ou não estar normais. A relação VEF$_1$/CVF está aumentada, porque a CVF está geralmente reduzida de maneira significativa. A fração expirada de O$_2$ não deve estar alterada pela doença pulmonar restritiva.

V.2 Agonistas de receptores β-adrenérgicos promovem qual dos seguintes efeitos na função pulmonar?

- A. Capacidade vital forçada diminuída.
- B. Capacidade pulmonar total diminuída.
- C. Capacidade de difusão aumentada.
- D. Constrição bronquiolar.
- E. Dilatação bronquiolar.

Resposta correta = E. Os agonistas de receptores β-adrenérgicos relaxam a musculatura lisa das vias respiratórias, promovendo dilatação bronquiolar (22.VIII.C). O relaxamento ocorre devido à inibição da liberação de acetilcolina dos terminais nervosos parassimpáticos. O diâmetro luminal aumentado das vias respiratórias melhora o fluxo, quando medido pelo volume expiratório forçado durante 1 segundo (VEF$_1$). A capacidade pulmonar total, a capacidade vital forçada (volume máximo de ar que pode ser expirado forçadamente) e a capacidade de difusão (uma medida da capacidade de troca da barreira sangue-gás) não são afetadas por fármacos β-adrenérgicos.

V.3 Um garoto de 16 anos de idade passa a apresentar um encurtamento da respiração, após sua família adotar um novo animal de estimação. Seu pneumologista suspeita do desenvolvimento de uma asma induzida por alergia, e prescreve um teste de função pulmonar. O que mais provavelmente deve estar diminuído neste garoto?

- A. Volume corrente.
- B. Volume de reserva expiratório.
- C. Capacidade vital forçada.
- D. Capacidade inspiratória.
- E. VEF$_1$ (volume expiratório forçado durante 1 segundo).

Resposta correta = E. A asma induzida por alergia está associada ao estreitamento e à obstrução das vias respiratórias (22.VII.A), o que prejudica o volume de ar que pode ser forçadamente expirado por unidade de tempo. Na maioria dos casos, a capacidade vital forçada não deve ser afetada, pois esse parâmetro não é dependente do tempo. O volume corrente, de modo similar, não deve ser afetado. Os volumes e capacidades pulmonares estáticos (volume de reserva expiratório e capacidade inspiratória) não mudam de modo significativo com a obstrução do fluxo de ar, embora o volume residual possa ser aumentado pela fisiologia obstrutiva quando ocorre um aprisionamento do ar.

V.4 A resistência vascular pulmonar deve ser avaliada quando os efeitos do volume pulmonar sobre a perfusão pulmonar são mínimos. Quando isso ocorre, mais provavelmente?

- A. Em altas pressões intrapleurais.
- B. Em altas pressões alveolares.
- C. No volume residual.
- D. Na capacidade residual funcional.
- E. Na capacidade pulmonar total.

Resposta correta = D. Os vasos sanguíneos pulmonares têm paredes finas, o que os torna suscetíveis à compressão extravascular (23.III). A resistência vascular pulmonar (RVP) está mais alta e a perfusão pulmonar mais baixa quando os volumes pulmonares estão muito altos ou muito baixos. Na capacidade pulmonar total e quando as pressões alveolares estão altas, a RVP é alta, pois os vasos capilares estão estirados e comprimidos entre os alvéolos adjacentes. No volume residual e quando as pressões intrapleurais estão altas, os vasos arteriais de suprimento estão colapsados pela pressão externa. O ponto mais baixo na curva da RVP para o volume pulmonar ocorre na capacidade residual funcional, porque o efeito combinado dos vasos capilares e da compressão dos vasos nutrícios é mínimo.

V.5 Uma mulher de 58 anos apresenta um desvio da direita para a esquerda, causado por uma má formação arteriovenosa pulmonar. Qual das seguintes variáveis acredita-se que esteja aumentada neste indivíduo?

A. O conteúdo arterial de O_2 dissolvido.
B. A diferença de O_2 alveolar-arterial.
C. A Po_2 venosa.
D. A Po_2 arterial.
E. Os níveis de oxi-hemoglobina.

Resposta correta = B. Desvios da direita da para a esquerda permitem que o sangue passe do lado direito para o lado esquerdo do coração, sem que seja oxigenado (23.III.F). O sangue desviado diminui a Po_2 do sangue oxigenado, aumentando, assim, a diferença de O_2 alveolar-arterial. A quantidade de O_2 que o sangue transporta na forma dissolvida é normalmente mínima, mas pode ser ainda mais diminuída por um desvio. Um desvio da direita para a esquerda pode diminuir a Po_2 venosa e os níveis de oxi-hemoglobina.

V.6 Um homem de 50 anos hipoxêmico, com um gradiente de O_2 alveolar-arterial aumentado, é tratado com 100% de O_2 via máscara facial, provocando um aumento da Po_2 arterial em > 500 mmHg. Os resultados dos testes de capacidade de difusão pulmonar foram normais. O que, provavelmente, causou a hipoxemia?

A. Uma limitação de difusão.
B. Um desvio da direita para a esquerda.
C. Uma incompatibilidade entre ventilação/perfusão.
D. Condições ambientais hipobáricas.
E. Hipoventilação alveolar.

Resposta correta = C. Uma hipoxemia com um gradiente de O_2 alveolar-arterial aumentado $(P(A-a)O_2)$ pode ser causada por uma incompatibilidade entre ventilação/perfusão ou por uma limitação de difusão (23.IV.D). Entretanto, o teste de capacidade de difusão pulmonar eliminou uma limitação de difusão. Desvios da direita para a esquerda também podem causar um $(P(A-a)O_2)$ aumentado, mas 100% de O_2 não aumentariam a Po_2 arterial para os níveis observados no exemplo. Condições hipobáricas e hipoventilação podem resultar em hipoxemias, mas não alteram o $(P(A-a)O_2)$.

V.7 Um homem de 75 anos, com história de fibrose pulmonar intersticial, se queixa de dispneia aumentada durante esforço. Um teste de captação de monóxido de carbono (CO) é prescrito. Qual das seguintes sentenças melhor descreve a captação pulmonar de CO durante este teste?

A. A perfusão é limitada.
B. A difusão é limitada.
C. A ventilação é limitada.
D. A solubilidade é limitada.
E. A ligação é limitada.

Resposta correta = B. A captação resultante do monóxido de carbono (CO) pelos pulmões é limitada pela velocidade na qual ele se difunde pela barreira sangue-gás (23.V.A). Ela é relativamente insensível a mudanças na perfusão pulmonar (diferentemente da absorção de um gás limitado pela perfusão, como o N_2O), por isso o teste é usado para medir a capacidade de difusão pulmonar. Em condições fisiológicas, a captação não é limitada pela ventilação. O CO absorvido se liga com alta afinidade à hemoglobina (Hb), assim, a captação não está limitada pela ligação. A avidez com que a Hb se liga ao CO significa que o sangue raramente carrega quantidades apreciáveis do gás na forma dissolvida.

V.8 Uma mulher de 25 anos de idade, com função pulmonar normal, apresenta anemia pós-parto (hemoglobina = 8,6 g/dL). Qual dos seguintes parâmetros mais provavelmente deve estar reduzido?

A. A Po_2 arterial.
B. A saturação arterial de O_2.
C. O conteúdo arterial de O_2.
D. A ejeção ventricular direita.
E. O ciclo ventilatório.

Resposta correta = C. A anemia, definida pela redução do conteúdo de hemoglobina (Hb) (Hb em mulheres normais = 12 a 16 g/dL), reduz a quantidade total de O_2 que pode ser transportado pelo sangue (23.VI.A). A Po_2 arterial é uma medida de concentração de O_2 dissolvido e não é significativamente afetada pela concentração de Hb. A saturação arterial de O_2 é uma medida do estado de ligação do O_2 à Hb, a qual é totalmente independente da concentração de Hb no sangue em condições fisiológicas. Uma diminuição no conteúdo arterial de O_2 deve estimular aumentos compensatórios na ejeção ventricular direita e no ciclo de ventilação.

V.9 Um acidente vascularencefálico que afeta as expirações forçadas durante o repouso e o exercício deve ter danificado mais provavelmente qual área neural?

A. O centro apnêustico.
B. O centro pneumotáxico.
C. O centro do nervo frênico.
D. O grupo respiratório dorsal.
E. O grupo respiratório ventral.

Resposta correta = E. Os neurônios do grupo respiratório ventral estão envolvidos na expiração forçada e na coordenação da inspiração e da expiração forçadas (24.II.A). Os centros pontinos limitam a expansão pulmonar (centro apnêustico) e causam respirações rápidas e superficiais (centro pneumotáxico), embora o papel de cada um desses centros durante a respiração normal permaneça incerto. Os neurônios do grupo respiratório dorsal regulam a inspiração e implementam o ritmo respiratório em repouso. O nervo frênico contém neurônios motores que controlam o diafragma, que é o principal músculo inspiratório (22.V.C).

V.10 As células glomos dos corpos caróticos (carotídeos) respondem à baixa Po_2 arterial com influxo de Ca^{2+}, promovendo liberação de neurotransmissores que estimulam nervos sensitivos aferentes. Um aumento em qual das seguintes alternativas dispara o influxo de Ca^{2+} nas células glomos?

A. Condutância de Na^+.
B. Potencial de equilíbrio do Na^+.
C. Condutância de K^+.
D. Despolarização da membrana.
E. H^+ intersticial encefálico.

Resposta correta = D. A Po_2 arterial é detectada por uma condutância de K^+ dependente de O_2 nas células glomos (24.III.B). Uma queda na Po_2 arterial permite que os canais K^+ se fechem, diminuindo o efluxo de K^+ e provocando uma despolarização da membrana. A despolarização ativa os canais Ca^{2+} dependentes de voltagem e o influxo de Ca^{2+}. A condutância de Na^+ e as alterações no potencial de equilíbrio do Na^+ não têm papel algum nesta resposta. Alterações no H^+ intersticial encefálico iniciam respostas ventilatórias mediadas pelos quimiorreceptores centrais (24.III.A), não por quimiorreceptores periféricos.

V.11 Uma mulher saudável de 23 anos de idade relata tosse paroxística quando a temperatura do ar está abaixo do ponto de congelamento. Quais receptores sensoriais provavelmente desencadearam esta resposta?

A. Quimiorreceptores centrais.
B. Quimiorreceptores periféricos.
C. Receptores de agentes irritantes.
D. Receptores de estiramento pulmonar.
E. Receptores justacapilares pulmonares.

Resposta correta = C. Receptores de agentes irritantes protegem os pulmões de estímulos nocivos, tais como poeira, agentes químicos e ar frio (24.IV.A). Esses receptores podem desencadear tosse, broncoconstrição e produção de muco, quando estimulados. Quimiorreceptores centrais e periféricos respondem a alterações na composição de gases do sangue oxigenado (24.III). Receptores de estiramento são ativados durante a insuflação pulmonar (24.IV.B), enquanto os receptores justacapilares pulmonares respondem ao ingurgitamento capilar e ao edema intersticial (24.IV.C).

V.12 Um homem de 29 anos de idade, que vive no nível do mar, sente dor de cabeça e náuseas após viajar para uma estação de esqui (base = 2.500 m). Após um dia, esses sintomas melhoram, e ele se sente bem o suficiente para esquiar. O que contribuiu para essa acomodação fisiológica?

A. A adaptação dos quimiorreceptores centrais.
B. A estimulação dos receptores de estiramento pulmonar.
C. A síntese de hemácias.
D. A alteração da isoforma da hemoglobina.
E. A angiogênese.

Resposta correta = A. A resposta inicial para a hipoxia hipobárica em grandes altitudes é a hipoventilação, que promove uma queda da Pco_2 arterial, suprimindo a condução normal da respiração (24.V.A). A hipoxemia resultante promove os sintomas associados com o mal agudo da montanha. Os quimiorreceptores centrais se adaptam lentamente à diminuição da Pco_2 arterial, dentro de 8 a 24 h, permitindo que a frequência ventilatória aumente, e os sintomas melhorem. A produção de hemácias e a angiogênese requerem de semanas a meses para compensarem os efeitos da hipoxia. Não existem evidências de que a altitude cause uma mudança da isoforma da hemoglobina ou respostas de estiramento pulmonar.

UNIDADE VI
Sistema Urinário

Filtração e Micção

25

I. VISÃO GERAL

O metabolismo gera muitos ácidos, toxinas e outros produtos metabólicos que podem afetar gravemente a função celular, se for permitido o seu acúmulo. Os dejetos metabólicos são passados das células para a circulação e depois para os rins, onde são removidos por filtração e excretados na urina. Entretanto, a **excreção** é apenas uma das três funções essenciais dos rins. O rim é também um **órgão endócrino** que controla a produção das hemácias pela medula óssea. Os rins têm também um papel **homeostático** vital no controle da pressão sanguínea, na osmolalidade tecidual, no equilíbrio eletrolítico e hídrico, e no pH plasmático. As funções homeostática e excretória começam quando o sangue é forçado a passar sob elevada pressão por uma membrana filtrante para separar o plasma das células e proteínas (Fig. 25.1). O ultrafiltrado é então canalizado para um túbulo revestido com um epitélio de transporte especializado. Canais e transportadores na superfície luminal (apical) do epitélio recuperam então alguns componentes *úteis* do ultrafiltrado, conforme este último progride em direção à bexiga, e, finalmente, ao ambiente exterior. Se fizéssemos o mesmo tipo de abordagem para os trabalhos domésticos, carregaríamos todos os conteúdos de nossa casa, incluindo o *laptop*, o *MP3 player*, plantas, roupas e outros utensílios de nossas vidas para a rua, e então levaríamos de volta todos os itens que desejamos realmente reter em casa. Caixas vazias de *pizza*, latinhas, guardanapos e meias furadas seriam deixados no cordão da calçada para o serviço de limpeza urbana. Esse processo seria repetido 48 vezes por dia. Essa maneira surpreendente de executar o serviço doméstico tem duas grandes vantagens. A primeira é a velocidade, porque as toxinas (metabólicas ou ingeridas) podem ser efetivamente eliminadas da circulação em apenas 30 minutos. A segunda é que o rim necessita de ser apenas seletivo sobre o que ele recupera do ultrafiltrado, não sobre o que excreta, porque qualquer coisa não reabsorvida é automaticamente excretada. O rim também utiliza de maneira eficiente gradientes osmóticos para recapturar a água filtrada, de forma que, apesar do volume massivo de líquido que maneja diariamente (em torno de 180 L), o gasto de energia pelo rim é apenas um pouco maior do que o do coração (10% do consumo de energia total do corpo, comparados com 7% do coração).

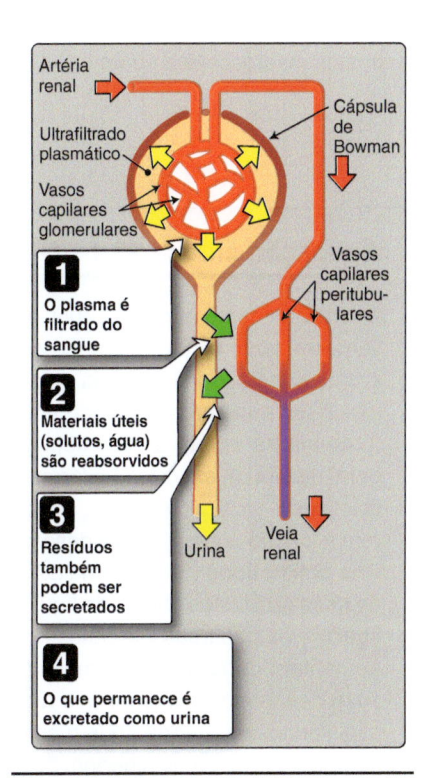

Figura 25.1
Visão geral da função renal.

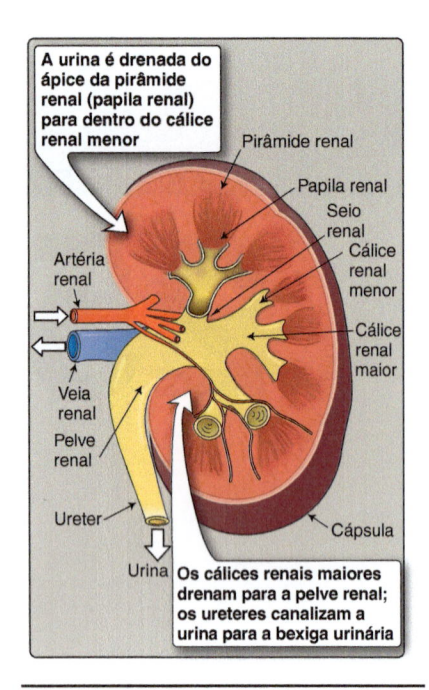

Figura 25.2
Anatomia macroscópica do rim.

II. ANATOMIA

A unidade funcional do rim é o **néfron renal**, que compreende um componente de filtração do sangue (o **glomérulo**) e um componente de recaptura do filtrado (o **túbulo renal**). Cada rim contém aproximadamente 1 milhão de néfrons.

A. Macroscópica

Os rins são órgãos pares, em forma de feijão, que se localizam, um de cada lado da coluna vertebral, próximos e de encontro à parede abdominal, atrás do peritônio. Cada rim tem ao redor de 11 cm de comprimento, 6 cm de largura e 4 cm de espessura, pesando entre 115 a 170 g, dependendo do sexo; está encapsulado em uma **cápsula** de tecido conectivo fibroso que protege as suas estruturas internas (Fig. 25.2). A cápsula é penetrada, no hilo renal, por um **ureter**, uma **artéria renal** e uma **veia renal**, vasos linfáticos e nervos. Observado em um corte transversal, o rim parece ser composto por diversas faixas distintas. Uma faixa externa (**córtex renal**) se localiza abaixo da cápsula e é o local da filtração do sangue. A faixa intermédia (**medula renal**) está dividida em 8 a 18 **pirâmides renais** cônicas. As pirâmides contêm milhares de pequenos túbulos que coletam a urina dos múltiplos néfrons e a drenam em direção ao ureter. O pico da pirâmide (**papila renal**) se insere dentro de um vaso coletor conhecido como **cálice renal menor**. Os cálices renais menores se juntam, formando os **cálices renais maiores**, os quais drenam em uma **pelve renal** comum. A pelve forma a cabeça de um ureter, o qual direciona a urina à bexiga urinária para armazenamento e liberação voluntária.

Aplicação clínica 25.1 Disfunção tubulointersticial

O funcionamento normal do túbulo renal e do interstício pode ser afetado negativamente, tanto de forma aguda como crônica. A **nefrite intersticial aguda** (**NIA**) é uma condição inflamatória que afeta o interstício renal. Os sintomas podem incluir um aumento acentuado nos níveis de creatinina plasmática e proteinúria (proteína na urina), ambos sendo reflexo de uma disfunção ampla. A NIA em geral resulta da exposição a fármacos, sendo os agressores mais comuns os antibióticos β-lactâmicos (p. ex., penicilina e meticilina).[1] Os rins geralmente recuperam a função normal após a descontinuação do uso do fármaco. A **síndrome dos rins policísticos** (**SRP**) é uma disfunção hereditária caracterizada pela presença de inúmeros cistos cheios de líquido dentro dos rins e, em menor quantidade, no fígado e no pâncreas. Os cistos formam-se dentro do néfron e progressivamente aumentam de tamanho, comprimindo os tecidos circunvizinhos e impedindo o fluxo de líquido no interior dos túbulos. Embora muitos pacientes permaneçam assintomáticos, outros podem começar a apresentar sintomas de função renal prejudicada (tal como hipertensão) na sua quarta década. Não existe tratamento, e a SRP pode levar finalmente à insuficiência renal completa.

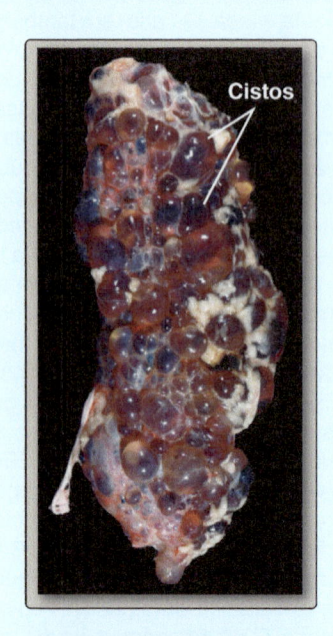

Doença hereditária dos rins policísticos.

[1] Para mais informações sobre reações adversas aos antibióticos β-lactâmicos, ver *Farmacologia ilustrada*, 5ª edição. Artmed Editora.

B. Funcional

Os rins são amplamente compostos por líquido, como a maioria dos tecidos. Embora o líquido dentro de um rim seja compartimentalizado (i.e., vascular, luminal ou intersticial), e o fluxo entre os compartimentos seja limitado por barreiras celulares, a água ainda é capaz de se mover de forma relativamente livre entre os três compartimentos, direcionada por gradientes de pressão osmótica. Um levantamento da osmolalidade do tecido, em distintas regiões do rim, mostra grandes diferenças entre o córtex e a medula (Fig. 25.3). O córtex tem uma osmolalidade que se aproxima à do plasma, mas a osmolalidade no interior da medula é muitas vezes maior. Esse gradiente osmótico é essencial para a função renal normal, porque é utilizado para recuperar praticamente toda a água que é filtrada dos vasos sanguíneos a cada dia (a excreção de água urinária média é de 1 a 2 L/dia).

C. Vasos sanguíneos

O *modus operandi* do néfron renal é canalizar o sangue em pressões relativamente elevadas através de uma rede de vasos sanguíneos permeáveis. A pressão força o plasma para fora dos vasos sanguíneos por meio de uma barreira de filtração durante a passagem. O filtrado plasmático é canalizado para dentro do túbulo renal, cuja função é recuperar solutos essenciais e > 99% do líquido, e retorná-lo aos vasos sanguíneos. As funções de filtração e recuperação envolvem uma organização vascular atípica. A filtração do líquido é a função da **rede capilar glomerular**. A reabsorção é de responsabilidade da **rede capilar peritubular**. Essa rede é bombeada em série com sangue que recebe do glomérulo (Fig. 25.4).

1. **Rede glomerular:** o sangue proveniente de uma **artéria interlobular** entra no glomérulo em pressão relativamente elevada (ao redor de 60 mmHg) por meio de uma **arteríola aferente**. O sangue percorre um tufo de **vasos capilares glomerulares** especializados. Esses capilares se ramificam e se interconectam extensivamente, por meio de anastomoses, para maximizar a área de superfície disponível para a filtração. Os espaços entre os vasos capilares são preenchidos por **células mesangiais**, um tipo celular epitelial que se contrai e relaxa (uma **célula mioepitelial**), como uma forma de modular a área de superfície capilar glomerular e a taxa de filtração do líquido. O sangue sai do glomérulo não por uma vênula, mas por uma **arteríola eferente**, ainda em alta pressão. As arteríolas aferente e eferente são vasos de resistência que regulam o fluxo sanguíneo glomerular e as taxas de filtração do líquido por vasoconstrição e vasodilatação (ver adiante).

2. **Rede peritubular:** a rede capilar peritubular circunda e segue de perto o túbulo renal, conforme esse vai cruzando o rim, alimentando o túbulo com O_2 e nutrientes. A rede também leva embora líquidos e eletrólitos dissolvidos que foram reabsorvidos da luz do túbulo. A pronta remoção desses materiais auxilia a manter os gradientes de concentração para a difusão química e osmótica através do epitélio do túbulo, que são necessárias para a função renal normal.

D. Túbulo

Um túbulo renal compreende um tubo fino e longo de células epiteliais renais. Pode ser dividido em vários segmentos distintos, com base na morfologia e na função (Fig. 25.5). Na sua "cabeça", está a **cápsula glomerular** (**ou de Bowman**), a qual envelopa completamente e isola o glomérulo das estruturas que o cercam. A cápsula capta e retém o líquido filtrado dos vasos capilares glomerulares. A cápsula e o glomérulo juntos formam um **corpúsculo renal**, o qual está localizado no córtex renal. O filtrado plasmático flui dos vasos capilares glomerulares para o **espaço de Bowman**

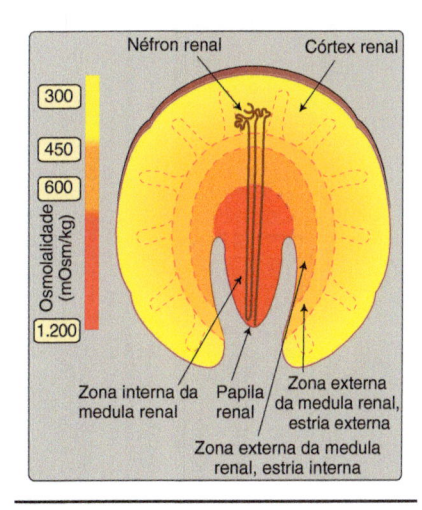

Figura 25.3
Gradiente de osmolalidade corticopapilar.

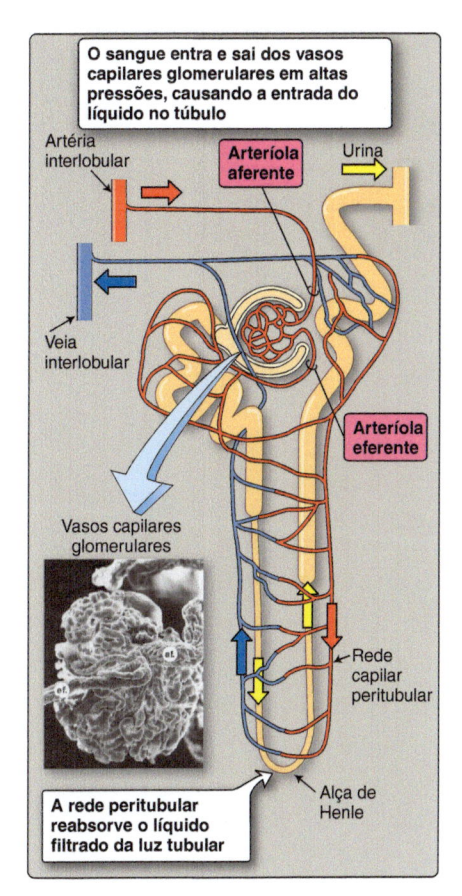

Figura 25.4
Redes de capilares glomerulares e peritubulares.

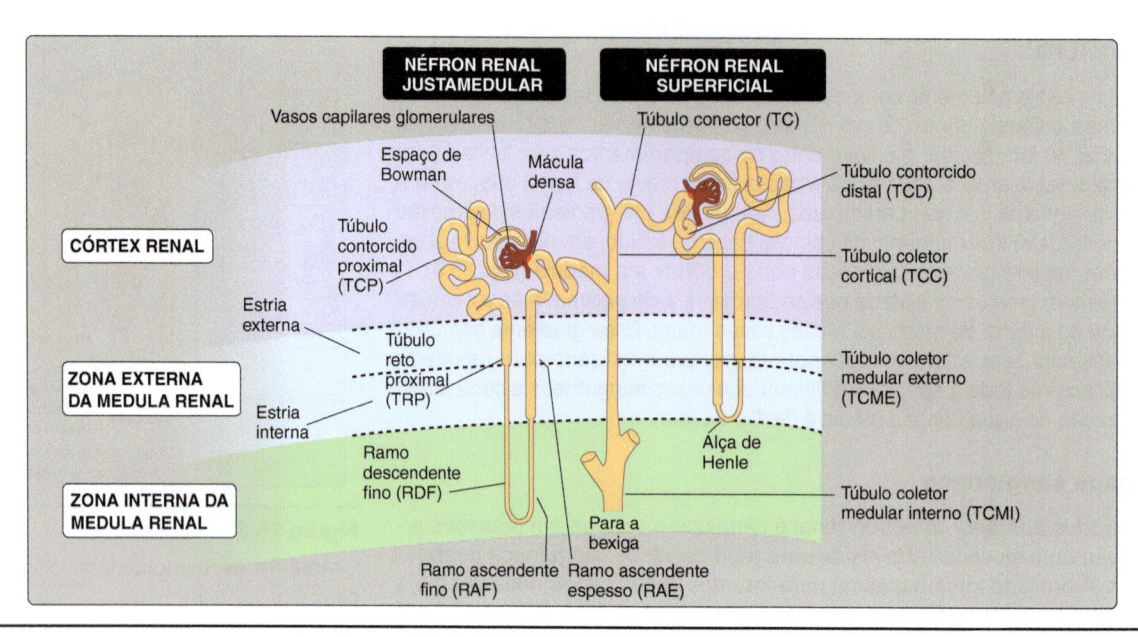

Figura 25.5
Tipos de néfrons e sistema de túbulos coletores.

e então entra no **túbulo proximal** (**TP**). O TP contém tanto uma porção **contorcida** como uma **reta** (túbulo contorcido proximal [**TCP**] e túbulo reto proximal [**TRP**], respectivamente). Após sair do TP, o filtrado inicia uma longa descida para a medula renal. O túbulo então executa uma guinada abrupta e retorna ao córtex renal. Essa estrutura em forma de grampo de cabelo é conhecida como a **alça do néfron**, ou **alça de Henle**. A porção descendente da alça é conhecida como **ramo descendente fino** (**RDF**). A porção ascendente da alça pode ser dividida em **ramo ascendente fino** (**RAF**) e **ramo ascendente espesso** (**RAE**). O líquido passa então pelo **túbulo contorcido distal** (**TCD**) e pelo **túbulo conector**, antes de desaguar em um túbulo coletor comum. O túbulo coletor direciona a urina ao cálice e é composto por três partes: um **túbulo coletor cortical**, um **túbulo coletor medular externo** e um **túbulo coletor medular interno**.

E. Tipos de néfron

O rim contém dois tipos diferentes de néfron: néfrons renais superficiais (ou corticais) e néfrons renais justamedulares.

1. **Superficial:** os néfrons renais superficiais recebem aproximadamente 90% do suprimento sanguíneo renal e reabsorvem uma grande porcentagem do líquido que é filtrado dos vasos sanguíneos. Os seus glomérulos estão localizados na porção cortical mais externa, e as alças do néfron são curtas. As alças megulham na porção medular mais externa, mas não entram na porção medular mais interna (ver Fig. 25.5).

2. **Justamedular:** os néfrons renais justamedulares recebem em torno de 10% do total de suprimento sanguíneo renal. Os seus glomérulos estão localizados dentro da porção cortical mais interna, e têm alças do néfron muito longas, que alcançam profundamente o interior da medula. A rede peritubular que serve os néfrons justamedulares é especializada. Os vasos capilares seguem os túbulos para o interior da medula, criando uma estrutura vascular em alça longa, chamada de **vasos retos**. Os néfrons justamedulares são organizados para concentrar a urina (ver 27.II).

III. FILTRAÇÃO

No Capítulo 19 (ver 19.VII.D), discutimos o delicado equilíbrio que existe entre as forças que favorecem a filtração do líquido do sangue (**pressão hidrostática capilar** glomerular média [P_{CG}]) e as forças que favorecem a retenção do líquido (**pressão osmótica coloidal** capilar glomerular [π_{CG}]). Na maioria dos tecidos, o aumento da pressão hidrostática capilar causa edema. No rim, um aumento da P_{CG} é o primeiro passo para a formação da urina (Fig. 25.6).

A. Forças de Starling

As forças que controlam o movimento de líquido através da parede capilar glomerular são as mesmas de qualquer leito vascular. Essas forças são consideradas na **equação de Starling**:

$$TFG = K_f[(P_{CG} - P_{EB}) - (\pi_{CG} - \pi_{EB})]$$

TFG é a taxa de filtração glomerular (i.e., o fluxo bruto de líquido através da parede capilar), a qual é medida em mL/min. K_f é um coeficiente de filtração glomerular e P_{EB} e π_{EB} são a pressão hidrostática e a pressão osmótica do coloide, respectivamente, do líquido contido dentro do espaço de Bowman. Alterações em qualquer uma dessas variáveis podem ter efeitos drásticos na TFG e na formação da urina.

1. **Barreira de filtração:** K_f é uma medida de permeabilidade glomerular e área de superfície. A barreira compreende três camadas distintas, as quais, em conjunto, criam um filtro molecular de três etapas, que produz um ultrafiltrado plasmático livre de células e de proteínas. A barreira é composta por uma **célula endotelial capilar**, uma **espessa membrana basal glomerular** e um **diafragma da fenda de filtração** (ver Fig. 25.6, parte inferior).

    a. **Camada 1:** as células endoteliais dos capilares glomerulares possuem muitas fenestrações, parecendo uma peneira. Os poros têm ao redor de 70 nm de diâmetro, o que permite a livre passagem de água, solutos e proteínas. As células são muito grandes para cruzarem os poros, de maneira que permanecem presas nos vasos sanguíneos.

    b. **Camada 2:** a membrana basal glomerular compreende três camadas. Uma **lâmina rara interna** mais interior está fundida à camada celular endotelial do capilar. Uma camada média, a **lâmina densa**, é a mais espessa das três. Uma **lâmina rara externa** mais para o exterior está fundida aos podócitos. A membrana basal tem uma carga líquida negativa que repele as proteínas (as quais também têm uma carga negativa) e as envia de volta para os vasos sanguíneos.

    c. **Camada 3:** os capilares glomerulares estão completamente envoltos por processos pediformes tentaculares que se projetam dos **podócitos**. Os podócitos são células endoteliais especializadas. A cobertura não é, entretanto, contínua. Os processos pediformes terminam em "dedos" que se interdigitam, deixando estreitas fendas entre eles. As fendas são cobertas por um **diafragma da fenda de filtração** proteináceo, que evita que as proteínas e outras grandes moléculas entrem no espaço de Bowman. O líquido que finalmente entra no túbulo é o ultrafiltrado do plasma, contendo eletrólitos, glicose e outras pequenas substâncias orgânicas, mas qualquer coisa maior do que ao redor de 5.000 Da de peso molecular fica excluída (Tab. 25.1).

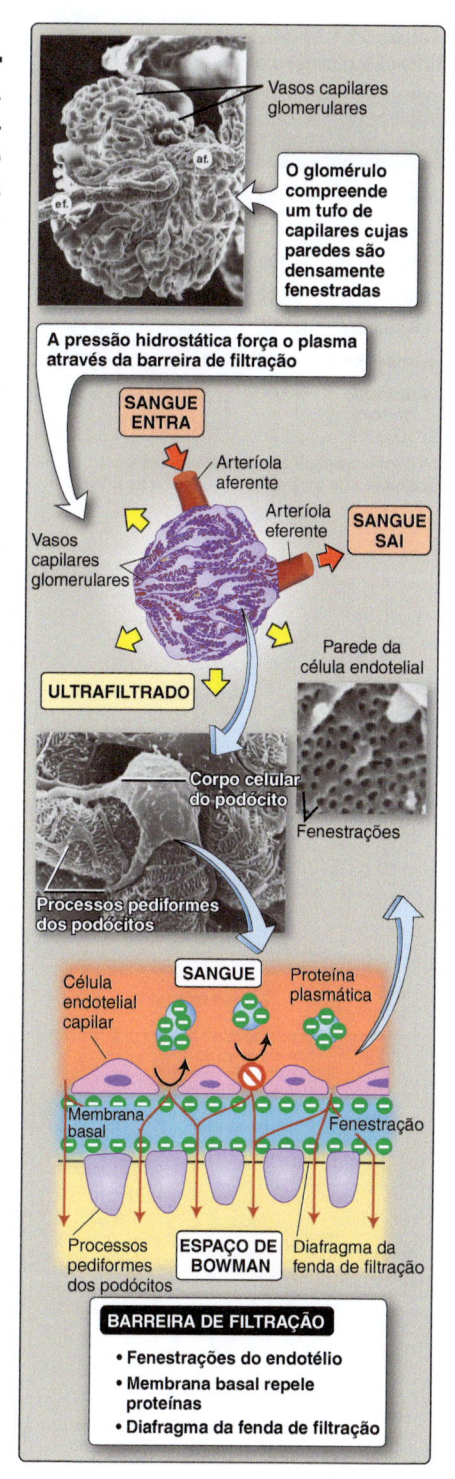

Figura 25.6

Glomérulo e sua barreira de filtração.

Tabela 25.1 Seletividade da barreira de filtração glomerular

Substância	Peso molecular (Da)	Raio molecular (nm)	Permeabilidade*
Na^+	23	0,1	1,0
Água	18	0,1	1,0
Glicose	180	0,3	1,0
Inulina	5.000	1,48	0,98
Mioglobina	17.000	1,88	0,75
Hemoglobina	68.000	3,25	0,03
Albumina do soro	69.000	3,55	< 0,01

*A permeabilidade compara a concentração plasmática de uma substância com a da urina.

2. **Pressão hidrostática:** a rede capilar glomerular é uma excentricidade fisiológica, no sentido de que se encontra no ponto médio do sistema arterial renal, em vez de em seu final. O sangue entra no glomérulo por meio da arteríola aferente, em uma pressão de aproximadamente 60 mmHg, ou ao redor de 25 mmHg mais elevada do que na maioria dos leitos capilares (ver Figs. 19.26 e 25.7). O sangue sai do glomérulo por intermédio da arteríola eferente, a uma pressão de aproximadamente 58 mmHg, de forma que a P_c fica, em média, de 59 mmHg.

3. **Pressão osmótica coloidal:** a pressão osmótica coloidal capilar é proporcional à concentração de proteínas plasmáticas. O sangue entra no glomérulo a uma π_{CG} de aproximadamente 25 mmHg como em qualquer outra circulação. O sangue perde em torno de 15 a 20% do seu volume total para o filtrado, durante a passagem pela rede capilar. As proteínas plasmáticas são impedidas de deixar os vasos sanguíneos pela barreira de filtração, de forma que a π_{CG} aumenta com a distância ao longo de um vaso capilar. O sangue que está entrando na arteríola eferente tem uma π_{CG} de aproximadamente 35 mmHg.

4. **O espaço de Bowman:** as proteínas são impedidas de entrar no espaço de Bowman pela barreira de filtração, de forma que a π_{EB} é 0. No entanto, o volume absoluto de líquido expresso no interior do espaço de Bowman leva à criação de uma pressão significativa (P_{EB} de aproximadamente 15 mmHg). Essa pressão se opõe à filtração, mas é benéfica, no sentido de gerar um gradiente de pressão positiva entre o espaço de Bowman e o seio renal, que direciona o líquido para o interior do túbulo.

5. **Força resultante:** utilizando os valores citados anteriormente, notamos que existe uma pressão positiva resultante, favorecendo a ultrafiltração (P_{UF}), que diminui gradualmente de 20 mmHg para aproximadamente 8 mmHg ao longo do comprimento do capilar glomerular.

B. Taxa de filtração glomerular

Em uma pessoa saudável, P_{EB}, π_{EB} e π_{CG} são, todas, relativamente invariáveis. O principal fator que afeta a TFG é a P_{CG}, a qual é determinada pelas pressões aórtica e arterial renal, e pelas alterações na resistência arteriolar aferente e eferente (Fig. 25.8).

> As células mesangiais também podem regular a TFG mediante alterações na área de superfície capilar glomerular, o que afeta K_f. Entretanto, o papel das células mesangiais é pequeno, em comparação ao das arteríolas glomerulares.

1. **Arteríola aferente:** a constrição da arteríola aferente diminui o fluxo sanguíneo glomerular, tal qual aconteceria em qualquer outra circulação. Em consequência, a P_{UF} e a TFG caem. A dilatação da arteríola aferente aumenta a P_{UF} e a TFG.

2. **Arteríola eferente:** a resistência arteriolar eferente determina quão facilmente o sangue pode passar pelos vasos sanguíneos glomerulares. A constrição arteriolar decresce o gradiente de pressão P_{EB} e, assim, a P_{UF} e a TFG aumentam. A dilatação arteriolar permite que o sangue flua para fora da rede glomerular, e consequentemente a P_{UF} e a TFG caem.

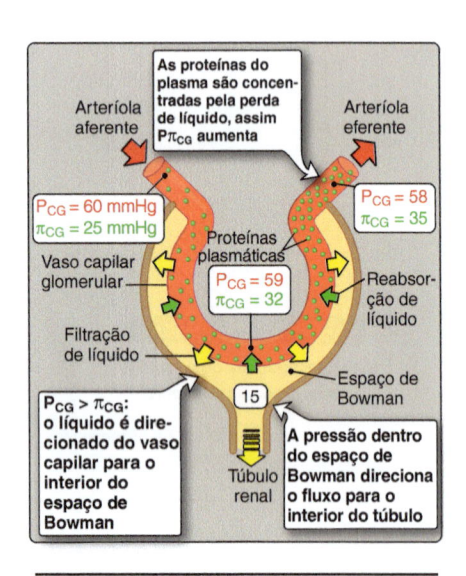

Figura 25.7

Forças que favorecem a ultrafiltração glomerular. P_{CG} = pressão hidrostática capilar glomerular; π_{CG} = pressão oncótica coloidal capilar glomerular. Todos os valores são dados em mmHg.

3. **Regulação:** na prática, é raro que as alterações na resistência arteriolar aferente e eferente ocorram isoladamente. Os dois vasos de resistência são regulados por vários fatores, assim como os vasos de resistência em outros leitos vasculares (ver 20.II). A forma como esses vasos são regulados é discutida na Seção IV, a seguir.

C. Valores

A TFG aumenta com o tamanho corporal e diminui com a idade. Uma amplitude de TFG normal (ajustada para refletir a área de superfície corporal) é, em média, de 100 a 130 mL/min/1,73 m². Isso representa uma taxa de filtração em torno de 1.000 vezes maior do que a observada, por exemplo, na musculatura esquelética, tudo devido à elevada P_{UF} e à permeabilidade da barreira de filtração.

IV. REGULAÇÃO

O fluxo sanguíneo renal (FSR) e a TFG são regulados por duas necessidades preponderantes, que estão algumas vezes em oposição uma à outra. Rotas autorreguladoras vasculares **locais** mantêm o FSR em taxas que otimizam a TFG e a formação de urina. Entretanto, rotas de controle homeostático **centrais** podem assumir o controle sobre a função renal, para ajustar o volume de sangue circulante e a pressão sanguínea, por exemplo. O controle central da função renal é exercido hormonalmente e também pelo sistema nervoso autônomo (SNA).

A. Autorregulação

A **autorregulação** estabiliza o FSR e a TFG durante variações na pressão arterial média (PAM). Todas as circulações no organismo se autorregulam até certo ponto, mas a destreza autorreguladora dos rins é particularmente bem desenvolvida. A TFG permanece relativamente estável em uma amplitude de PAM de aproximadamente 80 a 180 mmHg (Fig. 25.9).

B. Resposta miogênica

A **resposta miogênica** é um mecanismo autorreguladora. As células musculares lisas que revestem a arteríola aferente contêm canais mecanossensoriais permeáveis ao Ca^{2+} que se ativam quando a parede do vaso é estirada (p. ex., por um aumento na pressão na luz do vaso). O influxo de Ca^{2+} inicia a contração muscular, e a arteríola se contrai como um reflexo. A resposta miogênica estabiliza o FSR e TFG durante alterações na postura, por exemplo.

> A resposta miogênica é comum a todos os leitos vasculares. Levantar-se de uma posição deitada pode desencadear pulsos de pressão arterial de > 100 mmHg, refletindo os efeitos da gravidade nas colunas sanguíneas contidas dentro dos vasos sanguíneos (ver 20.II.A.2).

C. Retroalimentação tubuloglomerular

A retroalimentação tubuloglomerular (RTG) é um mecanismo autorregulador mediado pelo **aparelho justaglomerular** (**AJG**), que ajusta o FSG e a TFG para otimizar o fluxo de líquido pelo túbulo renal. O AJG é um complexo funcional que inclui o túbulo renal, as células mesangiais e as arteríolas aferentes e eferentes (Fig. 25.10).

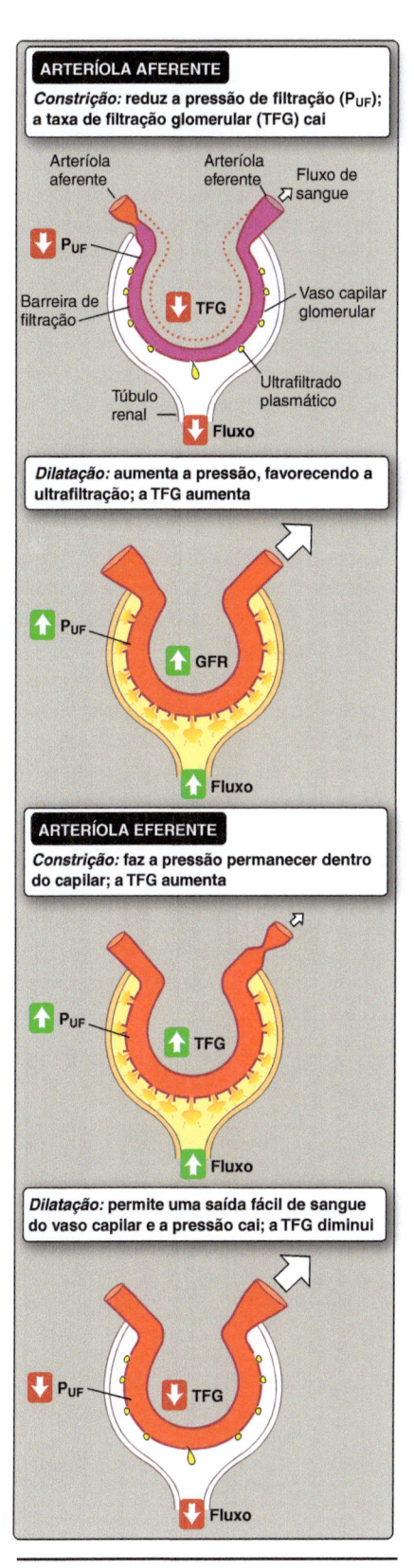

Figura 25.8
Efeitos da alteração das resistências arteriolares aferente e eferente na taxa de filtração glomerular.

Aplicação clínica 25.2 Doença glomerular

A função renal normal pode ser gravemente afetada por alterações patológicas no coeficiente de filtração glomerular (K_f), na pressão hidrostática e na pressão osmótica coloidal. A doença glomerular danifica a barreira de filtração e aumenta o K_f, permitindo assim que células e proteínas passem para o interior do túbulo. Essa é a principal causa de insuficiência renal nos Estados Unidos. A doença glomerular pode ser dividida em duas síndromes amplas e sobrepostas, com base nas características das proteínas e restos celulares contidos na urina (**sedimentos urinários**) e nos sintomas associados: **síndrome nefrítica** e **síndrome nefrótica**.

A síndrome nefrítica está associada com doenças que causam inflamação nos capilares glomerulares, nas células mesangiais, ou nos podócitos (**glomerulonefrite**). A inflamação cria fendas localizadas na barreira de filtração e permite que pequenas quantidades de proteínas escapem para o túbulo e apareçam na urina (**proteinúria**). As hemácias geralmente se acumulam e se agregam no túbulo contorcido distal e então aparecem na urina como uma **trama** de hemácias tubulares.

A síndrome nefrótica se refere a um grupo de achados clínicos que incluem uma elevada proteinúria (> 3,5 g/dia), lipidúria, edema e hiperlipidemia. Redes de células, que são características de um processo inflamatório, estão ausentes. A síndrome nefrótica reflete uma deterioração generalizada do túbulo renal (**nefrose**), que inclui a degradação da função da barreira glomerular e é uma causa frequente de mortalidade em pacientes com diabetes melito. A perda de proteínas plasmáticas na urina faz a pressão oncótica plasmática cair e é a causa do edema generalizado associado com a síndrome nefrótica. A hiperlipidemia reflete a síntese aumentada de lipídeos, que tenta compensar a perda de lipídeos na urina.

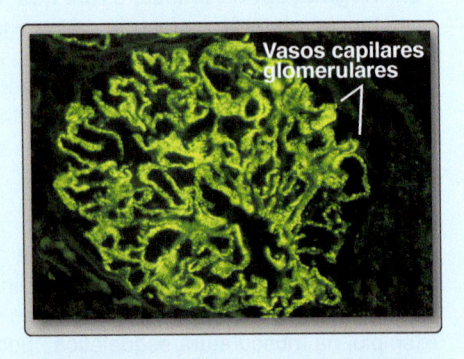

Imagem de depósito de imunoglobulina G durante glomerulonefrite.

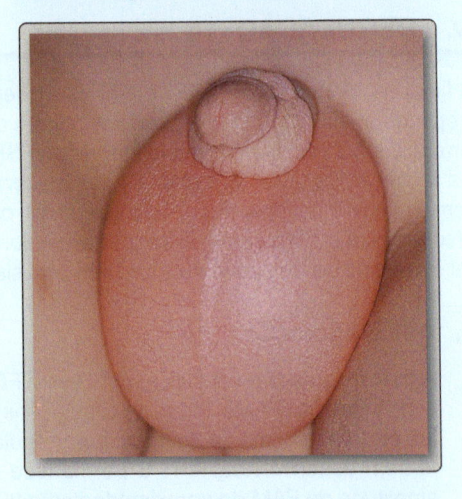

Edema escrotal em um menino de 7 anos de idade com síndrome nefrótica.

1. **Túbulo:** o túbulo contorcido distal entra em contato direto com as arteríolas aferente e eferente após retornar da medula renal. A parede do túbulo contorcido distal está modificada no ponto de contato, de maneira a formar uma região sensorial especializada, chamada **mácula densa*** (ver Fig. 25.10). A mácula densa monitora as concentrações de Na^+ e Cl^- dentro da luz do túbulo, o que, por sua vez, reflete o FSR e a TFG. O Na^+ e o Cl^- permeiam as células da mácula densa mediante um cotransportador de Na^+-K^+-$2Cl^-$ localizado na membrana apical. O Cl^- sai imediatamente por meio de um canal Cl^- basolateral, causando uma despolarização de membrana, cuja magnitude é um reflexo direto da concentração de NaCl do líquido no túbulo.

2. **Células mesangiais:** as células mesangiais fornecem uma rota física de comunicação entre os ramos sensorial (mácula densa) e efetor (arteríola) do sistema de RTG (ver Fig. 25.10). Todas as células no AJG estão interconectadas via junções comunicantes (ver 4.II.F), o que permite uma comunicação direta entre os componentes do sistema.

A autorregulação do fluxo sanguíneo mantém uma taxa de filtração glomerular (TFG) estável durante alterações da pressão arterial.

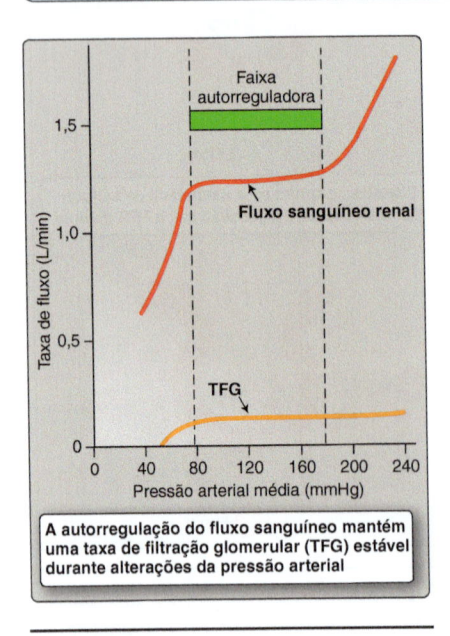

Figura 25.9
Autorregulação do fluxo sanguíneo renal.

*N. de T. Muitos autores afirmam que as células da mácula densa estão localizadas na região inicial do túbulo contorcido distal. Esse é o conceito que foi considerado para esta tradução.

3. **Arteríola aferente:** a arteríola aferente é notável por seu receptor de adenosina e pelas **células granulares** produtoras de renina no interior de suas paredes.

   a. **Receptor de adenosina:** os receptores de adenosina são membros da superfamília de receptores acoplados à proteína G, que atuam através da rota de sinalização do monofosfato de adenosina cíclico (AMPc) (ver 1.VII.B.2). As células musculares lisas da arteríola aferente expressam um receptor tipo A_1, o qual se acopla a uma proteína G inibidora e diminui os níveis de AMPc, quando ocupado. O AMPc em geral inibe a contratilidade do músculo liso por intermédio de uma rota dependente da *proteína cinase A* (ver 14.III.C). Assim, quando a arteríola aferente liga a adenosina, ela se contrai.

   b. **Células granulares:** as células granulares são células secretoras especializadas, que produzem *renina*, uma enzima proteolítica que inicia o sistema *renina*-angiotensina-aldosterona (SRAA; ver 20.IV.C) por converter o angiotensinogênio em angiotensina I. A angiotensina I é subsequentemente convertida pela *enzima conversora de angiotensina* (*ECA*) em angiotensina II (Ang-II), a qual é vasoativa.

4. **Arteríola eferente:** a arteríola eferente expressa um receptor de adenosina tipo A_2, o qual aumenta os níveis de AMPc intracelulares, quando ocupado. A ligação da adenosina faz a arteríola eferente se dilatar.

5. **Regulação:** a eferência celular da mácula densa e a resposta arteriolar dependem de se as taxas de fluxo de líquido dos túbulos estão elevadas ou baixas (Fig. 25.11).

   a. **Elevadas taxas de fluxo:** quando o FSR e a TFG estão elevados, são liberadas quantidades aumentadas de NaCl para a mácula. A resultante despolarização de membrana ativa canais catiônicos não específicos na membrana celular, causando um influxo de Ca^{2+}. Visto que todas as células do AJG estão unidas por junções comunicantes, quando as concentrações intracelulares de Ca^{2+} aumentam na mácula densa, também aumentam nas células granulares secretoras de *renina* da arteríola aferente. O Ca^{2+} inibe fortemente a liberação de *renina*. O influxo de Na^+ e Ca^{2+} também causa a elevação dos níveis de adenosina das células da mácula densa. A adenosina atua como um fator parácrino que sinaliza para as arteríolas aferente e eferente. A arteríola aferente se contrai e a arteríola eferente se dilata, reduzindo o fluxo sanguíneo para o interior dos capilares glomerulares e facilitando o fluxo de saída. Ambos os efeitos diminuem a P_{CG}, e, assim, a TFG cai (ver Fig. 25.11A).

   b. **Baixas taxas de fluxo:** quando a TFG diminui, a quantidade de NaCl que chega na mácula densa cai. As células da mácula densa hiperpolarizam, como resultado, reduzindo o influxo de Ca^{2+} por meio de canais catiônicos não específicos. As concentrações de Ca^{2+}, nas células granulares, caem também, removendo, portanto, os freios na liberação da *renina*, e permitindo que essa seja lançada na circulação (ver Fig. 25.11B). A *renina* então ativa o SRAA, e os níveis circulantes de Ang-II se elevam. A Ang-II é um potente vasoconstritor em todos os leitos vasculares, mas os seus efeitos nas arteríolas glomerulares não são iguais. A arteríola eferente é mais sensível à Ang-II. O efeito líquido é limitar o fluxo de saída dos capilares glomerulares, fazendo a P_{CG} e a TFG subirem.

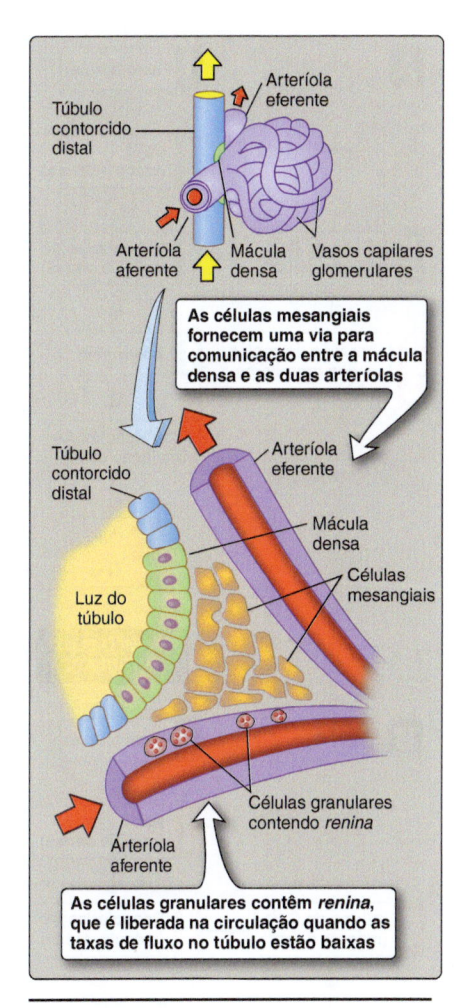

Figura 25.10
Aparelho justaglomerular.

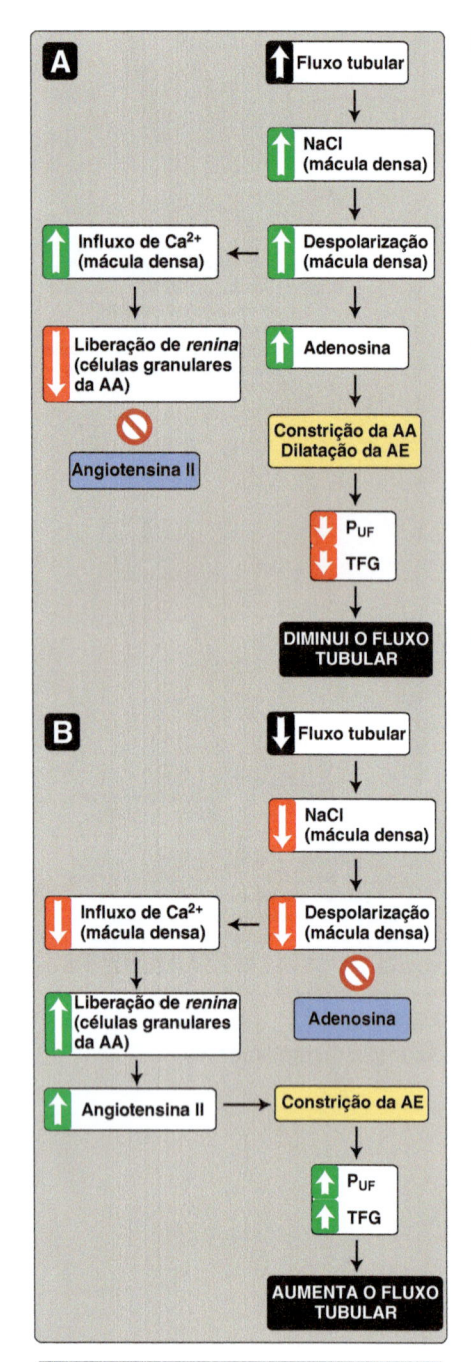

D. Fatores parácrinos

A adenosina é apenas um de muitos fatores parácrinos autorreguladores, produzidos pelo rim (Tab. 25.2), embora a sua função em condições fisiológicas normais seja dúbia. As **prostaglandinas** e o **óxido nítrico** dilatam as arteríolas glomerulares e aumentam o FSR e a TFG. Podem auxiliar a equilibrar a vasoconstrição intensa mediada pela Ang-II durante um choque circulatório, por exemplo (ver 40.IV.B.3). As **endotelinas** são vasoconstritores locais, liberados em resposta à Ang-II ou quando as taxas de fluxo glomerular estão prejudicialmente elevadas.

E. Angiotensina II

Todos os componentes necessários para a formação e a resposta da Ang-II (inclusive a *ECA*) são inerentes aos rins, sugerindo que o SRAA constitui um sistema autorregulador renal primário que otimiza o fluxo de líquido tubular por manipular o fluxo plasmático renal (FPR) e a TFG. Entretanto, uma das funções homeostáticas primárias do rim é auxiliar a controlar a pressão sanguínea, e a Ang-II cria um elo hormonal importante entre a pressão sanguínea e a função renal (ver Caps. 20 e 28).

F. Controle central

O rim monitora todo o conteúdo de água e Na$^+$ do corpo, o qual, por sua vez, determina o volume de sangue e a PAM. O rim também recebe aproximadamente 10% do débito cardíaco em repouso, um volume de sangue significativo que pode ser utilizado para manter circulações mais críticas (p. ex., as circulações encefálica e coronária), na eventualidade de um choque circulatório (ver 40.IV.B). O fluxo sanguíneo renal é assim, sujeito ao controle do SNA, atuando por meio de rotas endócrinas e neurais.

1. **Neural:** as arteríolas glomerulares são inervadas por terminações noradrenérgicas simpáticas, que são ativadas quando a PAM cai. A ativação simpática aumenta a resistência vascular sistêmica, por limitar o fluxo sanguíneo a todos os leitos vasculares, inclusive aos rins. A leve estimulação simpática causa constrição preferencial na arteríola eferente, a qual reduz o FSR, enquanto simultaneamente mantém a TFG em níveis suficientemente elevados para assegurar a função renal continuada. A intensa estimulação simpática diminui rigorosamente o fluxo sanguíneo em ambas as arteríolas glomerulares, e a formação de urina cessa. Em casos de hemorragia grave, a oclusão prolongada dos vasos de suprimento arteriolar pode causar isquemia, infarto e insuficiência renal (ver 40.IV.C).

2. **Endócrino:** a regulação hormonal do FSR é mediada principalmente pela **adrenalina** e pelo **peptídeo natriurético atrial** (**PNA**). A adrenalina é liberada na circulação após ativação simpática, e estimula as mesmas rotas que a noradrenalina liberada pelos terminais nervosos simpáticos. O PNA é liberado pelos átrios cardíacos, quando esses estão estressados por elevados volumes sanguíneos. O receptor de PNA tem atividade intrínseca de *guanilato ciclase*, que dilata a arteríola aferente e aumenta o FSR. Esse receptor também relaxa as células mesangiais, para aumentar a área de superfície da barreira de filtração. O efeito resultante é um aumento no FSR e na TFG e excreção de água e sal (ver Cap. 28).

V. AVALIANDO A FUNÇÃO RENAL

Os pacientes com doença renal podem apresentar uma gama diversificada de sintomas, incluindo hipertensão, edema, e sangue na urina (**hematúria**),

Figura 25.11
Retroalimentação tubuloglomerular. AA = arteríola aferente; AE = arteríola eferente; P$_{UF}$ = pressão hidrostática de ultrafiltração glomerular; TFG = taxa de filtração glomerular.

ou podem ser assintomáticos. É importante poder-se avaliar e medir a eficiência da TFG nessas situações, para restringir a amplitude de possíveis patologias. A TFG não pode ser medida diretamente, mas a saúde da barreira de filtração pode ser avaliada a partir de estudos da depuração plasmática.

A. Depuração

A **depuração** (ou *clearance*) mede a capacidade do rim de "limpar" o plasma de qualquer substância e então excretá-la na urina. O plasma flui através dos rins a aproximadamente 625 mL/min. Se o rim pudesse remover do plasma até a última molécula da substância X, por exemplo, durante a sua passagem por um néfron, a depuração da substância X seria de aproximadamente 625 mL/min. Na prática, um grau tão elevado de depuração não é possível, porque o glomérulo filtra apenas uma fração da quantidade total de plasma que circula na rede de vasos capilares (ao redor de 20%, ou 125 mL/min). Entretanto, ainda é útil saber quanto dos 125 mL/min fica limpo em um indivíduo saudável, porque esse parâmetro pode ser utilizado para auxiliar no diagnóstico de problemas na função renal. A depuração é calculada como:

$$D_X = \frac{U_X \times V}{P_X}$$

em que D_x é a depuração da substância X (mL/min), U_x e P_x são as concentrações urinárias e plasmáticas de X, respectivamente (mmol/L ou mg/mL), e V é a taxa de fluxo da urina (mL/min). Na prática, a depuração é em geral medida durante um período de 24 h para diminuir os erros de amostragem da urina (ver adiante).

Tabela 25.2 Reguladores glomerulares

Estímulo	Mediador	Efeitos FSR	TFG
Taxas de fluxo tubular			
↓ NaCl	Adenosina	↑	↑
↑ NaCl	*Renina* (Ang-II)	↓	↓
Ativação simpática			
Moderada	Noradrenalina	↓	Nenhum
Intensa	Noradrenalina, adrenalina, *renina* (Ang-II)	↓	↓
↑ Volume de sangue	Peptídeo natriurético atrial	↑	↑
Variável	Dopamina	↑	↑
Endotélio vascular			
↓ Fluxo?	Prostaglandinas	↑	↑
Estresse de cisalhamento	Óxido nítrico	↑	↑
Estresse, trauma, vasoconstritores	Endotelinas	↓	↓
Inflamação	Leucotrienos	↓	↓

FSR = fluxo sanguíneo renal; TFG = taxa de filtração glomerular; Ang-II = angiotensina II.

> A depuração é definida como a quantidade de plasma que é *completamente* limpa de qualquer substância dada por unidade de tempo.

B. Taxa de filtração glomerular

Se existir uma substância que cruzou a barreira de filtração sem ser barrada e então cruzou o túbulo sem interferência (i.e., sem secreção, nem reabsorção), podemos utilizar a taxa de seu aparecimento na urina para calcular a TFG. Uma dessas substâncias é a inulina, um polímero de frutose sintetizado por muitas plantas. A inulina é fisiologicamente inerte, por isso é rotineiramente utilizada clinicamente para determinar a TFG. A inulina é administrada por via intravenosa para estabelecer uma concentração plasmática conhecida, e então a sua taxa de aparecimento na urina é medida. A TFG pode então ser calculada a partir de:

$$TFG = D_{in} = \frac{U_{in} \times V}{P_{in}}$$

em que D_{in} é a depuração da inulina, U_{in} e P_{in} são as concentrações urinária e plasmática da inulina, respectivamente, e V é o fluxo de urina.

> A inulina é o padrão-ouro dos marcadores para filtração. As alternativas incluem iotalamato radioativo, ioexol, ácido dietilenotriaminopentacético (DPTA) e o ácido etilenodiaminotetracético (EDTA).

> **Exemplo 25.1**
>
> Uma mulher de 35 anos de idade está sendo avaliada para uma cirurgia renal. Sua concentração plasmática de creatinina (P_{Cr}) é de 0,8 mg/dL. Uma coleta de urina durante 24 horas mostrou uma concentração de creatinina (U_{Cr}) de 90 mg/dL e um volume total (V) de 1.425 mL. Qual é a sua taxa de filtração glomerular (TFG)?
>
> A TFG pode ser estimada por meio da depuração de creatinina (D_{Cr}):
>
> $$TFG = D_{Cr} = \frac{U_{Cr} \times V}{P_{Cr}}$$
>
> Usando os valores fornecidos no enunciado do exemplo:
>
> U_{Cr} = 90 mg/dL = 0,9 mg/mL
>
> P_{Cr} = 0,8 mg/dL = 0,008 mg/mL
>
> V = 1.425 mL/24 h = 0,99 mL/min
>
> $TFG = \frac{0,9 \times 0,99}{0,008} = 111,4$ mL/min

> **Exemplo 25.2**
>
> Um homem saudável de 22 anos de idade se apresentou como voluntário para uma pesquisa que estuda os efeitos de um novo fármaco no fluxo sanguíneo renal (FSR). O protocolo exigiu um cateterismo urinário para medir a saída renal à medida que o ácido para-amino-hipúrico (PAH) fosse infundido intravenosamente. A concentração plasmática de PAH (P_{PAH}) foi estabelecida em 0,025 mg/mL. A taxa do fluxo urinário (V) foi então medida como 1,2 mL/min, e a concentração urinária de PAH (U_{PAH}) foi de 18 mg/mL. O hematócrito foi de 48%. Qual foi o FSR do indivíduo?
>
> U_{PAH} = 18 mg/mL
>
> V = 1,2 mL/min
>
> P_{PAH} = 0,025 mg/mL
>
> O FPR é calculado a partir da depuração do PAH (D_{PAH}):
>
> $D_{PAH} = \frac{U_{PAH} \times V}{P_{PAH}} = \frac{18 \times 1,2}{0,025}$
>
> = 864 mL/min = FPR
>
> O FSR é calculado a partir do FPR e do hematócrito:
>
> $FSR = \frac{FPR}{1 - \text{hematócrito}} = \frac{864}{0,52}$
>
> = 1.661,5 mL/min

C. Depuração da creatinina

A depuração da inulina é um teste caro, pesado e complexo para ser executado, assim é dada preferência a uma alternativa (embora menos precisa) que envolve a medida de depuração da creatinina (Exemplo 25.1). A creatinina é derivada da quebra da creatina no músculo esquelético, e é produzida e excretada constantemente. A creatinina é filtrada livremente no glomérulo e não é reabsorvida no túbulo, mas é secretada. O TCP contém transportadores de ácido orgânico (TAOs; ver 26.IV.B) que secretam creatinina para o interior do túbulo, levando a uma superestimativa de 10 a 20% da TFG. *Coincidentemente*, os métodos de medida da creatinina sérica produzem um erro oposto e igual que anula os efeitos da secreção.

D. Fluxo plasmático renal

Teoricamente, se pudesse ser identificada uma substância que *tenha sido* completamente depurada do plasma durante uma única passagem (i.e., nada sai do rim pela veia renal), técnicas semelhantes poderiam ser utilizadas para quantificar o **fluxo plasmático renal** (**FPR**). Não existe qualquer substância conhecida desse tipo, mas o **para-amino-hipúrico** (**PAH**) chega próximo. O PAH é removido avidamente do plasma e secretado para o interior dos túbulos renais por TAOs no epitélio do TCP. A depuração do PAH subestima o FPR em aproximadamente 10% (i.e., 10% do PAH que passa pelo rim escapam da excreção) e não é utilizada clinicamente, mas é tão suficientemente próxima à substância perfeita, que fornece uma ferramenta conveniente para a avaliação dos princípios fisiológicos da função renal:

$$FPR = D_{PAH} = \frac{U_{PAH} \times V}{P_{PAH}}$$

em que D_{PAH} é a depuração do PAH (mL/min), U_{PAH} e P_{PAH} (mmol/L) são as concentrações urinária e plasmática de PAH, respectivamente, e V é o fluxo de urina (mL/min), conforme consta no Exemplo 25.2.

E. Fluxo sanguíneo renal e fração de filtração

Conhecendo-se o FPR, é possível calcular o FSR e a fração de filtração (ver Exemplo 25.2). O FSR é calculado a partir de

$$FSR = \frac{FPR}{1 - \text{hematócrito}}$$

Hematócrito é o volume de sangue ocupado pelas hemácias.

$$\text{Fração de filtração} = \frac{TFG}{FPR}$$

A fração de filtração mede a quantidade de plasma que é filtrada para dentro do espaço de Bowman (em geral, cerca de 0,2, ou 20% do FPR).

VI. MICÇÃO

O líquido que flui dos túbulos coletores e entra nos cálices renais é a urina na sua forma final. Não existem mais modificações *no trajeto* até a bexiga urinária ou nesse órgão. A urina é produzida constantemente, sendo armazenada na bexiga urinária até essa ser esvaziada (**micção**).

A. Ureteres

Os ureteres levam a urina dos rins até a bexiga (Fig. 25.12). Os ureteres são revestidos com um epitélio de transição que tem a função de se estirar sem se romper, de forma a acomodar os acréscimos de volume intraluminal. A parede do ureter contém camadas longitudinais e circulares de músculo liso. Os músculos são estimulados a se contraírem por ondas de despolarização que se originam em regiões marca-passo dos cálices e do seio renal. As ondas descem os ureteres, acionando uma contração peristáltica que aumenta a pressão intraluminal localmente e direciona a urina para a bexiga urinária. A propagação da onda por meio da musculatura é facilitada por junções comunicantes que acoplam eletricamente as células musculares lisas adjacentes. As ondas se propagam ao redor de 2 a 6 cm/s e geralmente ocorrem várias vezes por minuto.

B. Bexiga urinária

A bexiga urinária é um órgão oco que compreende uma grande área de armazenamento da urina (**corpo da bexiga**) e um **colo da bexiga** (ou **uretra posterior**), o qual afunila a urina para a **uretra** (Fig. 25.13).

1. **Corpo da bexiga:** a bexiga urinária é revestida, na sua superfície interior, por um epitélio de transição (urotélio). Quando a bexiga está vazia, a parede está dobrada em uma série de cristas chamadas **rugas** (ver Fig. 25.13). A parede da bexiga é composta por três camadas indistinguíveis de feixes de fibras de músculo liso, conhecido como **músculo detrusor da bexiga**. As fibras dentro das camadas estão organizadas de forma circular, espiral ou longitudinal, de maneira que diminuem o tamanho da bexiga e aumentam a pressão intraluminal, quando estimuladas a se contraírem pelo SNA.

2. **Valvas e esfincteres:** uma bexiga cheia desenvolve uma pressão interna (**intravesical**) considerável, a qual potencialmente poderia forçar a urina para trás em direção aos ureteres. Os ureteres, assim, entram na bexiga em um ângulo obliquo, criando uma valva que evita o refluxo ureteral (Fig. 25.14). O colo da bexiga compreende uma mistura de músculo detrusor e tecido elástico, que, juntos, formam um **esfincter urinário interno**, que é controlado pelo SNA. Esse esfincter permanece contraído para evitar que a urina entre na uretra até a micção. Um segundo **esfincter urinário externo** circunda a uretra abaixo do colo da bexiga. O esfincter externo é composto por músculo esquelético e está sob controle voluntário.

C. Inervação

A única porção do sistema urinário que está sob controle voluntário é o esfincter externo (ver Fig. 25.13). O esfincter é inervado pelo nervo **pudendo**, o qual se origina da medula espinal sacral (S2 a S4). Os ureteres e o trato urinário inferior (bexiga urinária, uretra e esfincter interno) estão todos sob comando dos sistemas nervosos simpático (SNS) e parassimpático (SNPS). Eferentes do SNS se originam dos segmentos espinais T11 a L2, e viajam até o trato urinário por meio do nervo hipogástrico ou descendem na cadeia paravertebral e então trafegam pelo nervo pélvico. A atividade do SNS relaxa o músculo detrusor e contrai o colo da bexiga e a uretra. As fibras pré-ganglionares do SNPS se originam na medula espinal sacral (S2 a S4) e trafegam pelo nervo pélvico ao plexo pélvico e à parede da bexiga. O SNPS estimula o esvaziamento pela contração do músculo detrusor e pelo relaxamento da uretra e do esfincter interno.

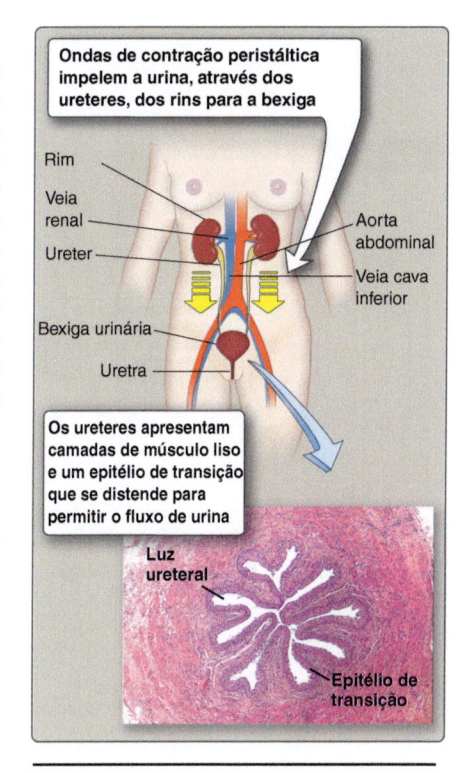

Figura 25.12
Ureteres.

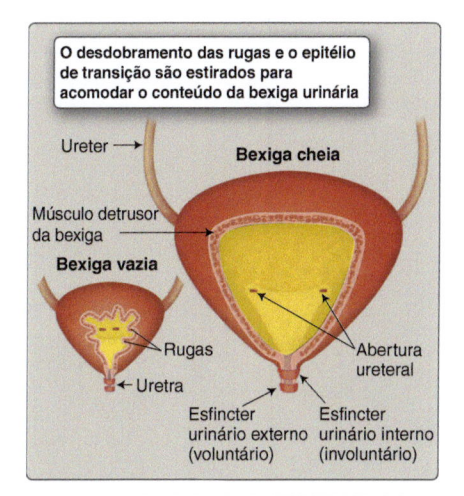

Figura 25.13
Bexiga urinária.

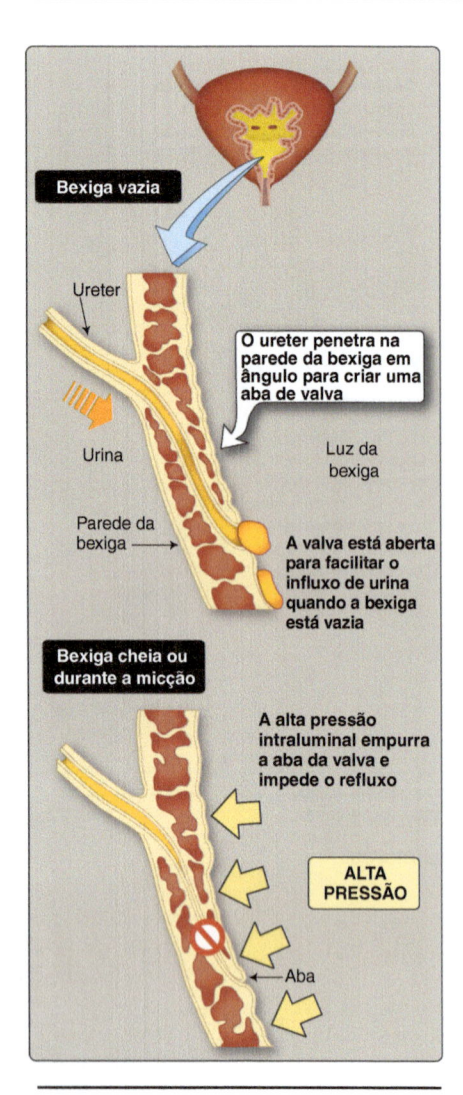

Figura 25.14
A valva ureteral intravesicular impede o refluxo de micção.

D. Reflexo espinal de micção

A capacidade da bexiga urinária é de aproximadamente 500 mL. Ela se enche passivamente e as rugas se desdobram para acomodar o aumento de volume durante essa fase de "**armazenamento**" inicial (ver também 14.IV.B, adaptação do comprimento do músculo liso). O preenchimento ocorre com aumento mínimo na pressão intravesical. Uma vez que a capacidade da bexiga alcança ao redor de 300 mL, a parede da bexiga começa a se estirar, ativando mecanorreceptores nas camadas do músculo detrusor e no urotélio (Fig. 25.15). Aferentes sensoriais repassam essa informação à medula espinal, por meio dos nervos hipogástrico e pélvico, e iniciam um aumento reflexo na atividade eferente do SNPS. O músculo detrusor se contrai, como consequência, causando um aumento forte na pressão intravesical e criando uma sensação de "urgência", com a frequência de contração e o nível de desconforto aumentando com o volume da bexiga. Sinais sensoriais também viajam rostralmente em direção ao encéfalo. O controle da micção pelo SNC é complexo e envolve muitos locais diferentes, incluindo um **centro pontino de micção** (**CPM**), o qual, acredita-se, coordena a saída encefálica para o trato urinário inferior. Se o esvaziamento for inconveniente, o centro pontino suprime os nervos pré-sinápticos do SNPS que estimulam a contração da bexiga. Enquanto isso, a contração tônica do esfincter urinário externo impede o fluxo de urina até que seja relaxado voluntariamente.

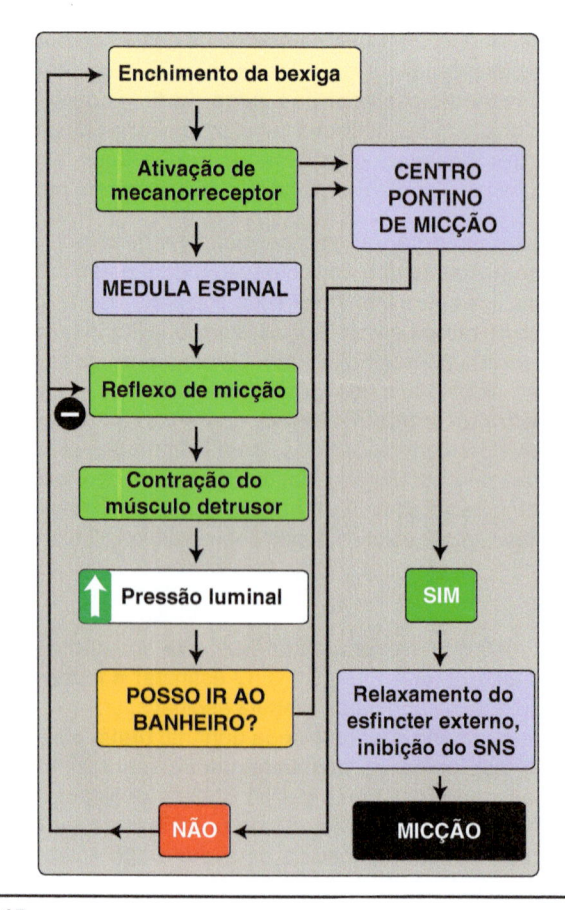

Figura 25.15
Reflexo de micção iniciado pelo enchimento da bexiga. SNS = sistema nervoso simpático.

E. Micção

A micção começa com o relaxamento voluntário do esfíncter urinário externo. O CPM relaxa o esfíncter urinário interno e permite que a urina entre no colo da bexiga urinária e na uretra. O CPM, então, ativa as saídas do SNPS ao músculo detrusor da bexiga e suprime a saída do SNS, iniciando-se uma contração sustentada do detrusor. Mecanorreceptores na uretra são estimulados pela presença da urina dentro da luz, e suas eferências para o CPM reforçam o esvaziamento. A contração do detrusor continua até que a bexiga esteja vazia, embora um pequeno volume de urina (6 a 12 mL) geralmente permaneça depois que o esvaziamento tenha se completado.

Resumo do capítulo

- O rim é um órgão **excretor** que limpa o sangue dos produtos metabólicos finais, toxinas e íons que possam ser excedentes às necessidades mais urgentes do organismo. É também um órgão **homeostático** e **endócrino**, que controla a pressão sanguínea, a osmolalidade dos tecidos e os níveis eletrolíticos.

- A unidade funcional do rim é o **néfron renal**, o qual compreende um módulo de filtração do sangue (**glomérulo**) e um módulo de recuperação do filtrado (**túbulo renal**). O rim contém dois tipos de néfrons, os **néfrons renais superficiais** (**corticais**) e os **néfrons renais justaglomerulares**. Os últimos são especializados na formação de urina concentrada.

- O sangue é forçado sob pressão (ao redor de 60 mmHg) através de uma **barreira de filtração glomerular** para separar o plasma das células e proteínas. O rim recebe em torno de 20% do débito cardíaco e filtra aproximadamente 20% do plasma que ele recebe, perfazendo um total de 180 L/dia (**taxa de filtração glomerular**).

- A taxa de filtração glomerular (TFG) é uma função do **fluxo sanguíneo renal** (**FSR**). O FSR é controlado por contração e dilatação das **arteríolas glomerulares aferente** e **eferente**. A dilatação arteriolar aferente e a constrição arteriolar eferente aumentam a TFG. A constrição arteriolar aferente e a dilatação arteriolar eferente diminuem a TFG. Ambas as arteríolas são vasos de resistência sujeitos a controles múltiplos de origem local e central.

- O **aparelho justaglomerular** (**AJG**) é um complexo funcional que compreende uma porção do túbulo renal e as arteríolas glomerulares. O AJG é um sistema sensorial que permite que a perfusão renal e as pressões de filtragem sejam moduladas para estabilizar o fluxo de líquido no túbulo. O fluxo é sentido pela **mácula densa**, uma região especializada da parede do túbulo, por meio de alterações nas concentrações luminais de Na^+ e Cl^-. Se o fluxo for muito elevado, sinalizações a partir da mácula densa causam uma contração arteriolar aferente e um decréscimo na taxa de filtração glomerular (TFG). Se o fluxo for muito baixo, a arteríola aferente libera *renina*, a qual ativa o **sistema *renina*-angiotensina-aldosterona**. A **angiotensina II** contrai a arteríola eferente e aumenta a TFG.

- A urina formada é canalizada pelos **cálices renais** e pelo **seio renal** para os **ureteres** e direcionada à **bexiga urinária**.

- A bexiga urinária é um órgão muscular oco, que armazena urina até que o esvaziamento (**micção**) seja conveniente. Valvas evitam o refluxo urinário para os ureteres, enquanto os **esfíncteres urinários interno** e **externo** controlam o fluxo de saída por meio da **uretra**. O esfíncter externo está sob controle voluntário, mas o esfíncter interno e a contração da bexiga são controlados por reflexos medulares e pelo sistema nervoso central.

- O enchimento da bexiga estira a sua parede muscular e inicia um **reflexo espinal de micção**. Esse reflexo faz eferentes motores parassimpáticos estimularem a contração da bexiga. O esvaziamento é impedido pelo sistema nervoso central até que o esfíncter externo esteja relaxado voluntariamente.

- A eficiência da função renal pode ser avaliada a partir da depuração do plasma de **inulina** e **creatinina**. A **depuração** se refere à quantidade de plasma que é completamente limpa de uma substância por unidade de tempo. A depuração do **para-amino-hipúrico** fornece uma estimativa do fluxo plasmático renal.

26 Reabsorção e Secreção

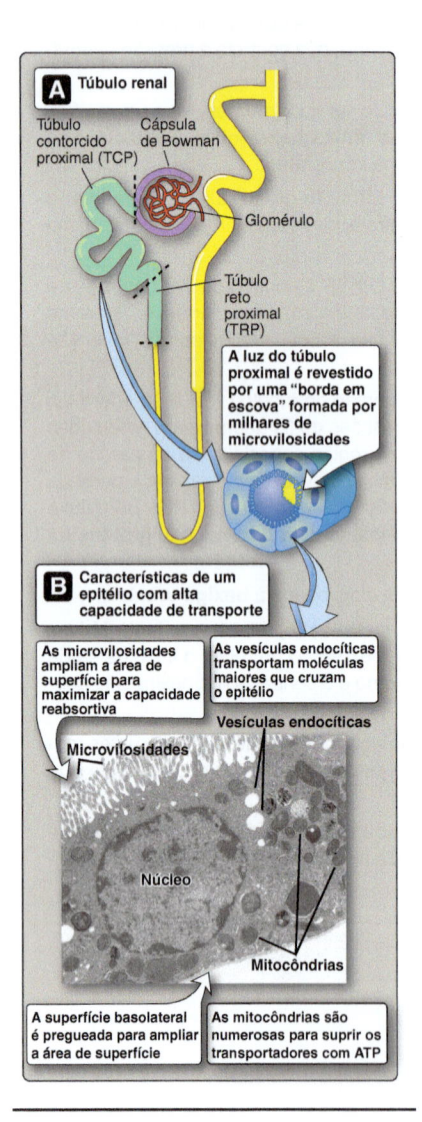

I. VISÃO GERAL

O ultrafiltrado que entra no **túbulo proximal** (**TP**), proveniente do espaço de Bowman, tem uma composição que é quase idêntica à do plasma. Contém mais de 150 componentes diferentes, mas os principais são os íons inorgânicos (Na^+, K^+, Mg^{2+}, Ca^{2+}, Cl^-, HCO_3^-, H^+ e fosfatos), açúcares, aminoácidos e peptídeos, creatinina e ureia, além de grandes quantidades de água. A função do túbulo renal é coletar > 99% da água e a maioria dos solutos antes que eles alcancem a bexiga urinária. A maior parte é recuperada nos primeiros milímetros do TP, inclusive praticamente todos os componentes orgânicos (açúcares, aminoácidos, peptídeos e ácidos orgânicos) e dois terços dos íons filtrados e água. Grande parte desse material é recapturado paracelularmente por osmose, o que é possível pela natureza inerentemente permeável da parede tubular. O túbulo proximal também secreta ativamente vários compostos orgânicos na sua luz, para subsequente excreção urinária. Os principais pontos de reabsorção, secreção e regulação dos vários solutos ao longo do néfron renal estão resumidos na Figura 27.19.

II. PRINCÍPIOS

O TP é um epitélio "permeável" de elevada capacidade de transporte, revestindo um tubo de aproximadamente 50 μm (Fig. 26.1A). A porção inicial do tubo é enovelada (o túbulo contorcido proximal [TCP]), e então se alinha para formar o túbulo reto proximal (TRP). A função primária do TP é a reabsorção do líquido isosmótico.

> A "permeabilidade" de um epitélio é um reflexo da facilidade com que os solutos e a água conseguem permear as junções de oclusão entre as células epiteliais adjacentes. Os epitélios permeáveis são altamente vazantes, enquanto as junções intercelulares em epitélios de oclusão são relativamente impermeáveis (ver 4.II.E.2).

Figura 26.1
Estrutura do túbulo proximal. ATP = trifosfato de adenosina.

A. Estrutura celular

O TP reabsorve em torno de 120 L de líquido e solutos por dia. A grandeza dessa carga é refletida na ultraestrutura das células epiteliais que constituem as paredes, as quais estão empacotadas de mitocôndrias, e suas membranas superficiais são especializadas em amplificar a área de superfície (ver Fig. 26.1B).

1. **Metabolismo:** as membranas apical e basolateral das células epiteliais do TP estão densamente povoados com canais e transportadores para resgate e secreção de íons inorgânicos e outros solutos. A reabsorção é comandada por gradientes iônicos gerados por bombas dependentes de trifosfato de adenosina (ATP), de forma que o citoplasma é denso de mitocôndrias para suprir as elevadas necessidades metabólicas do TP.

2. **Área de superfície:** as membranas apical e basolateral do TP são extensivamente modificadas para aumentar a sua área de superfície. A expansão da membrana é necessária para acomodar a grande quantidade de canais e transportadores, e também para maximizar a área de contato entre a célula epitelial e os conteúdos do túbulo. As numerosas e densamente empacotadas microvilosidades que se salientam da superfície apical criam uma **borda em escova**, que é estrutural e funcionalmente semelhante à encontrada no intestino delgado (ver 31.II).

3. **Junções:** as células epiteliais adjacentes estão conectadas, na sua superfície apical, por junções de oclusão que têm uma estrutura muito frouxa. As junções são altamente permeáveis aos solutos e à água, e assim o epitélio tem uma resistência elétrica muito baixa.

B. Reabsorção

A reabsorção envolve a transferência de água e solutos da luz do túbulo ao interstício. Uma vez no interstício, esses materiais estão livres para entrar na rede capilar peritubular por difusão simples. As principais vias e mecanismos envolvidos na reabsorção foram apresentados na Unidade I (ver 4.III), e estão resumidos a seguir:

1. **Vias:** existem duas vias pelas quais os materiais podem cruzar os epitélios (Fig. 26.2). A via paracelular situa-se entre duas células epiteliais adjacentes. A permeabilidade dessa via é determinada pela estrutura das junções de oclusão. A via transcelular capta um soluto para o interior de uma célula epitelial e em geral necessita do auxílio de canais ou transportadores para cruzar as membranas basolateral e apical.

2. **Força motriz:** o transporte transepitelial é energizado por ATP e praticamente toda a energia consumida durante a reabsorção é utilizada para manter a atividade da Na$^+$-K$^+$ ATPase. As consequências da atividade da Na$^+$-K$^+$ ATPase podem ser divididas em quatro etapas parcialmente sobrepostas, todas contribuindo para a reabsorção resultante (Fig. 26.3).

    a. **Etapa 1 – Gradiente iônico:** a bomba Na$^+$-K$^+$ está localizada na membrana basolateral. Ela troca três íons Na$^+$ intracelulares por dois íons K$^+$ extracelulares, criando um gradiente direcionado ao interior para a difusão de Na$^+$ através das membranas apical e basolateral.

    b. **Etapa 2 – Gradiente de voltagem:** o bombeamento de íons Na$^+$ para o interstício modifica a diferença de potencial entre o interstício e a luz do TP. Embora a diferença seja pequena (ao redor de 3 mV, luz negativa), cria uma força direcionadora significativa para o movimento iônico.

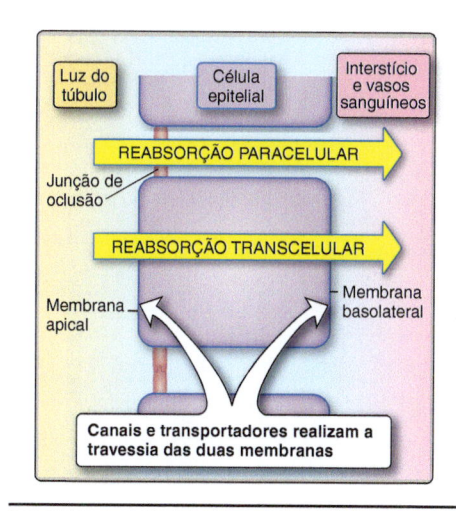

Figura 26.2
Vias para reabsorção a partir da luz do túbulo.

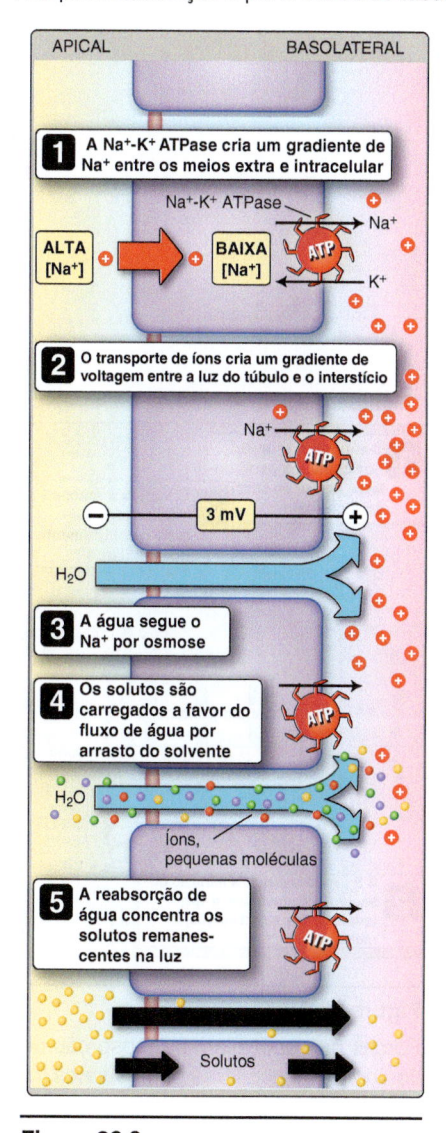

Figura 26.3
Mecanismos de reabsorção. ATP = trifosfato de adenosina.

> O gradiente de voltagem transepitelial reverte a polaridade, de luz negativa para luz positiva, nas últimas partes do TP. Ocorre reversão, porque o Cl^- é reabsorvido preferencialmente nas últimas partes, deixando para trás uma carga líquida positiva (ver adiante).

c. **Etapa 3 – Gradiente osmótico:** o bombeamento de íons Na^+ para o interior do interstício também cria um gradiente osmótico que direciona o fluxo de água da luz do túbulo através das junções de oclusão.

d. **Etapa 4 – Arrasto por solvente:** a água que flui pelas junções intercelulares, em resposta a um gradiente osmótico, cria um repuxo de solvente que traz junto íons e pequenas moléculas orgânicas.

e. **Etapa 5 – Gradiente químico:** a reabsorção de água concentra os solutos que são deixados para trás na luz do túbulo, criando, portanto, um gradiente químico que favorece a reabsorção por difusão.

C. Rede peritubular

A capacidade do TP em reabsorver grandes volumes de líquido é somente possível com o auxílio da rede capilar peritubular, a qual segue de perto o túbulo por todo o rim (ver Fig. 25.4). A rede peritubular mantém o túbulo com O_2 e nutrientes, mas, tão importante quanto essas funções, também elimina o líquido recuperado do interstício, antes que tenha a chance de se acumular e reduzir os gradientes, favorecendo a reabsorção. As forças de Starling, que governam o movimento de líquidos por meio das paredes capilares peritubulares, estão configuradas de forma a promover a reabsorção a partir do interstício renal (Fig. 26.4; ver 19.VII.D). A principal força que favorece a reabsorção de líquido é a pressão osmótica coloidal plasmática (π_{PC}). A pressão hidrostática do capilar (P_{PC}) é a principal força que se opõe à reabsorção.

1. **Pressão osmótica coloidal plasmática:** a π_{PC} tem uma média de 25 mmHg em praticamente todas as outras regiões do corpo, mas o sangue que entra na rede peritubular recém cruzou o glomérulo onde ao redor de 20% do seu líquido foi removido por filtração. As proteínas plasmáticas estão concentradas, como consequência, o que aumenta a π_{PC} a aproximadamente 35 mmHg.

2. **Pressão hidrostática do capilar:** o sangue tem de passar através de uma arteríola eferente, antes de alcançar os vasos capilares peritubulares. As arteríolas eferentes têm uma resistência relativamente elevada, o que diminui a pressão do sangue ao entrar na rede para aproximadamente 20 mmHg. Isso é muito mais baixo do que em outros leitos capilares sistêmicos (ao redor de 35 mmHg). A P_{PC} diminui ao longo do comprimento do capilar. A combinação de uma elevada π_{PC} e uma baixa P_{PC} significa que a força propulsora para a reabsorção de líquido é fortemente positiva ao longo de todo o comprimento do capilar (fluxo $\propto \pi_{PC} - P_{PC}$, ou em torno de 15 mmHg; ver Fig. 26.4).

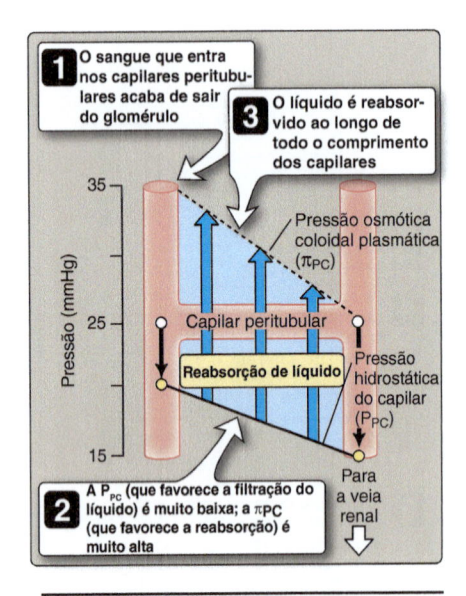

Figura 26.4
Forças que controlam a reabsorção de líquido pelos capilares peritubulares.

III. SOLUTOS ORGÂNICOS: REABSORÇÃO

O plasma está carregado de glicose (4 a 5 mmol/L), aminoácidos (aproximadamente 2,5 mmol/L), pequenos peptídeos e ácidos orgânicos (p. ex., lactato, piruvato), todos sendo filtrados livremente para o espaço de Bowman. Esses componentes representam um recurso significativo que deve ser recapturado do filtrado antes que esse alcance a bexiga urinária. Na prática, > 98% dos componentes orgânicos são recapturados no início do TCP, e os 1 a 2% restantes são reabsorvidos no TRP (Fig. 26.5). A maior parte dos orgânicos é recuperada por transportadores apicais, cruza as células por difusão e então é transportada, através da membrana basolateral, ao interstício e aos vasos sanguíneos. O envolvimento de transportadores significa que a reabsorção apresenta cinética de saturação (Fig. 26.6).

A. Cinética

O epitélio renal apresenta uma quantidade finita de transportadores, o que limita a reabsorção de solutos. Se o glomérulo filtrar solutos em excesso à capacidade máxima dos transportadores (T_m), o soluto transportado continuará percorrendo o túbulo e aparecerá na urina. As concentrações de soluto no plasma variam com a captação e a utilização pelos tecidos, mas um néfron renal saudável em geral está apto a recuperar cargas filtradas dentro de uma variabilidade fisiológica normal. Os solutos começam a aparecer na urina, em pequenas quantidades, mesmo antes que a T_m seja alcançada (ver Fig. 26.6). Diz-se que essa região da curva de filtração apresenta um desvio da linearidade, ou seja, um *splay*, refletindo a heterogeneidade do néfron e dos transportadores.

> "Carga filtrada" é a quantidade de qualquer substância que é filtrada no glomérulo e entra no espaço de Bowman por unidade de tempo (mg/min). As cargas filtradas são os produtos da taxa de filtração glomerular (TFG) e da concentração plasmática da substância em questão.

1. **Transportadores:** os néfrons geralmente possuem múltiplas classes de transportadores capazes de transferir solutos orgânicos por meio da membrana de superfície. A atividade combinada de vias com diferentes valores de T_m contribui para o *splay*.

2. **Néfrons:** os néfrons apresentam diversidade anatômica, o que leva a diferenças na TFG de um único néfron, na capacidade do transportador e na localização do transportador ao longo do túbulo. Essas diferenças também contribuem para o *splay*.

B. Glicose

As concentrações de glicose no plasma variam entre 3,8 e 6,1 mmol/L em uma pessoa normal. A glicose é filtrada livremente para o interior do túbulo, e aproximadamente 98% são reabsorvidos na porção inicial do TP. A captura ocorre transcelularmente e é mediada por transportadores (Fig. 26.7).

1. **Apical:** a glicose é recuperada, utilizando dois cotransportadores diferentes de Na^+. Ambos atrelam o gradiente transmembrana de Na^+ à absorção simultânea de Na^+ e uma molécula de glicose. Uma

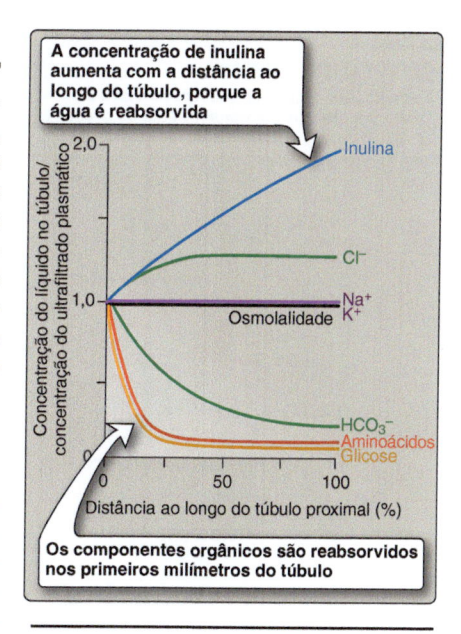

Figura 26.5
Alterações na composição do líquido no túbulo proximal à medida que se distancia da cápsula de Bowman.

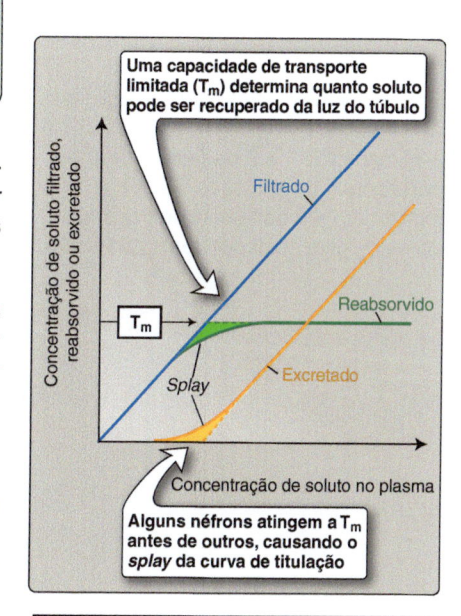

Figura 26.6
Limites para a reabsorção de soluto mediada por transportador.

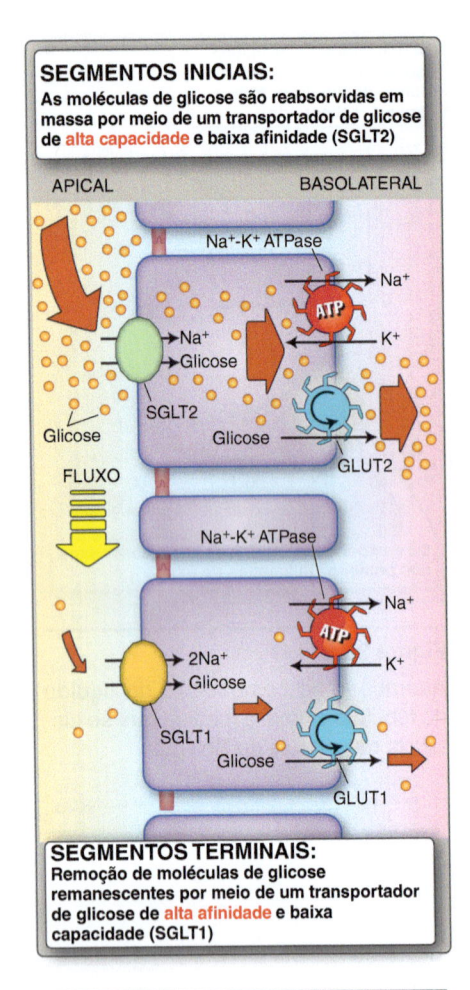

SEGMENTOS INICIAIS:
As moléculas de glicose são reabsorvidas em massa por meio de um transportador de glicose de alta capacidade e baixa afinidade (SGLT2)

SEGMENTOS TERMINAIS:
Remoção de moléculas de glicose remanescentes por meio de um transportador de glicose de alta afinidade e baixa capacidade (SGLT1)

Figura 26.7
Estratégias de reabsorção da glicose. ATP = trifosfato de adenosina; GLUT1 e 2 = membros 1 e 2 da família de transportadores de glicose; SGLT1 e 2 = membros 1 e 2 da família de transportadores de glicose dependentes de sódio.

dessas classes de cotransportadores se localiza principalmente na porção inicial do TCP, a outra no TRP.

a. **Túbulo contorcido:** o TCP expressa um cotransportador de Na^+-glicose de baixa afinidade e alta capacidade (SGLT2, da família SGLT), destinado a recapturar o grande volume de glicose filtrada, imediatamente após sua entrada no túbulo.

b. **Túbulo reto:** no momento em que o filtrado atinge o TRP, a maior parte da glicose já foi reabsorvida. O TRP, assim, expressa um cotransportador de $2Na^+$-glicose, de baixa capacidade e elevada afinidade (SGTL1), destinado a recapturar o restante da glicose antes de sua entrada na alça do néfron.

2. **Basolateral:** a captura de glicose pelas células epiteliais gera um gradiente de concentração que direciona a difusão facilitada (ver 1.V.C.2), por meio dos transportadores de glicose da família GLUT (GLUT2 e GLUT1 no TCP e no TRP, respectivamente), que cruzam a membrana basolateral para o interstício.

C. Aminoácidos

O plasma contém todos os aminoácidos comuns, e todos são filtrados para o túbulo renal. O TP inicial recaptura > 98% da carga de aminoácidos filtrada (ver Fig. 26.5). A quantidade filtrada se aproxima da T_m, mesmo sob condições de repouso, de forma que a urina sempre contém traços da maioria dos aminoácidos. Aumentos fisiológicos nos níveis de aminoácidos plasmáticos se sobrepõem facilmente à capacidade reabsortiva do néfron, e quantidades significativas são então excretadas. Existem vias múltiplas para os aminoácidos cruzarem as membranas apical e basolateral.

1. **Apical:** existem várias classes de transportadores de aminoácidos na membrana apical. Em geral, esses transportadores têm uma ampla especificidade pelos substratos, de forma que uma única espécie de aminoácido pode ter várias opções de recaptura. Aminoácidos aniônicos (ácidos) são recapturados por um transportador de aminoácidos excitatório, que troca um H^+, dois Na^+ e um aminoácido por K^+. Aminoácidos catiônicos (básicos) são capturados em troca de um aminoácido neutro. Aminoácidos neutros são captados tanto por um cotransportador de Na^+ como por um cotransportador de H^+.

Aplicação clínica 26.1 Diabetes melito

A concentração plasmática de glicose pode subir a aproximadamente 10 mmol/L, antes que a capacidade de reabsorção renal seja excedida em indivíduos normais e saudáveis. Uma vez que a capacidade de transporte é excedida, quantidades significativas de glicose começam a passar para a urina. A presença de glicose não resgatada dentro da luz do túbulo renal causa uma diurese osmótica, que se manifesta como poliúria (saída de urina de > 3 L/dia). A necessidade frequente de urinar dá origem ao termo "diabetes", derivado de um verbo grego (*diabainein*), que tem um significado semelhante. A presença de glicose na urina lhe dá um sabor adocicado, fornecendo uma maneira rápida (embora desagradável) de diagnosticar o **diabetes melito** nos primórdios da medicina.

2. **Basolateral:** a membrana basolateral contém um grupo diferente de transportadores de aminoácidos, cuja especificidade pelo substrato é mais ampla do que a dos transportadores da membrana apical. Aminoácidos catiônicos e muitos neutros são trocados por um aminoácido neutro mais Na^+. Aminoácidos aromáticos cruzam o interstício por difusão facilitada.

D. Peptídeos e proteínas

O TP tem três estratégias para resgatar peptídeos e proteínas (Fig. 26.8): captura via carreadores de pequenos peptídeos, degradação e então captação via carreadores, e endocitose.

1. **Transporte:** existem muitas semelhanças nas maneiras em que o TP maneja os oligopeptídeos e a glicose. A superfície apical contém dois transportadores de peptídeos: PepT1 e PepT2. Ambos são cotransportadores de peptídeo com H^+ que transportam di e tripeptídeos em qualquer uma das > 8.000 possíveis combinações de resíduos de aminoácidos. O PepT1 é um transportador de alta capacidade e baixa afinidade, expresso preferencialmente na porção inicial do TP. O PepT2 é um transportador de alta afinidade e baixa capacidade, que recolhe os peptídeos remanescentes que aparecem no TRP. Uma vez dentro da célula, os peptídeos são rapidamente degradados por *proteases* e devolvidos aos vasos sanguíneos como aminoácidos livres.

2. **Degradação:** a borda em escova do TP se assemelha à do intestino delgado, no sentido de que expressa muitas *peptidases*. Essas enzimas degradam grandes peptídeos (inclusive hormônios) em pequenos peptídeos ou seus aminoácidos constituintes, os quais são então reabsorvidos, utilizando carreadores.

3. **Endocitose:** as células epiteliais do TP expressam receptores endocitóticos (**megalina** e **cubilina**), na sua superfície apical, que ligam quaisquer proteínas que possam ter cruzado a barreira de filtração glomerular e então as internalizam. Uma vez dentro da célula, as proteínas são digeridas e liberadas no lado basolateral como aminoácidos livres ou pequenos peptídeos. O TP também expressa receptores que reconhecem e internalizam hormônios específicos, tais como a somatostatina. A indústria farmacêutica vem explorando a possibilidade de utilizar esses receptores como veículos para a liberação de fármacos.

E. Ácidos orgânicos

O plasma contém quantidades significativas de lactato, piruvato, e outros mono, di e tricarboxilatos que são livremente filtrados pelo glomérulo e então reabsorvidos pelo TP, mediante utilização de dois cotransportadores de Na^+. Um é específico para monocarboxilatos (p. ex., lactato, piruvato), o outro, para di e tricarboxilatos (p. ex., citrato e succinato). A seguir, os monocarboxilatos saem da célula via um cotransportador basolateral de H^+-carboxilato. Os di e tricarboxilatos são trocados por um ânion orgânico, por meio de um membro da família de **transportadores aniônicos orgânicos** (**TAOs**).

IV. SOLUTOS ORGÂNICOS: SECREÇÃO

O sangue que cruzou a rede capilar glomerular ainda contém uma certa quantidade de metabólitos e produtos indesejáveis e possivelmente tóxicos.

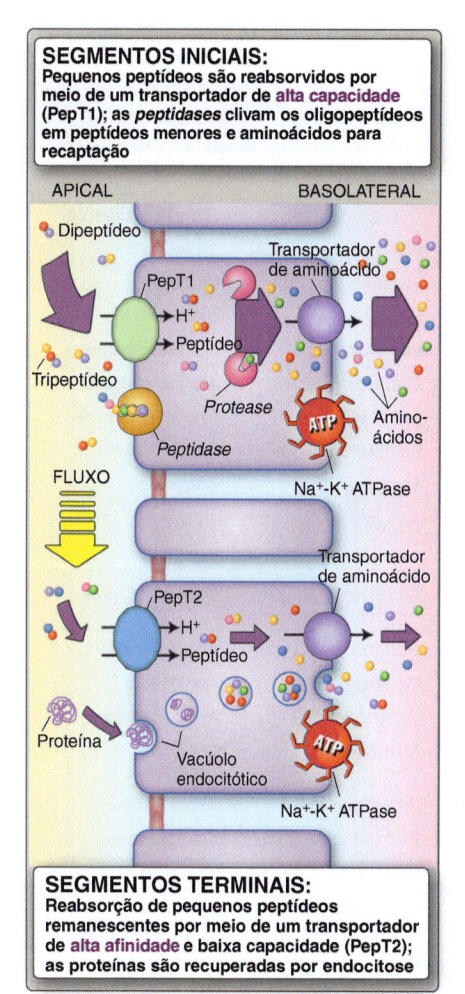

SEGMENTOS INICIAIS:
Pequenos peptídeos são reabsorvidos por meio de um transportador de alta capacidade (PepT1); as *peptidases* clivam os oligopeptídeos em peptídeos menores e aminoácidos para recaptação

SEGMENTOS TERMINAIS:
Reabsorção de pequenos peptídeos remanescentes por meio de um transportador de alta afinidade e baixa capacidade (PepT2); as proteínas são recuperadas por endocitose

Figura 26.8
Reabsorção de oligopeptídeos e proteínas. ATP = trifosfato de adenosina.

Tabela 26.1 Substâncias químicas secretadas pelo túbulo proximal

Nome da substância	Classe da substância
Ânions	
Acetazolamida	Diurética, diversa
Clorotiazida	Diurética
Furosemida	Diurética
Probenecida	Uricosúrica
Penicilina	Antimicrobiana
Metotrexato	Anticancerígena
Indometacina	Anti-inflamatória
Salicilato	Anti-inflamatória
Sacarina	Adoçante
Cátions	
Amilorida	Diurética
Compostos de amônio quaternários	Antimicrobiana
Quinino	Antimalárica
Morfina	Analgésica
Clorpromazina	Antipsicótica
Atropina	Antagonista colinérgico
Procainamida	Antiarrítmica
Dopamina	Vasopressora
Adrenalina	Vasopressora
Cimetidina	Antiácida (bloqueadora de H_2)
Paraquate	Herbicida

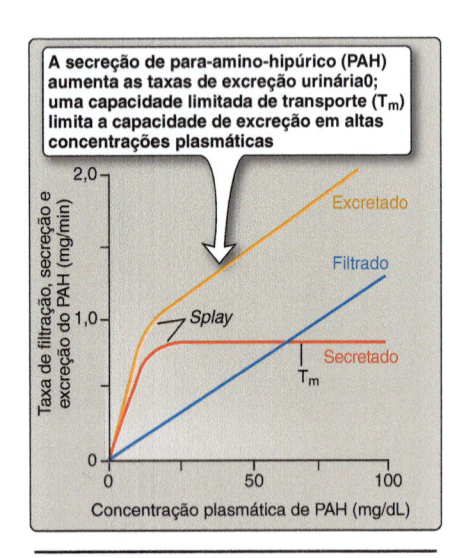

Figura 26.9
Efeitos da concentração de para-amino-hipúrico (PAH) do plasma nas taxas de secreção e excreção.

Embora esses produtos de descarte sejam finalmente excretados durante passagens subsequentes, o rim suplementa suas funções de filtração passiva e purificação com um processo secretor ativo. A secreção ocorre na porção distal do TP e é quase 100% eficaz em livrar o organismo de vários ânions e cátions orgânicos em uma única passada. O ácido úrico, por exemplo, é um produto relativamente insolúvel do metabolismo final dos nucleotídeos, que é secretado ativamente pelo TP. Outros produtos de dejeto que são secretados incluem a creatinina, o oxalato, e os sais biliares. A secreção também auxilia a eliminar toxinas exógenas do corpo. Os transportadores secretores têm uma especificidade muito ampla pelo substrato, o que lhes permite gerenciar uma grande quantidade de potenciais ameaças químicas. Essas vias também purificam uma ampla variedade de substâncias farmacêuticas dos vasos sanguíneos (Tab. 26.1).

> A tendência do TP de captar fármacos da circulação o coloca em um grave risco, porque as concentrações intracelulares podem subir rapidamente a níveis tóxicos. Os transportadores responsáveis pela captura tornaram-se, assim, alvos de elevada prioridade para intervenções farmacológicas. Inibindo-se os sistemas de captação não apenas se reduz a toxicidade do fármaco, mas também se reduz a taxa de eliminação do fármaco do corpo e, assim, se diminui a frequência de dosagem.

A. Cinética

A secreção é mediada por transportador e, portanto, mostra cinética de saturação, conforme é demonstrado, utilizando-se o para-amino-hipúrico (PAH), na Figura 26.9. O PAH é um derivado do ácido hipúrico, usado em estudos do fluxo plasmático renal (ver 25.V.D), que é tanto filtrado pelo glomérulo como secretado pelo TP via rotas de TAOs descritas anteriormente.

1. **Filtração:** o PAH é filtrado livremente pelo glomérulo em quantidades que são diretamente proporcionais à TFG. A filtração remove aproximadamente 20% do total de PAH plasmático.

2. **Secreção:** o sangue que entra na rede peritubular ainda contém 80% da carga de PAH arterial original. Tudo, exceto 10%, é tomado por transportadores na membrana basolateral do TP distal e secretado para o interior da luz tubular. A excreção de PAH aumenta paralelamente. A capacidade do transportador é finita, entretanto, de maneira que a curva de secreção se achata e forma um platô, conforme a concentração plasmática de PAH se aproxima da T_m. A curva de secreção exibe um *splay* devido à heterogeneidade do néfron e do transportador, conforme já foi discutido, em referência à reabsorção de glicose.

B. Transportadores

Os epitélios do TP expressam muitos transportadores diferentes, de ampla especificidade para ânions e cátions orgânicos. Os ânions orgânicos são captados do sangue por vários membros da família TAO. O TAO1 troca um íon orgânico por um dicarboxilato, tal como α-cetoglutarato. Uma família afim de **transportadores catiônicos orgânicos** capta compostos de amina e amônia do sangue. Os ânions e os cátions são passados

Aplicação clínica 26.2 Gota

Os transportadores de ânions orgânicos são uma das várias famílias de transportadores envolvidos na reabsorção e excreção do ácido úrico. A maioria dos mamíferos metaboliza o urato à alantoína, mas os primatas perderam a enzima necessária (*uricase*) durante a evolução. Diferentemente da alantoína, o urato é relativamente insolúvel, e, quando suas concentrações sanguíneas aumentam, formam-se cristais que são geralmente depositados nas articulações. O resultado é uma artrite inflamatória muito dolorida, conhecida como gota. As opções de tratamento da gota incluem medicamentos que inibem os transportadores que normalmente reabsorvem o urato à medida que ele passa ao longo do túbulo, aumentando, portanto, as taxas de excreção.

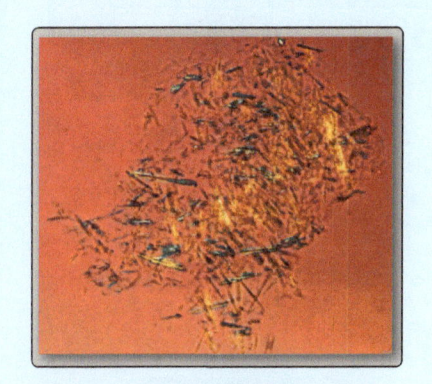

Cristais de ácido úrico no líquido sinovial de um paciente com gota crônica.

para a luz do túbulo por um dos membros de um grupo de **proteínas de resistência a múltiplos fármacos** (**MRPs**, do inglês *multidrug-resistant proteins*). As MRPs são membros da superfamília de transportadores ABC (do inglês *ATP-binding cassette*) com domínio de ligação ao ATP. Os ânions orgânicos também podem cruzar a membrana apical por um dos membros dos TAOs.

V. UREIA

A ureia é uma pequena molécula orgânica, composta por dois grupos amida ligados por um grupo carbonil. Ela é formada no fígado[1] e excretada na urina, como uma forma de descartar aminoácidos não desejados e nitrogênio (Fig. 26.10). As concentrações plasmáticas normais variam de 2,5 a 6 mmol/L. O TP reabsorve em torno de 50% da carga filtrada especialmente pela via paracelular. Duas forças direcionam esse movimento. A primeira é o arrasto pelo solvente, criado pelos grandes volumes de água que são reabsorvidos no TP. A perda de água da luz do túbulo concentra, secundariamente, os solutos na luz do túbulo, o que aumenta a força propulsora para a difusão da ureia pelo epitélio. O rim finalmente excreta aproximadamente 40% da carga de ureia filtrada, mas essa tem, primariamente, um papel importante em auxiliar na concentração da urina. As vias envolvidas são discutidas no Capítulo 27 (ver 27.V.D).

> A ureia é a forma principal pela qual os dejetos de nitrogênio são excretados do corpo, e, assim, os níveis de ureia plasmática são um indicador bastante útil da saúde e função renal. Laboratórios clínicos reportam os níveis de ureia na forma de nitrogênio ureico sanguíneo (BUN, do inglês *blood urea nitrogen*). Os valores normais de BUN encontram-se na amplitude de 7 a 18 mg/dL.

[1]O papel da ureia na excreção do nitrogênio e os detalhes do ciclo da ureia são discutidos extensamente em Bioquímica ilustrada, 5ª edição, Artmed Editora.

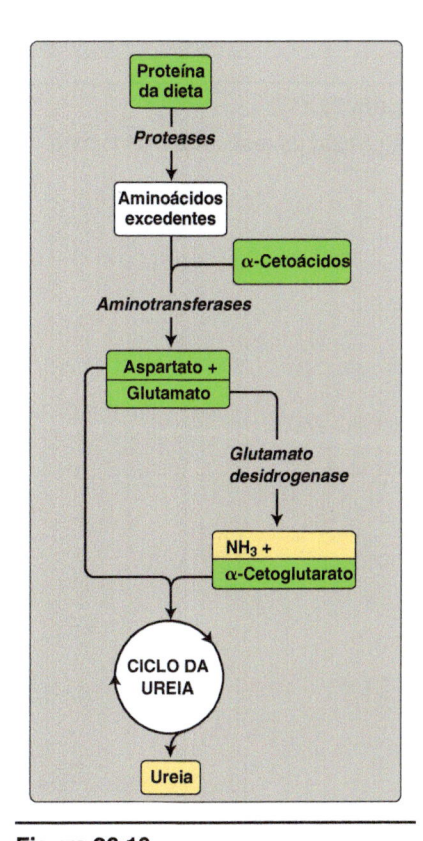

Figura 26.10
Formação de ureia.

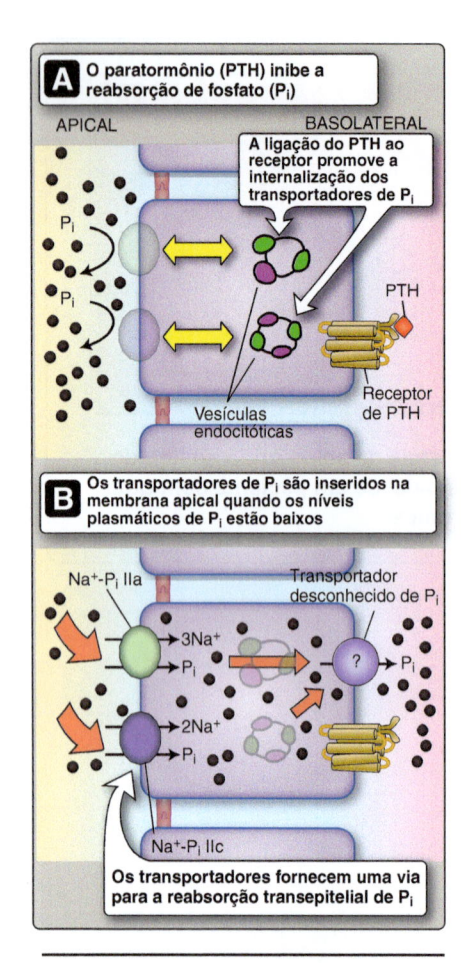

Figura 26.11
Regulação da reabsorção de fosfato.

A O paratormônio (PTH) inibe a reabsorção de fosfato (P_i)

A ligação do PTH ao receptor promove a internalização dos transportadores de P_i

B Os transportadores de P_i são inseridos na membrana apical quando os níveis plasmáticos de P_i estão baixos

Os transportadores fornecem uma via para a reabsorção transepitelial de P_i

VI. FOSFATO E CÁLCIO

O plasma contém um total de aproximadamente 1 a 1,5 mmol/L de fósforo inorgânico (P_i) e em torno de 2,1 a 2,8 mmol/L de Ca^{2+}. Ambos são criticamente importantes para a função celular normal. O P_i é um componente do RNA e do DNA, energiza o metabolismo na forma de ATP, e é encontrado em associação com numerosos lipídeos e proteínas. O Ca^{2+} é um segundo mensageiro vital que ativa enzimas, inicia a contração muscular e aciona a secreção de neurotransmissores. Cerca da metade do fósforo e do cálcio plasmáticos totais existe na forma ionizada (como HPO_4^{2-}, $H_2PO_4^-$ e Ca^{2+}), o restante formando complexos com proteínas e outras moléculas. Entretanto, o plasma contém apenas uma fração mínima do total de fósforo e cálcio do corpo. A grande maioria do fósforo (> 80%) e do cálcio (> 99%) está retida em cristais de hidroxiapatita, em uma estrutura mineral chamada osso. As concentrações plasmáticas de P_i e Ca^{2+} são reguladas por mecanismos semelhantes. As concentrações corporais totais de ambos os íons representam um equilíbrio preciso entre a deposição e a reabsorção óssea, a secreção e a absorção intestinal e a reabsorção e filtração renal. Os três processos são regulados pelo paratormônio (PTH, discutido de maneira mais detalhada nos Caps. 27 e 35).

A. Fosfato

O túbulo renal reabsorve em torno de 90% da carga de P_i filtrada, da qual aproximadamente 80% são recapturados no TP e os 10% restantes no túbulo contorcido distal (TCD). O TP é o principal sítio da regulação de P_i, efetuada por meio do PTH e das concentrações plasmáticas de P_i (ver Fig. 27.19).

1. **Reabsorção:** o P_i é reabsorvido por meio de dois cotransportadores apicais de Na^+-P_i (NaP_i IIa e NaP_i IIc), conforme mostrado na Figura 26.11. O mecanismo pelo qual P_i cruza a membrana basolateral está sob investigação.

2. **Regulação:** o PTH bloqueia a retomada de P_i da luz do túbulo, promovendo endocitose e degradação subsequente dos transportadores apicais de P_i. Na ausência de uma via de recuperação, o P_i passa então pelo túbulo e é excretado. Baixa ingestão na dieta causa a inserção dos cotransportadores na membrana apical, aumentando, portanto, a capacidade do TP de reabsorver o P_i filtrado.

B. Cálcio

As concentrações de Ca^{2+} livre no plasma são estritamente reguladas dentro da amplitude de 1 a 1,3 mmol/L, e praticamente todo o Ca^{2+} filtrado é reabsorvido durante a passagem pelo néfron (ver Fig. 27.19). O TP recaptura aproximadamente 65% do cálcio, especialmente pela via paracelular. A força motriz é parcialmente exercida pelo arrasto dos solventes, e nas porções terminais do TP, onde a luz é carregada positivamente em relação ao sangue, pela diferença de voltagem transepitelial. A maior parte dos 35% restantes da carga filtrada é reabsorvida no ramo ascendente espesso (RAE em torno de 25%) e no TCD (ao redor de 8%). O TCD é o principal sítio de regulação do Ca^{2+} (ver 27.III.C).

VII. MAGNÉSIO

O Mg^{2+} é um cofator vital necessário para o funcionamento normal de centenas de enzimas, sendo que sua carga positiva auxilia a estabilizar a integridade estrutural da proteína. Ele também regula o fluxo de íons pelos canais iônicos, de forma que decréscimos fisiológicos nas concentrações plasmáticas livres causam hiperexcitabilidade de membrana, arritmias e tetania muscular. A maior parte do Mg^{2+} do organismo está formando complexos nos ossos ou está associada com proteínas e outras pequenas moléculas. As concentrações plasmáticas são normalmente mantidas na faixa de aproximadamente 0,75 a 1 mmol/L, dos quais em torno de 60% estão na forma livre. O Mg^{2+} é um componente comum na maioria dos alimentos, assim ao redor de 2 a 5% da carga filtrada são geralmente excretados na urina para equilibrar a ingestão diária. O TP recaptura em torno de 15% da carga filtrada. A reabsorção ocorre paracelularmente, por arrasto do solvente e difusão. Essa reabsorção é favorecida pela pequena diferença positiva de potencial da luz, que existe ao longo das regiões mais distais do epitélio do TP. A maior parte do Mg^{2+} filtrado (ao redor de 70%) é recapturada no RAE, o qual é também o principal local da regulação homeostática do Mg^{2+} (ver 27.III.B e Fig. 27.19).

VIII. POTÁSSIO

O K^+ é especial entre os eletrólitos, pelo fato de que mesmo alterações modestas nas concentrações plasmáticas de K^+ podem representar um risco à vida, causando disritmias e arritmias cardíacas potencialmente fatais (ver Aplicação clínica 2.1). As concentrações plasmáticas são estritamente reguladas dentro da faixa de 3,5 a 5 mmol/L. O K^+ é filtrado livremente pelo glomérulo, de forma que o néfron trabalha com uma carga diária de aproximadamente 0,6 a 0,9 mol. O TP reabsorve em torno de 80% da carga filtrada, principalmente pela via paracelular (Fig. 26.12). Como é o caso para o Ca^{2+} e o Mg^{2+}, a absorção resulta do arrasto pela corrente de solvente e da difusão, que é aumentada por um gradiente de voltagem transepitelial. Outros 10% são recapturados no RAE (ver 27.II.B), mas a regulação da reabsorção do K^+ (e da excreção) ocorre principalmente nos segmentos distais (ver 27.IV.C e Fig. 27.19).

IX. ÍONS BICARBONATO E HIDROGÊNIO

Uma das funções mais importantes do rim é auxiliar a manter o pH do líquido extracelular (LEC) em torno de 7,4. O metabolismo gera quantidades imensas de ácido volátil (H_2CO_3), que são expelidas pelos pulmões, e outros 50 a 100 mmol/dia de ácido não volátil (sulfúrico, fosfórico, nítrico e outros ácidos menores; ver 3.IV.A), que devem ser excretados pelos rins. Embora todas as porções do néfron estejam envolvidas de alguma forma na homeostasia ácido-base (ver Fig. 27.19), o TP é o principal sítio de recaptura de HCO_3^- e secreção de H^+.

A. Bicarbonato

A excreção de HCO_3^- leva o LEC a se tornar ácido, de maneira que o primeiro objetivo da homeostasia do pH é recuperar 100% da carga de HCO_3^- filtrado. O TP recupera aproximadamente 80% do total. Visto que o HCO_3^- é aniônico, não pode se difundir livremente pelas membranas, então o TP secreta quantidades molares de H^+ para o interior da luz do túbulo, para titular o HCO_3^-, e então usa a *anidrase carbônica* (*AC*) para converter o H_2CO_3 em CO_2 e H_2O. Ambas as moléculas são então recuperadas por difusão simples. A recuperação é um processo de quatro etapas (os números a seguir correspondem às etapas apresentadas na Fig. 26.13):

1. O H^+ é transportado para a luz do túbulo por um trocador apical de Na^+-H^+ (NHE3). A troca é potencializada pelo gradiente transmembrana de Na^+.

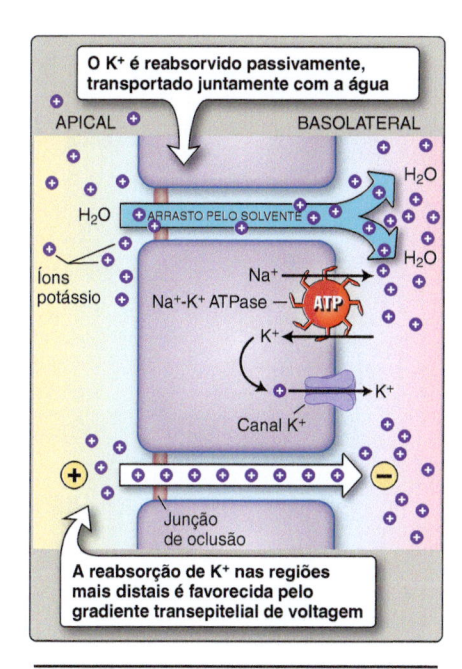

Figura 26.12

Vias de reabsorção do potássio no túbulo proximal. ATP = trifosfato de adenosina.

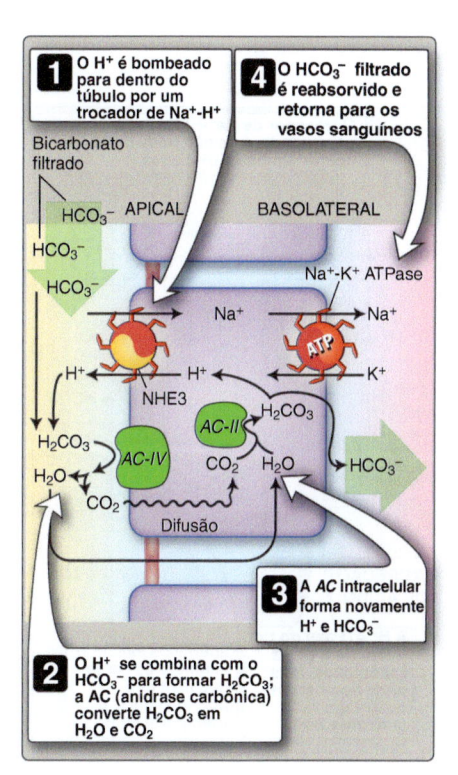

Figura 26.13

Via de reabsorção do bicarbonato no túbulo proximal. ATP = trifosfato de adenosina.

2. O H^+ se combina com o HCO_3^- luminal para formar H_2CO_3, o qual se dissocia e forma H_2O e CO_2. A reação é catalisada pela *AC-IV*, a qual é expressa na superfície apical do epitélio:

$$HCO_3^- + H^+ \leftrightarrows H_2CO_3 \underset{AC}{\leftrightarrows} CO_2 + H_2O$$

3. O CO_2 se difunde para o interior da célula e se combina com H_2O para refazer HCO_3^- e H^+. A reação é catalisada por *AC-II* intracelular.

4. O HCO_3^- é reabsorvido através da membrana basolateral para o interstício e depois para dentro dos vasos sanguíneos, embora o mecanismo não seja totalmente conhecido. O H^+ é bombeado de volta para a luz do túbulo para repetir o ciclo de reabsorção.

A reabsorção de HCO_3^- causa uma leve acidificação dos conteúdos da luz do túbulo, passando de um pH de 7,4 no glomérulo a um pH de aproximadamente 6,8 no TP distal.

> A acetazolamida é um inibidor da *AC* que bloqueia a reabsorção de HCO_3^- e Na^+ pelo TP, causando diurese. Esse fármaco atua tanto na forma intracelular (*AC-II*) como na apical (*AC-IV*) da enzima. Como uma classe, os inibidores de *AC* são diuréticos relativamente ineficientes, porque as regiões mais distais do túbulo compensam os seus efeitos na função do TP.[1] A principal indicação do uso de inibidores de *AC* é em pacientes com alcalose metabólica, porque esses medicamentos prejudicam a capacidade do túbulo de reabsorver o HCO_3^- e, portanto, levam o excesso de base a ser excretado na urina.

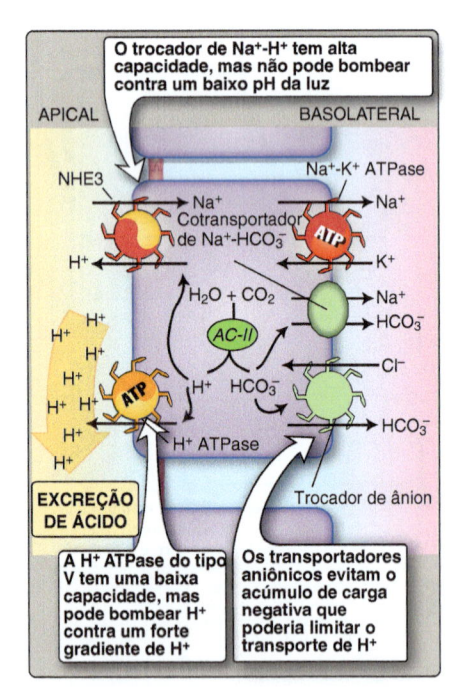

B. Íons hidrogênio

O TP é o local principal de secreção de H^+, embora a determinação final do pH da urina e a regulação do pH do LEC ocorram nos segmentos distais (ver 27.V.E). O H^+ é secretado pelo trocador de Na^+-H^+ NHE3, mencionado anteriormente, e por uma bomba H^+ (Fig. 26.14).

1. **Trocador iônico sódio-hidrogênio:** o trocador de Na^+-H^+ NHE3, utiliza o gradiente de Na^+ criado pela Na^+-K^+ ATPase basolateral para impulsionar a secreção de H^+. A dependência do gradiente de Na^+ significa que a sua capacidade de *concentrar* H^+ na luz é limitada, mas ele tem uma alta *capacidade* que é responsável por aproximadamente 60% da secreção resultante de H^+ no TP.

> O trocador NHE3 é também uma via importante pela qual o TP recaptura o Na^+ da luz do túbulo (ver adiante).

2. **Bomba de prótons:** o TP também secreta ativamente H^+ para o interior do túbulo, utilizando uma H^+ ATPase da membrana vacuolar tipo V. A bomba H^+ é responsável por aproximadamente 40% da se-

Figura 26.14
Secreção de ácido pelo túbulo proximal. ATP = trifosfato de adenosina; AC-II = anidrase carbônica II.

[1] Para mais informações sobre o uso da acetazolamida, ver *Farmacologia ilustrada*, 5ª edição, Artmed Editora.

creção resultante no TP e é capaz de estabelecer um forte gradiente de concentração de H⁺ através da membrana apical. A bomba é **eletrogênica**, significando que propicia que uma carga negativa se vá estabelecendo no interior da célula. Essa carga pode tornar-se limitante a um transporte posterior, de maneira que a secreção de H⁺ é equilibrada pelo movimento de HCO₃⁻, através da membrana basolateral via um cotransportador de Na⁺-HCO₃⁻ e um trocador de ânions (ver Fig. 26.14).

C. Ácido não volátil

Idealmente, o excesso de H⁺ criado pela formação de ácido não volátil deveria ser transportado para o rim e, então, despejado no túbulo e excretado sem maiores processamentos. Na prática, a quantidade gerada de ácido não volátil é grande, e a capacidade dos transportadores de H⁺ disponíveis, de bombearem o H⁺ contra um gradiente de concentração, é limitada. A H⁺ ATPase do tipo V, mencionada anteriormente, pode criar um pH na luz ao redor de 4 na melhor das hipóteses (i.e., 0,1 mmol/L H⁺), o qual é insuficiente para lidar com o excesso diário de ácido. Duas soluções diferentes evoluíram para permitir que o H⁺ seja excretado nas quantidades necessárias para manter o equilíbrio do pH. A primeira é excretar simultaneamente tampões urinários (**ácidos tituláveis**) que limitam o aumento na concentração de H⁺ livre, mesmo quando o ácido esteja sendo bombeado para o interior da luz do túbulo. A segunda é ligar o H⁺ à amônia (NH₃) e excretá-lo como um íon amônio (NH₄⁺).

1. **Ácidos tituláveis:** o filtrado plasmático contém vários tampões, e o TP secreta vários mais. Esses incluem o fosfato de hidrogênio (pK = 6,8), urato (pK = 5,8), creatinina (pK = 5,0), lactato (pK = 3,9) e o piruvato (pK = 2,5). Em conjunto, esses tampões são conhecidos como "ácidos tituláveis", que formam um complexo e, portanto, limitam aumentos da concentração de H⁺ no túbulo. A pK do fosfato de hidrogênio o torna um tampão urinário mais eficiente do que os outros ácidos tituláveis. O fosfato de hidrogênio aceita o H⁺ para se tornar fosfato de di-hidrogênio (Fig. 26.15):

$$H^+ + HPO_4^{2-} \leftrightarrows H_2PO_4^-$$

O TP reabsorve aproximadamente 80% do fosfato filtrado, mas os 20% restantes permanecem para tamponar o pH luminal durante a excreção de H⁺ não volátil.

2. **Amônia:** o plasma normalmente não contém amônia (NH₃), mas as células do TP são capazes de sintetizá-la a partir da glutamina, a qual é convertida em NH₃ e α-cetoglutarato. A NH₃ é solúvel em lipídeos, de forma que se difunde de fora da célula para a luz do túbulo e se combina com H⁺ para formar o íon amônio (NH₄⁺). Algum NH₄⁺ é formado dentro das células do TP, e se move para o interior da luz do túbulo por um trocador de Na⁺-H⁺, o qual é capaz de ligar NH₄⁺, em vez de H⁺ (Fig. 26.16).

3. **Novo bicarbonato:** a excreção de 50 a 100 mmol de ácido não volátil produzido a cada dia gera uma deficiência considerável no sistema de tamponamento do corpo. Isso deve ser acompanhado, de forma precisa, pela formação de novos tampões, ou o LEC se tornaria rapidamente acidótico. O tampão excretado é substituído pela geração de "novo" HCO₃⁻. Uma parte é formada *de novo* e outra é criada a partir do α-cetoglutarato, depois que a NH₃ é formada a partir da glutamina. O α-cetoglutarato é metabolizado em glicose e, então, em

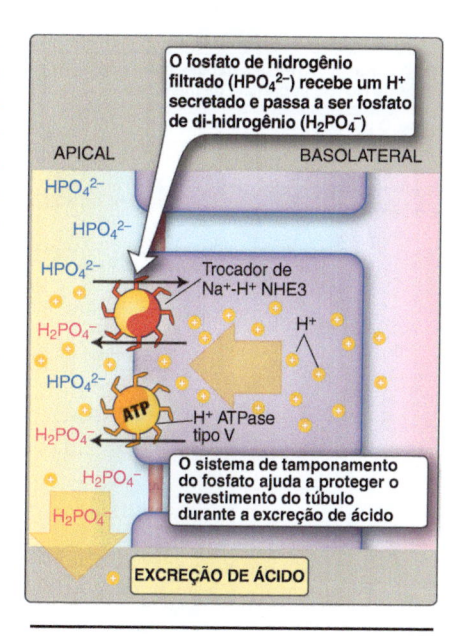

Figura 26.15
Sistema de tamponamento do fosfato. ATP = trifosfato de adenosina.

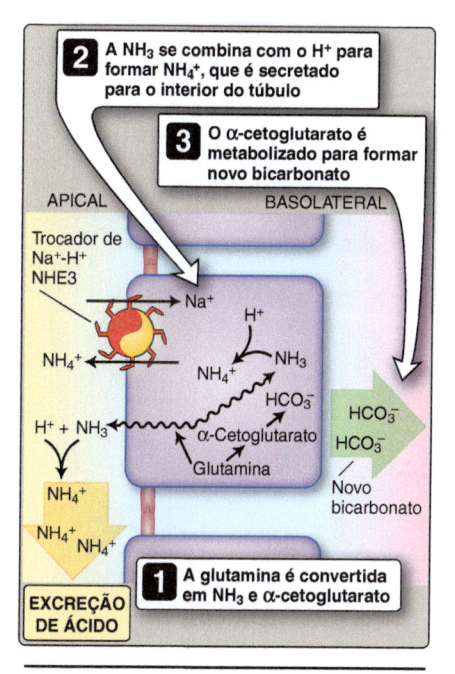

Figura 26.16
Excreção de ácido na forma do íon amônio.

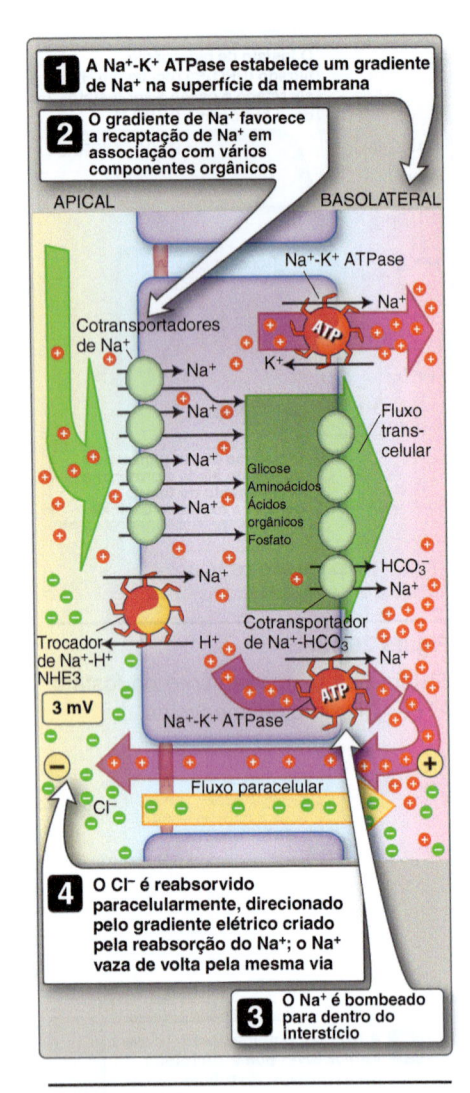

Figura 26.17
Vias para reabsorção de Na^+ e refluxo para o segmento inicial do túbulo contorcido proximal. ATP = trifosfato de adenosina.

CO_2 e H_2O. A *AC* depois catalisa a formação de H_2CO_3, o qual se dissocia para produzir HCO_3^- e H^+. O HCO_3^- recém-formado se difunde para o sangue, e é por fim utilizado para tamponar ácido não volátil no seu local de formação dentro dos tecidos.

X. SÓDIO, CLORETO E ÁGUA

A concentração de Na^+ no plasma é mantida entre 136 e 145 mmol/L, principalmente como uma forma de controlar como a água se distribui entre os três compartimentos do corpo (intracelular, intersticial e plasma; ver 3.III.B). O Na^+ se move livremente, cruzando a barreira de filtração glomerular, de modo que diariamente a carga filtrada excede 25 mol. Aproximadamente 99,6% da carga filtrada são reabsorvidos durante a passagem pelo túbulo renal, sendo a maior parte (em torno de 67%) recapturada pelo TP (ver Fig. 27.19). O Cl^- segue o Na^+, através do epitélio, direcionado para o interior pela carga positiva do sódio. A reabsorção de Na^+, Cl^- e solutos orgânicos cria um potencial osmótico muito forte que também direciona a água da luz do túbulo para o interstício. O efeito líquido desses e de todos os outros processos de reabsorção e secreção descritos nas seções anteriores é que o líquido reabsorvido pelo TP é isosmótico e tem uma composição que se assemelha à do plasma. Entretanto, existem diferenças regionais na forma com que o Na^+ e o Cl^- são reabsorvidos nas regiões iniciais e terminais do TP.

A. Túbulo contorcido proximal inicial

As células epiteliais do TP inicial são especializadas em recolher praticamente todos os solutos orgânicos úteis e o HCO_3^- em associação com o Na^+, o que leva a uma significativa reabsorção de Na^+ transcelular. Alguma parte desse Na^+ vaza então de volta paracelularmente (Fig. 26.17).

1. **Transcelular:** a força primária que direciona a reabsorção é a Na^+-K^+ ATPase basolateral, a qual estabelece um gradiente de Na^+ que comanda a reabsorção da glicose acoplada ao Na^+, aminoácidos, ácidos orgânicos e fosfatos do túbulo. Grandes quantidades de Na^+ também entram nas células via trocador de Na^+-H^+ NHE3. O Na^+ é então removido para o interstício por uma Na^+-K^+ ATPase e, em menor quantidade, por um cotransportador basolateral de Na^+-HCO_3^-. O cotransporte é dirigido por elevadas concentrações intracelulares de HCO_3^-, após a reabsorção e a síntese *de novo*.

2. **Paracelular:** os cotransportadores que retomam os solutos orgânicos do filtrado plasmático são eletrogênicos, deixando um excesso de cargas negativas na luz do túbulo. Essas cargas criam uma diferença de aproximadamente 3 mV entre o túbulo e o interstício, o que gera uma força significativa que dirige a reabsorção paracelular de Cl^-. A via paracelular também permite que quantidades significativas de Na^+ reabsorvido (em torno de 30%) extravase de volta, do interstício para a luz do túbulo. Esse movimento é comandado pelo gradiente de voltagem.

B. Túbulo reto proximal

O líquido que entra no TRP foi privado de todos os solutos orgânicos úteis e da maior parte do HCO_3^-, mas contém concentrações relativamente elevadas de Cl^-. O Na^+ e o Cl^- são reabsorvidos pelas vias transcelular e paracelular.

1. **Transcelular:** o TP terminal capta o Na^+ em troca de H^+, o que gera um fluxo de Na^+ transcelular. Essa região do TP também contém

um trocador de Cl^--base (CFEX) que torna possível uma significativa captação de Cl^- transcelular. O CFEX troca o Cl^- por formato, oxalato, OH^- ou HCO_3^-.

2. **Paracelular:** concentrações luminais muito elevadas de Cl^- direcionam a difusão de Cl^- para fora da luz pela via paracelular. Isso deixa um excesso de carga positiva na luz, que favorece a reabsorção de Na^+, assim o Na^+ segue o Cl^- pelas junções de oclusão e para o interior do interstício.

Resumo do capítulo

- O túbulo proximal (TP) recupera aproximadamente 67% do líquido e até 100% de alguns solutos que são filtrados para o interior do túbulo renal pelo glomérulo. As células epiteliais do TP possuem **microvilosidades** apicais que aumentam a área de superfície, e as junções entre as células são permeáveis para maximizar o livre fluxo de água e solutos dissolvidos.

- O túbulo proximal reabsorve o líquido **isosmoticamente**. A **reabsorção transcelular** é oportunizada principalmente pelo gradiente transmembrana de Na^+, estabelecido por uma Na^+-K^+ ATPase basolateral. A reabsorção também ocorre por difusão via junções de oclusão (**reabsorção paracelular**) e **arrasto por solvente** paracelular.

- O líquido reabsorvido é devolvido aos vasos sanguíneos pela **rede peritubular**. O sangue chega aos capilares peritubulares pelo glomérulo. A filtração glomerular concentra as proteínas plasmáticas e, portanto, aumenta a **pressão osmótica coloidal plasmática**. A arteríola eferente tem uma grande resistência que baixa a **pressão hidrostática do capilar**. Esses fatores combinados criam uma situação na qual a captura de líquido do interstício é altamente favorecida, o que facilita a reabsorção.

- O túbulo proximal (TP) recupera quase 100% da **glicose** e **aminoácidos** filtrados, principalmente via cotransporte de Na^+. O TP também recupera **pequenos peptídeos** pelo **cotransporte de H^+**. Peptídeos maiores e proteínas são degradados em pequenos peptídeos e são então reabsorvidos ou captados por **endocitose**.

- O túbulo proximal secreta ativamente vários **ácidos orgânicos**, **toxinas** e **fármacos**, utilizando **transportadores de ânions e cátions orgânicos** ou **proteínas de resistência a múltiplos fármacos**.

- O fosfato é recolhido do túbulo proximal (TP) por **cotransportadores de Na^+-fosfato**. A reabsorção é regulada pelo **paratormônio**. A reabsorção de Ca^{2+} pelo TP ocorre paracelularmente.

- A reabsorção de Mg^{2+} pelo túbulo proximal é mínima (em torno de 15% da carga filtrada), e ocorre paracelularmente.

- Aproximadamente 80% da carga de K^+ filtrada são recapturados no túbulo proximal.

- Os pulmões e os rins, juntos, são responsáveis pela manutenção do pH dos líquidos extracelulares dentro de uma faixa restrita (pH 7,35 a 7,45). Os pulmões excretam a carga diária de **ácidos voláteis** (CO_2) gerada durante o metabolismo. Os rins excretam os **ácidos não voláteis** (sulfúrico, fosfórico, nítrico e outros ácidos menores).

- A **homeostasia do pH** começa no túbulo proximal (TP) com a recaptura de 80% do HCO_3^- filtrado, o tampão primário do pH corporal. A excreção de ácido não volátil requer que os tampões sejam excretados também para controlar a concentração de H^+ luminal livre. Os **tampões urinários** primários são o **fosfato** e o **amônio**, este último recém-sintetizado a partir da glutamina no TP.

- A reabsorção de Na^+ pelo túbulo proximal (TP) é comandada pela Na^+-K^+ ATPase basolateral por cotransporte com solutos orgânicos e em troca de H^+. A absorção de Cl^- ocorre principalmente na porção terminal do TP, pela via paracelular ou por um trocador de Cl^--base. A reabsorção de água ocorre por osmose, comandada pelo influxo de Na^+, Cl^- e solutos.

27
Formação da Urina

I. VISÃO GERAL

O líquido que sai do **túbulo proximal** (**TP**) e entra na **alça de Henle** (**alça do néfron**) teve removida a maior parte das moléculas orgânicas úteis, tais como a glicose, aminoácidos e ácidos orgânicos. O líquido residual (aproximadamente 60 L/dia) compõe-se de água, íons inorgânicos e produtos de excreção. A função da alça e dos segmentos distais do néfron é recolher os compostos úteis que restaram (principalmente água e íons inorgânicos), antes que o líquido alcance a bexiga urinária e seja excretado como urina. A quantidade de líquido e eletrólitos recapturada é determinada pelas necessidades homeostáticas e estritamente regulada (ver Cap. 28; os principais sítios de retomada de água e solutos e de regulação estão resumidos na Fig. 27.19). O primeiro passo é começar a extrair água. Uma forma de alcançar esse fim é bombear água para fora do túbulo, de forma semelhante à que se retiraria de um barco cheio de água. Entretanto, a natureza ainda tem de inventar um equivalente celular a uma bomba de fundo de porão náutico, de forma que, como alternativa, os conteúdos do túbulo são forçados a uma manopla osmótica, criada dentro da medula renal expressamente para o propósito de extrair a água da luz do túbulo. Os conteúdos do túbulo são expostos a desafios osmóticos por duas vezes, antes que finalmente sejam depositados na bexiga. A primeira viagem envolve a passagem em torno da alça de Henle.

Note que o gradiente osmótico corticopapilar é estabelecido somente pelos néfrons renais justamedulares (ver Fig. 25.5). Os néfrons renais superficiais não participam, e não serão mais considerados neste capítulo.

II. ALÇA DE HENLE

A alça de Henle compreende três porções: um **ramo descendente fino** (**RDF**), um **ramo ascendente fino** (**RAF**) e um **ramo ascendente espesso** (**RAE**), conforme mostra a Figura 27.1. A função do ramo fino é muito simples: direcionar o líquido para baixo para o interior da medula e o expô-lo ao gradiente osmótico corticopapilar (ver 25.II.B). Água e solutos saem e retornam passivamente durante a passagem do líquido. O RAF faz a transição gradual na junção medular externa-interna para se tornar o RAE. O aumento na espessura da parede reflete uma abundância em mitocôndrias e outras maquinarias celulares necessárias para manter a atividade das numerosas bombas iônicas. O RAE estabelece o gradiente corticopapilar.

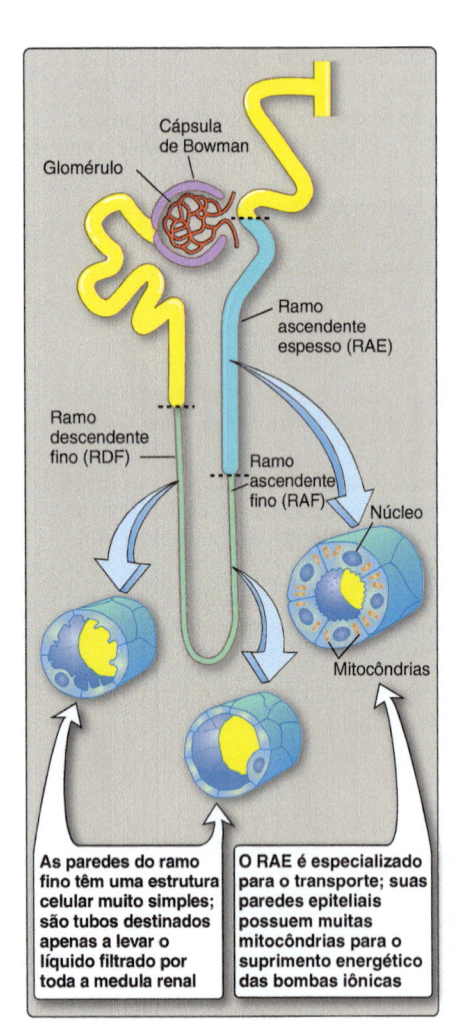

Figura 27.1
Estrutura do túbulo da alça de Henle.

A. Ramos finos

O túbulo proximal termina abruptamente no limite entre as estrias externa e interna da zona externa da medula renal. O RDF e o RAF são compostos por células epiteliais delgadas, com algumas microvilosidades espessas. As células adjacentes estão extensivamente acopladas umas às outras por amplas junções de oclusão. A água e os solutos se movem através da parede do túbulo (transcelular e paracelularmente) de forma passiva, direcionados por um acentuado gradiente osmótico corticopapilar intersticial, embora a seletividade da passagem seja regulada e se modifique de uma região a outra.

1. **Gradiente corticopapilar:** o gradiente osmótico é estabelecido dentro do interstício medular por um mecanismo de **multiplicação por contracorrente**, descrito adiante. A osmolalidade cortical se aproxima da do plasma (em torno de 290 a 300 mOsm/kg), mas aumenta progressivamente com a distância em direção aos ápices papilares (Fig. 27.2). A magnitude do gradiente varia de acordo com as necessidades corporais para conservar ou excretar água (**diurese**). Quando a preservação de água é necessária, a osmolalidade no ápice papilar pode aumentar até aproximadamente 1.200 mOsm/kg, enquanto durante condições hipervolêmicas, a osmolalidade apical pode estar próxima a 600 mOsm/kg.

2. **Ramo descendente fino:** o RDF é relativamente impermeável à ureia e ao Na^+, mas as membranas das células epiteliais contêm aquaporinas (AQPs), que permitem a livre passagem de água. A água sai do túbulo por osmose, conforme o líquido é transportado mais profundamente na medula, fazendo o Na^+ e o Cl^- luminais se tornarem progressivamente mais concentrados. O RDF reabsorve aproximadamente 27 L de água por dia, ou 15% do filtrado glomerular.

3. **Ramo ascendente fino:** o epitélio do túbulo se modifica na volta da alça para se tornar de permeável à água a impermeável (o RAF não expressa AQPs), o que impede um maior movimento de água até que os conteúdos do túbulo alcancem os túbulos coletores (ver Fig. 27.2B). No entanto, as células epiteliais do RAF *são* permeáveis ao Cl^-. O Cl^- deixa a luz do túbulo durante a passagem do líquido de volta para o córtex renal, direcionado por um gradiente eletroquímico transepitelial. O Na^+ segue o Cl^- paracelularmente.

> Forçar o líquido em torno da alça de Henle extrai a água, mas não aumenta sua osmolalidade, porque os solutos são também extraídos. A urina somente se torna concentrada quando exposta ao gradiente corticopapilar, por uma segunda vez, durante a passagem pelos túbulos coletores.

B. Ramo ascendente espesso

O RAE recupera ativamente significativas quantidades de Na^+, Cl^-, K^+, Ca^{2+} e Mg^{2+} da luz do túbulo (resumido na Fig. 27.19).

1. **Sódio, cloreto e potássio:** o RAE reabsorve em torno de 25% da carga filtrada de Na^+ e Cl^- e 10% da carga de K^+. A reabsorção ocorre tanto pela via transcelular como pela via paracelular, e é tão eficiente que deixa os conteúdos dos túbulos hiposmóticos em relação ao plasma, mesmo que não tenha havido qualquer movimento em massa de água. O RAE é referido, às vezes, como o **segmento de diluição** por esse motivo.

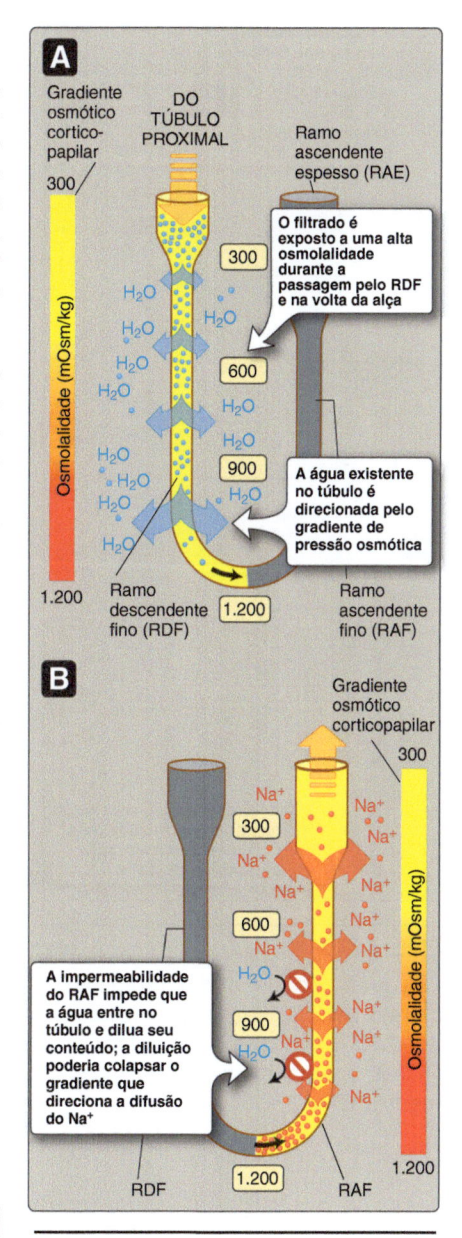

Figura 27.2
Reabsorção de água e Na^+ na alça de Henle.

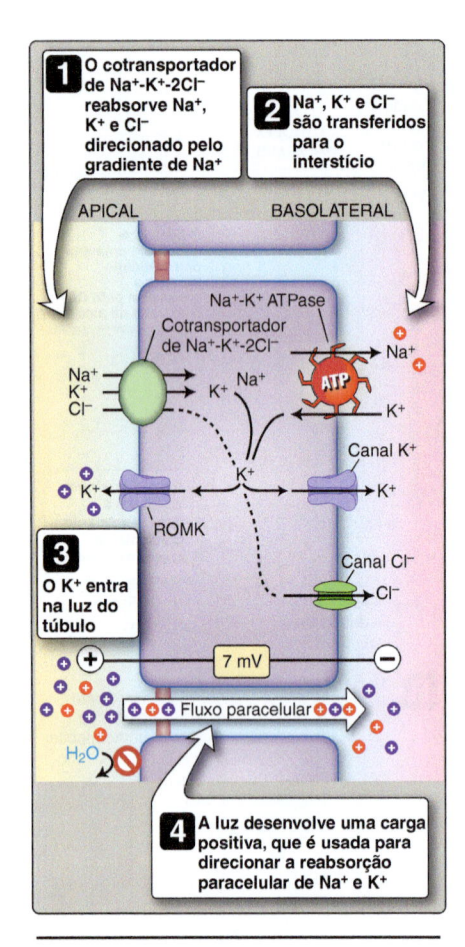

Figura 27.3
Recuperação de sódio, potássio e cloreto pelo ramo ascendente espesso. ATP = trifosfato de adenosina; ROMK = canal K^+ da zona externa da medula renal.

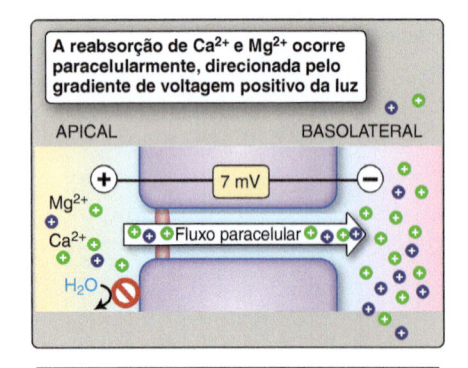

Figura 27.4
Recuperação de cálcio e magnésio pelo ramo ascendente espesso.

Aplicação clínica 27.1   Diuréticos de alça

A regulação fisiológica e o refinamento da composição da urina ocorrem nos segmentos distais do ramo ascendente espesso (RAE), mas os fármacos que inibem o cotransportador de Na^+-K^+-$2Cl^-$ têm-se mostrado instrumentos clínicos muito poderosos para tratar de edemas. Como uma classe, esses fármacos são conhecidos como **diuréticos de alça** e incluem a furosemida (Lasix é uma marca comum), o bumetanida, o ácido etacrínico e a torsemida.[1] A inibição do cotransportador impede a reabsorção de Na^+, Cl^- e K^+ diretamente, e indiretamente evita a reabsorção de água. Essa inibição também impede o desenvolvimento de carga positiva dentro da luz do túbulo e, portanto, reduz a reabsorção de Ca^{2+} e Mg^{2+}. Os segmentos distais ao RAE não têm a capacidade de compensar a perda de função do cotransportador, de forma que todos os diuréticos de alça causam a formação copiosa de urina. Embora a retenção reduzida de sal e de água efetivamente reduza o volume de sangue circulante e auxilie a evitar o edema, a concomitante perda de K^+ e Mg^{2+} para a urina pode causar hipocalemia e hipomagnesemia.

---

a. **Transcelular:** a reabsorção é facilitada pelo gradiente transmembrana de Na^+, gerado pela Na^+-K^+ ATPase basolateral. A reabsorção iônica pode ser dividida em várias etapas (Fig. 27.3).

   i. **Reabsorção de sódio, potássio e cloreto:** um cotransportador apical de Na^+-K^+-$2Cl^-$ facilita a reabsorção de Na^+, K^+ e Cl^-. O Na^+ é bombeado para fora da célula pela Na^+-K^+ ATPase, enquanto o K^+ e o Cl^- fluem para o interior do interstício, conforme os seus respectivos gradientes eletroquímicos via canais K^+ e Cl^- basolaterais.

   ii. **Secreção de potássio:** a membrana apical também contém um canal K^+ da zona externa da medula renal (ROMK, do inglês *renal outer medullary K^+ channel*), o qual permite que o K^+ passe de volta para a luz do túbulo. Essa rota é necessária para evitar a depleção do K^+ luminal, um evento que levaria o cotransporte de Na^+-K^+-$2Cl^-$ à paralisia total.

b. **Paracelular:** a secreção de K^+ cria um gradiente elétrico de aproximadamente 7 mV entre a luz do túbulo e o interstício, o que direciona a reabsorção paracelular de Na^+ e K^+.

2. **Cálcio e magnésio:** o RAE reabsorve em torno de 25% da carga filtrada de Ca^{2+} e 65 a 70% do Mg^{2+} filtrado. A maior parte dessa reabsorção ocorre de forma paracelular (ver Aplicação clínica 4.2), e é direcionada pela diferença de voltagem entre a luz do túbulo e o interstício (Fig. 27.4).

3. **Bicarbonato e ácido:** o líquido que sai do TP ainda contém aproximadamente 20% da carga de HCO_3^- filtrada. Praticamente tudo isso é recapturado de volta, tanto no RAE como nos segmentos distais.

   a. **Bicarbonato:** o HCO_3^- é reabsorvido por meio da mesma estratégia vista no TP (ver Fig. 26.13). A *anidrase carbônica* (AC) facilita a

---

[1] Para mais informações sobre o mecanismo de ação e o uso de diuréticos de alça, ver *Farmacologia ilustrada*, 5ª edição, Artmed Editora.

formação de H^+ e HCO_3^- a partir de H_2O e CO_2. O H^+ é bombeado de um lado ao outro da membrana apical por uma H^+ ATPase e um trocador de Na^+-H^+, onde se combina com o HCO_3^- filtrado para formar CO_2 e H_2O, essa reação sendo novamente catalisada pela *AC*. O HCO_3^- é reabsorvido através da membrana basolateral em troca por Cl^- e via cotransportador de Na^+-HCO_3^-.

b. **Ácido:** o TP gera NH_3 como um meio de excretar H^+ na forma de NH_4^+ (ver Fig. 26.16). O RAE reabsorve uma parte do NH_4^+ via cotransportador apical de Na^+-K^+-$2Cl^-$ (NH_4^+ substituído por K^+) e então o transfere para o interstício, onde, como o Na^+, auxilia na formação do gradiente osmótico corticopapilar, mediante multiplicação por contracorrente.

C. Gradiente osmótico corticopapilar

Os diuréticos de alça são eficazes porque colapsam o gradiente osmótico corticopapilar que é utilizado para puxar água do RDF e mais tarde concentrar a urina durante a sua passagem pelos túbulos coletores. O gradiente é estabelecido pelo RAE, mas afeta todos os vasos que cruzam a medula renal.

1. **Organização dos túbulos:** as figuras de livros didáticos (p. ex., ver Fig. 25.5) tradicionalmente separam os vários segmentos do néfron ao longo da largura da página, de forma a tornar a legenda mais fácil, mas, na vida real, o RDF, o RAE, os túbulos coletores e os vasos retos estão todos emaranhados juntos, como um maço de canudos de bebida (Fig. 27.5). O espaço intersticial entre eles é mínimo, de forma que o interstício e os conteúdos do túbulo (i.e., filtrado, urina e sangue) estão geralmente em equilíbrio osmótico. Alterações em um compartimento altera os outros quase que instantaneamente. O fato de que alguns túbulos (p. ex., RDFs) carregam líquido para baixo em direção à papila renal, ao mesmo tempo em que outros túbulos (p. ex., RAFs), no feixe, carregam líquido de volta para o córtex renal, o que permite a ampliação de uma diferença osmótica entre a luz do túbulo e o interstício gerado pelas células epiteliais do RAE.

2. **Multiplicação por contracorrente:** o gradiente corticopapilar é mais fácil de ser entendido quando é dividido em uma série de etapas teóricas. Antes da multiplicação, considera-se que os conteúdos do túbulo e do interstício estejam todos em equilíbrio a 300 mOsm/kg (Fig. 27.6[1]).

    a. **Efeito unitário:** o RAE reabsorve o Na^+ do túbulo por meio do cotransportador de Na^+-K^+-$2Cl^-$, e o transfere para o interstício, utilizando a Na^+-K^+ ATPase. Essa transferência gera uma diferença de osmolalidade máxima de 200 mOsm/kg entre a luz do túbulo e o interstício (ver Fig. 27.6[2]). Assim, se a osmolalidade do interstício e do túbulo estiverem ambas inicialmente a 300 mOsm/kg, a reabsorção de Na^+ causa a diminuição da osmolalidade do túbulo para 200 mOsm/kg e o aumento da osmolalidade intersticial para 400 mOsm/kg. O RDF, que reside próximo ao RAE, está preenchido com líquido proveniente do TP, o qual tem uma osmolalidade de 300 mOsm/kg. Visto que o RDF é altamente permeável à água, essa água é repuxada de sua luz por um gradiente de pressão osmótica até que se equilibre com o interstício, a 400 mOsm/kg (a água é subsequentemente levada embora pelos vasos sanguíneos peritubulares). Esse mesmo fenômeno ocorre simultaneamente ao longo do RAE e do RDF, sendo conhecido como "**efeito unitário**".

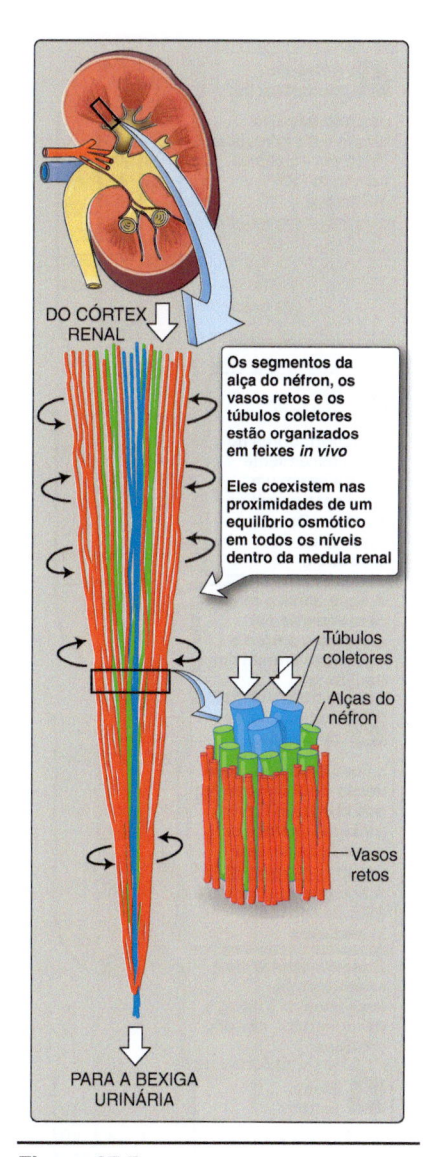

Figura 27.5
Arranjo dos segmentos tubulares e vasos retos na medula renal.

b. **Deslocamento de líquido:** o líquido continua a chegar ao RDF, vindo do TP, deslocando o líquido a 400 mOsm/kg para baixo e em torno da ponta da alça (ver Fig. 27.6[3]). Na junção corticomedular, o interstício se reequilibra a 300 mOsm/kg. O RAE é impermeável à água, de maneira que o líquido contido em seu interior permanece a 200 mOsm/kg. Na ponta da alça, os dois ramos e o interstício permanecem equilibrados a 400 mOsm/kg.

c. **Efeito unitário:** as células do RAE continuam a transferir Na^+ da luz do túbulo para o interstício, mas a osmolalidade da luz começa esse ciclo a 200 mOsm/kg (ver Fig. 27.6[4]). A reabsorção de Na^+ restabelece o gradiente de 200 mOsm/kg por meio da parede do túbulo, provocando a queda da osmolalidade da luz a 150 mOsm/kg e a subida da osmolalidade intersticial a 350 mOsm/kg. Mais abaixo do RAE, em direção à medula renal, a osmolalidade da luz diminui de 400 mOsm/kg para 300 mOsm/kg e a osmolalidade intersticial aumenta para 500 mOsm/kg. Mesmo após somente dois ciclos conceituais, um gradiente corticopapilar começou a se formar. Cada ciclo multiplica mais o gradiente.

d. **Deslocamento de líquido:** o líquido proveniente do TP, com uma osmolalidade de 300 mOsm/kg, continua a chegar ao RDF, diminuindo a osmolalidade intersticial local e empurrando o líquido com elevada osmolalidade em torno da ponta da alça (ver Fig. 27.6[5]). O próximo ciclo de transporte reduz a osmolalidade do túbulo no ápice do RAE e aumenta ainda mais a osmolalidade na ponta da alça.

3. **Ureia:** a multiplicação por contracorrente finalmente gera uma osmolalidade papilar de 600 mOsm/kg, mas essa osmolalidade pode subir a 1.200 mOsm/kg quando a água deve ser conservada. A magnitude do gradiente determina quanta água pode ser removida do filtrado, e é regulada de acordo com as necessidades mais importantes. Chegar a um gradiente de 1.200 mOsm/kg somente é possível com a ajuda da ureia. Quando a conservação da água é necessária, os túbulos coletores permitem que a ureia passe da luz do túbulo para a medula renal, aumentando consideravelmente a sua osmolalidade e as capacidades de reabsorção da água. As rotas envolvidas são descritas mais adiante, na Seção V.

> O gradiente osmótico corticopapilar é criado pelos néfrons renais justamedulares, os quais representam uma proporção relativamente pequena do número total de néfrons (em torno de 10%). Os 90% restantes são néfrons renais superficiais e têm alças curtas, o que limita o grau máximo em que a urina pode ser concentrada. Roedores do deserto, tais como o camundongo saltitante australiano (gênero *Notomys*; Fig. 27.7), podem produzir urina de aproximadamente 10.000 mOsm/kg. Os seus rins contêm uma proporção muito maior de néfrons justamedulares, comparados com os néfrons superficiais, e consequentemente sua capacidade de concentração urinária também aumenta. Essa capacidade impressionante de preservar o líquido significa que os camundongos saltitantes são capazes de sobreviver a partir da água extraída de sua comida (p. ex., raízes, folhas e frutas silvestres) e nunca necessitam beber, o que apresenta claras vantagens de sobrevivência em um ambiente árido.

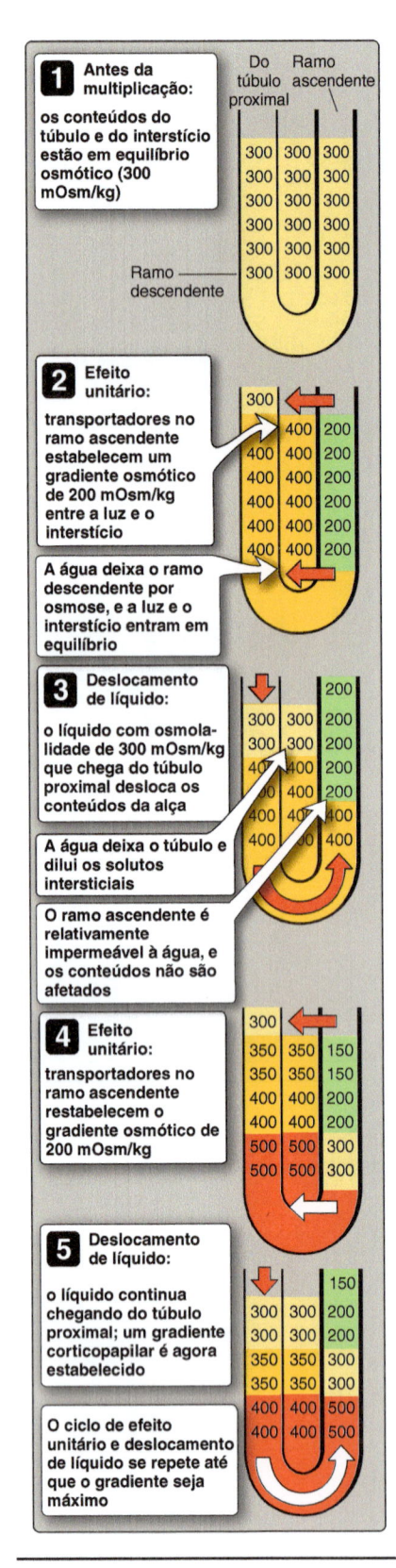

Figura 27.6

Multiplicação por contracorrente na alça de Henle.

D. Vasos retos

As alças do néfron requerem extensivo suprimento vascular, não apenas para fornecer O_2 e nutrientes, mas também para levar embora a água e os eletrólitos reabsorvidos. Visto que o plasma tem uma osmolalidade de aproximadamente 300 mOsm/kg e os capilares são inerentemente vasos permeáveis, existe o perigo de que o sangue que entra na medula renal possa encharcar o gradiente osmótico corticopapilar e, portanto, impedir a concentração da urina. O encharcamento é amplamente evitado por dois importantes aspectos dos vasos retos (do latim, *vasa recta*). A taxa de fluxo é baixa, e os vasos formam uma alça, em forma de grampo de cabelo, que cria um **sistema de troca por contracorrente** (Fig. 27.8).

1. **Taxa de fluxo:** a medula recebe < 10% do fluxo sanguíneo renal total. Os vasos retos têm uma elevada resistência intrínseca, devido ao seu comprimento, o que mantém o fluxo em um mínimo nutricional. A baixa taxa de fluxo permite um equilíbrio quase completo da água e dos solutos, à medida que o sangue é carregado por toda a medula.

2. **Troca por contracorrente:** os vasos retos estão intimamente associados com a alça do néfron e com os túbulos coletores, correndo paralelamente para baixo em proximidade ao RDF e na direção da papila renal, e então de volta para o córtex renal juntamente com o RAF e o RAE (ver Figs. 25.4 e 27.5). Os vasos sanguíneos são permeáveis, então a água sai, e os solutos entram passivamente, o que mantém um equilíbrio osmótico entre o sangue e o interstício (ver Fig. 27.8). Por outro lado, de volta ao córtex, a água torna a entrar nos vasos sanguíneos, e os solutos saem passivamente. Portanto, o fluxo sanguíneo nos vasos retos tem um efeito líquido mínimo no gradiente corticopapilar, quando as taxas de perfusão são baixas.

Figura 27.7
Camundongo saltitante australiano.

III. TÚBULO DISTAL INICIAL

A transição do RAE para o túbulo contorcido distal (TCD) é marcada por um aumento de cinco vezes na espessura da parede do túbulo. As células epiteliais são preenchidas com estruturas lamelares empacotadas com mitocôndrias. A superfície apical contém delicadas microvilosidades, e a membrana basolateral é pregueada, ambas as modificações destinadas a aumentar a área de superfície. Esses aspectos anatômicos todos indicam que o TCD inicial seja o sítio de absorção ativa de solutos. O TCD tem pouquíssima permeabilidade à água e é o principal sítio para a regulação homeostática do Mg^{2+} e do Ca^{2+}.

A. Sódio e cloreto

O segmento inicial do TCD reabsorve apenas uma pequena fração da carga de Na^+ e Cl^- filtrada, principalmente via um cotransportador de Na^+-Cl^- apical. O Na^+ é então bombeado para fora da célula para o interstício por uma Na^+-K^+ ATPase basolateral, enquanto o Cl^- sai via um canal Cl^-. O TCD é impermeável à água, de forma que a extração de NaCl da luz do túbulo dilui ainda mais os seus conteúdos.

B. Magnésio

No momento em que o líquido do túbulo chega ao TCD, 85% da carga de Mg^{2+} filtrada foram reabsorvidos, principalmente no RAE. O TCD é o único segmento que resgata o Mg^{2+} de forma regular, sendo que a quantidade recapturada reflete as necessidades homeostáticas. Não existem outras oportunidades para resgate, uma vez que o Mg^{2+} sai do TCD. O Mg^{2+} é reabsorvido da luz do túbulo via TRPM6 (um membro da superfa-

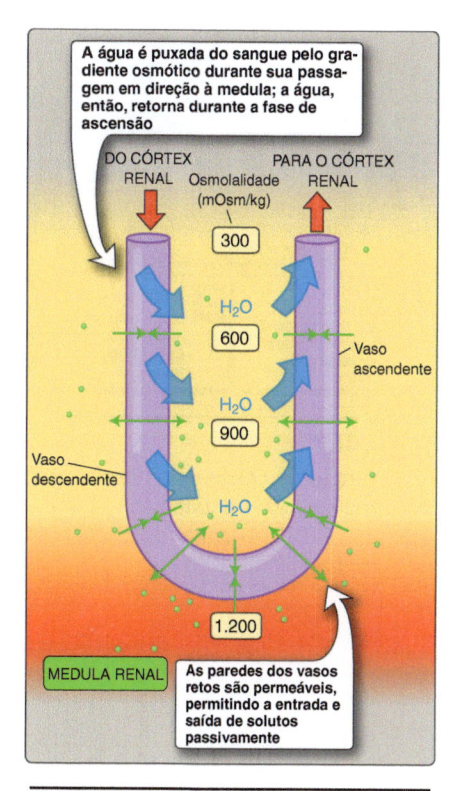

Figura 27.8
Troca por contracorrente nos vasos retos.

> **Aplicação clínica 27.2 Diuréticos tiazídicos**
>
> Os diuréticos tiazídicos (p. ex., hidroclorotiazida) inibem a reabsorção de Na^+ pelo cotransportador de Na^+-Cl^- do túbulo contorcido distal (TCD). O TCD reabsorve quantidades relativamente pequenas de NaCl, de forma que a diurese por tiazídicos é de ajuda limitada na redução de edema, embora o TCD auxilie a determinar o conteúdo plasmático final de Na^+, o que, por sua vez, ajuda a determinar a pressão sanguínea. Os tiazídicos são, portanto, úteis para tratar a hipertensão. A inibição do influxo de Na^+ leva as células epiteliais do TCD a hiperpolarizarem, o que aumenta o gradiente eletroquímico que rege a reabsorção de Ca^{2+}. A diurese por tiazídicos, às vezes, causa hipercalcemia por esse motivo.[1]

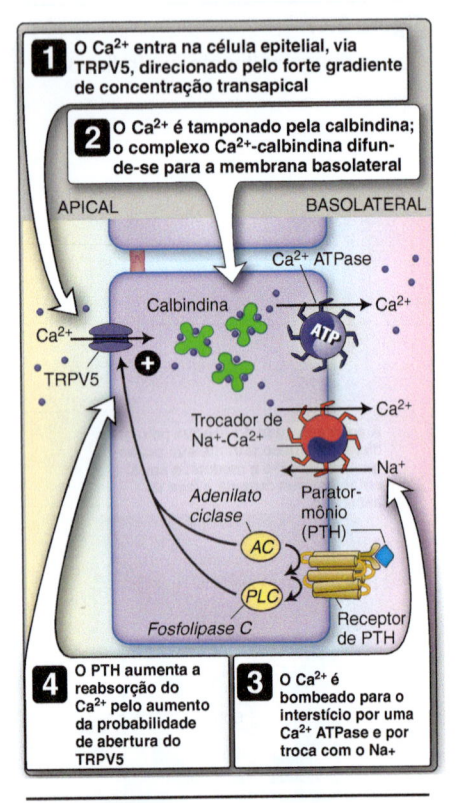

mília de receptores de potencial transitório; ver 2.VI.D), o qual é expresso no segmento inicial do TCD. A recaptura de Mg^{2+} é regulada por um fator de crescimento epidérmico, através da atividade aumentada de TRPM6. O influxo é passivo, direcionado por um gradiente eletroquímico através da membrana apical. Os meios pelos quais o Mg^{2+} cruza a membrana basolateral ainda não estão bem esclarecidos.

C. Cálcio

O segmento terminal do TCD reabsorve em torno de 8% da carga de Ca^{2+} filtrada. A reabsorção ocorre passivamente por meio de um canal de membrana apical, mas a captação líquida é regulada pelo paratormônio (PTH), conforme mostra a Figura 27.9.

1. **Apical:** o Ca^{2+} cruza a membrana apical por intermédio do TRPV5, outro membro da família de canais TRP, sendo a reabsorção incrementada pelo gradiente eletroquímico para o Ca^{2+}. Todas as células necessitam manter uma concentração intracelular muito baixa de Ca^{2+} (ver 1.II) e poderiam ser facilmente sobrecarregadas pela quantidade de Ca^{2+} que cruza a membrana apical. Portanto, as células epiteliais do TCD contêm grandes quantidades da proteína ligante de Ca^{2+} de alta afinidade (**calbindina**) que tampona o influxo de Ca^{2+} até que esse possa ser bombeado através da membrana basolateral. O tamponamento intracelular também mantém um gradiente eletroquímico acentuado em favor da reabsorção do Ca^{2+} da luz do túbulo.

2. **Basolateral:** as concentrações intersticiais de Ca^{2+} são aproximadamente 10.000 vezes maiores que as concentrações intracelulares, de forma que o Ca^{2+} tem de ser bombeado ativamente para fora das células epiteliais por uma Ca^{2+} ATPase basolateral. A Ca^{2+} ATPase funciona como uma bomba de poço. Quando os níveis intracelulares de Ca^{2+} estão subindo, sua atividade aumenta e o excesso é depositado no interstício. A membrana basolateral também contém um trocador de Na^+-Ca^{2+} que auxilia a manter a atividade da bomba Ca^{2+}, quando as concentrações intracelulares de Ca^{2+} estão elevadas (ver Fig. 27.9).

3. **Regulação:** a reabsorção de Ca^{2+} é regulada pelo PTH. Quando as concentrações plasmáticas de Ca^{2+} estão abaixo do ideal, o PTH é liberado na circulação a partir das glândulas paratireoides (ver 35.V.B).

Figura 27.9
Reabsorção de cálcio pelo túbulo contorcido distal. ATP = trifosfato de adenosina; TRPV5 = canal de potencial receptor transitório.

1. O Ca^{2+} entra na célula epitelial, via TRPV5, direcionado pelo forte gradiente de concentração transapical
2. O Ca^{2+} é tamponado pela calbindina; o complexo Ca^{2+}-calbindina difunde-se para a membrana basolateral
3. O Ca^{2+} é bombeado para o interstício por uma Ca^{2+} ATPase e por troca com o Na^+
4. O PTH aumenta a reabsorção do Ca^{2+} pelo aumento da probabilidade de abertura do TRPV5

[1] Para mais informações sobre o mecanismo de ação e o uso dos diuréticos tiazídicos, ver *Farmacologia ilustrada*, 5ª edição, Artmed Editora.

O PTH se liga a um receptor acoplado à proteína G (GPCR) na membrana basolateral das células do TCD, o que ativa as rotas sinalizadoras tanto da *adenilato ciclase* (*AC*) como da *fosfolipase C*. Ambas aumentam a probabilidade de abertura do TRPV5 e a reabsorção de Ca^{2+}. Os efeitos do PTH na reabsorção de Ca^{2+} são potencializados pela vitamina D, a qual aumenta a expressão da maioria (talvez todas) das proteínas envolvidas no transporte de Ca^{2+}, incluindo a calbindina.

IV. SEGMENTOS DISTAIS

O segmento terminal do TCD, o túbulo conector (TC) e o túbulo coletor cortical (TCC) têm estruturas e funções semelhantes, e são chamados coletivamente como os **segmentos distais** (Fig. 27.10). Esses segmentos são notáveis por suas **células intercalares**, as quais compreendem 20 a 30% do epitélio do túbulo. As células intercalares secretam ácidos. Os outros 70 a 80% do epitélio compreendem células de reabsorção de Na^+. No TCC, essas células são conhecidas como **células principais**.

A. Estrutura epitelial

O segmento terminal do TCD é a porção mais distal do néfron renal. O TC conecta o TCD ao sistema de túbulos coletores e, por fim, à pelve renal. Vários TCs se fundem antes de se unirem a um TCC, e cada TCC drena em torno de 11 néfrons. Nessas regiões, células cheias de mitocôndrias caracterizam a parede epitelial, cuja membrana basolateral é amplificada por extensivas invaginações.

Aplicação clínica 27.3   Diuréticos poupadores de potássio

Os segmentos distais do néfron são os sítios de ação de duas classes gerais de fármacos que promovem a excreção de água e Na^+, enquanto simultaneamente promovem a retenção de K^+, razão pela qual são referidos como diuréticos poupadores de K^+.[1] Visto que muito pouco da carga original de Na^+ permanece, no momento em que o filtrado alcança os segmentos distais, esses fármacos têm efeito natriurético limitado. São em geral utilizados em combinação com diuréticos de alça ou tiazídicos para limitar a perda de K^+. Uma classe de diuréticos poupadores de K^+ inibe o canal Na^+ epitelial sensível à amilorida (ENaC), enquanto a outra inibe a ligação da aldosterona ao receptor de mineralocorticoide (RM).

A amilorida e o triantereno inibem o ENaC e evitam a reabsorção de Na^+ pelas células principais. O Na^+ permanece no túbulo e atua como um diurético osmótico. A redução da quantidade de Na^+ que entra nas células principais diminui secundariamente a atividade da Na^+-K^+ ATPase e, consequentemente, reduz a tomada de K^+ e subsequente secreção.

A espironolactona e a eplerenona são inibidores competitivos da aldosterona, ligando-se ao RM. Agem mediante redução do aumento induzido pela aldosterona no ENaC, na Na^+-K^+ ATPase e na expressão do canal K^+. O resultado final é um decréscimo na reabsorção de Na^+ e na secreção de K^+.

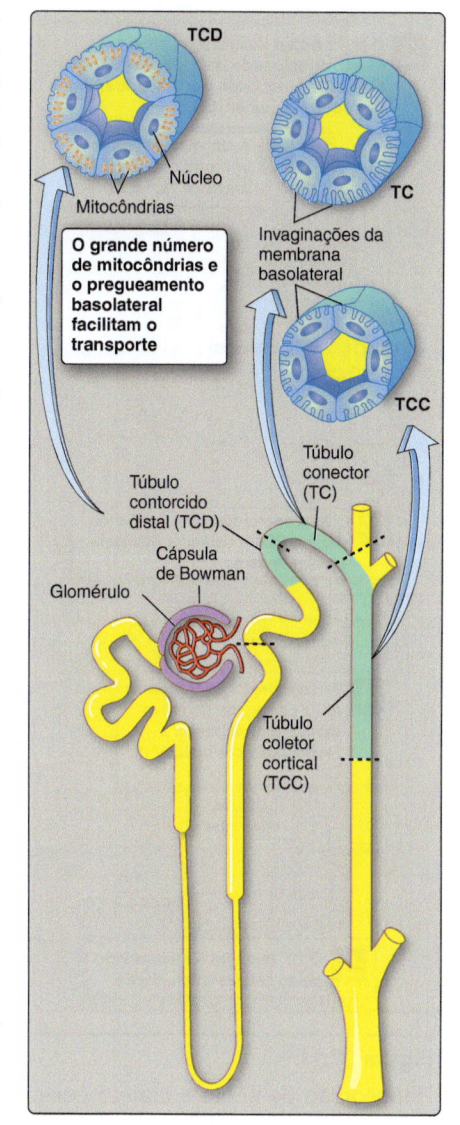

Figura 27.10
Segmentos do túbulo renal distal.

---

[1] Para mais informações sobre o mecanismo de ação e o uso dos diuréticos poupadores de K^+, ver *Farmacologia ilustrada*, 5ª edição, Artmed Editora.

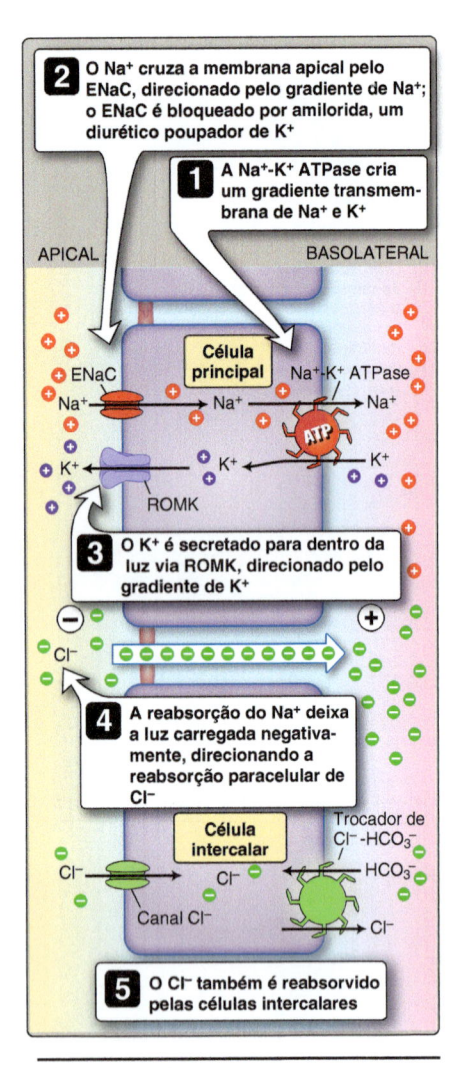

Figura 27.11
Reabsorção de sódio e cloreto pelos segmentos distais. ATP = trifosfato de adenosina; ENaC = canal Na^+ epitelial sensível à amilorida; ROMK = canal K^+ da zona externa da medula renal.

Legendas da figura:
1. A Na^+-K^+ ATPase cria um gradiente transmembrana de Na^+ e K^+
2. O Na^+ cruza a membrana apical pelo ENaC, direcionado pelo gradiente de Na^+; o ENaC é bloqueado por amilorida, um diurético poupador de K^+
3. O K^+ é secretado para dentro da luz via ROMK, direcionado pelo gradiente de K^+
4. A reabsorção do Na^+ deixa a luz carregada negativamente, direcionando a reabsorção paracelular de Cl^-
5. O Cl^- também é reabsorvido pelas células intercalares

B. Sódio e cloreto

O líquido que chega ao TCD terminal está relativamente diluído e contém baixas concentrações de Na^+ e Cl^-. Os segmentos distais juntos reabsorvem somente em torno de 5% da carga de NaCl filtrada, mas esse é o sítio principal para regulação por hormônios relacionados com a homeostasia de Na^+ do líquido extracelular e, assim, é um dos estágios mais críticos da reabsorção (ver 28.III.C).

1. **Vias:** a reabsorção de Na^+ e Cl^- ocorre transcelularmente, gerenciada pelo gradiente transmembrana de Na^+ estabelecido pela Na^+-K^+ ATPase basolateral. O TCD terminal expressa o mesmo cotransportador de Na^+-Cl^- sensível à tiazida, comentado anteriormente, na Seção III.A, mas a via predominante para a reabsorção de Na^+ nos segmentos distais é um **canal Na^+ epitelial sensível à amilorida (ENaC)**, o qual aparece no TCD terminal (Fig. 27.11). O Na^+ que cruza a membrana apical via ENaC deixa a luz do túbulo muito negativa. A reentrada de K^+ por meio de um ROMK apical compensa em parte a carga, mas, mesmo assim, a luz do túbulo se estabiliza em torno de −40 mV, em relação ao sangue. Isso cria uma força de direcionamento muito forte para a reabsorção paracelular de Cl^-. O Cl^- é também reabsorvido transcelularmente por meio de células intercalares α. Um canal Cl^- apical permite o influxo a partir da luz do túbulo, e o íon então passa para o interstício via um trocador de Cl^--HCO_3^-.

2. **Regulação:** a recaptura de Na^+ pelas células principais é regulada pela aldosterona (Fig. 27.12). A aldosterona é liberada do córtex da suprarrenal em resposta à angiotensina II (Ang-II) ou a um aumento nas concentrações plasmáticas de K^+ (hipercalemia). A Ang-II é formada durante a ativação do **sistema *renina*-angiotensina-aldosterona (SRAA)**, quando a pressão sanguínea e o fluxo sanguíneo renal estão baixos (ver 20.IV.C). A aldosterona se liga a um receptor de mineralocorticoide (RM) basolateral e então é internalizada e deslocada para o núcleo, onde aciona a transcrição e a expressão de numerosas proteínas envolvidas na reabsorção de Na^+ e na secreção de K^+ (ver a seguir). Essas proteínas incluem o ENaC, o ROMK e a Na^+-K^+ ATPase. A aldosterona também estimula a elaboração da membrana basolateral, para aumentar a sua área de superfície e facilitar um aumento na capacidade de bombeamento de Na^+-K^+. A síntese de novos canais e subunidades de transportadores é relativamente lenta, necessitando de aproximadamente 6 h para se completar, mas a aldosterona também tem efeitos a curto prazo mediados por uma *cinase ativada por soro e glicocorticoide* (*SGK*, do inglês *serum and glucocorticoid-activated kinase*). A *SGK* aumenta a permeabilidade apical de Na^+, reduzindo as taxas de renovação de ENaC e aumentando a atividade basolateral da Na^+-K^+ ATPase.

C. Potássio

A hipocalemia e a hipercalemia afetam adversamente a excitabilidade e a função cardíacas (ver Aplicação clínica 2.1), de forma que os rins devem excretar K^+ quando a ingestão alimentar excede as necessidades homeostáticas, e conservar o K^+ quando a ingestão alimentar é limitada. A concentração plasmática de K^+ é determinada nos segmentos distais do néfron e nos túbulos coletores medulares externos (TCMEs).

1. **Secreção:** o K^+ é secretado e excretado pelas células principais, utilizando as mesmas vias que reabsorvem o Na^+ (ver Fig. 27.11). O

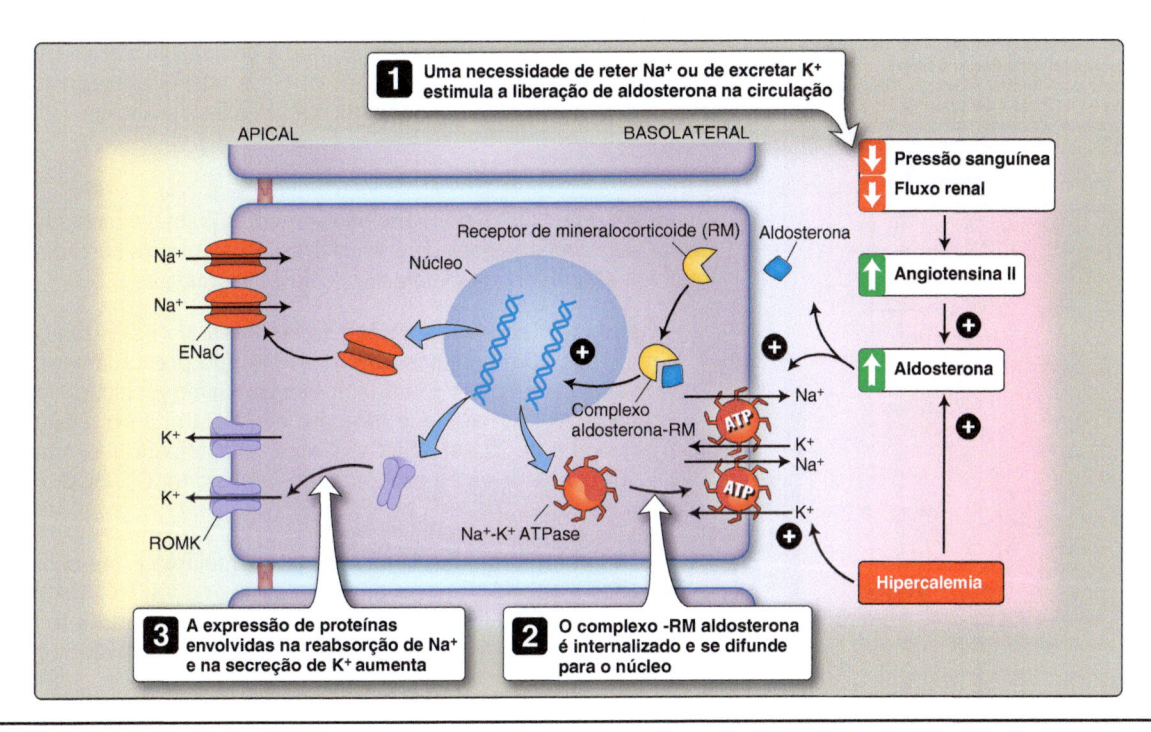

Figura 27.12
Regulação realizada pela aldosterona na reabsorção de sódio e secreção de potássio nas células principais nos segmentos distais. ATP = trifosfato de adenosina; ENaC = canal Na$^+$ epitelial sensível à amilorida; ROMK = canal K$^+$ da zona externa da medula renal.

K$^+$ é retirado do sangue pela Na$^+$-K$^+$ ATPase basolateral e é transferido para a luz do túbulo via uma ROMK apical. A secreção é favorecida tanto pela alta concentração de K$^+$ intracelular como pela carga negativa líquida dentro da luz do túbulo (ver Fig. 27.11). A hipercalemia promove a secreção de K$^+$ diretamente, por aumentar a atividade da Na$^+$-K$^+$ ATPase basolateral. A hipercalemia é também um potente estímulo para a liberação de aldosterona pelo córtex da suprarrenal. A aldosterona aumenta a expressão de proteínas envolvidas na reabsorção de Na$^+$ e na secreção de K$^+$, conforme é mostrado na Figura 27.12.

2. **Reabsorção:** a reabsorção de K$^+$ se baseia nas células intercalares α, as quais expressam a H$^+$-K$^+$ ATPase na sua membrana apical (Fig. 27.13). A ATPase bombeia H$^+$ para o interior da luz do túbulo em troca de K$^+$, o qual sai subsequentemente da célula via canais K$^+$ basolaterais. A reabsorção de K$^+$ aumenta durante a hipocalemia e envolve a regulação tanto pelas células principais como pelas células intercalares α.

   a. **Células principais:** a hipocalemia diminui os níveis de aldosterona circulante, reduzindo, portanto, a expressão de proteínas envolvidas na secreção de K$^+$. A hipocalemia também reduz a tomada de K$^+$ pelas células principais através de efeitos diretos na atividade da Na$^+$-K$^+$ ATPase basolateral (ver Fig. 27.12).

   b. **Células intercalares α:** a hipocalemia promove uma regulação para cima (em inglês, *upregulation*) da H$^+$-K$^+$ ATPase na membrana apical, o que aumenta a capacidade de reabsorção das

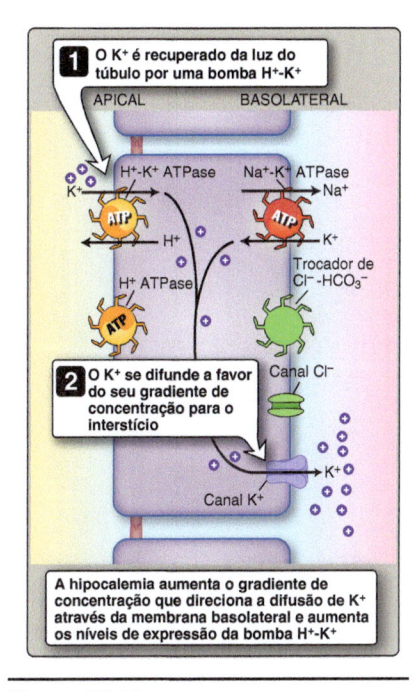

Figura 27.13
Reabsorção de potássio pelas células intercalares α nos segmentos distais. ATP = trifosfato de adenosina.

Figura 27.14
Secreção de ácido pelas células intercalares α nos segmentos distais. ATP = trifosfato de adenosina.

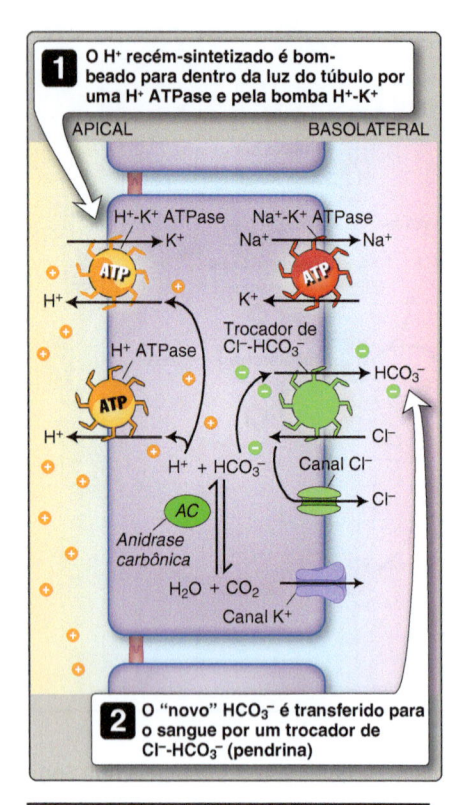

células intercalares α. Visto que a bomba liga a absorção de K^+ com a secreção e excreção de H^+, a reabsorção aumentada de K^+ pode ser acompanhada por alcalose metabólica.

D. Bicarbonato e ácido

O manejo do HCO_3^- e do H^+ pelos segmentos distais é amplamente de responsabilidade das células intercalares. Existem dois tipos de células intercalares: células intercalares α e células intercalares β.

1. **Células intercalares α:** as células intercalares α (também conhecidas como células tipo A) são o tipo predominante. Essas células secretam H^+ para o interior da luz do túbulo, por meio de uma H^+-K^+ ATPase que também é encontrada no revestimento gástrico (Fig. 27.14). O HCO_3^- recém-sintetizado é secretado no interstício através de um trocador aniônico de Cl^--HCO_3^- (trocador AE1).

2. **Células intercalares β:** as células intercalares β (ou células tipo B) secretam HCO_3^- para o interior da luz do túbulo, utilizando um trocador de Cl^--HCO_3^- apical, conhecido como **pendrina**. O ácido recém-sintetizado é bombeado para o interior do interstício por uma H^+-K^+ ATPase.

V. TÚBULOS COLETORES

O líquido que entra no sistema de túbulos coletores já foi desprovido de todos os solutos valiosos e está muito diluído (ao redor de 50 mOsm/kg), em comparação com o córtex circundante (aproximadamente 300 mOsm/kg). O líquido está agora pronto para, mais uma vez, percorrer a manopla osmótica corticopapilar para extração da água. Se a tomada de água corporal exceder as necessidades homeostáticas, o líquido do túbulo fluirá ao longo dos túbulos coletores para o seio renal e para a bexiga urinária, sem recaptura adicional de água, potencialmente na taxa de até 20 L/dia. Se a ingestão de água for limitada (como é em geral o que ocorre), são inseridas AQPs no epitélio do túbulo coletor para permitir que a água flua para fora dos túbulos e volte para os vasos sanguíneos. A força direcionadora do movimento é o potencial osmótico criado pelo gradiente corticopapilar, o qual se torna ainda mais poderoso conforme a urina flui em direção ao seio renal.

A. Estrutura epitelial

O TCME é um tubo reto, não ramificado, que cruza a zona externa da medula renal (Fig. 27.15). Os TCMIs se fundem sucessivamente, em direção ao ápice papilar, ganhando diâmetro e aumentando a espessura da parede com cada fusão. As células epiteliais do TCMI possuem microvilosidades espessas em ambas as superfícies, apical e basolateral, e a sua membrana basolateral é extensivamente pregueada, compatível com seu elevado potencial de capacidade reabsortiva.

B. Determinantes do volume da urina

Um indivíduo normal, saudável, excreta 1 a 2 L de urina por dia a 300 a 500 mOsm/kg. Podem existir desvios consideráveis dessa faixa, dependendo da quantidade de água ingerida e da quantidade perdida para o ambiente por meio da evaporação (pele, membranas mucosas, pulmões) e excreção não urinária (i. e., fezes; ver 28.II.A), mas existem limites fisiológicos para a saída.

1. **Saída máxima:** a saída urinária máxima é de cerca de 20 L por dia. Embora as taxas de excreção possam ser maiores, os volumes de fluxo superiores aos 20 L/dia excedem a capacidade dos rins de reabsorver Na^+ e K^+ da luz do túbulo. Os resultados são hiponatremia e hipocalemia. A hiponatremia causa náuseas, dores de cabeça, confusão e convulsões (todos sintomas de edema cerebral) e, como a hipocalemia, pode ser fatal.

2. **Saída mínima:** o corpo humano gera em torno de 600 mOsm de solutos, a cada dia, que devem ser excretados na urina. A capacidade do rim de concentrar a urina é limitada pelo gradiente corticopapilar a 1.200 mOsm/kg, de forma que 600 mOsm de solutos excretados são acompanhados por pelo menos 0,5 L de água por dia. Se uma quantidade maior de solutos deve ser excretada (p. ex., em consequência à ingestão de muitas batatas fritas salgadas), então o volume da urina aumenta concomitantemente.

3. **Depuração da água livre:** a depuração da água livre (D_{H_2O}) é uma medida da capacidade do rim de lidar com a água. Para fins desta discussão, a urina diluída (i.e., com uma osmolalidade menor do que a do plasma, ou seja, 300 mOsm/kg) pode ser considerada como tendo dois componentes. O primeiro é o volume necessário para dissolver os solutos de excreção a uma osmolalidade final de 300 mOsm/kg. O segundo é a **água livre**, ou a quantidade de água na urina que excede à necessária para dissolver os solutos excretados. A D_{H_2O} não pode ser calculada diretamente, e deve ser determinada, medindo-se o volume total de urina e, a seguir, retirando-se a quantidade de água necessária para criar uma solução isosmótica a partir da quantidade de osmólitos excretados contida na urina. Este último componente é medido a partir da depuração osmolal (D_{Osm}):

$$D_{Osm} = \frac{U_{Osm} \times V}{P_{Osm}}$$

em que U_{Osm} é a osmolalidade da urina, V é a taxa de fluxo da urina e P_{Osm} é a osmolalidade do plasma. A depuração da água livre é então calculada como:

$$D_{H_2O} = V - D_{Osm} = V \times \frac{(1 - U_{Osm})}{P_{Osm}}$$

Uma D_{H_2O} negativa indica que a urina está concentrada (hiperosmótica). Um valor positivo indica que a urina esta diluída (hiposmótica).

C. Reabsorção de água

Quando a ingestão de água excede as necessidades homeostáticas, a urina diluída é transportada pelos túbulos coletores, basicamente inalterada, para a bexiga, como se fluindo em um cano robusto. Se existir uma necessidade de conservar a água, praticamente todo o líquido (tirando-se o 0,5 L/dia de perda obrigatória) pode ser retomado. A recuperação da água e a concentração final da urina são controladas pela presença de aquaporinas no epitélio dos túbulos, e são reguladas pelo **hormônio antidiurético** (**ADH**, também conhecido como **arginina-vasopressina**).

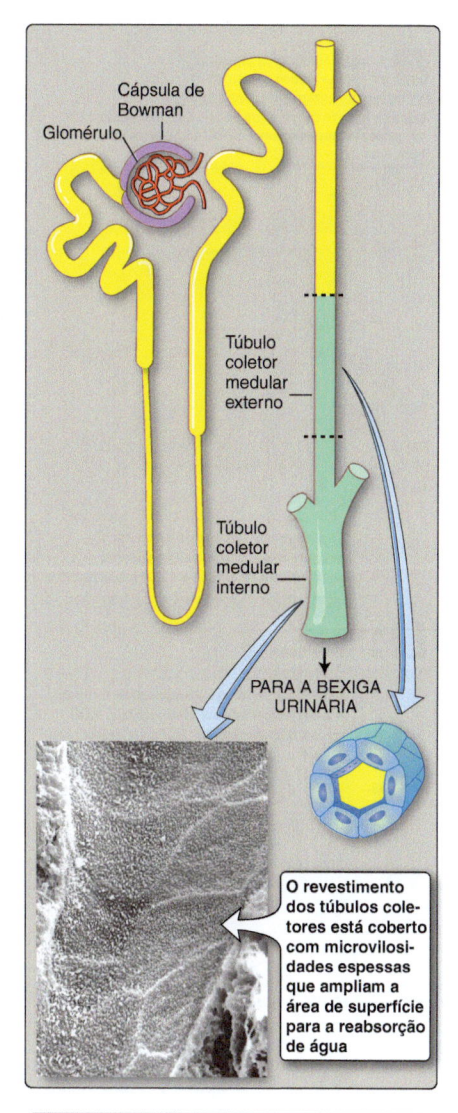

Figura 27.15
Túbulos coletores da medula renal.

1. **Aquaporinas:** as aquaporinas formam poros que permitem à água cruzar a bicamada lipídica (ver 1.V.A). As aquaporinas são expressas constitutivamente nas membranas apical e basolateral do TP e do RDF, o que confere a esses segmentos alta permeabilidade à água. O RAF e o RAE não expressam aquaporinas, de forma que são impermeáveis à água. As células principais no TC, no TCC, no TCME e no TCMI expressam a aquaporina 2 (AQP2), mas os canais somente são inseridos na membrana apical quando o ADH se liga a um receptor de vasopressina (V_2) basolateral (Fig. 27.16A).

2. **Hormônio antidiurético:** o ADH é liberado pela neuro-hipófise em resposta a um aumento da osmolalidade plasmática ou a um decréscimo da pressão sanguínea arterial média. Esse hormônio é carreado pela rede capilar peritubular ao túbulo coletor, onde se liga a receptores V_2 de ADH. Os receptores V_2 são GPCRs, os quais, quando ocupados, ativam a *proteína cinase A* (*PKA*) através da via de sinalização da *adenilato ciclase* (ver 1.VI.B.2). A *PKA* fosforila as proteínas de trânsito intracelular, levando as vesículas que contêm AQP2 a se deslocarem para a superfície celular, onde se fundem com a membrana apical.

3. **Reabsorção de água:** a membrana basolateral das células principais do túbulo coletor também contém uma isoforma da aquaporina (AQP3) que não é dependente do ADH. Juntas, a AQP2 e a AQP3 fornecem uma rota para a reabsorção transcelular de água, regida pelo gradiente osmótico entre o túbulo e o interstício. Observa-se que o líquido que entra no túbulo coletor, vindo do TCD, tem uma osmolalidade menor do que a do córtex (aproximadamente 100 mOsm/kg, comparados com 300 mOsm/kg). Essa diferença provoca a reabsorção de quantidades consideráveis de água mesmo antes que o líquido flua pela manopla osmótica corticopapilar. À medida que os conteúdos dos túbulos progridem em direção à papila, mais água é reabsorvida, e a osmolalidade da urina alcança o seu valor máximo.

4. **Reciclagem da aquaporina:** quando a ingestão de água aumenta, e os níveis de ADH caem, as AQPs são removidas da membrana por endocitose e retornadas às vesículas subapicais. As células principais permanecem então impermeáveis à água, até que a liberação de ADH recomece e as AQPs sejam devolvidas à superfície apical.

Figura 27.16
Reabsorção de água pelos túbulos coletores. V_2 = vasopressina tipo 2.

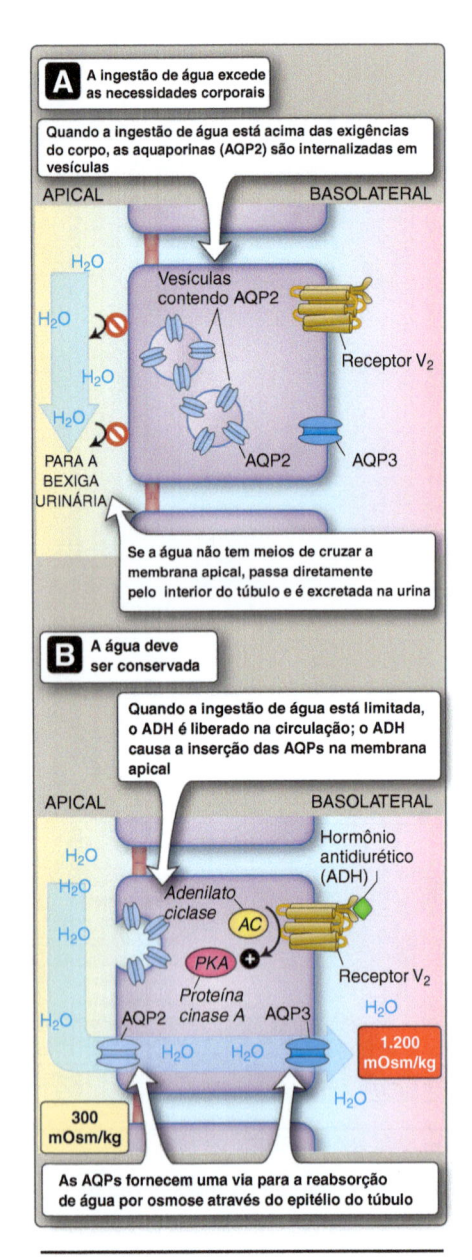

D. Reciclagem da ureia

O líquido que entra no TCMI está agora próximo à urina na sua forma final. Os principais componentes de excreção são (em ordem relativa, com base nas quantidades molares) ureia, creatinina, sais de amônio e ácidos orgânicos. A etapa final na formação da urina é a reabsorção de ureia, a qual é regulada pelo ADH.

1. **Reabsorção:** a ureia é reabsorvida por difusão facilitada direcionada por elevadas concentrações tubulares e facilitada pelos transportadores de ureia (TUs) no TCMI (Fig. 27.17). A membrana basolateral contém o TU que é constitutivamente ativo. A membrana apical contém um TU (TU-A1) que é minimamente ativo, a menos que o ADH esteja circulando nos vasos sanguíneos. O ADH causa fosforilação dependente de *PKA* da TU-A1, criando, portanto, um caminho para a ureia deixar o túbulo e reentrar no interstício medular. A possibilidade de que a ureia se equilibre por meio da parede do túbulo também auxilia a evitar uma diurese osmótica que po-

deria, de outra forma, resultar da presença de líquidos altamente concentrados dentro da luz do túbulo. Isso também contribui para o gradiente osmótico corticopapilar que é utilizado para concentrar a urina (Fig. 27.18).

2. **Reciclagem:** lembrando o íntimo arranjo anatômico entre os túbulos coletores, os vasos sanguíneos e os ramos da alça do néfron (ver Fig. 27.5), a ureia que retorna ao interstício a partir do TCMI poderia, teoricamente, ser reabsorvida pelos segmentos iniciais do túbulo ou ser levada embora pela circulação. Na prática, ela faz ambos.

   a. **Alça de Henle:** a ureia retorna para o túbulo por transporte facilitado pelo s epitélios do RDF e do RAF (ver Fig. 27.18). Depois, recicla de volta através dos segmentos distais e dos túbulos coletores. Daí, a ureia tanto pode ser excretada na urina, como fazer um trajeto mais longo pela medula.

   b. **Vasos retos:** os vasos retos descendentes expressam transportadores TU-B, os quais permitem que a ureia entre nos vasos sanguíneos por difusão facilitada. A captura pelos vasos retos é benéfica, porque aumenta a osmolalidade do sangue durante sua passagem pela medula, evitando, portanto, a diluição do gradiente osmótico. A ureia sai dos vasos retos e retorna para interstício durante seu percurso de retorno ao córtex (ver Fig. 27.18), de forma que a quantidade que finalmente retorna à circulação sistêmica é mínima (em torno de 5% da carga filtrada original).

3. **Excreção:** por fim, a quantidade de ureia excretada na urina depende da necessidade de conservar a água. Quando a ingestão de água é limitada, a ureia é reciclada por intermédio da medula, e as taxas de excreção são mínimas. Quando a ingestão de água é ilimitada, a liberação de ADH é suprimida e não existe uma rota significativa para a ureia escapar do TCMI. Consequentemente, ela é excretada na urina.

E. Manejo do ácido

As células intercalares α continuam secretando H^+ durante a passagem do filtrado pelo túbulo coletor, e podem causar uma significativa acidificação da urina (pH 4,4, o valor mínimo alcançável). A creatinina (pK = 5) se torna um tampão viável em valores de pH tão baixos, permitindo-lhe auxiliar na excreção de H^+, mas a grande parte do ácido é excretada na forma de NH_4^+. O NH_4^+ é excretado como resultado da "**difusão por aprisionamento**", ou por secreção direta.

1. **Difusão por aprisionamento:** o NH_4^+ é formado a partir de NH_3, como resultado do metabolismo da glutamina no TP (ver 26.IX.C). A NH_3 é solúvel em lipídeos, o que lhe permite difundir-se para fora das células epiteliais do TP e entrar no interstício, onde se acumula em concentrações relativamente elevadas. Alguma NH_3 pode então se difundir para o interior do túbulo ou da luz do túbulo coletor, onde imediatamente se combina com H^+ para formar NH_4^+. O NH_4^+ não é solúvel em lipídeos e, portanto, está agora aprisionado no túbulo, a menos que seja socorrido por um carreador que facilite a reabsorção (difusão por aprisionamento). O NH_4^+ que está aprisionado nos segmentos proximais é ativamente reabsorvido por um cotransportador de Na^+-K^+-$2Cl^-$ no RAE e então transferido para o interstício, para auxiliar a gerar um gradiente os-

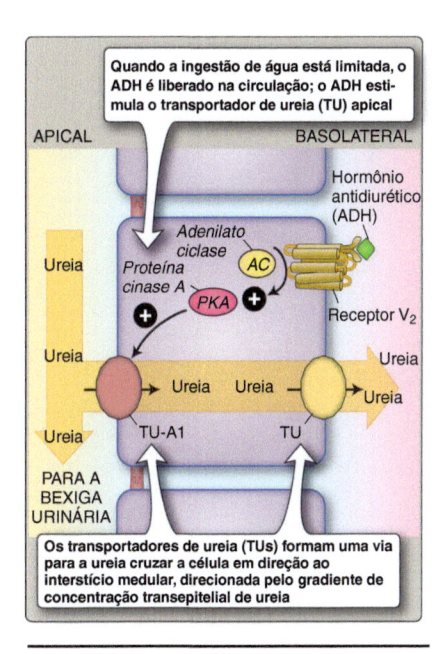

Figura 27.17
Reabsorção de ureia pelo túbulo coletor medular interno.

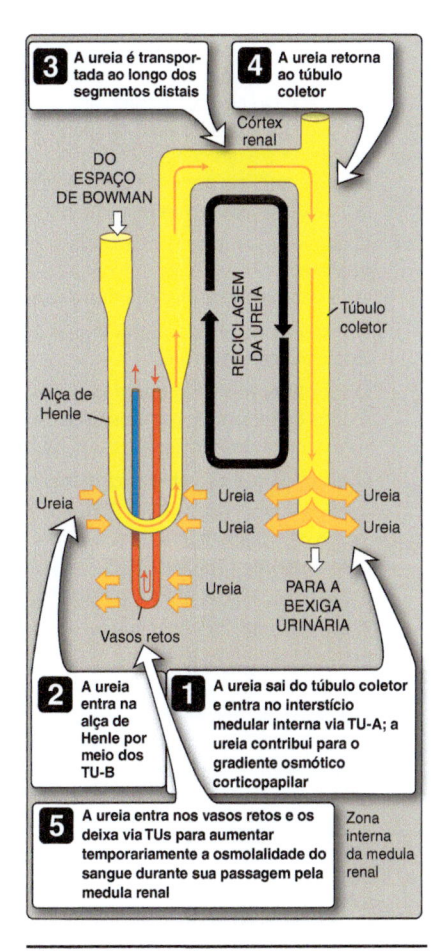

Figura 27.18
Reciclagem da ureia. TU = transportador de ureia.

mótico corticopapilar por meio da multiplicação por contracorrente (ver Seção II.B.3, anteriormente).

2. **Transporte:** uma parte do NH_4^+ que é transferida ao interstício pelo RAE entra nos vasos retos e é levada embora pela circulação sanguínea (lavagem). Essa porção finalmente chega ao fígado, onde é convertida em ureia. Uma porção significativa é transferida por transporte facilitado à luz do túbulo coletor para excreção na urina. As células epiteliais dos túbulos coletores expressam trocadores de NH_4^+-H^+, em ambas as membranas, basolateral e apical, proporcionando uma rota para excreção.

Os principais sítios de reabsorção, secreção e regulação de solutos no túbulo renal estão resumidas na Figura 27.19.

Resumo do capítulo

- A função dos segmentos do néfron distais ao túbulo proximal é recuperar íons inorgânicos e concentrar a urina. Esses segmentos são os locais primários da **regulação homeostática** de Na^+, K^+, Ca^{2+}, Mg^{2+}, Cl^- e da água.

- A **alça de Henle** compreende três segmentos que direcionam os conteúdos dos túbulos através de um **gradiente osmótico corticopapilar** organizado para extrair a água do filtrado.

- O gradiente osmótico corticopapilar se forma por **multiplicação por contracorrente** de um gradiente osmótico transepitelial criado pelo epitélio do **ramo ascendente espesso (RAE)**. O RAE bombeia o Na^+ e outros íons (p. ex., NH_4^+) para o interior do interstício cortical. Esses íons se difundem então para o interior do **ramo descendente fino**, causando um aumento na osmolalidade dos líquidos em seu interior. Esses íons são levados em direção à papila, em torno da ponta da alça e de volta para cima em direção ao RAE por meio do **ramo ascendente fino**. Quando chegam ao RAE, os íons são bombeados de volta para o interstício por um trajeto de retorno à medula renal. Portanto, a alça aprisiona íons na medula e contribui para que essa região desenvolva uma elevada osmolalidade.

- O gradiente osmótico corticopapilar extrai água e íons da luz do túbulo. O líquido reabsorvido é carregado embora pelos **vasos retos**. O fluxo pelos ramos ascendente e descendente dos vasos retos ocorre em direções opostas, originando, portanto, um **sistema de troca por contracorrente**, que evita que o sangue oxigenado que está chegando dilua o gradiente osmótico.

- O **túbulo contorcido distal inicial** é o sítio primário da reabsorção regulada de Ca^{2+} e Mg^{2+}. A reabsorção do Ca^{2+} é regulada pelo **paratormônio**.

- O **túbulo contorcido distal terminal**, o **túbulo conector** e os **túbulos coletores** (os **segmentos distais**) são os sítios primários de regulação homeostática do Na^+ e do K^+. A reabsorção de Na^+ é regulada pela **aldosterona**. A aldosterona aumenta a permeabilidade epitelial ao Na^+, aumentando a expressão de canais e bombas Na^+ nas membranas apical e basolateral.

- O K^+ pode ser secretado ou reabsorvido, dependendo das suas concentrações plasmáticas. A secreção é estimulada por hipercalemia, atuando por intermédio da aldosterona. A aldosterona aumenta a permeabilidade epitelial ao K^+ e a atividade da Na^+-K^+ ATPase.

- O **sistema de túbulos coletores** (túbulo coletor cortical e túbulos coletores medulares externos e internos) determina a osmolalidade final da urina por reabsorção de água. Essa reabsorção é regulada pelo **hormônio antidiurético**.

- A liberação do hormônio antidiurético é estimulada pela osmolalidade plasmática aumentada ou pela pressão sanguínea diminuída. O hormônio exerce os seus efeitos antidiuréticos, estimulando a inserção de **aquaporinas** nas membranas apicais das células epiteliais dos túbulos. A água é reabsorvida por osmose dirigida pelo gradiente osmótico corticopapilar.

- O túbulo coletor medular externo é também o local de reabsorção da ureia. A ureia é reabsorvida por difusão facilitada. Quando a ingestão de água é limitada, o líquido do túbulo se torna altamente concentrado, e existe uma intensa força direcionadora para que a ureia seja movida para o interior do interstício da medula. A presença da ureia na medula renal contribui para o gradiente osmótico corticopapilar.

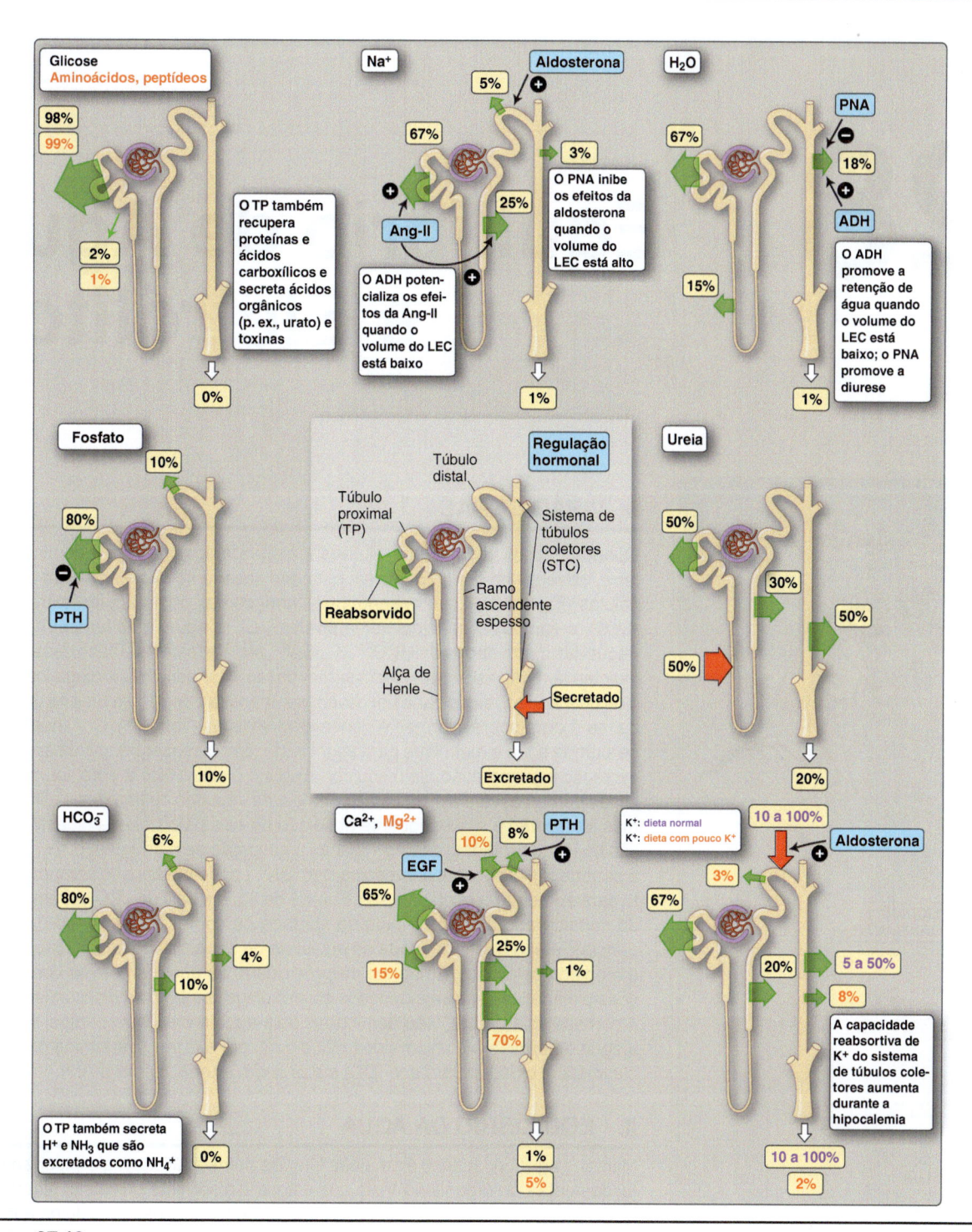

Figura 27.19
Principais sítios de recaptação de solutos e água e de secreção pelo néfron renal. ADH = hormônio antidiurético; Ang-II = angiotensina II; PNA = peptídeo natriurético atrial; LEC = líquido extracelular; EGF = fator de crescimento epidérmico; PTH = paratormônio.

28 Equilíbrio de Água e Eletrólitos

I. VISÃO GERAL

Quando nossos ancestrais evolutivos emergiram dos oceanos e dominaram a terra, carregavam dentro deles um pequeno oceano no qual banhavam as suas células (Fig. 28.1). Esse oceano, que conhecemos como líquido extracelular (LEC), é composto principalmente por Na^+, Cl^- e água, mas também contém pequenas quantidades de HCO_3^-, K^+, Ca^{2+}, Mg^{2+} e fosfatos. Todos esses constituintes têm papéis específicos a serem desempenhados na fisiologia humana, e as concentrações de cada um devem ser mantidas dentro de uma faixa limitada, se é para sobrevivermos e desenvolvermos (ver Tab. 1.1). Continuamente, perdemos água e eletrólitos para o ambiente, como consequência da secreção, excreção e evaporação. Se o equilíbrio hídrico e eletrolítico é para ser mantido, essas perdas devem ser repostas por meio da ingestão de líquidos e alimentos, mas a ingestão e a subsequente absorção de sais pelo sistema digestório não são muito controladas, estando ligadas à absorção de nutrientes (p. ex., glicose e peptídeos). O sistema nervoso central (SNC) pode modificar o comportamento para aumentar a captação, se os níveis de água e sais do LEC caírem abaixo do considerado ideal (por meio da vontade de comer sal e da sede), mas a principal etapa que é regulada no equilíbrio de água e sal é a excreção, a qual é mediada pelos rins. Embora o corpo inclua rotas que mantêm as concentrações plasmáticas estáveis de todos os eletrólitos comuns, as discussões sobre a homeostasia do LEC são dominadas pela água e pelo Na^+. Juntos, o Na^+ e a água determinam o volume do LEC, o qual, por sua vez, determina o volume plasmático, o débito cardíaco (DC) e a pressão arterial média (PAM).

II. EQUILÍBRIO DA ÁGUA

Manter o equilíbrio hídrico é uma das funções homeostáticas mais importantes e fundamentais do organismo. Visto que a água é o solvente universal, quando os níveis da água corporal total (ACT) caem, as concentrações de solutos aumentam, em detrimento das funções corporais. O papel da ACT em auxiliar o DC e a PAM (discutido de maneira mais detalhada na Seção III, adiante) significa que as rotas reguladoras da ACT são sequenciadas e influenciam tanto a ingestão como a saída.

A. Planilha de apontamentos

Os indivíduos ingerem e perdem aproximadamente 2,5 L de água por dia, em média. As necessidades reais de água são menores (1,6 L/dia), conforme apresentado na Tabela 28.1, reguladas pela quantidade de perda de água **não perceptível** (evaporação) e pela perda de água obrigatória (água necessária para a formação de urina; ver 27.V.B).

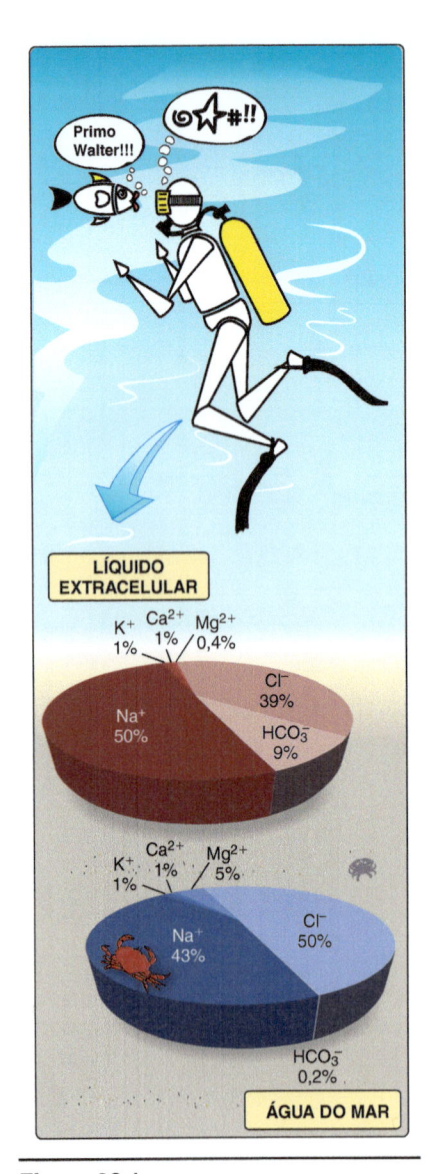

Figura 28.1
Composição eletrolítica do líquido extracelular e da água do mar.

1. **Ingestão:** a planilha de apontamentos para a ingestão inclui a água formada por meio do metabolismo ($C_6H_{12}O_6 + 6O_2 \rightarrow 6CO_2 + 6H_2O$), ingerida com a comida e bebida pela ingestão de líquidos. Beber é a primeira etapa regulada da ingestão e a entrada efetiva pode variar consideravelmente.

2. **Saída:** a saída inclui a evaporação da água pelos epitélios respiratórios e cutâneos (perdas não perceptíveis), suor, conteúdo de água das fezes e urina. A perda de água dos epitélios respiratórios é dependente da taxa respiratória e da umidade do ar, mas tais perdas prejudicam o equilíbrio hídrico somente em condições extremas (p. ex., subindo a altitudes muito elevadas). A evaporação cutânea permanece relativamente constante em condições normais. A formação de suor alcança em torno de 1,5 a 2 L/h durante um estresse de calor. Vômito e diarreia (ver Aplicação clínica 4.4) podem acelerar grandemente a perda de água do trato gastrintestinal (GI), mas a perda de água fecal normal é modesta. A formação de urina é o mecanismo primário de saída regulada.

Tabela 28.1 Ingestão de água e vias de saída

Via	mL/dia
Ingestão	
Metabolismo	300
Alimento	800
Bebidas	500*
Total	1.600
Saída	
Fezes	200*
Pele	500
Pulmões	400
Urina	500*
Total	1.600

*Etapas reguladas.

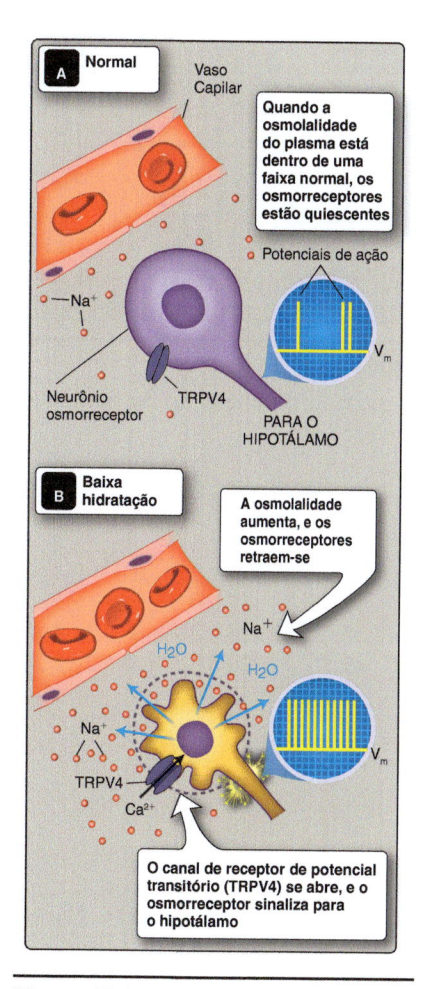

B. Mecanismo sensorial

A ACT é percebida por meio de modificações na osmolalidade do LEC (ver 23.II.B, para uma discussão sobre a osmolaridade e a osmolalidade), a qual é normalmente de 275 a 295 mOsm/kg. A osmolalidade é detectada por osmorreceptores localizados em dois **órgãos circunventriculares** no SNC, o **órgão vascular da lâmina terminal** (**OVLT**) e o **órgão subfornical** (**OSF**; ver Fig. 7.10). Os osmorreceptores são neurônios sensíveis a alterações no volume celular, o qual é dependente da osmolalidade do LEC (ver 3.II.E; Fig. 28.2). Quando a ACT cai e a osmolalidade do LEC aumenta, a água é sugada osmoticamente dos osmorreceptores, e estes murcham (ver Fig. 28.2B). O encolhimento é transduzido por um canal receptor de potencial transitório mecanossensitivo (TRPV4; ver 2.VII.D), o qual se abre para permitir o influxo de cátion e a despolarização do osmorreceptor. Quando a ACT aumenta, os neurônios osmorreceptores se incham, e a probabilidade de TRPV4 se abrir fica reduzida. A membrana hiperpolariza, suprimindo a sinalização.

C. Regulação

Os neurônios osmorreceptores se projetam para o **hipotálamo**, localizado nas vizinhanças, o qual funciona como um **osmostato** (centro de regulação da osmolalidade). As respostas às alterações na osmolalidade são efetuadas por células neurossecretoras localizadas no **núcleo supraóptico**. As células neurossecretoras são elas próprias osmossensitivas, o que gera uma etapa adicional de controle osmorregulador.

O equilíbrio hídrico é alcançado pela modulação da ingestão de água e da saída urinária.

> Alguns indivíduos desenvolvem um **reajuste osmostático**, uma disfunção rara na qual os osmorreceptores ficam altamente excitados, mesmo quando a osmolalidade do LEC está dentro dos limites normais. O reajuste osmostático é uma causa da síndrome da liberação inapropriada do hormônio antidiurético (SIADH; ver Aplicação clínica 28.1).

1. **Ingestão:** a necessidade de beber água é percebida como sede, a qual leva o indivíduo a procurar uma bebida para saciar a sede. A sensação é mediada por áreas corticais superiores, incluindo o **córtex cingulado anterior** e o **córtex insular**. A sede é saciada muito antes que a osmolalidade dos tecidos se altere, provavelmente como reflexo da entrada sensorial dos osmorreceptores do trato GI e da parte oral da faringe.

Figura 28.2
Efeito do aumento da osmolalidade na eferência do osmorreceptor. V_m = potencial de membrana.

2. **Saída:** o glomérulo filtra a água para dentro do túbulo renal em uma taxa de 125 mL/min. Aproximadamente 67% do filtrado são imediatamente reabsorvidos pelo túbulo proximal (TP), outros 15% são recapturados no ramo descendente fino (RDF) da alça do néfron, e a maior parte dos 18% restantes é reabsorvida no sistema de túbulos coletores medulares internos e externos (TCMIs e TCMEs, respectivamente). A regulação da saída ocorre nesses segmentos distais, por meio do **hormônio antidiurético** (**ADH**). O ADH é um pequeno hormônio peptídico, produzido pelos neurônios neurossecretores hipotalâmicos e transportado por rápido transporte axonal, para liberação a partir dos terminais na neuro-hipófise, como apresentado na Figura 28.3 (ver também 7.VII.D).

   a. **Liberação:** um aumento da osmolalidade do LEC estimula a liberação dose-dependente do ADH para a circulação. O limiar para liberação é de 280 mOsm/kg, de forma que pequenas quantidades de ADH circulam mesmo quando a osmolalidade plasmática está dentro dos limites normais. O ADH tem uma meia-vida de 15 a 20 minutos, antes que seja metabolizado por *proteases* do rim e do fígado.

> Visto que a PAM depende criticamente do volume do LEC, os limiares de liberação do ADH são modulados de forma a otimizar a PAM. Assim, quando a PAM está baixa, a liberação de ADH continua, embora a osmolalidade do LEC tenha sido normalizada (Fig. 28.4).

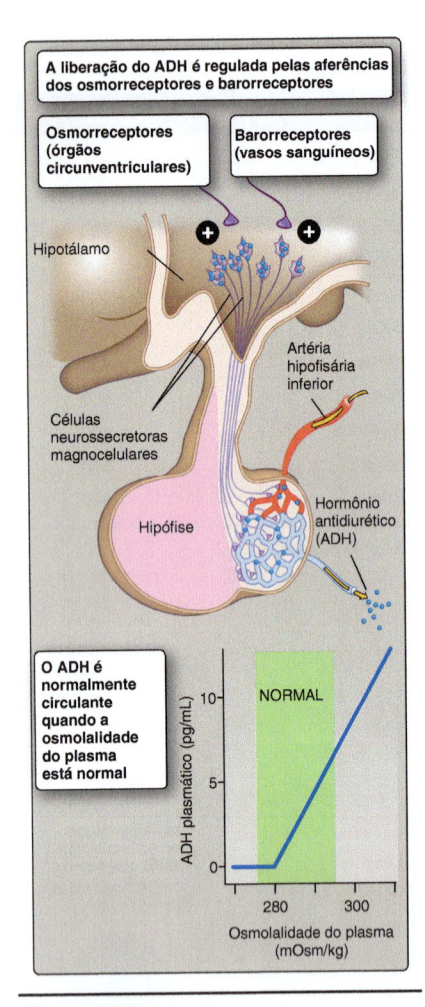

Figura 28.3
Regulação da liberação do hormônio antidiurético.

Aplicação clínica 28.1 Disfunções da liberação do hormônio antidiurético

A **síndrome da liberação inapropriada do hormônio antidiurético** (**SIADH**, do inglês *syndrome of inappropriate antidiuretic hormone*) é uma disfunção relativamente comum, caracterizada por níveis circulantes elevados do hormônio antidiurético (ADH) e retenção de água. Em geral, os pacientes desenvolvem hiponatremia, como consequência. Embora alguns casos sejam idiopáticos, as causas comuns da SIADH incluem disfunções do sistema nervoso central (p. ex., derrame, infecção ou trauma), fármacos (anticonvulsivantes, tais como carbamazepina e oxcarbazepina, e ciclofosfamida, a qual é utilizada para tratar certos tipos de câncer) e algumas doenças e carcinomas pulmonares. Por exemplo, neoplasias de pequenas células dos pulmões podem secretar ADH de uma maneira desregulada, causando, assim, a SIADH.

O **diabetes insípido central** (**DIC**) descreve uma poliúria causada por níveis diminuídos de ADH circulante. Os pacientes podem também apresentar noctúria e polidipsia. O DIC, de etiologia mais comumente idiopática, é caracterizado por degeneração de células hipotalâmicas secretoras de ADH. O DIC pode também ser causado por trauma ou cirurgia. O DIC familiar é uma forma hereditária dominante, causada por uma mutação do gene para o ADH. A forma familiar mais comum causa um defeito no processamento do ADH e acúmulo do hormônio malformado. Em razão desse acúmulo, as células secretoras degeneram, embora a causa ainda esteja sob investigação.

b. **Ações:** o ADH fornece rotas para que a água flua para fora dos túbulos coletores renais e volte para o LEC (ver 27.V.C). Na ausência de tais rotas, a água é canalizada para a bexiga e excretada.

c. **Retroalimentação negativa:** o aumento de volume do LEC, mediado por ADH, é limitado pelo **peptídeo natriurético atrial (PNA)**. O PNA é liberado pelos miócitos atriais, quando os volumes do LEC e do sangue estão elevados. O PNA tem muitas ações (detalhadas adiante), incluindo antagonizar a liberação de ADH e a retenção de água mediada pelo ADH (Fig. 28.5).

III. EQUILÍBRIO DO SÓDIO

Embora seja possível identificar os mecanismos e locais envolvidos no equilíbrio do Na^+, as rotas envolvidas são tão intimamente interconectadas com as que controlam o equilíbrio hídrico e a PAM, que o equilíbrio de Na^+ não pode ser discutido separadamente.

A. Planilha de apontamentos

O organismo contém 75 g de Na^+ em média, quase metade dos quais está imobilizada no osteoide dos ossos. O Na^+ é obtido de fontes da dieta, e deixa o corpo pelas fezes, suor e urina.

1. **Ingestão:** uma dieta mediana contém muito mais Na^+ do que o necessário para balancear as perdas. A ingestão diária recomendada (IDR) nos Estados Unidos é de 1,5 a 2,3 g/dia, mas o consumo individual em todo o mundo é em geral muito maior (até 7 g/dia). Uma dieta pobre em Na^+ aciona a vontade de comer sal, o que se manifesta como uma necessidade de procurar e ingerir alimentos salgados. As rotas envolvidas não são bem compreendidas.

2. **Saída:** uma pequena quantidade do Na^+ ingerido é perdida nas fezes. O suor é também uma via menor de perda de Na^+, a menos que a sudorese seja prolongada e abundante (ver 16.VI.C). A urina é a rota principal de saída do Na^+. Visto que não existe uma perda obrigatória para o Na^+, como existe para a água, a excreção urinária de Na^+ normalmente equilibra a quantidade ingerida. Quando a ingestão de Na^+ é limitada, entretanto, o túbulo renal pode recaptar 100% da carga filtrada e gerar urina sem qualquer Na^+ por várias semanas. Os principais sítios de recaptura são o TP (67% da carga filtrada) e o ramo ascendente espesso (RAE; em torno de 25%). Os segmentos distais e os túbulos coletores recuperam os 8% restantes e são os principais locais de regulação da saída (ver 27.VI.B).

B. Relação entre o sódio e a pressão sanguínea

Quando o Na^+ é ingerido, sua maior parte termina no LEC (aproximadamente 85%), porque, embora o Na^+ transite livremente entre o LEC e o líquido intracelular (LIC), todas as células eliminam ativamente o Na^+ do LIC por meio da Na^+-K^+ ATPase (ver 3.III.B). Assim, a ingestão de Na^+ aumenta a osmolalidade do LEC, criando uma necessidade de beber água e estimulando a retenção de água (ver Fig. 28.5). Visto que o plasma é um componente do LEC, a ingestão de Na^+ também aumenta o volume de sangue circulante, o que aumenta a pressão venosa central (PVC; ver Fig. 20.24). Um acréscimo na PVC eleva a pré-carga do ventrículo esquerdo (VE). O VE responde com uma elevação no volume sistólico (VS) e no débito cardíaco (DC), através do mecanismo de

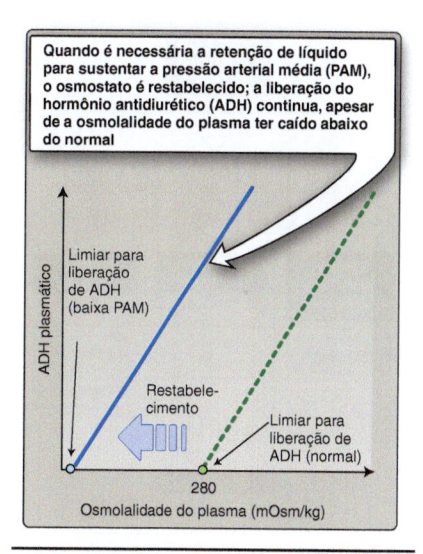

Figura 28.4
Efeito da pressão arterial sobre a liberação do hormônio antidiurético.

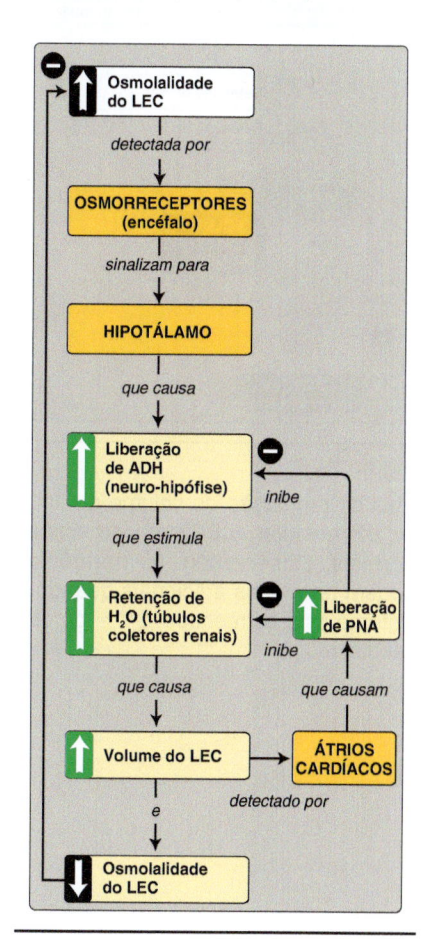

Figura 28.5
Regulação da liberação do hormônio antidiurético (ADH). PNA = peptídeo natriurético atrial; LEC = líquido extracelular.

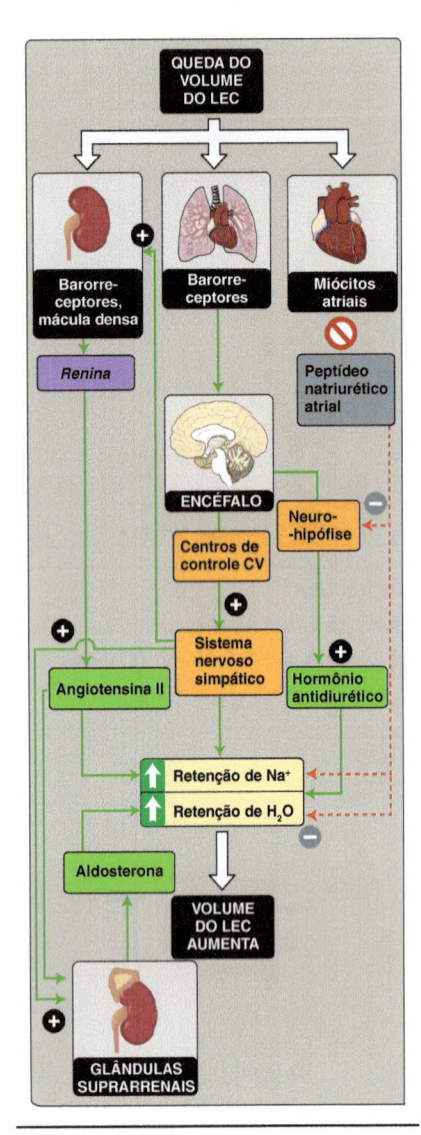

Frank-Starling, o qual aumenta a PAM (ver 18.III.D). A elevação da PAM tem amplas e imediatas consequências, tanto para o sistema circulatório como para o sistema urinário, tudo em função de excretar o excesso de Na^+ e água para reduzir o volume do LEC e normalizar a PAM.

C. Regulação

O volume do LEC é determinado por quatro rotas diferentes, mas interdependentes, que regulam o equilíbrio de Na^+ e de água, e a PAM (Fig. 28.6). Essas rotas incluem o **sistema *renina*-angiotensina-aldosterona** (**SRAA**; ver Fig. 20.17), o sistema nervoso simpático (SNS), o ADH e o PNA. Três das quatro rotas se ativam quando o volume do LEC e a PAM estão baixos, assim como pode ocorrer quando um corredor de maratona ficou hipo-hidratado devido a uma reposição inadequada da perda de água e sais. Quando o volume do LEC e a PAM estão elevados, essas rotas são inibidas.

1. **Sistema *renina*-angiotensina-aldosterona:** o SRAA se ativa após um decréscimo na pressão de perfusão da arteríola aferente glomerular (sentida por barorreceptores renais), um decréscimo no fluxo de líquido na mácula densa (ver 25.IV.C) e um aumento na atividade simpática, acionado por um decréscimo na PAM (ver 20.IV.C). Os efeitos do SRAA são mediados pela Ang-II, cujas ações estão todas voltadas para a retenção de Na^+ e de água e aumento da PAM (Tab. 28.2).

2. **Sistema nervoso simpático:** o SNS se ativa, quando os centros de controle cardiovascular do tronco encefálico detectam uma necessidade de aumentar a PAM, percebida por barorreceptores arteriais (ver 20.III.A). O SNS inerva a maioria dos tecidos do organismo, com efeitos de amplo espectro quando ativado, e inclui muitos dos mesmos alvos da Ang-II.

3. **Hormônio antidiurético:** o papel primário do ADH é manter o equilíbrio hídrico, mas um estresse cardiovascular grave (p. ex., hemorragia) pode provocar a elevação dos níveis de ADH circulante a ponto de causarem a constrição dos vasos de resistência. Os efeitos do ADH no fluxo sanguíneo glomerular são semelhantes aos da Ang-II. O ADH pode também estimular a reabsorção de Na^+ do RAE e do túbulo coletor cortical (TCC), o que aumenta ainda mais a retenção de líquido.

Figura 28.6
Vias de regulação do volume do líquido extracelular (LEC) em condições normais. Observação: os hormônios podem ter efeitos adicionais quando o sistema está estressado. CV = cardiovascular.

Aplicação clínica 28.2   Reabsorção do sódio e pressão sanguínea

A relação entre o Na^+, o volume do líquido extracelular e a pressão sanguínea significa que a mutação em qualquer uma das muitas proteínas-chave envolvidas na reabsorção renal de Na^+ pode teoricamente causar hipo ou hipertensão.

A **síndrome de Liddle** é uma doença congênita muito rara, que aumenta a expressão do canal Na^+ epitelial sensível à amilorida (ENaC) nos segmentos distais, resultando na reabsorção aumentada de Na^+. A síndrome é caracterizada por hipertensão e pode estar associada com hipocalemia e alcalose metabólica.

Mutações do **pseudo-hipoaldosteronismo tipo I** causam hiponatremia, hipotensão e hipercalemia. A forma dominante impede a expressão de receptores de mineralocorticoides, causando uma resistência à aldosterona. As formas recessivas inibem a atividade do ENaC, impedindo, portanto, a reabsorção de Na^+ nos segmentos distais.

4. **Peptídeo natriurético atrial:** o PNA é liberado quando os átrios cardíacos são estirados por elevados volumes de sangue, e fornece uma via de retroalimentação negativa que limita a expansão do volume do LEC. Seus efeitos principais são antagonizar as ações da Ang-II e do ADH e estimular a natriurese mediante efeitos diretos no glomérulo.

   a. **Angiotensina II:** o PNA inibe a troca de Na^+-H^+ no TP, bem como o cotransporte de Na^+-Cl^- no túbulo distal e nos canais Na^+ nos túbulos coletores, todos promovendo a natriurese.

   b. **Hormônio antidiurético:** o PNA suprime a liberação de ADH e impede a inserção de aquaporinas estimulada por ADH nas membranas apicais dos túbulos coletores. Essas ações impedem a reabsorção de água e promovem a diurese.

   c. **Vasos sanguíneos:** o PNA causa vasodilatação para aumentar o fluxo ao longo do glomérulo e do sistema peritubular. Em consequência, a taxa de filtração glomerular aumenta marcantemente, causando uma diurese pronunciada.

> O peptídeo natriurético cerebral (PNC) é um peptídeo relacionado, que é liberado dos átrios e ventrículos quando os volumes de preenchimento estão elevados. Embora o PNA seja rapidamente metabolizado pelo fígado, o PNC circulante é mais estável e fornece um indicador precoce e sensível de insuficiência cardíaca. As medidas do PNC são rápidas e de baixo custo, sendo utilizadas clinicamente para determinar a presença e a gravidade da insuficiência e auxiliar na exclusão da insuficiência cardíaca congestiva como uma possível causa de dispneia.

Tabela 28.2 Efeitos da angiotensina II

Alvo	Ação	Efeitos
Córtex das suprarrenais		
	Liberação de aldosterona	↑ reabsorção de Na^+, segmentos distais renais ↑ ENaC ↑ ROMK ↑ Na^+-K^+ ATPase
Rins		
	Túbulo proximal, ramo ascendente espesso	↑ reabsorção de Na^+ ↑ trocador de Na^+-H^+
	Segmentos distais	↑ ENaC
Vasos sanguíneos		
	Vasoconstrição (vasos de resistência)	↑ resistência vascular sistêmica
Sistema nervoso central		
Hipotálamo	Liberação do hormônio antidiurético (neuro-hipófise)	↑ reabsorção de H_2O, segmentos distais renais
Córtex	Sede e desejo por sal	↑ ingestão de H_2O e NaCl

ENaC = canal Na^+ epitelial sensível à amilorida; ROMK = canal K^+ da zona externa da medula renal.

D. Equilíbrio glomerulotubular

O equilíbrio de Na^+ é mantido, em parte, por um fenômeno conhecido como **equilíbrio glomerulotubular** (**GT**). O equilíbrio GT se refere à tendência do TP em reabsorver uma fração constante da carga de Na^+ filtrada, independentemente da taxa de filtração glomerular (TFG). Normalmente, a reabsorção fracionária, em torno de 67%, embora esse valor possa se alterar durante a expansão e a contração do volume de LEC. Assim, quando a TFG aumenta (p. ex., devido a um aumento na pressão de filtração glomerular), o TP aumenta a reabsorção efetiva de Na^+ para compensar as quantidades aumentadas de Na^+ que surgem na luz do túbulo. O equilíbrio GT auxilia a assegurar que o Na^+ não seja excretado de forma inapropriada quando a TFG aumenta. O equilíbrio GT se baseia em trocas nas funções tubular e peritubular.

1. **Peritubular:** quando a TFG aumenta, devido a um acréscimo na fração de filtração (fração de filtração = TFG ÷ FPR), o sangue que sai do glomérulo por meio da arteríola eferente tem uma pressão osmótica coloidal (π_c) mais elevada, comparada com a anterior, porque as proteínas do plasma foram concentradas pela filtração glomerular em um grau mais elevado. Uma π_c mais elevada aumenta a reabsorção de líquido pela rede peritubular que serve o TP. De modo contrário, quando a TFG cai, devido a um decréscimo na fração de filtração, o

Tabela 28.3 Condições que afetam o equilíbrio interno de potássio

Evento causal	Mecanismo
Mudanças do LEC para o LIC (hipocalemia)	
↑ Insulina	↑ Na^+-K^+ ATPase
↑ Adrenalina	↑ Na^+-K^+ ATPase
↑ Osmolalidade do LEC	A célula perde água que leva com ela o K^+ por meio de arrasto do solvente
Alcalose	↑ Na^+-K^+ ATPase para compensar o efluxo de cátion (H^+)
Mudanças do LIC para o LEC (hipercalemia)	
Exercício	↑ excitação e abertura do canal K^+
Acidose	H^+ desloca o K^+ e inibe as vias de recaptação
↓ Osmolalidade do LEC	A célula ganha água que traz com ela o K^+ por meio de arrasto do solvente
Trauma celular, necrose	Perda do conteúdo de K^+ celular

LEC = líquido extracelular;
LIC = líquido intracelular.

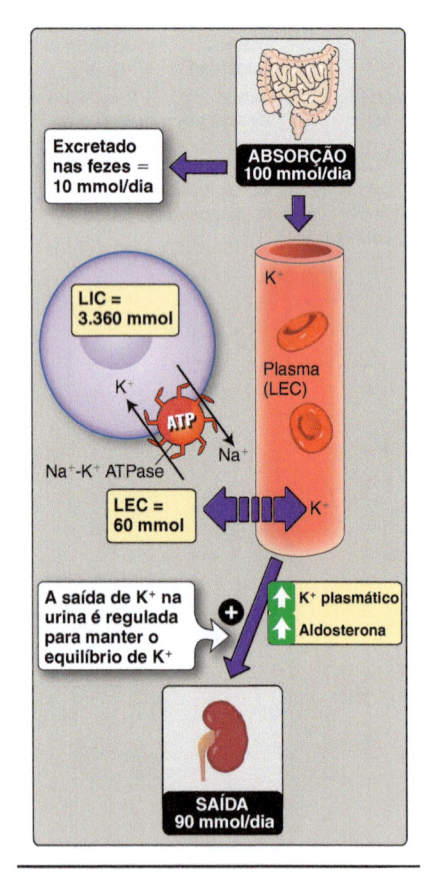

Figura 28.7
Equilíbrio do potássio. ATP = trifosfato de adenosina; LEC = líquido extracelular; LIC = líquido intracelular.

potencial osmótico que favorece a reabsorção de líquido pelo sangue peritubular é reduzido, facilitando, portanto, o equilíbrio GT.

2. **Túbulo:** a capacidade reabsortiva dos TPs geralmente excede a carga filtrada normal para a maioria dos solutos orgânicos e inorgânicos, inclusive o Na^+. Quando a TFG e a carga filtrada aumentam, a reserva reabsortiva permite que o TP compense, aumentando a captação líquida, a qual auxilia a manter o equilíbrio GT.

E. Natriurese induzida pela pressão

A hipertensão produz uma **natriurese por pressão**, que ocorre independentemente das rotas já descritas. A natriurese por pressão atua como uma válvula de segurança para reduzir o LEC por meio da excreção de Na^+ e água, trazendo, portanto, a PAM de volta para baixo aos valores normotensos. A natriurese resulta principalmente da remoção, induzida pela hipertensão, de trocadores de Na^+-H^+ das vilosidades do TP, o que reduz a capacidade reabsortiva de Na^+ desse segmento.

> Em condições de repouso, a maioria dos ajustes para o volume sanguíneo é efetuada por meio dos mecanismos autorreguladores dos rins, em concordância com a liberação de ADH mediada por osmorreceptores. Outros caminhos são somente postos em ação quando o sistema circulatório está sob estresse.

IV. EQUILÍBRIO DO POTÁSSIO

O corpo contém aproximadamente 3,6 mol (em torno de 140 g) de K^+, e 98% estão concentrados dentro das células pela Na^+-K^+ ATPase da membrana plasmática celular. Entretanto, todas as células expressam canais K^+ e transportadores de K^+ na superfície de suas membranas, que permitem que o K^+ se mova de forma relativamente livre entre o LEC e o LIC. Essas rotas possibilitam significativas alterações na localização de K^+ (p. ex., durante alterações no equilíbrio do pH; ver mais adiante), causando uma perturbação do **equilíbrio interno de K^+** (Tab. 28.3). Apesar desses desafios, os rins são capazes de manter as concentrações plasmáticas de K^+ dentro de uma faixa relativamente estreita (3,5 a 5 mmol/L).

A. Planilha de apontamentos

Manter estáveis as concentrações plasmáticas de K^+ envolve um simples equilíbrio entre a ingestão e a excreção urinária (Fig. 28.7).

1. **Ingestão:** a IDR norte-americana para o potássio é de 4,7 g (em torno de 120 mmol/dia). A ingestão resultante varia amplamente com a dieta. Frutas e vegetais são particularmente ricos em K^+ e fornecem mais do que o K^+ adequado para satisfazer as necessidades corporais sob circunstâncias normais. A maior parte do K^+ ingerido é absorvida subsequentemente durante o trânsito pelo trato GI.

2. **Saída:** os rins são a única via significativa de saída para o K^+. De todo o K^+ filtrado, 80% são reabsorvidos isosmoticamente no TP. Outros 10% são reabsorvidos no RAE. A regulação do equilíbrio de K^+ ocorre nos segmentos distais (ver 27.IV.C). Quando a ingestão de K^+ na dieta excede as necessidades (o que em geral é a regra), os segmentos distais secretam K^+ para excreção urinária. Quando o corpo está gravemente deficiente de K^+, o túbulo pode reabsorver > 99% da carga filtrada.

B. Regulação

O equilíbrio de K^+ é efetuado principalmente pelos segmentos distais. A responsabilidade por manter o equilíbrio de K^+ muda das células principais para as células intercalares α, dependendo de se a ingestão de K^+ é elevada e o excesso deve ser excretado, ou se a ingestão de K^+ é restrita, necessitando de reabsorção.

1. **Secreção de potássio:** o trato GI pode transferir várias dezenas de milimoles de K^+ aos vasos sanguíneos durante uma refeição normal. O processamento de uma carga de K^+ tão significativa, enquanto mantém os níveis plasmáticos de K^+ dentro de uma amplitude segura, requer que o excesso seja estocado temporariamente para dar aos rins tempo suficiente para excretar o excesso.

    a. **Armazenamento temporário:** a ingestão de uma refeição causa o aumento dos níveis circulantes de insulina. A insulina tem muitos efeitos no metabolismo celular (ver 34.IV), incluindo a estimulação da atividade da Na^+-K^+ ATPase. Em consequência, o K^+ ingerido se desloca temporariamente do LEC para LIC.

    b. **Reabsorção diminuída:** quando o K^+ plasmático aumenta, o mesmo ocorre com a concentração de K^+ que entra no TP, o que reduz a reabsorção de todos os cátions, incluindo o K^+ e o Na^+.

    c. **Secreção aumentada:** a hipercalemia estimula a secreção de aldosterona a partir do córtex da suprarrenal. A aldosterona tem como alvo as células principais dos segmentos distais, promovendo um aumento na Na^+-K^+ ATPase basolateral e na expressão de canais K^+ apicais na zona externa da medula renal (ROMK). A bomba Na^+-K^+ gera a força direcionadora, e o ROMK fornece um caminho para a secreção aumentada de K^+ para o interior da luz do túbulo.

2. **Reabsorção do potássio:** a hipocalemia suprime a liberação de aldosterona, inibindo a secreção de K^+. A hipocalemia simultaneamente estimula a atividade da Na^+-K^+ ATPase nas células intercalares α do túbulo coletor e promove a reabsorção de K^+ da luz do túbulo.

C. Relação de equilíbrio sódio-potássio

As rotas que regulam o equilíbrio do Na^+ e o equilíbrio do K^+ convergem na atividade basolateral da Na^+-K^+ ATPase nos segmentos distais (Fig. 28.8). A Na^+-K^+ ATPase troca Na^+ por K^+, simultaneamente aumentando a reabsorção de Na^+ e a secreção de K^+. Esses dois processos não podem ser funcionalmente acoplados, porque existem situações nas quais secretar K^+ durante a reabsorção de Na^+ (ou vice-versa) seria deletério. O não acoplamento é alcançado por meio de potentes efeitos da taxa de fluxo tubular na excreção de K^+.

1. **Fluxo:** a secreção de K^+ pelas células principais é potencializada pelo gradiente de concentração transepitelial de K^+. Quando as taxas de fluxo tubular são baixas, a difusão de K^+ das células principais causa o aumento significativo das concentrações luminais de K^+, o que amortece as forças direcionadoras para mais difusão e secreção (Fig. 28.9A). Quando as taxas de fluxo tubular estão elevadas, o K^+ é levado embora dos segmentos distais de uma forma acelerada, e o gradiente de concentração que favorece a secreção de K^+ permanece elevado (ver Fig. 28.9B).

2. **Diurese:** quando o volume do LEC é muito elevado, os rins excretam Na^+ e água em taxas aumentadas. Os primeiros passos na ex-

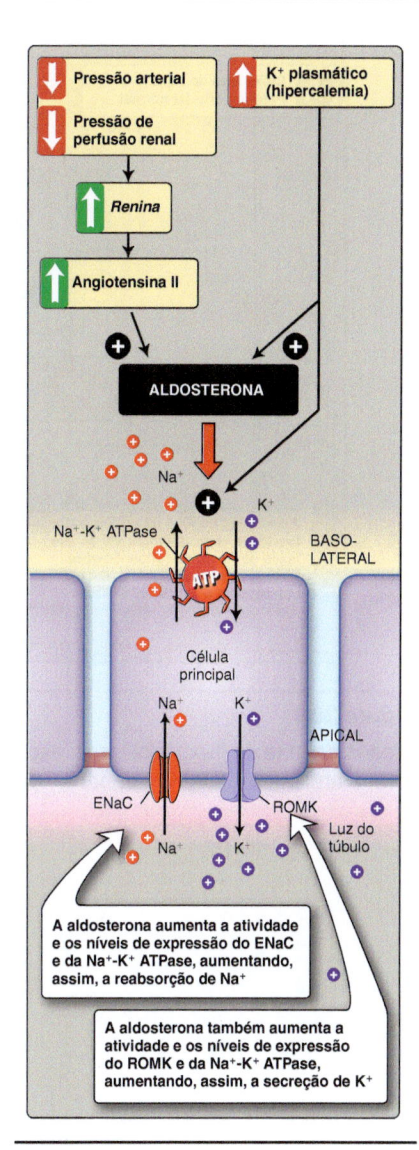

Figura 28.8
Convergência das vias que regulam a reabsorção de Na^+ e a secreção de K^+ nos segmentos distais. ATP = trifosfato de adenosina; ENaC = canal Na^+ epitelial sensível à amilorida; ROMK = canal K^+ da zona externa da medula renal.

Figura 28.9
Efeitos da taxa de fluxo tubular na excreção do potássio. ATP = trifosfato de adenosina; ENaC = canal Na$^+$ epitelial sensível à amilorida; ROMK = canal K$^+$ da zona externa da medula renal.

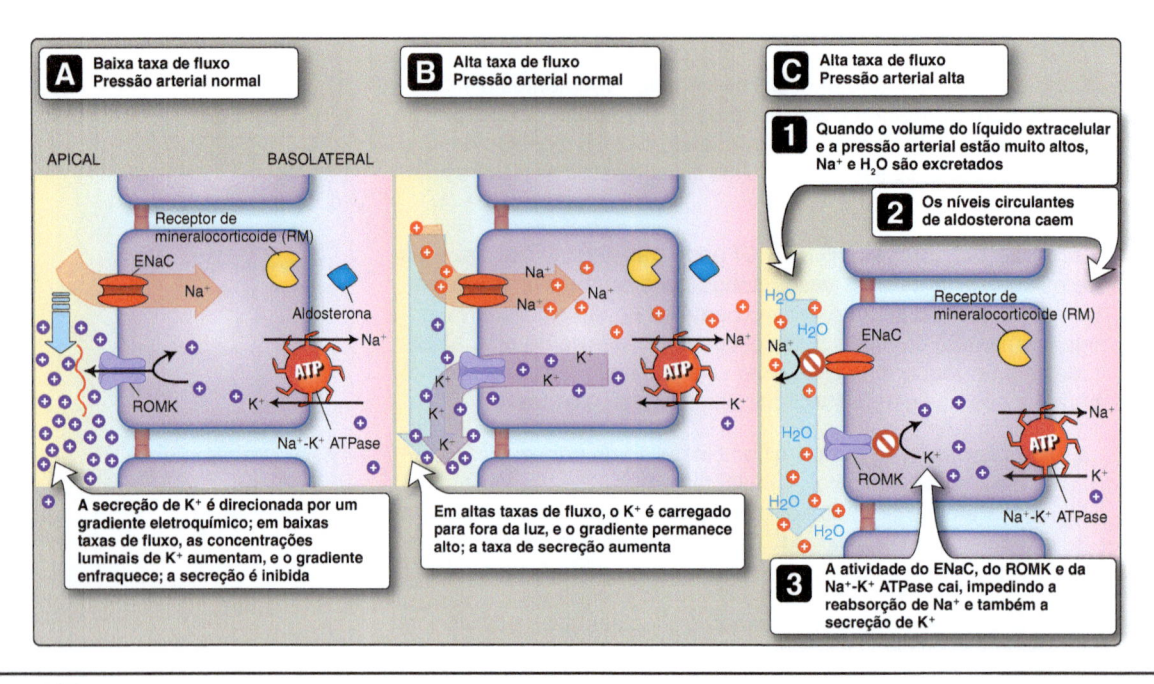

creção são aumentar a TFG e diminuir a reabsorção no TP, o que aumenta as taxas de fluxo no túbulo distal. Seria esperado que as elevadas taxas de fluxo causassem uma excessiva secreção de K$^+$, mas quando o volume do LEC e a PAM estão elevados, o SRAA é suprimido. Na ausência da aldosterona, a secreção de K$^+$ pelos segmentos distais é atenuada, evitando, portanto, excessiva perda de K$^+$ induzida pelo fluxo (ver Fig. 28.9C).

3. **Expansão do volume:** quando o volume do LEC e a PAM estão baixos, o SRAA é ativado, e a capacidade reabsortiva de Na$^+$ do túbulo aumenta. Isso permite a retenção de água e de Na$^+$, mas simultaneamente aumenta a rota que medeia a secreção de K$^+$ pelas células principais. Embora possa ser esperado que, com isso, aumente a excreção de K$^+$, tal ocorre no contexto de baixas taxas de fluxo através do túbulo, o que atenua a força direcionadora para a secreção de K$^+$.

D. Relação de equilíbrio entre o pH e o potássio

O equilíbrio do K$^+$ é muito sensível a alterações no equilíbrio do pH. A acidose causa hipercalemia, enquanto a alcalose causa hipocalemia. Esses distúrbios refletem os efeitos combinados do H$^+$ no LIC e na função renal.

1. **Líquido intracelular:** o H$^+$ tem uma variedade de maneiras de cruzar a membrana celular, de forma que, quando as concentrações plasmáticas de H$^+$ aumentam, a concentração no LIC aumenta também. Visto que o H$^+$ tem uma carga positiva, seria esperado que o influxo de H$^+$ despolarizasse o potencial de membrana (V$_m$), mas a célula responde com um efluxo de contraequilíbrio de K$^+$ para manter V$_m$ em níveis de repouso. Consequentemente, a concentração de K$^+$ aumenta no LEC (hipercalemia). A alcalose tem o efeito oposto. Quando as concentrações plasmáticas de H$^+$ caem, o H$^+$ se difunde

para fora das células, e o K^+ é captado do LEC para reparar o desequilíbrio de carga. O resultado é a hipocalemia.

2. **Função renal:** embora se possa esperar que os rins sejam capazes de corrigir esses desequilíbrios de K^+, na prática o H^+ tem efeitos simultâneos na função tubular, que levam a uma piora do desequilíbrio. A acidose inibe a secreção de K^+ pelos segmentos distais, por inibir a atividade da Na^+-K^+ ATPase das células principais. Essa inibição reduz a captação de K^+ do sangue e o gradiente de concentração que dirige o efluxo de K^+, através da membrana apical, para o interior da luz do túbulo. O H^+ também inibe os canais K^+ apicais das células principais, reduzindo a secreção de K^+ diretamente e potencializando ainda mais a hipercalemia. A alcalose tem o efeito oposto, promovendo a secreção de K^+ e a hipocalemia. Os fatores que afetam a excreção de K^+ estão resumidos na Tabela 28.4.

Tabela 28.4 Determinantes da excreção de potássio na urina

Variável	Efeito líquido na excreção de K^+
Hipocalemia	Inibição
Hipercalemia	Aumento
Alcalose	Aumento
Acidose	Diminuição
↓ Fluxo tubular	Diminuição
↑ Fluxo tubular	Aumento
Aldosterona	Aumento

E. Relação de equilíbrio entre o sódio, o potássio e o pH

A reabsorção de Na^+ pelo TP ocorre, em parte, a partir de um trocador apical de Na^+-H^+ (NHE3), o qual utiliza o gradiente transmembrana de Na^+ para impulsionar a secreção de H^+. Esse acoplamento Na^+-H^+ significa que as rotas moduladoras da reabsorção de Na^+ podem também afetar o equilíbrio do pH. Quando a PAM ou o volume do LEC cai, a atividade do trocador de Na^+-H^+ se intensifica, devido à liberação de Ang-II, e o subsequente aumento da secreção de H^+ resulta em **alcalose de contração**. A aldosterona aumenta ainda mais a alcalose por elevar os níveis de expressão do trocador de Na^+-H^+ do TP e por estimular a atividade da H^+-K^+ ATPase nos segmentos distais. Inversamente, quando a PAM ou o volume do LEC aumenta, a reabsorção de Na^+ e a secreção de H^+ ficam atenuadas, causando acidose. As alterações no equilíbrio de K^+ também afetam o equilíbrio do pH. A hipocalemia causa alcalose por estimular a troca de Na^+-H^+ e a produção de NH_3 no TP, além de estimular a atividade da bomba H^+-K^+ no segmento distal. Inversamente, a hipercalemia causa acidose.

V. EQUILÍBRIO DO PH

O equilíbrio do pH é alcançado pelas ações conjuntas dos pulmões e dos rins. Os pulmões excretam ácidos voláteis (H_2CO_3, o qual é expirado como CO_2). Os rins excretam ácido não volátil (Fig. 28.10).

A. Planilha de apontamentos

A planilha de apontamentos para o ácido é incomum, na medida em que a maior parte do ácido é gerada internamente pelo metabolismo, em vez de ter sido ingerida.

1. **Ingestão:** a maior parte da "ingestão" diária de ácido (em torno de 15 a 22 mol) é formada como resultado do metabolismo de carboidratos. Uma quantidade adicional de 70 a 100 mmol/dia de ácidos não voláteis (ácidos nítrico, sulfúrico e fosfórico) é gerada pela quebra de aminoácidos e compostos fosfatados.

2. **Saída:** a maior parte do CO_2 gerada durante o metabolismo e convertida em H^+ e HCO_3^- para o transporte sanguíneo é subsequentemente excretada pelos pulmões. Uma pequena quantidade de ácido volátil permanece presa no corpo, quando o HCO_3^- é perdido nas fezes, e deve ser excretada pelos rins como ácido não volátil. O ácido não volátil é excretado principalmente como ácido titulável e íon amônio no TP (ver 26.IX.C).

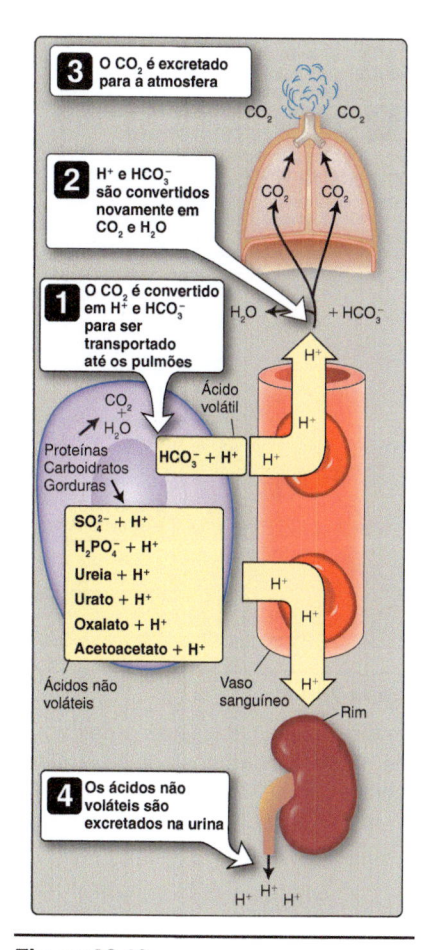

Figura 28.10

Excreção de ácidos voláteis e não voláteis.

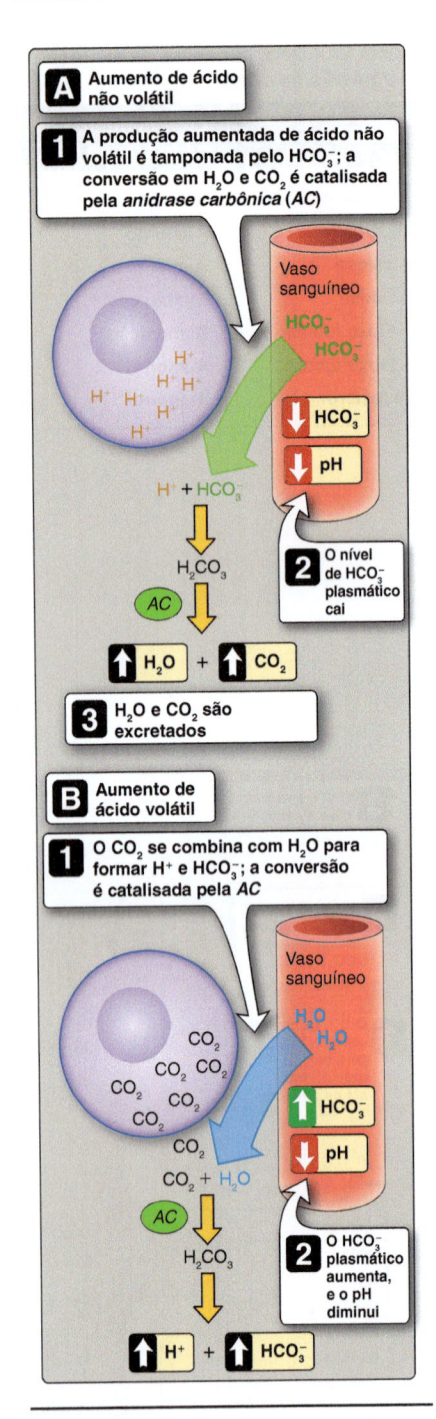

B. Regulação

O ácido volátil é percebido por quimiorreceptores do SNC no tronco encefálico (ver 24.III.A) e regulado por ajustes na ventilação. Todos os segmentos do néfron estão envolvidos na secreção de ácido não volátil, mas o TP e as células intercalares dos segmentos distais desempenham papéis relevantes.

1. **Ácido volátil:** os centros de controle respiratório do tronco encefálico monitoram a $P_a co_2$ plasmática por meio de alterações no pH do líquido cerebrospinal. Se qualquer um dos parâmetros estiver mais elevado do que o ideal, os centros de controle aumentam a ventilação, a fim de transferirem o ácido volátil adicional para a atmosfera. Se a $P_a co_2$ ou os níveis de H^+ estiverem mais baixos do que o normal, as taxas de ventilação e de transferência de CO_2 diminuem.

2. **Ácido não volátil:** o TP secreta a maior parte da carga diária de ácido não volátil. A acidose aumenta a secreção de H^+ e aumenta a síntese de NH_3 pelo TP, enquanto a alcalose diminui a expressão dessas rotas. Os efetores primários do equilíbrio do pH são as células intercalares dos segmentos distais (ver 27.V.E). A acidose metabólica crônica aumenta a proporção de células intercalares α secretoras de ácido, ao passo que a alcalose metabólica reverte essa alteração e aumenta a densidade de células intercalares β.

VI. DISTÚRBIOS ÁCIDO-BASE

O equilíbrio do pH pode ser perturbado por numerosas alterações nas funções pulmonares, GI e renais, que podem ser acionadas através da regulação alterada da produção de ácido ou base. Na prática, isso significa que disfunções ácido-base são observadas frequentemente na clínica médica.

A. Tipos e compensação

Existem quatro tipos básicos de disfunções ácido-base "simples". A acidose e a alcalose respiratórias são disfunções primárias do manejo do CO_2 pelos pulmões. A acidose e a alcalose metabólicas se manisfestam como uma disfunção primária nos níveis de HCO_3^- plasmático, embora possa haver muitas causas subjacentes (discutidas adiante).

> Quando mais de um tipo de distúrbio ácido-base simples está presente, diz-se que existe uma disfunção ácido-base "mista". O número de disfunções identificáveis nunca excede três, porque um organismo não pode simultaneamente super e subexcretar CO_2. Uma disfunção "tripla" consiste, portanto, em duas disfunções metabólicas mais uma disfunção respiratória.

As células são protegidas das alterações ácido-base por três mecanismos de defesa primários, com cursos de tempo e eficácia variáveis: tampões (imediato), pulmões (minutos) e rins (dias; ver também 3.IV).

1. **Tampões:** os tampões limitam os efeitos das alterações ácido-base até que ocorra a compensação. Os principais tampões intracelulares incluem as proteínas (inclusive a hemoglobina das hemácias) e fosfatos. O principal tampão no LEC é o HCO_3^-, o qual se combina com o H^+ para formar H_2O e CO_2 por meio da reação catalisada pela *anidrase carbônica* (*AC*; Fig. 28.11).

Figura 28.11
Efeitos dos ácidos voláteis e não voláteis sobre o bicarbonato e o pH plasmáticos.

Equação 28.1 $H^+ + HCO_3^- \leftrightharpoons H_2CO_3 \leftrightharpoons CO_2 + H_2O$
                                                    AC

Um aumento na produção de ácido não volátil é tamponado pelo HCO_3^-, causando a queda dos níveis de HCO_3^- do LEC (inclusive do plasma). Em contrapartida, a produção aumentada de CO_2 (ácido volátil) eleva os níveis plasmáticos de HCO_3^-, mesmo quando o pH do plasma cai (ver Fig. 28.11).

2. **Pulmões:** os centros de controle respiratório localizados no tronco encefálico ajustam a ventilação para aumentar ou diminuir a transferência de CO_2 (ácido volátil) para a atmosfera. Considerando-se que a taxa respiratória é normalmente de 12 a 15 respirações/minuto, a compensação ocorre rapidamente.

3. **Rins:** os rins são a terceira e última linha de defesa contra ácidos, ajustando a quantidade de H^+, que secretam para manter um controle rigoroso sobre o equilíbrio do pH. Um aumento da regulação das rotas enzimáticas necessárias leva horas para ser executado, tornando a compensação renal muito mais lenta do que a compensação respiratória (até 3 dias).

B. Avaliação clínica

Um médico, avaliando um paciente com uma disfunção ácido-base, geralmente revisa os valores do pH arterial, da P_{CO_2} e do HCO_3^-, os quais fornecem um ponto de partida a partir do qual a natureza da perturbação ácido-base (p. ex., simples *versus* mista, respiratória *versus* metabólica) pode ser determinada.

> A avaliação do estado ácido-base de um paciente requer dados de uma amostra gasosa do sangue oxigenado e um painel metabólico básico. A análise gasosa arterial fornece dados sobre o pH, P_aCO_2, P_aO_2 e HCO_3^-. O perfil metabólico fornece dados contíguos que auxiliam a interpretar a origem metabólica de uma disfunção ácido-base.

1. **Diagrama de Davenport:** os diagramas de Davenport em geral não são utilizados clinicamente, mas podem auxiliar no entendimento de como as disfunções ácido-base se manifestam como alterações no pH arterial, P_{CO_2} e HCO_3^-. O diagrama é uma representação gráfica da equação de Henderson-Hasselbalch (Fig. 28.12):

$$pH = pK + \log \frac{[HCO_3^-]}{[CO_2]}$$

em que $[HCO_3^-]$ e $[CO_2]$ representam as concentrações plasmáticas de HCO_3^- e CO_2, respectivamente (a última concentração calculada a partir do produto da P_{CO_2} pela solubilidade do CO_2). Em um pH plasmático de 7,4 e P_aCO_2 de 40 mmHg, a $[HCO_3^-]$ é de aproximadamente 26 mmol/L. Alterações no H^+ e na P_{CO_2} plasmáticos causam alterações previsíveis nas concentrações de HCO_3^- (ver Equação 28.1 e Fig. 28.12).

2. **Hiato aniônico:** o hiato aniônico (ou ânion *gap* [AG]) é uma importante definição clínica que auxilia a identificar e diferenciar entre

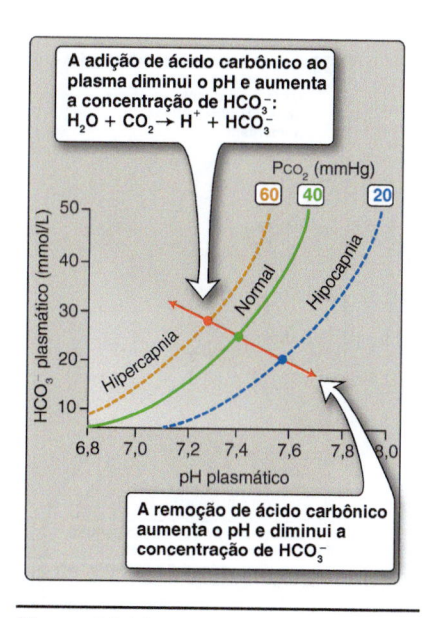

Figura 28.12
Efeitos da P_{CO_2} na concentração de bicarbonato e de pH plasmáticos.

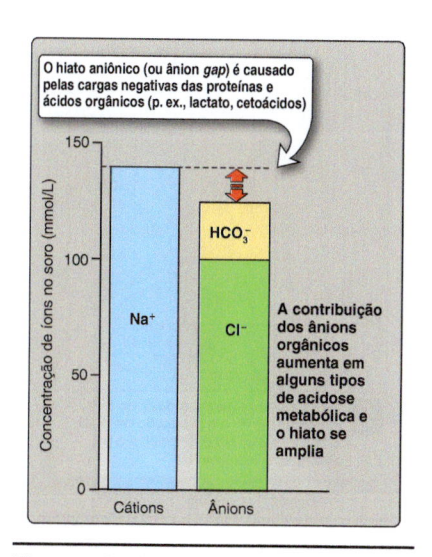

Figura 28.13
Hiato aniônico no soro.

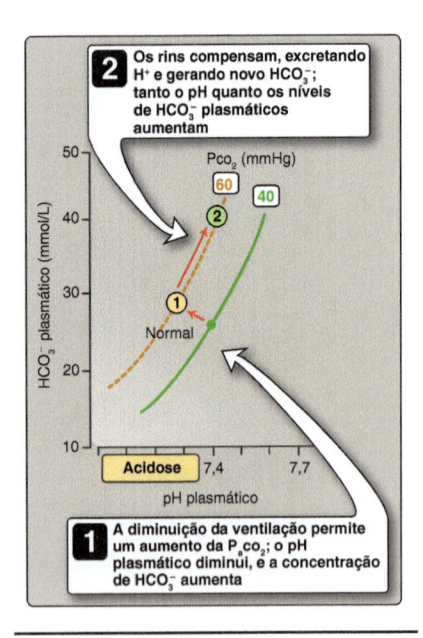

Figura 28.14
Acidose respiratória e compensação renal.

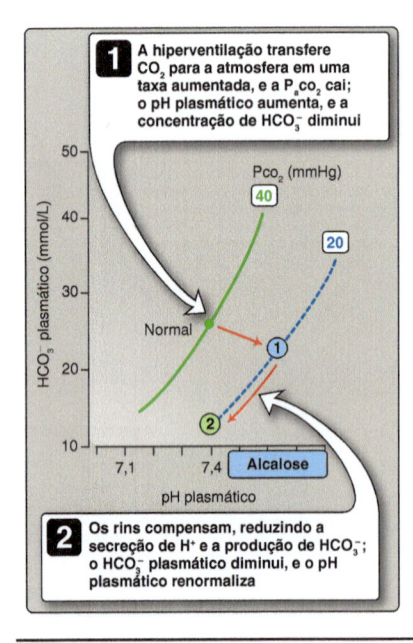

Figura 28.15
Alcalose respiratória e compensação renal.

os tipos de acidose metabólica (ver Seção E, adiante). Um ânion *gap* é calculado mediante comparação das concentrações totais de cátions e ânions do soro, as quais, conforme o princípio da eletroneutralidade em massa, devem sempre ser iguais. O principal cátion plasmático é o Na^+ (ver Fig. 28.1). Os principais ânions são o Cl^- e o HCO_3^-. Os valores séricos típicos para esses íons são 140 mmol/L de Na^+, 100 mmol/L de Cl^- e 25 mmol/L de HCO_3^-. A diferença entre esses valores é o hiato aniônico (Fig. 28.13):

$$\text{Hiato aniônico normal} = [Na^+] - ([Cl^-] + [HCO_3^-])$$
$$= 140 - (100 + 25) = 15 \text{ mmol/L}$$

O ânion *gap* está normalmente em uma faixa de 8 a 16 mmol/L. Essa diferença representa a soma de todos os ânions séricos menores, incluindo proteínas e íons orgânicos, tais como fosfato, citrato e lactato. Algumas formas de acidose metabólica são causadas por acúmulo de lactato, cetoácidos ou outros ânions como esses, o que faz a diferença se expandir.

C. Acidose respiratória

A acidose respiratória é em geral causada por hipoventilação, mas pode ser causada por qualquer condição que permita que a P_aco_2 aumente. A acidose respiratória é caracterizada por uma elevada P_aco_2 e um baixo pH arterial.

1. **Causas:** as causas da acidose respiratória incluem um comando ventilatório diminuído, disfunção da bomba de ar e processos que interfiram na troca gasosa.

   a. **Comando ventilatório:** visto que o comando ventilatório e o ritmo respiratório se originam no tronco encefálico, disfunções congênitas do SNC ou tumores que afetam a função do tronco encefálico podem teoricamente causar acidose respiratória. Por exemplo, a **síndrome de Ondine** é uma forma rara da síndrome de hipoventilação central congênita, na qual o comando ventilatório e os reflexos respiratórios estão ausentes. Os fármacos que suprimem a função do SNC (p. ex., opiáceos, barbitúricos e benzodiazepínicos)[1] também podem causar depressão respiratória e aumento da P_aco_2.

> Em medicina, o termo "síndrome de Ondine" é sinônimo de hipoventilação associada com perda do comando respiratório autônomo. Esse termo tem suas origens na mitologia europeia, referindo-se a uma ninfa da água (Ondine) que se tornou mortal para se casar com um homem pelo qual se apaixonou. Quando ela envelheceu, o seu marido caiu nos braços de uma mulher mais jovem. Ondine puniu-o com uma maldição que o forçava a ter de se lembrar de respirar. Uma vez que ele finalmente pegou no sono, ele morreu. Na realidade, não existe registro algum de tal maldição: o mito foi aplicado incorretamente na literatura médica.

[1] Para mais informações sobre fármacos que causam depressão respiratória e do sistema nervoso central, ver *Farmacologia ilustrada*.

b. **Bomba de ar:** a inspiração é efetuada por meio da contração dos músculos inspiratórios (diafragma e intercostais externos), que expandem os pulmões e criam um gradiente de pressão que direciona o ar para o interior dos alvéolos. Qualquer processo patológico que afete esses músculos ou as suas rotas de comando motor podem, teoricamente, causar a acidose respiratória. Os exemplos comuns incluem a esclerose lateral amiotrófica, a miastenia grave (ver Aplicação clínica 12.2), a distrofia muscular (ver Aplicação clínica 12.1) e doenças infecciosas, como a poliomielite (ver Aplicação clínica 5.1).

c. **Troca gasosa:** a obstrução da via respiratória pode impedir a ventilação alveolar normal e causar aumento da P_aco_2. As causas incluem a aspiração de um corpo estranho, broncospasmos, doenças pulmonares obstrutivas crônicas e apneia obstrutiva do sono (ver Aplicação clínica 24.1). As condições que levam os alvéolos a se encherem com líquido (edema pulmonar), pus (pneumonia) ou outras infiltrações (p. ex., síndrome da angústia respiratória aguda; ver 40.VI.D) podem também aumentar a P_aco_2.

2. **Compensação:** os efeitos da acidose causada por um aumento agudo na P_aco_2 são limitados pelo sistema de tamponamento do HCO_3^-. A hipercapnia predispõe a Equação 28.1 em favor da formação de HCO_3^-, de modo que o HCO_3^- plasmático aumenta mesmo conforme o pH vai caindo (Fig. 28.14). A compensação ocorre por um período de vários dias e envolve um aumento da secreção de H^+ renal e da produção de NH_3. O "novo" HCO_3^-, gerado durante a secreção de H^+ e a síntese de NH_3, é transferido ao LEC, de maneira que o HCO_3^- plasmático aumenta ainda mais durante a compensação.

D. **Alcalose respiratória**

A alcalose respiratória é *sempre* causada por hiperventilação e é caracterizada por uma baixa P_aco_2 e um elevado pH arterial.

1. **Causas:** existem menos causas primárias de alcalose respiratória, quando comparada com a acidose respiratória. Essas causas incluem comando ventilatório aumentado e hipoxemia.

    a. **Comando ventilatório:** a hiperventilação é uma resposta comum à ansiedade, tal como pode ser induzida por medo ou dor, ataques de pânico e histeria. Uma alcalose respiratória moderada pode também ocorrer durante a gestação (ver 37.IV.E). O envenenamento por ácido acetilsalicílico também causa alcalose respiratória por estimular diretamente os centros de controle respiratório.[1]

    b. **Hipoxemia:** a hipoxemia aumenta a taxa respiratória e pode causar alcalose respiratória em algumas circunstâncias. A subida a altitudes elevadas estimula a hiperventilação para compensar a disponibilidade reduzida de O_2 e pode precipitar a alcalose respiratória (ver 24.V.A). A alcalose respiratória pode também ocorrer quando a captação de O_2 é prejudicada devido a uma embolia pulmonar ou anemia grave.

2. **Compensação:** uma queda aguda em P_aco_2 é acompanhada por um decréscimo nos níveis plasmáticos de HCO_3^- (Fig. 28.15). A com-

Tabela 28.5 Acidose tubular renal (ATR)

ATR do tipo 1 (ATR distal)	
Características	Prejuízo na secreção de H^+ pelos segmentos distais • pH da urina > 5,3 • HCO_3^- plasmático variável
Defeito renal	↓ H^+-K^+ ATPase ↑ permeabilidade do túbulo, permitindo o refluxo de H^+ ↓ reabsorção de Na^+
Etiologia	Distúrbios autoimunes familiares • Síndrome de Sjögren • Artrite reumatoide Fármacos, toxinas

ATR do tipo 2 (ATR proximal)	
Características	Prejuízo na reabsorção de HCO_3^- pelos segmentos proximais • pH da urina variável • HCO_3^- plasmático entre 12 e 20 mmol/L
Defeito renal	Disfunção tubular não específica ou mutações nos genes envolvidos na reabsorção de HCO_3^-
Etiologia	Familiar Síndrome de Fanconi Fármacos, toxinas Inibidores da *anidrase carbônica*

ATR do tipo 4 (hipoaldosteronismo)	
Características	Prejuízo na liberação de ou na resposta à aldosterona • pH da urina < 5,3 • HCO_3^- plasmático > 17 mmol/L • Hipercalemia
Defeito renal	Prejuízo na reabsorção de Na^+ pelo canal Na^+ epitelial sensível à amilorida
Etiologia	Hipoaldosteronismo congênito (doença de Addison) • Resistência à aldosterona • Nefropatia diabética • Fármacos • Diuréticos

---

[1] Para mais informações sobre os efeitos colaterais dos salicilatos, ver *Farmacologia ilustrada*, 5ª edição, Artmed Editora.

pensação envolve a secreção reduzida de H^+ e a síntese diminuída de NH_3 pelos rins. Visto que é formado menos HCO_3^- "novo", o nível de HCO_3^- plasmático cai ainda mais durante a compensação.

E. Acidose metabólica

A acidose metabólica é causada pelo acúmulo aumentado de ácidos não voláteis. Também pode resultar da perda excessiva de HCO_3^- do organismo. A acidose metabólica é caracterizada por baixo HCO_3^- plasmático e baixo pH arterial.

1. **Causas:** a acidose metabólica pode resultar de muitos mecanismos diferentes endógenos e exógenos, incluindo um excesso da produção de ácidos não voláteis, envenenamento, perda de HCO_3^- e uma capacidade diminuída de excretar H^+.

   a. **Produção de ácido:** o corpo gera normalmente em torno de 1,5 mol de ácido láctico por dia, quase tudo sendo metabolizado principalmente pelo fígado. Atividade muscular extenuante pode aumentar a produção temporária de lactato, mas o fígado tem uma elevada capacidade metabólica, e os níveis de lactato em geral se renormalizam dentro de 30 minutos. Quando o fígado está danificado, o lactato pode acumular-se e causar a acidose láctica. Cetoacidose é uma acidose metabólica que resulta da produção e do metabolismo de corpos cetônicos (i.e., acetona, ácido acetoacético, β-hidroxibutirato). A cetoacidose em geral está associada com uma deficiência de insulina (**cetoacidose diabética**; ver Aplicação clínica 33.1). A acidose láctica e a cetoacidose causam uma acidose metabólica com alto ânion *gap*.

   b. **Fármacos e venenos:** o ácido acetilsalicílico é um ácido que pode produzir uma disfunção mista com um elevado ânion *gap*, quando ingerido em níveis tóxicos. Outras causas comuns da **acidose tóxica** incluem a ingestão de metanol e etilenoglicol. O metanol é geralmente consumido como um substituto barato do etanol, enquanto o etilenoglicol é um anticongelante em geral ingerido acidentalmente. Nenhum desses venenos é tóxico, até que seja metabolizado. O metanol é convertido em formaldeído e ácido fórmico, enquanto o etilenoglicol é convertido em glicoaldeído e ácidos glicólico e oxálico. As toxinas em questão causam uma acidose metabólica com alto ânion *gap*.

   c. **Perda de bicarbonato:** os intestinos delgado e grosso secretam HCO_3^-, o qual pode ser excretado de forma inapropriada durante episódios de diarreia grave, causando acidose metabólica. A perda de HCO_3^- pode também resultar de disfunções congênitas ou adquiridas que prejudicam a reabsorção de HCO_3^- pelo TP. A acidose resultante é conhecida como **acidose tubular renal do tipo 2** (**ATR**; Tab. 28.5). Diuréticos, especialmente os inibidores de *AC* (ver 26.IX.A), podem também causar perda de HCO_3^- pela urina.

   d. **Excreção ácida prejudicada:** as ATRs do tipo 1 e do tipo 4 são caracterizadas por uma capacidade diminuída de excretar H^+. A ATR do tipo 1 é geralmente devida a uma incapacidade congênita de acidificar a urina nos segmentos distais. A ATR do tipo 4 resulta de hipoaldosteronismo ou de deficiência da capacidade do túbulo renal de responder à aldosterona (ver Tab. 28.5).

2. **Compensação:** os excessos de ácidos não voláteis são tamponados pelo HCO_3^- plasmático, causando redução das concentrações

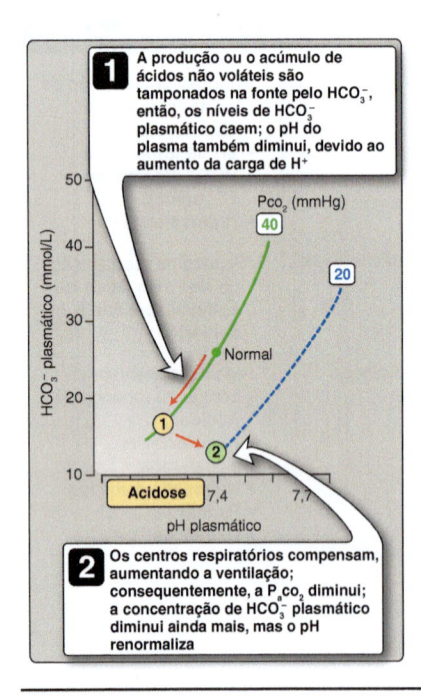

Figura 28.16
Acidose metabólica e compensação respiratória.

plasmáticas (Fig. 28.16). A acidose inicia um aumento por reflexo na ventilação, para transferir ácidos voláteis à atmosfera, e o HCO_3^- plasmático cai ainda mais.

F. Alcalose metabólica

A alcalose metabólica ocorre quando o organismo capta HCO_3^- ou perde H^+, e é caracterizada por elevados HCO_3^- plasmático e pH arterial.

1. **Causas:** embora a alcalose metabólica possa ser causada por um excesso de ingestão de $NaHCO_3$ (o $NaHCO_3$ é utilizado como um antiácido), as causas mais comuns incluem diuréticos, vômito e sucção nasogástrica (NG). O vômito e a sucção NG ocasionam a perda do ácido do estômago para fora do organismo, deixando um excesso de HCO_3^- que se manifesta como alcalose (Fig. 28.17).

2. **Compensação:** a alcalose metabólica aumenta de forma aguda os níveis de HCO_3^- plasmáticos e eleva o pH, mas o sistema respiratório logo compensa, diminuindo a ventilação e permitindo que a P_aCO_2 aumente. Os rins podem também auxiliar na compensação, reduzindo a secreção de H^+ e permitindo que o HCO_3^- filtrado passe pelo túbulo para a bexiga urinária. A perda de líquido durante o vômito prolongado pode também resultar em contração do volume do LEC, o que favorece a reabsorção de HCO_3^- e se manifesta como uma alcalose de contração.

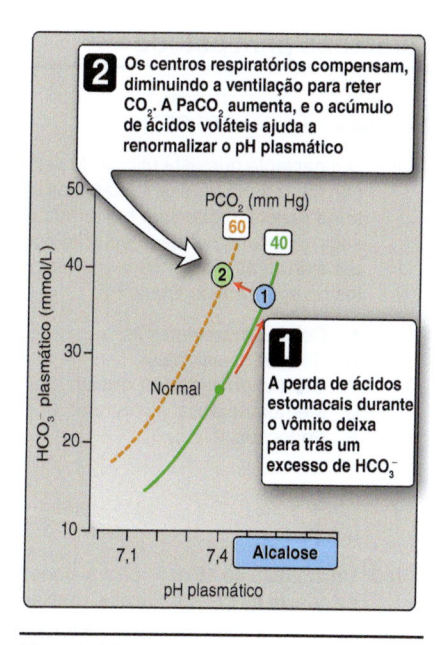

Figura 28.17
Reabsorção de ureia pelo túbulo coletor medular interno.

Resumo do capítulo

- A **água corporal total** é percebida por meio de alterações na **osmolalidade** do líquido extracelular. Os **osmossensores** estão localizados dentro de **órgãos circunventriculares**, localizados no encéfalo, em íntima proximidade ao **hipotálamo**.

- Um decréscimo do volume da água corporal total aumenta a osmolalidade do líquido extracelular. Os osmorreceptores respondem, estimulando a liberação do **hormônio antidiurético (ADH)** a partir da **neuro-hipófise**. O ADH causa a inserção de **aquaporinas** no revestimento epitelial dos **túbulos coletores**, o que permite a reabsorção de água. A ativação de osmorreceptores também aumenta a **sede**.

- A osmolalidade do líquido extracelular também depende dos níveis plasmáticos de Na^+. O equilíbrio de Na^+ é controlado principalmente por aumentos induzidos pela **aldosterona** na retenção renal de Na^+. A aldosterona é liberada durante a ativação do **sistema renina-angiotensina-aldosterona**.

- Os equilíbrios de água e Na^+ são dominados pela necessidade de otimizar a **pressão arterial média (PAM)**. A PAM é determinada, em parte, pelo volume do líquido extracelular (LEC). Quando o volume do LEC está baixo, a PAM cai e o sistema renina-angiotensina-aldosterona (SRAA) é ativado. A **angiotensina II (Ang-II)** é o hormônio efetor primário do SRAA. A Ang-II estimula a liberação de aldosterona, modula a taxa de filtração glomerular, estimula a reabsorção de Na^+ do túbulo renal e promove a retenção de água mediante liberação do hormônio antidiurético.

- O **peptídeo natriurético atrial (PNA)** fornece uma via de retroalimentação negativa que limita a expansão do volume do líquido extracelular (LEC). O PNA é liberado dos átrios cardíacos quando o volume de LEC está elevado. O PNA antagoniza as ações da angiotensina II e promove a **natriurese** e a **diurese**.

- O equilíbrio do K^+ é controlado pela aldosterona. A aldosterona é liberada como uma resposta direta à **hipercalemia**, e estimula a secreção de K^+ pelo túbulo distal. A **hipocalemia** estimula a reabsorção de K^+, principalmente nos segmentos distais do túbulo.

- Os rins e os pulmões, em conjunto, mantêm o equilíbrio do pH. Os pulmões excretam **ácido volátil** (H_2CO_3). Os rins excretam **ácido não volátil** e podem auxiliar a compensar as alterações no equilíbrio do pH causadas por disfunções respiratórias.

- O pH plasmático é geralmente mantido dentro de uma estreita faixa (7,35 a 7,45). Um aumento na P_aCO_2 causa **acidose respiratória** e **acidemia** (pH < 7,35). Os rins compensam, excretando mais H^+. A **hiperventilação** causa **alcalose respiratória** e **alcalemia** (pH > 7,45). Os rins compensam, reduzindo a secreção de H^+.

- O acúmulo de ácidos não voláteis (p. ex., ácido láctico e corpos cetônicos), toxinas e perturbações renais na secreção de H^+ ou na reabsorção de HCO_3^- podem causar a **acidose metabólica**. Os pulmões compensam, aumentando a ventilação e transferindo CO_2 para a atmosfera. A perda de H^+ estomacal como resultado de vômito prolongado causa uma **alcalose metabólica**. Os pulmões compensam, retendo CO_2, e os rins diminuem a secreção de H^+.

Questões para estudo

Escolha a resposta CORRETA.

VI.1 Um paciente que está utilizando penicilina para uma infecção bacteriana apresenta náuseas e vômitos. A análise da urina revelou proteinúria moderada e presença de células, sugerindo uma nefrite intersticial aguda. Qual das seguintes estruturas glomerulares normalmente impede as células de entrarem no túbulo?

A. Células musculares lisas.
B. Células mesangiais.
C. Células do endotélio capilar.
D. Membrana basal glomerular.
E. Podócitos.

> Resposta correta = C. A barreira de filtração glomerular compreende as células do endotélio capilar, uma membrana basal e um diafragma da fenda de filtração localizada entre os processos pediformes dos podócitos (25.III.A). As paredes dos vasos capilares são fenestradas para aumentar a filtração do plasma, mas os poros são pequenos (em torno de 70 nm), aprisionando eficazmente as células nos vasos sanguíneos. As células musculares lisas estão localizadas nas arteríolas glomerulares, enquanto as células mesangiais estão localizadas entre os capilares glomerulares. Embora as últimas regulem a área de superfície da barreira, não estão diretamente envolvidas na filtração do líquido.

VI.2 Um homem de 65 anos com história familiar de nefrolitíase se queixa de dor nos flancos. Uma avaliação da depuração de creatinina é realizada. A "depuração de creatinina" equivale a qual das seguintes medidas?

A. Fluxo sanguíneo renal.
B. Fluxo plasmático renal.
C. Quantidade de creatinina que cruza o glomérulo por minuto.
D. Quantidade de creatinina que entra na bexiga urinária por minuto.
E. Quantidade de plasma completamente depurado de creatinina por minuto.

> Resposta correta = E. "Depuração" define a capacidade dos rins em limpar completamente um volume conhecido de plasma de uma determinada substância durante sua passagem pelos vasos sanguíneos renais (25.V.A). A depuração da creatinina é utilizada clinicamente para se estimar a taxa de filtração glomerular (25.V.C). A depuração de outras substâncias (p. ex., o ácido para-amino-hipúrico) pode ser usada para se estimar o fluxo plasmático renal e, se o hematócrito for conhecido, o fluxo sanguíneo renal (25.V.D). Uma alteração na depuração pode afetar o quanto de creatinina entra na bexiga, mas a taxa de excreção não equivale à depuração. A depuração não está relacionada à quantidade de substância que cruza a rede glomerular por unidade de tempo.

VI.3 Um rapaz de 17 anos se queixa de sensação de queimação na uretra após urinar. É solicitado que ele forneça uma amostra de urina para ser cultivada e testada para uma possível infecção bacteriana. Qual das seguintes alternativas representa um mecanismo responsável pelo início da micção quando se fornece uma amostra de urina?

A. Centro pontino de micção.
B. Mecanorreceptores uroepiteliais.
C. Contrações espontâneas do músculo detrusor da bexiga.
D. Aumento da pressão intravesical.
E. Relaxamento do esfíncter urinário interno.

> Resposta correta = A. A micção é iniciada e coordenada pelo centro pontino de micção, o qual relaxa o esfíncter urinário interno (involuntário) e facilita a contração do músculo detrusor da bexiga, uma vez que o relaxamento voluntário do esfíncter urinário externo tenha ocorrido (25.VI.D). Embora o relaxamento do esfíncter interno seja necessário para o fluxo da urina, ele não inicia a micção. Mecanorreceptores uroepiteliais promovem contrações espontâneas do músculo detrusor, quando a pressão intravesical aumenta durante o enchimento da bexiga, mas o esvaziamento da bexiga é suprimido pelo centro pontino de micção até que seja conveniente urinar.

VI.4 Um homem de 31 anos com um índice de massa corporal de 35 apresentou glicosúria durante um exame de rotina. Níveis elevados de glicose na urina se correlacionam com diabetes melito tipo 2. Por que a glicose aparece na urina de pacientes com diabetes não tratado?

A. Porque os níveis de glicose no túbulo excedem a capacidade de transporte.
B. Porque a glicose causa uma diurese osmótica que aumenta a excreção de glicose.
C. Porque a hiperglicemia faz *downregulation* dos transportadores de glicose.
D. Porque os altos níveis plasmáticos de insulina são nefrotóxicos.
E. Porque os altos níveis plasmáticos de insulina inibem as Na^+-K^+ ATPases.

> Resposta correta = A. Os transportadores exibem uma cinética de saturação, o que limita a capacidade do túbulo para reabsorver solutos (26.III.A). Embora o transporte máximo de glicose seja raramente alcançado em um indivíduo saudável, o ultrafiltrado do plasma dos pacientes com diabetes não tratado pode conter níveis de glicose que excedam a capacidade reabsortiva dos túbulos, causando o seu aparecimento na urina. A glicose pode causar uma diurese osmótica, mas tal evento seria uma consequência de ter excedido o transporte máximo, não a causa. Possíveis efeitos da hiperglicemia na quantidade de transportadores e na nefrotoxicidade induzida pela insulina não são significativamente de interesse fisiológico. A insulina não modula a Na^+-K^+ ATPase, mas aumenta a atividade da bomba, em vez de inibi-la.

VI.5 A síndrome de Fanconi está associada à disfunção do túbulo proximal (TP), e os sintomas incluem poliúria, glicosúria, hipocalcemia, hipomagnesemia e hipofosfatemia. Um TP saudável reabsorve aproximadamente 100% de qual dos seguintes solutos filtrados?

A. Peptídeos.
B. Ácido úrico.
C. Ca^{2+}.
D. PO_4^{3-}.
E. Na^+.

Resposta correta = A. O túbulo proximal (TP) reabsorve uma alta porcentagem da maioria dos materiais filtrados do sangue, incluindo Ca^{2+}, PO_4^{3-} e Na^+, mas é o principal sítio para reabsorção de 100% de proteínas, peptídeos, aminoácidos e glicose (26.III). O TP reabsorve 65% de Ca^{2+}, sendo que o remanescente é reabsorvido no ramo ascendente espesso e nos segmentos distais. O TP reabsorve 80% da carga de PO_4^{3-} filtrado, sendo que o remanescente é reabsorvido distalmente. O TP reabsorve 67% do Na^+, embora essa quantidade possa aumentar na presença de angiotensina II. O TP secreta ácido úrico, oxalato e outros resíduos (26.IV).

VI.6 Uma mulher com 66 anos de idade, em terapia com cisplatina para câncer ovariano metastático, desenvolve uma nefrotoxicidade do túbulo proximal (TP) e sintomas associados com deficiência renal. Qual das seguintes sentenças melhor descreve a função do TP em um indivíduo saudável?

A. O hormônio antidiurético é um regulador primário.
B. A aldosterona é um regulador primário.
C. O TP realiza a reabsorção de um líquido isosmótico.
D. O TP cria o gradiente corticopapilar.
E. O túbulo tem uma alta resistência elétrica.

Resposta correta = C. O epitélio do túbulo proximal (TP) ativamente capta muitos solutos orgânicos (incluindo fármacos como a cisplatina) do sangue e as excreta dentro do túbulo (26.IV). A concentração de tais materiais por meio da recaptação pode provocar seu aumento em níveis tóxicos. O TP é também especializado para a reabsorção do líquido isosmótico, o que confere ao epitélio uma baixa resistência elétrica (26.II.A). O hormônio antidiurético atua principalmente sobre os túbulos coletores (27.V.C), enquanto o alvo da aldosterona são os segmentos distais tubulares (27.IV). O gradiente osmótico corticopapilar é estabelecido pela alça de Henle (27.II.C).

VI.7 O aumento de qual das seguintes variáveis pode diminuir a magnitude do gradiente osmótico corticopapilar renal que permite a concentração da urina?

A. A liberação de *renina* da arteríola aferente.
B. O cotransporte de Na^+-K^+-$2Cl^-$ no ramo ascendente espesso.
C. A reabsorção de ureia pelos túbulos coletores.
D. O fluxo de sangue pelos vasos retos.
E. A ativação do sistema nervoso simpático.

Resposta correta = D. O gradiente osmótico corticopapilar é estabelecido pela multiplicação contracorrente na alça de Henle (27.II.C). O multiplicador contracorrente depende do cotransporte de Na^+-K^+-$2Cl^-$ pelo ramo ascendente espesso, de modo que o gradiente colapsa quando o cotransportador é inibido por diuréticos de alça. O aumento de fluxo pelos vasos retos leva íons para fora da medula renal, diminuindo, assim, o gradiente osmótico. A *renina* é liberada quando a pressão arterial cai ou quando o sistema nervoso simpático é ativado, condições que sinalizam uma provável necessidade de conservar água. Em consequência, a magnitude do gradiente aumenta, em parte, por meio do aumento da reabsorção de ureia nos túbulos coletores.

VI.8 A avaliação genética de um garoto de 6 anos de idade com deficiência mental e de crescimento identificou alelos associados à síndrome de Bartter. Essa síndrome mimetiza a ação de diuréticos de alça por promover uma disfunção no ramo ascendente espesso (RAE). Qual das seguintes sentenças melhor descreve o RAE em indivíduos saudáveis?

A. O líquido deixa o ramo ascendente espesso com uma concentração de aproximadamente 600 mOsm/kg.
B. O RAE é conhecido como o "segmento de concentração".
C. O RAE tem uma alta permeabilidade à água.
D. O RAE é o sítio primário de reabsorção de Ca^{2+}.
E. O RAE retira Na^+, K^+ e Cl^- da luz.

Resposta correta = E. O ramo ascendente espesso (RAE) reabsorve Na^+, K^+ e Cl^- da luz do túbulo por meio do cotransportador de Na^+-K^+-$2Cl^-$, e transfere esses íons para o interstício, onde ajudam a formar o gradiente osmótico corticopapilar (27.II.B). O RAE tem uma baixa permeabilidade à água, o que impede a água de seguir os íons para dentro do interstício, de modo que o líquido do túbulo se torna relativamente diluído (< 300 mOsm/kg). Por essa razão, o RAE pode ser designado como "segmento de diluição (não concentração)". O Ca^{2+} é reabsorvido principalmente no túbulo proximal, com a reabsorção regulada ocorrendo no túbulo distal (27.III.C).

VI.9 Uma mulher de 77 anos está usando um diurético tiazídico para tratar hipertensão, mas ela se torna hipercalcêmica. Os tiazídicos inibem a reabsorção de Na^+-Cl^- pelo túbulo contorcido distal. Por que os diuréticos tiazídicos também causam hipercalcemia?

A. Os diuréticos tiazídicos também inibem as Ca^{2+} ATPases.
B. O cotransportador de Na^+-Cl^- também transporta Ca^{2+}.
C. A troca apical de Na^+-Ca^{2+} aumenta.
D. O gradiente que direciona a captação de Ca^{2+} aumenta.
E. A captação paracelular de Ca^{2+} aumenta.

Resposta correta = D. A reabsorção de Ca^{2+} pelo túbulo contorcido distal (TCD) é mediada pelo canal Ca^{2+} (um canal receptor de potencial transitório, TRPV5) e direcionada pelo gradiente eletroquímico através da membrana apical do epitélio do túbulo (27.III.C). A inibição do cotransportador de Na^+-Cl^- reduz o influxo de Na^+ para dentro da célula epitelial, e o interior se torna mais negativo. Essa negatividade aumenta a força direcionadora para a reabsorção de Ca^{2+} e provoca hipercalcemia. Os diuréticos tiazídicos não têm efeito significativo sobre as Ca^{2+} ATPases. O TCD não reabsorve quantidades significativas de Ca^{2+} por meio do cotransportador de Na^+-Cl^-, um trocador apical de Na^+-Ca^{2+}, ou paracelularmente.

VI.10 Um pesquisador observou uma diminuição significativa de 75% no fluxo sanguíneo renal em indivíduos, durante a realização de exercício extenuante. Qual das seguintes sentenças melhor contribui para a diminuição do fluxo?

A. Diminuição na pressão arterial média.
B. Diminuição na pressão arterial renal.
C. Hipovolemia induzida pelo suor.
D. Aumento da atividade nervosa simpática renal.
E. Liberação do hormônio antidiurético.

Resposta correta = D. O sistema nervoso simpático (SNS) aumenta o débito cardíaco e diminui o fluxo para órgãos não essenciais (como os rins), para manter a pressão arterial média (PAM) durante a vasodilatação nos músculos esqueléticos (28.III.C; 39.V). O SNS reduz o fluxo sanguíneo renal através da constrição dos vasos de resistência (arteríolas, incluindo arteríolas glomerulares, e pequenas artérias). A pressão arterial renal, a qual está intimamente associada à PAM, não deve ser afetada de maneira significativa. Embora o hormônio antidiurético possa ser vasoconstritor em algumas circunstâncias, esses efeitos são secundários à ativação do SNS. A hipovolemia pode potencializar os efeitos do SNS sobre o fluxo renal durante o exercício, mas, novamente, esse é um efeito secundário aos efeitos do SNS.

VI.11 Um médico percebe que o esmalte dos dentes de uma adolescente que está abaixo do peso está erodido. Um painel metabólico básico revela hipocalemia e alcalose metabólica, sugestiva de uma disfunção alimentar e vômito repetitivo. Qual das seguintes sentenças também deve estar de acordo com o diagnóstico?

A. Acidose tubular renal.
B. Diminuição da atividade das células intercalares β.
C. Hipoventilação.
D. Aumento da excreção de NH_4^+.
E. Altos níveis plasmáticos de aldosterona.

Resposta correta = C. A perda de ácido gástrico durante o vômito repetitivo leva a um excesso de HCO_3^- que se manifesta como alcalose metabólica (28.VI.F). Os centros respiratórios ajudam a compensar a diminuição de ácido volátil (H_2CO_3) transferido para o ambiente pela diminuição da ventilação (hipoventilação). A acidose tubular renal é uma acidose metabólica que pode ter várias causas. A excreção de NH_4^+ ajuda a dispensar o ácido não volátil, então a taxa de excreção deveria cair durante a alcalose. As células intercalares β secretam HCO_3^- para a luz do túbulo, e, assim, sua atividade deveria aumentar durante a alcalose. A aldosterona está envolvida no equilíbrio de Na^+, não no equilíbrio do pH.

VI.12 Um paciente de 25 anos de idade com edema pulmonar momentâneo recorrente (de início rápido) é avaliado para hipertensão renal por meio de ultrassonografia com Doppler. Os testes confirmam estenose da artéria renal. Um inibidor da *enzima conversora de angiotensina* pode ter qual dos seguintes efeitos neste paciente?

A. Hipertensão sem alteração.
B. Aumento da creatinina plasmática.
C. Diminuição da *renina* plasmática.
D. Taxa de filtração glomerular aumentada.
E. Resistência vascular sistêmica aumentada.

Resposta correta = B. A estenose da artéria renal prejudica a perfusão glomerular e diminui a pressão de ultrafiltração (P_{UF}). A arteríola aferente responde mediante liberação de *renina* (28.IV.C). Em consequência, os níveis de angiotensina II (Ang-II) no plasma aumentam, provocando uma vasoconstrição sistêmica e um aumento na pressão arterial média (PAM). O aumento da PAM ajuda a restaurar o fluxo glomerular e a P_{UF} aumenta. A Ang-II também contrai a arteríola eferente para potencializar um aumento na P_{UF} (25.IV.C). A inibição da *enzima conversora de angiotensina* (*ECA*) causaria, portanto, a diminuição da P_{UF} e da taxa de filtração glomerular, o que possibilitaria que os níveis de creatinina no plasma aumentassem. A arteríola aferente responderia com uma liberação aumentada de *renina*. Um inibidor da *ECA* também atenuaria os efeitos da Ang-II nos vasos sistêmicos, diminuindo a resistência vascular sistêmica, e reduzindo, portanto, a PAM.

UNIDADE VII
Sistema Digestório

Princípios e Sinalização

29

I. VISÃO GERAL

O sistema digestório (que corresponde ao trato gastrintestinal mais as glândulas anexas) é um tubo complexo ligado na boca por uma extremidade e no ânus pela outra. A comida entra na boca, viaja ao longo do esôfago, estômago, intestino delgado (duodeno, jejuno e íleo), intestino grosso (ceco, colo [ascendente, transverso e descendente] e reto) e então sai pelo ânus (Fig. 29.1). A função primária desse tubo é a **absorção** dos nutrientes da dieta. Para maximizar a absorção de nutrientes, são adicionadas **secreções** ao alimento, a partir das glândulas salivares, estômago, fígado, vesícula biliar e pâncreas, de modo a converter moléculas complexas em outras mais simples. Essa conversão, chamada **digestão**, é efetuada pelas enzimas e pelo H^+. Os conteúdos da dieta e as secreções são misturados e impulsionados ao longo do tubo (**motilidade**), de um compartimento especializado para outro, por contrações e relaxamentos peristálticos coordenados das paredes do tubo (Fig. 29.2). Duas outras funções importantes do sistema digestório incluem o **armazenamento** (i.e., a comida é armazenada no estômago, e o bolo fecal, no colo) e a **excreção** dos materiais não digeridos e produtos de resíduo biliar.

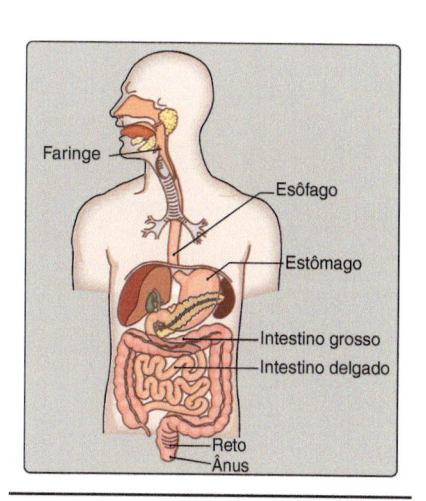

Figura 29.1
Sistema digestório.

II. CAMADAS GASTRINTESTINAIS

O trato gastrintestinal (GI) é composto por múltiplas camadas, cada uma possuindo uma função diferente. Dependendo das relações entre estrutura e função, a importância de uma camada se altera ao longo do tubo. Movendo-se da luz em direção ao exterior do tubo, as camadas incluem o epitélio, a lâmina própria, a lâmina muscular da mucosa, a tela submucosa, o plexo submucoso, a camada circular da túnica muscular, o plexo mioentérico, a camada longitudinal da túnica muscular e a túnica serosa (Fig. 29.3).

A. Mucosa

O epitélio, a lâmina própria e a lâmina muscular da mucosa, juntos, formam a **túnica mucosa**. O **epitélio** é uma única camada celular, formando um revestimento contínuo do trato GI. As células epiteliais do trato GI descamam e são substituídas a cada 2 a 3 dias. O lado apical do epitélio está voltado para a luz e o lado basolateral está voltado para o interstício e os vasos sanguíneos. As superfícies apicais podem es-

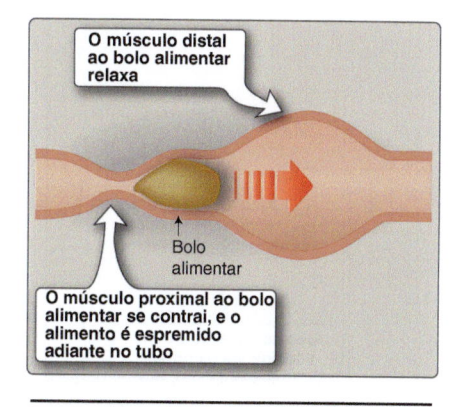

Figura 29.2
Peristaltismo.

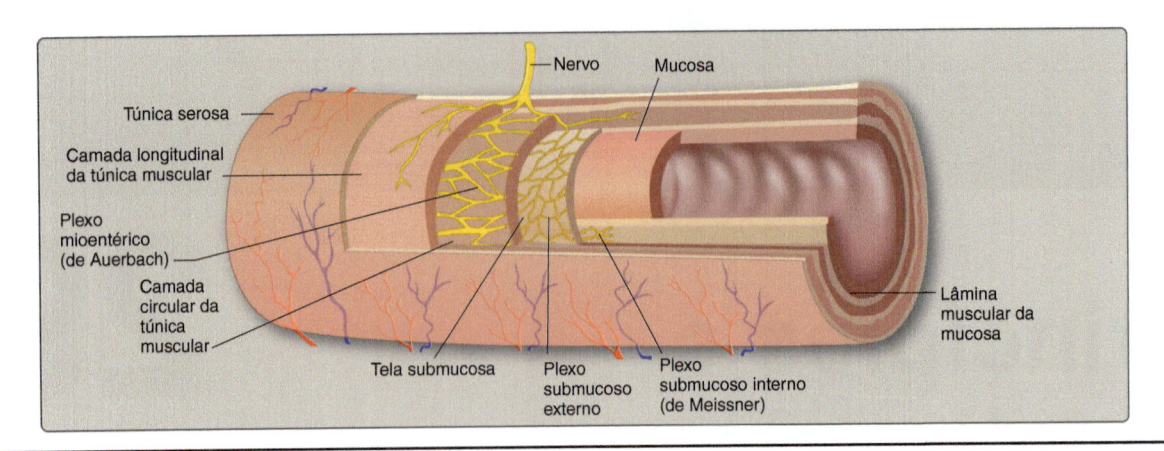

Figura 29.3
Camadas da parede do trato gastrintestinal.

tar aumentadas com **vilosidades** (projeções em forma de polegares) e **criptas** (invaginações) para ampliar a área de superfície e maximizar o contato entre o epitélio e os conteúdos intestinais (Fig. 29.4). As áreas absortivas (p. ex., o intestino delgado) contêm numerosas projeções apicais. As áreas principalmente envolvidas com a motilidade (p. ex., o esôfago), não. A **lâmina própria** é um tecido conectivo frouxo composto por fibras de elastina e de colágeno, que contém nervos sensitivos, vasos sanguíneos e linfáticos, bem como algumas glândulas secretoras. A **lâmina muscular da mucosa** é uma delgada camada de músculo liso que aumenta ainda mais a área de superfície por criar cristas e pregas da mucosa.

B. Tela submucosa

A **tela submucosa** é uma camada mais espessa, com uma composição semelhante à da lâmina própria. A tela submucosa incorpora vasos sanguíneos e feixes de nervos, que coletivamente formam o **plexo submucoso** (plexo de Meissner), o qual é uma parte integrante do sistema nervoso entérico (SNE). O SNE será descrito em mais detalhes na Seção III.C.

C. Túnica muscular externa

A **túnica muscular externa** compreende a camada **circular da túnica muscular**, o **plexo mioentérico** e a camada **longitudinal da túnica muscular**. As duas camadas de músculo liso são nomeadas conforme a sua orientação. A camada circular da túnica muscular está organizada em anéis e aperta o tubo quando se contrai. A camada longitudinal da túnica muscular está arranjada em paralelo e encurta o tubo quando se contrai. O SNE coordena a contração dos músculos das camadas circular e longitudinal para misturar os conteúdos intestinais e movê-los entre os compartimentos. O músculo da camada circular também forma esfincteres, os quais regulam o fluxo do alimento de um compartimento ao outro, modulando o diâmetro da luz. O plexo mioentérico (plexo de Auerbach), também fazendo parte do SNE, está localizado entre as camadas longitudinal e circular da túnica muscular.

D. Túnica serosa

A **túnica serosa** compreende uma camada mais externa de tecido conectivo e uma camada de células epiteliais pavimentosas. Algumas

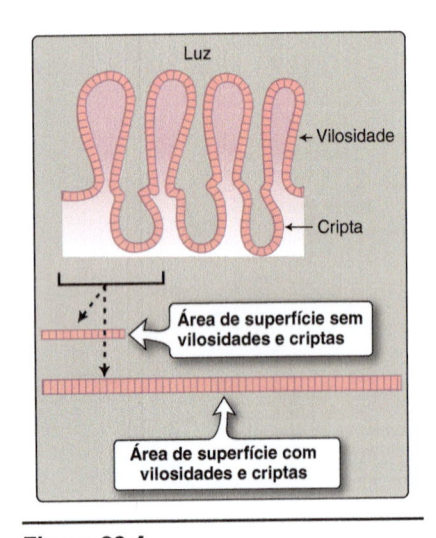

Figura 29.4
Melhorias da área de superfície.

porções do trato GI (p. ex., o esôfago) não têm uma camada de túnica serosa, mas se conecta diretamente com a adventícia, a qual é o tecido conectivo que se mistura com as paredes abdominal e pélvica.

III. INERVAÇÃO E NEUROTRANSMISSORES

A função GI é regulada por três divisões do sistema nervoso autônomo (SNA): o sistema nervoso parassimpático (SNPS), o sistema nervoso simpático (SNS) e o SNE.

A. Sistema nervoso parassimpático

A inervação parassimpática é derivada do nervo vago (bulbo) e dos nervos esplâncnicos pélvicos (S2 a S4), e tem tanto componentes sensoriais como motores (Fig. 29.5). Os componentes sensoriais respondem ao estiramento, pressão, temperatura e osmolalidade, e participam nos **reflexos vagovagais**. Os reflexos vagovagais ocorrem quando o nervo vago (nervo craniano X) participa tanto nas sensações aferentes como nas respostas eferentes, sem o envolvimento do sistema nervoso central. Os neurotransmissores primários utilizados direta ou indiretamente pelo SNPS são **acetilcolina** (**ACh**), **peptídeo liberador de gastrina** (**GRP**) e **substância P** (Tab. 29.1). Em geral, os sinais do SNPS estimulam as secreções e a motilidade do GI, o que facilita a digestão e a absorção de nutrientes.

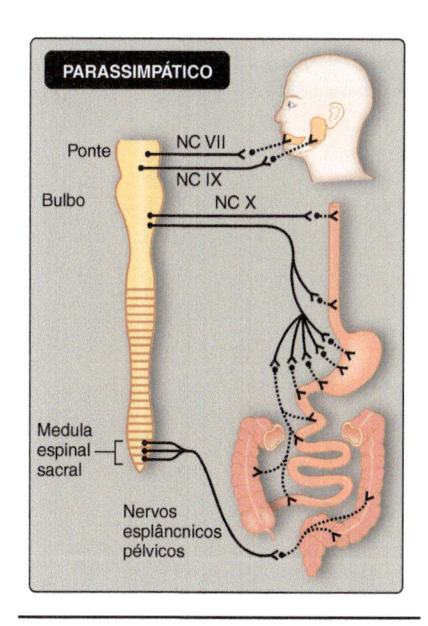

Figura 29.5
Inervação parassimpática. NC = nervo craniano.

B. Sistema nervoso simpático

Os nervos simpáticos se originam das regiões torácica (T5 a T12) e lombar (L1 a L3) e fazem sinapse com um de três gânglios: celíaco, mesentérico superior ou mesentérico inferior para o trato GI inferior (Fig. 29.6). O trato GI superior (p. ex., as glândulas salivares) é inervado por nervos do SNS que fazem sinapse dentro do gânglio cervical superior (ver Fig. 29.6). Diferentemente do SNPS, o componente do SNS não contém um ramo sensorial direto, e em geral diminui as secreções e a motilidade do GI, quando ativo. Os neurotransmissores primários do SNS são a **noradrenalina** e o **neuropeptídeo Y** (ver Tab. 29.1).

Tabela 29.1 Neurotransmissores e neuromoduladores gastrintestinais

Neurotransmissor	Terminais nervosos liberadores	Estruturas	Função
Acetilcolina	Parassimpático, colinérgico	Músculo liso, glândulas	Contração da parede muscular; relaxamento dos esfincteres; aumento das secreções salivar, gástrica e pancreática
Peptídeo intestinal vasoativo	Parassimpático, colinérgico, entérico	Músculo liso, glândulas	Relaxamento dos esfincteres; aumento das secreções pancreática e intestinal
Noradrenalina	Simpático, adrenérgico	Músculo liso, glândulas	Relaxamento da parede muscular; contração dos esfincteres; diminuição das secreções salivares
Neuropeptídeo Y	Simpático, adrenérgico, entérico	Músculo liso, glândulas	Relaxamento da parede muscular; diminuição das secreções intestinais
Peptídeo liberador de gastrina	Parassimpático, colinérgico, entérico	Glândulas	Aumento da secreção de gastrina
Substância P	Parassimpático, colinérgico, entérico	Músculo liso, glândulas	Contração da parede muscular; aumento das secreções salivares
Encefalinas	Entérico	Músculo liso, glândulas	Constrição dos esfincteres; diminuição das secreções intestinais

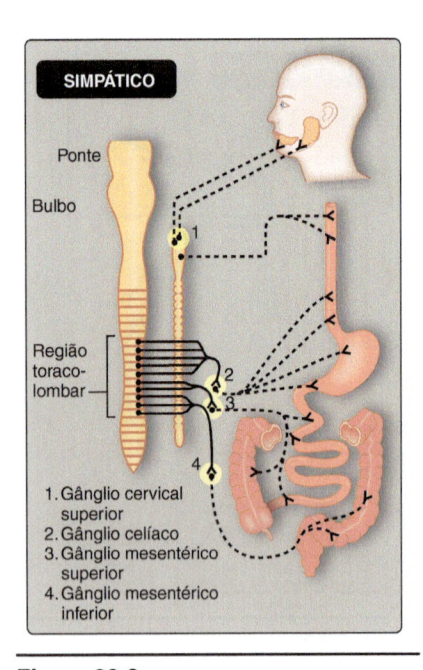

Figura 29.6
Inervação simpática.

C. Sistema nervoso entérico

Os nervos do SNPS e do SNS em geral fazem sinapses com os componentes do SNE. Embora o SNE seja modulado por essas entradas neuronais extrínsecas, ele pode operar de forma autônoma por meio de regulação intrínseca e de reflexos sensoriais. Os nervos do SNE estão organizados em plexos mioentéricos e submucosos.

1. **Plexos:** o plexo mioentérico forma uma configuração neuronal densa paralela, que regula principalmente a musculatura lisa intestinal e participa das contrações rítmicas e tônicas. Alguns neurônios mioentéricos também fazem sinapse com neurônios no plexo submucoso ou diretamente em células secretoras. O plexo submucoso regula principalmente as secreções intestinais e o ambiente de absorção local, mas pode também fazer sinapse com vasos sanguíneos, musculatura circular e longitudinal e lâmina muscular da mucosa. Os neurônios do SNE são mantidos por **células gliais entéricas**, as quais estrutural e funcionalmente se assemelham aos astrócitos do encéfalo.

2. **Reflexos:** muitas ações reflexas do trato GI são reguladas unicamente por circuitos neuronais nos quais um mecanorreceptor ou quimiorreceptor é estimulado na mucosa e transmite o sinal de volta aos neurônios no plexo submucoso, o qual estimula outros neurônios no plexo submucoso ou mioentérico que regulam as células secretoras ou endócrinas.

3. **Neurotransmissores:** existe uma quantidade de neurotransmissores e moléculas reguladoras utilizadas na comunicação do SNE (ver Tab. 29.1). As **encefalinas** comprimem o músculo circular em torno dos esfincteres. No plexo submucoso, os neurônios secretores utilizam principalmente o **peptídeo intestinal vasoativo** (**VIP**, do inglês *vasoactive intestinal peptide*) e a ACh como neurotransmissores, enquanto os nervos sensitivos utilizam a substância P. No plexo mioentérico, os neurônios motores utilizam a ACh e o óxido nítrico, os neurônios sensoriais utilizam a substância P, e os interneurônios utilizam a ACh e a **serotonina** (**5-hidroxitriptamina**). Esses neurotransmissores entéricos também são utilizados em outros locais do organismo e são importantes farmacologicamente. Por exemplo, uma pessoa que ingere inibidores da recaptação de serotonina

---

Aplicação clínica 29.1 Doença de Chagas

Neuropatologias dos plexos submucoso e mioentérico podem prejudicar a motilidade. Por exemplo, uma infestação por protozoário (*Trypanosoma cruzi*, em geral transmitido pela picada de um inseto) dos neurônios desses plexos pode levar à **doença de Chagas**. Entre outras patologias, a doença de Chagas causa a distensão e aumentos estruturais do esôfago e do colo, porque as regiões com neuropatias podem contrair, mas não relaxar as camadas musculares. As porções assintomáticas continuam a liberar o alimento, o qual fica retido próximo à região constrita. Tal retenção distende essas áreas e, com o tempo, as aumenta e distorce.

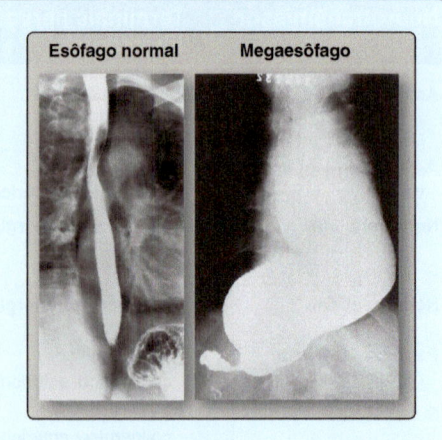

Megaesôfago.

Tabela 29.2 Hormônios gastrintestinais

Hormônio	Células liberadoras	Estruturas	Função
Colecistocinina	Células I	Pâncreas, vesícula biliar, estômago	Aumento da secreção enzimática; contração da vesícula biliar; aumento do esvaziamento gástrico
Peptídeo insulinotrópico dependente de glicose	Células K	Pâncreas, estômago	Liberação de insulina; inibição da secreção ácida
Gastrina	Células G	Estômago	Aumento da secreção de ácido gástrico
Motilina	Células M	Músculo liso gastrintestinal	Aumento das contrações e migração do complexo motor
Secretina	Células S	Pâncreas, estômago	Liberação de HCO_3^- e pepsina

pode ter uma motilidade GI diminuída como efeito colateral, porque esses fármacos alteram os níveis de serotonina.

IV. MOLÉCULAS SINALIZADORAS NÃO NEURAIS

Além dos neurotransmissores, os **hormônios** e as **moléculas de sinalização parácrina** também regulam e controlam a função GI.

A. Hormônios

Os hormônios peptídicos GI incluem a **colecistocinina (CCK)**, a **gastrina**, o **peptídeo insulinotrópico dependente de glicose** (GIP, anteriormente conhecido como peptídeo inibidor gástrico), a **motilina** e a **secretina** (Tab. 29.2). Os tipos celulares endócrinos estão localizados em quantidades diferentes em vários locais ao longo do estômago e dos intestinos (Fig. 29.7). A gastrina é secretada no antro pilórico do estômago e então passa para o intestino delgado. A CCK, a secretina, o GIP e a motilina são secretados principalmente no duodeno e jejuno, e a CCK e a secretina continuam a ser secretadas no íleo, embora em menor quantidade.

B. Substâncias parácrinas

As substâncias parácrinas do trato GI são tanto liberadas como atuam localmente. As moléculas de sinalização parácrina primárias do GI são **histamina**, **prostaglandinas** e **somatostatina** (Tab. 29.3). Dessas, somente a somatostatina é um peptídeo. A histamina é classificada como uma monoamina, e as prostaglandinas são moléculas sinalizadoras eicosanoides. A histamina é liberada no estômago, enquanto tanto as prostaglandinas como a somatostatina têm suas liberações e ações mais amplas.

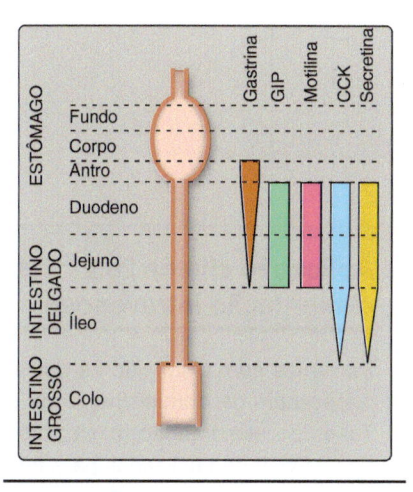

Figura 29.7

Principais locais de liberação de hormônios gastrintestinais. CCK = colecistocinina; GIP = peptídeo insulinotrópico dependente de glicose.

Tabela 29.3 Hormônios parácrinos gastrintestinais

Hormônio parácrino	Células liberadoras	Estruturas	Função
Histamina	Células semelhantes às enterocromafins, mastócitos	Estômago	Aumento da secreção de ácido gástrico
Prostaglandinas	Células de revestimento do trato gastrintestinal	Mucosa	Aumento do fluxo sanguíneo, da secreção mucosa e de HCO_3^-
Somatostatina	Células D	Estômago e pâncreas	Inibição da secreção dos hormônios peptídicos e do ácido gástrico

> As prostaglandinas são produtos da *ciclo-oxigenase*, derivados do ácido araquidônico. As prostaglandinas desempenham um importante papel na manutenção da integridade da mucosa e, assim, os inibidores da *ciclo-oxigenase* (p. ex., ácido acetilsalicílico e outros **fármacos anti-inflamatórios não esteroides**) podem causar irritação estomacal.[1]

V. FASES DA DIGESTÃO

A função do estômago e do duodeno pode ser dividida em três fases distintas: cefálica, gástrica e intestinal.

A. Fase cefálica

A **fase cefálica** é acionada pelo pensamento em alimento ou por condições que sugerem a proximidade da ingestão de comida (p. ex., o condicionamento clássico para comer após ouvir a sineta da refeição). Quimiorreceptores e mecanorreceptores nas cavidades nasal e oral e na garganta são estimulados pela degustação, mastigação e deglutição, e a olfação do alimento também auxilia. A fase cefálica é principalmente neuronal e causa a liberação de ACh e VIP. A ACh e o VIP estimulam a secreção pelas glândulas salivares, estômago, pâncreas e intestinos.

B. Fase gástrica

A **fase gástrica** começa quando o alimento e as secreções orais entram no estômago. Coincide com a distensão e presença de conteúdos esto-

---

Aplicação clínica 29.2 Tubos de alimentação e alimentação intravenosa

Pacientes com disfunção na deglutição ou sob ventilação mecânica necessitam da administração de nutrientes após a área obstruída. Tubos de alimentação (p. ex., tubos nasogástrico [NG] e nasoduodenal [ND]) são utilizados para fornecer apoio nutricional para estes pacientes. Os tubos NG liberam o alimento diretamente no estômago, enquanto os tubos ND liberam o alimento diretamente no duodeno. Os tubos de alimentação, portanto, desviam da maioria dos estímulos iniciais da fase de digestão. Isso requer que a formulação do alimento do tubo seja preparada de uma maneira que não precise do processamento gastrintestinal superior da comida. Nutrientes podem também ser administrados diretamente, de forma intravenosa, o que evita todo o sistema digestório. Devem ser tomados cuidados para que sejam incluídos todos os nutrientes necessários, embora sejam necessárias menos kcal, visto que aproximadamente 7% da energia ingerida pela boca é utilizada para digerir e absorver os nutrientes.

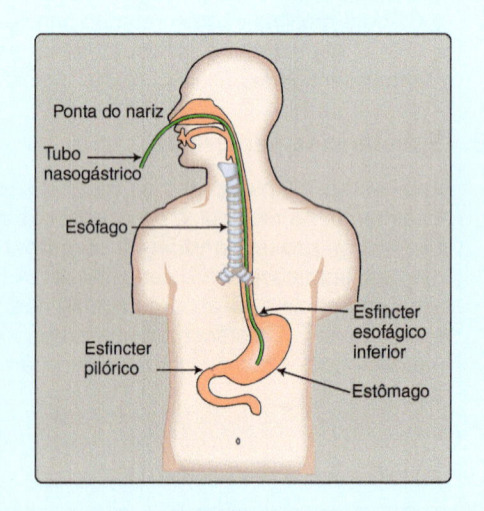

Tubo nasogástrico.

---

[1]Para mais informações sobre os efeitos gastrintestinais dos fármacos não esteroides, ver *Farmacologia ilustrada*, 5ª edição, Artmed editora.

macais (aminoácidos e peptídeos), e aciona respostas neuronal, hormonal e parácrinas do trato GI. Um bom exemplo de combinação dessas moléculas sinalizadoras é a secreção de ácido gástrico, a qual inclui ACh (neuronal), gastrina (hormonal) e histamina (parácrina).

C. Fase intestinal

A **fase intestinal** começa quando os conteúdos estomacais entram no duodeno. Está relacionada aos componentes digeridos das proteínas e gorduras, assim como ao H^+ e inicia principalmente respostas hormonais, mas também parácrinas e neuronais. CCK, gastrina, secretina e GIP são todos secretados durante esta fase.

Resumo do capítulo

- **Absorção** é o processo de transporte dos conteúdos da dieta, através da barreira gastrintestinal (GI), para o interior do organismo.
- Para preparar os nutrientes para a absorção, o corpo quebra mecânica e quimicamente o alimento em partículas menores e mais simples. A quebra química da comida é a **digestão**, e a quebra mecânica da comida envolve contrações da musculatura lisa (p. ex., em uma mistura) ou esquelética (p. ex., na mastigação).
- **Secreção** é o ato de transportar moléculas ou líquido do corpo para a luz gastrintestinal. A secreção facilita a digestão por liberar enzimas e água e protege a superfície endotelial, secretando HCO_3^- e **muco**.
- O sistema nervoso autônomo inerva o sistema digestório inteiro. O sistema nervoso parassimpático mais frequentemente facilita a secreção e a motilidade, enquanto o sistema nervoso simpático diminui essas funções. O **sistema nervoso entérico** pode operar de forma independente, e está envolvido com reflexos e a maioria das funções GI.
- Os hormônios gastrintestinais incluem a **colecistocinina**, a qual é liberada de células I e participa de secreções pancreática e biliar; a **gastrina**, a qual é liberada pelas células G e funciona principalmente na secreção de H^+; o **peptídeo insulinotrópico dependente de glicose**, o qual é liberado pelas células K e funciona principalmente para aumentar a secreção de insulina e diminuir a secreção de H^+; a **motilina**, a qual principalmente funciona para aumentar a motilidade; e a **secretina**, a qual é liberada das células S e funciona principalmente para aumentar a secreção de água e HCO_3^- e diminuir a secreção de H^+.
- As substâncias parácrinas GI incluem as **histaminas**, as quais são derivadas de células tipo enterocromafins e mastócitos, e têm muitas funções, tais como a de aumentar a produção de H^+; as **prostaglandinas**, as quais têm muitas funções, inclusive diminuir a produção de H^+ e manter as propriedades da barreira GI; e a **somatostatina**, a qual diminui as secreções do trato GI.
- As fases da digestão (**cefálica**, **gástrica** e **intestinal**) permitem o preparo, o ajuste e a regulação da retroalimentação. A fase cefálica é principalmente uma regulação antecipatória à alimentação, e as fases gástrica e intestinal são mecanismos de retroalimentação.

30 Boca, Esôfago e Estômago

I. VISÃO GERAL

A porção superior do trato gastrintestinal (GI) (boca, esôfago, estômago) tem um papel mínimo na absorção de nutrientes, mas contribui no transporte e preparo do alimento para ser absorvido no intestino delgado. Esse preparo envolve a quebra mecânica da comida em pequenos pedaços para aumentar a sua área de superfície. O preparo também envolve ações químicas, tais como a secreção de enzimas e ácido para decompor os alimentos e hidratá-los, a fim de melhorar o ambiente hídrico local para a ação enzimática.

II. BOCA

A boca serve como o primeiro local de digestão mecânica e química do alimento. A **mastigação** (mordedura) quebra mecanicamente a comida em pequenos pedaços, para aumentar a sua área de superfície disponível às enzimas digestórias e para facilitar a deglutição. A saliva fornece a maior parte da hidratação e lubrificação oral, e exerce algumas funções protetoras e digestórias.

A. Dentes

Os dentes auxiliam em cortar (incisivos), rasgar e perfurar (caninos) e macerar e esmagar (pré-molares e molares) o alimento (Fig. 30.1). A porção da coroa dos dentes é recoberta com esmalte, o qual é constituído por > 95% de hidroxiapatita de cálcio (ver 15.II.A). Essa cobertura extremamente dura favorece as funções de mastigação e, juntamente com a dentina (tecido conectivo duro, mas menos mineralizado), protege a cavidade pulpar (contendo nervos e vasos sanguíneos) e o canal da raiz do dente (ver Fig. 30.1). Os músculos da mandíbula fornecem a força mecânica e o movimento para os dentes realizarem as suas funções.

B. Língua

A língua segura e reposiciona o alimento durante a mastigação. A língua contém músculos esqueléticos intrínsecos (fibras que correm longitudinalmente, verticalmente e em um plano transverso da língua), os quais permitem que a língua mude de formato, e músculos esqueléticos extrínsecos, que a língua utiliza para alterar a posição, tal como estender-se e se mover de lado a lado. A língua também contém cálculos gustatórios (ver 10.II.A) e glândulas serosas e mucosas. Entretanto, essas glândulas não secretam soluções em quantidades suficientes para hidratar o alimento de forma adequada sem a saliva.

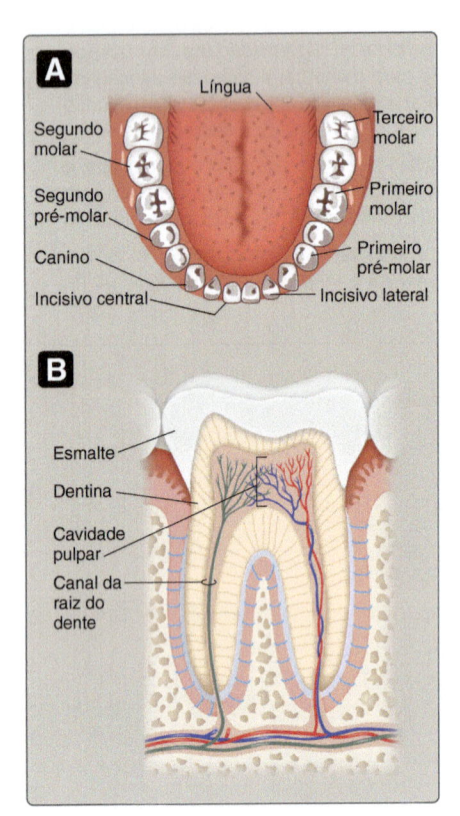

Figura 30.1
Classificação e anatomia dos dentes.

C. Glândulas salivares

As glândulas salivares produzem um líquido aquoso que lubrifica a boca, inicia a digestão do alimento e é protetor. Os indivíduos produzem geralmente 1 a 1,5 L de saliva diariamente, a maior parte produzida pelas **glândulas sublingual**, **submandibular** e **parótida**.

1. **Anatomia:** as glândulas salivares são compostas por vários **lóbulos**. Cada lóbulo contém vários **ácinos**, cada qual revestido por células epiteliais (**acinares**) que são especializadas para a síntese e secreção de um líquido proteico e seroso. Esse líquido tem uma composição iônica que se assemelha à do plasma. A **secreção primária** sai de um ácino por meio de um **ducto intercalar** para um ducto maior, o **ducto estriado**. Os ductos estriados, por sua vez, drenam o líquido para o **ducto interlobular**. As células que revestem esses ductos modificam a composição iônica da secreção primária durante seu trânsito, o qual é auxiliado pela contração das **células mioepiteliais**. Os epitélios acinar e do ducto também contêm células mucosas, que secretam mucina, uma glicoproteína que dá ao muco suas propriedades lubrificantes. As glândulas sublingual e submandibular secretam uma solução mista mucosserosa, enquanto a glândula parótida secreta principalmente um líquido seroso.

2. **Secreção serosa:** a saliva é sempre hipotônica em relação ao plasma (Fig. 30.2), mas a secreção acinar primária é quase isosmótica. A secreção salivar é facilitada pelo gradiente iônico estabelecido pela Na^+-K^+ ATPase basolateral (Fig. 30.3). O Na^+, o K^+ e o Cl^- são captados do plasma por meio do interstício e do cotransportador basolateral de Na^+-K^+-$2Cl^-$, com o K^+ cruzando a membrana apical por meio de um canal K^+. O Cl^- é secretado para a luz do ácino por um cotransportador de Cl^--HCO_3^-. O HCO_3^- é gerado a partir de CO_2 e H_2O, em uma reação catalisada pela *anidrase carbônica*. O H^+ gerado durante a formação de HCO_3^- deixa então a célula por meio de um trocador basolateral de Na^+-H^+. A secreção de Cl^- e HCO_3^- gera uma diferença de potencial transepitelial, que favorece o movimento paracelular de Na^+ para o interior da luz acinar. A H_2O segue transcelularmente e paracelularmente direcionada pelos gradientes osmóticos criados pela secreção iônica e facilitada pelas aquaporinas e junções de oclusão permeáveis entre as células acinares.

3. **Modificação nos ductos:** as células dos ductos estriado e intercalar modificam a composição da secreção primária, por reabsorverem Na^+ e Cl^-, enquanto simultaneamente secretam K^+ e HCO_3^-. Os efeitos dessas modificações são mais óbvios em pequenas quantidades de secreção salivar (ver Fig. 30.2). A capacidade de transporte das células dos ductos é, entretanto, limitada, de maneira que a composição da saliva se assemelha cada vez mais à secreção primária, conforme as quantidades secretadas aumentam. O Na^+ é reabsorvido da luz do ducto por meio de um canal Na^+ epitelial sensível à amilorida (ENaC) e um trocador de Na^+-H^+ localizado na membrana apical, e depois é bombeado por uma Na^+-K^+ ATPase e cruza a membrana basolateral (Fig. 30.4). A reabsorção de Cl^- e a secreção de HCO_3^- são efetuadas por um trocador apical de Cl^--HCO_3^-. O Cl^- é então transferido para o interstício por meio de um canal Cl^- regulador da condutância transmembrana da fibrose cística (CFTR). O HCO_3^- secretado, derivado do plasma, entra nas células dos ductos por intermédio de um cotransportador de Na^+-HCO_3^-. A secreção apical de K^+ pode envolver um trocador apical de H^+-K^+. Os epitélios dos ductos são relativamente impermeáveis à água, devido à ausência de aquaporinas e, assim, a saliva se torna hipotônica.

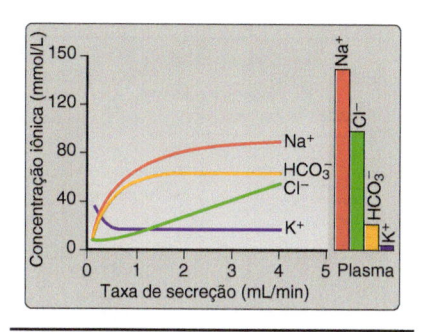

Figura 30.2
Fluxo salivar e concentração iônica.

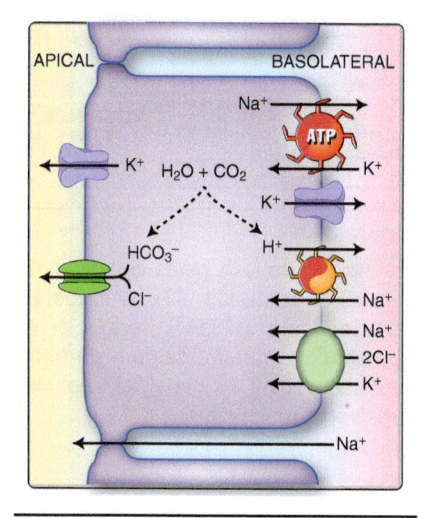

Figura 30.3
Transporte de íons na célula acinar. ATP = trifosfato de adenosina.

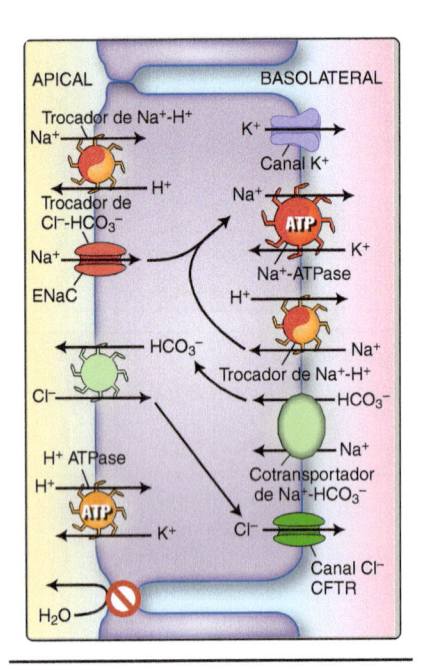

Figura 30.4
Transporte de íons pelas células intercalares e estriadas. ATP = trifosfato de adenosina; CFTR = regulador de condutância transmembrana da fibrose cística; ENaC = canal Na^+ epitelial sensível à amilorida.

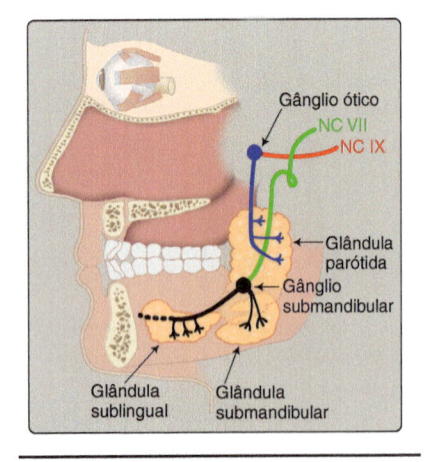

Figura 30.5
Inervação das glândulas salivares. NC = nervo craniano.

4. **Proteínas:** a saliva também contém baixas concentrações de proteínas protetoras e enzimas que são secretadas por células acinares, mucosas e dos ductos.

   a. *Lisozima*: a *lisozima* secretada tem a capacidade de desestruturar a parede celular bacteriana.

   b. *Lactoferrina*: a lactoferrina é uma proteína ligante de ferro que pode inibir o crescimento bacteriano.

   c. *Imunoglobulina A:* os constituintes da imunoglobulina A são secretados na saliva e são ativos tanto contra bactérias como vírus.

   d. *Proteínas ricas em prolina:* as proteínas ricas em prolina auxiliam na formação do esmalte dos dentes e também possuem propriedades antimicrobianas.

   e. *Amilase salivar:* a amilase salivar (também conhecida como α-*amilase* ou *ptialina*) inicia o processo de digestão de carboidratos, mas é desnaturada pelo baixo pH do estômago. A *amilase* é então reintroduzida no trato GI pelo pâncreas.

   f. *Lipase lingual:* a *lipase lingual* hidrolisa os lipídeos e permanece ativa ao longo de todo o trato GI.

5. **Regulação:** o fluxo salivar é controlado tanto pelo sistema nervoso simpático como pelo parassimpático. Embora a estimulação de ambos aumente as secreções, o componente simpático é transitório e produz menor volume de secreções do que o sistema parassimpático, que é mediado pelos núcleos salivares localizados no bulbo. O fluxo salivar aumenta pelo odor, sabor, pressão mecânica na boca e vários reflexos (p. ex., condicionamento clássico), ao passo que ele é diminuído pelo estresse, desidratação e durante o sono. Além do fluxo salivar, a estimulação neuronal aumenta o fluxo sanguíneo, a contração das células mioepiteliais e o crescimento e desenvolvimento glandular. As glândulas submandibular e sublingual são inervadas pelos nervos facial (nervo craniano [NC] VII) e lingual por intermédio do gânglio submandibular (Fig. 30.5), enquanto os nervos simpáticos que saem de T1 a T3 fazem sinapse por meio do gânglio cervical superior. A glândula parótida tem uma inervação simpática semelhante, mas, em termos de inervação parassimpática, o nervo glossofaríngeo (NC IX) faz sinapse com o gânglio ótico e trafega ao longo do nervo auriculotemporal, em vez de envolver o NC VII (ver Fig. 30.5). Os nervos parassimpáticos liberam acetilcolina (ACh), que se liga a receptores muscarínicos (M_3), atuando por meio da rota de sinalização do inositol trifosfato (IP_3) (ver 1.VII.B.3). Os nervos simpáticos liberam noradrenalina, que se liga a receptores α e β-adrenérgicos, atuando por intermédio das rotas sinalizadoras do monofosfato de adenosina cíclico (AMPc) e do IP_3, respectivamente (ver 1.VII.B.2).

III. ESÔFAGO

A parte oral da faringe e o esôfago transportam os conteúdos alimentares e secreções orais da porção posterior da cavidade oral para o estômago.

A. Deglutição

O ato de deglutir é uma ação coordenada que envolve muitas estruturas e começa principalmente de forma voluntária, mas se torna involuntário uma vez iniciado.

Aplicação clínica 30.1 Síndrome de Sjögren

Certas disfunções causam ressecamento da cavidade oral (xerostomia), entre as quais a doença autoimune **síndrome de Sjögren**. Além da xerostomia, esses pacientes apresentam uma sensação de queimação na boca e na garganta, dificuldades em engolir o alimento, maior incidência de cáries dentárias e alguns problemas de fala. A fisiopatologia desta disfunção gira em torno da incapacidade de transportar íons e água por meio dos trocadores de $Cl^--HCO_3^-$ e dos poros da aquaporina 5 após estimulação colinérgica para produzir a saliva adequada. Em pacientes com sintomas menos graves, estimulantes salivares podem ser utilizados para aumentar as secreções salivares, e funcionam para evitar ressecamento e rachaduras das membranas mucosas.

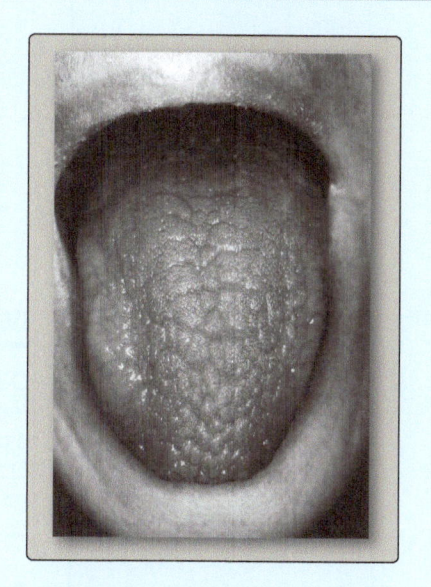

Xerostomia na síndrome de Sjögren.

1. **Regulação:** o controle da deglutição é um processo parassimpático que envolve retroalimentação aferente ao **centro de deglutição**, seguida por respostas eferentes por meio de outros núcleos, incluindo o **núcleo ambíguo** e o **núcleo motor dorsal**. Esse sistema de controle permite que o músculo seja contraído de uma maneira proximal para distal e se coordena com outras funções fisiológicas, tais como respiração e fala, as quais não podem ocorrer simultaneamente. Os componentes involuntários da deglutição estão apresentados na Figura 30.6.

2. **Fisiopatologia:** a **disfagia** é a dificuldade de deglutição. Os problemas com a deglutição podem ser classificados em duas amplas origens: 1) mecânica, tal como a de uma protrusão do estômago pelo diafragma (**hérnia de hiato**) e, 2) funcional, tal como a incapacidade de coordenar a sequência de eventos durante a deglutição, observada após um **acidente vascular encefálico** (derrame). Uma pessoa com disfagia não apenas tem dificuldade em deglutir a comida sólida, mas pode também ter dificuldade de engolir líquidos. Uma esofagoscopia ou um estudo de deglutição de bário podem ser utilizados para avaliar a deglutição e a extensão da disfagia. A disfagia pode exigir uma dieta alternativa e posicionamento adequado da cabeça quando comendo ou bebendo, enquanto a disfagia grave pode necessitar de um tubo nasogástrico para levar os nutrientes diretamente ao estômago.

B. Peristaltismo esofágico

Uma vez que o alimento passou pelo **esfincter esofágico superior** (**EES**), a movimentação posterior é alcançada por uma série de contrações e relaxamentos musculares coordenados, conhecidos como **peristaltismo**. Pense nisso como se houvesse uma única "onda" que é mantida por essas contrações, na qual um surfista (ou a comida) desliza em direção à praia (ou ao estômago). Esses movimentos coordenados enviam a onda de pressão positiva para baixo do esôfago até que ela alcance o **esfincter esofágico inferior** (**EEI**) e o estômago. O EEI é tonicamente contraído, mas conforme a onda peristáltica o alcança, o esfincter se relaxa e permite que o alimento entre no estômago. As mudanças da tonicidade do esfincter são mediadas por ACh, **óxido nítrico** (**NO**) e **peptídeo intestinal vasoativo** (**VIP**). O ali-

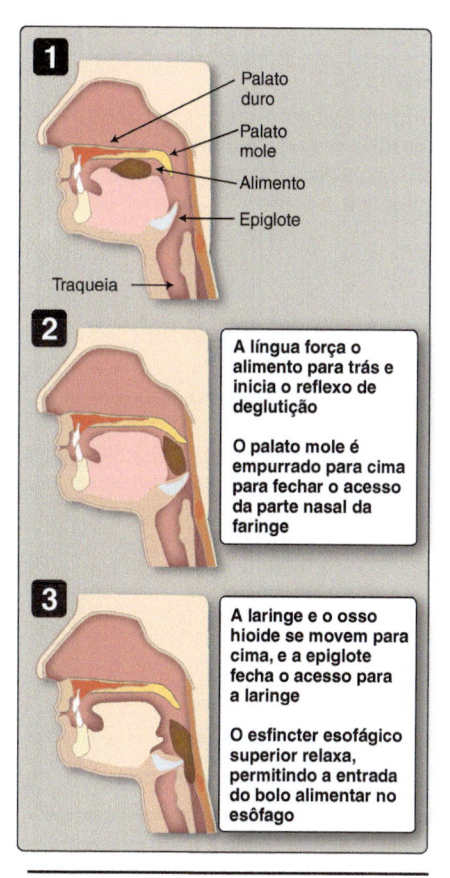

Figura 30.6
Reflexo de deglutição.

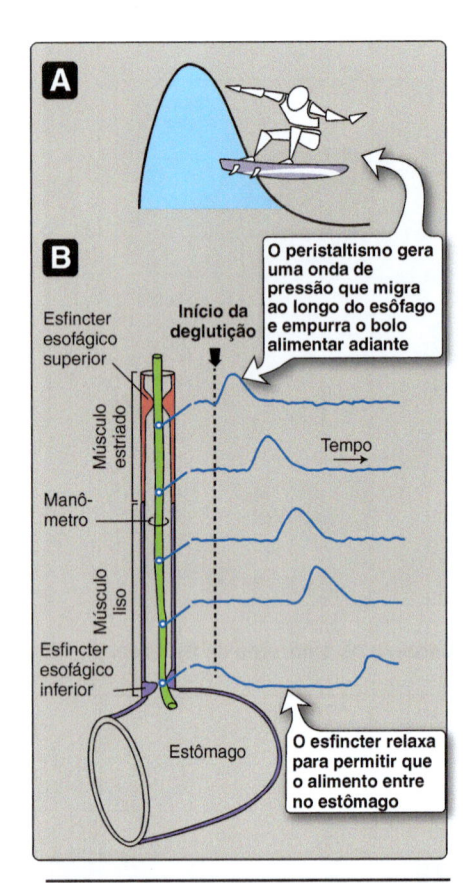

mento passa pelo esôfago em cerca de 6 a 10 segundos. Se o alimento não for liberado pela primeira onda de pressão (**peristalse primária**), podem ser iniciadas ondas repetitivas (**peristalse secundária**). Essas ondas peristálticas secundárias envolvem a musculatura lisa esofagiana. A musculatura esofagiana é peculiar, no sentido de que o primeiro terço do esôfago é principalmente composto por músculo esquelético, e os dois terços finais são predominantemente compostos por músculo liso (Fig. 30.7). A diferença nos tipos de musculatura se estende para os esfincteres também, sendo o EES composto por músculo esquelético e o EEI, por músculo liso.

IV. ESTÔMAGO

O estômago serve para uma quantidade de funções fisiológicas importantes: receber e armazenar o alimento, misturar o alimento com as secreções, digerir a comida e liberá-la para o intestino delgado em incrementos cronometrados. O fundo, o corpo e o antro compreendem as três áreas anatômicas do estômago (Fig. 30.8). Em termos de motilidade, a metade superior recebe o alimento do esôfago e a metade inferior mistura e libera o alimento no intestino delgado.

A. Acomodação

A função primária da porção superior do estômago é acomodar a comida vinda do esôfago. Durante a deglutição, o EEI se relaxa, permitindo que a comida se movimente de uma área de pressão maior no esôfago para uma área de pressão menor no estômago. O estômago deve estar preparado para essa massa alimentar. Isso é alcançado pelo relaxamento da porção superior do estômago, a qual normalmente está contraída. Esse relaxamento é chamado de **relaxamento receptivo** e é mediado pelo NO e pelo VIP. A coordenação do relaxamento receptivo é realizada pelo nervo vago, em resposta à estimulação aferente do vago e, assim, é referida como um **reflexo vagovagal**. Um estômago médio pode acomodar em torno de 1,5 L de alimento.

B. Mistura

A mistura mecânica e o maceramento do alimento ocorrem na metade inferior do estômago. A contração mecânica do estômago ocorre em fases mediadas por **ondas lentas** (ou ritmos elétricos basais).

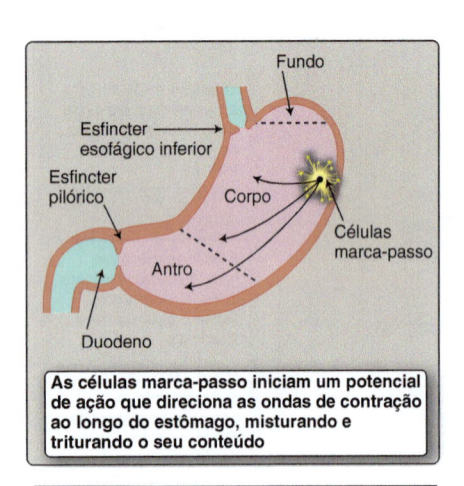

Figura 30.7
O peristaltismo gera uma onda de pressão em um manômetro que migra ao longo do esôfago e empurra o bolo alimentar adiante.

Figura 30.8
Estrutura do estômago e células marca-passo.

Aplicação clínica 30.2 Acalasia e doença do refluxo gastresofágico

A patologia do esfincter esofágico inferior (EEI) pode envolver contração sem relaxamento ou contração incompleta. Na **acalasia**, o EEI não se relaxa, devido à perda de neurônios que contêm o óxido nítrico e o peptídeo intestinal vasoativo. Outros neurônios também podem estar envolvidos, conforme essa doença progride. Assim, os conteúdos alimentares ficam retidos pouco antes do EEI, e podem levar à dilatação do esôfago. Na **doença do refluxo gastresofágico**, os conteúdos gástricos entram no esôfago pelo EEI, porque esse esfincter fornece uma barreira incompleta. Essa situação fica exacerbada quando o EEI se relaxa brevemente, como durante o arroto. Embora algum refluxo gástrico seja normal e seja resolvido pela peristalse secundária, o H^+ e as enzimas do líquido gástrico podem prejudicar o esôfago, causando queimação. Se a exposição for crônica, podem ocorrer danos endoteliais e remodelamento esofágico.

1. **Ondas lentas:** as ondas lentas são geradas pelas **células intersticiais de Cajal** (**CICs**), em uma frequência de 3 a 5 ciclos/min, e se propagam em direção ao piloro. Esses sinais elétricos não acionam necessariamente uma contração muscular correspondente, quando inibidos por noradrenalina. Um limiar relacionado à amplitude e duração da voltagem é alcançado em condições normais, e uma frequência maior quando estimulado por ACh. Isso ocorre conforme o potencial de membrana (V_m) se despolariza, abrindo canais Ca^{2+} regulados por voltagem e causando picos. Conforme a concentração de Ca^{2+} aumenta, isso abre os canais K^+ dependentes de Ca^{2+}, o que, por sua vez, hiperpolariza o V_m devido ao efluxo de K^+. O decréscimo de V_m finalmente fecha os canais Ca^{2+} regulados por voltagem. Isso atenua o efluxo de K^+ e o V_m começa novamente a subir (Fig. 30.9). Os picos podem eclipsar o limiar para induzir as contrações musculares. Esses picos e todo o V_m são inibidos pela noradrenalina liberada por neurônios simpáticos e são estimulados por estiramento mecânico e pela liberação de ACh por neurônios parassimpáticos e entéricos.

2. **Contrações musculares:** as contrações musculares induzidas por ondas lentas se propagam das CICs ao piloro. É interessante notar que essa onda de pressão induzida pela contração finalmente ultrapassa o bolo alimentar (i.e., a onda de pressão se move mais rapidamente do que o alimento está se movimentando) e, assim, começa a empurrar a comida em ambas as direções. Isso resulta na entrada de uma pequena quantidade de comida no duodeno, e a maior parte do alimento é empurrada para trás, em direção ao meio do estômago. Esse breve movimento retrógado, chamado **retropulsão**, permite uma melhor mistura e quebra mecânica do alimento.

Figura 30.9
Mecanismo de desenvolvimento da onda lenta. V_{li} = limiar de voltagem para a formação do potencial de ação.

C. Secreções

As secreções gástricas são derivadas de invaginações gástricas chamadas **fovéolas gástricas**. Essas fovéolas são revestidas com muitos tipos diferentes de células secretoras (Fig. 30.10). As células mucosas do colo, no interior das fovéolas gástricas, secretam o muco, o qual é vital para a função de barreira do revestimento gástrico em proteger o estômago do ácido gástrico e da *pepsina*. As células principais produzem a *lipase gástrica* e o pepsinogênio, o qual é a forma inativa da *pepsina*, e as células parietais (também chamadas **células oxínticas**) secretam H^+ e o fator intrínseco (ambos os tipos celulares serão descritos adiante, em mais detalhes). As células G e D são células endócrinas que secretam gastrina e somatostatina, respectivamente (ver Tabs. 29.2 e 29.3). Existem diferenças regionais no número de tipos celulares que revestem as fovéolas gástricas. As fovéolas que estão próximas aos esfíncteres esofágico inferior e pilórico contêm mais células que produzem mais secreções protetoras, tais como o muco e o HCO_3^-, enquanto as fovéolas do restante do estômago contêm mais células secretoras que produzem mais secreções digestórias, tais como H^+ e pepsinogênio.

1. **Mecanismo de secreção do íon H^+:** a acidificação da luz gástrica é alcançada pelo transporte de H^+ através da membrana apical pela H^+-K^+ ATPase (bomba H^+). Os trocadores de Cl^--HCO_3^- na membrana basolateral trocam Cl^- por HCO_3^-. O Cl^- sai então da célula parietal, através da membrana apical via canais Cl^- (Fig. 30.11). Isso deixa H^+ e Cl^- no espaço luminal da fovéola gástrica, e esses íons podem combinar-se, formando ácido clorídrico (HCl). O espaço intersticial se torna levemente básico no processo de secreção de H^+, devido à adição de HCO_3^-, referida como uma "maré alcalina". Essa maré alcalina pode auxiliar na proteção das células adjacentes contra a grande alteração de pH mediada pelas células parietais.

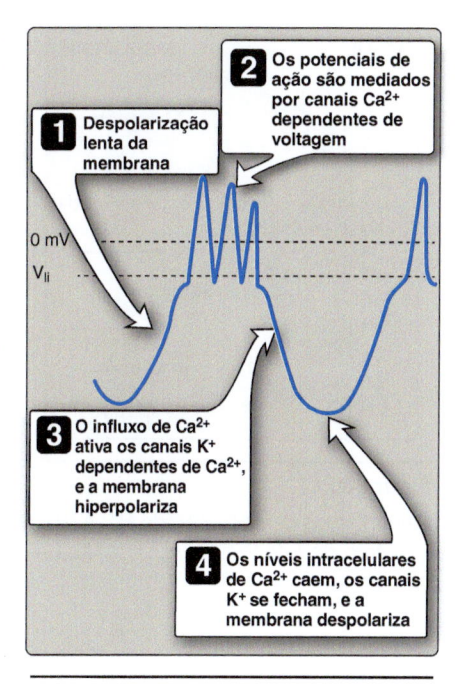

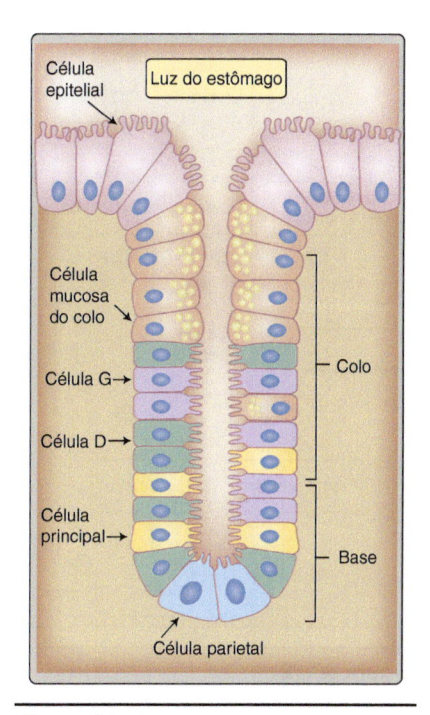

Figura 30.10
Células das fovéolas gástricas.

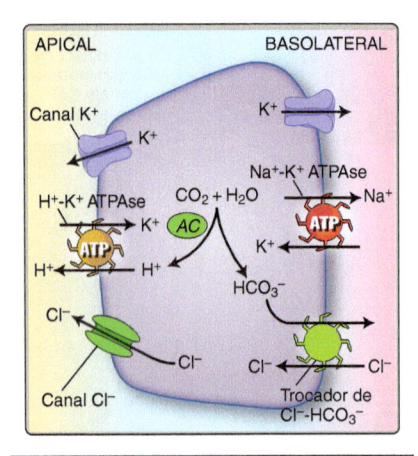

Figura 30.11
Mecanismos de secreção do H^+. ATP = trifosfato de adenosina; AC = anidrase carbônica.

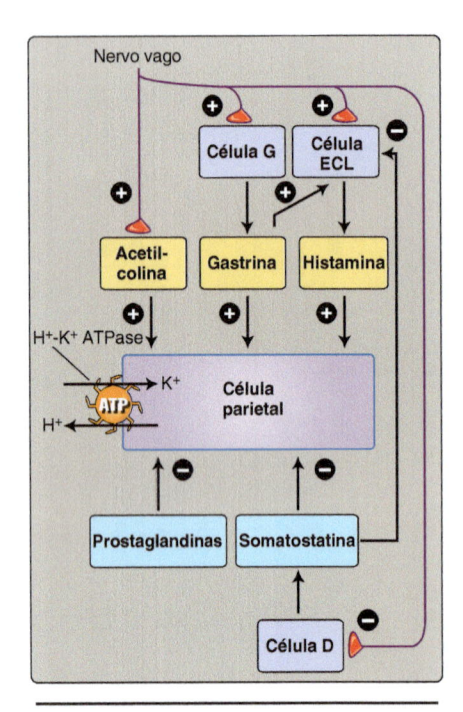

Figura 30.12
Controle da liberação de histamina. ATP = trifosfato de adenosina; ECL = célula semelhante às enterocromafins.

2. **Regulação:** o controle das secreções gástricas depende da fase da digestão (ver 29.V).

    a. **Fase cefálica:** a fase cefálica engloba em torno de 40% das secreções gástricas mediadas por ações do nervo vago nas **células parietais**, **células semelhantes às enterocromafins** (**células ECL**) e **células G**. A ACh derivada do vago estimula diretamente a produção de H^+ pelas células parietais. O nervo vago também libera ACh para iniciar a produção de H^+, por estimular as células ECL a produzirem histamina e as células G a produzirem gastrina. O peptídeo liberador de gastrina está também envolvido em estimular tanto as células parietais como as ECL (Fig. 30.12). A ACh também estimula a secreção de muco para proteger o revestimento do estômago do H^+. Essa entrada neuronal permite que as secreções gástricas sejam ativadas em preparação à entrada do alimento no estômago.

    b. **Fase gástrica:** a fase gástrica é responsável por aproximadamente 50% das secreções gástricas. Isso ocorre principalmente por meio de uma retroalimentação de duas vias: 1) diretamente, por aferentes do vago, os quais permitem então que o vago medeie uma resposta (reflexo vagovagal) e, 2) por intermédio de reflexos entéricos locais. A distensão parece ser o estímulo primário, atuando por meio de aferentes do vago e reflexos locais. Além da distensão, as proteínas, os peptídeos e, especialmente, os aminoácidos estimulam ainda mais as células G a liberarem gastrina. A retroalimentação negativa desta fase é fornecida pela estimulação do H^+ das células D para produzirem somatostatina, a qual inibe tanto as células G como as parietais e, portanto, diminui as secreções de H^+ e de gastrina.

    c. **Fase intestinal:** a fase intestinal é responsável por 10% das secreções gástricas. A digestão do **quimo** (alimento pós-estomacal e mistura de secreções), em particular a digestão de proteínas, continua a estimular diretamente as células G intestinais, bem como as células G gástricas, por meio de proteínas e aminoácidos na circulação porta. A retroalimentação negativa na fase intestinal é fornecida pela distensão intestinal, que libera o peptídeo insulinotrópico dependente de glicose, o qual, por sua vez, inibe as células parietais.

3. **Controle das secreções do íon H^+:** o controle da produção de H^+ abrange tanto rotas neuronais diretas como indiretas. A rota parietal direta envolve o nervo vago liberando ACh para estimular receptores M_3 e a gastrina se ligando a receptores de colecistocinina tipo B (CCK_B). Por outro lado, a estimulação indireta envolve a histamina, liberada pelas células ECL, ligando-se a receptores de H_2 na célula parietal. As células ECL são estimuladas tanto pela ACh como pela gastrina. Tanto a somatostatina como as prostaglandinas diminuem a produção de H^+ por se ligarem aos seus próprios receptores de superfície celular na célula parietal. Apesar desses múltiplos agonistas e antagonistas, existem duas rotas de sinalização comum para regular a H^+-K^+ ATPase. Na primeira, a gastrina e a ACh atuam por intermédio da rota de sinalização do IP_3 (ver 1.VII.B.3). Na segunda, a histamina, a somatostatina e as prostaglandinas atuam via rota de sinalização do AMPc (ver 1.VII.B.2). A histamina aumenta o AMPc, enquanto a somatostatina e as prostaglandinas diminuem o AMPc. Essas múltiplas rotas e a estimulação indireta *versus* direta permitem uma sintonia fina da regulação da H^+-K^+ ATPase e, portanto, da quantidade de H^+ na luz gástrica. O incremento dessas rotas para

Aplicação clínica 30.3 Doença ulcerosa péptica

Na **doença ulcerosa péptica**, são formadas úlceras, ou pequenas quebras na superfície da túnica mucosa do estômago ou duodeno. As úlceras podem invadir uma camada do revestimento estomacal ou perfurar todo o revestimento, como na figura. A bactéria *Helicobacter pylori* e fármacos anti-inflamatórios não esteroides são responsáveis pela maioria das úlceras.[1] O tratamento envolve a erradicação da *H. pylori* e diminuição da secreção de H^+ (utilizando um inibidor da H^+-K^+ ATPase) para permitir a cicatrização da área ulcerada.

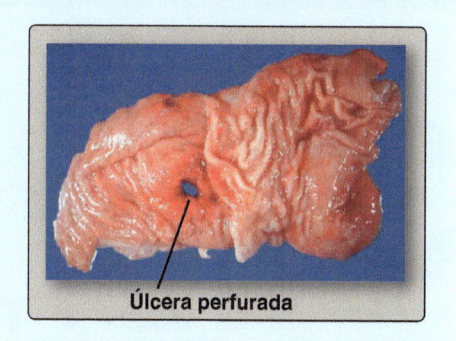

Úlcera perfurada

Úlcera péptica.

secretar maior quantidade de H^+ do que qualquer rota isoladamente é denominado **potencialização**.

4. **Efeito da taxa de secreção:** de modo semelhante à secreção das glândulas salivares, a concentração dos constituintes da secreção gástrica é uma função da taxa secretora (Fig. 30.13). Conforme a taxa de fluxo aumenta, as concentrações de H^+, K^+ e Cl^- aumentam e a de Na^+ diminui nas secreções parietais.

D. Digestão

O baixo pH dos conteúdos gástricos auxilia a desnaturar e quebrar as proteínas. A quebra é auxiliada pela enzima proteolítica *pepsina*, a qual é secretada na forma inativa (pepsinogênio), pelas células principais, e convertida em *pepsina* pelo baixo pH. A *pepsina* é uma *endopeptidase* que quebra aminoácidos aromáticos e tem um pH ideal entre 1 e 3. A *pepsina* será desativada no duodeno, uma vez que o pH aumenta para a faixa da neutralidade. A *lipase gástrica* também tem um baixo pH ideal (3 a 6) e atua principalmente nas ligações tipo éster para formar ácidos graxos e produtos diglicerídeos.

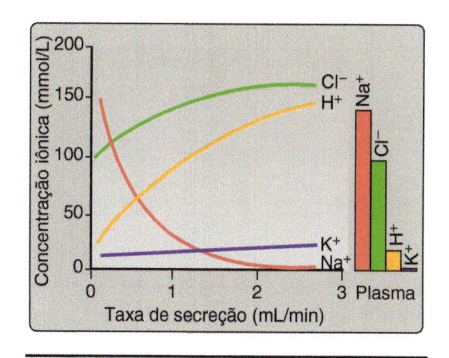

Figura 30.10

Taxa de secreção de gastrina e concentração iônica.

[1] Para mais informações sobre o tratamento farmacológico da doença ulcerosa péptica, ver *Farmacologia ilustrada*, 5ª edição, Artmed Editora.

Resumo do capítulo

- A boca reduz o alimento a um tamanho ideal e mistura a comida com secreções vindas de três glândulas salivares: **sublingual**, **submandibular** e **parótida**.

- As secreções salivares são controladas tanto pelo sistema nervoso simpático como pelo parassimpático, e envolvem um processo de duas etapas. Na primeira, Cl^-, Na^+ e água são transportados para a luz do ducto. Na segunda, as células do ducto modificam esse líquido, reabsorvendo Na^+ e Cl^- e secretando K^+ e HCO_3^-.

- O esôfago transporta o alimento da boca para o estômago. A **deglutição** é um ato consciente que move o alimento da boca ao esfincter esofágico superior. O **peristaltismo esofágico** empurra então o alimento esôfago abaixo, à frente de uma onda de pressão induzida pela contração.

- O estômago tem três funções primárias de motilidade: **acomodação**, via relaxamento receptivo, **mistura**, via contrações iniciadas pelas ondas lentas e retropulsão, e **esvaziamento gástrico**.

- As secreções gástricas incluem íons e água, muco das **células mucosas do colo**, pepsinogênio das **células principais**, e fator intrínseco e H^+ das **células parietais**.

- A regulação da secreção de H^+ ocorre no nível da H^+-K^+ ATPase. **Acetilcolina** dos nervos, **gastrina** das células G e **histamina** das células semelhantes às enterocromafins aumentam a secreção, e a **somatostatina** das células D e as **prostaglandinas** diminuem a secreção.

31 Intestinos Delgado e Grosso

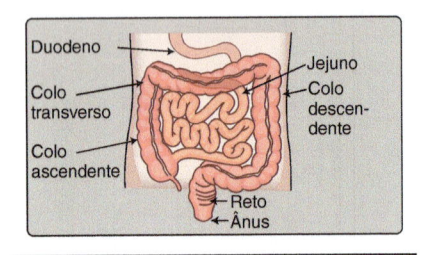

Figura 31.1
Intestinos.

Figura 31.2
Vilosidades e microvilosidades.

I. VISÃO GERAL

Na porção superior do trato gastrintestinal (GI), o alimento foi liquefeito e reduzido em tamanho, mas não foi absorvido. O intestino delgado é onde os nutrientes começam a ser removidos de verdade. Para facilitar essa absorção, os carboidratos complexos, lipídeos e proteínas são quimicamente digeridos em formas mais simples para o transporte. A absorção exige o transporte através das membranas apical e basolateral dos enterócitos (células absortivas do epitélio intestinal). Não somente os macronutrientes (carboidratos, lipídeos, proteínas e água) são absorvidos, mas também íons, vitaminas e minerais. Uma vez que os elementos necessários sejam extraídos, o que permanece deve ser eliminado do organismo. O colo descendente, o colo sigmoide, o reto e o canal anal, que termina no ânus, participam dos movimentos intestinais, os quais envolvem tanto componentes voluntários como involuntários para eliminar os restos alimentares (Fig. 31.1).

II. INTESTINO DELGADO

O intestino delgado é a porção mais longa do trato GI, tendo cerca de 6 m. É dividido em três segmentos funcionais: o **duodeno** (parte proximal, em torno de 0,3 m), o **jejuno** (parte média, cerca de 2,3 m) e o **íleo** (parte distal, aproximadamente 3,4 m). A maior parte da absorção de macronutrientes, vitaminas e minerais ocorre no intestino delgado. A absorção dos nutrientes liberados pelo processo digestório é facilitada pelo aumento da área de superfície epitelial pelas **vilosidades intestinais** (10 vezes) e pelas **microvilosidades** (20 vezes) (Fig. 31.2).

A. Motilidade e mistura

A motilidade intestinal não apenas empurra o quimo ao longo dos intestinos pelo peristaltismo, mas também permite que se faça a mistura com enzimas e outras secreções do pâncreas e da vesícula biliar (o controle e a regulação dessas secreções são discutidos no Cap. 32). A **segmentação** é o movimento de mistura para frente e para trás, no intestino delgado, entre os segmentos adjacentes. Como no estômago, as contrações da musculatura lisa são iniciadas por meio de ondas lentas. No intestino delgado, as ondas lentas são mais frequentes (em torno de 12 ondas/min) do que no estômago, com o sistema nervoso parassimpático aumentando essa taxa, e o sistema nervoso simpático diminuindo-a. Para auxiliar na limpeza dos conteúdos residuais durante o período de jejum, existem contrações adicionais reguladas pela motilina e conhecidas como **complexos motores migratórios** (**CMMs**), os quais são iniciados no estômago e continuam por todo o intestino delgado em intervalos de 60 a 120 minutos. Os CMMs deixam o intestino delgado limpo. A ingestão perturba esses complexos, em favor do peristaltismo e da segmentação.

B. Secreções intestinais

As secreções intestinais incluem as secreções aquosas e o muco. O muco é importante na lubrificação do quimo para a proteção intestinal, de forma que as contrações peristálticas possam propulsar melhor o quimo. Além disso, várias células endócrinas, nos intestinos, secretam os hormônios **colecistocinina** (**CCK**), **secretina** e **peptídeo insulinotrópico dependente de glicose**.

C. Digestão e absorção de carboidratos

Os carboidratos fornecem um substrato energético substancial para o metabolismo (4 kcal/g). Os carboidratos vêm em muitas formas (p. ex., amido, fibras alimentares, dissacarídeos e monossacarídeos), mas devem ser quebrados em monossacarídeos antes de serem transportados através da luz intestinal.

1. **Amido:** o amido é classificado como de cadeia linear (**amilose**) ou de cadeia ramificada (**amilopectina**). As ligações de glicose que se formam em uma configuração linear são ligações de glicose α-1,4, ao passo que na configuração ramificada as ligações de glicose são do tipo α-1,6. A ***amilase pancreática*** quebra as ligações α-1,4. Os produtos dessa reação da *amilase* são maltose, maltotriose, oligômeros de glicose e dextrina α-limite (Fig. 31.3). Esses produtos correspondem a uma substancial redução de tamanho do amido, e posteriormente são digeridos por *dissacaridases* e *oligossacaridases*.

2. **Fibras alimentares:** as fibras alimentares podem ser divididas em variedades **solúveis** (p. ex., pectina) e **insolúveis** (p. ex., celulose) (Tab. 31.1). As fibras alimentares contêm ligações que as enzimas humanas não conseguem quebrar no intestino delgado. Por exemplo, a celulose contém ligações lineares de glicose β-1,4, enquanto as *amilases salivares* e *pancreáticas* quebram somente as ligações de glicose α-1,4. Visto que as fibras dos alimentos não podem ser adequadamente digeridas, esses carboidratos não podem ser absorvidos e servem para aumentar o bolo fecal. Um bolo fecal aumentado tem alguns efeitos benéficos, tais como motilidade intestinal aumentada e maior frequência de defecações.

3. **Dissacarídeos e oligossacarídeos:** os dissacarídeos são derivados da quebra do amido e de fontes alimentares diretas (p. ex., sacarose e lactose). A atividade da *amilase* ocorre na luz intestinal, enquanto os dissacarídeos e os oligossacarídeos são quebrados em monossacarídeos pelas ***dissacaridases*** ligadas à membrana. As *dissacaridases* podem ser específicas para um substrato, tais como a *lactase*, ou trabalhar em múltiplos substratos, tais como a *sacarase* e a *isomaltase*, para originar produtos monossacarídicos (Tab. 31.2). Sendo ligadas à membrana, as *dissacaridases* permitem uma associação mais íntima entre os produtos enzimáticos e os transportadores da absorção. Por exemplo, a quebra da lactose em glicose e galactose é facilitada pela *lactase*, a qual está localizada próximo aos cotransportadores (**SGLT1**) para a absorção dos produtos (Fig. 31.4).

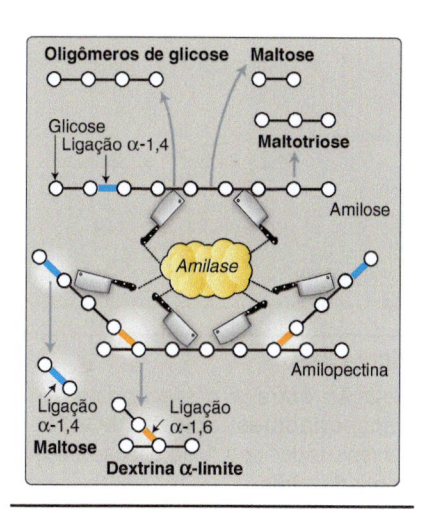

Figura 31.3
Digestão de carboidratos.

Tabela 31.1 Classificações das fibras alimentares

Tipos	Solubilidade
Celulose	Insolúvel
Hemicelulose	Insolúvel
Lignina	Insolúvel
Gomas	Solúvel
Pectinas	Solúvel

Tabela 31.2 *Dissacaridases* de membrana

Enzima	Substrato(s)	Produto(s)
Glico-amilase	Maltose e maltotriose	Glicose
Isomaltase	Dextrinas α-limites, maltose e maltotriose	Glicose
Lactase	Lactose	Glicose e galactose
Sacarase	Maltose, maltotriose e sacarose	Glicose e frutose

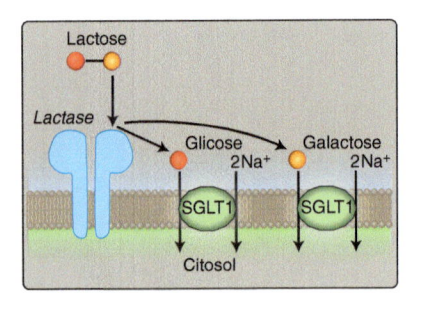

Figura 31.4
Relação entre a *dissacaridase* e os transportadores apicais. SGLT1 = transportador tipo 1 de glicose dependente de sódio.

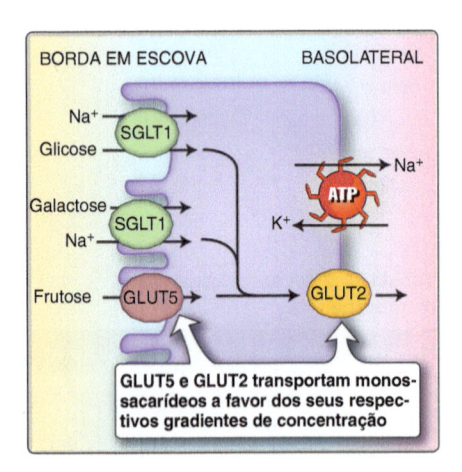

Aplicação clínica 31.1 Intolerância à lactose

A lactose da dieta pode vir a ser consumida em excesso, em relação à capacidade da *lactase* do intestino delgado. O excesso de lactose não absorvido é, então, quebrado pelos microrganismos intestinais na porção inferior do trato gastrintestinal, o que pode, portanto, causar sintomas como diarreia, inchaço e cólicas. Algumas pessoas nascem com concentrações mais baixas de *lactase*, mas ocorre um decréscimo progressivo na expressão da *lactase* ao longo da vida, de maneira que uma pessoa pode ter maiores concentrações no início da vida do que mais tardiamente. Os indivíduos com a doença inflamatória intestinal ou distúrbios semelhantes são especialmente suscetíveis à intolerância à lactose, devido à inflamação associada do intestino delgado. A capacidade de digerir e absorver a lactose pode ser medida, dando-se 100 g de lactose, por via oral, seguida pela coleta de sangue a cada 30 minutos, por 2 horas. Aqueles com intolerância à lactose apresentam um aumento atenuado da glicose sanguínea (< 20 mg/dL), porque a glicose e a galactose não são formadas a partir da *lactase* em quantidades suficientes para serem absorvidas.

4. **Monossacarídeos:** os monossacarídeos, tais como a glicose, a frutose e a galactose, são transportados através das membranas apical e basolateral dos enterócitos do intestino delgado. Visto que os monossacarídeos são hidrofílicos, são necessários transportadores para movimentar esses nutrientes através dessas membranas.

   a. **Transporte pela membrana apical:** a glicose e a galactose são transportadas, através da membrana apical, pelo SGLT1, um cotransportador de Na^+-glicose. A Na^+-K^+ ATPase propicia um ambiente com baixo Na^+ dentro dos enterócitos, para permitir que o Na^+ seja utilizado como a força motora para a glicose cruzar a membrana apical. A frutose é transportada pelo GLUT5 (transportador de glicose), conforme mostra a Figura 31.5.

   b. **Transporte pela membrana basolateral:** o transporte de monossacarídeos através da membrana basolateral, de dentro dos enterócitos para o interstício, é facilitado pelos transportadores GLUT2 e GLUT5. O GLUT2 transporta tanto a glicose como a galactose, e o GLUT5 transporta a frutose pela membrana basolateral. Esses nutrientes podem então difundir-se para a circulação portal, para serem levados ao fígado.

D. **Digestão e absorção de proteínas**

As proteínas também podem ser utilizadas para a produção de energia (4 kcal/g), mas, em um indivíduo em estado alimentado, as proteínas são principalmente utilizadas como blocos construtores para a agregação com outras proteínas. A digestão proteica iniciada no estômago por ação da *pepsina* continua então pela ação de várias *proteases* secretadas no intestino delgado.

1. ***Proteases* da luz intestinal:** uma pequena quantidade de proteínas e peptídeos é absorvida por fagocitose por meio da membrana apical dos enterócitos e de células especializadas do sistema imune da mucosa, ou células M. Entretanto, a maioria das proteínas é que-

Figura 31.5
Transporte apical e basolateral de monossacarídeos. ATP = trifosfato de adenosina; GLUT2 e 5 = membros da família de transportadores de glicose; SGLT1 = transportador tipo 1 de glicose dependente de sódio.

brada em aminoácidos e oligopeptídeos para facilitar a absorção. Os produtos finais das *endopeptidases* (*tripsina*, *quimotripsina* e *elastase*) são oligopeptídeos, peptídeos com 6 ou menos aminoácidos de comprimento. As *exopeptidases* (*carboxipeptidases A* e *B*) removem aminoácidos individuais dos oligopeptídeos (Fig. 31.6). Acredita-se que essas ações na luz intestinal convertam cerca de 70% das proteínas em oligopeptídeos e aproximadamente 30% em aminoácidos.

2. **Peptidases apicais**: as *peptidases apicais* (também chamadas de *peptidases* da borda em escova) quebram os pequenos peptídeos e oligopeptídeos em aminoácidos individuais.

3. **Transporte apical de dipeptídeos, tripeptídeos e aminoácidos:** os aminoácidos são transportados pela membrana apical por diferentes classes de cotransportadores de aminoácidos. Os dipeptídeos e tripeptídeos são transportados, pela membrana apical, por um **cotransportador de H$^+$-oligopeptídeo (PepT1)**. Os dipeptídeos e tripeptídeos são então quebrados por *peptidases* citosólicas em aminoácidos individuais (Fig. 31.7).

4. **Transporte basolateral de aminoácidos:** os aminoácidos individuais são transportados, através da membrana basolateral, sem a necessidade de cotransporte. Diferentes transportadores de aminoácidos estão localizados na membrana basolateral e fornecem especificidade (ver Fig. 31.6).

E. **Digestão e absorção de lipídeos**

As gorduras são caloricamente mais densas (9 kcal/g) do que os carboidratos e as proteínas, sendo um substrato energético substancial para o metabolismo. A absorção de lipídeos não requer a mesma maquinaria de transportadores, porque os lipídeos são hidrofóbicos e podem difundir-se através da membrana apical. Os lipídeos devem ser solubilizados para assegurar uma mistura adequada com as enzimas. A digestão dos lipídeos se inicia na boca e no estômago, com as *lipases lingual* e *gástrica*, respectivamente, embora a maior parte ocorra no intestino delgado. Auxiliando na digestão lipídica, os **sais biliares** originados do fígado circundam e emulsificam os lipídeos, de maneira que a *lipase* e a *colipase* possam interagir com o lipídeo. A **lipase pancreática** é uma enzima ativa que digere os triglicerídeos em ácidos graxos e monoacilgliceróis. A **colipase** atua para posicionar e estabilizar a *lipase pancreática*. As *lipases*

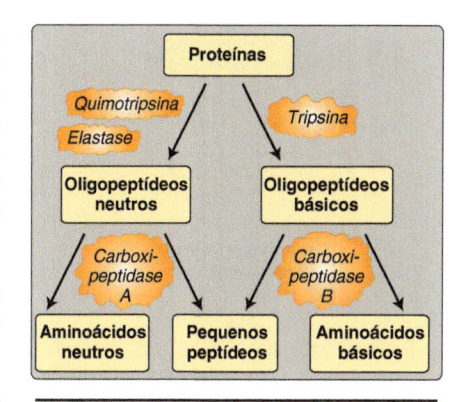

Figura 31.6
Digestão de proteínas e peptídeos.

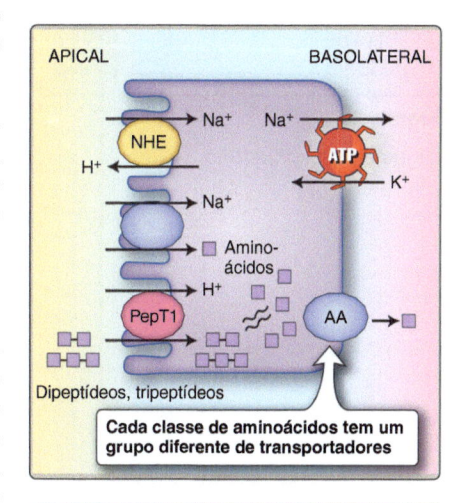

Figura 31.7
Transportadores de aminoácidos (AA), dipeptídeos e tripeptídeos. ATP = trifosfato de adenosina; NHE = trocador de Na$^+$-H$^+$; PepT1 = cotransportador de H$^+$-oligopeptídeo.

Aplicação clínica 31.2   Doença de Hartnup

A **doença de Hartnup** é um distúrbio autossômico recessivo do transporte de aminoácidos neutros nos sistemas digestório e urinário. O componente específico afetado é um cotransportador de Na$^+$-aminoácido da membrana apical (gene *SLC6A19*). Distúrbios inerentes como esse podem levar a deficiências de aminoácidos, mas é possível que as outras formas de absorção proteica (i.e., por PepT1 e fagocitose) possam ajustar parcialmente esse defeito de transporte, pois alguns aminoácidos neutros podem ser absorvidos por essas vias. As deficiências de aminoácidos neutros, como o triptofano, podem causar problemas na disponibilidade de niacina, que é derivada do metabolismo do triptofano. Isso resulta em sintomas de lesões de pele e manifestações neurológicas.

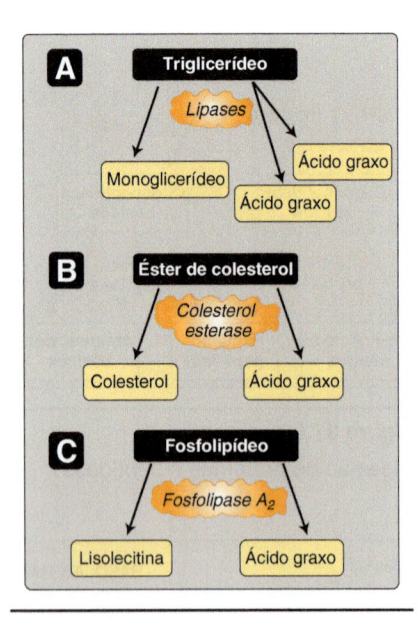

Figura 31.8
Digestão de lipídeos.

não digerem fosfolipídeos, nem colesterol, para esses sendo necessárias outras enzimas pancreáticas. Os ésteres de colesterol da dieta são digeridos em colesterol e ácidos graxos pela **colesterol esterase** (*carboxilester hidrolase*), conforme mostrado na Figura 31.8. A **fosfolipase A_2** quebra os fosfolipídeos em ácidos graxos e lisolecitina.

1. **Ácidos graxos livres:** o comprimento do ácido graxo (longo, médio ou curto) determina a taxa de absorção e assimilação. Essa diferenciação em comprimento está parcialmente relacionada à solubilidade – quanto mais longo o ácido graxo, menos solúvel ele é em um ambiente aquoso.

   a. **Ácidos graxos de cadeia longa:** os ácidos graxos de cadeia longa ficam concentrados em micelas na luz do intestino delgado. Os lipídeos em geral formam micelas, nas quais as porções hidrofílicas ficam voltadas para fora, em direção à água, e as porções hidrofóbicas voltam-se para o centro. Essa é uma conformação estável em ambientes aquosos e permite que os lipídeos entrem na camada não perturbada que circunda a luz intestinal, a fim de entrarem em contato com as membranas apicais dos enterócitos. Próximo à superfície da membrana apical, as micelas começam a se dispersar, possivelmente devido a uma mudança de pH. Os ácidos graxos de cadeia longa são liberados, e então podem tanto difundir-se diretamente através da membrana apical como serem transportados pelas **proteínas ligantes de ácido graxo**. Essas proteínas ligantes aceleram a absorção através da membrana apical. No citosol, os ácidos graxos de cadeia longa ficam aderidos a monoacilgliceróis e diacilgliceróis para formar triglicerídeos dentro do enterócito. Os triglicerídeos são empacotados em vesículas de apoproteína, chamadas **quilomícrons** e, em menor escala, em **lipoproteínas de muito baixa densidade** (**VLDLs**; do inglês *very-low-density lipoproteins*). Os quilomícrons são então exocitados através da membrana basolateral para o espaço intersticial. Do espaço intersticial, os quilomícrons não entram na circulação, devido à restrição de tamanho das fenestrações dos vasos capilares, mas, mais precisamente, se dirigem para o sistema linfático para o transporte (Fig. 31.9).

   b. **Ácidos graxos de cadeia média:** os ácidos graxos de cadeia média (6 a 12 carbonos de comprimento) são mais solúveis em água do que os ácidos graxos de cadeia longa. Isso permite que cruzem a membrana apical, movendo-se pelo citosol sem a necessidade de serem reempacotados em quilomícrons. Os ácidos graxos de cadeia média cruzam a membrana basolateral para o espaço intersticial e depois para dentro da circulação portal. Isso está em oposição ao que ocorre com os ácidos graxos de cadeia longa, os quais entram na circulação linfática (ver Fig. 31.9).

> Os ácidos graxos de cadeia média podem ser utilizados como suplementos alimentares, para aumentar as quilocalorias totais absorvidas (energia). Devido tanto à solubilidade como ao método de transporte desses suplementos, indivíduos com uma doença tal como a obstrução do ducto biliar são capazes de absorver essas gorduras sem a necessidade dos sais biliares.

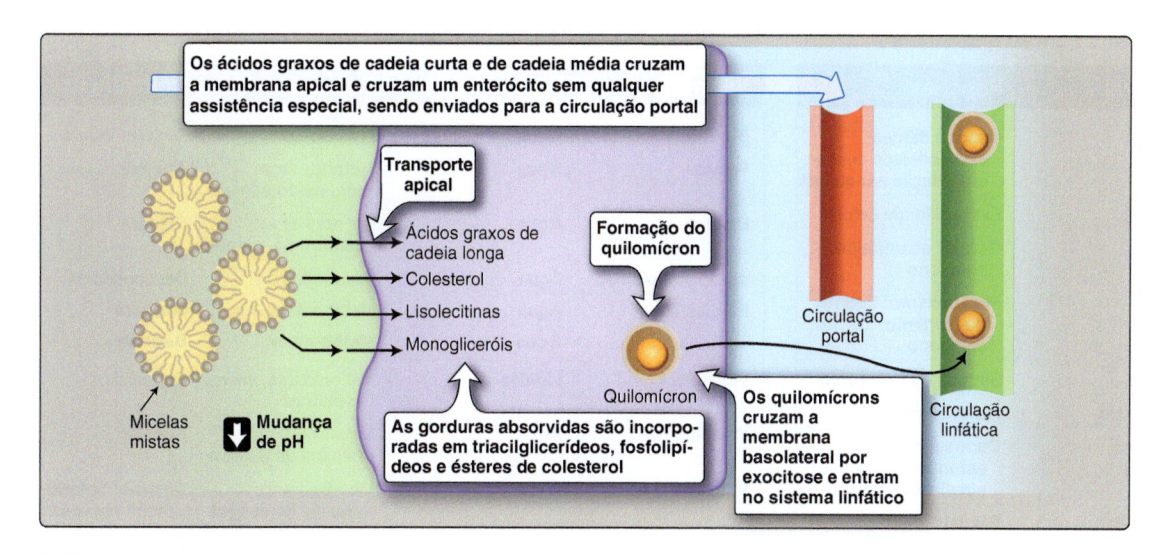

Figura 31.9
Transporte apical e basolateral de lipídeos.

    c. **Ácidos graxos de cadeia curta:** os ácidos graxos de cadeia curta têm menos de 6 carbonos de comprimento. Esses ácidos graxos são absorvidos e assimilados de forma semelhante à dos ácidos graxos de cadeia média.

2. **Monoacilgliceróis e gliceróis:** o monoacilglicerol é empacotado em micelas (se houver um grupo heterogêneo de lipídeos, essas partículas são chamadas micelas mistas), liberado logo acima do enterócito, e se move por difusão passiva através da membrana apical. No enterócito, os monoacilgliceróis são combinados com ácidos graxos de cadeia longa, formando triglicerídeos, e são secretados em quilomícrons (ver Fig. 31.9). O glicerol é absorvido diretamente pelo enterócito e não é reempacotado. Após sua saída pela membrana basolateral do enterócito para o espaço intersticial, o glicerol pode então se difundir diretamente para a circulação portal.

3. **Colesteróis:** os ésteres de colesterol são também empacotados em micelas e liberados logo acima do enterócito. Os ésteres de colesterol parecem tanto difundir-se como ser transportados através da membrana apical. Um dos transportadores é o NPC1L1 (do inglês *Niemann-Pick C1 like 1*), sendo que seu bloqueio farmacológico diminui a captação de colesterol e baixa os níveis de colesterol circulante em alguns pacientes. No enterócito, os ésteres de colesterol são esterificados, empacotados em quilomícrons e secretados (ver Fig. 31.9).

4. **Lisolecitinas:** os fosfolipídeos são também empacotados em micelas, liberados logo acima da superfície do enterócito e se movem através da membrana apical por difusão passiva. No enterócito, os fosfolipídeos são esterificados em lisolecitina, empacotados em quilomícrons e secretados no espaço intersticial para serem captados pelo sistema linfático (ver Fig. 31.9).

Tabela 31.3 Função dos minerais

Mineral	Funções
Cálcio	Ossos e dentes; excitabilidade celular; coagulação sanguínea
Cloreto	Excitabilidade celular
Cobre	Cofator enzimático; colágeno
Ferro	Metabolismo; ligante de oxigênio; colágeno
Iodeto	Síntese de hormônio
Magnésio	Metabolismo
Fósforo	Ossos e dentes; estoque energético; sinalização celular
Potássio	Excitabilidade celular
Sódio	Excitabilidade celular
Zinco	Cofator enzimático

Tabela 31.4 Função das vitaminas essenciais

Vitamina	Solubilidade	Função	Deficiência
Biotina	Água	Metabolismo	Desconhecida
Folato	Água	Metabolismo; células do sangue	Anemia
Niacina	Água	Metabolismo; células do sangue	Pelagra
Ácido pantotênico	Água	Metabolismo	Desconhecida
Riboflavina	Água	Metabolismo	Queilose
Tiamina	Água	Metabolismo	Beribéri
Vitamina A	Lipídeo	Antioxidante; visão; proteínas	Cegueira
Vitamina B6	Água	Metabolismo; células do sangue	Anemia
Vitamina B12	Água	Metabolismo; células do sangue	Anemia; deterioração nervosa
Vitamina C	Água	Colágeno; antioxidante	Escorbuto
Vitamina D	Lipídeo	Proteínas	Raquitismo; osteomalacia
Vitamina E	Lipídeo	Antioxidante	Anemia
Vitamina K	Lipídeo	Células do sangue	Dificuldade de coagulação

F. Absorção de vitaminas e minerais

Além dos macronutrientes, pequenas quantidades de vitaminas e minerais devem existir na dieta para diretamente evitar doenças (Tabs. 31.3 e 31.4).

1. **Vitaminas:** as vitaminas solúveis em gorduras são incorporadas em micelas, absorvidas de forma semelhante à dos ácidos graxos de cadeia longa e empacotadas em quilomícrons. As vitaminas solúveis em água, com exceção da vitamina B12, são absorvidas por um cotransportador de Na^+. A vitamina B12 é absorvida em um processo de quatro etapas. Na primeira, a vitamina B12 é liberada das proteínas dos alimentos. Na segunda, a vitamina B12 se liga à haptocorrina liberada pelas células G. Na terceira, as secreções pancreáticas causam a liberação de haptocorrina, que é como o fator intrínseco, o qual é liberado pelas células parietais, que se liga à vitamina B12. E na quarta etapa, o complexo fator intrínseco/vitamina B12 é absorvido por fagocitose no íleo.

2. **Minerais:** os íons e eletrólitos monovalentes serão discutidos com o intestino grosso, mais adiante neste capítulo. Os íons divalentes (Ca^{2+}, Mg^{2+}, Fe^{2+}, Cu^{2+} e Zn^{2+}) são absorvidos no intestino delgado. Um bom exemplo da regulação do transporte iônico pode ser visto com o Ca^{2+}, pois esse íon pode ser absorvido tanto por uma rota paracelular (ao longo de todo o intestino delgado) ou uma rota transcelular (no duodeno). A rota transcelular envolve um canal Ca^{2+} apical, a ligação citosólica pela calbindina, a Ca^{2+} ATPase basolateral e um trocador de Ca^{2+}-Na^+ (Fig. 31.10). A vitamina D3 estimula a expressão dessas quatro proteínas, o que permite uma maior absorção de Ca^{2+} através da rota transcelular.

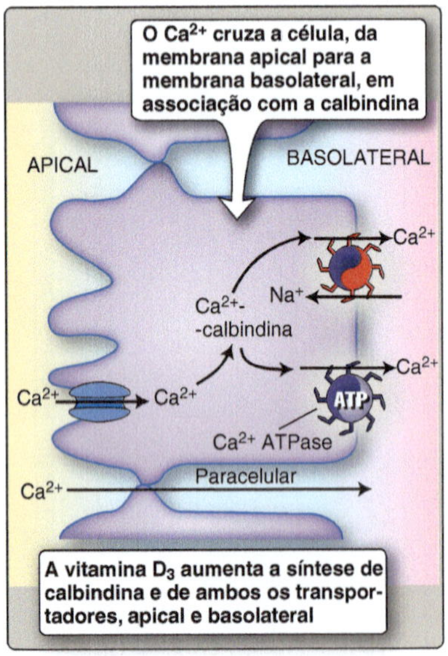

Figura 31.10
Absorção de cálcio. ATP = trifosfato de adenosina.

G. Absorção de água

O intestino delgado é o local de maior absorção de água, aproximadamente 80% do total. Esse líquido inclui tanto o que é ingerido e bebido como as secreções das glândulas salivares, gástricas, hepáticas, pancreáticas e do revestimento intestinal. A maior parte dessa absorção ocorre por osmose, devido ao transporte apical de NaCl da luz intestinal.

III. INTESTINO GROSSO

O intestino grosso compreende o ceco, os colos ascendente, transverso, descendente e sigmoide, o reto e o ânus (Fig. 31.11). O intestino grosso exerce um papel menor na digestão, comparado com o intestino delgado, mas está intrinsecamente envolvido com a absorção iônica e hídrica.

A. Motilidade

A motilidade é uma das funções primárias do intestino grosso. Existem três padrões principais de movimento no intestino grosso: segmentação, peristalse e contrações de movimento em massa. Além das divisões anatômicas, o intestino grosso pode contrair-se em segmentos menores, chamados **saculações do colo** (haustros), as quais são observadas pela aparência de pequenas contas do intestino grosso (Fig. 31.12). As contrações de segmentação aumentam a oportunidade de contato entre os conteúdos da luz e o epitélio intestinal, permitindo, portanto, a remoção de íons e água. As contrações de segmentação não empurram o quimo adiante, mas a peristalse e as contrações de movimento em massa desempenham essa função. As contrações de movimento em massa ocorrem poucas vezes por dia e envolvem uma onda peristáltica massiva que resulta em um significativo movimento do quimo ao longo do intestino grosso.

1. **Esfíncter ileocecal:** o esfíncter ileocecal evita o fluxo retrógrado do intestino grosso para o delgado (ver Fig. 31.11). A distensão e a irritação (estimulação de aferentes químicos) do íleo iniciam o peristaltismo do íleo e relaxam o esfíncter, enquanto a distensão e irritação do ceco inibem o peristaltismo e contraem o esfíncter. Imediatamente após a ingestão de uma refeição, o esfíncter ileocecal se relaxa e o íleo se contrai. Essa resposta é conhecida como o **reflexo gastroileal**, e é provavelmente controlada pela gastrina e pela CCK.

2. **Outros reflexos:** o **reflexo gastrocólico** é a necessidade de defecar pouco após ter ingerido comida. Acredita-se que ambos os reflexos tenham um componente neuronal e sejam mediados por neurônios tanto mecanossensitivos como quimiossensitivos, e sua função seria limpar o colo e prepará-lo para os resíduos da nova refeição. O **reflexo ortocólico** é a necessidade de defecar após ficar em posição ereta. Pensa-se que esse reflexo seja mediado por neurônios mecanossensitivos e pelo sistema nervoso entérico, por meio da distensão induzida pela gravidade. Para quem está acamado por prescrição médica, esse reflexo deve ser acionado periodicamente para evitar a constipação.

3. **Esfíncteres anais:** o ânus contém dois esfíncteres – um interno e o outro, externo. O esfíncter interno do ânus é composto por músculo liso. O esfíncter externo do ânus é composto por músculo esquelético, que está sob comando somático inervado pelo nervo pudendo (Fig. 31.13). A **defecação** é um processo de múltiplas etapas, envolvendo ambos os esfíncteres, assim como a regulação entérica e somática. A onda peristáltica do intestino grosso força as fezes do reto em direção ao ânus. O esfíncter interno então se

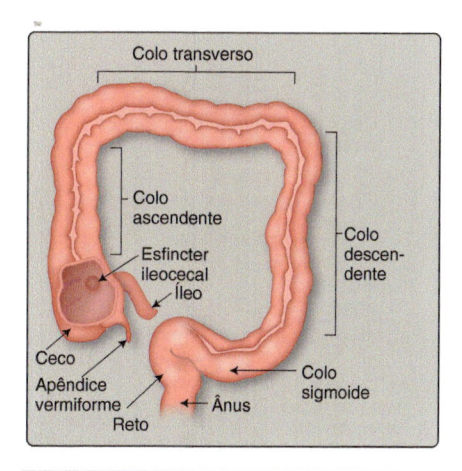

Figura 31.11
Intestino grosso.

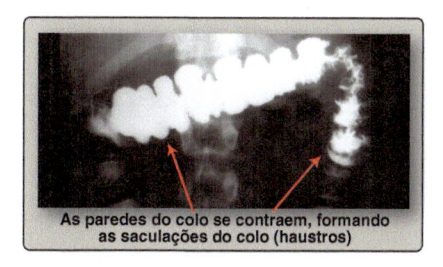

Figura 31.12
Saculações do colo (haustros).

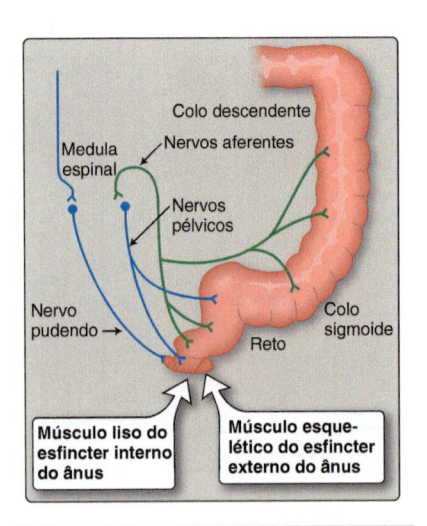

Figura 31.13
Inervação do colo, reto e ânus.

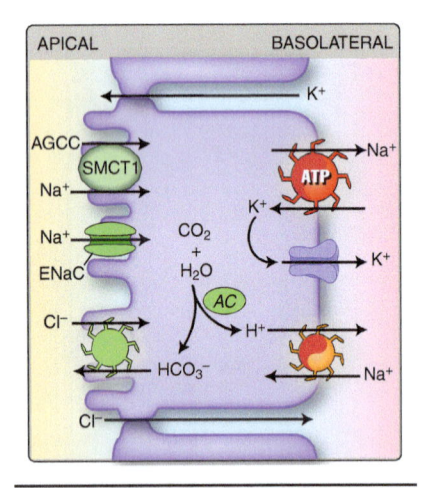

relaxa, inibindo a contração da musculatura lisa dentro dessa área (o chamado **reflexo retoesfinctérico**). Se o esfincter externo ficar voluntariamente relaxado, então ocorre a defecação. Se o esfincter externo permanecer contraído, a defecação é postergada, e as fezes ficam retidas. As ondas peristálticas podem causar uma sensação de urgência, a qual pode ou não levar à defecação, dependendo do esfincter externo. Alternativamente, uma pessoa pode voluntariamente aumentar a pressão torácica e abdominal com um movimento de esforço (a fim de empurrar as fezes para baixo e iniciar as ondas peristálticas, as quais involuntariamente relaxam o esfincter interno), e então voluntariamente relaxar o esfincter externo para que as fezes saiam.

B. Transporte

O intestino grosso tanto absorve como secreta íons. O transporte de íons também permite a absorção de água e a regulação durante os períodos de privação de água e desidratação. Por fim, algumas gorduras são transportadas por meio da membrana apical.

1. **Eletrólitos:** o Na^+ e a água são absorvidos via canais Na^+ epiteliais sensíveis à amilorida (ENaCs) na porção distal do colo (Fig. 31.14). O Cl^- é absorvido passivamente pela via paracelular. Na porção proximal do colo, o Cl^- cruza a membrana apical por meio de trocadores de Cl^--HCO_3^-. O K^+ é secretado passivamente na porção distal do colo (ver Fig. 31.14). A secreção ativa também pode ocorrer, pela inserção de canais K^+ apicais no intestino grosso, com a concentração aumentada de aldosterona ou de alguns segundos mensageiros.

2. **Ácidos graxos de cadeia curta:** os ácidos graxos de cadeia curta são transportados através da membrana apical para serem utilizados pelas células epiteliais do colo como um substrato energético (ver Fig. 31.14).

3. **Água:** o intestino grosso também tem um papel importante na absorção de água (Fig. 31.15). Somente 1% do líquido que é lançado (incluindo tanto o da dieta como o das secreções GI) no trato GI é

Figura 31.14
Transporte iônico e de ácidos graxos. ATP = trifosfato de adenosina; ENaC = canal de Na^+ epitelial sensível à amilorida; AGCC = ácido graxo de cadeia curta; SMCT1 = transportador tipo 1 de ácido graxo de cadeia curta.

Aplicação clínica 31.3 Incontinência fecal

A **incontinência fecal** é a defecação involuntária. Sua gravidade pode variar de uma capacidade parcial de controlar a defecação (exceto quando existem aumentos na pressão abdominal ou torácica, tais como durante uma tosse ou fazendo muito esforço para levantar um objeto) até uma capacidade pequena ou inexistente de controle voluntário. A fisiopatologia é geralmente relacionada a um trauma, um dano no soalho pélvico, tal como durante o parto ou uma cirurgia, ou um prolapso de reto. Os reflexos retoesfincterianos do paciente estão tipicamente normais, mas a fisiopatologia está associada com o esfincter externo do ânus. Os tratamentos para a incontinência fecal são dependentes da causa e da gravidade, incluindo roupas para coletar as fezes, agentes de espessamento fecal (porque as fezes líquidas são mais difíceis de reter), reforço do soalho pélvico e dos músculos esfincterianos, e procedimentos cirúrgicos.

Aplicação clínica 31.4 Diarreia e acidose metabólica

A diarreia crônica (> 4 semanas), persistente (2 a 4 semanas) ou aguda (< 2 semanas), se suficientemente grave, pode resultar na excreção de grandes quantidades de HCO_3^- e outros íons. A diarreia consiste em fezes semissólidas ou líquidas frequentes que podem ter uma variedade de causas (infecção, toxinas, etc.), mas sua fisiopatologia envolve a pressão osmótica que está se desenvolvendo na luz gastrintestinal, o que favorece que o líquido seja retido na luz ou mesmo a desidratação dos espaços intersticiais circundantes do intestino grosso. Isso resulta não apenas na perda de água, mas também em um decréscimo do HCO_3^- plasmático, diminuindo, portanto, o pH plasmático. Considerando-se que o Na^+ e o Cl^- são perdidos com o HCO_3^-, o ânion *gap* não se altera de forma apreciável. Assim, este tipo de perturbação do equilíbrio ácido-base pode ser classificado como uma **acidose metabólica** com um ânion *gap* normal.

excretado. O intestino grosso é responsável por aproximadamente 20% da absorção de líquidos. A capacidade para a absorção de água pode ser duplicada durante os estados de hipo-hidratação (p. ex., quando existe um aumento mediado pela aldosterona no transporte de Na^+, que permite uma maior absorção osmótica de água).

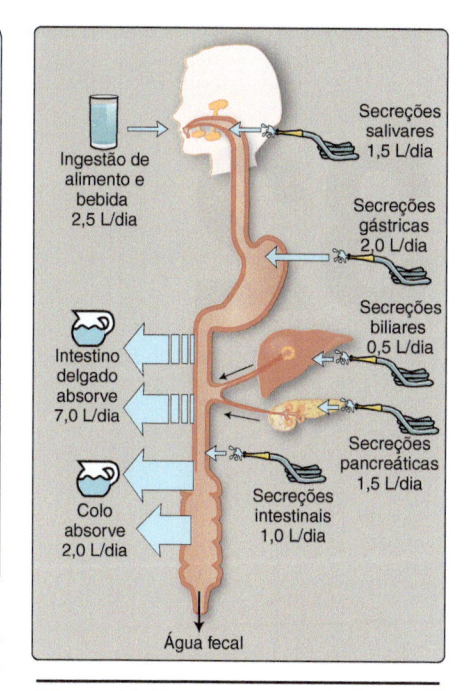

Figura 31.15
Ingestão, secreção e absorção de líquido.

Resumo do capítulo

- A **motilidade** no intestino delgado envolve tanto a mistura por **segmentação** como a **propulsão** por peristaltismo. Complexos motores migratórios varrem a luz intestinal, livrando-a das partículas residuais entre as refeições.
- A *amilase pancreática* começa a digestão do amido, clivando as **ligações de glicose α-1,4**, e as *dissacaridases* ligadas à membrana apical convertem o restante do amido em **monossacarídeos** (glicose, galactose e frutose) para absorção.
- A absorção de monossacarídeos envolve o cotransporte de glicose e Na^+ pela membrana apical, enquanto a frutose a cruza sem o auxílio de cotransportador. O transporte basolateral também não envolve cotransporte.
- As *proteases* secretadas pelo pâncreas (*tripsina*, *quimotripsina*, *elastase* e *carboxipeptidases*) cortam as ligações de aminoácidos para formar peptídeos menores. Esses peptídeos são ainda digeridos por *peptidases* ligadas à membrana, formando aminoácidos, dipeptídeos e tripeptídeos.
- Os aminoácidos são transportados através da membrana apical com o Na^+, e os pequenos peptídeos são transportados com o H^+. No interior do citosol, os pequenos peptídeos são quebrados em aminoácidos. O transporte basolateral de aminoácidos ocorre por transportadores específicos para cada classe de aminoácidos.
- Os **ácidos biliares** emulsificam os lipídeos, de maneira que a *lipase pancreática* possa clivar seus ácidos graxos a partir dos triglicerídeos. Ésteres de colesterol da dieta são digeridos em colesterol e ácidos graxos pela *colesterol esterase*. Esses produtos são então agregados em **micelas**.
- Os ácidos graxos de cadeia longa e o colesterol se difundem através da membrana apical. A seguir, são então reconstituídos e empacotados em quilomícrons, dentro do enterócito. Os quilomícrons são então secretados, e entram na circulação linfática.
- O **esfíncter ileocecal** regula a quantidade de quimo que entra no intestino grosso, e os esfíncteres externo e interno do ânus controlam as fezes que saem do sistema digestório. A motilidade, no intestino grosso, consiste em **segmentação**, **peristalse** e **movimento em massa**, assim como em vários reflexos que controlam a contração e o relaxamento do esfíncter.
- O intestino grosso absorve Na^+, Cl^- e água e secreta K^+ e HCO_3^-.

32

Pâncreas Exócrino e Fígado

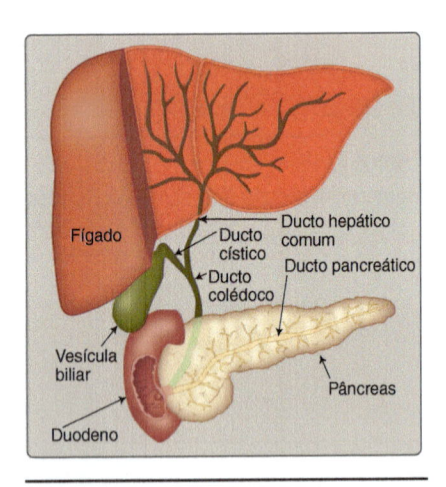

Figura 32.1
Órgãos digestórios acessórios.

Tabela 32.1 Enzimas dos grânulos de zimogênio e enzimas precursoras

Enzima	Classe/ação
Amilase	Enzima de carboidrato
Quimotripsinogênio	Precursor de enzima proteolítica
Desoxirribonuclease	Enzima de ácido nucleico
Lipase	Enzima de lipídeo
Procarboxipeptidase A e B	Precursor de enzima proteolítica
Proelastase	Precursor de enzima proteolítica
Fosfolipase A2	Precursor de enzima de lipídeo
Procolipase	Precursor de enzima de lipídeo
Ribonuclease	Enzima de ácido nucleico
Tripsinogênio	Precursor de enzima proteolítica

I. VISÃO GERAL

O pâncreas, a vesícula biliar e o fígado servem como órgãos acessórios para os intestinos (Fig. 32.1), fornecendo secreções especializadas para digerir carboidratos, proteínas e lipídeos no intestino delgado. As secreções pancreáticas são altamente reguladas por meios neuronais e hormonais, tanto em antecipação a uma refeição como em resposta à presença de alimento no trato gastrintestinal (GI). As secreções hepatobiliares são produzidas constantemente, mas são então armazenadas na vesícula biliar para secreção regulada ao interior do intestino delgado. Uma vez digerida e absorvida, a maioria dos nutrientes direciona-se, por meio da **circulação portal**, para o fígado, seja para ser extraída e processada ou passar para a circulação sistêmica (ver Fig. 21.11).

II. PÂNCREAS EXÓCRINO

As funções primárias do pâncreas exócrino são neutralizar ácidos e liberar enzimas para a digestão de macronutrientes dentro do duodeno. As **células acinares** são as células secretoras primárias. Pequenos grupos de células acinares são conectados por **ductos intercalares**, os quais convergem no **ducto coletor** (Fig. 32.2). As células que revestem o ducto intercalar adicionam íons e secreções serosas às secreções enzimáticas e iônicas das células acinares.

A. Regulação

A regulação das secreções pancreáticas é dependente da fase da digestão: cefálica, gástrica ou intestinal.

1. **Fase cefálica:** durante a fase cefálica, o nervo vago estimula as secreções pancreáticas pela liberação de **acetilcolina** (**ACh**) e do **peptídeo intestinal vasoativo** (**VIP**), e se acredita ser responsável por aproximadamente 25% das secreções pancreáticas.

2. **Fase gástrica:** a fase gástrica é responsável por aproximadamente 10% das secreções pancreáticas e é mediada por **reflexos vagovagais** estimulados pela distensão do estômago.

3. **Fase intestinal:** a fase intestinal é responsável pela maior parte das secreções pancreáticas (em torno de 65%) e é controlada hor-

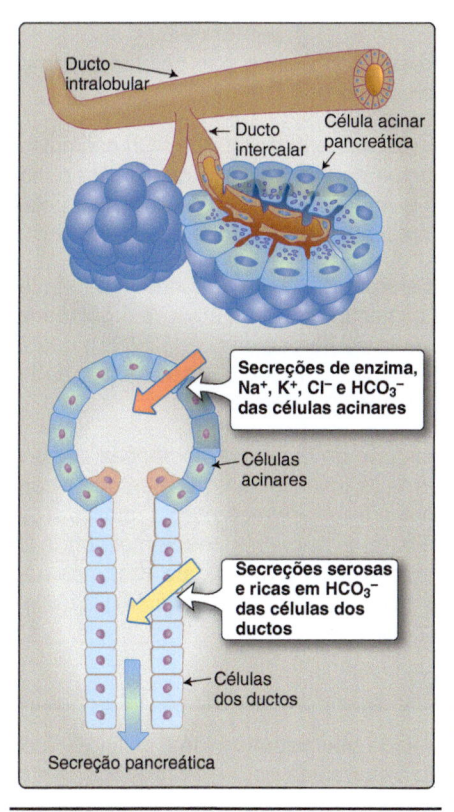

Figura 32.2
Células pancreáticas acinares e intercalares.

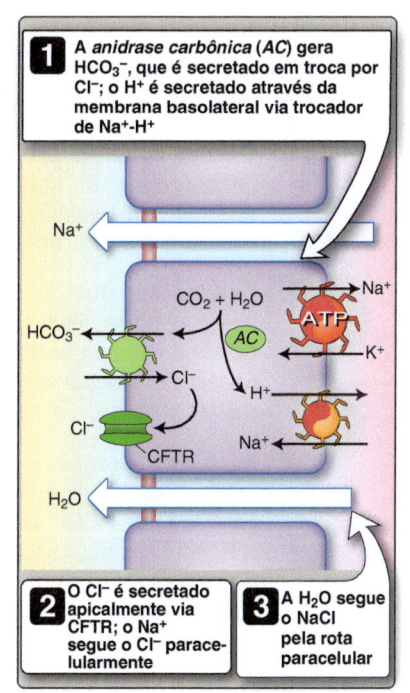

Figura 32.3
Secreção iônica intercalar. ATP = trifosfato de adenosina; CFTR = regulador de condutância transmembrana da fibrose cística.

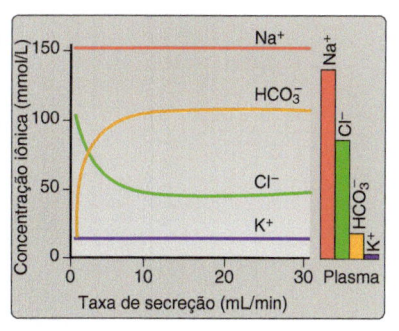

1. A *anidrase carbônica* (*AC*) gera HCO_3^-, que é secretado em troca por Cl^-; o H^+ é secretado através da membrana basolateral via trocador de Na^+-H^+.
2. O Cl^- é secretado apicalmente via CFTR; o Na^+ segue o Cl^- paracelularmente.
3. A H_2O segue o NaCl pela rota paracelular.

Figura 32.4
Efeito da taxa de secreção pancreática.

monalmente via **secretina** e **colecistocinina** (**CCK**). A secretina é liberada em resposta ao H^+, e a CCK é liberada em resposta aos aminoácidos, ácidos graxos e monoacilgliceróis. Os inibidores primários das secreções pancreáticas são a **somatostatina** e uma diminuição de macronutrientes no quimo.

B. Mecanismos de secreção enzimática

A CCK é liberada pelas células I do intestino delgado. A CCK e, em menor quantidade, o VIP e o **peptídeo liberador de gastrina** são os sinais primários responsáveis pela secreção enzimática pancreática das células acinares. Essas células contêm **grânulos de zimogênio**, que armazenam algumas enzimas ativas, mas essencialmente enzimas digestórias inativas (Tab. 32.1). Quando estimuladas, as células acinares liberam, por exocitose, os grânulos de zimogênio para o espaço luminal. O empacotamento das enzimas ocorre no aparelho de Golgi, e grandes vacúolos são condensados em grânulos de zimogênio, antes de se atracarem e fundirem com a membrana apical. A exocitose é regulada hormonal e neuronalmente.

1. **Sinalização hormonal clássica:** a CCK é liberada no espaço intersticial e entra na circulação sanguínea. Trafega então pela circulação até as células acinares pancreáticas, onde se liga a receptores CCK_A.

2. **Estimulação aferente vagal:** a CCK também se liga a receptores CCK_A nos aferentes vagais. Essa ligação estimula os aferentes, acionando a estimulação eferente das células acinares pancreáticas via VIP.

Aplicação clínica 32.1
Fibrose cística

A **fibrose cística** leva à insuficiência pancreática, devido a uma mutação no gene que codifica um regulador de condutância transmembrana da fibrose cística. Por não haver uma versão funcional desse transportador epitelial, as secreções ficam espessadas, o que pode finalmente bloquear de forma parcial os ductos e causar danos ao tecido pancreático. Isso inibe a liberação de enzimas pancreáticas, levando à má absorção de proteínas, gorduras e vitaminas lipossolúveis.

C. Mecanismos de secreção iônica

A secreção líquida iônica e serosa ocorre tanto nas células acinares como nas células dos ductos intercalares.

1. **Células acinares:** a ligação basolateral de CCK e ACh estimula o transporte de Cl^- através da membrana apical, o que facilita o movimento paracelular de Na^+ e água. A liberação de secretina pelas células S é estimulada em resposta à acidificação duodenal.

2. **Células dos ductos intercalares:** a ligação basolateral de secretina e ACh nas células dos ductos intercalares ativa os reguladores de condutância transmembrana da fibrose cística (CFTRs), outros canais Cl^- e cotransportadores de Cl^--HCO_3^-. Esses transportadores reciclam o Cl^- e secretam o HCO_3^- (Fig. 32.3).

3. **Taxa de secreção:** a quantidade de fluxo das secreções altera a concentração iônica. Conforme as taxas de fluxo aumentam, a concentração de HCO_3^- aumenta, e a concentração de Cl^- diminui. Na^+ e K^+ são também secretados (em concentrações semelhantes às do plasma para Na^+ e levemente acima delas para K^+), mas não são afetados por alterações na taxa de fluxo da secreção (Fig. 32.4).

III. SISTEMA HEPATOBILIAR

O fígado produz e secreta a bile (chamada **bile hepática**, para distingui-la da bile que vem da vesícula biliar). A bile é secretada pelos **hepatócitos** dentro de canalículos, depois cruza uma série de ductos bilíferos, os quais se tornam menos numerosos, mas progressivamente maiores em diâmetro, até que formam um **ducto hepático comum**. O fluxo dos hepatócitos é em direção oposta (para a periferia) à do sangue que vem da artéria hepática e da veia porta do fígado, o qual corre em direção central (Fig. 32.5). A partir dessa junção, a bile pode se movimentar tanto pelo **ducto colédoco** (formado pela união do ducto hepático comum, do fígado, com o ducto cístico, da vesícula biliar) para o duodeno, ou pelo **ducto cístico** para a **vesícula biliar**. O **esfincter de Oddi** (atualmente denominado **músculo esfincter da ampola hepatopancreática**) controla o rumo a ser tomado. Quando o esfincter está contraído, o ducto colédoco tem maior resistência ao fluxo biliar e, assim, a bile trafega pelo ducto cístico para a vesícula biliar. Quando o esfincter está relaxado, a bile flui, do ducto hepático comum e geralmente do ducto cístico da vesícula biliar, pelo ducto colédoco, para o duodeno (Fig. 32.6). O relaxamento do esfincter é regulado principalmente por CCK.

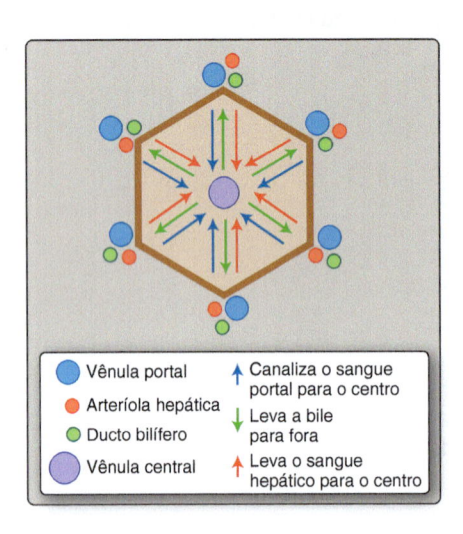

Figura 32.5
Hepatócitos e fluxo de sangue e bile.

A. Componentes da bile

Os componentes da bile incluem os ácidos biliares, eletrólitos, colesterol, fosfolipídeos e bilirrubina. A bile da vesícula biliar é significativamente mais concentrada do que a bile hepática, com a exceção de íons osmóticos, tais como o Na^+ e o Cl^- (Tab. 32.2).

1. **Ácidos biliares:** os ácidos biliares emulsificam os lipídeos para auxiliar na sua digestão pela *lipase pancreática* em associação com a *colipase*. Sem os ácidos biliares, a digestão lipídica ocorre de forma muito lenta, e geralmente é incompleta, devido a um decréscimo dramático na área de superfície disponível para as enzimas. Os ácidos biliares são formados a partir do colesterol, e existem duas formas gerais de ácidos biliares: primários e secundários.

    a. **Ácidos biliares primários:** os ácidos cólico e quenodesoxicólico são sintetizados nos hepatócitos pela **7α-hidroxilase**.

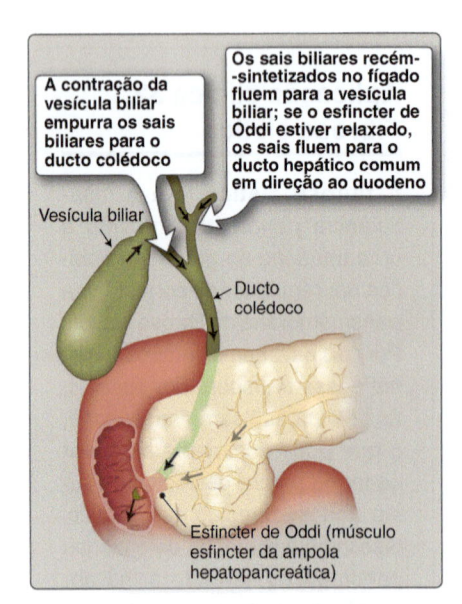

Figura 32.6
Armazenamento e secreção da bile.

Assim, a formação desses dois ácidos biliares é a via principal do metabolismo do colesterol.

b. **Ácidos biliares secundários:** os ácidos desoxicólico e litocólico não são sintetizados nos hepatócitos. Em vez disso, as bactérias do intestino grosso e da parte terminal do íleo contêm a *7α-desidroxilase*, a qual converte o ácido cólico em ácido desoxicólico e o ácido quenodesoxicólico em ácido litocólico. Esses ácidos biliares são então passivamente reabsorvidos e transportados de volta ao fígado, por meio da **circulação êntero-hepática**. Os ácidos biliares secundários podem ser conjugados ou não conjugados, onde conjugação diz respeito apenas à ligação de um sal. O tipo de ácido biliar afeta o transportador de membrana específico intestinal ou do hepatócito utilizado.

2. **Água e eletrólitos:** os íons, incluindo Na^+, K^+, Ca^{2+}, Cl^- e HCO_3^-, são secretados isotonicamente pelos hepatócitos. Um pouco mais de água e HCO_3^- são secretados pelas células dos ductos. A concentração biliar é completada na vesícula biliar, e essa concentração pode ser bastante notável (até 10 vezes maior). Isso se dá pela reabsorção de Na^+ e Cl^-, o que leva à reabsorção isosmótica de água, a qual ocorre paracelularmente e transcelularmente, por meio das aquaporinas (AQPs) 1 e 8. No processo de reabsorção do Cl^-, o HCO_3^- é secretado (Fig. 32.7).

3. **Colesterol e fosfolipídeos:** afora a conversão do colesterol em ácidos biliares primários, pequenas quantidades de colesterol são secretadas na bile. Os fosfolipídeos, principalmente a lecitina, também são secretados e auxiliam a solubilizar alguns constituintes da bile.

4. **Pigmentos e moléculas orgânicas:** o principal pigmento na bile é a bilirrubina. A bilirrubina é formada a partir do catabolismo da hemoglobina e é transportada na circulação em um complexo com a albumina. Os hepatócitos secretam esse pigmento biliar, o qual é por fim excretado diretamente pelos intestinos ou reabsorvido temporariamente e depois excretado na urina. Os íons orgânicos são também componentes da bile, o que serve como um método para o fígado excretar toxinas, fármacos e compostos a elas relacionados.

B. **Vesícula biliar**

O fígado produz bile constantemente, mas não em quantidades suficientes para emulsificar os lipídeos de forma adequada no intestino delgado. A vesícula biliar serve como o centro de armazenamento e distribuição da bile. Portanto, quando necessário, uma grande quantidade pode ser liberada. A bile armazenada na vesícula biliar está concentrada (imagine-a tão concentrada quanto um detergente da máquina de lavar pratos; um pouquinho dela pode fazer muito). A vesícula biliar pode contrair-se para impelir para fora a bile por estimulação pela CCK. A CCK é a mesma substância que faz o esfíncter de Oddi relaxar. Esse efeito combinado possibilita a secreção de quantidades suficientes dos ácidos biliares (Fig. 32.8). A estimulação vagal também pode causar uma fraca contração da vesícula biliar. A somatostatina e a noradrenalina inibem a secreção de ácidos biliares.

IV. FUNÇÕES NÃO BILIARES DO FÍGADO

Existem vários processos fisiológicos integrativos do fígado, relacionados ao metabolismo, à desintoxicação e à sua função no sistema imune. Uma das

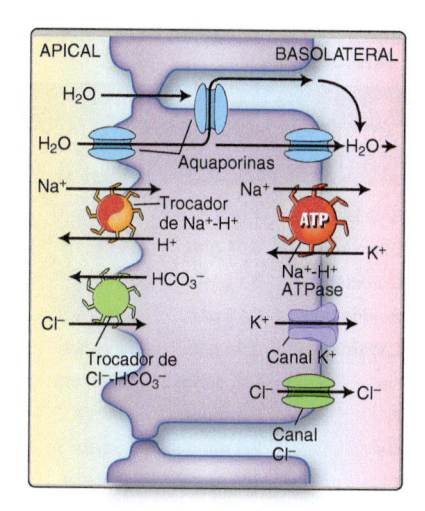

Figura 32.7
Concentrações da vesícula biliar. ATP = trifosfato de adenosina.

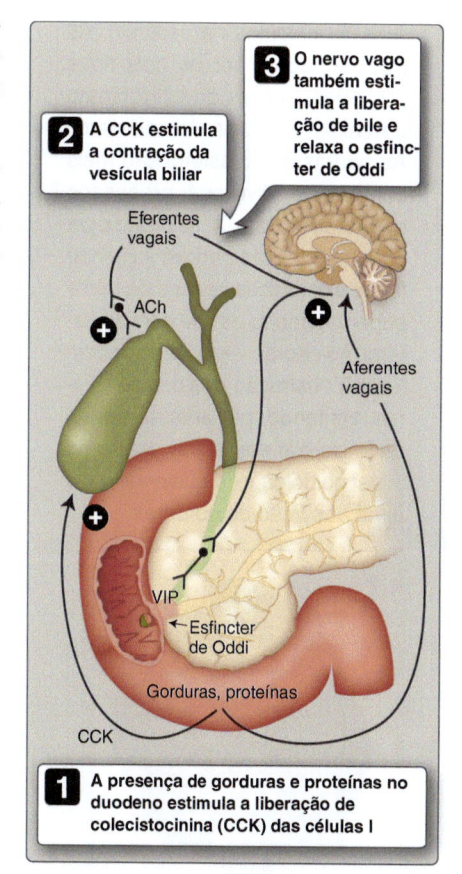

Figura 32.8
Controle neuronal e endócrino da secreção biliar. ACh = acetilcolina; VIP = peptídeo intestinal vasoativo.

Tabela 32.2 Composição da bile hepática e vesicular

Substância	Bile no fígado	Bile na vesícula biliar
Sais biliares	1 g/dL	5 vezes ↑
Bilirrubina	0,04 g/dL	10 vezes ↑
Colesterol	0,1 g/dL	5 vezes ↑
Ácidos graxos	0,12 g/dL	6 vezes ↑
Lecitina	0,04 g/dL	10 vezes ↑
Na^+	145 mmol/L	Levemente ↓
K^+	5 mmol/L	3 vezes ↑
Ca^{2+}	2,5 mmol/L	5 vezes ↑
Cl^-	100 mmol/L	10 vezes ↓
HCO_3^-	28 mmol/L	3 vezes ↓

Aplicação clínica 32.2
Colelitíase

A **colelitíase** é a presença de pedras ou cálculos na vesícula. As pedras podem ser de dois tipos primários: pedras de bilirrubinato de cálcio e pedras de colesterol. As pedras de colesterol são mais comuns, e diversos processos contribuem para a fisiopatologia da formação das pedras, incluindo fatores genéticos, estase da bile e supersaturação da bile com colesterol. As pedras vesiculares podem levar à obstrução dos ductos biliares, limitando, portanto, a quantidade de bile secretada dentro do intestino delgado, o que pode levar à má absorção de gorduras.

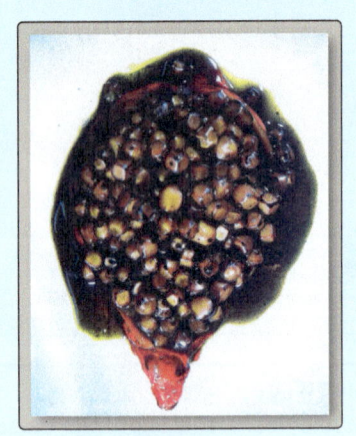

Cálculos biliares.

---

principais funções é fornecer substrato energético para outras células do corpo, especialmente nos momentos em que os alimentos estão escassos.

A. Metabolismo

O fígado participa do metabolismo de carboidratos, gorduras e proteínas. O fígado pode também armazenar e subsequentemente liberar grandes quantidades de carboidratos na forma de glicogênio e certas vitaminas e minerais.

1. **Carboidratos:** o fígado tem o papel principal no armazenamento e subsequente quebra do **glicogênio**. Um fígado médio pode armazenar em torno de 100 g de glicogênio. A quebra do glicogênio é chamada de **glicogenólise**, a qual libera glicose para ser lançada na circulação sistêmica. Além de liberar a glicose, o fígado pode converter a frutose e a galactose em glicose, assim como converter aminoácidos e triglicerídeos em glicose, por meio de um processo conhecido como **gliconeogênese**.

2. **Lipídeos:** o fígado contém as enzimas necessárias para efetuar grandes quantidades de metabolismo lipídico. Aqui o fígado pode mobilizar os ácidos graxos, por intermédio de um processo chamado **lipólise**, para serem liberados na circulação sistêmica. O fígado também produz lipoproteínas, fosfolipídeos, corpos cetônicos e colesterol, tendo ainda a capacidade de converter os aminoácidos e carboidratos em novos lipídeos.

3. **Proteínas:** o fígado está envolvido na síntese proteica, e na captação e metabolismo de aminoácidos. As proteínas sintetizadas incluem proteínas plasmáticas, pró-hormônios, fatores da coagulação, apoproteínas e proteínas ligantes de transporte. O fígado também tem a capacidade de desaminar os aminoácidos.

4. **Vitaminas e minerais:** muitas vitaminas e minerais são liberados ao fígado pela circulação portal. O fígado tem a capacidade de armazenar vitaminas solúveis em lipídeos, tais como as vitaminas A, D, E e K. Esse armazenamento de vitaminas lipossolúveis em gordura permite uma reserva energética de curta duração para quando as fontes de alimento não estão disponíveis. O fígado também armazena certos minerais tais como o ferro e o cobre.

B. Desintoxicação

O fígado participa de várias reações de desintoxicação e remoção. Desses processos, dois dos mais importantes são a remoção da amônia e do etanol, além de também mediar diversas biotransformações.

1. **Amônia:** os intestinos (principalmente o intestino grosso) são responsáveis por aproximadamente 50% da amônia produzida. O fígado recebe a maior parte dessa amônia pela circulação portal. Por outro lado, o fígado também remove a maior parte da amônia circulante mediante uma série de reações, as quais compõem o ciclo da ureia. A ureia é liberada na circulação sistêmica, onde quase toda pode ser excretada pelos rins.

2. **Etanol:** o fígado contém *álcool desidrogenase*, a qual facilita a conversão do etanol em acetaldeído e nicotinamida-adenina-dinucleotídeo reduzido (NADH). Esses dois produtos podem então ser convertidos em acetilcoenzima A (acetil-CoA) pelos tecidos periféricos, como o músculo esquelético.

3. **Biotransformação de fármacos:** as reações de biotransformação envolvem duas fases. Essas fases podem ser descritas como **fase I**, ou **oxidação**, e **fase II**, ou **conjugação** e **eliminação**.

   a. **Reações da fase I:** as reações da fase I utilizam enzimas do citocromo P450 para oxidar moléculas orgânicas. Essas reações metabolizam a maior parte das classes de fármacos, e existem apenas poucas reações da fase I independentes do citocromo P450, de compostos contendo amina. As reações da fase I podem também ser utilizadas para ativar alguns fármacos.

   b. **Reações de fase II:** as reações de fase II conjugam os produtos, para auxiliar na sua solubilidade para liberação na circulação sistêmica, a fim de serem filtrados e excretados no rim ou serem secretados no intestino delgado com a bile para subsequente excreção.

   > O fígado está envolvido no metabolismo de primeira passagem de fármacos orais por meio de reações de biotransformação. Certos fármacos são quase que inteiramente metabolizados nessa primeira passagem, pelo fígado, via circulação portal. Esse é o motivo pelo qual certos fármacos devem ser dosados e liberados de forma tópica, inalada ou injetável.

C. **Funções imunes**

A circulação portal fornece nutrientes dos intestinos, mas em geral as bactérias também estão presentes em amostras de sangue portal. Entretanto, em um indivíduo saudável, não existem bactérias intestinais na circulação sistêmica. As **células de Kupffer** são macrófagos fagocíticos especializados, localizados no fígado, que engolfam e digerem essas bactérias intestinais (Fig. 32.9). O fígado é também o principal sítio de produção da linfa e de liberação da imunoglobulina A.

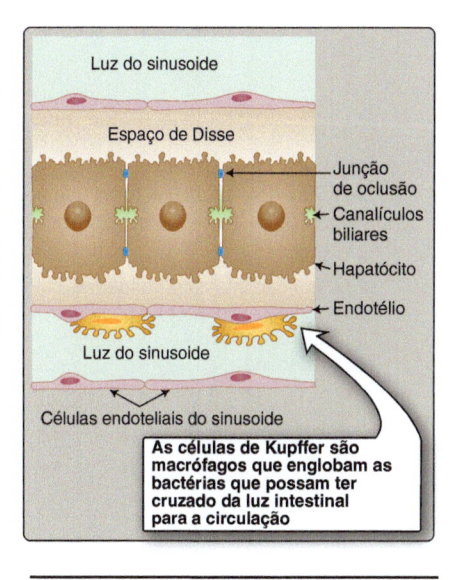

Figura 32.9
Células de Kupffer.

Resumo do capítulo

- A regulação do pâncreas exócrino ocorre via efeitos estimuladores da **secretina** e da **colecistocinina**, assim como por efeitos inibidores da **somatostatina**. O pâncreas exócrino secreta enzimas, íons e soluções serosas. As enzimas são secretadas nas suas formas inativas para serem ativadas no intestino delgado, e o HCO_3^- é secretado para auxiliar na neutralização do ácido estomacal.

- Os componentes da bile são ácidos biliares (tanto primários como secundários), eletrólitos, colesterol, fosfolipídeos e bilirrubina. A vesícula biliar é o local primário de armazenamento da bile. Na vesícula biliar, a bile é concentrada, em comparação à do fígado. A **colecistocinina** causa contrações da vesícula biliar para mover a bile em direção ao intestino delgado.

- O **esfíncter de Oddi** (atualmente denominado **músculo esfíncter da ampola hepatopancreática**) é um estreitamento que regula a liberação da bile no intestino delgado. A colecistocinina faz o esfíncter de Oddi relaxar, permitindo, portanto, que a bile entre no intestino delgado.

- O fígado participa do metabolismo de carboidratos, lipídeos e proteínas. Esse órgão pode tanto armazenar como liberar esses substratos, dependendo do estado alimentado *versus* jejum. O fígado também pode estocar vitaminas lipossolúveis e certos minerais.

- O fígado participa da **desintoxicação** e da **remoção de fármacos**, hormônios e amônia. Além disso, o fígado produz grandes quantidades de linfa e está envolvido em muitas funções relacionadas à imunidade.

Questões para estudo

Escolha a resposta CORRETA.

VII.1 Uma mulher de 35 anos de idade, com um diagnóstico recente de câncer de mama, apresenta uma dificuldade de trabalho gastrintestinal (GI) após um tratamento com quimioterapia que atinge as células de rápida divisão. Qual camada do trato GI ou molécula sinalizadora mais provavelmente é afetada pelo tratamento?

A. A longitudinal muscular.
B. O plexo submucoso.
C. O epitélio.
D. A motilina.
E. O peptídeo intestinal vasoativo.

Resposta correta = C. O epitélio gastrintestinal (GI) tem uma taxa de renovação muito alta (29.II.A) e, assim, é mais afetado pela quimioterapia. A camada longitudinal da túnica muscular e o plexo submucoso são importantes camadas do trato GI para o esvaziamento gástrico e para a motilidade intestinal, mas apresentam baixas taxas de renovação celular. A motilina derivada das células M estimula a motilidade gástrica e intestinal (29.IV.A), e o peptídeo intestinal vasoativo proveniente dos nervos parassimpáticos relaxa a musculatura lisa do trato GI (29.III.C), mas tais hormônios e neurotransmissores não se originam de células epiteliais com alta taxa de replicação.

VII.2 Qual das seguintes substâncias de sinalização gastrintestinal é liberada pelos terminais nervosos simpáticos e diminui as secreções intestinais?

A. Substância P.
B. Peptídeo intestinal vasoativo.
C. Peptídeo liberador de gastrina.
D. Neuropeptídeo Y.
E. Histamina.

Resposta correta = D. O neuropeptídeo Y relaxa a parede muscular e diminui as secreções intestinais (29.III.B). O peptídeo intestinal vasoativo aumenta a secreção pancreática e as secreções intestinais, mas é liberado pelos neurônios parassimpáticos e entéricos (29.III.C). A substância P aumenta, parcialmente, as secreções das glândulas salivares. O peptídeo liberador de gastrina aumenta a secreção de gastrina. A histamina aumenta as secreções gástricas e é liberada pelas células semelhantes às enterocromafins (29.IV.B).

VII.3 Um homem de 40 anos de idade, com doença de Crohn incontrolada, é submetido à uma ressecção ileal para remover tecido danificado. A síntese e a liberação de qual hormônio gastrintestinal deverão ser mais afetadas por essa cirurgia?

A. Gastrina.
B. Motilina.
C. Peptídeo insulinotrópico dependente de glicose.
D. Prostaglandinas.
E. Colecistocinina.

Resposta correta = E. A colecistocinina (CCK) é secretada pelas células I ao longo de todo o intestino delgado, incluindo o íleo (29.IV.A). A CCK age no estômago, no pâncreas e na vesícula biliar para promover a secreção de substâncias e o esvaziamento gástrico. A motilina e o peptídeo insulinotrópico dependente de glicose são secretados pelas células M e K, respectivamente, no duodeno e no jejuno, mas não no íleo. A gastrina é secretada tanto no estômago quanto no intestino delgado. As prostaglandinas não são consideradas hormônios, mas são classificadas como substâncias gastrintestinais parácrinas.

VII.4 Uma mulher de 52 anos de idade, que ingeriu escopolamina (um antagonista colinérgico) para enjoo durante uma viagem de avião, também apresenta sintomas condizentes com xerostomia como um efeito colateral. Qual das seguintes alterações é mais compatível com a xerostomia?

A. Aumento de inositol trifosfato nas células da glândula parótida.
B. Estimulação da *adenilato ciclase* nas células da glândula parótida.
C. Aumento na produção de muco.
D. Diminuição da concentração de Cl^- na saliva.
E. Diminuição da concentração de K^+ na saliva.

Resposta correta = D. A secreção salivar é controlada principalmente pelo sistema nervoso parassimpático (30.II.C). Quando ativa, a acetilcolina liberada aumenta a secreção salivar pela via de sinalização do inositol trifosfato (IP_3). O bloqueio da sinalização colinérgica reduz os níveis de IP_3 e diminui o fluxo salivar. A composição iônica da saliva é dependente da taxa de fluxo. Quando a taxa de fluxo diminui, o conteúdo de Cl^- diminui, enquanto as concentrações de K^+ aumentam. A escopolamina não estimula receptores adrenérgicos e, portanto, não é esperada qualquer alteração nos níveis da *adenilato ciclase*. Os anticolinérgicos diminuem a produção de muco pelas glândulas salivares.

VII.5 Qual das seguintes sentenças melhor descreve as células marca-passo gastrintestinais, conhecidas como células intersticiais de Cajal?

A. Elas geram 15 a 20 ciclos/minuto.
B. Elas necessitam de canais Na^+ dependentes de voltagem.
C. Elas necessitam de canais Ca^{2+} dependentes de voltagem.
D. A despolarização inicia no antro pilórico.
E. A despolarização inicia no fundo gástrico.

> Resposta correta = C. As células intersticiais de Cajal (CICs) são marca-passos localizados no corpo gástrico, não no antro, nem no fundo gástrico (30.IV.B). Elas geram ondas de despolarização (ondas lentas) em uma frequência ao redor de 3 a 5 ciclos/min. As ondas lentas geram potenciais de ação e iniciam de contração que são mediadas por canais Ca^{2+} dependentes de voltagem, em vez de canais Na^+ dependentes de voltagem. As ondas contráteis são responsáveis por misturar e triturar o conteúdo do estômago, para ajudar a quebrar o alimento antes que ele seja enviado para o intestino delgado.

VII.6 Se a função das células gástricas D for prejudicada por mediadores imunes ou inflamatórios, a secreção ácida poderia aumentar por meio de qual dos seguintes mecanismos?

A. Potencialização reduzida.
B. Aumento da liberação de acetilcolina.
C. Aumento da síntese de prostaglandina E_2.
D. Diminuição da secreção da célula G.
E. Perda da inibição da célula parietal.

> Resposta correta = E. As células D secretam somatostatina, a qual normalmente inibe a secreção de H^+ pelas células parietais (30.IV.C). A redução dos níveis de somatostatina estabeleceria o potencial para um aumento da secreção de H^+. As prostaglandinas também, normalmente, diminuem a secreção de H^+, mas por meio de vias que não envolvem as células D. As células G secretam gastrina, que estimula a secreção de H^+ pelas células parietais. A acetilcolina (ACh) também aumenta a secreção de H^+ mediante várias vias diretas e indiretas. A potencialização se refere à observação de que a secreção de H^+ aumenta bastante quando dois fatores de estimulação se ligam simultaneamente (p. ex., gastrina mais ACh), muito mais do que pode ser esperado a partir da soma das suas ações individuais.

VII.7 Um mulher de 35 anos de idade queixa-se de azia e dores no estômago, o que frequentemente a acorda durante a noite. Ela descobre que tem uma úlcera péptica. Qual das seguintes sentenças melhor explica como o duodeno normalmente se protege contra a formação de úlceras?

A. Ele tem uma espessa camada de muco viscoso.
B. Ele tem uma membrana apical espessa.
C. As células S liberam secretina.
D. As células semelhantes às enterocromafins liberam histamina.
E. As *peptidases* são liberadas na forma inativa.

> Resposta correta = C. As úlceras pépticas ocorrem no estômago e no duodeno (Aplicação clínica 30.3). São frequentemente provocadas pela *Helicobacter pylori*, mas a erosão da parede ocorre pela ação de ácidos e enzimas. A principal defesa do duodeno contra ácidos é a secretina, liberada pelas células S quando estimuladas pelo ácido. A secretina dispara a liberação de HCO_3^- do pâncreas (32.II.A). Diferentemente do estômago, o duodeno não tem uma espessa camada de muco protetor, o que o torna vulnerável ao ácido. Também não possui uma espessa membrana apical, o que poderia prejudicar a absorção de nutrientes. As *peptidases* pancreáticas são liberadas na forma inativa, mas são imediatamente ativadas na luz intestinal. A histamina é um fator de controle local das células parietais gástricas.

VII.8 O Na^+ é necessário para a absorção de qual das seguintes substâncias pelas células do intestino delgado?

A. Captação apical de frutose.
B. Transporte basolateral de glicose.
C. Captação apical de dipeptídeo.
D. Transporte basolateral de aminoácido.
E. Captação apical de glicerol.

> Resposta correta = C. A absorção apical de dipeptídeos ocorre por meio de PepT1, que é um cotransportador acionado por um gradiente de influxo de Na^+ (31.II.D). O transporte apical de frutose ocorre pelo transportador GLUT5, e o transporte basolateral de glicose ocorre via transportador GLUT2 (31.II.C). A família de transportadores GLUT facilita a captação por difusão de substâncias a favor de seu gradiente de concentração e de forma independente de Na^+. O transporte basolateral de aminoácidos também ocorre tanto por transportadores individuais ou grupos de transportadores, mas independentemente de gradientes iônicos. A captação apical de glicerol não precisa da assistência de qualquer íon ou transportador proteico especializado. A captação de glicerol ocorre por difusão pela membrana da célula epitelial.

VII.9 Uma mulher de 65 anos de idade, com um plano alimentar restritivo de 1.500 kcal, apresenta dor visceral e inchaço. Uma amostra de sangue identifica bilirrubina elevada, e uma ultrassonografia do quadrante superior direito revela cálculos biliares obstruindo o ducto colédoco. Essa obstrução poderia afetar principalmente a digestão e a absorção de qual dos seguintes planos alimentares?

   A. 55% de carboidrato, 15% de proteína, 30% de gordura.
   B. 20% de carboidrato, 30% de proteína, 50% de gordura.
   C. 70% de carboidrato, 10% de proteína, 20% de gordura.
   D. 40% de carboidrato, 40% de proteína, 20% de gordura.
   E. 50% de carboidrato, 20% de proteína, 30% de gordura.

Resposta correta = B. O plano alimentar que consiste em 20% de carboidrato, 30% de proteína e 50% de gordura contém o mais alto teor de gordura e, portanto, deve ser mais difícil para esse indivíduo digerir e absorver. As gorduras necessitam da propriedade de emulsificação pelos ácidos biliares (31.II.E). Sem essa emulsificação, a digestão dos lipídeos é comprometida, e pode ocorrer esteatorreia (gordura nas fezes), dor e inchaço. As porções de proteínas e carboidratos da alimentação não serão diretamente influenciadas por uma redução dos ácidos biliares.

VII.10 Uma mulher de 28 anos de idade recentemente deu à luz ao seu segundo filho por meio de cesariana. Ela agora apresenta incontinência urinária e fecal durante atividades que requerem força. Um teste de condução do nervo pudendo indica que o nervo pudendo é a causa da incontinência fecal. Qual esfíncter provavelmente é o mais afetado?

   A. Pilórico.
   B. Ileocecal.
   C. Retossigmoide.
   D. Interno do ânus.
   E. Externo do ânus.

Resposta correta = E. O nervo pudendo inerva o esfíncter externo do ânus, que é um músculo esquelético que está sob controle motor somático voluntário (31.III.A). O esfíncter interno do ânus é composto por músculo liso e é inervado pelos nervos pélvicos, estando sob controle involuntário. O esfíncter pilórico regula o esvaziamento gástrico para o duodeno. O retossigmoide é uma junção muito mais do que um esfíncter. O esfíncter ileocecal controla o movimento em ondas de resíduos entre o intestino delgado e o grosso, mas não está diretamente envolvido na defecação.

VII.11 Durante uma cirurgia hepática, uma amostra de bile foi coletada do fígado e outra da vesícula biliar. Comparada com a bile hepática, como pode diferir a composição do conteúdo da bile presente na vesícula biliar?

   A. Menor concentração de sais biliares.
   B. Menor concentração de ácidos graxos.
   C. Menor concentração de colesterol.
   D. Maior concentração de bilirrubina.
   E. Maior concentração de Cl$^-$.

Resposta correta = D. A bile é produzida pelo fígado e estocada pela vesícula biliar até que seja necessária para ajudar na digestão de gordura (32.III.A). A vesícula biliar concentra e modifica a composição da bile durante o armazenamento, causando um aumento de 10 vezes nos níveis de bilirrubina. As concentrações de sais biliares, ácidos graxos e colesterol também aumentam. O Cl$^-$ é reabsorvido juntamente com outros íons durante a concentração biliar, e seus níveis caem em 10 vezes.

VII.12 Para avaliar uma possível colecistite, é administrada colecistocinina (CCK) durante um procedimento de colecintigrafia, no qual os constituintes biliares são radioativamente marcados, e as secreções biliares, rastreadas. Qual é a função primária da CCK neste teste?

   A. Diminuir a formação primária de sais biliares.
   B. Diminuir a formação secundária de sais biliares.
   C. Estimular eferentes simpáticos locais.
   D. Inibir a secreção de bicarbonato.
   E. Contrair a vesícula biliar.

Resposta correta = E. A colecistocinina (CCK) tem muitos papéis na função gastrintestinal, incluindo a facilitação da liberação da bile para a luz intestinal. A liberação é efetuada pelo relaxamento do esfíncter de Oddi e pela contração da vesícula biliar (32.III.B). A CCK também aumenta a secreção de HCO_3^-. A liberação de bile ainda é estimulada pela liberação de acetilcolina pelo sistema nervoso parassimpático. O sistema nervoso simpático não contribui para a liberação da bile, e a noradrenalina é classificada como um inibidor da secreção biliar. A CCK não regula a formação de sais biliares.

UNIDADE VIII
Sistema Endócrino

Pâncreas Endócrino e Fígado

33

I. VISÃO GERAL

Todas as células necessitam de energia para sobreviver e crescer. O pâncreas endócrino e o fígado regulam a disponibilidade de substratos energéticos presentes no sangue, quais sejam, glicose, ácidos graxos, corpos cetônicos e aminoácidos. Desses, a glicose é a base principal da energia celular (i.e., glicólise, ciclo do ácido cítrico e fosforilação oxidativa). Os níveis de glicose do sangue são regulados pelos hormônios pancreáticos **insulina**, a qual possibilita a entrada de glicose nas células, e **glucagon**, o qual aumenta os níveis de glicose do sangue principalmente por meio de efeitos no fígado. Além de resolver a necessidade celular por energia imediata, esses hormônios também estão envolvidos no armazenamento de energia tanto de curto prazo, como de longo prazo. A energia pode ser armazenada na forma de **glicogênio**, ou como lipídeos no fígado e nos tecidos periféricos, tais como o adiposo e o muscular. A energia não é somente necessária para as carências celulares imediatas, mas também para crescimento, divisão e reparo. O **hormônio do crescimento (GH)** e o **fator de crescimento semelhante à insulina (IGF-1)** do **eixo hipotálamo-hipófise-fígado** medeiam muitas dessas ações. Visto que o GH e o IGF-1 estão extremamente envolvidos no anabolismo (formando o organismo a partir de pequenos compostos), não é de surpreender o fato de que esses dois hormônios também influenciam a liberação de energia e interagem com os principais hormônios pancreáticos (i.e., insulina e glucagon). Insulina, glucagon, GH e IGF são hormônios peptídicos produzidos inicialmente na forma de "pré-pró", a qual é modificada para a forma "pró" e, finalmente, no aparelho de Golgi, convertida em uma forma "ativa". Essa forma ativa é em geral secretada com sequências que apresentam clivagens adicionais. A insulina, por exemplo, é secretada juntamente com o peptídeo C (Fig. 33.1).

II. PÂNCREAS ENDÓCRINO

O pâncreas contém dois tipos de glândulas. As glândulas exócrinas, que secretam enzimas digestórias e HCO_3^- dentro da luz intestinal, conforme foi discutido no Capítulo 32, e as glândulas endócrinas, que são grupamentos altamente vascularizados de células produtoras de hormônios, conhecidas como **ilhotas pancreáticas (ilhotas de Langerhans)**. Os produtos das glândulas exócrinas auxiliam a digerir o alimento para liberar substratos energéticos para a absorção, enquanto as secreções das glândulas endócrinas controlam a disponibilidade e o uso desses substratos de energia após a absorção.

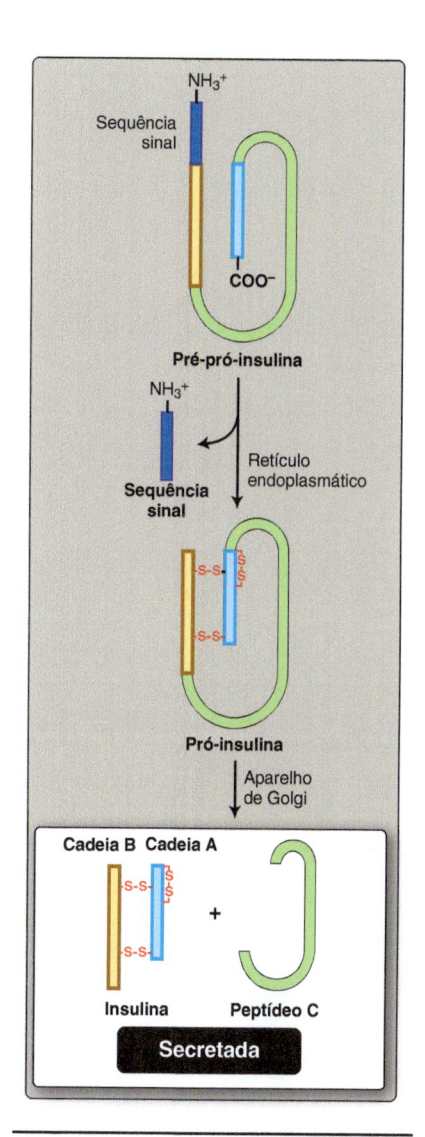

Figura 33.1
Etapas do processamento da insulina.

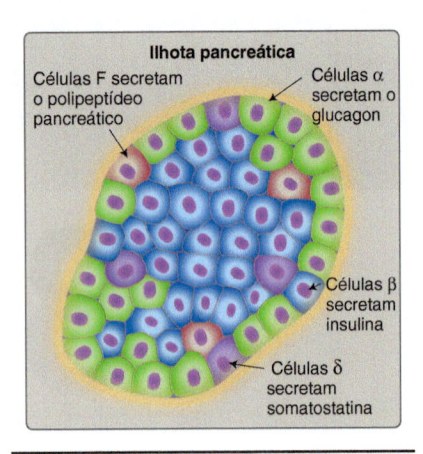

Figura 33.2
Composição celular da ilhota pancreática.

A. Estrutura da ilhota

As ilhotas contêm quatro tipos principais de células endócrinas, cada qual produzindo um hormônio específico. As **células α** secretam glucagon, as **células β** secretam insulina, as **células δ** secretam **somatostatina** e as **células F** secretam o **polipeptídeo pancreático** (Fig. 33.2). As células secretoras de insulina são numerosas e estão localizadas centralmente, enquanto as células secretoras de glucagon estão localizadas mais na periferia. As células adjacentes, dentro da ilhota, estão conectadas por junções comunicantes que permitem a comunicação direta célula a célula (ver 4.II.F).

B. Fluxo sanguíneo

O sangue oxigenado entra nas ilhotas em seu centro e então flui em direção à periferia (Fig. 33.3), tanto como a água, em uma fonte, esguicha do centro para cima e flui para fora. Esse padrão de fluxo permite que ocorra a sinalização hormonal local (parácrina) dentro da ilhota. Por exemplo, as células δ liberam somatostatina, que atua localmente para diminuir a secreção de glucagon e insulina a partir das células α e β, respectivamente. Os hormônios pancreáticos que foram secretados são drenados com o sangue para a circulação portal e são levados ao fígado (ver Fig. 21.11). Os hepatócitos são os alvos-chave para muitos hormônios pancreáticos, o que não é de surpreender, dado o papel relevante do fígado no armazenamento de substratos energéticos e no metabolismo.

C. Inervação

As células das ilhotas são inervadas tanto pelo sistema nervoso simpático como pelo parassimpático. Receptores muscarínicos pós-sinápticos (colinérgicos) medeiam os efeitos parassimpáticos, e os receptores α e β-adrenérgicos medeiam os efeitos simpáticos (ver 7.IV.B.2). Em geral, a estimulação simpática aumenta a liberação de substratos energéticos no sangue para uso celular, enquanto a estimulação parassimpática faz as células captarem e armazenarem os substratos energéticos.

III. GLUCAGON

O glucagon é um pequeno hormônio peptídico (29 aminoácidos) sintetizado pelas células α das ilhotas. É formado por proteólise do pró-glucagon, liberando o glucagon e dois fragmentos proteicos inativos. A meia-vida do glucagon é de 5 a 10 minutos após sua liberação na circulação. Ele é degradado e removido da circulação pelo fígado.

A. Função

A principal função do glucagon é mobilizar os substratos energéticos, tornando-os disponíveis para uso pelos tecidos durante momentos de estresse ou entre as refeições. O alvo principal do glucagon é o fígado, mas esse hormônio tem alvos secundários, que incluem miócitos estriados e adipócitos. Os **receptores do glucagon** fazem parte da superfamília de receptores acoplados à proteína G (GPCR) e medeiam uma quantidade de efeitos celulares, incluindo aumentos na concentração sanguínea de glicose, ácidos graxos e corpos cetônicos por **glicogenólise**, **gliconeogênese**, **lipólise** e **cetogênese**.

1. **Glicogenólise:** o glucagon estimula a quebra do glicogênio hepático pelas enzimas ***glicogênio fosforilase*** e *glicose-6-fosfatase*, liberando glicose para ser lançada na circulação. A *glicogênio fosforilase* é ativada pela fosforilação dependente da *proteína cinase A* (*PKA*) após ligação no receptor de glicogênio. A *PKA* fosforila e ini-

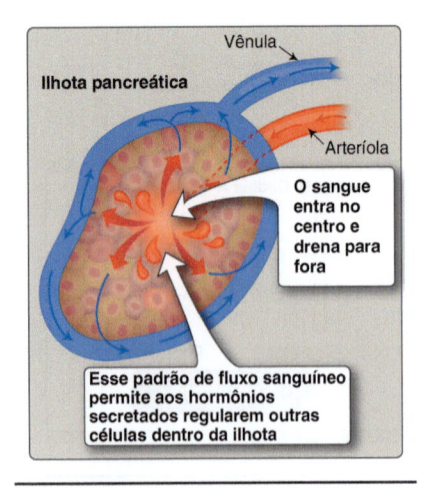

Figura 33.3
Fluxo sanguíneo na ilhota.

be, simultaneamente, a síntese de glicogênio pela *glicogênio sintase*, facilitando, assim, a mobilização da glicose.[1] A glicose sai então da célula, via GLUT2, um membro da família de transportadores da glicose (Fig. 33.4). O glucagon também estimula a glicogenólise no músculo para aguentar um aumento na atividade contrátil.

2. **Gliconeogênese:** o glucagon também estimula a síntese de glicose a partir de fontes que não são carboidratos, tais como lipídeos e proteínas. A gliconeogênese é mediada por rotas que incluem a *glicose-6-fosfatase* e a *frutose-1,6-bisfosfatase* (Fig. 33.5).[2] O glucagon inibe simultaneamente as enzimas envolvidas na quebra da glicose, inclusive a *glicocinase*, a *fosfofrutocinase* e a *piruvato cinase*.

3. **Lipólise:** o glucagon também tem como alvo os adipócitos, fazendo-os quebrar os triglicerídeos em glicerol e ácidos graxos livres. A lipólise é mediada pela *lipase sensível a hormônio* (*HSL*), aumentando assim os ácidos graxos livres no plasma e a utilização dos ácidos graxos como substratos diretos (metabolismo lipídico) e indiretos (convertidos de volta à glicose, então metabolizados).

4. **Cetogênese:** os corpos cetônicos (i.e., acetoacetato, β-hidroxibutirato e acetona) se formam nos hepatócitos, a partir da oxidação incompleta de ácidos graxos livres. Os ácidos graxos são absorvidos e produzidos pelos hepatócitos, sendo então transportados para as mitocôndrias, por um sistema de lançadeira de carnitina, para processamento. Os corpos cetônicos são liberados dos hepatócitos para a circulação. São solúveis em soluções aquosas e facilmente absorvidos por tecidos extra-hepáticos, onde são convertidos novamente em acetilcoenzima A (acetil-CoA), para utilização no metabolismo aeróbio, liberando a sua energia estocada.

> Os corpos cetônicos como a acetona (conhecida como removedor de esmalte de unhas) são voláteis orgânicos que têm um aroma de fruta característico. São facilmente detectados na respiração de indivíduos que os estão metabolizando. A produção excessiva de cetona pode também causar cetoacidose, uma acidose metabólica de elevado ânion *gap* (ver 28.VI.E).

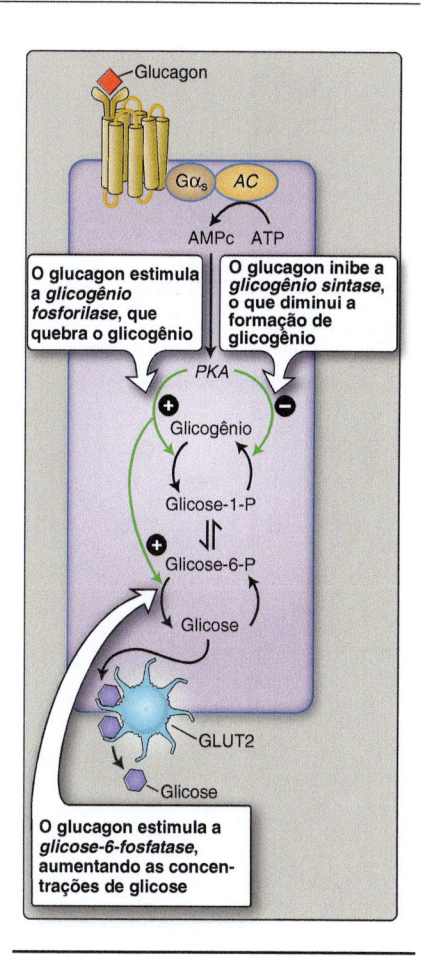

Figura 33.4

Glicogenólise. AC = adenilato ciclase; ATP = trifosfato de adenosina; AMPc = monofosfato de adenosina cíclico; glicose-1-P = glicose-1-fosfato; glicose-6-P = glicose-6-fosfato; GLUT2 = membro da família dos transportadores de glicose; PKA = proteína cinase A; $G\alpha_s$ = subunidade alfa da proteína G.

B. Secreção

A liberação de glucagon é regulada pelos substratos circulantes (aminoácidos, corpos cetônicos e glicose) e por mecanismos hormonais e neuronais.

1. **Secreção aumentada:** a colecistocinina (CKK) e as concentrações sanguíneas elevadas de aminoácidos (tal como por consumo de proteínas) estimulam a secreção de glucagon. O glucagon é também estimulado por decréscimos da glicose do sangue através de uma retroalimentação negativa. O sistema nervoso simpático (SNS) aumenta a secreção de glucagon durante eventos de estresse, para aumentar a disponibilidade de substratos energéticos, na forma de gli-

---

[1] Para mais informações sobre a quebra do glicogênio, ver Bioquímica ilustrada, 5ª edição, Artmed Editora.

[2] Para mais informações sobre a gliconeogênese, ver Bioquímica ilustrada, 5ª edição, Artmed Editora.

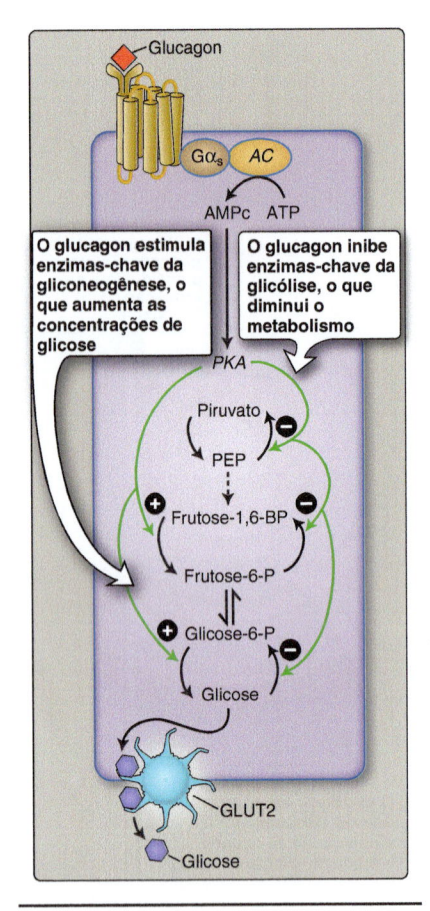

Figura 33.5

Gliconeogênese. AC = adenilato ciclase; ATP = trifosfato de adenosina; AMPc = monofosfato de adenosina cíclico; frutose-1,6-BP = frutose-1,6--bisfosfato; frutose-6-P = frutose-6-fosfato; glicose-6-P = glicose-6-fosfato; GLUT2 = membro da família dos transportadores de glicose; PKA = proteína cinase A; PEP = fosfoenolpiruvato.

cose, ácidos graxos e corpos cetônicos do sangue, para os tecidos em atividade.

2. **Secreção diminuída:** a insulina e a somatostatina diminuem a secreção de glucagon pelas ilhotas. Aumentos de glicose, ácidos graxos e corpos cetônicos no sangue também reduzem a secreção de glucagon por retroalimentação negativa. O **peptídeo semelhante ao glucagon 1 (GLP-1)** circulante, secretado pelas células L intestinais, também suprimem a secreção de glucagon.

C. Peptídeos semelhantes ao glucagon

No pâncreas, existem dois fragmentos proteicos inativos que são secretados com o glucagon. Esses fragmentos são o **GLP-1** e o **peptídeo semelhante ao glucagon 2 (GLP-2)**, que são inativos devido às sequências extras de amina aderidas a cada um. Nas células L, o mesmo gene é transcrito, gerando as formas ativas de GLP-1 (envolvida na secreção de insulina, ver adiante) e de GLP-2 (envolvida na estabilidade da mucosa intestinal), e uma forma inativa do glucagon. Esse processo demonstra a importância de não apenas ter o gene transcrito, mas também as enzimas corretas e as modificações pós-traducionais dentro de um tecido para gerar os hormônios peptídicos ativos.

IV. INSULINA

Nas células β das ilhotas, a pró-insulina é quebrada em insulina e peptídeo C (ver Fig. 33.1). A insulina é um hormônio proteico que consiste em duas cadeias peptídicas. A meia-vida da insulina é de cerca de 3 a 8 minutos. A insulina é degradada pelo fígado durante a sua primeira passagem, a qual remove mais de 50%, com a degradação adicional ocorrendo nos rins e tecidos periféricos.

> O peptídeo C (31 aminoácidos) é biologicamente inerte, mas é secretado nas mesmas taxas que a insulina. Ele não é removido em sua primeira passagem pelo fígado, e tem meia-vida mais longa do que a da insulina. Assim, pode ser utilizado clinicamente para monitorar a função das células β.

A. Função

A principal função da insulina é diminuir os níveis de glicose no sangue. Os alvos primários da insulina são o fígado, o músculo esquelético e o tecido adiposo, o qual, quando estimulado, facilita a captação de glicose, ácidos graxos, glicerol, corpos cetônicos e aminoácidos do sangue. Pense na insulina como a chave para um portão que controla uma multidão onde existem pessoas (glicose) esperando na calçada (sangue) para entrar em um espetáculo (a célula). Uma vez que se permita que algumas pessoas entrem, poucas permanecerão do lado de fora, na calçada. Os efeitos celulares da insulina são transduzidos por um *receptor de tirosina cinase* (ver 1.VII.C) e importantes proteínas de ancoragem, substratos receptores de insulina (IRSs). Tanto a porção *tirosina cinase* do receptor de insulina como o IRS ativam outras proteínas, por fosforilação, para mediar uma miríade de efeitos celulares.

1. **Captação de glicose:** a insulina aumenta a captura de glicose por aumentar e inserir transportadores GLUT4 no músculo (Fig. 33.6) e no tecido adiposo. Os transportadores de glicose da membrana celular podem ser sensíveis à insulina, como o GLUT4, ou insensíveis,

como o GLUT2 (p. ex., no fígado). Assim, o músculo pode diminuir extraordinariamente os níveis de glicose do sangue, quando a insulina está elevada (p. ex., após as refeições), mas não afeta de forma apreciável os níveis de glicose do sangue durante os períodos de baixa insulina (p. ex., entre as refeições).

2. **Glicogênese:** a insulina estimula a formação de glicogênio por estimular a *glicogênio sintase* e inibir a *glicogênio fosforilase* no músculo e no fígado (Fig. 33.7). A formação de glicogênio é também aumentada, facilitando-se a conversão de glicose em glicose-6-fosfato. Essa facilitação é mediada pela *glicocinase* sensível à insulina.

3. **Glicólise:** a glicólise é estimulada pela ativação induzida pela insulina da *piruvato desidrogenase* e da *fosfofrutocinase* no músculo e no fígado. O fígado ainda ativa a *piruvato cinase*. Essa, juntamente com o anteriormente citado aumento da *glicocinase*, facilita a utilização da glicose. Ao mesmo tempo em que a glicólise está sendo estimulada, a rota reversa (gliconeogênese) está sendo reprimida, nos hepatócitos, para evitar a competição por substratos e produtos dessas rotas.

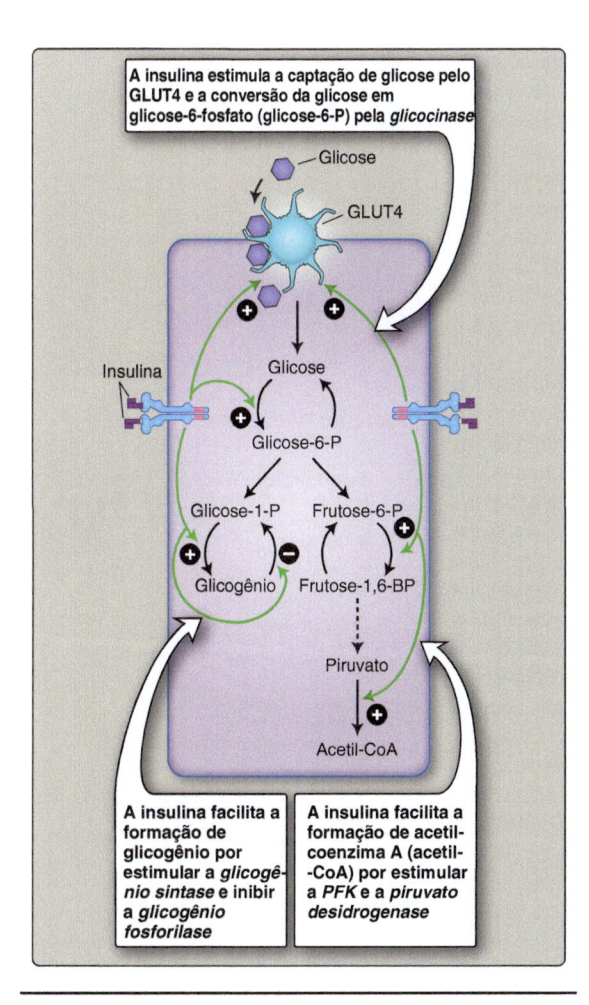

Figura 33.6
Miócito esquelético. Frutose-1,6-BP = frutose-1,6-bisfosfato; frutose-6-P = frutose-6-fosfato; glicose-1-P = glicose-1-fosfato; GLUT4 = membro da família dos transportadores de glicose; PFK = fosfofrutocinase.

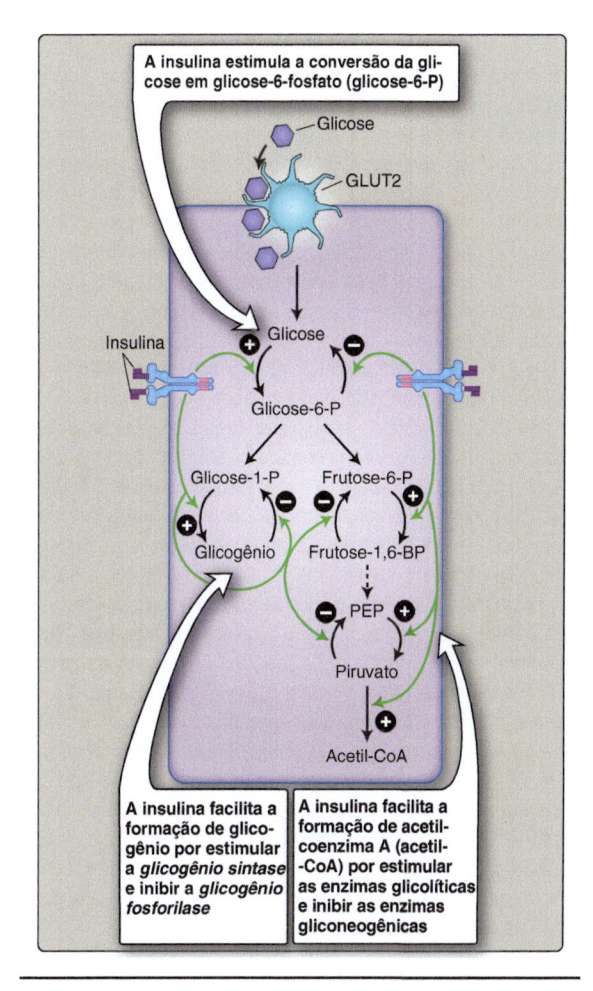

Figura 33.7
Hepatócito. Frutose-1,6-BP = frutose-1,6-bisfosfato; frutose-6-P = frutose-6-fosfato; glicose-1-P = glicose-1-fosfato; GLUT2 = membro da família dos transportadores de glicose; PEP = fosfoenolpiruvato.

Aplicação clínica 33.1 Diabetes melito

A regulação da glicose no sangue é essencial para a função normal dos tecidos. O açúcar elevado no sangue (hiperglicemia) pode levar ao diabetes melito. Baixo açúcar no sangue (hipoglicemia) pode ser resultado da dieta; um sintoma de outra condição clínica, tal como a sepse; ou o resultado de uma medicação. O diabetes melito é uma epidemia mundial de saúde e afeta aproximadamente 8,3% da população dos Estados Unidos. As complicações do diabetes incluem problemas cardiovasculares (disfunção endotelial, hipertensão, doença cardíaca e derrame), renais e oculares, assim como neuropatias periféricas. Parte desse dano tão generalizado é porque a hiperglicemia pode danificar estruturas fundamentais, tais como as membranas basais e o tecido endotelial. Essas complicações podem combinar-se também negativamente, como, por exemplo, quando o dano vascular periférico e a neuropatia periférica levam a úlceras nos pés. A hiperglicemia, no diabetes, é definida como glicose plasmática em jejum $\geq$ 126 mg/dL, ou $\geq$ 200 mg/dL após um teste de tolerância à glicose oral (ingestão rápida de 75 g de glicose em 300 mL de água e monitoramento da glicose nos 120 min subsequentes). Existem duas grandes classificações da doença.

Tipo 1: o diabetes melito tipo 1 resulta da destruição das células β das ilhotas, em geral devido a um vírus ou a uma resposta autoimune. O início dos sintomas em geral é bastante rápido. Sem a função adequada das células β, nem liberação de insulina, os níveis de glicose do sangue, especialmente após uma refeição, subirão, porque a glicose não pode mover-se para o interior das células. Os pacientes também apresentam poliúria (aumento no volume de urina), glicosúria (glicose na urina; ver 26.III.B), polidipsia (sede excessiva) e cetoacidose (ver 28.V.E), além da hiperglicemia. A glicosúria pode ser facilmente detectada por um teste em uma tira de papel, a qual tem um corante ligado a enzima com intensidade de coloração dependente da concentração de glicose. A polidipsia é a resposta neuronal e hormonal à concentração de volume. Os elevados níveis de glicose associados com o diabetes podem glicosilar a hemoglobina A1c. A meia-vida de aproximadamente 2 meses das hemácias fornece uma indicação da presença de longo prazo da hiperglicemia em um paciente. O tratamento para o diabetes tipo 1 é feito geralmente por meio de injeções de insulina, seja como uma dose de uma forma de curta ação antes de uma refeição para compensar a glicose iminente, seja como injeções rotineiras de formas de longa duração.[1] Para algumas pessoas, as bombas de insulina podem simplificar o manejo do diabetes, o que é crítico, pois a glicose sanguínea bem-monitorada tem forte correlação com as consequências positivas de longo prazo.

Tipo 2: o diabetes melito tipo 2 está associado com a produção inadequada de insulina ou uma insensibilidade à glicose e à insulina. A incidência do diabetes tipo 2 nos Estados Unidos tem crescido em proporções epidêmicas nas últimas décadas, refletindo o aumento concomitante no número de pessoas obesas. Os fatores de risco para o diabetes tipo 2 também incluem a idade e os antecedentes étnicos. A secreção de insulina pode ser aumentada por sulfonilureias, as quais bloqueiam os canais K^+ sensíveis ao trifosfato de adenosina e permitem o influxo de Ca^{2+} para o interior das células β.[2] A insensibilidade à glicose ocorre nas células β, prejudicando a secreção de insulina, e a insensibilidade à insulina ocorre nos tecidos periféricos, prejudicando a captação de glicose. Ambas as insensibilidades resultam em elevadas concentrações de glicose plasmática. Essa resistência à insulina pode estar relacionada a moléculas sinalizadoras adiposas, tais como a leptina e a adiponectina (maiores quantidades dessas substâncias são liberadas quando uma célula adiposa está mais cheia), e diminui com a perda de peso. De modo semelhante ao tipo 1, os pacientes com diabetes tipo 2 também apresentam dislipidemia, incluindo baixos níveis de lipoproteínas de alta densidade (HDL) e elevados níveis de quilomícrons e lipoproteínas de muito baixa densidade (VLDL) no sangue, o que pode contribuir para as doenças cardiovasculares. Isso ocorre provavelmente devido ao excesso de gorduras no sangue que não são transportadas para as células pela insulina.

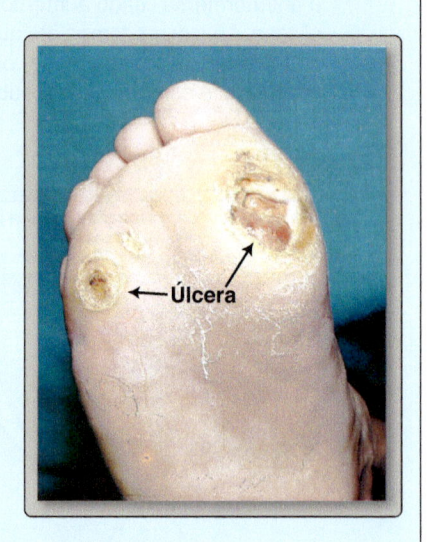

Úlcera de diabetes.

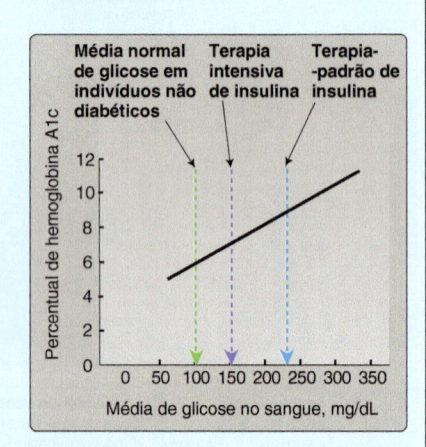

Hemoglobina A1c.

[1] Para mais informações sobre as fórmulas de insulina exógena, ver *Farmacologia ilustrada*, 5ª edição, Artmed Editora.

[2] Para mais informações sobre secretagogos de insulina, ver *Farmacologia ilustrada*, 5ª edição, Artmed Editora.

4. **Lipogênese:** a insulina aumenta a atividade da *lipase lipoproteica* (*LPL*) e diminui a atividade da *HSL* nos adipócitos. A *LPL* facilita a quebra de quilomícrons e outras lipoproteínas de baixa densidade em ácidos graxos livres, os quais podem então ser absorvidos. O acréscimo de ácidos graxos livres nas células aumenta os triglicerídeos e a formação de gotículas de lipídeos.

5. **Corpos cetônicos:** nos hepatócitos, a formação e a secreção de corpos cetônicos são inibidas na presença de insulina, devido à inibição da lançadeira de carnitina limitante pela taxa de insulina. A lançadeira de carnitina consiste nas enzimas *transferase* e *translocase*, que movimentam a coenzima A dos grupos acil dos ácidos graxos para o interior da mitocôndria para processamento.[1]

6. **Síntese proteica:** no músculo esquelético e nos hepatócitos, a insulina promove a síntese proteica e inibe o catabolismo proteico. O efeito anabólico da insulina envolve tanto a rota mTOR (alvo mamífero da rapamicina) como o aumento celular da captação de aminoácidos. A rota mTOR diminui a proteólise e aumenta a produção e a conjugação ribossômicas.

B. Secreção

A secreção de insulina é regulada por mecanismos de substratos neuronais, hormonais e circulatórios (Fig. 33.8).

1. **Secreção aumentada:** os aumentos de glicose, ácidos graxos e aminoácidos no sangue estimulam a secreção de insulina por inibirem os **canais K$^+$ sensíveis ao ATP**. A inibição do efluxo de K$^+$ despolariza o potencial de membrana, o que leva à abertura de canais Ca^{2+} dependentes de voltagem. O aumento subsequente de Ca^{2+} no citosol facilita a ancoragem e a fusão de vesículas contendo insulina com a membrana celular, para permitir a secreção de insulina. A estimulação do glucagon, do **peptídeo insulinotrópico dependente de glicose** (**GIP**), do GLP-1, da CCK, da acetilcolina e β-adrenérgica aumenta o Ca^{2+} citosólico ou ativa a *PKA* para aumentar a secreção de insulina (ver Fig. 33.8). O GIP e o GLP-1 (coletivamente chamados de incretinas) são secretados pelos intestinos em resposta aos seus níveis elevados de glicose. Acredita-se que esse sinal de glicose iminente (pense nessa situação como uma notícia instantânea, indicando que existe glicose no intestino e que estará logo no sangue) possa ser responsável por até 50% da resposta de insulina a uma refeição com carboidratos.

2. **Secreção diminuída:** diminuições na glicose do sangue fornecem uma retroalimentação negativa para diminuir a secreção de insulina. As somatostatinas das células das ilhotas adjacentes suprimem a secreção de insulina, assim como faz a estimulação α-adrenérgica pelo SNS. Esses dois últimos efeitos ocorrem mediante inibição da *adenilato ciclase* e da *PKA* (ver Fig. 33.8).

V. EIXO HIPOTÁLAMO-HIPÓFISE-FÍGADO

A secreção hormonal é geralmente regulada por um sistema de eixos de camadas múltiplas. Os benefícios do controle axial são semelhantes a um microscópio que tem botões de ajuste tanto para o foco grosseiro (grande) como para o

[1]Para mais informações sobre a lançadeira de carnitina, ver Bioquímica ilustrada, 5ª edição, Artmed Editora.

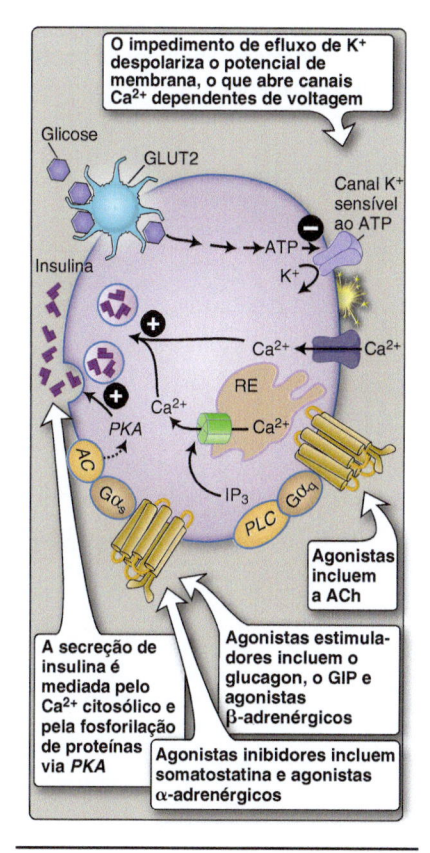

Figura 33.8

Regulação da secreção de insulina pelas células β das ilhotas pancreáticas. AC = adenilato ciclase; ACh = acetilcolina; ATP = trifosfato de adenosina; RE = retículo endoplasmático; GIP = peptídeo insulinotrópico dependente de glicose; GLUT2 = membro da família dos transportadores de glicose; IP$_3$ = inositol trifosfato; PKA = proteína cinase A; PLC = fosfolipase C.

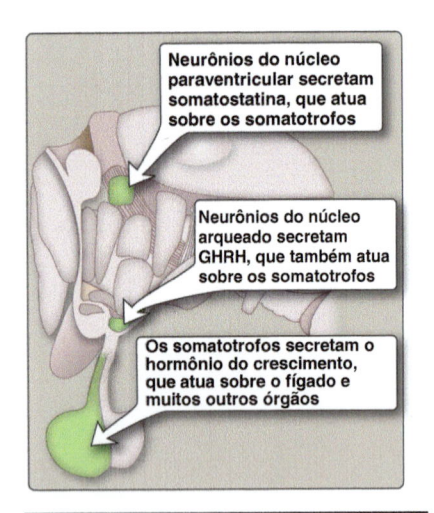

Figura 33.9
Núcleos hipotalâmicos que controlam a liberação do hormônio do crescimento. GHRH = hormônio liberador do hormônio do crescimento.

(Legendas da figura: Neurônios do núcleo paraventricular secretam somatostatina, que atua sobre os somatotrofos. Neurônios do núcleo arqueado secretam GHRH, que também atua sobre os somatotrofos. Os somatotrofos secretam o hormônio do crescimento, que atua sobre o fígado e muitos outros órgãos.)

delicado (pequeno). Essas múltiplas camadas, entretanto, também significam que vários locais podem ser sítios de doenças. Por exemplo, a patologia poderia resultar em um decréscimo da liberação de produtos da hipófise (hipofunção hipofisária), tal como em um craniofaringioma (tumor hipotalâmico-hipofisário), apesar de existir uma função endócrina normal abaixo dessa região. O eixo hipotálamo-hipófise-fígado é singular no fato de que tanto a segunda secreção (GH) como a terceira (IGF-1) são hormônios com efeitos biológicos muito amplos. Nos outros eixos endócrinos (discutidos nos Caps. 34, 35 e 36), somente o terceiro hormônio no eixo é biologicamente ativo em tecidos fora do eixo.

A. Hipotálamo

O hipotálamo contém dois núcleos que são importantes para o controle de GH e IGF-1. O núcleo paraventricular secreta **somatostatina**, a qual inibe a liberação de GH, enquanto o núcleo arqueado secreta o **hormônio liberador de GH** (**GHRH**) na circulação portal hipofisária. Esses hormônios têm como alvo os **somatotrofos** na adeno-hipófise (Fig. 33.9).

B. Hipófise

Os somatotrofos são o tipo celular mais numeroso (aproximadamente 50%) da adeno-hipófise (ver Tab. 7.3). Os receptores do GHRH e da somatostatina, nessas células, fazem parte da superfamília GPCR, sendo que o GHRH aumenta e a somatostatina diminui o AMPc. O AMPc ativa a *PKA*, o que facilita o influxo de Ca^{2+} para permitir que as vesículas que contêm GH se ancorem e liberem seus conteúdos na circulação.

C. Fígado

O fígado é um órgão-alvo fundamental do eixo hipotálamo-hipófise, e produz IGF-1. Esse fator de crescimento não é produzido apenas no fígado, mas, em média, os hepatócitos contêm 100 vezes mais mRNA de IGF do que outros tecidos. Acredita-se que esses tecidos extra-hepáticos utilizem o IGF em sinalização autócrina e parácrina, em vez de sinalização endócrina. No fígado, os **receptores de GH** utilizam uma *tirosina cinase* da via *JAK*/STAT. Essa rota tem seu nome derivado de *Janus cinase* (*JAK*) e de transdutores de sinal e ativadores de transcrição (STAT), o que envolve tanto a fosforilação proteica como a regulação da transcrição gênica, uma vez ativada. A ativação de receptores aumenta a produção e a liberação de IGF-1 na circulação.

VI. HORMÔNIO DO CRESCIMENTO

O GH é um hormônio peptídico que ocorre em uma forma de 20 kDa e outra de 22 kDa, mais abundante. O pré-pró-hormônio é produzido no retículo endoplasmático (RE) rugoso dos somatotrofos e depois é convertido em pró-hormônio no RE liso e no aparelho de Golgi, com o processamento final ocorrendo no aparelho de Golgi e nos grânulos secretores. Uma vez secretado, uma parte do GH se liga fracamente à **proteína ligante de GH** e outras proteínas plasmáticas, antes de ser finalmente quebrado no fígado. A meia-vida do GH na circulação é de cerca de 20 minutos.

A. Função

O GH tem vários alvos: fígado, cartilagem e ossos, músculo e tecido adiposo. Na cartilagem e no músculo, o GH estimula a captação de aminoácidos e a síntese proteica. A formação de colágeno e o tamanho e o número de condrócitos aumentam em presença do GH. No tecido adiposo, o GH aumenta a quebra de triglicerídeos e diminui a captação de glicose. Esse decréscimo na captação de glicose é, às vezes, referido como um "efeito anti-insulina".

Aplicação clínica 33.2 Acromegalia

A acromegalia está associada com o excesso de secreção do hormônio do crescimento (GH), geralmente causado por um tumor produtor de GH. Isso leva a um crescimento excessivo dos ossos longos se as placas epifisárias ainda não fecharam, resultando no gigantismo. O crescimento ósseo também leva a um supercrescimento das sobrancelhas e da mandíbula, assim como do tecido conectivo, levando à formação de mãos, pés e nariz grandes. O tratamento em geral consiste em remover o adenoma, ou suprimir farmacologicamente (por meio de análogos da somatostatina) a adeno-hipófise para controlar o excesso de secreção do GH e do fator de crescimento semelhante à insulina.

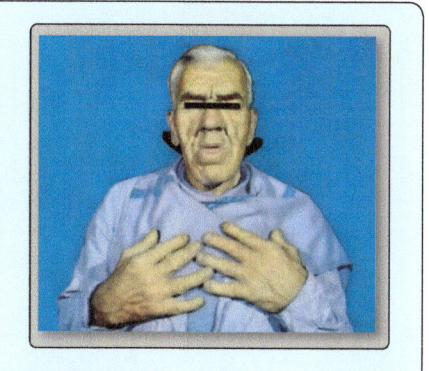

Gigantismo.

B. Secreção

A secreção de GH é regulada por uma quantidade de substratos circulantes (discutidos adiante), bem como por estados do comportamento, tais como sono e estresse, que aumentam essa secreção. O GH é liberado em pulsos, e é cíclico ao longo de todo o dia. Por que a secreção pulsátil é benéfica em um eixo endócrino? A sinalização endócrina pode geralmente ser mantida por longos períodos, mas os tecidos-alvo tendem a "desligar" um sinal que seja constante (como fazem os estudantes, escutando uma aula pouco interessante na faculdade). Um método de contornar a necessidade de uma sinalização elevada constante é aumentar brevemente a intensidade do sinal (pulso). A pulsação oscilatória pode ser mantida por um dia ou um mês, ou ser mais frequente em certos momentos da vida.

1. **Secreção aumentada:** as diminuições da concentração de glicose e ácidos graxos no sangue estimulam a liberação de GH. O estresse físico ou bioquímico real ou percebido (p. ex., hipoglicemia) aumenta a liberação. Esse estresse pode ser de natureza traumática ou ocorrer por meio de atividades estressantes normais, tal como durante um exercício. O período noturno e os níveis profundos de sono também estimulam a liberação de GH, e acredita-se estarem relacionados às funções de crescimento e reparo.

2. **Secreção diminuída:** os aumentos de glicose e ácidos graxos no sangue inibem a liberação do GH. Condições tais como a obesidade ou o envelhecimento diminuem a liberação por intermédio de mecanismos ainda pouco elucidados. A retroalimentação negativa direta é proporcionada pelo GH e pelo IGF-1 tanto na adeno-hipófise como no hipotálamo (Fig. 33.10).

Figura 33.10
Eixo de regulação hormonal hipotálamo-hipófise-fígado. GH = hormônio do crescimento; GHRH = hormônio liberador do hormônio do crescimento; IGF-1 = fator de crescimento semelhante à insulina; SS = somatostatina.

VII. FATOR DE CRESCIMENTO SEMELHANTE À INSULINA

O IGF-1 (somatomedina C), produzido e secretado pelos hepatócitos, é um hormônio peptídico com algumas semelhanças estruturais à insulina (portanto, "semelhante à insulina"). Diferentemente do GH, o IGF-1 se liga fortemente a proteínas do plasma, por isso em torno de 90% desse fator de crescimento circulam na forma ligada e com uma meia-vida de 20 h.

> Devido à natureza pulsátil e à curta meia-vida do GH, as medidas plasmáticas do IGF-1, mais estável, podem representar uma maneira melhor de verificar o estado do eixo hipotálamo-hipófise-fígado.

> **Aplicação clínica 33.3 Deficiências do fator de crescimento semelhante à insulina**
>
> As deficiências do fator de crescimento semelhante à insulina (IGF-1) são observadas com grande prevalência em certos grupos étnicos, como os Bayaka da África Central (uma das tradicionais populações de pigmeus). Nesse grupo étnico, muitas pessoas são proporcionalmente normais, mas têm estatura muito baixa. Os homens adultos têm em geral < 1,50 m de altura. Nesses indivíduos, os níveis do hormônio do crescimento são de normais a elevados, enquanto a concentração de IGF-1 é muito baixa.

A. Função

O IGF-1 funciona de forma muito semelhante ao GH. A maioria das funções constantes do eixo hipotálamo-hipófise-fígado é mediada pelo IGF-1. Os efeitos do IGF-1 são focados mais nos sistemas muscular esquelético, aumentando a captação de aminoácidos e glicose e a síntese proteica. O IGF-1 aumentado está correlacionado com estirões no crescimento, tais como ocorrem na adolescência.

B. Secreção

A secreção de IGF-1 é mediada pelos níveis do GH. Se o GH estiver elevado, o IGF-1 aumenta, e vice-versa. Assim, os fatores que alteram a secreção de GH indiretamente alteram os níveis de IGF-1. O IGF-1 participa na regulação da retroalimentação negativa do eixo hipotálamo-hipófise-fígado no hipotálamo (ver Fig. 33.10).

> **Resumo do capítulo**
>
> - O **glucagon** é secretado pelas **células α das ilhotas pancreáticas**. A função primária do glucagon é aumentar os níveis de substratos energéticos circulantes. Isso ocorre a partir da quebra de glicogênio, triglicerídeos e proteínas, assim como pela formação de nova glicose a partir de fontes que não são carboidratos.
> - A **insulina** é secretada pelas **células β das ilhotas pancreáticas**. A função primária da insulina é facilitar a captação de substratos energéticos a partir do sangue. Os transportadores de glicose **GLUT4** são sensíveis à insulina e estão inseridos na membrana do músculo esquelético e no tecido adiposo. Os transportadores **GLUT2** são insensíveis à insulina e estão constitutivamente ativos em tecidos como o fígado.
> - Os **receptores de insulina** estimulam a produção de glicogênio, gordura e proteína dentro da célula.
> - O **diabetes melito** representa uma relevante epidemia de saúde que envolve uma incapacidade de regular adequadamente a glicose do sangue. A hiperglicemia não controlada danifica os tecidos nos sistemas circulatório, urinário e nervoso. O diabetes melito **tipo 1** ocorre devido à incapacidade de liberar insulina, enquanto o diabetes melito **tipo 2** resulta da insensibilidade à insulina ou à glicose.
> - A **somatostatina** é secretada pelas **células δ das ilhotas pancreáticas**. A somatostatina inibe a secreção tanto do glucagon como da insulina.
> - O **hormônio do crescimento (GH)** é secretado pela adeno-hipófise, em resposta à liberação hipotalâmica do **hormônio liberador de GH (GHRH)**. O GH pode afetar profundamente o crescimento e a captação de glicose e aminoácidos, mas a maior parte das funções desse eixo é executada pelo fator de crescimento semelhante à insulina.
> - O **fator de crescimento semelhante à insulina (IGF-1)** é secretado pelo fígado em resposta a aumentos no GH. O IGF-1 executa grande parte das mesmas funções do GH, incluindo a captação de aminoácidos e da *proteína sintase* na cartilagem e no músculo, e o aumento na quebra de triglicerídeos nos adipócitos.

Glândulas Suprarrenais

34

I. VISÃO GERAL

As glândulas suprarrenais (adrenais) fornecem os sinais do estresse trazidos pelo sangue, a **adrenalina** e o **cortisol**. O anúncio dos alarmes e defesas corporais ajuda um indivíduo a sobreviver às ameaças físicas, aguentar a dor e explorar as reservas físicas e metabólicas do organismo. Nos humanos atuais, o estresse é mais mental e social em natureza, mas tais eventos desencadeiam respostas de estresse muito semelhantes às de escalar uma árvore para escapar de uma matilha de lobos. Além do estresse, as glândulas suprarrenais regulam o Na^+ plasmático por meio da **aldosterona**, e certas características sexuais secundárias por intermédio dos **andrógenos suprarrenais**. O estresse, o sal e o sexo são responsabilidades imensas para esse pequeno conjunto de glândulas (em torno de 1,5 por 7,5 cm e peso ao redor de 8 a 10 g), localizado logo acima dos rins. Cada glândula pode ser dividida em duas porções principais: o **córtex** (90% do peso da glândula) e a **medula** (10%), como mostra a Figura 34.1. O córtex é controlado e regulado, em parte, pelo eixo hipotálamo-hipófise, e está ainda dividido em **zona glomerulosa**, **zona fasciculada** e **zona reticular** (ver Fig. 34.1). A zona glomerulosa produz e secreta aldosterona, a qual regula o volume plasmático, controlando a quantidade de Na^+ que é retida pelos rins. O cortisol é produzido principalmente e secretado pela zona fasciculada, e aumenta o metabolismo e o catabolismo, assim como suprime a inflamação e a imunidade. Os andrógenos da suprarrenal, os quais são a **desidroepiandrosterona (DHEA)**, a **desidroepiandrosterona sulfatada (DHEAS)** e a **androstenediona**, são produzidos e secretados principalmente pela zona reticular, e participam nas características sexuais secundárias (p. ex., crescimento dos pelos) durante a puberdade e a adolescência. A medula da suprarrenal é controlada e regulada pelo sistema nervoso simpático (SNS), e o seu produto hormonal principal é a adrenalina. Semelhante à resposta de "luta ou fuga" do SNS, a adrenalina fornece um sinal rápido de estresse, mas liberado via circulação, não pelo sistema nervoso.

II. EIXO HIPOTÁLAMO-HIPÓFISE-SUPRARRENAL

O córtex da suprarrenal é controlado e regulado por um eixo endócrino que fornece uma resposta de etapas múltiplas, permitindo ajustes hormonais tanto grosseiros como finos. O controle do eixo é dirigido principalmente às zonas fasciculada e reticular. A zona glomerulosa é regulada principalmente por outros hormônios (**angiotensina II [Ang-II]**) e íons (K^+).

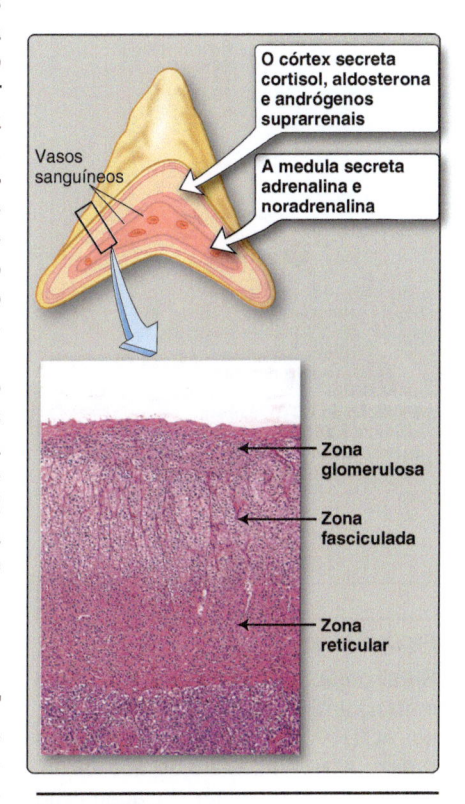

Figura 34.1

Estrutura da glândula suprarrenal.

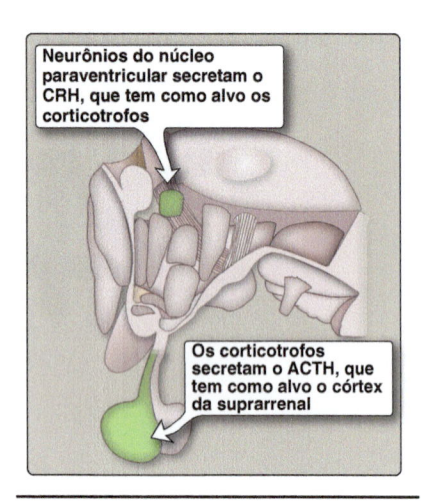

Figura 34.2
Hipotálamo e hipófise. ACTH = hormônio adrenocorticotrófico; CRH = hormônio liberador de corticotrofina.

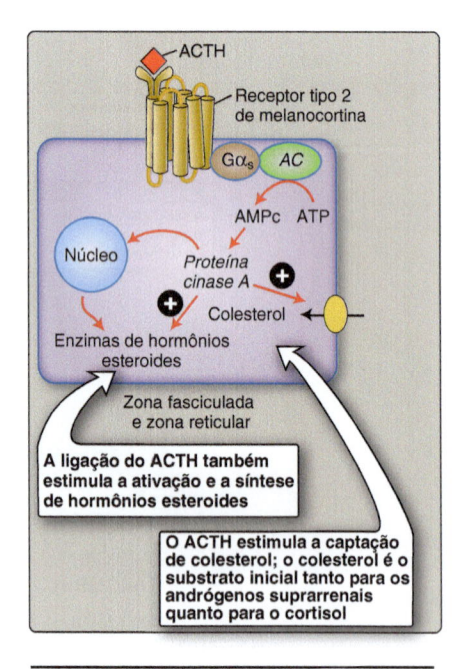

Figura 34.3
Sinalização pelo receptor tipo 2 de melanocortina. AC = adenilato ciclase; ACTH = hormônio adrenocorticotrófico; ATP = trifosfato de adenosina; AMPc = monofosfato de adenosina cíclico; CRH = hormônio liberador de corticotrofina.

A. Hipotálamo

O **hormônio liberador de corticotrofina (CRH)** é sintetizado (ver Fig. 7.11) no **núcleo paraventricular** e liberado na **circulação porta-hipofisária**, para ser transportado à adeno-hipófise (Fig. 34.2). Vários centros encefálicos superiores estimulam a liberação de CRH durante os estresses físico, bioquímico (p. ex., baixa glicose no sangue) e emocional. A liberação de CRH segue um ritmo circadiano, tendo o seu pico pouco antes de levantarmos e então fazendo pulsos durante o dia, com base nos fatores de estresse já descritos. O núcleo paraventricular também produz o hormônio antidiurético (ADH), o qual pode ainda regular a liberação de CRH e estimular os **corticotrofos**.

B. Hipófise

O CRH se liga ao receptor tipo 1 do hormônio liberador de corticotrofina do corticotrofo (CRH-R1), o qual faz parte da superfamília de receptores acoplados à proteína G (GPCRs), que atua principalmente por meio do sistema de segundo mensageiro da *adenilato ciclase* (*AC*). A ligação de CRH-R1 ativa os fatores de transcrição, para expressarem o **gene pré-pró-opiomelanocortina (*POMC*)**, o qual codifica o **hormônio adrenocorticotrófico (ACTH)**, que é liberado na circulação sanguínea. O alvo do ACTH é o córtex da suprarrenal.

C. Córtex da suprarrenal

A síntese dos hormônios adrenocorticais (i.e., aldosterona, cortisol, DHEA, DHEAS e androstenediona) começa com o colesterol. Uma pequena quantidade de colesterol é sintetizada pelo córtex, mas a maior parte é captada do sangue e então armazenada em um *pool* citosólico. A atividade cortical é estimulada pelo ACTH da hipófise, que atua por meio de **receptores tipo 2 de melanocortina**, os quais fazem parte da superfamília GPCR. Esses receptores atuam principalmente por intermédio do sistema de segundo mensageiro da *AC* (Fig. 34.3) para ativar as enzimas que auxiliam na captura de colesterol, assim como um **complexo de enzimas de clivagem da cadeia lateral** especializado (algumas vezes chamado de *colesterol desmolase* ou *citocromo P450 SCC*). O complexo de enzimas de clivagem da cadeia lateral é uma das etapas-chave limitantes da taxa para a produção de hormônios do córtex da suprarrenal. Existe uma quantidade de enzimas comuns e intermediárias na síntese dos hormônios corticais (Fig. 34.4). A ativação ou a inibição ou mesmo a presença de uma enzima, mas não de outra, podem preferencialmente desviar a produção para mais cortisol, em vez de um andrógeno suprarrenal, ou vice-versa.

III. ALDOSTERONA

A aldosterona é sintetizada na zona glomerulosa. Essa é a única região cortical que expressa **aldosterona sintetase** (e outras enzimas, produtos do gene *CYP11B2*), o que facilita a etapa final na conversão do colesterol em aldosterona. Uma vez liberada na circulação, a aldosterona se liga com baixa afinidade à proteína ligante de corticosteroide e à albumina. O hormônio tem meia-vida de aproximadamente 20 minutos.

A. Função

A aldosterona aumenta a reabsorção de Na^+ e água, assim como a secreção de K^+ pelos túbulos renais (ver 27.IV). A aldosterona também aumenta a reabsorção de Na^+ pelos enterócitos intestinais, o que eleva as

Aplicação clínica 34.1 Doença de Addison

A insuficiência suprarrenal primária (**doença de Addison**) geralmente resulta de uma resposta autoimune que destrói o córtex da suprarrenal. Os sintomas incluem fadiga, desidratação, hiponatremia e hipotensão associada com a perda de glicocorticoides e mineralocorticoides. A deficiência de hormônios da suprarrenal estimula a liberação do hormônio liberador de corticotrofina (CRH) e a expressão do gene da *pré-pró-opiomelanocortina*, por meio de uma rota de retroalimentação negativa, a qual aumenta os níveis circulantes do hormônio adrenocorticotrófico (ACTH). A hiperpigmentação das mãos, dos pés, mamilos, axilas e cavidade oral ocorre devido ao ACTH elevado. O tratamento envolve reposição de líquidos e glicocorticoides exógenos, tal como a hidrocortisona. Uma vez que os sintomas se estabilizem, a terapia de reposição de mineralocorticoides pode ser efetuada até que a queda postural da pressão sanguínea possa ser controlada adequadamente.

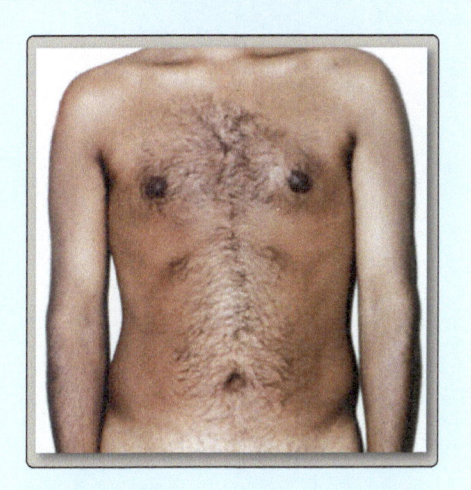

Pele bronzeada e hiperpigmentação dos mamilos.

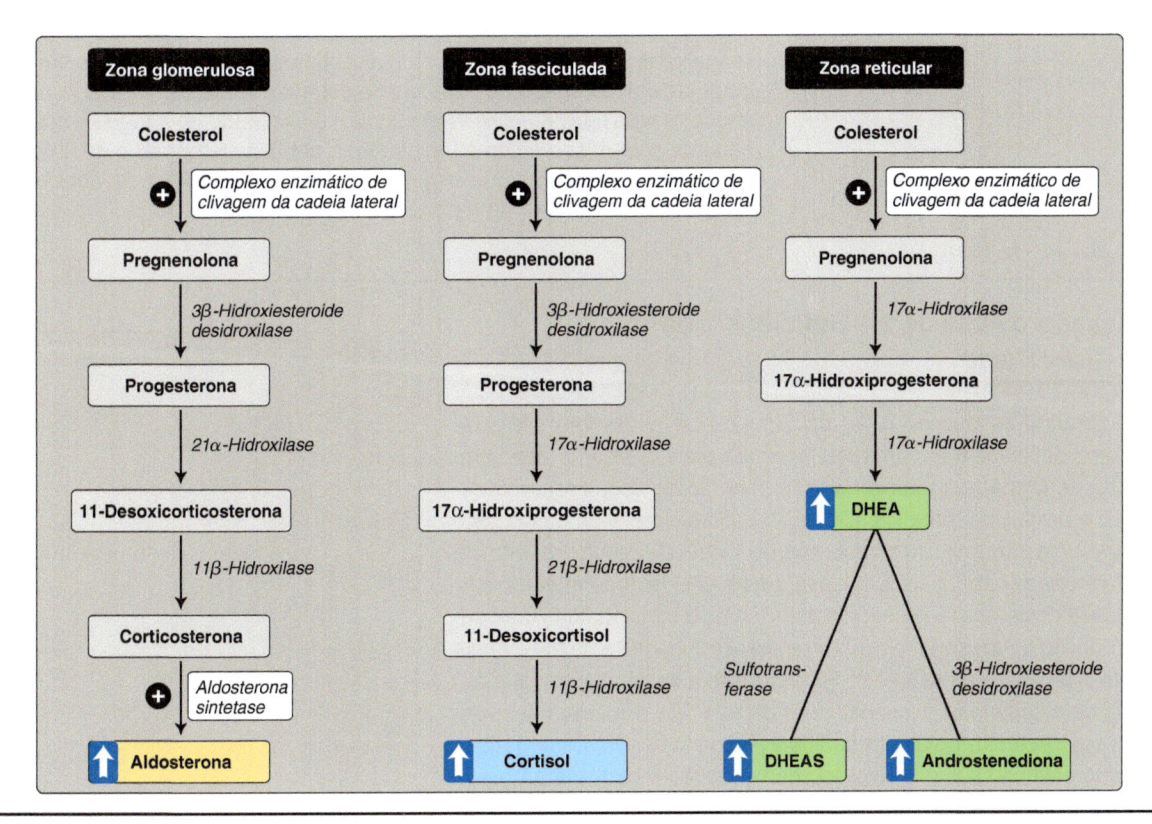

Figura 34.4
Biossíntese dos hormônios corticais. DHEA = desidroepiandrosterona; DHEAS = desidroepiandrosterona sulfatada.

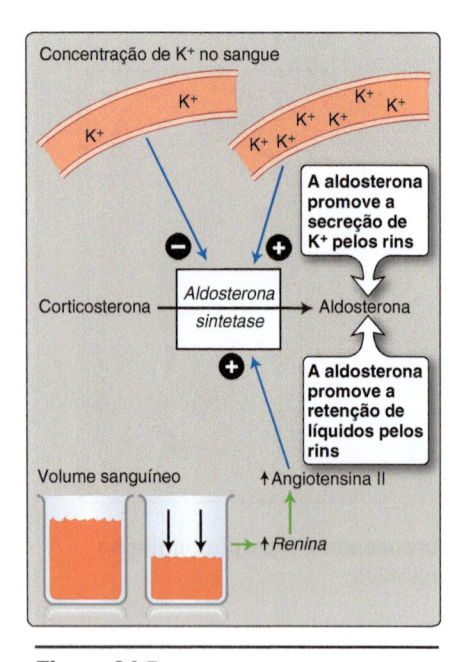

Figura 34.5
Regulação da aldosterona.

reservas corporais de Na^+. O efeito da aldosterona nos íons (minerais) reflete-se em seu nome de classificação – mineralocorticoide. A aldosterona atua por meio de **receptores de mineralocorticoides** citosólicos em células-alvo, para facilitar a reabsorção de Na^+ e água nos rins e a absorção no trato gastrintestinal (GI) (ver Fig. 27.12).

B. Secreção

A *aldosterona sintetase* produz aldosterona a partir da corticosterona. A *aldosterona sintetase* é o regulador da produção de aldosterona, e é regulada pela Ang-II e pelos níveis plasmáticos de K^+. A Ang-II, um hormônio dentro do sistema *renina*-angiotensina-aldosterona, é estimulada por baixos volumes de líquido circulante, baixa pressão no glomérulo e aumentos na atividade do SNS (ver 28.III.C). Um aumento em ACTH, que é vital para a regulação de outros hormônios do córtex da suprarrenal, deve existir, mas é de menor importância como um estimulador para a etapa final na síntese da aldosterona. A retroalimentação para a secreção de aldosterona não é a própria aldosterona, mas é efetuada na forma dos seus efeitos em diminuir o volume de líquido e os níveis de K^+ plasmáticos (Fig. 34.5).

IV. ANDRÓGENOS

Os andrógenos da suprarrenal (DHEA, DHEAS e androstenediona) são geralmente produzidos como um conjunto, em vez de individualmente (ver Fig. 34.4). Os andrógenos da suprarrenal são sintetizados e secretados principalmente pela zona reticular e, em menor extensão, pela zona fasciculada (ver Fig. 34.1). No sangue, a DHEA e a androstenediona se ligam com baixa afinidade à albumina e a outras globulinas do sangue, e têm meia-vida de 15 a 30 minutos. Em contrapartida, a DHEAS tem uma afinidade maior pela albumina e tem meia-vida de 8 a 10 horas, demonstrando assim que as proteínas carreadoras são capazes de estender a meia-vida dos hormônios, porque menos hormônio livre (não ligado) é eliminado do sangue e essas carreadoras podem servir como um pequeno depósito temporário de estocagem para um hormônio. Por que alguns hormônios necessitam de uma proteína carreadora? Considere uma proteína carreadora como um aditivo que liga o

---

Aplicação clínica 34.2   Deficiência de *21α-hidroxilase*

Considerando-se que as rotas da Figura 34.4 estão interconectadas, uma deficiência em uma das enzimas pode criar uma distorção na rota, de forma que um hormônio é superproduzido, enquanto outro não é produzido. A deficiência da *21α-hidroxilase* é uma condição na qual uma mutação nos produtos do gene *CYP21A2* resulta na *21α-hidroxilase* não funcional. Assim, existe uma falta de mineralocorticoides (aldosterona) e glicocorticoides (como o cortisol), mas uma superprodução de andrógenos suprarrenais. As crianças com deficiência da *21α-hidroxilase* apresentam: 1) hipotensão e desidratação, pela ausência de aldosterona e incapacidade de reter Na^+ de forma adequada; 2) hipoglicemia, pela falta da liberação de substratos energéticos induzida pelo cortisol; e 3) excesso de virilização e genitália ambígua (nas meninas), que é um resultado da superprodução de andrógenos.

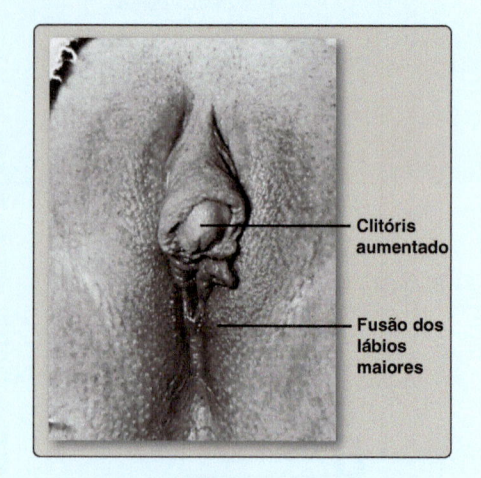

Genitália ambígua.

óleo, de forma que ele não se separa da água, permitindo-lhe ser transportado a qualquer lugar onde haja água.

A. Função

A DHEA e a DHEAS são menos potentes que os andrógenos produzidos pelas gônadas, mas têm efeitos funcionais nas características sexuais secundárias e estão envolvidos no desenvolvimento durante a infância e a adolescência. O início da liberação de andrógenos (adrenarca) durante o desenvolvimento estimula o crescimento de pelos pubianos e axilares. A DHEA pode ser convertida em androstenediona, a qual pode então ser convertida em andrógenos mais potentes, tais como a **testosterona** e os **estrogênios** nos tecidos periféricos. A *17-cetosteroide redutase* é uma enzima-chave em facilitar a conversão de androstenediona em testosterona. Essa conversão do andrógeno é uma fonte importante de testosterona nas mulheres.

B. Secreção

A DHEA, a DHEAS e a androstenediona são controladas pelas alças de retroalimentação negativas do CRH e do ACTH (Fig. 34.6). Essas múltiplas alças de retroalimentação possibilitam uma regulação mais fina da produção hormonal do que uma única alça de retroalimentação. Os eventos que acionam a liberação de ACTH facilitam a síntese e a liberação de andrógenos da suprarrenal. Os ritmos de entrada associados com o crescimento e o desenvolvimento durante a puberdade e ao longo da vida afetam a produção e a liberação de ACTH.

V. CORTISOL

O cortisol e a corticosterona são sintetizados e secretados principalmente pela zona fasciculada e, em menor quantidade, pela zona reticular (ver Fig. 34.1). Ao contrário da síntese dos andrógenos suprarrenais, a síntese do cortisol requer duas *hidroxilases* (*21α-hidroxilase* e *11β-hidroxilase*) para finalmente converter a progesterona e a 17-hidroxiprogesterona em seus produtos finais (ver Fig. 34.4). No sangue, o cortisol se liga à **proteína ligante de corticosteroide** com alta afinidade, e tem meia-vida de aproximadamente 60 minutos.

A. Função

O cortisol e a corticosterona preparam o organismo para o estresse. O cortisol se difunde pela membrana celular e se liga a um **receptor de glicocorticoide** citosólico. O complexo hormônio-receptor se desloca até o núcleo e se liga a um **elemento de resposta a glicocorticoide** no DNA. O cortisol também se liga com baixa afinidade a receptores de mineralocorticoides e, assim, induz algumas respostas menores colaterais tipo aldosterona. O cortisol causa vários efeitos fisiológicos (Fig. 34.7).

1. **Metabólico:** o cortisol aumenta a concentração plasmática de glicose e ácidos graxos livres, fornecendo substratos energéticos aos tecidos do organismo, para as respostas ao evento estressante que estimulou a produção do próprio cortisol.

    a. **Catabolismo aumentado:** o cortisol aumenta o catabolismo das proteínas do músculo esquelético, liberando aminoácidos que são então convertidos em glicose via gliconeogênese no

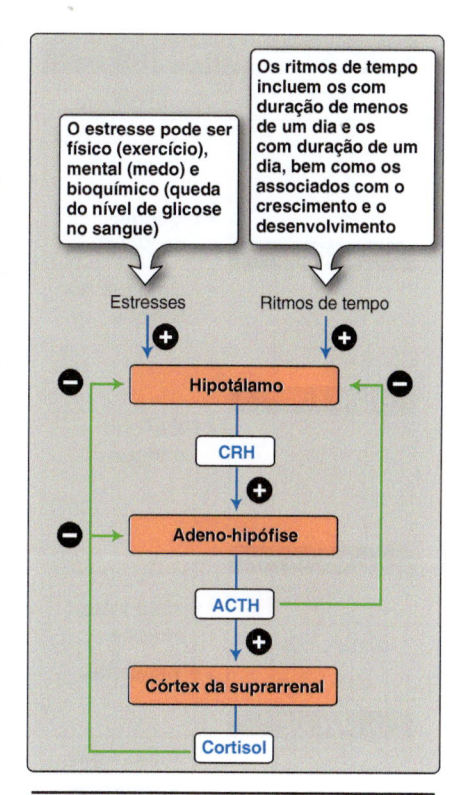

Figura 34.6
Regulação hipotálamo-hipófise-suprarrenal. ACTH = hormônio adrenocorticotrófico; CRH = hormônio liberador de corticotrofina.

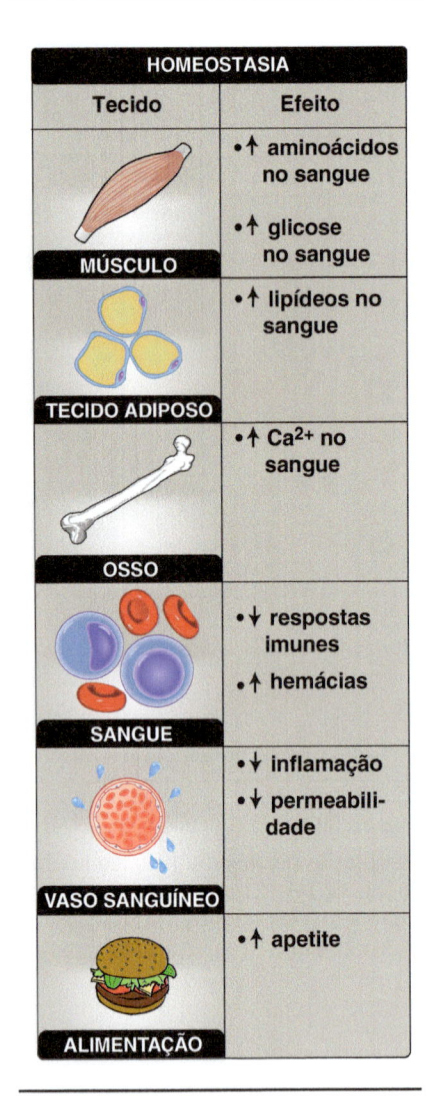

HOMEOSTASIA	
Tecido	Efeito
MÚSCULO	• ↑ aminoácidos no sangue • ↑ glicose no sangue
TECIDO ADIPOSO	• ↑ lipídeos no sangue
OSSO	• ↑ Ca²⁺ no sangue
SANGUE	• ↓ respostas imunes • ↑ hemácias
VASO SANGUÍNEO	• ↓ inflamação • ↓ permeabilidade
ALIMENTAÇÃO	• ↑ apetite

Figura 34.7
Efeitos dos glicocorticoides.

fígado (ver 32.IV.A e 33.III.A.2). Essa resposta em forma de glicose faz parte da origem da classificação do cortisol como glicocorticoide.

b. **Lipólise aumentada:** o cortisol estimula a lipólise do tecido adiposo branco para liberar ácidos graxos livres e triglicerídeos. Os ácidos graxos e os triglicerídeos são então transportados no sangue para uso como uma fonte energética para outros tecidos.

c. **Captação aumentada:** o cortisol estimula o apetite. De forma aguda, isso é benéfico ao fornecimento de substratos energéticos para responder ao evento estressante. Entretanto, se o evento estressante não envolver um trabalho físico, esse apetite aumentado pode levar ao ganho de peso.

2. **Imune:** o cortisol suprime a resposta imune e a inflamação.[1] Embora essa resposta possa parecer contraprodutiva em situações estressantes, quando a vida de um organismo está em perigo, lutar contra uma doença com o sistema imune se torna menos importante do que a sobrevivência imediata. Os mecanismos pelos quais essa imunossupressão é alcançada ocorrem por meio da produção diminuída de linfócitos e interleucinas 1 e 6 (IL-1 e IL-6) e da supressão de células T. Os efeitos anti-inflamatórios do cortisol são devidos à diminuição da permeabilidade capilar, assim como à redução da síntese de prostaglandinas e leucotrienos que medeiam os aumentos do fluxo sanguíneo local.

3. **Musculo esquelético:** o cortisol aumenta a reabsorção óssea, e diminui a absorção de Ca^{2+} pelo trato GI e a reabsorção desse íon pelos rins. Os altos níveis crônicos de cortisol podem levar à osteoporose. O cortisol também diminui a formação de colágeno em todo o corpo. O catabolismo proteico para aumentar os níveis de glicose no plasma pode finalmente provocar uma fraqueza muscular e o início precoce de cansaço durante as atividades físicas.

4. **Cardiovascular:** o cortisol aumenta a liberação de eritropoietina, que estimula a produção das hemácias. O cortisol potencializa as respostas vasoconstritoras, por bloquear os vasodilatadores locais, tais como o óxido nítrico e as prostaglandinas, e por meio dos receptores de glicocorticoides no músculo liso vascular, por alterar a homeostasia do Ca^{2+} nessas células. Os glicocorticoides aumentam a eficácia das ações das catecolaminas, como a inotropia e a vasoconstrição, mediante *upregulation* dos receptores adrenérgicos.

B. **Secreção**

A liberação do cortisol e da corticosterona é controlada pelas alças de retroalimentação negativa do CRH e do ACTH (ver Fig. 34.6). Na Seção II deste capítulo, foi descrito como os estresses físico, emocional e bioquímico estimulam a liberação de CRH, ACTH e cortisol. O controle do CRH

---

[1] Os efeitos imunossupressores e anti-inflamatórios dos glicocorticoides podem ser aproveitados farmacologicamente. Fármacos como a prednisona, que é estruturalmente semelhante ao cortisol, podem ser utilizados como imunossupressores para as doenças autoimunes. Para mais informações, ver *Farmacologia ilustrada*, 5ª edição, Artmed Editora.

Aplicação clínica 34.3 Síndrome de Cushing

Os pacientes com a **síndrome de Cushing** podem apresentar fraqueza muscular, osteoporose, hipertensão, diabetes e ganho de peso com redistribuição da gordura. Esses sintomas refletem elevações crônicas nos níveis de glicocorticoides. A fraqueza muscular resulta do catabolismo proteico nos músculos esqueléticos, a osteoporose pela reabsorção de Ca^{2+} nos ossos, a hipertensão pelo efeito mineralocorticoide do cortisol sobre a retenção de Na^+, o diabetes pelo aumento da glicose sanguínea, o ganho de peso por aumentos no apetite e a redistribuição da gordura pela liberação de ácidos graxos não utilizados. Por motivos pouco entendidos, os ácidos graxos não utilizados são redepositados na face e na porção dorsal superior, dando à face uma aparência em forma de lua, ou "face de lua", e levando ao desenvolvimento de uma "corcunda de búfalo". A causa do excesso da secreção de cortisol é geralmente um adenoma da hipófise, o qual provoca um excesso de secreção do hormônio adrenocorticotrófico.

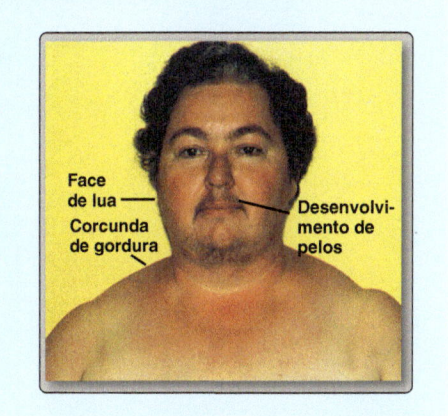

Mulher com síndrome de Cushing.

é principalmente para a regulação do cortisol, e menos, portanto, para a regulação dos andrógenos suprarrenais ou da aldosterona.

VI. CATECOLAMINAS

A medula da suprarrenal é derivada de células da crista neural, não do mesênquima da mesoderme, o qual dá origem ao córtex. Na prática, isso significa que a medula funciona como uma extensão do SNS. A medula é composta por grupamentos de **células cromafins** (células medulares), as quais sintetizam catecolaminas a partir do aminoácido tirosina (ver Fig. 5.7). A dopamina é sintetizada no citosol, e um **trocador de catecolamina-H^+** (**VMAT1**, para transportador vesicular de monoamina tipo 1) transporta-a para o interior de vesículas de secreção. A dopamina é então convertida em noradrenalina por meio da ***dopamina-β-hidroxilase***. Diferentemente dos nervos pós-ganglionares adrenérgicos do SNS, as células cromafins contêm ***feniletanolamina-N-metiltransferase***. Essa enzima está localizada no citosol e facilita a conversão da noradrenalina em adrenalina. Portanto, a noradrenalina deve ser transportada de volta ao citosol para ser convertida em adrenalina, a qual é, por sua vez, transferida de volta às vesículas de secreção. A adrenalina e a noradrenalina são então armazenadas com a **cromogranina** (proteína de ligação) em preparo para a exocitose das vesículas e liberação hormonal (Fig. 34.8). As células cromafins secretam noradrenalina e adrenalina em uma taxa aproximada de 1:4 dentro dos vasos capilares fenestrados da rede medular, para liberação a vários tecidos do organismo. A meia-vida das catecolaminas varia de 10 a 90 segundos. Embora aparentemente curto, esse período é mais longo do que a liberação da noradrenalina no SNS e sua depuração na fenda sináptica. Isso permite uma resposta mais prolongada do SNS.

A. Função

A adrenalina produz respostas clássicas de luta ou fuga ou a "agitação da adrenalina". Assim, as ações-chave da adrenalina e da noradrenalina são semelhantes às do SNS (ver Fig. 7.4). A liberação pela circulação significa que as respostas aos hormônios, embora geralmente mais lentas, têm uma faixa de variação mais ampla, porque podem alcançar populações de receptores que não estão localizados especificamente dentro de uma fenda sináptica do SNS. Os efeitos funcionais estão relacionados à quantidade secretada e à responsividade dos tecidos.

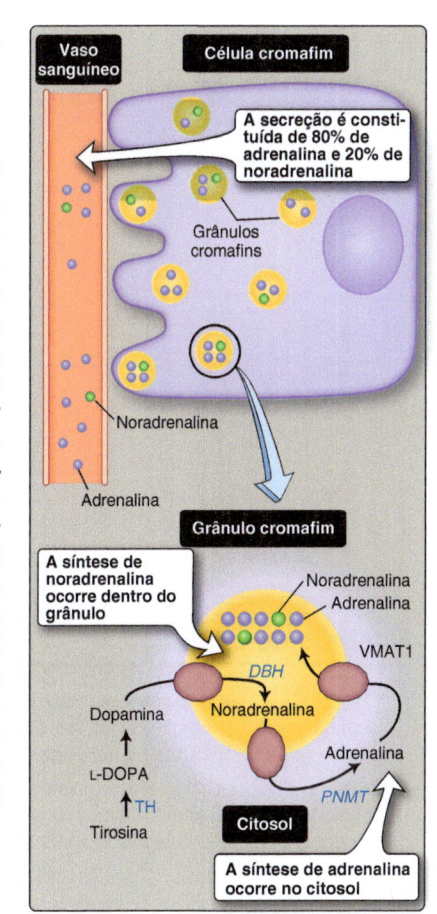

Figura 34.8
Célula cromafim. DBH = dopamina-β-hidroxilase; L-DOPA = L-3,4-di-hidroxifenilalanina; PNMT = feniletanolamina-N-metiltransferase; TH = tirosina hidroxilase; VMAT1 = transportador vesicular de monoamina tipo 1.

> **Aplicação clínica 34.4   Feocromocitoma**
>
> Os feocromocitomas são tumores produtores de catecolaminas, localizados na medula da suprarrenal ou em neurônios pré-ganglionares. A tríade clássica de sintomas inclui dores de cabeça, palpitações (taquicardia) e muita sudorese. As palpitações e a sudorese são causadas pelos elevados níveis de adrenalina e noradrenalina circulantes. As dores de cabeça podem ser causadas diretamente por vasoconstrição dos vasos sanguíneos encefálicos ou pela alta pressão sanguínea (hipertensão) induzida pela vasoconstrição periférica. Esses sintomas podem ser episódicos ou constantes, dependendo da natureza da liberação de catecolamina causada pelo tumor.

B. Secreção

A liberação de catecolaminas é regulada pelo SNS, não pelo eixo hipotálamo-hipófise-suprarrenal. Assim, a secreção é aumentada durante os estresses à homeostasia: emoções fortes, tais como raiva e medo, e exercício. Os neurônios pré-ganglionares colinérgicos do SNS estimulam a secreção das células cromafins, por meio de **receptores nicotínicos de acetilcolina tipo 2**, para aumentar a secreção dos grânulos nas células cromafins (ver Fig. 7.5).

C. Regulação

A expressão do receptor adrenérgico é dinâmica. Com elevados níveis de catecolaminas circulantes, tal como durante um estresse contínuo, os receptores de membrana podem ser internalizados, reduzindo, portanto, sua responsividade à estimulação subsequente pela catecolamina. Por outro lado, as respostas dos tecidos às catecolaminas podem ser elevadas, por exemplo, pelo cortisol e pela tri-iodotironina, pela síntese aumentada de receptores ou pelo tráfego aumentado de receptores à membrana celular.

Resumo do capítulo

- O **eixo hipotálamo-hipófise-suprarrenal** envolve a secreção do **hormônio liberador de corticotrofina** pelo hipotálamo, o qual estimula a secreção do **hormônio adrenocorticotrófico (ACTH)** pela adeno-hipófise. O ACTH estimula então a secreção de **glicocorticoides** e **andrógenos suprarrenais** pelo córtex da suprarrenal.

- O **mineralocorticoide, aldosterona**, está sob um controle mínimo do eixo hipotálamo-hipófise-suprarrenal. Os principais reguladores da aldosterona são a **angiotensina II** e o K^+ plasmático. A aldosterona aumenta a reabsorção de Na^+ e água para manter o volume do líquido circulante.

- Andrógenos suprarrenais (**desidroepiandrosterona, desidroepiandrosterona sulfatada** e **androstenediona**) participam no desenvolvimento das características sexuais secundárias e servem como substratos na conversão periférica de andrógenos em testosterona e estrogênios.

- Glicocorticoides (**cortisol** e **corticosterona**) aumentam a glicose do sangue e suprimem a imunidade e a inflamação, entre outras respostas fisiológicas.

- As **catecolaminas** (**adrenalina** e **noradrenalina**) são produzidas e secretadas pela medula da suprarrenal pelas **células cromafins**, as quais são reguladas pelo sistema nervoso simpático. As catecolaminas preparam o corpo para enfrentar eventos estressantes, aumentando o ritmo cardíaco e a inotropia, e convertendo fontes energéticas estocadas em substratos metabólicos utilizáveis.

Hormônios da Tireoide e das Paratireoides

35

I. VISÃO GERAL

As células que compõem o corpo humano variam amplamente quanto às suas taxas metabólicas e de desenvolvimento. Os hormônios tireoidianos possibilitam ao encéfalo um método global de controlar esses processos fora das condições de estresse agudo. A **glândula tireoide** está localizada no pescoço, logo abaixo da laringe (Fig. 35.1), e é regulada pelo hipotálamo e pela hipófise. Os hormônios ativos do eixo hipotálamo-hipófise-tireoide são a **tri-iodotironina (T_3)** e a **tiroxina (T_4)**. O T_3 e o T_4 induzem a transcrição, tradução e síntese de bombas, transportadores, enzimas e elementos celulares de sustentação e contratilidade, aumentando assim a taxa metabólica dos tecidos periféricos. A glândula tireoide também tem um papel menos significativo na homeostasia do Ca^{2+}, por meio das **células C parafoliculares**. Essas células liberam a **calcitonina**, a qual diminui os níveis de Ca^{2+} e PO_4^{3-}, por um aumento da excreção urinária. Os principais reguladores da homeostasia do Ca^{2+} são as **glândulas paratireoides**, localizadas junto às margens superior e inferior da glândula tireoide (ver Fig. 35.1) e a **vitamina D**. O **hormônio paratireoidiano (PTH)**, também chamado **paratormônio**, aumenta o Ca^{2+} circulante, por estimular a reabsorção óssea e aumentar a reabsorção renal de Ca^{2+}. A vitamina D ainda eleva os níveis de Ca^{2+} e PO_4^{3-} circulantes, por aumentar a absorção desses íons no trato gastrintestinal (GI). A homeostasia do Ca^{2+} é importante para uma série de eventos celulares, tais como a sinalização celular (p. ex., iniciar a contração muscular e a secreção de vesículas) e manter os potenciais de ação (p. ex., em miócitos cardíacos), assim como manter a densidade mineral dos ossos.

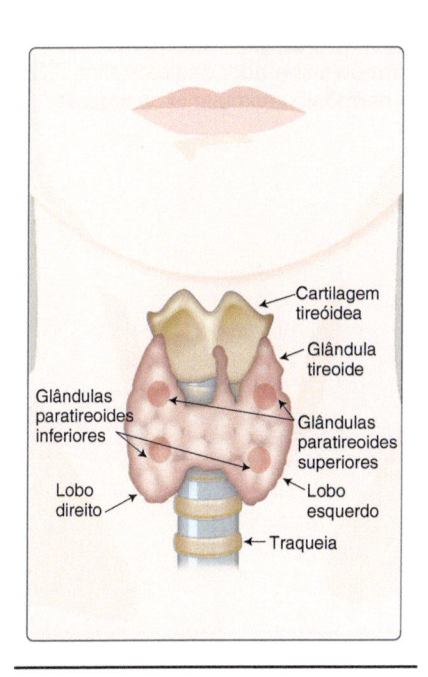

Figura 35.1
Glândulas tireoide e paratireoides.

II. EIXO HIPOTÁLAMO-HIPÓFISE-TIREOIDE

A secreção do hormônio tireoidiano é regulada por um eixo endócrino de múltiplas etapas, envolvendo a hipófise e o hipotálamo. O **hormônio estimulante da tireoide (TSH)**, liberado pela adeno-hipófise, aumenta a produção e a secreção de T_3 e T_4 pela glândula tireoide.

A. Hipotálamo

A secreção dos hormônios tireoidianos é regulada por três núcleos hipotalâmicos: o **núcleo paraventricular**, o **núcleo arqueado** e a **eminência mediana do hipotálamo** (Fig. 35.2). Nessas áreas, neurônios parvocelulares se projetam e secretam o **hormônio liberador de tireotrofina**

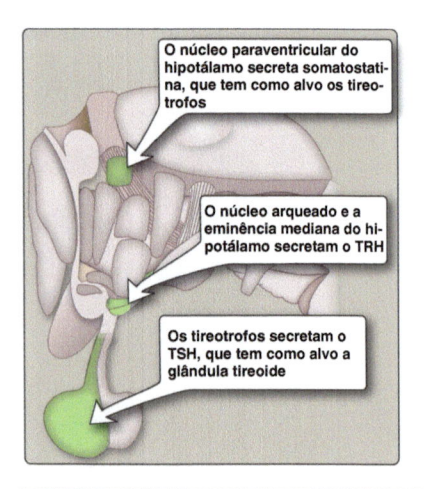

Figura 35.2
Núcleos hipotalâmicos envolvidos na regulação da glândula tireoide. TRH = hormônio liberador de tireotrofina; TSH = hormônio estimulante da tireoide.

Caixas da figura:
- O núcleo paraventricular do hipotálamo secreta somatostatina, que tem como alvo os tireotrofos
- O núcleo arqueado e a eminência mediana do hipotálamo secretam o TRH
- Os tireotrofos secretam o TSH, que tem como alvo a glândula tireoide

(TRH) e a **somatostatina** na circulação porta-hipofisária. Ambos os hormônios têm como alvo os **tireotrofos** da hipófise.

B. Hipófise

O TRH se liga a receptores de TRH nos tireotrofos, os quais são membros da superfamília de receptores acoplados à proteína G (GPCRs), que atua no sistema de segundo mensageiro, por meio da *fosfolipase C* (ver 1.VII.B.3). A ocupação do receptor do TRH estimula a síntese do TSH e libera-o a partir de grânulos secretores. Ao contrário, a **somatostatina** (às vezes chamada fator inibidor da liberação somatotrófica) diminui a produção e liberação de TSH. A somatostatina se liga a um GPCR diferente que inibe a *adenilato ciclase* (*AC*) e a sinalização pelo monofosfato de adenosina cíclico (AMPc) (ver 1.VII.B.2). Os neurônios dos núcleos hipotalâmicos que iniciam a liberação de TSH também expressam receptores de TSH, o que fornece uma rota de retroalimentação negativa pela qual os elevados níveis de TSH circulante podem inibir uma liberação adicional.

C. Glândula tireoide

O TSH regula a glândula tireoide, a qual é um agrupamento de numerosas esferas ocas (**folículos**) de 200 a 300 μm de diâmetro, preenchidas com uma matriz líquida rica em proteínas, conhecida como **coloide** (Fig. 35.3). Os folículos são os locais de síntese e secreção dos hormônios tireoidianos. As células C parafoliculares, as quais sintetizam calcitonina, estão distribuídas ao acaso entre os folículos, por toda a glândula. O receptor do TSH é um GPCR que estimula a formação de AMPc, quando ocupado. O AMPc, por sua vez, regula a maioria das etapas da secreção dos hormônios da tireoide, regulando a expressão da maior parte das proteínas envolvidas na síntese dos hormônios tireoidianos (ver Etapas 1 a 8 na Seção III.A).

1. **Folículos:** os folículos compreendem um epitélio especializado, composto por células foliculares que repousam em uma membrana basal. O epitélio está apoiado em uma extensa vasculatura basolateral. O lado apical do epitélio está voltado para a luz folicular cheia de coloide. As células epiteliais foliculares sintetizam e secretam os hormônios tireoidianos, quando estimuladas pelo TSH. O TSH também aumenta a expressão de compostos celulares necessários para a síntese dos hormônios tireoidianos.

2. **Coloide:** a química oxidativa envolvida na síntese do hormônio tireoidiano pode ser muito danosa às células, de forma que ela é exe-

---

Aplicação clínica 35.1 Bócio

Um glândula tireoide normal pesa em torno de 20 g, mas sua massa pode aumentar extraordinariamente sob condições patológicas. O aumento da glândula tireoide (bócio) pode ser macio ou nodular, dependendo da etiologia. Cânceres e infiltrados tireoidianos podem causar bócios nodulares. Os bócios ocorrem mais comumente devido à produção excessiva do hormônio estimulante da tireoide (TSH) ou à ativação do receptor de TSH. A estimulação do receptor do TSH, tanto pelo TSH como por uma resposta autoimune, causa o crescimento da glândula (hipertrofia).

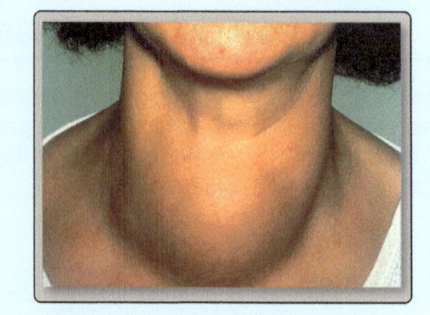

Bócio.

cutada extracelularmente, dentro do coloide (ver Fig. 35.3). Esse é um conceito semelhante ao isolamento das reações do peróxido de hidrogênio, contendo-o dentro de peroxissomos citosólicos. O TSH aumenta a produção de coloide.

III. HORMÔNIOS TIREOIDIANOS

A glândula tireoide produz e secreta os hormônios T_3 e T_4 em uma proporção de 1:10. O T_4 tem meia-vida mais longa do que T_3, mas tem atividade biológica relativamente baixa. A conversão de T_4 em T_3 ocorre principalmente nos tecidos-alvo. Os hormônios tireoidianos têm como alvo praticamente todas as células do corpo, e exercem seus efeitos por meio de receptores citosólicos que modulam a expressão gênica.

A. Síntese e secreção

A síntese e a secreção dos hormônios tireoidianos consistem em um processo de múltiplas etapas, que envolve a iodação e a conjugação (união) de resíduos de tirosina adjacentes (projeções de aminoácidos, às quais o iodo pode ligar-se) em **tireoglobulina**. A função primária da tireoglobulina é manter os precursores dos hormônios tireoidianos muito próximos, para proporcionar a ocorrência das etapas da síntese no coloide. A síntese dos hormônios tireoidianos começa com a captação de iodeto do sangue, e pode ser dividida em oito etapas consecutivas (Fig. 35.4).

1. **Captação de iodeto:** a síntese dos hormônios tireoidianos começa com a captação do ânion I^- (também chamada aprisionamento de I^-) dos vasos sanguíneos pelas células foliculares. O I^- é transportado do sangue, através da membrana basolateral, por um cotransportador de Na^+-I^- (ou simporter de sódio/iodeto [**NIS**]), alavancado pelo gradiente de Na^+ estabelecido pela Na^+-K^+ ATPase basolateral.

> Os hormônios tireoidianos não podem ser produzidos sem o I^-, o qual deve ser obtido de fontes alimentícias (a ingestão diária recomendada nos Estados Unidos é de 150 g). A deficiência de iodo resulta em hipotireoidismo e se apresenta como bócio (ver Aplicação clínica 35.1).

2. **Secreção apical:** o I^- é então transportado, através da membrana apical, principalmente por um cotransportador especializado de Cl^--I^-, conhecido como **canal de pendrina**. Existem também outros mecanismos para o transporte apical de iodeto, mas quando esse canal está defeituoso, tal como na síndrome de Pendred, o paciente se apresenta com baixos níveis de hormônios tireoidianos circulantes. A tireoglobulina é sintetizada nas células foliculares e sofre exocitose, através da membrana apical, para o coloide.

3. **Oxidação:** as vesículas secretoras lotadas de tireoglobulina expressam a *tireoperoxidase* (*TPO*), uma enzima que contém o heme nas suas superfícies internas. Quando as vesículas se fundem com a membrana apical, a *TPO* é apresentada à luz coloidal e imediatamente catalisa uma reação de oxidação, na qual o iodeto é combinado com H_2O_2 para formar iodo (I_2) e H_2O. O H_2O_2 é derivado de transportadores apicais da *oxidase dual 2* (*DUOX2*), que combinam

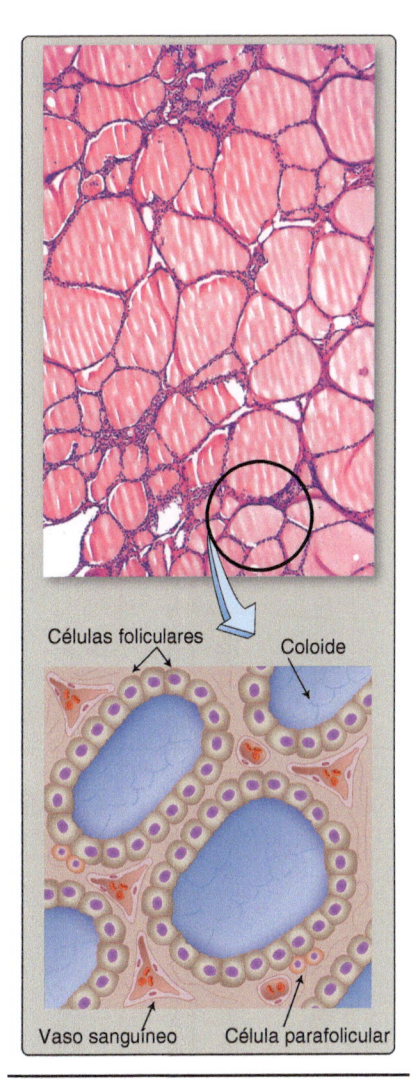

Figura 35.3
Organização celular da glândula tireoide.

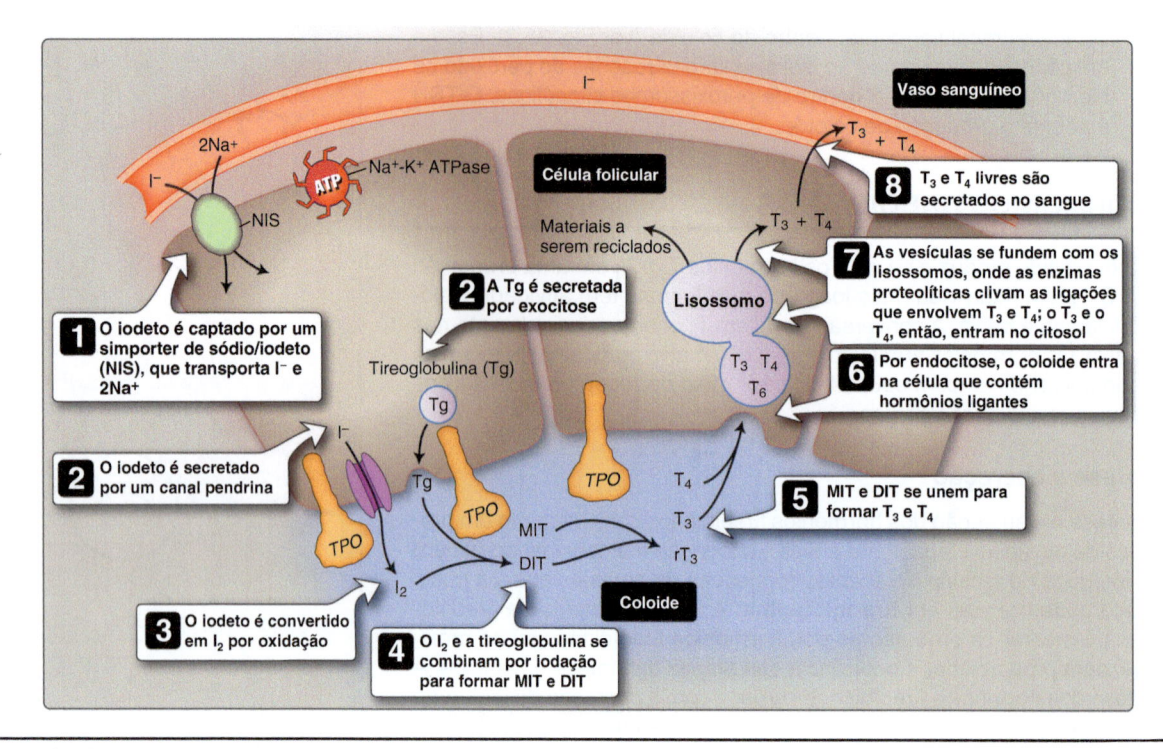

Figura 35.4
Biossíntese de hormônios pela tireoide. ATP = trifosfato de adenosina; DIT = di-iodotirosina; I^- = iodeto; I_2 = iodo; MIT = monoiodotirosina; T_3 = tri-iodotironina; T_4 = tiroxina; TPO = tireoperoxidase.

intermediários da via das pentoses fosfato[1] com O_2 no citosol folicular, para formar H_2O_2 no coloide.

4. **Iodação:** a *TPO* também facilita a iodação (ou **organificação**) dos resíduos de tirosina da tireoglobulina para formar **monoiodotirosina** (**MIT**) e **di-iodotirosina** (**DIT**), conforme mostra a Figura 35.5. Não é bem entendido exatamente por que um ou dois iodos se ligarão a um resíduo particular.

5. **Conjugação:** a MIT e a DIT se combinam (em um processo chamado **conjugação**) para formar **T_3** e **T_3 reverso** (**rT_3**), enquanto dois resíduos da DIT se combinam para formar T_4. Os hormônios permanecem fixados à tireoglobulina até a internalização pelas células foliculares. A conjugação é também facilitada pela *TPO*.[2]

6. **Endocitose:** a tireoglobulina iodada e conjugada volta, então, às células foliculares, por endocitose iniciada por receptores de megalina. O TSH regula a expressão do receptor de megalina, e, portanto, indiretamente controla a quantidade de coloide que passa por endocitose.

7. **Proteólise:** as vesículas que contêm o coloide e sofreram endocitose se fundem então com um lisossomo, e as moléculas

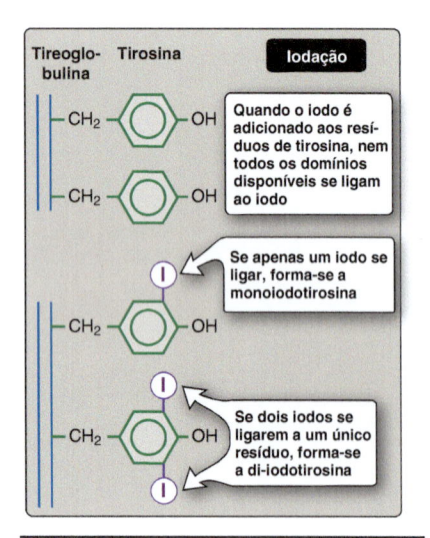

---

[1]Para mais informações sobre a via das pentoses fosfato, ver *Bioquímica ilustrada*, 5ª edição, Artmed Editora.

[2]A *tireoperoxidase* pode ser inibida farmacologicamente pelo metimazol e pelo propiltiouracil, os quais são utilizados para tratar uma glândula tireoide hiperfuncional. Ver *Farmacologia ilustrada*, 5ª edição, Artmed Editora.

Figura 35.5
Iodação da tireoglobulina.

contendo iodo são clivadas da tireoglobulina. Os hormônios T_3 e T_4 são liberados no citosol folicular, próximo à membrana basolateral, e as moléculas remanescentes e o material do coloide são reciclados.

8. **Secreção:** a etapa final é a secreção de T_3 e T_4 da célula folicular para o sangue. Os hormônios tireoidianos citosólicos se difundem através da membrana celular basolateral para o espaço intersticial, onde entram na rede capilar e nos vasos sanguíneos da glândula tireoide altamente vascularizada.

B. Transporte e regulação

Aproximadamente 99% dos hormônios T_3 e T_4 liberados na circulação se ligam à globulina ligante de hormônios da tireoide e, em menor extensão, à albumina e à transtirretina. A ligação aumenta a meia-vida por até uma semana e serve como uma reserva de hormônio tireoidiano por curtos períodos. T_3 e T_4 livres (não ligados) participam no controle de retroalimentação negativa ao nível do hipotálamo e dos tireotrofos. Além disso, os hormônios tireoidianos também aumentam a somatostatina, a qual diminui ainda mais a liberação de TSH pelos tireotrofos (Fig. 35.6).

C. Efeitos

O T_3 e o T_4 se difundem através da membrana da célula-alvo, e o T_4 é convertido em T_3 (a forma mais ativa biologicamente) pela *5´-desiodase* (também chamada *5´-3´-monodesiodase* ou *desiodase I*). A seguir, o T_3 se liga a um receptor tireoidiano nuclear que faz um complexo com um receptor X retinoide (RXR). Esse complexo de receptores então se liga ao elemento de resposta (sequências curtas de DNA) à tireoide, o qual, por meio tanto da adição de um coativador como da liberação de um correpressor, inicia a transcrição (Fig. 35.7). As proteínas sintetizadas medeiam uma grande variedade de respostas celulares, incluindo aumentos no crescimento e no desenvolvimento, na disponibilidade de glicose e de ácidos graxos e na taxa metabólica.

1. **Crescimento e desenvolvimento:** o crescimento e o desenvolvimento dos tecidos nervoso e ósseo dependem da síntese e da liberação de hormônios do eixo tireoidiano. No tecido nervoso, o T_3 e o T_4 ajudam na cronometragem e na taxa de desenvolvimento, o que afeta, por exemplo, o desenvolvimento dos reflexos de distensão (ver 11.III.B). Nos ossos, o hormônio tireoidiano aumenta a ossificação e o crescimento linear em crianças e adolescentes. As deficiências do hormônio tireoidiano podem, assim, resultar em déficit mental e estatura pequena nas crianças.

2. **Metabolismo de macronutrientes:** os hormônios tireoidianos não apenas alteram a taxa de metabolismo, mas também afetam os substratos de energia. O T_3 e o T_4 aumentam tanto a quebra de glicogênio (glicogenólise) como a formação de glicose (gliconeogênese). O T_3 e o T_4 também aumentam a formação de lipídeos (lipogênese), seguida pela promoção de enzimas lipolíticas, as quais quebram os lipídeos armazenados em ácidos graxos livres para serem utilizados como um substrato energético. Um nível hormonal baixo no eixo tireoidiano tem o efeito oposto na quebra de carboidratos, proteínas e lipídeos.

3. **Taxa metabólica basal:** o metabolismo, mediante suas inerentes ineficiências de reações, produz calor. A expressão da

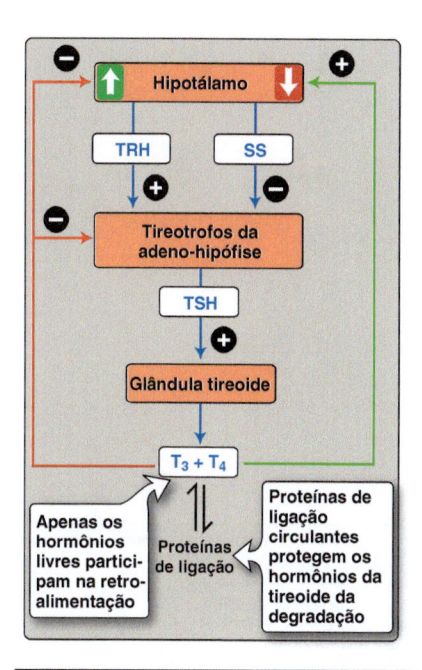

Figura 35.6
Regulação por retroalimentação da liberação de hormônio pela tireoide. SS = somatostatina; T_3 = tri-iodotironina; T_4 = tiroxina; TRH = hormônio liberador de tireotrofina; TSH = hormônio estimulante da tireoide.

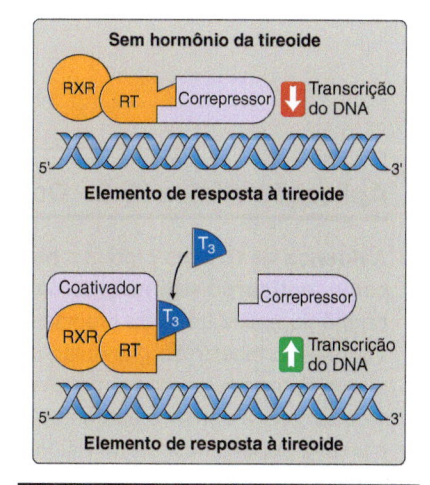

Figura 35.7
Receptor de ligação do hormônio da tireoide. RXR = receptor X retinoide; T_3 = tri-iodotironina; RT = receptor para hormônio da tireoide.

Aplicação clínica 35.2 Doença de Hashimoto

A **doença de Hashimoto** é a forma mais comum de **hipotireoidismo**, caracterizada por uma resposta autoimune que tem como alvo a glândula tireoide. A inflamação e a destruição da glândula diminuem a produção e a liberação da tri-iodotironina e da tiroxina. Um bócio pode também se formar, mas como resultado de infiltrados de linfa e células T, em vez de hipertrofia glandular. Os pacientes têm pouca energia e ficam facilmente fatigados. Ganham peso devido ao declínio na taxa metabólica. Se os baixos níveis de hormônios tireoidianos ocorrerem durante a fase de crescimento, o crescimento pode ser atrofiado e o desenvolvimento, desacelerado.

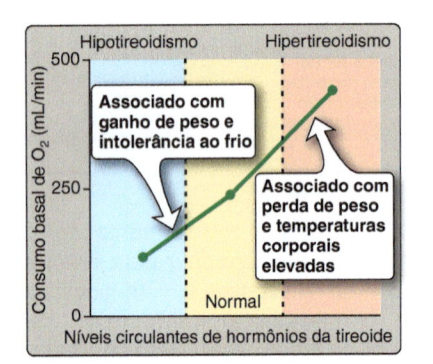

Figura 35.8
Efeitos dos hormônios da tireoide no metabolismo.

Na^+-K^+ATPase fornece um bom exemplo desse fenômeno, no qual o hormônio tireoidiano induz a expressão da "bomba sempre em ação", em que utiliza mais energia e produz mais calor. O oposto ocorre se a expressão da bomba for reduzida por uma condição de hipotireoidismo (Fig. 35.8).

4. **Hormônio tireoidiano e sinergia da catecolamina:** quando T_3, T_4 e noradrenalina (do sistema nervoso simpático) são liberados conjuntamente (p. ex., durante um extremo de estresse pelo frio), suas funções fisiológicas são aumentadas. Os hormônios tireoidianos fazem *upregulation* dos receptores β-adrenérgicos, o que potencializa esses efeitos sinergéticos.

IV. CALCITONINA

A calcitonina é um pequeno hormônio peptídico (32 aminoácidos) produzido pelas células C parafoliculares da tireoide. A calcitonina é liberada em resposta a elevadas concentrações de Ca^{2+} plasmático, e seu efeito primário é bloquear a reabsorção óssea mediada pelos osteoclastos e a mobilização de Ca^{2+} (ver 15.IV). Não se acredita que a calcitonina tenha qualquer papel significativo na homeostasia do Ca^{2+} em humanos, mas esse hormônio pode ser utilizado como um biomarcador para o câncer de tireoide, e seus efeitos fisiológicos podem ser aproveitados terapeuticamente.[1] Os níveis plasmáticos

Aplicação clínica 35.3 Doença de Graves

A **doença de Graves** produz o **hipertireoidismo**, por meio de um anticorpo (**anticorpo estimulante da tireoide**) que mimetiza os efeitos do hormônio estimulante da tireoide (TSH). A estimulação do receptor do TSH leva à hipertrofia glandular, a qual, por sua vez, leva ao bócio e a outros sintomas, tais como mixedema e oftalmopatia. O mixedema envolve edemas da derme e aumentos do tecido conectivo, o que é causado por uma superprodução de mucopolissacarídeos (carboidratos modificados). A oftalmopatia envolve inchaço em torno dos olhos e também inclui a produção excessiva de mucopolissacarídeos, o que faz os olhos ficarem protrusos.

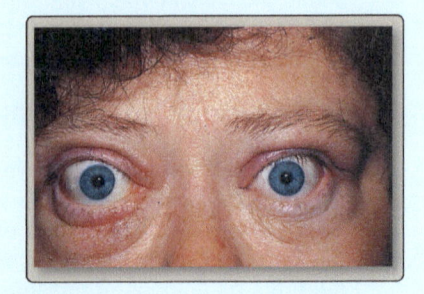

Exoftalmia.

de Ca^{2+} e PO_4^{3-} são regulados principalmente pelo PTH e derivados da vitamina D, conforme será discutido adiante.

V. HORMÔNIO PARATIREOIDIANO (PARATORMÔNIO) E VITAMINA D

Juntos, o paratormônio (PTH) e a vitamina D regulam o Ca^{2+} e o PO_4^{3-}. Os principais alvos dessa regulação são o trato GI (absorção), os rins (reabsorção) e os ossos (deposição e reabsorção).

A. Estoques de cálcio e fosfato

Grandes quantidades de Ca^{2+} e PO_4^{3-} são armazenadas nos ossos (considere-se o osso como um depósito bancário de Ca^{2+}). Essa grande fonte de Ca^{2+} pode ser mobilizada (resgatada) durante a reabsorção óssea, em um processo mediado pelos osteoclastos (ver 15.IV). Alternativamente, o Ca^{2+} pode ser ativamente armazenado (depositado) dentro dos ossos durante a deposição óssea, em um processo mediado pelos osteoblastos. Além do armazenamento e da liberação, o equilíbrio do Ca^{2+} é mantido pela excreção de Ca^{2+} pelos rins e pela captura de Ca^{2+} pelo trato GI (Fig. 35.9). Os sítios de captação, excreção e armazenamento de PO_4^{3-} são semelhantes aos do Ca^{2+}.

B. Hormônio paratireoidiano

O PTH é liberado das glândulas paratireoides em resposta a um decréscimo dos níveis circulantes de Ca^{2+} e Mg^{2+}. As ações do PTH estão voltadas para aumentar a disponibilidade do Ca^{2+}.

1. **Regulação:** as células das paratireoides expressam um GPCR especializado que funciona como um sensor de Ca^{2+}. Quando os níveis plasmáticos de Ca^{2+} estão elevados, o receptor inibe tonicamente a secreção de PTH (Fig. 35.10). A relação entre o Ca^{2+} livre e a liberação de PTH é de forma sigmoide, com a porção mais íngreme da curva estando na amplitude fisiológica do Ca^{2+} plasmático. A liberação de PTH é dependente de modo semelhante da concentração de Mg^{2+} livre no plasma.

> O lítio sensibiliza o receptor de Ca^{2+} para alterações no Ca^{2+} plasmático, causando um aumento da liberação de PTH em resposta a um dado estímulo do Ca^{2+}. Essa é a razão por que pacientes bipolares em tratamento com sais de lítio para seus episódios maníacos podem também ter hipercalcemia.

2. **Função:** o PTH aumenta os níveis de Ca^{2+} circulante por dois mecanismos principais. Primeiro, ele estimula a reabsorção óssea, ligando-se a receptores na superfície dos osteoblastos, os quais recrutam então os precursores dos osteoclastos para um local de

---

[1]Para mais informações sobre o uso de calcitonina para o tratamento da osteoporose, ver *Farmacologia ilustrada*, 5ª edição, Artmed Editora.

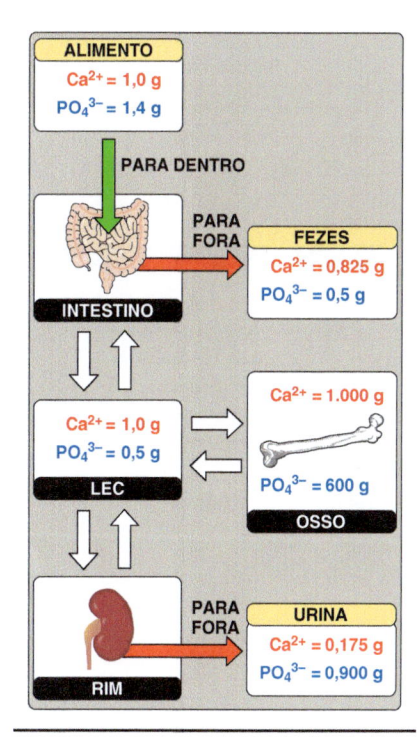

Figura 35.9
Equilíbrio de cálcio e fosfato. LEC = líquido extracelular.

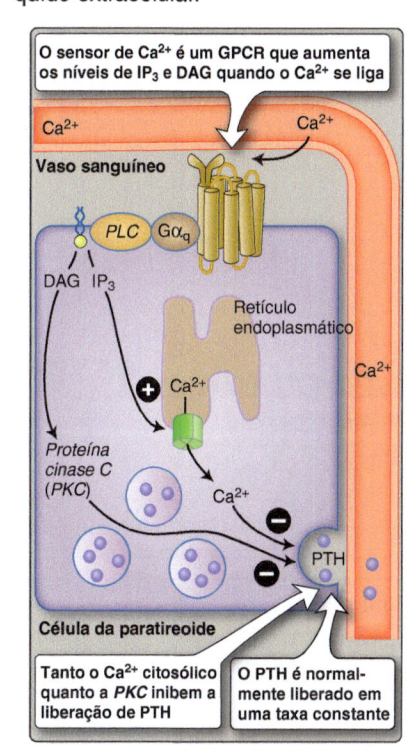

Figura 35.10
Detecção de cálcio. DAG = diacilglicerol; GPCR = receptor acoplado à proteína G; IP_3 = inositol trifosfato; PLC = fosfolipase C; PTH = paratormônio (hormônio paratireoidiano).

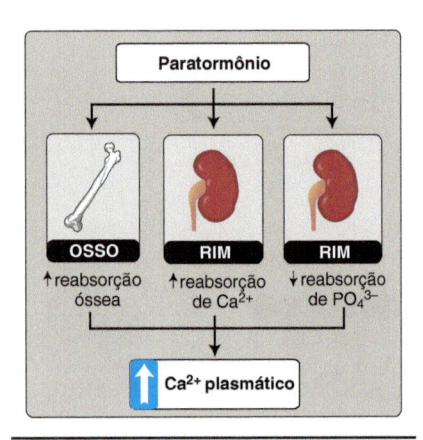

Figura 35.11
Efeitos do paratormônio.

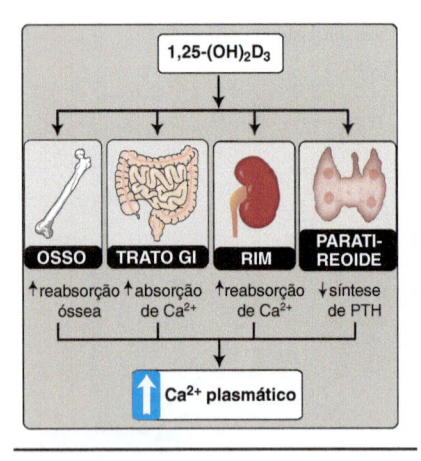

Figura 35.12
Vitamina D3. GI = gastrintestinal; PTH = paratormônio.

reabsorção óssea. Segundo, ele estimula a reabsorção de Ca^{2+} pelo túbulo renal (Fig. 35.11). A reabsorção pelo túbulo proximal de PO_4^{3-} é diminuída pelo PTH. Embora isso aumente a excreção de PO_4^{3-}, não altera significativamente os níveis de PO_4^{3-} circulantes no plasma, porque o PTH também aumenta a liberação de PO_4^{3-} dos ossos. O PTH também aumenta indiretamente o Ca^{2+} circulante por seus efeitos estimulantes sobre a síntese de **1α,25-di-hidroxivitamina D3 [1,25-(OH)$_2$D$_3$]**.

C. Derivados da vitamina D

A vitamina D está funcionalmente relacionada ao PTH, mas, estruturalmente, é muito diferente. A vitamina D e seus derivados são hidrofóbicos e transportados no sangue principalmente pela proteína ligante da vitamina D. O derivado primário ativo da vitamina D é o 1,25-(OH)$_2$D$_3$, o qual aumenta a absorção de Ca^{2+} e PO_4^{3-} pelo intestino delgado. A síntese de 1,25-(OH)$_2$D$_3$ a partir da vitamina D2 ou D3 envolve um processo de múltiplas etapas que inclui tanto o fígado como os rins. A principal enzima reguladora para a síntese de 1,25-(OH)$_2$D$_3$ é a **25(OH) D1-α-hidroxilase**. A vitamina D3 pode ser sintetizada na pele, pelos queratinócitos (ver 16.III.A.1), mediante interação da luz UV com o 7-desidrocolesterol, e a vitamina D2 e D3 podem também ser adquirida de fontes da dieta.

1. **Regulação:** o fator primário que regula a 1,25-(OH)$_2$D$_3$ é o PTH. Esse hormônio aumenta a atividade da *25(OH)D1-α-hidroxilase* e diminui a atividade da *25(OH)D24-hidroxilase* nos rins. Isso faz as reações se voltarem para a produção de 1,25-(OH)$_2$D$_3$. Baixos níveis tanto de Ca^{2+} como de PO_4^{3-}, assim como de hormônios, tais como o hormônio do crescimento, prolactina e estrogênio, também aumentam os níveis de 1,25-(OH)$_2$D$_3$.

2. **Função:** a 1,25-(OH)$_2$D$_3$ é muito eficaz em auxiliar a absorção de Ca^{2+} e PO_4^{3-} pelo trato GI e reabsorção desses íons pelos túbulos renais. A absorção de Ca^{2+} é aprimorada pela 1,25-(OH)$_2$D$_3$, por meio da síntese aumentada de proteínas de transporte apicais, basolaterais e citosólicas. A 1,25-(OH)$_2$D$_3$ se liga a um receptor nuclear de vitamina D que forma um complexo com outro receptor (RXR) e induz a transcrição a partir do elemento de resposta à vitamina D. Assim, a maioria dos efeitos da 1,25-(OH)$_2$D$_3$ são genômicos, mas existem alguns efeitos mais rápidos, mediados por um receptor de vitamina D da membrana celular. Essas respostas mais rápidas da membrana celular são observadas principalmente no sistema GI. A absorção de PO_4^{3-} é também aperfeiçoada pelos efeitos da 1,25-(OH)$_2$D$_3$ sobre a síntese de cotransportadores apicais de Na^+-PO_4^-. A 1,25-(OH)$_2$D$_3$ também auxilia na maturação dos osteoclastos, o que potencialmente permite uma reabsorção óssea maior. Finalmente, a 1,25-(OH)$_2$D$_3$ diminui o PTH, por meio de uma retroalimentação negativa, em adição à retroalimentação negativa provocada por aumentos do Ca^{2+} circulante devido à absorção intestinal aumentada (Fig. 35.12).

Aplicação clínica 35.4 Raquitismo

O **raquitismo** é causado por uma falta de vitamina D, Ca^{2+} ou PO_4^{3-}. Sem a 1α,25-di-hidroxivitamina D3 [1,25-$(OH)_2D_3$], o Ca^{2+} e o PO_4^{3-} não podem ser absorvidos pelo trato gastrintestinal, fazendo os níveis plasmáticos caírem. Em consequência, o paratormônio é liberado, promovendo a reabsorção óssea para aumentar os níveis de Ca^{2+} séricos. Com o tempo, os minerais dos ossos se esgotam, levando-os a enfraquecer e arquear. A falta de 1,25-$(OH)_2D_3$ pode resultar de uma baixa exposição à luz solar, da falta de acesso a fontes alimentares de vitamina D ou de uma disfunção genética que produz uma *25(OH)D1-α-hidroxilase* de baixa funcionalidade.

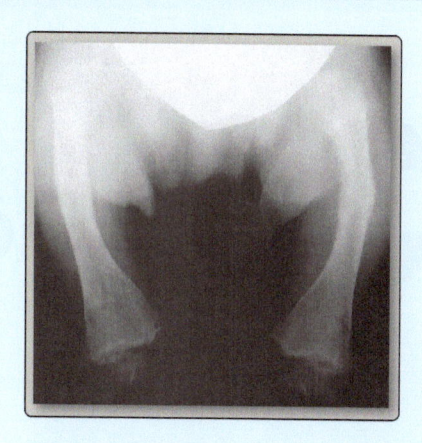

Ossos arqueados.

Resumo do capítulo

- Os hormônios do eixo da tireoide consistem em **tiroxina (T_4)**, **tri-iodotironina (T_3)** e **tri-iodotironina reversa**. Os intermediários tireoidianos consistem na **monoiodotirosina (MIT)** e na **di-iodotirosina (DIT)**. O T_4, que é formado a partir de duas DITs, é a variante mais prevalente no sangue. O T_3 é a forma biologicamente mais ativa nos tecidos periféricos, e é formada a partir de uma DIT e uma MIT.

- As etapas da síntese dos hormônios tireoidianos são: **captação, secreção de coloide, oxidação, iodação, conjugação, endocitose, proteólise e secreção glandular**. O **hormônio estimulante da tireoide (TSH)** regula a secreção de tri-iodotironina e tiroxina por meio de suas ações sobre o simporter de Na^+-I^-, canais de pendrina, *tireoperoxidase*, receptores de megalina e enzimas proteolíticas. O TSH também causa aumento da glândula tireoide.

- A maior parte da tri-iodotironina (T_3) e da tiroxina (T_4), no sangue, está ligada à **globulina ligante de hormônios da tireoide**, tornando-as inativas, mas alguma quantidade de T_3 e T_4 circula na forma ativa livre.

- Uma vez que a tri-iodotironina (T_3) e a tiroxina (T_4) entram em uma célula, a maior parte do T_4 é convertida em T_3, e o T_3 tem uma maior afinidade de ligação aos receptores da tireoide. Os hormônios tireoidianos atuam por intermédio de receptores nucleares para modular a transcrição e a tradução, e assim aumentar a síntese proteica.

- Dependendo de quais proteínas são sintetizadas, os hormônios tireoidianos aumentam a taxa metabólica, a produção de calor e a quebra e o uso de glicogênio e gordura. Os hormônios tireoidianos são também imprescindíveis para o crescimento e o desenvolvimento normais.

- O **hormônio das paratireoides (paratormônio; PTH)** eleva os níveis de Ca^{2+} circulante, por aumentar a reabsorção de Ca^{2+} no rim e por aumentar a reabsorção óssea. O PTH também ativa a **vitamina D3**.

- A vitamina D3 é convertida em sua forma ativa pela exposição à luz ultravioleta ou por meio de reação enzimática no rim. A forma ativa da vitamina D é a **1α,25-di-hidroxivitamina D3 [1,25-$(OH)_2D_3$,]**, e a sua função primária é aumentar os níveis de Ca^{2+} circulantes pela absorção intestinal, reabsorção pelos rins e reabsorção pelos ossos.

36 Gônadas Femininas e Masculinas

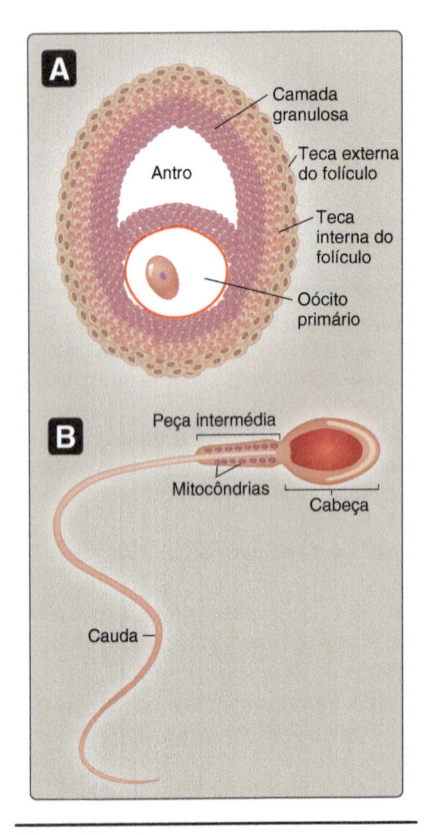

Figura 36.1
Oócito e espermatozoide.

I. VISÃO GERAL

O termo "gônada" é derivado da palavra grega *gónos*, a qual significa "semente" ou "família". As gônadas produzem células-sementes (gametas) que podem dividir-se e replicar-se em um organismo, e a reprodução forma uma linhagem familiar. No senso comum, o objetivo primário de qualquer indivíduo é passar adiante um conjunto único de ácidos desoxirribonucleicos (DNAs) para a próxima geração (embora ensiná-lo a comer e evitar o perigo auxilie a assegurar que a linhagem sobreviverá). As gônadas formam oócitos nas mulheres e espermatozoides nos homens (Fig. 36.1), e promovem as condições de sinalizar ao organismo que ele pode reproduzir-se (no sentido mais amplo). Os hormônios gonadais estão envolvidos em uma grande variedade de funções na maturação sexual: a **oogênese** (formação e desenvolvimento de um oócito) e a **espermatogênese** (formação e desenvolvimento do espermatozoide), assim como promovem a fertilização, a gestação e a lactação. Os efeitos desses hormônios não estão limitados aos órgãos reprodutores, mas também afetam os ossos, os músculos e os vasos sanguíneos. Os hormônios gonadais estão sob controle do eixo hipotálamo-hipófise, sendo que tanto os homens como as mulheres utilizam os mesmos hormônios sinalizadores hipotalâmicos (o **hormônio liberador de gonadotrofinas [GnRH]**) e os hormônios hipofisários, incluindo o **hormônio luteinizante (LH)** e o **hormônio foliculestimulante (FSH)**. Nas mulheres, o LH e o FSH têm como alvo os ovários, os quais secretam dois hormônios relevantes: a **progesterona**, pelas **células da camada granulosa** e o **estradiol**, de forma colaborativa (compartilhamento de precursores) entre a **teca interna do folículo** e as células da granulosa. Nos homens, os hormônios hipofisários têm como alvo os testículos, os quais secretam principalmente a **testosterona**, pelas **células de Leydig**.

II. SEXO E GÊNERO

Os cromossomos determinam o sexo: XX são mulheres e XY são homens. O **sexo gonadal** é definido pelo tipo de gônada. As gônadas das mulheres são os ovários, e as gônadas dos homens, os testículos. O **sexo fenotípico** é determinado pelas características do trato genital e da genitália externa (atualmente denominada órgãos genitais externos femininos ou masculinos). Por fim, o **gênero** é um termo psicossocial utilizado para identificar uma pessoa como um homem ou uma mulher, com base em um conjunto de características, atributos e normas sociais. Essas definições se tornam um tanto confusas em variantes genéticas, como na síndrome de Klinefelter, a qual produz um cromossomo X extra, 47, XXY ("47" corresponde a um cromossomo extra, visto que normalmente existem 23 pares, i. e., 46 cromossomos). Alternativamente, uma pessoa do sexo masculino ou feminino pode ter as suas gônadas removidas por cirurgia de castração, ou ter a genitália externa aumentada ou removida. Para fins de maior clareza, utilizaremos definições do sexo gonadal e introduziremos componentes genéticos e fenotípicos que se alinham com a determinada gônada.

III. EIXO HIPOTÁLAMO-HIPÓFISE-OVÁRIOS

As gônadas femininas, os ovários, secretam estrogênios e progestinas. Os ovários estão sujeitos a uma retroalimentação a partir de um eixo endócrino de camadas múltiplas, o qual permite a regulação precisa de sua função.

A. Hipotálamo

As principais áreas hipotalâmicas envolvidas no controle ovariano são os núcleos supraóptico e pré-optico (Fig. 36.2). Nessas áreas, os neurônios parvocelulares sintetizam e secretam o GnRH. O GnRH é um hormônio peptídico, produzido no soma como um pró-hormônio e depois modificado em sua forma ativa e secretado no sistema porta-hipofisário. A liberação de GnRH é pulsátil, significando que não existe uma liberação contínua a partir do hipotálamo. A secreção pulsátil tem a vantagem de utilizar menos energia e não dessensibiliza os receptores dos tecidos-alvo. A percepção do estresse e de outras entradas dos centros encefálicos superiores, assim como dos centros do ritmo do encéfalo, influenciam a secreção pulsátil do GnRH.

Figura 36.2
Núcleos hipotalâmicos envolvidos no controle ovariano. FSH = hormônio foliculestimulante; GnRH = hormônio liberador de gonadotrofinas; LH = hormônio luteinizante.

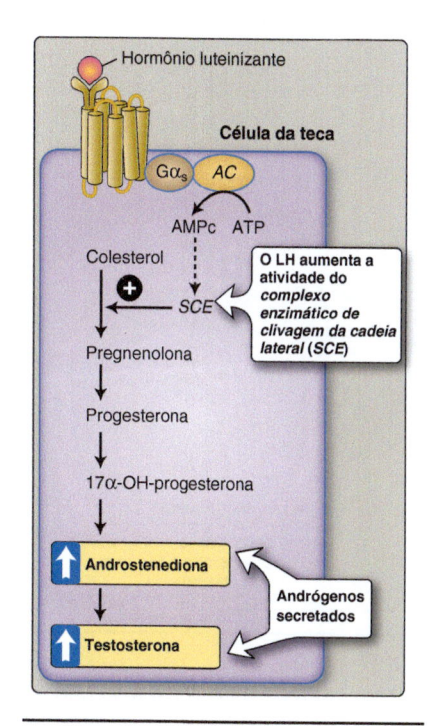

B. Hipófise

A circulação porta-hipofisária libera o GnRH para os **gonadotrofos** da adeno-hipófise (ver Fig. 7.11), os quais subsequentemente secretam LH e FSH. Os receptores de GnRH fazem parte da superfamília de receptores acoplados à proteína G (GPCRs), e funcionam principalmente por meio do sistema de segundo mensageiro do inositol trifosfato e do diacilglicerol, induzido pela *fosfolipase C (PLC)* (ver 1.VII.B.3).

C. Ovários

Os ovários armazenam as células germinativas femininas (**oócitos**) dentro de folículos em vários estágios do desenvolvimento: primordiais, primários, secundários, terciários e folículos ováricos vesiculosos (folículos de Graaf). A porção endócrina dos ovários está principalmente relacionada aos folículos mais tardios, e envolve as células da teca interna do folículo e da camada granulosa. Essas células trabalham de forma cooperativa para sintetizar e secretar o estradiol.

1. **Células da teca:** as células da teca formam uma camada superficial, no folículo, que, por meio de receptores de LDL da membrana celular, transporta **lipoproteína de baixa densidade (LDL)** para dentro das células, em depressões revestidas por clatrina. Uma vez que o receptor de LDL se ligue ao ligante, ocorre a endocitose da LDL, e o colesterol é liberado. O colesterol é o substrato inicial da primeira reação da síntese do hormônio esteroide, assim como ele o é na glândula suprarrenal (ver Fig. 34.4). Os receptores de LH, que são da superfamília GPCR, trabalham principalmente por meio de um sistema de segundo mensageiro do monofosfato de adenosina cíclico (AMPc), induzido pela *adenilato ciclase (AC)* (ver 1.VII.B.2), o qual ativa um **complexo enzimático de clivagem da cadeia lateral**, o qual facilita a conversão do colesterol em pregnenolona (Fig. 36.3). Assim, o LH trabalha de

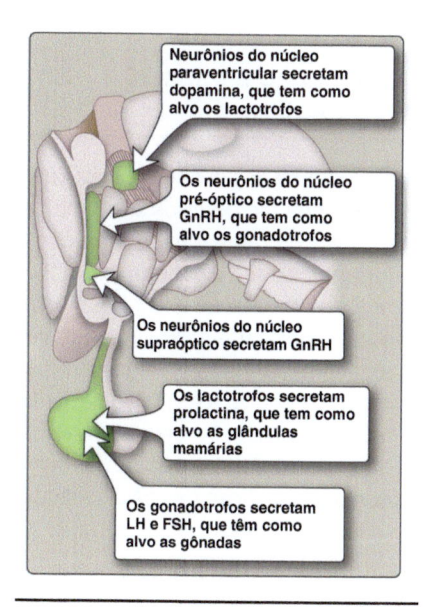

Figura 36.3
Célula da teca. AC = adenilato ciclase; ATP = trifosfato de adenosina; AMPc = monofosfato de adenosina cíclico.

Aplicação clínica 36.1 Síndrome dos ovários policísticos

A síndrome dos ovários policísticos afeta 5 a 10% das mulheres durante os seus anos reprodutivos. Por motivos desconhecidos, os ovários se tornam policísticos (apresentam uma cápsula espessada e proeminentes cistos subcapsulares), e ocorrem elevações na proporção do hormônio luteinizante (LH) em relação ao hormônio foliculestimulante (FSH), ganho de peso e insensibilidade à insulina. A maioria das pessoas com essa síndrome é amenorreica (não tem menstruações mensais) ou apresenta sangramento uterino anormal, e são inférteis. Outros sintomas aparentes é o hirsutismo, a acne e a virilização, devido ao excesso de andrógenos. Parte da razão para o excesso de andrógenos é decorrente da estimulação das células da teca pelo LH, as quais produzem androstenediona e testosterona sem a correspondente estimulação das células da granulosa pelo FSH, para produzir estradiol a partir desses andrógenos da teca.

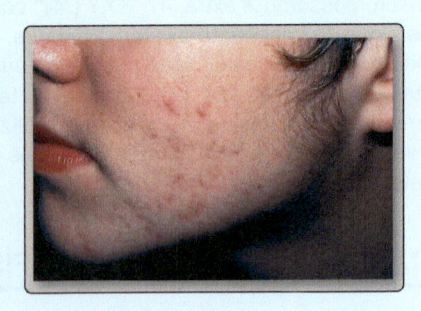

Hirsutismo.

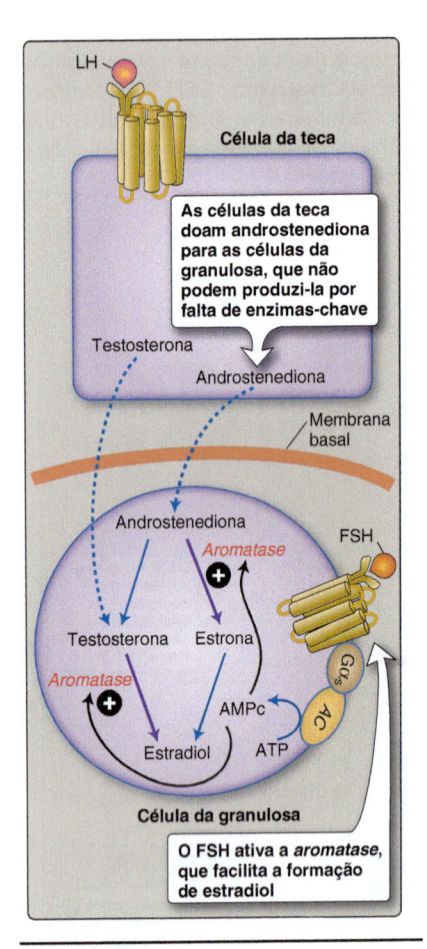

Figura 36.4

Células da teca e da granulosa. AC = adenilato ciclase; ATP = trifosfato de adenosina; AMPc = monofosfato de adenosina cíclico; FSH = hormônio foliculestimulante; LH = hormônio luteinizante.

forma semelhante ao hormônio adrenocorticotrófico nas glândulas suprarrenais (ver 34.II.C). A síntese dos hormônios esteroides continua nas células da teca, produzindo **androstenediona** e testosterona. A maior parte desses andrógenos sai das células da teca e entra nas células da granulosa adjacentes, porque não existem quantidades suficientes de *aromatase* nas células da teca para facilitar a conversão da androstenediona ou da testosterona em estrogênios (Fig. 36.4).

2. **Células granulosas:** a célula da granulosa está localizada mais profundamente no folículo, em comparação à célula da teca (ver Fig. 36.1). A camada de células granulosas aumenta extraordinariamente durante o desenvolvimento do folículo primário para secundário. As células da camada granulosa expressam tanto receptores de LH como de FSH. Assim, não apenas a conversão de colesterol em pregnenolona é facilitada como nas células da teca, mas, além disso, a enzima *aromatase* também é ativada. Os receptores de FSH pertencem à superfamília GPCR, e trabalham principalmente por meio do sistema de segundo mensageiro do AMPc, induzido pela *adenilato ciclase* (*AC*), para ativar a *aromatase*. Desse modo, produtos como o estradiol podem ser sintetizados e então secretados para a corrente sanguínea. As células da camada granulosa não contêm quantidades suficientes de *17α-hidroxilase* ou de *17,20-desmolase*, portanto dependem da secreção de androstenediona e testosterona, pelas células da teca, para completar a síntese dos esteroides sexuais (ver Fig. 36.4).

3. **Oogênese:** a oogênese começa durante o período fetal. Precocemente durante o desenvolvimento, a quantidade de células germinativas primordiais (oogônias) aumenta de maneira notável. Uma parte dessas oogônias matura para oócitos. Aproximadamente na 20ª semana de gestação, o número de oócitos atinge seu máximo. Daí em diante, o número de oócitos diminui gradativamente, até se esgotar.

IV. ESTROGÊNIOS

Existem três estrogênios principais. O mais potente é o estradiol, embora a **estrona**, a qual é também formada nos tecidos periféricos, e o **estriol**, o qual é secretado em altas concentrações durante a gestação (ver 37.III.C.3), também tenham efeitos funcionais. Conforme mencionado no capítulo anterior, a androstenediona derivada da glândula suprarrenal pode também ser convertida perifericamente em estrogênios (ver 34.IV.A). O estradiol tem uma elevada afinidade de ligação à **globulina ligante de esteroides sexuais (SSBG)** e uma afinidade de ligação moderada à albumina, a qual mantém baixa a quantidade da forma livre ativa no sangue. O fígado processa os estrogênios, e esses produtos são secretados na urina.

A. Função

Os estrogênios têm uma quantidade de efeitos funcionais, tanto genômicos como não genômicos. Os efeitos não genômicos são mediados por receptores da membrana celular e não induzem diretamente a transcrição, a tradução e a síntese proteica. A maioria dos efeitos dos estrogênios são genômicos e utilizam um mecanismo semelhante ao de outros hormônios esteroides. Existem duas classes de **receptores de estrogênios (ERs)**: **ERα** e **ERβ**. O ERα é expresso principalmente nos órgãos reprodutores, enquanto o ERβ é expresso principalmente nas células da camada granulosa e em órgãos não reprodutores. ERα e ERβ são citosólicos e nucleares. Uma vez que os estrogênios se ligam ao receptor, esse receptor homodimeriza e se liga a um elemento de resposta ao estrogênio, no DNA, induzindo a expressão gênica específica. A natureza das proteínas sintetizadas e seus efeitos dependem do tecido-alvo (Tab. 36.1).

B. Secreção

A regulação dos estrogênios compreende um grupo inter-relacionado de alças de retroalimentação em cada nível do eixo hipotálamo-hipófise-ovários. Estrogênios, progestinas, inibinas e ativinas fornecem a retroalimentação ao eixo (Fig. 36.5). Essas múltiplas camadas de controle proporcionam uma cronometragem precisa da sinalização hormonal, apesar de as duas principais classes hormonais (estrogênios e progestinas) utilizarem o mesmo eixo do sistema de controle.

1. **Estrogênios:** os estrogênios secretados pelas células da granulosa fazem uma retroalimentação negativa tanto para a adeno-hipófise como para o hipotálamo, e existe evidência de que haja uma retroalimentação adicional a centros encefálicos superiores que podem estimular ou inibir o eixo. Os estrogênios em geral exercem uma retroalimentação negativa, mas essa retroalimentação transforma-se, no meio do ciclo, em retroalimentação positiva. Essa guinada é causada por um aumento de receptores, tal como o GnRH na adeno-hipófise, quando os níveis de estrogênios circulantes estão elevados. O resultado funcional dessa mudança é um pico de LH e de FSH pouco antes da ovulação.

2. **Progestinas:** as progestinas (discutidas de maneira mais detalhada na seção a seguir) também fornecem retroalimentação negativa à adeno-hipófise e ao hipotálamo.

3. **Inibinas:** as células da granulosa sintetizam e secretam hormônios peptídicos, chamados inibinas, que fazem uma retroalimentação à adeno-hipófise. Existem duas inibinas, A e B, que parecem ser funcionais nas mulheres. As inibinas diminuem a secreção de FSH. O FSH é o estímulo primário para a produção de inibinas e, assim, o aumento da inibina vem pouco atrás do FSH no ciclo menstrual, mas fornece uma retroalimentação negativa para a regulação do FSH.

4. **Ativinas:** as ativinas são hormônios peptídicos secretados pelas células da granulosa que estimulam a secreção de FSH pela adeno-hipófise, assim como o aumento de receptores locais de FSH. Os níveis de ativina estão em seu ponto mais elevado durante o desenvolvimento folicular.

Tabela 36.1 Efeito dos estrogênios

Alvo	Efeito
Osso	↑ crescimento via osteoblastos
Órgãos endócrinos	↑ respostas à progesterona
Fígado	↑ fatores de coagulação ↑ proteínas ligantes de esteroides ↓ colesterol total e LDL ↑ HDL
Órgãos reprodutores	↑ crescimento uterino ↑ crescimento vaginal e das tubas uterinas ↑ crescimento das mamas ↑ secreção de muco cervical ↑ receptores de LH nas células da granulosa

LDL = lipoproteína de baixa densidade; HDL = lipoproteína de alta densidade; LH = hormônio luteinizante.

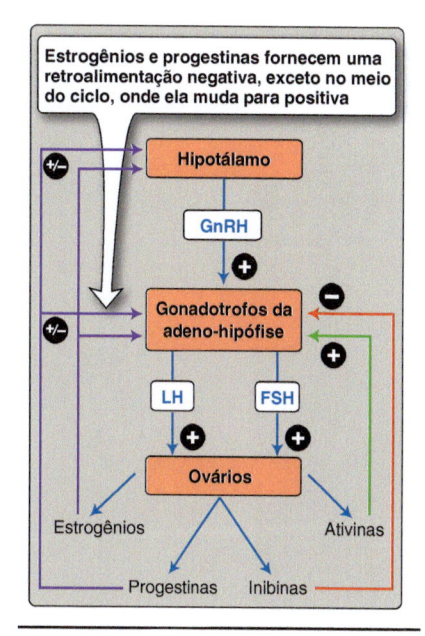

Figura 36.5
Regulação por retroalimentação da produção hormonal feminina. FSH = hormônio foliculestimulante; GnRH = hormônio liberador de gonadotrofinas; LH = hormônio luteinizante.

Tabela 36.2 Efeito das progestinas

Alvo	Efeito
Mamas	↑ desenvolvimento lobular
	↓ produção de leite
Órgãos reprodutores	↓ crescimento endometrial
	↑ secreções endometriais
	Secreções mucosas se tornam mais espessas
Temperatura	↑ temperatura interna

V. PROGESTINAS

A progesterona é a progestina mais comum e mais ativa biologicamente. Uma segunda progestina, menos potente, mas ainda mensurável, é a **17α-hidroxiprogesterona**. A progesterona é produzida tanto pelas células da teca como da granulosa. A progesterona se liga à albumina com baixa afinidade e, portanto, tem meia-vida relativamente curta, de cerca de 5 minutos, na circulação. O fígado processa a progesterona de forma semelhante a outros hormônios esteroides, e esses produtos são secretados na urina.

A. Função

As funções da progesterona são mais limitadas, comparadas com as dos estrogênios, consistindo principalmente em iniciar e manter a gestação (ver Fig. 37.5). Os efeitos das progestinas são mediados por receptores de progesterona que têm meios sítios A e B e formam um homodímero, o qual é então ligado a um elemento de resposta à progesterona, para a transcrição de genes específicos que levem aos efeitos funcionais em vários tecidos-alvo (Tab. 36.2).

B. Secreção

O controle da secreção de progestinas está intrinsecamente ligado ao dos estrogênios e, assim, já foi discutido anteriormente.

VI. CICLOS OVARIANO E ENDOMETRIAL

O ciclo menstrual consiste, na realidade, em dois ciclos diferentes: o **ciclo ovariano** e o **ciclo endometrial**. O ciclo ovariano envolve o desenvolvimento folicular, e o ciclo endometrial envolve as alterações associadas no revestimento endometrial. Ambos são controlados e regulados pelo eixo hipotálamo-hipófise-ovários. A duração média desses ciclos é de aproximadamente 28 dias, mas os ciclos menstruais podem variar por alguns dias. A maior variabilidade na duração do ciclo ocorre no início e no fim dos anos reprodutivos.

A. Ciclo ovariano

O ciclo ovariano está dividido nas fases folicular e lútea. Cada fase dura a metade do ciclo inteiro (Fig. 36.6A). Os eventos que dividem essas fases são a ovulação e o início da menstruação.

1. **Fase folicular:** o resultado primário da fase folicular é o desenvolviemnto de um folículo ovárico vesiculoso maduro (folículo de Graaf) e um oócito secundário. A duração da fase folicular é variável. Os estrogênios vão aumentando gradativamente, causando picos de FSH e LH, enquanto a progesterona permanece baixa durante toda essa fase.

2. **Fase lútea:** a fase lútea é dominada pelas ações do corpo lúteo (células da granulosa e da teca residuais do folículo, após a liberação do oócito), o qual sintetiza e secreta estrogênio e progesterona. Esses hormônios são necessários para a implantação e manutenção do oócito fertilizado. Se a fertilização não ocorrer, o corpo lúteo regride e forma finalmente uma estrutura cicatricial não funcional (corpo albicante). O corpo albicante migra vagarosamente para o interior do ovário e é lentamente degradado. A regressão do corpo lúteo ocorre cerca de 10 a 12 dias após a ovulação, na ausência da **gonadotrofina coriônica humana (hCG)**. Assim, os 14 dias da fase lútea são relativamente constantes. As progestinas aumentam

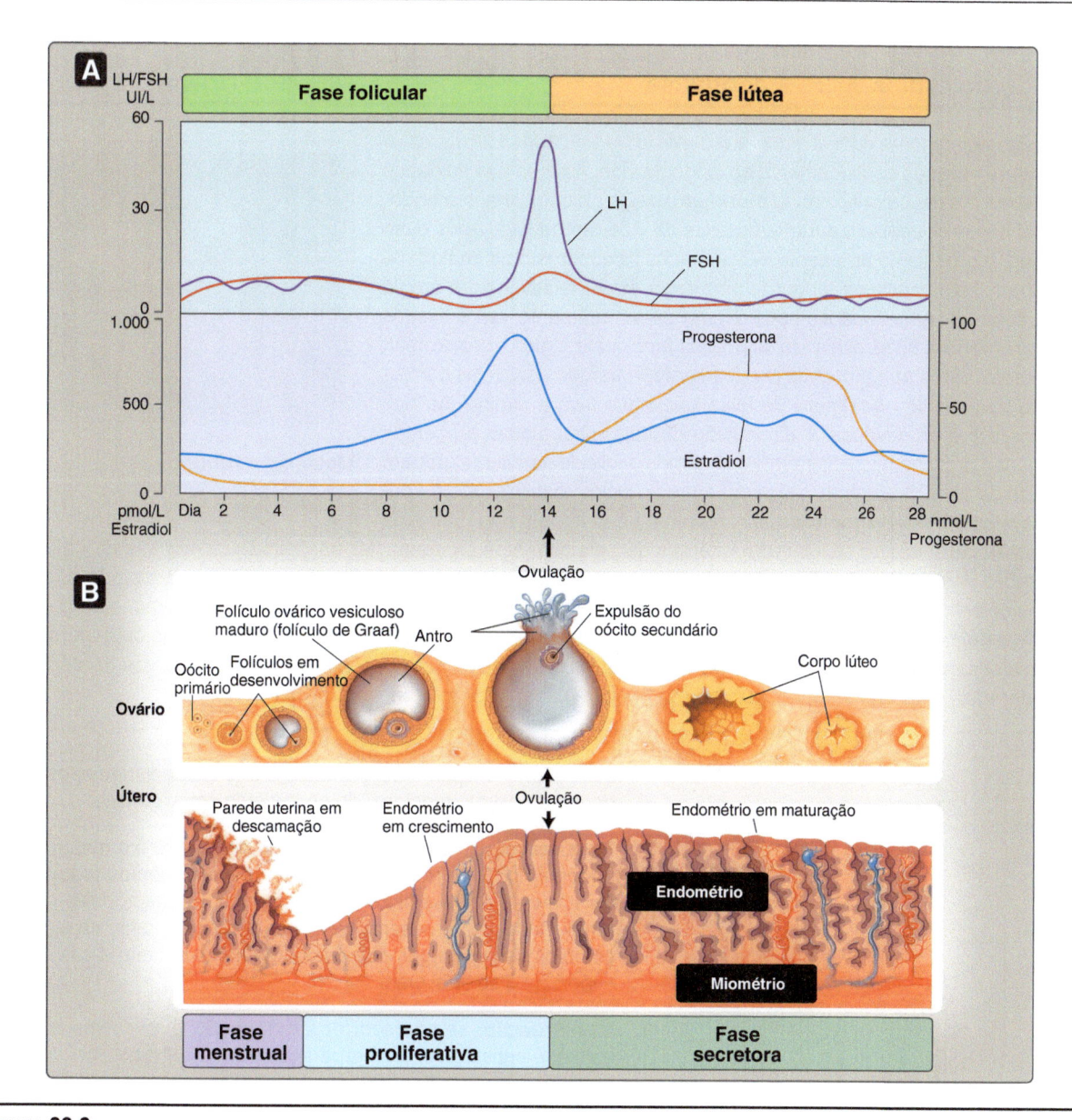

Figura 36.6
Ciclos ovariano e endometrial. FSH = hormônio foliculestimulante; LH = hormônio luteinizante.

gradativamente, e os estrogênios primeiramente caem, mas depois aumentam novamente. A temperatura corporal aumenta.

B. **Ciclo endometrial**

O revestimento da parede uterina interna (endométrio) sofre muitas alterações durante um mês típico de uma mulher em seus anos de vida reprodutiva. O ciclo endometrial é dividido em uma fase proliferativa, uma fase secretora e a menstruação (ver Fig. 36.6B).

1. **Fase proliferativa:** o crescimento endometrial é o primeiro resultado desta fase, sendo mediada pelos aumentos dos estrogênios. O crescimento é proeminente, com a espessura do endométrio aumentando de 1 a 2 mm a 8 a 10 mm no fim da fase, a qual é marcada pela

Aplicação clínica 36.2 Menopausa

As mulheres nascem com um número definido de unidades foliculares, o qual vai declinando continuamente ao longo da vida. A perda das unidades foliculares é a causa principal da **menopausa**. Os ciclos ovariano e endometrial somente ocorrem durante os anos de vida reprodutiva. Após esse período, o organismo apresenta ciclos menos frequentes, que finalmente terminam. Isso ocorre ao longo de uma faixa etária relativamente ampla (42 a 60 anos). A menopausa pode ocorrer prematuramente, se os ovários forem removidos ou se existirem anomalias funcionais. O processo normal, entretanto, não é abrupto. Mais precisamente, a parada dos ciclos corresponde ao declínio no número de folículos, o que leva à diminuição dos estrogênios e progestinas. A diminuição do estrogênio causa aumentos das gonadotrofinas (especialmente do hormônio foliculestimulante) por um período de anos. A etapa de transição entre os ciclos regulares e a menopausa é chamado **perimenopausa**. As alterações iniciais nas mulheres que estão perdendo os ciclos incluem áreas da pele com hiperpigmentação (melasma), calorões, suor noturno, secreções vaginais diminuídas e atrofia urogenital (particularmente do epitélio vaginal e dos ovários), devido aos baixos níveis de hormônios gonadais femininos. As alterações mais tardias incluem um decréscimo total na densidade de minerais dos ossos e um aumento do colesterol. Combinados, isso aumenta o risco de osteoporose e fraturas ósseas (ver Aplicação clínica 15.3). A terapia de reposição hormonal pode aliviar muito esses riscos, mas também traz riscos aumentados de trombose venosa e certos tipos de câncer.[1]

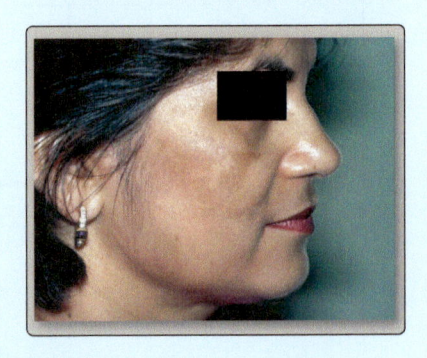

Melasma e rubor.

ovulação. O crescimento glandular e dos vasos sanguíneos ocorre dentro do estrato funcional do endométrio em expansão.

2. **Fase secretora:** o principal resultado desta fase é a maturação do endométrio. Os níveis decrescentes de estrogênios bloqueiam o crescimento do revestimento endometrial. Enquanto isso, as glândulas mucosas se desenvolvem inteiramente, e tanto as glândulas como os vasos sanguíneos dessa região aumentam a sua área de superfície e se enovelam.

3. **Menstruação:** se não ocorrer a fertilização, o revestimento endometrial é substituído, em preparação para o próximo ciclo. A menstruação começa com uma vasoconstrição pronunciada das artérias espiraladas, mediada por prostaglandinas, o que leva a um dano isquêmico no local. Células inflamatórias infiltram-se, nessa região, causando a quebra adicional do revestimento. Durante esse período, os fatores que decompõem os coágulos são ativados para manter o sangramento até que todo o revestimento seja descamado da parede uterina.

VII. GLÂNDULAS MAMÁRIAS

As mamas e as glândulas mamárias fornecem o alimento ideal para os bebês. Embora a lactação (período durante o qual o leite é produzido e secretado) ocorra logo após o nascimento, o crescimento do tecido mamário e o preparo para esse ato ocorrem durante a puberdade. Esse crescimento e o desenvolvimento são mediados por hormônios gonadais femininos, como parte das

[1] Para mais informações sobre a terapia de reposição hormonal, ver *Farmacologia ilustrada*, 5ª edição, Artmed Editora.

características sexuais secundárias. Na preparação direta para a lactação, as mamas se desenvolvem mais amplamente por meio dos elevados níveis de estrogênios, progestinas, hCG do feto e **prolactina**. Além de dar início à produção de leite e sua manutenção, o que é principalmente mediado pela prolactina, o leite deve ser estimulado a "descer" e a ser ejetado para permitir a sucção pelo bebê, um processo mediado pelo hormônio da neuro-hipófise, a **ocitocina** (Fig. 36.7).

A. Prolactina

A prolactina é um hormônio peptídico, produzido e secretado por lactotrofos da adeno-hipófise. Diferentemente de outros hormônios da adeno-hipófise, não está associada a um eixo hormonal e é produzida e secretada tanto nos homens como nas mulheres. Nas mulheres, os lactotrofos hipertrofiam, e a secreção de prolactina aumenta durante a gestação. A prolactina não está associada com uma proteína ligante ao hormônio, e tem meia-vida de cerca de 20 minutos.

1. **Função:** a prolactina causa o crescimento e o desenvolvimento do tecido glandular das mamas, a proliferação dos ductos, a síntese do leite nas mamas e a preparação dessas para a lactação. Os efeitos da prolactina nas mamas e nas glândulas mamárias são mediados por um receptor de citocina da membrana celular, o qual estimula a rota da *Janus cinase* (*JAK*) e do transdutor de sinal e ativador da transcrição (STAT), comumente conhecida como rota sinalizadora *JAK*/STAT (ver 33.V.C). A função da prolactina nos homens ainda não é bem entendida.

2. **Secreção:** a secreção de prolactina pelos lactotrofos é geralmente suprimida pela secreção tônica de **dopamina** pelos núcleos paraventricular e arqueado do hipotálamo. A prolactina tem uma alça de retroalimentação negativa com o hipotálamo, a qual ajusta a liberação de dopamina. Os cuidados com o infante e a manipulação das mamas (ver Fig. 36.7), assim como o estrogênio, a ocitocina, o hormônio liberador de tireotrofina, o sono e o estresse aumentam a secreção de prolactina. A somatostatina e o hormônio do crescimento diminuem a secreção de prolactina. Essas alterações na secreção de prolactina ocorrem tanto diretamente, no nível dos lactotrofos, como por meio da inibição dos neurônios hipotalâmicos dopaminérgicos.

B. Ocitocina

A ocitocina é um pequeno hormônio peptídico, produzido nos neurônios magnocelulares dos núcleos supraóptico e paraventricular do hipotálamo, e secretado pela neuro-hipófise (ver 7.VII.D.4). Uma vez no sangue, a ocitocina tem uma meia-vida muito curta (3 a 5 minutos).

1. **Função:** a ocitocina tem duas funções primárias nas mulheres. A primeira é estimular a contração das células mioepiteliais no tecido mamário. Isso permite a ejeção do leite durante a lactação (saída do leite). A segunda função é estimular a contração da musculatura uterina durante o parto (ver 37.VI.B.3). Nas mulheres, as funções secundárias incluem induzir o comportamento maternal (tal como os cuidados com o bebê), estimular a liberação de prolactina e diminuir a nocicepção. Os efeitos da ocitocina nas mamas, no útero e no sistema nervoso central são mediados por receptores de ocitocina da membrana celular (da superfamília GPCR) e efetuam suas ações principalmente por meio do sistema de segundo mensageiro induzido pela *PLC*.

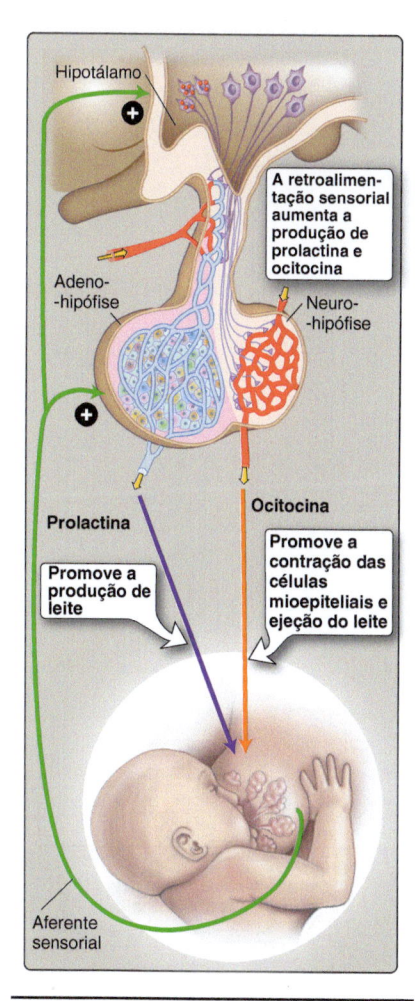

Figura 36.7
Regulação hormonal da lactação.

2. **Secreção:** o estiramento do colo do útero e o ato de sugar o leite estimulam a secreção de ocitocina mediante reflexos neuroendócrinos (ver Fig. 36.7). Estímulos emocionais fortes ou intensos, tais como o medo ou a dor, podem diminuir os níveis de ocitocina no sangue. Outros métodos que controlam os efeitos funcionais da ocitocina são o aumento ou a diminuição de receptores desse hormônio. O estrogênio aumenta drasticamente a síntese proteica dos receptores de ocitocina durante a gestação, o que, por sua vez, potencializa os efeitos da ocitocina durante esse período.

VIII. EIXO HIPOTÁLAMO-HIPÓFISE-TESTÍCULOS

As gônadas masculinas são os testículos, que estão sob o controle de um eixo endócrino de forma semelhante à das gônadas femininas.

A. Hipotálamo e hipófise

As áreas hipotalâmicas envolvidas no controle testicular são idênticas às que regulam os ovários. O GnRH é também secretado dentro do sistema porta-hipofisário, ligando-se aos gonadotrofos da adeno-hipófise. Nessa região, o GnRH estimula os receptores de GnRH a secretarem os hormônios peptídicos LH e FSH, como ocorre nas mulheres. As diferenças de gênero estão limitadas ao órgão-alvo (i.e., testículo).

B. Testículo

O testículo contém as células de Leydig, que produzem a testosterona, vasos sanguíneos, e os túbulos seminíferos, que produzem os espermatozoides e alojam as células de Sertoli. As funções endócrinas testiculares residem nas células de Leydig e nas células de Sertoli, as quais trabalham de forma cooperativa, de maneira semelhante às células da teca e da granulosa, para sintetizar a testosterona e, em menor extensão, o estradiol.

1. **Células de Leydig:** as células de Leydig transportam o colesterol, como as células da teca, e o colesterol fornece a estrutura inicial para a síntese do hormônio esteroide. O LH se liga a receptores de LH da superfície da membrana, os quais ativam e produzem as enzimas sintéticas dos hormônios esteroides, tal como o *complexo enzimático de clivagem da cadeia lateral.* O produto final dessa rota é a testosterona. A testosterona sai da célula de Leydig por difusão, com uma porção entrando na circulação e outra porção migrando para as células de Sertoli adjacentes (Fig. 36.8).

2. **Células de Sertoli:** as células de Sertoli adjacentes formam junções de oclusão para criar uma **barreira hematotesticular** funcional. Essa barreira é seletivamente permeável a substâncias como a testosterona, mas inibe a passagem de muitas outras substâncias. As células de Sertoli expressam principalmente receptores da superfície celular para o FSH. Os receptores para o FSH são da superfamília GPCR e atuam principalmente por intermédio do sistema de segundo mensageiro do AMPc induzido pela AC para estimular a síntese de enzimas tais como a *aromatase*, inibinas para a retroalimentação negativa do FSH e vários fatores de crescimento. As células de Sertoli dependem das células de Leydig para a testosterona. A ativação da *aromatase* facilita a conversão da testosterona em estradiol, o qual regula grande parte da síntese proteica, tanto nas células de Sertoli como nas de Leydig. As células de Sertoli secretam a **proteína ligante de andrógeno** (**ABP**), juntamente com a testosterona, para o interior da luz dos túbulos seminíferos.

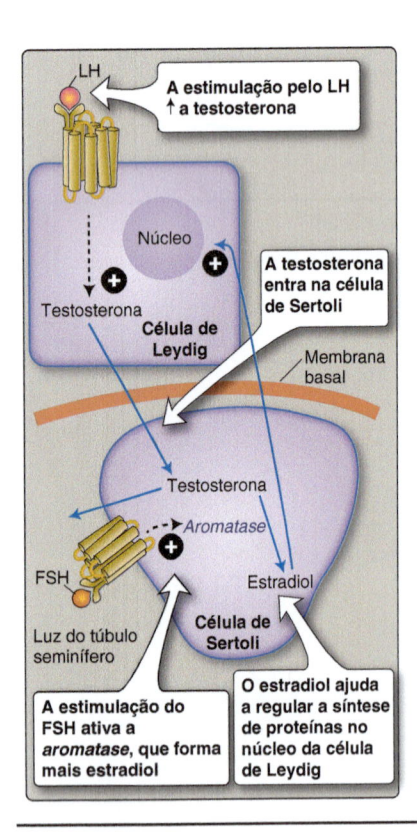

Figura 36.8
Células de Leydig e de Sertoli. FSH = hormônio foliculestimulante; LH = hormônio luteinizante.

3. **Espermatogênese:** o desenvolvimento das espermatogônias em espermatócitos primários, espermatócitos secundários, espermátides e finalmente em espermatozoides é o processo chamado espermatogênese (Fig. 36.9). O estágio final (espermiogênese) consiste no alongamento da célula, remoção de citoplasma (formando uma estrutura secundária, um corpo residual) e reorientação de organelas. Notavelmente, nesse estágio, é formado o flagelo, o qual dará mobilidade ao espermatozoide. A espermatogênese é regulada pela testosterona, e o nível de testosterona é mantido pela ABP.

IX. TESTOSTERONA

A testosterona é produzida pela conversão da androstenediona por meio da *17β-hidroxiesteroide desidrogenase*. Além do uso direto da testosterona, alguns tecidos-alvo convertem a testosterona em **di-hidrotestosterona (DHT)**, via *5α-redutase*. Semelhantemente aos estrogênios, a testosterona tem uma elevada afinidade de ligação à SSBG e, em menor extensão, à albumina. Aproximadamente 2% circulam na forma livre ativa biologicamente. O fígado produz a SSBG e também inativa e processa a testosterona. A testosterona e seus coprodutos são secretados na urina e nas fezes.

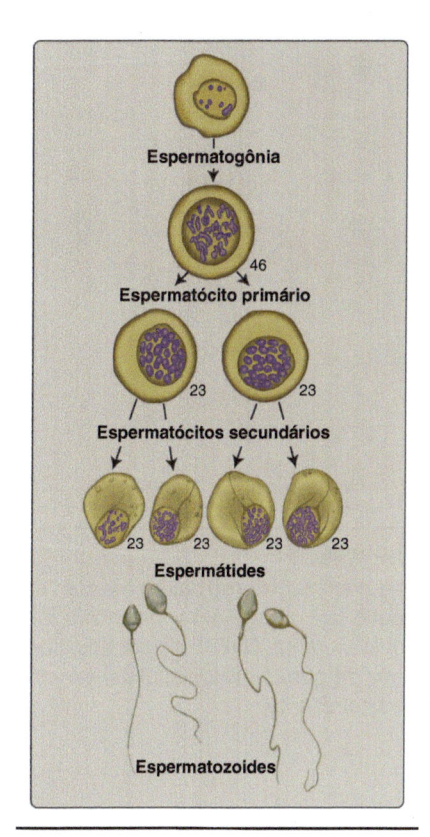

Figura 36.9
Espermatogênese.

Aplicação clínica 36.3 Hipogonadismo masculino

Os pacientes masculinos com disfunção gonadal primária geralmente apresentam pênis e escroto pouco desenvolvidos, glândulas mamárias muito desenvolvidas (ginecomastia), infertilidade, baixa libido e pouco ou nenhum pelo facial, devido à capacidade prejudicada de sintetizar e secretar a testosterona. Os níveis circulantes de hormônio luteinizante e hormônio foliculestimulante são em geral elevados, refletindo a ausência do controle de retroalimentação negativa pela testosterona nos gonadotrofos da adeno-hipófise. O tratamento frequentemente envolve terapias com andrógenos.[1]

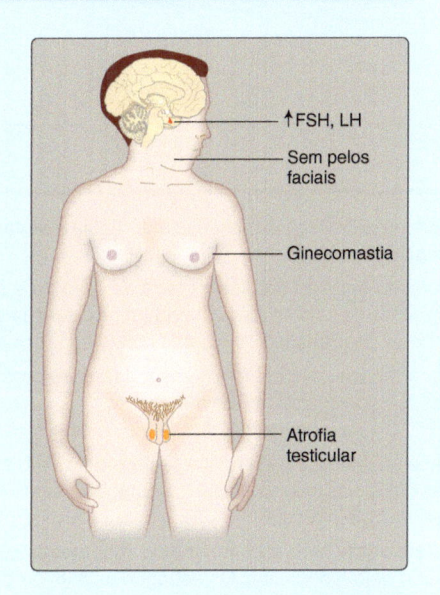

Hipogonadismo. FSH = hormônio foliculestimulante; LH = hormônio luteinizante.

Tabela 36.3 Efeito da testosterona

Alvo	Efeito
Osso	↑ crescimento ósseo e de tecido conectivo
Músculo	↑ crescimento do músculo e de tecido conectivo
Órgãos reprodutores	↑ crescimento e desenvolvimento dos testículos, próstata, vesículas seminais e pênis
	↑ crescimento de pelos faciais, axilares e pubianos
	↑ crescimento da laringe
	↑ espermatogênese
Pele	↑ tamanho e secreção das glândulas sebáceas

[1] Para mais informações sobre a terapia de reposição hormonal, ver *Farmacologia ilustrada*, 5ª edição, Artmed Editora.

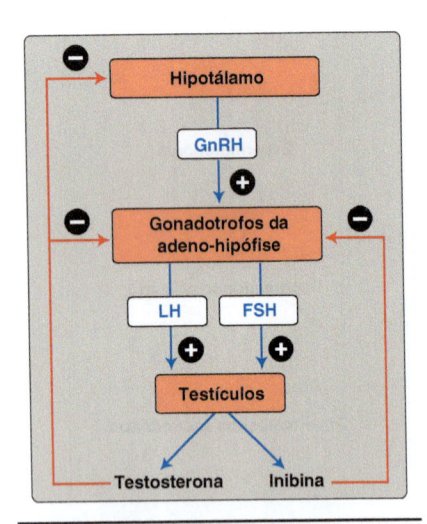

Figura 36.10
Regulação por retroalimentação da função testicular. FSH = hormônio foliculestimulante; GnRH = hormônio liberador de gonadotrofinas; LH = hormônio luteinizante.

A. Função

A testosterona e a DHT têm vários efeitos androgênicos (para os andrógenos suprarrenais, ver 34.IV.A). Uma vez que a testosterona se liga ao receptor, é formado um homodímero, que se desloca para o elemento de resposta à testosterona. Os efeitos funcionais dependem do tecido-alvo (Tab. 36.3).

B. Secreção

As rotas que regulam a secreção da testosterona são semelhantes às que regulam os ovários, com duas exceções: existe apenas um hormônio primário (testosterona) em vez de dois (estrogênios e progestinas), e até o presente, não foi determinado qualquer papel funcional para as ativinas.

1. **Testosterona:** a testosterona secretada pelas células de Leydig exercem uma retroalimentação negativa tanto no hipotálamo, para diminuir o GnRH, como na adeno-hipófise, para diminuir o LH e o FSH. Existe ainda alguma evidência sugestiva de que possa haver uma retroalimentação adicional aos centros encefálicos superiores, a qual pode afetar o controle do eixo. A testosterona também estimula as células de Sertoli a secretar as inibinas.

2. **Inibinas:** a inibina B fornece uma retroalimentação negativa à adeno-hipófise nos homens, diminuindo a secreção de FSH (Fig. 36.10).

Resumo do capítulo

- O eixo hipotálamo-hipófise-ovários é um sistema de múltiplas camadas que regula a síntese e a liberação ovariana de **estrogênios** e **progestina** pelas **células da camada granulosa**.
- A produção de estrogênios envolve a cooperação entre as **células da teca do folículo** e **da camada granulosa**. Ambas são capazes de produzir progesterona, mas somente as células da teca podem processá-la em **androstenediona**. A androstenediona e a testosterona migram para as células da granulosa, onde são convertidas em estradiol e liberadas na circulação.
- Os estrogênios estimulam o crescimento dos órgãos genitais femininos e das estruturas associadas. O crescimento ósseo também é estimulado pelos estrogênios. Esses hormônios também aumentam os fatores de coagulação e o colesterol da lipoproteína de alta densidade, enquanto diminuem a tolerância à glicose e o colesterol da lipoproteína de baixa densidade.
- As progestinas auxiliam na conversão da fase proliferativa para a fase secretora do ciclo endometrial. Durante a gestação, as progestinas estão envolvidas em preparar as glândulas mamárias para a lactação, sendo também responsáveis pela elevação da temperatura corporal durante a fase lútea do ciclo ovariano.
- Nas mulheres, a secreção do **hormônio luteinizante (LH)** e do **hormônio foliculestimulante (FSH)** é estimulada pelo **hormônio liberador de gonadotrofinas**, liberado pelo hipotálamo. Os estrogênios e as progestinas fornecem uma retroalimentação negativa, e são estimulados pelo LH e pelo FSH, liberados pela adeno-hipófise. Os estrogênios, as progestinas e as inibinas fornecem uma retroalimentação negativa, enquanto as ativinas fornecem uma retroalimentação positiva no nível da adeno-hipófise.
- O eixo hipotálamo-hipófise-testículos é um sistema de camadas múltiplas que regula a síntese e a liberação da **testosterona** pelas **células de Leydig** testiculares. Algumas células periféricas convertem a testosterona em **di-hidrotestosterona** para mediar os efeitos do andrógeno.
- A testosterona e a di-hidrotestosterona causam o desenvolvimento embrionário dos órgãos genitais masculinos e dos órgãos acessórios, o crescimento da genitália e dos pelos, a espermatogênese e os efeitos anabólicos no sistema musculoesquelético.
- Nos homens, o LH e o FSH são ativados pelo hormônio liberador de gonadotrofinas, liberado pelo hipotálamo, ao qual a testosterona fornece uma retroalimentação negativa. A testosterona e a inibina B fornecem uma retroalimentação negativa no nível da adeno-hipófise.

Questões para estudo

Escolha a resposta CORRETA.

VIII.1 Uma mulher de 22 anos de idade está participando de um estudo com um fármaco que afeta os hormônios pancreáticos. Se o fármaco testado elevar de forma significativa os níveis de glucagon e não tiver efeito algum na liberação de insulina, qual dos seguintes processos provavelmente irá aumentar?

A. Lipólise nos adipócitos.
B. Glicólise no músculo esquelético e no músculo cardíaco.
C. Gliconeogênese nos neurônios.
D. Captação de glicose nos hepatócitos.
E. Captação de cetonas nos neurônios.

Resposta correta = A. A principal função do glucagon é mobilizar substratos energéticos e liberá-los na circulação para serem utilizados pelas células. Essas ações incluem a estimulação da *lipase sensível a hormônio* nos adipócitos (33.III.A). A *lipase* quebra os triglicerídeos em ácidos graxos livres e glicerol (lipólise), os quais são, então, liberados na circulação. A glicólise (quebra da glicose) é inibida pelo glucagon. O glucagon aumenta a gliconeogênese (síntese de glicose) e libera cetonas nos hepatócitos, mas não nos neurônios. O glucagon estimula a liberação de glicose dos hepatócitos, não a captação.

VIII.2 Um garoto de 14 anos de idade, com uma doença autoimune que destruiu suas células β pancreáticas, provavelmente exibe qual dos seguintes sinais e sintomas?

A. Hiperglicemia e diurese.
B. Hipercalemia.
C. Aumento do estoque de proteína no músculo.
D. Diminuição dos níveis de ácidos graxos circulantes.
E. Aumento da captação de glicose pelos adipócitos.

Resposta correta = A. A perda seletiva das células β pancreáticas resulta em diabetes melito tipo 1 (Aplicação clínica 33.1). Os sintomas incluem glicose sanguínea alta (hiperglicemia), que pode aparecer na urina e causa um aumento na perda urinária de água (diurese). A insulina normalmente ajuda a regular o balanço de K^+ por meio de seus efeitos na Na^+-K^+ ATPase, mas a hipercalemia está associada com doenças renais, não pancreáticas. As ações da insulina também incluem, normalmente, estimulação da captação de glicose pelos adipócitos e estoque de proteínas no músculo, então, ambas as ações deveriam diminuir com o diabetes tipo 1, não aumentar. Pacientes com diabetes tipo 1 têm níveis aumentados de ácidos graxos e de triglicerídeos circulantes.

VIII.3 Testes sanguíneos em um homem com 34 anos de idade identificaram altos níveis circulantes de hormônio adrenocorticotrófico (ACTH). O nível de qual dos seguintes hormônios do córtex da suprarrenal seria menos afetado pelo alto ACTH?

A. Androstenediona.
B. Desidroepiandrosterona sulfatada.
C. Cortisol.
D. Corticosterona.
E. Aldosterona.

Resposta correta = E. O hormônio adrenocorticotrófico (ACTH) é liberado pela adeno-hipófise e tem como alvo o córtex da suprarrenal. Suas principais ações são regular a produção e a liberação de corticosteroide (34.II.C). Os reguladores primários da liberação de aldosterona são a angiotensina II e baixos níveis plasmáticos de K^+, enquanto o ACTH tem apenas efeitos mínimos. Ao contrário, os andrógenos suprarrenais (androstenediona e desidroepiandrosterona sulfatada; 34.IV.B) e os glicocorticoides (cortisol e corticosterona; 34.V.B) são todos diretamente controlados pelo ACTH. O ACTH estimula o *complexo enzimático de clivagem da cadeia lateral*, que é um dos elementos-chave na etapa de limitação da taxa de produção hormonal pelo córtex da suprarrenal.

VIII.4 Um homem de 32 anos de idade, com suspeita de insuficiência adrenocortical, está sendo tratado com um cortisol sintético (hidrocortisona). Altas doses melhoram seus sintomas. Se esse regime de dosagem for continuado por um período prolongado de tempo, qual o resultado mais provável?

A. Fraqueza muscular.
B. Deposição óssea e formação de colágeno.
C. Virilização.
D. Dessensibilização dos receptores β-adrenérgicos.
E. Hipertrofia da glândula suprarrenal.

Resposta correta = A. Os corticosteroides normalmente preparam o corpo para uma situação de estresse, mobilizando substratos, tais como a glicose e ácidos graxos livres (34.V.A). Isso é efetuado, em parte, por meio do catabolismo de proteínas pelo músculo esquelético, assim, a administração prolongada de cortisol pode causar fraqueza muscular. O cortisol estimula a reabsorção de Ca^{2+} do osso, não a deposição óssea. Os glicocorticoides podem estimular os receptores de mineralocorticoides em altos níveis, mas os receptores de andrógenos envolvidos na virilização são relativamente insensíveis. A dessensibilização do receptor β-adrenérgico ocorre em resposta à exposição crônica a altos níveis de catecolaminas (34.VI.C), não aos glicocorticoides. O cortisol suprime o crescimento da glândula suprarrenal devido à inibição da retroalimentação pelo hormônio adrenocorticotrófico.

VIII.5 Uma mulher de 45 anos de idade sofre com sintomas associados ao hipotireoidismo. Uma amostra de sangue revela que os níveis do hormônio estimulante da tireoide estão acima do normal. Qual das seguintes sentenças melhor descreve sua ação nas células foliculares da tireoide?

A. Inibe a inserção de pendrina.
B. Inibe o crescimento.
C. Aumenta a captação de iodeto.
D. Aumenta o fluxo de sangue.
E. Aumenta a síntese da globulina ligante da tiroxina.

> Resposta correta = C. As células foliculares da tireoide são células epiteliais especializadas na síntese e liberação dos hormônios da tireoide (35.II.C). O hormônio estimulante da tireoide (TSH) regula várias etapas na via de síntese, incluindo a captação de iodeto pelos simporters de Na^+-I^- (NIS, ou cotransportadores). O TSH faz *upregulation* desses transportadores. A pendrina é um cotransportador apical de Cl^--I^- necessário para mover I^- através da membrana e para a luz folicular, e ela não é regulada pelo TSH. O TSH estimula o crescimento dos tecidos da tireoide, em vez de o inibir. Nem o controle agudo do fluxo de sangue, nem a produção da globulina ligante de tiroxina pelo fígado são diretamente regulados pelo TSH.

VIII.6 A tri-iodotironina (T_3) e a tiroxina (T_4) apresentam uma multiplicidade de efeitos periféricos. Em qual forma T_3 e T_4 estão biologicamente mais ativos?

A. Ligados à albumina.
B. Ligados à transtirretina.
C. Ligados à tireoglobulina.
D. Ligados à globulina ligante de tiroxina.
E. Não ligados.

> Resposta correta = E. As proteínas ligantes do sangue, tais como a albumina e a globulina ligante de tiroxina, são importantes na manutenção de uma quantidade circulante de tri-iodotironina (T_3) e tiroxina (T_4; 35.III.B). Entretanto, quando ligados, os hormônios como T_3 e T_4 não são biologicamente ativos. Apenas hormônios livres podem exercer seus efeitos periféricos, e essa é a razão pela qual os estados livre e ligado dos hormônios da tireoide são medidos no sangue durante a realização de um painel hormonal da tireoide. A tireoglobulina é uma proteína envolvida na síntese dos hormônios da tireoide pela glândula tireoide. A transtirretina (também chamada de pré-albumina) é um precursor da proteína albumina que se liga a T_3 e T_4 na circulação.

VIII.7 Uma mulher de 20 anos de idade recebeu um fármaco estimulante dos gonadotrofos e respondeu com um aumento nos níveis plasmáticos do hormônio luteinizante, mas os níveis do hormônio foliculestimulante permaneceram baixos. Níveis de quais dos seguintes hormônios também não devem ser afetados por tal fármaco?

A. Estradiol.
B. Progesterona.
C. Androstenediona.
D. Testosterona.
E. Desidroepiandrosterona.

> Resposta correta = A. Os gonadotrofos, que estão localizados na adeno-hipófise, normalmente respondem a um hormônio estimulante, liberando os hormônios foliculestimulante (FSH) e luteinizante (LH; 36.II.B). O FSH estimula a *aromatase* dentro das células da camada granulosa, as quais convertem os andrógenos provenientes das células da teca circundante em estrogênios, incluindo o estradiol (36.II.C). Se a liberação de FSH não ocorrer, então os níveis de estradiol também devem permanecer baixos. O LH estimula a atividade do *complexo enzimático de clivagem da cadeia lateral* e aumenta a produção de progesterona, androstenediona e testosterona. A desidroepiandrosterona é principalmente um andrógeno suprarrenal que não é diretamente estimulado pelo LH ou pelo FSH, embora possam ocorrer pequenos aumentos nas gônadas.

VIII.8 Um indivíduo de 16 anos de idade apresenta uma deficiência da *5α-redutase*. Esse indivíduo foi criado como uma garota, mas, na puberdade, apareceram características sexuais secundárias masculinas, e ocorreu o crescimento de uma genitália masculina. Níveis de qual dos seguintes esteroides mais provavelmente estariam reduzidos como consequência dessa deficiência até se sobreporem durante a puberdade?

A. Estradiol.
B. Estrona.
C. Progesterona.
D. Androstenediona.
E. Di-hidrotestosterona.

> Resposta correta = E. A *5α-redutase* é uma enzima normalmente encontrada em muitos tecidos que convertem testosterona em di-hidrotestosterona (DTH; 36.IX). Uma deficiência de *5α-redutase* poderia, então, resultar em níveis reduzidos de DTH. A DTH media muitos efeitos de andrógenos, assim, indivíduos com uma deficiência de *5α-redutase* não expressam muitas características sexuais secundárias masculinas até a puberdade, quando os níveis de testosterona aumentam drasticamente. A androstenediona é um substrato para a *17-cetosteroide redutase*, uma enzima-chave envolvida na síntese de testosterona (34.IV.A). Essa reação, entretanto, está localizada uma etapa acima da *5α-redutase*, o que significa que os níveis de androstenediona não seriam ativamente reduzidos. Estradiol, estrona e progesterona são todos hormônios gonadais, mas nenhum está diretamente associado com o desenvolvimento de características sexuais secundárias masculinas.

UNIDADE IX
Vida e Morte

Gestação e Nascimento

37

I. VISÃO GERAL

A gestação e o nascimento são fenômenos excepcionais que dispõem exigências enormes tanto na mãe como no feto. Embora a possibilidade de sucesso pareça improvável quando se considera a complexidade da fisiologia envolvida, a população global atual de 7 bilhões mostra que essa é uma maneira altamente confiável de perpetuar a espécie. Uma gestação bem-sucedida requer que vários desafios sejam sobrepostos. Após a fertilização, o embrião em desenvolvimento deve implantar-se no endométrio uterino. A placenta deve assumir o controle hormonal do crescimento uterino, para criar um ambiente que permita o desenvolvimento fetal livre de distúrbios por vários meses. Uma interface deve ser estabelecida entre as circulações materna e fetal, para permitir a troca de nutrientes e produtos de descarte. O organismo materno deve adaptar-se de forma a satisfazer as necessidades do feto em crescimento. Finalmente, a termo, o elo entre a mãe e o feto deve ser quebrado de uma maneira que permita a plena sobrevivência de ambos os indivíduos. A gestação começa com a fertilização do oócito e termina no **parto** (nascimento). Saber exatamente o momento da fertilização é bastante difícil, de forma que o progresso da gestação é, em geral, medido com referência ao primeiro dia do último período menstrual de uma mulher. Por essa estimativa, a gestação dura aproximadamente 40 semanas.

II. IMPLANTAÇÃO

A fertilização geralmente ocorre na região da ampola da **tuba uterina** (**trompa de Falópio**) (Fig. 37.1). A tuba uterina é revestida com cílios móveis, que empurram o oócito recém-fertilizado em direção à cavidade do útero O embrião permanece livre no trato reprodutor materno por 6 ou 7 dias, período durante o qual ele sofre uma série de divisões rápidas para formar um **blastocisto** com uma cavidade (**blastocele**) cheia de líquido em seu centro. Uma delgada camada de células do **trofoblasto**, em torno do limite mais externo da cavidade central, irá afinal tornar-se a **placenta** e as membranas que envolvem e protegem o embrião em desenvolvimento. O embrião se desenvolve a partir de uma massa celular interna. No momento em que o blastocisto está pronto para se aderir à parede uterina e invadi-la, o endométrio (decídua) já está preparado para a implantação (**decidualização**), sob a influência da pro-

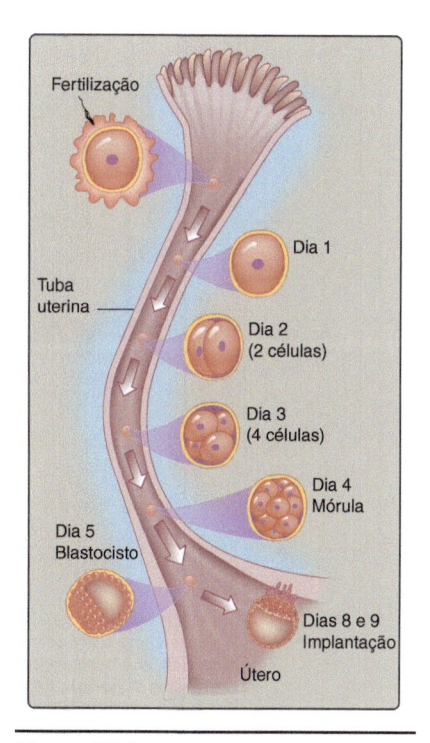

Figura 37.1
Desenvolvimento embrionário e implantação.

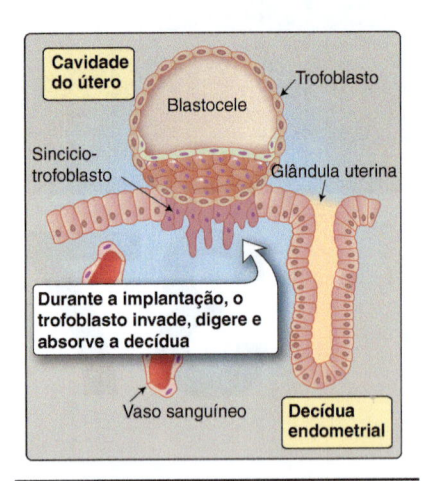

Figura 37.2
Implantação.

gesterona do **corpo lúteo**. Durante a implantação, a camada do trofoblasto digere enzimaticamente e invade o endométrio uterino materno (Fig. 37.2). **Células da decídua**, dentro do endométrio, mantêm o embrião com glicogênio e outros nutrientes, até que a placenta esteja formada e funcional. A erosão de vasos capilares pelo trofoblasto invasor permite que o sangue escape dos vasos sanguíneos maternos. Pequenas poças (**lacunas**) coalescem finalmente para formar um lago de sangue materno que preenche o espaço entre a placenta fetal e a materna.

III. PLACENTA

A placenta é um órgão em forma de disco, que representa a interface entre um feto e sua mãe (Fig. 37.3). A placenta tem três importantes funções. Primeira. ela ancora o feto ao útero. Segunda, permite que o sangue materno e o fetal estejam em próxima aposição, para facilitar a troca de materiais entre as duas circulações. Terceira, é um órgão endócrino, que manipula a fisiologia reprodutiva materna para manter a gestação.

A. Estrutura

A placenta compreende uma **placenta fetal** e uma **placenta materna**.

1. **Fetal:** a placenta fetal está aderida ao feto pelo **cordão umbilical**, uma amarra muscular semelhante a uma corda, que contém duas **artérias umbilicais** e uma veia umbilical (ver Fig. 37.3). O sangue pobre em O_2 é levado do feto à placenta pelas artérias umbilicais. Essas artérias penetram na **placa coriônica** da placenta e então se ramificam e distribuem o sangue oxigenado a 60 a 70 **árvores vilosas** que estão reunidas em grupos chamados **cotilédones** (15 a 20 por placenta). As árvores vilosas são estruturas ramificadas, recobertas pelas **vilosidades coriônicas**. As vilosidades contêm vasos

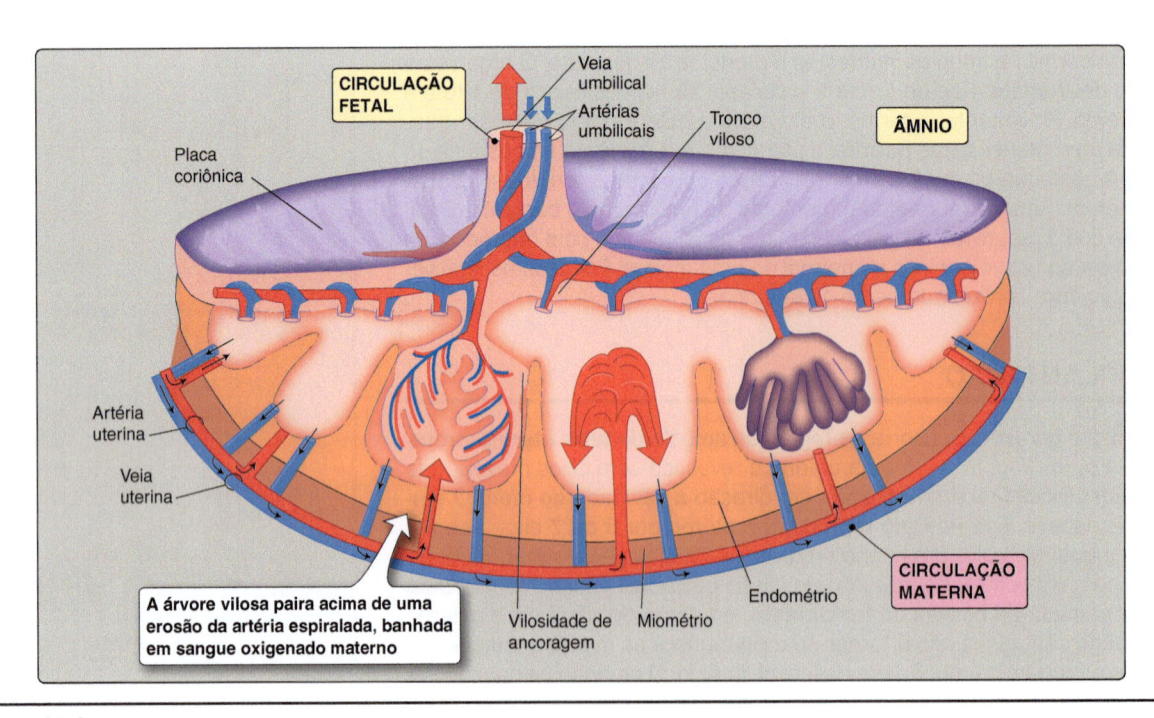

Figura 37.3
Anatomia e fluxo de sangue da placenta.

capilares fetoplacentários, e são o local primário de trocas entre as circulações materna e fetal. O sangue rico em O_2 e nutrientes é transportado das vilosidades ao feto pela veia umbilical. Algumas vilosidades são estruturais; estão fisicamente fixadas na placenta materna e servem como vilosidades de ancoragem placentária.

2. **Materna:** o **leito placentário** materno (a área logo abaixo da placenta fetal) se assemelha a uma caixa de ovos. O endométrio está escavado para formar uma sequência de sinusoides cheios de sangue, nos quais as árvores vilosas ficam pendentes (ver Fig. 37.3). O espaço interviloso, entre a placenta fetal e o endométrio, está preenchido com aproximadamente 500 mL de sangue materno. O sangue entra nesses espaços por meio de vasos **uteroplacentários**, os quais são remanescentes das artérias espiraladas que foram erodidas pela camada fetal de trofoblasto durante a implantação e o desenvolvimento da placenta. O sangue é drenado dos espaços por intermédio das veias uterinas localizadas na base do leito placentário materno.

> Embora as circulações materna e fetal estejam muito próximas uma da outra para facilitar as trocas, os conteúdos vasculares não se misturam de forma significativa sob circunstâncias normais.

B. Troca

Tudo de que o feto necessita para se desenvolver e crescer deve cruzar a barreira fetoplacentária que separa as circulações materna e fetal. A maioria dos materiais cruza por difusão simples ou facilitada, impelida pelos gradientes de concentração. Pequenas quantidades de materiais podem cruzar por pinocitose. Três características da estrutura placentária otimizam a transferência: a natureza mínima da barreira, sua grande área de superfície e o posicionamento das árvores vilosas acima dos vasos sanguíneos maternos (Fig. 37.4).

1. **Barreira:** o sangue que flui através da placenta materna está fora dos limites normais dos vasos sanguíneos maternos. Na prática, isso significa que a barreira entre o sangue materno e o fetal compreende uma única camada celular (a parede capilar fetal), uma camada delgada de tecido conectivo (lâmina basilar) e uma camada delgada de **sinciciotrofoblasto**. Próximo ao final da gestação (o "**termo**"), essa barreira se adelgaçou a < 5μm e representa uma barreira mínima à difusão.

2. **Área de superfície:** as vilosidades fetais pendem das árvores vilosas como cachos de bananas. A superfície apical do sinciciotrofoblasto (materna) está densamente ocupada por **microvilosidades**, o que amplifica em muito a área de superfície para difusão. A termo, a área total de vilosidades chega a 10 a 12 m^2.

3. **Vilosidades:** as vilosidades se desenvolvem diretamente acima e em torno de jorros de sangue provenientes de artérias maternas erodidas (ver Fig. 37.3). Na prática, isso significa que as vilosidades são banhadas continuamente por sangue oxigenado. A continuidade do fluxo é importante para a manutenção dos íngremes gradien-

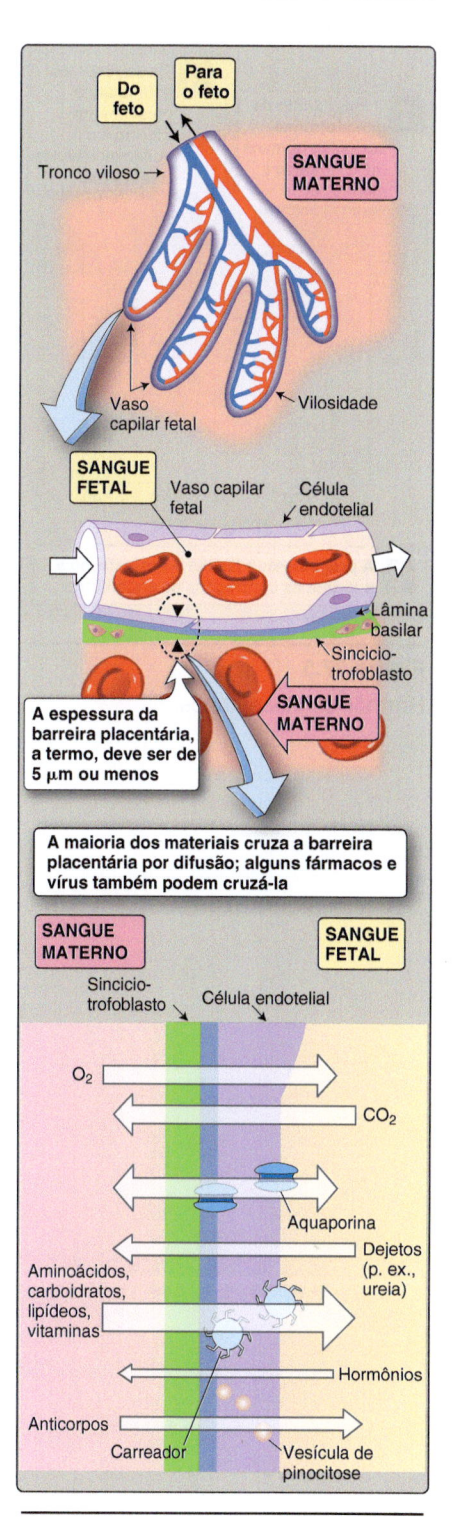

Figura 37.4
Troca através da barreira placentária.

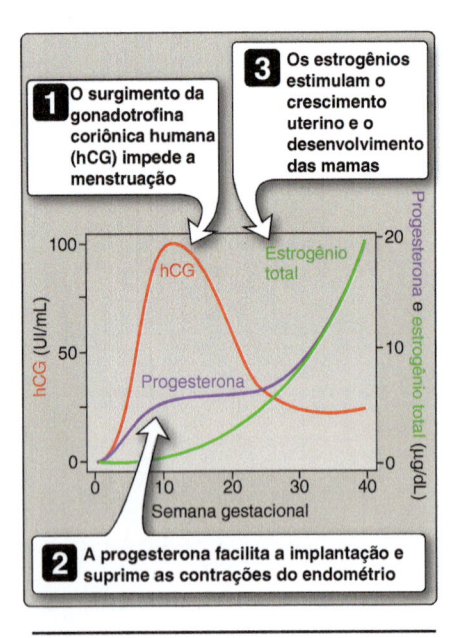

Figura 37.5
Hormônios placentários.

tes de concentração que dirigem a troca por difusão de nutrientes e produtos de descarte entre o sangue materno e o fetal.

C. Funções endócrinas

O útero de uma mulher não grávida descama seu revestimento (a camada endometrial mais externa) a cada 4 semanas, e então começa um novo **ciclo menstrual**, cuja frequência é controlada por hormônios reprodutivos femininos (ver 36.VI.B). Uma gestação bem-sucedida requer que o ciclo menstrual seja interrompido, e o feto permaneça imperturbável por aproximadamente 9 meses. A interrupção do ciclo é alcançada pela placenta fetal, a qual secreta vários hormônios-chave que manipulam a fisiologia reprodutiva materna, incluindo a **gonadotrofina coriônica humana** (**hCG**), a **progesterona** e os **estrogênios** (Fig. 37.5).

1. **Gonadotrofina coriônica humana:** o sinciciotrofoblasto (o precursor fetoplacentário) começa a secretar hCG poucos dias após a fertilização. O hCG sinaliza ao corpo lúteo que ocorreu fertilização e o impele a manter a produção de progesterona e estrogênio. Esses hormônios impedem a descamação do revestimento uterino e o preparam para a implantação. O corpo lúteo continua liberando progesterona e estrogênio em níveis cada vez mais elevados, em resposta ao hCG placentário, até que a placenta assume o controle hormonal em torno da 10ª semana (ver Fig. 37.5).

> A rápida elevação do hCG, logo após a fertilização, é a base dos testes de gravidez caseiros, os quais detectam a presença de hCG na urina materna. As tiras de teste geralmente apresentam um limiar de detecção de 25 a 50 mUI/mL, níveis que não são atingidos até que tenha ocorrido a implantação (até 10 dias após a ovulação).

2. **Progesterona:** o sinciciotrofoblasto placentário produz grandes quantidades de progesterona. Esse hormônio inicialmente auxilia a preparar o endométrio para a implantação. A progesterona também diminui a excitabilidade do miométrio, impedindo assim as contrações que podem expelir o embrião em desenvolvimento, e estimula o desenvolvimento das mamas.

3. **Estrogênios:** a placenta produz vários estrogênios, sendo o principal deles o estriol. Os estrogênios estimulam o crescimento e o desenvolvimento uterino e mamário maternos. A placenta não possui todos os substratos necessários (p. ex., colesterol) e enzimas (p. ex., *17α-hidroxilase*) para sintetizar os esteroides (ver 34.II.C), dependendo tanto do feto como de sua mãe para o fornecimento dos intermediários das rotas.

IV. FISIOLOGIA MATERNA

O feto depende de sua mãe para fornecer-lhe O_2 e nutrientes, e para eliminar CO_2, calor e outros produtos de eliminação do metabolismo. Satisfazer as necessidades do feto demanda o envolvimento de todos os sistemas de órgãos maternos e coloca o sistema circulatório materno sob um estresse considerável. A termo, o débito cardíaco (DC) materno e o volume de sangue circulante subiram cerca de 40 a 50% (2 L). Grande parte desse aumento de capacidade é necessária para perfundir a placenta materna, mas o fluxo para a pele, rins, fígado e trato gastrintestinal (GI) também aumenta substancialmente.

A. Fluxo sanguíneo uterino

O útero de uma mulher não grávida recebe < 5% do DC total. A principal fonte de resistência vascular uterina são as **artérias espiraladas** altamente musculares (Fig. 37.6), as quais são vasos de resistência que se contraem e relaxam para modular o fluxo sanguíneo, em resposta a necessidades metabólicas uterinas alteradas (i.e., **autorregulação**; ver 20.II.B.1). A placenta fetal em desenvolvimento erode e invade as artérias espiraladas (ver Fig. 37.6B). As paredes arteriais são remodeladas, sendo as camadas de músculo liso substituídas por material fibroso, para gerar vasos amplos e tortuosos com elevadas taxas de fluxo. As vantagens funcionais dessa remodelação para o feto são óbvias. O sangue pulsa agora diretamente das artérias de suprimento uterino em pressões de > 70 mmHg, e banha as vilosidades fetoplacentárias trazendo com ele O_2 e nutrientes (ver Fig. 37.6C). As consequências cardiovasculares para a mãe são profundas, tanto em termos de aumento de fluxo, como na incapacidade de controlar o fluxo nesses vasos.

1. **Fluxo:** os vasos de resistência são reguladores de fluxo que limitam a quantidade de sangue que um tecido recebe para suas necessidades metabólicas prevalentes (ver 20.II). A erosão e o alargamento das artérias espiraladas permite ao sangue fluir sem barreiras ao lago placentário e, portanto, o fluxo sanguíneo uterino total aumenta drasticamente durante a gestação. O fluxo aumenta em proporção direta à queda em resistência, aumentando de em torno de 50 mL/min na 10ª semana de gestação a > 500 mL/min a termo.

2. **Regulação:** a eliminação dos vasos de resistência maternos maximiza o fluxo para o local placentário, mas simultaneamente limita

---

Aplicação clínica 37.1   Pré-eclâmpsia

A pré-eclâmpsia é uma síndrome caracterizada por hipertensão (pressão sanguínea sistólica [PSS] ≥ 140 mmHg ou pressão sanguínea diastólica ≥ 90 mmHg) e proteinúria (≥ 0,3 g/24 h), que se desenvolve após a 20ª semana de gestação. Outros sintomas podem incluir fortes dores de cabeça, perturbações visuais, dor epigástrica e função hepática anormal. Esses sintomas todos são reflexos de uma disfunção endotelial generalizada, que causa um aumento do tônus vascular e da permeabilidade vascular, além de uma coagulopatia que afeta todos os órgãos, inclusive o encéfalo, rins, fígado e placenta. Embora os mecanismos moleculares básicos não sejam ainda conhecidos, acredita-se que a pré-eclâmpsia ocorra devido à remodelação incompleta das artérias espiraladas durante o desenvolvimento placentário. Em consequência, os vasos placentários maternos ficam estreitados, levando a uma hipoperfusão placentária e uma entrega debilitada de nutrientes ao feto. A hipoperfusão faz a placenta liberar fatores que inibem a angiogênese e perturbam a função endotelial materna normal. A **pré-eclâmpsia grave** (PSS ≥ 160 mmHg) tem um significativo risco de derrame cerebral materno e morte. Geralmente é indicado o parto imediato, independentemente da idade gestacional.

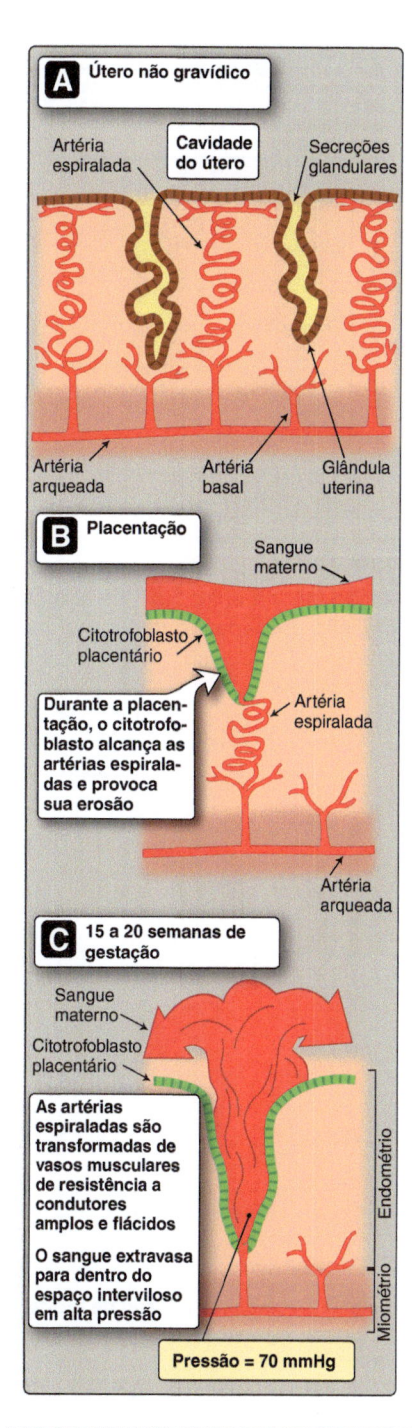

Figura 37.6
Erosão e invasão das artérias espiraladas durante a placentação.

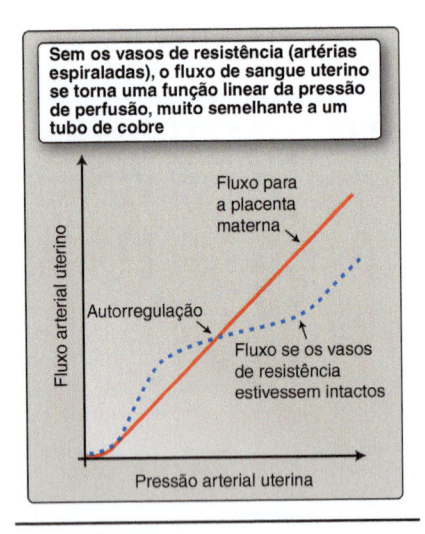

Figura 37.7
Relação uterina entre fluxo de sangue e pressão de perfusão durante a gravidez.

Sem os vasos de resistência (artérias espiraladas), o fluxo de sangue uterino se torna uma função linear da pressão de perfusão, muito semelhante a um tubo de cobre

a capacidade do sistema de controle vascular uterino para regular o fluxo sanguíneo. Assim, o fluxo se torna uma função direta da pressão arterial uterina, conforme previsto pelo equivalente hemodinâmico da lei de Ohm (fluxo = pressão ÷ resistência), como mostra a Figura 37.7 (ver também 19.IV).

> A perda dos mecanismos de controle do fluxo sanguíneo uterino põe a mãe em grave risco de uma perda sanguínea massiva, no caso de um desprendimento prematuro da placenta. A hemorragia é a causa principal de morte relacionada à gestação nos Estados Unidos (Tab. 37.1).

B. Perfil hemodinâmico

O útero é um leito vascular sistêmico, assim, quando a resistência vascular uterina cai, a resistência vascular sistêmica (RVS) cai com ela (Fig. 37.8). Uma queda na RVS faz o DC subir, para manter a pressão arterial média (PAM): PAM = DC × RVS (ver 18.III).

1. **Resistência vascular sistêmica:** a RVS cai continuamente durante as primeiras 20 semanas de gestação. A erosão contínua dos vasos de resistência maternos, pela placenta fetal, é a causa principal, mas a necessidade crescente de dissipar calor e eliminar produtos de gasto fetal faz a resistência vascular cair nos leitos cutâneo e renal também.

2. **Débito cardíaco:** a necessidade crescente para o aumento do DC é atendida por aumentos no volume sistólico (VS) e na frequência cardíaca (FC). A FC aumenta vagarosamente durante a gestação, sendo em média 15 a 20 batimentos/minuto mais elevada, quando comparada com os valores não gestacionais, pela 32ª semana de gestação. O VS começa a subir muito cedo durante a gestação, mediado por um aumento na pré-carga e na contratilidade.

    a. **Pré-carga:** o organismo responde a uma necessidade contínua ou repetida de aumento do DC, elevando o volume de sangue circulante por meio de retenção de Na^+ e água. Os hormônios placentários potencializam esses efeitos, estimulando a sede e ativando o sistema *renina*-angiotensina-aldosterona (SRAA; ver 20.IV).

    b. **Contratilidade:** aumentos contínuos no DC também estimulam a hipertrofia ventricular. O coração aumenta para acomodar volumes de final de diástole aumentados (pré-carga), e a parede ventricular se espessa para aumentar a contratilidade.

3. **Pressão arterial média:** a PAM deve ser mantida nos níveis pré-gestacionais para assegurar a perfusão adequada de todos os leitos vasculares, mas a introdução de uma rota de baixa resistência no circuito vascular materno (i.e., a placenta) significa que o sangue está escapando do sistema arterial mais facilmente durante a diástole (**escoamento diastólico** aumentado; ver 19.V.C.2), quando comparado com o estado não gestacional. Assim, a pressão sanguínea diastólica cai durante a gestação, e a pressão de pulso se amplia.

Tabela 37.1 Principais causas de morte relacionada à gravidez nos Estados Unidos

Causa	% do total
Embolia	20
Hemorragia	17
Hipertensão	16
Infecção	13
Miocardiopatia	8
Derrame	5
Anestesia	2
Outras	19

C. Anemia fisiológica

A retenção aumentada de Na^+ e água durante a gestação faz o volume plasmático materno aumentar de 40 a 50%. A produção de hemácias não consegue acompanhar o mesmo ritmo da rápida expansão de volume sanguíneo, aumentando apenas 25 a 35%. A lacuna entre o aumento de volume e a produção de hemácias resulta na **anemia fisiológica da gravidez** (Fig. 37.9). Embora a anemia reduza a capacidade carreadora total de O_2, existem benefícios fisiológicos evidentes, porque ela reduz a viscosidade do sangue, o que, por sua vez, reduz o estresse de cisalhamento. Essa anemia pode também causar sopros benignos.

1. **Estresse de cisalhamento:** o sangue tem de se mover pelas artérias e veias maternas em alta velocidade para suportar os aumentos constantes no DC que acompanham a gestação. O fluxo de alta velocidade aumenta o **estresse de cisalhamento** no revestimento vascular, até o ponto em que possa ser danoso. O estresse de cisalhamento é proporcional tanto à velocidade como à viscosidade do sangue (**equação de Reynolds**; ver 19.V.A). Visto que o hematócrito é o determinante primário da viscosidade do sangue, a anemia reduz os níveis de estresse e diminui o risco de danos endoteliais vasculares.

2. **Sopros:** uma consequência benigna da viscosidade sanguínea diminuída é a tendência aumentada para um fluxo sanguíneo turbulento. A equação de Reynolds prevê que a turbulência é mais provável de ocorrer em regiões do sistema circulatório onde as velocidades de fluxo são as mais elevadas. Na prática, isso significa que as mães em geral desenvolvem **sopros funcionais** (i.e., inocentes) associados com a ejeção de sangue pelas valvas aórtica e pulmonar. As mães podem também desenvolver um **zumbido venoso**, um som associado com fluxo sanguíneo turbulento, em alta velocidade, por meio das veias maiores.

D. Edema

O peso combinado do útero e seus conteúdos (feto, placenta e líquido amniótico = em torno de 8 a 10 kg, no total, a termo) comprime e retarda o fluxo pela veia cava inferior e outras veias menores que trazem o sangue, retornando das extremidades inferiores. A compressão faz a pressão venosa subir nas extremidades inferiores, o que aumenta a pressão capilar média e aumenta a filtragem total de líquido do sangue para o interstício (ver 19.VII.D). O resultado é o edema e o inchaço dos pés (**edema dos pés**) e tornozelos em mulheres grávidas. A tendência à formação de edema é aumentada, devido a uma queda na **pressão osmótica coloidal** (i.e., concentrações de proteínas plasmáticas) de 30 a 40% durante a gestação (de aproximadamente 25 mmHg antes da gestação a aproximadamente 15 mmHg pós-parto).

E. Sistema respiratório

As necessidades de O_2 da mãe e do feto em crescimento aumentam rapidamente durante a gestação; o consumo de O_2 a termo está aumentado em torno de 30% acima de seus valores não gestacionais. Essas necessidades aumentadas são satisfeitas por um aumento progressivo na ventilação-minuto a aproximadamente 50% acima dos valores não gestacionais, durante o segundo trimestre. O aumento na ventilação é alcançado amplamente, devido a um aumento no volume corrente, e apenas um pequeno aumento na frequência respiratória (2 a 3 respirações/minuto). O efeito líquido é que a P_aO_2 aumenta em torno de 10 mm Hg e a P_aCO_2 cai ao redor

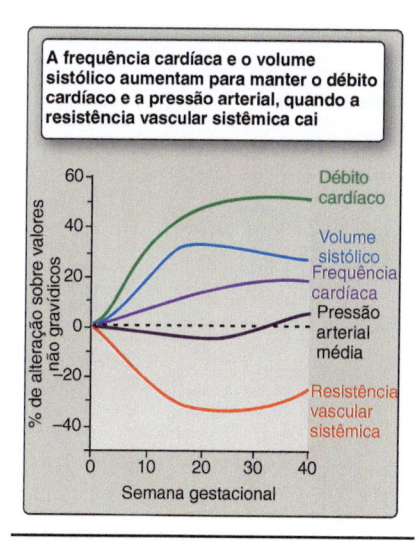

Figura 37.8

Mudanças no perfil da hemodinâmica materna durante a gravidez.

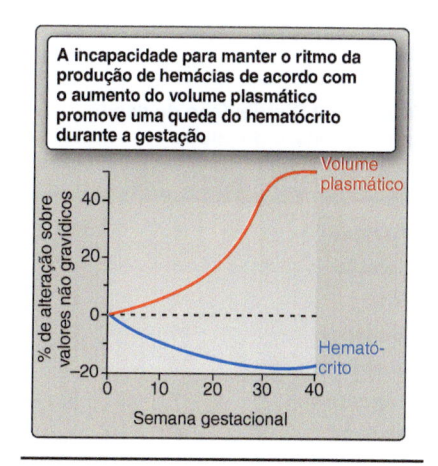

Figura 37.9

Anemia fisiológica da gravidez.

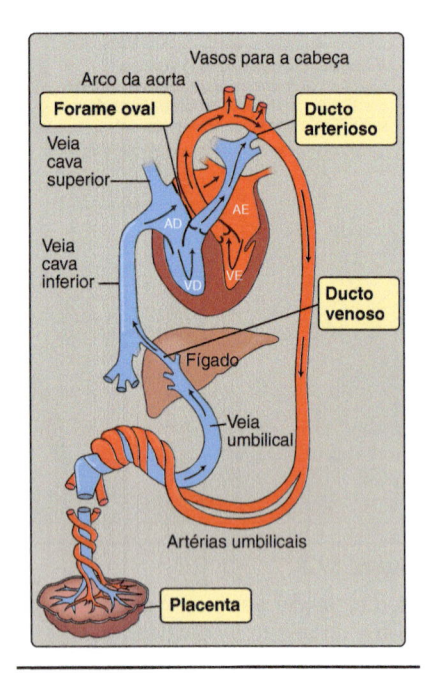

Figura 37.10
Circulação fetal. AE = átrio esquerdo; VE = ventrículo esquerdo; AD = átrio direito; VD = ventrículo direito.

Tabela 37.2 Distribuição do débito cardíaco fetal e do adulto*

Órgão/sistema	Feto	Adulto
Pulmões	6	100
Coração	5	5
Rins	2	20
Encéfalo	20	20
Musculo esquelético	20	20
Esplâncnico	7	30
Placenta	40	–

*Todos os valores são aproximados e dados como uma porcentagem do débito cardíaco total.

de 8 mmHg, causando uma leve alcalose respiratória (< 0,1 unidade de pH). Outras alterações respiratórias significativas incluem um decréscimo de 20% na capacidade de reserva funcional, na capacidade de reserva expiratória e no volume residual (ver 22.IX.A), causados por uma elevação no diafragma, o que pode limitar a capacidade da mãe para compensar a demanda aumentada de O_2 durante o exercício, por exemplo.

F. Renal

A taxa de filtragem glomerular aumenta constantemente a aproximadamente 50% acima dos valores normais pela 16ª semana de gestação e permanece elevada até o parto. O aumento reflete a necessidade da mãe de excretar os dejetos fetais, incluindo a ureia e o ácido não volátil.

V. FISIOLOGIA FETAL

Visto que o feto recebe tudo o que necessita para um desenvolvimento bem-sucedido da circulação materna através da placenta, poucos sistemas de órgãos fetais são *necessários* para apoiar o desenvolvimento normal, embora alguns deles ganhem alguma funcionalidade antes do nascimento. A principal exceção é o sistema circulatório, o qual se torna funcional muito precocemente durante a gestação.

A. Vasos sanguíneos

Durante o desenvolvimento inicial, o embrião se baseia na difusão simples para obter nutrientes das secreções das tubas uterinas e outras secreções maternas. Quando o embrião alcança um tamanho que excede a capacidade do O_2 e de outros nutrientes para alcançarem as camadas celulares mais internas apenas por difusão, um sistema circulatório se torna necessário para sustentar o desenvolvimento posterior. Um coração rudimentar, de câmara única, começa a bombear o sangue semelhante ao líquido intersticial durante a 4ª semana após a fertilização. Na circulação adulta, a rota que o sangue segue é ditada pela necessidade de captar O_2 dos pulmões e nutrientes do trato GI. A placenta fornece todas as exigências nutricionais do feto e, assim, o circuito vascular se modifica de modo correspondente. Existem quatro adaptações ao circuito vascular do adulto no feto: a **placenta**, o **ducto venoso**, o **forame oval** e o **ducto arterioso** (Fig. 37.10).

1. **Placenta:** a placenta fetal funciona como pulmões, rins, trato GI e fígado fetais e, assim, forma um circuito maior de baixa resistência, que recebe aproximadamente 40% do DC fetal (Tab. 37.2).

2. **Ducto venoso:** o sangue proveniente da placenta fetal é desviado do fígado por meio de um ducto venoso. No adulto, o fígado filtra e processa o sangue rico em nutrientes do trato GI. No feto, o trato GI é praticamente não funcional, e, portanto, os órgãos GIs são ultrapassados. Eles recebem sangue suficiente para satisfazer suas necessidades nutricionais por intermédio de circuitos vasculares menores.

3. **Forame oval:** o sangue que entra no lado direito do coração fetal, vindo da veia cava inferior, é rico em O_2 após passar pela placenta (saturação de 80%). Os pulmões fetais não participam da troca gasosa, de forma que a passagem por meio da circulação pulmonar não teria qualquer serventia. A resistência vascular pulmonar (RVP) é, portanto, também elevada, o que torna os pulmões difíceis de serem perfundidos (ver adiante). Assim, o sangue rico em O_2 é desviado dos pulmões, indo do átrio direito diretamente para o átrio esquerdo por meio do forame oval.

4. **Ducto arterioso:** o sangue que entra no lado direito do coração, por meio da veia cava superior, está pobre em O_2 (saturação de 25%; ver adiante), após ter cruzado os leitos vasculares sistêmicos fetais. Esse sangue é bombeado pelo lado direito do coração, e depois através do ducto arterioso à aorta descendente, evitando, assim, os pulmões. O forame oval e o ducto arterioso juntos criam um circuito vascular no qual os lados direito e esquerdo do coração ficam organizados em paralelo um com o outro.

B. Resistência vascular

Na circulação adulta, RVS > RVP. A circulação adulta é dominada pelo lado esquerdo do coração. Na circulação fetal, RVP > RVS. Os pulmões fetais estão preenchidos por líquido, e os espaços de ar estão colapsados. Os vasos sanguíneos pulmonares estão tonicamente constritos em resposta aos baixos níveis de O_2 (**vasoconstrição por hipoxia**; ver 23.III.E), o que torna o circuito pulmonar difícil de ser perfundido e, assim, a RVP fetal é elevada. Em contraste, a circulação *sistêmica* fetal inclui a placenta, a qual é uma via de resistência muito baixa para o fluxo sanguíneo e, portanto, a RVS fetal é baixa.

C. Transferência de oxigênio

O sangue uterino materno tem uma saturação de O_2 de aproximadamente 80 a 100%. Embora a barreira que separa a circulação materna e a fetal seja mínima, a rota placentária é uma via relativamente ineficiente de trocas gasosas, comparada com os pulmões, e o sangue fetal pode apenas alcançar níveis de P_{O_2} de 30 a 35 mmHg, na melhor das hipóteses (compare com uma P_{aO_2} de 98 a 100 mmHg em uma veia pulmonar de um adulto). Apesar das limitações inerentes da rota de transferência, o sangue fetal carrega quantidades semelhantes de O_2 às da circulação adulta. Isso é possível devido à hemoglobina F (HbF), uma isoforma da Hb fetal que apresenta uma curva de dissociação do O_2 voltada para a esquerda (ver 23.VI.C.2). A elevada afinidade por O_2 da Hb fetal está bem adaptada a captar O_2 em pressões parciais comuns à placenta materna, significando que o sangue que trafega da placenta ao feto pela veia umbilical geralmente tem uma saturação de O_2 de 80 a 90% (Fig. 37.11). O sangue fetal também contém ao redor de 20% mais Hb do que o sangue adulto, o que aumenta a capacidade carreadora de O_2 total.

D. Distribuição do oxigênio

O sangue que trafega da placenta ao feto pela veia umbilical está rico em O_2. Ele flui em torno do fígado pelo ducto venoso, mas então encontra o sangue pobre em O_2, retornando das regiões inferiores do corpo, na veia cava inferior (ver Fig. 37.11). Uma membrana delgada como um filme assegura que ocorra pouca mistura no local onde as duas correntes de sangue se encontram, e a corrente rica em O_2 é preservada por todo o caminho até o átrio direito (fluxo aerodinâmico; ver 19.V.A). Aqui, as duas correntes são separadas por um septo interatrial (**crista dividens**). A porção rica em O_2 passa preferencialmente para o lado esquerdo do coração e, então, para a aorta. As primeiras artérias que se ramificam da aorta alimentam o miocárdio e o encéfalo, de forma que o fluxo aerodinâmico assegura que essas duas circulações críticas recebam sangue altamente oxigenado.

E. Função renal

Os rins fetais começam a produzir urina entre 9 e 10 semanas pós-fertilização. A capacidade de concentrar a urina é alcançada cerca de 4 semanas mais tarde, mas o feto continua dependente da placenta para o

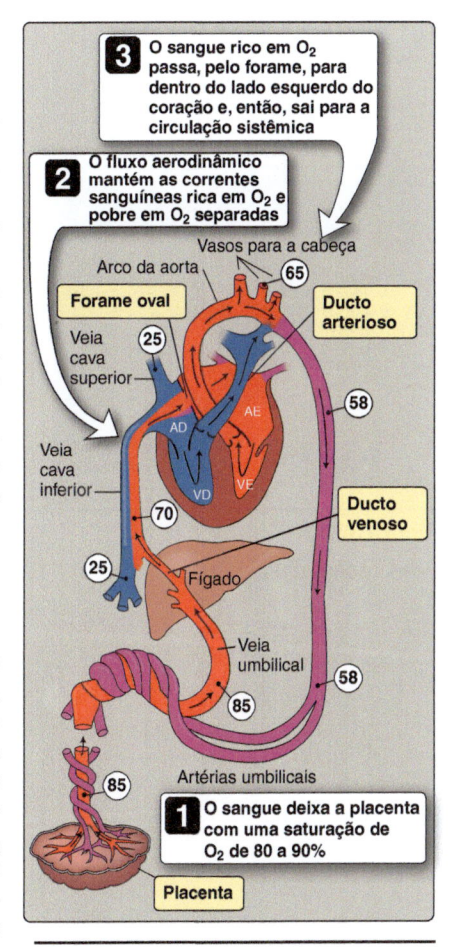

Figura 37.11

Distribuição de O_2 pelo sistema circulatório fetal. Os círculos numerados representam a saturação de O_2. AE = átrio esquerdo; VE = ventrículo esquerdo; AD = átrio direito; VD = ventrículo direito.

equilíbrio de líquidos e de eletrólitos por toda a gestação. Com 18 semanas, os rins estão produzindo mais de 10 mL de urina por hora, e a urina fetal se torna a principal fonte de líquido amniótico.

VI. PARTO

A gestação humana dura 40 semanas em média. No fim desse período, o feto é expelido do útero, de forma forçada, e o elo físico com a mãe é quebrado (**parto**). O processo de nascimento requer uma cuidadosa coordenação para a sobrevivência tanto da mãe como do recém-nascido.

A. Estágios

O parto pode ser dividido em três estágios de duração variável: **dilatação**, **expulsão do feto** e **placentário**.

1. **Dilatação:** o estágio 1 começa com o trabalho de parto e termina quando o colo do útero está completamente dilatado. O feto está envolvido pelo saco amniótico, mas a principal barreira que impede a sua saída do útero é o colo do útero. Durante o primeiro estágio do parto, o miométrio começa a se contrair ritmicamente e com intensidade cada vez maior. A contração começa no fundo do útero e se espalha caudalmente, o que empurra o feto contra o colo do útero, levando-o a afinar e dilatar-se. O estágio 1 dura geralmente em torno de 8 a 15 horas.

2. **Expulsão do feto:** o feto é expulso do útero, de forma forçada, por meio do colo do útero e do canal vaginal, pelas frequentes e intensas ondas de contração. O estágio 2 está completo dentro de 45 a 100 minutos (Fig. 37.12). O cordão umbilical é geralmente clampeado pouco após o nascimento, embora os bebês prematuros possam beneficiar-se de um clampeamento tardio e do retorno de sangue do cordão em direção ao recém-nascido para aumentar o hematócrito do infante.

3. **Placentário:** o útero continua a se contrair após o feto ter sido expelido, o que o faz encolher em tamanho (**involução**). O encolhimento arranca a placenta da parede uterina. A placenta e as membranas associadas são expelidas posteriormente, como pós-nascimento. O estágio 3 em geral está completo minutos após a expulsão do feto.

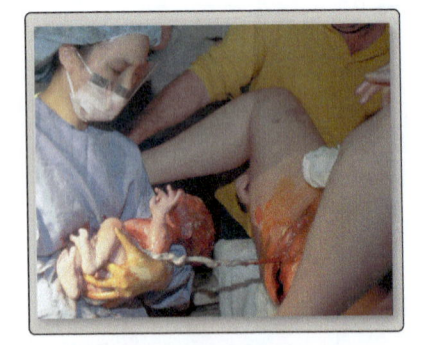

Figura 37.12
Bebê recém-nascido.

B. Hormônios

Ondas irregulares de leves contrações uterinas ocorrem ao longo de toda a gestação (**contrações de Braxton Hicks**). As razões pelas quais essas contrações mudam abruptamente para a contração forçada do parto não são ainda entendidas, embora se saiba que vários hormônios estejam envolvidos. O feto distende o miométrio e aumenta a sua excitabilidade geral, à medida que ele cresce, e pode representar um fator contribuinte. Os principais hormônios que dirigem o parto incluem o estrogênio e a progesterona, prostaglandinas, ocitocina e cortisol.

1. **Proporção estrogênio/progesterona:** a progesterona suprime a contração uterina durante a gestação. Os estrogênios promovem a excitabilidade pela expressão aumentada de canais Na^+, canais Ca^{2+} e junções comunicantes entre as células de músculo liso adjacentes dentro do miométrio. As junções comunicantes permitem que as ondas de excitabilidade em desenvolvimento se arrastem pela parede uterina, manifestando-se como ondas de contração.

No parto, a proporção estrogênio/progesterona aumenta, e o útero torna-se excitável.

2. **Prostaglandinas:** o útero, a placenta e o feto produzem prostaglandinas (PGE_2 e $PGF_2\alpha$), as quais estimulam as contrações uterinas. O aumento dos níveis de estrogênios amplia de forma semelhante a produção de prostaglandinas.

3. **Ocitocina:** a ocitocina é um poderoso estimulante das contrações uterinas. É liberada pela neuro-hipófise, em resposta ao estiramento do colo do útero (ver 36.VII.B), fornecendo um mecanismo de retroalimentação positiva que acopla a expulsão do feto com a força motora necessária para essa expulsão.

4. **Cortisol:** o eixo hipotálamo-hipófise-suprarrenal fetal é ativado para liberar cortisol (ver 34.V.B). O cortisol aumenta a proporção estrogênio/progesterona.

C. Transição circulatória do feto para o adulto

O parto quebra o elo entre a mãe e o feto e força os vasos sanguíneos fetais a adotarem o padrão circulatório em série que é comum no adulto. A transição segue uma sequência rápida de eventos coincidentes: um aumento na RVS; insuflação pulmonar; decréscimo na RVP; fechamento do ducto arterioso, do forame oval e do ducto venoso; e finalmente uma guinada da dominância circulatória do lado direito para o lado esquerdo (Fig. 37.13).

1. **Resistência vascular sistêmica:** o umbigo é uma estrutura altamente muscular, que se contrai espontaneamente em resposta ao trauma do nascimento. A contração oclui as artérias e veia umbilicais, e termina com o fluxo para a placenta. A RVS fetal aumenta quando essa rota de baixa resistência é removida do circuito vascular sistêmico.

> Remanescentes das artérias umbilicais e da veia umbilical podem ser observados no adulto, como os **ligamentos umbilicais medianos** e o **ligamento teres**, respectivamente.

2. **Insuflação pulmonar:** a compressão e a oclusão dos vasos umbilicais seguram o fluxo sanguíneo e privam o feto de O_2, causando asfixia. Isso, juntamente com o repentino resfriamento experimentado pelo recém-nascido ao nascimento, estimula os centros de controle respiratórios, no tronco encefálico fetal, levando o neonato a arfar e executar várias inspirações. A pressão intra-alveolar cai abaixo da pressão atmosférica, criando um gradiente de pressão que direciona o fluxo de ar para dentro, e os pulmões se insuflam.

3. **Resistência vascular pulmonar:** durante o desenvolvimento, a RVP está elevada, porque os pulmões estão colapsados e as artérias pulmonares estão comprimidas e constritas em resposta à baixa P_{O_2}. As primeiras respirações causam uma drástica elevação dos níveis de P_{O_2} alveolar e arterial pulmonar, promovendo a vasodilatação. A insuflação pulmonar também distende os vasos pulmonares, afinando suas paredes e aumentando seus diâmetros internos. Em consequência, a RVP cai extraordinariamente, e ocorre um aumento coincidente no fluxo sanguíneo pulmonar.

4. **Ducto arterioso:** a queda na RVP e a perda de fluxo da veia umbilical faz a pressão do átrio direito cair. A RVS aumenta simultaneamente,

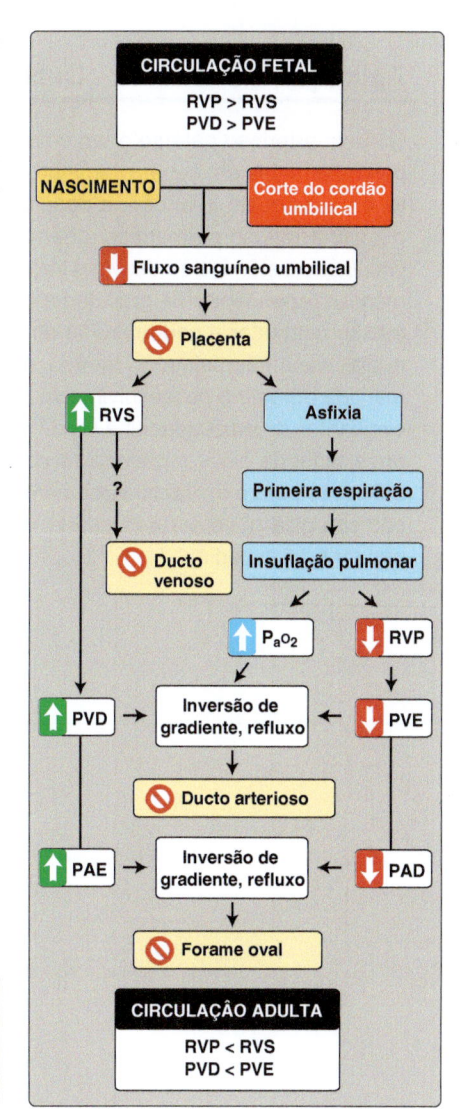

Figura 37.13
Alterações no circuito vascular fetal durante o parto. PAE = pressão atrial esquerda; PVE = pressão ventricular esquerda; P_aO_2 = pressão parcial de oxigênio (arterial); RVP = resistência vascular pulmonar; PAD = pressão atrial direita; PVD = pressão ventricular direita; RVS = resistência vascular sistêmica.

Aplicação clínica 37.2   Ducto arterioso patente

O ducto arterioso patente é um defeito cardíaco congênito comum, particularmente em bebês prematuros e de baixo peso ao nascimento, entre os quais a incidência pode ser tão elevada quanto 30%. Se o ducto arterioso permanecer aberto, o sangue em alta pressão da circulação sistêmica se desvia e jorra para dentro da circulação pulmonar. Dependendo da gravidade, esse desvio pode causar hipertensão pulmonar e pode resultar em insuficiência cardíaca do lado direito, caso não seja logo tratado. A abertura do ducto arterioso é mantida durante o desenvolvimento, em parte pelos elevados níveis circulantes de prostaglandina E_2, de maneira que a administração de um inibidor da *ciclo-oxigenase*, tal como a indometacina, em geral é suficiente para o imediato fechamento completo.[1] A ligação ou oclusão cirúrgica pode ser necessária, se a intervenção farmacológica não for bem sucedida.

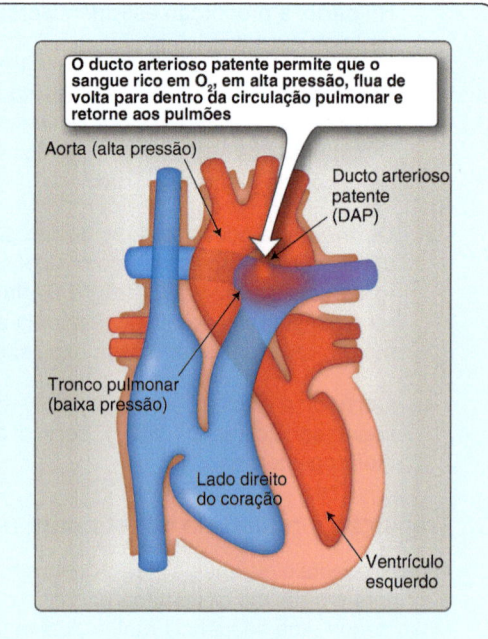

Ducto arterioso patente.

devido à perda do circuito placentário, de maneira que a pressão aórtica e a pressão do ventrículo esquerdo aumentam. A súbita inversão do gradiente de pressão fetal da direita para a esquerda causa um reversão do fluxo sanguíneo no ducto arterioso, que se contrai, provavelmente em resposta à P_{aO_2} crescente e à queda dos níveis circulantes de prostaglandinas (ver Aplicação clínica 37.2). O fechamento anatômico completo leva cerca de vários meses, e vestígios do desvio fetal persistem mesmo no adulto, como o **ligamento arterial**.

5. **Forame oval:** a inversão da pressão sanguínea da direita para a esquerda empurra uma aba (flape) tipo valva que então cobre o forame oval. As pressões gradativamente maiores no átrio esquerdo mantêm a aba fechada, para isolar os lados direito e esquerdo do coração. Com o tempo, a aba se funde com o septo interatrial, de forma a selar o forame permanentemente (visto como a **fossa oval** em um coração adulto).

> O **forame oval patente** é uma lesão cardíaca congênita, que afeta 25 a 30% da população geral. Embora a rota entre os átrios direito e esquerdo permaneça intacta, a pressão do átrio esquerdo geralmente é mais elevada do que a pressão atrial direita, e, assim, o forame permanece ocluso por uma valva de uma via. Indivíduos saudáveis em geral permanecem assintomáticos.

6. **Ducto venoso:** o ducto venoso se fecha por um mecanismo tipo esfincter, persistindo como o **ligamento venoso** no adulto. O mecanismo para o fechamento não é conhecido.

[1] Para mais informações sobre as ações e o uso dos inibidores da *ciclo-oxigenase*, ver *Farmacologia ilustrada*, 5ª edição Artmed Editora.

7. **Dominância circulatória:** nas semanas subsequentes ao nascimento, o ventrículo esquerdo hipertrofia lentamente, em resposta a uma RVS crescente. Enquanto isso, o lado direito do coração bombeia contra uma RVP mais baixa do que durante a gestação, de maneira que sua massa muscular vagarosamente vai diminuindo em relação ao lado esquerdo do coração.

D. Perda de sangue materno

Uma mãe normalmente perde aproximadamente 500 mL de sangue do local placentário durante um parto normal. Embora isso signifique uma hemorragia substancial, a mãe foi bem preparada para essa perda pela expansão massiva de volume sanguíneo, que ocorre durante as primeiras semanas de gestação. A perda adicional é evitada por intensas contrações uterinas, as quais comprimem os vasos sanguíneos uterinos e permitem que ocorra a hemostasia. As contrações são estimuladas pela ocitocina durante o terceiro estágio do parto.

Resumo do capítulo

- A gestação começa com a fertilização. O embrião em desenvolvimento se divide rapidamente, nos dias subsequentes, para formar um **blastocisto** e então se **implanta** na parede uterina materna. A implantação é efetuada por uma camada celular externa de **trofoblasto**, a qual digere e invade o **endométrio** materno e se desenvolve para criar uma interface entre as circulações fetal e materna (a **placenta**).

- A placenta troca nutrientes, hormônios e produtos de dejeto entre as circulações fetal e materna.

- A placenta fetal compreende 60 a 70 **árvores vilosas** que servem para aumentar a área de superfície da interface. A placenta materna compreende 15 a 20 sinusoides endometriais erodidos, cheios de sangue e esculpidos pelo trofoblasto fetal durante a placentação. O espaço entre a placenta fetal e a materna é preenchido com aproximadamente 500 mL de sangue materno. O sangue flui de uma maneira não regulada com pressão relativamente elevada (ao redor de 70 mmHg) das **artérias espiraladas** erodidas e banha as árvores vilosas fetais.

- A placenta é também um órgão endócrino, que secreta **gonadotrofina coriônica humana**, **progesterona** e **estrogênios**.

- A satisfação das necessidades de um feto em desenvolvimento envolve a maioria dos sistemas de órgãos de uma mãe, incluindo o **sistema circulatório**, os **rins** (eliminação aumentada de produtos de dejetos), os **pulmões** (aumento de 30% na demanda de O_2), o **trato gastrintestinal**, o **fígado** e a **pele** (termorregulação).

- O **débito cardíaco** materno aumenta em torno de 50% durante a gestação, alcançado mediante aumentos na **frequência cardíaca** e no **volume sistólico**. O volume sistólico aumenta em consequência à retenção de líquidos e do **volume de sangue circulante** aumentado.

- O volume de sangue aumenta mais rapidamente do que a produção de hemácias, causando a **anemia fisiológica da gravidez**. O decréscimo resultante da **viscosidade** do sangue reduz o **estresse de cisalhamento** no coração e no revestimento dos vasos sanguíneos.

- O útero e seus conteúdos adquirem um peso significativo durante a gestação, o que, dependendo da postura, comprime e prejudica o fluxo sanguíneo das extremidades inferiores maternas. O resultado é o **edema dos pés**.

- A circulação fetal inclui três **desvios** que fazem com que o sangue da veia umbilical ultrapasse o fígado (**ducto venoso**) e os pulmões (**forame oval** e **ducto arterioso**) para distribuição aos órgãos em desenvolvimento.

- O sangue fetal contém uma isoforma da **hemoglobina fetal (HbF)** que tem uma elevada afinidade por O_2. A HbF auxilia a compensar o fato de que a placenta é uma rota menos eficiente para a transferência de O_2 que os pulmões e permite que o sangue fetal carregue níveis de O_2 próximos aos observados em adultos.

- O **parto** é iniciado e mantido por níveis alterados de hormônios produzidos pela placenta tanto materna como fetal. As contrações uterinas expelem o feto e a placenta e depois comprimem e colapsam os vasos sanguíneos uterinos. A compressão limita a perda de sangue materno durante o parto.

- Ao nascimento, a **resistência vascular pulmonar** do neonato diminui, e a **resistência vascular sistêmica** aumenta, estabelecendo, portanto, um sistema circulatório dominado pelo lado esquerdo, comum no adulto.

38 Estresse Térmico e Febre

I. VISÃO GERAL

A capacidade de dissipar e reter o calor, juntamente com a capacidade de adaptar seu comportamento às temperaturas extremas, permite aos humanos ocupar a maioria das regiões da superfície da Terra, incluindo a Estação de Plateau, na Antártica (temperatura média = – 55°C), e o distrito de Dallol, na Etiópia (temperatura média = 35°C). A temperatura interna do corpo pode subir a 39 a 40°C sem causar perda irreversível da função celular, mas a temperatura do corpo é geralmente regulada dentro de uma amplitude muito mais estreita (36,5 a 37,5°C), conforme mostra a Figura 38.1. O controle da temperatura interna do corpo é uma das funções homeostáticas fundamentais. As temperaturas internas são percebidas por meio de termorreceptores localizados no encéfalo, na medula espinal e nas vísceras. As temperaturas externas são sentidas por intermédio de termorreceptores cutâneos. O sistema nervoso simpático (SNS), em conjunto com centros de controle hipotalâmicos, medeia as respostas termorreguladoras aos estresses ambientais. Durante o estresse de calor (p. ex., sentar em uma sauna finlandesa a 80 a 90°C), existe um aumento simultâneo no fluxo sanguíneo para a pele e a estimulação das glândulas sudoríparas que medeiam o resfriamento por evaporação. Durante o estresse pelo frio (p. ex., como ocorre com um guarda de trânsito orientando o trânsito em um dia frio e úmido), o fluxo de sangue para a pele diminui para reduzir a perda de calor cutânea, enquanto o tremor gera calor. O hipotálamo também pode aumentar ativamente a temperatura interna como uma maneira de retardar uma infecção por um patógeno. A febre é um dos sintomas mais antigos de reconhecimento de uma doença.

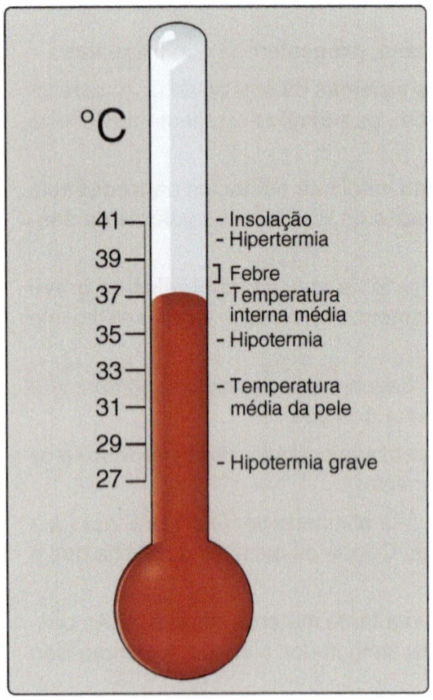

II. TERMORREGULAÇÃO

As temperaturas externa e interna são sentidas por termorreceptores, os quais repassam a informação sensorial para os centros de controle localizados no hipotálamo. Os órgãos efetores termorreguladores incluem a pele, o tecido adiposo marrom e a musculatura esquelética.

Figura 38.1
Temperaturas corporais.

> A temperatura interna pode ser medida de forma precisa, utilizando-se uma sonda de temperatura colocada no esôfago ou no reto. As medidas da temperatura oral também podem fornecer boas estimativas da temperatura interna, contanto que o paciente esteja respirando pelas narinas e a ventilação seja baixa. As medidas da temperatura oral são 0,25 a 0,5°C mais baixas, em comparação com a temperatura retal.

A. Sensores

O corpo possui dois grupos diferentes de termossensores. Os termossensores centrais monitoram a temperatura corporal interna, enquanto os termossensores da pele fornecem informações sobre o ambiente térmico externo.

1. **Central:** os termorreceptores que monitoram a temperatura interna estão localizados no hipotálamo, na medula espinal e nas vísceras, mas os sensores que têm a maior influência na saída dos centros de controle termorreguladores estão na **área pré-óptica do hipotálamo** (Fig. 38.2). Os neurônios pré-ópticos sensíveis ao calor são ativos tonicamente à temperatura corporal normal. Um aumento na temperatura interna (como refletido pela temperatura do sangue que banha a área pré-óptica) aumenta as suas taxas de disparo, enquanto o resfriamento diminui a taxa de disparo.

2. **Pele:** existem quatro tipos de termorreceptores primários da pele. Dois medeiam respostas nociceptivas a estímulos dolorosamente quentes ou frios, e são discutidos em outro local (ver 16.VII.B). Os outros dois tipos, compreendendo populações distintas de receptores para o frio e para o calor, estão envolvidos na termorregulação.

   a. **Frio:** os **receptores para o frio** medeiam sensações geladas/frias, frescas e neutras (5 a 45°C). Acredita-se que as temperaturas frias sejam sentidas pelo TRPM8, um membro da família de canais receptores de potencial transitório (TRP; ver 2.VI.D), que medeia um potencial despolarizante de receptor quando ativo. A taxa de disparos aferentes aumenta, como consequência.

   b. **Calor:** a sensação de calor envolve **receptores para o calor** que são ativados de 30 a 50°C. A recepção do calor também envolve canais TRPs (TRPV3 e TRPV4) que ficam ativos a temperaturas neutras e quentes (Fig. 38.3).

B. Centro de controle

A temperatura do corpo é mantida normalmente a 37°C, com uma variabilidade circadiana de 1°C (i.e., 36,5 a 37,5°C). A temperatura corporal no seu ponto mais baixo ocorre de manhã cedo, e o pico ocorre à tardinha. A temperatura interna que o organismo está tentando manter é conhecida como **ponto de ajuste**. A área pré-óptica do hipotálamo contém o centro de integração e controle termorregulador. O resfriamento da área pré-óptica evoca respostas e comportamentos de aquecimento (p. ex., vestir mais roupas), enquanto o aquecimento dessa área ativa respostas e comportamentos de resfriamento (p. ex., procurar uma sombra). Se a área pré-óptica for danificada por isquemia (i.e., um derrame), desmielinização (p. ex., esclerose múltipla) ou ablação, a temperatura interna flutua ao longo de uma vasta amplitude, e as respostas ao estresse térmico são prejudicadas. A saída do centro de controle é regulada principalmente por termorreceptores centrais, mas a área pré-óptica integra sinais de muitas outras áreas também, como os termorreceptores da pele, o sistema imune (ver Seção IV, adiante) e áreas do sistema nervoso central que regulam outras variáveis sistêmicas, tais como a pressão sanguínea, a concentração de glicose no plasma e a osmolalidade plasmática.

C. Rotas efetoras

O hipotálamo efetua a maioria das respostas termorreguladoras por meio do SNS. Os sinais simpáticos trafegam pelos nervos espinais T1 a L3 e fazem sinapse dentro de gânglios da cadeia simpática (ver 7.III.B). Os eferentes se projetam dos gânglios para os vasos sanguíneos da pele e para as glândulas sudoríparas.

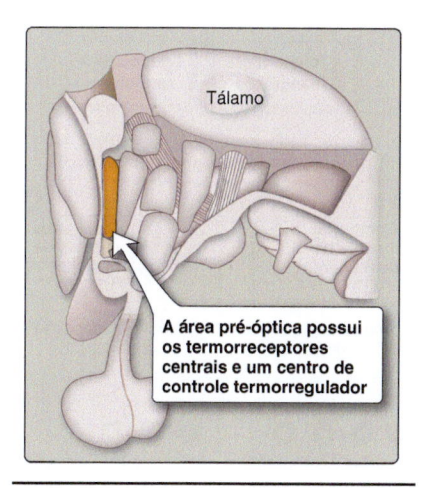

Figura 38.2
Área pré-óptica do hipotálamo.

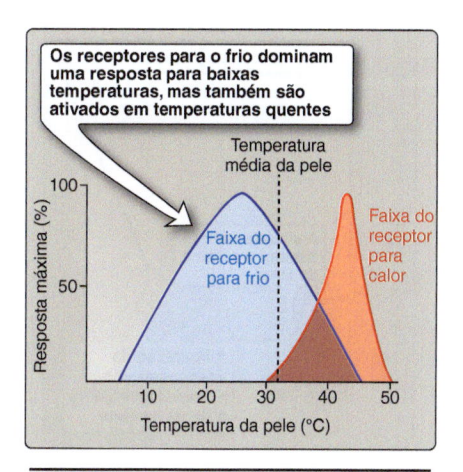

Figura 38.3
Sensibilidade dos termorreceptores da pele.

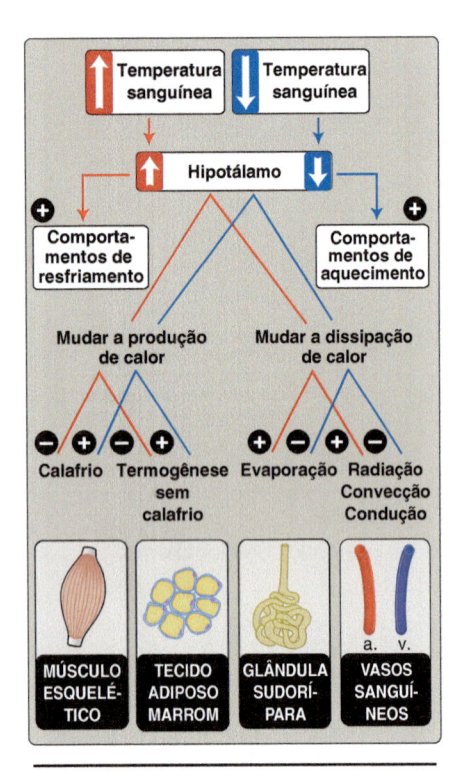

Figura 38.4
Mediadores da resposta termorreguladora. a. = artéria; v. = veia.

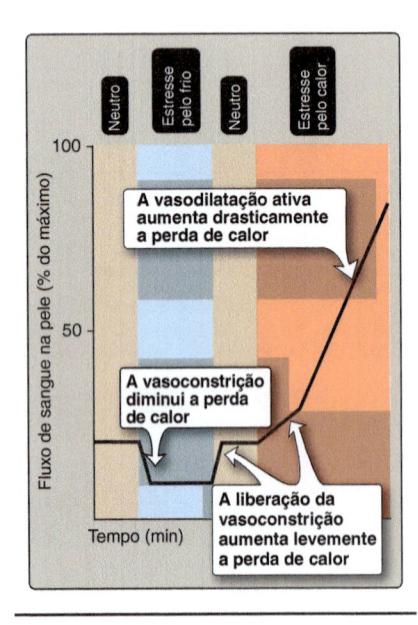

Figura 38.5
Fluxo de sangue na pele durante o estresse térmico.

D. Resposta

O estresse pelo frio ativa rotas que aumentam o isolamento térmico tecidual e aumentam a taxa metabólica por meio da termogênese (produção de calor) por calafrios e sem calafrios. Por outro lado, o estresse pelo calor reduz o isolamento térmico tecidual e inicia a sudorese. Os efetores termorreguladores primários são os vasos sanguíneos da pele, as glândulas sudoríparas, os músculos esqueléticos e o tecido adiposo marrom (Fig. 38.4).

1. **Vasos sanguíneos da pele:** a perda ou o ganho de calor são regulados mais eficientemente no nível da pele. Para dissipar o calor, o fluxo sanguíneo é trazido para bem próximo da superfície do corpo, enquanto para conservar o calor o fluxo sanguíneo é desviado para longe da superfície do corpo. A pele glabra contém anastomoses arteriovenosas profundas que permitem que o fluxo sobrepasse os leitos capilares superficiais. A pele com pelos (não glabra) não possui anastomoses arteriovenosas, mas tem vasos capilares superficiais e profundos. A transferência de calor mais eficiente com o ambiente ocorre quando o sangue é desviado por meio desses vasos capilares superficiais. Nervos adrenérgicos pós-ganglionares constringem artérias, veias e anastomoses cutâneas, agindo por intermédio de receptores α-adrenérgicos. A remoção da influência constritora e a subsequente dilatação ativa dos vasos aumentam o fluxo sanguíneo pela vasculatura cutânea (Fig. 38.5). O mecanismo de vasodilatação é menos compreendido, mas envolve o óxido nítrico e nervos simpáticos colinérgicos. Essas alterações vasomotoras permitem que o fluxo sanguíneo da pele mude de < 6 mL/min a 8 L/min. Durante o estresse pelo calor, o volume venoso também aumenta para disponibilizar mais tempo para a transferência de calor. A frequência cardíaca e o DC aumentam, e outros leitos vasculares (p. ex., renal e esplâncnico) fazem vasoconstrição para facilitar o aumento de fluxo sanguíneo da pele.

2. **Glândulas sudoríparas:** existem três tipos de glândulas sudoríparas (ver 16.VI.C), mas somente as **glândulas sudoríparas écrinas** produzem o suor que media o resfriamento por evaporação durante o estresse pelo calor. O ato de suar é iniciado pela ação de nervos colinérgicos do SNS, mas as glândulas também são estimuladas por componentes adrenérgicos (p. ex., adrenalina, noradrenalina). A sudorese pode desidratar o organismo e causar uma contração por volume hipertônico. Mesmo pequenas perdas de líquido (2% do peso corporal) podem diminuir o desempenho do trabalho e permitir que as temperaturas internas subam durante o estresse pelo calor.

3. **Músculos:** o calafrio, ou tremor, é uma contração rápida e cíclica dos músculos esqueléticos que libera calor, mas produz uma força mínima. As contrações musculares sempre produzem grandes quantidades de calor, porque a produção de força tem apenas 20% de eficiência. Os 80% restantes da energia gasta são liberados como calor. Os músculos que tremem não desempenham um trabalho significativo e, assim, quase toda a energia utilizada é liberada como calor. O calafrio é único no sentido de que é mediado pelas rotas motoras somáticas, não pelo SNS, mas a resposta é iniciada pela área pré-óptica.

4. **Termogênese sem calafrio:** a termogênese sem calafrio é um aumento mediado pelo SNS na taxa metabólica no músculo e em outros tecidos, destinado a liberar calor. Na gordura marrom, a estimulação pelo SNS ativa uma proteína desacopladora das mitocôndrias (**termogenina**) na membrana mitocondrial interna (Fig. 38.6). A termogenina é uma proteína formadora de poro que permite que o H^+ cruze a membrana mitocondrial interna sem gerar trifosfato de

adenosina. Assim, a fosforilação oxidativa se torna desacoplada. Os bebês dependem do tecido adiposo marrom para a produção de calor, mas essa rota é menos importante nos adultos.

5. **Comportamento:** os comportamentos termorreguladores podem diminuir ou mesmo eliminar o estresse térmico. Esses comportamentos são dirigidos pela área pré-óptica, mas podem ser sobrepostos ou modificados por outras áreas do encéfalo. As respostas comportamentais conscientes ao estresse pelo frio envolvem aumentar o isolamento térmico (p. ex., vestindo um casaco), aumentar a atividade física para aumentar a taxa metabólica ou procurar uma fonte externa de calor. Os comportamentos relacionados ao estresse pelo calor incluem a ingestão de líquidos para facilitar a sudorese, remover as roupas, procurar por sombra ou ligar um ventilador.

III. PRODUÇÃO E TRANSFERÊNCIA DE CALOR

A quantidade de calor armazenada dentro do corpo reflete um equilíbrio entre a quantidade de calor produzida e a quantidade transferida para o ambiente externo. O armazenamento de calor pode ser quantificado teoricamente, utilizando a equação de equilíbrio térmico:

$$S = (M - Wk) \pm (R + K + C) - E$$

em que S é o armazenamento de calor; M é o metabolismo; Wk é o trabalho externo; e R, K, C e E descrevem a transferência de calor por radiação, por condução, por convecção e por evaporação, respectivamente.

A. Produção

O calor é um subproduto metabólico que reflete a ineficiência das rotas químicas envolvidas. A quantidade de calor produzida em repouso está relacionada à **taxa metabólica basal** (**TMB**), a qual, por sua vez, está relacionada à massa corporal. Por exemplo, pode-se esperar que dois indivíduos com uma massa de 50 kg e 90 kg apresentem TMBs de aproximadamente 1.315 kcal/dia e 2.045 kcal/dia, respectivamente. Qualquer aumento no metabolismo tecidual aumenta a produção de calor. A digestão e a assimilação de alimentos aumentam o gasto de energia (a quantidade de energia utilizada é conhecida como **efeito térmico do alimento**), de forma semelhante ao que acontece com os movimentos espontâneos e o exercício.

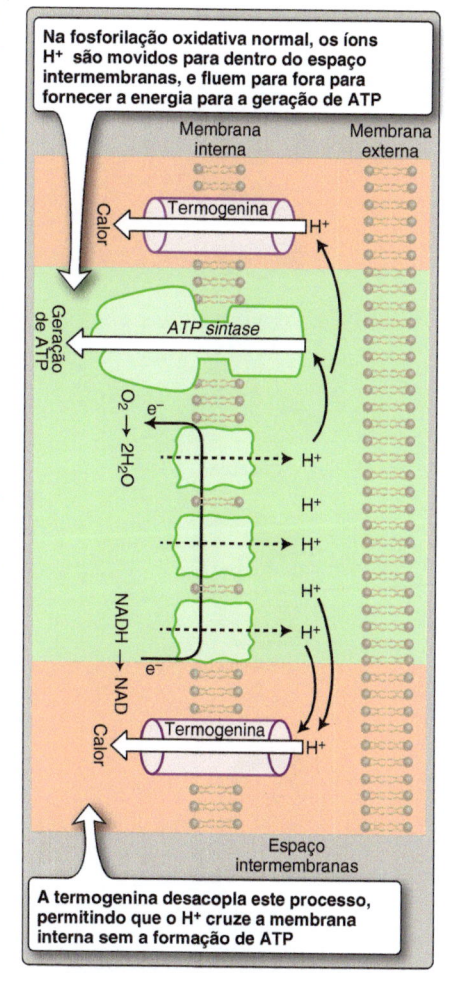

Figura 38.6

Tecido adiposo marrom. ATP = trifosfato de adenosina; NAD = nicotinamida adenina dinucleotídeo; NADH = NAD hidrogenado.

Aplicação clínica 38.1 Hipertermia maligna

A hipertermia maligna é uma síndrome acionada por anestésicos (p. ex., halotano) e relaxantes musculares (p. ex., succinilcolina).[1] A taxa metabólica aumenta em uma proporção que ultrapassa, de longe, a dissipação de calor, devido ao excesso de Ca^{2+} sarcoplasmático, o qual estimula um acoplamento de contração-excitação prolongado e exagerado da musculatura esquelética. Esse mecanismo de produção de calor parece ser uma anomalia genética dos canais de liberação de Ca^{2+} (receptores de rianodina) no retículo sarcoplasmático (ver 12.III.A).

---

[1]Para mais informações sobre o uso de anestésicos, ver *Farmacologia ilustrada*, 5ª edição Artmed Editora.

B. Transferência de calor

O calor produzido pelo metabolismo deve ser transferido ao ambiente externo, principalmente por meio da pele, embora uma pequena quantidade de calor seja transferida por intermédio do trato respiratório. O termo "transferência de calor" se refere a um mecanismo pelo qual o calor é transferido de uma área de temperatura mais alta a uma área de temperatura mais baixa. A temperatura da pele humana é de aproximadamente 32°C em ambientes normotérmicos (i.e., temperaturas que aguentam uma temperatura corporal normal). Visto que as temperaturas externas são geralmente mais baixas, o calor do corpo pode ser transferido ao ar ou a outros objetos. Quando a temperatura externa é mais elevada do que a temperatura da pele, o corpo ganha calor. Existem quatro mecanismos primários pelos quais o calor é transferido ao ambiente: **radiação**, **condução**, **convecção** e **evaporação** (Fig. 38.7).

1. **Radiação:** a radiação se refere à energia térmica que é transferida aos objetos no ambiente externo. A energia do calor é carregada no espectro infravermelho, e a quantidade transferida depende da diferença de temperatura e da emissividade (capacidade de absorver energia) da superfície do objeto. A maior parte da transferência de calor em repouso ocorre por radiação (Tab. 38.1).

2. **Condução:** a condução de energia térmica de um corpo a outro ocorre quando ambos estão em contato físico mútuo muito próximo. A energia cinética muito elevada das moléculas em uma região quente se dissipa por colisão com moléculas adjacentes em uma região fresca. Os sólidos diferem enormemente em sua capacidade de conduzir o calor. As substâncias com baixa condutividade térmica são chamadas isolantes térmicos.

3. **Convecção:** a convecção ocorre quando o calor é transferido ao ambiente por um fluido ou um líquido em movimento (i.e., ar ou água). Em geral, o aquecimento reduz a densidade do ar e da água, e a gravidade cria uma corrente de convecção de ar ou líquido "natural" próxima à pele, conforme o ar ou líquido mais quente e menos denso aumenta. A convecção forçada resulta quando uma fonte de energia alternativa propulsiona o ar ou líquido pela pele (p. ex., ventilador, vento, corrente de água). A perda ou o ganho de calor por convecção é proporcional ao calor específico do ar ou líquido, ao gradiente de temperatura e à raiz quadrada da velocidade do ar ou líquido.

4. **Evaporação:** a evaporação dissipa o calor, utilizando energia térmica para converter a água de uma fase líquida a uma gasosa, com os locais primários de perda por evaporação sendo o trato respiratório e a pele. A evaporação é um modo muito eficaz de dissipação de calor, de forma que 1 L de suor pode remover aproximadamente 580 kcal da superfície da pele. A quantidade de evaporação é dependente da umidade relativa do ar ambiental: o ar úmido atenua e o ar seco facilita o suor. Durante o exercício ou quando a temperatura do ar ambiente está acima da temperatura da pele, a evaporação pelo suor fornece um modo primário e geralmente único de dissipação do calor (ver Tab. 38.1).

IV. ASPECTOS CLÍNICOS

Embora a temperatura interna seja geralmente mantida dentro de uma margem estreita, o hipotálamo pode permitir que ela aumente, em uma tentativa

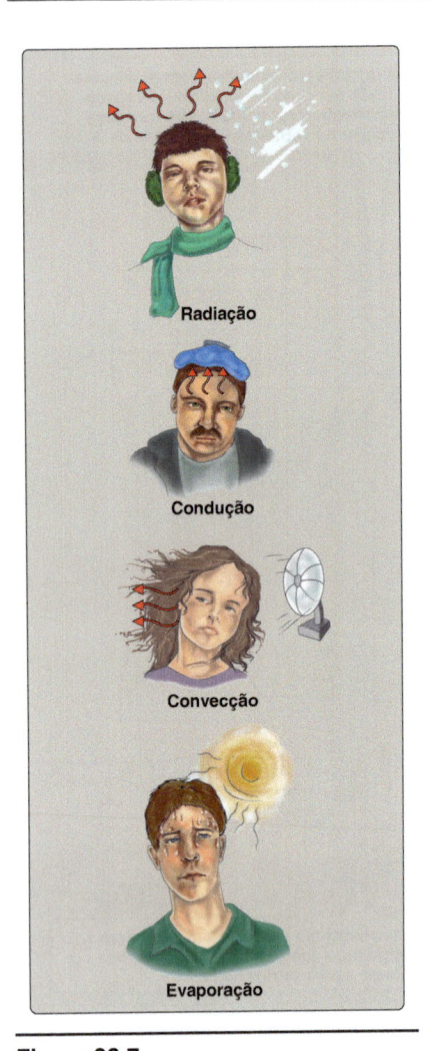

Figura 38.7
Transferência de calor.

Tabela 38.1 Vias de dissipação de calor

Transferência de calor	Sentado dentro de casa a 25°C	Caminhando na rua a 30°C
Radiação	60%	Mínima*
Convecção	15%	10%
Condução	5%	Mínima
Evaporação	20%	90%

*A radiação envolve tanto ganho quanto perda de calor, mas a alteração resultante é mínima.

de inibir um patógeno, manifestando-se como **febre**. Um desvio do normal pode também ocorrer quando os sistemas termorreguladores são sobrecarregados, resultando em **hipotermia** ou **hipertermia**.

A. Febre

A febre tem sido reconhecida há longa data como um sintoma de doença, e é causada por **pirogênios exógenos** e **endógenos**. Os pirogênios exógenos incluem microrganismos, tais como o *Staphylococcus aureus* e os seus subprodutos ou toxinas. Mais frequentemente, a febre é uma resposta a pirogênios endógenos liberados durante a ativação de macrófagos e monócitos, o que está relacionado a uma infecção, embora o microrganismo não esteja diretamente envolvido. Os pirogênios endógenos são os interferons e as citocinas, incluindo as interleucinas (p. ex., IL-1 e IL-8) e o fator de necrose tumoral. Embora as rotas envolvidas ainda não estejam elucidadas, os pirogênios circulantes são detectados pelos órgãos circunventriculares (ver 7.VII.C), os quais sinalizam a sua presença ao hipotálamo pré-óptico, via liberação de prostaglandinas. Os neurônios da área pré-óptica expressam um receptor de prostaglandina, EP_3, que medeia a resposta da febre. Quando esses receptores são estimulados, o ponto de ajuste do hipotálamo é restabelecido, e o organismo começa a regular a temperatura interna em um valor mais elevado (Fig. 38.8). Os sintomas associados com um estado febril refletem as tentativas dos órgãos efetores termorreguladores para alcançar um novo ponto de ajuste. Acredita-se que essa temperatura elevada exerça tanto um efeito benéfico no sistema imune do hospedeiro, como a diminuição do crescimento e da proliferação do patógeno. O estado febril é diferente do aumento da temperatura do corpo associado com a contração muscular e o exercício ou com a exposição ao calor ambiental. Em ambos os casos, o corpo tenta dissipar o calor com o objetivo de retornar a temperatura interna a 37°C.

> O ponto de ajuste hipotalâmico pode retornar a 37°C, e os sintomas da febre podem ser reduzidos pela administração de fármacos anti-inflamatórios não esteroides (AINEs), tais como ácido acetilsalicílico, ibuprofeno e acetaminofeno.[1] Os AINEs são inibidores da *ciclo-oxigenase* que bloqueiam a síntese de prostaglandinas e, assim, têm efeitos antipiréticos.

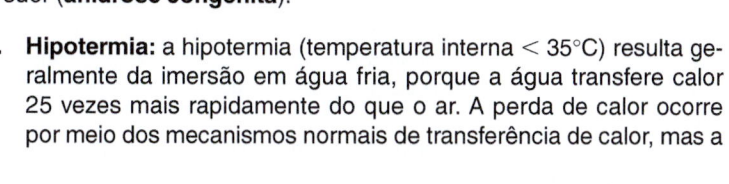

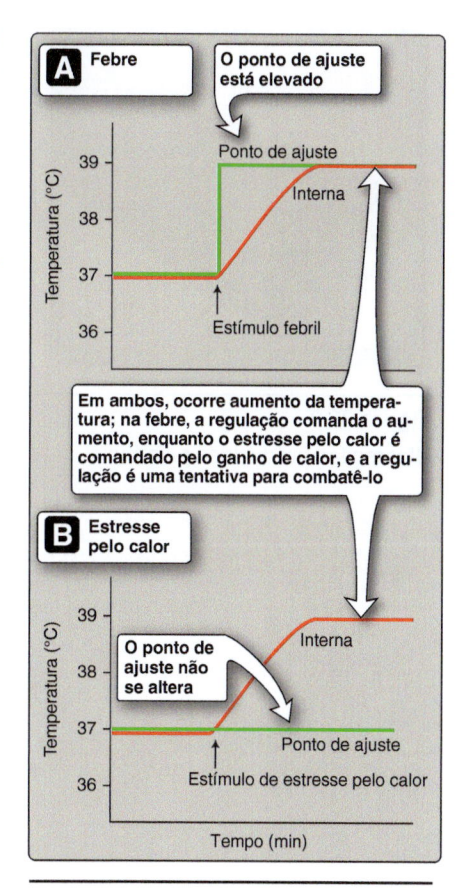

Figura 38.8
Febre *versus* estresse pelo calor.

B. Hipotermia e hipertermia

A hipotermia e a hipertermia são desvios da temperatura corporal normal, que ocorrem devido à falha do sistema de termorregulação. Essas condições acontecem mais comumente durante extremos climáticos e em pacientes com uma capacidade prejudicada de responder ao estresse térmico, tais como aqueles com uma incapacidade genética de secretar suor (**anidrose congênita**).

1. **Hipotermia:** a hipotermia (temperatura interna < 35°C) resulta geralmente da imersão em água fria, porque a água transfere calor 25 vezes mais rapidamente do que o ar. A perda de calor ocorre por meio dos mecanismos normais de transferência de calor, mas a

---

[1] Para mais informações sobre o uso e as ações dos AINEs, ver *Farmacologia ilustrada*, 5ª edição Artmed Editora.

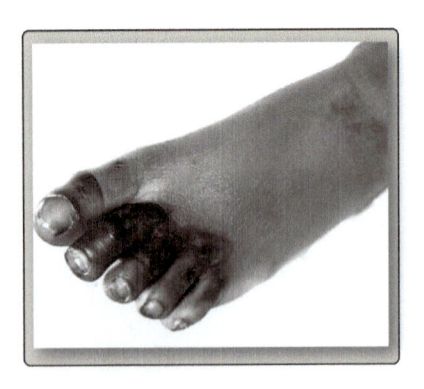

Figura 38.9
Ulcerações produzidas pelo frio.

produção de calor não consegue aumentar de forma suficiente para compensar a sua perda. A hipotermia causa sintomas associados a diminuições induzidas pelo frio na taxa metabólica neuronal, incluindo sonolência, fala embaralhada, bradicardia e hipoventilação. A hipotermia grave (temperatura interna < 28°C) pode levar ao coma, hipotensão, oligúria e arritmias cardíacas fatais (fibrilação ventricular). Os tecidos periféricos podem também ser danificados pelo frio. A ulceração produzida pelo frio é uma condição na qual o líquido da pele e das áreas subcutâneas cristaliza (congela), rompendo as membranas celulares e causando a necrose tecidual (Fig. 38.9). As áreas necrosadas em geral requerem amputação.

2. **Hipertermia:** as definições precisas da temperatura interna de hipertermia não são possíveis sem a avaliação de sua causa. Por exemplo, temperaturas internas acima de 40°C podem ser alcançadas durante o exercício, sem desenvolver uma doença pelo calor. As doenças pelo calor apresentam um *continuum*, desde uma **exaustão pelo calor** mediana, até a **insolação** mais grave. A etiologia da exaustão pelo calor está relacionada a um decréscimo no volume do sangue circulante, causado por vasodilatação na pele, e um decréscimo induzido pelo suor na pressão venosa central (PVC). A diminuição na PVC pode permitir que o sangue se acumule nos membros, quando um indivíduo está na posição vertical, causando síncope (desmaio). A insolação – no sentido clássico, em que não há relação direta com o efeito do sol – se refere à falha dos mecanismos de dissipação de calor, devido a um aumento contínuo na temperatura interna. Infelizmente, a falha desses mecanismos leva somente a ganhos ainda mais rápidos de temperatura. Na insolação, as temperaturas internas podem subir acima de 41°C, o que pode levar à morte neuronal e à falha de sistemas orgânicos.

Resumo do capítulo

- A temperatura interna é mantida geralmente a 37°C ± 0,5°C.
- A temperatura interna é percebida e controlada pela **área pré-óptica do hipotálamo**. A temperatura ambiental é sentida por **termorreceptores cutâneos para o frio** e **para o calor**.
- O estresse pelo calor induz a vasodilatação na pele e aumenta o débito cardíaco e a sudorese, para ajudar o corpo a se livrar do calor. Estratégias comportamentais de busca pelo frio também são estimuladas.
- O estresse pelo frio induz a vasoconstrição na pele e aumenta os calafrios para diminuir a perda de calor e aumentar a produção de calor. Estratégias comportamentais de procura pelo calor também são estimuladas.
- O equilíbrio térmico é alcançado pela equiparação da produção de calor com a perda de calor. A produção de calor inclui a quantidade gerada pelo metabolismo, o efeito térmico da comida, os movimentos espontâneos e o exercício. A transferência de calor ocorre por **radiação**, **convecção**, **condução** e **evaporação**.
- A **febre** é a manifestação externa do reajuste do ponto de ajuste da temperatura a um valor mais elevado. Tanto **pirogênios exógenos** (p. ex., toxinas microbianas) como **pirogênios endógenos** (p. ex., interferons, interleucinas e o fator de necrose tumoral) podem aumentar o ponto de ajuste mediante a produção de **prostaglandinas**. O organismo defende então esse valor mais elevado por meios normais, tal como o calafrio, para aumentar a temperatura, e pelo suor para diminuir a temperatura.
- **Hipotermia** é uma temperatura interna baixa e está clinicamente associada com processos que diminuem o metabolismo corporal. As **ulcerações produzidas pelo frio** resultam em necrose tecidual pela cristalização do líquido dentro e entre as células.
- **Hipertermia** é uma temperatura interna elevada. A forma mais grave de uma doença pelo calor é a **insolação**, a qual classicamente envolve falha completa do sistema termorregulador.

Exercício 39

I. VISÃO GERAL

Historicamente, os humanos têm-se engajado em atividades físicas para buscar água, para forragear e para se deslocar a locais de caça de maneira a garantir seu alimento. Na sociedade dos dias modernos, desfrutamos do luxo de termos água limpa e fresca em nossas casas, comida prontamente disponível nas lojas e restaurantes locais e múltiplas opções de transporte para facilitar as viagens. Quando nos empenhamos em uma atividade física, em geral é na forma de exercício estruturado, destinado a melhorar a nossa condição física e saúde. A atividade física pode ter muitas formas, e os requisitos fisiológicos necessários para executá-las podem ser muito variados. Por exemplo, viajar a um local de caça distante envolve ciclos rítmicos e repetidos de atividade muscular (isotônica), enquanto carregar uma grande vasilha com água ou um cesto de comida requer contrações constantes (isométricas). Embora as tarefas requeridas dos músculos possam variar consideravelmente, o engajamento em uma atividade física de qualquer maneira envolve as mesmas rotas e princípios básicos. A atividade muscular é planejada e executada pelo sistema nervoso central (SNC). A energia utilizada para desenvolver a força contrátil é fornecida pelo trifosfato de adenosina (ATP), o qual é gerado pela respiração aeróbia. O O_2 necessário para manter o metabolismo aeróbio é captado da atmosfera pelos pulmões e liberado aos músculos, juntamente com a glicose e outros nutrientes necessários, pelo sistema circulatório. O metabolismo aeróbio produz ATP de forma relativamente lenta, mas pode ser mantido por períodos prolongados de tempo (p. ex., durante uma longa caminhada aos locais de caça). O ATP também pode ser produzido de forma mais rápida (p. ex., quando inicialmente observando e perseguindo uma presa) pelo metabolismo anaeróbio, por meio dos sistemas metabólicos de creatina fosfato (CP) e de ácido láctico, mas esse fornecimento rápido não pode ser mantido por muito tempo. O exercício aeróbico máximo (extenuante) pode colocar exigências extremas em todos os sistemas homeostáticos do organismo e empurrar os sistemas respiratório e circulatório para o máximo (Fig. 39.1).

II. DEFINIÇÕES

A atividade física e seu componente estruturado (exercício) podem ser classificados em várias formas diferentes em relação ao metabolismo e ao movimento, e por respostas agudas *versus* adaptações ao treino.

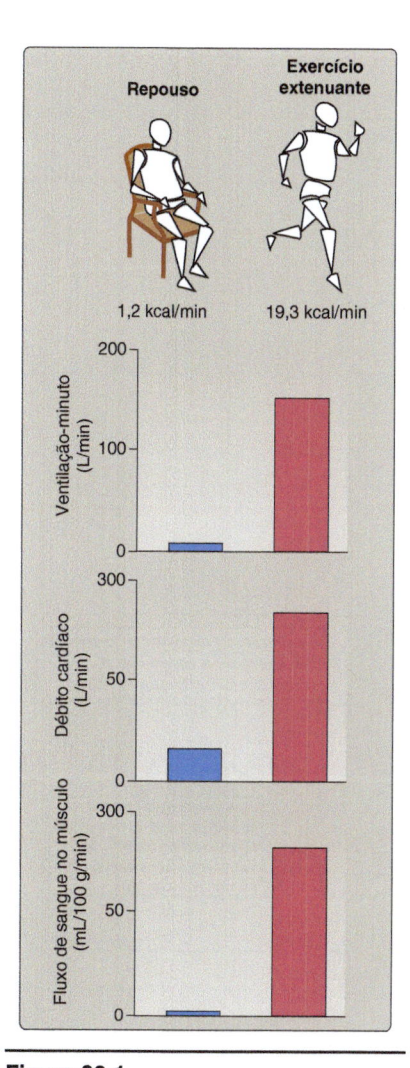

Figura 39.1

Repouso *versus* exercício extenuante.

Tabela 39.1 Classificação dos exercícios

Exercício	Tipo
400 m de corrida de velocidade	Anaeróbico
10 km de corrida	Aeróbico
Ciclismo em pista (1 km)	Anaeróbico
Ciclismo em estrada (40 km)	Aeróbico
100 m de nado livre	Anaeróbico
1.500 m de nado livre	Aeróbico

A. Aeróbico *versus* anaeróbico

O exercício pode ser classificado pelo sistema de energia predominante que está sendo utilizado (Tab. 39.1). As duas classificações primárias são aeróbico (exercício que utiliza O_2) e anaeróbico (exercício que não envolve o uso direto de O_2).

B. Isométrico *versus* isotônico

As atividades físicas também podem ser classificadas com base em se as forças aplicadas se revelam como um movimento externo, ou não. Todas as atividades aeróbicas constantes na Tabela 39.1 utilizam contrações musculares isotônicas ("mesma força") rítmicas que permitem um movimento externo. Durante as contrações isométricas ("mesmo comprimento"), os músculos podem encurtar-se durante o desenvolvimento da força, mas nenhum movimento articular acontece. Os exemplos incluem as contrações musculares utilizadas para manter a postura, segurar uma sacola de compras e agarrar o guidom da bicicleta.

C. Respostas agudas *versus* treinamento físico

Caso as sessões de exercício ocorram regularmente (p. ex., durante um programa de treinamento de exercícios), em seguida o corpo se adapta a fazer o estresse físico subsequente mais facilmente. A adaptação começa tão logo um programa de treinamento é iniciado, mas pode necessitar de meses até anos para se manifestar completamente. Muitas dessas adaptações podem ter benefícios profiláticos na saúde e podem ser utilizadas em reabilitação física, para aumentar a capacidade de trabalho após um dano físico ou uma doença.

III. MÚSCULO ESQUELÉTICO

O exercício utiliza músculos esqueléticos para gerar força, a qual é repassada pelos tendões aos ossos. Ossos movem-se então ao longo de um vetor de força dentro de uma faixa de movimento específica da articulação, para transferir essa força a um pedal para movimentar uma bicicleta ou para lançar uma bola de basquete em direção a uma cesta, por exemplo.

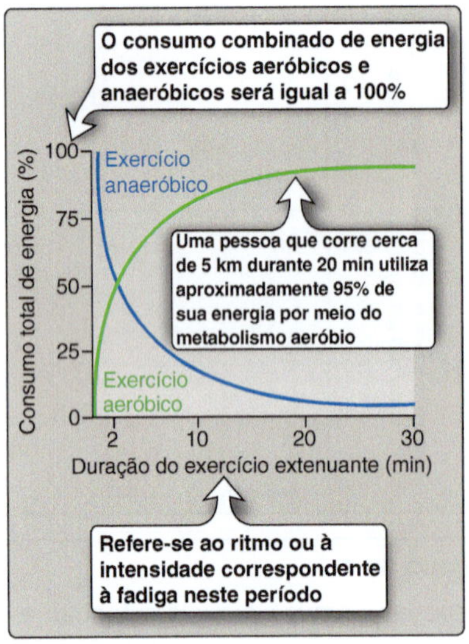

A. Rotas sintéticas do trifosfato de adenosina

As contrações musculares são abastecidas por ATP. Os miócitos armazenam ATP em quantidades muito limitadas (em torno de 4 mmol/L), de maneira que uma atividade contínua deve ser apoiada pela síntese de ATP. Os sistemas metabólicos CP e do ácido láctico fornecem ATP em uma escala de tempo que suporta atividades rápidas de duração limitada (segundos). A fosforilação oxidativa é mais lenta, mas pode manter a atividade por horas (Fig. 39.2).

1. **Sistema creatina fosfato:** o CP (também conhecido como fosfocreatina) contém uma ligação fosfato de alta energia que pode ser utilizada para regenerar ATP rapidamente, a partir do difosfato de adenosina (ADP). A conversão é catalisada pela *creatina cinase*, uma enzima sarcoplasmática. Os músculos contêm reservas de CP suficientes para suportar contrações que duram de 8 a 10 segundos.

2. **Sistema do ácido láctico:** o sistema do ácido láctico gera ATP em cerca da metade da taxa do sistema CP e utiliza glicose (tanto absorvida como vinda do metabolismo do glicogênio) como substrato. A glicólise utiliza duas moléculas de ATP para produzir mais quatro, um ganho resultante de dois ATPs por molécula de glicose, sendo o produto

Figura 39.2
Período do sistema de energia.

Aplicação clínica 39.1 *Creatina cinase*

A *creatina cinase* (*CK*) pode ser utilizada como um índice de dano muscular, porque os níveis circulantes aumentam após o sarcolema ser rompido. Existem três diferentes isoformas de *CK*. O músculo esquelético contém uma isoforma *CK-MM*, a *CK-MB* é específica do músculo cardíaco e a isoforma *CK-BB* é encontrada no tecido nervoso. A isoforma *CK-MM* pode ser lançada na circulação de indivíduos saudáveis após exercício aeróbico de longa duração (p. ex., correndo uma maratona) que causa pequenos danos musculares. Indivíduos com as distrofias musculares de Duchenne e de Becker podem também apresentar aumentos de 25 a 200 vezes dos níveis sanguíneos de *CK-MM* durante o colapso muscular associado com a atrofia (ver Aplicação clínica 12.1).

final o ácido pirúvico. A conversão de ácido pirúvico em ácido láctico não produz mais ATP, mas sim o regenera, reduzindo os equivalentes.[1] Os músculos continuam a trocar ácido pirúvico por ácido láctico para estender o tempo máximo de contração a 0,5 a 2,5 minutos.

3. **Fosforilação oxidativa:** a fosforilação oxidativa gera ATP em aproximadamente metade da taxa do sistema do ácido láctico. A fosforilação oxidativa também envolve glicólise (Fig. 39.3), mas o ácido pirúvico entra então no ciclo do ácido cítrico por meio do *complexo da piruvato desidrogenase*. O ciclo do ácido cítrico produz ATP e CO_2. Seus principais produtos energéticos potenciais são equivalentes redutores que entram na cadeia de transporte de elétrons, um processo que utiliza O_2 como o aceptor final de elétrons e regenera ATP a partir de ADP.[2] A fosforilação oxidativa produz aproximadamente 30 moléculas de ATP por molécula de glicose, e pode continuar por horas, dependendo da intensidade do exercício e da disponibilidade de substrato (i.e., glicose, ácidos graxos, corpos cetônicos e aminoácidos).

B. Treinamento aeróbico

O treinamento aeróbico promove adaptações celulares que aumentam a capacidade dos músculos de armazenar e então processar aerobiamente os substratos energéticos.

1. **Reservas energéticas:** o treinamento aeróbico aumenta as reservas de glicogênio nos miócitos. O glicogênio fornece uma fonte de energia de carboidrato prontamente disponível para suplementar a captação de glicose plasmática durante o exercício. Uma vez que as reservas de glicogênio muscular estejam esgotadas, uma pessoa entra em fadiga e deve diminuir a intensidade de trabalho, o correspondente a "bater no muro" em uma corrida de maratona.

2. **Metabolismo:** o treinamento físico aumenta a capacidade de metabolismo aeróbio de várias maneiras. O treinamento aumenta o tamanho e a quantidade das mitocôndrias, aumenta o conteúdo de

[1]Para mais informações sobre a reação piruvato a lactato e equivalentes redutores, ver *Bioquímica ilustrada*, 5ª edição Artmed Editora.

[2]Para mais informações sobre a cadeia de transporte de elétrons e a fosforilação oxidativa, ver *Bioquímica ilustrada*, 5ª edição Artmed Editora.

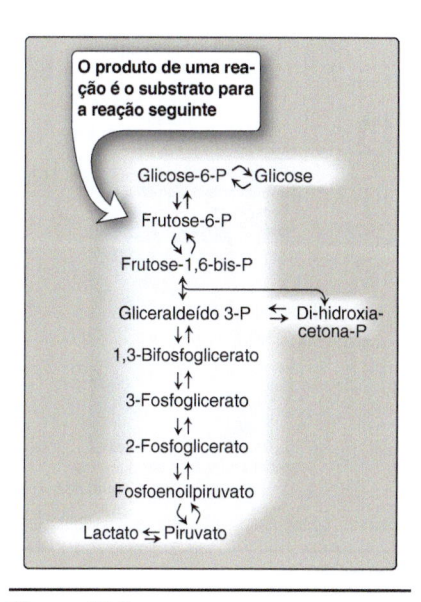

Figura 39.3
Glicólise, um exemplo de via metabólica.

Tabela 39.2 Enzimas em *upregulation* como resultado do exercício de treinamento aeróbico

Via	Enzima
Glicólise	*Glicocinase*
Glicólise	*Fosfofrutocinase*
Ciclo do ácido cítrico	*Citrato sintase*
Ciclo do ácido cítrico	*Succinato desidrogenase*
CTE	*Citocromo c*
β-oxidação	*Carnitina palmitoiltransferase*

CTE = cadeia transportadora de elétrons.

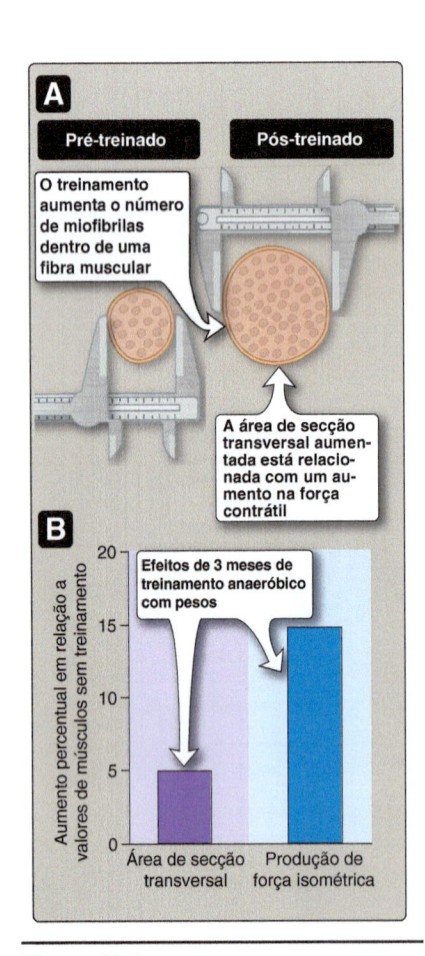

mioglobina, aumentando assim o armazenamento de O_2 e o transporte entre o sarcoplasma e as mitocôndrias, aumentando as enzimas oxidativas envolvidas no ciclo do ácido cítrico e na fosforilação oxidativa, assim como as enzimas que quebram o glicogênio e as envolvidas na β-oxidação (Tab. 39.2).

C. Treinamento anaeróbico

O treinamento anaeróbico (p. ex., levantamento de peso e esportes em grupo, tal como o hóquei no gelo, que envolvem rompantes de atividade intensa) aumenta a produção de força por meio da hipertrofia muscular, aprimoramentos no recrutamento neuronal e aumentos na resistência à fadiga muscular mediante alterações metabólicas.

1. **Hipertrofia:** o treinamento anaeróbico aumenta a área transversal das fibras musculares dos tipos IIa e IIx, por acrescentar novas miofibrilas aos miócitos. As fibras tipo II são especializadas para velocidade e produção de força, mas dependem principalmente das rotas glicolíticas, o que as torna tendentes à fadiga. As miofibrilas adicionais aumentam a capacidade de produção de força muscular (Fig. 39.4).

2. **Recrutamento neuronal:** a hipertrofia muscular é precedida por adaptações neuronais que ampliam a eficiência da ativação da unidade motora, a qual aumenta na produção de força muscular.

3. **Metabolismo e reservas de energia:** a capacidade de estender a produção de energia anaeróbia se intensifica durante o treinamento, por aumentar as enzimas associadas com a glicólise para a geração de ATP no sistema do ácido láctico e com a *creatina cinase* no sistema CP. O treinamento também aumenta as reservas de glicogênio intramusculares, conforme observado durante o treinamento de exercício aeróbico.

IV. CONTROLE MOTOR E AUTÔNOMO

A atividade física é planejada e iniciada pelo córtex motor, mas o exercício propriamente dito requer constante retroalimentação e ajustes nas funções motoras e viscerais que envolvem todas as divisões do sistema nervoso. A maneira como esses sistemas são coordenados durante o exercício pode ser ilustrada quando consideramos as rotas necessárias para andar de bicicleta por um caminho tortuoso.

A. Sistema nervoso periférico

O sistema nervoso periférico (SNP) repassa comandos motores por meio de neurônios motores do SNC para os vários músculos necessários para andar de bicicleta. O SNP também repassa informações sensoriais dos **órgãos tendinosos de Golgi**, dos **fusos musculares** e de outros sensores musculares ao SNC.

1. **Neurônios motores:** os neurônios motores são estimulados no nível da medula espinal, a partir do trato corticospinal descendente. Neurônios motores α mediam a produção de força, contraindo as fibras musculares extrafusais. Neurônios motores γ, os quais inervam as fibras intrafusais, se contraem simultaneamente para manter a sensibilidade ao estiramento dos fusos musculares sensoriais, dentro do músculo em atividade (ver 11.II.A).

Figura 39.4
Efeitos do treinamento sobre a massa muscular e o desempenho.

2. **Unidades motoras:** andar de bicicleta em um terreno plano geralmente requer que uma força submáxima seja aplicada aos pedais. As fibras musculares esqueléticas produzem força de uma maneira "tudo ou nada", mas a produção de força pode ser graduada mediante ativação de subgrupos de unidades motoras (ver 12.IV.D). A alternância de unidades motoras ativas assegura que a unidade motora individual não entre em fadiga. Se a resistência da roda da bicicleta aumentar (p. ex., subindo um pequeno morro), mais unidades motoras serão recrutadas a fornecer a força necessária para manter o movimento em frente (Fig. 39.5).

3. **Sensores musculares:** três tipos de sensores musculares abastecem o SNC com retroalimentação em relação à posição dos músculos e articulações durante o exercício. Os fusos musculares repassam informações sobre a posição do membro a partir de alterações no estiramento muscular. Os órgãos tendinosos de Golgi, localizados na junção musculotendinosa, captam a tensão muscular (ver 11.II.B). Os **aferentes musculares** são terminações nervosas livres, enoveladas ao longo de todo o corpo da fibra muscular, que monitoram o ambiente mecânico e químico local. Esses aferentes repassam as informações de volta para os centros de controle do sistema nervoso autônomo (SNA) que coordenam as respostas cardiorrespiratórias ao exercício. Os aferentes musculares medeiam um **reflexo pressor do exercício**, ou um aumento por reflexo na pressão do sangue observada durante o exercício. Embora ocorra alguma sobreposição sensorial, existem duas classes principais de aferentes musculares: classe III e classe IV.

   a. **Classe III:** os aferentes da classe III são terminais nervosos finamente mielinizados, localizados próximo às estruturas de colágeno, que respondem principalmente a estímulos mecânicos, tais como o estiramento, a compressão e a pressão. Esses aferentes são ativados tão logo comece um exercício (p. ex., pedalando).

   b. **Classe IV:** os aferentes da classe IV são fibras não mielinizadas, localizadas próximo aos vasos sanguíneos e linfáticos do músculo, que respondem principalmente aos subprodutos metabólicos, tais como o lactato, H^+, bradicinina, K^+, ácido araquidônico e adenosina. Esses aferentes se ativam assim que o exercício inicia e os níveis de metabólitos começam a se elevar.

4. **Receptores cardiovasculares:** barorreceptores arteriais e cardiopulmonares monitoram a pressão sanguínea e permitem que os centros de controle do SNA mantenham a pressão arterial em níveis suficientes para assegurar o fluxo para os músculos ativos e outros sistemas vitais durante o exercício (ver 20.III). Quimiorreceptores periféricos localizados nos corpos carótidos monitoram os níveis arteriais de P_{CO_2} e H^+, e permitem que os centros respiratórios do SNA (neurônios do grupo respiratório dorsal), no bulbo, ajustem a ventilação conforme necessário (ver 24.III.B).

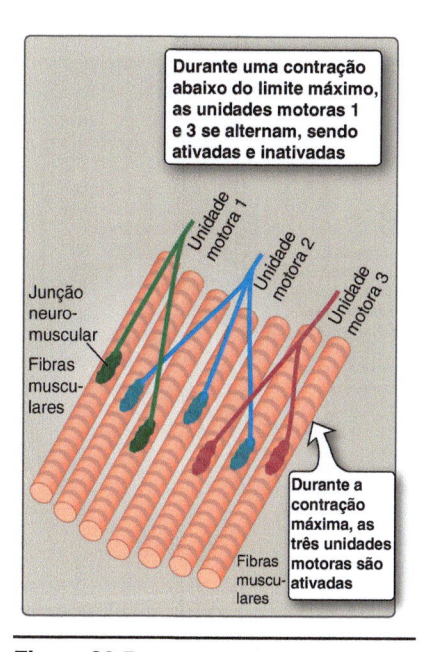

Figura 39.5
Recrutamento de unidade motora.

B. Sistema nervoso central

Os centros encefálicos superiores fornecem a motivação para continuar a andar de bicicleta e também regulam as contrações musculares necessárias para pedalar. O SNA assegura o fluxo sanguíneo e o fornecimento de O_2 para os músculos das pernas e para outros envolvidos em manter a estabilidade e a postura (p. ex., músculos das costas, braços e ombros).

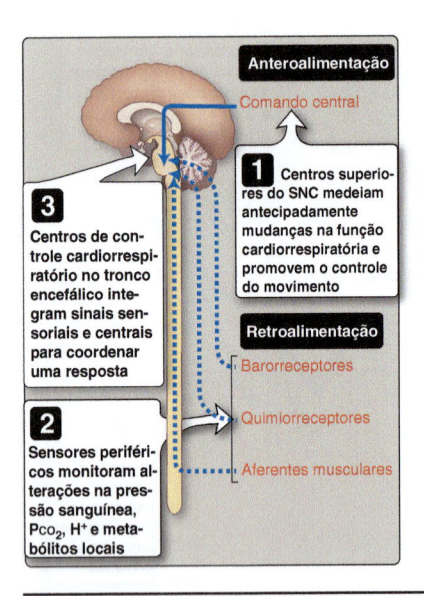

Figura 39.6
Sinais de anteroalimentação e retroalimentação. SNC = sistema nervoso central.

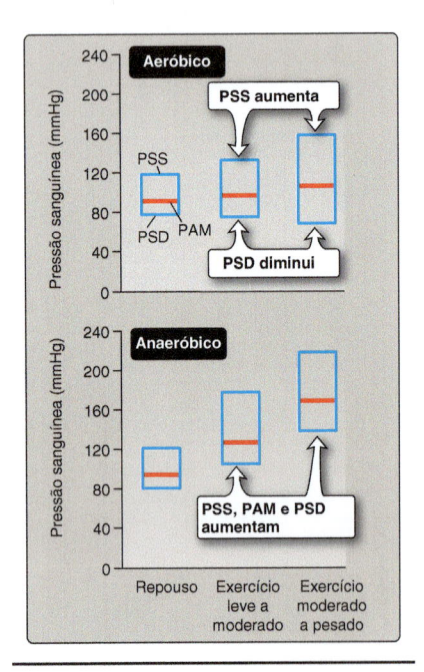

Figura 39.7
Respostas da pressão sanguínea durante o exercício. PSD = pressão sanguínea diastólica; PAM = pressão arterial média; PSS = pressão sanguínea sistólica.

O fluxo de informações a partir dos sensores primários auxilia o indivíduo a se equilibrar na bicicleta, permanecer no trajeto e evitar que se seja derrubado por um galho de árvore mais próximo.

1. **Somático:** o córtex pré-motor, a área motora suplementar e os núcleos da base auxiliam no desenvolvimento do programa motor (ver 11.IV.A), o qual coordena os padrões motores básicos, inclusive a entrada de informações sensoriais e informação sobre onde os pedais estão localizados e se o pé está firme no pedal, por exemplo. Esse programa motor é então executado pelo córtex motor primário e sinalizado pelo trato corticospinal. O cerebelo coordena os movimentos das pernas e dos pés durante o exercício, integrando a retroalimentação sensorial com a entrada motora.

2. **Autônomo:** os sistemas autônomos são necessários para redistribuir o fluxo entre os vários leitos vasculares, para manter a pressão arterial em níveis que assegurem o fluxo e a liberação de O_2 adequados para os músculos em atividade. Isso é alcançado por intermédio de rotas simpáticas de anteroalimentação e retroalimentação (Fig. 39.6).

    a. **Anteroalimentação:** os mecanismos de anteroalimentação são mediados pelos comandos centrais. O conceito de **comando central** descreve um processo que aumenta as funções cardiorrespiratórias pouco antes ou no início do exercício. Essas vias se preparam para os aumentos necessários no fluxo sanguíneo e na captação de O_2 e sua pronta liberação aos músculos em atividade. No nosso exemplo, esses aumentos deveriam ocorrer durante a expectativa do passeio de bicicleta que em breve se realizaria ou durante a colocação do capacete.

    b. **Retroalimentação:** a retroalimentação ocorre por meio dos aferentes musculares das classes III e IV, bem como de outros aferentes autônomos (barorreceptores e quimiorreceptores), discutidos anteriormente.

3. **Sentidos:** a visão desempenha um importante papel quando o ciclismo se dá em zona montanhosa, fornecendo informações sobre os possíveis obstáculos e a natureza do terreno. A audição tem um papel menor, mas auxilia no fornecimento de pistas sobre a localização de outros ciclistas, as marchas e o terreno sob os pneus. O sistema vestibular proporciona informações a respeito da aceleração linear (órgãos otolíticos) e da posição da cabeça (canais semicirculares; ver 9.V.A), quando se olha o caminho à frente e procura algo aos lados do caminho.

V. SISTEMA CIRCULATÓRIO

Um músculo esquelético em contração requer um fluxo sanguíneo aumentado, tanto para fornecer nutrientes como para remover subprodutos do metabolismo, inclusive o calor. O músculo esquelético recebe em torno de 1 L/min de sangue em repouso, mas o exercício extenuante pode aumentar a demanda para > 21 L/min. Esses aumentos drásticos em fluxo não podem ocorrer sem alterações tanto na função cardíaca como dos vasos sanguíneos.

A. Pressão arterial

A ativação do sistema nervoso simpático (SNS) em antecipação ao exercício faz a pressão arterial média (PAM) aumentar, mediada por aumentos na frequência cardíaca (FC), inotropia do miocárdio, venoconstrição e resistência vascular sistêmica (RVS). Durante o exercício, a PAM aumenta, mas a extensão desse aumento depende da atividade física específica (Fig. 39.7).

1. **Aeróbico:** a PAM aumenta levemente durante o exercício aeróbico, devido a aumentos mediados pelo SNS na pressão sanguínea sistólica (PSS). Uma vez que o exercício começa, os níveis de metabólitos crescem dentro dos músculos em ação, levando a uma vasodilatação local. A dilatação facilita aumentos do fluxo e da liberação de O_2 para os músculos ativos. Os músculos esqueléticos ativos criam um circuito de baixa resistência dentro dos vasos sanguíneos sistêmicos que facilita o escoamento diastólico. A pressão sanguínea diastólica (PSD) permanece a mesma ou diminui levemente.

2. **Anaeróbico:** o exercício anaeróbico que envolve contrações isométricas causa o aumento drástico de PSS, PSD e PAM. Valores da PAM > 275 mmHg já foram registrados durante exercícios de *leg press* com as duas pernas (extensão dos joelhos e do quadril), por exemplo. A razão é a de que a contração dos músculos comprime e oclui vasos de suprimento arterial, o que aumenta grandemente a resistência vascular muscular e RVS durante a elevada movimentação simpática. Respostas semelhantes ocorrem durante o esforço com a pá para retirar neve pesada, razão pela qual adultos idosos e pacientes com hipertensão e doenças arteriais coronarianas são aconselhados a não fazer a limpeza de seus caminhos e entrada de garagem.

B. Débito cardíaco

O fluxo aumentado ao longo da musculatura esquelética requer um aumento correspondente no débito cardíaco (DC). O DC durante o exercício aeróbico depende da carga de trabalho, podendo aumentar de 5 L/min em repouso a > 25 L/min durante um exercício aeróbico extenuante. As elevações do DC são efetuadas por meio de aumentos na FC e no volume sistólico (Fig. 39.8).

1. **Frequência cardíaca:** a FC aumenta linearmente com a carga de trabalho durante o exercício aeróbico, razão pela qual a FC pode ser utilizada como uma estimativa grosseira da dificuldade com que o corpo está trabalhando. O aumento da FC é mediado pelo SNA, com uma coincidente remoção da saída parassimpática e aumento na saída simpática para as células nodais cardíacas, causando a subida da FC de aproximadamente 65 batimentos/min em repouso a um máximo ao redor de 195 batimentos/min, dependendo da idade (ver 17.III.A e 40.II.A). O aumento da FC também reflete os efeitos diretos dos aumentos da temperatura interna induzidos pelo exercício sobre o automatismo das células nodais (em torno de 8 batimentos/min/°C).

2. **Volume sistólico:** o VS do ventrículo esquerdo (VE) é determinado pelo estado inotrópico do miocárdio e pelo volume diastólico final do VE (VDF), ambos sendo regulados pelo SNS. O VS aumenta linearmente, mediado por aumentos intermediados pelo SNS na inotropia e no VDF (ver adiante). Em níveis de exercício mais elevados, aumentos coincidentes na FC começam a limitar, depois a diminuir o tempo disponível para o preenchimento ventricular durante a diástole, o que faz o VDF cair. Decréscimos mediados pelo SNS no tempo de condução nodal atrioventricular mais aumentos na taxa de relaxamento do miocárdio auxiliam a equalizar essa limitação, mas o VS alcança um pico de 120 a 140 mL e pode subsequentemente diminuir em níveis moderados a pesados de exercício.

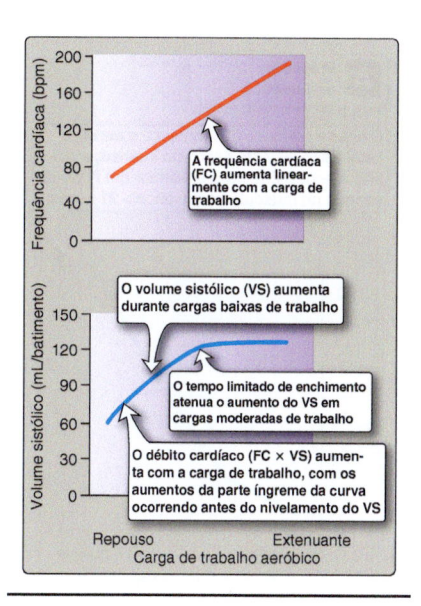

Figura 39.8
Frequência cardíaca e volume sistólico.

C. Retorno venoso

Quando o DC sobe a 25 L/min para manter um exercício intenso, o retorno venoso (RV) deve necessariamente aumentar a 25 L/min para fornecer sangue para a pré-carga do VE e saída continuada. O RV aumentado é mediado em parte pelo SNS, o qual diminui a capacidade venosa por meio da venoconstrição. A venoconstrição aumenta o volume efetivo de sangue circulante e a velocidade em que o sangue circula pelo sistema (ver 20.V.B). A ventilação aumentada também auxilia no RV, aumentando o gradiente de pressão direcionador do fluxo entre as veias da musculatura esquelética e o átrio direito. O gradiente de pressão é aumentado durante as inspirações profundas que geralmente acompanham o exercício aeróbico. Entretanto, a principal força que comanda o RV é uma bomba venosa (ou muscular) (ver Fig. 20.21). Contrações musculares rítmicas do músculo em ação comprimem as veias no seu interior, forçando o sangue de volta ao coração. A bomba muscular faz a pressão venosa central subir levemente durante o exercício, o que auxilia na pré-carga ventricular.

D. Redistribuição de fluxo

A vasoconstrição mediada pelo SNS nos leitos vasculares que atendem músculos inativos e outros órgãos não diretamente envolvidos no exercício (p. ex., sistema digestório, sistema urinário) desvia o fluxo sanguíneo temporariamente para perfundir os músculos em ação (Fig. 39.9). O sinal vasoconstritor não é limitado ao músculo inativo, mas é também enviado aos músculos ativos. Entretanto, ele é sobreposto no músculo ativo por fatores metabólicos e mecânicos locais que mantêm a vasodilatação.

E. Treinamento

As adaptações cardiovasculares ao exercício aeróbico de longa duração envolvem principalmente o coração e os vasos sanguíneos.

1. **Cardíaco:** o exercício aeróbico causa uma hipertrofia cardíaca induzida pelo volume. Esse tipo de hipertrofia aumenta tanto o diâmetro da câmara como a massa das paredes do VE, e provavelmente é causado pelos elevados retorno e pré-carga venosos que acompanham o exercício. Essa adaptação aumenta o VDF e o VS de repouso, razão pela qual os atletas treinados apresentam geralmente uma FC de repouso mais lenta do que os indivíduos sem treinamento físico. (A demanda de repouso para o DC é de em torno de 5 L/min em ambos os casos, e DC = FC × VS.) As FCs máximas não se alteram com o exercício aeróbico de longa duração.

> O treinamento anaeróbico, o qual envolve um esforço repetido do VE para ejetar contra uma PAM elevada, estimula uma hipertrofia do VE, que faz lembrar a observada em pacientes com estenose da aorta e hipertensão não tratada (ver Aplicação clínica 18.2). Esse tipo de hipertrofia é caracterizado por um aumento na espessura da parede do VE e um decréscimo no diâmetro da luz.

2. **Vascular:** o treinamento aumenta a capacidade dos músculos esquelético e cardíaco de sofrer vasodilatação, provavelmente mediante produção aumentada de óxido nítrico. Com o tempo, a angiogênese aumenta a densidade capilar e, portanto, diminui a distância para a troca por difusão de O_2 e nutrientes entre o sangue e os miócitos.

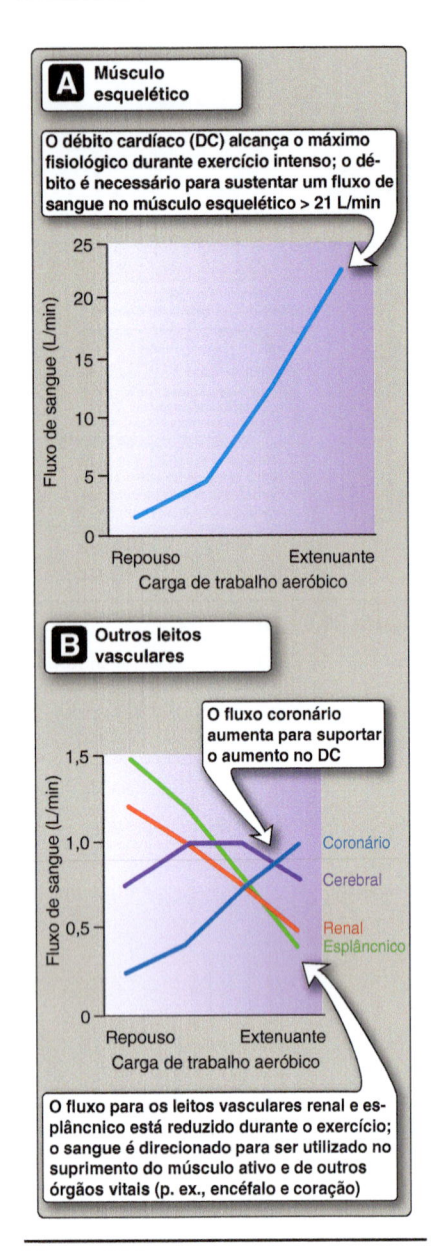

Figura 39.9
Distribuição do fluxo sanguíneo. DC = débito cardíaco.

VI. SISTEMA RESPIRATÓRIO

O exercício aeróbico aumenta as exigências de O_2 do organismo de 0,25 L/min em repouso a > 4 L/min durante o exercício aeróbico extenuante em uma pessoa treinada aerobicamente. Essas necessidades de O_2 são supridas por meio de aumentos na ventilação-minuto (V_E) pulmonar e extração de O_2 pelos tecidos.

A. Ventilação

A V_E aumenta de em torno de 6 L/min em repouso a aproximadamente 150 L/min durante o exercício aeróbico extenuante. Esse aumento é alcançado por intermédio de elevações tanto da taxa respiratória como do volume corrente. No começo do exercício, ocorre um aumento imediato na ventilação, mediado principalmente pelos centros de controle respiratório do SNC. Então, por meio de retroalimentação periférica dos músculos e de quimiorreceptores (via P_aCO_2), a ventilação aumenta linearmente ao longo do exercício leve a moderado. Durante o exercício pesado, a ventilação aumenta em uma extensão maior, devido ao acréscimo da geração anaeróbia de H^+, o que estimula ainda mais os quimiorreceptores periféricos (Fig. 39.10). O ponto é referido como o **limiar ventilatório**.

B. Extração de oxigênio

Os músculos consomem O_2 em quantidades aumentadas quando em exercício, o que diminui a P_{O_2} localmente e aumenta a magnitude do gradiente controlador da difusão de O_2 da atmosfera para a musculatura. Esse fenômeno se manifesta como uma ampliação da diferença arteriovenosa (a-v) de O_2 de aproximadamente 5 mL O_2/dL em repouso a 15 mL O_2/dL durante exercício aeróbico extenuante (Fig. 39.11). A liberação de O_2 aos tecidos ativos é facilitada por uma diminuição na afinidade de ligação da hemoglobina (Hb) ao O_2, o que aumenta o descarregamento. A guinada para a direita na curva de dissociação de O_2 ocorre devido à produção aumentada de CO_2 e H^+ e às temperaturas locais em elevação (ver 23.VI.C).

C. Excesso do consumo de oxigênio pós-exercício

O **excesso do consumo de oxigênio pós-exercício** (**ECOP**) descreve o conceito de pagar de volta o débito de O_2 que ocorreu durante os aumentos iniciais no consumo de O_2, induzidos pelo exercício. Quando o exercício começa, ocorre um breve período durante o qual o consumo de O_2 excede a liberação de O_2, forçando o músculo a depender de grupos fosfato de elevada energia (CP) e glicogênio para gerar ATP, causando o acúmulo de subprodutos metabólicos (p. ex., H^+ e lactato). Com a cessação da atividade, os estoques energéticos devem ser regenerados, e os subprodutos eliminados do sarcoplasma, contribuindo para o ECOP (Fig. 39.12).

D. Treinamento

O treinamento aeróbico não tem um impacto significativo nos volumes ou capacidades pulmonares, mas aumenta, realmente, a ventilação e a capacidade dos tecidos de extrair O_2 do sangue.

1. **Ventilação:** a ventilação alveolar máxima e a V_E aumentam com o treinamento aeróbico. Isso ocorre provavelmente a partir de adaptações do treinamento aeróbico nos músculos respiratórios, o que aumenta a resistência à fadiga.

2. **Diferença de oxigênio arteriovenosa:** o treinamento aeróbico aumenta a diferença a-v de O_2, reflexo de um aumento da capacidade do músculo ativo em extrair O_2 do sangue. Adaptações no proces-

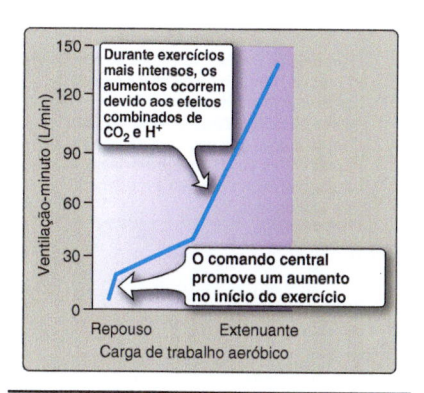

Figura 39.10
Respostas ventilatórias ao exercício aeróbico.

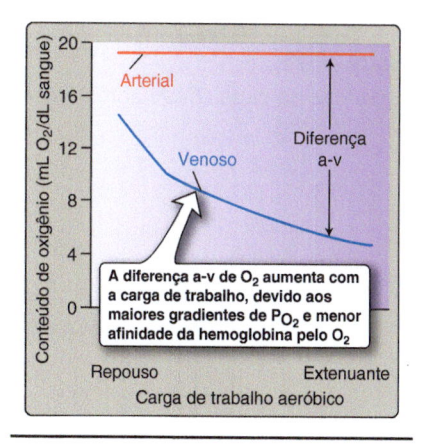

Figura 39.11
Mudanças na extração de O_2 durante o exercício aeróbico. a-v = arteriovenosa.

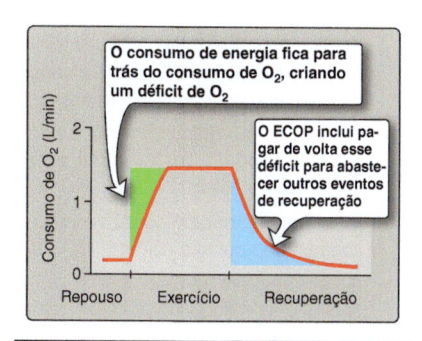

Figura 39.12
Excesso de consumo de O_2 pós-exercício (ECOP).

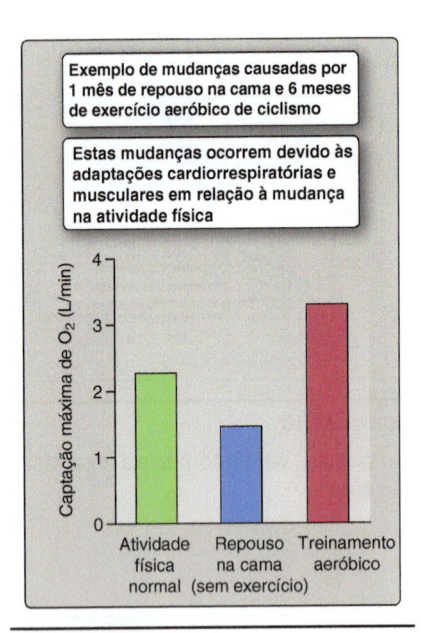

Figura 39.13
Mudanças na capacidade aeróbia com o treinamento.

samento do O_2 na musculatura esquelética, diminuição na distância de difusão entre o sangue e os miócitos, devido à densidade capilar aumentada, e o fluxo sanguíneo aumentado por adaptações vasculares, provavelmente contribuem para essa adaptação pelo treinamento. A Hb também aumenta com o treinamento aeróbico, o que permite que mais O_2 seja carregado pelo sangue.

3. **Captação de oxigênio:** os aumentos no DC, na ventilação alveolar e na diferença a-v de O_2 combinam-se para aumentar a captação máxima de O_2 durante o treinamento. Nos períodos de inatividade física, tal como repousando na cama, a captação de oxigênio diminui (Fig. 39.13).

VII. SISTEMA ENDÓCRINO

Existe uma quantidade de alterações no sistema endócrino, associadas à atividade física e ao exercício, que ocorrem em resposta ao estresse e à necessidade de liberar a energia armazenada para uso pelos músculos. As **catecolaminas**, tais como a adrenalina e a noradrenalina, aumentam como parte da resposta ao estresse. Isso aumenta o DC e a disponibilidade de substrato energético para os músculos em ação. O **cortisol** aumenta com o exercício aeróbico vigoroso, como parte da resposta ao estresse (ver 34.V.B e 34.VI.B). A **insulina** diminui com o exercício aeróbico, e o **glucagon** aumenta. Os hormônios do estresse e o glucagon levam a aumentos da glicose no sangue, dos ácidos graxos e dos aminoácidos, por aumentarem a glicogenólise, a gliconeogênese, a lipólise e a proteólise. O **hormônio antidiurético** e a **aldosterona**, também aumentam durante o exercício. Esses hormônios conservam o líquido durante o exercício aeróbico, por meio de seus efeitos na reabsorção de água e sódio pelos rins, o que auxilia a manter o volume sanguíneo durante o exercício. Os hormônios tireoidianos (**tri-iodotironina [T_3]** e **tiroxina [T_4]** aumentam durante o exercício. T_3 e T_4 regulam a taxa metabólica e podem participar da recuperação após o exercício. O **hormônio do crescimento** e o **fator de crescimento semelhante à insulina (IGF-1)** aumentam com o exercício e também contribuem na recuperação, por estimularem o crescimento e o reparo dos tecidos por meio de seus efeitos na síntese proteica (ver 33.VI.A).

Resumo do capítulo

- O exercício envolve o controle somático do movimento voluntário e controle do sistema nervoso autônomo sobre os sistemas circulatório e respiratório, para fornecer sangue oxigenado aos músculos em atividade.

- O exercício aeróbico aumenta o **débito cardíaco**, a **frequência cardíaca**, o **volume sistólico** e a **pressão sanguínea arterial** para garantir a perfusão adequada dos músculos em atividade e outros leitos vasculares.

- O exercício anaeróbico não aumenta a maioria dos parâmetros cardiopulmonares na mesma extensão que o exercício aeróbico, com exceção da **pressão sanguínea arterial**. O exercício anaeróbico aumenta as pressões sanguíneas média, sistólica e diastólica, em contraste ao exercício aeróbico, o qual não aumenta a pressão sanguínea diastólica.

- O exercício aeróbico aumenta a **captação de O_2**, a **ventilação** e a **extração de O_2** pelos músculos em atividade. O **ciclo do ácido cítrico** e a **fosforilação oxidativa** fornecem a maioria da energia necessária para o músculo esquelético durante o exercício aeróbico.

- O exercício anaeróbico utiliza os **sistemas creatina fosfato** e **do ácido láctico** para gerar ATP. A ventilação aumenta em resposta ao desafio ácido.

- As adaptações ao treinamento de exercício aeróbico envolvem muitos tecidos. Nos músculos esqueléticos, as enzimas aeróbias e as mitocôndrias estão aumentadas. No coração, o volume sistólico e o débito cardíaco máximo aumentam. Nos pulmões, ocorrem aumentos na ventilação máxima e na extração de O_2 pelos tecidos periféricos. Combinadas, essas adaptações permitem aumentos no **consumo máximo de O_2**.

- As adaptações ao exercício anaeróbico estão focadas no músculo esquelético, onde ocorrem aumentos no tamanho muscular, na força muscular, nas enzimas anaeróbias e nos substratos energéticos armazenados.

Falência dos Sistemas

40

I. VISÃO GERAL

> *Gosto de um rosto em Agonia*
> *Porque sei que é real –*
> *A Convulsão não pode ser fingida*
> *Nem o Transe final –*
>
> *O Olho congela – e isto é Morte –*
> *Não há como evitar*
> *O Rosário na Testa que a Ânsia crua*
> *Se põe a desfiar.*
>
> **Emily Dickinson**
> (Tradução de José Lira)

Nós todos estamos destinados a morrer.

Viver depende de um ato de equilíbrio homeostático delicado. Durante a vida, dependemos de nossos sistemas de órgãos para compensar alterações em inúmeros parâmetros interiores, incluindo P_{O_2} e P_{CO_2}, pH, níveis de eletrólitos e temperatura corporal. Afinal, entretanto, todos esses sistemas compensatórios começam vagarosamente a titubear e, por fim, falham. No nível celular, esse processo é conhecido como senescência e apoptose. No nível do organismo, nós o conhecemos como envelhecimento e morte.

Os Centers for Disease Control and Prevention publicam periodicamente uma lista das causas principais de morte nos Estados Unidos (Tab. 40.1). A lista não inclui "idade avançada", porque está baseada em certidões de óbito, o que requer que um médico identifique o motivo causal específico (p. ex., insuficiência cardíaca). Do ponto de vista fisiológico, entretanto, a morte corporal em geral reflete uma longa série de mortes celulares individuais relacionadas ao envelhecimento. Célula por célula, todos os órgãos envelhecem e, por fim, falham. Qual órgão cai fora da corda bamba homeostática primeiro pode ser uma questão do acaso ou pode ser determinado por uma doença subjacente ou escolha do estilo de vida. Neste capítulo final, consideraremos várias causas e consequências de falhas orgânicas individuais. Existem muitas outras causas de morte (p. ex., acidentes e traumas), como apresentado na Tabela 40.1, mas, independentemente disso, a morte de um indivíduo ocorre quando os hemisférios cerebrais ficam desprovidos de O_2 e o córtex morre, devido a falência cardiovascular, falência respiratória, falência renal ou falência de órgãos múltiplos. *O Olho congela – e isto é a Morte* (ver poema acima).

II. ENVELHECIMENTO E MORTE

A **Gerontologia** é uma área relativamente nova que lida com assuntos do envelhecimento (e situações vivenciadas por adultos mais velhos). Embora os pesquisadores tenham lançado muitas ideias de por que as células e os sistemas de órgãos perdem inevitavelmente a funcionalidade e falham, não existem soluções para o problema antiquíssimo de por que nós morremos. A

Figura 40.1
Emily Dickinson (poetisa norte-americana, 1830-1886).

Table 40.1 Principais causas de morte nos Estados Unidos em 2007

Posição	Causa de morte
1	Doença cardíaca
2	Câncer
3	Derrame
4	Doenças crônicas das vias respiratórias inferiores
5	Acidentes
6	Doença de Alzheimer
7	Diabetes
8	Pneumonia
9	Doenças renais
10	Choque séptico
11	Suicídio
12	Doenças crônicas hepáticas e cirrose
13	Hipertensão
14	Doença de Parkinson
15	Homicídio

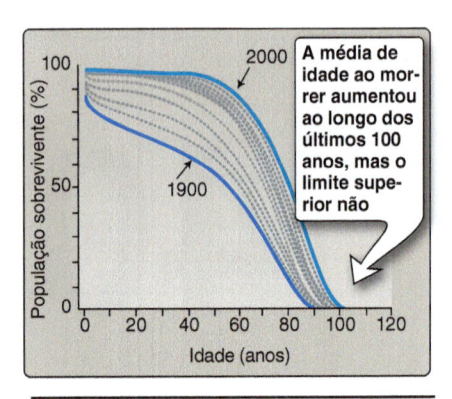

Figura 40.2
Expectativa da média de vida nos Estados Unidos, de 1900 a 2000.

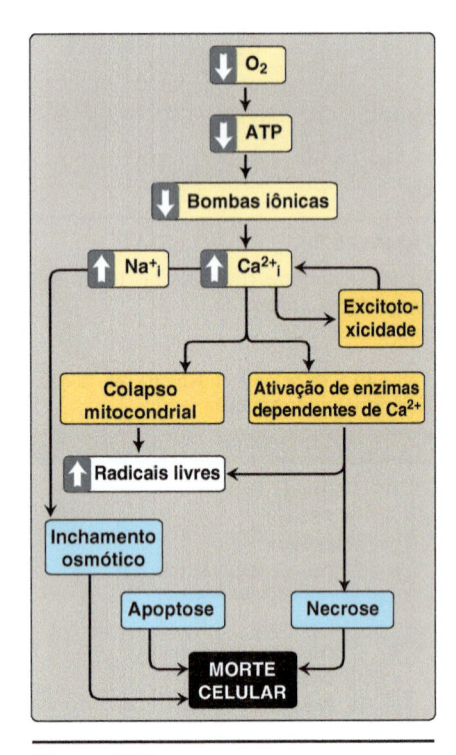

morte celular programada (**apoptose**) é provavelmente apenas um dos muitos fatores contribuintes. Independentemente disso, o tempo de vida humano é limitado a aproximadamente 120 anos. Os avanços da medicina, nos últimos 100 anos, podem ter aumentado a expectativa do tempo de vida média, mas não o limite superior (Fig. 40.2), sugerindo que o declínio e a morte podem estar geneticamente predeterminados.

> Apoptose é um processo pelo qual as células e seus constituintes se fragmentam espontaneamente em **corpos apoptóticos** limitados por membrana, que são rapidamente engolfados por fagócitos. A apoptose pode ser acionada por fatores intrínsecos, inclusive a programação genética e o dano celular, e por fatores extracelulares, tais como toxinas e fatores de crescimento. A apoptose é um processo normal e necessário para a continuidade da saúde dos tecidos e da homeostasia.

A. Envelhecimento fisiológico

As respostas fisiológicas individuais ao envelhecimento variam amplamente e podem ser significativamente impactadas pela aptidão física e uma doença subjacente, mas o envelhecimento geralmente é acompanhado por decréscimos progressivos no número de células, e na funcionalidade e responsividade das células remanescentes na maioria dos órgãos. Coincidindo com essas alterações, aparecem decréscimos generalizados na complacência dos tecidos. Os efeitos do envelhecimento no sistema circulatório, por exemplo, inclui sensibilidade reduzida do miocárdio a agonistas adrenérgicos, razão pela qual a frequência cardíaca (FC) máxima alcançada durante o exercício é estimada em 220 menos a idade em anos. As artérias em geral ficam mais rígidas com a idade, devido a quebras das ligações entrecruzadas da elastina (ver 4.IV.B), deposição aumentada de colágeno e calcificação, levando a um aumento compensatório na pressão sanguínea arterial (ver 19.V.C.3). Alterações semelhantes ocorrem nos vários tecidos de todo o organismo. As profundas rugas que se desenvolvem na pele clara são o indicador externo mais óbvio do envelhecimento, mas as rugas se desenvolvem em grande parte devido ao **fotoenvelhecimento** (dano nos tecidos induzido pela luz ultravioleta), não pelo processo intrínseco de envelhecimento.

B. Morte celular

A morte tem muitas causas, mas o caminho comum final para a maioria das doenças e dos sistemas de órgãos que estão falhando é a falta de O_2 resultante de perfusão inadequada (**choque**; ver Seções III e IV, adiante). Todos os órgãos dependem de O_2 para sua sobrevivência continuada. A restrição de O_2, causada pela interrupção do suprimento sanguíneo local (**isquemia**) ou pelos níveis reduzidos de O_2 arterial (**hipoxemia**), inicia uma sequência de eventos bioquímicos, conhecida como **cascata isquêmica**. Os eventos significativos incluem troca para o metabolismo anaeróbio, dissipação de gradientes iônicos, toxicidade induzida pelo Ca^{2+}, colapso das mitocôndrias, apoptose e necrose (Fig. 40.3).

1. **Metabolismo anaeróbio:** a privação de O_2 força as células a fazer a conversão do metabolismo principalmente aeróbio para exclusivamente anaeróbio, a fim de gerar trifosfato de adenosina (ATP). A transição é o equivalente metabólico de se trocar para um gerador de emergência acionado a gás durante uma pane de energia doméstica. O gerador mantém alguns sistemas vitais funcionando, mas o rendimento fica limitado pelo tamanho do gerador e pela capacidade do tanque de gás (estoques de glicogênio). Além disso, as fumaças de exaustão podem ser mortais na ausência de ventilação adequada. A "exaustão" anaeróbia aparece na forma de produção de ácido láctico,

Figura 40.3
Cascata isquêmica. ATP = trifosfato de adenosina; Na^+_i = concentração intracelular de Na^+; Ca^{2+}_i = concentração intracelular de Ca^{2+}.

que causa acidose. O ácido láctico é produzido mesmo em indivíduos saudáveis durante intensa atividade muscular (ver 39.III.A.2), mas os níveis locais permanecem relativamente baixos, porque a circulação limita o seu acúmulo. Se a pane energética biológica reflete uma falha na perfusão, entretanto, os níveis de ácido láctico sobem rapidamente, e o pH intracelular cai, o que compromete ainda mais a função celular.

2. **Gradientes iônicos:** os níveis de ATP em queda limitam a capacidade das bombas iônicas (p. ex., Na^+-K^+ ATPase e Ca^{2+}ATPase) para manter gradientes iônicos transmembranas (Fig. 40.4). O potencial de membrana despolariza, e consequentemente a concentração de Ca^{2+} intracelular aumenta. Em células excitáveis, a despolarização ativa o influxo catiônico por meio de canais Ca^{2+} e Na^+ dependentes de voltagem e efluxo K^+ via canais de K^+, o que efetivamente faz os gradientes iônicos colapsarem dentro de segundos. Esses movimentos iônicos aumentam a osmolalidade do líquido intracelular, fazendo a água entrar por osmose.

3. **Toxicidade pelo Ca^{2+}:** o influxo de Ca^{2+} e sua liberação de estoques intracelulares ativa várias rotas sinalizadoras que, por fim, destroem a célula. Essas rotas incluem as ATPases, *lipases*, *endonucleases* e *proteases* ativadas pelo Ca^{2+}, tal como as *calpaínas*. As *calpaínas* são *proteases* reguladoras sob circunstâncias normais. Quando ativadas por aumentos na concentração de Ca^{2+} intracelular, induzidos pela isquemia, as *calpaínas* destroem o citoesqueleto e, com a ajuda das *lipases* dependentes de Ca^{2+}, digerem a membrana plasmática e outras membranas intracelulares (Fig. 40.5). A célula incha, lisa e morre (**necrose**).

> A necrose é a morte patológica celular ou tecidual, culminando na lise e na liberação dos conteúdos celulares. Esses materiais acionam uma resposta inflamatória que causa geralmente um dano celular extensivo. Isso contrasta com a apoptose, na qual as células danificadas e ou que estão morrendo estimulam a fagocitose, e seus conteúdos permanecem contidos dentro de membranas.

4. **Excitotoxicidade:** a excitotoxicidade é uma rota de retroalimentação positiva agressiva que torna o encéfalo altamente vulnerável à escassez de O_2. Os aumentos nas concentrações intracelulares de Ca^{2+}, induzidos pela isquemia, causam a fusão das vesículas sinápticas com a membrana sináptica, liberando os seus conteúdos na fenda sináptica (ver 5.IV.C). Essas vesículas em geral contêm glutamato, o qual é o principal neurotransmissor excitatório do encéfalo. Os receptores de glutamato pós-sinápticos (p. ex., receptores *N*-metil-D-aspartato) são permeáveis ao Ca^{2+}, de forma que os níveis intracelulares de Ca^{2+} aumentam ainda mais rapidamente nos neurônios do que em tecidos não excitáveis (ver Tab. 5.2). Assim, a cascata isquêmica é acelerada no tecido encefálico.

5. **Colapso mitocondrial:** a disponibilidade reduzida de O_2 prejudica a função mitocondrial e aumenta o acúmulo das **espécies reativas de oxigênio** (**ERO**; em inglês, ROS). As EROs incluem o ânion superóxido ($O_2^{\cdot-}$), o peróxido de hidrogênio (H_2O_2) e o radical hidroxila (OH·), todos produzidos pela cadeia de transporte de elétrons mitocondrial (Fig. 40.6). As EROs são extremamente danosas às células, porque reagem com e quebram as ligações moleculares nos lipídeos, proteínas e DNA. As células normalmente se defendem de forma agressiva contra as EROs, utilizando enzimas (p. ex., *superóxido dismutase* e *peroxidase*) e "resgatadores" das ERO (p. ex., vitaminas C e E). Duran-

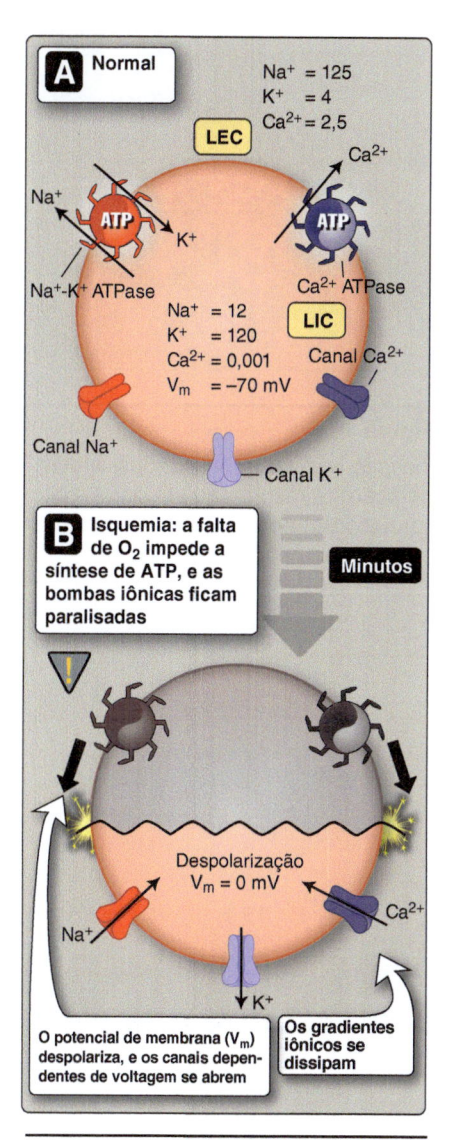

Figura 40.4

Dissipação do gradiente iônico transmembrana durante a isquemia. Todas as concentrações iônicas são dadas em mmol/L. LEC = líquido extracelular; LIC = líquido intracelular; ATP = trifosfato de adenosina.

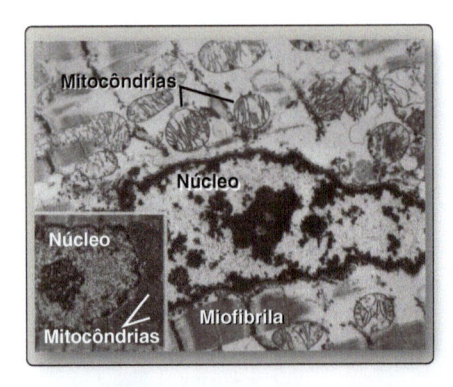

Figura 40.5
Inchaço nuclear e mitocondrial e deterioração da membrana em um miócito cardíaco isquêmico. O *detalhe* mostra a ultraestrutura normal do miócito.

Aplicação clínica 40.1   Hipotermia terapêutica

A maioria dos pacientes (95%) que sofrem uma parada cardíaca fora do hospital não sobrevive, mesmo com tentativas de ressuscitação. A morte acontece principalmente devido a danos neurológicos que ocorrem durante a progressão da cascata isquêmica e são exacerbados pela distribuição de mediadores inflamatórios quando a circulação é restabelecida (**dano por reperfusão**). As chances de sobreviver a um infarto do miocárdio e evitar danos neurológicos têm aumentado significativamente na última década, por meio do emprego da **hipotermia terapêutica** (HT), durante a qual a temperatura do corpo é reduzida a 32 a 33°C por 12-24 horas após o evento isquêmico. Essas temperaturas-alvo são alcançadas pela infusão de um paciente com líquidos intravenosos gelados, em geral em combinação com o resfriamento da superfície. A HT é benéfica, porque reduz a extensão da pane mitocondrial e limita a liberação de mediadores inflamatórios durante uma cascata isquêmica.

---

te a isquemia, entretanto, os níveis crescentes de EROs aumentam a permeabilidade da membrana mitocondrial, levando as organelas a incharem e liberarem os constituintes da cadeia de elétrons que iniciam a apoptose. Se a necrose celular não ocorrer dentro dos primeiros minutos, as rotas apoptóticas induzem o suicídio celular por um período prolongado de tempo. Todavia, o resultado final é o mesmo.

C. Morte encefálica

A morte encefálica *é* morte. Embora os tecidos de nosso organismo possam ser mantidos artificialmente após a morte encefálica, cada característica que associamos como sendo humana, incluindo a personalidade, o intelecto e a consciência de si próprio e dos outros, é uma função do encéfalo. Portanto, quando o encéfalo morre, nós morremos. A certificação de morte encefálica clinicamente requer que um conjunto de testes neurológicos seja executado. Os testes são planejados para confirmar uma perda completa e irreversível das funções e reflexos encefálicos críticos, ainda que os reflexos espinais continuem existindo. A avaliação da função encefálica inclui testar a ausência do reflexo pupilar à luz (ver 8.II.C) ou o reflexo calórico (resposta à irrigação do meato acústico externo com água gelada ou quente; ver Aplicação clínica 9.3). Ambos avaliam a função do tronco encefálico. O estabelecimento da morte encefálica também requer que um paciente dependa da administração de 100% de O_2 e então seja desconectado de um ventilador para ser observado por 8 a 10 minutos para confirmar a ausência completa de respiração espontânea, mesmo que a P_{CO_2} arterial suba a > 60 mmHg (**teste de apneia**). Aumentos reflexos no esforço respiratório, induzidos por hipercapnia, são uma das funções encefálicas mais básicas e essenciais (ver 24.III.C). Alguns pacientes podem sobreviver a um evento isquêmico grave e passar para um **estado vegetativo persistente** (EVP). Os pacientes em EVP mantêm função neurovegetativa suficiente do tronco encefálico para preservar os reflexos básicos pulmonares e cardiovasculares, apesar de não apresentarem quaisquer sinais de consciência e compreensão. Os pacientes em EVP geralmente morrem de falha múltipla dos órgãos, infecção ou outras causas dentro de 2 a 5 anos.

III. CLASSIFICAÇÕES DO CHOQUE

Todos os tecidos do corpo, incluindo inclusive o coração e os vasos sanguíneos, são dependentes do sistema circulatório para o fornecimento de O_2 em

Figura 40.6
Espécies reativas de O_2 produzidas pela cadeia mitocondrial de elétrons (e^-).

quantidades suficientes de maneira a satisfazer as necessidades metabólicas. O encéfalo tem uma grande dependência do O_2, e a perda de consciência acontece dentro de segundos de interrupção do fluxo sanguíneo. Os tecidos com baixas necessidades de O_2 podem tolerar a isquemia por períodos mais prolongados, mas, por fim, todos os tecidos morrem, quando desprovidos de O_2. Fluxo e fornecimento de O_2 inadequados resultam em **choque**. Existem três tipos principais de choque: **hipovolêmico**, **cardiogênico** e **distributivo**.

A. Hipovolêmico

O choque hipovolêmico é causado por um decréscimo do volume de sangue circulante. Quando o volume sanguíneo diminui, a extensão na qual o ventrículo esquerdo (VE) é preenchido durante a diástole (i.e., pré-carga do VE; ver 18.III.D) diminui também, o que compromete o débito cardíaco (DC), conforme ilustrado na Figura 40.7. Quando o DC cai, a pressão arterial média (PAM) também cai, o que reduz a quantidade de sangue oxigenado que chega aos tecidos. O choque hipovolêmico pode ainda ser dividido em duas categorias: choque hemorrágico e choque causado pela perda de líquido extracelular (LEC).

1. **Hemorrágico:** o choque hemorrágico resulta da perda de todo o sangue dos vasos sanguíneos (**extravasamento**). A perda de sangue para o ambiente externo ocorre geralmente como consequência de um trauma (ver Fig. 40.7), mas pode também ocorrer por ruptura de varizes estomacais ou esofágicas. Uma fratura óssea ou um aneurisma aórtico rompido também podem causar perda significativa de sangue para compartimentos internos.

2. **Perda de líquido:** o choque hipovolêmico também pode resultar do decréscimo de volume do LEC, devido à perda de líquido tanto para o ambiente externo como para o interstício ou para as cavidades abdominais ("**terceiro espaço**"). O líquido é perdido ao ambiente por suor, vômito ou episódios de diarreia, e após queimaduras de pele significativas (ver 16.III.B). O terceiro espaço acontece quando as concentrações das proteínas plasmáticas caem, tanto como resultado de uma falha hepática e capacidade prejudicada de sintetizar as proteínas plasmáticas, como por permeabilidade capilar aumentada às proteínas.

> As proteínas plasmáticas criam um potencial osmótico (π_c) que é a força principal para manter o líquido nos vasos sanguíneos, conforme definido pela **lei de Starling do capilar**:
>
> $$Q = K_f [(P_c - P_i) - (\pi_c - \pi_i)]$$
>
> em que Q é o fluxo efetivo de líquido através da parede capilar, K_f é um coeficiente de filtração, P_c é a pressão hidrostática capilar, P_i é a pressão do líquido intersticial e π_i é a pressão osmótica coloidal intersticial (ver 19.VII.D).

Figura 40.7
Choque hipovolêmico.

B. Cardiogênico

O choque cardiogênico é causado por falha da bomba cardíaca. Existem quatro causas principais: **disritmias**, **problemas mecânicos**, **miocardiopatias** e **problemas extracardíacos**.

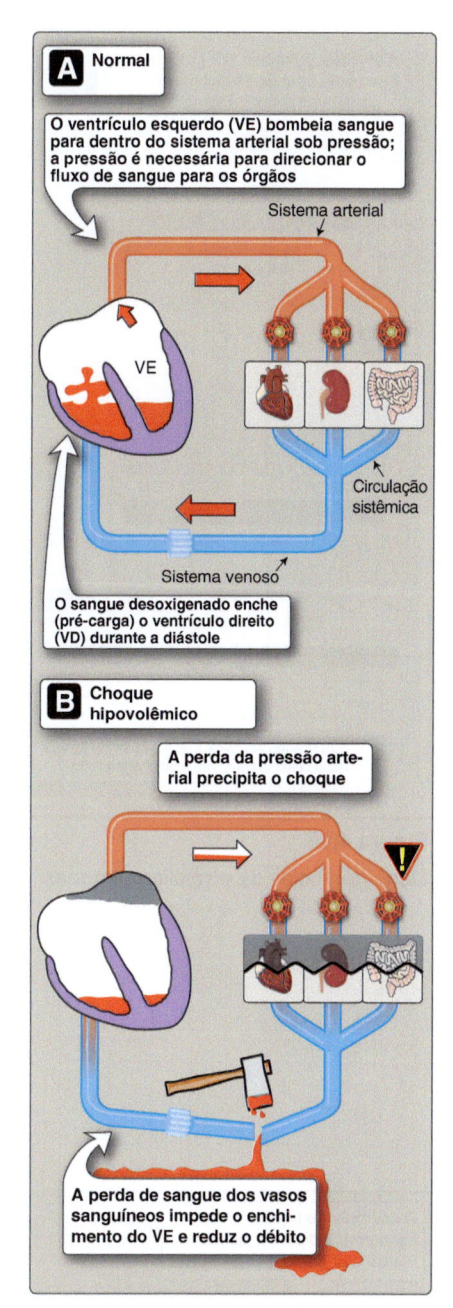

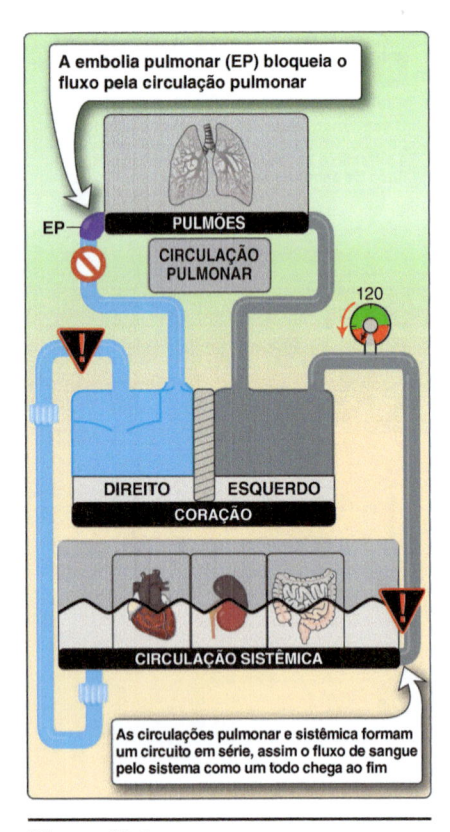

Figura 40.8
Consequências da embolia pulmonar.

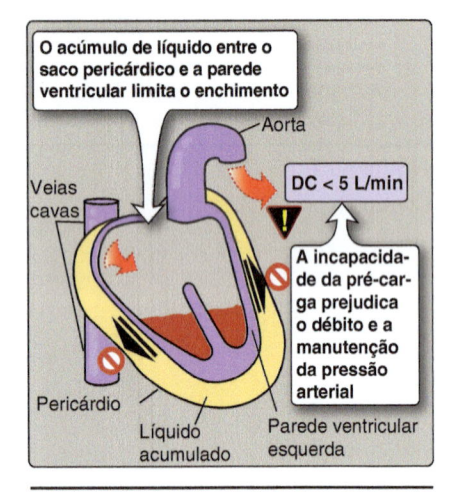

Figura 40.9
Efeitos do tamponamento sobre o enchimento ventricular.

Aplicação clínica 40.2 Sepse

A sepse é uma síndrome clínica que reflete uma resposta inflamatória sistêmica a uma infecção. É caracterizada por bacteremia, febre, taquicardia e frequência respiratória aumentada. Embora a sepse possa ser causada por uma variedade de organismos, em geral é observada em associação com infecções gram-negativas, na qual um componente da parede celular bacteriana (lipopolissacarídeo [LPS]) aciona uma **cascata inflamatória**. O LPS se liga a um receptor, pelo qual é reconhecido, na superfície dos fagócitos, os quais respondem liberando citocinas e iniciando uma resposta inflamatória e febre. As células endoteliais dos vasos sanguíneos respondem às citocinas trazidas pelo sangue, liberando mais citocinas e quimiocinas, e assim amplificando ainda mais a resposta inflamatória. Elas também iniciam a coagulação do sangue. Essa cascata inflamatória também inclui a ativação de neutrófilos e a liberação de espécies reativas de O_2, causando extensivo e amplo dano vascular. Os vasos de resistência e as veias perdem o seu tônus de repouso, aumentando assim a capacidade vascular. A permeabilidade capilar também pode ser aumentada, permitindo que as proteínas e os líquidos do plasma extravasem para o interstício. As taxas de mortalidade por sepse podem chegar a 50%, vindo a aumentar a 90% quando se desenvolve o choque. As opções de tratamento incluem antibióticos direcionados à infecção subjacente, líquidos intravenosos para auxiliar a manter o volume sanguíneo circulante efetivo, e vasopressores para aumentar o tônus vascular.

1. **Disritmias:** o choque cardiogênico pode resultar de disritmias atriais ou ventriculares. As disritmias impedem ou prejudicam a contração coordenada de uma ou mais câmaras cardíacas, o que reduz o DC. A taquicardia e a fibrilação ventriculares levam à perda completa do DC e se apresentam rapidamente como fatais, a menos que a arritmia seja corrigida por cardioversão, utilizando um desfibrilador elétrico externo (ver 17.V.D).

2. **Problemas mecânicos:** valvas cardíacas incompetentes e estenóticas reduzem a eficiência cardíaca e desafiam a capacidade do miocárdio em manter um DC basal. Defeitos de septo que permitem o fluxo retrógrado ventricular da esquerda para a direita também podem precipitar um choque cardiogênico.

3. **Miocardiopatias:** as causas e as consequências de enfermidades do coração são consideradas em detalhes, mais adiante. O infarto do miocárdio (IM) que danifica > 40% da parede do VE é uma das causas mais comuns de choque cardiogênico e morte.

4. **Problemas extracardíacos:** as causas extracardíacas do choque incluem **embolia pulmonar** (EP), **hipertensão pulmonar** avançada, **tamponamento** e **pericardite**. A EP e a hipertensão pulmonar limitam o débito do ventrículo direito (VD), o que limita a pré-carga do VE. A EP massiva pode efetivamente causar uma parada total da circulação e resultar em morte instantânea (Fig. 40.8). O tamponamento é causado por acúmulo de líquido (p. ex., sangue ou uma efusão pericárdica) entre o pericárdio e a parede do coração. A presença de líquido impede o preenchimento ventricular normal (Fig. 40.9). O espessamento pericárdico induzido por inflamação pode, de maneira semelhante, limitar o preenchimento ventricular.

C. Distributivo

A maioria dos vasos arteriais e venosos tem um tônus de repouso que é controlado pelo sistema nervoso simpático (SNS), como uma forma de limitar a capacidade cardiovascular a aproximadamente 5 L (ver 20.V). O choque distributivo, ou **vasodilatador**, ocorre quando o SNS perde o controle sobre os vasos sanguíneos, e a sua capacidade aumenta exponencialmente por vasodilatação. A PAM se dissipa rapidamente, conforme o sangue flui em vasos de resistência dilatados e fica preso em leitos capilares e veias (Fig. 40.10). O choque distributivo tem muitas causas. A mais comum inclui a **sepse** (ver Aplicação clínica 40.2), a **síndrome da resposta inflamatória sistêmica** e a **anafilaxia**.

IV. ESTÁGIOS DO CHOQUE

A progressão do choque pode ser dividida em três estágios, começando com o evento causal inicial e então progredindo de uma forma sequencial pelo **pré-choque**, choque e **falência final dos órgãos**. A discussão a seguir utiliza o exemplo do **choque hemorrágico** para ilustrar como o corpo responde ao evento inicial e como os sistemas que tentam compensar a perda da PAM podem criar espirais de retroalimentação positiva que, afinal, podem acelerar a falência e levar à morte.

A. Pré-choque

A hemorragia esgota o volume sanguíneo e drena as reservas venosas. A hemorragia esgota preferencialmente as veias, porque o coração continua a transferir sangue do compartimento venoso para as artérias e seus vasos capilares dependentes, até que o compartimento venoso se esgote completamente. A perda da pré-carga faz a PAM começar a cair, acionando um reflexo barorreceptor mediado pelo SNS (ver Fig. 20.14 e 20.III). O SNS redireciona o fluxo sanguíneo para fora dos órgãos não essenciais, aumenta a inotropia cardíaca e a frequência cardíaca (Fig. 40.11), além de mobilizar as reservas sanguíneas. Essas vias estão resumidas na Figura 40.12.

1. **Redirecionamento de fluxo:** o fluxo para órgãos não essenciais é reduzido por constrição seletiva dos vasos de resistência, mediada pelo SNS. A resistência vascular sistêmica (RVS) aumenta conforme o fluxo sanguíneo é direcionado para fora dos leitos vasculares esplâncnico, cutâneo e muscular. O fluxo reduzido para os rins aciona a liberação de *renina* do aparelho justaglomerular (AJG) e ativa as vias de retenção de líquido de longa duração (ver adiante). Dois componentes essenciais (a **angiotensina II** e o **hormônio antidiurético**) são vasoativos e potencializam a vasoconstrição mediada pelo SNS (ver 28.III).

2. **Eficiência cardíaca:** a estimulação do miocárdio pelo SNS aumenta a FC e a contratilidade para ajudar a compensar a perda da pré-carga (ver Fig. 40.11). A liberação de adrenalina pelas glândulas suprarrenais durante a ativação pelo SNS contribui para a taquicardia e a inotropia aumentada durante o pré-choque.

3. **Venoconstrição:** a estimulação das veias pelo SNS aumenta o seu tônus e diminui a sua capacidade, forçando o sangue de volta para o coração. O retorno venoso (RV) é auxiliado por uma maior inclinação do gradiente de pressão entre os leitos capilares e o átrio direito.

4. **Recarga transcapilar:** o reflexo barorreceptor ajuda a preservar o fluxo aos órgãos críticos durante os primeiros poucos minutos após uma hemorragia. Ele também dá mais tempo para que o líquido migre do interstício para os vasos sanguíneos, um processo conhecido como **recarga transcapilar**. A recarga transcapilar é um mecanismo

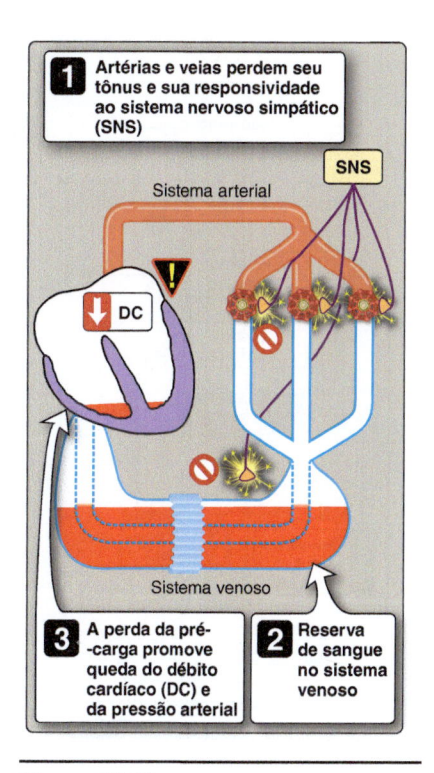

Figura 40.10
Choque distributivo.

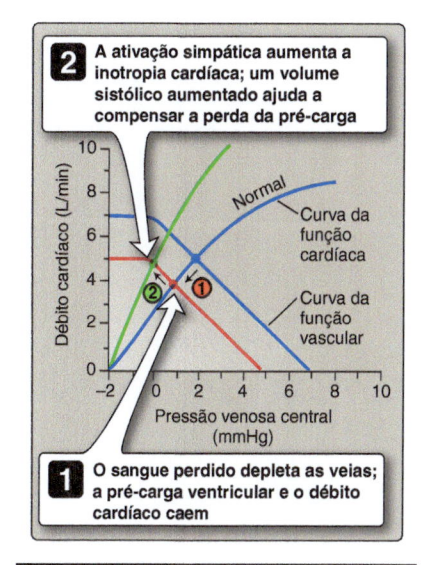

Figura 40.11
Reflexo aumentado na inotropia cardíaca durante a hipovolemia.

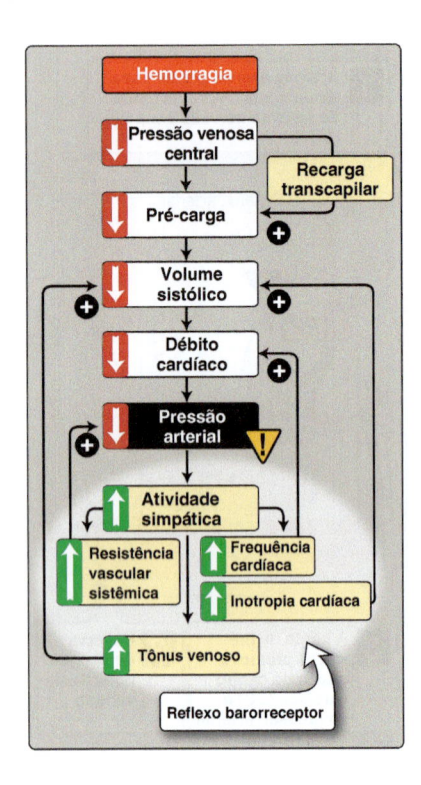

Figura 40.12
Vias que preservam a pressão arterial durante o pré-choque.

de sobrevivência primário, que se baseia nas forças de Starling para recrutar o líquido intersticial (ver anteriormente). A constrição dos vasos de resistência reduz a pressão hidrostática capilar e permite que a pressão osmótica coloidal do plasma (π_c) direcione o movimento do líquido do interstício para os vasos capilares (ver Fig. 19.28). O influxo de líquido dilui as proteínas plasmáticas e reduz π_c, mas a recarga transcapilar pode ainda restabelecer aproximadamente 75% do volume de sangue perdido durante a hemorragia.

B. Choque

O reflexo barorreceptor compensa de modo efetivo os decréscimos no volume de sangue circulante em aproximadamente 10%, e assim, o único sinal precoce de um choque iminente pode ser uma leve taquicardia. Uma vez que o volume de sangue cai para mais de 10%, entretanto, os mecanismos compensatórios não são mais adequados para manter a perfusão em circulações críticas, e os sinais de choque se tornam evidentes. Esses sinais incluem **hipotensão**, frio, pele pegajosa, pouco débito urinário e um aumento dos níveis de lactato do plasma.

> A maioria dos sistemas de órgãos tem **reservas funcionais** que permitem a homeostasia, mesmo quando a capacidade do sistema está reduzida. Essa eficiência das reservas cardiovasculares explica por que um indivíduo pode doar uma unidade de sangue com pouco ou nenhum efeito deletério na PAM.

1. **Hipotensão:** quando o volume de sangue cai abaixo de 10%, os aumentos na FC e na inotropia por si são incapazes de compensar a perda de pré-carga, e a pressão sanguínea sistólica cai para 90 mmHg ou menos. A intensa constrição dos vasos sanguíneos, mediada pelo SNS, limita o débito sanguíneo do sistema arterial e mantém a pressão sanguínea diastólica elevada e, assim, a PAM é mantida em um nível que permite ao sangue alcançar as circulações críticas, encefálica e coronária. Essas circulações são reguladas principalmente por mecanismos autorreguladores (p. ex., liberação de CO_2, K^+ e lactato), e, assim, não são diretamente influenciadas pela atividade do SNS.

2. **Pele:** a intensa ativação do SNS aumenta a RVS por fechar efetivamente o fluxo para os leitos vasculares que ocupam as posições mais inferiores na hierarquia circulatória, incluindo as circulações esplâncnica e cutânea. A intensidade da estimulação do SNS fica claramente aparente na pele, a qual se torna fria e pegajosa. O resfriamento é devido à intensa vasoconstrição cutânea, a qual reduz o fluxo a < 6 mL/min. O sangue drena da pele, e em concordância a sua temperatura resfria. A ativação do SNS também estimula as glândulas sudoríparas. Visto que o suor é um filtrado sanguíneo modificado, quando o fluxo de sangue está diminuído, o débito é mínimo. A pele se torna levemente pegajosa ao toque.

3. **Débito urinário:** as arteríolas eferente e aferente glomerulares renais são vasos de resistência. Durante a intensa ativação do SNS, o fluxo por ambas é fortemente restrito, e a pressão hidrostática glomerular (P_{CG}) cai drasticamente (Fig. 40.13; ver 25.IV.F). A P_{CG} determina a taxa de filtração glomerular (TFG), assim o fluxo pelos túbulos e a produção de urina também desaceleram a < 30 mL de excreção de urina por hora (**oligúria**).

4. **Acidose metabólica:** os níveis de lactato plasmático são geralmente de 0,5 a 1,5 mmol/L, mas a hipoxia força muitos tecidos a dependerem do metabolismo anaeróbio e, portanto, os níveis de lactato sobem. Um lactato plasmático de > 4 mmol/L é compatível com o choque, embora os níveis de lactato possam subir sob outras circunstâncias também (p. ex., cetoacidose e exercício anaeróbico).

C. Falência do sistema

As ações recém-descritas podem ser insuficientes para assegurar a sobrevivência do paciente, mesmo que a pressão arterial possa voltar ao normal por uma ou duas horas. A pressão sanguínea sozinha pode não refletir, de forma confiável, a adequação de perfusão no início do choque, porque os centros de controle cardiovascular do sistema nervoso central (SNC) têm a capacidade e a determinação de manter a PAM em níveis que assegurem o fluxo continuado para a circulação encefálica até o último instante. Em casos de hemorragia grave, isso é alcançado, mantendo a RVS em níveis que comprometem os órgãos que ocupam posições inferiores na hierarquia circulatória (ver 20.II.F), incluindo os rins e o trato gastrintestinal (GI). Uma vez que a linha invisível que delimita o choque reversível do irreversível tenha sido cruzada, inicia-se uma espiral de retroalimentação positiva que leva inevitavelmente à falência dos órgãos e à morte (Fig. 40.14).

> A necessidade de restabelecer o volume de sangue circulante assim que possível após um trauma é a razão principal para o amplo emprego de equipes móveis do trauma e helicópteros MedEvac. As unidades de resposta rápida permitem que a equipe médica chegue ao local de um acidente e administre líquidos intravenosos a um paciente dentro da janela crítica, antes que ocorram danos irreversíveis aos tecidos (um período de duração variável, em geral chamado de "**hora dourada**" em Medicina de Emergência).

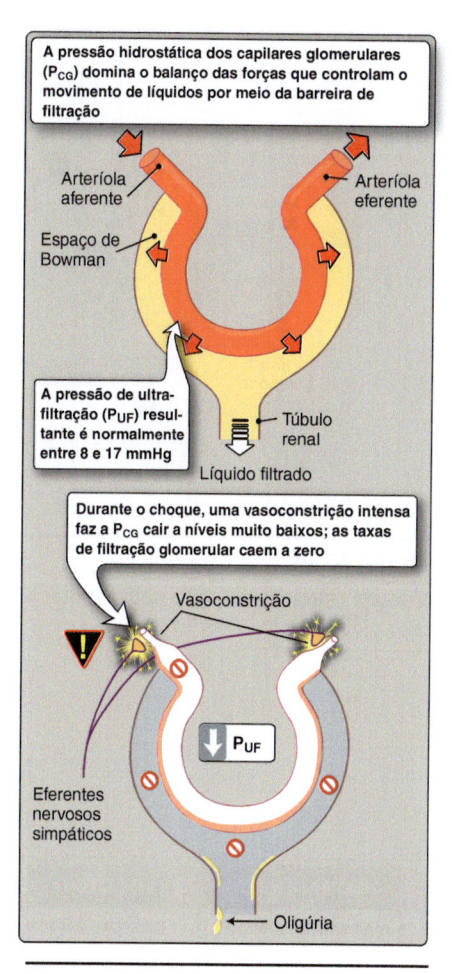

Figura 40.13
Efeitos da intensa ativação simpática sobre o fluxo sanguíneo glomerular.

1. **Depressão cardíaca:** se a PAM cair abaixo de 60 mmHg, o miocárdio se torna isquêmico por inadequação da perfusão coronária. A isquemia prejudica a contratilidade do miocárdio e, portanto, a pressão cai ainda mais. Assim, se inicia um ciclo de retroalimentação positiva que acaba em insuficiência cardíaca aguda. Durante a hemorragia, podem ser liberados dos tecidos isquêmicos um ou mais **fatores depressores do miocárdio**, que irão desafiar ainda mais a função cardíaca.

2. **Escape do simpático:** o SNS não consegue manter uma intensa vasoconstrição por períodos prolongados de tempo, portanto a RVS por fim cai. A dilatação dos vasos de resistência ("**escape do simpático**") pode ser devida à falta de neurotransmissores do SNS, à dessensibilização do receptor α-adrenérgico ou às concentrações cronicamente elevadas de metabólitos que se sobrepõem ao controle central. A influência venoconstritora por fim também cai, prejudicando, assim, o RV e a pré-carga (ver Fig. 40.10).

3. **Acidemia:** o ácido láctico e a P_aCO_2 elevada (devido a uma inadequação na perfusão do tecido e disfunção pulmonar e renal), juntos, levam a uma acidemia significativa. A acidemia prejudica a função dos miócitos e desafia ainda mais a capacidade do miocárdio e dos vasos sanguíneos em manter o DC e a RVS, respectivamente. Como consequência, a PAM cai ainda mais.

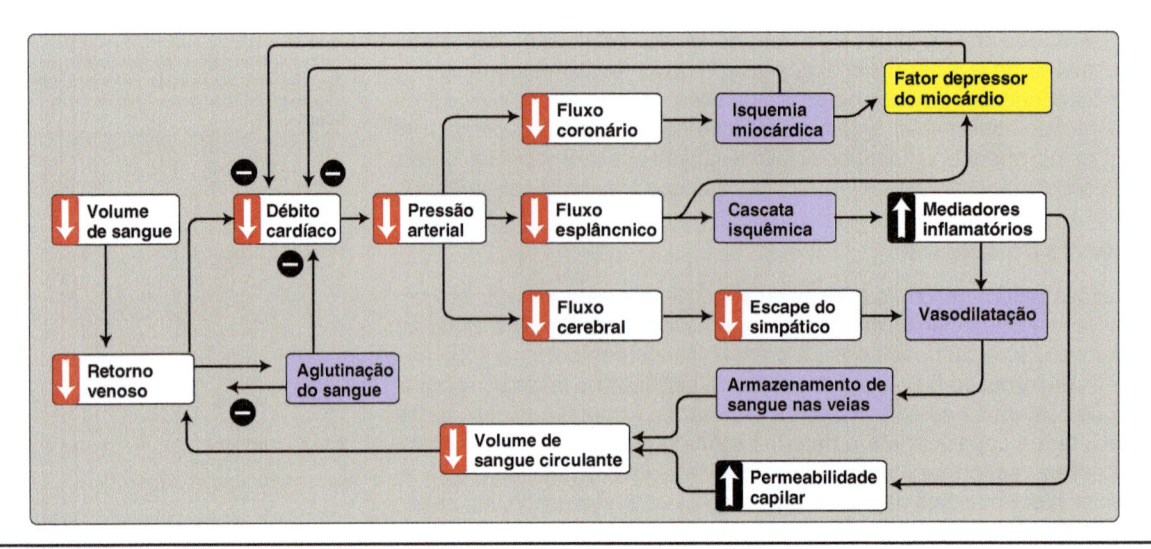

Figura 40.14
Vias de retroalimentação positiva que provocam insuficiência do sistema circulatório.

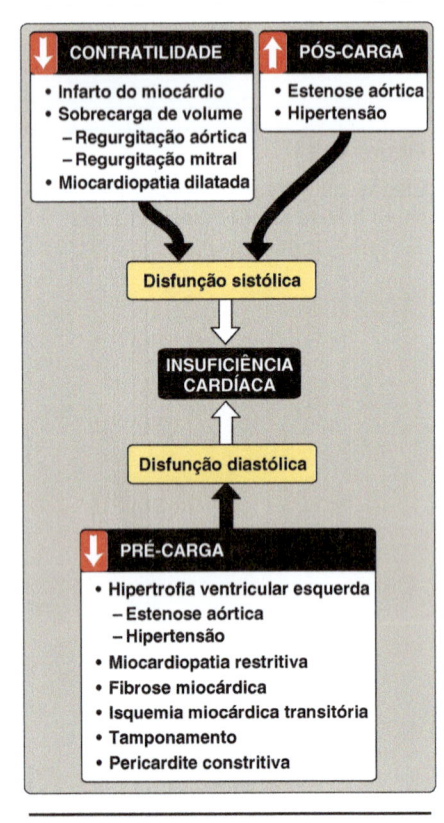

4. **Viscosidade aumentada do sangue:** quando o sangue está se movendo lentamente, as hemácias e outros componentes do sangue se aderem uns aos outros, o que aumenta a viscosidade do sangue (ver 19.III.C). O processo é exacerbado pela acidemia, e envolve não somente as hemácias, mas também os leucócitos e as plaquetas, levando a uma "**aglutinação**" do sangue. Essa aglutinação sanguínea aumenta a resistência ao fluxo por meio dos vasos sanguíneos e, porque a PAM não pode subir para compensar, a perfusão dos tecidos cai, em consequência. Nesse período de tempo, os microvasos (i.e., vasos capilares e arteríolas) ficam obturados com os coágulos.

5. **Deterioração celular:** com hipoxemia prolongada, a integridade celular é destruída, acionando uma resposta inflamatória. Os mediadores inflamatórios aumentam a permeabilidade vascular, e o plasma exsuda para o espaço intersticial, às custas do volume sanguíneo. A deterioração do revestimento epitelial do trato GI quebra a barreira que separa os conteúdos do intestino dos vasos sanguíneos, permitindo que os microrganismos tenham acesso à circulação. A consequência é que a probabilidade de choque séptico, quando (e se) a circulação for restabelecida, torna-se muito alta.

6. **Depressão encefálica:** a hipoxemia prolongada acaba, por fim, prejudicando o encéfalo. A atividade neuronal é deprimida, e os centros de controle respiratório e cardiovascular falham. À medida que a eferência simpática diminui, a PAM cai. A pressão de perfusão cerebral também cai, e a morte encefálica acontece em seguida.

V. INSUFICIÊNCIA CARDÍACA

A insuficiência cardíaca pode representar a rota comum final para praticamente todas as formas de doenças cardíacas, e, portanto, existem muitas causas subjacentes (Fig. 40.15). Embora o período de ocorrência da insuficiência possa variar amplamente, em última análise, ela pode resultar em choque cardiogênico.

Figura 40.15
Causas comuns da insuficiência cardíaca.

A. Causas

Pode ocorrer uma sobreposição considerável nas maneiras em que as várias causas subjacentes da insuficiência cardíaca impactam o desempenho cardíaco. Os ventrículos direito e esquerdo enfrentam desafios diferentes e podem falhar independentemente um do outro, mas o lado esquerdo do coração é tão dependente do lado direito (e vice-versa), que a insuficiência de qualquer um dos lados faz surgir, independentemente, mecanismos compensatórios semelhantes.

1. **Lado direito do coração:** o lado direito do coração é uma câmara de paredes finas que gera baixos picos de pressões sistólicas contra uma baixa resistência vascular pulmonar (RVP). Se a resistência do fluxo aumentar, como consequência de EP ou de hipertensão pulmonar, por exemplo, o lado direito tem pouca capacidade de compensação e, portanto, a insuficiência se desenvolve.

> A causa mais comum de insuficiência cardíaca direita é a insuficiência cardíaca esquerda.

2. **Lado esquerdo do coração:** o lado esquerdo do coração é uma câmara de paredes espessas, bem adaptado ao estresse associado com a geração de elevados picos de pressões sistólicas contra uma elevada RVS. As causas da insuficiência cardíaca esquerda podem ser agrupadas conforme o prejuízo ao preenchimento (**insuficiência cardíaca diastólica**, também conhecida como **insuficiência cardíaca com fração de ejeção preservada**), ou à ejeção (**insuficiência cardíaca sistólica**).

   a. **Diastólica:** uma causa comum de insuficiência diastólica é a hipertrofia ventricular esquerda, devido tanto a uma pós-carga cronicamente aumentada como a uma miocardiopatia. A hipertensão não tratada e a estenose aórtica prejudicam o DC, por aumentarem a pós-carga do VE. O miocárdio se hipertrofia para gerar as elevadas pressões necessárias para manter um DC normal (ver Aplicação clínica 18.2). Novas miofibrilas são acrescidas em paralelo às miofibrilas preexistentes, levando os miócitos individuais a aumentarem a sua circunferência, e espessando a parede ventricular (Fig. 40.16). A vantagem de uma parede mais espessa é que ela auxilia a equilibrar os efeitos da elevada pressão intraventricular sobre o estresse da parede, conforme descrito na lei de Laplace (Fig. 40.17; ver 18.IV). As desvantagens da hipertrofia são duplicadas. Primeira, o diâmetro dos miócitos pode exceder os limites de difusão do O_2, o que aumenta a probabilidade de isquemia (ver Fig. 40.16) e arritmias. Segunda, o ventrículo enrijece e se torna cada vez mais difícil de ser preenchido, exigindo pressões de ejeção do VD mais elevadas. Por fim, ambos os ventrículos entram em falência sob tais condições.

   b. **Sistólica:** a insuficiência cardíaca sistólica ocorre quando o VE falha em manter o débito adequado. Isso pode ser devido a uma contratilidade prejudicada ou a uma pós-carga excessiva, mas a causa mais comum da insuficiência sistólica é o IM, como será discutido a seguir.

B. Infarto do miocárdio

O infarto do miocárdio (IM), ou "ataque cardíaco", é uma das causas mais comuns de insuficiência cardíaca. Um IM ocorre geralmente quando uma

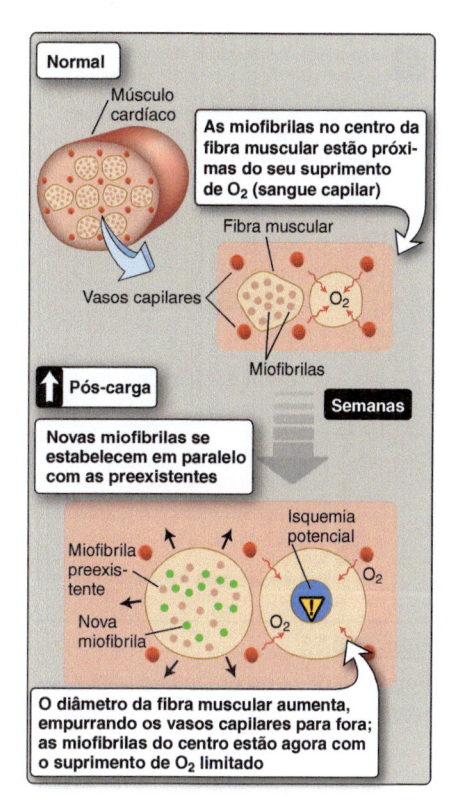

Figura 40.16
Efeitos da hipertrofia miocárdica sobre o fornecimento de O_2 às miofibrilas.

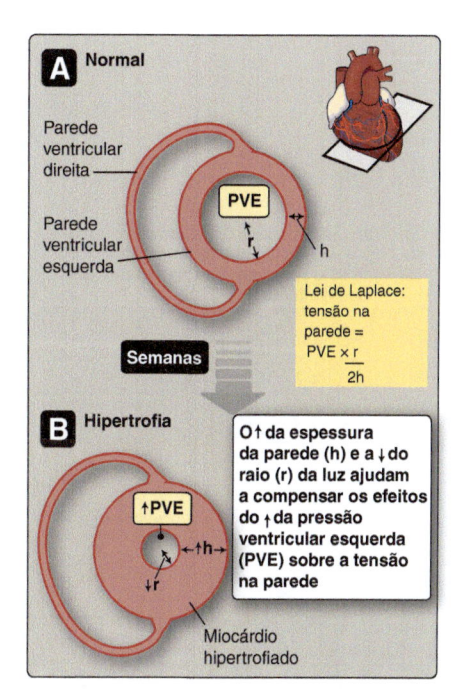

Figura 40.17
Aumento na espessura da parede ventricular durante a hipertrofia cardíaca.

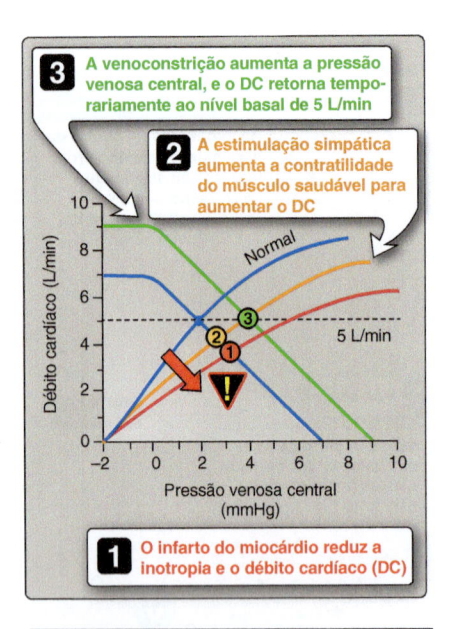

Figura 40.18
Resposta de curto prazo (simpática) ao infarto do miocárdio.

placa aterosclerótica se rompe e forma um coágulo sanguíneo que oclui um vaso de suprimento coronário. Os miócitos que eram previamente servidos pelo vaso ocluído ficam isquêmicos e morrem, o que prejudica a contratilidade miocárdica. As chances de sobreviver a um evento como esse dependem de vários fatores. Se a área do infarto for relativamente pequena, respostas de curta duração podem permitir que o paciente sobreviva ao insulto inicial, até que mecanismos compensatórios de longa duração entrem em ação.

C. Compensação

Um pequeno infarto aciona mecanismos compensatórios de curta e de longa duração ao mesmo tempo. Os eventos de curta duração auxiliam a manter o débito até que as vias de longa duração tenham tido tempo suficiente para se ativarem completamente.

1. **Curta duração:** a resposta de curta duração para a isquemia do miocárdio inclui tanto reflexos locais como centrais.

    a. **Locais:** a interrupção do fluxo sanguíneo aos miócitos provoca a elevação dos níveis de metabólitos intersticiais (p. ex., adenosina, K^+, CO_2, lactato). Todos os vasos de resistência nas vizinhanças imediatas se dilatam de forma reflexiva, por meio de mecanismos de controle vascular locais. Os colaterais ficam em geral constritos tonicamente, mas também participam da resposta vasodilatadora aos crescentes níveis de metabólitos O fluxo sanguíneo pelos colaterais pode permitir que as áreas periféricas a um infarto focal sobrevivam ao evento isquêmico inicial (ver 21.III.E).

    b. **Centrais:** a morte dos miócitos prejudica a contratilidade do miocárdio, o que reduz o volume sistólico do VE e o DC (Fig. 40.18). A PAM cai, em consequência, acionando um reflexo barorreceptor que envolve todos os mesmos mecanismos efetores descritos na Seção IV.A deste capítulo. Se o infarto for pequeno, essas vias podem ser suficientes para restabelecer a PAM.

2. **Longa duração:** um decréscimo na PAM também ativa o sistema *renina*-angiotensina-aldosterona, independentemente da causa (ver 20.IV). Leva 24 a 48 horas para que os mecanismos de retenção de Na^+ e água expandam o volume do LEC e auxiliem o miocárdio em falência com pré-carga aumentada. Nos dias e semanas seguintes a um evento isquêmico, o organismo começa a reparar alguns danos causados pelo infarto. Os vasos colaterais aumentam de tamanho, e o miocárdio se hipertrofia para compensar a perda de contratilidade.

D. Penalização da pré-carga

O mecanismo de Frank-Starling é altamente eficaz na compensação de pequenos decréscimos na inotropia cardíaca (ver 18.III.D). Alguns indivíduos podem sofrer uma série desses insultos e permanecer sem sintomas durante anos, até que a compensação cause sintomas (p. ex., dispneia associada à congestão pulmonar, conforme será discutido adiante). Entretanto, a dispneia é apenas uma das muitas penalizações associadas com a pré-carga. Outras incluem limitações aos benefícios da ativação sarcomérica dependente de comprimento, excessivo estresse da parede ventricular, disritmias, incompetência de valvas e edema.

1. **Limitações da ativação dependente de comprimento:** a pré-carga em um coração saudável aumenta o DC por ativação dependente de comprimento dos sarcômeros (ver 13.IV). A relação volume-pressão sistólica final (RVPSF) apresenta, entretanto, uma região de platô e, uma vez que os miócitos forem distendidos a um comprimento que

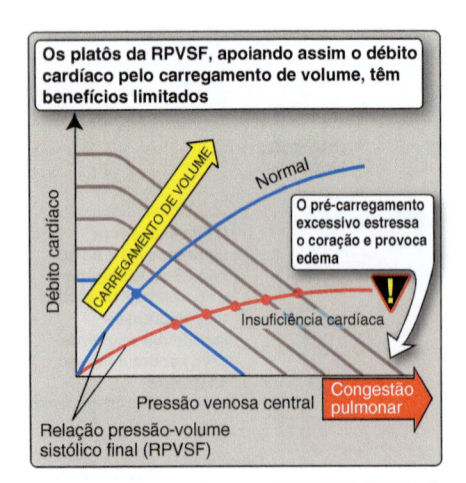

Figura 40.19
Limites dos efeitos benéficos da pré-carga.

otimize a geração de força, os aumentos maiores na pré-carga serão ineficazes na geração de força adicional (Fig. 40.19).

2. **Estresse da parede:** a pré-carga dilata o ventrículo e aumenta a tensão da parede, conforme previsto pela lei de Laplace. A tensão da parede contribui para a pós-carga, assim, embora a pré-carga não ajude a sustentar o débito dentro de limites fisiológicos normais, pré-cargas elevadas também aumentam a carga de trabalho cardíaco e reduzem a sua eficiência.

3. **Disritmias:** a pré-carga excessiva distende a parede ventricular e distorce as vias de condução, o que predispõe o miocárdio a disritmias e arritmias potencialmente fatais.

4. **Incompetência de valvas:** a pré-carga excessiva também distende e distorce os anéis cartilaginosos das valvas, e as desloca. Na prática, isso significa que as válvulas (ou folhetos) das valvas não ficam mais em próxima aposição durante o seu fechamento, e o sangue flui de forma retrógrada. A regurgitação aumenta ainda mais a carga de trabalho requerida de um coração em falência.

5. **Edema:** a elevação da pressão venosa central (PVC) aumenta a pressão capilar média e favorece a filtragem de líquido do sangue para o interstício. Nos vasos sanguíneos sistêmicos, o excesso de líquido intersticial se manifesta como tornozelos e pés inchados. As extremidades inferiores são particularmente suscetíveis ao edema em um indivíduo ereto, porque as pressões vasculares nessas regiões estão aumentadas, devido à gravidade. Nos pulmões, o líquido é filtrado dos capilares pulmonares e se acumula nos sacos alveolares, onde interfere na troca gasosa (congestão pulmonar), conforme mostrado na Figura 40.20. O edema pulmonar pode causar **ortopneia** (respiração encurtada mesmo quando deitado reto), forçando os pacientes a dormirem sentados. A gravidade ajuda a diminuir as pressões de perfusão pulmonar e, assim, diminui a possibilidade de acúmulo de líquido nos espaços aéreos.

E. Falência do sistema

Um coração em falência fica preso em uma espiral descompensatória, na qual a pré-carga auxilia o débito, mas finalmente limita a eficiência por meio de seus efeitos na tensão da parede. A menos que esse ciclo seja interrompido e tratado, ele pode vir a ser fatal. Assim, o objetivo da intervenção clínica é diminuir a pré-carga, utilizando diuréticos, enquanto simultaneamente auxilia o miocárdio com inotropos que o ajudam a trabalhar de maneira mais eficiente em um volume de preenchimento menor.[1] Na insuficiência cardíaca em estágio final, os miócitos continuam a morrer um a um, vagarosamente desprendendo-se da contratilidade e da capacidade de manter a PAM. Até mesmo um esforço físico leve causa dispneia grave, porque a reserva cardíaca caiu ao ponto em que mesmo uma atividade muscular mínima impõe exigências ao débito que excedem as capacidades do miocárdio, de forma que os pacientes ficam presos ao leito (ver 21.III.B). O repouso no leito exacerba a fraqueza, por causar atrofia muscular e diminuição da densidade óssea. O volume excessivo de carregamento causa edema pulmonar e insuficiência respiratória por hipoxia. O fígado entra em falência por congestão passiva e fornecimento restrito de O_2 causado pelo edema sistêmico. A perda da

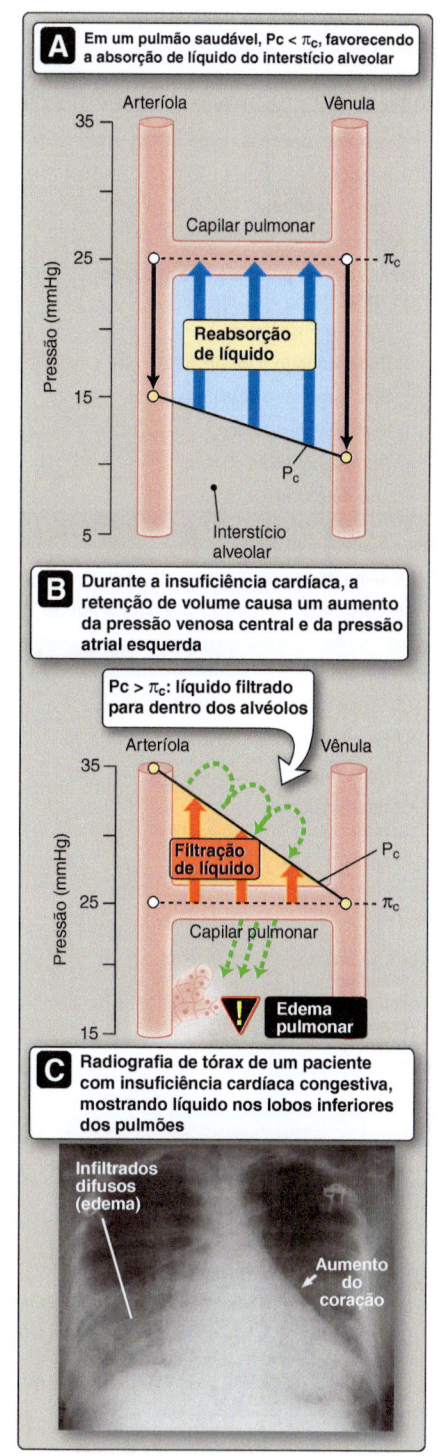

Figura 40.20

Edema pulmonar resultante de insuficiência cardíaca. P_c = pressão hidrostática capilar; π_c = pressão osmótica coloidal do plasma.

[1] Para mais informações sobre os princípios farmacológicos para o tratamento da insuficiência cardíaca ver *Farmacologia ilustrada*, 5ª edição, Artmed Editora.

Tabela 40.2 Causas comuns de insuficiência respiratória

Ventilação prejudicada
• Obstrução das vias respiratórias superiores
□ Infecção
□ Corpo estranho
□ Tumor
• Fraqueza ou paralisia dos músculos respiratórios
□ Trauma encefálico
□ Superdosagem de drogas
□ Síndrome de Guillain-Barré
□ Distrofia muscular
□ Dano da medula espinal
• Dano da parede torácica
Difusão prejudicada
• Edema pulmonar
• Síndrome da angústia respiratória aguda
Relação $\dot{V}_A/\dot{Q}$ prejudicada
• Doença pulmonar obstrutiva crônica
• Doença pulmonar restritiva
• Pneumonia
• Atelectasia

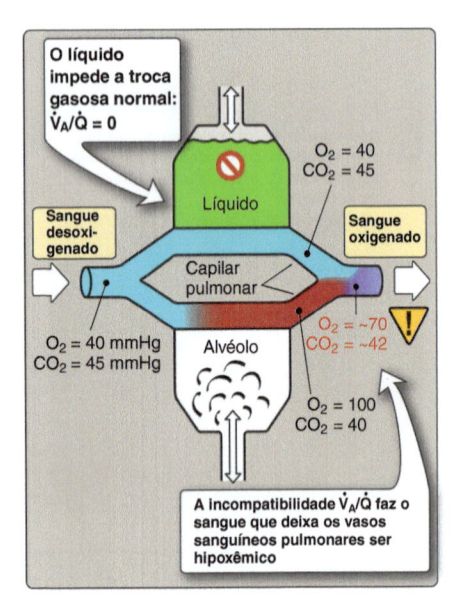

Figura 40.21

Incompatibilidade $\dot{V}_A/\dot{Q}$, uma causa comum de hipoxemia. $\dot{V}_A$ = ventilação alveolar; $\dot{Q}$ = perfusão alveolar. Todos os valores de pressões parciais são dados em mmHg.

pressão glomerular precipita a insuficiência renal. A perda de cada órgão adicional aumenta o risco de morte em aproximadamente 20%.

VI. INSUFICIÊNCIA RESPIRATÓRIA

A insuficiência respiratória ocorre quando o sistema respiratório é incapaz de preencher uma ou ambas de suas funções de trocas gasosas, por assim dizer, a captação de O_2 ou a eliminação de CO_2. Clinicamente, isso se manifesta como **insuficiência respiratória hipoxêmica** ou **insuficiência respiratória hipercápnica**, respectivamente. Os dois tipos de insuficiência representam **síndromes** (conjuntos de sintomas relacionados), mais do que o resultado final de qualquer doença específica.

A. Causas

A insuficiência respiratória pode desenvolver-se crônica ou agudamente, em geral como consequência de um trauma (ver Seção D, adiante, para mais informações sobre a **síndrome da angústia respiratória aguda** [**SARA**]). As condições que levam à falência respiratória podem ser agrupadas conforme o prejuízo à ventilação (função e controle da bomba de ar), à difusão (integridade da interface sangue-gás) ou à relação ventilação-perfusão ($\dot{V}_A/\dot{Q}$) (Tab. 40.2).

B. Insuficiência respiratória hipoxêmica

A insuficiência respiratória hipoxêmica é caracterizada por uma P_aCO_2 < 60 mm. A hipoxemia pode ser causada por hipoventilação, mas, visto que para se alcançar uma P_aO_2 normal (100 mmHg) é necessário que a área total da interface sangue-gás esteja funcional, os processos que diminuem essa área e permitem que o sangue desoxigenado passe pelos pulmões sem ser oxigenado, acarretam um certo grau de hipoxemia. Assim, a insuficiência respiratória hipoxêmica geralmente ocorre quando o ar ou o sangue pulmonar são incapazes de acessar a interface (i.e., incompatibilidade de ($\dot{V}_A/\dot{Q}$).

1. **Incompatibilidade de ventilação/perfusão:** a incompatibilidade regional de $\dot{V}_A/\dot{Q}$ é comum em um pulmão saudável, mas tem um impacto mínimo na função respiratória total (ver 23.IV.B). Em estados de doença, grandes quantidades de alvéolos podem colapsar e selar (**atelectasia**) ou ser preenchidos com líquido (edema pulmonar), pus (**pneumonia**) ou sangue (hemorragia), e todos impedem efetivamente a captação de O_2 e causam hipoxemia (Fig. 40.21).

2. **Compensação:** a hipoxemia é detectada principalmente por quimiorreceptores aórticos e caróticos (ver 24.III.C). Os centros de controle respiratório do SNC respondem, aumentando a ventilação-minuto, e os centros de controle cardiovascular do SNC aumentam simultaneamente o DC para ajudar a maximizar o gradiente de difusão de O_2 através da barreira de trocas.

3. **Consequências:** as consequências fisiológicas da hipoxemia foram discutidas em relação aos efeitos da ascensão em altitude (ver 24.V.A). A hipoxemia moderada causa um leve prejuízo da função mental e da acuidade óptica. Quando P_aO_2 cai abaixo de 40 a 50 mmHg, os pacientes se tornam confusos e expostos a alterações de personalidade e irritabilidade. A hipoxemia também inicia uma espiral de retroalimentação positiva, na qual os vasos sanguíneos pulmonares se contraem de forma reflexiva e reduzem ainda mais a captação de O_2. A constrição vascular também aumenta a pós-carga ventricular direita e induz a hipertensão pulmonar, a qual

estressa o VD. Esses sintomas em geral podem ser revertidos clinicamente, administrando-se O_2 para maximizar as relações $\dot{V}_A/\dot{Q}$ e, pelo menos temporariamente, restabelecer a P_aO_2 até que a causa subjacente da hipoxemia seja avaliada e tratada.

C. Insuficiência respiratória hipercápnica

A insuficiência respiratória hipercápnica é sinalizada por um aumento agudo na P_aCO_2 para aproximadamente > 50 mmHg. Entretanto, uma hipercapnia que se desenvolve ao longo de um período de meses é bem tolerada, de forma que a insuficiência pode não ocorrer até que a P_aCO_2 alcance em torno de 70 a 90 mmHg. Diferentemente da hipoxemia, a hipercapnia pode ser corrigida de forma relativamente fácil, ajustando-se a ventilação alveolar. Assim, a insuficiência respiratória hipercápnica em geral somente acontece quando o controle ventilatório está danificado. A hipercapnia está em geral associada com vários graus de hipoxemia.

1. **Ventilação:** a insuficiência respiratória ocorre se o centro respiratório ou suas vias neurais são danificadas por um derrame, superdose de drogas ou doenças neuromusculares (p. ex., miastenia grave), mas as causas mais comuns de insuficiência respiratória hipercápnica são os danos à função da bomba de ar (parede torácica e músculos respiratórios) e doenças crônicas das vias respiratórias.

    a. **Parede torácica:** o movimento da parede torácica pode tornar-se fortemente limitado pela obesidade e pela curvatura anormal da coluna. A cifose (curvatura de flexão anterior), conforme mostrado na Figura 40.22A, e a escoliose (curvatura lateral), conforme mostrado na Figura 40.22B, são disfunções congênitas, mas a primeira é também observada em associação com artrite e osteoporose (ver Fig. 40.22A). Ambas podem desenvolver-se em curvaturas debilitantes que limitam gravemente os movimentos da parede torácica e aceleram a insuficiência em um pulmão comprometido.

    b. **Músculos:** os músculos respiratórios (diafragma e intercostais) aumentam o volume intratorácico e expandem os pulmões durante a inspiração. São músculos esqueléticos, portanto suscetíveis a doenças por desgaste tal como a distrofia muscular. Também estão sujeitos à **fadiga**, a qual é uma preocupação preponderante quando se trata de problemas subjacentes à insuficiência respiratória. Condições crônicas que reduzem a complacência da parede torácica ou dos pulmões (doenças pulmonares restritivas) aumentam o esforço para a respiração e a fadiga, finalmente reduzindo a contratilidade e causando hipoventilação e hipercapnia.

    c. **Vias respiratórias:** a doença pulmonar obstrutiva e a asma aumentam a resistência das vias respiratórias, e podem reduzir a ventilação alveolar e aumentar P_aCO_2.

2. **Compensação:** a P_aCO_2 é monitorada por quimiorreceptores centrais e periféricos. O centro respiratório responde à hipercapnia aguda, aumentando a taxa de ventilação, mesmo que tal ação cause fadiga dos músculos respiratórios e precipite uma crise respiratória. Durante a hipercapnia crônica, os quimiorreceptores se adaptam à elevação persistente da P_aCO_2, e assim as taxas de ventilação permanecem normais. A retenção de CO_2 reduz o pH plasmático (acidose respiratória), mas os rins compensam, retendo o HCO_3^- e possibilitando que o pH permaneça dentro de uma faixa normal, mesmo que a P_aCO_2 suba acima de 70 a 90 mmHg (ver 28.VI.C). Esses pacientes

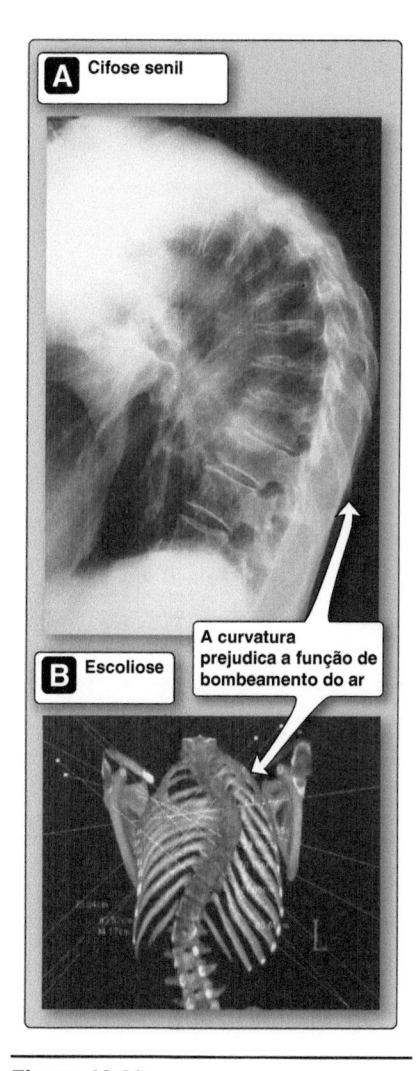

Figura 40.22
Cifose e escoliose.

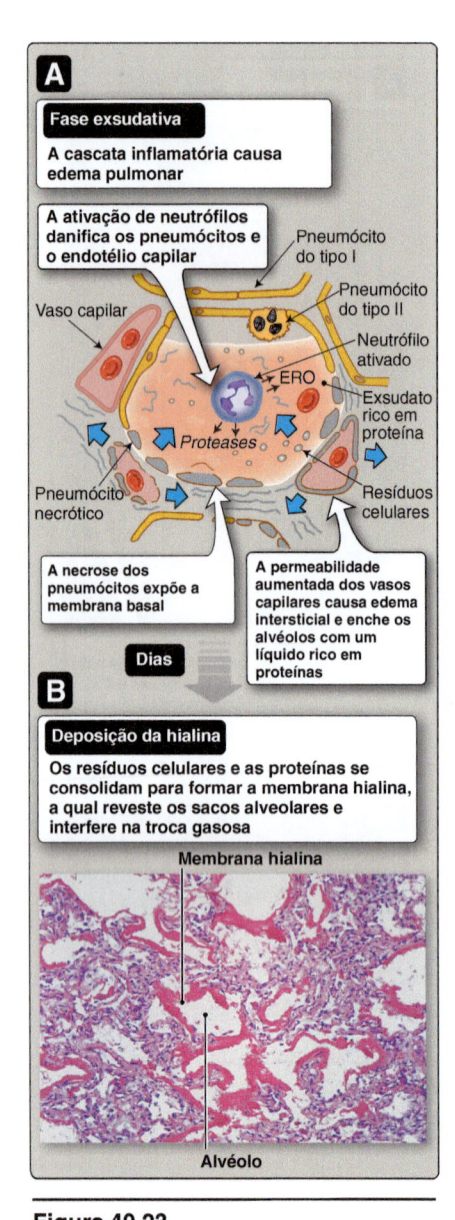

Figura 40.23
Síndrome da angústia respiratória aguda.
EROs = espécies reativas de oxigênio.

A – Fase exsudativa
A cascata inflamatória causa edema pulmonar

A ativação de neutrófilos danifica os pneumócitos e o endotélio capilar
- Pneumócito do tipo I
- Pneumócito do tipo II
- Vaso capilar
- Neutrófilo ativado
- ERO
- Proteases
- Exsudato rico em proteína
- Pneumócito necrótico
- Resíduos celulares

A necrose dos pneumócitos expõe a membrana basal

A permeabilidade aumentada dos vasos capilares causa edema intersticial e enche os alvéolos com um líquido rico em proteínas

Dias

B – Deposição da hialina
Os resíduos celulares e as proteínas se consolidam para formar a membrana hialina, a qual reveste os sacos alveolares e interfere na troca gasosa

- Membrana hialina
- Alvéolo

---

possuem em geral uma reserva pulmonar deficiente e podem descompensar rapidamente, se uma enfermidade gerar exigências adicionais sobre um sistema já comprometido.

3. **Consequências:** os vasos sanguíneos encefálicos são altamente sensíveis à P_{aCO_2}. A retenção aguda de CO_2 causa vasodilatação encefálica, a qual leva a dores de cabeça e hipertensão intracraniana. Esta última pode manisfestar-se como um inchaço do disco óptico e pode causar cegueira. Níveis elevados de CO_2 também causam dispneia e sintomas neurológicos, tais como movimentos involuntários dos pulsos e tremores das mãos.

D. **Síndrome da angústia respiratória aguda**

A SARA é a principal causa de insuficiência respiratória em adultos jovens, com taxas de mortalidade de até 58%. Nas forças armadas, a SARA ficou conhecida originalmente como "choque pulmonar", refletindo as semelhanças entre o início da SARA e o do choque séptico.

1. **Causas:** a SARA pode desenvolver-se em associação com uma grande variedade de condições, as mais comuns sendo a sepse, a aspiração de conteúdos estomacais, o quase afogamento, transfusões sanguíneas múltiplas, trauma, fraturas ósseas e pneumonia.

2. **Estágios:** a SARA é precipitada por mediadores inflamatórios locais ou circulantes (p. ex., histamina), os quais acionam uma cascata inflamatória que danifica gravemente as células endoteliais alveolares (pneumócitos) e as células endoteliais dos vasos capilares que abrangem a interface sangue-gás (Fig. 40.23; ver 22.II.C). Existem três estágios distintos da SARA, caracterizados pela formação de exsudato, deposição de membrana hialina e fibrose.

    a. **Exsudatos:** os estágios iniciais da SARA (24 a 48 horas) são caracterizados por uma reação inflamatória, dentro do parênquima pulmonar, que danifica o epitélio alveolar e causa um profundo aumento da permeabilidade capilar. Os pulmões se enchem com um exsudato sanguinolento, contendo proteínas plasmáticas e resíduos celulares (ver Fig. 40.23A). As radiografias do tórax revelam geralmente infiltrados difusos bilaterais, que fazem lembrar um edema pulmonar, mas que ocorrem quando a pressão venosa central (PVC) e a pressão atrial esquerda estão normais.

    b. **Membrana hialina:** nos 2 a 8 dias seguintes, as membranas hialinas começam a se estabelecer, a partir do exsudato, e cobrem o revestimento alveolar (ver Fig. 40.23B). A hialina é uma matriz fibrosa de proteínas do plasma e resíduos de células dilaceradas.

    c. **Fibrose:** após aproximadamente 8 dias, o interstício é infiltrado por fibroblastos, os quais depositam colágeno e outros materiais fibrosos.

3. **Consequências:** os infiltrados alveolares e as membranas hialinas impedem a troca gasosa, causando hipoxemia. Os infiltrados também inativam o surfactante e suprimem a produção de surfactante pelos pneumócitos do tipo II, causando o colapso alveolar. A perda do surfactante e a atelectasia torna o pulmão extremamente rígido e difícil de expandir, o que é uma das características mais importantes da SARA (Fig. 40.24). A atelectasia não apenas dificulta a ventilação, mas também reduz a área da interface sangue-gás e, portanto, exacerba a hipoxemia. O suporte pela ventilação mecânica é o que salva a vida, enquanto o processo subjacente é investigado.

E. Falência do sistema

A hipoxemia associada com a insuficiência respiratória aguda evoca as mesmas respostas do SNS que o choque, mas no contexto de uma vasculatura intacta e funcional. Os aumentos estimulados pelo SNS no DC e na RVS podem fazer a PAM subir a níveis em que ocorra a ruptura de vasos sanguíneos encefálicos. A hipoxemia crônica causa um declínio gradual na função neuronal, que inibe as vias que controlam a ventilação e a pressão sanguínea. O sinal externo mais óbvio de hipoxemia é a cianose, uma descoloração azulada da pele e das membranas mucosas que reflete a cor da desoxi-hemoglobina (a cianose ocorre quando os níveis de desoxi-hemoglobina sobem ao redor de 5 g/dL). A hipercapnia aguda produz uma acidose respiratória pela retenção de CO_2, mas a resposta do organismo é dominada por respostas reflexas à hipoxemia que acompanha a hipercapnia. A hipercapnia aguda leva a efeitos semelhantes aos de anestésicos no SNC (**narcose por CO_2**). A narcose aparece em uma P_{CO_2} em torno de 90 mmHg, causando confusão e letargia. A P_{CO_2} elevada deprime a função do centro respiratório e suprime o impulso ventilatório, criando, portanto, um ciclo de retroalimentação positiva que potencializa a retenção de CO_2 e finalmente resulta em coma e morte (P_{CO_2} ao redor de 130 mmHg).

VII. INSUFICIÊNCIA RENAL

Duas formas de insuficiência renal são reconhecidas. A **insuficiência renal aguda (IRA)** se desenvolve abruptamente (dentro de 48 horas), mas pode ser tratada se o paciente não tem outros problemas clínicos complicadores. A função renal e o risco de falência podem ser avaliados, utilizando os critérios da sigla RIFLE, conforme apresentado na Tabela 40.3. A **insuficiência renal crônica (IRC)** se desenvolve ao longo de um período de muitos anos. A IRC é caracterizada pela perda progressiva e irreversível de néfrons, mas o desenvolvimento da diálise e as tecnologias de transplantes significam que a IRC não é necessariamente fatal. A taxa de mortalidade de pacientes em diálise é muito elevada (a diálise aumenta a sobrevida em apenas 4,5 anos em pacientes de 60 a 64 anos de idade), mas a morte em geral ocorre por doença cardiovascular, infecção ou **caquexia** (uma síndrome de perda de peso). Entretanto, a IRA é a causa principal de morte (aproximadamente 75%) em atendimentos de urgência, onde os pacientes podem ser idosos e ter outras patologias subjacentes.

A. Causas

A IRA pode ser desencadeada por inúmeros fatores, os quais podem ser agrupados conforme a localização do néfron em que atuam: **pré-renal**, **intrarrenal** e **pós-renal** (Tab. 40.4).

1. **Pré-renal:** a insuficiência pré-renal é caracterizada por uma profunda queda na TFG, devido à redução do fluxo sanguíneo renal e da pressão de perfusão glomerular (ver Fig. 40.13). A insuficiência pré-renal em geral ocorre secundariamente ao choque e à isquemia.

2. **Intrarrenal:** a insuficiência intrarrenal ocorre quando os túbulos renais ou o interstício circunvizinho são danificados. A causa mais comum de insuficiência intrarrenal é a **necrose tubular aguda (NTA)**. Em geral, a NTA resulta de isquemia, mas o túbulo pode também ser danificado por fármacos e outras toxinas.

    a. **Isquemia:** as funções de transporte do epitélio renal criam uma elevada dependência de ATP e coincidente suscetibilidade à isquemia. O epitélio de transporte recebe O_2 pela rede capilar

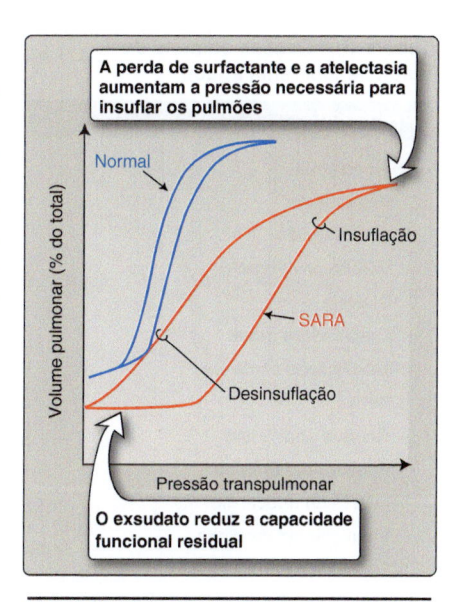

Figura 40.24
Alteração da função pulmonar acompanhando a síndrome da angústia respiratória aguda (SARA).

Tabela 40.3 Avaliando dano e insuficiência renal

	TFG (creatinina do soro)*	Débito urinário
Risco	↓25% (↑1,5×)	< 0,5 mL/kg por 6 h
Lesão (*injury*)	↓50% (↑2×)	< 0,5 mL/kg por 12 h
Falência	↓75% (↑3×)	< 0,3 mL/kg por 24 h ou anúria por 12 h
Perda (*loss*)	Perda da função renal por > 4 semanas	
DREF (*ESRD*)	Doença renal de estágio final (DREF)	

*Variação dos valores basais. TFG = taxa de filtração glomerular.

Tabela 40.4 Causas comuns de insuficiência renal aguda

Pré-renais
• Hipovolemia
▫ Hemorragia
▫ Desidratação
▫ Vômito prolongado
▫ Diarreia
▫ Queimadura grave
• Vasodilatação periférica
▫ Sepse
▫ Choque anafilático
• Choque cardiogênico
▫ Infarto do miocárdio
▫ Insuficiência cardíaca
▫ Tamponamento cardíaco
• Vasoconstrição renal
▫ Fármacos vasoativos

Intrarrenais
• Oclusão vascular
▫ Oclusão da artéria renal
▫ Trombose da veia renal
▫ Vasculite
• Glomerulonefrite
• Necrose tubular aguda
▫ Isquemia
▫ Fármacos nefrotóxicos, metais pesados, solventes orgânicos
▫ Depósitos intratubulares (cálculos de ácido úrico, proteínas musculares)

Pós-renais
• Urolitíase
• Ureterocele
• Hiperplasia prostática
• Malignidades

peritubular, cujo fluxo é governado pelas arteríolas glomerulares (ver 26.II.C). A isquemia tubular em geral ocorre durante uma crise hipotensiva, quando ambas arteríolas estão constritas, cessa a filtração e o fluxo peritubular não mais satisfaz as necessidades basais de O_2 do epitélio. As células isquêmicas podem responder, descamando suas microvilosidades apicais para a luz do túbulo, o que reduz a área total de superfície, a densidade de transportadores e as necessidades de O_2.

b. **Toxinas:** a capacidade dos túbulos renais de concentrar fármacos e toxinas torna-os muito vulneráveis à nefrotoxicidade. Embora todas as regiões dos túbulos estejam em risco, a necrose ocorre mais comumente no túbulo proximal, o qual é responsável por secretar muitas substâncias químicas (ver 26.IV).

3. **Pós-renal:** a insuficiência pós-renal é caracterizada pela obstrução do fluxo urinário, a qual pode ocorrer em qualquer ponto dentro do túbulo, sistemas coletores, ureteres, bexiga e uretra. As causas comuns incluem pedras nos rins (**cálculos**; ver Aplicação clínica 4.2) e próstata aumentada (**hiperplasia prostática**). A obstrução faz a pressão nos segmentos mais proximais dos túbulos subir até o ponto em que anulam a P_{UF}, e a filtragem glomerular cessa. Nesse tempo, os segmentos tubulares afetados podem dilatar-se e atrofiar.

B. Consequências

A insuficiência renal é considerada consumada quando a TFG está reduzida a 25% dos valores normais. Os rins perdem a sua capacidade de controlar os níveis de água e eletrólitos quando a TFG está tão baixa, que se manifesta como hipervolemia, hipercalemia, acidose metabólica e acúmulo de dejetos de nitrogênio (azotemia).

C. Falência do sistema

A incapacidade de excretar dejetos de nitrogênio e manter o equilíbrio eletrolítico tem um impacto negativo em todos os órgãos, mas os efeitos neurológicos dominam. Os pacientes se tornam letárgicos, tontos e delirantes e, por fim, entram em coma. A morte geralmente ocorre devido à arritmia cardíaca causada pela hipercalemia.

VIII. SÍNDROME DE DISFUNÇÃO ORGÂNICA MÚLTIPLA

A geração de Emily Dickinson era bem familiarizada com os sinais de falência sistêmica dos órgãos e morte iminente. As pessoas em geral morriam em casa, sob os cuidados de suas famílias e entes queridos. O poema que abriu este capítulo final descreve, de forma precisa, os efeitos da hipoxemia aguda no SNC (convulsão) e as consequências da intensa estimulação mediada pelo SNS das glândulas sudoríparas (*O Rosário na Testa que a Ânsia crua / Se põe a desfiar*. Nos dias mais modernos, a agonia e os espasmos finais ocorrem em clínicas ou hospitais, assistidos especialmente por profissionais da área da saúde. Os pacientes que chegam aos setores de emergência e unidades de tratamento intensivo em geral já possuem doenças de longa duração e têm aguentado a falência progressiva de um ou mais órgãos por muitos meses ou anos. Eles se apresentam quando uma infecção ou algum outro evento importante desencadeia a **síndrome de disfunção orgânica múltipla** (uma crise clínica que envolve dois ou mais sistemas de órgãos), momento em que a intervenção médica é necessária para continuar sobrevivendo. É a função dos provedores de assistência auxiliar a restabelecer a homeostasia e criar um ambiente no qual o corpo possa se recuperar de um estado doentio agudo. No cômputo final, entretanto, os sistemas fisiológicos que mantêm a homeostasia e que foram descritos nos capítulos precedentes são robustos e têm capacidades de recuperação impressionantes. Esses sistemas rapidamente reafirmam o controle, se lhes for dada uma chance, tanto por eles próprios como pela intervenção médica na hora adequada conforme necessário. Se eles assumem ou não o risco, é o mistério médico que é a Vida.

Resumo do capítulo

- O **envelhecimento** é acompanhado por uma redução progressiva na quantidade total de células e na funcionalidade dos órgãos. O envelhecimento, por fim, resulta na falência dos órgãos e morte.

- A rota comum final para a maioria dos casos de morte celular é a **isquemia**. A isquemia inicia uma série de eventos que compreende a **cascata isquêmica**. Os eventos significativos incluem acidose, dissipação de gradientes iônicos, ativação de *proteases*, pelo Ca^{2+}, e outras enzimas de degradação e a lise mitocondrial.

- A isquemia em geral resulta da falta de perfusão, devido a um **choque circulatório**. O **choque hipovolêmico** resulta de hemorragia ou de redução do volume de líquido extracelular. O **choque cardiogênico** é causado pela perda da função da bomba cardíaca. O **choque distributivo** ocorre quando o sistema nervoso central perde o controle vascular e a vasodilatação sistêmica resultante permite que o sangue fique preso em capilares e veias.

- O choque pode ser dividido em três estágios: **pré-choque, choque** e **falência do órgão**. Durante o pré-choque, aumentos mediados pelo sistema nervoso simpático na função cardíaca e vascular compensam a queda na pressão arterial média.

- Durante o choque, a perfusão de circulações críticas (encefálica, coronária) torna-se subótima, e os sinais de intensa atividade do sistema nervoso simpático ficam evidentes (hipotensão, débito urinário diminuído, acidose).

- A **falência do sistema** ocorre quando o choque se torna irreversível. O sistema circulatório fica preso em uma espiral de retroalimentação positiva, que resulta na perda da contratilidade miocárdica e vascular, acidemia, coagulação do sangue, deterioração celular e, por fim, perda pressão de perfusão cerebral e morte encefálica.

- A **insuficiência cardíaca** é a principal causa de morte nos Estados Unidos e é a via comum final para muitas doenças cardíacas. O lado direito do coração geralmente falha como consequência do aumento da resistência vascular pulmonar. As causas da **falência do lado esquerdo do coração** incluem deficiência de preenchimento (**insuficiência diastólica**), perda da contratilidade ou uma pós-carga excessiva que prejudica o débito (**insuficiência sistólica**).

- O **infarto do miocárdio** é uma causa comum de insuficiência cardíaca. Os mecanismos compensatórios de longa duração suportam o débito cardíaco, embora a manutenção do volume e a invocação do **mecanismo de Frank-Starling** se tornem finalmente contraprodutivos e desencadeiem a falência. Os sintomas de falência cardíaca congestiva incluem **edema** e **encurtamento da respiração** durante esforço.

- A insuficiência respiratória ocorre quando o sistema respiratório é incapaz de captar O_2 ou eliminar CO_2 do organismo. A **insuficiência respiratória hipoxêmica** em geral ocorre como consequência da ventilação alveolar prejudicada, devido ao colapso alveolar ou acúmulo de líquido, pus ou sangue nos alvéolos.

- Os centros de controle respiratório centrais adaptam-se rapidamente a aumentos na P_{aCO_2}, de forma que a **insuficiência respiratória hipercápnica** em geral reflete uma incapacidade funcional da bomba de ar (músculos respiratórios e parede torácica).

- A **síndrome da angústia respiratória aguda (SARA)** é uma causa prevalecente de insuficiência respiratória. A SARA está associada com reações inflamatórias que danificam o parênquima dos pulmões e aumentam a permeabilidade capilar pulmonar. Os pulmões se enchem de infiltrados e se tornam rígidos e difíceis de expandir.

- A **falência renal** pode ser desencadeada por perfusão inadequada, deterioração dos túbulos renais ou obstrução do fluxo urinário. A resultante incapacidade do rim de controlar os níveis de eletrólitos e de água possibilita o aumento dos níveis de K^+ (**hipercalemia**), e a morte em geral resulta de arritmia cardíaca.

Questões para estudo

Escolha a resposta CORRETA.

IX.1 Uma mulher de 23 anos de idade, grávida, em seu terceiro trimestre queixa-se para sua amiga que seus pés e tornozelos estão frequentemente inchados. Qual dos seguintes fatores mais provavelmente provoca o inchaço?

A. Alta pressão venosa pedal.
B. Aumento da pré-carga ventricular esquerda.
C. Hipertensão (pré-eclâmpsia).
D. Diminuição da viscosidade do sangue.
E. Retenção excessiva de líquidos.

Resposta correta = A. O útero gravídico comprime as veias que retornam o sangue das extremidades inferiores, causando o aumento da pressão venosa pedal (37.IV.D). Como consequência, a pressão hidrostática capilar pedal aumenta, promovendo filtração de líquido e edema. A filtração é potencializada por uma coincidente queda na pressão osmótica coloidal do plasma durante a gravidez. O débito cardíaco materno aumenta por meio da retenção de líquido, para aumentar a pré-carga ventricular esquerda, mas o débito adicional é necessário para suprir a placenta e não contribui significativamente para aumentar a pressão venosa. Em condições fisiológicas, as mudanças na viscosidade do sangue e a hipertensão não afetam significativamente as forças de Starling.

IX.2 Uma mulher grávida saudável e uma atleta engajada em uma rotina de treinamento aeróbico mostram, ambas, qual das seguintes alterações?

A. Hipertrofia ventricular induzida por pós-carga.
B. Aumento na frequência cardíaca de repouso.
C. Aumento na pressão diastólica de repouso.
D. Aumento na ventilação-minuto.
E. Diminuição da concentração de hemoglobina.

Resposta correta = D. Tanto a gravidez quanto o treinamento aeróbico aumentam a ventilação-minuto para maximizar a entrega de O_2 para os tecidos (37.IV.E; 37.VI.D). Os níveis de hemoglobina (Hb) caem durante a gravidez, enquanto o treinamento aumenta a Hb. A hipertrofia ventricular durante a gravidez e o treinamento ocorre em resposta a uma pré-carga e um volume sistólico (VS) cronicamente aumentados. A frequência cardíaca (FC) em repouso aumenta durante a gravidez, para ajudar a atender às elevadas demandas de um débito cardíaco (DC) que é imposto sobre o sistema circulatório materno. O DC em repouso não muda com o treinamento, entretanto, o aumento do VS em repouso diminui a FC em repouso. A pressão sanguínea diastólica em repouso cai durante a gravidez, devido ao escoamento para dentro do circuito placentário de baixa resistência e diminui minimamente com o treinamento aeróbico.

IX.3 As alternativas a seguir comparam pares de variáveis do sistema circulatório. Qual delas melhor descreve o sistema circulatório fetal?

A. Resistência vascular: sistêmica > pulmonar.
B. Fluxo: veia pulmonar > aorta descendente.
C. Pressão arterial: esquerda > direita.
D. Níveis de hemoglobina: adulto > fetal.
E. Saturação de O_2: veia cava inferior > aorta.

Resposta correta = E. O sangue fetal é oxigenado na placenta, e então flui pela veia umbilical com uma saturação de aproximadamente 85% para dentro da veia cava inferior (70%), através do coração, e para o interior da aorta (37.V.C). A saturação cai para aproximadamente 65% pela mistura de sangue desoxigenado durante a passagem. O sistema circulatório fetal é caracterizado por sua alta resistência vascular pulmonar, quando comparada com a resistência vascular sistêmica. Desvios (forame oval e ducto arterioso) fazem o sangue passar diretamente para o circuito pulmonar de alta resistência, e, portanto, o fluxo de sangue pulmonar é menor do que o fluxo aórtico. O sangue fetal é enriquecido com hemoglobina para aumentar sua capacidade de transporte de O_2.

IX.4 Uma mulher de 52 anos de idade com esclerose múltipla deu entrada no setor de emergência, em três ocasiões, com hipotermia moderada (temperatura retal entre 34 e 35°C) durante um acampamento de outono. Qual a razão mais provável para que essa mulher tenha apresentado baixas temperaturas durante exposição prolongada ao frio?

A. Diminuição da sensação cutânea de aquecimento.
B. Diminuição da sensação cutânea de dor.
C. Aumento da secreção de suor.
D. Lesões na área hipotalâmica pré-óptica.
E. Lesões no cerebelo caudal.

Resposta correta = D. A esclerose múltipla causa desmielinização e diminui a condução axonal. Se ocorrer uma lesão esclerótica na área pré-óptica, a sensação central e o processamento dos sinais provenientes dos receptores de temperatura da pele podem não ser regulados apropriadamente (38.II.B). Isso pode efetivamente atenuar as respostas ao estresse térmico e permitir que a temperatura corporal flutue mais com as temperaturas do ambiente. As lesões que ocorrem no cerebelo devem afetar os movimentos e a coordenação, muito mais do que a regulação da temperatura. Os indivíduos com esclerose múltipla podem desenvolver neuropatia periférica, mas os receptores de calor e dor da pele não estão diretamente envolvidos na sensação de frio. A sudorese ocorre durante exposição ao calor, não exposição ao frio (38.II.D.2).

IX.5 Uma menina de 6 meses de idade é inadvertidamente exposta a um ambiente frio, após ela e seus pais terem passado por uma tempestade em um dia frio. Qual tecido termogênico tem uma proteína desacopladora mitocondrial que pode auxiliar em sua termorregulação?

A. Tecido adiposo branco.
B. Tecido adiposo marrom.
C. Músculo esquelético.
D. Músculo cardíaco.
E. Músculo liso.

Resposta correta = B. A termogênese sem calafrios é um processo de aumento da taxa metabólica para gerar calor sem tremor (38.II.D.4). O tecido adiposo marrom, que é proporcionalmente mais desenvolvido em recém-nascidos do que em adultos, tem uma proteína desacopladora mitocondrial (a termogenina) que gera calor sem produção de trabalho útil. O tecido adiposo branco não tem essa capacidade. O músculo, principalmente o esquelético, pode participar da termogênese sem calafrios, mas não possui uma proteína semelhante à termogenina. Os músculos liso e cardíaco não participam diretamente nas respostas ao frio.

IX.6 Em qual destas seguintes condições um inibidor da *ciclo-oxigenase* poderia trazer de volta a temperatura para uma faixa entre 36,5 e 37,5°C?

A. Hipotermia grave.
B. Estresse pelo frio ambiental.
C. Estresse pelo calor ambiental.
D. Exaustão pelo calor.
E. Febre.

Resposta correta = E. Anti-inflamatórios não esteroides, tais como a aspirina, são inibidores da *ciclo-oxigenase* que bloqueiam a síntese de prostaglandinas. Suas ações incluem a inibição da ativação do receptor EP_3 de prostaglandina no hipotálamo pré-óptico, baixando o ponto de ajuste termorregulador que foi elevado por pirogênios durante a febre (38.IV.A). Os estresses pelo frio e pelo calor do ambiente alteram a termorregulação, mas o ponto de ajuste interno permanece dentro da faixa normal. A hipotermia grave é definida como uma temperatura interna < 28°C, e a exaustão pelo calor é uma condição hipertérmica, mas o corpo novamente tenta regular a temperatura interna para o ponto de ajuste, o qual está dentro da faixa normal (38.IV.B).

IX.7 Uma mulher de 25 anos de idade submeteu-se recentemente a uma cirurgia para correção de estiramento do ligamento cruzado anterior. Exercícios pós-cirúrgicos incluem exercícios isométricos do quadríceps que são mantidos até a fadiga (em torno de 60 s). Qual sistema de energia é principalmente utilizado nesses exercícios?

A. O estoque de trifosfato de adenosina.
B. O sistema creatina fosfato.
C. O sistema do ácido láctico.
D. O ciclo do ácido cítrico.
E. A fosforilação oxidativa.

Resposta correta = C. O sistema do ácido láctico predomina durante o exercício extenuante que fatiga, com duração entre 30 s e 2,5 min (39.III.A). Nesse sistema, a glicólise produz ácido pirúvico, o qual é convertido em ácido láctico. Os estoques de trifosfato de adenosina (ATP) podem suportar exercícios por alguns segundos, e o sistema creatina fosfato apenas aumenta esse tempo em 8 a 10 s. O metabolismo aeróbio (ciclo do ácido cítrico e fosforilação oxidativa) é o sistema primário de energia utilizado para síntese de ATP durante exercício extenuante de 2,5 min ou mais.

IX.8 No início do exercício, um mecanismo de anteroalimentação aumenta as frequências cardíaca e respiratória. Qual é o melhor termo ou receptor responsável por esse mecanismo?

A. Aferentes musculares da classe III.
B. Aferentes musculares da classe IV.
C. Barorreceptores arteriais.
D. Quimiorreceptores periféricos.
E. Comando central.

Resposta correta = E. O comando central é o sinal de anteroalimentação que aumenta a função dos sistemas circulatório e respiratório no início do ou em antecipação ao exercício (39.IV.B.2). Os aferentes musculares das classes III e IV fornecem retroalimentação em relação ao estiramento, compressão e estado metabólico do músculo. Os barorreceptores fornecem uma retroalimentação em relação à pressão arterial no arco da aorta e nas artérias carótidas. Os quimiorreceptores fornecem uma retroalimentação em relação à pressão arterial parcial de O_2 e CO_2 e de H^+ em localizações semelhantes às dos barorreceptores (39.IV.A).

IX.9 Um deslocamento para a direita induzido pelo exercício na curva de dissociação O_2-hemoglobina é responsável pelo aumento de qual dos seguintes parâmetros respiratórios durante o exercício aeróbico?

A. Ventilação alveolar.
B. Excesso de consumo de oxigênio pós-exercício.
C. Trabalho respiratório.
D. Diferença arteriovenosa de O_2.
E. Capacidade de transporte de O_2.

Resposta correta = D. A diferença arteriovenosa (a-v) de O_2 amplia com o exercício aeróbico, por meio do descarregamento aumentado de O_2 pela hemoglobina (Hb; 39.VI.B). Isso se manifesta em um decréscimo no conteúdo venoso de O_2, de modo que, embora os níveis arteriais permaneçam inalterados, a diferença a-v aumenta. Um aumento no descarregamento ocorre devido a um deslocamento para a direita na curva de dissociação Hb-O_2 (23.VI.B). O consumo de O_2 pós-exercício não impacta o uso do O_2 durante o exercício. A ventilação alveolar e o trabalho respiratório aumentam durante o exercício, mas não estão relacionados com a curva de dissociação Hb-O_2. A capacidade do sangue em transportar O_2 é determinada principalmente pela concentração de Hb, não pela afinidade da Hb com o O_2.

IX.10 Um soldado de 21 anos de idade sofre perda extensiva de sangue provocada por feridas profundas realizadas por um dispositivo explosivo improvisado. Qual das seguintes expressões identifica o mecanismo primário responsável pela manutenção do volume de sangue até que sejam administrados líquidos?

A. Venoconstrição.
B. Constrição dos vasos de resistência.
C. Liberação de aldosterona.
D. Diminuição do fluxo sanguíneo renal.
E. Recrutamento de líquido intersticial.

Resposta correta = E. A hemorragia provoca a queda da pressão venosa central, o que reduz a pressão hidrostática capilar média em todas as circulações (40.IV.A). Isso faz o líquido se mover do interstício para dentro dos vasos sanguíneos ("recarga transcapilar") sob a influência da pressão osmótica coloidal do plasma, auxiliando, assim, a suportar o volume de sangue. A constrição dos vasos de resistência direciona o sangue para longe de órgãos não essenciais, mas não aumenta o volume de sangue. A venoconstrição força o sangue a sair das veias, mas não afeta o volume total de sangue. A aldosterona aumenta a retenção de líquidos pelos rins, mas somente após muitas horas.

IX.11 Uma mulher com 67 anos de idade é trazida em choque ao setor de emergência. Uma avaliação da sua função cardiovascular mostrou que sua frequência cardíaca está alta e o débito cardíaco está aumentado, enquanto a pressão atrial esquerda, a pressão arterial média e a resistência vascular sistêmica estão baixas. Qual é a provável causa?

A. Choque séptico.
B. Choque hipovolêmico.
C. Choque cardiogênico.
D. Tamponamento cardíaco.
E. Embolia pulmonar.

Resposta correta = A. O choque dispara uma intensa resposta simpática na tentativa de aumentar a pressão arterial e restaurar a entrega de O_2 ao encéfalo (40.IV.B). Tal resposta inclui vasoconstrição sistêmica para aumentar a resistência vascular sistêmica (RVS). Reações inflamatórias associadas com a sepse danificam os vasos sanguíneos e impedem a vasoconstrição, assim a RVS cai inevitavelmente. O choque hipovolêmico reduz o débito cardíaco (DC). No choque cardiogênico (incluindo tamponamento), a pressão atrial esquerda (PAE, ou pré-carga) deve estar aumentada na tentativa de suportar o DC. A embolia pulmonar deve causar a queda da PAE e do DC, mas a RVS deve ser muito alta.

IX.12 Um homem de 48 anos de idade com pneumonia é hospitalizado, quando desenvolve a síndrome da angústia respiratória aguda e necessita de um ventilador mecânico para respirar. Por que um ventilador mecânico ajuda?

A. Ele aumenta o débito cardíaco.
B. O líquido alveolar diminui a complacência.
C. O exsudato inflamatório prejudica o surfactante.
D. Ele impede a formação da membrana hialina.
E. Ele impede a fibrose pulmonar.

Resposta correta = C. Os pulmões de pacientes com a síndrome da angústia respiratória aguda (SARA) são altamente não complacentes e necessitam de um ventilador mecânico para se expandir, principalmente porque o exsudato inflamatório inativa o surfactante e inibe sua produção (40.VI.D). A fibrose, a qual pode reduzir ainda mais a complacência ao longo do tempo, não é evitada pela ventilação. A ventilação não tem efeito na formação da membrana hialina, que interfere na troca gasosa e pode frequentemente diminuir a pré-carga ventricular e o débito cardíaco. O líquido no interstício pulmonar reduz a complacência pulmonar, mas não o de dentro dos alvéolos (os pulmões cheios de líquido são mais fáceis de expandir do que os normais, porque os efeitos da tensão superficial são negados; 22.IV.B).

Créditos das Figuras

Fig. 5.1: Modified from Jennings, H.S. *Behavior of the Lower Organisms*. The Columbia University Press, 1906.

Fig. 5.13: Modified from Moore, K.L. and Dalley, A.F. *Clinical Oriented Anatomy*. Fourth Edition. Lippincott Williams & Wilkins, 1999.

Fig. 12.3: Modified from Seifter, J., Ratner, A., and Sloane, D. *Concepts in Medical Physiology*. Lippincott Williams & Wilkins, 2005.

Fig. 12.2A: Photograph from Cohen, B.J. and Taylor, J.J. *Memmler's the Human Body in Health and Disease*. Eleventh Edition. Lippincott Williams & Wilkins, 2009.

Fig. 14.1: Micrographs from Moore, K.L. and Agur, A. *Essential Clinical Anatomy*. Second Edition. Lippincott Williams & Wilkins, 2002.

Fig. 14.2: Data from Seow, C.Y. and Fredberg, J.J. *J. Appl. Physiol.* 110: 1130–1135, 2011.

Fig. 14.3: Data from Kuo, K.H. and Seow, C.Y. *J. Cell Science*. 117:1503–1511, 2003.

Fig. 15.2: Crystal data from Robinson, R.A. *J. Bone Joint Surg. Am.* 34:389–476, 1952.

Fig. 15.3: Model (lower) from Thurner, P.J. *Nanomed. Nanobiotechnol.* 1:624–629, 2009.

Fig. 21.4: Data from Harper, A.M. *Acta Neurol. Scand.* [Suppl] 14:94, 1965.

Fig. 21.5: Data from Ingvar, D.H. *Brain Res.* 107:181–197, 1976.

Fig. 22.8: From Kahn, G.P. and Lynch, J.P. *Pulmonary Disease Diagnosis and Therapy: A Practical Approach*. Lippincott Williams & Wilkins, 1997.

Fig. 22.16 (panels A, B, and D): Cagle, P.T. *Color Atlas and Text of Pulmonary Pathology*. Lippincott Williams & Wilkins, 2005.

Fig. 23.11: Modified from Daffner, R.H. *Clinical Radiology—The Essentials*. Third Edition. Lippincott Williams & Wilkins, 2007.

Fig. 23.20: From Anderson, S.C. *Anderson's Atlas of Hematology*. Lippincott Williams & Wilkins, 2003.

Fig. 24.15: From The National Oceanic and Atmospheric Administration. Photo credit: Doug Kesling.

Fig. 25.6 (lower two micrographs): From Schrier, R.W. *Diseases of the Kidney and Urinary Tract*. Eighth Edition. Lippincott Williams & Wilkins, 2006.

Fig. 26.1B: Micrograph reprinted with permission from Clapp, W.L., Park, C.H., Madsen, K.M., et al. *Lab. Invest.* 58:549–558, 1988.

Fig. 26.5: Data from Rector, F.C. *Am. J. Physiol.* 244:F461–F471, 1983.

Fig. 27.5: Based on data from Pannabecker, T.L., Dantzler, W.H., Layton, H.E., et al. *Am. J. Physiol.* 295:F1271–F1285, 2008.

Fig. 27.15 (lower): Micrograph reprinted with permission from Clapp, W.L., Madsen, K.M., Verlander, J.W., et al. *Lab. Invest.* 60:219–230, 1989.

Fig. 31.12: Radiograph from Dean, D. and Herbener, T.E. *Cross-Sectional Human Anatomy*. Lippincott Williams & Wilkins, 2000.

Fig. 35.7: Modified from Golan, D.E., Tashjian, A.H., and Armstrong, E.J. *Principles of Pharmacology: The Pathophysiologic Basis of Drug Therapy*. Second Edition. Wolters Kluwer Health, 2008.

Fig. 36.6 (top panel): Modified from Bear, M.F., Connors, B.W., and Paradiso, M.A. *Neuroscience—Exploring the Brain*. Second Edition. Lippincott Williams & Wilkins, 2001.

Fig. 38.9: From Fleisher, G.R. and Ludwig, S. *Textbook of Pediatric Emergency Medicine*. Sixth Edition. Lippincott Williams & Wilkins, 2010.

Fig. 40.20C: Radiograph from Topol, E.J., Califf, R.M., and Isner, J. *Textbook of Cardiovascular Medicine*. Third Edition. Lippincott Williams & Wilkins, 2006.

Fig. 40.22B: Radiograph from Frymoyer, J.W., Wiesel, S.W. *The Adult and Pediatric Spine*. Lippincott Williams & Wilkins, 2004.

Fig. 40.23 (lower): Radiograph from Rubin, R. *Pathology*. Fourth Edition. Lippincott Williams & Wilkins, 2005.

Clinical Application 3.1: Photograph from Eisenberg, R.L. *An Atlas of Differential Diagnosis*. Fourth Edition. Lippincott Williams & Wilkins, 2003.

Clinical Application 4.1: Photograph from Berg, D. and Worzala, K. *Atlas of Adult Physical Diagnosis*. Lippincott Williams & Wilkins, 2006.

Clinical Application 5.2: Photograph from Smeltzer, S.C., Bare, B.G., Hinkle, J.L., et al. *Brunner and Suddarth's Textbook of Medical—Surgical Nursing*. Twelfth Edition. Lippincott Williams & Wilkins, 2009.

Clinical Application 6.2: Modified from Taylor, C., Lillis, C.A., and LeMone, P. *Fundamentals of Nursing*. Second Edition. Lippincott Williams & Wilkins, 2009.

Clinical Application 11.1: Courtesy of Steven R. Nokes, M.D., Little Rock, Arkansas.

Clinical Application 15.1: Courtesy of Tyrone Wei, D.C., D.A.C.B.R., Portland, Oregon.

Clinical Application 15.3 (lower): Photograph from Rubin, R. and Strayer, D.S. *Rubin's Pathology: Clinicopathologic Foundations of Medicine*. Fifth Edition. Lippincott Williams & Wilkins, 2008.

Clinical Application 21.2: Courtesy of Medtronics, Peripheral Division, Santa Rosa, California.

Clinical Application 26.2: Reproduced from Fiechtner, J.J. and Simkin, P.A. *JAMA*. 245:1533–1536, 1981, with permission.

Clinical Application 33.1 (upper): Photograph from Smeltzer, S.C. and Bare, B.G. *Textbook of Medical-Surgical Nursing*. Ninth Edition. Lippincott Williams & Wilkins, 2000.

Clinical Application 33.2: Photograph from Willis, M.C. *A Programmed Learning Approach to the Language of Health Care*. Lippincott Williams & Wilkins, 2002.

Clinical Application 34.2: Photograph from Sadler, T.W. *Langman's Medical Embryology*. Seventh Edition. Lippincott Williams & Wilkins, 1995.

Clinical Application 34.3: Photograph from Rubin, R. *Essential Pathology*. Third Edition. Lippincott Williams & Wilkins, 2000.

Clinical Application 35.1: Photograph from Weber, J. and Kelley, J. *Health Assessment in Nursing*. Second Edition. Lippincott Williams & Wilkins, 2003.

Clinical Application 35.4: Photograph from Becker, K.L., Bilezikian, J.P., Brenner, W.J., et al. *Health Assessment in Nursing. Principles and Practice of Endocrinology and Metabolism*. Third Edition. Lippincott Williams & Wilkins, 2001.

Modified from Bear, M.F., Connors, B.W., and Paradiso, M.A. *Neuroscience—Exploring the Brain*. Third Edition. Lippincott Williams & Wilkins, 2007: Figs. 5.7, 7.4, 7.11, 7.12, 9.3, 9.4, 9.6, 9.7, 9.13, 12.7, 16.12A, and Clinical Application 8.2.

From the Centers for Disease Control and Prevention, Public Health Image Library: Photographs appearing in Clinical Applications 5.1 (photo credit: Dr. Fred Murphy, Sylvia Whitfield, 1975), 12.4, 19.3, and 20.1 (photo credit: Dr. Edwin P. Ewing, Jr., 1972). Data appearing in Tables 37.1 and 40.1.

Modified from Chandar, N. and Viselli, S. *Lippincott's Illustrated Reviews: Cell and Molecular Biology*. Lippincott Williams & Wilkins, 2010: Figs. 1.2, 1.3, 1.4, 1.5, 1.6, 1.12, 1.13, 1.18, 1.21, 1.22, 1.23, 4.5, and 4.10.

Modified from Clarke, M.A., Finkel, R., Rey, J.A., et al. *Lippincott's Illustrated Reviews: Pharmacology*. Fifth Edition. Lippincott Williams & Wilkins, 2012: Figs. 1.17 and 1.20.

From Daffner, R.H. *Clinical Radiology— The Essentials*. Third Edition. Lippincott Williams & Wilkins, 2007: Photographs appearing in Fig. 22.11 (lower panel) and 23.11 and Clinical Applications 4.2 and 29.1 (left).

From Feigenbaum, H., Armstrong, W.F., and Ryan, T. *Feigenbaum's Echocardiography*. Sixth Edition. Lippincott Williams & Wilkins, 2004: Photographs appearing in Clinical Applications 18.1 (upper panel) and 19.2 (upper panel).

From Fleisher, G.R., Ludwig, W., and Baskin M.N. *Atlas of Pediatric Emergency Medicine*. Lippincott Williams & Wilkins, 2004: Photographs appearing Clinical Applications 1.2, 6.1, and 25.2 (lower).

From Goodheart H.P. *Goodheart's Photoguide of Common Skin Disorders*. Second Edition. Lippincott Williams & Wilkins, 2003: Photographs appearing in Fig. 16.2 and Clinical Applications 35.3, 36.1, and 36.2.

From Gorbach, S.L., Bartlett, J.G., and Blacklow, N.R. *Infectious Diseases*. Lippincott Williams & Wilkins, 2004: Photographs appearing in Clinical Applications 4.4 and 29.1 (right).

Modified from Harvey, R.A. and Ferrier, D.R. *Lippincott's Illustrated Reviews: Biochemistry*. Fifth Edition. Lippincott Williams & Wilkins, 2011: Figs. 23.16, 23.17, 23.19, 23.21, 33.1, 40.6, and Clinical Application 33.1 (lower panel).

Modified from Klabunde, R.E. *Cardiovascular Physiology Concepts*. Lippincott Williams & Wilkins, 2005: Figs. 17.2, 17.14, 18.1, 18.4, 20.5, and 21.14.

From Klossner, N.J. and Hatfield, N. *Introductory Maternity and Pediatric Nursing*. Lippincott Williams & Wilkins, 2005: Fig. 36.9 and Photographs appearing in Fig. 37.12 and Clinical Applications 16.1.

From Koopman, W.J. and Moreland, L.W. *Arthritis and Allied Conditions—A Textbook of Rheumatology*. Fifteenth Edition. Lippincott Williams & Wilkins, 2005: Clinical Applications 15.2 and 30.1.

Modified from Krebs, C., Weinberg, J., and Akesson, E. *Lippincott's Illustrated Review of Neuroscience*. Lippincott Williams & Wilkins, 2012: Figs. 6.5, 6.7, 6.11, 6.12, 7.9, 8.1, 8.9, 8.10, 8.14, 9.2, 9.15, 10.5A and B, 10.6, 11.4, 16.13, and 21.2.

Modified from McCardle, W.D., Katch, F.I., and Katch, V.L. *Exercise Physiology*. Seventh Edition. Lippincott Williams & Wilkins, 2010: Figs. 12.6, 12.11, 23.15, and 24.12.

Modified from McConnell, T.H. *The Nature of Disease Pathology for the Health Professions*. Lippincott Williams & Wilkins, 2007: Clinical Application 16.2 and Photographs appearing in Fig. 23.22 and Clinical Applications 12.1, 18.2, 23.1, 25.1, 30.3, 32.2, and 34.1.

From Mills, S.E. *Histology for Pathologists*. Third Edition. Lippincott Williams & Wilkins, 2007: Photographs appearing in Figs. 1.9, 4.4, 10.5C, 14.1, 15.6, 25.12 (lower panel), 31.2, and 34.1 (lower panel) and Clinical Application 34.3.

Modified from Porth, C.M. *Essentials of Pathophysiology*. Second Edition. Lippincott Williams & Wilkins, 2007: Figs. 15.5 and 25.14.

Modified from Premkumar, K. *The Massage Connection Anatomy and Physiology*. Lippincott Williams & Wilkins, 2004: Figs. 16.3 and 36.7 (lower panel).

Modified from Rhoades, R.A. and Bell, D.R. *Medical Physiology*. Third Edition. Lippincott Williams & Wilkins, 2009: Figs. 12.14, 20.15, 21.9, 22.22, 25.5, 25.9, and 37.5.

From Ross M.H., Kaye G.I., and Pawlina, W. *Histology: A Text and Atlas*. Fourth Edition. Lippincott Williams & Wilkins, 2003: Photographs appearing in Figs. 4.15 (upper panel), 12.4B, and 13.1.

Modified from Rubin, E. and Farber J.L. *Pathology*. Third Edition. Lippincott Williams & Wilkins, 1999: Clinical Application 36.3, and Photographs appearing in Figs. 15.4, 21.10A, 22.16C, and 40.5; and Clinical Applications 13.2, 25.2 (upper panel), and 32.3.

Modified from Siegel, A. and Sapru, H.N. *Essential Neuroscience*. Second Edition. Lippincott Williams & Wilkins, 2011: Figs. 6.6, 6.8, 11.11, 11.12, and 11.13.

From Tasman, W. and Jaeger, E. *The Wills Eye Hospital Atlas of Clinical Ophthalmology*. Second Edition. Lippincott Williams & Wilkins, 2007: Photographs appearing in Fig. 8.4 and Clinical Applications 8.1 and 12.2.

Modified from Taylor, C.R., Lillis C., LeMone, P., et al. *Fundamentals of Nursing, The Art And Science of Nursing Care*. Sixth Edition. Lippincott Williams & Wilkins, 2008: Fig 38.7 and Clinical Application 24.1.

From Uflacker, R. *Feigenbaum's Atlas of Vascular Anatomy: An Angiographic Approach*. Second Edition. Lippincott Williams & Wilkins, 2006: Photographs appearing in Figs. 25.4 and 25.6 (upper panel). Reprinted with permission from Sampaio, F.J.B.

From Yochum, T.R. and Rowe, L.J. *Yochum and Rowe's Essentials of Skeletal Radiology*. Third Edition. Lippincott Williams & Wilkins, 2004: Photographs appearing in Fig. 40.22A and Clinical Application 15.3 (lower).

Modified from West, J.B. *Best and Taylor's Physiological Basis of Medical Practice*. Twelfth Edition. Williams & Wilkins, 1991: Figs. 37.10 and 37.11.

Modified from West, J.B. *Respiratory Physiology—The Essentials*. Seventh Edition. Lippincott Williams & Wilkins, 2005: Figs. 22.1, 22.2, 22.13, 22.18, 22.21, 23.9, 23.10, 24.9, 24.11, 28.12, 28.14, 28.15, 28.16, and 28.17.

Índice

Números de páginas seguidos por *f* e *t* correspondem a figuras e tabelas, respectivamente.

A

ABP. *Ver* Proteína ligante de andrógeno
Absorção de potássio, líquido cerebrospinal (LCS), 74
Acalasia, 388-389
Acetazolamida, 338
Acetilcolina (ACh), 140, 379*t*
Acetilcolinesterase (AChE), 146
Acidemia, definição, 34
Acidentes vasculares encefálicos, 253, 387
Ácido etileno diaminotetracético (EDTA), 322
Ácido láctico, exercício, 472-473
Ácido para-amino-hipúrico (PAH), 324, 334*f*
Ácidos. *Ver* Equilíbrio ácido-base
Ácidos graxos
  cadeia curta, 397, 400
  cadeia média, 396
  livres, 396-397
Ácidos tituláveis, 339
Acidose. *Ver* Equilíbrio ácido-base
Acidose tubular renal (ATR), 371*t*
Acinesia, 128-129
Acne, 179
Acomodação, olho, 100, 100*f*
Acoplamento excitação-contração
  músculo esquelético, 139, 140-141
  músculo liso, 156, 156*f*, 157, 157*f*, 158-159, 159*f*
    formação do estado de tranca, 159
Acoplamento farmacomecânico, 157
Acromegalia, 419
Acrossiríngio, 179-180
ACT. *Ver* Água corporal total
ACTH. *Ver* Hormônio adrenocorticotrófico
Actina
  músculo esquelético, 136, 136*f*
  músculo liso, 153
Actina F, 136
Actina G, 136
Actinina, 137
Adaptação ao comprimento, músculo liso, 160-161, 160*f*
Adenilato ciclase, 13, 348, 417
Adeno-hipófise, 86, 86*f*
Adenosina, monofosfato de, cíclico (AMPc), 11
Adenosina, trifosfatase (ATPase), 8

Adenosina, trifosfato de (ATP), 333*f*, 405*f*
  hidrólise, 141
  ligação, 141
  receptores, 25-26
  rotas sintéticas, 472-473, 472*f*
ADH. *Ver* Hormônio antidiurético
ADP. *Ver* Adenosina, difosfato de
Adrenalina, 234, 322, 421
Aeróbico
  exercício, 471-475, 474-475*t*, 476-478
Aeróbio
  metabolismo, 472*t*, 473
Ageusia, 117
Agonistas, 145
Água, 405
  absorção pelos intestinos, 398-399
  depuração, 353
  equilíbrio, 358-361
    ingestão vs. excreção, 358-359, 359*t*
    mecanismo sensorial, 359
    papel do ADH no, 360-361, 360*f*, 361*f*
    papel do SRAA no, 362, 362*f*
    regulação, 359-360
    sede, 259
  nos compartimentos de líquido corporal, 31-33, 32*f*
    corporal total, 28
    movimento entre compartimentos, 32-33, 33*f*
  perda de, 359*t*
    não perceptível, 359
    suor, 468, 470
  reabsorção
    no túbulo proximal, 340-341
    nos túbulos coletores, 353-354, 354*f*
      regulação, 353-354, 354*f*
Água corporal total (ACT), 28
AINEs. *Ver* Fármacos anti-inflamatórios não esteroides
AIT. *Ver* Ataque isquêmico transitório
Albumina, 227
Alça de histerese, 270
Alça de pressão-volume (PV), 207, 207*f*
  efeito da ativação do sistema nervoso simpático (SNS) na, 212*f*
  efeito da inotropia na, 210-211, 211*f*
  efeito da pré-carga na, 208, 208*f*
  efeitos da pós-carga na, 209, 209*f*
  tensão superficial e, 270*f*, 271
Alcalemia, definição, 34

Alcalose. *Ver* Equilíbrio ácido-base
Aldosterona, 244, 351*f*, 421
  funções
    na pressão arterial, 243-244, 243*f*
    na reabsorção de K^+, 350-351, 351*f*
    na reabsorção de Na^+, 350-351*f*
  secreção, 424*f*
  síntese, 422, 423*f*
Aldosterona sintetase, 422
Alimentação intravenosa, 382
Altitude, 306, 307*f*
Alveolar(es)
  área de superfície, 5
  estabilização do tamanho, 266, 266*f*
  pressão (P_A), 283-284
  sacos, 263-264, 264*f*
  ventilação, 278
Amilase, 402*t*
  pancreática, 393
  salivar, 386
Amilopectina, 393
Amilorida, 349
Amilose, 393
Aminoácidos
  absorção, 395
  reabsorção, 332-333, 333*f*
Amônia, 339, 406
Amônio, 339*f*
AMPc. *Ver* Cíclico, monofosfato de adenosina
Amplitude da audição, 108
Ampola, 110
Anaeróbico
  exercício, 471-472, 474-475, 477-478
Anaeróbio
  metabolismo, 482-483
Anatomia da veia, 245-246, 246*f*
Andrógenos, 424-425
  função, 425
  secreção, 425
Androstenediona, 421, 439
Anemia, 218-219, 457
  fisiológica, 219, 457, 457*f*
Anfipático, definição, 2
Ang-II. *Ver* Angiotensina II
Angina, 235, 254, 254*f*, 256
  de Prinzmetal, 254, 254*f*
  variante, 254
Angiotensina I, 244
Angiotensina II (Ang-II), 234, 243, 322, 363, 421, 487
Angiotensinogênio, 244
Anidrase carbônica (AC), 294
Anidrose, 83, 469
Ânion, definição, 6
Anosmia, 118-119
Anticorpo estimulante da tireoide, 434

Antiportes, 9, 9*f*
Aorta, 190
Aparelho de Golgi, 1
Aparelho justaglomerular (AJG), 319-322, 321-322*f*
Apneia do sono
  central, 300
  obstrutiva, 300
Apoptose, 172, 482
Aprendizado motor, cerebelo, 129
AQPs. *Ver* Aquaporinas
Aquaporinas (AQPs), 6*t*, 7
  membros da família, 7
  na reabsorção de água, 354, 354*f*
  na secreção de água, 74*f*, 75, 179-180, 179-180*f*, 405, 405*f*
  regulação pelo ADH, 354, 354*f*
Aqueduto do mesencéfalo (aqueduto de Sylvius), 73
Ar
  composição, 281
  viscosidade, 274-275
Aracnoide-máter, 72
Área de superfície da membrana, 4
Área de Wernicke, 110
Área motora suplementar, 126-127, 126-127*f*
  córtex cerebral, 70-71
Área postrema, 85
Área pré-óptica, hipotálamo, 465, 465*f*
Arginina vasopressina. *Ver* Hormônio antidiurético
Aromatase, 439
Arrasto por solvente, 46, 330
Artéria pulmonar, 190
Artéria renal, 314
Artérias, 216
  efeitos da idade nas, 225
Artérias espirais, 455, 455*f*
Arteríolas, 216
Arteriosclerose, 225, 241
Asma, 272
Astrócitos, 62
Ataque isquêmico transitório (AIT), 253
Ataxia, 70, 129
Atelectasia, 266, 494
Aterosclerose, 235, 256
Ativação dependente do comprimento, músculo cardíaco
  definição, 151
  limites à, 492
  pré-carga e, 208
Ativado por hiperpolarização, canal dependente de nucleotídeo cíclico (HCN), 193
Ativinas, 441-442
ATP. *Ver* Adenosina, trifosfato de
Átrio, 189-190
Átrios, 192

Atrioventricular (AV)
  bloqueio, 200
  nodo, 192
  valvas, 190
Auditivo
  amortecimento, orelha interna, 104-104f
  codificação, 108-109, 109f
  mecanotransdução, 107-108, 107f
  relação de impedância, 103-104, 103f
Aumento de volume regulador (AVR), 31, 31f
Autócrino, definição, 10, 10f
Autorregulação
  da taxa de filtração glomerular, 319
  do fluxo sanguíneo, definição, 233, 234f
  do fluxo sanguíneo coronário, 254
  do fluxo sanguíneo encefálico, 253, 253f
  do fluxo sanguíneo esplâncnico, 257
  do fluxo sanguíneo renal, 319, 320-321f
  do fluxo sanguíneo uterino, 455
AV. *Ver* Atrioventricular
AVR. *Ver* Aumento de volume regulador
Axônio, 54-56, 55-56f

B
Barorreceptores
  arteriais, 77, 237, 237f, 242-243
  cardiopulmonares, 237-238
Barreira fotoprotetora, pele, 175-176
Barreira hematencefálica (BHE), 301, 302
Barreira hematotesticular, 446
Base. *Ver* Equilíbrio ácido-base
Betabloqueadores, 151
Bexiga, 325. *Ver também* Micção
  enchimento, 325, 325f
  inervação, 325
Bexiga urinária. *Ver* Bexiga
Bicarbonato (HCO_3^-)
  e hiato aniônico, 368, 369f
  excreção, 372
  "novo", 339, 339f
  no líquido cerebrospinal (LCS), 74-75, 74f
  reabsorção, 337-338, 337f, 344-346, 352, 352f
  sistema de tamponamento, 35. *Ver também* Equilíbrio ácido-base
  transporte, 294
Bigorna, orelha média, 103
Bile
  ácidos, 404, 405
  armazenamento, 404f
  componentes, 404-405, 406f
  secreção, 404f
Bilirrubina, 405
Biotina, 398t
Blastocisto, 451
Bloqueadores de canais Ca^{2+}, 151
Bloqueio de terceiro grau, 200
Boca, 384-386

Bócio, 430
Bomba Ca^{2+}, 150
  inotropia, 210
Bomba de prótons, 338
Bomba eletrogênica, 339
Bomba venosa, 246-247, 246f
Bradicardia sinusal, 199
Bradicinesia, 127-128
Bradicinina, 235
Bronquiectasia, 272
Bronquíolos, 264
Bronquite crônica, 272
Bulbo, 68
Bulbo do tronco encefálico, 238
α-Bungarotoxina, 146

C
Ca^{2+} ATPase da membrana plasmática (PMCA), 9
Ca^{2+} ATPase do retículo sarco(endo)plasmático (SERCA), 9, 210, 234
Ca^{2+} ATPases, 8-9
Cadeia leve essencial, 136, 154
Cadeia leve reguladora
  músculo esquelético, 136
  músculo liso, 154
Cadeias pesadas, miosina
  músculo esquelético, 136
  músculo liso, 154
Caderinas, 44
Calbindina, 348
Cálcio (Ca^{2+}), 398t
  captação apical de, 348
  captação basolateral de, 348
  no início do túbulo distal, 348-349
  reabsorção, 336, 344, 348f
  recuperação do RAE, 344f
Cálcio-calmodulina (CaM), 154
Calcitonina, 429, 434-435, 435f
Cálculos, 42, 42f, 498
Cálculos biliares, 406
Caldesmona, 154
Calmodulina (CaM), 13, 13f
Calponina, 154
Calsequestrina, 139
CaM. *Ver* Calmodulina
Câmaras cardíacas, 190
Campo receptivo
  receptores táteis e, 181
  visual e, 98, 98f
Canais. *Ver* Canais iônicos
Canais Ca^{2+}, 23-24, 141, 150-151, 156-157, 193, 210
Canais Ca^{2+} tipo L
  no músculo esquelético, 141
  no músculo liso, 155
Canais Cl^-, 23-24, 23-24t
Canais de água. *Ver* Aquaporinas
Canais de Volkmann, 166-167
Canais dependentes de ligante, 10, 25-26
Canais iônicos
  mecanismo de regulação, 25-27
  estrutura, 23-25, 25f
  tipos, 6-7, 7f, 25
    dependente de ligante, 25-26
    dependente de segundo mensageiro, 26t, 26-27
    dependente de voltagem, 25, 25f
    sensorial, 26-27, 26-27t

sinalização intercelular, 10-11, 11f
Canais iônicos dependentes de segundo mensageiro, 26t, 26-27
Canais iônicos termossensíveis, 26-27t
Canais K^+, excitação cardíaca, 193
Canais mecanossensoriais
  canais receptores de potencial transitório (TRPs), 26-27, 26-27t
  na orelha interna, 107
Canais Na^+, 23-24
  cardíacos, 193
  músculo esquelético, 140
  neuronais, 20-23
Canais não seletivos, 23-24
Canais receptores de potencial transitório (TRPs), 26-27, 26-27t
Canais semicirculares, orelha interna, 110-111, 111f
Canais sensoriais, membrana celular, 26-27, 26-27t
Canais vazantes
  condução elétrica, efeitos sobre, 22f
  definição, 22
  mielinização e, 55-56
Canal de Ca^{2+} operado por estoque (SOC), 158
Canal de transdução mecanoelétrica (TME), 107
Canal Na^+ epitelial sensível à amilorida (ENaC), 115, 350
Canal TME. *Ver* Canal de transdução mecanoelétrica
Canalículos, 167-168
Capacidade inspiratória (CI), 277
Capacidade pulmonar total (CPT), 270
Capacidade residual funcional (CRF), 277
Capacidade venosa, 248
  efeito da pressão de enchimento, 245f
Capacidade vital (CV), 277
Capacidade vital forçada (CVF), 277
Capilares, vasos, 5, 216-217, 226, 283
  célula endotelial, 317
  fenestrações, 217
  lei de Starling dos, 228, 228f
  taxa de perfusão, 288f
Cápsula de Bowman, 315
Captação de glicose, 45
  absorção intestinal, 394
  reabsorção renal, 331-332
Captação de neurotransmissor, reciclagem, 63-64, 64f
Captação de sódio, regulação cardiovascular, 244
Caquexia, 497
Carboidratos
  absorção, 393-394
  digestão, 393-394
  metabolismo dos, 406
Carboxipeptidase, 395
Carcinoma espinocelular, 38
Carreadores, membrana celular, 6, 6t
  cinética do transporte, 8
  difusão facilitada, 8
  transporte ativo primário, 8-9, 9f

transporte ativo secundário, 8-10
Cascata inflamatória, 486
Catabolismo, 425-426
Catecolaminas, 427-428, 480
  função, 427-428
  interações, 434
  regulação, 428
  secreção, 428
Cátion, definição, 6
Cavéolas, 155
Célula de Purkinje, 69
Célula(s)
  composição da membrana, 1, 1f, 2, 2f
    lipídeos, 2, 2f
    proteínas, 3-4, 3f
  regulação de volume, 30-31
Células acinares, 402, 404
Células C parafoliculares, 429
Células ciliadas sensoriais, orelha, 102
Células cromafins, 427
Células da decídua, 452
Células da granulosa, 438, 440, 440f
Células da teca, 438-440, 440f, 449f
Células das fovéolas gástricas, 389, 389f
Células de Kupffer, hepáticas, 407f
Células de Langerhans, 175-176
Células de Leydig, 438, 446, 446f
Células de Merkel, 175-176
Células de Müller, 97
Células de Renshaw, 124, 124f, 145
Células de revestimento do osso, 167-168
Células de Sertoli, 446, 446f
Células F, 412
Células G, 390
Células gliais entéricas, 380
Células glomo, 302, 302f
Células intercalares, 349
  α, 351
  β, 352
Células intersticiais de Cajal (CICs), 388-389
Células mesangiais, 320-321
Células mioepiteliais, 179-180, 385-386
Células mucosas, 39-40
Células musculares lisas vasculares (CMLVs), 216, 233
Células neurossecretoras parvocelulares, 86-87
Células oxínticas, 389
Células parietais, 390
Células pré-sinápticas, 116-117. *Ver também* Células tipo III, gustatórias
Células principais, renais
  localização, 349
  regulação, 244
Células semelhantes às enterocromafins (células ECL), 390
Células sustentaculares, 302
Centro apnêustico, 301
Centro bulbar, 298-299
Centro cardioacelerador, 238
Centro cardioinibidor, 238
Centro pneumotáxico, 301

Centro respiratório, tronco encefálico, 83, 83t
Centro vasomotor, 238
Centros de controle neuronais, 298-301
Cerebelo, 66, 69, 69f, 128-129
Cérebro, 70. *Ver também* Telencéfalo
Cetogênese, 412, 413
Choque, 484
   classificações, 484-487
   definição, 482
   estágios, 487-490
   tipos
      cardiogênico, 485-486, 486f
      distributivo, 487, 487f
      hipovolêmico, 485-486, 485-486f
Choque cardiogênico, 485-486
Choque circulatório, 258
Choque distributivo, 487, 487f
Choque hemorrágico, 485-487
Choque vasodilatador, 487
CI. *Ver* Capacidade inspiratória
Ciclo cardíaco, 203, 204-205f
   fases, 203-204, 203f
      diástole ventricular
         preenchimento passivo rápido, 204, 205f
         preenchimento reduzido (diástase), 204, 205f
         relaxamento isovolumétrico, 204, 204f
      sístole atrial, 203, 204f
      sístole ventricular
         contração isovolumétrica, 204, 204f
         ejeção rápida, 204, 204f
         ejeção reduzida, 204, 205f
   pressão aórtica durante o, 205-206
   pressão venosa durante, 206
   ondas de pressão, 206
   pressão ventricular, volume, durante, 204-205
   sons cardíacos durante o, 206-207
Ciclo das pontes cruzadas, 137, 141-142, 141f
Ciclo do ácido cítrico, 473-475
Ciclo endometrial, 442-444, 443f
Ciclo menstrual, 454
Ciclo ovariano, 442-444, 443f
Cifose, 495f
Cílios, 40, 40f
   móveis
      epiteliais coriódeos, 74
      respiratórios, 264
   sensoriais
      fotorreceptores, 94
      olfatórios, 118-119
Cílios sensoriais, 40
Cinase ativada por soro e glicocorticoide (SGK), 350
Cinase da cadeia leve da miosina, 234
Cinesina, 54
Cinestesia, 120-121
Cinética, 331
   da secreção de solutos orgânicos, 334
Cinética do transporte, 8, 8f
Cíngulo (córtex cingulado), 89
Cinocílio, 106

Circulação coronária, 254
   anatomia, 254, 254f
   compressão extravascular, 255-256, 256f
   esfincteres pré-capilares, 255, 255f
   regulação, 254
Circulação encefálica, 251
   anatomia, 251-252f
   barreira hematencefálica (BHE), 252, 252f
   dependência de Pco_2, 253f
   padrões de fluxo, 253, 253f
   regulação, 253
Circulação êntero-hepática, 405
Circulação esplâncnica, 257f
   anatomia, 257
   choque circulatório, 258
   função de reservatório, 257-258
   regulação, 257-258, 257f
Circulação muscular, esquelética. *Ver* Circulação musculoesquelética
Circulação portal, 402
Circulação pulmonar, 189, 230, 230f, 265, 280f, 282-285
Circulação renal, 229-230, 230f
Circulação sistêmica, 189, 280f
Círculo arterial do cérebro (círculo de Willis), 251
Cisternas terminais do retículo sarcoplasmático, 139
CK. *Ver Creatina cinase*
Claudina, 41
Cloreto (Cl^-), 343-344, 398t
   no túbulo distal inicial, 347
   nos segmentos distais, 350
   reabsorção, 340-341, 344
   recuperação pelo RAE, 344f
CMLVs. *Ver* Células musculares lisas vasculares
CO_2, narcose por, 497
Cóccix, 66
Coceira, 184
Cóclea, 103, 104, 104f
Coeficiente de partição, 4-5
Coeficiente de permeabilidade, 4
Coeficiente de reflexão, 30
Colágeno, 47f, 48, 216
   deposição, 164, 164f
Colecistocinina (CCK), 381t, 393, 403
Colelitíase, 406
Colesterol, 2, 3f, 397, 405
Colículo inferior, 109
Colículo superior, 129-130
Colipase, 395
Coloide. *Ver* Glândula tireoide, estrutura
Compartimentos de líquidos corporais, 31
   líquido extracelular, 33, 33f
   líquido intersticial, 31
   líquido intracelular, 33-33
   plasma, 31, 33, 33f
Complacência
   pulmões, 266, 271
   vasos sanguíneos, 225
Complexo de Bötzinger, 299
Complexo enzimático de clivagem da cadeia lateral, 422, 439
Complexo pré-Bötzinger, 300
Complexo proteico SNARE, 58

Complexo QRS, eletrocardiograma, 198-199
Complexos juncionais, 37-38, 42-44
Complexos motores migratórios (CMMs), 392-393
Composição da membrana
   lipídeos, 2, 2f
   proteínas, 3-4, 3f
Compostos carbamínicos, 294-295
Compressão extravascular, 247, 255-256, 256f
Condrócitos, 167-168
Condução nodal, 55-56, 55-56f
Condução saltatória, 55-56, 55-56f
Cones, fotorreceptores, 91, 91f, 93f, 94, 97-98, 98f
Conexinas, conéxons, 42-43, 43f
Contração
   isométrica, definição, 143
   isotônica, definição, 143
Contração de Braxton Hicks, 460
Contração isométrica, definição, 143
Contração isotônica, definição, 143
Contrações ventriculares prematuras (CVPs), 200
Contratransporte, 9, 9f
Contribuição dos transportadores para o potencial de membrana, 19-20, 19f
Controle metabólico, sistema circulatório, 233, 233f
Controle motor, exercício, 474-477
Controle respiratório
   organização do centro, 300f
   tronco encefálico no, 299f
   vias, 299f
Controle simpático, via respiratória, 274-275
Controle vascular
   central, 232, 234
   consequências fisiológicas, 233
   endotelial, 232, 234-236, 235f
   hierarquia circulatória, 236, 236f
   hormonal, 232, 234
   local, 232-233
Controle vascular neuronal, 232, 234
Coração
   anatomia, 189-190, 190f
   fetal, 458
   fluxo sanguíneo no, 189-190, 190f
   suprimento sanguíneo ao, 254, 254f
Cordão umbilical, 452-453
Cordas tendíneas, 190
Cordões esplênicos, 219
Córnea, 91
Corneócitos, 175
Corpo ciliar, olho, 92-93
Corpo esponjoso, 158
Corpo geniculado lateral, 99
Corpo lúteo, 452
Corpos aórticos, 238, 301f
Corpos carótidos, 238, 301f
Corpos cavernosos, 158
Corpos cetônicos, 417
Corpos de Herring, 87

Corpos densos, músculo liso, 154
Corpos lamelares de inclusão, 264
Corpúsculo renal, 316
Corpúsculos de Meissner, 181-182
Corpúsculos de Pacini, 181
Corpúsculos de Ruffini, 181-182
Corrente de Ca^{2+}, marca-passos, 197
Corrente de escuro, 95, 95f
Corrente de potássio, marca-passos, 197
Corrente *funny*, 193, 195
Córtex cerebral, 70-71, 70-71f, 126-127, 301
Córtex insular, 359
Córtex motor, 126-127, 126-127f
Córtex motor primário, 70-71, 126-127, 126-127f
Córtex pré-motor, 126-127, 126-127f
Corticotrofos, 87
Cortisol, 85, 421, 425-427
   função, 425-426
      cardiovascular, 426
      imune, 426
      musculoesquelética, 426
   secreção, 426-427
Cotilédones, 453
Cotransporte, 9-10, 9f
CPT. *Ver* Capacidade pulmonar total
Creatina cinase (CK), 473
Creatina fosfato (CP), 152, 471-472
CRF. *Ver* Capacidade residual funcional
CRH. *Ver* Hormônio liberador de corticotrofina
Crista ampular, 111
Crista dividens, 459
Cristais de hidroxiapatita, 164
Cristalinas, 93
Cromóforo, 95
Cromogranina, 427
Cronotropismo, 196
Cubilina, 333
Cúpula, 111
Curare, 146
Curva de dissociação de oxigênio-hemoglobina, desvios, 290-292
   para a direita, 290-292
   para a esquerda, 292-293
Curva de função cardiovascular, 248, 248f, 249f
   alterações no ponto de equilíbrio, 249
   débito cardíaco e, 247-248
   interdependência coração-veia, 248, 249f
   retorno venoso e, 244-245
Curva de função vascular, 248, 248f
Curvas de pressão-volume, respiração normal, 270-271, 270f
Curvaturas, 309
CV. *Ver* Capacidade vital
CVF. *Ver* Capacidade vital forçada
CVPs. *Ver* Contrações ventriculares prematuras

D

Dano por reperfusão, 484
Débito cardíaco, 207
  dependência da pressão venosa central, 247f
  inotropia, 210-211, 211f
  pós-carga, 209
  pré-carga, 157f, 208-209
  relações pressão-volume (PV), 207-208, 207f, 208
  retorno venoso, 247-248
Decidualização, 451
Defecação, 400
Deficiência de 21α-hidroxilase, 424
Deglutição
  centro, 386
  reflexo, 387
Dendritos
  neuronais, 54-55
Dentes, 384-385, 384-385f
Dependência da pré-carga, músculo cardíaco, 151
Depressão cadíaca, 489
Depressão encefálica, 490
Depuração (clearance)
  água, 353
  creatinina, 324
  nos rins, 323
Derivações dos membros, 198
Derivações precordiais, 198
Dermátomos, 184-185, 184f
Derme, 174
Derrame. Ver Acidentes vasculares encefálicos
Derrame pelo calor, 470
Desenvolvimento embrionário, 451, 451f
Desfosforilação, 158-159
Desidroepiandrosterona (DHEA), 421, 423f
Desidroepiandrosterona sulfatada (DHEAS), 421, 423f
Desmina, 155
Desmossomos, 44, 44f
  músculo cardíaco, 148
  músculo liso, 154
Desobstrução capilar pulmonar, 283
Desoxi-hemoglobina, 290
Desoxirribonuclease, 402t
Desvio de lactato, 64
Desvio do eixo à esquerda, 201
Desvios
  anatômicos, 285
  fisiológicos, 285
Deterioração celular, choque, 490
DHT. Ver Di-hidrotestosterona
Diabetes insípido, 360
Diabetes insípido central (DIC), 360
Diabetes melito, 83, 320-321, 332, 416, 427, 481f
  hemoglobina A1c, 416
  tipos, 416
  úlceras, 416f
Diacilglicerol (DAG), 13
Diáfise, 167-168
Diagramas de Davenport, 369
Diarreia, 401
Diencéfalo, 66, 70
Dietileno, 322
Diferença alveoloarterial de oxigênio, 287

Diferença de oxigênio arteriovenosa (a-v), 479-480
2,3-Difosfoglicerato, 292
Difusão
  capacidade, 288
  coeficiente, 4
  membrana celular, 4-5, 5f, 6, 6f
  potenciais, 16-17, 17f
  sangue, troca tecidual, 227
Difusão de gás, 281f
Difusão facilitada, 8, 9f
Digestão, 391
  de carboidratos, 393-394
  de lipídeos, 395-397
  de proteínas, 394-395
Di-hidrotestosterona (DHT), 447
Di-iodotirosina (DIT), 432
Dineína, 40, 40f, 54
Dióxido de carbono (CO$_2$), 285f, 292, 304
  dissolvido, 294
  pH e, 296
  pressão parcial do, 281f
  transporte, 293-295, 294f
Discinesia, 128-129
Disco óptico, 93
Discos de Merkel, 181-182
Discos intercalares, 148, 148f
Discos Z, 137, 137f
Disfagia, 387
Disfunção cerebelar, 129
Disfunção erétil, 158
Disgeusia, 117
Dismetria, 129
Disritmias ventriculares, 200-201
Dissacaridases, 393
Dissacarídeos, 393
Distrofia muscular (DM), 138-139
Distrofia muscular de Duchenne, 138-139
Distrofina, 137
DIT. Ver Di-iodotirosina
Diurese, 343-344, 365-366
Diuréticos de alça, 344
Diuréticos poupadores de potássio, 349
Doação de pigmento, 175
Doença arterial coronariana, 256
Doença de Addison, 423
Doença de Chagas, 380
Doença de Graves, 434
Doença de Hartnup, 395
Doença de Hashimoto, 434
Doença de Huntington (DH), 128-129, 128-129f
Doença de Paget, 166
Doença de Parkinson, 128-129, 128-129f
Doença do refluxo gastresofágica, 388-389
Doença dos ossos frágeis, 164-165
Doença pulmonar, efeito no trabalho respiratório, 277f
Doença pulmonar obstrutiva, 271-272
Doença pulmonar obstrutiva crônica (DPOC), 272
Doença pulmonar restritiva, 271-273
Doença ulcerosa péptica, 391
Doenças pulmonares intersticiais, 272
Dopamina, 87, 127-128, 445
Dopamina β-hidroxilase, 427

Dor, 182-184
DPOC. Ver Doença pulmonar obstrutiva crônica
Dromotropismo, 197
Ducto arterial, 458-459
Ducto arterial patente (não fechamento do ducto arterial), 462
Ducto estriado, 385-386
Ducto intercalar, 385-386, 402, 404
Ducto interlobular, 385-386
Ducto venoso, 458, 462
Duodeno, 392
Dura-máter, 72

E

ECG. Ver Eletrocardiograma
Edema
  gestação, 457
  insuficiência cardíaca, 493, 493f
Edema dos pés, 457
EDHF. Ver Fator hiperpolarizante derivado do endotélio
EDRF. Ver Fator de relaxamento derivado do endotélio
Efeito de Haldane, 295
Efeito Donnan, 227
Efeito térmico do alimento, 467
Efeitos da velocidade no fluxo de sangue, 222, 224
Eferentes parassimpáticos, 79
Eferentes simpáticos, 79
Eficiência cardíaca, 487, 487f
Eficiência ventricular, 205
Eixo elétrico médio (EEM). Ver Eletrocardiograma
Eixo hipotálamo-hipófise-fígado, 411, 417-418, 419f
Eixo hipotálamo-hipófise--suprarrenal, 85, 421-422, 425f
Eixos endócrinos, 85, 89, 417-418, 421-422, 429-430, 439-440
Elastase, 395
Elastina, 216
Elefantíase, 229
Eletrocardiografia, 197, 197f. Ver também Eletrocardiograma
  derivações, 198, 198f
  dipolos elétricos, 197-198
  eletrocardiógrafo, 198
  teoria, 197-198, 198f
Eletrocardiograma (ECG), 197, 197f
  ciclo cardíaco e, 203
  cronometragem da forma de onda, 199t
  eixo elétrico médio (EEM), definição, 201, 201f
  elevação do segmento ST, 201, 201f
  formas de ondas normais, 198-199, 198f
  ritmos
    anormal (arritmias, disritmias), 200-201, 200f
    contrações ventriculares prematuras (CVPs), 200
    normal, 199-201, 200f
Eletrólitos, 34, 34f, 400, 405
  no LEC versus mar, 358f
Eletrólitos do soro, 34t
Eliminação de sódio, regulação cardiovascular, 243
Embolia, 224

Embolia pulmonar (EP), 224, 486, 486f
Eminência mediana, 85, 429, 430f
Emissões otoacústicas, 109
ENaC. Ver Canal Na$^+$ epitelial sensível à amilorida
Encefalinas, 379t, 380
Encéfalo. Ver Sistema nervoso central
Endocitose, 333
Endolinfa, 104, 107
Endométrio, 451-454
Endopeptidase, 391
Endotelinas (ETs), 234, 236, 322
Endotoxinas, 235
Enfisema, 271
Envelhecimento, morte, 481-484
Enzima conversora da angiotensina (ECA), 244
EP. Ver Embolia pulmonar
Epiderme, 37, 174, 175. Ver também Pele
  estrutura, 175-176, 175f
  funções de barreira, 175-176, 175-176f
Epífise, 167-168
Epitélio ciliar, olho, 92
Epitélio de transição, 39
Epitélio ependimário, 74
Epitélio estratificado, 39, 39f
Epitélio impermeável, definição, 41, 42f
Epitélios
  desmossomos, 44, 44f
  especializações apicais, 40, 40f
  estrutura, 37-38, 38f
  junções comunicantes, 42-43, 43f
  junções de adesão, 44
  junções de oclusão, 41
  membrana basolateral, 38f, 40-41, 41f
  movimento através dos, 44, 44f
    arrasto por solvente, 46
    efeitos da voltagem transepitelial, 46-47, 46f
    fluxo paracelular, 45
    movimento da água, 45, 45f
    transporte transcelular, 44-45
Epitélios permeáveis, 41
Equação de continuidade, 222-223
Equação de Henderson--Hasselbalch, 296
Equação de Nernst, 18
Equação de Reynolds, 222, 457
Equilíbrio. Ver Sistema vestibular
Equilíbrio ácido-base
  ácidos
    não voláteis, 34, 35f, 367t, 368
    voláteis, 34, 35f, 296, 367f, 368
  acidose, 34
    metabólica, 296f, 372, 401, 489
    respiratória, 296, 370-371
  alcalose, 34
    metabólica, 296f, 373, 373f
    respiratória, 296, 371
  bases, 36
  diagramas, 369

pH, líquido extracelular, 34, 296
pulmões, 35f, 36, 296-297
regulação celular, 30-31, 35-36, 36f
rins, 35f, 36, 339, 368-373
sistemas de tampões, 34-35, 368-369
Equilíbrio eletroquímico, 6, 17-18
Equilíbrio glomerulotubular, 363-364
Eritema palmar, 175, 175f
EROs. *Ver* Espécies reativas de oxigênio
ERs. *Ver* Receptores de estrogênio
Escada rolante mucociliar, 264
Escala média do labirinto, 104
Escala timpânica, 104
Escala vestibular, 104
Escape do simpático, 489
Esclera, 91
Esclerose múltipla (EM), 63
Esclerostina, 172
Escoamento diastólico, 225, 456
Escoliose, 495f
Esfíncter de Oddi, 404
Esfíncter externo da bexiga, 325
Esfíncter ileocecal, 398-399
Esfíncteres anais, 398-400
Esfíncteres pré-capilares, 255, 255f
Esôfago, 386-389
  deglutição, 386-387
  peristaltismo, 387-389
Espaço de Bowman, 315, 317f, 318
Espaço morto anatômico, 277
Espaço morto fisiológico, 278
Espécies reativas de oxigênio (EROs), 483-484
Espermatogênese, 438, 447, 447f
Espermatozoide, 438f
Espirometria, 277, 278f
Esqueleto, 163
Estado aberto, canal iônico, 23
Estado de rigor
  fibra muscular, 136
  rigor mortis, 141
Estado vegetativo persistente (EVP), 484
Estereocílios, 40, 106-107, 106f
Estômago
  acomodação, 388-389
  anatomia, 388-389f
  mistura, 388-389
  secreções, 389-391
Estradiol, 438
Estrato basal, 175
Estrato córneo, 175
Estresse de cisalhamento, 235, 457
Estresse térmico. *Ver* Termorregulação
Estria vascular, 107
Estriado, 70, 126-127
Estribo, orelha média, 103
Estriol, 440
Estrogênios
  gestação, nascimento, 454, 454f, 460
  gônadas, 440-442, 441-442f
Estrona, 440
Etanol, 406
ETs. *Ver* Endotelinas
Eupneia, 298-299

EVP. *Ver* Estado vegetativo persistente
Exame respiratório, 287f
Exaustão pelo calor, 470
Excitabilidade da membrana, 16f
  canais iônicos, 4, 7, 23
  condutância, 23-24
  inativação, 23f, 23-24
  seletividade, 23-24, 23-24t
  ativação, 23, 23f
  estrutura do canal, 23-25, 25f
  excitação, 20, 22
  correntes, 23, 23f
  potenciais de ação, 20-21, 20-21f
  propagação do potencial de ação, 20-22, 20-21f
  terminologia, 20
  potenciais de membrana (V_m), 16, 17f
  contribuição do transportador, 19-20, 19f
  difusão, 16-17, 17f
  efeitos iônicos extracelulares, 19, 19f
  equilíbrio, 17-18, 17f, 18f
  repouso, 17f, 18-19, 18f
  tipos de canais, 25
  dependentes de ligante, 25-26
  dependentes de segundo mensageiro, 26t, 26-27
  dependentes de voltagem, 25, 25f
  sensoriais, 26-27, 26-27t
Excitação cardíaca, 189
  átrios, 192
  canais iônicos, 193-194, 193f
  marca-passo, 191-192, 195-197, 195f
  nodo atrioventricular, 192
  períodos refratários, 197, 197f
  sequências de contrações, 190-191, 191-192f
  sistema de His-Purkinje, 192
  ventrículos, 193
Excitotoxicidade, 483
Excreção, 313, 377
Exercício
  controle por anteroalimentação, 476-477, 476-477f
  efeitos metabólicos do, 472-475
  regulação por retroalimentação, 476-477, 476-477f
  respostas cardiovasculares ao, 476-479
  respostas respiratórias ao, 478-480
  tipos, 471-472
  treinamento, 472-475, 474-475f, 478-480, 480f
Exoftalmia, 434
Expectativa de vida média nos Estados Unidos, 482f
Expiração, 268-269. *Ver também* Respiração
Expulsão fetal, 460
Exsudatos, SARA, 496-497
Extravasamento, 485-486

F

FA. *Ver* Fibrilação atrial
Faíscas de cálcio, 157

Falência dos sistemas
  choque, 484-490
  envelhecimento, morte, 481-484
  insuficiência cardíaca, 490-493
  insuficiência renal, 497-498
  insuficiência respiratória, 494-497
  síndrome de disfunção orgânica múltipla, 498-499
Fármacos anti-inflamatórios não esteroides (AINEs), febre, 469
Fascículo, 64, 138-139
Fase cefálica, 382, 390
Fase gástrica, 382-383
Fase lútea, 442-443
Fases da digestão, 382-383
Fator de crescimento semelhante à insulina (IGF), 411, 419
  deficiências, 420
  função, 420
  secreção, 420
Fator hiperpolarizante derivado do endotélio (EDHF), 234, 236
Fator relaxante derivado do endotélio (EDRF), 234
Fatores depressores do miocárdio, 489
FE. *Ver* Fração de ejeção
Febre, 468-469, 469f
Fechamento epifisário, 167-168
Fenestrações, vasos capilares, 217, 226
Feniletanolamina-N-metiltransferase, 427
Fibra
  colágeno, 216
  músculo, 138-139, 138-139f
    tipos, 120-121
  tendão, 138-139
Fibra alimentar, 393, 393t
Fibra insolúvel, 393
Fibra muscular, 138-139, 138-139f
Fibras C. *Ver* Nervos sensitivos
Fibras de contração rápida (tipo II), 145
Fibras de Purkinje, 192
Fibras do grupo Ia, 121, 121f-123f
Fibras do grupo Ib, 121t, 122-123
Fibras do grupo II, 121, 121f
Fibras elásticas, 48, 48f
  vasos sanguíneos, 216
Fibras extrafusais, 120-121
Fibras intrafusais, 120-121
Fibras motoras eferentes, 67
Fibras nervosas, 64
  músculo, propriedades, 121t
Fibras nervosas sensoriais, 182, 182t, 183f
Fibras nucleares em cadeia, 121, 121f
Fibras nucleares em saco, 121, 121f
Fibras sensoriais aferentes, 67
Fibras zonulares, 93
Fibrilação atrial (FA), 200
Fibrilação ventricular (V-fib), 201
Fibrilina, 48
Fibroblastos, 48, 177
Fibrose cística, 403
Fibrose pulmonar, 271-273
Fígado, 402-404, 418
  em desintoxicação, 406-407

em funções imunes, 407
funções não biliares do, 405-407
metabolismo, 406
Filamentos finos
  do músculo esquelético, 136, 136f
  do músculo liso, 154
Filamentos grossos
  do músculo esquelético, 136
  do músculo liso, 154
Filtração glomerular, 313, 317-319
  barreira, 317, 318t
  fração, 324
Filtro de seletividade, 7
Fisiologia fetal, 458-460
Fisiologia materna, gestação, nascimento, 454-458
Fluxo de sangue uterino, 455-456, 456f
Fluxo em massa, 226-227
Fluxo isosmótico, 46
Fluxo laminar. *Ver* Fluxo em linha reta
  de ar, 274-275
  de sangue, 222, 222f
Fluxo paracelular, 41, 41f
Fluxo plasmático renal (FPR), 324
Fluxo sanguíneo (hemodinâmica), 222-225
  circuitos paralelos *versus* seriados, 221, 221f
  circulante, 219-221, 221f
  determinantes, 217-218
  efeitos da complacência vascular sobre o, 224-225
  efeitos da velocidade sobre o, 222, 224-225, 225f
  efeitos da viscosidade sobre o, 218-219, 218f, 219f
  efeitos do raio do vaso sobre o, 218, 218f
  resistência ao, 218-219, 218f, 219f
  turbulento, 222-223, 222f
Fluxo sanguíneo renal (FSR), 324. *Ver também* Rim, fluxo sanguíneo renal
Fluxo transcelular, 45
Folato, 398t
Forame intervertebral, 67
Forame oval, 458, 462
Forame oval patente (não fechamento do forame oval do feto), 462
Formação do estado de tranca, músculo liso, 159
Formação reticular, tronco encefálico, 83, 130
4,5-Fosfatidilinositol difosfato (PIP_2), 13
Fosfato, 1-2, 2t, 138-139, 358
  absorção pelo trato gastrintestinal, 398, 435f, 436f
  estoque, 163-165, 164t, 166-167, 435
  fosfatos de alta energia. *Ver* ATP; ADP; GTP; GDP; CP
  inorgânico, 12, 12f, 142
  reabsorção a partir do osso, 169-172, 172f, 435f, 436f

reabsorção renal, 328, 336, 336f, 339-340, 357f, 435f, 436f
regulação, 173, 336, 429, 435-437, 435f, 436f
sinalização celular. *Ver* AMPc; GMPc; PIP_2; IP_3
sistema de tampão, 33-36, 339, 339f, 367-371
Fosfodiesterase, 13
Fosfolambam, 150
Fosfolipase A, 396
Fosfolipase C (PLC), 13, 13f
Fosfolipídeos, 2, 405
Fosforilação oxidativa, 473
Fossa oval, 462
Fotoenvelhecimento, 482
Fotorrecepção. *Ver* Visão
Fóvea, 93
Fração de ejeção (FE), 205
Frequência cardíaca, 207
　bradicardia sinusal, definição, 199
　nodo sinoatrial (SA) e, 191
　regulação da, 196
　taquicardia sinusal, definição, 199
　variabilidade normal, 199
FSH. *Ver* Hormônio foliculestimulante
Função motora, córtex cerebral, 70-71
Função sensorial, córtex cerebral, 70-71
Funículos, 68
Fusão, remodelação óssea, 171-172

G

Gânglios, 65
Gânglios parassimpáticos, 77
Gânglios paravertebrais, 79
Gânglios pré-vertebrais, 79
Gânglios simpáticos, 79
Gases do sangue. *Ver* Gasometria arterial
Gasometria arterial (ABG), 288-289, 369
Gastrina, 381t
Gastrintestinais
　camadas, 377-379
　hormônios, 381, 381t
　neurotransmissores, 379t
　parácrinas, 381
Geradores de padrão central (GPCs), 125-126, 299, 300
Gerontologia, 481-482
GH. *Ver* Hormônio do crescimento
Giros do córtex cerebral, 70-71
Glândula pineal, 85, 85f, 88, 89
Glândula tireoide, 429-434
　eixo hipotálamo-hipófise-tireoide, 429-431
　estrutura, 429f, 430-431, 430-431f
　hormônios, 429, 429f-431f
　　tiroxina (T4), 429, 430-434, 432-433f, 480
　　tri-iodotironina (T3), 429-434, 432-433f, 480
　receptores, 432-433, 432-433f
　regulação, 429-430, 432-433, 432-433f
　síntese, 430-433, 432f
Glândulas exócrinas, 39

Glândulas mamárias, 444-446
Glândulas olfatórias (glândulas de Bowman), 119
Glândulas paratireoides, 429, 429f
Glândulas parótidas, 385-386
Glândulas salivares, 384-386
　inervação, 386f
　regulação, 385-386
Glândulas sebáceas, 179
Glândulas sublinguais, 385-386
Glândulas sudoríparas
　apócrinas, 179
　apoécrinas, 179-180
　écrinas, 179, 179f
　formação do suor, 179-180, 179-180f
　termorregulação e, 466
Glândulas suprarrenais, 421-428
　andrógenos, 421
　córtex, 85, 421, 422
　estrutura, 421f
　medula, 421
Glaucoma, 92
Glia, 37, 55-56, 60, 62t
Gliceróis, 397
Glicocorticoides, 426f. *Ver* Cortisol
　elemento de resposta, 425
　receptor, 425
Glicofosfatidilinositol (GPI), 3
Glicogênese, 415
Glicogênio, 411
Glicogenólise, 412
Glicolipídeos, 2
Glicólise, 415, 473f
Gliconeogênese, 412-413, 414f
Globo pálido (GP), 70, 127-128
Globo pálido externo (GPE), 127-128
Globo pálido interno (GPI), 127-128
Globulina ligante de esteroides sexuais (SSBG), 440
Globulina ligante do hormônio da tireoide, 432-433
Globulinas, 227
Glomerular
　cápsula, 315
　rede capilar, 315f
　taxa de filtração, 318, 323
　ultrafiltração, 318f
Glomérulo, 314, 317f
Glomerulonefrite, 320-321
Glucagon, 411
　função, 412-413
　secreção de, 413-414
GMPc. *Ver* 3'-5'-monofosfato de guanosina cíclico
GnRH. *Ver* Hormônio liberador de gonadotrofina
Gônadas
　eixo hipotálamo-hipófise-ovários, 439-440, 439f
　eixo hipotálamo-hipófise-testículos, 446-447
　estrogênios, 440-442, 441-442t
　glândulas mamárias, 444-446
　progestinas, 441-443, 442-443f
　testosterona, 447-448, 447t
Gônadas masculinas. *Ver* Gônadas
Gonadotrofina coriônica humana (hCG), 87, 442-443, 454, 454f

Gonadotrofos, 87, 439
Gota, 335
GP. *Ver* Globo pálido
GPCRs. *Ver* Receptores acoplados à proteína G
GPCs. *Ver* Geradores de padrão central
GPE. *Ver* Globo pálido externo
GPI. *Ver* Glicofosfatidilinositol
GPI. *Ver* Globo pálido interno
Gradiente de concentração, 5, 5f
Gradiente de sódio, formação, 44
Gradiente eletroquímico, 6
Gradiente iônico, 329, 483, 483f
Gradiente químico, 330
Granulações aracnóideas, 75
Grânulos de zimogênio, 403
Gravidez, nascimento
　exames, 454
　fisiologia fetal, 458-460
　fisiologia materna, 454-458
　implantação, 451-452, 451f, 452f
　morte, causas nos Estados Unidos, 456t
　parto, 460-463
　placenta, 452-454, 452f, 453f
　visão geral, 451
Grupo respiratório dorsal (GRD), 298-299
Grupo respiratório ventral (GRV), 298-299
　eferência, 299
　função, 299
Guanilato ciclase, 14, 96, 322
Guanosina, monofosfato de, cíclico (GMPc), 11
Gustação, 114-115, 114-115t
　cálículos gustatórios, 114-115, 114-115f, 117, 117f
　células receptoras e transdução, 114-117, 115f-117f
　integração do sinal, 116-117
　sabores, 115-117
　vias neurais, 117
Gustducina, 116-117

H

H^+-K^+ ATPase, 8-9
HbF. *Ver* Hemoglobina fetal
hCG. *Ver* Gonadotrofina coriônica humana
HCN. *Ver* Canal dependente de nucleotídeo cíclico, ativado por hiperpolarização
Helicobacter pylori, 391
Heliox (mistura de hélio e oxigênio), 308
Hemácias, 219, 282, 294
Hematócrito, 218, 223
Hematúria, 322
Hemisférios cerebrais, 66
Hemoglobina, 290-291, 416
Hemoglobina fetal (HbF), 292, 293f, 459, 463
Hemoglobinúria paroxística noturna (HPN), 3
Hepatócitos, 404, 404f, 415f
Hérnia de hiato, 387
Hiato aniônico (ânion *gap*), 369-371, 370-371f
Hidrofílico, definição, 2
Hidrofóbico, definição, 2
25(OH)D1-α-hidroxilase, 436

17α-Hidroxiprogesterona, 441-442
5-Hidroxitriptamina (5-HT), ou serotonina, 61t
Hiperalgesia, 184
Hipercalcemia, 19, 19f, 498
Hipercapnia, 303
Hiperemia, 233, 234f
　ativa, 233
　reativa, 259, 259f
Hiperosmótico, 30
Hipertensão pulmonar, 486
Hipertermia
　maligna, 467
　por estresse térmico, 469-470
Hipertireoidismo, 434
Hipertonia, 128-129
Hipertrofia cardíaca, 491f
Hipertrofia do miocárdio, 213, 491f
Hiperventilação, 301
Hipoaldosteronismo, 371
Hipocalemia, 19, 19f, 351
Hipocampo, 89
Hipófise, 86, 86f, 418, 422
　adeno-hipófise (lobo anterior), 86, 86f
　composição celular, 87t
　haste hipofisária, 86
　hormônios da, 86t, 87-88
　neuro-hipófise (lobo posterior), 87, 87f
　sistema porta-hipofisário, 86, 86f
Hipomagnesemia familiar com hipercalciúria e nefrocalcinose, 42
Hiponatremia, síndrome da desmielinização osmótica e, 32
Hipotálamo, 70, 70f, 84, 359, 418, 418f, 422
　controle da pressão arterial, 239
　funções circadianas, 88-89
　funções endócrinas, 85-88, 86t
　organização, 84, 84f
　órgãos circunventriculares (OCVs), 85
　vias neuronais, 82f, 84
Hipotensão, 241, 487-488
Hipotensão ortostática, 241
Hipotermia, 469-470
Hipotermia terapêutica (HT), 484
Hipotireoidismo, 434
Hipotônico, 30, 30f
Hipoventilação, 301
Hipoxemia, 371, 482
Hipoxia, 303, 304
Histamina, 381, 381t, 390f
Histerese, 270
Homeostasia, definição, 77
Homeostasia do potássio, 55f, 62, 63f
Hormônio adrenocorticotrófico (ACTH), 86, 87, 87f, 422
Hormônio antidiurético (ADH), 234, 353, 354, 360, 362, 363, 480, 487
　regulação do, 360f, 361f
Hormônio do crescimento (GH), 87, 411
　função, 418-419
　receptores, 418
Hormônio estimulante da tireoide (TSH), 87, 429, 445

Hormônio foliculestimulante (FSH), 438, 441-442f
Hormônio liberador de corticotrofina (CRH), 85-86
Hormônio liberador de GH (GHRH), 418
Hormônio liberador de gonadotrofina (GnRH), 438, 441-442f
Hormônio liberador de tireotrofina (TRH), 86t, 430
Hormônio luteinizante (LH), 87, 438, 441-442f
Hormônios, 10, 10f
Hormônios da adeno-hipófise, 87, 87t
Hormônios sexuais, regulação óssea e, 173
HPN. Ver Hemoglobinúria paroxística noturna
HT. Ver Hipotermia terapêutica
5-HT. Ver 5-Hidroxitriptamina
Humor aquoso, 92, 92f
Humor vítreo, 93

I

IGF-1. Ver Fator de crescimento semelhante à insulina
Íleo, 392
Implantação, 451-452, 451f, 452f
Implantes de desvio arterial coronário, 245
Impulso ventilatório, 370-371
Imunoglobulina A, 396
Incisura, 206
Incisura dicrótica, 206
Incompetência de valvas, insuficiência cardíaca, 493
Incontinência fecal, 400
Índice de refração, 99
Infarto do miocárdio, 152, 491-492, 492f
Inibinas, 441-442, 448
Inositol trifosfato (IP_3), 11, 13, 13f, 155, 157
Inserção muscular, 135f, 138-139
Inspiração. Ver Ciclo respiratório
Insuficiência cardíaca, 490-493
  causas, 490f
  compensação, 492, 492f
  congestiva, 231, 492-493
  durante choque, 489, 490f
  infarto do miocárdio, 491-493
  lado direito do coração, 491
  lado esquerdo do coração, 491
Insuficiência da valva atrioventricular esquerda (mitral), 206
Insuficiência renal. Ver Rim, insuficiência
Insuficiência renal aguda (IRA), 497, 498t
Insuficiência renal crônica (IRC), 497
Insuficiência renal intrarrenal, 497-498
Insuficiência respiratória hipercápnica, 494-495
Insuficiência respiratória hipoxêmica, 494
Insulina, 415-416
  função, 414
  processamento, 411f
  secreção, 417

Interface sangue-gás, 263, 264, 282
Interstício, 227
Intestino delgado, 394-399
  mistura, 392-393
  motilidade, 392-393
Intestino grosso, 400-401
  motilidade, 398-400
  transporte, 400-401
Intolerância à lactose, 394
Intrapleural
  espaço, 268
  pressão (P_{pl}), 269
Inulina, 322
Iodeto, 398t
Ioexol, 323
IP_3. Ver Inositol trifosfato
IRA. Ver Insuficiência renal aguda
IRC. Ver Insuficiência renal crônica
Íris, 83f, 92-93, 93f
Isolante hermético, pleura visceral, 267-268
Isquemia, 254, 482, 497-498

J

Janela da cóclea (janela redonda), orelha, 104, 105f
Janela do vestíbulo (janela oval), orelha interna, 103
Jejuno, 392
Junção neuromuscular (JNM), 139-140, 140f
  músculo liso, 155
Junções comunicantes, 10, 10f, 42, 43f
  conexinas, 42-43, 43f
  coração, 190
  mecanismo do portão, 43
  músculo cardíaco, 148
Junções de adesão, 148
Junções de adesão, 44, 155
Junções de oclusão, 40-41
  barreira, 41, 41f
  permeabilidade, 41
  regulação, 42

K

Kohn, poros de, 265

L

Labirinto membranáceo, 103
Lactação, 444-446, 445f
Lactoferrina, 386
Lactogênio placentário humano, 87
Lactotrofos, 87
Lacunas
  ossos, 166-167
  placentárias, 452
Lâmina basilar, 38, 104, 216
Lâmina densa, 317
Lâmina rara externa, 317
Lâmina rara interna, 317
Lâmina reticular, 39, 106
Lamina reticularis. Ver Membrana reticular
LCS. Ver Líquido cerebrospinal
LDL. Ver Lipoproteína de baixa densidade
LEC. Ver Líquido extracelular
Lei de Boyle, 273
Lei de Dalton, 281
Lei de Fick, 4-5

Lei de Henry, 281
Lei de Laplace
  hipertrofia ventricular e, 491f
  insuficiência ventricular e, 493
  tamanho alveolar e, 266
  tensão da parede ventricular e, 212f
Lei de Ohm
  fluxo de ar e, 273-275
  fluxo sanguíneo e, 220, 220f
Lei de Poiseuille
  fluxo de ar e, 273
  fluxo de sangue e, 218
Lei de Starling do capilar, 228
  distúrbios na, 229-230, 230f
  equilíbrio de Starling e, 229, 229f
  forças de Starling e, 317-318
Lei de Starling do coração, 208-209
Lei do gás ideal, 280
Lente (cristalino)
  corretiva, 100, 100f
  no olho, 93
LH. Ver Hormônio luteinizante
Liberação de cálcio induzida pelo cálcio (LCIC), 149-150, 149f, 155, 157
LIC. Ver Líquido intracelular
Ligamento arterial, 462
Ligamento teres, 461
Ligamento venoso, 462
Ligamentos apicais, 107
Ligamentos umbilicais medianos, 461
Limiar respiratório, 479
Limites da pré-carga, músculo cardíaco, 152, 152f
Língua, 117, 384-385. Ver também Gustação
Linha isoelétrica, 198
Lipase gástrica, 391
Lipase lingual, 386
Lipase pancreática, 395
Lipídeos, 2, 2f
  digestão, 395, 397
  epiderme, 175
  metabolismo dos, 406
Lipogênese, 417
Lipólise, 412, 413, 426
Lipoproteína de baixa densidade (LDL), 439
Lipoproteínas de muito baixa densidade (VLDLs), 396
Líquido cerebrospinal (LCS), 70-71
  absorção de potássio, 74
  composição, 74, 74f, 74t
  funções, 72-73
  plexo corióideo, 73f, 74
  punção lombar, 76
  secreção de bicarbonato, 75
  secreção de cloreto, 75
  ventrículos, 73-74
Líquido extracelular (LEC), 1
Líquido intracelular (LIC), 2, 366
Líquido pleural, 268
Líquido transcelular, 32
Lisolecitinas, 397
Lisossomos, 1
Lisozima, 386
Lockjaw. Ver Trismo

M

Mácula, estatocônio, 110, 110f
Macula adherens, 44

Mácula densa, 320-321
Mácula lútea, 93
Magnésio (Mg^{2+}), 398t
  no líquido extracelular, 2t
  no líquido intracelular, 2t
  no soro, 34t
  reabsorção renal do, 336-337, 344, 357f
    disfunções, 42
    regulação, 347-348
Mal agudo da montanha, 307
Mapeamento topográfico, córtex cerebral, 70-71
Marca-passos
  cardíacos, 148, 191-192, 195-197, 195f
    função, 191-192
    regulação, 196-197, 196f
  gástricos, 388-389, 388-389f
  músculo liso, 161
Marca-passos ectópicos, 197
Martelo, 103
Martelo, orelha média, 103
Mastigação, 384-385
Matriz extracelular (MEC), 47-48
Maturação, osso, 164-167
MCH. Ver Miocardiopatia hipertrófica
Meato acústico externo, 103
MEC. Ver Matriz extracelular
Mecanismos cardíacos, 203
Mecanismos musculares, 142
Mecanorreceptores
  na bexiga urinária e uretra, 326-327, 326f
  na orelha interna, 107-108, 107f, 110-111, 110f
  na pele, 181-182, 181f, 182f
  no glomérulo renal, 319, 362, 362f
  no músculo esquelético, 121-123, 121f-123f
  no pulmão, 305-306, 305f
  no sistema circulatório
    barorreceptores arteriais, 237, 237f, 362f
    CMLVs, 233
    miócitos atriais, 244, 363
    receptores cardiopulmonares, 237-238
Medula espinal, 66
  células de Renshaw, 124, 124f
  colunas, 68
  lesão, 125-126
  nervos, 67
  reflexos
    arcos reflexos, 122-124
    extensão cruzada, 123-124, 124f
    flexão, 123-124, 124f
    geradores de padrão central (GPCs), 125-126
    miotático inverso, 123-124, 123-124f
  segmentos, 66-67, 66f
  tratos motores descendentes, 68
    corticospinal, 67f, 68
    rubrospinal, 130
    tetospinal, 130
  tratos sensoriais ascendentes, 68
    espinotalâmico, 67f, 68
Medula óssea, 167-169
Medula óssea amarela, 167-169

Medula óssea vermelha, 167-169
Medula renal, 314, 345-346f
Megalina, 333
Melanina
  na pele, 175
  na retina, 97
Melanócitos, 175
Melanopsina, 88
Melanossomos, 175
Melatonina, 89, 90f
Membrana
  basolateral, 38f, 40-41, 41f
  limitante interna da retina, 97
  tectorial, 106, 106f
Membrana basal, 38, 38f
Membrana de Reissner, 104
Membrana hialina, SARA, 496-497
Membrana plasmática, 2-3
Membrana semipermeável, 16-17, 17f
Membrana timpânica, 103
Membrana vestibular, 104
Membranas, disco óptico, fotorreceptores, 94
Membranas celulares pré-sinápticas, 55
Meninges
  camadas, 72-73
  meningite, 72
Meningite bacteriana, 72
Menopausa, 444
Mergulho, 307-309
Mesencéfalo, aqueduto do (aqueduto de Sylvius), 73
Metabolismo
  de carboidratos, 406
  de lipídeos, 406
  de minerais, 406
  de proteínas, 406
  de vitaminas, 406
  exercício aeróbico, 473-475
  exercício anaeróbico, 474-475
  fígado, 406
  túbulo proximal, 329
Metáfise, 167-168
Metarrodopsina II, 95
Miastenia grave (MG), 139, 146
Micção, 313, 324-327
  centro, tronco encefálico, 83, 83t
  reflexo, 326f
  vias neurais, 325
Microfibrilas, 216
Microlesões, osso, 169-171
Microvilosidades, 392, 453
Midríase, 92
Mielina, 54
  composição, 55-56
  doenças e, 63
  formação, 62, 62f
  função, 54
Mielinólise pontina central, 32
Minerais
  função, 398t
  metabolismo dos, 406
  no osso, 164
Miocardiopatia, 486
Miocardiopatia hipertrófica (MCH), 149
Miofibrilas, 138-139, 138-139f
Miose, pupila, 92, 93f
Miosina
  músculo esquelético, 136, 136f
  músculo liso, 153

Mistura venosa, 265, 284-285
MIT. Ver Monoiodotirosina
MLC$_{20}$. Ver Cadeia leve reguladora, músculo liso
Modíolo, 109
Moléculas carregadas, 5f, 6, 6f
Moléculas sinalizadoras não neuronais, 381
Monoacilgliceróis, 397
Monoiodotirosina (MIT), 432
Monossacarídeos, 394
Monóxido de carbono, 288
  captação, 288-289
  envenenamento, 293f
Morte
  causas na gestação, 456t
  envelhecimento, 481-484
  principais causas nos Estados Unidos, 481t
Morte encefálica, definição clínica, 484
Motilina, 381t
Movimento de líquido, 227, 227f
  equilíbrio de Starling, 229, 229f
  forças de Starling, 228-229
  retenção de água, 227
  sistema linfático, 227-228, 228f
Mucina, 39
Multiplicação contracorrente, 343-346, 346f
Músculo cardíaco, 37, 147, 151f
  dependência da pós-carga, 209, 209f
  dependência da pré-carga, 151, 152, 152f
  estrutura, 147, 147f, 148, 148f, 149
  fonte de energia, 152
  regulação da contratilidade, 149-151, 150f
Músculo esquelético, 37,135
  acoplamento excitação--contração, 140
    ciclo das pontes cruzadas, 141-142, 141f
    papel da tríade, 140f, 141
    relaxamento, 141f, 142
  circulação, 258
    anatomia, 258, 258f
    compressão extravascular, 259, 259f
    durante o exercício, 472-475
    regulação, 258-259, 258f
  estrutura, 136, 138-139
    actina, 136-137
    junção neuromuscular (JNM), 139-140, 140f
    miosina, 136, 136f
    sarcômero, 137-139, 137f
    sarcoplasma, 138-139
    sistemas de membrana, 138-139, 139f
  frequência de estimulação, 143, 144f
  mecanismos
    pós-carga, 143, 143f
    pré-carga, 142, 142f
  paralisia, 145-146
  recrutamento, 144, 144f
  tipos, 144, 146t
    contração lenta (tipo I), 144-145

contração rápida (tipo II), 145
Músculo estapédio, 104
Músculo liso, 37, 153, 153f
  acoplamento excitação--contração, 156, 156f
  contração, 157, 157f, 159f
  fonte de cálcio, 156-157
  formação do estado de tranca, 159
  regulação, 159
  relaxamento, 157-159
  estrutura, 153
  junção neuromuscular, 155
  organização, 154-155, 155f
  sistemas de membranas, 155
  unidades contráteis, 154, 154f
  funções, 154t
  mecanismos, 160
    adaptação do comprimento, 160-161, 160f
    velocidade de contração, 160
  tipos, 161
    fásico, 161, 161f
    tônico, 161f, 162
Músculo liso de multiunidades, 161f, 162
Músculo tensor do tímpano, 104
Músculos
  extraoculares, 91
  papilares, 190
  respiratórios, 269t

N
Na$^+$-K$^+$ ATPase, 8-9
nAChR(s). Ver Receptor(es) nicotínicos de acetilcolina
Narcose por nitrogênio, 308
Natriurese induzida pela pressão, 364
Náusea de descompressão, 309
NCs. Ver Nervos cranianos
Nebulina, 138-139
Necrose, 483
Necrose tubular aguda (NTA), 497
Nefrite intersticial aguda (NIA), 314
Néfron
  alça, 316
  anatomia, 314-317
  justamedular, 316-317, 316f
  superficial, 316f
Néfron renal justamedular, 316-317, 316f
Nefrose, 320-321
Neoestriado, 126-127
Nervo misto, definição, 65, 67
Nervo pudendo, 325
Nervo(s), 64
  aórtico, 237
  craniano (NC), 68, 69f
  glossofaríngeo (NC IX), 237
  medula espinal, 67
  oculomotor, 130
  gânglios, 65
  organização, 64-65, 64f
  tipos, 65
  velocidade de condução, 55-56f, 64, 121t
  seio, 237
  vago (NC X), 237
Nervos eferentes, 65

Neurite, 55-56
Neurofisina, 88
Neuróglia, 60, 62t, 97
  captação de neurotransmissor, reciclagem, 63-64, 64f
  fornecimento de nutrientes, 64
  homeostasia do potássio, 55f, 62, 63f
  mielinização, 62, 62f
Neuro-hipófise, 85, 87, 87f
Neuromoduladores gastrintestinais, 379t
Neurônios
  anatomia, 54-55, 54f
  classificação, 55-56
  excitabilidade, 55-56
  motores, 121
Neurônios bipolares, 55-56
Neurônios motores, exercício, 474-475
Neurônios motores somáticos, 65
Neurônios pós-ganglionares, sistema nervoso autônomo, 79, 81-82, 82f
Neuropeptídeo Y, 379, 379t
Neurotransmissão
  liberação, 58, 60f
  neurotransmissores, 58, 58t, 59f, 379t
  receptores, 60, 60f, 61t
  terminação do sinal, 60, 62t
  vesículas sinápticas, 58
Neurotransmissão, 81, 81f
  sinapses pós-ganglionares, 82, 82f
  transmissores pós--ganglionares, 81
  transmissores pré--ganglionares, 81
Neurotransmissores
  controle vascular endotelial, 235
  gastrintestinal, 379t
Niacina, 398t
Nistagmo, 113
NO. Ver Óxido nítrico
Nocicepção, 177, 181, 182-183
Nociceptores químicos, 183, 183t
Nodo sinoatrial (SA), 148, 191
Nódulo de Ranvier, 55-56
Noradrenalina, 58t, 59f, 61t, 62t, 80f, 81, 150-151, 150f, 196, 196f, 210, 210f, 224, 240, 274-275, 323t, 379, 379t, 389, 405, 421f, 427-428, 427f, 434, 466
NSQ. Ver Núcleo supraquiasmático
NTA. Ver Nefrose tubular aguda
Núcleo abducente, 107
Núcleo arqueado, hipotálamo, 84f, 418, 429
Nucleo caudado, 70, 126-127
Núcleo motor dorsal, 82, 83f, 387
Núcleo paraventricular, 429
Núcleo salivatório inferior, 82, 83f
Núcleo salivatório superior, 82, 83f
Núcleo subtalâmico, 127-128
Núcleo supraóptico, 359
Núcleo supraquiasmático (NSQ), 88
Núcleo vestibular superior, 130
Núcleo visceral (núcleo de Edinger-Westphal), 82, 83f

Núcleo(s)
  ambíguo, 82, 83f, 387
  caudado, 126-127
  do trato solitário, 82-83, 83f, 239
  do vago, 82, 83f
  medula espinal, 68
  rubro, 130
  salivatório, 82, 83f
  subtalâmico, 127-128
  supraquiasmático, 88
  talâmico, 89
  vestibular, 111, 130
  visceral (de Edinger-Westphal), 82, 83f
Núcleos da base, 70, 70f, 126-129
Núcleos vestibulares medianos, 130

O

Ocitocina, 461
  glândulas mamárias, 445-446, 445f
Ocludina, 41
OCVs. *Ver* Órgãos circunventriculares
Olfação, 118-119
  epitélio olfatório, 118-119
  receptores, 118-119, 118-119f
  transdução, 118-119, 119f
  vias neuronais, 119
Olho. *Ver também* Visão
  estrutura, 91
    câmara anterior, 92
    córnea, 91
    disco óptico, 93
    fotorreceptores, 94
    humor vítreo, 93
    íris, 83f, 92-93, 93f
    lente (cristalino), 93
    retina, 93, 93f
  propriedades ópticas, 99-100
    acomodação, 100
    poder focal, 100
Oligodendrócito, 62
Oligopeptídeo, 333f
Oligossacarídeos, 393
Oligúria, 489
Onda A, 206
Onda C, 206
Onda P, eletrocardiograma, 198
Onda Q, eletrocardiograma, 198
Onda R, eletrocardiograma, 198
Onda S, eletrocardiograma, 199
Onda T, eletrocardiograma, 199
Onda V, 206
Oócito, 438f, 439
Oogênese, 439, 440
OPG. *Ver* Osteoprotegerina
Opsina, 95
Oral, 158
Orelha
  externa, 103
  interna, 102
  média, 103
  membrana timpânica (tímpano), 103
Órgão espiral (órgão de Corti), 104, 105-106, 106f
Órgão subfornicial (OSF), 85, 359
Órgão vascular da lâmina terminal (OVLT), 85, 359
Órgãos circunventriculares (OCVs), 85, 359

Órgãos circunventriculares sensoriais, 85
Órgãos da circulação sistêmica, fluxo de sangue, 251f
Órgãos otolíticos, 110-111, 110f
Órgãos tendinosos de Golgi (OTGs), 120-123, 122-123f, 474-475
Origem do músculo, 135f, 138-139
Ortopneia, 493
Osmolaridade, definição, 29
Osmorreceptores, 33, 240-241, 259, 259f, 260f
Osmose, definição, 28, 29f
  aquaporinas. *Ver* Aquaporinas
  gradiente de pressão osmótica, 28, 330
  movimento epitelial da água, 45, 229, 329f, 346f, 398-399
  pressão osmótica, 29, 29f
    coloide intersticial, 228-229
    coloide plasmático, 33, 228, 228f-230f, 330, 487-488
  regulação do volume celular, 30-31, 31f
  tonicidade, 29-30, 30f
Osmostato, 359
Ossículos, 103, 103f
Osso esponjoso, 166
Osso imaturo, 164-165, 166f
Osso trabecular, 166-167
Ossos, 163, 163f
  anatomia, 167-168
  composição, 164t
    colágeno, 164, 164f
    mineral, 164, 164f
    osteoide, 164-165
  crescimento, 167-168, 167-168f
  formação, 163-164
    deposição do colágeno, 164, 164f
    maturação, 166-167
    organização, 164-165
    sistema monitorador de estresse, 166-168
  medula, 167-169
  microlesões, 169-171
  regulação, 173
  remodelação, 169
    causas de, 169-171
    distúrbios de, 170, 170f
    regulação hormonal, 173, 435-436, 436f
    sequência, 171-172, 171-172f
    sinalização, 171
  substância fundamental, 164-165
  tipos
    compacto (cortical), 166, 166f
    imaturo (entrelaçado), 164-166, 166f
    maduro (lamelar), 166-167, 166f
    trabecular (esponjoso), 166-167
  vasculatura, 166-167
Ossos lamelares, 166, 166f
Osteoblastos
  formação do osso e, 164
  regulação hormonal, 173
  remodelação do osso e, 172
Osteócitos, 166-168, 167-168f

Osteoclastos, 169
  precursores, 171
  remodelação do osso e, 172
Osteogênese imperfeita, 164-165
Osteoide, 164-165, 164-165f
Osteons, 166, 166-167f
Osteopetrose, 170
Osteoporose, 170
Osteoprotegerina (OPG), 172
OTGs. *Ver* Órgãos tendinosos de Golgi
Ovários, hipotálamo, hipófise, 439-440
Óxido nítrico (NO), 234-235, 321-322, 387
Oxigênio (O_2), 285f
  capacidade, 290
  captação, 480
  consumo, exercício, 479, 479f
  curva de dissociação, 290-291
  descarregamento, 290-291f
  envenenamento, 308
  extração, exercício, 479, 479f
  gestação, 459, 459f
  ligação, 290
  níveis, 303-304
  pressão parcial do, 281f
  saturação, 290-291
  transporte, 288-293, 294f
Oxi-hemoglobina, 480

P

P_A. *Ver* Pressão intra-alveolar
Paládio, 127-128
PAM. *Ver* Pressão sanguínea arterial; Pressão arterial média
Pâncreas endócrino, 411-412
Pâncreas, exócrino, 402f
  regulação, 402-403
  secreção, 404, 403f
Panexina, 116-117
Papila renal, 314, 345-346f
Papilas, língua, 117
Papilas circunvaladas, língua, 117
Papilas folhadas, língua, 117
Papilas fungiformes, língua, 117
Paracelina-1, 42
Paralisia, 145-146
Paratormônio (PTH). *Ver* Tireoide, hormônios paratireóideos
Parte compacta, 127-128
Parte reticular, 127-128
Parto, 451, 460-463
Parturição. *Ver* Parto
Pedúnculos, 69, 69f
Pele, 174, 174f
  anatomia, 174
  circulação
    durante choque, 487-488
    durante respostas termorreguladoras, 466, 466f
  derme, 177
  epiderme, 175
    estrutura, 175-176, 175f
    funções de barreira, 175-176, 175-176f
    estruturas especializadas, 178
    glândulas sebáceas, 179
    glândulas sudoríparas, 179-180
    pelo, 178, 178f
    unhas, 179-181

  glabra, 174-175
  hipoderme, 177-178
  não glabra, 174
  nervos cutâneos, 181
    coceira, 184
    dermátomos, 184-185, 184f
    dor, 182-184
    toque, 181-182
    termorreceptores, 465, 465f
Pelo, 178, 178f
  ciclo, 179
  folículo, 178
  haste, 178
Pelve renal, 314
Penalização da pré-carga, insuficiência cardíaca, 492-493, 492f
Pendrina, 352, 430-431
Pênfigo foliáceo, 43
PEPS. *Ver* Potencial excitatório pós-sináptico
Pepsina, 391
Peptidase
  na absorção proteica, 395, 395f
  na reabsorção proteica, 333, 333f
Peptídeo C, 414
Peptídeo insulinotrópico dependente de glicose, 381t, 393, 417
Peptídeo intestinal vasoativo, 379t, 380, 387
Peptídeo liberador de gastrina, 379t, 403
Peptídeo natriurético atrial (PNA), 244, 322, 361, 363
Peptídeo natriurético encefálico (PNE), 244, 363
Peptídeos
  absorção gastrintestinal, 390, 394-395, 395f
  reabsorção renal, 328, 331, 333, 333f, 357f
  sinalização. *Ver* Neurotransmissores e hormônios
  transporte, 43, 333, 333f, 395f
Peptídeos semelhantes ao glucagon, 414
Perda auditiva congênita (PAC), 107
Perda de água não perceptível, 358
Pericárdio, 267
Pericardite, 486
Perilinfa, 103-104, 107
Perimenopausa, 444
Período refratário efetivo, 197
Período refratário relativo (PRR), 197
Período refratário absoluto, 197, 197f
Períodos refratários, 197, 197f
Periósteo, 166-167
Peristaltismo, 377f
  primário, 387
  secundário, 387-389
Peritônio, 267
PGs. *Ver* Prostaglandinas
pH. *Ver* Equilíbrio ácido-base
Pia-máter, 72
Pinealócitos, 89
Pinocitose, 226
PIP_2. *Ver* 4,5-Fosfatidilinositol difosfato

PIPSs. *Ver* Potenciais inibidores pós-sinápticos
Pirogênios endógenos, 469
Pirogênios exógenos, 469
PKA. *Ver* Proteína cinase A
P_L. *Ver* Pressão transpulmonar
Placa coriônica, 453
Placa motora, 140
Placas densas, 155
Placenta, 451-454, 452f
    ao nascimento, 460-461
    fetal, 452-453
    funções endócrinas, 454, 454f
    materna, 453
    trocas, 453-454, 453f
PLC. *Ver* Fosfolipase C
Pleura parietal, 268
Pleura visceral, 267, 267f
Pleura(s), 267-268, 267f
PMEC. *Ver* Pressão média de enchimento circulatório
PNA. *Ver* Peptídeo natriurético atrial
Pneumócitos, 264
Pneumócitos granulares, 264
Pneumonia, 494
Pneumotórax, 269, 269f
Polaridade funcional, 41, 41f
Policitemia, 219
Poliomielite, 55
"Pontapé atrial", 204
Ponte, 68
Ponto cego, 93
Ponto de ajuste, 465
Poros de Kohn, 265
Pós-carga
    definição, 143
    músculo cardíaco
        efeito na alça de pressão-volume (PV), 209-209f
        efeito na velocidade de contração, 209, 209f
        hipertensão e, 213, 213f
        insuficiência sistólica e, 490f, 491
        tensão da parede ventricular e, 212
        volume sistólico ventricular e, 207
    músculo esquelético, 143, 143f
Pós-potenciais, 20-21, 20-21f
Potássio (K^+), 343-344, 398t
    captação, 364
    equilíbrio, 364-367, 364t
        pH e, 366-367
        regulação, 365
        sódio e, 365-366
        taxa de fluxo tubular, 366f
    excreção, 367t
    perda, 364
    reabsorção, 337, 344, 351-352, 365
    secreção, 344, 350-351
Potenciais de ação, 16, 20-22, 20-21f
    cardíaco, 191, 194-195
    comportamento "tudo ou nada", 20-21
    correntes durante, 55, 55f
    fases, 20-21, 20-21f
    gástrico, 389, 389f
    limiar (potencial), 20-21, 20-21f
    músculo liso, 161
    neuronal, 55, 55f
    propagação, 20-22, 20-21f

Potenciais de ação cardíacos, 194-195, 194f
Potenciais de equilíbrio, 17-18, 17f, 18f
Potenciais de membrana (V_m)
    contribuição do transportador, 19-20, 19f
    difusão, 16-17, 17f
    efeitos iônicos extracelulares, 19, 19f
    equilíbrio, 17-18, 17f, 18f
    repouso, 17f, 18-19, 18f
Potenciais inibidores pós-sinápticos (PIPSs), 57
Potencial de repouso, 16, 17f, 18-19, 18f
Potencial endococlear, 107
Potencial excitatório pós-sináptico (PEPS), 57, 57f
Potencial gerador, 182
Potencialização, 390
P_{pl}. *Ver* Pressão intrapleural
PRA. *Ver* Período refratário absoluto
Pré-carga, 157f, 207
    alça pressão-volume (PV) e, 208, 208f
    efeito na pressão ventricular esquerda, 208, 208f
    músculo cardíaco, 151-152, 152f
    músculo esquelético, 142, 142f
    na prática, 208-209
    tensão da parede ventricular, 212
Pré-choque, 487-488, 487-488f
Pré-eclâmpsia, 455
Pré-pró-opiomelanocortina (POMC), 422, 423
Presbiacusia, 108
Presbiopia, 100
Pressão aórtica, 205-206
Pressão arterial média (PAM). *Ver* pressão arterial sanguínea
Pressão barométrica, 306f
Pressão de pulso, 221
Pressão do sangue oxigenado
    controle de (curto prazo), 237-324, 239f
    controle de (longo prazo), 242-244
    diastólica (PSD), 221
    durante exercício, 476-478
    durante gestação, 456-457
    em choque, 487-490
    média (PAM), definição, 220f, 221
    medida da, 223
    pressão de pulso, definição, 221
    sensores da, 237, 237f
    sistólica (PSS), 221
Pressão hidrostática, 318
    capilar, 228, 228f, 317, 330
    modelo de pressão sanguínea, 214
Pressão intra-alveolar (P_A), 270
Pressão média de enchimento circulatório (PMEC), definição, 247
Pressão osmótica coloidal, 317, 318, 330, 457
Pressão osmótica coloidal intersticial, 228-229
Pressão osmótica coloidal plasmática, 228, 230, 330

Pressão positiva de ventilação, 284
Pressão sanguínea. *Ver* Pressão do sangue oxigenado
Pressão sanguínea pulmonar, 283
Pressão sanguínea sistólica, 221
Pressão transpulmonar (P_L), 270
Pressão venosa, 206, 283, 284
Pressão venosa central (PVC), 208, 221
    dependência do débito cardíaco, 247f
Pressões parciais, 280-281, 281f
    ar atmosférico, 281
    composição do ar expirado, 285
    composição do ar inspirado, 281
Pressões parciais dos gases, 280-281
Primeira dor, 183
Primeiro som do coração (S_1), 206
Princípio da eletroneutralidade em massa, 17
Princípios ópticos, olho, 99-100
Probabilidade de abertura de um canal iônico, 23
Processamento visual, 91f, 93f
Produção de calor, 467-468, 468f
Progesterona. *Ver* Progestinas
Progestinas, gônadas, 441-442
    função, 442-443, 442-443f
    gônadas, 439-443, 439f, 442-443t
    gravidez, nascimento, 445, 452, 454, 454f, 460-461
    regulação, 441-442f, 442-444, 443f
    síntese, 423f, 439f, 441-442
Projeções
    osso, 166-167
Prolactina, 87, 445
Pró-oxifisina, 88
Pró-pressofisina, 88
Propriedades das fibras que inervam o músculo, 121t
Propriocepção, 120-121
Prostaglandinas (PGs), 173, 381-382, 381t
    efeitos nos vasos sanguíneos, 232, 234, 321-322, 323t, 426
    febre, 469
    mastócitos, 177, 177f, 183t
    parto, 460-461
    secreção de H^+, 390, 390f
Proteína cinase A (PKA), 13, 354
Proteína cinase C (PKC), 13f, 14, 159
Proteína ligadora do trifosfato de guanosina (GTP). *Ver* Proteínas G
Proteína ligante de andrógeno (ABP), 446
Proteína ligante de corticosteroide, 425
Proteínas, 333
    absorção, 394-395
    como tampões, 35
    de membrana, 3-4, 3f, 4f
    digestão, 394-395
    integrais de membrana, 3-4, 4f
    intracelulares, 3, 3f
    ligantes de GTP, 12, 12f
    metabolismo de, 406

periféricas de membrana, 3
    plasmáticas. *Ver* Proteínas plasmáticas
Proteínas ancoradas ao GPI, 3
Proteínas de resistência a múltiplos fármacos, 335
Proteínas extracelulares, 3
Proteínas G, 12, 12f
Proteínas integrais, 3-4, 4f
Proteínas intracelulares, 3, 3f
Proteínas ligantes de ácidos graxos, 396
Proteínas periféricas de membrana, 3
Proteínas plasmáticas
    albumina, 227
    efeitos osmóticos, 33, 33f
    globulinas, 227
    recarga transcapilar e, 487-488
    transporte de hormônios e, 419, 432-433
Proteínas transmembrana, 4, 4f
Proteinúria, 320-321
PRR. *Ver* Período refratário relativo
Prurido, 184
Pseudo-hipoaldosteronismo tipo 1, 362
PTH (paratormônio). *Ver* Tireoide, hormônios paratireóideos
Ptose, 83
Pulmão colapsado, 270
Pulmão(ões), 236, 369. *Ver também* Respiração
    anatomia da via respiratória, 263, 263f
    ápice, 271
    base, 271
    capacidades, 277
    colapso da via respiratória, expiração, 275-276, 275-276f
    complacência, 271
    deflação, 270
    doenças, 271-273, 272f
    espaço morto, 277-278
    estática
        curvas de pressão-volume, 270-271
        efeitos gravitacionais, 271, 271f
        forças atuando na, 269
    manter secos, 267
    perda do suporte mecânico, 272
    pH do líquido corporal e, 35f, 36
    pressões que direcionam o fluxo de ar, 273, 273f
    resistência ao fluxo de ar, 273-275, 274-275f
    resistência da via respiratória, 274-276, 276f
    suprimento sanguíneo, 265
    surfactante, 265-267
    tensão superficial, 265, 265f
    turbulência, 274-275
    ventilação, 277-278
    volume
        efeitos na perfusão, 282-283
        efeitos na ventilação, 274-276
    volumes, 276-277

Pulmões, insuflação, gestação, 461
Punção lombar, 76
Pupila, 91
Putame, 70, 126-127
PVC. *Ver* Pressão venosa central

Q

Quarto som do coração (S_4), 207
Quarto ventrículo, 73
Queimaduras, pele e, 177
Queratina, 175
Queratinócitos, 91, 175
Quiasma óptico, 99, 99f
Quilomícrons, 396
Quimiorreceptores, 77, 238, 238f
  centrais, 301
  periféricos, 301f, 302
    estrutura, 302
    mecanismo sensorial, 302
Quimo, 390
Quimotripsina, 395
Quinino, 116-117

R

RANK, 171
RANKL (ligante de RANK), 172
Raquitismo, 437
RE. *Ver* Retículo endoplasmático
Reação de Cushing, 254
Recarga transcapilar, 487-488
Receptor ativador do fator nuclear κB. *Ver* RANK
Receptor de adenosina, 320-321
Receptor de glicina, 25
Receptor de tirosina cinase (TRK), 14, 414
Receptor do ácido γ-aminobutírico (GABA), 25
Receptor GABA. *Ver* Receptor do ácido γ-aminobutírico
Receptor ionotrópico, definição, 60, 60f
Receptor metabotrópico, definição, 60, 60f
Receptor pulmonar, na regulação respiratória, 305-306
Receptores, 4
  catalíticos, 11f, 14
  di-hidropiridina, 141, 149
  associados a enzimas, 10
  neurotransmissão, 60, 60f, 61t
  rianodina, 149
  intracelulares, 10, 14
  ativação de, 14, 14f
  acoplados à proteína G (GPCRs), 10-14, 11f, 12f
Receptores acoplados à proteína G (GPCRs), 10-14, 11f, 12f
Receptores adrenérgicos, 61t, 81
Receptores associados a enzimas, 10
Receptores capilares justapulmonares (J), 305
Receptores cardiopulmonares. *Ver* Barorreceptores cardiopulmonares
Receptores catalíticos, 11f, 14
Receptores de alça em *cys*, 25-26, 26f
Receptores de AMPA, 26
Receptores de calor, 465
Receptores de di-hidropiridina, 141, 149, 155

Receptores de estiramento, 305-306
Receptores de estrogênio (ERs), 441-442
Receptores de melanocortina 2, 422
Receptores de mineralocorticoides, 424
Receptores de rianodina (RyRs)
  músculo cardíaco, 149
  músculo esquelético, 141
  músculo liso, 155
Receptores intracelulares, 10, 11f, 14
Receptores irritantes, 305
Receptores J, 305, 305f
Receptores musculares, 306
Receptores nicotínicos de acetilcolina (nAChRs), 25, 140, 428
  agentes que afetam, 145-146
Receptores NMDA, 26
Receptores para o frio, 465
Receptores táteis, 179-180f, 181, 182f
Reciclagem do descoramento da retina, 96
Reciclagem do potássio, transdução auditiva, 107f, 108
Recrutamento, músculo esquelético, 144, 144f
Recrutamento neuronal, treino por exercício anaeróbico, 474-475
Rede peritubular, 315, 330
Reflexo de flexão e extensão cruzada, 123-124, 124f
Reflexo de Hering-Breuer, 305
Reflexo gastrocólico, 398-399
Reflexo gastroileal, 398-399
Reflexo ortocólico, 398-399
Reflexo pressor do exercício, 475-476
Reflexo pupilar à luz, 92
Reflexo retoesfinctérico, 400
Reflexo vagovagal, 65, 388-389
Reflexo(s)
  Bainbridge, 238
  medula espinal
    extensão cruzada, 123-124, 124f
    flexão, 123-124, 124f
    miotático, 123-124, 123-124f
    miotático inverso, 123-124, 123-124f
  teste, calórico, 107
  vestíbulo-ocular (RVO), 112, 112f
Reflexos barorreceptores arteriais, 236-237, 240-242, 240f, 242f
  limitações, 242, 242f
Região cervical, 66
Região coccígea, 66
Regiões internodais, 55-56
Regulação respiratória
  adaptação ao ambiente, 306-309
  centros neurais de controle, 298-301
  controle químico da, 301-304
    respostas ventilatórias no, 302-304
  receptores pulmonares na, 305-306

Regulador da sinalização da proteína G, 96
Relação Frank-Starling, 151, 208-209, 492
Relação pressão-volume diastólico final (RPVDF), 207f, 208
Relação pressão-volume sistólico final (RPVSF), 207f, 208
Relação ventilação/perfusão, 285-288
  distribuição da, 286f
  imcompatibilidades da, 287
  no pulmão em posição vertical, 286-287
    efeito líquido, 286-287
    zona 1, 286
    zona 2, 286
    zona 3, 286
Relações pressão-volume (PV), 207f, 208
Relaxamento receptivo, 388-389
Relógios moleculares, 88, 88f
Relógios moleculares, 88, 88f, 89
Remoção do potássio, transporte transcelular, 45
Renina, 244, 321-322
Reserva coronária, 254, 254f
Reservatório sanguíneo. *Ver* Veias
Reservatório venoso, 225, 245, 246f
Resistência
  periférica total (RPT), 220
  vascular pulmonar (RVP), 221
  vascular sistêmica (RVS), 220, 221, 238-239, 248, 248f
  vasos, 216, 217f, 218f, 232, 241
  vias respiratórias, 273-275
Respiração, 267. *Ver também* Pulmão(ões)
  Cheyne-Stokes, 304
  ciclo, 268-269
  curvas de pressão-volume e, 270-271, 270f
  frenolabial, 276
  músculos envolvidos na, 269t
  trabalho da, 274-276
Respiração Cheyne-Stokes, 304
Respiração frenolabial, 276
Resposta miogênica, vascular, 233, 319
Resposta ortostática, 240, 240f
Resposta venosa, pressão arterial, 241
Retículo endoplasmático (RE), 1
Retículo sarcoplasmático (RS)
  no músculo cardíaco, 149
  no músculo esquelético, 139
  no músculo liso, 155
Retina, 91
  células amácrinas, 99
  células bipolares, 98
  células de Müller, 97
  células ganglionares, 98, 99f
  células horizontais, 99
  epitélio pigmentar, 97
  estrutura celular, 97-99, 97f
  fotorreceptores, 98
  pontos de referência, 93, 93f
Retinal
  cromóforo, 95
  reciclagem, 96
Retinol, 96

Reto, inervação, 400f
Retorno venoso, 244
  alterações no ponto de equilíbrio, 249
  bomba, 246-247, 246f
  coração, interdependência venosa, 248, 249f
  débito cardíaco e, 247-248
  reservatório, 245, 246f
  venoconstrição, 245-246
Retorno venoso, exercício, 477-479
Retração elástica, 268
Retroalimentação tubuloglomerular (RTG), 319-321
Retropulsão, 389
Rho-cinase (ROCK), 159
Riboflavina, 398t
Ribonuclease, 402f
Rim
  anatomia, 314-317, 314f-317f
  aparelho justaglomerular
    definição, 319
    função, 319-322
    liberação de *renina* do, 321-322
  carga filtrada, 331
  depuração da água livre, 353
  depuração renal, 323
  equilíbrio glomerulotubular, 363-364
  falência, 497-498
  filtração glomerular, 317, 317f
    barreira de filtração, 317, 317f
      regulação, 318
      seletividade, 318f
    regulação da, 323t
      pela taxa de fluxo do túbulo, 319-322
      pelo sistema nervoso simpático, 322
      por hormônios, 322
      por substâncias parácrinas, 321-322
    taxa de filtração glomerular (TFG)
      definição, 317
      fatores que afetam a, 318, 318f
      medidas, 322-324
      pressão de ultrafiltração (PUF), 318
    fluxo plasmático renal, 324
    fluxo sanguíneo renal, 324
    fração de filtração, 324
    funções homeostáticas de
      equilíbrio ácido-base (pH), 367-373, 367f-373f, 367t
      equilíbrio da água, 358-361, 359t
      equilíbrio do cálcio, 348-349, 348f
      equilíbrio do magnésio, 347-348
      equilíbrio do potássio, 364-367, 364f-366f, 364t
        efeitos do pH sobre, 366-367, 367f
      equilíbrio do sódio, 361-364
      regulação da pressão sanguínea, 242-244, 243f, 244f, 361-364
  glomérulo, 314, 317f
    arteríola aferente, 318

arteríola eferente, 318
células mesangiais, 320-321, 321-322f
gradiente osmótico corticopapilar, 315, 315f
formação, 345-346, 345-346f
insuficiência renal aguda (IRA)
causas da, 497-498, 498t
critérios RIFLE e, 497t
insuficiência renal crônica (IRC), 497
natriurese por pressão, 364
pedras. Ver Cálculos
princípios de reabsorção, 329-330, 329f-330f
reabsorção e secreção de eletrólitos, resumo, 357f
rede peritubular, 330
retroalimentação tubuloglomerular, 322f
definição, 319
mecanismo, 319-322, 321-322f
segmentos do túbulo
alça de Henle, ramo ascendente espesso (RAE)
diuréticos de alça, efeitos sobre, 344
estrutura epitelial, 342-344, 342-343f
permeabilidade juncional, 329
reabsorção de água pela, 340-341, 341f
reabsorção de bicarbonato pela, 344-346, 333f
reabsorção de eletrólitos pela, 343-344, 344f
secreção de ácido pela, 344-346, 333f
alça de Henle, ramos finos
estrutura epitelial, 342-344, 342-343f
permeabilidade juncional, 342-344
reabsorção de água pela, 343-344, 343-344f
reabsorção de sódio pela, 343-344, 343-344f
reabsorção de ureia pela, (reciclagem), 355, 355f
segmentos distais
diuréticos poupadores de potássio, efeitos sobre, 349
efeitos da aldosterona sobre, 350-352, 351f
estrutura epitelial, 349, 349f
manejo do potássio pelos, 350-352, 351f
permeabilidade juncional, 329
reabsorção de água pelos, 340-341, 341f
reabsorção de eletrólitos pelos, 343-344, 344t
reabsorção de sódio pelos, 350, 350f
regulação ácido-base pelos, 352, 352f

túbulo contorcido distal (TCD)
diuréticos de tiazida, efeitos sobre o, 348-349
estrutura epitelial, 347
reabsorção de cálcio pelo, 348-349, 349f
reabsorção de magnésio pelo, 347-348
segmento de diluição, 347
túbulo proximal (TP), 316, 328f
estrutura epitelial, 328-329, 328f
permeabilidade juncional, 329
reabsorção de água pelo, 340-341, 341f
reabsorção de bicarbonato pelo, 337-338, 335f-337f
reabsorção de eletrólitos pelo, 336-337, 336f-337f, 340-341, 341f
reabsorção de solutos orgânicos pelo, 331-333, 331f-333f
reabsorção de ureia pelo, 335, 335f
secreção de ácido pelo, 338f
secreção de solutos orgânicos pelo, 334-335, 334f
substâncias químicas secretadas pelo, 334t
tipos de néfrons, 316f
justamedulares, 316-317
concentração da urina pelos, 342-343
vasos retos e, 317, 347
superficiais, 316
túbulos coletores
efeitos do ADH sobre, 354, 354f
estrutura epitelial, 352, 353f
manejo dos ácidos pelos, 355-356
reabsorção da ureia (reciclagem) pelos, 354-355, 355f
reabsorção de água pelos, 353-355, 355f
vasculatura do, 315
vasos retos, 317
trocas contracorrente nos, 347, 347f
Ritmo sinusal normal, 199
Ritmos circadianos, 88
ROCK. Ver Rho-cinase
Rodopsina, 95
Rostral, definição, 67
Rouleaux, 224, 225f
RPVDF. Ver Relação pressão-volume diastólico final
RPVSF. Ver Relação pressão-volume sistólico final
RS. Ver Retículo sarcoplasmático
RVP. Ver Resistência vascular pulmonar
RVS. Ver Resistência vascular sistêmica
RyRs. Ver Receptores de rianodina

S
S_1. Ver Primeiro som cardíaco
S_2. Ver Segundo som cardíaco
S_3. Ver Terceiro som cardíaco
S_4. Ver Quarto som cardíaco
SA. Ver Nodo sinoatrial
Sabor amargo, 114-117, 114-115t
Sabor azedo (ácido), 114-115, 114-115t
Sabor doce, 114-115, 114-115t
Sabor salgado, 114-115, 114-115t
Sabor umami, 114-115, 114-115t
Sacro, 66
Saculações do colo (haustros), 398-399
Sáculo, 103, 110
Sangue
distribuição, 244-245, 245f
hematócrito, definição, 218
hemoglobina, 218, 290-291
química, 77
viscosidade, 218-219, 218f, 457, 490
volume, 230
circulante, 242, 248-249
não estressado, 245
Sangue desoxigenado misto, 285
Sarcolema, 138-139, 138-139f
Sarcômero
definição, 137
no músculo cardíaco
efeitos da pós-carga no, 209, 209f
efeitos da pré-carga no, 152f, 208
efeitos inotrópicos no, 210
estrutura, 147-149
no músculo esquelético
efeitos da carga no, 142-143, 142f
estrutura, 137-139, 137f
no músculo liso
adaptação do comprimento, 160, 160f
estrutura, 154
Sarcopenia, 31
SARRN. Ver Síndrome da angústia respiratória do recém-nascido
Schwann, células de, 62
Secreção de sódio, líquido cerebrospinal (LCS), 74
Secreções intestinais, 393
Secreções mucosas, definição, 39
Secreções serosas, definição, 385-386
Secretina, 381t, 393, 402
Segmento externo, fotorreceptores, 94
Segmento inicial, axonal, 54
Segundo som cardíaco (S_2), 206-207
Seio venoso da esclera, 92
Seio venoso intracraniano, 72
Sela túrcica, 86
Sensibilização à dor, 184
Sensores, controle da pressão arterial, 237-238
Sensores, temperatura, 465
Sentidos somáticos, 120-121
Sepse, 486-487
SERCA. Ver Ca^{2+} ATPase do retículo sarco(endo)plasmático

Serotonina, 380
Sexo, 438
Sexo fenotípico, 438
Simportes, 9-10, 9f
Sinalização "quântica", 58
Sinalização parácrina, 10, 10f
Sinapse, 55
Sinaptobrevina, 58
Sinaptotagmina, 58
Sincício, 148, 190
Sinciciotrofoblasto, 453
Síncope, 241, 253
Síndrome da angústia respiratória aguda (SARA), 494, 496-497, 496-497f
Síndrome da angústia respiratória do recém-nascido (SARRN), 267
Síndrome da desmielinização osmótica, 32
Síndrome de Cushing, 427
Síndrome de disfunção orgânica múltipla, 498-499
Síndrome de Horner, 83
Síndrome de Liddle, 362
Síndrome de Ondine, 370-371
Síndrome de Sjögren, 387
Síndrome de Smith-Magenis, 89, 90f
Síndrome do intestino irritável, 156
Síndrome dos ovários policísticos, 440
Síndrome dos rins policísticos (SRP), 314
Síndrome nefrítica, 320-321
Síndrome nefrótica, 320-321
Sintaxina, 58
Sistema auditivo, 102-103
cóclea, 104, 104f
órgão espiral (órgão de Corti), 105-106, 106f
vias, 109-110, 109f
Sistema fusimotor, 121
Sistema haversiano, 166-167, 166-167f
Sistema hepatobiliar, 404-405
Sistema límbico, 89
Sistema linfático, 227
edema e, 231
função, 228
obstrução e, 229
vasos, 228f
Sistema nervoso, 53-54
entérico (SNE), controle da musculatura lisa, 155
parassimpático (SNPS), excitação cardíaca, 192
simpático (SNS)
controle da musculatura lisa, 155
excitação cardíaca, 192
modulação da contratilidade, 210f
vegetativo (SNA)
controle da musculatura lisa, 155
excitação cardíaca e, 191-192, 196f
Sistema nervoso autônomo (SNA), 28, 53-54, 77
controle do músculo liso, 155
disfunção, 83
divisões, 77. Ver também Sistema nervoso parassimpático (SNPS);

Sistema nervoso simpático (SNS)
Sistema nervoso central (SNC), 53
  cerebelo, 66
  diencéfalo, 66
  medula espinal, 66
    nervos, 67
    segmentos, 66-67, 66f
    tratos, 67-68, 67f
  telencéfalo, 70
    córtex cerebral, 70-71
    núcleos da base, 70, 70f
  tronco encefálico, 66, 68, 68f, 69f
Sistema nervoso entérico, 380
Sistema nervoso parassimpático (SNPS), 54, 77, 192, 274-275, 379
Sistema nervoso periférico (SNP), 53
Sistema nervoso simpático (SNS), 54, 77, 362, 379
  controle do músculo liso, 155
  efeito na alça de ativação pressão-volume, 212f
  excitação cardíaca, 192
  modulação da contratilidade, 210f
Sistema nervoso visceral, 78. Ver também Sistema nervoso autônomo
  gânglios, 79
  hipotálamo. Ver Hipotálamo
  homeostasia, 77, 77f
  neurotransmissão, 81, 81f
    sinapses pós-ganglionares, 82, 82f
    transmissores pós--ganglionares, 81
    transmissores pré--ganglionares, 81
  no controle cardiovascular, 191-192, 196f, 240-242
  organização, 78, 79f
    vias aferentes, 78-79
    vias eferentes, 79, 79f, 80f
  órgãos efetores, 77f, 80f, 82
  tronco encefálico, 82, 82f
    centros de controle, 83, 83t
    formação reticular, 83
    núcleo do trato solitário, 82-83, 83f
    núcleos pré-ganglionares, 82, 83f
Sistema porta-hipofisário, 86-87, 86f
Sistema renina-angiotensina-aldosterona (SRAA), 243-244, 243f, 350, 362
Sistema respiratório
  durante a gravidez, 457-458
  durante o exercício, 478-480
  na insuficiência, 494-497, 494f
Sistema somatossensorial, 181
Sistema vestibular, 109f, 110
  canais semicirculares, 111, 111f
  equilíbrio e, 102
  órgãos otolíticos, 110-111, 110f
Sistemas de controle motor, 120-121, 120-121f. Ver também Centros de controle superiores; Sistemas sensoriais

musculares; Reflexos da medula espinal
Sistemas de membrana
  músculo esquelético, 138-139, 139f
  músculo liso, 155
Sistemas sensoriais, músculos, 120-121
  fusos, 121, 121t
  órgãos tendinosos de Golgi (OTGs), 122-123
Sistemas sensoriais musculares
  fusos, 120-121, 121f
  órgãos tendinosos de Golgi (OTGs), 120-123, 122-123f
Sístole, cardíaca, 203, 205
SNA. Ver Sistema nervoso autônomo
SNAP-25, 58
SNC. Ver Sistema nervoso central
SNPS. Ver Sistema nervoso parassimpático
SNS. Ver Sistema nervoso simpático
SOC. Ver Canal Ca^{2+} operado por estoque
Sódio (Na^+), 343-344, 398t
  captação, 361
  eliminação, 361
  equilíbrio, 361-364
    pH e, 367
    planilha de apontamentos, 361
    potássio e, 365-366
    regulação, 362-363
  no início do túbulo distal, 347
  nos segmentos distais, 350
  pressão sanguínea e, 361-362
  reabsorção, 340-341, 344, 362
  recuperação no RAE, 344f
Solução isotônica, 29, 30f
Somação, 57, 144, 144f
Somação espacial, 57, 57f
Somação temporal, 57, 57f
Somatostatina, 381, 381t, 403, 418, 430
Somatotrofos, 87, 418
Sons cardíacos, 206-207
Sons de Korotkoff, 223
Sopro venoso, 457
Sopros, 206, 223, 457
Sopros cardíacos, 206, 206f
Sopros de ejeção, 206
Splay, cinética de transporte, 331
SRAA. Ver Sistema renina--angiotensina-aldosterona
SSBG. Ver Globulina ligante de esteroides sexuais
Staphylococcus aureus, 7f
Stim1, 158
Substância fundamental, 37, 48, 48f, 164-165
Substância negra, 127-128
Substância P, 379t
Subunidade glicoproteica α (α-GSU), 87
Succinilcolina, 145
Sulcos, córtex cerebral, 70-71
Superfície apical, definição, 38, 38f
Supressão por hiperestimulação, 195
Surfactante, 264-265
Surfactante pulmonar, 264

T
T_3. Ver Tri-iodotironina
T_4. Ver Tiroxina
Tálamo, 70, 70f
Tampões. Ver Equilíbrio ácido--base
Tamponamento cardíaco, 486, 486f
Tamponamento espacial, 62
Taquicardia sinusal, 199
Taquicardia ventricular (V-taq), 201
Taxa metabólica basal (TMB), 434, 467
Tecido conectivo, 37, 47, 47f
  matriz extracelular (MEC), 47-48
  tipos, 47
Tecido conectivo denso, 47
Tecido conectivo especializado, 47
Tecido conectivo frouxo, 47
Tecido conectivo reticular, 47
Tecido muscular, 37
Tecido nervoso, 37
Tecido subcutâneo, 174
Tegumento, 174. Ver também Pele
Telencéfalo
  córtex cerebral, 70-71
  núcleos da base, 70, 70f
Temperatura corporal. Ver Termorregulação
Tensão da parede ventricular, 212, 212f
Tensão muscular, 143
Tensão superficial
  complacência pulmonar e, 270-271, 270f
  definição, 265, 265f
  efeito do surfactante, 265f, 266
Terapia de anticoagulação, 224
Terapia de reidratação oral, 46
Terceiro espaço, 485-486
Terceiro som cardíaco (S_3), 207
Terceiro ventrículo, 73
Terminações nervosas
  grupo Ib sensorial, 121t, 122-123
  livres, 181-182
Terminações nervosas livres, 181-182
Termo (gestação a), 453
Termogênese sem calafrios, 466-467
Termogenina, 466-467, 467f
Termorrecepção, 181
Termorreceptores
  centrais, 465
  cutâneos, 465
Termorregulação, 464-467, 466f
  estresse térmico
    hipertermia, 469-470, 469f
    hipotermia, 469-470, 469f
  respostas ao, comportamentais, 467
  respostas ao, geração de calor, 466, 466f, 467f
  respostas ao, resfriamento, 466, 466f
  febre, 469, 469f
  produção de calor, 434, 467
  termossensores, 465. Ver também Termorreceptores

termostato, hipotálamo, 465, 465f
transferência de calor, 467-468, 468f
Teste calórico, 113
Teste de apneia, 484
Testes de função pulmonar (TFPs), 277
Testículos, gônadas masculinas, 446-448
Testosterona, 438
  andrógenos suprarrenais, conversão de, 425
  função, 447-448, 447t
  regulação, 448, 448f
  síntese, 439-440, 439f-440f, 446-447, 446f
Tétano, 144, 144f
Teto, 129-130
TFPs. Ver Testes de função pulmonar
Tipos de fibras musculares, 120-121
Tireoglobulina, 430-431, 432f
Tireoperoxidase (TPO), 430-433, 432f
Tireotrofos, 86t, 87t, 430
Tiroxina (T_4). Ver Glândula tireoide
Titina, 137
TMB. Ver Taxa metabólica basal
Tn. Ver Troponina
Tonicidade, definição, 29-30, 30f
Toque, 181
Torsades de pointes, 199
Toxicidade do cálcio, 483, 484f
TPO. Ver Tireoperoxidase
Trabalho cardíaco, 211
  componentes, 211-212
  tensão da parede ventricular, 212, 212f
Trabalho da respiração, 274-276
  efeito de doença pulmonar, 277f
  fadiga muscular e, 495
  medida, 276
Trabalho mínimo, coração, 212
Trabalho pressão-volume (PV), coração, 212
Transdução eletromecânica, 149
Transducina, 95
Transferência de calor, 468, 468f
Transmissores parassimpáticos, 62t, 81
Transmissores simpáticos, 81
Transportador eletrogênico, 20
Transportadores, 4, 331
  ânion orgânico (TAO), 333
  cátion orgânico, 334
  secreção de solutos orgânicos, 334-335
  ureia, 355f
Transportadores catiônicos orgânicos, 334
Transporte
  ativo, 4
    primário, 8-9
    secundário, 8-10
  paracelular, 45-46
  transcelular, 44-45
  transepitelial, 47
Transporte anterógrado, 54
Transporte ativo, 4
  primário (bomba), 8-9, 9f

secundário, 9-10
  cotransportadores (simportes), 9-10, 9f
  trocadores (antiportes), 9, 9f
Transporte ativo primário, 8-9, 9f
Transporte ativo secundário, 8-10
Transporte máximo (T_m), 8, 8f, 331, 331f
Transporte retrógrado, 54
Trato corticospinal, 68, 126-127, 126-127f
Trato reticulospinal, 130
Trato retino-hipotalâmico, 88, 89f
Trato rubrospinal, 130
Trato tetospinal, 130
Tratos, medula espinal, 67-68, 67f
Tratos ópticos, 99
Tratos vestibulospinais, 130
Tremores de intenção, 129, 129f
TRH. Ver Hormônio liberador de tireotrofina
Tríades, 139, 140f, 141
Triângulo de Einthoven, 197
Tri-iodotironina (T_3). Ver Glândula tireoide
Tri-iodotironina reversa, 432
Tripsina, 395
Trismo, 145
Troca limitada por difusão, 288-289, 288f
Trocador catecolamina-H^+, 427
Trocadores, 9, 9f
Trocas gasosas, 280, 288-289, 371
Trofoblasto, 451
Trombina, 235
Trombo, 224
Trombose venosa profunda, 224
Tronco encefálico, 66, 68, 68f, 69f, 82, 82f, 129-130, 130f
  formação reticular, 83
  núcleo do trato solitário, 82-83, 83f
  núcleos pré-ganglionares, 82, 83f
Tropomiosina, 136
Troponina (Tn)
  músculo cardíaco, 147-148
  músculo esquelético, 136-137
Troponina C (TnC), 136
Troponina I (TnI), 136-137
Troponina T (TnT), 136-137
TRPs. Ver Canais receptores de potencial transitório
TSH. Ver Hormônio estimulante da tireoide
Tuba auditiva (trompa de Eustáquio), 103
Tuba uterina (trompa de Falópio), 451, 451f
Tuberculose, 287
Tubo nasogástrico, 382f
Tubos de alimentação, 382
Túbulos renais, 314. Ver também Rim, túbulos
Túbulos T. Ver Túbulos transversos (T)

Túbulos transversos (T)
  no músculo cardíaco, 149
  no músculo esquelético, 139
Túnica externa dos vasos, 216
Túnica íntima dos vasos, 216
Túnica média dos vasos, 216
Túnica muscular externa, 378
Turbulência
  equação de Reynolds, 222
  fluxo de ar e, 274-275
  fluxo de sangue e
    efeitos da velocidade, 222
    efeitos do hematócrito, 223, 457
    equação de continuidade, 222-223
    sopros e, 223, 457
    viscosidade e, 223, 457

U
Ulceração produzida pelo frio, 470f
Ultrapassagens, potencial de ação, 20-21
UMB. Ver Unidade multicelular básica
Unhas, 179-181
Unidade multicelular básica (UMB), 169, 169f
Unidades motoras, 144
Unidades motoras, exercício, 474-476, 475-476f
Ureia, 346
  excreção, 355
  formação, 335f
  reabsorção, 335, 354-355
  reciclagem, 354-355
  transportador, 355f
Ureteres, 325, 325f
Uretra, 325, 325f
Urina
  concentração da, 355, 354f
    papel da alça de Henle na, 343-346
    papel da ureia na, 354-355
    papel do hormônio antidiurético na, 354-355, 354f
    papel dos vasos retos na, 347, 347f
    túbulos coletores na, 352-355, 354f
  determinantes do volume, 352-353
  obstrução do fluxo, 498
  sedimentos, 320-321
  trajeto, 320-321
Urinação. Ver Micção
Urotélio, 39, 325-326
Utrículo, 103, 110

V
Valva aórtica, 190
Valva atrioventricular direita (tricúspide), 190
Valva atrioventricular esquerda (mitral), 190
Valvas do coração, 190

Valvas semilunares, 190
Vasculatura, 214-217. Ver também Vasos sanguíneos
Vasoconstrição por hipoxia, 459
Vasos, sangue. Ver Vasos sanguíneos
Vasos de nutrição pulmonar, 282-283
  inspiração, 282f
Vasos retos, 317, 345-346f, 347, 355
Vasos sanguíneos, 215f, 216-217
  complacência dos, 224-225, 225f
  efeitos da idade sobre os, 225
Vasos uteroplacentários, 453
VC. Ver Volume corrente
V_E. Ver Ventilação-minuto
Veia, interdependência cardíaca, 248, 249f
Veia pulmonar, 190
Veia renal, 314
Veias, 217
Veias cavas, 190
Velocidade de condução, nervos, 55-56f, 64, 121t
Venoconstrição, 245-246, 487
Ventilação, 278. Ver também Respiração; Pulmão(ões)
Ventilação, exercício, 479
Ventilação-minuto (V_E), 278
Ventrículos, cardíacos, 189-190, 193
Ventrículos, sistema nervoso central, 73-74
Vênulas, 217
Vesícula biliar, 404
Vesículas, pinocíticas, 226
Vesículas sinápticas, neurotransmissão, 58
V-fib. Ver Fibrilação ventricular
Vias aferentes, 78-79
Vias motoras, nervos, 67, 67f
Vias neuronais
  gustatórias, 117
  hipotálamo, 82f, 84
  olfatórias, 119
Vias respiratórias
  anatomia, 263, 263f, 272
  compressão dinâmica, 275-276
  controle neurovegetativo, 274-275
  obstrução, 285-286
  raio, 273-275
  resistência, 274-276, 276f
  zona condutora, 264
Vias sensoriais, nervos, 67, 67f
Vilosidades, 377, 353-354
  epiteliais, 40, 40f
  intestinais, 5, 5f
  placentárias, 453
Vilosidades coriônicas, 453
Vilosidades da aracnoide-máter, 75
Vimentina, 155
Visão, 91, 91f
  das cores, 96-97, 97f

estrutura do olho, 91
  câmara anterior, 92
  córnea, 91
  humor vítreo, 93
  íris, 83f, 92-93, 93f
  lente (cristalino), 93
  retina, 93, 93f, 97, 97f
  fotorreceptores, 94, 94f
    bastonetes, 91, 94
    cones, 91, 91f, 93f, 94, 98, 98f
  fotossensores, 95
olho, propriedades ópticas, 99
  acomodação, 100
  comprimento focal, 100
  lentes simples, 100, 100f
  poder focal, 100
  princípios ópticos, 99-100
  transdução fotossensorial, 95, 95f
    corrente de escuro, 95, 95f
    dessensibilização, 96
    finalização do sinal, 95-96, 96f
    reciclagem do retinal, 96
  vias neurais, 99, 99f
Visão escotópica, 94
Visão fotópica, 94
Vitamina A, visão e, 96
Vitamina D, paratormônio e, 429, 435-436
Vitaminas, 398t
V_m. Ver Potenciais de membrana
Volume corrente (VC), 277
Volume de reserva expiratório (VRE), 277
Volume de reserva inspiratório (VRI), 277
Volume de sangue não estressado, 245
Volume expiratório forçado (VEF), 277
Volume residual (VR), 277
Volume sistólico (VS), 205
Volume sistólico final (VSF), 205
VR. Ver Volume residual
VRE. Ver Volume de reserva expiratório
VRI. Ver Volume de reserva inspiratório
VS. Ver Volume sistólico
VSF. Ver Volume sistólico final
V-taq. Ver Taquicardia ventricular

W
Windkessel, efeito de, 225

X
Xerostomia, 387

Z
Zona de disparo, 57
Zona fasciculada, 421
Zona glomerulosa, 421
Zona respiratória, 264, 264f
Zona reticular, 421